AF626082

Holzfrei

Nr. 50 — 1955

S. 11485—11749 — 14. Dezember

Chemisches Zentralblatt

Vollständiges Repertorium für alle Zweige der reinen und angewandten Chemie

1830 gegründet. 1897—1945 von der Deutschen Chemischen Gesellschaft fortgeführt.
Im Auftrage der Deutschen Akademie der Wissenschaften zu Berlin, der Chemischen Gesellschaft in der Deutschen Demokratischen Republik, der Akademie der Wissenschaften zu Göttingen und der Gesellschaft Deutscher Chemiker

herausgegeben von Prof. Dr. Maximilian Pflücke

126. Jahrgang

1955

Chefredakteure: Dr. Eugen Klever und Prof. Dr. Maximilian Pflücke

Akademie-Verlag GmbH., Berlin — Verlag Chemie, GmbH., Weinheim/Bergstr.

Inhalt

Ein vollständiger oder gekürzter Abdruck der Referate ist ohne Genehmigung der Redaktion und des Verlages verboten!

Namenregister

CHEMISCHES ZENTRALBLATT

VOLLSTÄNDIGES REPERTORIUM
FÜR ALLE ZWEIGE DER REINEN UND ANGEWANDTEN CHEMIE

GEGRÜNDET 1830

Im Auftrage der Deutschen Akademie der Wissenschaften zu Berlin,
der Chemischen Gesellschaft in der Deutschen Demokratischen Republik,
der Akademie der Wissenschaften zu Göttingen
und der Gesellschaft Deutscher Chemiker

herausgegeben von

Prof. Dr. **Maximilian Pflücke**

126. JAHRGANG

1955

SEITE 10181—11749

Chefredakteure Dr. Eugen Klever und Prof. Dr. Maximilian Pflücke

1955

AKADEMIE-VERLAG GMBH · BERLIN
VERLAG CHEMIE, GMBH, WEINHEIM / BERGSTR.

Heft Nr.	Seitenzahl	Ausgabedatum
44	10181–10424	2. November 1955
45	10425–10664	9. November 1955
46	10665–10904	16. November 1955
47	10905–11140	23. November 1955
48	11141–11320	30. November 1955
49	11321–11484	7. Dezember 1955
50	11485–11749	14. Dezember 1955

Herausgeber und verantwortlich für den Inhalt: Prof. Dr. Maximilian Pflücke, Berlin NW 7, Schiffbauerdamm 19, Fernsprecher: 42 55 71. Redaktion: Chefredakteure Dr. Eugen Klever u. Prof. Dr. Maximilian Pflücke. Verlag: Akademie-Verlag GmbH, Berlin W 8, Mohrenstraße 39 (Fernsprecher 20 03 86, Postscheckkonto Berlin 350 21), u. Verlag Chemie, GmbH., Weinheim / Bergstraße (Postscheckkonto Frankfurt/M. 1453 14 u. Berlin [West] 74 30. Fernsprecher Weinheim 2017).
Bestell- und Verlags-Nr. 1007/126.
Satz u. Druck: VEB Leipziger Druckhaus, Leipzig, III/18/203. I. 55.
Veröffentlicht unter der Lizenznummer 1212 des Amtes für Literatur u. Verlagswesen der Deutschen Demokratischen Republik.
Printed in Germany.

Bedarfsermittlung!

Der seit langer Zeit vergriffene zweite Quartalsband 1945 zum

CHEMISCHEN ZENTRALBLATT

wird immer wieder wegen des darin befindlichen Autoren- und Patentregisters, 1. Halbjahr, verlangt.

Ein Nachdruck ist vorgesehen.
Bitte überprüfen Sie Ihre Sammlung und geben Sie uns auf anhängender Karte Ihren Bedarf bekannt, damit eine genaue Auflage festgesetzt werden kann. Die Lieferung erfolgt gegebenenfalls nach Fertigstellung durch den Buchhandel.

AKADEMIE-VERLAG GMBH
Vertrieb

An den AKADEMIE-VERLAG, Vertrieb, Berlin W 8, Mohrenstraße 39

In meiner/unserer Sammlung des Chemischen Zentralblattes fehlt der zweite Quartalsband zum Jahrgang 1945.
Sollte der Band nachgedruckt werden, benötige/n ich/wir

.... Exemplare

zum Preise von DM 55,— und bitte um Lieferung durch die Buchhandlung

....

Bitte berücksichtigen Sie diese Anzahl bei der Festsetzung der Auflage

Ort und Datum: ....

Name: ....

Anschrift: ....

(100) Ag 282/55/DDR/4,0/82/1605/881

DRUCKSACHE

An den

Akademie-Verlag GmbH

BERLIN W8

Mohrenstraße 39

Chemisches Zentralblatt

1955 Nr. 50 14. Dezember

A. Allgemeine und physikalische Chemie.

A_1. Kernphysik und Kernchemie.

John Archibald Wheeler, *Geonen („gravitational-electromagnetic entities").* Über die klass. Relativitätstheorie werden elektromagnet. Gravitationseinheiten (Geonen) analysiert, die ein vollständiges klass., divergenzfreies, self-consistent Bild der NEWTONschen Annahme von Körpern über den Massenbereich von $\sim 10^{39}$ — $\sim 10^{57}$ g liefern. Kleinere Geonen sind Quantenobjekte, deren Analysis die Behandlung charakterist. neuer Effekte erfordern würde. Das Geon vervollständigt das Schema der klass. Physik, die Verfolgung der Geonen in den Quantenbereich wird von der Ansicht über die Beziehung zwischen sehr kleinen Geonen u. Elementarteilchen abhängen. (Physic. Rev. [2] **97.** 511—36. 15/1. 1955. Princeton, N. J., Princeton Univ., Palmer Physic. Labor.) GERHARD SCHMIDT. 80

R. L. Ingraham, *Das Verhalten endlicher Teilchen in der Theorie des gleichförmigkovarianten schwachen Feldes.* (Vgl. C. **1955.** 9241.) Folgerungen aus der l. c. behandelten Kinematik der Feldtheorie. Für freie Teilchen hat die M.-Energie-Relation einen besonderen Term, der die M.-Energie-Relation der speziellen Relativitätstheorie für Punktteilchen verallgemeinert. (Nuovo Cimento [10] **1.** 82—102. 1/1. 1955. Princeton, N. J., Inst. for Advanc. Stud.) GERHARD SCHMIDT. 80

J. G. Valatin, *Über die Dirac-Heisenberg-Theorie der Vakuumpolarisation.* (Vgl. C. **1954.** 7801.) Ergänzend zu l. c. wird die Einführung von Polarisationstensoren in die DIRAC-HEISENBERG-Theorie (1934) diskutiert. (Proc. Roy. Soc. [London], Ser. A **222.** 228—39. 9/3. 1954. Birmingham, Univ., Dep. of Mathemat. Phys.) GERHARD SCHMIDT. 80

I. Filosofo, E. Pohl und **J. Pohl-Rüling,** *Über den Überschuß an positiven Mesonen hoher Energie.* Auf 600 m Höhe sowie unter Gestein verschied. Dicke wurden μ-Mesonen magnet. getrennt u. durch ein Syst. von 16 Zählkanälen mit je 2 Zählern in Dreifachkoinzidenz die positiv u. die negativ geladenen registriert. Das P/N-Verhältnis ergab sich für verschied. mittlere Energien von 1, 3,2, 5,5, 9,5 u. 21 GeV zu 1,212 $\pm$ 0,001, 1,265 $\pm$ 0,004, 1,257 $\pm$ 0,013, 1,242 $\pm$ 0,011 bzw. 1,232 $\pm$ 0,016. (Nuovo Cimento [9] **12.** 809—12. 1/11. 1954. Padova, Ist. Naz. di Fis. Nucl.) M. WIEDEMANN. 85

J. H. Tinlot und **B. P. Gregory,** *Querschnitte für Kernstöße von Protonen und π-Mesonen.* (Sitzungsbericht.) Die relativen Querschnitte für *Pb* u. *Al* aus Kernstößen mit Protonen, deren Mehrzahl eine Energie <1 GeV hatte, waren vereinbar mit der Annahme geometr. Querschnitte. Sekundäre Stöße von örtlich gebildeten durchdringenden Teilchen (Protonen u. π-Mesonen) wurden diskutiert. (Physic. Rev. [2] **79.** 205. 1/7. 1950. MIT.) H. LIEPACK. 85

W. Y. Chang, *Weitere Versuche über langsame, in dünnen Al-Folien gebremste μ-Mesonen.* (Sitzungsbericht.) (Vgl. C. **1950.** II 496.) Es wurde die Absorption von Mesonen in acht 4/1000 in. u. drei 32/1000 in.-Al-Folien untersucht. Innerhalb von 1500 Std. wurden mehr als 60 Mesonen gebremst, von denen ca. die Hälfte zerfallende u. die restlichen negative Mesonen waren. Etwa 12 der letzteren Ereignisse erfolgten in den 4/1000 in.-Folien. Es wird angenommen, daß die μ-Mesonen ihre negative Ladung an den Kern abgeben u. ein großer Teil seiner Ruhenergie als neutrales Meson oder Neutrino emittiert wird. Die Ergebnisse zeigen, daß das μ^--Meson nur ca. 15 MeV oder weniger an den Kern abgibt u. ^{27}Al mit 3 MeV in ^{27}Mg übergeht. (Physic. Rev. [2] **79.** 205. 1/7. 1950. Purdue u. Princeton Univ.) H. LIEPACK. 85

K. Sitte, *Über durchdringende Schauer und Mesonenerzeugung.* (Sitzungsbericht.) Die lokale Erzeugung durchdringender Schauer durch einzelne durchdringende Teilchen u. durch Luft-Schauerteilchen wurde in einer Höhe von 3260 m untersucht. Die Erzeugung in einem Kernstoß eines Schauers unter Einbeziehung verschied. durchdringender Teilchen wird erst bei sehr großen Primärenergien wahrscheinlich. Stöße bei kleineren Primärenergien bewirken vorwiegend das Auslösen einer kleinen Zahl von „knock-on-Nucleonen". Prozesse, bei denen durch Kernstöße Elektronen ausgelöst werden, sind entweder bei allen Energien selten, oder auf sehr hohe Primärenergien beschränkt. (Physic. Rev. [2] **79.** 204. 1/7. 1950. Syracuse Univ.) H. LIEPACK. 85

Alfred J. Hartzler und **Melvin B. Gottlieb,** *Nebelkammerbeobachtungen von Schauern in einer Höhe von 11500 ft.* (Sitzungsbericht.) Vff. berichten über Messungen, die mit einer Nebelkammer auf Climax, Colorado (Höhe 11500 ft), durchgeführt wurden. (Physic. Rev. [2] **79.** 204—05. 1/7. 1950. Univ. of Chicago.) H. Liepack. 85

Robert R. Wilson, *Monte Carlo-Berechnungen von Schauern in Blei.* (Sitzungsbericht.) Es wurden Berechnungen für 50, 100, 200 u. 300 MeV durch Photonen u. Elektronen ausgelöste Schauer durchgeführt. Die Ergebnisse weichen stark von denen von Arley u. denen nach der Standardtheorie ab. Die mittlere Reichweite in Strahlungslängen von 10—1000 MeV-Elektronen in Pb ist gegeben durch $ln\ 2\ ln(\beta + E/\beta\ ln 2)$, wo E u. β die Energien u. krit. Energie in MeV sind. Auf Grund der Ergebnisse wurde ein γ-Strahlendetektor mit einer scharfen, hohen Energieschwelle entwickelt. (Physic. Rev. [2] **79.** 204. 1/7. 1950. Cornell Univ.) H. Liepack. 85

E. O. Salant, J. Hornbostel, C. B. Fisk und **J. E. Smith,** *Breiteneffekte für Sterne.* 1. Mitt. *Bildungsgeschwindigkeit und Zackenverteilung.* Es werden 1500 Sterne aus 200 bis 300 μ Ilford G 5, Eastman NTB 3 u. geschichteten Emulsionen ausgewertet, die sich aus Flügen bis 15 g/cm² auf 31 u. 57° geomagnet. N ergaben. Die Verteilung der p-Sterne ist gemäß der Zahl der schweren Zacken H (minimale Korndichte $>1{,}3$) nahezu von der Breite unabhängig. In geschichteten Platten finden sich keine Sterne mit $H>5$ u. nur wenige mit $H>4$. In nichtgeschichteten Emulsionen ist der Bruchteil von p-Sternen mit $H\leq 4$ in jeder Breite $<0{,}28$ u. mit $H\leq 5$ auf der südlichen Breite 0,30 u. auf der nördlichen 0,40. Die Bildungsgeschwindigkeiten für p-Sterne pro g u. Tag betragen auf der nördlichen Breite 300 u. auf der südlichen 70, ein Verhältnis von $4{,}3 \pm 1{,}0$. Der Zerfallsquerschnitt der Emulsionskerne ist in den beiden Breiten für Protonen im wesentlichen gleich, er beträgt unter Berücksichtigung der Messungen von Winckler 0,6 des geometrischen. (Physic. Rev. [2] **79.** 184. 1/7. 1950. Upton, N. Y., Brookhaven National Labor.) H. Liepack. 85

E. O. Salant, J. Hornbostel, C. B. Fisk und **J. E. Smith,** *Breiteneffekte für Sterne.* 2. Mitt. *Schauerteilchen.* (1. vgl. vorst. Ref.) Es werden nur Schauerteilchen in p-Sternen betrachtet. Die Multiplizität nimmt für beide Breiten mit der Sterngröße zu, was — wegen der Unabhängigkeit der Zackenverteilung von der Breite — auf eine Mehrfacherzeugung von Schauerteilchen hinweist. Für kleine Sterne (leichte Kerne) ändert sich die mittlere Multiplizität nicht mit der einfallenden Protonenenergie, Mehrfacherzeugung ist nicht ausgeschlossen, aber selten. Hohe Protonenenergien erhöhen die Multiplizitäten großer Sterne (schwere Kerne). Schwere Kerne, die von 1—8 GeV-Protonen (Mittelwert 2,5 GeV) getroffen wurden, geben eine Multiplizität wie leichte Kerne, die von Protonen mit Energien >8 GeV (Mittelwert 14 GeV) getroffen wurden. (Physic. Rev. [2] **79.** 184—85. 1/7. 1950.) H. Liepack. 85

E. Amaldi, G. Baroni, C. Castagnoli, G. Cortini, C. Franzinetti und **A. Manfredini,** *Über einen möglichen negativen $K \rightarrow \pi$-Mesonenzerfall.* Auf einer der Höhenstrahlung ausgesetzten Emulsion wurde ein durch ein neutrales Teilchen erzeugter Stern mit 11 schwarzen Zacken, 6 grauen, darunter 2 K-Teilchen, u. 6 Schauerteilchen beobachtet. Das erste K-Teilchen zerfällt nach einer Reichweite von 12,1 mm in ein σ-Meson, dieses gibt nach 23,2 mm einen Stern mit 3 Zacken, darunter 2 Protonen. Für σ ergeben sich Massen von 305 ± 43 bzw. $274 \pm 43\ m_e$, es dürfte sich um ein π^- mit einer kinet. Energie von $38{,}5 \pm 2{,}5$ MeV handeln. Die Massen der K-Teilchen betragen $m_{K1} = 1060 \pm 50\ m_e$ u. $m_{K2} \approx 1000\ m_e$. (Nuovo Cimento [9] **11.** 207—09. 1/2. 1954. Roma, Univ., Ist. di Fis., Ist. Naz. di Fis. Nucl.) M. Wiedemann. 85

M. Di Corato, C. C. Dilworth und **L. Scarsi,** *Ein Beispiel für τ^+ und $^{(\tau)}K_\pi^+$.* Beim Sardinienflug 1953 wurde ein τ^+–Mi_2-Ereignis beobachtet. Die M. des Primärteilchens von 49 MeV wurde zu $785 \pm 110\ m_e$ bestimmt. Zwei positive u. ein negatives Sekundärteilchen ergaben $Q = 73{,}2 \pm 3$ MeV. Die M. des 33 MeV-Primärteilchens eines $^{(\tau)}K_\pi^+$–Mi_1-Ereignisses wurde zu $600 \pm 160\ m_e$ bestimmt. Die Energie des positiven Sekundärteilchens betrug 41,5 MeV. (Suppl. del Nuovo Cimento Nr. 2. (zu [9] 12). 202—04. 1954. Milano, Univ., Ist. di Sci. Fis., Ist. Naz. di Fis. Nucl.) H. Liepack. 85

M. M. Block und **D. T. King,** *Kernabsorption eines schnellen geladenen Hyperons.* Zur Unters. der Existenz einer Rk. $Y + N \rightarrow N + N + K$, wo N das Nucleon, Y das Hyperon u. K das schwere Boson bedeuten, werden Ilford G 5-Emulsionen (400 μ) der Höhenstrahlung für 6 Std. in 95000 ft Höhe u. in geomagnet. Breite von 55° N ausgesetzt. Die Betrachtungen erfolgen an einer Photomikrographie eines Zusammenstoßes, bei dem das Targetnucleon ein Proton ist. Die Sekundärteilchen werden als Proton u. K-Teilchen mit beobachteten Massen von $1800 \pm 500\ m_e$ bzw. $900 \pm 350\ m_e$ identifiziert. Die beobachtete M. des Primärteilchens liegt bei $2580 \pm 700\ m_e$. Impulsbetrachtungen führen zu dem Ergebnis, daß es sich bei dem beobachteten Ereignis um eine Nucleonenabsorption im Fluge eines geladenen Hyperons gemäß $Y^{\pm} + p \rightarrow p + K^{\pm} + n$ handelt, wo p u. n das Proton bzw. Neutron u. $Y^{\pm}$ entweder das Hyperon oder dessen schwereren Kaskadengegenpart darstellen. Bei genauer Darst. der Rk. ist das beobachtete K-Teilchen ein Boson. (Physic. Rev. [2] **97.** 1415—16. 1/3. 1955. Washington, D. C., Naval Res. Labor.) GERHARD SCHMIDT. 85

A. Bonetti, R. Levi Setti, M. Panetti, L. Scarsi und **G. Tomasini,** *Über die mögliche Aussendung eines mesonenaktiven Tritons bei einer Kernzertrümmerung.* In einer auf großer Höhe der Höhenstrahlung ausgesetzten Emulsion wurde bei einem 22 + 3n-Stern ein Teilchen emittiert, das nach den Messungen der M. u. der Ladung ein Triton sein kann. Die beiden Sekundärbahnspuren liegen in einer Ebene u. genau entgegengesetzter Richtung, die eine stellt ein π-Meson dar, die andere vermutlich einen ^{3}He-Kern. Es handelt sich um den spontanen Zerfall eines angeregten positiven Isobars nach $^3H^* \rightarrow {}^3He + \pi^- + Q$ mit Q von 41,7 MeV. Die Lebensdauer ist $> 3 \cdot 10^{-10}$ sec. (Nuovo Cimento [9] **11.** 210—12. 1/2. 1954. Milano, Univ., Ist. di Sci. Fis., Ist. Naz. di Fis. Nucl.; Genova, Univ., Ist. di Fis.) M. WIEDEMANN. 85

A. Bonetti, R. Levi Setti, M. Panetti und **G. Tomasini,** *Über die Existenz instabiler geladener Teilchen mit Massen über der des Protons.* Es werden drei Fälle mitgeteilt, bei denen ein Teilchen mit einer M. über der eines Protons in Kernemulsionen beobachtet wurde, das in zwei Fällen unter Aussendung eines schnellen leichten Teilchens u. in einem unter Bldg. eines langsamen Protons zerfällt. Die M. des schweren Teilchens wurde aus Streuung–Reichweite oder aus Reichweite–Korndichte ermittelt, sie dürfte $\sim 2300\ m_e$ betragen. Es werden zwei verschied. Zerfallsmechanismen vorgeschlagen: $\Omega^{\pm}_{\pi} \rightarrow n + \pi^{\pm} + Q$, $\Omega^{\pm}_{p} \rightarrow p + \pi^0 + Q$. Im zweiten Falle wurde Q zu 115 MeV ermittelt. (Nuovo Cimento [9] **10.** 1736—43. 1/12. 1953. Milano, Univ., Ist. di Sci. Fis., Ist. Naz. di Fis. Nucl.; Genova, Univ., Ist. di Fis.) M. WIEDEMANN. 90

G. Heber, *Versuch einer stark idealisierten Theorie der Hyperonen.* Die Berechnungen der skalaren Kopplung eines skalaren, reellen, relativist. Materiefeldes (Mesonen) an ein skalares, nichtrelativist. Materiefeld (Nucleon) lassen die Eigg. der angeregten Zustände der Nucleonen in einem vereinfachten, dafür aber weitgehend streng u. ohne numer. Rechnungen durchzuführenden Modell erkennen. Zugrunde gelegt werden die Feldgleichungen, der HAMILTON-Operator u. dessen Erwartungswert sowie die Eigenwerte u. Eigenfunktionen des HAMILTON-Operators. (Z. Naturforsch. **10a.** 103—09. Febr. 1955. Jena, Univ., Theoret.-Physik. Inst.) GERHARD SCHMIDT. 90

Hermann Kümmel, *Die Wechselwirkung vieler Teilchen.* 1. Mitt. *Allgemeine Theorie.* Ableitung der BETHE-SALPETER-Gleichung für N gleiche Teilchen u. Diskussion der Lösungstheorie hinsichtlich der bei vielen Teilchen vorliegenden spezif. Probleme. Bei Beschränkung auf nichtrelativist. Teilchen u. die niedrigste Näherung geht die BETHE-SALPETER-Gleichung in die HARTREE-FOCKschen Gleichungen über. (Z. Naturforsch. **10a.** 117—25. Febr. 1955. Berlin, Freie Univ., Inst. für Theoret. Phys.) GERHARD SCHMIDT. 90

Je. L. Feinberg, *Über den Zusammenstoß von schnellen Nucleonen mit Kernen.* Vf. untersucht den Kaskadenprozeß beim Stoß schneller Nucleonen auf Kerne u. zeigt, daß aufeinanderfolgende Stöße in einem engen Kanal im Kern, bei denen die Richtung des Teilchens nach dem Stoß u. die der Stoßprodd. nur wenig von der Primärrichtung abweicht, nur unter bestimmten Bedingungen für den Mechanismus der Mesonenauslösung erfolgen können. (Журнал Экспериментальной и Теоретической Физики [J. exp. theoret. Physik] **28.** 241—42. Febr. 1955. Physikal. Lebedew-Inst. der Akad. der Wiss. der UdSSR.) M. WIEDEMANN. 90

Warren Heckrotte und **Joseph V. Lepore,** *Polarisation von an Kernen elastisch gestreuten Nucleonen.* Nucleonen mit weniger als ca. 50 MeV Energie werden bei elast. Streuung am Kern durch das Spin–Bahn-Potential nach dem Kern–Schalen-Modell teilweise polarisiert. Bei höheren Energien handelt es sich mehr um Streuung an einzelnen Nucleonen, doch wird vermutet, daß auch hier die Spin-Abhängigkeit der elast. Streuung die Form des Spin–Bahn-Potentials hat. Für beide Fälle wurde ein Ausdruck für die Polarisation unter Berücksichtigung der Phasenverschiebung zwischen einfallender u. gestreuter Welle errechnet. Für 300 MeV-Nucleonen an C beträgt die Polarisation danach 40%. (Physic. Rev. [2] **94.** 500. 15/4. 1954. Berkeley, Calif., Univ. of California, Radiat. Labor.) H. C. WOLF. 90

F. E. Low, *Boson–Fermion-Streuung in der Heisenberg-Darstellung.* Aufstellung eines einfachen Ausdruckes der S-Matrix für Boson–Fermion-Streuung in der HEISENBERG-Darstellung. (Physic. Rev. [2] **97.** 1392—98. 1/3. 1955. Urbana, Ill., Univ. of Illinois.) GERHARD SCHMIDT. 90

Shuzo Ogawa, Hisaichiro Okonogi und **Sadao Ôneda,** *Über die schwache universelle Wechselwirkung zwischen Fermionen und Bosonen.* Vff. untersuchen die schwache Wechselwrkg. zwischen Fermionen u. Bosonen vom phänomenolog. Standpunkt aus, bes. diejenige zwischen π^0-Mesonen u. Leptonen, π^0-Mesonen u. schweren Teilchen u. zwischen schweren Mesonen u. Leptonen. (Progr. theoret. Physics [Kyoto] **11.** 330—32. März 1954. Nagoya, Univ.; Kanazawa, Univ., Inst. of Theoret. Phys. [Orig.: engl.]) D. Geissler. 90

Kazu Hasegawa und **Shûkô Azuma,** *Die π-Nucleonstreuung und der Dämpfungseffekt.* Für einfallende Mesonenenergien von 130 MeV, π^+ unter 45°, π^- beliebiger Winkel, zeigt die π^+-Streuung keine Dämpfung. Selbst für große Kopplungskonstanten ist die Berechnung bis zur 4. Ordnung in der p. s. Mesonentheorie eine gute Annäherung. Bei der π^--Streuung weisen die zu großen Werte der 4. Ordnung auf einen großen Dämpfungseffekt hin. (Progr. theoret. Physics [Kyoto] **10.** 240—41. Aug. 1953. Tohoku Univ., Dep. of Phys. [Orig.: engl.]) H. Liepack. 90

Walter Thirring, *Zur Meson–Meson-Wechselwirkung.* Vf. zeigt, daß zur Erklärung der Kernsättigung durch abstoßende Kräfte zwischen π-Mesonen die Nichtlinearität so stark gewählt werden muß, daß man damit in Widerspruch zu den gemessenen Wirkungsquerschnitten für die Streuung von π-Mesonen an Kernen kommt. (Z. Naturforsch. **9a.** 804—05. Sept. 1954. Bern, Univ., Physik. Inst.) D. Geissler. 90

H. A. Bethe und **F. de Hoffmann,** *Phasenverschiebungsanalyse der Meson–Proton-Streuung.* Vff. analysieren die experimentellen Daten für direkte π^+- u. π^-- sowie π^--Ladungsaustauschstreuung zwischen 0 u. 217 MeV. Diagramme für die Phasenverschiebungen δ_{33}, δ_1 u. δ_3 vom Fermi-Typ in Abhängigkeit vom Mesonenimpuls im Schwerpunktssyst. werden angegeben u. diskutiert. (Physic. Rev. [2] **95.** 1100—01. 15/8. Erratum: [2] **96.** 1714. 15/12. 1954. Ithaca, N. Y., Cornell Univ.; Los Alamos, N. Mex., Sci. Labor.) D. Geissler. 90

P. Colombino, S. Ferroni, G. Ghigo und **G. Wataghin,** *Über den Nucleon–Proton-Stoß mit Erzeugung von Mesonen.* (Vgl. C. **1955.** 9949.) Beim n–p-Stoß wird gezeigt, daß der Beitrag der Anfangszustände mit T = 0 für die beobachteten Ereignisse bzw. für den vom verwendeten App. ausgewählten Energiebereich der einfallenden Nucleonen (Energie $\gtrsim$ 10 GeV) überwiegt. (Nuovo Cimento [9] **12.** 819—20. 1/11. 1954. Torino, Univ., Ist. di Fis., Ist. Naz. di Fis. Nucl.) R. K. Müller. 90

R. N. Thorn, *Erzeugung von Protonenpaaren.* Zur Nachprüfung der Existenz von negativen Protonen im California-Bevatron werden die Wahrscheinlichkeiten für ihre Entstehung bei den beiden Rkk. $p + p \rightarrow p + p + p + \bar{p}$ u. $p + n \rightarrow p + n + p + \bar{p}$ errechnet. Die Grenzenergie für die kinet. Energie der auftreffenden Nucleonen ist 5,6 GeV. Die Erzeugung durch (n, p)-Rkk. überwiegt in der Nähe der Grenzenergie diejenige durch (p, p). (Physic. Rev. [2] **94.** 501. 15/4. 1954. Cambridge, Mass., Harvard Univ.) H. C. Wolf. 90

A. Martin und **L. Verlet,** *Proton–Proton-Streuung bei mittleren Energien.* Ausführliche Darst. der C. **1954.** 239 referierten Arbeit. (Nuovo Cimento [9] **12.** 483—89. 1/10. 1954. Paris, École Supér. Normale, Labor. de Phys.) M. Wiedemann. 90

K. Strauch und **W. F. Titus,** *Streuung von 96 MeV-Protonen an leichten Kernen.* Vff. berichten über Streuverss. von 93,3 MeV-Protonen an C u. 91,0 MeV-Protonen an S. Die Energieverteilung der unter 40° im Laborsyst. gestreuten Protonen ist graph. dargestellt. Es zeigt sich, daß viele Zustände durch hochenerget. Protonen, die mit dem Targetkern nur kurze Zeit in Wechselwrkg. stehen, ohne Compoundkernbldg. angeregt werden können. (Physic. Rev. [2] **95.** 854—55. 1/8. 1954. Cambridge, Mass., Harvard Univ.) D. Geissler. 90

Owen Chamberlain und **John D. Garrison,** *Proton–Proton-Streuversuche bei 170 und 260 MeV.* Vff. führen die Ergebnisse von Messungen des differentiellen Streuquerschnitts für Winkel zwischen 4 u. 40° (im Laborsyst.) in Form von Diagrammen an. Bei beiden Energien ist der Streuquerschnitt innerhalb der Fehlergrenzen derselbe. Die Ergebnisse stimmen mit neueren Messungen anderer Autoren überein. Die Versuchsanordnung wird beschrieben. (Physic. Rev. [2] **95.** 1349—50. 1/9. 1954. Berkeley, Calif., Univ. of California, Dep. of Phys., Radiat. Labor.) D. Geissler. 90

Hervasio G. de Carvalho, *Totale Wirkungsquerschnitte von 208 und 315 MeV-Protonen für leichte Elemente.* Vf. bestimmt die totalen Wirkungsquerschnitte an Neutronen, *H, D, Li, Be, B, C, N, O, Al, S* u. *Cl* durch Messung der Intensitätsminderung des in einem Synchrocyclotron erzeugten Protonenstrahls beim Durchgang durch dünne Folien mit Hilfe von Koinzidenz–Antikoinzidenz-Methoden bei verschied. Wahl des vom Zähler bestrichenen Raumwinkels. Die Ergebnisse, die bzgl. Coulomb-Streuung korrigiert sind, werden mit denen für Neutronenstreuung verglichen. Die zu den Messungen passenden

Parameter des opt. Kernmodells sind Kernradius = $1{,}23 \cdot A^{1/3} \cdot 10^{-13}$ cm u. Absorptionskoeff. $0{,}5 \cdot 10^{13}$ cm^{-1}. (Physic. Rev. [2] **96**. 398—407. 15/10. 1954. Chicago, Ill., Univ. of Chicago, Inst. for Nucl. Stud.) D. GEISSLER. 90

David Fischer und **Gerson Goldhaber**, *Kleinwinkel-Proton–Proton-Streuung bei 330 MeV.* Vff. berichten über Messungen des differentiellen Streuquerschnitts für Winkel zwischen 2 u. 14° (im Laborsystem). Die Protonen werden mit Photoplatten nachgewiesen. Für Winkel über 10° ist der Wirkungsquerschnitt $3{,}8 \pm 0{,}25$ mbarn pro Raumwinkeleinheit unabhängig vom Winkel. Die Ergebnisse bei kleineren Winkeln deuten auf Interferenz zwischen Kern- u. COULOMB-Streuung hin. Phasenverschiebungsanalyse der Daten u. Einfl. relativist. Korrekturen werden diskutiert. (Physic. Rev. [2] **95**. 1350—51. 1/9. 1954. Berkeley, Calif., Univ. of California, Dep. of Phys., Radiat. Labor.) D. GEISSLER. 90

A. B. Chilton, J. N. Cooper und **J. C. Harris**, *Das Bremsvermögen verschiedener Elemente für Protonen.* Sitzungsbericht zu der C. **1955**. 1662 referierten Arbeit. (Physic. Rev. [2] **91**. 495—96. 15/7. 1953. Ohio State Univ.) H. LIEPACK. 90

D. N. F. Dunbar, H. K. Reynolds, W. A. Wenzel und **W. Whaling**, *Der Bremsquerschnitt von Gasen für Protonen und Deuteronen.* (Sitzungsbericht.) Die Messungen wurden für äquivalente Protonenenergien von 30—600 keV ausgeführt. Ein monoenerget. Bündel, unter 90° an einer Au-Oberfläche gestreut, durchlief eine 3 in. lange Kammer, die Gas von 2—10 mm Hg enthielt. Im Energiebereich von 150—600 keV genügten H_2, N_2, O_2, H_2O, NH_3, N_2O der BRAGGschen Regel der Additivität der Querschnitte innerhalb 2%, während NO eine Abweichung von $\sim$4% zeigte. Bei niedrigen Energien betrugen die Abweichungen $\sim$10%. Die Bremsquerschnitte für C aus CH_4, C_2H_2, C_2H_4, C_6H_6, CO_2, O_2 u. H_2 stimmen für Energien $>$100 keV innerhalb 5% überein, für Energien $<$100 keV sind die Abweichungen groß. Die integrierten Reichweiten für Luft stimmen mit Nebelkammermessungen überein. (Physic. Rev. [2] **91**. 496. 15/7. 1953. California Inst. of Technol.) H. LIEPACK. 90

Evans Hayward und **E. G. Fuller**, *Elastische Streuung von Photonen an Kernen.* Vff. teilen die Ergebnisse von Messungen des differentiellen Wirkungsquerschnittes bei 120° für die elast. Streuung von Photonen an *Cu, Mn, Sn, Au, Bi* u. *Pb* bei Energien zwischen 4 u. 28 MeV mit. Für alle Elemente außer Au zeigt sich ein deutliches Maximum in der Nähe der (γ, n)-Schwelle. (Physic. Rev. [2] **95**. 1106—07. 15/8. 1954. Washington, D. C., NBS.) D. GEISSLER. 90

A. M. Sessler und **H. M. Foley**, *Statistisches Atom mit Drehimpuls.* Vff. erweitern die THOMAS-FERMI-Meth. auf Atome mit Gesamtdrehimpuls. Durch Variationsverf. wird eine Differentialgleichung für das Potential abgeleitet, die einer Rotation des ganzen Atoms entspricht. Diese Gleichung wird für D-Zustände störungstheoret. gelöst. (Physic. Rev. [2] **96**. 366—68. 15/10. 1954. New York, N. Y., Columbia Univ.) D. GEISSLER. 95

Massimo Rocca, *Die Schwierigkeiten des Bohrschen Atoms.* Krit. Betrachtungen. (Chimica [Milano] [N. S.] **8** (29). 209—13. Aug. 1953.) G. KIRSCHSTEIN. 95

D. Iwanenko, N. Kolessnikow und **Ss. Larin**, *Bemerkungen zum Kernmodell.* Vf. teilt einige Beobachtungen mit, die dem Schalenmodell des Kerns widersprechen, u. schlägt ein Modell vor, bei dem neben der Bewegung der Nucleonen in Schalen u. der Deformation auch die Assoziation von 2, 4 oder mehr Nucleonen zu Gruppen berücksichtigt wird. Die Assoziation sollte vor allem bei leichten Kernen ins Gewicht fallen u. auch das magnet. Moment beeinflussen. (Доклады Академии Наук СССР [Ber. Akad. Wiss. UdSSR] **100**. 37—40. 1/1. 1955. Moskau, Lomonossow-Univ.) M. WIEDEMANN. 95

J. Hamilton, *Funktionsanalyse und Theorie der starken Kopplung.* Unters. der Beziehung der Funktionsanalyse zur Näherung des HAMILTON-Operators an gequantelte Felder mit starker Wechselwrkg. u. Anwendung der Funktionsmeth. zur Best. reeller Nucleonen u. gebundener Zustände. (Physic. Rev. [2] **97**. 1390—91. 1/3. 1955. Cambridge, England, Christ's Coll.) GERHARD SCHMIDT. 95

Hironari Miyazawa, *Theorie der starken Kopplung für den Fall pseudoskalarer Kopplung.* Theoret. Folgerungen bei Anwendung der Meth. der starken Kopplung für die Wechselwrkg. des pseudoskalaren Pionenfeldes mit dem Nucleonenfeld. Im Bereich starker Kopplung läßt sich die ausgeprägte Differenz zwischen den Zuständen von I = 1/2 u. 3/2 erkennen. (Physic. Rev. [2] **97**. 1399—1406. 1/3. 1955. Chicago, Ill., Univ. of Chicago, Inst. for Nucl. Stud.) GERHARD SCHMIDT. 95

A. Florian, P. Urban und **K. Wildermuth**, *Zu den höher angeregten Zuständen leichter Kerne.* Vff. bestimmen auf Grund gruppentheoret. Überlegungen die HARTREE-Näherungsfunktionen für den Grund- u. einen angeregten Zustand von ^{16}O u. für den Grundzustand von ^{16}N. Bei Verwendung des Oscillatormodells tritt ein Parameter in den Rechnungen auf, durch dessen Variation nach dem Ritz-Verf. die Energiewerte bestimmt werden. Der Vgl. mit dem Experiment zeigt, daß für die mittlere Lage der Energieniveaus hauptsächlich Zweikörperkräfte verantwortlich sind. (Z. Naturforsch. **9a.** 748—57. Sept. 1954. Graz u. München, Univ., Inst. für theoret. Phys.) D. Geissler. 95

Wolfgang Wild und **Karl Wildermuth,** *Kernbindungsenergien und Zweikörperkräfte.* Vff. berechnen näherungsweise die Bindungsenergien mittlerer u. schwerer Kerne mit ebenen Wellen als Einteilchenwellenfunktionen, wobei der Kernradius empir. vorgegeben wird. Die Abschätzung, bei der auch die Oberflächenenergie berücksichtigt wird, gibt den Gang der Bindungsenergie mit dem At.-Gew. befriedigend wieder. Aus den Ergebnissen schließen Vff., daß bei Annäherung der Nucleonen unter einen krit. Abstand von $\sim 1{,}3 \cdot 10^{-13}$ cm abrupt Mehrkörperkräfte auftreten, deren Beitrag zur potentiellen Energie $<10\%$ sein muß. (Z. Naturforsch. **9a.** 799—800. Sept. 1954. München, Univ., Inst. für theoret. Phys.) D. Geissler. 95

D. C. Peaslee, *Coulomb-Energien leichter Kerne.* Vf. schätzt den Austauschterm im Ausdruck für die Coulomb-Energie eines Kerns ab, was zu der Beziehung $\Delta E_c = a(Z/A^{1/3}) + b$ für die Differenz der Coulomb-Energie von Spiegelkernen führt. Für alle 4 Reihen: $A = 4n, 4n + 1, 4n + 2$ u. $4n + 3$ ergibt sich mit $a = 1{,}46$ MeV, $b = -1{,}11$ MeV gute Übereinstimmung mit dem Experiment. Der a-Wert entspricht einem Muldenpotential der Reichweite $1{,}18 \cdot A^{1/3} \cdot 10^{-13}$ cm. Die Formel für ΔE_c deutet weiter darauf hin, daß in leichten Kernen Supermultiplettstruktur vorliegt. (Physic. Rev. [2] **95.** 717—23. 1/8. 1954. New York, N. Y., Columbia Univ.) D. Geissler. 95

David M. Dennison, *Energieniveaus des* ^{16}O*-Kerns.* Vf. berechnet mit Hilfe des α-Teilchenmodells die Energieniveaus des ^{16}O-Kerns. Die Termlagen werden durch 4 Parameter bestimmt, von denen einer den effektiven Kernradius zu $2{,}5 \cdot 10^{-13}$ cm festlegt. (Physic. Rev. [2] **96.** 378—80. 15/10. 1954. Ann Arbor, Mich., Univ. of Michigan, Randall Labor.) D. Geissler. 95

Ss. I. Larin und **N. N. Kolessnikow,** *Neutronenunterschale im Gebiet der Transurane.* Für die Transurane wird die Abhängigkeit der Energie des α-Zerfalls von der Massenzahl A diskutiert. Hieraus ergeben sich Hinweise für die Existenz einer Neutronenunterschale mit N = 150 oder 152, die letztere Zahl ist wahrscheinlicher. Das Niveau hat dann die Form $6\,g_{9/2}, 4\,s, 5\,d_{5/2}, 6\,g_{7/2}$. (Журнал Экспериментальной и Теоретической Физики [J. exp. theoret. Physik] **28.** 243. Febr. 1955. Moskau, Univ.) M. Wiedemann. 95

John G. Conway und **Ralph D. McLaughlin,** *Kernspin von* ^{239}Np. Durch Beschuß von U in einem starken Neutronenbündel werden einige μg ^{239}Np erzeugt u. chem. von U abgetrennt. Nach dem Eindampfen der ^{239}Pu-haltigen Lsg. auf einer Graphitelektrode wird diese mit 15 A Gleichstrom abgefunkt u. die Spektren 2. u. 3. Ordnung photographiert. Zum Vgl. werden das Spektr. von ^{237}Np, Graphit u. Fe unter den gleichen Bedingungen aufgenommen. Wegen der doppelten Aufspaltung der Linien ordnen Vff. dem ^{239}Np-Kern einen Spin von $I = \frac{1}{2}\,(h/2\pi)$ zu. Die stärkste u. am besten aufgelöste Np-Linie liegt bei 3999,5 Å. (Physic. Rev. [2] **96.** 541. 15/10. 1954. Berkeley, Calif., Univ. of California, Radiat. Labor.) J. Roesmer. 95

R. Lepsius, *Biologische Betrachtungen im Periodischen System der Elemente.* Kurze Übersicht über die Art, wie die chem. Elemente in der unbelebten Natur u. in den Lebewesen vorkommen. (Heilkunst **1952.** Nr. 10. Okt.; Sep.) G. Kirschstein. 95

E. Newman und **W. L. Alford,** *Die Winkelverteilung von α-Teilchen aus (p, α)-Reaktionen.* (Sitzungsbericht.) Vff. beschießen eine Anzahl von Targetsubstanzen mit 22 MeV-Protonen des inneren Bündels eines 86 in.-Cyclotrons u. messen die Winkelverteilung der aus (p,α)-Rkk. stammenden α-Teilchen. Zum Nachw. der α-Teilchen dienen dünne Schichten (~ 5 mg/cm²) $AlPO_4$ auf Al-Trägern, in denen die durch $^{31}P(\alpha,n)^{34}Cl$ entstehende Cl-Aktivität nach voraufgegangener chem. Abtrennung bestimmt wird. Die Wrkg. von Verunreinigungen in $AlPO_4$ ist zu vernachlässigen. Absorptionsverss. werden unter verschied. Winkeln ausgeführt. Messungen im Laboratoriumswinkelbereich von 15 bis 170° zum Primärprotonenbündel zeigen in Vorwärtsrichtungen starke Maxima, was darauf hindeutet, daß der untersuchte Kernprozeß durch direkte Wechselwrkg. u. nicht über Compoundkernbldg. verläuft. (Physic. Rev. [2] **94.** 748. 1/5. 1954. ORNL.) F. Weigel. 103

H. H. Givin, G. K. Farney, T. M. Hahn und **B. D. Kern,** *Winkelverteilung der 12 und 16 MeV-γ-Strahlen aus dem Protonenbeschuß eines dünnen Bortargets.* (Vgl. C. **1955.** 2125.) B wird mit Protonen von 0,6—2,0 MeV beschossen u. die bei der Rk. $^{11}B(p,\gamma)^{12}C$ emittierten γ-Strahlen von 16 u. 12 MeV unter verschied. Winkeln mit einem Scintillationsspektrometer beobachtet. Sie kann durch eine Beziehung $W_{(\Theta)} = 1 + A\cos\Theta$

$+ B \cos^2\Theta$ wiedergegeben werden. Die Energieabhängigkeit von A u. B zeigt an, daß eine Interferenz von mindestens zwei Niveaus entgegengesetzter Parität vorliegt. (Physic. Rev. [2] **96.** 1337—39. 1/12. 1954. Lexington, Ky., Univ. of Kentucky, Dep. of Phys.)
G. HERRMANN. 103

J. G. Campbell, *Resonanzabsorption von γ-Strahlung durch ^{16}O-Kerne.* Vf. berichtet über vorläufige Messungen der γ-Resonanzabsorption bei der Rk. $^{16}O(\gamma, n)^{15}O$. Als γ-Strahlenquelle dient die Rk. $^{7}Li(p,\gamma)^{8}Be$ mit einem Q-Wert von 17,242 MeV. Sauerstoff lag als Dioxan vor, in welchem p-Terphenyl gelöst war, um eine scintillierende Lsg. zu erhalten. ^{15}O wird auf Grund seiner Positronenemission bestimmt. Vf. nimmt an, daß bei der Rk. $^{7}Li(p,\gamma)^{8}Be$ die Spitze in der Aktivierungskurve bei einer Protonenenergie von 510 keV einer Resonanzabsorption des ^{16}O von 17,721 ± 0,010 MeV-γ-Strahlung mit einer Halbwertsbreite von ~ 20 keV entspricht. Die entsprechende Anregungsenergie des ^{16}O ist um die Rückstoßenergie von 10,5 keV bei der Absorption geringer. (Physic. Rev. [2] **95.** 1357—58. 1/9. 1954. Melbourne, Univ., Phys. Dep.)
J. ROESMER. 103

A. Moljk und **S. C. Curran,** *β-Spektren von ^{14}C und ^{35}S.* Vff. beschreiben die bei der Messung durch das Spektrometer bedingten Fehler u. deren Vermeidung, wie z. B. Verkürzung der Reichweite der β-Strahlen durch Anwendung eines Zählrohres (Radius 6,8, Länge 19,5 cm) mit Ar-Füllung bis zu 7 at, Anlegen eines axialen Magnetfeldes von 3500 Gauß, das die prim. Teilchen auf Kreisbahnen zwingt. Der Fehler der gefundenen wirklichen Intensitäten wird auf < 1% geschätzt. Gemessen wurde ^{14}C als CH_4 u. ^{35}S als gasförmiger CS_2. Graph. Darst. der beobachteten u. theoret. Spektren u. Diskussion. (Physic. Rev. [2] **96.** 395—98. 15/10. 1954. Glasgow, Univ.) H. MENKE. 103

William Rubinson und **J. J. Howland jr.,** *K-Elektronenemission beim β-Zerfall von ^{35}S.* In Fortsetzung ihrer Unterss. (C. **1953.** 2869 u. MISKEL u. PERLMAN, C. **1955.** 8078) berichten Vff. über Photonenemission beim β-Zerfall von ^{35}S. Quellen von 1 mC sind erforderlich, um meßbare Photonenemission zu erhalten. Große chem. u. isotop. Reinheit sind notwendig zur Vermeidung von Absorption von Cl–K-Photonen u. Anregung von Atomen in der Quelle. ^{35}S-Quellen der erforderlichen Stärke wurden aus p. A.-KCl hergestellt, das weniger als 20 Teile pro 10^6 an SO_4'' enthält. Nach Reinigung wurde das KCl in Quarzampullen unter O_2-Atmosphäre im Reaktor 5 bzw. 10 Tage bestrahlt u. anschließend der S abgetrennt, der jetzt etwa zur Hälfte ^{35}S enthielt u. Strahlungsquellen von 20 mC ergab. Die Photonenemission wurde mit einem Zähler gemessen. Der Beweis, daß die Photonen Cl–K-Röntgenstrahlen sind, wird geführt u. an Hand der Impulshöhenanalyse gezeigt, daß die Auftrittswahrscheinlichkeit für Cl–K-Photonen 2,7 (± 0,6) · 10^{-4} hν/β beträgt, entsprechend einer K-Fehlstellenerzeugung von 2,3 (± 0,7) · 10^{-3} K-Fehlstellen/β in befriedigender Übereinstimmung mit dem theoret. Wert 3,0 · 10^{-3} K-Fehlstellen/β. (Physic. Rev. [2] **96.** 1610—13. 15/12. 1954. Upton, N. Y., Brookhaven Nat. Labor., Dep. of Chem.) H. MENKE. 103

Max Wolfsberg, *Hüllelektronenanregung beim Elektroneneinfang in ^{37}Ar.* Die von MISKEL u. PERLMAN (C. **1955.** 8078) beim Zerfall von ^{37}Ar beobachtete Anregung von K-Elektronen nach K-Einfang rührt zum Teil von der Anregung der L-Schale nach K-Einfang u. der K-Schale nach L-Einfang her. Vf. berechnet die Wahrscheinlichkeit der 3 Rkk. u. findet eine bessere Übereinstimmung zwischen beobachteten u. berechneten Impulsspektren u. Anregungswahrscheinlichkeiten als bei der l. c. vorgeschlagenen Deutung. (Physic. Rev. [2] **96.** 1712—13. 15/12. 1954. Upton, N. Y., BNL, Chem. Dep.)
G. HERRMANN. 103

J. Halpern, R. Nathans und **P. F. Yergin,** *Der Schwellenwert von $^{40}Ar(\gamma, n)$ und die Masse von ^{39}Ar.* Für die Rk. $^{40}Ar(\gamma, n)^{39}Ar$ wurde ein Schwellenwert bei 9,85 ± 0,15 MeV gefunden. App. u. Arbeitsweise für diese Messungen entsprechen denen von FERGUSON u. Mitarbeitern (C. **1955.** 4270). Unter Verwendung der neuesten massenspektrograph. Messungen für die M. von ^{40}Ar wurde die M. von ^{39}Ar zu 38,97681 ± 0,00020 berechnet. Die Beziehung dieser Messung zu anderen reaktionsenerget. Daten wird diskutiert. (Physic. Rev. [2] **95.** 1529—30. 15/9. 1954. Philadelphia, Pa., Univ. of Pennsylvania.) G. TÖLG. 103

John A. McCarthy, *Suche nach doppeltem β-Zerfall in ^{48}Ca.* (Vgl. C. **1954.** 7341.) Beim doppelten β-Zerfall ohne Neutrinoemission wird experimentell geprüft, ob die gesamte kinet. Energie der beiden emittierten Elektronen konstant ist. Das Koinzidenzverh. der Aktivität wird mit einer Strahlenquelle von 78 mg Ca in Form von $CaCO_3$ (84,3% ^{48}Ca) u. mit 2 Scintillationszählern (plast. Phosphore) nachgewiesen. Die Ergebnisse zeigen eine Spitze im Energiespektr. bei 4,1 ± 0,3 MeV. Massenspektrograph. Daten liefern den Wert von 4,3 ± 0,1 MeV als die für den doppelten β-Zerfall verfügbare Energie. (Physic. Rev. [2] **97.** 1234—36. 1/3. 1955. Cambridge, Mass., MIT.)
GERHARD SCHMIDT. 103

S. Bernstein, L. D. Roberts, C. F. Stanford, J. W. T. Dabbs und **T. E. Stephenson,** *Wechselwirkung polarisierter Neutronen mit polarisierten ^{55}Mn-Kernen.* Vff. beobachten direkt die Abhängigkeit des Einfangquerschnittes polarisierter ^{55}Mn-Kerne für polarisierte Neutronen von der räumlichen Orientierung zwischen auftreffenden u. getroffenen Teilchen. Als Target dient das paramagnet. $^{55}MnSO_4 \cdot (ND_4)_2SO_4 \cdot 6\,D_2O$ wegen dessen starker Hyperfeinstrukturkopplung. Die ^{55}Mn-Kerne werden durch partielle adiabat. Entmagnetisierung in einem Felde von 2350 Oe bei 0,20°K polarisiert. Unter diesen Bedingungen beträgt die Polarisation der paramagnet. Elektronen ~85%, die der Kerne 16%. Nach Bestrahlung des Salzes mit Neutronen, die beim Durchlaufen von magnetisiertem Eisen zu 32% polarisiert worden sind, wird die 2,6 Std.-Aktivität des ^{56}Mn gemessen. Wenn das die Neutronen polarisierende Feld u. das die Probe polarisierende Feld parallel gerichtet ist, ist die Aktivität des Targets um 3,4% niedriger, als wenn beide Felder antiparallel eingestellt sind. In Übereinstimmung mit der Theorie hängt die Differenz beider Aktivitäten von der Temp. der bestrahlten Probe ab. Die Beobachtungen werden an Hand des Energieniveauschemas des ^{56}Mn-Compoundkerns diskutiert. (Physic. Rev. [2] **94.** 1243—51. 1/6. 1954. Oak Ridge, Tenn., ORNL.) J. ROESMER. 103

M. L. Pool, *Kernreaktionen und Radioaktivitäten bei Beschuß mit den 6,7 MeV-^{3}H und den 21 MeV-^{3}He des Cyclotrons.* Die mit ^{3}H von 6,7 MeV u. ^{3}He von 21 MeV durchgeführten Kern-Rkk. sind tabelliert, im ersten Fall wird bes. leicht ^{18}F (1,8 Std.) gewonnen. Mit ^{3}He können eine Reihe von Radioaktivitäten genau bestimmt werden: ^{11}C (20,74 ± 0,10 Min.); ^{62}Zn (8,4 Std.); ^{65}Ga (15,0 Min.); Positronen von 2,1 MeV, keine γ-Strahlung. Die Rk. $^{65}Cu(^{3}He, n)^{67}Ga$ wird genauer untersucht, die 180 u. 297 keV-γ-Strahlen sind in Koinzidenz, die 93 keV-γ-Strahlung dagegen nicht, es kann eine Halbwertszeit von ~350 μsec für sie ermittelt werden. In ^{67}Zn scheint daher ein metastabiler Zustand mit einer solchen Lebensdauer zu existieren. (Physica **18.** 1304—07. Dez. 1952. Columbus, Ohio State Univ.) M. WIEDEMANN. 103

W. S. Lyon und **J. E. Strain,** *Zerfall von ^{86}Rb.* Vff. untersuchen das γ-Spektr. von ^{86}Rb mit einem NaJ(Tl)-γ-Spektrometer u. beobachten einen 1,08 MeV-γ-Strahl. Das γ-Verzweigungsverhältnis wird zu 8,9 ± 0,5% gefunden. (Physic. Rev. [2] **95.** 1500. 15/9. 1954. Oak Ridge, Tenn., ORNL, Analyt. Chem. Div.) J. ROESMER. 103

A. Chetham-Strode jr. und **E. M. Kinderman,** *Halbwertszeit von Yttrium 90.* Vff. bestimmen mit einem Glimmerfenster-β-Zähler über 650 Std. die mittlere Halbwertszeit von ^{90}Y zu 64,60 ± 0,43 Stunden. (Physic. Rev. [2] **93.** 1029. 1/3. 1954. Richland, Wash., General Electric Co., Hanford Atomic Prod. Operat.) J. VOITLÄNDER. 103

R. P. Schuman, *Erzeugung von ^{93m}Nb durch Reaktorbestrahlung von Niob.* Mit Neutronen beschossenes Nb emittiert Nb–K-Röntgenstrahlen u. 2 weiche Elektronengruppen mit ~8,5 bzw. 23 keV. Vf. hält diese Elektronen für Konversionselektronen des 27 keV-γ-Strahls. Der ^{93m}Nb-Kern entsteht wahrscheinlich durch unelast. Streuung schneller Neutronen an ^{93}Nb-Kernen. Die Halbwertszeit von ^{93m}Nb beträgt ~4 Jahre. (Physic. Rev. [2] **96.** 121. 1/10. 1954. Schenectady, N. Y., Knolls Atom. Power Labor.) J. ROESMER. 103

Mario A. Rollier und **Einar Saeland,** *Halbwertszeit und β-Zerfall des langlebigen Niob 94.* Vff. stellen durch Neutronenbeschuß von metall. Nb das langlebige ^{94}Nb her. Die *Ta*-Extraktion aus der Probe wird beschrieben. Gefunden wird ein $T_{1/2}$-Wert von $2,7 \cdot 10^{4}$ Jahren (± 15%). (Physic. Rev. [2] **94.** 1079. 15/5. 1954. Kjeller, Joint Establ. for Nucl. Energy Res.; Milano, Polytechn. Inst., Inst. of General Chem.) J. VOITLÄNDER. 103

F. I. Boley, *Kurzlebige isomere Zustände von ^{110}Ag und ^{116}In.* Vf. untersucht das γ- u. β-Spektr. von ^{110}Ag u. schlägt ein Zerfallsschema des isomeren Zustandes (24 Sek.) von ^{110}Ag vor. Bei ^{116}In findet Vf. kein γ-Spektr., was darauf hindeutet, daß es keinen Übergang zwischen isomeren Zuständen von ^{116}In gibt. (Physic. Rev. [2] **94.** 1078—79. 15/5. 1954. Middletown, Conn., Wesleyan Univ., Scott Labor.) J. VOITLÄNDER. 103

A. H. W. Aten jr., J. Manassen und **G. D. de Feyfer,** *Bemerkungen zu den Isomeren von Antimon 116.* Vff. bestrahlen unter Anwendung der TEMMERschen Meth. (C. **1950. II.** 1317) Indiumoxyd mit He^{2+}-Ionen u. beobachteten sowohl eine 14 Min.-β^{+}-Aktivität als auch eine 1 Std.-β^{+}-Aktivität. Beide werden mit großer Wahrscheinlichkeit den Isomeren von ^{116}Sb zugeschrieben. Es treten bei verschied. Proben mit Indiumoxyd u. auch bei verschied. chem. Abtrennungsmethoden des Sb immer ident. Zerfallskurven auf. Das 14 Min.-Isotop besitzt eine maximale Energie der Positronen von E_{max} 2,4 ± 0,2 MeV. Weiterhin wird eine γ-Linie von 2,2 ± 0,1 MeV gefunden. Beim 1 Std.-Isotop ist die höchste beobachtete γ-Energie 1,31 ± 0,05 MeV, von der ~1,5 γ-Strahl pro Positron kommt. (Physica **20.** 665—66. Sept. 1954. Amsterdam, Inst. voor kernphys. onderz.) G. TÖLG. 103

N. H. Lazar, *Zerfall von ^{124}Sb.* Vf. untersucht die γ-Strahlung, die auf den β-Zerfall von ^{124}Sb folgt, mit einem NaJ(Tl)-Scintillationsspektrometer u. einem 20 Kanal-Impulsanalysator u. findet γ-Strahlen von 0,603, 0,99, 1,38, 1,71 u. 2,11 MeV mit den relativen Intensitäten von 1,00, 0,054, 0,062, 0,457 bzw. 0,099. Das Impulsspektr. sowie das Zerfallsschema des ^{124}Sb-Kerns werden angegeben. (Physic. Rev. [2] **95**. 292—93. 1/7. 1954. Oak Ridge, Tenn., ORNL, Phys. Div.) J. Roesmer. 103

D. C. Lu, W. H. Kelly und **M. L. Wiedenbeck,** *Zerfallsschemata von ^{114}Cd und ^{125}Te.* Auf Grund der Ergebnisse von γ-γ-Koinzidenzmessungen werden Änderungen der Zerfallsschemata vorgeschlagen u. diskutiert. (Physic. Rev. [2] **95**. 121—22. 1/7. 1954. Ann Arbor, Mich., Univ. of Michigan, Randall Labor. of Phys.) J. Roesmer. 103

Richard W. Fink und **Edwin O. Wiig,** *Reaktionen von Cäsium mit Protonen bei 60, 80, 100, 150 und 240 MeV.* (Vgl. C **1955**. 7602.) Die l. c. beschriebenen Ausbeutemessungen von 18 verschied. Isotopen von *Ba, Cs, J* u. *Te* beim Beschuß von Cs mit 240 MeV-Protonen werden durch Messungen bei 60, 80, 100 u. 150 MeV erweitert. Die Ausbeuten (in mbarn) werden tabellar. u. graph. gegeben, als Vgl. wird die Rk. ^{27}Al(p, 3pn)^{24}Na benutzt. Die Ausbeuten für die Ba- u. Cs-Isotope erreichen bei 80—100 MeV Maxima, es wird auf das Vorherrschen von Abdampf-Rkk. gegenüber dem spontanen Herausschlagen (knock-on) einzelner Fragmente geschlossen. Die Ausbeute von ^{132}Cs ist außergewöhnlich groß (1,1 barn bei 80 MeV), Vff. nehmen an, daß das Proton bei der Rk. ^{133}Cs(p, d)^{132}Cs ein Neutron einfängt. Ein ähnlicher Mechanismus wird für ^{133}Cs(p, t)^{131}Cs vermutet. Die Ausbeutekurven für die J- u. Te-Isotope zeigen keine Maxima, sondern steigen mit der Energie stetig an. Die Energieschwellen liegen für die J-Isotope bei 60—100, für die Te-Isotope bei 100—150 MeV. Bei der Bldg. dieser Isotope dürfte der knock-on-Prozeß vorherrschen. (Physic. Rev. [2] **96**. 185—87. 1/10. 1954. Rochester, N. Y., Univ. of Rochester, Dep. of Chem.) G. Herrmann. 103

A. V. Pohm, W. E. Lewis, J. H. Talboy jr. und **E. N. Jensen,** *β-Spektren von ^{142}Pr, ^{170}Tm und ^{86}Rb.* Untersucht wurden die β-Spektren u. γ-Strahlen von ^{170}Tm, ^{142}Pr u. ^{86}Rb mit verschied. Spektrometertypen. Für die 125 Tage-Aktivität des ^{170}Tm wurden 2 β-Gruppen mit Maximalenergien von 970 ± 2 u. 886 ± 9 keV gefunden. Ihre jeweiligen Intensitäten werden mit 78 u. 22 % angegeben, ihre log *ft*-Werte betragen $\sim$9,0 bzw. 9,1. Beide β-Gruppen sind in 1. Ordnung verbotene Übergänge. Dem einzigen γ-Strahl von ^{170}Tm wurde ein E 2-Übergang mit einer Energie von $84{,}1 \pm 0{,}4$ keV zugeschrieben. Die 19,2 Std.-Aktivität des ^{142}Pr besitzt 2 β-Gruppen mit Maximalenergien von 2166 ± 6 u. 586 ± 15 keV, die zugehörigen log *ft*-Werte liegen bei $\sim$7,8 bzw. 7,1. Die jeweiligen Intensitäten werden mit 90—95 % bzw. 5—10 % angegeben. Der einzige beobachtete γ-Strahl von 1572 ± 8 keV wird einem E 2- oder M 1-Übergang zugeordnet. Die 19,5 Tage-Aktivität von ^{86}Rb besitzt 2 β-Gruppen mit Maximalenergien von 1770 ± 4 u. 680 ± 6 keV mit den ungefähren Intensitäten von 88 bzw. 12 %. Die log *ft*-Werte betragen $\sim$8,5 bzw. 7,8. Beide β-Gruppen sind in erster Ordnung verboten. Dem einzigen γ-Strahl von 1080 ± 6 keV wird versuchsweise ein E 2-Übergang zugeschrieben. (Physic. Rev. [2] **95**. 1523—29. 15/9. 1954. Ames, Io., Iowa State Coll., Inst. for Atom. Res. and Dep. of Phys.) G. Tölg. 103

Bernard Gauthé und **Jacques M. Blum,** *Nachweis der natürlichen Radioaktivität von Rhenium durch die Kernemulsionsmethode.* Ilford G 5-Emulsionen wurden mit einer Lsg. von Methylenblau-Perrhenat in Aceton imprägniert oder es wurden Pyrexcapillaren mit einer Na-Perrhenat-Lsg. in diese Emulsion eingebettet. Aus 500 bzw. 300 Bahnspuren von Elektronen ergab sich nach entsprechenden Korrekturen eine Maximalenergie von 34 keV. Für ein weiteres Maximum bei 11 keV läßt es sich nicht angeben, ob es sich um eine intensive Konversions- bzw. Auger-Linie oder das Maximum der kontinuierlichen Strahlung handelt. (C. R. hebd. Séances Acad. Sci. **236**. 1255—56. 23/3. 1953.) H.-J. Eichhoff. 103

J. W. Mihelich, M. McKeown und **M. Goldhaber,** *E3-Isomer im ^{191}Ir.* Vff. beschießen getrennte Ir-Isotope mit schnellen Reaktorneutronen u. verfolgen den Zerfall des 129 keV-γ-Strahls von ^{191}Ir. Gefunden wird eine Halbwertszeit von $6{,}8 \pm 1{,}0$ sec. Da zwischen dem 42 u. 129 keV-Zustand des ^{191}Ir beim Zerfall von ^{191}*Pt* Koinzidenzen nachgewiesen worden sind, wird die 7 Sek.-Aktivität dem 42 keV-Zustand zugeordnet, der in Kaskade mit dem 129 keV-Übergang zerfällt. Ersterer ist ein E 3-, letzterer ein (M 1 + E 2)-Übergang mit $< 5 \cdot 10^{-10}$ sec Lebensdauer. Das L_{II}/L_{III}-Konversionsverhältnis der 42 keV-γ-Linie stützt diese Zuordnung. Ein Zerfallsschema wird gegeben. (Physic. Rev. [2] **96**. 1450—52. 1/12. 1954. Upton, N. Y., Brookhaven Nat. Labor.) G. Herrmann. 103

R. A. Naumann und **J. B. Gerhart,** *5,6 Sekunden-^{191m}Ir als Folge des ^{191}Os-Zerfalls.* (Vgl. vorst. Ref.). 16 Tage-Os wird aus Os mit Reaktorneutronen dargestellt, in

$(NH_4)_2OsO_6$ übergeführt u. in NH_4OH gelöst. Die Lsg. wird mit Ir versetzt, auf Pt eingedampft u. eine Min. über einem Bunsenbrenner erwärmt. Os verflüchtigt sich, Ir bleibt zurück. Der Zerfall der Ir-Aktivität wird mit einem NaJ-Scintillationsspektrometer verfolgt, wobei die 129 keV-γ-Linie u. 64 keV-Ir-Röntgenstrahlung nachgewiesen werden. Die Halbwertszeit wird mit einem 20-Kanal-Zeitanalysator zu 5,6 ± 0,4 Sek. bestimmt. Aus der Halbwertszeit u. den Konversionskoeffizienten folgt eine Zuordnung des 42 keV-Zustands als E 3- oder M 3-Übergang. (Physic. Rev. [2] **96**. 1452—53. 1/12. 1954. Princeton, N. J., Princeton Univ., Palmer Phys. Labor. and Frick Chem. Labor.) G. Herrmann. 103

R. W. Pringle, W. Turchinetz und **H. W. Taylor,** *Weitere Untersuchung des Zerfallsschemas von ^{192}Ir.* Vff. finden durch Scintillationsspektrometermessungen, daß ^{192}Ir unter β^--Emission zu 5 verschieden stark angeregten Zuständen des *^{192}Pt* zerfällt. Diese angeregten Zustände gehen unter Emission von γ-Strahlen einer Energie von 788, 883, 1080, 1210 u. ~ 920 keV in den Grundzustand über. Der Q-Wert beim Übergang des ^{192}Ir-Grundzustandes in den Grundzustand des ^{192}Pt wurde zu 1490 ± 20 keV gemessen. ^{192}Ir zerfällt daneben durch K-Einfang zu *^{192}Os* in mindestens einen angeregten Zustand. Das Zerfallsschema von ^{192}Ir wird angegeben. (Physic. Rev. [2] **95**. 115—16. 1/7. 1954. Winnipeg, Can., Univ. of Manitoba, Phys. Dep.) J. Roesmer. 103

A. Bisi und **L. Zappa,** *Über den Hüllelektroneneinfang in ^{195}Au.* Der Zerfall von ^{195}Au durch Hüllelektroneneinfang wird mit Hilfe eines Proportionalzählrohrspektrometers untersucht. ^{195}Au zerfällt durch L- u. K-Einfang in 2 angeregte Zustände von *^{195}Pt*. 65% der Übergänge sind vom Typ $d_{3/2} \rightarrow p_{3/2}$ (I) u. führen zu einem 97 keV-Zustand von ^{195}Pt, 35% sind vom Typ $d_{3/2} \rightarrow f_{5/2}$ (II) u. führen zum 126 keV-Zustand von ^{195}Pt. Die Übergangsenergien betragen 172 ± 17 bzw. 143 ± 17 keV. Die Übergänge I u. II sind paritätsverboten, jedoch von erlaubter Gestalt. Die log *ft*-Werte werden zu 6,6 (I) u. 6,5 (II) gefunden, was auf annähernde Gleichheit der Matrixelemente der Übergänge I u. II hindeutet. Die Verzweigungsverhältnisse ε berechnen sich zu ε (I) = 0,57 u. ε (II) = 0,43 in Übereinstimmung mit dem Experiment. (Nuovo Cimento [9] **12**. 539—47. 1/10. 1954. Milano, Politecn., Ist. di Fis. Speriment.) F. Weigel. 103

Harold C. Box und **G. Stanley Klaiber,** *γ-Spektrum von ^{228}Ac.* Vff. verwenden ein NaJ-Scintillationsspektrometer zur Unters. der γ-Strahlung einer radiochem. reinen ^{228}Ac-Quelle. γ-Strahlen mit Energien von 0,098, 0,127, 0,336, 0,410, 0,458, 0,307, 0,965, 1,587, 0,155, 0,220, 0,278 u. 0,790 MeV werden nachgewiesen. Es wird ein Zweikristallscintillationsspektrometer zur Unters. von γ–γ-Koinzidenzen beschrieben. γ–γ-Koinzidenzen werden bei den Strahlen 0,336 u. 0,790, 0,278 u. 0,790, 0,220 u. 0,127, 0,098 u. 0,458, 0,098 u. 0,410 MeV beobachtet. Ein Schema für den Zerfall von ^{228}Ac wird vorgeschlagen. (Physic. Rev. [2] **95**. 1247—49. 1/9. 1954. Buffalo, N. Y., Univ. of Buffalo.) J. Roesmer. 103

Rayburn W. Dunn, *Methoden zur Darstellung von radioaktivem Eisen.* Vf. gibt einen Überblick über die verschied. Methoden zur Darst. von ^{55}Fe u. ^{59}Fe u. macht weiterhin quantitative Angaben über Ausbeute u. spezif. Aktivitäten von ^{55}Fe- bzw. ^{59}Fe-Proben, die durch Beschuß von Fe u. Co, teilweise auch Mn u. Cu, im Kernreaktor bzw. Cyclotron erhalten wurden. Als einzig brauchbarer Weg zur Darst. von ^{59}Fe, das frei von ^{55}Fe u. weitgehend trägerfrei ist, erweist sich die ^{59}Co(d, 2p)^{59}Fe-Rk. im Cyclotron. Da zur Erlangung von reinem ^{59}Fe das verwendete Co möglichst eisenfrei sein muß, wird die Entfernung von Fe aus $CoCl_2$-Lsgg. durch Ae. sowie die anschließende elektrolyt. Abscheidung als Co auf Cu eingehend besprochen. (Nucleonics **10**. Nr. 7. 8—13. Juli 1952. Berkeley, Calif., Univ. of California, Donner Labors. and Rad. Labors., Div. of Med. Phys.) H. Gedschold. 104

S. E. Singer und **M. H. Kurbatov,** *Radiochemische Reinigung von Nickel in Makromengen.* Vff. verbessern das Verf. der Ni-Fällung mit *Dimethylglyoxim* (I), das wegen der geringen Löslichkeit von I u. wegen des großen Vol. des Nd. nur mit 10—30 mg Ni durchführbar war, durch Anwendung von festem I u. von *Isopropylalkohol* (II), so daß aus 3 Liter Lsg. über 40 g Ni auf einmal gefällt werden können. Spezielle Anwendung zur radiochem. Trennung von akt. mit Neutronen bestrahltem Ni (ca. 39 g) von seinen Verunreinigungen (^{58}Co u. ^{60}Co in mC-Mengen, ^{54}Mn u. ^{55}Fe in μC-Mengen, kleine Mengen von ^{51}Cr u. ^{59}Fe u. wägbare Mengen von stabilem Fe): Auflösen in verd. HNO_3 u. entfernen des Fe bei niedrigem p_H als $Fe(OH)_3$. Verdünnung der Lsg. auf 1200 cm^3 u. Zusatz von je 100 mg Co(II), Mn(II) u. Cr(III) als Träger. Mit konz. HCl p_H auf 0,4 verkleinern, Lsg. in 5 Liter-Rundkolben überführen, eine Aufschlämmung von 226 g I in 1500 cm^3 II u. danach eine Aufschlämmung von 500 g Harnstoff in 300 cm^3 W. zugeben. Das Reaktionsgemisch wird am Rückfluß zum Sieden erhitzt, bis in Proben der überstehenden Lsg. mit NH_4OH kein Ni mehr nachweisbar ist, dann abgekühlt, durch eine Fritte gesaugt u. mit 1500 cm³ 50%ig. II gewaschen. Der gewaschene Nd. hat ein Vol. von 300 cm³. Er wird in konz. HNO_3 gelöst, mit W. verd. u. I u. Oxydationsprodd. von I abfiltriert. Neue Träger werden zugesetzt u. das Ni wieder wie oben mit I gefällt. Das wird insgesamt 6mal wiederholt, der letzte Nd. bei 140° getrocknet u. in NiO übergeführt. Danach enthält das Ni nur noch $1,5 \cdot 10^{-9}$ C an ^{60}Co, was einem Reinigungsfaktor gegen ^{70}Co von ca. 10^7 bedeutet. Durch Verwendung von festem I kann Ni quantitativ ausgefällt werden bei einem p_H, bei dem die anderen akt. Kationen nicht mitgefällt werden. (J. Amer. chem. Soc. **76**. 4739—40. 20/9. 1954. Columbus, O., Ohio State Univ., Dep. of Chem.) MAX SCHMIDT. 104

G. M. Harris, *Die Anwendung von radioaktivem Kohlenstoff in der Chemie.* Überblick über die Darst. von ^{14}C, über die Synth. von mit ^{14}C markierten Verbb. sowie über die Anwendungsmöglichkeiten dieser Verbindungen. — 21 Literaturzitate. (Rev. pure appl. Chem. **2**. 57—64. März 1952. Melbourne, Univ. of Melbourne, Phys. Chem.) H. GEDSCHOLD. 104

P. Bévillard, *Verwendung von Isotopen zur Untersuchung der Struktur und des Verlaufes von Reaktionen.* (Vgl. C. **1955**. 10.) Weitere Anwendungsbeispiele. — 117 Literaturangaben. (Bull. Soc. chim. France, Mém. [5] **1954**. D55—D79. Juni. Paris, Fac. des Sci., Labor. Chim.) W. WESLY. 106

Joseph A. Fleck jr., *Die Kinetik umlaufender Reaktoren niedriger Energie.* Vf. entwickelt eine Theorie für die Kinetik von Reaktoren mit umlaufendem Füllmaterial. Zur exakten Behandlung der Rolle der verzögerten Neutronen muß die Dichteverteilung der Neutronenstrahler im Füllmaterialkreislauf berücksichtigt werden. (Nucleonics **12**. Nr. 10. 52—55. Okt. 1954. Upton, N. Y., Brookhaven Nat. Labor.) G. HERRMANN. 110

Harold M. Busey, *Wasserkesselreaktor-Daten. Zusammensetzung und Entseuchung von radioaktiven Gasmischungen.* Die im Wasserkesselreaktor (homogener Reaktor mit wss. $UO_2[NO_3]_2$-Lsg.) entstehenden Gase werden mit Luft ausgetrieben u. $H_2 + O_2$ an Al_2O_3–Pt verbrannt. Das gebildete W. fließt in den Reaktor zurück. Die Aktivität der Restgase rührt von Spalt-Kr u. -Xe her. Zur Analyse werden 4 ml der Restgase entnommen, CO_2 u. W. mit fl. N_2 ausgefroren u. durch Sublimation getrennt. H_2 wird durch einen Überschuß O_2 bei 760° an einem Pt-Draht verbrannt, der Rest O_2 durch Cu bei 350° u. N_2 durch U-Metall bei 750° entfernt. Die Edelgase werden in einem McLEOD-Manometer gemessen. Einige Analysen werden wiedergegeben. Zur Entseuchung der Abgase sind folgende Verff. möglich: 1. Starke Verdünnung mit Luft, 2. Einschaltung großer Tanks, in denen die Gase einige Zeit verweilen, u. 3. Verwendung von Aktivkohlefiltern. (Nucleonics **12**. Nr. 5. 9—13. Mai 1954. Los Alamos, N. Mex., Univ. of California, Los Alamos Sci. Labor.) G. HERRMANN. 110

F. L. Horn, *Verriegelung bei der Beschickung eines Hochtemperaturdruckauflösers.* Ein Auflöser für Reaktorfüllmaterialstäbe arbeitet bei 14 at u. 200°. Zur Vermeidung von Fehlern bei der Bedienung ist eine Verriegelungseinrichtung angebracht. (Nucleonics **12**. Nr. 11. 75. Nov. 1954. Upton, N. Y., Brookhaven Nat. Labor.) G. HERRMANN. 110

N. Hole, *Die Bestimmung der Zerfallskonstante eines radioaktiven Präparates.* 1. Mitt. Es wird eine Formel abgeleitet für die Wahrscheinlichkeitsdichte der Zerfallskonstante $\varkappa$ eines radioakt. Präparates. (Kgl. norske Vidensk. Selsk., Forh. **23**. Nr. 8. 30—33. 1950.) F. WEIGEL. 112

N. Hole, *Die Bestimmung der Zerfallskonstante eines radioaktiven Präparates.* 2. Mitt. (1. vgl. vorst. Ref.) Es wird gezeigt, wie aus einer größeren Zahl von Messungen, die sich jeweils über abgeschlossene Zeitintervalle erstrecken, der wahrscheinlichste Wert für die Zerfallskonstante abgeschätzt werden kann. (Kgl. norske Vidensk. Selsk., Forh. **23**. Nr. 9. 34—36. 1950.) F. WEIGEL. 112

N. Hole, *Die Bestimmung der Zerfallskonstante eines radioaktiven Präparates.* 3. Mitt. (2. vgl. vorst. Ref.) Es wird ein Ausdruck für die Streuung der in der 1. u. 2. Mitt. (vgl. vorst. Reff.) gegebenen Abschätzungen der Zerfallskonstante abgeleitet. (Kgl. norske Vidensk. Selsk., Forh. **23**. Nr. 17. 62—65. 1950.) F. WEIGEL. 112

George Ensell und **S. D. Chatterjee**, *Ein ringförmiger Geiger-Müller-Zähler.* Beschreibung eines Zählers, der statt der üblichen zylindr. Form die Gestalt eines Torus hat u. daher einen relativ großen Teil der von einem radioakt. Präp. im Innern des Ringes ausgehenden Teilchen registriert. (Rev. sci. Instruments **22**. 700. Sept. 1951. Ottawa, Nat. Res. Labor. of Canada.) F. LENZ. 112

Merritt L. MacKnight und **Robert L. Chasson**, *Konstruktion des Geiger-Zählers mit Außenkathode.* Beschreibung der Abmessungen u. Materialien sowie des Herstellungsverf. für die relativ billigen GEIGER-Zähler vom MAZE-Typ aus dünnem Na-Kalkglas mit Graphitkathode auf der Außenwand des Glases. (Rev. sci. Instruments **22.** 700—01. Sept. 1951. Berkeley, Calif., Univ. of California, Dep. of Phys.) F. LENZ. 112

Michel Grenon, *Untersuchung der Arbeitsweise von Zählern mit äußerer Kathode. Einfluß der Wärmebehandlung und Bedeutung des an Glas gebundenen Wassers.* (Vgl. C. **1954.** 1642.) Vf. untersucht die Charakteristiken der Zähler mit Außenkathode, die mit der Standardmischung A. (1 cm Hg) u. Ar (9 cm Hg) gefüllt sind. Die Wrkg. der Trocknung äußert sich durch eine wesentliche Deformation der Zählercharakteristik, u. zwar dauert die Deformation um so länger bei verlängerter Trocknung u. erhöhter Temperatur. Für einen bei 180° über 3 Std. getrockneten Zähler, in den das W. unter einem Partialdruck von 5 mm Hg eingeführt wird, wird die Zählercharakteristik nach 20 Std. u. nach 4 Tagen angegeben. Nach einer Woche hat sich die n. Charakteristik wieder eingestellt. (C. R. hebd. Séances Acad. Sci. **236.** 1772—73. 4/5. 1953.) GERHARD SCHMIDT. 112

Frederick C. Hickey, *Probenwechsler mit positiver Entgasung bei Strömungszählern.* Vf. beschreibt einen App., der im Durchströmzähler wiederholtes Zählen einer Probe ermöglicht, wodurch die Unsicherheit bzgl. des quantitativen Durchspülens des Zählers beseitigt wird. (Analytic. Chem. **26.** 1530. Sept. 1954. Providence, R. I., Providence Coll., Med. Res. Labor.) MAX SCHMIDT. 112

Mitsuo Sakai und **François Lurçat,** *Bemerkung über einen Schwefelkristallzähler.* Die bei einem Schwefelkristallzähler hervorgerufenen Impulse rühren nicht von der Wrkg. der α-Strahlen auf den Kristall, sondern von der Ionisation der umgebenden Luft her. (C. R. hebd. Séances Acad. Sci. **234.** 2061—62. 19/5. 1952.) M. WIEDEMANN. 112

Jean-Pierre Anthony und **Georges Ambrosino,** *Ansprechen eines Zinksulfidschirms auf α-Strahlungen mit Energien unterhalb 5 MeV.* Das zur Messung benutzte Target besteht aus einem Nd. von 1 g/dm² ZnS(Ag) auf Kollodium, es befindet sich in 5 mm Entfernung von der Photokathode. Zur Best. der Relation zwischen der Restreichweite eines α-Teilchenbündels u. der hervorgerufenen Fluorescenz wird die Änderung des Stroms mit der Restreichweite elektrometr. gemessen u. aus den integralen Spektren ermittelt. Der Wirkungsgrad des ZnS-Schirms als Funktion der Restreichweite wird graph. wiedergegeben. Die Ergebnisse ermöglichen die Berechnung des relativen Ansprechens des ZnS-Schirms in Volt u. der spezif. Fluorescenz bei vorgegebener Teilchenenergie. Im Bereich von 0—5 MeV ist das relative Ansprechen proportional der Restreichweite, jedoch nicht der Teilchenenergie. In diesem Energiebereich ist demnach die spezif. Fluorescenz konstant. (C. R. hebd. Séances Acad. Sci. **236.** 1774—76. 4/5. 1953.) GERHARD SCHMIDT. 112

J. B. Marion, *LiJ(Eu)-Kristalle als Neutronendetektoren.* (Sitzungsbericht.) Es werden die Impulsverteilungsspektren gemessen, die durch monochromat. Neutronen in Eu-aktivierten LiJ-Kristallen ausgelöst werden. Verwendet werden die Neutronen aus den Rkk. ^{3}H(p, n)^{3}He u. ^{9}Be(d, n)^{10}B. Bei der 1. Rk. (1200 keV-Neutronen) wird ein Impuls von der 4fachen Größe der von ^{137}Cs ausgelösten γ-Impulse erhalten. Die Auflösung beträgt 20%. Bei der 2. Rk. läßt sich das Maximum wegen eines starken γ-Untergrunds nicht auflösen. (Physic. Rev. [2] **94.** 808. 1/5. 1954. Rice Inst.) F. WEIGEL. 112

P. J. Campion und **W. T. Davies,** *Der Nachweis von Elektronenpaaren in einer Nebelkammer mit inneren Zählern.* Die Nebelkammer wird durch Koinzidenzen ausgelöst, die zwischen zwei offenen, in die Kammer eingebauten Proportionalzählern auftreten. Auf diese Weise werden Aufnahmen von 4,45 MeV-Elektronenpaaren aus ^{12}C*, das bei der Rk. ^{9}Be(α, n)^{12}C* entsteht, erhalten. (Proc. physic. Soc., Sect. A **67.** 941—43. 1/10. 1954. Oxford, Clarendon Labor.) M. POLLERMANN. 112

P. J. Campion und **W. T. Davies,** *Die Auflösungszeit einer Wilsonkammer, die von inneren Zählern ausgelöst wird.* (Vgl. vorst. Ref.) Die Auflösungszeit einer blind ausgelösten Nebelkammer entspricht etwa der Empfindlichkeitsdauer mit 0,04 Sekunden. Bei der Auslösung durch Außenzähler ergibt sich aus der Diffusionsverbreiterung der Bahnspuren eine Auflösungszeit von 0,015 Sekunden. Bei der Auslösung durch innere Zähler, deren Kathoden aus 6 im Sechseck angeordneten Drähten bestehen, lassen sich an der Breite der Entladungswolke im Zähler Zeitdifferenzen von 0,0002 Sek. erkennen. (Proc. physic. Soc., Sect. A **67.** 944—46. 1/10. 1954.) M. POLLERMANN. 112

A. R. Bevan, *Optimale und begrenzende Betriebsbedingungen für Abwärts-Diffusionsnebelkammern.* Messungen an einer Diffusionsnebelkammer bis 11 at werden nach der Theorie von SCHUTT gedeutet. Daraus lassen sich günstige Temperaturbedingungen für jedes permanente Gas, jeden üblichen Druck u. jede Strahlungsintensität ableiten. (J. sci. Instruments **31.** 45—49. Febr. 1954. Harwell, Berks., AERE.) M. POLLERMANN. 112

C. Bowness und **N. Cusack,** *Die Verwendung von elektrisch leitendem Glas bei der Nebelkammerkonstruktion.* Die Deckglasplatte einer Diffusionskammer ließ sich mit einer

Indiumoxydschicht elektr. auf 30° aufheizen (230 V, 15 W). Die Schicht dient außerdem als Elektrode für das Reinigungsfeld. (J. sci. Instruments **31.** 345. Sept. 1954. London, Univ., Birkbeck Coll.) M. POLLERMANN. 112

M. Ader, *Beitrag zur Untersuchung schnell zerfallender aktiver Niederschläge.* Vf. untersucht die α-emittierenden Folgeprodd. von *AcEm* in 50 μ-ILFORD C2-Kernemulsionen. Die Bestrahlungen mit dem akt. Nd. von AcEm werden verschieden lang u. unter Vorschaltung von Au–Ag- u. Pt-Filtern durchgeführt. Nach Entw. werden in allen Emulsionen gleiche Bahnspuren von 250 μ Länge gefunden. Bestrahlungen mit Po- u. Th-Präpp. ergeben Bahnspuren von ~350 μ Länge. Po, Th u. Ac oder ihre Folgeprodd. emittieren somit Teilchen von sehr großer Reichweite, die sogar diejenige von Protonen, die nach der Rk. $^{14}N(\alpha, p)^{17}O$ entstehen, übertreffen. (J. Physique Radium **15.** 782—83. Nov. 1954. Paris, Coll. de France, Labor. de Phys. atom. et mol.) J. ROESMER. 112

G. Valladas und **J. Thénard,** *Vorgang der differentiellen Zählung in den Stoßamplitudenselektoren.* Beschreibung der Eigg. eines Stoßamplitudenselektors, dessen Arbeitsweise unabhängig von der Dauer u. Form der ihm übertragenen Impulse ist u. der seine Genauigkeit behält, solange diese Dauer oberhalb 1 μsec ist. Die Auflösungszeit der App. liegt zwischen 10 u. 20 μsec. (J. Physique Radium **11.** 501—06. Aug./Sept. 1950. Fort de Châtillon, Labors., Comm. à l'Energie atom.) GERHARD SCHMIDT. 112

A₂. Optisches Verhalten der Materie.

Philip C. Keenan, *Klassifikation der Sterne vom S-Typ.* Spektren vom S-Typ werden als solche definiert, die *ZrO*-Banden aufweisen, die stark genug sind, um bei geringer Dispersion entdeckt zu werden. MS-Sterne sind solche mit schwächeren ZrO-Banden u. 14 von diesen sind tabuliert. Die 69 S-Sterne des Hauptkataloges werden durch die relativen Intensitäten ihrer ZrO- u. *TiO*-Banden in einem 2dimensionalen Syst. klassifiziert, mit Temp. u. chem. Zus. als Koordinaten. Es ergibt sich, daß diese Sterne, wahrscheinlich einen großen Bereich an absol. Helligkeiten einnehmend, zu den Riesen u. hellen Riesen gehören. Vorläufige Zählungen der M-, MS-, S- u. C-Sterne in der Riesenklasse der kühleren Sterne mit Bandenspektren zeigen, daß ca. 10% von ihnen abschätzbare Stärke der S-Charakteristica zeigen, nämlich die Linien der schwereren Metalle u. die Banden ihrer Oxyde. (Astrophysic. J. **120.** 484—505. Nov. 1954. Perkins Observ.) H. PREUSS. 113

W. A. Hiltner, *Das Spektrum von Nova Ophiuchus 1952.* Es wurden verschied. Spektrogramme der Hγ-Linie der Nova Ophiuchus 1952 mit einer Dispersion von 113 Å/mm angefertigt. Die Nova zeigte überdies breite Emissionsbanden von *H, FeII* u. *CaII.* Das Spektr. weist Ähnlichkeiten auf mit dem der Nova Persei 1901. (Astrophysic. J. **120.** 596. Nov. 1954. Yerkes and McDonald Observ.) H. PREUSS. 113

D. A. Frank-Kamenetzki, *Wasserstoff-Helium-Modell der Sonne.* Vf. schlägt ein Modell für die Sonne vor, das nur aus H u. He besteht. Die schweren Elemente bewirken nur eine Erhöhung der zentralen Temp. u. der He-Konz., ihr Einfl. wird als Störung behandelt. Die Temp. der zentralen Zone der Sonne ergibt sich zu $12{,}41 \cdot 10^6$ °K, der He-Geh. zu 18,1%. Die charakterist. Eigg. hängen nur wenig von der chem. Zus. ab. (Астрономический Журнал [Astronom. J.] **32.** 139—49. März/April 1955.) M. WIEDEMANN. 113

William A. Rense, *Intensität der Lyman-α-Linie im Sonnenspektrum.* Auf einem Raketenflug bei einer durchschnittlichen Höhe von 81 km wurde das UV-Sonnenspektr. photograph. aufgenommen. Bei 1216 Å wurde die ca. 5 Å breite LYMAN-α-Linie beobachtet, deren Profil ein scharfes Maximum u. zwei kleinere Nebenmaxima aufweist. Die Gesamtintensität außerhalb der Erdatmosphäre wird auf 0,05 μWatt/cm² geschätzt. (Physic. Rev. [2] **91.** 299—302. 15/7. 1953. Boulder, Colo., Univ., Dep. Phys.) G. KIRSCHSTEIN. 113

Wm. A. Rense, *Intensität der Lyman-α-Linie im Sonnenspektrum.* Sitzungsbericht zu der vorst. referierten Arbeit. (Physic. Rev. [2] **92.** 850. 1/11. 1953.) G. KIRSCHSTEIN. 113

Allan F. Cook, *Strahlungsgleichgewicht in einer Wasserstoffatmosphäre.* 1. Mitt. Es werden die opt. Eigg. von neutralen H-Atomen unter Berücksichtigung der GAUNT-Faktoren diskutiert. Absorptionsquerschnitte pro Atom im 2. Quantenzustand auf der Seite kurzer Wellen der BALMER-Grenze werden ausgewertet. Der ROSSELANDsche mittlere Opazitätskoeff. wird berechnet. Verschied. Tabellen. (Astrophysic. J. **120.** 578—88. Nov. 1954. Princeton Univ. Observ.) H. PREUSS. 113

S. Kichenassamy, *Über die Breite der $K\alpha_1$-Linien.* Nach Messungen von GOKHALE (C. **1955.** 3794) folgt die Linienbreite von $K\alpha_1$ für die Elemente 36—50 einem

Z^3-Gesetz, während theoret. ein Z^4-Gesetz erwartet wurde. Es wird gezeigt, daß die Linienbreite, in Übereinstimmung mit dem Experiment, mit Z^3 anwachsen muß, wenn man die AUGER-Übergänge berücksichtigt. (C. R. hebd. Séances Acad. Sci. **232.** 1074—76. 12/3. 1951.) A. FAESSLER. 116

Åke Nilsson, *Eine Präzisionsbestimmung der K-Anregungsspannungen einiger 3d-Elemente.* Zur Best. der Anregungsspannung bestimmter Röntgenlinien wird die Linienintensität als Funktion der Röhrenspannung aufgenommen. Die App. wird eingehend beschrieben: die Röntgenröhre ist so gebaut, daß eine möglichst geringe Verunreinigung der Antikathodenoberfläche garantiert ist; die mit einem Konkavkristall (r = 1000 mm) zerlegte Strahlung wird mit einem Zählrohr mit Xe–Ae.-Füllung registriert. Die Messungen werden ausgeführt an $K\alpha_1$, $K\alpha_2$ u. $K\beta_1$ von *Cr* u. $K\alpha_1$ von *Ti, Fe, Co, Ni* u. *Cu.* Es wird nachgewiesen, daß bei der Best. der Anregungsspannungen eine Korrektur für die Kathodenaustrittsarbeit anzubringen ist. Die Meßergebnisse werden im absol. u. internationalen Volt wiedergegeben. Die Intensitätskurven zeigen eine Struktur, deren Deutung auf der Grundlage des Energiebändermodells versucht wird. Aus den Anregungsspannungen u. den Absorptionskanten für die Elemente Fe bis Cu ergibt sich h/e zu $(1{,}3794 \pm 0{,}0006)\cdot 10^{-17}$ erg·sec/e.s.E. (Ark. Fysik **6.** Nr. **49.** 513 bis 592. 1953. Uppsala, Univ., Phys. Labor.) A. FAESSLER. 116

J. W. Mihelich, *Die Wahrscheinlichkeit der inneren Umwandlung von K-Serienstrahlung von Au durch Wechselwirkung der L-Unterschalen.* Die relative Wahrscheinlichkeit einer Reihe von AUGER-Übergängen in der K-Serie von Au, die durch Wechselwrkg. der L-Unterschalen zustande kommen, wird experimentell durch Analyse der AUGER-Elektronen in einem 180°-β-Spektrographen bestimmt. Die Übereinstimmung mit den Werten der relativist. Theorie von MASSEY u. BURHOP ist schlecht. — Die beobachtete Energie der AUGER-Elektronen ist kleiner als die aus den Absorptionskanten berechnete; die Differenz ist ein Maß für die zusätzliche Energie, die zur Entfernung eines L-Elektrons aus einem in der L-Schale ionisierten Atom nötig ist. (Physic. Rev. [2] **88.** 415. 15/10. 1952. Upton, N. Y., Brookhaven Nat. Labor.) A. FAESSLER. 116

H. Renner, G. Brauer und **A. Faessler,** *Zur Frage der Bindungsart in Carbiden von Übergangsmetallen.* Vff. untersuchten durch Analyse der Röntgenemissionsspektren die Carbide *NbC* u. *Nb_2C* an Hand der Linie Nb L β_2 (L_{III}—$N_{IV,V}$). Aus Vgl. charakterist. Linien von Nb u. Nb_2O_5 (analoges Verh. zeigen Mo/MoO_3 u. Fe/Fe_2O_3) folgt, daß NbC im Bindungszustand dem Pentoxyd Nb_2O_5 entspricht, während das Subcarbid Nb_2C zum Typ des Metalls gehört. Dies steht im Einklang mit der für beide Carbide gefundenen Gitterstruktur. (Z. Naturforsch. **10a.** 171—72. Febr. 1955. Freiburg/Br., Univ., Chem. Labor. u. Phys. Inst.) G. RUBAN. 116

Hirobumi Oura, *Über das Bandensystem von neutralem OD.* Es werden 194 Spektrallinien in der (0,1)-, 130 in der (1,1)-, 145 in der (1,0)-, 113 in der (1,2)-, 78 in der (2,2)- u. 113 in der (2,1)-Bande klassifiziert. Ein Vgl. der Banden wird durchgeführt u. die Rotationskonstanten $B_0' = 9{,}043$, $B_0'' = 9{,}862$, $B_e' = 9{,}208$, $B_e'' = 9{,}991$, $a' = 0{,}331$ u. $a'' = 0{,}258$ bestimmt. Ferner wird der Abstand zwischen O u. D zu $r_e' = 1{,}012$ Å u. $r_e'' = 0{,}971$ Å errechnet sowie die Bandenursprünge in einer Tabelle zusammengestellt. Die Dissoziationsenergie ist $D_0' = 22488\ cm^{-1} = 2{,}789$ eV, $D_0'' = 34227\ cm^{-1} = 4{,}244$ eV, $D_e' = 23632\ cm^{-1} = 2{,}930$ eV u. $D_e'' = 35575\ cm^{-1} = 4{,}411$ eV. (J. physic. Soc. Japan **6.** 401—02. Sept./Okt. 1951. Hokkaido, Univ., Inst. of Low Temp. Sci. [Orig.: engl.]) D. HAHN. 118

A. E. Grün, *Einige gasdynamische und spektroskopische Beobachtungen an angeregten Gasstrahlen.* Vf. gibt für gasdynam. u. spektroskop. Unterss. eine Anordnung an, bei der aus einer Düse von 0,5 mm Durchmesser ein Gasstrahl von *N_2* oder *Ar* + 8% N_2 mit $p_1 = 1$ at in ein Gefäß mit $p_m = 0.5$ Torr einströmt u. durch einen Elektronenstrahl ionisiert wird. Das danach auftretende Nachleuchten kann zur visuellen oder photograph. Beobachtung des Strömungsverlaufs über eine Strecke von 15 cm verwendet werden. Gasdynam. Unterss. ergeben, daß die Strahlform vom Druckverhältnis p_1/p_m abhängig, die Helligkeit des Nachleuchtens der k-ten Potenz $(5/2 < k \leq 3)$ der Gasdichte proportional ist. Verss. mit einem Ar-Stahl in einer *CO*-Atmosphäre zeigen, daß an der Grenze der Gase das angeregte Ar seine Energie an das dann leuchtende CO überträgt. Außerdem wurden mit Hilfe eines Spektrographen die Spektren der strömenden Gase aufgenommen u. u. a. das Abklingverh. verschied. N_2-Banden untersucht. Durch das Anbringen des Spektrographenspaltes parallel oder senkrecht zur Strömungsrichtung lassen sich instationäre Vorgänge beim Auf- u. Abbau der Plasmen stationär beobachten. (Z. Naturforsch. **9a.** 833—36. Okt. 1954. Hechingen, Max-Planck-Inst. für Phys. der Stratosphäre.) G. HEINSOHN. 118

R. W. Nicholls, *Eine experimentelle Untersuchung von Bandenintensitäten im ersten positiven System von N_2. 3. Mitt. Quantitative Behandlung von Schätzungen mit dem Auge.* (2. vgl. C. **1955. 4033.**) Vf. gibt eine Meth. zur rechner. Auswertung von Spektralaufnahmen mit Hilfe von Augenschätzungen an. Am Beispiel des zweiten positiven Bandensyst. von N_2 u. des ersten negativen von N_2^+ wird gezeigt, daß diese Meth. in einzelnen Fällen zu gleichen Ergebnissen führt, wie die Verwendung genauer gemessener Intensitäten. (Canad. J. Physics **32.** 722—25. Nov. 1954. London, Ontario, Can., Univ. of Western Ontario, Univ. Coll., Dep. of Phys.) G. HEINSOHN. 118

Josef Tomiser, *Eigendruckverbreiterung der Natrium-Resonanzlinien.* (Vgl. C. **1955.** 6453.) Die Verss. ergaben: 1. Innerhalb des untersuchten Druckbereichs (0,013 bis 0,928 mm Hg) zeigt sich ein linearer Anstieg der Halbwertsbreiten mit Druck u. D.; 2. im Vgl. zur Verbreiterung der langwelligen Resonanzlinie zeigt jedoch die kurzwellige D-Linie eine zwar ebenfalls lineare, aber stärkere Verbreiterung, qualitativ in Übereinstimmung mit den Ergebnissen von MINKOWSKY, im Gegensatz jedoch zu denen von HUGHES u. LLOYD, daher auch keine Übereinstimmung mit der Theorie von HOUSTON. 3. Das gewonnene Ergebnis ist eine Grundlage für die Temperaturbest. bei analogen Messungen am ZEEMAN-Effekt der D-Linien, da der einwandfreie glatte Verlauf der Kurven $\Delta\lambda = f(T)$ eine sichere Angabe von T — bei vorher bestimmten $\Delta\lambda$ — gewährleistet. (Acta physica austriaca **8.** 198—206. Dez. 1953. Wien, TH, Inst. für allg. u. theoret. Phys.) J. v. HARLEM. 118

Josef Tomiser, *Eigendruckverbreiterung der Rubidiumlinien $\lambda = 7800{,}23$ Å und $\lambda = 7947{,}60$ Å und ihrer Zeeman-Komponenten in Absorption.* Vf. untersucht die Eigendruckverbreiterung der Resonanzlinien des Rb u. ihrer ZEEMAN-Komponenten mit dem Ergebnis: Die kurzwellige Linie verbreitert stärker als die langwellige. Die Verbreiterung geht nicht linear mit dem Dampfdruck. Die ZEEMAN-Komponenten der kurzwelligen Linie verbreitern ebenfalls stärker als die der langwelligen Linie. Die Maximalabsorption der ZEEMAN-Komponenten ist verschieden groß u. schwankt auch innerhalb der Komponenten. Bei höheren Drucken werden verbotene Komponenten, herrührend aus der Hyperfeinstruktur, bei höchsten Drucken Asymmetrien des Aufspaltbildes beobachtet. (Acta physica austriaca **9.** 18—26 Dez. 1954. Wien, TH, Phys. Inst.) J. RUDOLPH. 118

Sydney Meshkov, *Die d^3- und d^4-Konfigurationen von Vanadium.* Sitzungsbericht zu der C. **1955.** 279 referierten Arbeit. (Physic. Rev. [2] **94.** 761. 1/5. 1954. Univ. of Pennsylvania.) H. C. WOLF. 118

R. Hosemann und **D. Joerchel**, *Die notwendige Korrektion am Babinetschen Theorem.* Es wird allg. bewiesen, daß das BABINETsche Theorem einer quantitativen Prüfung nicht standhält. Zwei Korrektursummanden werden errechnet, deren erster für spezielle Fälle bereits von BOERSCH (Z. Physik **131.** [1951.] 78) abgeleitet wurde. Das BABINETsche Theorem ist bes. auch nicht auf regellos verteilte Streuzentren anwendbar. Die Existenz gewisser pseudohomometr. Strukturen ist schließlich kein Beweis dafür, daß das BABINETsche Theorem wenigstens in gewissen Sonderfällen eine bedingte Gültigkeit habe. (Z. Physik **138.** 209—21. 1954. Berlin-Dahlem, Fritz-Haber-Inst. der Max-Planck-Ges.) W. KRÖNERT. 119

J. Lindhard, *Widerstandsunabhängige Absorption von Lichtwellen durch Metalle und die Eigenschaften idealer Leiter.* Vf. erörtert theoret. eine Verbesserung der von ZENER (vgl. Nature [London] **132.** [1933.] 968) u. KRONIG (vgl. Nature [London] **133.** [1934.] 211) entwickelten Theorie der opt. Eigg. von Metallen, welche darin besteht, daß die Geschwindigkeiten der Elektronen mit in Betracht gezogen werden. (Philos. Mag. [7] **44.** 916—19. Aug. 1953. Copenhagen, Inst. for Theoret. Phys.) C. GOTTFRIED. 119

C. V. Raman und **A. Jayaraman**, *Über das optische Verhalten von kryptokristallinem Quarz.* Mehr oder weniger durchsichtige *Chalcedon*-Stücke polarisieren das Licht völlig. Die Polarisationsrichtung ist parallel der Faserrichtung der Quarzfasern, aus dem das Material besteht. Irisierender *Achat* verhält sich ähnlich. An ihm erhält man außerdem Beugungserscheinungen, die auf eine Beugungsgitter-artige Struktur schließen lassen. Diese opt. Beobachtungen u. Beobachtungen der „Moiré"-Struktur in irisierendem Achat werden durch röntgenograph. Strukturbest. erklärt: Die faserartigen Quarzkristallite sind mit den a-Achsen parallel orientiert, die c-Achsen nehmen alle möglichen dazu senkrechten Stellungen ein. Längs der Fasern ist die Orientierung der c-Achsen jedoch mehr oder weniger periodisch. (Proc. Indian Acad. Sci., Sect. A **41.** 1—6. Jan. 1955. Bangalore, Raman-Res. Inst.) H. C. WOLF. 119

G. Cario, J. Euler und **H. Fricke**, *Untersuchung der optischen Eigenschaften farbiger Kaliumchloratkristalle.* Einige aus der Lsg. krist. monokline $KClO_3$-Kristallplättchen fallen durch intensive Farbreflexe auf. Ihre opt. Eigg. werden hier, ausgehend von der Annahme RAYLEIGHs, einer Lamellenstruktur, untersucht. Bis zu 45° ist die Übereinstimmung mit einer einfachen Gittertheorie befriedigend. Bei größeren Einfallswinkeln muß die Doppelbrechung von $KClO_3$ berücksichtigt werden. Die durch mögliche Gitterfehler bedingten Abweichungen erwiesen sich als unbedeutend. (Abh. braunschweig. wiss. Ges. **3**. 21—33. 1951. Braunschweig, TH, Phys. Inst.) H. Lindberg. 119

Pierre Tauzin, *Vergleich der Lichtenergien, welche auf die beiden Flächen im Innern einer Platte auffallen, wenn diese unter schrägem Einfall mit einem pavallelen Lichtbündel beleuchtet wird.* Theoret. Unters. der Verallgemeinerung eines für n. Incidenz gefundenen Resultats unter Berücksichtigung der Vielfachreflexionen im Innern der Platte. Solange der Absorptionskoeff. eine gewisse Grenze nicht überschreitet, fällt eine höhere Energie auf die Austrittsfläche. (C. R. hebd. Séances Acad. Sci. **238**. 1985—87. 17/5. 1954.) H.-J. Eichhoff. 119

S. D. Chatterjee, N. N. Ghosh und **A. M. Naha**, *Die Absorption anorganischer Substanzen im nahen Infrarot.* Mit einem von den Vff. konstruierten Infrarotcolorimeter (Beschreibung im Original) wird im Bereich von 0,8—1,1 μ untersucht, wieweit anorgan. Salzlsgg. mit u. ohne Zusatz von Komplexbildnern das Beersche Gesetz befolgen. Es werden gemessen: Lsgg. von Cu u. Ni-Sulfat u. Nitrat in wss. u. ammoniakal. Lsg., zum Teil bei Zugabe von NH_4-, K-, Ca- u. Al-Chlorid sowie von Methylen- u. Äthylendiamin bzw. Pyridin. Bei Salzzusatz gehorchen die Lsgg. dem Beerschen Gesetz, wobei meist ihre Absorption, verglichen mit derjenigen der Cu- oder Ni-Salze allein, unbeeinflußt bleibt. Beim Zufügen von Komplexbildnern zeigen sich Knicke in den Konz.-Intensitäts-Kurven, die durch stufenweise Komplexbldg. erklärt werden. (J. chem. Physics **20**. 344—45. Febr. 1952. Calcutta, Indien, Univ. Coll. of Sci.) W. Lüttke. 119

Arthur Adel, *Absorptionslinienbreite in dem Infrarotspektrum des Ammoniakmoleküls.* Es wurde die Halbwertsbreite der 17,103 μ-Absorptionslinie des NH_3-Mol. durch direkte Beobachtung der Linienkanten mit einem Spalt der spektralen Breite 0,102 cm^{-1} u. unter Anbringung einer Korrektur für den Einfl. endlicher Spaltbreite bestimmt. Die aus der Linienkontur erhaltene Halbwertsbreite D ist 0,215 cm^{-1}. Für D/S (S = Spaltbreite) erhält man einen Wert von 1,23. Daraus folgt für D/D_0 der Wert 0,125 u. für D_0 die Absorptionskoeffizienthalbwertsbreite 0,100 cm^{-1}, jedoch muß dieser Wert als ein oberer Grenzwert angesehen werden. (J. opt. Soc. America **43**. 1053. Nov. 1953. Flagstaff, Ariz., State Coll.) C. Gottfried. 120

Gordon E. Moore, *Das Spektrum von Stickstoffdioxyd im Gebiet 1,4—3,4 μ und die Schwingungs- und Rotationskonstanten des NO_2-Moleküls.* Mit einem Vakuumgitterspektrographen hoher Auflösung wurde das Infrarotspektr. von *NO_2* im Gebiet zwischen 1,4 u. 3,4 μ untersucht. Die Frequenzen der 9 beobachteten Bandenzentren sind tabellar. zusammengestellt; alle diese Banden hatten eine wenigstens zum Teil aufgelöste Rotationsstruktur. Aus ihrer Struktur kann geschlossen werden, daß NO_2 sehr angenähert ein asymm. Rotor ist. Aus der Rotationsstruktur u. den erhaltenen Trägheitsmomenten ergaben sich in Verbindung mit der von Wilson u. Brown (private Mitt.) aus Messungen von $\nu_2 = 750{,}9\ cm^{-1}$ erhaltenen Rotationskonstanten die Parameter des Grundzustandes $N—O = 1{,}188 \pm 0{,}004$ Å u. $\sphericalangle O—N—O = 134^0\,4' \pm 15'$. Aus den beobachteten Obertönen u. Kombinationen wurden die quadrat. Schwingungswechselwirkungskonstanten erhalten. — Die übrigen Grundfrequenzen von NO_2 sind $\nu_1 = 1322{,}5\ cm^{-1}$ u. $\nu_3 = 1616{,}0\ cm^{-1}$. Beobachtet wurde eine offenbar anomale Wechselwrkg. zwischen den Schwingungsniveaus $3\,\nu_3$ u. $2\,\nu_1 + 3\,\nu_2$ sowie zwischen $\nu_1 + 3\,\nu_3$ u. $3\,\nu_1 + 3\,\nu_2$, die jedoch noch nicht ausreichend erklärt werden kann. (J. opt. Soc. America **43**. 1045—50. Nov. 1953. Pasadena, Calif., Inst. of Technol., Gates and Crellin Labor. of Chem.) C. Gottfried. 120

P. D. Ssimowa, *Untersuchung der Ramanspektren von Flüssigkeiten im hochfrequenten Gebiet.* In einer Reihe von Fll. mit u. ohne H-Bindung (*Methylalkohol, A., Essigsäure, W.*, Lsg. von A. in *CCl_4, Ae., Aceton* u. *Chlf.*) werden Frequenzen $>3600\ cm^{-1}$ festgestellt u. als Oberschwingungen u. Überlagerungen von Grundfrequenzen gedeutet. (Доклады Болгарской Академии Наук [C. R. Acad. bulgare Sci.] **5**. Nr. 2/3. 5—8. April/Juni-Okt./Dez. 1952.) J. Geiger. 120

E. Grillot und **M. Bancie-Grillot**, *Die Verwendung radioaktiver Isotope zur Erforschung anorganischer Phosphore.* Um die Reinigung von Phosphorrohmaterialien zu überwachen, bedient man sich der radioakt. Spurensuche. Für Mikrobestimmungen von Aktivatoren (z. B. Cu, aber auch Halogenen) kann gleichfalls diese Meth. herangezogen werden, indem die zu untersuchende Substanz einem Neutronenbombardement unterworfen wird. Es lassen sich auf diese Weise z. B. 10^{-9} g Cu/g ZnS nachweisen. (Brit. J. appl. Physics, Suppl. **1955**. Nr. 4. S95—S96. Paris, Fac. des Sci., Labor. de Luminescence.) D. Hahn. 125

C. H. Townes and **A. L. Schawlow**, Microwave spectroscopy. New York: McGraw-Hill. 1954 (716 S. Diagr.) O. $ 12,50.

A_3. Elektrizität. Magnetismus. Elektrochemie.

J. Lafoucrière, *Die windschiefen Bahnen geladener Teilchen in Magnetfeldern mit einer Symmetrieebene.* Für rotationssymm. magnet. Felder, die eine zur Rotationsachse senkrechte Symmetrieebene besitzen u. deren Feldstärke in radialer Richtung rasch abfällt, wird eine allg. graph. Meth. zur Best. derjenigen Bahnen geladener Teilchen angegeben, welche windschief zur stationären Kreisbahn verlaufen. Systemat. Diskussion der vorkommenden Bahntypen u. der Bedingungen für Fokussierung. (J. Physique Radium **13**. 392—400. Juli/Sept. 1952. Lyon, Univ., Inst. de Phys. Atomique.) F. LENZ. 131

Kenji Mitani, *Zum Ausbildungsmechanismus des Mikrowellengasüberschlags.* Die Messungen erfolgen in Röhren, die als GEIGER-MÜLLER-Zähler verwendbar sind. Vor der Zündung wurde kein Impuls beobachtet, der auf eine Elektronenlawine hindeutet. Das Fehlen dieses Impulses wird auf Lawinen von Elektronen u. positiven Ionen zurückgeführt, die sich nach allen Richtungen gleichförmig mit gleicher Geschwindigkeit ausbreiten. (Bull. Inst. chem. Res., Kyoto Univ. [Kagaku Kenkyusho Hokoku] **32**. 134—38. Mai 1954. Kimura Labor. [Orig.: engl.]) H. LIEPACK. 131

A. W. Kusstowa und **E. M. Reichrudel,** *Gasfokussierter Strahl als Übergangsstadium bei der Formierung einer Hochspannungsimpulsentladung bei niederen Drucken.* Hochspannungsimpulsentladungen (100 kV) bei geringen Drucken von 10^{-5} bis 10^{-1}mm Hg in *Luft, Ar* u. *He* in Röhren mit kalter Kathode u. mit Zündelektroden werden untersucht u. die Integralintensität der Impulsröntgenemission von der Anode in Abhängigkeit vom Anfangsdruck gemessen. Druckzunahme führt wie im stationären Fall zunächst allg. zu einer Intensitätsabnahme, aber bei einem bestimmten Gasdruck (10^{-3} für Luft u. Ar, 10^{-2} für He) wird ein zusätzliches Intensitätsmaximum unabhängig von der Art der Kathode beobachtet. Aus Mikrophotogrammen des Brennflecks auf der Anode bei verschied. Drucken u. aus der Berechnung der Formierungszeit des gasfokussierten Strahls unter Impulsbedingungen schließen Vff., daß dieses Maximum als Folge der Bldg. des gasfokussierten Strahls, der ein Übergangsstadium von der elektronenopt. Phase — vorherrschend gerichtete Elektronenbewegungen — zum Plasma darstellt, aufzufassen ist. (Журнал Технической Физики [J. techn. Physik] **24**. 2183—89. Dez. 1954.) J. GEIGER. 131

N. W. Fedorenko, *Ionisation von Gasatomen und Umladung einfach geladener Ionen bei Energien von 5—30 keV.* Im Doppelmassenspektrometer werden die effektiven Ionisations- u. Umladungsquerschnitte für die Ionen He^+, Be^+, N^+, Ne^+, Na^+, Ar^+, Cu^+, Ba^+ u. Pb^+ in H_2, *He, Ne, Ar* u. *Kr* nach der Potentialmeth. ermittelt. In allen untersuchten Fällen wächst der Ionisationsquerschnitt mit der Energie des Ionenstrahls (5—30 keV). Für Ar u. Kr erreicht der Ionisationsquerschnitt 10^{-15} cm². Die sich ergebenden Werte für den Umladungsquerschnitt der verschied. Ionen stimmen qualitativ mit der Theorie überein. Am Beispiel des Ba^+ wird gezeigt, daß für Ionen schwerer Elemente der Umladungsquerschnitt wesentlich kleiner sein kann als der Wirkungsquerschnitt für die Ionisation der Gasatome u. für die Ionisation der Ionen des Strahls unter Abspaltung eines 2. Elektrons. (Журнал Технической Физики [J. techn. Physik] **24**. 2113—23. Dez. 1954.) J. GEIGER. 131

A. Langer, J. A. Hipple und **D. P. Stevenson,** *Ionisation und Dissoziation durch Elektronenstoß; Methylen, Methyl und Methan.* Vff. untersuchen mit dem Massenspektrometer Ionisation u. Dissoziation durch Elektronenstoß von CH_4 (I), CH_3 (II) u. CH_2 (III). Gemische aus Ar u. $Pb(CH_3)_4$ bzw. Diazomethan liefern nach therm. Zers. in der speziell konstruierten Ionenquelle II u. III. Die gemessenen Appearance-Potentiale für die Ionen CH_4^+, CH_3^+, CH_2^+, CH^+ u. C^+ aus I, II u. III sind tabellar. zusammengestellt u. werden im einzelnen diskutiert. Sie sind untereinander verträglich u. führen in Verbindung mit dem spektroskop. Wert für das Ionisationspotential des C-Atoms (11,26 eV) zu dem Wert 15,5 ± 0,5 eV/Mol. für die Atomisierungswärme von I. Dieser Wert gibt in weiterer Verbindung mit der Bildungswärme von I (— 0,78 eV/Mol.) u. der Dissoziationsenergie (D) von H_2 (4,48 eV/Mol.) den Wert 133 kcal/Mol für die Sublimationswärme von Graphit. Ferner ergeben sich die Werte (in eV/Mol.): D(CH_2–H) 3,75 ± 0,3; D(CH–H) 3,99 ± 0,3; D(CH_3^+–H) 1,34 ± 0,1; D(CH_2^+–H) 5,54 ± 0,2; D(CH^+–H) 3,37 ± 0,2, das Ionisationspotential von CH_2 11,75 ± 0,1 eV/Mol., die Bildungswärme von Diazomethan 46 ± 6 kcal/Mol. (J. chem. Physics **22**, 1836—44. Nov. 1954. East Pittsburgh, Pa., Westinghouse Res. Labors.; State College, Pa., Pennsylvania State Coll., u. Emeryville, Calif., Shell Dev. Comp.) R. CONRAD. 131

Herbert B. Michaelson, *Änderung des Gitterkontaktpotentials und der damit verknüpften Gitterströme.* Zusammenfassende Übersicht, in der behandelt werden: Größe des VOLTA-Potentials (= Differenz zwischen den Austrittsarbeiten von Gitter u. Kathode), Einfl. der Anfangsgeschwindigkeit der Elektronen, Auftreten von negativen Gitterströmen, Bedeutung des Korrektionspotentials ε in den Raumladungsgleichungen u. zeitliche Änderung von ε während des Betriebes der Röhre. Zum Schluß gibt Vf. eine Zusammenstellung der Austrittsarbeiten von 44 reinen Metallen, von 19 Metalloxyden u. von monomol. Metallschichten auf verschied. Trägern; auch für den Einfl. von Gasen u. Dämpfen auf die Austrittsarbeit von Metallen sind Zahlenwerte zusammengestellt. (J. Franklin Inst. 249. 455—73. Juni 1950.) O. FUCHS. 131

W. F. G. Swann, *Grundsätzliches zum Verhalten von Elektreten.* (Vgl. C. **1951.** I. 1270; II. 2003.) Es wird gezeigt, daß beim Auftreten eines Maximums in der (V, t)-Kurve (V = Spannungsdifferenz, t = Zeit) eines Elektretes auf Grund der Messung des Anfangs-V-Wertes V_0, des V_{max}-Wertes u. der Zeit bis zur Einstellung von V_{max} u. von V = 0 (völlige Entladung) die Anfangspolarisation, der Koeff. des exponentiellen Abfalls u. das Prod. aus Widerstand u. Kapazität bestimmt werden können. Schließlich wird gezeigt, daß die Größe von V_0 (unmittelbar nach Entfernung der Formierungsplatten) durch die Bedingung, daß die resultierende Feldstärke im Luftspalt kleiner als die Durchschlagsfeldstärke in Luft ist, begrenzt wird. (J. Franklin Inst. **255.** 513—30. Juni 1953. Swarthmore, Pa., Franklin Inst., Bartol Res. Found.) O. FUCHS. 132

W. F. G. Swann, *Der Fall einer Verteilung der Ladungsdichte gegen die semipermanente Polarisation als Basis für das Elektretverhalten.* Ident. mit der C. **1955.** 983 referierten Arbeit (vgl. auch C. **1954.** 8285). (J. Franklin Inst. **255.** 569—70. Juni 1953.) O. FUCHS. 132

R. W. Corkum, *Ein isotropes künstliches Dielektrikum.* Es wird ein isotropes künstliches Dielektrikum, welches aus einer räumlichen Anordnung metall. oder dielektr. Kugeln besteht, untersucht. Mit Hilfe der CLAUSIUS-MOSOTTIschen Gleichung werden Beziehungen für den Brechungsindex, die DK. u. die magnet. Permeabilität dieses Dielektrikumtyps hergeleitet. Bei 5000 MHz werden am Beispiel von Stahl- u. Quarzkugeln die dielektr. Eigg. ausgemessen, die sich in guter Übereinstimmung mit den theoret. Werten befinden. (Proc. I. R. E. **40.** 574—87. Mai 1952. Cambridge, Mass., Air Force Cambridge Res. Center.) D. HAHN. 132

E. A. Guggenheim, *Die Bestimmung elektrischer Dipolmomente.* Auf eine Äußerung von LE FEVRE (Dipole Moments [London] 1953) hin, nach der D. u. DK. zur Best. der Dipolmomente mit der gleichen Genauigkeit zu messen seien, wird gezeigt, daß größere Genauigkeit der Dichtebestimmung die Best. des Dipolmomentes nicht verbessert. (Proc. physic. Soc., Sect. B **68.** 186—87. 1/3. 1955. Reading, Univ.) K. L. WOLF. 132

Gerhard Klages, *Dielektrische Verluste bei polaren Molekülen mit mehreren inneren Rotationsachsen.* Für ellipsoidförmige Moll., bei denen der Dipol sich durch Rotation um mehrere innermol. Achsen im Felde orientieren kann, wird die Relaxationszeitverteilung berechnet. Diese aus diskreten Einzelwerten bestehende Verteilung stellt eine erste Näherung dar, die mit mittleren Beweglichkeiten der polaren Gruppen u. des gesamten Mol. rechnet. Eine Anwendung auf Messungen an Kettenmoll. in verd. Lsg. am langwelligen Ende des Gebietes der Dipolabsorption zeigt, daß man auf diese Weise Aussagen über die mittlere Beweglichkeit polarer Gruppen auch bei komplizierten Moll. gewinnen kann. (Z. Physik **136.** 480—90. 1953. Mainz, Univ., Phys. Inst.) W. KRÖNERT. 132

Hisao Miyazawa und **Jun-ichi Okada,** *Über den Durchschlag von Tonerde bei höheren Temperaturen.* Vff. untersuchten zuerst die Temperaturabhängigkeit der Durchschlagsfestigkeit von Al_2O_3. Gefunden wird, daß bis ca. 1200° K keine Temperaturabhängigkeit auftritt, oberhalb dieser Temp. wird sie jedoch merklich. Bei diesen höheren Tempp. nimmt die Durchschlagsfestigkeit exponentiell mit steigender Temp. ab. Der Temperaturkoeff. hat eine gewisse Beziehung zu dem Temperaturkoeff. des elektr. Widerstandes von Al_2O_3, die durch die Form $V_m \sim \sqrt{R}$ wiedergegeben werden kann. Vff. bringen hierauf eine Theorie des therm. Durchschlags. Die obige Gleichung findet durch die Theorie eine Bestätigung. (J. physic. Soc. Japan **6.** 55—59. Jan./Febr. 1951. Kawasaki, Tokyo-Shibaura Electric Co., Matsuda Res. Labor. [Orig.: engl.]) C. GOTTFRIED. 132

Gen Shirane und **Katsuo Sato,** *Einflüsse von mechanischem Druck auf die dielektrischen Eigenschaften von polykristallinem Bariumstrontiumtitanat.* An polykristallinen Proben von (Ba, Sr)TiO_3 untersuchten Vff. den Einfl. von Druck auf den CURIE-Punkt u. die DK. ε im kub. Gebiet. Drei verschied. Proben wurden untersucht: $BaTiO_3$ (I), (Ba 75–Sr 25)TiO_3 (II) u. (Ba 60–Sr 40)TiO_3 (III). Drei Arten von mechan. Druck wurden angewandt: hydrostat. Druck, Druck parallel u. senkrecht zu der Elektrodenoberfläche. Es wurde gefunden, daß mit zunehmendem hydrostat. Druck der CURIE-Punkt von II red. wird, u. zwar mit einer Neigung von $6,0(\pm 0,5)\cdot 10^{-3}$ Grad·cm²/kg. Die Kurve ε(T) wird gegenüber der druckfreien Probe nach tieferen Tempp. zu verschoben. Andererseits wird ε bei senkrechtem Druck im gesamten Temperaturbereich erniedrigt, bei parallelem Druck wird die Kurve ε(T) nach höheren Tempp. zu verschoben. In dem kub. Gebiet läßt sich die Änderung von ε mit den angewandten Drucken durch die phänomenolog. Theorie von DEVONSHIRE (vgl. Philos. Mag. **40.** [1949.] 1040) erklären. Die in dieser Theorie benutzten Koeffizienten g_{11} u. g_{12} lassen sich aus den Ergebnissen der vorliegenden Unterss. berechnen. Die mit Hilfe von Kathodenstrahloscillogrammen durchgeführten Messungen der Änderung der dielektr. Polarisation mit dem Druck standen mit den ε-Messungen in Übereinstimmung. (J. physic. Soc. Japan **6.** 20—26. Jan./Febr. 1951. Tokyo, Inst. of Technol. [Orig.: engl.]) C. GOTTFRIED. 132

Shoichiro Nomura und **Shozo Sawada,** *Dielektrische und thermische Eigenschaften von Bariumbleititanaten.* An Bariumbleititanaten verschied. Zus. wurden die DK. ε, die Wärmeausdehnung u. die spezif. Wärme gemessen. Gefunden wurde, daß mit zunehmendem Pb-Geh. der absol. Wert von ε sinkt. Zwischen der CURIE-Temp. u. dem Molverhältnis der Proben besteht eine lineare Beziehung. Durch Extrapolation ergibt sich hieraus für reines $PbTiO_3$ ein CURIE-Punkt von ca. 560°, der prakt. wegen des großen Verlustfaktors bei diesen Tempp. nicht gemessen werden kann. Oberhalb der CURIE-Temp. gilt die CURIE-WEISSsche Gleichung. Die Wärmeausdehnung wurde an einer Verb. der Zus. 80% $BaTiO_3$ + 20% $PbTiO_3$ untersucht. Bis zu ca. 155° dehnt sich die Probe monoton aus, kontrahiert sich zwischen 155 u. 180° u. dehnt sich hierauf wieder aus. Der Wärmeausdehnungskoeff. β nimmt von Zimmertemp. mit steigender Temp. allmählich ab u. ist in dem Temperaturbereich von ca. 20° unterhalb des Umwandlungspunktes negativ; das negative Maximum von β wurde bei 174° beobachtet. Für die gleiche Verb. wurde für die spezif. Wärme eine scharfe Anomalie bei der CURIE-Temp. beobachtet. (J. physic. Soc. Japan **6.** 36—39. Jan./Febr. 1951. Tokyo, Univ., Inst. of Sci. and Technol. [Orig.: engl.]) C. GOTTFRIED. 132

I. N. Beljajew, A. L. Chodakow und **M. L. Scholochowitsch,** *Einfluß von Bariumtitanat auf die dielektrischen Eigenschaften von Bleimetaphosphat- und -metaboratgläsern.* ($Pb(PO_3)_2$ (**I**) bildet mit 1 Mol-% $BaTiO_3$ (**II**) ein Eutektikum vom F. 613°; die Löslichkeit von **II** in geschmolzenem **I** bei 1000° übersteigt nicht 5%. In $Pb(BO_2)_2$ (**III**) lösen sich bei 1000° 35,5% **II**; Eutektikum mit 4% **II**, F. 623°; wahrscheinlich wird alles **III** u. **II** in $PbTiO_3$ (**IV**) u. $Ba(BO_2)_2$ übergeführt. Die DK. ε von **I** beträgt 15,6, von **III** 17,7, von **I** + 5% **II** 23,4, von **III** + 25% **II** 22,2, von Silicatglas (**V**) 4,8, von **V** + 3 Gew.-% **II** 5,75. Der Temperaturkoeff. von ε: $(1/\varepsilon_0)(\varepsilon - \varepsilon_0)/(t - t_0)$ zwischen gewöhnlicher Temp. t_0 u. der Temp. t ist bei **I** u. **I**-**II**-Gemischen $5,1-5,3\cdot 10^{-4}$, bei **III** $2,8\cdot 10^{-4}$, bei **III** + 25% **II** $0,6\cdot 10^{-4}$. Der Verlustwinkel δ ist bei **III** klein u. zwischen 30 u. 150° konstant (tg δ = 0,005). Bei **V** nimmt tg δ zwischen 30 u. 150° von 0,05 auf 0,1 zu. Die elektr. Leitfähigkeit von **I** u. **III** wird durch **II**-Zusatz erhöht. Die daraus berechnete Aktivierungsenergie (kcal/Mol) ist bei **I** 38, **I** + 5% **II** 48,7, **III** 71,3, **III** + **II** 63,6. Die dielektr. Eigg. sind bei **III** besser als bei **I**. (Журнал Физической Химии [J. physik. Chem.] **27.** 1157—62. Aug. 1953. Rostow, Univ.) R. K. MÜLLER. 132

S. Steinemann, *Polare Kristallform und Piezoelektrizität des Eises.* Vf. untersuchten nach 2 Methoden, deren Empfindlichkeit getrennt festgestellt wurde, die Piezoelektrizität von Eis. Es wurde kein Effekt gefunden. Eine elektromechan. Kopplung von 10^{-3} oder ein entsprechender piezoelektr. Modul von $1,5\cdot 10^{-9}$ CGS ist die untere Grenze für den Nachw. von Piezoelektrizität. Es wurden bes. ausgewählte homogene Kristalle untersucht. (Experientia [Basel] **9.** 135—36. 15/4. 1953. Weissfluhjoch-Davos, Eidg. Inst. für Schnee- u. Lawinenforschung.) J. v. HARLEM. 133

N. Schaetti und **W. Baumgartner,** *Untersuchungen über den Dunkelstrom von Photozellen mit Sekundärelektronenvervielfachern.* Für den Dunkelstrom von Photozellen mit Sekundärelektronenvervielfachern ist in der Hauptsache die therm. Emission der Photokathode verantwortlich. Ein an Licht aufbewahrter Multiplier zeigt im allg. bei Inbetriebnahme einen hohen Nullstrom, der bei Dunkelheit langsam absinkt. Vf. untersucht den Einfl. der Belichtung einer Li–Sb-Photokathode in spannungslosem Zustand auf die Nullstoßzahl Z. Mit zunehmender Belichtungszeit (10 Sek. bis 5 Min.) wird Z bis zu einer Sättigung erhöht. Auch die Ausbeute für rotes Licht (801 mμ) wird durch Vorbelichtung der Photokathode vergrößert. Die Nullstoßzahl einer hintereinander mit 420 mμ u. mit Rotlicht vorbelichteten Photokathode ist geringer als die der nur mit 420 mμ bestrahlten Kathode. Dieser Effekt ähnelt der Infrarotausleuchtung bzw. Tilgung von Phosphoren. Die Abhängigkeit der Erhöhung von Z von der Wellenlänge der Vorbelichtung verläuft ähnlich der spektralen Empfindlichkeit des Photoeffekts, ist aber für langwelliges Licht ausgeprägter als der Photoeffekt. Der Belichtungseffekt der spannungslosen Photokathode wird in einer Herabsetzung der Austrittsarbeit des Kathodenmaterials als Folge der Vorbelichtung gesehen. (Helv. physica Acta **25.** 605—11. 1/11. 1952. Zürich, ETH.) J. RUDOLPH. 134

G. Nadshakow und **R. Andreitschin,** *Photovoltaeffekt in polykristallinem Schwefel bei transversaler Beleuchtung.* Vff. finden, daß in Photoelementen, die aus einer Schicht polykristallinen S zwischen 2 Elektroden aus verschied. Metallen (Kombinationen von *Al, Zn, Fe, Cu, Pt, Ni*) bestehen, bei gleichmäßiger Beleuchtung beider Elektroden eine EMK. entsteht. Ihr Wert u. Vorzeichen sind unabhängig von der Intensität u. der spektralen Zus. des Lichts, sie ist allein abhängig von der Art der Metalle, aus denen die Elektroden hergestellt sind, u. gleich der Kontaktpotentialdifferenz zwischen ihnen. (Доклады Болгарской Академии Наук [C. R. Acad. bulgare Sci.] **5.** Nr. 2/3. 9—12. April/Juni-Okt./Dez. 1952.) J. GEIGER. 134

Eugene B. Hensley und **John H. Affleck,** *Die Zwischenschicht aus Bariumoxyd auf einer Wolframkathode.* Bei der früher (vgl. C. **1955.** 9501) von den Vff. beschriebenen aus W u. BaO entstandenen Verb. handelt es sich nicht, wie l. c. angegeben, um $BaWO_3$, sondern um Ba_3WO_6 mit einer flächenzentrierten pseudokub. Struktur. (J. appl. Physics **22.** 359. März 1951. Columbia, Mo., Univ. of Missouri.) O. FUCHS. 134

G. Medicus und **G. Wehner,** *Glühkathodendioden mit Edelgasfüllung und negativem Bogenfall.* Bei Benutzung einer Kathode mit hoher Austrittsarbeit (indirekt geheizte Ta-Kathode), einer Anode mit niedriger Austrittsarbeit (Ba-Überzug) u. einer Xe-Füllung von ca. 0,1 mm gelingt es, negative Bogenfälle von ca. 0,8 V bei Strömen von 0,5 A zu erzeugen. Die Röhre arbeitet ohne jede Schwingneigung wie ein Generator, bei dem sich ein Teil der Heizenergie unmittelbar in eine EMK. umsetzt. (J. appl. Physics **22.** 1389. Nov. 1951. Dayton, O., Wright Field, WCESV.) H. PIEPLOW. 134

W. Muscheid, *Über den Einfluß von Sauerstoff auf die Leitfähigkeit von CdS-Einkristallen.* Im (ln σ, 1/T)-Diagramm (σ = elektr. Dunkelleitfähigkeit) steigt ln σ von CdS-Einkristallen (**I**) beim Erhitzen im Vakuum zwischen T 300 u. 425°K nur sehr wenig an (über das Auftreten eines Maximums bei ca. 375° K s. nachst. Ref.), ab 425° K erfolgt ein steiler linearer Anstieg bis 555° K gemäß $\sigma = K \cdot \exp(-\Delta\varepsilon/2\,kT)$ mit $\Delta\varepsilon$ = 2,5—3 eV, anschließend wieder geringer u. ab 655°K stärkerer Anstieg. Beim Abkühlen fällt σ wesentlich schwächer ab mit $\Delta\varepsilon$ = 0,2—0,6 eV (Endwert von σ bei 300°K um Faktor ca. 10^6 größer als vor dem Ausheizen). Wird nun bei 300°K O_2 eingelassen, so fällt σ anfangs langsam u. dann stärker ab u. erreicht nach ca. 60 Min. den σ-Wert vor dem Ausheizen. Die Erscheinung ist unabhängig vom O_2-Druck. Beim Abpumpen des O_2 bleibt der σ-Wert prakt. erhalten. Beim Wiederanheizen in Ggw. von O_2 steigt σ wieder an u. geht zwischen 475 u. 525°K durch ein Maximum u. anschließend ein Minimum. In diesem O_2-gesätt. Zustand zeigt **I** ein stationäres Verhalten. Die Erscheinungen werden auf Störstellenänderungen durch den Ein- u. Ausbau von O_2 zurückgeführt. Die Elektronenkonz. im Leitungsband ergibt sich zu ca. $10^{11}/cm^3$. Weiter wurde der Einfl. der Lichtintensität J auf σ von **I** im gleichen T-Gebiet im Vakuum gemessen. σ ist um so größer, je höher J (J im Verhältnis 1 : 100 variiert). Oberhalb 425—455°K fällt σ für alle J-Werte ab u. erreicht schließlich den Wert für J = 0 (Dunkelleitfähigkeit). Bei Zusatz von O_2 fällt σ ab. Die σ-Abnahme bei O_2-Zusatz ist für J > 0 wesentlich kleiner als für J = 0. Die Temperaturabhängigkeit von σ zeigt einen komplizierten Verlauf (Auftreten von Maxima u. Minima, die um so stärker ausgeprägt sind, je größer J). Im doppellogarithm. (σ, J)-Diagramm werden bei konstantem T Geraden erhalten, deren Neigung von der Höhe von T abhängt. Dieser Befund läßt sich auf Grund der von FASSBENDER u. SERAPHIN (vgl. C. **1953.** 1292) angegebenen Rekombinationsgleichung (Vorliegen von mono- u. bimol. Rekombinationen) qualitativ verstehen. (Ann. Physik [6] **13.** 305—21. 1953. Berlin-Buch, Dtsch. Akad. der Wiss., Inst. für Festkörperforsch.) O. FUCHS. 135

W. Muscheid, *Zum Nachweis von Haftstellen in CdS-Einkristallen.* Die Dunkelleitfähigkeit σ eines CdS-Einkristalles, der vor Beginn der Messungen belichtet wurde, geht bei wachsender Temp. durch ein zwischen 60 u. 120° liegendes Maximum (vgl. vorst. Ref., sowie BÖER, C. **1952.** 4889). Das Maximum verschiebt sich bei zunehmender Aufheizgeschwindigkeit nach höheren Werten. Die Verss. zeigen, daß ein Glow-Kurvenähnlicher Effekt vorliegt (vgl. BÖER, l. c.). Die Glow-Kurven entstehen dadurch, daß bei der Belichtung zunächst die Haftstellen gefüllt werden, die in den Haftstellen eingefrorenen Elektronen werden beim Erwärmen therm. in das Leitungsband befördert, von wo sie leuchtend rekombinieren. Für den energet. Abstand der Haftstellen vom Leitungsband wird der Wert 25 kT_meV (k = BOLTZMANN-Konstante, T_m = Temp. am Maximum) erhalten. Die Haftstellen werden durch den zusätzlichen Einbau von O_2 in die CdS-Kristalle erzeugt (folgt aus den Verss. in Ggw. von O_2). (Ann. Physik [6] **13.** 322—26. 1953.) O. FUCHS. 135

Harald C. Jensen und **Robert J. Cashman**, *Die Haftstellenverteilung im CdSe.* Analog der Messung der Haftstellentiefe u. -verteilung mit Hilfe der Thermoluminescenz werden durch die Aufnahme „elektr. Glow-Kurven" die Haftstellen in CdSe-Einkristallen untersucht. Nach Abkühlung (im Vakuum) u. Erregung mit einer 6 V-Wolframlampe wird im Dunkeln mit einer Geschwindigkeit von 2° pro Min. erwärmt; mit 4 verschied. angelegten Potentialen (180, 90, 45 u. 22,5 V) werden Kurven des Stromverlaufs aufgenommen. Es ergeben sich Maxima bei 125 u. 200° K. Der Kurvenverlauf ist in allen Fällen gleich, die absol. Höhe der Maxima nimmt mit steigender Spannung zu. Die gemessenen maximalen Stromstärken liegen um Größenordnungen höher als die von anderen Autoren angegebenen, was Vff. auf intensivere Anregung u. höhere Potentiale bei ihren Verss. sowie auf die stärkere Erregbarkeit des CdSe durch sichtbares Licht u. die möglicherweise größere Haftstellenkonz. im CdSe zurückführen. (Physic. Rev. [2] **96.** 798—99. 1/11. 1954. Evanston, Ill., Northwestern Univ.) J. SCHLEEDE-GLASSNER. 135

Karl Hauffe und **Hans Gerhard Flindt**, *Über die elektrische Leitfähigkeit und Thermokraft von Nickelsulfid.* Die Messung der Leitfähigkeit σ bei 700° in Abhängigkeit vom S-Dampfdruck ($p = 10^{-3}$ bis 100 Torr) ergibt sowohl für NiS als auch 0,1—1 At.-% Ag enthaltende NiS–Ag_2S-Proben völlige Unabhängigkeit des σ von p. Erst bei höheren S-Drucken erfolgt infolge Übergang zur NiS_2-Phase σ-Abnahme. Ag_2S-Zusätze erniedrigen σ nur wenig. Der Temperaturkoeff. ist negativ, die Elektronenleitfähigkeit ist metall. Art. Auch die Thermokraft Θ des Elements Pt/NiS/Pt (ca. $-0{,}0065$ mV/Grad) ist von p (bis ca. 100 Torr) unabhängig. Bei höheren S-Drucken wechselt Θ das Vorzeichen u. weist auf überwiegende Defektleitung des entstehenden NiS_2 ($\Theta \sim +0{,}005$ mV/Grad) hin. Der Temperaturkoeff. von NiS_2 ist schwach positiv. Die hohe, offenbar auf Entartung zurückzuführende Leitfähigkeit des NiS ($\sigma_{700°} = 4{,}8 \cdot 10^3\ \Omega^{-1} \cdot cm^{-1}$) wird kurz diskutiert. (Z. physik. Chem. **200.** 199—209. Sept. 1952. Greifswald, Univ., Inst. für physikal. Chem.) J. RUDOLPH. 135

C. A. Hogarth, *Kristalldioden- und Kristalltriodenwirkung bei Bleiselenid.* Vf. beobachtet an PbSe-Einkristallen Photo- u. Gleichrichtereffekte. Eine PbSe-Probe vom n-Typ (Ladungsträgerkonz. $N = 10^{18}/cm^3$) mit Spitzenkontakt (W oder Phosphorbronze) zeigt mittlere, eine p-Typ-Probe ($N = 3 \cdot 10^{18}/cm^3$) gute Gleichrichterwirkung. Formierungsprozesse sind von großem Einfluß. Mit Transistoranordnungen sind Spannungsverstärkungen bis zu 7 erreichbar. Es wird vermutet, daß die gegenüber Ge oder Si unterlegenen Transitoreigg. des verhältnismäßig unreinen PbSe für reine Proben besser sein dürften. (Proc. physic. Soc., Sect. B **64.** 822—23. 1/9. 1951. Reading, Univ., Phys. Dep.) J. RUDOLPH. 135

J. W. Granville, *Eine Herstellungsmethode von Silicium-Kontaktdioden.* In einer 3%ig. Oxalsäurelsg. werden Si-Elektroden unter Anwendung von Wechselstrom oxydiert (bis zum Erscheinen blauer Interferenzfarben). Gegen die Oxydschicht wird eine Sonde gepreßt, die beim p-Typ-Si ein Element der V. Gruppe enthalten muß u. durch kurzzeitigen Spannungsstoß von ca. 150 V die Kontaktdiode formiert. Anschließend wird die Sonde festgeschweißt. Der p–n-Kontakt ist von der Größenordnung 10^{-5} cm². Anwendung: Als Ersatz für 2 Ge-Dioden in Transistor–Rechenwerk-Schaltungen oder als Spannungsstabilisator. (Brit. J. appl. Physics **6.** 109. März 1955. Great Malvern, Worcestershire, Radar Res. Establ.) PETER WOLF. 135

Else Holm, *Beitrag zur Theorie des Siliciumcarbidkontaktes.* Von 2 SiC-Proben, einer grüngelben (**Ia**) u. einer schwarzgrünen (**Ib**), wurde zwischen 300 u. 800° K der elektr. Widerstand R gemessen. In beiden Fällen steigt R bei fallender Temp. an, bes. steil bei der Annäherung an 300° K. Die Grenzspannung V_g, bei der prakt. kein Strom mehr durch SiC fließt, beträgt 75 V bei **Ia** u. 42 V bei **Ib**, je bei 300° K bzw. 69 u. 33 V bei 400° K. Die Erscheinung des Sperrvorgangs von einem bestimmten V_g läßt sich auf Grund der bekannten Temp.–Spannungs-Beziehung verstehen. Prakt. reines SiC besitzt eine Oberflächenschicht, die als Potentialschranke für die Elektronen wirkt; wegen ihrer geringen Dicke kann jedoch durch den Tunneleffekt ein Strom durch die Schranke fließen. Der Tunnelwiderstand R_t wurde für die Verb. SiC–Ag gemessen, wirksame Oberfläche zwischen SiC u. Ag 2 mm². Unterhalb 0,5 V ist R_t prakt. konstant u. fällt zwischen 0,5 u. 5 V um ca. 2 Zehnerpotenzen ab. Die Austrittsarbeit für die Emission von Elektronen aus dem SiC in die Oberflächenschicht berechnet sich daraus zu 3 eV u. die Dicke der Schranke zu 10—20 Å. (J. appl. Physics **23.** 509—17. Mai 1952. St. Marys, Pa., Stackpole Carbon Comp.) O. FUCHS. 135

Abraham Coblenz und **Harry L. Owens**, *Transistoren: Theorie und Anwendung. Physikalische Eigenschaften von Elektronen in festen Körpern.* 3. Mitt. (2. vgl. C. **1955.** 284.) Vff. bringen allg. Betrachtungen über die Darst. des Elektrons als Korpuskel, Welle u. Wellenpaket. (Electronics **26.** Nr. 5. 162—65. Mai 1953. Fort Monmouth, N. J., Signal Corps Engng. Labors.) C. GOTTFRIED. 135

Abraham Coblenz und **Harry L. Owens,** *Transistoren: Theorie und Anwendung. Transistorvorgang in Germanium und Silicium.* 4. Mitt. (3. vgl. vorst. Ref.) Vff. beschreiben die Atomstruktur von Ge u. Si sowie den Übergang von Ge in einen Halbleiter vom n-Typ durch Einbau von 5wertigem As als Verunreinigung in das Ge-Gitter u. den Übergang in einen Halbleiter vom p-Typ durch Einbau von 3wertigem B in das Ge-Gitter. (Vgl. hierzu C. **1955.** 10441.) (Electronics **26.** Nr. 6. 166—71. Juni 1953. Fort Monmouth, N. J., Signal Corps Engng. Labors.) C. GOTTFRIED. 135

J. B. Gunn, *Widerstand von Germaniumkontakten.* Es wird eine Theorie der Strom–Spannung-Charakteristik punktförmiger Ge-Kontakte (halbkugelförmig angenommen) gegeben, welche die bisher nicht berücksichtigte sehr hohe Stromdichte am Kontakt u. die dadurch erzeugte hohe, zu nichtlinearem Verh. der Wanderungsgeschwindigkeit der Träger führende Feldstärke in Rechnung setzt. Die Wanderungsgeschwindigkeit wird bis zu einer bestimmten Spannung E_1 dieser proportional u. darüber als konstant angesetzt, während die Trägerdichte oberhalb einer bestimmten Feldstärke E_2 ($E_2 > E_1$) über alle Grenzen wächst. (Proc. physic. Soc., Sect. B **65.** 908—09. 1/11. 1952. London, Elliot Brothers Ltd., Res. Labors.) WERNER SCHULZ. 135

J. B. Arthur, W. Bardsley, M. A. C. S. Brown und **A. F. Gibson,** *Ladungsträgerextraktion in Germanium.* Durch Injizierung an einem Gleichrichterkontakt kann bekanntlich die Ladungsträgerdichte erhöht werden. Vff. zeigen, daß auch umgekehrt durch Extraktion in Ge große Änderungen in der Ladungsträgerkonz. erzielt werden können. Als Beispiel wird ein Experiment über die Driftbeweglichkeit der Ladungsträger beschrieben. Die Extraktion kann die Temp., bei der Volumenleitfähigkeit von Bedeutung wird, heraufsetzen. (Proc. physic. Soc., Sect. B **68.** 43—50. 1/1. 1955. Great Malvern, Worcs., Radar Res. Establishment.) D. HAHN. 135

S. W. Wonssowski, *Zu den Bemerkungen von W. Brenig und G. Höhler zu der Arbeit: „Fragen der gegenwärtigen Quantentheorie elektronischer Leiter".* Erläuterungen zu den Bemerkungen von BRENIG u. HÖHLER (vgl. C. **1955.** 2836). (Fortschr. Physik **2.** 67—71. 1954. Swerdlowsk, Uraler Zweigstelle der Akad. der Wiss. der UdSSR.) E. KLEVER. 135

W. Shockley, *Heiße Elektronen in Germanium und das Ohmsche Gesetz.* Die Meßergebnisse von RYDER u. SHOCKLEY (C. **1952.** 809) über die Beweglichkeit von Elektronen in elektr. Feldern bis zu 40000 Vcm^{-1} werden analysiert. Die Beweglichkeit nimmt ab, bedingt durch den Einfl. der Streuung durch opt. Schwingungen u. infolge der Zunahme der Elektronenenergie. Es werden „Elektronentempp." berechnet, die bis zu 4000° K betragen in Systemen, die Tempp. der Atomschwingungen von 300° K besitzen. Die krit. Driftbeweglichkeit, oberhalb der Abweichungen vom OHMschen Gesetz beobachtet werden, liegt bei ca. $2{,}6 \cdot 10^6$ $cm \cdot sec^{-1}$. Dieser Wert ist 3mal größer als nach der elementaren Theorie, es wird eine Erklärung auf Grund komplexer Energieoberflächen vorgeschlagen. (Bell System techn. J. **30.** 990—1034. Okt. 1951.) J. v. HARLEM. 135

R. Forrer, *Versuch der experimentellen Bestimmung des Abstandes zwischen zwei Elektronen in Wechselwirkung.* Vf. diskutiert die experimentelle Best. der Abstände zwischen zwei in Wechselwrkg. stehenden Elektronen in Kristallen. Die betrachteten Stoffe sind *Fe–N*, *Ni*, pulverisiert in N_2, α-Fe_2O_3, *MnP*, *CrP*, *CrAs*, *FeAs*, *NiGe*, *PdSi*, *PdSn*, *PtSi*, *PtGe*, *IrGe*, *RhSb*. (J. Physique Radium **13.** 242—43. April 1952. Strasbourg, Inst. de Phys.) J. v. HARLEM. 136

O. Klein, *Theorie der Supraleitung.* Kurze Inhaltsangabe der C. **1955.** 4039 referierten Arbeit. (Nature [London] **169.** 578—79. 5/4. 1952. Stockholm, Inst. för Mekanik och Matem. Fysik.) G. KIRSCHSTEIN. 136

R. L. Dolecek, *Adiabatische Magnetisierung einer supraleitenden Kugel.* Ausführliche Darst. der C. **1954.** 7589 referierten Arbeit. Die durch die Magnetisierung hervorgerufenen Temperaturänderungen sind im Einklang mit calorimetr. berechneten Daten; zwischen dem äußeren Feld u. dem Anteil des im Zwischenzustand erzeugten „normalen" Metalls besteht eine lineare Beziehung. (Physic. Rev. [2] **96.** 25—28. 1/10. 1954. Washington, D. C., U. S. Naval Res. Labor.) G. KIRSCHSTEIN. 136

B. Serin, *Struktur des Zwischenzustands von Supraleitern.* Die n. u. die supraleitenden Bezirke zweier *Pb*-Halbkugeln wurden durch ihre verschied. Wrkg. auf ein Magnetband, das teils zwischen sie gepreßt war, teils außen die Kugeln berührte, nachgewiesen; die Abstände der Bezirke betragen ca. 0,05 mm. (Physic. Rev. [2] **96.** 228—29. 1/10. 1954. New Brunswick, N. J., Rutgers Univ.) G. KIRSCHSTEIN. 136

B. T. Matthias, T. H. Geballe, S. Geller und **E. Corenzwit,** *Supraleitfähigkeit von* Nb_3Sn. Die im β-W-Typ kristallisierenden Verbb. Ta_3Sn u. Nb_3Sn werden bei 6 bzw.

18,05° K (der höchsten bisher beobachteten Sprungtemp.) supraleitend. Die Verbb. wurden dadurch hergestellt, daß fl. Sn über auf 1200° erhitztes Nb- bzw. Ta-Pulver floß. (Physic. Rev. [2] **95.** 1435. 15/9. 1954. Murray Hill, N. J., Bell Telephone Labor.) G. KIRSCHSTEIN. 136

J. Roquet, *Über die magnetischen Remanenzen der Eisenoxyde und ihre Bedeutung für den Geomagnetismus.* 2. Mitt. (1. vgl. C. **1955.** 10443.) Die Stabilität der thermoremanenten u. isothermen Magnetisierung von Eisenoxyden u. natürlichen Stoffen wurde in Abhängigkeit vom Einfl. von entgegengesetzt gerichteten Feldern, der Temp. u. der Zeit untersucht. Es werden einige besondere Eigg. der remanenten Magnetisierung von natürlichem gepulvertem *Magnetit* als abhängig von der Korngröße festgestellt. (Ann. Géophysique **10.** Nr. 4. 282—325. Okt./Dez. 1954.) J. v. HARLEM. 137

I. Tjutin und **L. Ulmanis,** *Oberflächeneffekt in einem ferromagnetischen Leiter bei gleichzeitiger Magnetisierung durch ein konstantes Querfeld.* Der experimentell untersuchte Effekt, der an einem ferromagnet. Körper als Widerstandsänderung zu beobachten ist, wenn ein Wechselfeld u. senkrecht dazu ein Gleichfeld wirkt, ist durch die Theorie von NEIMAN richtig erfaßbar. (Известия Академии Наук Латвийской ССР [Nachr. Akad. Wiss. LettSSR] **1954.** Nr. 2. 125—28. Inst. für Physik der Akad. der Wiss. der LettSSR.) G. KIRSCHSTEIN. 137

Syôhei Miyahara und **Tadayasu Mitui,** *Einfluß des magnetischen Feldes auf die Ausscheidung der ferromagnetischen Phase.* Der Einfl. des magnet. Feldes auf die Ausscheidung der *Co*-reichen Phase aus einer *Cu*-Legierung mit 2% Co wurde untersucht. Der Legierungseinguß wurde geschmiedet u. in Scheiben (13,3 mm Durchmesser, 6,4 mm dick) geschnitten. Die Scheiben wurden dann auf 1000° geglüht (1 Std.) u. mit 5° pro Min. mit u. ohne Magnetfeld von ca. 10000 Oe (Feldrichtung parallel zur Scheibenebene) abgekühlt. Mittels einer Torsionsmeth. wurde die magnet. Anisotropie der Proben gemessen. Die ohne Feld gekühlten Proben zeigten keine Anisotropie, wohl aber die im Magnetfeld gekühlten. Es wurde das Temperaturgebiet festgestellt, in dem das Magnetfeld während der Abkühlung den größten Einfl. hat. Daneben wurde der Einfl. eines Abschreckens von der Temp., bei der das Magnetfeld abgeschaltet wurde, untersucht. Die größte Beeinflussung trat auf, wenn das Feld zwischen 765 u. 715° angelegt wurde. Langsame Kühlung im Ofen brachte gegenüber Abschrecken nach Abschalten des Magnetfeldes keine großen Unterschiede. (J. physic. Soc. Japan **7.** 534. Sept./Okt. 1952. Hokkaido Univ., Fac. of Sci., Dep. of Phys. [Orig.: engl.]) J. v. HARLEM. 137

R. S. Tebble, J. E. Wood und **J. J. Florentin,** *Die Änderung der Magnetisierung von Nickel mit der Temperatur bei schwachen und mäßigen Feldern.* Die reversiblen Änderungen der Magnetisierung bei Temperaturänderungen werden an geglühten Ni-Proben fluxmetr. u. magnetometr. gemessen. Der hieraus bestimmte Wert $(\partial I/\partial T)_H$ wird mit den direkt aus dem calorimetr. Effekt erhaltenen Werten (BATES, STONER) verglichen. Dabei ergibt sich bei höheren Feldstärken, wo der magnetocalor. Effekt im wesentlichen reversibel ist, gute Übereinstimmung, während bei schwachen Feldern reversible u. irreversible Anteile getrennt werden konnten. Der Vgl. mit theoret. Berechnungen von STONER u. RHODES berechtigt zu der Annahme, daß im Bereich schwacher Felder Drehungen gegenüber Wandverschiebungen vorherrschend sind. (Proc. physic. Soc., Sect. B **65.** 858—71. 1/11. 1952. Leeds, Univ. of Leeds, Phys. Dep.) WERNER SCHULZ. 137

Zenya Funatogawa, *Über die magneto-thermoelektrische Kraft von Eisenkristallen bei hoher Temperatur.* Vf. untersuchte die Änderung der Thermokraft von Eisenkristallen gegen Cu in Abhängigkeit von der Magnetisierung. Es wurde bei verschied. Tempp. gemessen, wobei die eine Lötstelle immer 20° wärmer war als die andere. Die Meßergebnisse sind in ausführlichen Tabellen u. Kurven dargestellt. Zwischen den magnetostriktiv bedingten Gitterstörungen u. der magnetothermoelektr. Kraft besteht nach diesen Messungen keine unmittelbare Beziehung. Die magneto-thermoelektr. Kraft kann abhängig sein von dem Streuprozeß, bei dem ein Elektron einen Übergang aus dem s- in das d-Band macht, wie im Fall der Widerstandsänderung im Magnetfeld. (J. physic. Soc. Japan **6.** 256—60. Juli/Aug. 1951. Yokohama, Nat. Univ. [Orig.: engl.]) J. v. HARLEM. 137

Hideo Takaki und **Yoji Nakamura,** *Die Magnetostriktionskonstanten von Siliciumstahl.* 1. Mitt. Durch krit. Reckung u. Rekristallisation wurden Einkristalldrähte verschied. Kristallorientierung in den Abmessungen ca. 2 mm Durchmesser, 100—300 mm lang, aus zwei Fe–Si-Legierungen mit 0,7 u. 1,8% Si gezüchtet. Durch die Messungen der Magnetisierungs- u. Magnetostriktionskurven dieser Drähte bei Raumtemp. konnten die Werte der Konstanten K_1 der Kristallanisotropieenergie u. der Sättigungsmagnetostriktion in Würfelkante [1 0 0] u. Raumdiagonalen [1 1 1], also λ_{100} u. λ_{111}, in bekannter Weise ermittelt werden. Für den Stahl mit 0,7% Si waren die Werte: $K_1 = 4{,}27 \cdot 10^5$ erg/

cm^3, $\lambda_{100} = (18{,}82 \pm 0{,}82) \cdot 10^{-6}$; $\lambda_{111} = -(15{,}41 \pm 0{,}17) \cdot 10^{-6}$, für die 1,8%ig. Fe–Si-Legierung: $K_1 = 4{,}01 \cdot 10^5$ erg/cm^3; $\lambda_{100} = (16{,}05 \pm 0{,}58) \cdot 10^{-6}$; $\lambda_{111} = -(9{,}42 \pm 0{,}23) \cdot 10^{-6}$. Mit wachsendem Si-Geh. nehmen also sowohl die Kristallanisotropieenergie als auch die Energie der Spannungsanisotropie (Magnetostriktion) stark ab, die magnet. Weichheit also stark zu. (J. physic. Soc. Japan **9**. 507—11. Juli/Aug. 1954. Kyoto, Univ., Fac. of Sci. [Orig.: engl.]) H. FAHLENBRACH. 137

Hideo Takaki und **Yoji Nakamura,** *Die Magnetostriktionskonstanten von Siliciumstahl.* 2. Mitt. (1. vgl. vorst. Ref.) An langen, 3 mm starken Einkristalldrähten von Siliciumeisen mit 2,6, 3,2 u. 4% Si werden bei Raumtemp. in verschied. Kristallrichtungen die Magnetisierungs- u. Magnetostriktionskurven in Abhängigkeit von der Feldstärke gemessen. Zusammen mit den l. c. erhaltenen Ergebnissen an Fe–Si-Legierungen mit weniger als 2,5% Si ergibt sich danach folgender Einfl. des Si-Geh.: Die Konstante K der Kristallanisotropie u. die Sättigungsmagnetostriktion in der [1 1 1]-Richtung $\lambda_{[111]}$ nehmen fast linear mit dem Si-Geh. ab. $\lambda_{[100]}$, die Sättigungsmagnetostriktion in der Würfelkante, nimmt bei 2% Si ebenfalls ab, springt jedoch zwischen 2 u. 2,5% Si auf annähernd doppelte Werte u. bleibt dann bis 4% Si prakt. konstant. Die Remanenzwerte der Magnetisierung stimmen mit der Theorie, basierend auf [1 0 0] als Vorzugsrichtung, überein. (J. physic. Soc. Japan **9**. 748—52. Sept./Okt. 1954. Kyoto, Univ., Fac. of Sci. [Orig.: engl.]) H. FAHLENBRACH. 137

H. E. Stauss und **G. Sandoz,** *Zunahme einer hohen Magnetostriktion durch magnetisches Glühen.* Durch Abkühlung zweier Legierungen aus 87(%) Fe u. 13 Al bzw. aus 69 Co u. 31 Fe von 900° auf ca. 100° mit einer Abkühlungsgeschwindigkeit von 100°/Std. im Magnetfeld u. durch nachfolgende Abschreckung wurde ein beträchtlicher Anstieg in der linearen Magnetostriktion erzielt. (J. Metals **4**. Trans. AIME **194**. 1342—43. Dez. 1952. Washington, D. C., Naval Res. Labor.) H. HOCHSTEIN. 137

Dolph G. Ebeling und **Arthur A. Burr,** *Einflüsse der Makrostruktur auf die Leistung von Alnico-Dauermagneten.* Die Einflüsse der Gußtextur, der Kornorientierung u. der Korngröße auf die Leistung der *Al–Ni–Co–Fe*-Dauermagneten werden erörtert. Einkristallproben werden durch ein besonderes Sintern u. Verff. zur Kornvergröberung erzeugt, um den Einfl. der Kristallorientierung zu untersuchen. Zusätzlich zu den Einflüssen der Textur u. Orientierung lassen die Ergebnisse der Unters. erkennen, daß der Dauermagnetleistungsfaktor durch eine Verfeinerung der Korngröße verbessert wird. (J. Metals **5**. Trans. AIME 537—44. April 1953. Schenectady, N. Y., General Electric Co.; Troy, N. Y., Rensselaer Polytechnic Inst.) H. HOCHSTEIN. 137

G. I. Dmitrakowa, *Untersuchung der magnetischen Eigenschaften von Kobalt–Zink- und Mangan–Zink-Ferriten.* Die Magnetisierungskurven einer Reihe Mn–Zn- u. Co–Zn-Ferrite verschied. Zus. in Feldern bis zu 10000 Oe wurden aufgenommen u. daraus die magnet. Momente in BOHRschen Magnetonen μ_B in Abhängigkeit von der Zus. bestimmt. Extrapolation der Kurven der magnet. Momente auf 100% ZnO ergibt 10 μ_B; von einem Geh. > 50% ZnO fallen die Kurven, wie es die NÉELsche Theorie fordert. Für Ferrite der Zus. 0,5 CoO—0,5 ZnO·Fe_2O_3, 0,9 CoO—0,1 ZnO·Fe_2O_3, 0,7 CoO—0,3 ZnO·Fe_2O_3, 0,3 CoO—0,7 ZnO·Fe_2O_3, CoO·Fe_2O_3 wird die Temperatur abhängigkeit der Susceptibilität (relativ) zwischen —196 u. 1000° dargestellt, woraus die CURIE-Temp. als Funktion der Zus. ermittelt wird. Die CURIE-Temp. nimmt mit Zunahme des ZnO-Geh. etwa linear ab. Analoge Resultate findet Vf. für Mn–Zn-Ferrite, jedoch ist die CURIE-Temp. von der Art u. Weise der Materialzubereitung abhängig. (Доклады Академии Наук СССР [Ber. Akad. Wiss. UdSSR] [N. S.] **99**. 45—46. 1/11. 1954.) J. GEIGER. 137

Alfons Hersping, *Die Messung von Materialkonstanten ferromagnetischer Substanzen mittels Meßleitung (80 bis 4000 MHz).* Es wird ein Verf. zur einfachen Messung der Materialkonstanten ferromagnet. Metalloxyde (μ_r, ε_r, tg $\delta\mu$ u. tg δ_2) mittels konzentr. LECHER-Leitung beschrieben. Der Einfl. oft unvermeidbarer Luftspalte zwischen Probe u. Leitung sowie der Einfl. von Randschichten werden berechnet. Meßergebnisse von Ferriten (Ni–Zn- u. Cu–Zn-Ferrit) beweisen die Brauchbarkeit des Verfahrens. Die Größe der Meßfehler wird auf nur wenige % geschätzt. (Frequenz **6**. 345—56. Dez. 1952.) J. V. HARLEM. 137

Ulrich Dolega, Harry Pfeifer und **Artur Lösche,** *Eine neue Methode zur Ausmessung der Verteilung von Magnetfeldern.* An Stelle der von BLOCH (vgl. C. **1946**. I. 1526) angegebenen einen Spule zur Messung starker Felder mittels des Kernresonanzeffektes verwenden Vff. zwei in Reihe geschaltete Spulen, von denen eine feststehend u. die andere verschiebbar ist. Die Felddifferenz zwischen zwei Punkten läßt sich direkt aus den Abständen zwischen den Resonanzsignalen entnehmen, die beim Überstreichen der LARMOR-Frequenz ω_L u. ω_{L_2} an den beiden Spulenorten durch die Frequenz des

Spulenstromes entstehen. (Z. angew. Physik **7.** 12—13. Jan. 1955. Leipzig, Karl-Marx-Univ., Physikal. Inst.) H. LIEPACK. 137

Akito Arima und **Hisashi Horie,** *Konfigurationsmischung und magnetisches Moment von Kernen.* Vff. berechnen die Abweichungen der magnet. Kernmomente von den SCHMIDT-Grenzen im allg. Fall auf Grund der Konfigurationsmischung. (Progr. theoret. Physics [Kyoto] **11.** 509—11. April/Mai 1954. Tokyo, Univ., Dep. of Phys.) J. v. HARLEM. 137

E. Ledinegg und **P. Urban,** *Über das magnetische Verhalten einer linearen Atomkette am absoluten Nullpunkt bei positivem Austauschintegral.* (Vgl. C. **1953.** 7728.) Es wird das magnet. Moment berechnet u. gezeigt, daß die lineare Kette nicht spontan magnetisierbar ist. Dabei wurde von einer modifizierten, von HULTHÈN stammenden Meth. Gebrauch gemacht. (Acta physica austriaca **8.** 167—74. Dez. 1953. Graz, Univ., Inst. für theoret. Phys.) J. v. HARLEM. 137

L. F. Bates, S. J. Leach, R. G. Loasby und **K. W. H. Stevens,** *Die magnetische Susceptibilität von metallischem Neodym.* Zwischen 290 u. 1000° K wird die Susceptibilität von metall. Neodym mit einem Reinheitsgrad von 99,81% gemessen. Die Messungen bei verschied. magnet. Feldstärken ergaben eine Nichtanwesenheit ferromagnet. Verunreinigungen. Zwischen T = 290 u. 500° K folgt die Susceptibilität χ dem CURIE-WEISSschen Temperaturgesetz: $\chi = C/(T - \Theta)$ mit $\Theta = -15°$ K u. einem Atommoment von 3,72 M_B, welches die Theorie dem dreiwertigen Nd-Ion zuschreibt. Oberhalb 500° K flacht sich der $1/\chi - T$ -Verlauf ab. Diese Erscheinung wird auf eine Temperaturabhängigkeit der Energieniveaus der 4f-Elektronen zurückgeführt. (Proc. physic. Soc., Sect. B **68.** 181—82. 1/3. 1955. Nottingham, Univ., Dep. of Phys.) H. FAHLENBRACH. 137

Nicolas Perakis, *Über das magnetische Verhalten des dreiwertigen Rheniums.* Vf. stellt ein von Null verschied. magnet. Moment von dreiwertigem Re entgegen der Theorie von HUND fest. (J. Physique Radium **15.** 191. März 1954. Strasbourg, Labor. Pierre Weiss.) J. VOITLÄNDER. 137

J. Owen, *Die Farben und magnetischen Eigenschaften von hydratisierten Salzen der Eisengruppe und Nachweis für kovalente Bindung.* Es wird allg. angenommen, daß die typ. Farben paramagnet. Salze, die $[M(H_2O)_6]$-Komplexe ($M = 3d^n$) enthalten, aus opt. Übergängen zwischen den Energieniveaus der Bahnen des 3d-Ions entstehen, die durch das kristalline elektr. Feld, hervorgerufen durch die umgebenden Wasserdipole, aufgespalten werden. Die vorliegenden Daten über die opt. Absorption werden analysiert. Obwohl Experiment u. Theorie einigermaßen gut übereinstimmen. sind doch systemat. Unterschiede vorhanden. Die Abstände der Bahnniveaus, gegeben durch das opt. Spektr., sind kleiner als aus magnet. Daten berechnet. Es wird gezeigt, wie diese Diskrepanzen aufgelöst werden können durch die Einführung schwacher kovalenter Bindungen in den $[M(H_2O)_6]$-Komplex, so daß hier eine Ladungsüberführung zwischen dem paramagnet. Ion u. den angefügten Wassermoll. entsteht. (Proc. Roy. Soc. [London], Ser. A **227.** 183—200. 7/1. 1955. Oxford, Univ., Clarendon Labor.) J. v. HARLEM. 137

Hans Bode und **Herbert Weiss,** *Über die magnetischen Eigenschaften des Kobaltsulfoxylats.* Es wird versucht, durch magnet. Messungen die Konst. des von SCHOLDER u. DENK [1935] dargestellten Stoffes der Formel $CoSO_2 \cdot 3\,H_2O$ aufzuklären. Die braunen bis schwarzen Präp. befolgen sehr angenähert das CURIE-WEISSsche Gesetz; man erhält ein magnet. Moment von 3,81 Magnetonen. Dies ist wenig mehr, als man unter Annahme eines Bahnmomentanteils für Co^{I} erwarten würde, es ist aber wesentlich weniger, als sich für Co^{II} ergeben sollte. Da Co^{I} aus chem. Gründen ausscheidet, könnten vielleicht Co_2^{4+}-Ionen vorliegen. Das könnte nur durch eine röntgenograph. Strukturbest. bestätigt werden; leider ist eine solche nicht möglich, da die Präpp. röntgenamorph sind. Als D. ergab sich 2,35. (Z. anorg. allg. Chem. **267.** 247—50. Jan. 1952. Hamburg, Chem. Staatsinst.) W. KLEMM. 137

Leo Steipe, *Untersuchungen über Magnetophotophorese.* Es wurde die Abhängigkeit der magnetophotophoret. Teilchengeschwindigkeit von der Bestrahlungsstärke u. der magnet. Feldstärke im Beobachtungsraum untersucht. Die Kurven der Teilchengeschwindigkeit als Funktion der Bestrahlungsstärke steigen monoton an u. sind nach oben konvex. Für die magnetophotophoret. Bewegung ist keines der Frequenzgebiete (Ultrarot, Sichtbar, UV) bes. bevorzugt, es dürfte nur die auf den Probekörper auftreffende Gesamtbestrahlungsstärke für die Bewegung maßgebend sein. Die Abhängigkeit der Teilchengeschwindigkeit von der magnet. Feldstärke ergibt eine Art Sättigungskurve. (Acta physica austriaca **6.** 1—6. Sept. 1952. Wien, Univ., I. Phys. Inst.) J. v. HARLEM. 137

H. W. Hamme, E. L. Grove und **J. L. Kassner,** *Eine Erklärung gewisser, in der Hochfrequenztechnik gefundener Kurventypen.* Es wurde die Hochfrequenzleitfähigkeit

u. -susceptibilität gewisser Behälter vom „Spulentyp", wie sie in der Hochfrequenztechnik benutzt werden, über einen gewissen Frequenzbereich gemessen. Bei einem gewissen engen Frequenzband, das von der Spule abhängig ist, tritt ein scharfes Maximum der Leitfähigkeit auf, dem ein plötzlicher Abfall der Leitfähigkeit folgt. Füllt man den Behälter mit reinem W., dann verschieben sich Leitfähigkeits- u. Kapazitätsmaxima nach einer niedrigeren Frequenz. Dieses Band stellt ein Gebiet hoher Empfindlichkeit für Titrations- oder andere Messungen dar. Ersetzt man W. durch verd. HCl, dann verschiebt sich infolge Änderung in der Zus. des Kerns der Spule das oder die Maxima nach einer niedrigeren Frequenz. Das Gebiet maximaler Empfindlichkeit scheint eine Funktion des Typs u. der Größe der Spule, des Lösungsm., des gelösten Stoffes u. seiner Konz. sowie der Kapazitätsverteilung zwischen der Spule u. ihrer Umhüllung zu sein. Eine 0,0015n Lsg. von HCl verschob das Maximum der Hochfrequenzleitfähigkeit von 8,6 auf 7,9 MHz. Eine ähnliche Lsg. von MaOH verursachte eine ähnliche Verschiebung, während für NaCl die Verschiebung ca. 0,4 MHz betrug. (J. chem. Physics **22.** 944. Mai 1954. Alabama, Ala., Univ., Div. of Analyt. Chem.) C. GOTTFRIED. 138

A. I. Schatenstein, *Zur Theorie der Säuren und Basen.* Auf Grund der Literatur (38 Angaben) behandelt Vf. die einschlägigen Theorien u. polemisiert gegen die von USSANOWITSCH auf einer diesen Fragen gewidmeten Tagung vorgetragenen Anschauungen. (Вестник Академии Наук Казахской ССР [Nachr. Akad. Wiss. KasachSSR] **10.** Nr. 12. 32—50. Dez. 1953.) O. LEBTAG. 139

A. L. Agafonowa und **I. L. Agafonow,** *Die Temperaturabhängigkeit der Dissoziationskonstante von Elektrolyten.* 2. Mitt. *Erste und zweite Dissoziationskonstante der Arsensäure.* (1. vgl. C. **1954.** 2559.) Durch Messung der EMK. der Kette $^-$Ag | AgCl, H_3AsO_4 (mol.), NaH_2AsO_4 (mol.), NaCl (3mol.), Chinhydron | Pt$^+$ wird die 1. Dissoziationskonstante (K_1) von H_3AsO_4 bestimmt, mit der Kette $^-$Ag | AgCl, NaH_2AsO_4 (m_1), Na_2HAsO_4 (m_2), NaCl (m_1), Chinhydron | Pt$^+$ die 2. Dissoziationskonstante (K_2), u. zwar bei einem Molverhältnis $Na_4As_2O_7$:HCl = 1:3 (für K_1) bzw. 1:1,45 (für K_2). Bei 0, 25 u. 50° ist K_1 = 0,00805; 0,00598; 0,00380, $K_2 \cdot 10^7$ = 0,883; 1,047; 1,048. Für die Temperaturabhängigkeit (t = °C) gilt: $\log K_1 = -2{,}014 - 5 \cdot 10^5 (t - 40{,}0)^2$; $\log K_2 = -6{,}971 - 5 \cdot 10^{-5} (t - 39{,}4)^2$. (Журнал Физической Химии [J. physik. Chem.] **27.** 1137—44. Aug. 1953. Gorki, Polytechn. Shdanow-Inst.) R. K. MÜLLER. 139

H. Falkenhagen und **G. Kelbg,** *Zur Theorie konzentrierterer starker Elektrolyte.* Vorliegende Arbeit gibt eine Übersicht über die von den Vff. entwickelten Theorien der Leitfähigkeit, DK. u. Viscosität starker 1—1-wertiger Elektrolyte unter Berücksichtigung des Raumbedarfs der Ionen. Die Leitfähigkeitsformel gibt etwa bis 0,5 Mol/Liter gute Übereinstimmung mit dem Experiment bei den verschiedensten Elektrolyten. In den Formeln für die DK. u. die Viscosität macht sich der Radiuseffekt nicht so günstig bemerkbar. Der B-Koeff. u. die starke Abnahme der DK. bei höheren Konzz. haben andere Ursachen. (Z. Elektrochem., Ber. Bunsenges. physik. Chem. **56.** 834—36. 1952. Rostock, Univ., Inst. für theoret. Physik.) H. FALKENHAGEN. 139

S. N. Bagchi, *Über starke Elektrolyte in Lösungen.* Erwiderung auf die der Mitt. von DUTTA anhängende Antwort von WICKE u. EIGEN (C. **1953.** 7730) über die Ähnlichkeit der von DUTTA u. Vf. abgeleiteten Verteilungsformel mit der von WICKE u. EIGEN u. Darst. der zu der Formel führenden Überlegungen einschließlich Berechnung von Beispielen (vgl. hierzu C. **1954.** 1653). (Naturwissenschaften **39.** 299—300. Juli 1952. Calcutta, Univ., Coll. of Sci.) W. NIEMITZ. 139

M. Eigen, *Zur Theorie der Wärmeleitfähigkeit wässeriger Elektrolytlösungen.* (Vgl. C. **1953.** 16.) Die Wärmeleitfähigkeit wss. Elektrolytlsgg. zeigt durchweg einen linearen Abfall mit steigender Konzentration. Vf. deutet diesen Befund in folgender Weise: Im reinen W. findet neben der n. Wärmeleitung noch ein zusätzlicher Transport von Dissoziationsenergie der Molekelaggregate statt. In Elektrolytlsgg. wird dieser Assoziationsanteil durch Ausbldg. von Hydrathüllen wesentlich vermindert. Eine Rechnung im Anschluß an die EUCKENschen Vorstellungen der Ionenhydratation liefert quantitative Übereinstimmung mit dem Experiment. (Z. Elektrochem., Ber. Bunsenges. physik. Chem. **56.** 836—40. 1952. Göttingen, Univ., Inst. für physikal. Chem.) H. FALKENHAGEN. 139

Camillo Dejak, *Untersuchungen über die Theorie der konzentrierten Lösungen starker Elektrolyte.* 16. Mitt. *Über eine rasche analytische Methode zur Berechnung der Aktivitätskoeffizienten des Lösungsmittels.* (15. vgl. C. **1954.** 11372.) Es wird eine Gleichung für die Berechnung des Aktivitätskoeff. f_0 des Lösungsm. entwickelt u. auf Lsgg. der Alkali-, der Erdalkalichloride u. des $LaCl_3$ angewandt. In erster Annäherung ist f_0 umgekehrt proportional der in der „Ladungswolke" von DEBYE enthaltenen Zahl von

Wassermolekülen. Die in der Gleichung verwendeten Konstanten sind aus physikal. Größen nicht immer mit Sicherheit ableitbar; es werden Wege angegeben, die zu ihrer stufenweisen Ermittlung führen; diese werden auf die Auswertung der kryoskop. u. anderer Daten für NaCl, CsCl u. LiCl angewandt. Dabei ergibt sich zugleich eine krit. Kontrolle der Gleichungen von BONINO u. CENTOLA, die eine Beziehung zwischen den thermodynam. Größen in gelöstem u. krist. Zustand geben. (Gazz. chim. ital. **84.** 1025 bis 1048. 2 Tafeln. Nov. 1954. Bologna, Univ., Ist. Chim. G. Ciamician.) R. K. MÜLLER. 139

Andre J. de Bethune, *Grundlegende Betrachtungen über das Elektrodenpotential.* Es werden die Gesetze betrachtet, die das Potential einer Elektrode unter den verschied. Bedingungen bestimmen. Die im Gleichgewicht stehenden Elektroden (reversibles NERNST-Potential) werden sowohl unter Normalbedingungen als auch unter anderen Bedingungen (elektrochem. Gesetz des Massetransports) untersucht. Von den nicht im Gleichgewicht stehenden (polarisierten) Elektroden werden die Hauptmerkmale besprochen u. bes. eingehend die Grundlagen des Kathodenschutzes erörtert. Ein kurzer Überblick über die ideal polarisierte Elektrode wird gegeben. Die Bezeichnungen der verschied. Elektrodenpotentiale werden diskutiert. (Corrosion [Houston] **9.** 336—44. Okt. 1953. Chicago, Ill., Nat. Ass. of Corrosion Engng.) G. MAIER. 140

Ju. K. Delimarski, *Elektrodenpotentiale von Metallen in Salzschmelzen.* Zur Best. der Elektrodenpotentiale von Metallen in Salzschmelzen benutzt Vf. die von ihm vorgeschlagene Sn–Na-Elektrode (vgl. C. **1951.** I. 2399) in einer Na^+-Salzschmelze als Vergleichselektrode. Da eine derartige Elektrode in Salzschmelzen mit mehr als 50 Mol-% Na-Halogenid eine konstante Spannung liefert, wird sie als Nullelektrode vorgeschlagen. Aus den von anderen Forschern sowie vom Vf. gemessenen Zersetzungsspannungen von Metallen in verschied. Salzschmelzen werden die Elektrodenpotentiale zahlreicher Metalle in Salzschmelzen relativ zur Na-Elektrode berechnet. Die auf diese Weise erhaltenen Spannungsreihen der Metalle ändern sich zum Teil je nach der Elektrolytschmelze u. im gleichen Elektrolyten mit der Temperatur. Die Elektrodenpotentiale der Schwermetalle werden beim Übergang von Chloriden zu Bromiden u. Jodiden negativer. Diese Tatsache wird mit der in derselben Reihenfolge abnehmenden elektrolyt. Dissoziation der Schwermetallhalogenide u. zugleich auch mit der Polarisation u. Deformation der Elektrolytionen erklärt. (Журнал Физической Химии [J. physik. Chem.] **29.** 28—38. Jan. 1955. Kiew, Akad. der Wiss. der UkrSSR, Inst. für allg. u. anorg. Chem.) E. KORDES. 140

Dante Stirpe, *Elektroabscheidung von Metallen auf Natriumwolframbronzekristallen.* Es wird eine elektrolyt. Meth. zur Abscheidung von Metallfilmen aus Cu, Ni, Co, Fe, Sn u. Zn auf Na-Wolframbronzekristallen beschrieben u. die Zus. der Elektrolyte sowie die maximalen Stromdichten angegeben. In allen Fällen wird ein guter Metallfilm in 10—30 Min. bei einer Badtemp. von 26° erhalten. Die Anode besteht bis auf eine Ausnahme bei Co, wo Fe verwendet wird, immer aus dem Metall, das abgeschieden werden soll. (Rev. sci. Instruments **24.** 1071. Nov. 1953. Ames, Io., Iowa State Coll., Inst. for Atomic Res. and Dep. of Phys.) G. TÖLG. 141

N. T. Kudrjawzew und **Je. F. Pereturina,** *Elektrofällung von Zink–Cadmium-Legierungen.* Die Bldg. von Zn-Cd-Überzügen aus cyanidhaltigen Elektrolyten ist abhängig von einer bestimmten Konz. an Zn u. Cd in der Lsg. u. von der Stromdichte. Eine Erhöhung der Konz. über den Mindestwert für Zn 0,1n verringert die Kathodenpolarisation beträchtlich. Mit Vergrößerung der Stromdichte verringert sich der Zn-Geh. im Nd. infolge Vergrößerung des Kathodenpotentials des Zn im Verhältnis zum Cd. Zn–Cd-Legierungen mit erhöhtem Cd-Geh. (Cd 80—83%) besitzen sehr viel größere Korrosionsbeständigkeit. (Журнал Прикладной Химии [J. angew. Chem.] **26.** 155—59. Febr. 1953.) A. KUNZE. 141

N. Parkinson, *Die elektrolytische Abscheidung von Zinn aus Zinn(II)-fluoroboratbädern.* Nach den Verss. des Vf. können aus Bädern mit ca. 80 g/Liter Sn u. 150—200 g/Liter freier HBF_4 gute Sn-Ndd. mit ausgezeichneter Streuung abgeschieden werden, wenn die Bäder geeignete organ. Zusätze enthalten. Gute Wirkungen wurden erzielt mit a) einer Mischung von *Gelatine* u. *β-Naphthol*, b) *4.4'-Dioxydiphenylmethan* bzw. Homologen oder Derivv. allein oder in Mischung mit weiteren Substanzen, c) *4.4'-Dioxydiphenylsulfon.* Kathod. u. anod. Stromausbeute annähernd 100%. Stromdichtebereich in der HULL-Zelle 5—120 A/sq.ft bei Zimmertemperatur. Anoden bilden dunklen Schlamm. Für Anodenbeutel war nur Terylene brauchbar. (J. Electrodepositors' techn. Soc. **26.** 169—76. Diskussion 177—79. 1950. Greenford, Middlesex, Tin Res. Inst.) W. SKALIKS. 141

K. I. Rosental und **W. I. Wesselowski,** *Untersuchung des Mechanismus und der Kinetik von elektrochemischen Oxydationsreaktionen mittels der Methode der anodischen*

Polarographie an der Platinelektrode. (Vgl. C. **1951.** II. 3416.) Durch anod. Polarographie an der Pt-Mikrodrehelektrode (0,5 mm-Draht, 900 Umdrehungen/Min., mit 3—4maliger Polarisation von 1,5 auf 0,3 V in 2—3 Min.) wird die Oxydation von H_2SO_3 in $1\,n\,H_2SO_4$, HNO_2 in $1n\,HNO_3$ u. H_2O_2 in saurem u. alkal. Medium verfolgt. Der Grenzstrom wird, unabhängig von der Drehung, nur durch die Ladungsgeschwindigkeit bestimmt, also durch die Geschwindigkeit der Potentialänderung der Pt-Elektrode. Die Beobachtungen lassen sich durch die Annahme erklären, daß die Ausgangsstoffe mit dem an Pt adsorbierten O (PtO_{ads}) reagieren, z. B. $Pt + H_2O - 2e^- \rightarrow PtO_{ads} + 2H^+$; $PtO_{ads} + SO_3^{2-} \rightarrow Pt + SO_4^{2-}$; $PtO_{ads} + SO_2 + H_2O \rightarrow Pt + H_2SO_4$ oder, wenn die Rk. an schon oxydierter Pt-Oberfläche stattfindet: $PtO + H_2O - 2e^- \rightarrow PtO[O]_{ads} + 2H^+$ usw. wie vorst.; für die Geschwindigkeit bestimmend ist die Festigkeit der Bindung des O an Pt, wobei die Existenzdauer des PtO mit der Geschwindigkeit der Potentialänderung sich ändert. (Журнал Физической Химии [J. physik. Chem.] **27.** 1163—71. Aug. 1953. Moskau, Phys.-chem. Karpow-Inst.) R. K. MÜLLER. 142

T. I. Borissowa und **W. I. Wesselowski,** *Der Oberflächenzustand von Elektroden bei der elektrochemischen Abscheidung von Sauerstoff und bei der anodischen Oxydation.* (Vgl. vorst. Ref.) Bei 5 Hz wird die Potentialänderung von Ag in n NaOH verfolgt; sie zeigt Maxima der Differentialkapazität C ($\mu F/cm^2$) bei 0, 0,6 (beide flach), 1,0 u. 1,5 V (hoch, C = 455), die der H_2-Adsorption, der Bldg. von *Oberflächenoxyd* (**I**), von Ag_2O u. von höheren *Ag-Oxyden* (**II**) entsprechen; ein scharfes Minimum bei 1,3 V (C = 20) wird auf Bldg. schlechtleitender niedriger Oxyde (Widerstand R = 10^4 Ω/cm^2) zurückgeführt u. bleibt allein bei 4 Hz erhalten. Mit steigender Frequenz nimmt R ab. Bei Verss. mit Pt in n H_2SO_4 (III) zeigt sich bei 0,9 V Minimum von C u. Maximum von R (Luftoxydation), bei 1,5 V Maximum von C u. flaches Minimum von R (Bldg. von II); in **III** + 0,1 mol. Na_2SO_4 lassen Maxima von C u. R bei 0,9 V auf Oxydation von SO_3^{2-} durch I schließen, Minimum von C bei 1,2 V; in **III** + 0,1 n $FeSO_4$ verursacht Teilnahme von I an der Rk. $Fe^{2+} \rightarrow Fe^{3+}$ ein Maximum von C bei 0,77 V. In n $HClO_4$ verschwindet ein Maximum von C bei 1,8 V (200 Hz) nach kathod. Polarisation der Elektrode. Die Oxydation von HNO_2 beginnt bei 1,05 Volt. (Журнал Физической Химии [J. physik. Chem.] **27.** 1195—1207. Aug. 1953.) R. K. MÜLLER. 142.

H. Pellequer, *Untersuchung der Bildung von Wasserstoffperoxyd auf Quecksilber-Tropfelektroden.* Die polarograph. Unters. zeigte die Bldg. von H_2O_2 auf der Hg-Tropfelektrode. Dieses bildet sich vorzugsweise kathod., möglich ist auch eine anod. Bldg., jedoch stets nur eine solche auf der Tropfelektrode. Es wurden zylindr. Zellen von 25—50 cm^3 benützt u. gegen eine gesätt. KCl-Elektrode gemessen. Bei starkem Durchfluß von Hg wird H_2O_2 sek. u. unabhängig von jedem elektr. Strom gebildet. Die Kurven für die Ausbeute an H_2O_2 in Abhängigkeit von der angelegten Spannung gehen durch ein Maximum, das der ersten polarograph. Stufe des O_2 entspricht u. von der Natur des Elektrolyten abhängt. Gleichzeitig mit H_2O_2 tritt das Hg(I)-Salz des Anions des Elektrolyten auf. Die unlösl. Salze katalysieren die Zers. von H_2O_2, deshalb wird Rühren vermieden. H_2O_2 wird direkt an der Kontaktfläche Hg-Lsg. gebildet. (J. Chim. physique Physico-Chim. biol. **47.** 590—99. Juli/Aug. 1950.) M. WIEDEMANN. 142

U. F. Franck, *Zur Stabilität von Elektrodenzuständen.* Vf. untersucht ausführlich für polarisierte Elektroden die Bedingungen, unter denen sich stabile stationäre bzw. instabile Zustände ergeben. Zur Unters. von Stromkreiszuständen hat es sich als nützlich erwiesen, den Stromkreis in geeigneter Weise in Zweipole aufzuteilen u. deren Eigg. in Form von Kennlinien im Strom–Spannungs-Diagramm darzustellen u. zu diskutieren. Dieses Verf. wird zunächst für einfache Gleichstromkreise u. anschließend speziell für elektrolyt. Schaltungen durchgeführt. Es wird weiter gezeigt, daß jeder stationäre stabile Elektrodenzustand ein Minimum der im gesamten Stromkreis stattfindenden Entropieproduktion darstellt u. damit die Beziehung zur Thermodynamik irreversibler Prozesse hergestellt. (Z. physik. Chem., Frankf. Ausg. [N. F.] **3.** 183—221. März 1955. Göttingen, Max-Planck-Inst. für phys. Chem.) G. MAIER. 142

A_4. Thermodynamik. Thermochemie.

H. A. Tolhoek und **S. R. de Groot,** *Eine Diskussion des ersten Hauptsatzes der Thermodynamik für offene Systeme.* Der erste Hauptsatz kann nur dann als Naturgesetz für offene Systeme gelten, wenn keine Diffusion stattfindet. Im anderen Fall sind die mathemat. Formulierungen des ersten Hauptsatzes Definitionen für den Wärmetransport. Nach dieser Klärung werden die Grundgesetze der Thermodynamik der irreversiblen Prozesse zusammengestellt. (Physica **18.** 780—90. Okt. 1952. Utrecht, Univ., Inst. theoret. Naturkunde.) G. KIRSCHSTEIN. 146

I. S. Fischer, *Über die Stabilität der homogenen Phase.* 1. Mitt. *Allgemeine Theorie.* Vf. behandelt die Stabilität einer homogenen Phase (reine Fll. oder Gase) vom Standpunkt der radialen Verteilungsfunktion aus. Die Bedingungen für die thermodynam. Stabilität u. Instabilität werden abgeleitet. (Журнал Экспериментальной и Теоретической Физики [J. exp. theoret. Physik] **28.** 171—80. Febr. 1955. Weißruss. Univ.) M. Wiedemann. 146

Joseph Himpan, *Eine neue thermische Zustandsgleichung.* 3. Mitt. (2. vgl. C. **1955.** 7620.) Die „allgemeinste therm. Zustandsgleichung" gibt Vf. in Weiterentw. der früher angestellten Betrachtungen in folgender Form an: $[p + a/T^n(V-b)(V-c)](V-d) = RT$. Die 5 Konstanten a, b, c, d u. n ergeben sich aus 5 Gleichungen, die aus folgenden Grenzbedingungen abgeleitet werden: 1. Zusammenfallen der 3 reellen Wurzeln im krit. Punkt; 2. Existenz der Boyle-Temp.; 3. p- u. V-Werte beim idealen Verh. des Stoffes bei der krit. Temperatur. Ein Verf. zur Auswertung der 5 Gleichungen wird angegeben. Die Ergebnisse werden auf bekannte Messungen von CO_2 (273—4000° K, p bis zu 30000 at) angewendet, wobei sich gute Übereinstimmung zwischen Vers. u. Theorie ergibt. (Z. Physik **133.** 647—60. 2/12. 1952. Suresnes [Seine], Hôtel Astor.) O. Fuchs. 146

D. Bijl, *Bemerkung zur Wärmestrahlung bei tiefen Temperaturen.* Hinweis auf die Unanwendbarkeit der üblichen thermodynam. Begriffe auf die Hohlraumstrahlung eines Vol. von 1 cm^3 bei Tempp. unterhalb 1°K. (Philos. Mag. [7] **43.** 1342—44. Dez. 1952. Oxford, Clarendon Labor.) G. Kirschstein. 146

Horst Korsching, *Eine direkte Bestimmung von Thermodiffusionskoeffizienten in Flüssigkeiten.* (Vgl. C. **1955.** 1679.) Es wird ausführlich eine neue Anordnung beschrieben u. erläutert, die es gestattet, Thermodiffusionskoeffizienten nach der Meth. der opt. Ablenkung eines Lichtbündels bei Vorhandensein eines Temperaturgradienten zu bestimmen. Für die Stoffpaare *Bzl.–Phenanthren*; *Octan–1.1.2.2-Tetrachloräthan* (I); *Decan*–I; *Cyclohexan–CCl_4*; *Bzl.–CCl_4*; Octan–Bzl. werden die gemessenen Werte für D'/D angeführt. (Z. Naturforsch. **10a.** 242—44. März 1955. Göttingen, Max-Planck-Inst. für Physik.) E. Klever. 149

John M. Richardson, *Eine Theorie des flüssigen Heliums.* (Sitzungsbericht.) Kurze Skizzierung des entwickelten Modells u. seiner statist. Eigenschaften. (Physic. Rev. [2] **92.** 849—50. 1/11. 1953. Bureau of Mines.) G. Kirschstein. 149

I. Prigogine und **J. Philippot,** *Molekulartheorie des λ-Punktes von flüssigem Helium.* Die Theorie geht von einem Zellenmodell aus, in dem die Zellen so groß sind wie das mittlere geometr. Vol. eines Mol. u. von zwei, einem oder keinem Teilchen besetzt sein können. Eins ihrer Ergebnisse besagt, daß die spezif. Wärme von ^4He, aber nicht von ^3He, in der Nähe von 2° K ein Maximum haben muß. (Physica **18.** 729—48. Okt. 1952. Bruxelles, Univ., Fac. Sci.) G. Kirschstein. 149

H. A. Kramers, *Einige Betrachtungen über Phononen und Rotonen.* Theoret. Überlegungen über die Natur u. die Bewegung der Excitonen in He II (Phononen u. Rotonen) ergeben, daß die bisherigen Modellvorstellungen zu einfach sind, um die experimentellen Befunde einwandfrei zu klären. (Physica **18.** 653—64. Okt. 1952.) G. Kirschstein. 149

Eugene C. Kerr, *Orthobare Dichten von ^3He zwischen 1,3° K und 3,2° K.* Für die Dichte von ^3He bei Gleichgewicht zwischen fl. u. Gasphase wurde aus insgesamt 27 Einzelmessungen die empir. Formel $\varrho = A_0 + BT \pm (A_0^2 + CT^2 + DT^3)^{1/2}$ abgeleitet, wo das +-Zeichen für den fl. u. das —-Zeichen für den gasförmigen Zustand gilt; die Konstanten haben die Werte $A_0 = 0{,}04117_3$, $B = 4{,}14 \cdot 10^{-5}$, $C = -3{,}3015 \cdot 10^{-6}$, $D = -4{,}1876 \cdot 10^{-5}$. Aus der erhaltenen Kurve wurde die Verdampfungswärme im Bereich von 1,0—3,3° K berechnet. (Physic. Rev. [2] **96.** 551—54. 1/11. 1954. Los Alamos, N. Mex., Los Alamos Scient. Labor.) G. Kirschstein. 149

B. N. Jesselsson und **N. G. Beresnjak,** *Taupunkt der Isotopengemische des Heliums.* Vorl. Mitt. über die Best. des Druckes, bei dem ein ^3He–^4He-Gemisch kondensiert, in Abhängigkeit von der ^3He-Konz., die zwischen 2,4 u. 63,8% lag. Derartige Kurven wurden bei Tempp. zwischen 1,350 u. ca. 3,0° K aufgenommen. (Журнал Экспериментальной и Теоретической Физики [J. exp. theoret. Physik] **27.** 648—49. Nov. 1954. Phys.-techn. Inst. der Akad. der Wiss. der UkrSSR.) G. Kirschstein. 149

J. De Boer und **C. J. Gorter,** *Thermodynamik des Übergangs zwischen Helium I und Helium II in ^3He–^4He-Gemischen.* Aus allg. thermodynam. Gesetzen wird abgeleitet, daß, wenn in ^3He–^4He-Gemischen der He I → He II-Übergang von 2. Ordnung ist, der Dampfdruck u. der Partialdruck am Übergangspunkt Unstetigkeiten aufweisen müssen. (Physica **18,** 565—68. Aug./Sept. Commun. Kamerlingh Onnes Lab. Univ. Leiden, Suppl. Nr. 104e. 1952. Amsterdam, Inst. für theoret. Phys., u. Leiden.) G. Kirschstein. 149

H. H. Tjerkstra, *Der Einfluß von Druck auf die Viscosität von flüssigem Helium I.* Aus der Geschwindigkeit, mit der He I durch eine Capillare strömt, wird die Viscosität η als Funktion der Temp. abgeleitet. Bei konstantem Druck p steigt η mit abnehmender

Temp. um so stärker an, je größer p ist, beginnt aber (bei p $\leq$ 30 at) kurz vor Erreichen des λ-Punktes steil abzufallen. Bei konstanter Dichte haben die Kurven ähnlichen Verlauf, jedoch ist bei $\varrho = 0{,}171$ kein Anstieg von η zu beobachten u. bei geringeren Dichten sogar ein ständiger Abfall mit sinkender Temperatur. (Physica **18.** 853—61. Nov. 1952. Leiden, Kamerlingh Onnes Labor.) G. KIRSCHSTEIN. 149

A. C. Hollis-Hallett, *Versuche mit einem Viscosimeter mit rotierendem Zylinder in flüssigem Helium II.* Das Drehmoment, das von einem äußeren, rotierenden Zylinder durch He II auf einen inneren Zylinder übertragen wird, ist nicht proportional der Rotationsgeschwindigkeit des äußeren Zylinders. Für die Abweichung reicht die Reibung zwischen n. u. suprafluider Phase nach GORTER-MELLINK nicht als Erklärung aus, sondern es muß noch eine unbekannte nichtlineare Reibungskraft wirken. Die berechnete Vicsosität ist oberhalb 1,6° K etwa so groß, wie sich aus Verss. mit der rotierenden Scheibe ergibt, bei tieferen Tempp. jedoch kleiner. Möglicherweise muß man in diesem Bereich eine höhere Dichte der n. Phase annehmen. (Proc. Cambridge philos. Soc. **49.** 717—27. Okt. 1953. Cambridge, Mond Labor.) G. KIRSCHSTEIN. 149

R. Kronig und **A. Thellung,** *Über die Hydrodynamik von nichtviscosen Flüssigkeiten und die Theorie von Helium II.* Die von den Autoren entwickelte quantisierte Hydromechanik führt im wesentlichen zu denselben Resultaten wie die LANDAUsche Theorie u. ergänzt diese, bes. hinsichtlich der Ausbreitung des zweiten Schalls. (Physica **18.** 749—61. Okt. 1952. Delft, Techn. Hogeschool, Labor. voor Techn. Phys.)
G. KIRSCHSTEIN. 149

R. T. Swim und **H. E. Rorschach jr.,** *Strömung von Helium II unter hydrostatischem Druck.* (Vgl. C. **1954.** 9461.) Die Fließgeschwindigkeit von He II durch schmale Schlitze wird bei hohen Drucken druckunabhängig; die suprafluide Phase hat dann eine Geschwindigkeit von ca. 22 cm/Sekunde. Die Temperaturabhängigkeit der Fließgeschwindigkeit bei konstantem Druck ist dieselbe wie die für den Anteil der suprafluiden Phase im fl. He. (Physic. Rev. [2] **94.** 809. 1/5. 1954. Rice Inst.) G. KIRSCHSTEIN. 149

E. Ambler und **N. Kurti,** *Filmtransport und das Verhalten von He-Kryostaten unterhalb des λ-Punktes.* Wird über einem He-Bad der Dampf abgepumpt, so verdampft der Film, der in dem zum Abpumpen dienenden Rohr aufsteigt, nur wenige Millimeter unterhalb des warmen Endes des Rohres. Weitere Beobachtungen an dem He II-Film stehen im Einklang mit dem von ROLLIN u. SIMON (Physica **6.** [1939.] 219) angegebenen Mechanismus u. machen es wahrscheinlich, daß He-Kryostaten so konstruiert werden können, daß auch bei äußerer Wärmezufuhr die Verdampfung des He nur über dem Film stattfindet. (Philos. Mag. [7] **43.** 1307—16. Dez. 1952. Oxford, Clarendon Labor.)
G. KIRSCHSTEIN. 149

C. S. Hung, B. Hunt und **P. Winkel,** *Transporterscheinungen von flüssigem Helium II in engen Schlitzen.* Die Strömung u. der Energietransport durch Schlitze von 1—5 μ Weite können im Rahmen des Zweiflüssigkeitenmodells erklärt werden, wenn man eine Reibung zwischen der n. u. der superfluiden Fl. annimmt, die der 3. Potenz der Differenz ihrer Geschwindigkeiten proportional ist. Dies gilt jedoch nur oberhalb einer gewissen „krit." Geschwindigkeit des superfluiden He. (Physica **18.** 629—45. Aug./Sept. Commun. Kamerlingh Onnes Lab. Univ. Leiden Nr. 289. 1952. Leiden, Kamerlingh Onnes Labor.) G. KIRSCHSTEIN. 149

W. P. Peschkow, *Messung des thermomechanischen Effektes in Helium II in der Umgebung von 1°K.* Aus dem thermomechan. Effekt ergeben sich bis 0,8° K herab die gleichen Entropiewerte wie aus der Wärmekapazität. Auch die hieraus berechneten Dichteverhältnisse ϱ_n/ϱ stimmen mit anderweitig ermittelten Werten gut überein. (Журнал Экспериментальной и Теоретической Физики [J. exp. theoret. Physik] **27.** 351—54. Sept. 1954. Inst. für physikal. Probleme der Akad. der Wiss. der UdSSR.)
G. KIRSCHSTEIN. 149

D. V. Osborne, *Die Rotation von flüssigem Helium II.* Die Form der Oberfläche, die fl. He II in einem rotierenden Gefäß annimmt, ist nicht im Einklang mit der Annahme, daß die superfluide Komponente an der Bewegung nicht teilnimmt. Somit kann eine reibungslose Strömung bei Geschwindigkeiten über 35 cm/Sek. nicht stattfinden. Die Bedeutung dieser krit. Geschwindigkeit wird diskutiert. (Proc. physic. Soc., Sect. A **63.** 909—12. 1/8. 1950. Cambridge, Royal Soc. Mond Labor.) G. KIRSCHSTEIN. 149

O. Salamon, *Zur Berechnung der Gleichgewichtskonzentrationen idealer Zweistoffgemische.* Der funktionelle Zusammenhang zwischen den Fl.–Dampf-Gleichgewichtskonzz. idealer Zweistoffsysteme wird in einer geschlossenen Formel dargestellt, in die nur die Mol.-Geww. (M_L, M_S), die Verdampfungswärmen r [kcal/kg] u. die Siedetempp. (T_L, T_S) der reinen Komponenten beim Gesamtdruck eingehen; Ψ_D, Ψ_F = Molanteile der leichtflüchtigen Komponente L im fl. Gemisch bzw. in seinem Dampf: Ψ_D/Ψ_F =

$[(1 - \Psi_D)/(1 - \Psi_F)]^k \cdot \varphi(p)$; $k = M_L r_{0L}/M_s r_{0s}$; $\varphi(p) = P^*/p$; $M_L r_{0L} (1/T_L - 1/T_s)/A \cdot R = \ln(P^*/p)$ (A = mechan. Wärmeäquivalent). (Chemie-Ing.-Techn. **27.** 433—35. Juli 1955. Zürich, Luva Akt.-Ges.) H. BERTSCH. 150

An. N. Nessmejanow und **B. S. Ioffe,** *Messung der Dampfspannung von festem Antimon nach der Methode der markierten Atome.* Im Temperaturbereich 345—588° wurde unter Verwendung von ^{124}Sb nach dem Effusionsverf. die Dampfspannung von festem Sb bestimmt. Die erhaltenen Werte werden mit denen von NIWA u. YOSIYAMA (J. chem. Soc. Japan **61.** [1940.] 1055) verglichen. Aus der linearen Beziehung zwischen log P u. 1/T geht hervor, daß die Sb-Dämpfe im Gleichgewicht mit der festen Phase im untersuchten Temperaturgebiet aus 4atomigen Moll. bestehen. (Доклады Академии Наук СССР [Ber. Akad. Wiss. UdSSR] [N. S.] **98.** 993—95. 21/10. 1954. Moskau, Lomonossow-Univ.) O. LEBTAG. 150

R. Ss. Maislisch und **I. P. Twerdowski,** *Dampfspannung und Aktivitäten von Wasser und Alkohol in den ternären Systemen C_2H_5OH-H_2O-NaCl und C_2H_5OH-H_2O-NH_4Cl.* Die Komponenten NaCl, NH_4Cl, A. u. W. wurden sorgfältig gereinigt u. die fl. Phase bei verschied. Zus. mit Salz gesättigt. Nach dem Verf. der isothermen Dest. wurden die partiellen Dampfdrucke der mit NaCl oder NH_4Cl bei 30° gesätt. fl. Gemische gesondert für A. u. W. bestimmt. Aus den Versuchsdaten wurden die Aktivitäten beider Komponenten aus der Gleichung von GIBBS berechnet. Mit steigendem Geh. an A. stieg dessen Aktivität bis auf 0,99 an, während jene des W. unterdessen von 0,75 an langsam abfiel. Es ergab sich, daß das Na^+ stärker vom W., NH_4^+ vom A. angezogen wird. Beide Salze steigern die Aktivität des A. u. senken jene des W. in den untersuchten tern. Gemischen. (Журнал Физической Химии [J. physik. Chem.] **27.** 1597—1603. Nov. 1953. Leningrad, Inst. für angew. Chemie.) A. V. WILPERT. 150

Arnold Münster, *Über kooperative Orientierungseffekte in binären flüssigen Gemischen.* (Vgl. C. **1951.** I. 2258.) Es wird eine statist. Theorie der bin. fl. Gemische, bei denen die eine Komponente kooperative Orientierung besitzt, entwickelt. Die Rechnung liefert als wichtigstes Ergebnis, im Gegensatz zu allen bisherigen Theorien, einen positiven Zusatzterm zur totalen Mischungsentropie. Die thermodynam. Eigg. des Syst. *Bzl.-Cyclohexan* werden durch die abgeleiteten Formeln nahezu quantitativ wiedergegeben. Die Abweichungen beim qualitativ ähnlichen Syst. Bzl.-CCl_4 werden diskutiert. (Z. physik. Chem. **196.** 106—26. Sept. 1950. Frankfurt/M., Univ., Phys.-Chem. Inst.) W. NIEMITZ. 150

Arnold Münster, *Orientierungseffekte in binären flüssigen Gemischen.* (Vgl. vorst. Ref.) Bei den bisher unternommenen Verss., die in erster Linie aus den Dampfdruckmessungen u. aus calorimetr. Messungen ermittelten thermodynam. Eigg. bin. fl. Gemische mit Hilfe der statist. Thermodynamik zu erklären, ergaben sich prinzipielle Diskrepanzen zwischen Theorie u. Experiment, die jedoch, wie Vf. zeigt, verschwinden, wenn man die gegenseitige Orientierung der Moll. berücksichtigt. In einigen Fällen gelangt man auf diesem Wege auch zu quantitativ einigermaßen befriedigenden Ergebnissen, wie im einzelnen für die Systeme: CH_3OCH_3—$CHCl_3$, C_6H_6—C_6H_{12} gezeigt wird. (Z. Elektrochem. angew. physik. Chem. **54.** 443—49. Okt. 1950.) W. NIEMITZ. 150

Edward Catalano und **J. W. Stout,** *Wärmekapazität von NiF_2 von 12—300° K. Thermodynamische Funktionen von NiF_2. Die mit der antiferromagnetischen Ordnung verbundene thermische Anomalie.* Bei calorimetr. Messungen der Wärmekapazität von NiF_2 im Temperaturbereich von 12—300° K ergab sich eine Anomalie mit einem Maximum von 9,23 cal/Grad·Mol bei 73,22° K. In Übereinstimmung mit den Unterss. anderer Autoren über das magnet. Verh. von NiF_2 wurde diese Anomalie mit der antiferromagnet. Ordnung der magnet. Momente der Ni-Atome in Verbindung gebracht. Die thermodynam. Funktionen von NiF_2 wurden berechnet u. tabelliert, die Normalwerte bei 298,16° K betragen: $C_p^0 = 15{,}31$ cal/Grad·Mol, $S^0 = 17{,}59 \pm 0{,}04$ cal/Grad·Mol, $H^0 - H_0^0 = 2729 \pm 5$ cal/Mol u. $-(F^0 - H_0^0)/T = 8{,}44 \pm 0{,}02$ cal/Grad·Mol. Für die Rk. $NiF_2 + H_2 = Ni + 2HF$ ergeben sich die Normalwerte $H_0^0 = 29{,}56 \pm 0{,}2$ kcal u. $H^0 = 30{,}06 \pm 0{,}2$ kcal. (J. chem. Physics **23.** 1284—89. Juli 1955. Chicago, Ill., Univ. of Chicago, Inst. for Study of Metals and Dep. of Chem.) I. KARUTZ. 151

A. S. Dworkin, D. J. Sasmor und **E. R. van Artsdalen,** *Wärmekapazität und Entropie von Cadmiumjodid bei tiefen Temperaturen.* Die Wärmekapazität von kristallinem CdJ_2 wurde calorimetr. bei Tempp. von 15—300° K untersucht. Die Wärmekapazität steigt bei tiefen Tempp. sehr steil an u. folgt weder dem DEBYEschen T^3-Gesetz noch dem für manche andere Substanzen mit Schichtgittern gültigen T^2-Gesetz. Bei 15° K entspricht der Anstieg etwa $T^{1,4}$. Bei 269,5° K wurde ein kleines Maximum in der Wärmekapazitätskurve beobachtet, welches die für eine λ-Umwandlung charakterist. Form hat. Die thermodynam. Funktionen wurden berechnet u. tabelliert. Die Normalwerte bei 298,16° K wurden zu C_p = 19,11 cal/Mol·Grad, S^0 = 38,50 Entropieeinheiten, $-(F_0^0 - H^0)/T$ = 23,19 cal/Mol·Grad u. $(H^0 - H_0^0)/T$ = 15,31 cal/Mol·Grad angegeben. (J. Amer. chem. Soc. **77.** 1304—06. 5/3. 1955. Oak Ridge, Tenn., ORNL, Chem. Div.) I. KARUTZ. 154

T. Davies, S. S. Singer und **L. A. K. Staveley,** *Die Bildungswärmen von Komplexionen, die Äthylendiamin enthalten.* Zur Messung von Reaktions-, Lösungs-, Neutralisations- u. Verdampfungswärmen entwickelten Vff. ein Calorimeter, welches eingehend beschrieben wird. Die Leistungsfähigkeit des Gerätes wird durch Messung der Neutralisationswärme der Rk. NaOH + HCl → NaCl + H_2O u. der Lösungswärme des KCl in W. ermittelt. In günstigen Fällen beträgt die Meßgenauigkeit 0,1%. Mittels dieses Calorimeters bestimmen Vff. die Neutralisationswärme des Äthylendiamins (en) u. die Bildungswärmen der Komplexionen aus en u. Cu-, Ni-, Cd- u. Zn-Ionen (Me). Für folgende Kombinationen werden Werte mitgeteilt: $[Me(en)_2]^{2+}$ u. $[Me(en)_3]^{2+}$, von letzterem nicht im Falle Me = Cu. Aus den gefundenen Größen u. den bekannten Werten der freien Energie wird die Entropie der Komplexbldg. berechnet u. die Ergebnisse bzgl. der unterschiedlichen Entropie der untersuchten Komplexbldg. diskutiert. (J. chem. Soc. [London] **1954.** 2304—11. Juli. Oxford, South Parks Road, Inorg. Chem. Labor.) H.-G. PLUST. 156

A. I. Roslowski und **Ju. Ch. Schaulow,** *Über die Verdampfungswärmen nichtflüchtiger Verbindungen.* Das angewandte indirekte Verf. zur Ermittlung der Verdampfungswärme beruht darauf, daß die Entropien von Fl. u. Dampf bei gleicher Temp. u. dem dieser Temp. entsprechenden Druck des gesätt. Dampfes unabhängig voneinander bestimmt werden. Die Entropie der Fl. wird aus den Werten für die spezif. Wärme u. die Schmelzwärme ermittelt, die Entropie des Dampfes mit Hilfe der Spektralwerte. Der Vgl. beider Größen ergibt die Entropie der Verdampfung u. damit den Wärmeeffekt, wenn K_p bekannt ist. Es wurden folgende Verdampfungswärmen ermittelt: Mg 31,2; MgO 98,2; Be 87,3; BeO 125,8. (Доклады Академии Наук СССР [Ber. Akad. Wiss. UdSSR] [N. S.] **89.** 1065—66. 21/4. 1953.) O. LEBTAG. 156

Bernard Lewis und **Guenther von Elbe,** *Die Verbrennung.* (Vgl. C. **1955.** 2369.) Eingehende Übersicht (mit 603 Literaturzitaten aus den Jahren 1950—1952) über die in Verbrennungsmaschinen auftretenden Vorgänge wie Kinetik der in der Gasphase auftretenden Rkk., Ausbldg. der Flammenspektren, Auftreten freier Radikale u. Atome, Auftreten der Stoßwellem in Explosionsgasen u. im turbulenten Fluß, Mischungsvorgänge, Einfl. des Brennstoffs, Vorgänge bei der Detonation, Temp.- u. Gleichgewichtszustände, Vorgänge beim Abschießen von Geschossen, Regelung von Verbrennungs- u. Explosionsvorgängen usw. (Ind. Engng. Chem. **45.** 1921—35. Sept. 1953. Pittsburgh 13, Pa., U. S. Bur. of Mines.) E. ROEDER. 157

John P. Longwell, Edward E. Frost und **Malcolm A. Weiss,** *Die Stabilität von Flammen in den Wirbelzonen hinter einem Strömungshindernis (Bluff Body).* Vff. untersuchten die Ausbldg. von Flammen in der Wirbelzone hinter einem Strömungshindernis (Bluff Body), an dem Gase mit hoher Geschwindigkeit vorbeiströmten. Unter „Bluff Body" wird dabei jeder Gegenstand verstanden, an dem das Strömungsprofil stumpf genug ist, um hinter dem Körper Wirbel zu erzeugen. Vff. behandeln die theoret. Grundlagen für ein zweidimensionales Strömungshindernis, das aus zwei unter 60° geneigten Strecken besteht u. mit der Spitze gegen die Strömungsrichtung gestellt ist. In den aufgestellten Gleichungen werden u. a. die Eigg. der Gase berücksichtigt (z. B. Aktivierungsenergie, Brennstoff/Luft-Verhältnis, Konzz., Mol.-Gewichte usw.). An den Versuchsergebnissen anderer Autoren weisen Vff. die Richtigkeit ihrer Überlegungen nach, bes. an Hand der Verss. von DE ZUBAY an *Propan*/Luft-Gemischen (Aero Digest **61.** [1950.] 54). Unter gewissen Bedingungen schreitet die Verbrennung als eine chem. Rk. 2. Ordnung vor, wie sie sich aus der Ausbldg. stabiler Flammen hinter dem Strömungswiderstand bei hohen Gasgeschwindigkeiten ableitet. Auch über die Größe der frei werdenden Wärmemengen in der Zeiteinheit lassen sich Aussagen machen. (Ind. Engng. Chem. **45.** 1629—33. Aug. 1953. Linden, N. J., Standard Oil Developm. Co.) E. ROEDER. 157

A_5. Kolloidchemie. Grenzschichtforschung.

Miroslav Toman, *Zur Theorie der anomalen Osmose.* Der Gleichgewichtszustand der Ionenaustauscher umfaßt das Gleichgewicht zwischen osmot., mechan. (elast.) u. elektr. Energie, deren Niveau durch Eingriffe in das Syst. verändert wird. Wenn permutoide Membranen nicht semipermeabel sind, tritt anomale Osmose auf. Im einzelnen wird deren Theorie nach SÖLLNER krit. erörtert u. in einzelnen Punkten widerlegt. Dabei wird auf die Bedeutung der Tatsache hingewiesen, daß die in breiten Poren vorhandenen Kationen, soweit sie wenig beweglich sind, von der Strömung mitgerissen werden, während die schnellen Kationen sich unter Einw. des Potentialgefälles in der Pore nur gegen den Flüssigkeitsstrom bewegen können; diese Selektivität („Sortiereffekt") kann bei der akt. Ionenaufnahme durch pflanzliche Zellen u. im Wasserhaushalt der Pflanzen eine Rolle spielen. (Chem. Zvesti **7.** 7—18. 1953. Bratislava [Preßburg], Výsk. ústav agrochem. technol.) R. K. MÜLLER. 170

H. Beutelspacher, *Elektronenmikroskopische Untersuchungen über den Filtrationsmechanismus der Membranfilter.* Im Anschluß an die Mitt. C. **1955.** 5730 wurde die Frage der Ultrafiltration von Teilchen untersucht, die wesentlich kleiner sind als die Durchmesser der Hohlraumsysteme. Membranfilter verschied. Porengröße, durch die *Ag-* u. *Au*-Sole gesaugt worden waren, wurden im Elektronenmikroskop untersucht. Die Kolloidteilchen werden zunächst von der Haut u. von den Streben der Hohlraumsysteme zurückgehalten; bei wachsender Filtratmenge entstehen durch Koagulation größere Teilchen, die so lange eine mechan. Siebung bewirken, bis die Durchlässe verstopft sind. (Kolloid-Z. **137.** 32—33. Juni 1954. Braunschweig-Völkenrode, Forsch.-Anstalt für Landwirtschaft, Inst. für Biochem. des Bodens.) H. C. WOLF. 170

F. F. Wolkenstein, *Elektronenprozesse bei der chemischen Adsorption.* 2. Mitt. (1. vgl. C. **1955.** 293.) In seiner zusammenfassenden theoret. Abhandlung betrachtet Vf. die Mikrodefekte in der Oberfläche des Kristallgitters als Adsorptionszentren mit Lokalisation freier Elektronen oder freier Löcher u. dementsprechend freier Valenzen. Die Zahl der Adsorptionszentren ist eine Funktion der Temperatur. Vf. unterscheidet zwischen schwacher (durch 1 Elektron) u. starker (durch 2 Elektronen) Bindung bei der chem. Adsorption. Der Bindungsgrad, das heißt der Anteil der fest adsorbierten Atome unter den adsorbierten, hängt ab von der Konz. des Elektronengases in der Oberfläche u. damit vom Besetzungsgrad. Die Beziehungen zur LANGMUIR-Isotherme werden diskutiert. Weiterhin wird auf die Reaktionsfähigkeit der adsorbierten Atome oder Radikale eingegangen. (Известия Академии Наук СССР, Отделение Химических Наук [Nachr. Akad. Wiss. UdSSR, Abt. chem. Wiss.] **1953.** 972. Nov./Dez. Inst. für Physikal. Chemie der Akad. der Wiss. der UdSSR.) M. WIEDEMANN. 176

R. Ss. Maislisch, I. P. Twerdowski und **A. N. Frumkin,** *Untersuchung der Adsorptionserscheinungen an Quecksilber in alkoholischen Elektrolytlösungen.* Aus den Elektrocapillarkurven für A.–H_2O–$NaCl_{ges.}$ u. A.–H_2O–$NH_4Cl_{ges.}$ geht hervor, daß die Grenzspannung der wss. Lsg. im Gebiet des Elektrocapillarmaximums nach Zugabe von A. abnimmt. Das gleiche beobachtet man bei Zugabe von W. zur alkoh. Salzlösung. Die aus der GIBBS-Gleichung berechnete Adsorption von A. an der Grenze Hg–Lsg. zeigt, daß mit steigender Alkoholkonz. die Adsorption über ein Maximum geht u. dann bis zur negativen Adsorption abnimmt. Das Maximum der Adsorption entspricht 13% bzw. 22% A. für A.–H_2O–NaCl bzw. A.–H_2O–NH_4Cl. Einer negativen Adsorption des A. entspricht eine positive Adsorption des Wassers. Beim Vgl. der Adsorptionsisothermen an der Grenze Lsg.–Luft u. ungeladenes Hg–Lsg. ergibt sich eine Identität der Strukturen der Oberflächenschichten. Je geringer der Wassergeh. in der Lsg. des Syst. mit NH_4Cl ist, desto geringer ist das Kathodenpotential, bei welchem eine positive Adsorption beginnt. (Журнал Физической Химии [J. physik. Chem.] **28.** 87—101. Jan. 1954. Leningrad, Inst. für angew. Chemie.) O. LEBTAG. 176

M. M. Dubinin, *Über die poröse Struktur der Adsorbenten.* Es wird gezeigt, daß die Sorption organ. Dämpfe durch *akt. Kohlen* aus einer Adsorption besteht, die zur Besetzung der Mikroporen bei gewöhnlich geringer polymol. Adsorption an der Oberfläche der Übergangsporen führt, ferner aus der Capillarkondensation, wodurch die Übergangsporen besetzt werden. Eine einzige Ausnahme bildet das W., bei welchem die größeren Übergangsporen in der Regel nicht ausgefüllt werden. Die akt. Kohlen besitzen eine „tridisperse" Struktur. Bei vielen Kohlesorten sind die Übergangsporen sehr klein ($<0{,}05\ cm^3/g$) u. prakt. „bidispers" (Mikro- u. Makroporen). Bei einer Aktivierung bis nahe der Grenze nähert sich die Größe der Mikroporen der der Übergangsporen, wobei Größe u. Vol. der Makroporen zunehmen. Es entsteht dadurch eine bidisperse Kohle mit einem zu vernachlässigenden kleinen Vol. der Mikroporen. In den *Silicagelen* finden sich Mikro- u. Übergangsporen. Eine deutlich bidisperse Struktur wurde hier bisher nicht beobachtet. Diese kommt bei den porösen Gläsern vor. (Известия Академии Наук СССР, Отделение Химических Наук [Nachr. Akad. Wiss. UdSSR, Abt. chim. Wiss.] **1952.** 577—82. Juli/Aug. Inst. für physik. Chem. der Akad. der Wiss. der UdSSR.) O. LEBTAG. 176

M. M. Dubinin, *Untersuchung der Porenstruktur aktiver Kohlen nach komplexen Methoden.* Zusammenfassender Bericht über die Arbeiten des Vf. u. seiner Schule u. die theoret. Deutung der Ergebnisse an Hand der Literatur. — 23 Literaturangaben. (Успехи Химии [Fortschr. Chem.] **24.** 3—13. 1955.) O. LEBTAG. 176

B. P. Bering und **K. A. Ioilewa,** *Adsorption von Dämpfen an der Oberfläche von Quecksilber.* 1. Mitt. Nach dem früher (C. **1954.** 8754) beschriebenen Verf. des Maximaldruckes im Tropfen wurde bei 15, 25 u. 40° u. verschied. Druck der Substanz die Oberflächenspannung σ von Hg in Dämpfen von H_2O (I) u. *Methylalkohol* (II) untersucht. Es hatte sich gezeigt, daß die bei 15—96° im Vakuum untersuchte Oberflächenspannung σ_0 von Hg folgender Gleichung gehorcht: $\sigma_0 = 489{,}5 - 0{,}20$ t. Aus den Werten für den Oberflächendruck $\pi = \sigma_0 - \sigma$ u. relativen Druck $h = p/p_0$ wurden die Adsorptionsisothermen für I u. II ermittelt. Bei der Adsorption von I u. II an Hg wurden zweidimensionale Zweiphasenübergänge I. Art beobachtet, entsprechend einer zweidimensionalen Kondensation. Bei I war die Wärme dieser zweidimensionalen Kondensation fast gleich dem Wert bei der gewöhnlichen Kondensation, während sie bei II um 1 kcal/Mol höher lag. Unter Heranziehung früherer Ergebnisse über die Adsorption von A., *Butylalkohol* (III), n. Heptan u. Aceton wird gezeigt, daß die $\pi = \pi$ (lg h) für Heptan u. Aceton eine gute Übereinstimmung mit den von Kemball (Proc. Roy. Soc. [London], Ser. A **201.** [1950.] 377 u. früher) erhaltenen Kurven aufweisen, während bei I u. II größere Abweichungen auftreten (Vff. halten die Angaben von Kemball für falsch). Bei I, II, III u. A. wurde ein sprunghafter Anstieg der Adsorption bei konstantem h, entsprechend der zweidimensionalen Kondensation, beobachtet. Der von Vff. früher (l. c.) gezogene Schluß, wonach vertikale sprunghafte Änderungen auf den Adsorptionsisothermen fehlen, muß als falsch betrachtet werden. (Известия Академии Наук СССР, Отделение Химических Наук [Nachr. Akad. Wiss. UdSSR, Abt. chem. Wiss.] **1955.** 9—16. Jan./Febr. Inst. für physikal. Chem. der Akad. der Wiss. der UdSSR.) O. Lebtag. 176

D. N. Strashessko und **B. E. Tartakowskaja,** *Über den Mechanismus der Adsorption von Säuren durch aktive Kohlen aus nichtwässerigen Lösungen.* Die Adsorption von *HCl* (I) aus verschied. Gemischen von H_2O mit A., u. *Aceton* (II) sowie aus reinem A., *Methylalkohol* (III), *Äthylenglykol* (IV), *Dioxan* (V) u. II wurde an 2 Phenolaldehydharzkohlen, die im CO_2-Strom bei 850—900° aktiviert worden waren, in Luft u. an platinierter Kohle (0,25% Pt) in H_2 untersucht. Die Adsorption von I an der Luft zeigte bei Zusatz von A. oder II zu W. eine starke Abnahme, bes. bei II. Bei 25—75% A. oder II war die I-Adsorption minimal u. prakt. konstant, bei II prakt. gleich Null. Mit steigender Konz. von II oder A. nahmen die Werte wieder stark zu. Eine starke I-Adsorption zeigte sich auch aus III, IV u. V in Luft. In H_2-Atmosphäre war die I-Adsorption aus V fast die gleiche wie in Luft, in II stark vermindert, in den übrigen Lösungsmitteln prakt. gleich Null. Aus den Ergebnissen ist zu schließen, daß die Adsorption der Säuren vom Typ der I aus verd. alkoh. Lsgg., ebenso wie aus W., rein elektrochem. Natur ist. Aus V erfolgt die I-Adsorption molekular. Aus Lsgg. in II findet eine gemischte (Ionen- u. Mol.-Charakter) I-Adsorption statt. (Доклады Академии Наук СССР [Ber. Akad. Wiss. UdSSR] [N. S.] **98.** 107—10. 1/9. 1954. Pissarshewski-Inst. für physikal. Chem. der Akad. der Wiss. der UdSSR.) O. Lebtag. 176

Ss. Ss. Bagdassarjan, *Adsorptionsmethode zur Trennung von Gasen in kontinuierlichen Systemen.* Vf. behandelt die Gleichgewichts- u. Nichtgleichgewichtsadsorption in kontinuierlich wirksamen Systemen u. leitet die erforderlichen Gleichungen ab, aus denen die Mengenänderungen der Komponenten eines physikal. Gasgemisches in Apparaturen der völligen Vermischung von Adsorbens u. Adsorptiv berechnet werden können. Es werden die Bedingungen der völligen Entfernung einer Komponente in hintereinandergeschalteten Adsorbern untersucht. Die erhaltenen Werte für das Vol. von adsorbiertem CO_2, Äthylen u. Äthan an festen Kohlenteilchen stimmen mit den aus den Gleichungen ermittelten Werten überein. (Журнал Физической Химии [J. physik. Chem.] **29.** 231—36. Febr. 1955. Baku, Aserbaidshan. Pädagog. Lenin-Inst.) O. Lebtag. 176

W. T. Bykow, *Natürliche Sorbenten des fernen Ostens.* 2. Mitt. *Die Sorption von Benzoldämpfen durch natürliche Sorbenten und die Struktur der Sorbenten.* (1. vgl. C. **1953.** 4822.) Bei 20° wurden die Sorptions- u. Desorptionsisothermen von Benzoldämpfen an *Liparittuff* (I), *zers. Liparittuff* (II), *frischem* (III) u. zers. *Agglomerattuff* (IV), *Diatomit* (V) aufgenommen u. mit denen an *Gumbrin* (VI), *Naltschikin* (VII), *Sikejewska-Ton* (VIII) u. *Giljabi-Ton* (IX) verglichen. Alle Isothermen zeigten eine S-Form. Bei I u. II war die Adsorption gering. Viel bessere Sorptionseigg. zeigten **IV**. Die spezif. Oberfläche betrug (in m^2/g) 25—35 bei **I**, 30—40 bei **II**, 12—14 bei **III**, 70—90 bei **IV**, 26—34 bei **V**. Die Isothermen von **IV** zeigten große Ähnlichkeit mit denen von **VI**, **VIII** u. **IX**. Die Isothermen von **II** zeigten eine Zwischenstellung zwischen denen von **VII** u. **VIII**. Einzelne Einschlüsse von **IV** zeigten sehr hohe Sorptionseigenschaften. So beobachtete man bei Mg-Montmorillonit aus **IV** ein Sorptionsvermögen von 0,844 cm^3/g u. eine spezif. Oberfläche von 195 m^2/g, die damit an die Sorptionseigg. von synthet. Adsorbenten heranreichten u. sie sogar übertrafen. Einige **V**-Sorten zeigten ein starkes Bleichvermögen gegenüber Erdöl- u. Pflanzenölen. (Известия Академии Наук СССР, Отделение Химических Наук [Nachr. Akad. Wiss. UdSSR, Abt. chem. Wiss.] **1952**. 583—91. Juli/Aug. Inst. für physik. Chem. der Akad. der Wiss. der UdSSR, Labor. für Sorptionsprozesse.) O. LEBTAG. 176

G. W. Ssamssonow, *Die Theorie der Gleichgewichts-Ionenaustauschchromatographie.* Nach theoret. Berechnungen zur besseren Trennung gleich- u. verschiedenwertiger Ionen mit Hilfe der Ionenaustauschchromatographie tritt eine Verschärfung der Zonen bei gleichwertigen Ionen dann ein, wenn eine Konstante des zweiten Ions größer als 1 ist. Im Falle verschiedenwertiger Ionen hängt die Verschärfung von der Austauschkonstante, der Ladung, der Austauschkapazität des Austauschers u. der Konz. des Ions ab. (Доклады Академии Наук СССР [Ber. Akad. Wiss. UdSSR] [N. S.] **97**. 707—09. 1/8. 1954.) R. WITTWER. 177

Gabriel Boutillon und **Marcel Prettre,** *Gefüge und Adsorptionseigenschaften von Aluminiumoxyden für die Chromatographie.* Da infolge einer Voradsorption durch Wasserdampf die Adsorptionseigg. von akt. Al_2O_3 stark geändert werden, untersuchen Vff. die Beziehungen, die zwischen dem BROCKMANN-SCHODDER-Grad B^0 u. der Grenzfläche, die das Syst. Al_2O_3–$H_2O_{adsorbiert}$ (I), für den in einer organ. Phase gelösten Sorbenden darstellt, existieren. Das verwendete $Al_2O_3 \cdot 0{,}15\,H_2O$ wird durch Entwässerung von *Hydrargillit* (II) wie folgt dargestellt: Erhitzen von II an freier Luft unter linearem Ansteigen der Temp. innerhalb 30 Std. auf 500° u. diese dann 20 Std. lang beibehalten. Die durch Adsorption von N_2 bei —195° gemessene spezif. Oberfläche S_p beträgt 122 m²/g. Aus diesem Al_2O_3 stellen nun Vff. die übrigen acht untersuchten Proben durch Adsorption von reinem Wasserdampf unter verschied. relativen Drucken p/p_0 bei 25° her u. messen mit N_2 die S_p des auf —195° abgekühlten Komplexes I. Hierauf wird B^0 nach einer bereits angegebenen Meth. (vgl. Ber. dtsch. chem. Ges. **74**. [1941.] 73) bestimmt u. tabellar. zusammengestellt. Vff. stellen fest, daß S_p stark abnimmt, sowie die adsorbierte Wassermenge ausreichend ist, um die engsten Poren (Proben 5—8) zu füllen, u. daß sie nur um wenig mehr als 20% red. wird, wenn die beginnende Adsorption sich auf die Bldg. eines einmol. Films begrenzt (Proben 2—4). Dagegen wächst B^0 schnell, sobald dieser Film schrittweise die Grenzfläche $H_2O_{adsorbiert}$–organ. Lsg. an der Al_2O_3-Oberfläche substituiert. Nach Beendigung der einmol. Belegung (p/p_0 = 0,21) werden die Sorbenden an der Grenzfläche W.–Lsg. gebunden. Die Sp-Änderung von I, die die verschied. Adsorptionseigg. bedingt, äußert sich danach in einer stetigen Zunahme von B^0. (C. R. hebd. Séances Acad. Sci. **240**. 1216—18. 14/3. 1955.) H. SURAWSKI. 177

A₆. Strukturforschung.

G. Placzek und **L. Van Hove,** *Kristalldynamik und unelastische Streuung von Neutronen.* Die theoret. Behandlung der inkohärenten Neutronenstreuung in Kristallen, bes. des Einfl. der dynam. Eigg. der Kristalle auf die Neutronenbeugung, ist mit dem DEBYE-Modell für die elast. Gitterschwingungen erfolgreich, soweit nur die Größe u. die Energieabhängigkeit des totalen unelast. Wirkungsquerschnittes gesucht sind. Hier wird gezeigt, daß für Winkel- u. Energieverteilung der unelast. gestreuten Neutronen das DEBYE-Modell zu grob ist, daß vielmehr auch feinere elast. Kristalleigg. hervortreten. Die Beziehung zwischen Energieänderung bei Streuung u. Dispersion der Gitterschwingungen ist bei Neutronen wesentlich anders als bei Röntgenstrahlen. Nur bei Neutronen kann wegen des viel größeren Energieaustausches das Dispersionsgesetz unmittelbar aus der Energieverteilung der gestreuten Neutronen entnommen werden. Es werden behandelt: Winkel- u. Energieverteilung von in einem Ein-Phononprozeß gestreuten Neutronen (kohärent u. inkohärent), für den Grenzfall unendlicher Wellenlänge, für große u. schließlich für beliebige Wellenlänge, in einem BRAVAIS-Gitter mit einem Kern pro Zelle. (Physic. Rev. [2] **93**. 1207—14. 15/3. 1954. Princeton, N. J., Inst. for Advanced Studies.) H. C. WOLF. 181

J. W. Menter, *Direktbeobachtung von festen Oberflächen bei hoher Auflösung durch Reflexionselektronenmikroskopie.* (Vgl. C. **1954**. 178.) Vf. beschreibt eine elektronenmkr. Anordnung zur Direktbeobachtung fester Oberflächen, die mit der Transmissionsmeth. bisher nicht möglich war, weil mit dieser nur sehr dünne Schnitte untersucht werden können. Die neue Meth. zur Direktbeobachtung macht sich das Reflexionsvermögen des zu untersuchenden Objektes zunutze. Das Beleuchtungssyst. des Elektronenmikroskopes wird zur Instrumentenachse der Wiedergabeapp. bis zu 8° geneigt angeordnet. Die theoret. Voraussetzungen (Auflösungsvermögen, Brennweite) werden erörtert u. an einer Reihe von instruktiven Aufnahmen die Leistungsfähigkeit der neuen Meth. gezeigt. Sie eignet sich bes. zur Wiedergabe von flachen Oberflächen mit ihren charakterist. Merkmalen, wie sie z. B. als Spaltstufen oder Wachstumserscheinungen bei Zinkeinkristallen, Glimmer,

Siliciumcarbid usw. auftreten. Auch auf die Möglichkeit der Anwendung der Reflexionselektronenmikroskopie für biol. Zwecke wird hingewiesen. (J. photogr. sci. **1.** 12—20. Jan./Febr. 1953. Cambridge, Univ., Dep. of Phys. Chem., Res. Labor. for the Physics and Chem. of Surfaces.) W. GÜNTHER. 181

R. Pepinsky und **P. F. Eiland,** *Berechnungen der dreidimensionalen Strukturfaktoren auf der S-FAC.* (Sitzungsbericht.) Kurze Beschreibung der Rechenmeth. mit der S-FAC. (Physic. Rev. [2] **91.** 229. 1/7. 1953. Pennsylvania State College.) C. GOTTFRIED. 181

Isidoro Asensio Amor, *Über die Deutung der Beugungsdiagramme von „Kristallpulver". Tabelle zur Umrechnung von Reflexionswinkeln in Abstände.* Um die Deutung von Beugungsdiagrammen von Kristallpulvern zu erleichtern, wird eine 21 Seiten umfassende Tabelle für die Umrechnung der Reflexionswinkel S in die Ebenenabstände d für die $K\alpha$-Strahlung von Fe, Cu, Mo u. Ni gegeben. (An. Real Acad. Farmac. **19.** 115—44. 1953.) R. K. MÜLLER. 181

Luigi Cavalca, *Mikrophotometer für die röntgenographische Analyse von Kristallen.* Das beschriebene Gerät unterscheidet sich von dem von BEZZI (C. **1940.** II. 1055) durch feststehende photoelektr. Zelle u. bewegliche Anordnung des Photogramms. Es ist in erster Linie für Intensitätsmessungen bei Photogrammen nach WIEBENGA u. SMITS (C. **1951.** II. 3278) bestimmt, aber auch für andere Photogramme geeignet. (Ricerca sci. **23.** 1586—92. Sept. 1953. Parma, Univ., Ist. di Chim. gen.) R. K. MÜLLER. 181

J. R. Brown, H. K. Moneypenny und **R. J. Wakelin,** *Ein automatisch gesteuertes Mikrophotometer für Röntgenbeugungsphotographien.* Das von Vff. konstruierte „Mikrodensitometer" gestattet es, Schwärzungen u. Positionen von Reflexen auf DEBYE-SCHERRER-Aufnahmen vollautomat. zu messen. Der App. besitzt eine sogenannte „Servo"-Kontrolle, die auf dem Prinzip der objektiven Photometrie beruht u. mittels zweier Photozellen die jeweilige Reflexschwärzung mit der entsprechenden Schwärzung eines (automat. in Koinzidenzstellung transportierten) linearen Stufenkeils vergleicht. Die Schwärzungsdichte $D = \lg (I_0/I)$ wird von einem Zählmechanismus angezeigt. Genauigkeit: 0,4% (für D = 1) bis 0,13% (für D = 3). (J. sci. Instruments **32.** 55—59. Febr. 1955.) G. RUBAN. 181

Oskar Hauser, *Ein Integrationsphotometerverfahren zur Intensitätsbestimmung von Röntgenreflexen.* Es werden ein Integrationsphotometerverf. für photograph. Schwärzungsmessungen u. seine Anwendung auf die Röntgenstrukturanalyse von Kristallen beschrieben. Durch Kopieren der Negative unter bestimmten Bedingungen auf besonderem Positivmaterial wird Proportionalität zwischen Schwärzung u. aufgefallener Lichtenergie erreicht. Dadurch kann die integrale absorbierte Intensität auch für inhomogene u. flächenverschiedene Schwärzungsstellen mit einer Messung ermittelt werden. (Technik **6.** 415—19. Sept. 1951. Berlin.) B. HABBEL. 181

F. Günther, *Über die Meßgenauigkeit bei röntgenographischen Feinstrukturuntersuchungen.* Die nach verschied. röntgenograph. Präzisionsverff. erzielten Meßergebnisse werden miteinander verglichen u. die Abhängigkeit der Gitterkonstanten von der Wellenlänge der Röntgenstrahlung diskutiert. An Hand statist. Betrachtungen wird die Intensitätsverteilung im DEBYE-SCHERRER-Ring durch Überlagerung der Reflexe einzelner interferierender Kriställchen abgeleitet u. die Meßgenauigkeit für den Fall des völlig parallelen Primärstrahlenbündels abgeschätzt. (Technik **6.** 143—46. März. 281—82. Juni 1951. Freiberg/Sa.) B. HABBEL. 181

Ja. K. Osol und **A. F. Ijewinsch,** *Präzisionsbestimmung der Parameter der Elementarzelle von Kristallen des triklinen Systems nach der asymmetrischen Methode.* Die Grundlagen der asymm. Parameterbest. werden erläutert u. die Gleichungen abgeleitet. Die Meth. liefert für Kristalle des triklinen Syst. Werte, die auf 1—2 Einheiten der 3. Dezimale der Gitterkonstanten u. auf ca. $^1/_{100}{}^0$ der Winkelkonstanten genau sind. Für die Elementarzelle des $CuSO_4$ werden bei 25° folgende Werte erhalten: $a = 6{,}1130 \pm 0{,}0015$, $b = 10{,}7121 \pm 0{,}010$, $c = 5{,}9576 \pm 0{,}0010$ Å, $\alpha = 97{,}628 \pm 0{,}010^0$, $\beta = 107{,}293 \pm 0{,}012^0$, $\gamma = 77{,}429 \pm 0{,}012^0$. Zum Vgl. werden die Werte der Literatur zusammengestellt. (Журнал Технической Физики [J. techn. Physik] **25.** 261—65. Febr. 1955.) R. K. MÜLLER. 181

Yin-Yuan Li und **R. Smoluchowski,** *Kleinwinkelstreuung und Oberflächenstruktur.* (Vgl. C. **1955.** 3809.) Submkr. Unebenheiten auf Oberflächen von Festkörpern wirken wie feine Teilchen auf glattem Untergrund u. zeigen hinsichtlich einer diffusen Streuung von Röntgenstrahlen oder therm. Neutronen das gleiche Verh. wie Pulver, bes. bzgl. einer Kleinwinkelstreuung. Vff. bestimmen mittels theoret. Ableitung die Größe dieses Effektes u. diskutieren seine Meßbarkeit, bes. im Vgl. zur Untergrundschwärzung durch kosm. Strahlung. An *Cu* z. B. vorgenommene Unterss. ergaben „Oberflächenbuckel" von 10^2—10^3 Å Ausdehnung. (J. appl. Physics 26. 128—29. Jan. 1955. Pittsburgh, Pa., Carnegie Inst. of Technol.) G. RUBAN. 181

Blahoslav Stehlík, *Gegen die Oktettheorie.* Gegen die Oktettheorie wird eingewandt, daß sie auf Grund eines unsicheren Prinzips nur versucht, bekannte Tatsachen zu erklären. Als einzige wissenschaftliche Theorie des Molekülbaues wird die klass. Theorie von BUTLEROW anerkannt. Soweit sie noch nicht in der Lage ist, bestimmte Tatsachen zu erklären, z. B. die Mehrfachbindungen, muß sie weiterentwickelt werden. (Chem. Zvěsti 7. 1—5. 1953. Brno [Brünn], Voj. techn. akad.) R. K. MÜLLER. 182

J. M. Miller und **F. A. Matsen,** *Molekül-Wellenfunktionen in der e-Bezeichnung.* (Physic. Rev. [2] **94.** 804—05. 1/5. 1954. Univ. of Texas.) B. GNAUCK. 182

M. I. Batujew, *Der physikalische Idealismus der Resonanztheorie der Wasserstoffbindung.* (Vgl. C. **1952.** 3305.) Die Notwendigkeit der Einführung der Resonanztheorie zur Erklärung der H-Bindung, wie sie von SSOKOLOW (C. **1947.** E. 2; **1948.** E. 171) behauptet wird, wird als „Idealismus" abgelehnt; dieser Standpunkt wird in Widerlegung der einzelnen Argumente von SSOKOLOW begründet. (Журнал Физической Химии [J. physik. Chem.] 25. 995—1000. Aug. 1951. Moskau.) R. K. MÜLLER. 182

H. N. Smith und **H. H. Heady,** *Identifikation gefrorener Flüssigkeitsproben mit dem Röntgendiffraktometer.* Das Röntgendiffraktometergerät kann dazu verwendet werden, die Komponenten gefrorener Flüssigkeitsproben zu identifizieren. Der Tieftemperaturapp. besteht aus einem besonderen Präparathalter mit angeschlossener Tieftemperaturkammer, einer Pliofilmhülle (um Reifbldg. auf dem Präp. zu verhindern) sowie einem Luftkühlsystem. Die Identifizierung der gepulverten Gefrierproben gelang durch Vgl. ihrer Röntgendiagramme mit denen bekannter Verbb., z. B. *Acenaphthen, Biphenyl, Bzn. Dodecan, Fluoren, 1-Methylnaphthalin, Ölsäure* u. *Tetralin,* deren Netzebenenabstände u. relative Intensitäten tabellar. aufgeführt sind. Auf diese Weise bestimmten Vff. die Zus. höherer Schieferölfraktionen u. schätzten die prozentuale Häufigkeit der Komponenten. (Analytic. Chem. 27. 883—88. Juni 1955. Laramie, Wyo., Bur. of Min., Petrol. and Oil-Shale Exp. Stat.) G. RUBAN. 186

N. I. Schischkin, *Glasbildung von Flüssigkeiten unter Druck.* 1. Mitt. *Abhängigkeit des Volumens von der Temperatur und dem Druck.* In einem Block mit nicht durchgehender zylindr. Bohrung (15 mm) werden ≈ 20 cm³ Fl. bei verschied. Tempp. mittels eines Kolbens komprimiert u. an einem Indicator das Vol. abgelesen. Die Unterss. werden an *Kolophonium* (I, bis 100,7°), *Phenolformaldehydharz* (II, bis 110,3°) u. *Phenolphthalein* (III, bis 109,2°) bei Drucken bis zu 3550, 3350 u. 1680 kg/cm² durchgeführt. Die Volumenänderung, ausgedrückt in 1 — (Δ V/V), nimmt bei I von 0,955 auf 0,897, bei II von 0,97 auf 0,921, bei III von 0,995 auf 0,97 ab. Für $(\Delta p/\Delta T)_0$ ergibt sich: I 50, II 70, III 55—60, für $(\Delta p/\Delta T)_V$: I 14,4, II 14—16, III 12—14. Die dem Druck proportionale Zunahme der D. bei der Glasbldg. wird auch bei niedrigen Drucken beobachtet. Dabei hat die Kompression der Atome u. Moll. keine wesentliche Bedeutung. Die Hauptursache der Zunahme der D. ist vielmehr die Verminderung des freien Raumes zwischen den Moll., also des freien Vol., das um so kleiner ist, je höher die Temp. u. der Druck ist, u. den einzigen Faktor darstellt, der die Glasbldg. bestimmt. (Журнал Технической Физики [J. techn. Physik] 25. 188—95. Febr. 1955.) R. K. MÜLLER. 186

N. I. Schischkin, *Glasbildung von Flüssigkeiten unter Druck.* 2. Mitt. *Abhängigkeit der Dielektrizitätskonstante und der Relaxationszeit von der Temperatur und dem Druck.* (1. vgl. vorst. Ref.) In einer Anordnung, bei der der Aufnahmeblock als positive, ein isoliert eingeführter Stahlstab als negative Elektrode dient, sonst analog den vorst. beschriebenen Verss., wird an *Phenolformaldehydharz* (I), $C_{41}H_{35}O_5$, u. *Phenolphthalein* (II) die Änderung der DK. (ε) u. der Relaxationszeit (τ) mit der Temp. u. dem Druck verfolgt, wobei Frequenzen von 10^3 u. $7{,}5 \cdot 10^3$ Hz angewandt werden u. τ als die zum Erreichen von $\varepsilon = \frac{1}{2} \cdot (\varepsilon_0 + \varepsilon_\infty)$ erforderliche Zeit definiert wird u. bei den obigen Frequenzen dann $1{,}63 \cdot 10^{-4}$ bzw. $2{,}12 \cdot 10^{-5}$ sec entspricht. Je höher der äußere Druck ist (bis 2690 kg/cm²), desto höher ist bei I u. II die Temp., bei der eine scharfe Änderung der D. den Übergang vom fl. in den glasigen festen Zustand anzeigt. Es ergibt sich für $(\Delta p/\Delta T)_\tau$ bei I 65—70, bei II 55—60, also analog $(\Delta p/\Delta T)_0^V$ u. wesentlich größer als $(\Delta p/\Delta T)_V$, das heißt, bei gleichem τ ist die D. der Fl. um so größer, je höher Temp. u. Druck sind, wie auch schon bei niedrigen Drucken festgestellt wird; demnach ist anzunehmen, daß τ sich in dem Maße ändert, in dem sich die effektive Länge der Moll. in der assoziierten Fl. ändert. (Журнал Технической Физики [J. techn. Physik] 25. 196—203. Febr. 1955.) R. K. MÜLLER. 186

N. I. Schischkin, *Glasbildung von Flüssigkeiten unter Druck.* 3. Mitt. *Abhängigkeit der elektrischen Leitfähigkeit von der Temperatur und dem Druck.* (2. vgl. vorst. Ref.) Messungen des spezif. elektr. Widerstandes (ϱ) an *Phenolformaldehydharz* (I) u. *Phenol-*

phthalein (II) bei Tempp. bis 129,4 bzw. 105,4° u. Drucken bis 2000 bzw. über 3000 kg/cm² werden in Kurven log $\varrho = f(p)$ dargestellt, wobei die Neigung der Kurven $k = (\partial \log \varrho / \partial p)_T$ mit Zunahme von p sowie bei p = konstant mit abnehmender Temp. stetig zunimmt. Die Kurven log $\varrho = f(1/T)$ zeigen beim Übergang vom fl. in den glasig-festen Zustand einen deutlichen Knickpunkt; die Neigung dieser Kurven nimmt (bei T = konstant) mit steigendem p zu. Es ergibt sich für $(\Delta p/\Delta T^{-1})_\varrho$: I 8,5·10⁶, II 1,1·10⁷, für $(\Delta p/\Delta T)_\varrho$: I 69, II 83. Bei I bleibt ϱ unter Bedingungen der Glasbldg. bei Glasbildungstempp. von 49—84° prakt. konstant, bei II ist ϱ am Knickpunkt, also bei Glasbldg., um so kleiner, je höher Temp. u. Druck sind, bei Erhöhung der Temp. um 16° nimmt ϱ etwa auf die Hälfte ab, $(\Delta p/\Delta T)^{\varrho_c} = 60$ (bei I = 69). Die Beziehung $\varrho = \varrho_0 \cdot e^{U/RT}$ ist nur bei Glas, nicht bei Fl. zu beobachten. Der durch die Konstante $K = A \cdot e^{(E+p V')/RT}$ gekennzeichnete Gleichgewichtszustand kann bei Umpackung aller Moll. der Fl. eintreten. (Журнал Технической Физики [J. techn. Physik] 25. 204—16. Febr. 1955.)

R. K. MÜLLER. 186

G. I. Gorstein und **N. I. Ssilantjewa,** *Verteilung von isomorphen und isodimorphen Komponenten zwischen der festen und der flüssigen Phase bei der Kristallisation aus wässerigen Lösungen.* 2. Mitt. *Gleichgewicht in einigen Systemen mit Komponenten aus den Doppelsalzen vom Schönittypus.* (1. vgl. C. **1954.** 5705.) Die Unters. der Systeme $CoSO_4 \cdot (NH_4)_2SO_4$(I)–$NiSO_4 \cdot (NH_4)_2SO_4$(II)–$H_2O$ u. I–$FeSO_4 \cdot (NH_4)_2SO_4$(III)–$H_2O$ bei 20° u. des Syst. III–II–H_2O bei 20 u. 0° ergab, daß die beiden erstgenannten Systeme bei 20° im gesamten Konzentrationsbereich der isomorphen Komponenten ideal sind, während III–II–H_2O bei 20° nur bei bestimmten Konzz. am Rande des Gleichgewichtsdiagramms ideal ist. Die Gleichgewichtsverteilungskoeffizienten sind für I–II–H_2O: $D_{gl(Ni,Co)}$ 3,2; $D_{gl(Co,Ni)}$ 0,31; für I–III–H_2O: $D_{gl(Co,Fe)}$ 3,1; $D_{gl(Fe,Co)}$ 0,32; für das Syst. III–II–H_2O: $D_{gl(Ni,Fe)}$ 12,5 (bei 0 u. 20°); $D_{gl(Fe,Ni)}$ 0,14 (bei 0 u. 20°). Die mittleren D_{gl}-Werte gehorchen der von Vff. früher (l. c.) abgeleiteten Formel: $D_{gl(A,C)} = D_{gl(B,C)}$. Die Kurve der Abhängigkeiten der Komponentenkonzz. ergibt für I–II–H_2O u. I–III–H_2O eine Gerade. (Журнал Общей Химии [J. allg. Chem.] 24 (86). 29—36. Jan. 1954.)

O. LEBTAG. 190

G. I. Gorstein und **N. I. Ssilantjewa,** *Verteilung von isomorphen und isodimorphen Komponenten zwischen der festen und der flüssigen Phase bei der Kristallisation aus wässerigen Lösungen.* 3. Mitt. *Gleichgewicht im System $Co(NO_3)_2$–$Ni(NO_3)_2$–H_2O bei 20°.* (2. vgl. vorst. Ref.) Aus der Unters. des Gleichgewichtes im Syst. $Co(NO_3)_2$ (I)–$Ni(NO_3)_2$ (II)–H_2O bei 20° wird ersichtlich, daß hier 2 Serien von festen Lsgg. entstehen: Kristallstruktur vom Typ I u. Kristallstruktur vom Typ II. Der Verteilungskoeff. $D_{gl(Ni,Co)}$ im Gleichgewicht bleibt im gesamten Gebiet der festen Lsgg. vom I-Typ unverändert u. beträgt 0,72. $D_{gl(Co,Ni)}$ ist gleich 0,42. Das Syst. ist in beiden Gebieten der festen Lsgg. ideal. (Журнал Общей Химии [J. allg. Chem.] 24 (86). 201—03. Febr. 1954.)

O. LEBTAG. 190

Nikola Kolarow, *Über die Kristallisationsgeschwindigkeit übersättigter Lösungen von Bariumsulfat.* Es wurden 0,005 (bis 0,1) n Lsgg. von $BaCl_2$ u. Na_2SO_4 sowie K_2SO_4 bei wechselndem p_H (reguliert durch 5%ig. NaOH- u. HCl-Zusatz) in Ggw. neutraler Na- u. K-Salze (0,4—1 n) zusammengegossen. — Es ergab sich, daß H- u. Citrationen die Geschwindigkeit des Ausfallens von $BaSO_4$ am stärksten, meßbar sogar bei 0,1 n $BaCl_2$ u. Na_2SO_4 u. n Na-Citrat, hemmten; die anderen Anionen wirkten schwächer (in der Folge Acetat → NO_3 → Cl → Br u. CNS, Lyotropenreihe). Gleichzeitige Ggw. von H^+ u. Citration hat eine rasche Ausfällung des übersätt. $BaSO_4$ zur Folge, da die beiden Ionen sich absättigen. In Abwesenheit zusätzlicher Anionen fällt $BaSO_4$ am raschesten bei p_H 12,3 aus. (Доклады Болгарской Академии Наук [C. R. Acad. bulgare Sci.] 3. Nr. 2/3. 27—30. April/Juni-Okt./Dez. 1950. Staatl. Polytechnikum, Inst. für anorgan. Chemie.)

A. v. WILPERT. 190

J. D. H. Donnay und **Werner Nowacki** (unter Mitarbeit von **Gabrielle Donnay**), *Kristalldaten. Klassifizierung von Substanzen nach Raumgruppen und ihre Identifizierung nach Zelldimensionen.* Der umfangreiche Band stellt eine krit. Zusammenstellung kristallograph. Daten dar, die in der Hauptsache aus Röntgen- u. Elektronenbeugungsaufnahmen stammen. Die Angaben umfassen die Symmetrie u. die geometr. Abmessungen der Elementarzelle. Der erste Teil (von NOWACKI) bringt eine Klassifizierung der kristallinen Substanzen nach Raumgruppen. Er umfaßt eine Aufstellung der Substanzen, die in den einzelnen Raumgruppen kristallisieren. Dabei sind die Substanzen nach den chem. Typen in 7 Gruppen eingeteilt. Die Aufstellung ist genügend repräsentativ, um statist. Angaben über die Verteilung der Substanzen auf die verschied. Symmetriegruppen zu ermöglichen. Für alle erwähnten Substanzen liegen vollständige Literaturangaben (bis Mitte 1948) vor. — Der zweite, völlig unabhängig vom ersten verfaßte Teil (von DONNAY) enthält Tabellen zur Identifizierung kristalliner Substanzen mit Hilfe ihrer Zelldimensionen, Raumgruppe,

Dichte u. anderer Eigenschaften. Dazu werden die Zellen nach einheitlichen Gesichtspunkten aufgestellt, u. das Achsenverhältnis a/b in den trimetr. Systemen, c/a in den dimetr. Systemen u. die Kantenlänge der Zelle im kub. Syst. dienen als Bestimmungszahl, unter der eine Verb. nachgeschlagen werden kann. Im zweiten Teil ist die ebenfalls vollständig zitierte Literatur bis Ende 1951 berücksichtigt. — Formel- u. Substanzregister. (Geol. Soc. America, Mem. **1954.** 1—719. 1/4. Baltimore, Md., Johns Hopkins Univ.; Bern, Univ.; Washington, D. C., U. S. Geol. Survey.) B. Reuter. 195

C. V. Raman und **A. Jayaraman,** *Röntgenuntersuchungen an polykristallinem Gips.* Röntgenograph. Unterss. der Vff. mittels Laue- u. Schwenkaufnahmen ergaben, daß Gips in drei verschied. polykristallinen Modifikationen auftritt: 1. *Alabaster* mit regelloser Anordnung der einzelnen Kristallite; 2. *Atlasspat* mit echter Faserstruktur, Anordnung der Fasern in Richtung der c-Achse, Grad der Orientierung nahm bei den beobachteten Proben zum Inneren hin ab; 3. „*Büschelgips*" (fascicular gypsum), ein Aggregat von Stäbchen, deren kristallograph. Symmetrieachsen (b) parallel zueinander liegen u. deren a- u. c-Achsen nur in Grenzen divergieren, es liegt hier also kein Fall von Faserstruktur im herkömmlichen Sinne vor. (Proc. Indian Acad. Sci., Sect. A **40.** 57—60. Aug. 1954. Bangalore, Raman Res. Inst.) G. Ruban. 195

Yasumitsu Shimomura und **Ichiro Tsubokawa,** *Einige physikalische Eigenschaften von Nickeloxyden.* Von NiO u. von NiO, das 24% Cu, bezogen auf die Ni-Menge, enthält, wurde zwischen 20 u. 500° die Temperaturabhängigkeit der magnet. Susceptibilität χ u. des elektr. spezif. Widerstandes ϱ gemessen; ferner wurde von NiO-Proben mit 0, 5, 15 u. 23% Cu zwischen 130 u. 270° die spezif. Wärme c bestimmt. In den Temperaturkurven dieser Größen treten mehrere Anomalien (Maximum bei χ, Minimum u. Maximum bei ϱ, Maximum bei c) auf. Die Temp., bei der die Anomalien auftreten, fällt mit wachsendem Cu-Geh. ab. Ein eindeutiger Zusammenhang mit der Änderung der Gitterkonstante besteht nicht. Vff. führen die Erscheinungen teils auf eine Deformation des NiO auf Grund antiferromagnet. Austauschwechselwirkungen (vgl. hierzu Greenwald u. Smart, C. **1952.** 6496), teils auf das Verhältnis der Ionenradien u. das Vorliegen von Leerstellen zurück. (J. physic. Soc. Japan **9.** 19—21. Jan./Febr. 1954. Naniwa, Univ., Dep. of Phys. [Orig.: engl.]) O. Fuchs. 195

F. Keller, M. S. Hunter und **D. L. Robinson,** *Strukturelle Eigenschaften von Oxydschichten auf Aluminium.* Vff. untersuchten die Bldg. von porösen Oxydschichten auf Al in Elektrolyten aus H_3PO_4, H_2SO_4, H_2CrO_4 u. *Oxalsäure.* Auf Grund einfacher theoret. Betrachtungen sind als Wachstumsformen hexagonale Prismen zu erwarten, die zum Metall hin in Form einer Kugelkalotte enden. Die einzelnen Oxydzellen besitzen eine zentrale Pore von sternförmiger Gestalt. Während dies nicht nachgeprüft werden konnte, da das Auflösungsvermögen des Elektronenmikroskops hierzu nicht ausreichte, bestätigte sich die theoret. zu erwartende Wachstumsform des Oxyds auf Grund verschied. elektronenmkr. Untersuchungsmethoden. Die Unters. der Abhängigkeit des Zellendurchmessers von der Badspannung ergab einen linearen Zusammenhang. Extrapolation auf den Spannungswert Null führt zu einem Wert, der als Porendurchmesser gedeutet wird. Er beträgt z. B. in 4%ig. H_3PO_4 (Badtemp. 24°)330 Å, in 15%ig. H_2SO_4 (10°) nur 120 Å. Die Zahl der Poren u. das Porenvol. läßt sich aus der elektronenmkr. ermittelten Zellengröße berechnen. Das Porenvol. steigt bei den 4 Badtypen mit abnehmender Badspannung stark an. Die Bedeutung der geometr. Form der Oxydzellen für die technolog. Eigg. des Oxydüberzugs wird diskutiert: für das Nachverdichten spielt der Porendurchmesser die größte Rolle. Je geringer er ist, desto dichter verschließt sich die Pore bei der Behandlung in heißem Wasser. Galvan. Ndd. haften am besten bei großem Porenvol., weil sich dann das Überzugsmetall am besten verankern kann. Größte Verschleißfestigkeit ist bei kleinem Porenvol., das heißt großem Anteil des massiven Oxyds an der Schicht gegeben. Für die Korrosionsbeständigkeit ist sowohl die Zellengröße u. der Porendurchmesser, als auch die Dicke der Oxydschicht am Grunde der Pore maßgebend. (J. electrochem. Soc. **100.** 411—19. Sept. 1953. New Kensington, Pa., Aluminium Co. of America, Aluminium Res. Labor.) H. Spähn. 196

H. Göttsche, *Zur Struktur dünner Silberschichten.* Vf. vergleicht im Anschluß an frühere Unterss. (C. **1955.** 3570) die Elektronenbeugungsdiagramme von *AlAg* u. reinem Ag u. folgert, daß in dünnen aufgedampften Schichten keine hexagonale Ag-Phase existiert. Ferner wird der Einfl. von Verwacklungen u. unregelmäßigen Gitterfehlern auf das Interferenzbild untersucht u. eine einfache Ableitung des reziproken Gitters mit Hilfe rhomboedr. Koordination angegeben. (Z. Physik **134.** 517—25. 1953. Hamburg, Inst. für angew. Physik.) R. Stein. 196

P. J. Bryant, H. U. Rhoads und **A. H. Weber,** *Elektrisches Leitvermögen und Strukturuntersuchung dünner, auf Glas aufgedampfter Bi-Filme.* (Sitzungsbericht.) Dünne Bi-Filme (2—310 Å) werden im Vakuum auf Glas gedampft u. das elektr. Leitvermögen untersucht. Gleichzeitig wird eine Strukturunters. dieser Schichten mittels Elektronenmikroskop u. Elektronenstrahlbeugung durchgeführt. Die Filmdicken werden durch Anwendung einer radioakt. Tracer-Meth. ermittelt. Bei Filmdicken zwischen 2 u. 75 Å (Oberfläche 0,5·0,15 cm) ist der Leitwert mit $1,30 \cdot 10^{-14}\ \Omega^{-1}$ konstant. Im Bereich 90—130 Å existiert ein Übergang mit einem Leitfähigkeitsanstieg um den Faktor 10^{12}. Die elektronenmkr. Unters. erklärt die beobachteten Erscheinungen: Zwischen 2—20 Å scheiden sich blumenartige Bi-Ndd. ab, so daß große Stellen ohne jede Bedeckung vorliegen. Bei 20 Å erscheinen verstreute Teilchen, die im weiteren Verlauf zu getrennten Zusammenballungen mit Filmdicken bis 90 Å anwachsen. Anschließend wird eine Struktur aus zusammenhängenden Bahnen gebildet. Bei 310 Å liegt nahezu kontinuierliche Bedeckung vor mit einem spezif. Widerstand von $1,60 \cdot 10^{-4}$ (gegenüber $1,19 \cdot 10^{-4}\ \Omega \cdot$cm beim kompakten Metall) vor. (Physic. Rev. [2] **92.** 1083. 15/11. 1953. U. S. Naval Ordnance Test Station.) W. Krönert. 196

Susumu Yoshida, *Elektronenbeugung an elektropolierten Oberflächen und mittlere innere Potentiale von Silber und Kupfer.* Die Oberflächen von Metalleinkristallen bestehen aus submkr. Kristallflächen, die mit der makroskop. Oberfläche kleine Winkel bilden. An mechan. u. elektrolyt. polierten Einkristallflächen, (1 0 0) von Ag u. (1 0 0) u. (1 1 0) von Cu, werden Messungen zur Best. der mittleren inneren Potentiale u. der mittleren Neigungswinkel durchgeführt. Die nach der Theorie des Vf. ermittelten Werte werden mit den Daten von Tull (Proc. Roy. Soc. [London], Ser. A **206.** [1951.] 219 u. 232) verglichen. (Acta crystallogr. [Copenhagen] **7.** 592—93. 20/9. 1954. Tokyo, Suginamiku, Government Mechan. Labor.) W. Krönert. 196

A. H. Daane, R. E. Rundle, H. G. Smith und **F. H. Spedding,** *Die Kristallstruktur von Samarium.* Ein Darstellungsverf. für die Kristalle sowie die rhomboedr. Elementarzelle werden von Daane, Dennison u. Spedding (C. **1954.** 269) angegeben. Die Gitterkonstanten für eine hexagonale Elementarzelle werden aus Weissenberg- u. Präzessionsaufnahmen mit $a = 3,621 \pm 0,007$, $c = 26,25 \pm 0,05$ Å bestimmt. Man erhält Z = 9 unter Berücksichtigung einer berechneten D. von 7,54 u. einer beobachteten D. von 7,53. Die systemat. Auslöschungen sowie die Betrachtung möglicher Typen dichtestgepackter Strukturen führen zu der von Ellinger u. Zachariasen (C. **1954.** 7138) angegebenen Struktur mit den Atomlagen $(0, 0, 0; 0, 0, {}^2/_9;\ 0, 0, {}^7/_9) + (0, 0, 0;\ {}^1/_3, {}^2/_3, {}^1/_3;\ {}^2/_3, {}^1/_3, {}^2/_3)$. Diese Struktur ist rhomboedr. mit der Raumgruppe $R\bar{3}m$ u. den Achsen $a = 8,996$ Å; $\alpha = 23^0\ 13'$. Die Einkristalldaten stehen jedoch mit dieser Struktur nicht im Einklang. Ein befriedigendes Bild wird erhalten, wenn man das Vorhandensein zweier in bezug auf die c-Achse um 180° gegeneinander gedrehter, indent. Strukturen annimmt. Der Kristall wird dann aus Schichten aufgebaut, die je zur Hälfte die beiden Elementarzellentypen enthalten. Die von Hendricks u. Teller (J. chem. Physics **10.** [1942.] 147) entwickelte Formel für ein derartig gestörtes Gitter wird angewandt u. die berechneten mit den beobachteten Intensitäten verglichen. (Acta crystallogr. [Copenhagen] **7.** 532—35. 20/9. 1954. Ames, Io., Iowa State Coll., Inst. for Atomic Res. and Dep. of Chem.) W. Krönert. 197

E. A. Anderson, D. C. Jillson und **S. R. Dunbar,** *Verformungsvorgänge im α-Titan.* Große Körner von α-Ti können durch mehrmaliges 4std. Erhitzen auf 1200° oder durch ein drei- bis fünftägiges Glühen bei 850° im Vakuum entstehen. α-Ti kann bei Raumtemp. durch Gleiten in der $\langle 1 1 \bar{2} 0\rangle$-Richtung auf der $\{1 0 \bar{1} 0\}$-Ebene bei einer krit. Scherspannung oder auf der {0 0 0 2}-Ebene in der $\langle 1 1 \bar{2} 0\rangle$-Richtung bei einer krit. größeren Scherspannung verformt werden. α-Ti kann sich auch bei Raumtemp. unter Zwillingsbldg. auf den $\{1 0 \bar{1} 2\}$-, $\{1 1 \bar{2} 1\}$- u. $\{1 1 \bar{2} 2\}$-Ebenen verformen. Der Verformungsvorgang hängt in starkem Maße von der Kristallorientierung u. der Beanspruchungsrichtung ab, im Falle von {0 0 0 2} ist das Gleiten auch von der Kristallgröße abhängig. (J. Metals **5.** Nr. 9. Sect. 2. Trans. AIME **197.** 1191—97. Sept. 1953. **6.** Nr. 5. Sect. 2. Trans. AIME **200.** 697—98. Mai 1954. Palmerton, Pa., New Jersey Zinc Co.; Syracuse, N. Y., General Electric Co.) H. Hochstein. 197

D. N. Williams und **D. S. Eppelsheimer,** *Die Kaltwalztextur von Titan.* Die $(1 0 \bar{1} 0)$-, (0 0 0 1)- u. $(1 0 \bar{1} 1)$-Polfiguren von nach dem Jodidverf. hergestelltem Ti u. von mehreren Proben handelsüblichen Titans wurden nach Kaltwalzen unter Verwendung der halbquantitativen Geiger-Zähltechnik bestimmt. Die Jodid–Ti-Probe u. zwei von drei Proben des handelsüblichen Titans zeigten eine $(0 0 0 1)[1 0 \bar{1} 0]$-Textur, welche um 30° zur Querrichtung um eine Achse in der Walzrichtung gedreht ist. Eine andere Probe aus handelsüblichem Ti zeigte eine Doppeltextur. — Diskussion. (J. Metals **5.** Trans. AIME **197.** 1378—82. Okt. 1953. **6.** Nr. 5. Sect. 2. Trans. AIME **200.** 698—99. Mai 1954. Rolla, Mo., Missouri School of Mines and Metallurgy.) H. Hochstein. 197

John G. McMullin und **John T. Norton,** *Das ternäre System Ti–Ta–C.* Durch röntgenograph. u. mkr. Unterss. wurde ein isotherm. Schnitt bei 1820° durch das tern. Zustandsschaubild Ti–Ta–C gelegt. Andere Phasen, als sie bereits aus den drei bin. Zustandsschaubildern bekannt sind, wurden nicht beobachtet. Bei Tempp. oberhalb der Ti-Übergangstemp. bilden Ti u. Ta eine vollständige Reihe von festen Lsgg., die bis zu 2 At.-% C enthalten. Die Phasen TiC u. TaC bilden ebenfalls eine ununterbrochene Reihe fester Lsgg., die sich quer durch das Zustandsschaubild hindurchzieht. — Diskussion. (J. Metals **5.** Nr. 9. Sect. 2. Trans. AIME **197.** 1205—08. Sept. 1953. **6.** Nr. 5. Sect. 2. Trans. AIME **200.** 673. Mai 1954. Schenectady, N. Y., General Electric, Res. Labor.; Cambridge, Mass., MIT.) H. HOCHSTEIN. 197

Murray C. Udy und **Francis W. Boulger,** *Uran–Titan-Legierungssystem.* Das gesamte U–Ti-Zustandsschaubild wird aufgestellt. Die mkr. u. röntgenograph. erhaltenen Ergebnisse werden mit denen früherer Forscher verglichen u. die Abweichungen davon erörtert. Bei ca. 1635°F (890°) zers. sich die Verb. U_2Ti in β-Ti + feste Lsg. γ-U. Die vollständige Löslichkeit im festen Zustand zwischen γ-U u. β-Ti ist nicht einheitlich, ähnlich wie in den Systemen Ti–Cr, Ti–Mo u. Ti–Nb. Im Falle von U werden 50 Gew.-% benötigt, um β-Ti bei Abschrecken zu stabilisieren, anderenfalls ein WIDMANSTÄTTENsches α-Ti-Gefüge erhalten wird. Auf der U-Seite des Schaubildes werden 3% Ti benötigt, um γ-U beim Abschrecken zu stabilisieren, anderenfalls ein WIDMANSTÄTTENsches α-U-Gefüge auftritt. Die Zwischenphase β-U wurde in keinem Gefüge festgestellt. Ti scheint daher dieses Gefüge nicht zu stabilisieren. (J. Metals **6.** Nr. 2. Sect. 2. Trans. AIME **200.** 207—10. Febr. 1954. Columbus, O., Battelle Memorial Inst.) H. HOCHSTEIN. 197

R. P. Elliott, B. W. Levinger und **W. Rostoker,** *Das System Titan–Mangan–Molybdän.* Die Phasengleichgewichte im Ti–Mn–Mo-Syst. wurden in dem Zusammensetzungsgebiet von 100—60% Ti u. in einem Temperaturbereich zwischen 550 u. 1150° untersucht. Die Grenzen der ($\beta/\alpha + \beta$)- u. (β/β + Verb.)-Phasen in diesem Gebiet werden bestimmt. Die Gitterparameter der β-Phase wurden dazu verwendet, um ein tern. isoparametr. Schaubild aufzustellen. Ebenso werden in einem tern. Schaubild die Kurven von den entsprechenden Legierungen mit gleichen Tempp. der beginnenden Schmelze zusammengestellt. (J. Metals **6.** Nr. 2. Sect. 2. Trans. AIME **200.** 228—32. Febr. 1954. Chicago, Ill., Illinois Inst. of Technol.; Bloomfield, N. J., Tung-Sol Electric, Inc.) H. HOCHSTEIN. 197

A. D. I. Nicol, *Die Struktur von $MnAl_6$.* $MnAl_6$-Kristalle werden elektrolyt. aus einer Al–Mn–Zn-Legierung isoliert u. enthalten geringe Mengen Zn: $Zn_{0,03}Mn_{0,96}Al_6$. Die nach der Extrapolationsmeth. von FARQUHAR u. LIPSON (Proc. physic. Soc. **58.** [1946.] 200) bestimmten Gitterkonstanten der rhomb. Elementarzelle betragen a = 6,4978, b = 7,5518, c = 8,8703 ± 0,0005 Å in guter Übereinstimmung mit HOFMANNs (Aluminium 20. [1938.] 867) Werten. Z = 4 $MnAl_6$; D. (exp.) 3,27 ± 0,01 u. D. (röntgenograph.) 3,3065. Die Raumgruppe ist Ccmm. Mit den (h k 0)- u. (h 0 l)-Intensitäten werden PATTERSON- u. FOURIER-Synthesen gerechnet u. die Parameter der Atome bestimmt. 4 Mn in 4(c): x, 0, $^1/_4$ mit x = 0,4567; 8 Al_I in 8(e): 0, y, 0 mit y = 0,3240; 8 Al_{II} in 8(g): x, 0, z mit x = 0,1402 u. z = 0,1020; 8 Al_{III} in 8(h): x, y, $^1/_4$ mit x = 0,2838 u. y = 0,3170. Bauelement der Struktur ist ein von 10 Al-Atomen gebildetes Polyeder mit 1 Mn als Zentrum. 8 der 10 nächsten Al-Nachbarn gehören benachbarten Polyedern gleichzeitig an. Auffallend sind die kleinen Atomabstände zwischen den verbleibenden 2 Al-Atomen u. Mn (2,435 Å) sowie zwischen den Al_{II}-Atomen untereinander (2,57 u. 2,62 Å). Ein Vers. zur Erklärung dieser Abweichungen von den n. Atomradien wird unternommen. Auszählung der Elektronen in den FOURIER-Projektionen u. Unterss. der BRILLOUIN-Zonen geben qualitative Hinweise zur Bestätigung von RAYNORs Theorie (vgl. RAYNOR u. WALDRON, Proc. Roy. Soc. [London], Ser. A **194.** [1948.] 362), daß in elektronenreichen Phasen die Übergangsmetalle zusätzliche Elektronen aufnehmen. Der Effekt ist jedoch geringer, als bei RAYNOR angegeben wird. Als sicher ist jedoch anzunehmen, daß mit dem Elektronensyst. zusammenhängende Faktoren die Bldg. u. Stabilität der Struktur bedingen. (Acta crystallogr. [Copenhagen] **6.** 285—93. 10/3. 1953. Cambridge, Cavendish Labor., Crystallogr. Labor.; Sheffield, B. S. A. Group Res. Centre.) W. KRÖNERT. 197

Chester W. Spencer und **David J. Mack,** *Das Kupfer–Indium-Eutektoid bei 31,36 Gew.-% Indium.* Das Gefüge des Cu–In-Eutektoids bei 31,36% In scheint ähnlich dem des Perlits im Fe–C-Eutektoid. Bei der isothermen Umwandlung der β-Phase genau unter der Eutektoidtemp. (574°) geht der eutektoide Perlit über in Körner. Bei weiterer Umwandlung entsteht aus dem streifigen Perlit ein 2. weit gröberes 2-Phasengefüge, beschrieben als ein sek. Perlit. Diese Umwandlung stimmt nicht mit der von streifigem Fe–C-Perlit in den körnigen überein. Während der isothermen Umwandlung unterhalb annähernd 547° wird ein Teil der β-Phase nicht zur Körnerbldg. aufgebraucht, dafür gibt eine neue Rk. der β-Phase ein grätenartiges Aussehen. Bei 476° wurde das Ausscheiden kleiner runder Teilchen der α-Phase in einer Grundmasse von δ beobachtet. Ein Zeit–Temp.-Umwandlungsdiagramm für diese Legierung wird vorgeschlagen. (J. Inst. Metals. **82.** 81—85. Tafeln XIV—XV. Okt. 1953. Bayside, N. Y., Sylvania Electric Products, Inc.) F. VIER. 197

R. F. Domagala, D. J. McPherson und **M. Hansen,** *Das System Zirkonium–Chrom.* Das Syst. Zr–Cr wurde in dem Gebist bis 50 At.-% Cr genau untersucht, das restliche Gebiet wurde überprüft. Das Phasendiagramm zeigt folgende Einzelheiten: Die Löslichkeitsgrenze von Cr in β-Zr beträgt 4,5 (%). Zwischen der β-Phase u. einer Verb. $ZrCr_2$ liegt bei 18 Cr u. 1280 ± 10° ein Eutektikum. Die Verb. $ZrCr_2$ mit 53 Cr schm. bei 1700 ± 25°. Eine eutektoide Entmischung der β-Phase in α-Phase + $ZrCr_2$ geht bei 835 ± 10° vor sich. Die Löslichkeit von Cr in α-Zr ist geringer als 0,28 bei allen Temperaturen. Zwischen $ZrCr_2$ u. Cr liegt bei 70 Cr u. 1635 ± 15° ein Eutektikum. Die maximale Löslichkeit von Zr in Cr ist geringer als 3%. (J. Metals **5.** Nr. 2. Sect. 2. Trans. AIME **197.** 279—83. Febr. 1953. Chicago, Ill., Illinois Inst. of Technol.) F. VIER. 197

C. E. Lundin, D. J. McPherson und **M. Hansen,** *Das System Zirkonium–Kupfer.* Aus dem Zustandsdiagramm des Syst. Zr–Cu ergibt sich folgendes Bild: Die maximale Löslichkeit von Cu in β-Cr beträgt 3,8% bei der eutekt. Temp. von 995°. Die Löslichkeit von Cu in α-Zr liegt unter 0,18 bei allen Temperaturen. Eine eutektoide Rk. geht bei 1,6 Cu u. 822 ± 10° vor sich. Ein Eutektikum besteht bei 21 Cu u. 995 ± 10° zwischen Zr u. Zr_2Cu (25,83 Cu). Bei ca. 27 Cu u. 1000 ± 10° wird eine Zwischenphase gebildet, die wahrscheinlich der Formel Zr_2Cu entspricht. Zwischen Cr_2Cu u. ZrCu (41,06 Cu) tritt ein Eutektikum bei 37 Cu u. 928 ± 10° auf. Eine intermetall. Verb. bildet sich bei 41 Cu u. 935 ± 10° entsprechend der Formel ZrCu. Zwischen ZrCu u. Zr_2Cu_3 existiert ein Eutektikum bei 47 Cu u. 890 ± 10°. Die intermetall. Verb. Zr_2Cu_3 bildet sich bei 895° u. 50 Cu mit 51,09 Cu. Zwischen Cr_2Cu_3 u. einer mit Zr_2Cu_5 bezeichneten Zwischenphase besteht ein Eutektikum bei 53 Cu u. 885°. Zr_2Cu_5 bildet sich peritekt. aus der Schmelze mit 61 Cu u. $ZrCu_3$ (67,63 Cu), es enthält 63,52 Cu. $ZrCu_3$ existiert bei 71,5 Cu u. schm. bei 1100°. Zwischen $ZrCu_3$ u. Cu liegt ein Eutektikum bei 91 Cu u. 965°. Die Löslichkeit von Zr in Cu ist sehr begrenzt. Andere Autoren geben sie mit weniger als 1% an. (J. Metals **5.** Nr. 2. Sect. 2. Trans. AIME **197.** 273—78. Febr. 1953. Chicago, Ill., Illinois Inst. of Technol.) F. VIER. 197

W. K. Kritzkaja, G. W. Kurdjumow und **T. I. Stelletzkaja,** *Einfluß von Chrom auf die Bindungskräfte in Kristallen des α-Eisens.* Die Unters. wurde an bei 600° geglühten Proben aus Fe–Cr-Legierungen mit ca. 2, 8 u. 16% Cr (C-Geh. 0,014—0,06%) durchgeführt. Es wurden Röntgenogramme bei Raumtemp. u. bei —185° aufgenommen u. auf Grund der Veränderung der Intensität der Interferenzlinien beim Übergang von der einen zur anderen Temp. die zwischenatomaren Bindungen bewertet. Bereits 2% Cr bewirken eine bedeutende Verstärkung der zwischenatomaren Bindung im α-Fe-Kristall; eine weitere Steigerung wird durch Legieren mit 8% Cr erreicht; zwischen den Legierungen mit 16 u. 8% Cr besteht jedoch kein Unterschied in dieser Hinsicht mehr. Zusätzlich durchgeführte Verss. mit kaltverformten Proben der 8%-Legierung (nicht geglühte Sägespäne) ergaben keinen Unterschied des Wärmefaktors gegenüber dem von reinem Fe. Demnach hat die Verformung eine Verminderung der Bindungskräfte im Kristall der untersuchten Legierung zur Folge. Da bei reinem Fe eine derartige Änderung der Bindungskräfte durch Verformung genüber dem geglühten Zustand nicht festgestellt werden konnte, ist eine Beeinflussung der Verteilung der Cr-Atome im Kristallgitter durch die Verformung anzunehmen. (Доклады Академии Наук СССР [Ber. Akad. Wiss. UdSSR] [N. S.] **98.** 63—66. 1/9. 1954. Inst. für Metallforsch. u. Metallphysik.) V. EHMCKE. 197

M. Ja. Fuks und **E. W. Aronsson,** *Röntgenographische Untersuchung der nitrierten Schicht von Kohlenstoff- und legiertem Stahl.* Die Unters. wurde an einem C-Stahl mit 0,30% C u. einer Reihe mit Cr, Mo, V, Al u. Si verschiedenartig legierten Baustählen üblicher Zus. durchgeführt, die bei 500—560° u. einer Dauer von 6—60 Std. im NH_3-Strom nitriert worden waren. Die Ergebnisse röntgenograph. Unters. wurden, wie folgt, zusammengefaßt: Die Nitrierung des C-Stahles führt zu einer intensiven N-Anreicherung der Oberflächenschicht bis zur Bldg. der ε-, in einigen Fällen auch der ζ-Phase. Die Härte der Fe-Nitride ist nicht hoch u. liegt nur um 100—150 Härteeinheiten über der der Kernzone. In der nitrierten Zone der legierten Stähle ist die Konz. der ε-Phase in der Oberflächenschicht geringer als beim C-Stahl, obgleich deren Härte derjenigen des C-Stahles bedeutend überlegen ist. Der Einfl. des Si auf die Härte u. Eindringungstiefe der Nitridphasen ist, wenn auch abgeschwächt, dem des Al analog. Die Härte der nitrierten Schicht der mit Cr, Mo u. V legierten Stähle wird durch die Härte der α-Phase, die der zusätzlich mit Al bzw. Si legierten durch die Härte der Nitridphasen bedingt. Die Nitrierhärtung wird als Effekt der in feinster Dispersion entstehenden Nitride der Legierungselemente, bes. des Al, gedeutet. (Журнал Технической Физики [J. techn. Physik] **24.** 1448—54. Aug. 1954.) V. Ehmcke. 197

M. E. Nicholson, *Konstitution von Eisen–Bor-Legierungen mit niedrigen Borgehalten.* Die Löslichkeit von B im festen Eisen wurde durch Sättigung des Fe in bezug auf Fe_2B bei mehreren Tempp. von 870—1135° bestimmt. Im α-Eisen wurde die größte Löslichkeit bei 0,002% B gefunden u. im γ-Eisen schwankte die Löslichkeit von 0,001% bei 915° bis 0,020% B bei 1165°. Die eutekt. u. die peritektoide Temp. wurde zu 1165° bzw. zu 911° bestimmt, u. die γ-Eisen–Soliduslinie lag etwa bei 0,020% B. (J. Metals **6.** Nr. 2. Sect. 2. Trans. AIME **200.** 185—90. Febr. 1954. Chicago, Ill., Univ. of Chicago.) H. Hochstein. 197

M. S. Wechsler, D. S. Lieberman und **T. A. Read,** *Theorie der Martensitbildung.* Der Vorgang der Austenit–Martensit-Umwandlung wird theoret. erläutert u. die Umwandlung mathemat. verfolgt u. festgelegt. Es wird eine Theorie der Martensitbldg. vorgeschlagen, welche Voraussagen über die Beschaffenheit des Martensits u. über die Orientierungsverhältnisse sowie über makroskop. Verzerrungen nur aus der Kenntnis der Kristallstrukturen der Anfangs- u. Endphasen ermöglicht. Die errechneten Werte werden mit den Versuchsergebnissen verglichen. — Diskussion. (J. Metals **5.** Nr. 11. Sect. 2. Trans. AIME **197.** 1503—15. Nov. 1953. **6.** Nr. 5. Sect. 2. Trans. AIME **200.** 676—81. Mai 1954. New York, N. Y., Columbia Univ.) H. Hochstein. 197

K. P. Bunin, *Über den sogenannten „direkten Zerfall" des Zementits.* Es wird der experimentelle Nachw. dafür erbracht, daß in *Gußeisen* u. *Stählen* ein diffusionsloser direkter Zementitzerfall als ein Vorgang für eine schnelle Graphitbldg. nicht auftritt. Sowohl in Berührung mit Austenit als auch bei Berührung mit Zementit ist das Wachsen des Graphits mit einer Entfernung der Atome der metall. Grundmasse von der Graphitisierungsfront auf dem Wege der Diffusion verbunden. (Литейное Производство [Giessereiwesen] 1954. Nr. 6. 23—26. Sept.) H. Hochstein. 197

F. L. Vogel jr. und **R. M. Brick,** *Die Verformung von Ferriteinkristallen.* Aus Unterss. über die Verformung von Eisen-Einkristallen wird geschlossen, daß eine bleibende Verformung durch ein scheinbares Gleiten in der ⟨1 1 1⟩-Richtung auf einer Ebene auftritt, die durch Orientierung des Kristalls in bezug auf die Beanspruchungsrichtung u. durch die Veränderung des Widerstandes gegen Scherung der Ebenen, welche die ⟨1 1 1⟩-Schubrichtung enthalten, bestimmt wird. Die krit. zur Erzeugung von Schub auf der Gleitebene erforderliche Spannung nimmt stark unterhalb der Raumtemp. zu. Von Raumtemp. bis zu 200° ist die Veränderung nur schwach. Bei stat. Zugbeanspruchungen treten Zwillingsstreifen auf Ebenen der Art (1 1 2) für bei —105° oder tiefer verformte Proben auf. Das Kriterium für Zwillingsbldg. auf der (1 1 2)-Ebene ist nicht eine krit., ausgelöste Scherbeanspruchung. (J. Metals **5.** Nr. 5. Sect. 2, Trans. AIME **197.** 700—06. Mai 1953. Murray Hill, N. J., Bell Telephone Labors.; Philadelphia, Pa., Univ.) H. Hochstein. 200

P. I. Kuleschow, *Über den Fließbeginn beim Verdrehen von Metallkristallen.* Theoret. Unters. über die Anisotropie der Fließgrenze beim Verdrehen von Kristallen von verschied. Kristallgittertyp. Ableitung allg. Gesetzmäßigkeiten für die Systeme kub.-flächenzentriert, kub.-raumzentriert, hexagonal. (Доклады Академии Наук СССР [Ber. Akad. Wiss. UdSSR] [N. S.] **97.** 1015—18. 21/8. 1954. Donezer Chryschtschew-Industrie-Inst.) V. Ehmcke. 200

D. Tabor, *Der Mechanismus der Walzreibung.* Es wurden die Reibung u. die Oberflächenschäden beim Rollen einer Kugel aus hartem Stahl zwischen ebenen u. parallelen Oberflächen eines weicheren Metalls untersucht. Bei Beginn des Rollens bzw. Walzens tritt auch bei kleinen Belastungen plast. Fließen auf, u. der Widerstand gegen das Walzen ist prim. der plast. Verschiebung des Metalls vor der Kugel zuzuschreiben. Bei aufeinanderfolgendem Hin- u. Herrollen auf derselben Spur verbreitert sich die Spur u. der Walzwiderstand nimmt ab, bis schließlich ein Gleichgewichtszustand erreicht wird. Der Walzwiderstand ist nun konstant u. wird durch Schmierung nicht beeinflußt. Auf Grund genauerer Unterss. über das Rollen von Kugeln u. Zylindern auf *Kautschuk* kann gezeigt werden, daß kein Grenzflächengleiten auftritt u. daß der gesamte Walzwiderstand auf elast. Hystereseverluste zurückzuführen ist. Es wird daher angenommen, daß auch bei den Walzunterss. an *Metallen* innerhalb des elast. Bereiches der Walzwiderstand prim. auf elast. Hystereseverluste zurückzuführen ist. Bei dem Walzen tritt demnach keine „Reibung" im üblichen Sinne des Wortes auf. (Philos. Mag. [7] **43.** 1055—59. Okt. 1952. Cambridge, Univ., Dep. of Phys. Chem., Res. Labor. on the Phys. and Chem. of Surfaces.) C. Gottfried. 200

A₇. Gleichgewichte. Kinetik.

M. Ch. Karapetjanz, *Näherungsmethode zur Berechnung einiger Eigenschaften verschiedener Substanzen.* Vf. beschreibt die linearen Beziehungen zwischen den Eigg. der Stoffe in den Reihen eintypiger Verbindungen. Für die mol. isobaren spezif. Wärmen der Na- u. K-Halogenide gilt bei 25° die Gleichung: $(C_p)_{NaX} \approx 1{,}40\ (C_p)_{KX} - 5{,}4$, wo X = F, Cl, Br oder J). Die hieraus berechneten Werte stimmen mit den Literaturwerten gut überein. Verallgemeinert gilt: $G_2 = AG_1 + B$, wenn G_1 u. G_2 = Wert für eine Eig. in der Reihe ähnlicher Verbb. bei gleichen Bedingungen, A u. B = Parameter der Gleichung. Diese Gleichung kann zur Berechnung folgender Eigg. angewandt werden: Entropie, Bildungswärme, Verbrennungswärme, Isobarenpotential (freie Reaktionsenergie), Solvatationswärme, Energie des Kristallgitters, Dampfspannung, krit. Kennzahlen, Konstanten der VAN DER WAALSchen Gleichung, Dichte, Viscosität, Brechungsindex, Dipolmoment, Koeff. der Diffusionswärmeleitfähigkeit, Parachor, Mol.-Refr. u. a. additive Eigenschaften. — 15 Diagramme für verschied. anorgan. u. organ. Verbb. veranschaulichen die Anwendbarkeit des Verfahrens. (Журнал Физической Химии [J. physik. Chem.] **27.** 934—38. Juni 1953. Moskau, Chem.-Technol. Mendelejew-Inst.)
O. LEBTAG. 221

A. W. Storonkin, *Über die thermodynamisch möglichen Formen der Isotherm-Isobaren ternärer Systeme.* 1. Mitt. Man kann die Druck- u. Temperaturflächen von 2 koexistenten Dreistoffphasen mit Hilfe von Familien von isotherm-isobaren Kurven (IIK) der Zuss. der koexistenten Phasen darstellen. Vf. untersucht, welche Formen der IIK thermodynam. möglich sind u. welche Schlußfolgerungen man aus der Form der IIK bzgl. der Eigg. der koexistenten Phasen ziehen kann. Hierzu wird der Begriff des „Phaseneffekts" y eingeführt: in einem Syst. von i Komponenten (1, 2, 3···i) werden in einem Mol der ersten Phase dm Mole der zweiten Phase gelöst, dann ändern sich die Molenbrüche der Komponenten in der ersten Phase nach $dx_i^{(1)} = dm^{(2)} (x_i^{(2)} - x_i^{(1)})$; dann ist $y_i^{(1)} = [d\mu_i^{(1)}/dm^{(2)}]_{p,T} = (x_i^{(2)} - x_i^{(1)})[d\mu_i^{(1)}/dx_i^{(1)}]_{p,T}$ (analog $y_i^{(2)}$ mit Umkehrung von 1 u. 2). Die y stellen dann natürliche Charakteristiken des Einfl. der Änderung der Zus. der Phasen infolge Phasenprozessen auf die chem. Potentiale der Komponenten in den koexistenten Phasen dar. Zwischen der Form der IIK u. der Konkurrenz der y besteht eine direkte Beziehung, die in 3 Theoremen formuliert wird. Die angegebene Meth. der Analyse der IIK ist auf die Löslichkeitsisothermen anwendbar. (Журнал Физической Химии [J. physik. Chem.] **28.** 2021—41. Nov. 1954. Leningrad, Shdanow-Univ.)
R. K. MÜLLER. 221

John Z. Hearon und **James B. Gilbert,** *Neue Methoden zur Berechnung von Assoziationskonstanten von Komplexionensystemen.* Es werden Erweiterungen u. Beiträge zur Berechnung von Assoziationskonstanten gebracht. Für die Fälle eines, zweier oder dreier Komplexe werden neue Methoden, die sich auf genaue Daten der potentiometr. Titration beziehen, in den Einzelheiten beschrieben. Diese Methoden geben einen berechneten Wert für einen oder für alle der Konstanten für jeden Titrationskurvenpunkt. Eine allg. Gleichung für die Konz. des freien Liganden wird beschrieben u. die Grenzen der Anwendbarkeit werden durchdiskutiert. Es wird weiter eine neue Meth. zur Berechnung der Konz. des freien Liganden u. von $\bar{n}$ aus bekannten Konstanten untersucht. (J. Amer. chem. Soc. **77.** 2594—99. 5/5. 1955. Oak Ridge, Tenn., Nat. Labor.; Bethesda, Md., Public Health Serv., Nat. Inst. of Health, Nat. Cancer Inst., Labor. of Biochem.)
A.-F. BOGENSCHÜTZ. 223

Genevieve Sutra und **Eugene Darmois,** *Bemerkungen zur Methode von Job zur Untersuchung der Komplexbildung in Lösung.* Vff. untersuchten die Bldg. des *Mannit-Borsäure*-Komplexes nach der Meth. von JOB (JOB, Ann. Chimie **9.** [1928.] 113) durch polarimetr. Messungen an kontinuierlich veränderten Mischungen der Komponenten. Zur Messung wurde das Licht von 2 Hg-Linien (gelb u. indigo) benutzt. Das Maximum der Drehung liegt beim Verhältnis 1:1 gemäß der Formel $(C_6H_{14}O_6 \cdot HBO_2)_n$. Bei Verwendung von $NaBO_2$ u. Mannit ist es zur Boratseite verschoben. Es wird gezeigt, daß bei einer doppelten Formel des Komplexes (n = 2) entweder das Maximum zur Boratseite verschoben ist, oder das Massenwirkungsgesetz in seiner klass. Form zur Berechnung von K nicht benutzt werden kann, da die Ionenstärke nicht konstant ist. In Lsgg. konstanter Ionenstärke (2 mol. $MgSO_4$) tritt dieser Fehler nicht auf. (Bull. Soc. chim. belges **62.** 104—08. Jan./Febr. 1953. Paris, Fac. des Sci., Labor. de Phys.-Enseignement.) K. SCHILLER. 223

A. Küntzel, H. Erdmann und **H. Spahrkäs,** *Untersuchungen über die Entstehung einfacher, maskierter Chromkomplexe.* 1. Mitt. *Eine konduktometrische Methode zur Bestimmung der stöchiometrischen Zusammensetzung von maskierten Chromkomplexen mit einheitlichen Komplexliganden.* Die Komplexbldg. in $CrCl_3$-Lsgg. (0,1% Cr) beim Zusatz maskierender Salze [Na-Formiat (I), -Acetat (II), -Oxalat (III)] (1—6 Äquivalent/Cr) wird konduktometr. nach 3 Methoden untersucht: Messung der zeitlichen Leitfähigkeitsänderung nach Zugabe des überschüssigen Maskierungssalzes (1), Alkali- (2) u. Säuretitration (3) der ausgealterten, maskierten $CrCl_3$-Lösungen. Bei (1) beobachtet man einen starken (Primär-Rk.:Pufferung) u. einen nachfolgenden schwächeren Leitfähigkeitsabfall (Sekundär-Rk.: langsam verlaufende Komplexumwandlung). (2) erfolgt an schnell auf das 200fache verd. Lsgg. mit n/200 NaOH. Von den 3 charakterist. Abschnitten der Titrationskurve: abfallender Teil infolge Titration der hydrolyt. gebildeten Säure (a), horizontaler Teil bei der Titration des Cr-Salzes (b) u. steil ansteigender Teil durch den Alkaliüberschuß wird (a) um so kürzer, (b) um so steiler u. der Titrationsendpunkt um so unschärfer, je höher der Maskierungsgrad ist. (3) dient zur Erfassung überschüssigen Maskierungsalzes. Diese Salzmenge erhält man aus dem Vgl. der HCl-Titrationskurve mit einer Skala von Pufferungskurven der reinen Maskierungssalze. Die Anzahl komplexgebender organ. Säurereste ist die Differenz zwischen zugegebenem u. titrimetr. bestimmtem Maskierungssalz. Es ergab sich, daß von einer bestimmten Konz. der Maskierungssalze an einheitliche, durch einfache stöchiometr. Beziehungen ausgezeichnete Komplexverbb. entstehen. Bevorzugt treten Komplexe mit 2 Äquivalent I, 2 oder 3 Äquivalent II u. 4,5 oder 6 Äquivalent III/Cr auf. Eine maximale Komplexbeladung wird erst durch Erhitzen auf 100° erreicht. Die Stabilität der erhaltenen Cr-Komplexe steigt beim Zusatz von I, II nach III. (Leder **3.** 30—37. 15/2. 1952. Darmstadt, TH, Inst. für Gerbereichemie.) P. STADLER. 223

Robert L. Pecsok und **Richard S. Juvet jr.**, *Die Gluconatkomplexe.* 1. Mitt. *Kupfer-Gluconat-Komplexe in stark basischem Medium.* Gluconsäure bildet sehr stabile Chelate mit den meisten der Übergangselemente. Die Beständigkeit der Cu-Komplexe wurde in alkal. Lsg. polarograph., spektrophotometr., potentiometr. u. mittels amperometr. Titration untersucht, ihre Gleichgewichtskonstanten in Abhängigkeit von der Ionenstärke bestimmt u. mehrere mögliche Strukturen vorgeschlagen. Die Reversibilität des Syst. wurde bewiesen. Mit zunehmendem p_H ändert sich die Farbe der Lsg. von Grün nach Blau; die Bedeutung der Spektren bei verschied. p_H-Werten wird ausführlich diskutiert. In Abhängigkeit der Konzz. von OH^- u. Gluconation wurde die Existenz von wenigstens 5 verschied. Komplexen festgestellt, in stark bas. Lsg. Cu : Gluconat 2 : 4 (pk 20,06—19,43 bei Variation der Ionenstärke zwischen 3,0 u. 0,45mol.); 2 : 2 (pk 18,29, unabhängig von der Ionenstärke) u. 2 : 1, in schwächer alkal. Medium 2 verschied. 2 : 2-Chelate. (J. Amer. chem. Soc. **77.** 202—06. 5/1. 1955. Los Angeles, Calif., Univ., Dep. of Chem.) G. LOHAUS. 223

K. Schulz und **B. Težak**, *Die Löslichkeit von Silberjodid in wässerigen Lösungen von Kalium- und Natriumjodid.* Zur orientierenden Best. der komplexen Löslichkeit von AgJ in wss. KJ- u. NaJ-Lsgg. wurden 0,05—0,00005mol. Lsgg. von AgJ in Ggw. von überschüssigem KJ bei 20, 40 u. 60° u. in Ggw. von überschüssigem NaJ bei 20° nephelometr. gemessen. Aus den Ergebnissen ziehen Vff. den Schluß, daß die bei der Lsg. von AgJ in KJ u. NaJ gebildeten komplexen Ionen keine definierte stöchiometr. Zus. haben, sondern eher Ionenassoziationen sind, die Ag- u. J-Ionen in verschied. Verhältnissen enthalten. (Arhiv Kemiju [Arch. Chim.] **23.** 200—05. Okt. 1951. Zagreb, Prirodoslovni fak., fizičko-kem. inst.) S. BECKMANN. 224

W. I. Zwetkowa, W. W. Wojewodski und **N. M. Tschirkow,** *Kinetik der langsamen Oxydation von Kohlenstoffmonoxyd.* Die Unterss. über die Kinetik der langsamen Oxydation von CO durch O_2 im Bereich von 450—630° u. 150—500 mm Hg ergab, daß sowohl in Ggw. von Wasserdampf als auch von H_2 die für unverzweigte Ketten-Rkk. charakterist. Kurven beobachtet werden. Für die Abhängigkeit der Anfangsgeschwindigkeit der Rk. vom Druck des Wasserdampfes p_{H_2O} gilt: $\omega_0 = a p_{H_2O} (1 + b p_{H_2O})$, wo a u. b graph. ermittelt werden können. Für die Abhängigkeit der Reaktionsgeschwindigkeit vom Partialdruck von H_2 gilt eine ähnliche Gleichung. Bei einem bestimmten Geh. an Wasserdampf oder H_2 bewirkt eine weitere Erhöhung keine Veränderung der Reaktionsgeschwindigkeit. Die Katalyse der CO-Oxydation durch H_2 ist 6mal stärker als durch Wasserdampf. Die Aktivierungsenergie ist prakt. unabhängig von der Zus. des Gemisches u. davon, ob H_2 oder Wasserdampf zugegen ist. Sie nimmt mit steigendem Druck zu. Es wird ein Mechanismus der CO-Oxydation durch O_2 aufgestellt. Die sehr langsame Oxydation von CO in Abwesenheit von H_2 oder H-haltigen Beimengungen beweist, daß dem H_2 eine entscheidende Rolle zukommt. Außerhalb des Entflammungsgebietes, wo eine Verzweigung selten verwirklicht wird, ist die folgende Reaktionsfolge die wahrscheinlichste: $H \rightarrow OH \rightarrow H \rightarrow OH \rightarrow$. Entscheidend für die die Entw. der Kette sind die Rkk.: $OH + CO \rightarrow CO_2 + H$ u. $H + O_2 \rightarrow OH + O$. (Журнал Физической Химии [J. physik. Chem.] **29.** 380—89. Febr. 1955. Moskau, Inst. für chem. Physik der Akad. der Wiss. der UdSSR.) O. LEBTAG. 225

R. Audubert und **R. H. Busso,** *Photogenese und Mechanismus der Oxydation von Kohle.* Die Oxydation von Kohle in Form eines elektr. geheizten Fadens ist von starker UV-Emission begleitet (2000—2600 Å); die Aktivierungsenergie des emittierenden Prozesses beträgt 84 ± 4 kcal. Träger der Emission sind CO* mit einer mittleren Lebensdauer τ von (2 ± 0,5) sec bei Drucken unter 30 mm u. CO_2^* mit τ $(2 \pm 1) \cdot 10^{-3}$ sec bei Drucken über 30 mm. Prim. entsteht CO durch direkte Einw. von O_2 auf die Kohle unter Bldg. von CO*, das unter Emission in CO übergeht. CO_2 entsteht in homogener Gas-Rk., etwa nach: $CO^* + CO + {}^1/_2 O_2 \rightarrow CO_2^* \rightarrow CO_2 + h\nu$. (J. Chim. physique Physico-Chim. biol. **47.** 331—38. März/April 1950.) M. SCHENK. 225

Sidney W. Benson und **R. Srinivasan,** *Einige Schwierigkeiten im Reaktionssystem $H_2 + J_2 = 2\,HJ$.* Unter Auswertung der für diesen Zweck ausreichenden therm. u. kinet. Daten aus der Literatur wird gezeigt, daß in der Rk. $H_2 + J_2 = 2\,HJ$ oberhalb 600° K über freie Radikale verlaufende Prozesse einen bedeutenden Anteil an der Gesamtreaktionsgeschwindigkeit haben. Dadurch lassen sich vielleicht manche in diesem Syst. beobachtete Anomalien erklären. (J. chem. Physics **23.** 200—02. Jan. 1955. Los Angeles, Calif., Univ. of Southern California, Dep. of Chem.) W. NIEMITZ. 225

Edward G. Zubler, William H. Hamill und **Russell R. Williams jr.,** *Ionenpaarfelder in der Röntgenstrahlenzersetzung von Bromwasserstoff in Edelgasatmosphären.* Die durch Bestrahlung mit Röntgenstrahlen eingeleitete Zers. von HBr wurde im reinen Gas u. in Edelgasatmosphären an Hand der Geschwindigkeit meßbar verfolgt. Unter derselben Bestrahlung wurde die Geschwindigkeit der Ionenpaarbldg. aus der Sättigung von Ionisationsströmen bestimmt (in Edelgasen) u. Ionenpaarausbeuten für die Zers. von HBr berechnet. Durchschnittliche Ausbeuten waren: Ar–HBr 4,7; Kr–HBr 4,0; Xe–HBr 4,7; HBr 4,6; HBr–Xe 5,2; wobei die erstgenannte Substanz der Hauptbestandteil ist. Ein Zersetzungsmechanismus durch Ionenbldg. berechnet sich für eine Ausbeute von 4,0. Werte, die darüberliegen, gehören zur Dissoziation ohne Ionisation. (J. chem. Physics **23.** 1263—67. Juli 1955. Notre Dame, Ind., Univ.)
A.-F. BOGENSCHÜTZ. 226

E. Cerrai und **L. Roseo,** *Druckverluste von Wasserdampf–Wasserstoff-Gemischen über Schichten von Katalysator auf Aktivkohleträger.* In mehreren Versuchsreihen wird der Druckverlust ($\Delta P/L$; P = cm Wassersäule, L = Durchmesser der Katalysatorschicht) von H_2–Wasserdampf (I)-Gemischen beim Durchleiten durch eine Schicht von Katalysator (Pt auf akt. Kohle) in Abhängigkeit von der Strömungsgeschwindigkeit φ (Mole H_2/cm² · Sek.) bei 90° u. 784 mm Hg bestimmt. Aus den erhaltenen Werten läßt sich $\Delta P_t/L$ bei Tempp. t von ~80—100° nach der empir. Beziehung $\Delta P_t/L = (\Delta P_{90}/L)\,[1 + \alpha \cdot (t-90)]$ errechnen, wobei $\alpha = G \cdot 10^{-3}/(M/2)^{1/2{,}34}$ (M = Mol.-Gew. des Gemischs, G = 8,3; 5,3; 9,0 für Korndurchmesser 4—3; 3—2; 2—0,6 mm). Bei von 784 mm Hg wenig verschied. Druck P in der Schicht gilt $P \cdot \Delta P = A\varphi + B\varphi^2$. Eine Extrapolation unter $\varphi = 0{,}23 \cdot 10^{-3}$ ist nicht möglich. Es werden Kurven für R = Mole I/Mole H_2 = 0, 0,484 u. 1 gegeben. (Chim. e Ind. [Milano] **36.** 603—06. Aug. 1954. Milano, Labors. CISE.)
R. K. MÜLLER. 227

M. M. Pawljutschenko, *Über einen Fall der Kinetik der unter Beteiligung fester Körper verlaufenden heterogenen Reaktionen.* Wenn auf einer Kontaktfläche n_0 reaktionsfähige akt. Zentren liegen u. $n(t) = n_0(1 - e^{-\varphi t})$ akt. Zentren zur Zeit t in Rk. getreten sind, σ die vom akt. Zentrum der Reaktionszone sich ausbreitende Querschnittsfläche u. u die lineare Fortpflanzungsgeschwindigkeit der Rk. ist, dann ist das Vol. der in der Zeit t umgesetzten Substanz $V = \sigma u (n_0 \varphi t^2/2) = dt^2$ oder bei n' Zentren von hoher Reaktionsfähigkeit $V_1 = n'\sigma u t$. Die Anwendung der Gleichungen auf die Oxydation von Kristallwasser enthaltendem Ag-, Mg- u. Pb-Abietat wird erörtert u. Übereinstimmung mit den experimentellen Daten festgestellt, woraus auf die Richtigkeit der Annahme einer Ausbreitung einer Rk. von den akt. Zentren aus nach einer Richtung geschlossen wird. (Журнал Физической Химии [J. physik. Chem.] **28.** 2042—46. Nov. 1954. Minsk, Weißruss. Lenin-Univ.) R. K. MÜLLER. 227

E. Abel, *Notiz über Metallkatalyse.* (Kurze Mitt.) Vf. vermutet, daß die durch die Ggw. von Metallen auftretende katalyt. Reaktionsablenkung durch eine direkt durch das Metall bewirkte Ablenkung des Elektronenüberganges bewirkt wird. Das Metall fungiert dabei als Elektronenüberträger, wodurch der Elektronenübergang selbst spezifiziert wird. Unter diesem Gesichtspunkt wird die von WIELAND [1912] gefundene katalyt. Umwandlung von SO_2 in H_2SO_4 unter Ausschluß von O_2 betrachtet. Vf. nimmt hierfür folgendes Redoxsyst. an: $2\,S^{IV} \rightarrow S^{V} + S^{III} \rightarrow S^{VI} + S^{II}$; $S^{IV} + S^{II} \rightarrow S^{VI} + S$. (Mh. Chem. **86.** 190—92. 15/2. 1955. London, Hamilton Terrace.) H.-U. WOELK. 227

B. Anorganische Chemie.

Jomar Brun, *Schweres Wasser.* (Tidsskr. Kjemi, Bergves. Metallurgi **13.** 156—61. Sept. 1953. — C. **1953.** **6413.**) M. Gehlen-Keller. 240

V. Brustier und **H. Garcia-Fernandez,** *Beitrag zum Studium des Mechanismus: a) der Reaktion nach Lyon Playfair, b) der von elementarem, in Aceton gelöstem Schwefel bei Gegenwart bestimmter alkalischer Reagentien.* Vff. isolierten bei Einw. von wss. Na_2S-Lsg. auf Nitroprussid-Na in W. durch Zugabe von absol. Methanol eine blaue Verb. der Formel $[Fe_2(CN)_8S_2]_nNa_{6n}$ (I), die nur bei $p_H \geq 9$ beständig ist u. deren Bldg. durch Luft-O_2 beeinträchtigt wird. Ihre violette Lsg. zeigt Tyndall-Effekt, u. der Farbstoff wandert nicht durch eine Kollodiummembran. Entsprechend entstand eine blaugrüne, koll. Verb. $(C_3H_6OS_2Na_2)_n$ (II) bei Einw. von methanol. Alkali auf eine S-Lsg. in Aceton (vgl. Garcia-Fernandez, C. **1949.** I. 370 u. früher) mit ähnlichen Eigg. wie **I.** Vff. nehmen an, daß die Struktur dieser Verbb. der von Ultramarin u. ähnlichen Farbstoffen analog ist, u. formulieren **I** u. **II** wie nebenstehend. Die Bldg. von **I** erfolgt durch Red. des Ions $[Fe(CN)_5NO]^{2-}$ durch S^{2-} u. SH^- zu Alkaliferrocyanid u. CN^-, wobei ferner elementarer S sowie N_2 u. H_2O entstehen, sodann reagiert S mit Alkaliferrocyanid u. Na_2S zu **I.** Zu den Bindungsverhältnissen in **I** wird angenommen, daß der Ferrocyanid-„Ligand" an S adsorbiert ist u. zwischen S u. S^{2-} koordinative Bindung (vgl. l. c.) besteht; analoges gilt für **II.** — Zum Nachw. von freiem S wird nunmehr vorgeschlagen, an Stelle der methanol. NaOH eine Na_2S-Lsg. in Aceton zu verwenden, die zu der auf freien S zu prüfenden Acetonlsg. gegeben wird. Es wird so bes. eine Empfindlichkeitserhöhung (blaue Färbung ab 0,5 γ an S in 2 cm^3 Lsg.) erzielt. Diese Meth. kann auch bei Anwendung der photoelektr. Colorimetrie zur quantitativen Analyse dienen. (Bull. Soc. chim. France, Mém. [5] **17.** 1262—66. Nov./Dez. 1950.) B. Gnauck. 253

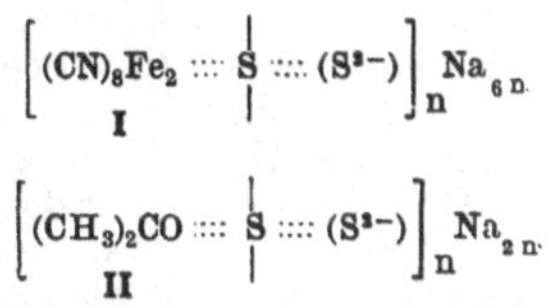

H. I. Schlesinger und **Herbert C. Brown** (unter Mitarbeit von: **B. Abraham, A. C. Bond, Norman Davidson, A. E. Finholt, James R. Gilbreath, Henry Hoekstra, Leo Horvitz, Earl K. Hyde, J. J. Katz, J. Knight, R. A. Lad, Darwin L. Mayfield, Louis Rapp, D. M. Ritter, Anthony M. Schwartz, Irving Sheft, L. D. Tuck** und **A. O. Walker**), *Neue Entwicklungen in der Chemie des Diborans und der Borhydride.* 1. Mitt. *Allgemeiner Überblick.* Überblick über die Arbeiten der Vff. auf dem Gebiet des Diborans u. der Borhydride. Die aufgefundenen Rkk. zwischen Hydriden u. dem B_2H_6 bzw. seinen Derivv. werden als „Säure-Basen"-Rkk. im Sinne von Lewis diskutiert. Die als Beispiele aufgeführten Rkk. werden in den folgenden Arbeiten näher beschrieben. (J. Amer. chem. Soc. **75.** 186—90. 5/1. 1953. Chicago, Ill., Univ., George Herbert Jones Labor.) H.-J. Becher. 258

H. I. Schlesinger, Herbert C. Brown, B. Abraham, Norman Davidson, A. E. Finholt, R. A. Lad, J. Knight und **Anthony M. Schwartz,** *Neue Entwicklungen in der Chemie des Diborans und der Borhydride.* 2. Mitt. *Verbessertes Bogenverfahren zur Darstellung von Diboran. Die Reinigung von Diboran.* (1. vgl. vorst. Ref.) Das Verf. zur Darst. von B_2H_6 durch elektr. Entladung in Mischungen von BBr_3 u. H_2 wird wie folgt verbessert: 1. Der größte Teil der Reaktionsprodd. wird mit Trockeneis vorkondensiert. 2. Die prim. gebildeten Bromborane werden bei 100° therm. rasch in B_2H_6 u. BBr_3 zerlegt. 3. Die Reinigung des B_2H_6 von den letzten Resten an HBr erfolgt durch Zugabe von wenig Pyridin. Die besten Bedingungen für das Verf. sind: 700 ml H_2, gesätt. mit BBr_3 bei 25°, passieren bei 15 mm Druck die Entladungskammer. Elektrodenabstand 7 cm. Entladungsstrom 40 bis 50 A. bei 12000 Volt. (J. Amer. chem. Soc. **75.** **191.** 5/1. 1953.) H.-J. Becher. 258

Herbert C. Brown, H. I. Schlesinger, Irving Sheft und **D. M. Ritter,** *Neue Entwicklungen in der Chemie des Diborans und der Borhydride.* 3. Mitt. *Additionsverbindungen der Alkalimetallhydride. Natriumtrimethoxyborhydrid und verwandte Verbindungen.* (2. vgl. vorst. Ref.) Vff. erhalten $NaH \cdot B(OCH_3)_3$ (I) durch Zutropfen von $B(OCH_3)_3$ (II) zu fein gepulvertem NaH (III) u. anschließendem Erwärmen bis zum Sieden des **II** unter Rückfluß. **I** kann durch Umkristallisieren aus fl. NH_3 oder Isopropylamin rein gewonnen werden. Weiße, feste Substanz, stabil an trockener Luft, an feuchter Luft langsame Hydrolyse. F = 230° (Zers.). **I** löst sich in kaltem W. unter geringer anfänglicher H_2-Entwicklung. In der Hitze oder nach Ansäuern rasche Hydrolyse. Methanol überführt **I** rasch in $Na \cdot [B(OCH_3)_4]$ u. H_2. Leitet man über **I** HCl u. kondensiert die Reaktionsprodd. sofort bei −80°, erfolgt die Rk. $NaH \cdot B(OCH_3)_3 + HCl \rightarrow NaCl + CH_3OH + (CH_3O)_2BH$. BF_3 wird von **I** rasch absorbiert, wobei **II** u. wahrscheinlich $NaH \cdot BF_3$ gebildet werden. Verwendet man BF_3-Ätherat, wird in glatter Rk. B_2H_6 nach 6 $NaH \cdot B(OCH_3)_3 + 8BF_3 \cdot Ae. \rightarrow$

B_2H_6 + 6 $NaBF_4$ + 6 $B(OCH_3)_3$ + 8 Ae. gebildet. Mit gasförmigem CO_2 reagiert I rasch nach der Gleichung CO_2 + NaH·$B(OCH_3)_3$ → HCOONa + $B(OCH_3)_3$. Die reduzierende Wrkg. von I gegenüber wss. Salzlsgg. von $AgNO_3$, As_2O_3, $Bi(NO_3)_3$, $SbCl_3$, $HgCl_2$, $CuCl_2$ u. a. wurde qualitativ geprüft. Die zu I analogen Verbb. *NaH·B(OC₂H₅)₃* u. *NaH·B(O n-C₄H₉)₃* wurden durch Umsetzung von III mit $B(OC_2H_5)_3$ bzw. $B(OC_4H_9)_3$ erhalten. Der höhere Kp. dieser Ester erfordert Verdünnung mit niedriger siedenden Stoffen, um die Rk. kontrollieren zu können. *LiH* reagiert mit II weniger übersichtlich. Das prim. gebildete *LiH·B(OCH₃)₃* dismutiert wahrscheinlich leicht. Nach vorl. Verss. reagiert LiH auch mit $B(CH_3)_3$ u. $B(C_2H_5)_3$. Die Prodd. wurden noch nicht aufgeklärt. (J. Amer. chem. Soc. **75**. 192—95. 5/1. 1953.) H.-J. BECHER. 258

H. I. Schlesinger, Herbert C. Brown, James R. Gilbreath und **J. J. Katz,** *Neue Entwicklungen in der Chemie des Diborans und der Borhydride.* 4. Mitt. *Reaktion der Borhalogenide mit den Alkalimetallhydriden und mit ihren Additionsverbindungen. Eine neue Synthese für Diboran.* (3. vgl. vorst. Ref.) BBr_3 u. BF_3 reagieren bei Tempp. von 100 bis 180° nur oberflächlich mit LiH (I). Dagegen reagiert I oder *NaH* mit BF_3·*Ae.* (II) rasch u. exotherm nach 6 LiH + 8 BF_3·Ae. → 6 $LiBF_4$ + B_2H_6 + 8 Ae. I wird in Ae. suspendiert u. II nach Durchleiten von N_2 unter Rühren eingetropft. B_2H_6 wird in einem U-Rohr bei —190° kondensiert. Die Ausbeute ist stark vom Verteilungsgrad der benutzten Hydride abhängig. Sie betrug 40—60%, auf das Hydrid berechnet. Durch Verwendung fein verteilter Hydride oder Einführung von Stahlkugeln in das Reaktionsgefäß konnte sie bis auf 90% gesteigert werden. Die Darst. von B_2H_6 aus *NaH·B(OCH₃)₃* u. II verläuft glatter u. nahezu quantitativ. Vff. geben abschließend einen Überblick über die Brauchbarkeit der verschied. von ihnen entwickelten Verff. zur Darst. von B_2H_6. (J. Amer. chem. Soc. **75**. 195—99. 5/1. 1953.) H.-J. BECHER. 258

H. I. Schlesinger, Herbert C. Brown, Henry R. Hoekstra und **Louis R. Rapp,** *Neue Entwicklungen in der Chemie des Diborans und der Borhydride.* 5. Mitt. *Reaktionen von Diboran mit Alkalimetallhydriden und ihren Additionsverbindungen. Neue Synthesen von Borhydriden. Natrium- und Kaliumborhydrid.* In Ggw. von Ae. reagiert *LiH* mit B_2H_6 (I) glatt nach 2 LiH + B_2H_6 → 2 $LiBH_4$ (II). II wird auch durch Umsatz von I mit $LiOC_2H_5$ oder Li[$B(OCH_3)_4$] gewonnen. II kann durch Umkristallisieren aus Ae. leicht gereinigt werden. Die Rk. verläuft nur rasch, wenn LiH in fein verteiltem Zustand eingesetzt wird. *NaH* reagiert nicht mit I. Man kann aber $NaBH_4$ (III) darstellen, wenn man I über festes *NaH·B(OCH₃)₃* leitet. I wird dabei quantitativ absorbiert. Durch Überleiten von I über $NaOCH_3$ bzw. Na[$B(OCH_3)_4$] erhält man ebenfalls III, das weiße, stabile Kristalle, die sich bis 300° nicht zersetzen, bildet. In kaltem W. ohne Rk. löslich. In der Hitze oder nach Zugabe von Säuren entwickelt die Lsg. H_2. Zugabe von BF_3·Ae. zu festem III setzt quantitativ B_2H_6 in Freiheit. Die wss. Lsg. von III ist ein starkes Reduktions(mittel. Durch manche Metallsalze wird die hydrolyt. Zers. der Lsg. stark beschleunigt. Durch Überleiten von I über *K[B(OCH₃)₄]* wurde KBH_4 erhalten. **IV** zeigt ähnliche Eigg. wie **III**. (J. Amer. chem. Soc. **75**. 199—204. 5/1. 1953.) H.-J. BECHER. 258

H. I. Schlesinger, Herbert C. Brown und **A. E. Finholt,** *Neue Entwicklungen in der Chemie des Diborans und der Borhydride.* 6. Mitt. *Die Darstellung von Natriumborhydrid durch die Hochtemperaturreaktion von Natriumhydrid mit Borsäureestern.* (5. vgl. vorst. Ref.) *NaH·B(OCH₃)₃* (I) diproportioniert bei 230°, wobei u. a. $NaBH_4$ (II), $NaOCH_3$ u. $B(OCH_3)_3$ (III) entstehen. Die Rk. wird durch fortlaufendes Abdest. von III begünstigt. Ohne vorhergehende Isolierung des I kann II unter folgenden Bedingungen erhalten werden: Langsame Zugabe einer stöchiometr. Menge III zu gepulvertem NaH bei einer Temp. von 205 bis 275° unter ständigem Rühren. II wird mit Isopropylamin in 95%ig. Reinheit extrahiert. Ausbeute 94%. II entsteht auch durch Erhitzen von NaH mit I oder *Na[B(OCH₃)₄]*; ebenso durch Zugabe von $B(OC_2H_5)_3$ oder *B(O n-C₄H₉)₃* zu NaH bei 250°. Die entsprechende Rk. von LiH mit III gibt $LiBH_4$ in weniger guter Ausbeute. Ein Vers., II aus NaH u. B_2O_3 zu erhalten, ergab bei 330—350° in langsamer Rk. II mit 60% Ausbeute. (J. Amer. chem. Soc. **75**. 205—09. 5/1. 1953.) H.-J. BECHER. 258

H. I. Schlesinger, Herbert C. Brown und **Earl K. Hyde,** *Neue Entwicklungen in der Chemie des Diborans und der Borhydride.* 7. Mitt. *Die Darstellung anderer Borhydride durch metathetische Reaktionen unter Verwendung der Alkalimetallborhydride.* (6. vgl. vorst. Ref.) Die Umsetzung von $LiBH_4$ (I) mit $AlCl_3$ (II) erfolgt nach II + 3 I → $Al(BH_4)_3$ (III) + 3 LiCl schon bei Raumtemp. unmittelbar nach Mischen der Komponenten. Zur Vervollständigung der Rk. muß III ständig abdest. u. die Temp. langsam auf 100° gesteigert werden. Ausbeute an III 95%. $Be(BH_4)_2$ kann durch analoge Umsetzung von I mit $BeCl_2$ erhalten werden. Die Rk. von $NaBH_4$ (IV) mit II ergibt erst bei 110—130° III mit guter Ausbeute. Die Rk. wird im 1. Stadium unter N_2, anschließend im Vakuum ausgeführt, wobei III mit fl. N_2 kondensiert wird. Verwendung von $AlBr_3$ statt II bringt keine Verbesserung. *KBH_4* reagiert mit II noch träger. — Bei der Aufbewahrung von III ist Vorsicht geboten. Die dampfförmige Verb. detoniert heftig, sobald Spuren Luftfeuchtigkeit hinzukommen. In geschlossenen Ampullen kann sich infolge langsamen Zerfalls bei Raumtemp. ein beträchtlicher H_2-Überdruck entwickeln. Diese Zerfalls-Rk. kommt nach einiger Zeit prakt. zum Stillstand. — Die Rk. von LiCl mit **IV** in Isopropylamin (**V**) ermöglicht die einfache Gewinnung von **I** aus **IV**. LiCl wird dazu im Überschuß in die Lsg. von **IV** in **V** eingetragen. NaCl fällt aus. Nach Filtration, Abdampfen u. Extraktion des Rückstandes mit Ae. erhält man **I** mit 90 bis 95% Ausbeute. (J. Amer. chem. Soc. **75**. 209—13. 5/1. 1953.) H.-J. Becher. 258

H. I. Schlesinger, Herbert C. Brown, Darwin L. Mayfield und **James R. Gilbreath,** *Neue Entwicklungen in der Chemie des Diborans und der Borhydride*. 8. Mitt. *Verfahren zur Darstellung von Methylborat*. (7. vgl. vorst. Ref.) Vff. arbeiten verschied. Verff. aus, die die Darst. von *$B(OCH_3)_3$* (**I**) aus *B_2O_3* (**II**), *$B(OH)_3$* (**III**) oder *Borax* (**IV**) ermöglichen. **II** bzw. **III** werden mit Methanol (**V**) erhitzt u. das gebildete **I** als azeotropes Gemisch kontinuierlich abdestilliert. Bei **IV** als Ausgangsprod. werden 2 Mol *H_2SO_4* (**VI**) je Mol **IV** zugefügt. Zur Isolierung des reinen **I** aus seinem Azeotrop ist die Extraktion mit **VI** weniger empfehlenswert. Besser wird **V** aus dem Azeotrop mit CS_2 herausdestilliert. Vff. untersuchen ferner die Möglichkeit, das Azeotrop von **I** mit **V** durch Zugabe von Salzen zu trennen. Erprobt wurden LiCl, NaCl, $CaCl_2$, $Ca(NO_3)_2$, $AlCl_3$, $MgCl_2$ u. $ZnCl_2$. Bes. günstig ist die Verwendung von *LiCl* u. *$ZnCl_2$*. Das Azeotrop trennt sich nach der Salzzugabe in 2 Schichten, von denen die obere prakt. reinen Ester enthält. Aus der unteren Schicht kann durch Dest. **V** wiedergewonnen werden. (J. Amer. chem. Soc. **75**. 213—15. 5/1. 1953.) H.-J. Becher. 258

H. I. Schlesinger, Herbert C. Brown, A. E. Finholt, James R. Gilbreath, Henry R. Hoekstra und **Earl K. Hyde,** *Neue Entwicklungen in der Chemie des Diborans und der Borhydride*. 9. Mitt. *Natriumborhydrid, seine Hydrolyse sowie seine Verwendung als Reduktionsmittel und zur Entwicklung von Wasserstoff*. (8. vgl. vorst. Ref.) Die Hydrolyse des *$NaBH_4$* (**I**) erfolgt nach $I + 2\,H_2O \rightarrow NaBO_2 + 4\,H_2$. Ihre Geschwindigkeit ist stark vom p_H der Lsg. abhängig. In neutralen Lsgg. von **I** ist sie gering, in sauren groß. Neben Oxalsäure, Succinsäure, P_2O_5 u. $AlCl_3$ ist auch B_2O_3 sehr wirksam. Die Hydrolysengeschwindigkeit wird ferner durch katalyt. wirksame Substanzen wie Pt-Asbest, Raney-Ni u. a. u. durch Metallionen wie Mn^{2+}, Fe^{2+}, Co^{2+} beschleunigt. Bes. wirksam ist *$CoCl_2$*. Dabei fällt schwarzes *Co_2B* aus, das als Träger der katalyt. Wirksamkeit angesehen wird. (J. Amer. chem. Soc. **75**. 215—19. 5/1. 1953.) H.-J. Becher. 258

H. I. Schlesinger und **Herbert C. Brown,** *Neue Entwicklungen in der Chemie des Diborans und der Borhydride*. 10. Mitt. *Uran(IV)-borhydrid*. (9. vgl. vorst. Ref.) Zur Darst. von *$U(BH_4)_4$* (**I**) kondensieren die Vff. im Vakuum *$Al(BH_4)_3$* (**II**) auf *UF_4*. Die Rk. erfolgt bei 0°, gegen Ende bei 20°. Das entstehende **I** wird im Vakuum absublimiert u. bei 0 bis —15° kondensiert. Der Verbrauch an **II** entspricht der Gleichung $UF_4 + 2\,II \rightarrow I + 2\,AlF_2BH_4$. — **I** bildet grüne Kristalle. Mol.-Gew. aus der Gasphase zu 308 bestimmt. Die Sublimationsdrucke erfüllen die Gleichung $\log p = -4265/T + 13{,}354$. **I** ist nur bei Raumtemp. beständig (unter Ausschluß von Feuchtigkeit). Bei 100° mäßig rasche Zers. unter Bldg. von *$U(BH_4)_3$* (**III**), bei 150—200° rascher unter Bldg. eines Metallspiegels. **III** ist ein rotbraunes, pyrophores, nicht flüchtiges Produkt. — **I** reagiert mit H_2O, Methanol u. HCl, wobei *$U(OH)_4$*, *$U(OCH_3)_4$*, bzw. *UCl_4* gebildet werden. (J. Amer. chem. Soc. **75**. 219—21. 5/1. 1953.) H.-J. Becher. 258

H. I. Schlesinger, Herbert C. Brown, L. Horvitz, A. C. Bond, L. D. Tuck und **A. O. Walker,** *Neue Entwicklungen in der Chemie des Diborans und der Borhydride*. 11. Mitt. *Die Methylderivate von Uran(IV)-borhydrid*. Die Umsetzung von *$U(BH_4)_4$* (**I**) mit *$B(CH_3)_3$* bei —60° führt zu Methyldiboranen u. einer grünen, viscosen Flüssigkeit. Aus dieser konnten durch fraktionierte Dest. u. Sublimation 2 krist. Substanzen isoliert werden, die nach Analyse u. Reaktionsverh. gegenüber H_2O u. HCl als *$U(BH_4)_3BH_3CH_3$* u. *$U(BH_3CH_3)_4$* (**II**) formuliert werden. **II** ist flüchtiger als **I**. Die Umsetzung von **I** mit höheren Bortrialkylen führte zu keinen reinen Produkten. (J. Amer. chem. Soc. **75**. 222—24. 5/1. 1953.) H.-J. Becher. 258

J. R. Elliott, E. M. Boldebuck und **G. F. Roedel,** *Darstellung von Diboran aus Lithiumhydrid und Bortrihalogenid-Äther-Komplexen*. Die von Schlesinger u. Mitarbeitern aufgefundene Meth. der Darst. von B_2H_6 aus LiH u. Bortrihalogenid-Ae.-Additionsverbb. wurde im Hinblick auf Verbesserung der Ausbeuten, Auffinden reproduzierbarer Versuchsbedingungen u. Vermeidung schwankender Induktionsperioden eingehend untersucht. Der Umsatz von BF_3 mit LiH in Ae. verläuft bei Raumtemp. unter Entw. eines ständigen B_2H_6-Stromes exotherm nach $6\,LiH + 8\,BF_3 \rightarrow B_2H_6 + 6\,LiBF_4$, bei Ggw. von 3,5—5% eines ätherlösl. Promotors wie $LiBH_4$ oder $Li[B(OCH_3)_3H]$ nach $6\,LiH + 2\,BF_3 \rightarrow B_2H_6 + 6\,LiF$, bei größeren Promotormengen oder unter Druck oder auch in *Tetrahydrofuran* (I) als Lösungsm. in 2 deutlich unterscheidbaren Stufen: 1. $12\,LiH + 3\,BF_3 \rightarrow 3\,LiBH_4 + 9\,LiF$ (quantitative Ausbeute, exotherm) u. 2. $3\,LiBH_4 + BF_3 \rightarrow 2\,B_2H_6 + 3\,LiF$ (endotherm). In einer Stahlapp. konnten so durch Einleiten von wenig B_2H_6 in LiH-Suspension mit 20% BF_3-Ätheratüberschuß unter Bldg. von $LiBH_4$ als Promotor in situ u. unter dem Eigendruck des sich durch die Rk. entwickelnden B_2H_6 in gut kontrollierbarer, vollständig reproduzierbarer Weise 500 g Diboran in $2^1/_2$—3 Std. mit 95—96% Ausbeute gewonnen werden. Auch BCl_3 reagiert mit LiH in Ae. analog 1. u. 2. Die Wrkg. der Promotoren, deren Darst. u. Anwendung nach verschied. Methoden ausführlich beschrieben wird, beruht wahrscheinlich in der Bldg. u. Aufrechterhaltung einer reinen LiH-Oberfläche. — In Konkurrenz zu den oben angeführten Rkk. können folgende Umsetzungen ablaufen, die einzeln in äther. Lsg. untersucht wurden: a) $2\,LiH + B_2H_6 \rightarrow 2\,LiBH_4$; b) $3\,LiBH_4 + F_3B:O(C_2H_5)_2 \rightarrow 2\,B_2H_6 + 3\,LiF + (C_2H_5)_2O$ (bei 25°); c) $3\,LiBH_4 + LiBF_4 \rightarrow 2\,B_2H_6 + 4\,LiF$; d) $6\,LiH + 2\,LiBF_4 \rightarrow B_2H_6 + 8\,LiF$ (nur in Ggw. von Promotoren mit 85% Ausbeute); e) $6\,Li[B(OCH_3)_3H] + 2\,F_3B:O(C_2H_5)_2 \rightarrow B_2H_6 + 6\,LiF + 6\,B(OCH_3)_3 + 2\,(C_2H_5)_2O$; f) $LiF + F_3B:O(C_2H_5)_2 \rightarrow LiBF_4 + (C_2H_5)_2O$. In I verlaufen sämtliche Rkk. ähnlich wie in Ae., aber in schlechterer Ausbeute, vermutlich infolge der höheren Löslichkeit von B_2H_6 in I. (J. Amer. chem. Soc. **74.** 5047—52. 20/10. 1952. Schenectady, N. Y., General Electric Co., Res. Labor.) U. WANNAGAT. 258

Irving Johnson und **Robert T. Johansen,** *Die Hydrolyse von Lithiumbromid bei hohen Temperaturen.* Vff. ließen LiBr bei seinem F. 574° mit Wasserdampf reagieren u. untersuchten die Menge des in Freiheit gesetzten Br oder Br^-. Dabei leiteten sie entweder Wasserdampf mit N_2 als Trägergas über die Schmelze oder sie ließen Wasserdampf von 6 mm bis 12 at Druck in einem zugeschmolzenen Gefäß auf LiBr einwirken. Bei einer Ungenauigkeit von 0,5% stellten Vff. dabei keine Rk. zwischen LiBr u. W. fest. Auch mit trockener Luft reagiert LiBr nicht, nur bei gleichzeitiger Ggw. von W. u. O_2 unter Freisetzung von Br. Durch Berechnungen der Gleichgewichtskonstanten für die Hydrolyse von Alkalihalogeniden zeigen Vff., daß diese Rk. möglich ist, aber erst bei sehr hohen Wasserdrucken oder sehr hohen Tempp. nachweisbar wird. Die Stabilität wächst in der Reihe Li, Na, K. Entsprechende Berechnungen bei Ggw. von W. u. O_2 zeigen beim Erhitzen den Zerfall von LiJ, weniger LiBr u. gegebenenfalls NaJ. (Proc. Oklahoma Acad. Sci. **32.** 63—67. 1951, ausg. Aug. 1952. Stillwater, Okla., A. u. M. Coll., u. Bartlesville, U. S. Bureau of Mines.) H. PLUSKAL. 273

H. H. Rowley, L. N. Devonshire, L. K. Duncan und **L. C. Teague,** *Relative thermische Beständigkeit von Ammoniakderivaten der Magnesiumhalogenide.* Durch Ammonolyse von GRIGNARD-Verbb. erzeugten Vff. in Ae. oder Bzn. mit Hilfe von gasförmigem NH_3 Ammoniakate des Amidomagnesiumchlorids, -bromids u. -jodids. Als Maß für die therm. Beständigkeit diente die Geschwindigkeit, mit der das Solvatammoniak (reichlich 2 Mol) bei höheren Tempp. abgegeben wurde. Vff. ließen die Probe unter vermindertem Druck bei der gewünschten Temp. (30—300°) einige Zeit im Ölbad verweilen u. analysierten sie dann. Dabei zeigte sich, daß die Zerfallsgeschwindigkeit mit steigender Temp. u. in der Reihe J → Br → Cl zunimmt. Das Jodid zerfällt merklich erst von 160° an, während das Chlorid sein Solvatammoniak oberhalb 160° außerordentlich rasch abgibt. (Proc. Oklahoma Acad. Sci. **32.** 74—78. 1951, ausg. Aug. 1952. Norman, Okla., Univ. of Oklahoma.) H. PLUSKAL. 282

A. I. Iwanow, *Über das Zustandsdiagramm der Systeme $MgCl_2$–$CaCl_2$ und $MgCl_2$–KCl.* (Vgl. C. **1953.** 2565.) Das Zustandsdiagramm des Syst. $MgCl_2$ (I)–$CaCl_2$ (**II**) besitzt bei 611° einen eutekt. Punkt, entsprechend 51 Gew.-% **II.** Von dem von MENGE (Z. allg. anorg. Chem. **72.** [1911.] 162) veröffentlichten Diagramm unterscheidet es sich dadurch, daß die Linie der prim. Ausscheidung von I-Kristallen um 5—15° höher, der Ast der prim. I-Kristallisation um 5—25° niedriger liegt. Das MENGE-Diagramm ist nach den höheren Konzz. von I verschoben. Die Abweichungen werden damit erklärt, daß MENGE ein I mit 5,04% W. u. 0,66% MgO angewandt u. für 600—700° eine Abkühlungsgeschwindigkeit von 30° Min. eingehalten hatte, wodurch eine Unterkühlung von 30° eintrat. Durch das neu aufgenommene, von den Literaturangaben stark verschied. Zustandsdiagramm von I–*KCl* (**III**) wurde erstmalig festgestellt, daß bei 440° (41,2 Gew.-% **I**) ein peritekt. Punkt, bei 435° (37,2 Gew.-% **I**) ein eutekt. Punkt liegt. Durch sorgfältige Unters. des Diagrammteiles 37—43 Gew.-% I wurde die Liquiduslinie der Phase A (Phase der wechselnden Zus.) genau ermittelt. Diese Phase A zerfällt bei 425° eutektoid beim Abkühlen in **III** u. $KCl \cdot MgCl_2$ (**IV**). Dieser Zerfall geht nicht zu Ende. Er wird durch Ggw. von **I, IV** u. $KCl \cdot CaCl_2$ gefördert. Das Vorliegen der chem.

Verb. 2 KCl·$MgCl_2$ ist zu verneinen. Die Gründe für die verschied. Deutung des I–III-Diagramms in der Literatur werden diskutiert. (Сборник Статей по Общей Химии [Samml. Aufsätze allg. Chem.] **1.** 754—61. 1953. Allunions Aluminium- u. Magnesium-Inst.) O. Lebtag. 282

Margot Goehring und **Günter Zirker,** *Über Lithiumtetraschwefeltetranitridoaluminat, Li[Al(S_4N_4)].* Setzt man $S_4(NH)_4$ mit überschüssigem $LiAlH_4$ in Tetrahydrofuran unter sorgfältigem Ausschluß von O_2 u. Feuchtigkeit um, so fällt unter Bldg. von 4 H_2 ein weißer Nd. von Li[Al(N_4S_4)] (I) aus. I läßt sich unter reinem N_2 aufbewahren, bei geringer Erschütterung jedoch schon erfolgt heftige Detonation. S besitzt in der Verb. die Oxydationsstufe +2, bei der Hydrolyse bilden sich LiOH, $Al(OH)_3$ u. $S_4(NH)_4$. Es liegt also keine Thionitrosylverb. mit NS-Gruppen, vor, sondern ein Komplex mit unverändertem 8-Ring. (Z. Naturforsch. **10b.** 58. Jan. 1955. Heidelberg, Univ., Chem. Inst.) U. Wannagat. 294

Jean Petit und **Raymond Poisson,** *Über die Oxydations- und Reduktionsreaktionen der Oxyde und Hydroxyde von Titan(IV) in verschiedenen Medien.* An wss. u. nichtwss. Gemischen von TiO_2 u. Titanhydroxyden mit verschied. organ. Reduktionsmitteln u. Leukofarbstoffen wird gezeigt, daß beim Bestrahlen mit UV oder Tageslicht eine Red. des Ti^{4+} zum Ti^{3+} eintritt, die entweder durch die Eigenfarbe des Ti^{3+} oder an der Farbstoffentw. aus der Leukoverb. erkannt wird. In Mischungen mit trocknenden Ölen beobachtet man in diesem Falle die Bldg. von Pertitansäure, die unter Zerstörung de umgebenden organ. Substanz wieder zu Ti^{4+} red. wird. Durch Fluoridzusatz oder eine Acidität von p_H 0—1 werden beide Rkk. verhindert. Titanhydroxyde u. hydroxylhaltige Oxyde reagieren besser als einfache Oxyde. (C. R. hebd. Séances Acad. Sci. **240.** 312—14. 17/1. 1955.) R. Neeb. 321

G. Brauer und **H. Renner,** *Über Germaniumdioxyd mit geringem Wassergehalt.* Der bei der gemäßigten Trocknung von hydratisiertem GeO_2 verbleibende Restgeh. von ca. 3% H_2O wurde durch tensieudiometr. Abbau bei erhöhter Temp. u. durch Kontrolle aller Prodd. mittels Röntgenanalyse in Übereinstimmung mit älteren Arbeiten von Schwarz, Schenk u. Giese (Ber. dtsch. chem. Ges. **64.** [1931.] 362) als adsorbiertes W. erkannt. Die Annahme von Carpeni (J. chim. phys. **45.** [1948.] 128), daß es sich bei diesem Prod. um stabiles, festes $H_2Ge_5O_{11}$ handeln könnte, ist unzutreffend. (Z. anorg. allg. Chem. **278.** 108—12. Jan. 1955. Freiburg/Br., Univ., Chem. Labor., Anorgan. Abt.) U. Wannagat. 326

Mikkel Frandsen, *Darstellung von Vanadiummonoxyd.* Eine innige Mischung von V_2O_3 mit feinverteiltem V (Zus. 87,6% V u. 11% VO) im berechneten Mengenverhältnis wurde unter dem Druck von 5000 at zu einer Pastille gepreßt, diese in einem Pt-Tiegel im Vakuum 1 Std. lang auf 1750° erhitzt. Das resultierende Vanadium(II)-oxyd, VO, dessen Zus. durch Analyse u. Röntgenaufnahme gesichert wurde, war eine dunkel- bis mittelgraue, poröse, gesinterte M. mit $D.^{25}{}_4$ 5,55 ($D_{Mischung}$ 5,13) u. von beträchtlicher Härte (8—9 nach der Mohs-Skala). Es löst sich langsam in warmer verd. HCl zu den blauen bis violetten Lsgg. mit V^{2+}-Ionen, schneller in HF u. in HNO_3. (J. Amer. chem. Soc. **74.** 5046. 20/10. 1952. Washington, D. C., U. S. Naval Gun Fact., Labor. Div., Engng. Dep.) U. Wannagat. 330

M. L. Scholochowitsch und **A. G. Bergman,** *Komplexbildung und Zersetzungsaustausch im reziproken System aus den Pyrophosphaten und Wolframaten des Natriums und Kaliums.* Nach dem visuell-polytherm. Schmelzverf. wurde festgestellt, daß im bin. Syst. $(K_2WO_4)_2$ (I)-$K_4P_2O_7$ (II) ein eutekt. Punkt bei 34,5% **II** u. 836° liegt. In $(Na_2 \cdot WO_4)_2$ (III)-$Na_4P_2O_7$ (IV) gibt es einen Übergangspunkt bei 767°, entsprechend 42% **IV**. Es entsteht hier die chem. Verb. $(Na_2WO_4)_2 \cdot Na_4P_2O_7$, die bei 767° mit Zers. schmilzt. Das Eutektikum liegt bei 647° u. 15% **IV**. Im Syst. I–III entsteht die Verb. $(K_2WO_4)_2 \cdot (Na_2WO_4)_2$, die unter Zers. bei 689° (55% **III**) schmilzt. Im Intervall 79—86% **III** wird ein Knickpunkt beobachtet, wo möglicherweise eine weitere Verb. entsteht. Im reziproken Syst. K, Na || WO_4, P_2O_7 werden 5 nonvariante tern. Punkte, 1 nonvarianter bin. Übergangspunkt u. 1 bin. Punkt des doppelten Absinkens festgestellt. Aus den Grenzen der Kristallisation der Komponenten u. der Verbb. $Na_4P_2O_7 \cdot (Na_2WO_4)_2$, $Na_2WO_4 \cdot K_2WO_4$ u. $Na_4P_2O_7 \cdot K_4P_2O_7$ (**V**) ergibt sich, daß eine Kristallisation von **V** nur bis 742° stattfindet. (Журнал Общей Химии [J. allg. Chem.] **24** (**86**). 936—46. Juni 1954. Rostow a. Don, Univ.) O. Lebtag. 337

H. E. von Steinwehr und **R. Weber,** *Über eine Bildung von γ-Fe_2O_3 bei niedriger Temperatur in stark hygroskopischer Umgebung.* In einem Eisengefäß, das wss. 29%ig. NH_3-Lsg. + ca. 2% K_2CrO_4 bei 40—50° unter einer Atmosphäre von 20 ata (2,5—4 ata NH_3, 17,5—16 ata H_2, 3,5·10^{-4} ata O_2 bei 0—30°) enthielt, bildete sich an der Wand über dem Meniskus eine Kruste aus γ-Fe_2O_3. Die Bldg. scheint über γ-FeOOH zu gehen, das durch die starke Wasseraufnahme des NH_3 trotz der niedrigen Temp. zu γ-Fe_2O_3 entwässert wurde. (Naturwissenschaften **39.** 140. März 1952. Mainz, Johannes-Gutenberg-Univ.,

Inst. für Mineralogie u. Petrographie, u. Wiesbaden-Dotzheim, Ges. für Lindes Eismaschinen A.G., Versuchsstand.) H.-G. MOSLÉ. 354

J.-M. Pouvreau, *Die Empfindlichkeit von nicht desoxydiertem Kupfer gegen die Einwirkung von reduzierenden Gasen.* Mit Hilfe der in den letzten Jahrzehnten verbesserten Verff. läßt sich Cu von hoher Reinheit darstellen, z. B. Cu mit 0,02—0,07% O, desoxydiertes Cu mit oder ohne Ag, Cu mit 0,02—0,04% P u. Cu mit 0,04—0,076% Ag. Die Vorgänge bei der Red. von nicht desoxydiertem Cu werden beschrieben. — Abbildungen u. Diagramme. (Cuivre, Laitons, Alliages **1951.** Nr. 4. 65—68. Nov./Dez. St. Denis, Comp. Franç. des Métaux, Labor. Central.) W. WESLY. 358

G. M. Willis und **F. L. Hennessy,** *Das Zustandsschaubild Ag_2O–B_2O_3; seine thermodynamischen Eigenschaften als Schlackenmodell.* Der O-Druck im Gleichgewicht mit Ag- u. Ag_2O–B_2O_3-Schmelzen wurde bei Tempp. zwischen 800 u. 900° gemessen, um die thermodynam. Eigg. der Schmelze zu erhalten. Es scheint die Verb. $Ag_2O \cdot 4\ B_2O_3$ in der Schmelze zu bestehen, die einen deutlichen Wärmeinhalt u. Entropieeffekte aufweist. (J. Metals **5.** Trans. AIME **197.** 1367—73. Okt. 1953. Queensland, Australia, Mt. Morgan Ltd.) H. HOCHSTEIN. 359

Albert S. Meyer jr. und **Gilbert H. Ayres,** *Die Umsetzung zwischen Platin (II)- und Zinn(II)-chloriden.* Bei der Rk. zwischen Sn(II) u. Pt(II) in 3,6nHCl erhielten Vff. einen roten Komplex, der sich sehr gut durch höhere Alkohole ausschütteln ließ (Caprylalkohol: Verteilung 20000 : 1). Durch chem. Analyse wurde eine Zus. entsprechend Sn : Pt = 3 : 1 nachgewiesen. Durch spektrophotometr. Unterss. zeigten sich noch weitere Komplexe der Zus. Sn : Pt = 1 : 4, 1 : 2, 1 : 1, 3 : 2, 2 : 1, 5 : 1, die sich mit wechselnder Geschwindigkeit bilden. Im neutralen Gebiet herrscht ein Komplex $[PtSn_4Cl_4]^{4+}$ mit Pt(0) u. Sn(II) vor (Nachw. durch Fällung mit Phenylarsensäure). Ein 5. Mol. Sn(II) hat Pt(II) unter eigener Oxydation zu Sn(IV) zum 0-wertigen Pt reduziert. (J. Amer. chem. Soc. **77.** 2671—75. 20/5. 1955. Austin, Tex., Univ. of Texas, Dep. of Chem.) H. PLUSKAL. 368

C. Mineralogische und geologische Chemie.

E. Niggli, *Die Bedeutung der Phasenlehre für die Gesteinskunde.* An Hand von Beispielen wird gezeigt, daß die Phasenlehre für theoret. Überlegungen der Gesteinskunde u. prakt. Verss. im Labor. unentbehrlich ist. — 9 Schrifttumshinweise. (Chem. Weekbl. **51.** 413—15. 4/6. 1955.) W. WESLY. 370

C. Mahadevan und **U. Aswathanarayana,** *Die Radioaktivität von Charnockiten und ihre Petrogenese.* Es werden 22 repräsentative Charnockitproben aus dem Gebiet von Ananthagiri, Kondapalli, Pallavaram u. Trichinopoly auf ihre Radioaktivität untersucht. Dabei zeigt sich, daß deren Größe in enger Beziehung zur Petrogenese steht u. daß eine charnockit. Serie mit geringer Radioaktivität die Möglichkeit anzeigt, daß in ihr wirtschaftlich wichtige Minerale, wie Chromit, angetroffen werden. (Current Sci. **22.** 202—03. Juli 1953. Waltair, Andhra Univ., Geol. Dep.) J.-E. HILLER. 378

G. Imbò und **F. S. Gaeta,** *Bemerkungen zu den Methoden von Holmes und von Jeffreys zur Bestimmung des Alters der Erdrinde.* Die Isotopenanalyse von 13 Proben von Pb-Erzen nach der Meth. der diskreten Werte (HOLMES) u. nach der Meth. der Intersektionen (JEFFREYS) liefert stark streuende Werte, die auf mögliches Entweichen oder Adsorption flüchtiger Elemente u. andere Ursachen zurückgeführt werden. Die zweite Meth. erscheint unzuverlässig, die erste bedarf noch weiterer Nachprüfung auf Verbesserungsmöglichkeiten. (Ann. Geofisica **6.** 417—25. 3 Tafeln. Juli 1953.) R. K. MÜLLER. 378

Octavio Barbosa, *Sial, Präcambrium und Granitbildung.* Überblick über den heutigen Stand der Theorien der Entstehung des Granits, bes. zur Frage der Beteiligung magmat. Vorgänge oder eines rein präcambr. Ursprungs u. der Rolle des Sial. (An. Acad. brasil. Ci. **25.** 417—41. 31/12. 1953. São Paulo, Univ., Esc. Politécn.) R. K. MÜLLER. 378

B. M. Shaub, *Bemerkungen über den Ursprung einiger Achate und ihre Beziehungen zu einem Stylolitsaum in versteinertem Holz.* Die häufig zu beobachtenden Einflußkanäle der Achate werden als das Ergebnis von nach außen drängenden mehr gelatinöser u. plast. Silicatgele betrachtet. Ein ähnlicher plast. Zustand wird für eine gewisse Periode während der Versteinerung von Holz angenommen, während der stylolitähnliche Strukturen entwickelt werden. (Amer. J. Sci. **253.** 117—20. Febr. 1955. Northampton, Mass., Smiss Coll.) J.-E. HILLER. 380

Sergio Cecconi, *Die Tonmineralien der roten Erde des Mittelmeergebiets.* Die nach Entfernung der organ. Substanz u. der Carbonate mit H_2O_2 bzw. HCl u. Hydrolyse des freien $Fe(OH)_3$ mit nascierendem H durch Abschlämmen abgetrennten Tonfraktionen mit $< 2\ \mu$ bestehen in der Hauptsache aus Mineralien vom *Illit*-Typ, daneben mehr Quarz als Feldspat, während bei Böden, die nicht aus dem Mittelmeergebiet stammen, die *Kaolinit*-Gruppe überwiegt. (Ricerca sci. **23.** 1645. Sept. 1953. Florenz, Ist. di Chim. forestale.) R. K. Müller. 380

W. Ja. Bernassowski, *Die natürliche Entwässerung von Mirabilit.* Zwecks Klärung der Verhältnisse bei der natürlichen Umwandlung von *Mirabilit* (I) in *Thenardit* (II) durch H_2O-Entzug wurden die Sulfatvorkk. im Gebiet des Balchaschsees auf ihre Stalaktit- u. Stalagmitbldg. untersucht. Es zeigte sich, daß im Sommer bei einer Lufttemp. von 35—37° I so rasch sein Kristallisationswasser verliert, daß es nicht restlos verdampft u. sich in Tümpeln ansammelt. Aus diesen krist. ein Mineral der Zus. $Na_2SO_4 \cdot 2\,H_2O$ (III), das ein Zwischenglied von I u. II bildet. Während der Stalaktitbldg. bestehen die Prodd. der I-Entwässerung ebenfalls aus halbdurchlässigem, glasartigem III, das nach beendeter Entwässerung eine weiße Farbe annimmt, lichtundurchlässig u. spröde wird, also in II übergeht. Die Bldg. von III kann man sich wie folgt vorstellen: $Na_2SO_4 \cdot 10\,H_2O \rightarrow Na_2SO_4 \cdot 2\,H_2O + 8\,H_2O \rightarrow Na_2SO_4 + 10\,H_2O$. Das Zeit–Temp.-Diagramm zeigt, daß III einen nur engen Existenzbereich besitzt. III ist weitgehend von der Temp. u. dem Wassergeh. der Luft abhängig. Das neue Mineral (III) wird als *Pustynit* (Ableitung von der russ. Bezeichnung für Wüste) bezeichnet. Es entsteht dort, wo Wüsten- u. Halbwüstenverhältnisse vorhanden sind. Kristallograph. ist III durch die Symmetrieelemente 3 $L_2$3 P C charakterisiert. (Вестник Академии Наук Казахской ССР [Nachr. Akad. Wiss. KasachSSR] **10.** Nr. 12. 87—90. Dez. 1953.) O. Lebtag. 380

H. E. von Steinwehr, Hämatit *als Pigment roter Sedimente.* Das Pigment roter Sandsteine des Nahe-Gebietes wurde als *Hämatit* bestimmt. (Naturwissenschaften **39.** 298—99. Juli 1952. Mainz, Univ., Inst. für Mineralogie u. Petrographie.) J.-E. Hiller. 380

Russel B. Travis, *Klassifizierung von Gesteinen.* Umfassende Klassifizierung der Eruptiv-, Sediment- u. metamorphen Gesteine mit umfangreichem Bildmaterial. (Quart. Colorado School Mines **50.** Nr. 1. 1—98. Jan. 1955.) E. Klever. 382

N. I. Kriger und **W. Ss. Fedotow,** *Die Lößgesteine des mittleren Okabeckens.* Beschreibung der Lößgesteine des Flußgebietes der Oka u. Einteilung derselben nach der Art ihrer Lagerung u. ihres Ursprungs in 3 Typen. (Доклады Академии Наук СССР [Ber. Akad. Wiss. UdSSR] [N. S.] **96.** 367—70. 11/5. 1954.) O. Lebtag. 382

A. A. Petrenko und **N. W. Rengarten,** *Phosphatvorkommen in den unteren kohleführenden Schichten des Karaganda-Beckens und der Lagerstätte Sawjalowka.* Beschreibung der sonst nur sehr selten in Verbindung mit Lagunenfazien auftretenden Phosphorite im unteren Carbon des Karaganda-Beckens. Die Apatitisierung der sedimentären Phosphatsubstanz wird als ein hydrothermaler Prozeß angesehen. (Доклады Академии Наук СССР [Ber. Akad. Wiss. UdSSR] [N. S.] **97.** 319—22. 11/7. 1954. Abt. für geol. u. geograph. Wiss. der Akad. der Wiss. der UdSSR, Labor. für Kohlegeol.) O. Lebtag. 382

J. W. Hoadley, *Geologie und Minerallagerstätten des Zeballos-Nimpkish-Gebiets, Vancouver Insel, Britisch Columbien.* (Canada, Dep. Mines techn. Surv., geol. Surv. Canada, Mem. **1953.** 1—82.) F. Ensslin. 382

T. A. Lapinskaja, *Gabbrodiabase und Diabase des östlichen Teils der Tatarischen ASSR.* Aus der chem. Zus., den magmat. Formeln u. den Parametern nach Sawaritzki ergibt sich, daß die untersuchten Gesteine zu den Diabasen u. Gabbro-Diabasen gehören. Ihre weite Verbreitung im Gebiet der russ. Plattform u. ihr geringes Alter beweisen, daß in den Ost- u. Zentralgebieten im europäischen Teil der Sowjetunion relativ späte magmat. Prozesse stattfanden. Die untersuchten Gesteine sind den Gabbro-Diabasen in Karelien analog u. können als Glieder einer Formation betrachtet werden, die dem Trapp nahesteht. (Доклады Академии Наук СССР [Ber. Akad. Wiss. UdSSR] [N. S.] **99.** 307—10. 11/11. 1954. Moskau, Gubkin-Erdölinst.) O. Lebtag. 382

Alexander Schouppé, *Hydrologische Studien zur Genesis der Heilquellen von Gleichenberg.* An Hand von Analysen kann über die Genese der Säuerlinge in der Gegend von Gleichenberg festgestellt werden, daß alle Quellen südlich von Gleichenberg zu einer einheitlichen Mineralwasserprovinz gehören u. daher gleiche Genese haben. Sie lassen sich nicht vom älteren Trachyt-, sondern vom jüngeren Basaltvulkanismus ableiten, dessen posthydrothermale Prodd. u. Mineralsalze die vadose Wasserkomponente speisen. Die Quellen sind an Störungslinien gebunden, u. das W. entstammt dem von Süden einströmenden Grundwasserhorizont des Sarmat. Nur die Klausen-Stahlquelle, die im Norden liegt, hängt nicht unmittelbar mit den übrigen zusammen. Sie hat eine andere chem. Zus. u. Konzentration. (Berg- u. hüttenmänn. Mh. montan. Hochschule Leoben **97.** 185—92. Okt. 1952. Graz, Univ., Geol. Inst.) J.-E. HILLER. 393

Mario Talenti und **Natale Borgioli,** *Die Wasser der Egeriaquelle* (*Heiligen Quelle*) *in Rom.* Im Vgl. mit anderen Quellen desselben W. wird ein geringerer Mineralgeh. u. geringerer Geh. an gelöster CO_2 festgestellt. Bemerkenswert ist ein stets vorhandener Geh. an F^- von $\sim$ 1 mg/Liter. (Ann. Chimica **43.** 365—72. Mai/Juni 1953. Roma, Univ., Ist. d'Igiene.) R. K. MÜLLER. 393

O. Gübeli, *Zum Chemismus von Thermalwässern.* Eine italien. u. 10 schweizer. Mineralquellen werden hinsichtlich ihrer Klassifikation in die internationale Nomenklatur besprochen u. von fünf Quellen ausführliche chem. Analysen mitgeteilt. Die Verenaquelle, Baden, ist eine Na–Ca–Chlorid–Sulfat-Therme, t = 46,09°, p_H bei +18° 6,37. San Pancrazioquelle, Stabio, ist ein Na–Hydrocarbonat–Chlorid-W., H_2S-, CH_4-, F^-- u. J^--haltig, t = 12,35°, p_H bei +20° 7,94, Radioaktivität des W. 4,6 ± 0,1 ME RaEm, des Gases 16,35 ± 0,55 ME RaEm/Liter. St.-Laurent-Quelle, Leukerbad, $CaSO_4$-Therme, Sr- u. F^--haltig, t = 48,0°, p_H bei +20° 7,01. Quelle von Bad Ragaz-Pfäfers, Ca–Mg–Na-Hydrocarbonat-Therme, schwach F^--haltig, t = 38,85°, p_H bei +18° 8,23. Therme del Capitello d'Ischia Italia, Lacco Ameno, vulkan. Ursprungs, radioakt. NaCl-Therme, Mn-, J^--, F^--, BO_3^{3-}- u. He-haltig, t = 53,70°, p_H bei +20° 6,70, Radioaktivität: gelöste Radiumemanation 55,9 ME. (Vjschr. naturforsch. Ges. Zürich **98.** 145—57. 30/9. 1953. Zürich.) K. LÖFFLER. 393

Zofia Geschwind und **Janina Jurkiewicz,** *Fluor in den Wässern des Bezirks Danzig.* Analysenbericht über mehrere Hundert Bestimmungen nach dem Verf. von SANCHIS-SCOTT mit Alizarin–Zirkon-Lack. Die weitaus meisten Werte liegen unterhalb 0,5 mg/Liter die höheren Werte (0,6—4,0 mg). Die höchsten Werte wurden im östlichen Teil des Gebietes gefunden, vorwiegend in artes. Brunnen. Hoher F-Wert wurde in Wässern von geringer Härte, geringem Fe-Geh., hoher Alkalität (hohem p_H) gefunden, die aus Kreideformationen stammen. (Gaz., Woda Techn. sanit. **26.** 116—19. April 1952. Danzig [Gdansk], P.Z.H.-Filia, Oddz. Wodny.) A. V. WILPERT. 393

D. Tomić, *Untersuchung von Wässern aus Westkroatien mit besonderer Berücksichtigung des Fluorgehaltes.* (Vgl. C. **1955.** 9984.) Das Trinkwasser von Ortschaften u. das W. von Flüssen u. Seen Westkroatiens wurden untersucht. Die Angaben beziehen sich in folgender Reihenfolge auf : 1. mg Abdampfrückstand/Liter, 2. Carbonathärte u. 3. Gesamthärte in deutschen Härtegraden, 4. mg Cl/Liter u. 5. mg F/Liter. Es bedeuten: LW Leitungswasser, BW Brunnenwasser. — *Donji Lapac* BW: 344, 14,5, 15,7, 10,5, 0,105. — *Gospić* LW: 131, 6,0, 6,2, 4,0, 0,07. — *Gračac* BW: 289, 11,6, 12,4, 12,0, 0,105. — *Karlobag* LW: 85, 3,6, 3,7, 3,5, 0,05. — *Karlovac* LW: 214, 9,8, 10,4, 3,8, 0,08. — *Korenica* LW: 255, 12,9, 13,1, 2,5, 0,12. — *Ličko Petrovo selo* LW: 273, 13,4, 13,6, 2,8, 0,136. — *Novigrad na moru* LW: 373, 14,5, 17,2, 17,2, 0,138. — *Obrovac* LW: 217, 10,1, 10,2, 4,4, 0,11. — *Ogulin* LW: 221, 11,0, 11,2, 2,4, 0,095. — *Srb* LW: 257, 12,9, 13,2, 4,0, 0,103. — *Zadar* (*Zara*) LW: 464, 20,0, 22,5, 24,5, 0,156. — *Gacka* bei Otočac: 278, 12,0, 12,6, 3,4, 0,1. — *Korana* bei Veljun: 253, 9,8, 10,8, 4,3, 0,145. — *Kupa* bei Karlovac: 184, 8,8, 9,8, 3,5, 0,11. — *Lika* bei Gospić: 162, 8,1, 8,2, 4,0, 0,085. — *Plitvicer Seen*: 232, 10,9, 11,1, 2,5, 0,1. — *Slunjčica* bei Slunj: 247, 11,3, 12,0, 3,4, 0,115. — *Una* bei Bihać: 248, 10,4, 11,6, 6,0, 0,12. — *Zrmanja* bei Obrovac: 7937, 8,5, 79,5, 3980, 0,4. (Acta pharmac. jugosl. **3.** 41—45. 1953. Zagreb, Med. fak., Farmakol. inst.) S. BECKMANN. 393

Philip E. LaMoreaux, *Fluoride im Grundwasser von Alabama.* An Hand der geolog. Verhältnisse u. der vorliegenden Unterss. wird eine Übersicht über den sehr verschied. F-Geh. der Grundwässer Alabamas gegeben. In den Sanden der Küstenebene kommen 1—6,8 mg Fluoride/Liter vor, in den kristallinen Gesteinen der Gebirge teilweise keine. Es ist vielleicht möglich, durch Mischen von Grundwasser aus verschied. Tiefen ein solches mit gewünschtem F-Geh. zu beschaffen. (Mining Engng. **187.** 886—88. Aug. 1950. Alabama, Ala., Univ., U. S. Geolog. Surv.) H. MÜHLMEISTER. 393

H. W. Harvey, The chemistry and fertility of sea waters. London: Cambridge U. Pr. 1955. (VIII+224 S., Diagr. Taf.) 8°. 30 s.

Willard Frank Libby, Radiocarbon dating. 2nd ed. Chicago: Univ. of. Chic. Press. 1955. (184 S. m. Abb., Mappen u. Diagr.) O. $ 4.50.

Walter Schmidt und **Ernst Baier,** Lehrbuch der Mineralogie. 2., verb. u. erw. Aufl. Basel u. Stuttgart: Birkhäuser. 1955. (376 S. m. 302 Abb.) 8° = Lehrbücher u. Monographien aus d. Gebieten d. exakten Wissenschaften. Mineralogisch-geotechnische Reihe. Bd. 6. DM 35,—.

Hans Schneiderhöhn, Erzlagerstätten. Kurzvorlesungen zur Einführung u. zur Wiederholung. 3., vollständig neu bearb. Aufl. Stuttgart: G. Fischer. 1955. (XVI + 375 S. m. 62 Taf. im Text) 8°. DM 19,50.

D. Organische Chemie.

D_1. Allgemeine und theoretische organische Chemie.

Karl Bernauer, *Zusammenhänge zwischen Konstitution, sterischen Verhältnissen und Ultraviolettspektren bei Derivaten des Brevifolins.* (Vgl. Liebigs Ann. Chem. **588.** [1954.] 211.) Der bei der l. c. beschriebenen Aufklärung des neuen Gerbstoffspaltstückes „*Brevifolin*" (I) geführte Konstitutionsbeweis wurde durch die Aufnahme zahlreicher UV-Spektren ergänzt, wobei durch Vgl. mit Derivv. u. Modellsubstanzen für I ebene Struktur festgestellt wird, während in der lactonoffenen *Tetramethylbrevifolsäure* die beiden Ringe infolge verhinderter freier Drehbarkeit als in verschied. Ebenen liegend angenommen werden müssen. Weiter werden folgende UV-Spektren in Dioxan oder Dioxan/W. aufgeführt: *Brevifolintrimethyläther, Cyclopenten-(1)-ol-(2)-on-(3)-methyläther* (III), *Trimethylbrevifolsäureamid* (II), *Ellagsäure, Hexamethoxydiphensäure, α-[2.3.4-Trimethoxy-6-carboxyphenyl]-glutarsäure, Decarboxymethylbrevifolsäure, O.O.O-Trimethylgallussäure* u. *Pyrogallol.* Für II wird das Vorliegen eines echten α-Diketons bewiesen. — III, $C_6H_8O_2$, Kp.$_{14}$ 107—109°, durch Methylierung von 5 g Cyclopentandion mit Diazomethan in Methanol; Ausbeute 3,4 g. (Liebigs Ann. Chem. **588.** 230—38. 1954. Heidelberg, Univ., Chem. Inst.) G. MÜLLER. D 118

L. G. S. Brooker, F. L. White und **R. H. Sprague,** *Farbe und Konstitution.* 9. Mitt. *Absorption der vom 3-Methylisochinolin abgeleiteten Cyanine; eine Basizität und Absorption von symmetrischen Cyaninen verknüpfende Regel.* (8. vgl. J. Amer. chem. Soc. **67.** [1945.] 1889.) Die außergewöhnlich große Basizität der in 3-Stellung substituierten 2-Äthylisochinolinderivv., wie sie aus einer Betrachtung der Resonanzstrukturen im ungeladenen u. positiv geladenen Zustand folgt, wird durch die von den beiden sehr asymm. Verbb. *2-Äthyl-3-[p-dimethylaminostyryl]-isochinoliniumjodid* u. *2-Äthyl-3-{2-[1-phenyl-2.5-dimethylpyrryl-(4)]-vinyl}-isochinoliniumjodid* gezeigte außergewöhnlich große „Deviation der λ_{max}" (s. nachst. Ref.) bestätigt. Durch den Vgl. von λ_{max} einer Anzahl symm. Cyanine leiteten Vff. folgende Regel ab: Bei symm. Cyaninen mit schwach oder mäßig bas. Ringsyst. (Kern) bewirkt ein Anwachsen der Basizität des Kernes eine Farbvertiefung, wobei jedoch jeweils der Einfl. anderer Faktoren, z. B. „extrachromophorer" Konjugation, berücksichtigt werden muß. Ist jedoch der Kern bereits stark bas., so ruft eine weitere Erhöhung der Basizität eine Farbaufhellung hervor. So absorbieren *2.2'-Dimethyl-* (I) u. *2.2'-Diäthyl-3.3'-isochinocarbocyaninjodid* (II) entsprechend ihrer stark bas. Kerne bei viel kürzeren λ u. mit wesentlich kleinerem ε_{max} als die isomere 1.1'-Diäthylverb., wobei jedoch noch nicht geklärt werden konnte, weshalb I-λ_{max} $<$ II-λ_{max} ist. Der geringe Wert von ε_{max} bei I u. II konnte auf eine Aufspaltung der langen Resonanzkette in kürzere Bruchstücke zurückgeführt werden, womit auch eine Verschiebung von λ_{max} nach kürzeren λ verknüpft ist. Der gleiche Effekt konnte auch am *3.3'-Diäthyl-8-aza-* u. am *3.3'-Diäthyl-8.10-diazathiacarbocyaninjodid* beobachtet werden.

Versuche: *2-[3-Äthylbenzothiazolinyliden-(2)-äthyliden]-aminobenzothiazol,* $C_{18}H_{15}N_3S_2$, F. 204—206° (Methanol, Zers.), durch Rückflußkochen von 2-Aminobenzothiazol (III) u. 2-[β-Acetanilidovinyl]-benzothiazoläthojodid (IV) in Pyridin (5 Min.); braune Kristalle; 40% (Ausbeute). *Äthoäthylsulfat,* $C_{22}H_{25}O_4N_3S_3$, F. 199—201° (A., Zers.), durch 1½ std. Erhitzen vorst. Verb. mit Diäthylsulfat auf 100°; orangefarbene Kristalle; 85%. — *3.3'-Diäthyl-8-azathiacarbocyaninjodid,* $C_{20}H_{20}N_3JS_2$, F. 257—258° (Methanol, Zers.), aus vorst. Verb. u. wss. NaJ, auch aus III-Äthojodid [F. 228—231° (W., Zers.), aus 3-Äthyl-2-iminobenzothiazolin u. NaJ in alkoh. HCl] u. IV durch 5 Min. Erhitzen in Pyridin; λ_{max} 4660 Å ($\varepsilon = 6{,}3 \cdot 10^4$, in Methanol); rotbraune Kristalle; 22%. — *3.3'-Diäthyl-8.10-diazathiacarbocyaninjodid,* $C_{19}H_{19}N_4JS_2$, F. 232—234° (Zers.; Eisessig), durch Erhitzen von III-Äthojodid u. Triäthylorthoformiat (5 Min. in Pyridin); λ_{max} 4120 Å ($\varepsilon = 4{,}0 \cdot 10^4$, in Äthylenchlorid); gelbe Kristalle; 53% (roh). (J. Amer. chem. Soc. **73.** 1087—93. März 1951. Rochester, N. Y., Kodak Res. Labor.) L. FISCHER. D 119

L. G. S. Brooker, G. H. Keyes, R. H. Sprague, R. H. VanDyke, E. VanLare, G. VanZandt, F. L. White, H. W. J. Cressman und **S. G. Dent jr.,** *Farbe und Konstitution.* 10. Mitt. *Absorption der Merocyanine.* (9. vgl. vorst. Ref.) Die theoret. Aufklärung des Zusammenhanges zwischen Farbigkeit u. Konst. der Merocyanine ist dadurch gegeben, daß diese Verbb. als Resonanzhybride zwischen einer ungeladenen u. einer dipolaren Grenzstruktur mit Säureamidmesomerie, $=N-\overset{|}{C}=O \longleftrightarrow =\overset{(+)}{N}=\overset{|}{C}-\underline{\overline{O}}|^{(-)}$, anzusehen sind. Die Symmetrie dieser beiden Grenzstrukturen ist dabei von größter Bedeutung. An Hand von *3-Äthyl-5-[3-äthylbenzothiazolinyliden-(2)-äthyliden]-rhodanin* (I) mit **Ia** u. **Ib** als Grenzstrukturen wird der Begriff der „Deviation" durch Vgl. mit dem *Thiacarbocyaninkation* II mit Amidiniumresonanz u. dem Anion von *Bis-[3-äthyl-*

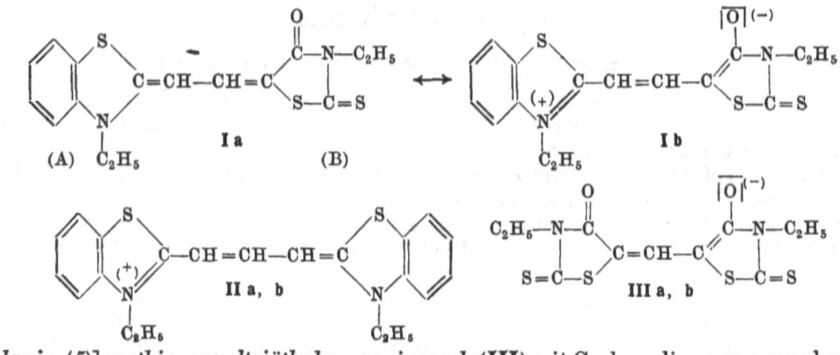

rhodanin-(5)]-methinoxonoltriäthylammoniumsalz (III) mit Carboxylionresonanz abgeleitet. Wenn **Ia** u. **Ib** verschied. Energieinhalt besitzen, dann absorbiert I bei kleineren Wellenlängen als dem berechneten Mittelwert λ_{max} der Verbb. II u. III, das heißt Verb. I zeigt eine Deviation. Zahlreiche Verbb. ähnlicher Konst. wie I, sowie die entsprechenden symm. Verbb. sind dargestellt u. die Deviationen ermittelt worden. Die Abhängigkeit der Deviation von den benutzten beiden Ringsystemen A u. B u. damit von der Symmetrie der Grenzstrukturen, der Länge der Methinkette, dem Lösungsm., in dem die λ_{max}-Werte ermittelt wurden, u. von der Temp., sowie die Beziehung der Merocyanine zu anderen nichtionisierten Verbb. wurden untersucht. Die Merocyanine werden prinzipiell nach ihrer Polarität unterschieden. Stark polare Merocyanine besitzen eine dipolare Grenzstruktur mit geringerem Energieinhalt als die ungeladene Grenzformel, diese stellt somit die stabilere Form dar. Bei schwach polaren Merocyaninen ist der Sachverhalt umgekehrt. Die Stabilität der dipolaren Grenzstruktur wird durch die Ausbildung einer zusätzlichen Doppelbindung je Ringsyst. erklärt. Allg. kann der Energieinhalt dieser Grenzstruktur verringert, die Stabilität also erhöht werden durch Verstärkung der Basizität des Ringsyst. A u. Verstärkung der Acidität von B. Im Falle stark polarer Verbb., das heißt mit überwiegend dipolarer, energieärmerer Grenzstruktur, vergrößert sich dabei die Deviation, im Falle schwach polarer verringert sie sich. Beim kontinuierlichen Übergang von stark zu schwach polaren Merocyaninen in einem bestimmten Lösungsm. (die Unterss. wurden hauptsächlich in Methanol, daneben auch in Pyridin u. W. durchgeführt) wird daher ein Minimum der Deviation u. ein Maximum an bathochromer Verschiebung von λ_{max} erreicht, wo die ungeladene u. die dipolare Grenzstruktur fast oder überhaupt gleiche Energieinhalte besitzen. Diese Verbb. mit minimaler Deviation werden allg. als mäßig polare Merocyanine bezeichnet. Auf Grund dieser Ergebnisse werden zugleich zahlreiche Verbb., die in den Merocyaninen als Ringsyst. A fungieren, nach steigender Basizität u. diejenigen, die als B fungieren, nach steigender Acidität geordnet. Für letztere Verbb. wird eine Erklärung der relativen Acidität auf resonanztheoret. Grundlage gegeben. — Bei zunehmender Länge der Methinkette eines bestimmten Merocyaninfarbstoffes erhöht sich meistens die Deviation, doch hängt diese sehr von der Polarität der betreffenden Verb. ab. Durch die sogenannte „Lichtempfindlichkeitsregel“ wird dieser Sachverhalt geklärt: Geringe Veränderungen in der energet. Asymmetrie der Grenzstrukturen erzeugen kleine Effekte auf die Deviation eines energet. symm. oder nahezu symm. Farbstoffes, aber einen viel stärkeren Effekt auf die Deviation eines stark asymm. Farbstoffes. — Bei der Betrachtung der Abhängigkeit der Deviation vom Lösungsm. wird zwischen der wahren u. der durch das Lösungsm. beeinflußten effektiven Polarität der Merocyanine unterschieden. Die Verschiedenheit zwischen beiden ist um so größer, je polarer die Verb. ist. Ferner wird die dipolare Grenzstruktur um so stärker stabilisiert, je polarer das Solvens ist, woraus sich sämtliche Solvenseinflüsse ableiten, bes. auch der hypochrome Effekt nichtionisierter Farbstoffe mit stark dipolarem Strukturanteil beim Übergang von nichtpolaren zu polaren Lösungsmitteln. An einigen stark polaren Merocyaninen wird ein Vgl. der Dipolmomente gezogen, sowie der Solvenseinfl. in diesem Sinne verifiziert. — Ebenso zeigen stark polare Merocyanine mit steigender Temp. einen hypsochromen u. schwach polare einen bathochromen Effekt, wobei sich ersterer stärker als letzterer auswirkt. — Für die vinylogen Reihen einiger Merocyanine werden auf Grund der verschied. λ_{max}-Werte in Solventien von kontinuierlich veränderter Zus. von nicht rein polarem zu rein polarem Charakter (speziell am Syst. Pyridin/W. untersucht) Kurven erhalten, die je nach Polarität der Verb. Konvergenz oder Nichtkonvergenz zeigen. Die Konvergenz wird durch Solventien, die hohe Asymmetrie der Grenzstrukturen fördern, begünstigt (5 Tabellen u. 11 Abbildungen vgl. Original).

Versuche (FF. korr.): *1-Methyl-4-phenylmercaptopyridinium-p-toluolsulfonat* (**IV**), aus mol. Mengen 4-Phenylmercaptopyridin u. Methyl-p-toluolsulfonat (90 Min. bei 100°) u. Waschen mit Äther. — *2-[2-Anilinovinyl]-1-äthyl-3.3-dimethylpseudoindoliumjodid* (**V**), $C_{20}H_{23}N_2J$, F. 214—215° (Zers.; A.), aus 1 Mol 1-Äthyl-2.3.3-trimethylpseudoindoliumjodid (**XIII**) u. 1,2 Mol Diphenylformamidin (**VI**) bei 150—160° in 12 Min., abkühlen, Aceton zusetzen, abfiltrieren u. umkristallisieren; 34% (Ausbeute). — *2-[2-Acetanilidovinyl]-3-äthylbenzoselenazoliumjodid* (**VII**), F. 216—221° (Zers.), aus mol. Mengen 3-Äthyl-2-methylbenzoselenazoliumjodid u. **VI** in Acetanhydrid am Rückfluß 10 Min. kochen u. weiter wie vorst.; 69%. — *2-[2-Anilinovinyl]-3-äthylnaphtho-[1'.2':4.5]-thiazoliumjodid* (**VIII**), $C_{21}H_{19}N_2JS$, F. 257—258° (Zers.; Methanol), aus 1 Mol 3-Äthyl-2-methylnaphtho-[1'.2':4.5]-thiazoliumjodid u. 2 Mol **VI** bei 150° in 10 Min., nach Pulvern u. Waschen mit Aceton goldgelbe Prismen; 93%. — *3-[2-Anilinovinyl]-4-äthylbenzo-[f]-chinoliniumjodid* (**IX**), $C_{23}H_{21}N_2J$, F. 277—279° (Methanol; Zers.), aus mol. Mengen 4-Äthyl-3-methylbenzo-[f]-chinoliniumjodid u. **VI** bei 180° in 10 Min.; orangebraune Nadeln; 100%. — *3-Äthyl-2-methylhexahydrobenzothiazolium-p-toluolsulfonat* (**X**), aus mol. Mengen 2-Methylhexahydrobenzothiazol u. Äthyl-p-toluolsulfonat bei 120° (3 Std.). — *2-[4-Methoxybutadien-(1.3)-yl]-3.3-dimethyl-1-phenylpseudoindoliumperchlorat* (**XI**), aus 1 Mol 2.3.3-Trimethyl-1-phenylpseudoindoliumperchlorat u. 2 Mol 1.1.3-Trimethoxypropen bei 100° in 15 Min., mit Ae. ausfällen, mit Methanol rühren u. filtrieren; bräunliche Kristalle; 58%. — *2-[4-Acetanilidobutadien-(1.3)-yl]-1-äthyl-3.3-dimethylpseudoindoliumjodid* (**XII**); mol. Mengen von **XIII** u. β-Anilinoacroleinanilhydrochlorid (**XIV**) in Acetanhydrid am Rückfluß 15 Min. kochen, mit Ae. ausfällen, mit Aceton rühren u. filtrieren; bräunliche Kristalle; 71%. — *2-[6-Acetanilidohexatrien-(1.3.5)-yl]-1-äthyl-3.3-dimethylpseudoindoliumjodid* (**XV**); mol. Mengen von **XIII** u. Glutacondialdehyddianildihydrochlorid (**XVI**) 3 Min. am Rückfluß kochen u. aufarbeiten; bräunliche Kristalle; 59%. — *5-Anilinomethylen-3-äthylrhodanin*, $C_{12}H_{12}ON_2S_2$, F. 184—186° (Zers.; Essigsäure), aus mol. Mengen 3-Äthylrhodanin u. **VI** in Kerosin bei 120° in 1 Std.; gelbe Nadeln; 77%. *Acetylderiv.* (**XVII**), $C_{14}H_{14}O_2N_2S_2$, F. 128—130° (Zers.; Methanol); schwachgelbe Nadeln; 89%. — *5-[3-Acetanilidoallyliden]-1.3-diäthylbarbitursäure* (**XVIII**), F. 194—196° (Zers.); mol. Mengen von 1.3-Diäthylbarbitursäure, **XIV** u. Na-Acetat in Acetanhydrid am Rückfluß kochen (3 Min.); braungelbes Prod.; 69%. — *4-[3-Acetanilidoallyliden]-3-phenylisoxazolon-(5)* (**XIX**), F. 160—165° (Zers.), analog vorst. Verb. aus 3-Phenylisoxazolon-(5) (**XX**) u. **XIV**; bräunliches Prod.; 90%. — *4-[6-Acetanilidopentadien-(2.4)-yliden]-3-phenylisoxazolon-(5)* (**XXI**), F. 198—200° (Zers.), aus mol. Mengen **XX** u. **XVI** analog; bräunliches Prod.; 50%. — *4-Acetanilidomethylen-3-phenylisoxazolon-(5)* (**XXII**), F. 142—144° (Zers.; Methanol), aus 4-Anilinomethylen-3-phenylisoxazolon-(5) u. Acetanhydrid in Ggw. von Triäthylamin; 64%. — *5-Anilinomethylen-3-äthyl-2-thiooxazolidindion-(2.4)*, F. 237—239° (Methanol), aus mol. Mengen 3-Äthyl-2-thiooxazolidindion-(2.4) u. **VI** in Kerosin bei 120—125° in 1 Std.; gelbe Kristalle; 48%. *Acetylverb.* (**XXIII**), $C_{14}H_{14}O_3N_2S$, F. 158—160° (Methanol); 84%. — Die Synth. der Farbstoffe erfolgte durch Kochen der Reaktionspartner in A. in Ggw. eines 5%ig. Überschusses an Triäthylamin am Rückfluß, sofern nicht anders angegeben. Die Isolierung des Reaktionsprod. geschah durch Abkühlen, speziell bei den Oxonolen durch Zugeben einer großen Menge Ae. oder durch Ansäuern. Die Ausbeuten beziehen sich auf ein durch zweimaliges Umkristallisieren gereinigtes Produkt. Wenn nicht anders angegeben, erfolgte beim Schmelzen stets Zersetzung. Die Werte für λ_{max} wurden in Methanol gemessen. — Merocyanine: *4-[1-Methyl-1.4-dihydropyridyliden-(4)]-3-phenylisoxazolon-(5)*, $C_{15}H_{12}O_2N_2$, F. 294—296° (Methanol), aus 3,9 g **IV** u. 1,6 g 3-Phenylisoxazolon-(5) (**XX**) in 30 cm³ u. in 30 Min.; gelbcremefarbene Kristalle; 36%; λ_{max} 4000 Å (in Pyridin). — Merocarbocyanine: *3-Äthyl-5-[3.3-dimethyl-1-phenylindolinyliden-(2)-äthyliden]-rhodanin*, $C_{23}H_{22}ON_2S_2$, F. 191—193° (Methanol), aus 1,2 g 2-[2-Acetanilidovinyl]-3.3-dimethyl-1-phenylpseudoindoliumperchlorat (**XXV**) u. 0,4 g 3-Äthylrhodanin (**XXVI**) in 20 cm³ (20 Min.); bräunlichrote Kristalle; 44%; λ_{max} 4980 Å. — *5-[3-Benzylbenzothiazolinyliden-(2)-äthyliden]-3-äthylrhodanin*, $C_{21}H_{18}ON_2S_3$, F. 241—242° (Essigsäure), aus 1,8 g 3-Benzyl-2-methylbenzothiazoliumjodid u. 1,5 g **XVII** in 25 cm³ (20 Min.); rötliche Nadeln; 65%; λ_{max} 5240 Å. — *5-[3-Äthoxycarbonylmethylbenzothiazolinyliden-(2)-äthyliden]-3-äthylrhodanin*, $C_{18}H_{18}O_3N_2S_3$, F. 248—250° (Essigsäure), aus 1,8 g 3-Äthoxycarbonylmethyl-2-methylbenzothiazoliumjodid u. 1,5 g **XVII** in 25 cm³ (20 Min.); scharlachfarbenes Pulver; 60%; λ_{max} 5180 Å. — *3-Äthyl-5-[3.4-trimethylenbenzothiazolinyliden-(2)-äthyliden]-rhodanin*, $C_{17}H_{16}ON_2S_3$, F. 288 bis 289° (Pyridin–Methanol), aus 0,3 g 2-Methyl-3.4-trimethylenbenzothiazoliumjodid u. 0,3 g **XVII** in 15 cm³ (20 Min.); rötliche Kristalle; 42%; λ_{max} 5280 Å. — *3-Äthyl-5-[1-äthyl-1.2-dihydrochinolyliden-(2)-äthyliden]-rhodanin*, $C_{18}H_{18}ON_2S_2$, F. 239—240° (Essigsäure), aus 2,0 g 2-[2-Anilinovinyl]-1-äthylchinoliniumjodid, 0,8 g **XXVI** u. 1 Mol gepulvertem Na-Acetat in 25 cm³ Acetanhydrid (5 Min.); dunkelblaugraue Kristalle; 40%; λ_{max} 5650 Å. — *3-Äthyl-5-[1.2-dimethylindolyl-(3)-methylen]-rhodanin*, $C_{16}H_{16}ON_2S_2$, F. 196—198° (Methanol), aus 2,4 g 1.2-Dimethylindol-3-aldehyd (**XXVII**) u. 2,2 g **XXVI** in Ggw. von Piperidin in 15 cm³ (30 Min.); bernsteinfarbene Kristalle; 8%; λ_{max} 4460 Å. — *3-Äthyl-5-[1-äthyl-3.3-dimethylindolinyliden-(2)-äthyliden]-rhodanin*, $C_{19}H_{22}ON_2S_2$, F. 190—192° (Essigsäure), aus 1,4 g **V** u. 0,7 g **XXVI** in 15 cm³ (20 Min.); rötliche Kristalle; 42%; λ_{max} 5035 Å. — *3-Äthyl-5-[3-äthylbenzoselenazolinyliden-(2)-äthyliden]-rhodanin*, $C_{16}H_{16}ON_2S_2Se$, F. 262—263° (Essigsäure), aus 1,25 g **VII** u. 0,4 g **XXVI** in 15 cm³ (15 Min.); purpurfarbene Nadeln; 50%; λ_{max} 5260 Å. — *3-Äthyl-5-[3-äthylnaphtho-[1'.2':4.5]-thiazolinyliden-(2)-äthyliden]-rhodanin*, $C_{20}H_{18}ON_2S_3$, F. 282—284° (Essigsäure), aus 1,5 g **VIII** u. 0,54 g **XXVI** mit 1 Mol gepulvertem Na-Acetat in 20 cm³ Acetanhydrid (3 Min.); dunkle Nadeln; 54%; λ_{max} 5450 Å. — *3-Äthyl-5-[3-äthylbenzoxazolinyliden-(2)-äthyliden]-rhodanin*, $C_{16}H_{16}O_2N_2S_2$, F. 233—235° (Essigsäure), aus 2,2 g 2-[2-Acetanilidovinyl]-3-äthylbenzoxazoliumjodid u. 0,8 g **XXVI** in 20 cm³ (15 Min.); orangerote Prismen; 70%; λ_{max} 4900 Å. — *3-Äthyl-5-[3-äthylthiazolidinyliden-(2)-äthyliden]-rhodanin*, $C_{12}H_{16}ON_2S_3$, F. 165—166° (ohne Zers.; Methanol), aus 1,3 g 3-Äthyl-2-methylthiazoliniumjodid (**XXVIII**) u. 1,8 g **XVII** in 15 cm³ (15 Min.); rötlichbraune Kristalle; 27%; λ_{max} 4830 Å. — *3-Äthyl-5-[1-äthyl-1.4-dihydrochinolyliden-(4)-äthyliden]-rhodanin*, $C_{18}H_{18}ON_2S_2$, F. 233—235° (Essigsäure), aus 2,0 g 4-[2-Anilinovinyl]-1-äthylchinoliniumjodid, 0,8 g **XXVI** u. 1 Mol gepulvertem Na-Acetat in 25 cm³ Essigsäure (5 Min.); tiefpurpurblaue Kristalle; 20%; λ_{max} 6160 Å. — *3-Äthyl-5-[4-äthylbenzo-[f]-3.4-dihydrochinolyliden-(3)-äthyliden]-rhodanin*, $C_{22}H_{20}ON_2S_2$, F. 273—274° (Essigsäure), aus 4,5 g **IX**, 1,6 g **XXVI** u. 1 Mol gepulvertem Na-Acetat in 50 cm³ Essigsäure (5 Min.); dunkle Kristalle; 33%; λ_{max} 5810 Å. — *3-Äthyl-5-[3-äthyl-4.5.6.7-tetrahydrobenzothiazolinyliden-(2)-äthyliden]-rhodanin*, $C_{16}H_{20}ON_2S_3$, F. 222—224° (Essigsäure), aus 1,5 g 3-Äthyl-2-methyl-4.5.6.7-tetrahydrobenzothiazoliumjodid u. 1,5 g **XVII** in 25 cm³ (15 Min.); bronzene Nadeln; 33%; λ_{max} 5465 Å. — *3-Äthyl-5-[1-äthyl-1.2-dihydropyridyliden-(2)-äthyliden]-rhodanin*, $C_{14}H_{16}ON_2S_2$, F. 178—179° (Methanol), aus 2,49 g 1-Äthyl-2-picoliniumjodid u. 3,06 g **XVII** in 10 cm³ Pyridin (10 Min.); rötliche Kristalle; 12%; λ_{max} 5405 Å. — *3-Äthyl-5-[1-äthyl-1.4-dihydropyridyliden-(4)-äthyliden]-rhodanin*, $C_{14}H_{16}ON_2S_2$ F. 247—249° (Methanol), aus 5,0 g 1-Äthyl-4-picoliniumjodid u. 6,1 g **XVII** in 15 cm³ Pyridin (10 Min.); tiefpurpurne Kristalle; 10%; λ_{max} 5650 Å. — *3-Äthyl-[3-äthylhexahydrobenzothiazolinyliden-(2)-äthyliden]-rhodanin*, $C_{16}H_{22}ON_2S_3$, F. 132—133° (Methanol), aus 3,55 g **X** u. 3,1 g **XVII** in 20 cm³ (20 Min.); rötliche Kristalle; 30%; λ_{max} 4850 Å. — *3-Äthyl-5-[3-äthyl-4-methylthiazolinyliden-(2)-äthyliden]-rhodanin*, $C_{13}H_{16}ON_2S_3$, F. 198 bis 199° (Methanol), aus 0,90 g 3-Äthyl-2.4-dimethylthiazoliumjodid u. 1,0 g **XVII** in 15 cm³ (15 Min.); granatfarbene Kristalle; 26%; λ_{max} 5395 Å. — *5-[1.3-Diäthylbenzimidazolinyliden-(2)-äthyliden]-3-äthylrhodanin*, $C_{18}H_{21}ON_3S_2$, F. 183—184° (A.), aus 1,6 g 1.3-Diäthyl-2-methylbenzimidazoliniumjodid (**XXIX**) u. 1,0 g **XVII** in 15 cm³ Pyridin (30 Min.); rote Nadeln; 27%; λ_{max} 5125 Å. — *4-[3.3-Dimethyl-1-phenylindolinyliden-(2)-äthyliden]-3-phenylisoxazolon-(5)*, $C_{27}H_{22}O_2N_2$, F. 219—221° (Methanol), aus 2,4 g **XXV** u. 0,8 g **XX** in 20 cm³ (20 Min.); tiefgelbe Kristalle; 70%; λ_{max} 4855 Å. — *4-[3.3-Dimethyl-1-phenylindolinyliden-(2)-äthyliden]-1-phenylpyrazolon-(5)*, $C_{27}H_{23}ON_3$, F. 234—236° (Methanol), aus 2,4 g **XXV** u. 0,8 g 1-Phenylpyrazolon-(5) (**XXX**) in 20 cm³ in 20 Min.; rote Prismen; 37%; λ_{max} 4850 Å. — *2-[3.3-Dimethyl-1-phenylindolinyliden-(2)-äthyliden]-indandion-(1.3)*, $C_{27}H_{21}O_2N$, F. 236—237° (Methanol), aus 2,4 g **XXV** u. 0,73 g Indandion-(1.3) (**XXXI**) in 20 cm³ (20 Min.); goldene Schuppen; 34%; λ_{max} 4955 Å. — *5-[3.3-Dimethyl-1-phenylindolinyliden-(2)-äthyliden]-1.3-diäthyl-2-thiobarbitursäure*, $C_{26}H_{27}O_2N_3S$, F. 262—264° (Pyridin–Methanol), aus 2,4 g **XXV** u. 1,0 g 1.3-Diäthyl-2-thiobarbitursäure (**XXXII**) in 20 cm³ (20 Min.); orangefarbene Kristalle; 82%; λ_{max} 4940 Å. — *4-[3.3-Dimethyl-1-phenylindolinyliden-(2)-äthyliden]-3-methyl-1-phenylpyrazolon-(5)*, $C_{28}H_{25}ON_3$, F. 218—219° (Methanol), aus 1,6 g **XXV** u. 0,6 g 3-Methyl-1-phenylpyrazolon-(5) (**XXXIII**) in 20 cm³ (15 Min.); rote Kristalle; 31%; λ_{max} 4795 Å. — *5-[3.3-Dimethyl-1-phenylindolinyliden-(2)-äthyliden]-1.3-diäthylbarbitursäure*, $C_{26}H_{27}O_3N_3$, F. 267—269° (Pyridin–Methanol), aus 2,4 g **XXV** u. 0,9 g 1.3-Diäthylbarbitursäure (**XXXIV**) in 20 cm³ (20 Min.); tiefgelbe Nadeln; 75%; λ_{max} 4665 Å. — *5-[3.3-Dimethyl-1-phenylindolinyliden-(2)-äthyliden]-3-äthyl-2-thiooxazolidindion-(2.4)*, $C_{23}H_{22}O_2N_2S$, F. 157—160° (ohne Zers.; Methanol), aus 2,4 g **XXV** u. 0,73 g 3-Äthyl-2-thiooxazolidindion-(2.4) (**XXXV**) in 20 cm³ (20 Min.); orangefarbene Kristalle; 31%; λ_{max} 4680 Å. — *3-[3.3-Dimethyl-1-phenylindolinyliden-(2)-äthyliden]-1-äthyloxindol*, $C_{28}H_{26}ON_2$, F. 213—215° (A.), aus 4,8 g **XXV** u. 1,6 g 1-Äthyloxindol (**XXXVI**) in 20 cm³ (30 Min.); orangefarbene Flocken; 12%; λ_{max} 4570 Å. — *5-[3.3-Dimethyl-1-phenylindolinyliden-(2)-äthyliden]-3-äthyl-1-phenyl-2-thiohydantoin*, $C_{29}H_{27}ON_3S$, F. 199—200° (A.), aus 4,8 g **XXV** u. 2,2 g 3-Äthyl-1-phenyl-2-thiohydantoin (**XXXVII**) in 20 cm³ (30 Min.); orangefarbene Nadeln; 16%; λ_{max}

4850 Å. — *3-Phenyl-4-[1.3.3-trimethylindolinyliden-(2)-äthyliden]-isoxazolon-(5)*, $C_{22}H_{20}O_2N_2$, F. 230—231° (Methanol), aus 4,5 g 2-[2-Acetanilidovinyl]-1.3.3-trimethylpseudoindoliumjodid (**XXXVIII**) u. 1,6 g **XX** in 15 cm³ (20 Min.); orangefarbene Kristalle; 65 %; λ_{max} 4780 Å. — *1-Phenyl-4-[1.3.3-trimethylindolinyliden-(2)-äthyliden]-pyrazolon-(5)*, $C_{22}H_{21}ON_3$, F. 244—246° (Pyridin–Methanol), aus 4,5 g **XXXVIII** u. 1,6 g **XXX** in 25 cm³ (20 Min.); orangescharlachfarbene Kristalle; 35 %; λ_{max} 4800 Å. — *2-[1.3.3-Trimethylindolinyliden-(2)-äthyliden]-indandion-(1.3)*, $C_{22}H_{19}O_2N$, F. 210—211° (Methanol), aus 4,5 g **XXXVIII** u. 1,5 g **XXXI** in 15 cm³ (3 Min.); dunkelrötlichbraune Kristalle; 43 %; λ_{max} 4920 Å. — *1.3-Diäthyl-2-thio-5-[1.3.3-trimethylindolinyliden-(2)-äthyliden]-barbitursäure*, $C_{21}H_{25}O_2N_3S$, F. 275—276° (Pyridin–Methanol), aus 4,5 g **XXXVIII** u. 2,0 g **XXXII** in 15 cm³ (20 Min.); hellorangefarbene Kristalle; 73 %; λ_{max} 4900 Å. — *3-Methyl-1-phenyl-4-[1.3.3-trimethylindolinyliden-(2)-äthyliden]-pyrazolon-(5)*, $C_{23}H_{23}ON_3$, F. 182 bis 184° (Methanol), aus 1,0 g **XXXVIII** u. 0,4 g **XXXIII** in 15 cm³ (15 Min.); rötlichorangefarbene Kristalle; 25 %; λ_{max} 4760 Å. — *1.3-Diäthyl-5-[1.3.3-trimethylindolinyliden-(2)-äthyliden]-barbitursäure*, $C_{21}H_{25}O_3N_3$, F. 272—274° (Pyridin–Methanol), aus 4,5 g **XXXVIII** u. 1,84 g **XXXIV** in 10 cm³ (20 Min.); hellgelbe Kristalle; 81 %; λ_{max} 4650 Å. — *3-Äthyl-2-thio-5-[1.3.3-trimethylindolinyliden-(2)-äthyliden]-oxazolidindion-(2.4)*, $C_{18}H_{20}O_2N_2S$, F. 189—190° (ohne Zers.; Methanol), aus 2,25 g **XXXVIII** u. 0,73 g **XXXV** in 20 cm³ (20 Min.); rötliche Kristalle; 43 %; λ_{max} 4740 Å. — *1-Äthyl-3-[1.3.3-trimethylindolinyliden-(2)-äthyliden]-oxindol*, $C_{23}H_{24}ON_2$, F. 172—174° (A.), aus 4,5 g **XXXVIII** u. 1,6 g **XXXVI** in 10 cm³ (20 Min.); orangefarbenes Pulver, nach 5maligem Umkristallisieren 3 %; λ_{max} 4560 Å. — *3-Äthyl-1-phenyl-2-thio-5-[1.3.3-trimethylindolinyliden-(2)-äthyliden]-hydantoin*, $C_{24}H_{25}ON_3S$, F. 202—203° (Pyridin–Methanol), aus 4,5 g **XXXVIII** u. 2,2 g **XXXVII** in 10 cm³ (20 Min.); rote Nadeln; 55 %; λ_{max} 4900 Å. — *3-Äthyl-5-[1.3.3-trimethylindolinyliden-(2)-äthyliden]-rhodanin*, $C_{18}H_{20}ON_2S_2$, F. 211—212° (Pyridin–Methanol), aus 4,5 g **XXXVIII** u. 1,6 g **XXVI** in 15 cm³ (20 Min.); rotbraune Kristalle; 61 %; λ_{max} 5000 Å. — *4-[1-Äthyl-1.2-dihydrochinolyliden-(2)-äthyliden]-3-phenylisoxazolon-(5)*, $C_{22}H_{18}O_2N_2$, F. 220—222° (Methanol), aus 3,0 g 1-Äthylchinaldinium-p-toluolsulfonat u. 3,0 g **XXII** in 25 cm³ (30 Min.); rötliche Platten; 24 %; λ_{max} 5025 Å. — *4-[1-Äthyl-1.4-dihydrochinolyliden-(4)-äthyliden]-3-phenylisoxazolon-(5)*, $C_{22}H_{18}O_2N_2$, F. 154—156° (Pyridin–Methanol), aus 3,0 g 1-Äthyllepidiniumjodid (**XXXIX**) u. 3,0 g **XXII** in 25 cm³ (15 Min.); blaugraue Nadeln; 74 %; λ_{max} 5425 Å. — *4-[1-Methyl-1.4-dihydropyridyliden-(4)-äthyliden]-3-phenylisoxazolon-(5)*, $C_{17}H_{14}O_2N_2$, F. 252—254° (Pyridin–Methanol), aus 3,0 g 1-Methyl-4-picolinium-p-toluolsulfonat u. 3,0 g **XXII** in 15 cm³ (20 Min.); dunkle Kristalle; 14 %; λ_{max} 4700 Å. — *1.3-Diäthyl-5-[1-äthyl-3.3-dimethylindolinyliden-(2)-äthyliden]-2-thiobarbitursäure*, $C_{22}H_{27}O_2N_3S$, F. 312—313° (Pyridin–Methanol), aus 2,1 g **V** u. 1,0 g **XXXII** in 10 cm³ (25 Min.); orangefarbene Kristalle; 16 %; λ_{max} 4950 Å (in Pyridin). — M e r o d i c a r b o c y a n i n e: *3-Äthyl-5-[3.3-dimethyl-1-phenylindolinyliden-(2)-buten-(2)-yliden]-rhodanin*, $C_{25}H_{24}ON_2S_2$, F. 177—179° (Essigsäure), aus 4,0 g **XI** u. 3,2 g **XXVI** in 25 cm³ (15 Min.); tiefgrünbraune Kristalle, nach 5 Umkristallisationen 16 %; λ_{max} 5460 Å. — *3-Äthyl-5-[1-äthyl-3.3-dimethylindolinyliden-(2)-buten-(2)-yliden]-rhodanin*, $C_{21}H_{24}ON_2S_2$, F. 176—178° (Pyridin–Methanol), aus 2,5 g **XII** u. 0,8 g **XXVI** in 20 cm³ (15 Min.); stahlgraue Nadeln; 68 %; λ_{max} 5660 Å; $\mu = 6{,}91 \cdot 10^{-18}$. — *3-Äthyl-5-[3-äthylbenzoselenazolinyliden-(2)-buten-(2)-yliden]-rhodanin*, $C_{18}H_{18}ON_2S_2Se$, F. 237—239° (Pyridin–Methanol), aus 1,8 g 3-Äthyl-2-methylbenzoselenazoliumjodid (**XL**) u. 0,8 g 5-[3-Acetanilidoallyliden]-3-äthylrhodanin (**XLI**) in 20 cm³ (15 Min.); dunkle Kristalle; 35 %; λ_{max} 6010 Å. — *3-Äthyl-5-[3-äthylnaphtho-[1'.2':4.5]-thiazolinyliden-(2)-buten-(2)-yliden]-rhodanin*, $C_{22}H_{20}ON_2S_3$, F. 272—275° (Pyridin–Methanol), aus 2,0 g 3-Äthyl-2-methylnaphtho-[1'.2':4.5]-thiazolium-p-toluolsulfonat u. 1,7 g **XLI** in 20 cm³ (15 Min.); mattgrünliches Pulver, nach 5maligem Umkristallisieren 22 %; λ_{max} 6310 Å. — *3-Äthyl-5-[3-äthylbenzoxazolinyliden-(2)-buten-(2)-yliden]-rhodanin*, $C_{18}H_{18}O_2N_2S_2$, F. 256—258° (Aceton), aus 1,15 g 2-[4-Acetanilidobutadien-(1.3)-yl]-3-äthylbenzoxazoliumjodid u. 0,4 g **XXVI** in 10 cm³ (10 Min.); blaue Kristalle; 16 %; λ_{max} 5790 Å. — *3-Äthyl-5-[3-äthylthiazolidinyliden-(2)-buten-(2)-yliden]-rhodanin*, $C_{14}H_{18}ON_2S_3$, F. 166—168° (Methanol), aus 2,6 g **XXVIII** u. 1,65 g **XLI** in 20 cm³ (15 Min.); metall. blaue Kristalle; 37 %; λ_{max} 5700 Å. — *3-Äthyl-5-[1-äthyl-1.2-dihydrochinolyliden-(2)-buten-(2)-yliden]-rhodanin*, $C_{20}H_{20}ON_2S_2$, F. 253—255° (Pyridin–Methanol), aus 1,5 g 1-Äthylchinaldiniumjodid u. 0,8 g **XLI** in 20 cm³ (15 Min.); dunkle Kristalle; 28 %; λ_{max} 6630 Å. — *3-Äthyl-5-[1-äthyl-1.4-dihydrochinolyliden-(4)-buten-(2)-yliden]-rhodanin*, $C_{20}H_{20}ON_2S_2$, F. 210—213° (Pyridin–Methanol), aus 1,5 g **XXXIX** u. 0,8 g **XLI** in 20 cm³ (15 Min.); glänzend grünlichblaue Kristalle; 16 %; λ_{max} 7160 Å. — *1.3-Diäthyl-5-[1-äthyl-3.3-dimethylindolinyliden-(2)-buten-(2)-yliden]-2-thiobarbitursäure*, $C_{24}H_{29}O_2N_3S$, F. 302—303° (Pyridin–Methanol), aus 2,43 g **XII** u. 1,0 g **XXXII** in 20 cm³ (90 Min. bei Zimmertemp.); dunkle Kristalle; 21 %; λ_{max} 5950 Å (in Pyridin); $\mu = 9{,}7 \cdot 10^{-18}$. — *1.3-Diäthyl-5-[1.3-diäthylbenzimidazolinyliden-(2)-buten-(2)-yliden]-barbitursäure*, $C_{23}H_{28}O_3N_4$, F. 304—305° (Pyridin), aus 3,2 g **XXIX** u. 3,6 g **XVIII** in 20 cm³ (60 Min.); rote Nadeln; 7%; λ_{max} 5550 Å (in Phenylcyclohexan); $\mu = 17{,}7 \cdot 10^{-18}$. — *4-[1-Methyl-1.4-dihydropyridyliden-(4)-buten-(2)-yliden]-3-phenylisoxazolon-(5)*, $C_{19}H_{16}O_2N_2$, F. 227—229° (Methanol), aus 2,35 g 1-Methyl-4-picoliniumjodid (**XLII**) u. 3,3 g **XIX** in 20 cm³ (15 Min.); dunkle Kristalle; 3%; λ_{max} 6100 Å (in Pyridin). — Merotricarbocyanine: *1.3-Diäthyl-5-[1-äthyl-3.3-dimethylindolinyliden-(2)-hexadien-(2.4)-yliden]-2-thiobarbitursäure*, $C_{26}H_{31}O_2N_3S$, F. 190—192° (A.), aus 1,28 g **XV** u. 0,5 g **XXXII** in 20 cm³ (60 Min. bei Zimmertemp.); bläuliche Kristalle; 9%; λ_{max} 6975 Å (in Pyridin). — *4-[1-Methyl-1.4-dihydropyridyliden-(4)-hexadien-(2.4)-yliden]-3-phenylisoxazolon-(5)*, $C_{21}H_{18}O_2N_2$, F. 201—203° (Methanol), aus 18,8 g **XLII** u. 28,8 g **XXI** in 60 cm³ (30 Min.); dunkelgrüne Kristalle; 0,7%; λ_{max} 7100 Å (in Pyridin). — *3-Äthyl-5-[3-äthylbenzothiazolinyliden-(2)-äthyliden]-rhodanin* (**I**); λ_{max} 5260 Å. — *3-Äthyl-5-[3-äthylbenzothiazolinyliden-(2)-buten-(2)-yliden]-rhodanin*; λ_{max} 6050 Å. — p-Dimethylaminobenzylidenfarbstoffe: *4-[p-Dimethylaminobenzyliden]-1-phenylpyrazolon-(5)*, $C_{18}H_{17}ON_3$, F. 216—217° (Essigsäure), aus 1,5 g p-Dimethylaminobenzaldehyd (**XLIII**) u. 1,6 g **XXX** in 13 cm³ Essigsäure (30 Min.); rote Kristalle; 46%; λ_{max} 4800 Å. — *5-[p-Dimethylaminobenzyliden]-1.3-diäthyl-2-thiobarbitursäure*, $C_{17}H_{21}O_2N_3S$, F. 212—214° (Methanol), aus 3,0 g **XLIII** u. 4,0 g **XXXII** in Ggw. von Piperidin in 50 cm³ (180 Min.); kompakte Kristalle mit blauer Reflexion; 53%; λ_{max} 4900 Å. — *5-[p-Dimethylaminobenzyliden]-1.3-diäthylbarbitursäure*, $C_{17}H_{21}O_3N_3$, F. 188 bis 189° (Methanol), aus 1,5 g **XLIII** u. 1,8 g **XXXIV** in 15 cm³ Essigsäure ohne Kondensationsmittel (20 Min.); orangefarbene Kristalle; 82%; λ_{max} 4660 Å. — *5-[p-Dimethylaminobenzyliden]-3-äthyl-2-thiooxazolidindion-(2.4)*, $C_{14}H_{16}O_2N_2S$, F. 156—158° (ohne Zers.; Methanol), aus 0,75 g **XLIII** u. 0,7 g **XXXV** in 20 cm³ in Ggw. von Piperidin (90 Min.); orangefarbene Platten; 36%; λ_{max} 4370 Å. — *3-[p-Dimethylaminobenzyliden]-1-äthyloxindol*, $C_{19}H_{20}ON_2$, F. 153—154° (ohne Zers.; Bzl.–Ligroin, Kp. 60—90° [1 : 10]), aus 1,5 g **XLIII** u. 1,6 g **XXXVI** in 20 cm³ in Ggw. von Piperidin (120 Min.); gelborangefarbene Kristalle; 17%; λ_{max} 4360 Å. — *5-[p-Dimethylaminobenzyliden]-3-äthyl-1-phenyl-2-thiohydantoin*, $C_{20}H_{21}ON_3S$, F. 203—204° (Essigsäure), aus 1,5 g **XLIII** u. 2,2 g **XXXVII** in 10 cm³ in Ggw. von Piperidin (60 Min.); orangefarbene Kristalle; 49%; λ_{max} 4560 Å. — p-Dimethylaminostyrylfarbstoff: *2-[p-Dimethylaminostyryl]-3-äthylhexahydrobenzothiazolium-p-toluolsulfonat*, $C_{26}H_{34}O_3N_2S_2$, F. 212—214° (A.), aus 3,5 g **X** u. 1,5 g **XLIII** in 15 cm³ Acetanhydrid ohne Kondensationsmittel (1,5 Min.); dunkelrote Kristalle; 48%; λ_{max} 4820 Å. — Asymm. Carbocyaninfarbstoff: *3-Äthyl-2'.5'-dimethyl-1'-phenylhexahydrothia-3'-pyrrolocarbocyaninperchlorat*, $C_{23}H_{29}O_4N_2ClS$, F. 187—188° (A.), aus 3,1 g 3-Äthyl-2-methylhexahydrobenzothiazoliumjodid (**XLIV**) u. 2,0 g 2.5-Dimethyl-1-phenylpyrrol-3-aldehyd in 15 cm³ in Ggw. von Piperidin (240 Min.); gelbe Kristalle; 39%; λ_{max} 4205 Å. — Symm. Carbo- u. Dicarbocyaninfarbstoffe: *3.3'-Diäthylhexahydrothiacarbocyaninperchlorat*, $C_{21}H_{33}O_4N_2ClS_2$, F. 222 bis 223° (A.), aus 3,1 g **XLIV** u. 2,2 g Orthoameisensäuretriäthylester (**XLV**) in 15 cm³ Pyridin ohne Kondensationsmittel (90 Min.); orangefarbene Kristalle; 50%; λ_{max} 4525 Å. — *3.3.3'.3'-Tetramethyl-1.1'-diphenylindodicarbocyaninperchlorat*, $C_{37}H_{35}O_4N_2Cl$, F. 236—238° (A.), aus 3,36 g 2.3.3-Trimethyl-1-phenylpseudoindoliumperchlorat, 1,3 g **XIV** u. 1 Mol Na-Acetat in 15 cm³ Acetanhydrid (3 Min.); grüne Kristalle; 30%; λ_{max} 6500 Å. — *1.1'-Diäthyl-3.3.3'.3'-tetramethylindodicarbocyaninperchlorat*, $C_{29}H_{35}O_4N_2Cl$, F. 189—191° (Methanol), aus 1,0 g **XII** u. 0,65 g 1-Äthyl-2.3.3-trimethylpseudoindoliumjodid in 15 cm³ (15 Min.); grüne Kristalle; 30% (nach Umwandlung ins Perchlorat); λ_{max} 6410 Å. — *3.3'-Diäthylselenadicarbocyaninjodid*, $C_{23}H_{23}N_2JSe_2$, F. 232—234° (Methanol), aus 3,5 g **XL** u. 1,3 g **XIV** in 15 cm³ (15 Min.); grünlichbronzene Nadeln; 36%; λ_{max} 6660 Å. — *1.1'-Dimethyl-4.4'-pyridodicarbocyaninjodid*, $C_{17}H_{19}N_2J$, F. 255 bis 256° (Methanol), aus 4,7 g **XLII** u. 2, 6g **XIV** in 30 cm³ Pyridin ohne Kondensationsmittel (900 Min. bei 100°); grünliche Nadeln; 4%; λ_{max} 7200 Å (in Pyridin). — Symm. Methin- u. Trimethinoxonole: *Bis-[3-äthylrhodanin-(5)]-methinoxonoltriäthylammoniumsalz* (**III**), $C_{17}H_{27}O_2N_3S_4$, F. 181—183° (Methanol), aus 3,0 g **XVII** u. 1,6 g **XXVI** in 20 cm³ Pyridin (30 Min.); granatfarbene Nadeln; 33% (als Triäthylaminsalz); λ_{max} 5320 Å. — *Bis-[3-phenylisoxazolon-(5)-yliden-(4)]-methinoxonolpyridiniumsalz*, $C_{24}H_{17}O_4N_3$, F. 175—177° (Methanol), aus 1,48 g **XLV** u. 1,6 g **XX** in 10 cm³ Pyridin ohne Katalysator (15 Min.); gelbliche Kristalle; 40% (als Pyridinsalz); λ_{max} 4255 Å. — *Bis-[1-phenylpyrazolon-(5)-yliden-(4)]-methinoxonol*, $C_{19}H_{14}O_2N_4$, F. 174 bis 177° (Methanol), aus 3,0 g **XLV** u. 3,2 g **XXX** in 20 cm³ Pyridin (6 Min.); gelber Kristallfilz; 66%; λ_{max} 4310 Å. — *Bis-[1.3-diäthyl-2-thiobarbitursäure-(5)]-methinoxonol*, $C_{17}H_{22}O_4N_4S_2$, F. 183—185° (Methanol), aus 1,5 g **XLV** u. 2,0 g **XXXII** in 30 cm³ Pyridin ohne Katalysator (15 Min.); bräunliche Nadeln; 25%; λ_{max} 4590 Å. — *Bis-[1.3-diäthyl-*

barbitursäure-(5)]-methinoxonol, $C_{17}H_{22}O_6N_4$, F. 128—130° (ohne Zers.; Methanol), aus 1,5 g **XLV** u. 0,9 g **XXXIV** in 15 cm³ Pyridin ohne Katalysator (10 Min.); hautfarbene Kristalle; 10%; λ_{max} 4200 Å. — *Bis-[3-äthyl-2-thio-4-oxooxazolidin-(5)]-methinoxonol-triäthylaminsalz*, $C_{17}H_{27}O_4N_3S_2$, F. 146—148° (A.-Ae.), aus 2,9 g **XXIII** u. 2,6 g **XXXV** in 20 cm³ Pyridin (120 Min.); hautfarbene Kristalle; 12% (als Triäthylaminsalz); λ_{max} 4455 Å. — *Bis-[1-äthyloxindol-(3)]-methinoxonol*, $C_{21}H_{20}O_2N_2$, F. 182—184° (A.), aus 3,2 g Diäthoxymethylacetat (**XXIV**) u. 6,4 g **XXXVI** in 10 cm³ Pyridin (900 Min. bei 120°); rote Kristalle; 12%; λ_{max} 4685 Å. — *Bis-[3-äthyl-1-phenyl-2-thiohydantoin-(5)]-methinoxonol*, $C_{23}H_{22}O_2N_4S_2$, F. 202—203° (A.), aus 3,2 g **XXIV** u. 8,8 g **XXXVII** in 10 cm³ Pyridin (900 Min. bei 120°); cremefarbene Kristalle; 13%; λ_{max} 5300 Å. — *Bis-[3-phenyl-5-oxoisoxazolin-(4)]-trimethinoxonolpyridiniumsalz*, $C_{26}H_{19}O_4N_3$, F. 161—164° (Methanol), aus 1,7 g β-Äthoxyacroleinacetal u. 1,6 g **XX** in 10 cm³ Pyridin (10 Min.); purpurfarbene Kristalle; 34% (als Pyridinsalz); λ_{max} 5300 Å (in Pyridin). (J. Amer. chem. Soc. **73**. 5332—50. Nov. 1951.) L. FISCHER. D 119

L. G. S. Brooker, G. H. Keyes und **D. W. Heseltine**, *Farbe und Konstitution. 11. Mitt. Anhydroniumbasen von p-Oxystyrylfarbstoffen als Lösungsmittelpolaritätsindicatoren.* (10. vgl. vorst. Ref.) Vff. haben einige ausgewählte Merocyanine mit besonderer Empfindlichkeit gegen Solvenseinflüsse dargestellt u. ihre Absorptionsspektren in verschied. Lösungsmitteln ermittelt. Für die stark polaren Merocyanine *1-Methyl-4-[4-oxocyclohexadienyliden-(1)-äthyliden]-1.4-dihydropyridin* (**I**) u. *3-Methyl-2-[4-oxocyclohexadienyliden-(1)-äthyliden]-4.5.6.7-tetrahydrobenzothiazolin* (**II**) drückt sich die verschied. wahre Polarität auf Grund der verschied. Basizität der N-haltigen Ringe in den starken hypsochromen Effekten aus. **I** zeigt eine Verschiebung des λ_{max}-Wertes nach kürzeren Wellen beim Übergang von Pyridin zu W. als Solvens von 1620 Å u. **II** eine von 1290 Å, das heißt **I** besitzt den stärker bas. Ring gegenüber **II**. *3-Methyl-2-* (**III**), *5-Chlor-3-äthyl-2-* (**IV**) u. *3-Benzyl-5-chlor-2-[4-oxocyclohexadienyliden-(1)-äthyliden]-benzothiazolin* (**V**), sowie *1.3.3-Trimethyl-2-* (**VI**) u. *3.3-Dimethyl-1-phenyl-2-[4-oxocyclohexadienyliden-(1)-äthyliden]-indolin* (**VII**) besitzen eine in dieser Reihenfolge abnehmende wahre Polarität auf Grund ihres zunehmend schwächer werdenden bas. N-haltigen Ringes. **III, IV, V, VI** u. **VII** zeigen übereinstimmend für verschied. Zuss. von W.-Pyridin ein hakenförmiges Maximum in der Extinktionskurve, das sich in der Reihenfolge **III—VII** von 92,5% über 86, 75 u. 50% nach 20% Pyridin verschiebt. Die Wrkg. der Polarität des Solvens nimmt also an diesem Knickpunkt mit fallender wahrer Polarität der untersuchten Farbstoffe zu. An diesem Punkt sind nach Ansicht der Vff. die dipolaren u. ungeladenen Grenzstrukturen dieser Verbb. energet. einander gleich. Es wird der Name isoenerget. Punkt für dieses Maximum vorgeschlagen. Von diesem Punkt nach kleineren Wellenlängen hin herrscht jeweils die dipolare Struktur vor, während auf der anderen Seite, also in pyridinreichen Lsgg., die ungeladene dominiert. Für **I** u. **II** liegen die isoenerget. Punkte jenseits der λ_{max}-Werte für reines Pyridin. **I** u. **II** lassen sich zur colorimetr. Abschätzung von kleineren Mengen W., Methanol, A., n- oder Isopropylalkohol in Pyridin bzw. umgekehrt verwenden. Ferner ist auf Grund der hypsochromen Effekte eine relative colorimetr. Best. der Basizität von N-haltigen Ringen, die sich zu den entsprechenden Farbstoffen kondensieren lassen, möglich. Die von WIZINGER u. WENNING (Helv. chim. Acta **23.** [1940.] 247) dargelegten Ansichten über die Farbigkeit der Kondensationsprodd. von 2-Oxynaphthalin-1-aldehyd mit 1.2-Dimethylchinolinium- bzw. 3-Äthyl-2-methylbenzothiazoliumsalz werden widerlegt. Die Absorptionserscheinungen dieser Verbb. lassen sich zwanglos auf der Grundlage der Theorie der Merocyanine erklären.

Versuche (FF. korr.): *5.5'-Dichlor-3.3'-diäthylthiacarbocyaninbromid*, $C_{21}H_{19}N_2Cl_2BrS_2$, F. 289—291° (Zers.), aus 3,84 g 5-Chlor-3-äthyl-2-methylbenzothiazolium (**VIII**)-p-toluolsulfonat u. 2,22 g Orthoameisensäuretriäthylester in 10 cm³ Pyridin (30 Min. am Rückfluß) u. mit wss. KBr ausfällen; bläulichpurpurne Nadeln aus Methanol; 47% (Ausbeute); λ_{max} 5620 Å (in Methanol). — *5-Chlor-2-[p-dimethylaminostyryl]-3-äthylbenzothiazoliumjodid*, $C_{19}H_{20}N_2ClJS \cdot CH_3OH$, F. 267—268° (Zers.), aus 3,39 g **VIII**-Jodid u. 1,49 g p-Dimethylaminobenzaldehyd (**IX**) in 35 cm³ A. (4 Std. am Rückfluß); purpurfarbene Nadeln aus Methanol; 55%; λ_{max} 5370 Å (Methanol). — *3.3'-Dibenzyl-5.5'-dichlorthiacarbocyaninbromid*, $C_{31}H_{23}N_2Cl_2BrS_2$, F. 264—265° (Zers.), aus 3,56 g 3-Benzyl-5-chlor-2-methylbenzothiazoliumbromid (**X**) (dargestellt durch Erhitzen von mol. Mengen von 5-Chlor-2-methylbenzothiazol u. Benzylbromid, 20 Std. auf dem Wasserbad, in 50%ig. Ausbeute) u. 1,62 g Diäthoxymethylacetat in 20 cm³ Pyridin am Rückfluß (15 Min.); grünlichbronzene Kristalle aus Methanol; 38%; λ_{max} 5680 Å (in Methanol). — *3-Benzyl-5-chlor-2-[p-dimethylaminostyryl]-benzothiazoliumbromid*, $C_{24}H_{22}N_2ClBrS \cdot \frac{1}{2} CH_3OH$, F. 243—244° (Zers.), aus 3,56 g **X** u. 1,49 g **IX** in 25 cm³ A. am Rückfluß (1 Std.); bläuliche Kristalle aus Methanol; 42%; λ_{max} 5480 Å (Methanol). —

Die folgenden Merocyanine wurden allg. in gleicher Weise dargestellt. Das entsprechende quarternäre Salz mit der reaktiven CH_3-Gruppe wurde mit p-Oxybenzaldehyd kondensiert u. das Reaktionsprod. mit wss. NH_4OH in die Merocyaninverb. übergeführt: *1-Methyl-4-[4-oxocyclohexadienyliden-(1)-äthyliden]-1.4-dihydropyridin* (I), $C_{14}H_{13}ON \cdot \frac{1}{2} H_2O$, F. 194—196° (Zers.), rote Kristalle aus W.; 28%; λ_{max} 6050 Å (Pyridin). — *3-Methyl-2-[4-oxocyclohexadienyliden-(1)-äthyliden]-4.5.6.7-tetrahydrobenzothiazolin* (II), $C_{16}H_{17}ONS \cdot H_2O$, F. 169—171° (Zers.), rötlichbraune Kristalle aus W.; 59%; λ_{max} 5750Å (Pyridin). — *3-Methyl-2-[4-oxocyclohexadienyliden-(1)-äthyliden]-benzothiazolin* (III), $C_{16}H_{13}ONS$, F. 143—145° (Zers.), stahlblaue Kristalle aus Methanol; 35%; λ_{max} 5650 Å (Pyridin). — *5-Chlor-3-äthyl-2-[4-oxocyclohexadienyliden-(1)-äthyliden]-benzothiazolin* (IV), $C_{17}H_{14}ONClS \cdot 2H_2O$, F. 203—204° (Zers.), bronzene Kristalle aus Methanol; 17%; λ_{max} 5660 Å (Pyridin). — *3-Benzyl-5-chlor-2-[4-oxocyclohexadienyliden-(1)-äthyliden]-benzothiazolin* (V), $C_{22}H_{16}ONClS$, F. 154—155° (Zers.), blaue Kristalle aus Methanol; 42%; λ_{max} 5640 Å (Pyridin). — *1.3.3-Trimethyl-2-[4-oxocyclohexadienyliden-(1)-äthyliden]-indolin* (VI), $C_{19}H_{19}ON$, F. 61—63° (Zers.), amorphe rötliche Substanz aus Methanol–W.; 12%; λ_{max} 5440 Å (Pyridin). — *3.3-Dimethyl-2-[4-oxocyclohexadienyliden-(1)-äthyliden]-1-phenylindolin* (VII), $C_{24}H_{21}ON \cdot \frac{1}{2} H_2O$, F. 93—95° (Zers.), bräunliche Kristalle aus Ligroin (Kp. 90—120°); 25%; λ_{max} 5400 Å (Pyridin). (J. Amer. chem. Soc. **73.** 5350—56. Nov. 1951.) L. FISCHER. D 119

L. G. S. Brooker und **G. H. Keyes,** *Farbe und Konstitution.* 12. Mitt. *Die Absorption der Phthalone.* (11. vgl. vorst. Ref.) *2-[1-Methyl-1.2-dihydrochinolyliden-(2)]-indandion-(1.3)* (I) u. *2-[1-Methyl-1.2-dihydropyridyliden-(2)]-indandion-(1.3)* (II), sowie die vinylogen Verbb. *2-[1-Methyl-1.2-chinolyliden-(2)-äthyliden]-* (III) u. *2-[1-Methyl-1.2-dihydropyridyliden-(2)-äthyliden]-indandion-(1.3)* (**IV**) wurden als Derivv. des Chinophthalons u. Pyrophthalons dargestellt. Die ermittelten Absorptionsspektren in Pyridin/W.-Gemischen als Solvens zeigen übereinstimmend mit denen der Grundsubstanzen eine Verschiebung von λ_{max} nach kürzeren Wellen beim Übergang von reinem Pyridin zu W., jedoch sind diese hypsochromen Effekte durch Solvenseinflüsse bei Verb. **I—IV** stärker ausgeprägt. **I, II, III** u. **IV** zeigen das typ. Verh. stark polarer Merocyaninfarbstoffe. **III** besitzt im Absorptionsdiagramm einen schwach erkennbaren isoenerget. Punkt.

Versuche (FF. korr.): *2-[1-Methyl-1.2-dihydrochinolyliden-(2)]-indandion-(1.3)* (I), $C_{19}H_{13}O_2N$, F. 248—250° (Zers.), aus äquimol. Mengen Indandion-(1.3) (**V**), 1-Methyl-2-phenylmercaptochinolinium-p-toluolsulfonat u. Triäthylamin (**VI**) in A. am Rückfluß (15 Min.); tiefgelbe Nadeln aus Methanol; 58% (Ausbeute); λ_{max} 4520 Å (Pyridin), 4200 Å (in 2%ig. wss. Pyridin). — *2-[1-Methyl-1.2-dihydropyridyliden-(2)]-indandion-(1.3)* (II), $C_{15}H_{11}O_2N$, F. 163—165° (Zers.), aus äquimol. Mengen 2-Jod-1-methylpyridiniumjodid u. **V** in A. u. 2 Mol **VI** am Rückfluß (15 Min.), A. abdestillieren, den Rückstand mit W. versetzen, mit Chlf. extrahieren, durch azeotrope Dest. trocknen u. mit PAe. ausfällen; gelbe Kristalle aus A.; 9%; λ_{max} 4060° (in Pyridin), 3720 Å (in W.). — *2-[1-Methyl-1.2-dihydrochinolyliden-(2)-äthyliden]-indandion-(1.3)* (**III**), $C_{21}H_{15} \cdot O_2N$, F. 315—317° (Zers.), aus äquimol. Mengen **V**, 2-[2-Acetanilidovinyl]-1-methylchinolinium-p-toluolsulfonat u. **VI** in A. am Rückfluß (15 Min.); rotbraune Kristalle aus Methanol; 14%; λ_{max} 5440 Å (in Pyridin), 5200 Å (in 10%ig. wss. Pyridin). — *2-[1-Methyl-1.2-dihydropyridyliden-(2)-äthyliden]-indandion-(1.3)* (**IV**), $C_{17}H_{13}O_2N$, F. 248 bis 250° (Zers.), aus 2,35 g 1-Methyl-2-picoliniumjodid, 1,45 g **V**, 3,2 g Diäthoxymethylacetat u. 10 cm³ Piperidin bei 130—140° in 30 Min.; rötlichbronzene Kristalle aus Bzl.; 17%; λ_{max} 5120 Å (in Pyridin), 4500 Å (in W.). (J. Amer. chem. Soc. **73.** 5356—58. Nov. 1951.) L. FISCHER. D 119

F. P. Lossing, K. U. Ingold und **I. H. S. Henderson,** *Untersuchung freier Radikale mit Hilfe der Massenspektrometrie.* 6. Mitt. *Die Bindungsdissoziationsenergien einiger Methyl-, Allyl- und Benzylverbindungen nach der Elektronenstoßmethode.* (5. vgl. C. **1955.** 5028.) Mit der früher beschriebenen Meth. wurden die Appearence-Potentiale (AP) des Methyl- (I), Allyl- (II) u. Benzyl- (III)-Radikals aus einer Reihe von Verbb. gemessen u. daraus mit Hilfe der früher bestimmten Ionisationspotentiale die Dissoziationsenergien der Bindungen R—X berechnet. Die gefundenen Werte für AP (in eV) u. Dissoziationsenergie (in kcal/Mol) betragen für **I** aus CH_4 14,41 ± 0,03 u. 102,8 ± 1,5, aus CH_3J 12,15 ± 0,03 u. 50,7 ± 1,5, aus CH_3Br 12,83 ± 0,06 u. 66,4 ± 2, aus CH_3Cl 13,44 ± 0,15 u. 80,5 ± 3, aus CH_3F 14,6 ± 0,6 u. 107 ± 12, aus CH_3OH 13,90 ± 0,15 u. 91,1 ± 4, für **II** aus Jodid 9,64 ± 0,03 u. 34,1 ± 1,5, aus Bromid 10,23 ± 0,08 u. 47,7 ± 2,5, aus Chlorid 10,78 ± 0,1 u. 60,4 ± 3; für **III** aus Jodid 9,23 ± 0,05 u. 34,6 ± 3, aus Bromid 9,67 ± 0,05 u. 44,7 ± 3, aus Chlorid 10,35 ± 0,1 u. 60,4 ± 4. (J. chem. Physics **22.** 1489 bis 1492. Sept. 1954. Ottawa, Can., Nat. Res. Council, Div. of pure Chem.)
R. CONRAD. D 131

Je. Ja. Mindowitsch und **Ss. W. Gorbatschew,** *Dielektrizitätskonstanten einiger Molekülverbindungen der Pikrinsäure.* Die Messungen wurden mit einer SCHERING-Brücke zur Best. der DK. (D_x) u. des dielektr. Verlustwinkels (tg α) durchgeführt, die Fehlangaben der Brücke überstiegen nicht 0,5%. Ein zu Meßzwecken angefertigter flacher Kondensator bewährte sich hierbei. Meßergebnisse: *Pikrinsäure* (I) D_x 2,992 (tg α 0,0952); *Bzl.* (II) D_x 2,271 (Tabellenwert); *Naphthalin* (III) 2,699 (0,0981); *Anthracen* (IV) 2,544 (0,0082). Mol.-Verbb.: I—II 2,795 (0,1020); I—III 2,850 (0,1012); I—IV 2,770 (0,1031). Die Werte für die Mol.-Verbb. (1:1) liegen zwischen jenen der Komponenten. Meßtemp. 20 ± 1°. (Журнал Физической Химии [J. physik. Chem.] **27.** 1686—88. Nov. 1953. Moskau, Chem.-technol. Mendelejew-Inst.) A. v. WILPERT. D 132

Takashi Itoh, Kimio Ohno und **Hiroyuki Yoshizumi,** *Nichtempirische Berechnung der diamagnetischen Anisotropie von Benzol.* Die große Anisotropie der diamagnet. Susceptibilität von Bzl., von der angenommen wird, daß sie durch die freie Wanderung der π-Elektronen hervorgerufen wird, wird berechnet mittels der antisymmetrisierten LCAO-MO-Meth. (MAYER, SKLAR, J. chem. Physics **6.** [1938.] 645). Es wurden alle Konfigurationen eingeschlossen, die durch Anregung von einem oder zwei Elektronen aus der tiefstenerget. Konfiguration erhalten werden. Der berechnete Wert der diamagnet. Anisotropie beträgt ca. 50% des experimentellen. Der Einfl. der Konfigurationswechselwrkg. ist nicht klein genug, um vernachlässigt zu werden. (J. physic. Soc. Japan **10.** 103—07. Febr. 1955. Tokyo, Univ., Fac. of Sci., Dep. of Phys. [Orig.: engl.]) J. v. HARLEM. D 137

Marion Maclean Davis und **Hannah B. Hetzer,** *Die relativen Basizitäten des Tribenzylamins und des Tribenzylaminoxyds in Benzol und Wasser. Darstellung und Eigenschaften des Tribenzylaminoxyds.* In Fortsetzung der Unterss. über Momentan-Rkk. organ. Basen mit H-Säuren in Bzl. (vgl. J. Res. Nat. Bur. Standards **42.** [1949.] 595) wurde die Gleichgewichtskonstante für die Assoziation des *Tribenzylamins* (I) mit dem sauren Indicatorfarbstoff *Bromphthaleinmagenta E* (*3'.3''.5'.5''-Tetrabromphenolphthaleinäthylester*, II) in Bzl. bei 25° spektrophotometr. zu 0,13 bestimmt. Dieser Wert gestattet zusammen mit früheren Daten einen Vgl. der Aciditäten des II, der *Pikrinsäure* (III), u. des *Trinitro-m-kresols* (IV) in Bzl. in bezug auf das Reaktionsvermögen mit I u. gleichfalls einen Vgl. der Basizitäten des I u. einiger anderer bas. Verbb. in bezug auf das Reaktionsvermögen mit II. Die Stärke dieser Basen in Bzl. wird verglichen mit ihren Ionendissoziationskonstanten in Wasser. Die langsame Änderung des Absorptionsspektr. von Lsgg. von I u. II in Bzl. wird auf Oxydation eines Teils des I zu *Tribenzylaminoxyd* (V) zurückgeführt, das dann mit II reagiert. Die Struktur dieser Verb. wird durch Analyse, Titration mit $HClO_4$ in Eisessig, Red. zu I u. durch die allg. Ähnlichkeit ihrer Eigg. mit denen anderer Aminoxyde bestätigt. Für ihre Ionendissoziationskonstante in W. ergibt sich ein Näherungswert von $5 \cdot 10^{-10}$, für die Assoziationskonstante mit II in Bzl. bei 25° ein solcher von ca. $4,8 \cdot 10^5$. Das durch die Absorptionskurven gekennzeichnete, von dem Verh. tert. Ammoniumsalze der Säuren II, III u. IV abweichende Verh. des I u. V wird in Parallele gestellt zu ähnlichen Verschiedenheiten im Verh. der Salze tert. Aminoxyde der genannten Säuren u. im Licht der Anschauungen von KRAUS bzw. FUOSS diskutiert, wobei die von FUOSS (C. **1950.** II. 2661) beobachtete Änderung in der Leitfähigkeit von Lsgg. von *Tribenzylammoniumpikrat* in *Toluol* auf teilweise Oxydation zu V zurückgeführt wird. — *Tribenzylaminoxyd* (V), $C_{21}H_{21}ON$, F. 122,3—123,0°, aus I in Eisessig mit 30% H_2O_2, 24 Std. bei 20—25°. (J. Amer. chem. Soc. **76.** 4247—60. 5/9. 1954. Washington, D. C., Nat. Bur. of Standards.) W. NIEMITZ. D 139

Joseph J. Jasper und **T. Donald Wood,** *Untersuchung der Temperaturabhängigkeit der Grenzflächenspannung einiger Halogenbenzole gegen Wasser.* Vff. bestimmen die Grenzflächenspannungen γ_i von *Chlor-* (I), *Brom-* (II) u. *Jodbenzol* (III) gegen *W.* im Bereich von 20—80° u. berechnen die thermodynam. Eigg. der betreffenden Grenzschichten. Die entsprechenden Messungen am Syst. Fluorbenzol–W. konnten experimentell nicht durchgeführt werden. Die Temperaturabhängigkeit der γ_i (in erg/cm²) wird durch die folgenden empir. Formeln wiedergegeben. Für I $\gamma_i = 38,42 - 2,665 \cdot 10^{-3}\,t - 6,846 \cdot 10^{-4}\,t^2$, II $\gamma_i = 40,32 - 4,309 \cdot 10^{-2}\,t - 3,973 \cdot 10^{-4}\,t^2$ u. III $\gamma_i = 42,61 - 4,761 \cdot 10^{-2}\,t - 3,706 \cdot 10^{-4}\,t^2$. Wegen der mit der Temp. zunehmenden gegenseitigen Löslichkeit der beiden Fll. ist die Abnahme der γ_i nicht linear. Für die Tempp. 20, 40, 60 u. 80° sind die Dichten der wss. u. organ. Phasen, die Entropien, latenten Wärmen u. die Enthalpien der Grenzschichten der 3 Halogenbenzol-W.-Systeme angegeben. (J. physic. Chem. **59.** 541—42. Juni 1955. Detroit, Mich., Wayne Univ., Dep. of Chem.) K. FRENKLER. D 166

M. T. Beck und **P. Ébrey,** *Einige Bemerkungen zur Papierchromatographie von Aminosäuren.* (Vorl. Mitt.) Bei der eindimensionalen Papierchromatographie von Gemischen verschied. Aminosäuren [hauptsächlich Glutaminsäure (I)–Glycin (II)] in Phenol oder Butanol–Essigsäure zeigte es sich, daß sowohl die R_F-Werte als auch die Fleckenausbldg. in starkem Maße vom gegenseitigen Mengenverhältnis der chromatographierten Aminosäuren abhängig ist. Wurde bei den Phenolchromatogrammen die I-Menge (20 γ) konstant gehalten u. die II-Menge gesteigert (10—50 γ), so verkleinerte sich die Fläche des zu I gehörigen Fleckens, woraus Vff. schließen, daß hierbei ein Teil von I mit II wandert. Bei einem Mol.-Verhältnis I:II = 5:1 (100:10 γ) erscheint nur ein einziger Fleck, der seiner Lage nach als Serin identifiziert werden konnte. Bei den Butanol–Essigsäure-Chromatogrammen mit Mol.-Verhältnissen I:II = 1:5 (20:50 γ) u. 5:1 (100:10 γ) erscheinen sogar drei Flecken. Mit anderen Aminosäurepaaren konnten ähnliche Beobachtungen gemacht werden. Vff. schließen aus ihren Beobachtungen, daß die Aminosäuren miteinander reagieren u. zwar in Abhängigkeit des Mediums u. des Verhältnisses ihrer Konz., so daß in den Papierchromatogrammen neben den freien Aminosäuren auch die Reaktionsprodd. erscheinen. Es wird daher vorgeschlagen, die Aminosäuren durch Behandlung mit HNO_2, Formaldehyd oder 2.4-Dinitrofluorbenzol vor der Papierchromatographie in die entsprechenden reaktionsträgeren Derivv. überzuführen. (Acta chim. Acad. Sci. hung. **4.** 231—33. 1954. Szeged, Ungarn, Univ., Pediatric Dep., u. Inst. of Inorganic and Analyt. Chem.)

K. NEHRING. D 177

M. A. Kowner und **W. A. Tschujenkow,** *Zur Theorie der Wasserstoffbindung in Carbonsäuredimeren.* Der Verlauf der Potentialkurve, nach der sich das H-Atom in *Carbonsäuredimeren* (I) $(RCOOH)_2$ (R = H, CH_3, C_4H_9) bewegt, läßt sich befriedigend mittels einer einfachen Funktion beschreiben: $U = D[1 - (4z^2/R^2)]^2$, wobei D die Höhe der Potentialschwelle, R der Abstand zwischen 2 Minima (berechnet zu 0,7 Å), z der Abstand eines Atoms vom Symmetriepunkt ist. Mit Hilfe dieser Funktion werden die Aufspaltungen der Schwingungsniveaus von OH bei I in Abhängigkeit von D berechnet. Die in den Streuungsspektren der I beobachteten Dubletts lassen sich als Übergänge zwischen diesen aufgespaltenen Niveaus oder als Frequenzen erklären, die durch Kombination der Frequenzen dieser Übergänge mit der Frequenz der H-Bindung entstehen. Für D errechnen sich die Werte 0,60 (eV) bei 200 cm^{-1}, 0,63 bei 170 u. 0,685 bei 130 für $(HCOOH)_2$ (vgl. auch C. **1951.** I. 3162). (Журнал Физической Химии [J. physik. Chem.] **25.** 662—69. Juni 1951. Ssaratow, Tschernyschweski-Univ., Lehrstuhl für theoret. Physik.)

R. K. MÜLLER. D 182

G. M. Badger, *Die aromatische Bindung.* Übersichtsarbeit. Bes. behandelt werden: Die Rkk., bei denen anscheinend Fixierung einer Kerndoppelbindung stattfindet; der MILLS-NIXON-Effekt; der Verlauf der Rkk. mit Doppelbindungsreagentien (Diazoverbb., Ozon, OsO_4); die Bindungslängen in aromat. Systemen u. die Aussagen der MO-Theorie über die Natur der aromat. Bindung. — 112 Literaturangaben. (Quart. Rev. [chem. Soc., London] **5.** 147—70. 1951. Adelaide, Univ.) G. KRESZE. D 182

Roberts S. Young, *Vorläufige röntgenographische Untersuchung fester Kohlenwasserstoffe.* Es wurden röntgenograph. untersucht: *Kentucky-Asphalt, Gilsonit, Asphaltum, Grahamit, Albertit* sowie einige nichtidentifizierte Proben. Auf Grund der erhaltenen Diagramme teilt Vf. die KW-stoffe ein in solche mit einem u. solche mit zwei Interferenzringen. Alle untersuchten Gilsonite sowie eine versuchsweise als Grahamit identifizierte Probe geben nur einen Interferenzring, Asphaltum, Grahamit, Albertit u. mehrere nichtidentifizierte Proben zwei Interferenzringe verschied. Aussehens. Das Diagramm des Kentucky-Asphaltes war wegen der Ggw. von reichlich kristallinem Material, in der Hauptsache Quarz, schwer bestimmbar. Das Diagramm des Gilsonits bestand aus einem sehr diffusen Kleinwinkelhalo. Aus dem niedrigen C-Geh., 10—20%, folgt, daß die Hauptmenge des Materials aus großen, beweglichen „Bitumenlamellen“ besteht. Auf dem Diagramm des Albertits tritt zusätzlich eine zweite Interferenz mit d ∼ 3,4 Å auf, wobei der innere Ring der intensivere ist. Hieraus kann auf eine Entw. einer zweiten Komponente, wahrscheinlich „C-ähnlicher“ Kristallite, geschlossen werden. Auf dem Diagramm des Grahamits ist der äußere Ring der intensivere, woraus geschlossen wird, daß die Entw. der „C-ähnlichen“ Kristallite weiter fortgeschritten ist. Ganz allg. kann aus den Unterss. geschlossen werden, daß Gilsonit fast ausschließlich aus großen „Bitumenmoll.“ in nahezu vollständiger Regellosigkeit aufgebaut ist. Metamorphose in äußerst milder Form bewirkt teilweises Zusammenbrechen der „Bitumenlamellen“ unter Bldg. von „C-ähnlichen“ Kristalliten u. einem gasförmigen Prod. u. ferner eine Tendenz zur Bldg. einer relativ unbeweglichen Anordnung von „C-ähnlichen“ Kristalliten. (Bull. Amer. Assoc. Petroleum Geologists **38.** 2017—20. Sept. 1954. Charlottesville, Va., Geol. Survey.)

C. GOTTFRIED. D 195

B. Ja. Rabinowitsch, *Reaktion von Aluminiumtrichlorid mit Pyridinhydrochlorid in wässeriger Lösung.* Bei der Unters. gemischter Lsgg. von $AlCl_3$ (I) u. *Pyridinhydrochlorid* (II) bei 18 u. 25° zeigt sich eine regelmäßige Abnahme der D. mit dem Geh. an

II in linearer Kurve. Die Abnahme der Viscosität erfolgt oberhalb 50% **II** etwas langsamer. Die spezif. elektr. Leitfähigkeit zeigt eine etwa S-förmige Isotherme mit deutlichem Wendepunkt bei 50 Mol-% **II**; der Temperaturkoeff. erreicht hier einen Minimalwert u. bleibt dann konstant. Die Befunde lassen darauf schließen, daß **I** u. **II** eine wenig stabile Verb., $AlCl_3 \cdot C_5H_5NHCl$, bilden, die sich als Pyridiniumsalz der Aluminiumchlorwasserstoffsäure, $C_5H_5NH[AlCl_4]$, auffassen läßt. (Журнал Общей Химии [J. allg. Chem.] 25 (87). 27—29. Jan. 1955. Kiew, Polytechn. Inst.) R. K. MÜLLER. D 223

S. D. Bailey, R. M. Horowitz und **H. L. Dinsmore,** *Gegenstromverteilung von Colchicin und einigen Derivaten.* Vff. bestimmen allg. die Zus. bin. Mischungen mit Hilfe der Verteilungskoeffizienten K. Sind diese bei zwei Komponenten in einem Lösungsm. genügend verschieden, so ist es möglich, die Analyse mit Hilfe einer von Vff. angegebenen Gleichung $X_A = (K_X - K_B)(K_A + 1)/(K_A - K_B)(K_X + 1)$, wobei X_A = Molenbruch der Komponente A, u. die Indices X, A u. B sich auf die Mischung bzw. die die beiden Komponenten beziehen, durchzuführen. Beschrieben wird die Gegenstromverteilung von *Colchiceinäthyläther, Colchicin* u. *Isocolchicin.* (J. Amer. pharmac. Assoc., sci. Edit. **42.** 548—50. Sept. 1953. Philadelphia, Pa., Smith, Kline and French Labors., Res. Div.) S. v. SCHIESZL. D 224

H. J. Shine und **E. E. Turner,** *Die anomalen Reaktionen von Grignard-Verbindungen.* 1. Mitt. (2. vgl. C. **1952.** 5713.) Ausgehend von der Beobachtung, daß *Isopropyl-MgBr* (**I**) u. *Isobutyl-MgBr* (**II**) bei der Einw. auf *Methylisobutylketon* kondensierend u. reduzierend wirken (SHINE u. TURNER, Nature [London] **158.** [1946.] 170), untersuchten Vff. diese „anomalen" Rkk. (Red., Enolisation u. Kondensation) u. die Bedingungen, unter denen sie eintreten. Verwendet wurden dabei *Methylketone* u. solche GRIGNARD-Verbb., die als Folge der anomalen Rk. gesätt. u. ungesätt. gasförmige Verbb. entwickeln. Jede Rk. einer GRIGNARD-Verb. mit einem Keton ist mit einer Red. u. gleichzeitig mit einer Enolisation oder Enolisation u. Kondensation verbunden. Art u. Ausmaß der anomalen Rkk. sind strukturabhängig, die Enolisation ist Vorbedingung für eine eintretende Kondensation. **I** gibt mit Methylketonen mehr Enolisation (oder Kondensation) u. weniger Red. als **II**, während sek.-Butyl-MgBr (**III**) eine Zwischenstellung einnimmt. Das Ausmaß von Red., Enolisation u. Kondensation ist nur wenig temperaturabhängig. Ster. Hinderung ist aus den Rkk. mit *Diisopropylketon* (**IV**) u. *Diisobutylketon* (**V**) zu erkennen: Während **I** auf **IV** hauptsächlich reduzierend wirkt, gibt Rk. mit **V** Enolisation. Im einzelnen wurden untersucht [in () Ausbeute in % an wiedergewonnenem Keton; sek. Carbinol; tert. Carbinol; ungesätt. Keton (Kondensationsprod.) u. Ketol]; Rkk. mit n-Propyl-MgBr: *Methyl-n-propyl-* (**VI**; —; 5; 70; 5; —) u. *-isopropylketon* (**VII**; —; 5; 80; 5; —). Rkk. mit **I**: **VI** (—; 5; 35; 35; —), **VII** (—; —; 10; 50; —), *Methyläthyl-* (**VIII**; —; 5; 30; 35; —), *-n-butyl-* (**IX**; 10; —; 25; 35; —), *-isobutyl-* (**X**; 5; 5; 20; 60; —; bei —50° 5; —; 25; 50; —; bei 0° in Ggw. von $CoCl_2$ —; 15; 25; 40; —), *-tert.-butyl-* (**XI**; 15; 10; —; —; 40), *-n-amylketon* (**XII**; —; 5; 30; 45; —), **IV** (15; 55; —; —; —) u. **V** (60; —; 15; —; —;). Rkk. mit Isopropyl-MgCl: **XI** (40; 5; —; —; 35) u. **X** (5; —; 20; 55; —). Rkk. mit **II**: **VI** (—; 50; 25; —; —), **X** (—; 50; 30; 5; —; bei —50° 10; 55; 25; 5; —), **XI** (—; 65; —; —; 30), **V** (5; 65; 20; —; —). Rkk. mit **III**: **VI** (—; 30; 20; 20; —), **VII** (10; 20; —; 40; —), **IX** (5; 10; 20; 30; —), **X** (5; 10; 15; 55; —; bei —50° 10; 10; 15; 60; —), **XI** (25; 20; —; —; 30), **XII** (20; —; 15; 35; —). Rk. mit sek.-Butyl-MgCl: **XI** (35; 10; —; —; 35). — Die erhaltenen Kondensationsprodd. wurden, falls möglich, als 2.4-Dinitrophenylhydrazone (DNP) charakterisiert; dabei werden die Ketole an der tert. Hydroxylgruppe dehydratisiert. Im einzelnen wurden erhalten: Aus **VI** *4-Methylnonen-(4)-on-(6)*, $C_{10}H_{18}O$, Kp.$_3$ 63—65°, n_D^{20} 1,4515, u. *4-Methylnonanol-(4)-on-(6)*, $C_{10}H_{20}O_2$, Kp.$_1$ 63°, n_D^{20} 1,4390; aus **VII** *2.3.6-Trimethylhepten-(3)-on-(5)*, $C_{10}H_{18}O$, Kp.$_2$ 43—44°, n_D^{20} 1,4512, *DNP*, $C_{16}H_{22}O_4N_4$, F. 85°, u. *2.3.6-Trimethylheptanol-(3)-on-(5)*, $C_{10}H_{20}O_2$, Kp.$_2$ 64—65°, n_D^{20} 1,4371; aus **IX** *5-Methylundecen-(5)-on-(7)*, $C_{12}H_{22}O$, Kp.$_2$ 83—84°, n_D^{20} 1,4555; aus **X** *2.4.8-Trimethylnonen-(4)-on-(6)*, $C_{12}H_{22}O$, Kp.$_3$ 69—70°, n_D^{20} 1,4521, *DNP*, $C_{18}H_{26}O_4N_4$, F. 126 bis 127°, u. *2.4.8-Trimethylnonanol-(4)-on-(6)*, $C_{12}H_{24}O_2$, Kp.$_3$ 87°, n_D^{20} 1,4389; aus **XI** *2.2.3.6.6-Pentamethylheptanol-(3)-on-(5)* (**XIV**), $C_{12}H_{24}O_2$, Kp.$_4$ 80—81°, n_D^{20} 1,4436; *DNP*, $C_{18}H_{26}O_5N_4$, F. 147—148°, u. *2.2.3.6.6-Pentamethylheptandiol-(3.5)* (**XIII**), $C_{12}H_{26}O_2$, F. 92—93°; aus **XII** *6-Methyltridecen-(6)-on-(8)*, $C_{14}H_{26}O$, Kp.$_2$ 116°, n_D^{20} 1,4550. **VIII** gibt ein trimol. Kondensat, $C_{12}H_{22}O_2$, Kp.$_2$ 93—94°, n_D^{20} 1,4651, *DNP*, $C_{18}H_{26}O_5N_4$, F. 146—147°, von der wahrscheinlichen Struktur **A**, während das bimol. Prod. aus 2 Verbb. besteht, die durch Kondensation mit der CH_3- bzw. CH_2-Gruppe gebildet sein sollen u. nicht völlig getrennt werden konnten. — **XIII** wurde aus **XI** nur bei Rk. mit **I** oder **III** erhalten, nicht bei Verwendung der entsprechenden Chloride.

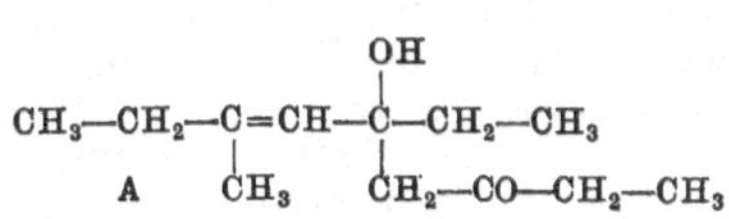

A

Seine Konst. wurde durch Darst. aus **XIV** (Hydrierung in A. bei Ggw. von $FeCl_3$ u. ADAMS PtO_2, H_2-Druck 50 lbs./sq.in., 12 Std.) bewiesen. Bei Red. von **XIV** mit Na u. A. wurden **XIII** u. *Pinakolinalkohol* (**XV**) erhalten. Daraus ergeben sich für die Bldg. von **XIII** 2 Möglichkeiten: a) direkte Red. des Ketols u. b) Aufspaltung zu **XI** u. anschließende Polymerisation; b) ist unwahrscheinlich, da bei Einw. von Na auf **XI** neben **XV** nur das Pinakon von **XI** entsteht. **XI** u. **II** geben ebenfalls ein festes Prod., $(C_6H_{12}O)_x$, vom F. 115°. (J. Inst. Petroleum **36.** 73—80. Febr. 1950. London, Univ., Bedford Coll., Dep. of Chem.) E. BIEKERT. D 225

Kenneth E. Harwell und **Lewis F. Hatch**, *cis-trans-Isomerisierung von 1-Brom-propen-(1) und verwandten Verbindungen.* Für die im Dunkeln ablaufende Isomerisierung von *cis-* (I, $Kp._{25}$ —18°, $D.^0{}_4$ 1,4641, $D.^{25}{}_4$ 1,4171) u. *trans-1-Brompropen-(1)* (**II**, $Kp._{25}$ —13°, $D.^0{}_4$ 1,4471, $D.^{25}{}_4$ 1,4062) [als Gemisch aus 1.2-Dibrompropan durch Abspaltung von HBr mit Na-Phenolat in A. neben 2-Brompropen ($Kp._{745}$ 47°, n_D^{20} 1,4448) erhalten] ergab sich eine Gleichgewichtskonstante von 0,472, die im Bereich von 0—100° nahezu temperaturunabhängig ist. Die Aktivierungsenergie betrug 22700 ± 300 cal/Mol. Der Reaktionsablauf wurde infrarotspektroskop. verfolgt. Licht erhöhte die Isomerisierungsgeschwindigkeit bei 40° bei **I** wie **II**, bei 0° nur die von **II**. Hg, wss. $Na_2S_2O_3$ u. A. wirkten als Inhibitoren auf die Isomerisierung von **I** oder **II**. Keine Isomerisierung konnte bei *cis-* u. *trans-1-Chlorpropen-(1)* (139°, Licht), *cis-* u. *trans-1.3-Dibrompropen* (30°, im Dunkeln oder bei Licht) u. *cis-* u. *trans-3-Brompropen-(2)-ol-(1)* (30°, im Dunkeln u. bei Licht) gefunden werden. *cis-* u. *trans-1-Brom-3-chlorpropen-(1)* isomerisierten sich bei 0° im Dunkeln nicht, bei 40° war die Geschwindigkeit im Dunkeln geringer als die der Rk. von **I** bzw. **II**, Licht erhöhte sie jedoch: *3-Brom-1-chlor-2-fluorpropen-(1)* isomerisierte sich bei Zimmertemp. u. am Licht. (J. Amer. chem. Soc. **77.** 1682—84. 20/3. 1955. Austin, Tex., Univ., Dep. of Chem. and Defence Res. Labor.) L. FISCHER. D 225

G. A. Swan und **P. Kelly**, *Das Ausbleiben einer Umlagerung bei der Umwandlung von Benzol-n-diazotat in das Isodiazotat, bewiesen durch die Verwendung von radioaktivem Stickstoff.* (Vgl. HOLT u. BULLOCK, C. **1951.** I. 2146.) Durch Verwendung von radioakt. ^{15}N läßt sich zeigen, daß im n- u. im Isodiazotat das gleiche N-Atom direkt an den Benzolring gebunden ist. Vff. bewiesen dies, indem sie diazotiertes ^{15}N-Anilin (^{15}N-**I**) mit β-Naphthol kuppelten, die erhaltene Azoverb. mit Dithionit spalteten u. die Aktivität des gebildeten **I** u. 1-Aminonaphthols-(2) maßen. Sowohl bei direkter Kupplung als bei Kupplung nach Überführen des Diazoniumsalzes in das Isodiazotat (Erhitzen mit wss. KOH auf 140°) u. Ansäuern fand sich die ganze Aktivität im gebildeten **I**. Voraussetzung für die Beweisführung ist, daß beim Übergang vom Isodiazotat in das Diazoniumsalz keine Umlagerung stattfindet. — *^{15}N-Anilinhydrochlorid* (**I**-HCl), aus 0,8 g NH_4NO_3 mit 10% ^{15}N im NH_4^+-Ion in W. durch Zugabe von NaOH-Lsg. unter Eiskühlung u. 1 Std. Schütteln mit 1,5 g Benzoylchlorid in Chlf. bei Zimmertemp. u. Umwandeln des Benzamids (1,1 g) in **I**-HCl nach FONES u. WHITE (C. **1949.** E. 398); 1,05 g (Ausbeute). (J. chem. Soc. [London] **1954.** 416—17. Jan. Newcastle-upon-Tyne, Durham Univ., King's Coll.) J. MATTNER. D 225

R. G. R. Bacon und **R. W. Bott**, *Nachweis, daß die Hydroxylierung eine wesentliche Reaktion bei der Persulfatoxydation organischer Verbindungen darstellt.* (Vgl. C. **1954.** 10445.) Die meisten Oxyverbb. sind unter den Bedingungen der Persulfatoxydation unbeständig, deswegen konnten sie bisher nur in wenigen Fällen in Ausbeuten von 1—5% isoliert werden. Fettsäuren mit ein oder zwei Seitenketten in α-Stellung werden jedoch unter gleichzeitiger Decarboxylierung in wesentlich höheren Ausbeuten in Alkohole übergeführt, entsprechend der Gleichung $CR'R''R'''\cdot CO_2H + O \rightarrow CR'R''R'''OH + CO_2$ (R''' kann H sein). In wss. Lsg. von $Na_2S_2O_8$ u. etwas $AgNO_3$ bei 60° ist die Rk. in 20—30 Min. vollständig. Aus Trimethylessigsäure wurde *tert.-Butanol* (Ausbeute >25%), aus Isobuttersäure *Isopropanol* (>65%) u. *Aceton* im mol. Verhältnis 20:1 erhalten. Letztere Rk. wird als Nachw. angesehen, daß die Hydroxylierung eine Zwischenstufe der Persulfatoxydation darstellt. Oxydative Kupplung scheint bei diesen Fettsäuren im Gegensatz zur Phenylessigsäure, aus der Benzaldehyd u. Dibenzyl als Hauptprodd. entstehen, nur eine untergeordnete Rolle zu spielen. Entsprechend der verbreiteten Annahme, daß die Persulfatoxydationen durch die Radikalionen SO_4^- bewirkt werden, kann folgender Angriff des Oxydationsmittels angenommen werden: $(CH_3)_3C\cdot CO_2H + SO_4^{\dot{-}} \rightarrow (CH_3)_3C\cdot CO_2^{\cdot} + HSO_4^-$, $(CH_3)_3C\cdot CO_2\cdot \rightarrow (CH_3)_3C\cdot + CO_2$, bzw. im Fall der Isobuttersäure auch $CH(CH_3)_2CO_2H \rightarrow \cdot C(CH_3)_2CO_2H \rightarrow \cdot C(CH_3)_2H$. Es sind Anzeichen dafür vorhanden, daß die Einführung der OH-Gruppe über die Bldg. u. Verseifung von Schwefelsäureestern erfolgt: $R\cdot + {}^-SO_3OOSO_3^- \rightarrow ROSO_3^- + OSO_3^{\dot{-}}$, $ROSO_3^- + H_2O \rightarrow ROH + HSO_4^-$. Die Wirkungsweise von Ag^+ als Katalysator für Persulfatoxydationen ist kompliziert, möglicherweise wird die organ. Verb. direkt durch Ionen wie Ag^{3+}, angegriffen, oder Ag^+ bewirkt die Erzeugung von $SO_4^{\dot{-}}$-Radikalen, ähnlich der mehrfach postulierten Reaktionsweise von Fe^{2+}: $Fe^{2+} + S_2O_8^{2-} \rightarrow Fe^{3+} + SO_4^{2-} + SO_4^{\dot{-}}$. Bei der Oxydation von Phenylessigsäure u. aliphat. Säuren wurde auch eine gewisse katalyt. Wirksamkeit von Cu^{2+} beobachtet. Auf den Parallelismus der untersuchten Rk. zur Elektrolyse von Carbonsäuren nach KOLBE wird hingewiesen. (Chem. and Ind. **1953**. 1285—86. 28/11. Belfast, Queen's Univ., Dep. of Chem.) G. LOHAUS. D 225

A. K. Plissow und **N. P. Bulatzki**, *Konfiguration und Eigenschaften ungesättigter Säuren und ihrer Derivate.* 1. Mitt. *Über die Oxydation der Octadecensäuren und ihrer Ester.* Die Oxydation von *Ölsäure* (I) u. *Petroselinsäure* (II) mit $KMnO_4$ in Acetonlsg. wird durch Titration des restlichen $KMnO_4$ bei 10 u. 20° verfolgt. I u. II werden rascher oxydiert als *Elaidin-* u. *Petroselaidinsäure*, wie dies bei Annahme einer ster. Hinderung an der trans-Doppelbindung zu erwarten war. Man kann also aus dem Oxydationsverh. auf die Konfiguration der geometr. Isomeren ungesätt. Säuren schließen. (Журнал Общей Химии [J. allg. Chem.] **23** (**85**). 1749—52. Okt. 1953. Odessa, Univ., Labor. für organ. Chem.) R. K. MÜLLER. D 225

Rosalie M. Bartholomew, F. Brown und **M. Lounsbury**, *Chlorisotopeneffekt bei Reaktionen von tert.-Butylchlorid.* Die Verss. mit *tert.-Butylchlorid* (I) u. 0,1 mol. äthanol. $AgNO_3$-Lsg. (vgl. C. **1955**. 5739) sowie die Rk. von I mit 0,1 mol. wss.-alkoh. NaOH bei Raumtemp. werden näher beschrieben. Der geschwindigkeitsbestimmende Schritt ist in beiden Fällen die Dissoziation von I. In Ggw. von $AgNO_3$ ist die Rück-Rk. unterbunden, u. $C_4H_9^+$ reagiert rasch mit dem Lösungsm. zu tert.-Butyläthyläther (II). Im zweiten Fall können OH^- oder $OC_2H_5^-$ mit dem Kation reagieren, es entsteht tert.-Butanol neben **II**. In allen Verss. wurde der Ablauf der Rk. gravimetr. verfolgt u. für verschied. Grade des Umsatzes die isotop. Zus. des gebildeten Cl^- nach Umwandlung in Cl_2 massenspektrometr. ermittelt. Mit $k^{35}/k^{37} = 1,008^{+0.002}_{-0.001}$ wurde in guter Übereinstimmung in beiden Versuchsserien ein geringer Isotopeneffekt in der erwarteten Richtung festgestellt. (Canad. J. Chem. **32**. 979—83. Okt. 1954. Chalk River, Ontario, Can., Atomic Energy of Canada Ltd., Chem. Branch.) G. LOHAUS. D 225

R. Back und **C. Sivertz**, *Die Photolyse von 2.2'-Azo-bis-isobutyronitril.* Vff. untersuchen die Photolyse von *2.2'-Azo-bis-isobutyronitril* [I; F. 101—102° (Ae.); aus Aceton u. N_2H_4] in Bzl. bei 25° im nahen UV (Hg-Niederdrucklampe, gefiltert mit Kombination der CORNING-Filter 9863 u. 5850). Die Zersetzungskinetik des I wird spektrophotometr. bei der Hauptabsorption (3450 Å) verfolgt, da Inhibitoren in dem untersuchten Syst. unwirksam waren u. die Messung der N_2-Entw. unbefriedigende Ergebnisse lieferte. Mitgeteilt werden die Absorptionsspektren von I u. seinem Zersetzungsprod. *Tetramethylsuccinodinitril* [II; F. 169° (Methanol); aus I in Bzl. durch 20std. Kochen] in Bzl. zwischen 4000 u. 2800 Å, das „II-Spektr." ist allerdings vermutlich der Verb. $NC—C(CH_3)_2—N=C=C(CH_3)_2$ zuzuordnen. Die Lichtintensität wird in Abhängigkeit von der Wellenlänge durch Uranyloxalataktinometrie bestimmt. Die aus der Gesamtlichtintensität berechnete Quantenausbeute der I-Photolyse ist 0,43. Diesen niedrigen Wert führen Vff. darauf zurück, daß 82% der Gesamtlichtintensität auf der energieärmeren Seite der I-Hauptabsorption eingestrahlt werden (3650 Å) u. somit nur einen kleinen Teil der I-Zers. bewirken können. Für die Photolyse sind hauptsächlich die Hg-Linien bei 3342 u. 3132 Å, die aber nur 6,2 bzw. 3,5% der Gesamtintensität ausmachen, verantwortlich. Die Geschwindigkeit des I-Zerfalls ist gegeben durch 0,43 · (Gesamtlichtintensität absorbiert) [Mol · Liter^{-1} · sec^{-1}]. Da zwei Radikale gebildet werden, muß im allg. bei der Verwendung von I als photochem. Polymerisationsinitiator der doppelte Wert angenommen werden. Es ist jedoch ungewiß, ob beide Radikale der I-Zers. in allen Reaktionssystemen wirksam sind. (Canad. J. Chem. **32**. 1061—67. Dez. 1954. London, Ontario, Can., Univ. of Western Ontario, Dep. of Chem.) K. PRCHAL. D 226

L. Ch. Freidlin und **K. G. Rudnewa**, *Über einen nach der Verdrängungsmethode hergestellten Nickelkatalysator zur Tieftemperaturhydrierung.* (Vgl. Известия Академии Наук СССР, Отделение Химических Наук [Nachr. Akad. Wiss. UdSSR, Abt. chem. Wiss.] **1954**. 491.) Wenn in eine 0,3 mol. $NiSO_4$-Lsg. bei 60° unter Rühren portionsweise Zn-Pulver eingetragen, der Nd. nach 30 Min. mit W. gewaschen u. 2 mal je 1 Std. auf dem Wasserbad mit 20%ig. NaOH behandelt, neutral gewaschen u. im H_2-Strom erhitzt wird (300—350°), erhält man einen Katalysator, der bei der Hydrierung von *Vinylphenyläther*, *Heptin-(1)*, *Octen-(2)* u. *Mesityloxyd* etwa die Hälfte der Aktivität von RANEY-Ni mittlerer Aktivität aufweist, bei der Hydrierung von *Cyclopentadien* die doppelte Aktivität. Etwa dieselbe Aktivität zeigt ein Katalysator, der durch Verdrängen von Ni mit Mn-Pulver (statt mit NaOH mit 10%ig. Essigsäure bei gewöhnlicher Temp. behandelt) hergestellt ist. (Доклады Академии Наук СССР [Ber. Akad. Wiss.

UdSSR] **100.** 723—26. 1/2. 1955. Zelinsky-Inst. für organ. Chem. der Akad. der Wiss. der UdSSR.) R. K. MÜLLER. D 227

Pierre Trambouze und **Boris Imelik,** *Untersuchung von Katalysatoren auf Kupfergrundlage, die bei der Synthese von Methylchlorsilanen benutzt werden.* Vff. untersuchten eine Reihe von verschieden dargestellten Cu–Si-Katalysatoren auf ihre Verwendbarkeit bei der Rk. zwischen CH_3Cl u. *Si.* Im allg. geschah die Herst. der Katalysatoren durch Red. eines Gemisches von 90% Si u. 10% CuO in H_2 bei verschied. Tempp., Darst. von kleinen Zylindern unter Druck u. erneute Red. in H_2 bei verschied. Temperaturen. Bei der röntgenograph. Unters. der Proben wurde festgestellt, daß sich infolge der Wärmebehandlung eine intermetall. Verb. des Cu u. Si gebildet hatte, deren Diagramm sehr ähnlich der k-Phase des Syst. Cu–Si war. Vff. untersuchten hierauf die Bedingungen, unter denen sich diese intermetall. Phase bildet: Temp., Feinheitsgrad der Ausgangsmaterialien. Es konnte festgestellt werden, daß mit Katalysatoren, welche diese intermetall. Phase nicht enthielten, Methylchlorsilane nicht gebildet wurden. Reaktionsprodd. mit solchen Katalysatoren waren fast ausschließlich Silane, bes., wenn das Cu in sehr feiner Verteilung vorlag. (J. Chim. physique Physico-Chim. biol. **51.** 505—15. Sept. 1954. Paris, Sorbonne, Labor. de Chim. Gén.) C. GOTTFRIED. D 227

D_2. Präparative organische Chemie. Naturstoffe.

L. M. Thompson, C. H. Yates und **A. D. Odell,** *Darstellung von $^{14}C_{(4)}$-Progesteron.* 3-Keto-Δ^4-ätiocholensäuremethylester (I) liefert bei der Ozonisierung die *Ketosäure* III, die sich leicht in den *Methylester des Enollactons* (II) überführen läßt. II gibt mit CH_3·MgJ das Carbinol **IV**, das mit Alkali direkt zu **I** umgelagert wird. **I** ist relativ stabil gegen alkal. Verseifung, die freie Säure wird nach bekannten Methoden durch Kettenverlängerung nach ARNDT-EISTERT u. Behandlung

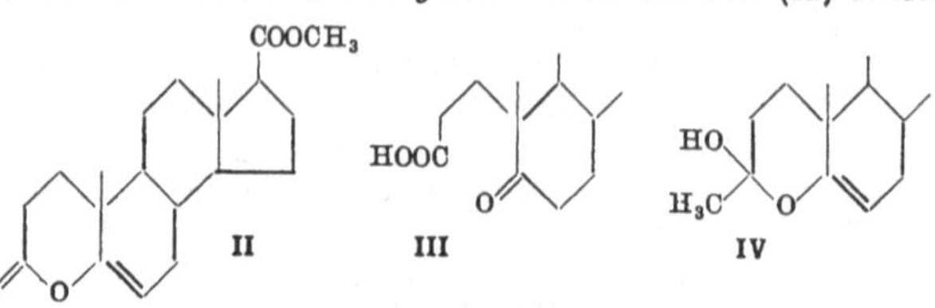

II III IV

mit HJ in *Progesteron* übergeführt. Die Ausbeute an $^{14}C_{(4)}$-*Progesteron* beträgt 30—37%, bezogen auf (frisch bereitetes) $^{14}CH_3J$.

Versuche: *Enollacton* **II**, F. 168—170°, aus **I** durch Ozonisierung zu **III** u. anschließendes Kochen mit Acetanhydrid/Na-Acetat; $[\alpha]_D^{24}$ —34° (Chlf.). — ^{14}C-*Carbinol* **IV**, F. 215—230°, aus $^{14}CH_3MgJ$ in Ae. u. **II** in Bzl.-Ae. innerhalb 70 Min., dann 20 Min. rühren. — $^{14}C_{(4)}$-*3-Keto-Δ^4-ätiocholensäuremethylester* ($^{14}C_{(4)}$-I), F. 132—135,5°, aus ^{14}C-**IV** in CH_3OH u. 6n NaOH (90 Min. rühren); 57—59,8% (Ausbeute, bezogen auf $^{14}CH_3J$). — $^{14}C_{(4)}$-*Progesteron,* F. 132—133,5°. Vorst. Verb. wird zu $^{14}C_{(4)}$-*3-Keto-Δ^4-ätiocholensäure* (F. 225—230°, durch 6std. Kochen in CH_3OH mit 6n NaOH; 95,7%) verseift, deren Na-Salz mit Oxalylchlorid in das *Säurechlorid* übergeführt u. mit CH_2N_2 zu $^{14}C_{(4)}$-*21-Diazoprogesteron* (F. 178—180°, Zers.; 90,1%) umgesetzt; dieses wird mit 47% ig. HJ behandelt; $[\alpha]_D^{21}$ $+202 \pm 2°$ (Chlf.). (J. Amer. chem. Soc. **76.** 1194—96. 20/2. 1954. Montreal, Can., Charles E. Frosst & Co., Res. Labors.) H.-J. KOCH/Berlin. 480

A. K. Dunlop, *Schmelzpunkt von Tetrachlorkohlenstoff.* Eine Schmelzpunktsbest. von 99,98 Mol-% reinem CCl_4 (Kp. 76,8°) in einem Calorimeter nach der Meth. von ROSSINI (GLESGOW, STREIFF u. ROSSINI, J. Res. Nat. Bur. Standards **35.** [1945.] 355) ergab F. $-22,75 \pm 0,03°$. (J. Amer. chem. Soc. **77.** 2016. 5/4. 1955. Emeryville, Calif., Shell Developm. Co.) B. WITT. 510

A. D. Petrow und **Je. P. Kaplan,** *Die Grignard-Wurtzsche Reaktion mit β- und γ-Alkinylhalogeniden.* Bei der Kondensation von 1-Brombutin-(2) (I) mit C_2H_5MgBr bilden sich *Hexin-(2)* u. vermutlich ein *Dien-KW-stoff,* der infolge Polymerisation verharzt, außerdem entsteht *Octadiin-(2.6)* (durch Br-Entziehung aus I). Bei der Rk. von I mit $(CH_3)_3CMgCl$ wurde durch Ozonspaltung die Bldg. von *4-tert.-Butylbutin-(2)* u. *3-tert.-Butylbutadien-(1.2)* festgestellt. Analog verläuft die Rk. von I mit C_6H_5MgBr, wobei ein Gemisch von KW-stoffen, $C_{10}H_{10}$, entsteht. Bei dem Vers., 1-Bromoctin-(3) mit C_2H_5MgBr zu kondensieren, erfolgte keine Rk.; andere γ-Alkinylhalogenide reagieren auch nicht.

Versuche: *Butin-(2)-ol-(1)* (II), durch Verseifung u. HCl-Abspaltung aus 1.3-Dichlorbuten-(2). — *1-Brombutin-(2)* (I), C_4H_5Br, Kp.$_{19}$ 40—41°; man gibt zu 50 g II in 150 ml Ae. 3 g Pyridin u. tropfenweise 80 g PBr_3 in 40 ml Ae.; $D.^{20}_4$ 1,5191; n_D^{20} 1,5090; 48 g (Ausbeute). — *Octadiin-(2.6)*, Kp.$_{45}$ 80—85°; aus C_2H_5MgBr (7 g Mg; 30 g C_2H_5Br; 100 ml Ae.) u. tropfenweise zugesetzten 30 g I in 50 ml Ae. bei 4std. Kochen;

D.$^{20}_{4}$ 0,8414; n_D^{20} 1,4740; 8 g; daneben 5 g *Hexin-(2)*, Kp. 79—85°; D.$^{20}_{4}$ 0,7465; n_D^{20} 1,4121; hieraus durch Hydratation *Methylbutylketon* (*Semicarbazon*, F. 120°). Wird umgekehrt I mit C_2H_5MgBr versetzt, so entsteht nur *Octadiin-(2.6)*. — Das bei der Einw. von tert.-C_4H_9MgCl auf I zu 10% entstehende Gemisch von KW-stoffen C_8H_{14}, Kp.$_{25}$ 38 bis 42°; D.$^{20}_{4}$ 0,7923; n_D^{20} 1,4302, liefert durch Ozonspaltung *Ameisen-*, *Essig-*, *Oxal-* u. *tert.-Butylessigsäure* sowie *Pinakolin* (*2.4-Dinitrophenylhydrazon*, F. 124°). — Gemisch von KW-stoffen $C_{10}H_{10}$, Kp.$_{13}$ 70—82°; aus I u. C_6H_5MgBr; D.$^{20}_{4}$ 0,9658; n_D^{20} 1,5346. — *Octin-(3)-ol-(1)*, Kp.$_{92}$ 106°; n_D^{20} 1,4540. *3.5-Dinitrobenzoat*, $C_{15}H_{16}O_6N_2$, F. 45°. — *1-Bromoctin-(3)*, $C_8H_{13}Br$, Kp.$_{22}$ 90—93°; D.$^{20}_{4}$ 1,1387; n_D^{20} 1,4650; 55%. — *Butin-(3)-ol-(1)* (**III**); aus 24 g Na, 700 ml fl. NH_3, Acetylen u. 55 g Äthylenoxyd; 30 g neben 5 g **IV** (vgl. unten). *Addukt* des *3.5-Dinitrobenzoats* mit *α-Naphthylamin*, $C_{21}H_{17}O_6N_3$, F. 112°. — *Äthylenglykolmono-[butin-(3)-yl-(1)-äther]* (**IV**), $C_6H_{10}O_2$, Kp.$_{12}$ 80°; D.$^{20}_{4}$ 0,9939; n_D^{20} 1,4525. *3.5-Dinitrobenzoat*, $C_{13}H_{12}O_7N_2$, F. 52°. *Addukt* des *3.5-Dinitrobenzoats* mit *α-Naphthylamin*, $C_{23}H_{21}O_7N_3$, F. 75°. — *1-Chlorbutin-(3)*, Kp.$_{25}$ 33—34°; zu 35 g $SOCl_2$ in 30 ml Ae. werden 16 g III in 16 g Pyridin zugetropft; n_D^{20} 1,4402; 38%. Wird umgekehrt $SOCl_2$ zu **III** + Pyridin + Ae. zugetropft (0°, dann Zimmertemp.), so werden 39% *Di-[butin-(3)-yl-(1)]-sulfit*, $C_8H_{10}O_3S$, Kp.$_{10}$ 120°; D.$^{20}_{4}$ 1,1341; n_D^{20} 1,4750 erhalten. — *Pentin-(4)-säure-(1)*, F. 53°; aus Mg u. 1-Brombutin-(3) wird unter Anätzen mit $HgCl_2$ die Lsg. der GRIGNARD-Verb. gewonnen [1-Chlorbutin-(3) reagiert nicht mit Mg], in welche CO_2 eingeleitet wird; Ausbeute sehr gering. — *Pentin-(3)-ol-(1)*, Kp.$_9$ 34°; aus Na-Methylacetylenid u. Äthylenoxyd in fl. NH_3; D.$^{20}_{4}$ 0,9002; n_D^{20} 1,4450; 23%. *Phenylurethan*, $C_{12}H_{13}O_2N$, F. 77°. *3.5-Dinitrobenzoat*, $C_{12}H_{10}O_6N_2$, F. 86°. (Журнал Общей Химии [J. allg. Chem.] **24** (**86**). 1355—60. Aug. 1954. Inst. für organ. Chem. der Akad. der Wiss. der UdSSR.) O. POLLAK V. EMHOFEN. 530

M. Ss. Malinowski und **Je. D. Jeremitzkaja**, *Anwendung von Paraldehyd in Grignard-Reaktionen.* Paraldehyd (I) reagiert mit verschied. GRIGNARD-Verbb. der fettaromat. u. Fettreihe unter Bldg. der entsprechenden *sek. Alkohole.* Die Ausbeuten gegenüber der Verwendung von Acetaldehyd sind größer, da bei höheren Tempp. gearbeitet werden kann. Als Nebenprodd. treten KW-stoffe (durch WURTZsche Rk.), Ketone u. manchmal Acetale auf. Da bereits kurze Zeit nach Beginn der Rk. mit MICHLERs Keton kein freies RMgX mehr nachweisbar ist u. nach Zerlegung des Reaktionsgemisches I u. KW-stoffe erhalten werden, wird angenommen, daß zunächst ein Komplex I · 3 RMgX entsteht, der je nach den Bedingungen in Alkohol oder KW-stoff + I zerfällt. Die Bldg. des Komplexes erfolgt um so leichter u. die Ausbeuten an Alkohol sind um so höher, je geringer das Mol.-Gew. von R in RMgX ist.

Versuche: *Dimethylcarbinol*, Kp. 80—85°, aus I mit CH_3MgJ (1 : 3), 8—14 Std. Kochen in Ae.; D.$^{20}_{4}$ 0,78; n_D^{20} 1,374; 41% (Ausbeute). Daneben *Aceton* 16% (*Semicarbazon*, F. 190°). — *Methyläthylcarbinol*, Kp. 99—100°, aus I u. C_2H_5MgBr, 8—14 Std. in Ae.; D.$^{20}_{4}$ 0,810; 50%. Daneben *Methyläthylketon* ~ 50% (*Semicarbazon*, F. 136,5°); bei Verwendung von C_2H_5MgJ 28%. — *Methylpropylcarbinol*, Kp. 118—120°, aus I u. C_3H_7MgBr in Ae.; D.$^{20}_{4}$ 0,810; n_D^{20} 1,413; 23%. Daneben *n-Hexan* (Kp. 68—70°; n_D^{20} 1,375; 12%) u. *Methylpropylketon* 14% (*Semicarbazon*, F. 110°). — *Methylisopropylcarbinol*, Kp. 112—116°; aus I u. iso-C_3H_7MgBr in Ae.; D.$^{20}_{4}$ 0,820; n_D^{20} 1,398; 25%. Daneben *2.3-Dimethylbutan* (D.$^{20}_{4}$ 0,820; n_D^{20} 1,373; 9,5%) u. *Methylisopropylketon*; 25%. — *Methyl-n-butylcarbinol*, Kp. 136—140°, aus I u. n-C_4H_9MgBr in Bzl.; D.$^{20}_{4}$ 0,820; n_D^{20} 1,413; 32%. Daneben *KW-stoff* C_6H_{12}; D.$^{20}_{4}$ 0,68; n_D^{20} 1,3828; 12%. — *Methylisobutylcarbinol*, Kp.$_{30}$ 55°, aus I u. iso-C_4H_9MgBr in Bzl.; D.$^{20}_{4}$ 0,815; n_D^{20} 1,411; 16%; in Ae. keine Reaktion. Daneben *Acetaldehyd-bis-[1.3-dimethylbutylacetal]*, Kp.$_5$ 83 bis 86°; D.$^{20}_{4}$ 0,887; n_D^{20} 1,454; 37%. — *Methylallylcarbinol*, Kp. 110—116°, aus I u. Allyl-MgBr in Ae.; D.$^{20}_{4}$ 0,8302; n_D^{20} 1,425; 30%. Daneben *Hexadien-(1.5)*; D.$^{20}_{4}$ 0,688; n_D^{20} 1,401; 47% in wenig, 29,4% in viel Äther. — *Methylphenylcarbinol*, Kp.$_5$ 78°, aus I u. C_6H_5MgBr in Ae.; D.$^{20}_{4}$ 1,014; n_D^{20} 1,522; 31,4%. Daneben *Diphenyl* (15,3%) u. *p-Äthylphenol* (14%). — *Methylcyclohexylcarbinol*, Kp.$_{13}$ 83°, aus I u. Cyclohexyl-MgCl in Bzl.; D.$^{20}_{4}$ 0,925; n_D^{20} 1,463; 38%; in Ae. 21%. Daneben *Cyclohexen* u. *Cyclohexylchlorid.* — *Methylbenzylcarbinol*, Kp. 212°, aus I u. Benzyl-MgCl in Ae.; D.$^{20}_{4}$ 0,990; n_D^{20} 1,520; 39%. Daneben *Toluol* (Kp. 110°; n_D^{20} 1,495; 48%) u. *Dibenzyl* (F. 52—53°; 18%). — *Hexin-(3)-diol-(2.5)*, Kp.$_{12}$ 122—123°, aus I u. Acetylenyl-bis-magnesiumbromid in Bzl.; 22,4%; in Ae. keine Reaktion. Daneben *Butin-(1)-ol-(3)*; 7%. (Журнал Общей Химии [J. allg. Chem.] 25 (87). 293—98. Febr. 1955. Lwow, Univ.)

G. FROELICH. 560

Gennady M. Kosolapoff, *Synthese eines tert.-Alkylphosphits.* Im Gegensatz zu YAROSHENKO [1897] u. GERRARD u. WHITBREAD (C. **1953**. 4507), nach denen bei Rk. von PCl_3 mit tert. Alkoholen nur die entsprechenden Alkylchloride entstehen sollen, gelingt Vf. unter sorgfältigem Ausschluß von Säuren die Herst. von *tert.-Butylphosphit* (I) aus PCl_3 u. tert.-Butylalkohol (II). Der frei werdende HCl wird durch Dimethylanilin gebunden; Pyridin ist ungeeignet, weil die geringe Löslichkeit des Pyridinhydrochlorids in dem als Lösungsm. verwendeten Ligroin genügt, um so viel des Salzes in das Filtrat zu bekommen, daß bei der nachherigen Dest. sich I bei 60—70° bereits zersetzt. Ein Vers., I aus Triäthylphosphit mit II herzustellen, blieb ohne Erfolg. — *Tri-tert.-butylphosphit* (I), $C_{12}H_{27}O_3P$, $Kp._4$ 65—66°; n_D^{25} 1,4229: Zu II u. Dimethylanilin in Ligroin wurde bei 0—5° PCl_3 gegeben, vom ausgeschiedenen Dimethylanilinhydrochlorid schnell abfiltriert u. unter Ausschluß von Feuchtigkeit im Vakuum dest.; Ausbeute 54%. I ist sehr säureempfindlich, schon Spuren Säure entwickeln schnell *Isobutylen* (III). I geht die MICHAELIS-ARBUZOV-Rk. mit Alkylhalogeniden nicht ein, sondern zerfällt unter Entw. von III, wenn die Temp. 80—90° erreicht. (J. Amer. chem. Soc. **74**. 4953. 5/10. 1952. Auburn, Ala., Polytechn. Inst., Ross Chem. Labor.) H.-W. ZIMMER. 590

L. W. C. Miles und **L. N. Owen**, *Dithiole.* 12. Mitt. *Die Alkalihydrolyse von acetylierten Oxythiolen: Eine neue Reaktion zur Bildung von cyclischen Sulfiden.* (11. vgl. OWEN u. SMITH, C. **1952**. 7476.) Die Desacetylierung von O- oder S-Acetyl-2-mercaptoäthanol mit kaltem verd. Alkali gab *Äthylensulfid* (I) u. erhebliche Mengen polymerer Substanz, die wahrscheinlich aus I entstanden ist, da 2-Mercaptoäthanol in alkal. Lsg. stabil ist. Entsprechend bildete sich aus trans-2-Acetylmercaptocyclohexanol oder dem isomeren O-Acetat bei der Wasserdampfdest. unter vermindertem Druck bei 60° über Soda *Cyclohexensulfid* (II). In wss.-alkoh. NaOH entstand aus dem O-Acetat neben wenig II *trans-2-Mercaptocyclohexanol*, *2-Oxy-2'-mercaptodicyclohexylsulfid* u. etwas an polymeren Produkten. Die Alkalihydrolyse des Triacetylderiv. von 2.3-Dimercaptopropanol ergab 35% *2.3-Dimercaptopropanol* u. *3-Oxy-2.2'.3'-trimercaptodipropylsulfid*, das ein krist. Diisopropylidenderiv. bildete. Wenn unter schonenderen Bedingungen, wie beim Cyclohexanderiv. beschrieben, hydrolysiert würde, bildete sich *3-Acetylmercaptopropylensulfid* in 80%ig. Ausbeute, das gegebenenfalls die Vorstufe der vorst. höhermol. Verbb. darstellt u. auch aus 2.3-Diacetylmercaptopropanol mit wss. NaOH erhältlich ist. 2.3-Dimercaptopropylacetat gab unter entsprechenden Bedingungen *3-Mercaptopropylensulfid* u. polymere Substanzen. *3.4-Dimercaptobutanol* wurde aus Butin-(3)-ol-(1) synthetisiert, indem dieses über das Butinylacetat zu Butenylacetat hydriert u. dessen Dibromid mit K-Thiolacetat zu *Triacetyl-3.4-dimercaptobutanol* umgesetzt wurde. Aus 3.4-Dimercaptobutylacetat u. auch aus 3.4-Diacetylmercaptobutanol bildete sich mit sd. wss. Sodalsg. *3-Mercaptothiophan*, das selektiv mit RANEY-Ni zu Thiophan desulfuriert u. als *$HgCl_2$-Verb.* identifiziert werden konnte. Eine 6-Ringbldg. durch alkal. Desacetylierung von O- oder S-Acetyl-2-oxy-2'-mercaptodiäthylsulfid gelang nicht. Butin-(3)-ol-(1) reagiert mit $SOCl_2$ in kaltem Pyridin unter Bldg. von Bis-[butin-(3)-yl]-sulfit; bei 70° u. einer Spur Pyridin entsteht *4-Chlorbutin-(1)* in guter Ausbeute, das mit Thiolessigsäure in Ggw. von Ascaridol ein Gemisch von *1-Acetylmercapto-4-chlorbuten-(1)* u. *3.4-Diacetylmercaptobutylchlorid* lieferte.

V e r s u c h e: *2-Mercaptoäthylacetat*, $C_4H_8O_2S$, $Kp._{16}$ 62—64°; aus 5 g 2-Mercaptoäthanol, 0,2 ml einer 10%ig. Lsg. von H_2SO_4 in Essigsäure u. 6,8 g Acetanhydrid bei 40° u. später bei 60°; Isolierung mit Ae.; n_D^{20} 1,4612. Hieraus mit wss.-alkoh. NaOH I. — *trans-2-Acetylmercaptocyclohexanol*, $C_8H_{14}O_2S$, $Kp._{0,001}$ 72°; aus Cyclohexenoxyd u. Thiolessigsäure während 60 Std. bei 20° u. anschließende Dest.; n_D^{16} 1,5197. *trans-2-Mercaptocyclohexylacetat*, $C_8H_{14}O_2S$, $Kp._{15}$ 106—108°; 12 g vorst. Verb. werden mit 0,1 g Essigsäure 13 Std. bei 100° erhitzt u. anschließend dest.; n_D^{16} 1,4897. Die Hydrolyse dieser Verb. mit 10%ig. NaOH in 50%ig. A. während 12 Std., Extraktion mit Chlf. u. Dest. gab *Cyclohexensulfid* (II; $Kp._{15}$ ca. 70°), *2-Oxy-2'-mercaptodicyclohexylsulfid* ($C_{12}H_{22}OS_2$, $Kp._{0,2}$ 150—160°; hieraus mit 1-Chlor-2.4-dinitrobenzol *2-Oxy-2'-[2.4-dinitrophenylmercapto]-dicyclohexylsulfid*, $C_{18}H_{24}O_5N_2S_2$, F. 128°; aus A. gelbe Prismen) u. eine glasartige Substanz. Aus der alkal.-wss. Lsg. nach Ansäuern u. erneuter Chloroformextraktion eine bewegliche Fl., die mit 2.4-Dinitrochlorbenzol *2'.4'-Dinitrophenyl-trans-2-oxycyclohexylsulfid*, F. 135°, ergab. Die Dest. von trans-2-Mercaptocyclohexylacetat in einer wss. $NaHCO_3$-Lsg. bei 60°/150 mm gab 70% II ($Kp._{15}$ 65—70°; n_D^{15} 1,5245) u. die Ausgangsverbindung. Gleiche Dest. mit trans-2-Acetylmercaptocyclohexanol gab ebenfalls II. — Durch Hydrolyse von Triacetyl-2.3-dimercaptopropanol mit 20%ig. wss. NaOH während 50 Std. bei 20°, Ansäuern mit 5n HCl, Ausschütteln mit Ae. u. Fraktionieren *2.3-Dimercaptopropanol* ($C_3H_8OS_2$, $Kp._1$ 71—75°; n_D^{15} 1,5723—1,5733. Die Desulfurierung mit RANEY-Ni auf dem Wasserbad u. Oxydation mit schwefelsaurer $K_2Cr_2O_7$-Lsg. gab *Propionaldehyd*; 2.4-Dinitrophenylhydrazon, F. 155°) u. *3-Oxy-2.2'.3'-trimercaptodipropylsulfid*, $C_6H_{14}OS_4$, $Kp._{0,001}$ 150—160°; n_D^{15} 1,6170. *Diisopropylidenderiv.*, $C_{12}H_{22}OS_4$, F. 132°; aus CH_3OH. Durch Hydrolyse der Triacetylverb. mit $NaHCO_3$ u. Dest. wie oben *3-Acetylmercaptopropylensulfid*, $C_5H_8OS_2$, $Kp._{40}$ 125; n_D^{18}

1,5525; hieraus mit CH_3J das *Trimethylsulfoniumjodid*, F. 212°. — *2.3-Diacetylmercaptopropanol*, $C_7H_{12}O_3S_2$, aus 2.3-Dimercaptopropanol u. Acetanhydrid bei 0° in wss. NaOH; λ_{max} 2400 Å. Hieraus durch Dest. aus $NaHCO_3$-Lsg. *3-Acetylmercaptopropylensulfid*, Kp.$_{35}$ 120°; n_D^{23} 1,5500. — *O-Acetyl-2-brom-3-mercaptopropanol*, $C_5H_9O_2BrS$, Kp.$_{0,1}$ 60 bis 62°; aus 2.3-Dibrompropanol u. Thiolessigsäure in Pyridin bei —5°, Eingießen in W. u. Ausschütteln mit Chlf.; n_D^{20} 1,5198; offenbar ein Gemisch aus 72% *O-* u. 28% *S-Acetylverbindung*. — Durch Hydrolyse von 2.3-Dimercaptopropylacetat mit $NaHCO_3$-Lsg. *3-Mercaptopropylensulfid*, $C_3H_6S_2$, Kp.$_{20}$ 66—67°; n_D^{18} 1,5810; *Phenylthiourethan*, $C_{10}H_{11}ONS_2$, F. 102°. Die saure Hydrolyse des vorst. Sulfids gab ein Gemisch von *2.3-Dimercaptopropanol* u. *1.3-Dimercaptopropanol-(2)*, aus dem nach Desulfurierung u. Bichromatoxydation *Aceton* (*2.4-Dinitrophenylhydrazon*, F. 126°) u. *Propionaldehyd* (*2.4-Dinitrophenylhydrazon*, F. 156—157°) entstanden. — *Butin-(3)-yl-(1)-acetat*, $C_6H_8O_2$, Kp.$_{60}$ 77—78°; n_D^{22} 1,4255; aus Butin-(3)-ol-(1) u. Acetanhydrid/Pyridin. — *4-Acetylmercaptobuten-(3)-yl-(1)-acetat*, $C_8H_{12}O_3S$, Kp.$_5$ 100—103°; n_D^{25} 1,4985; beim Erwärmen von 5 g vorst. Verb., 13 g Thiolessigsäure u. 0,05 ml Ascaridol auf dem Wasserbad; λ_{max} 2450, 2510 Å. Mit 2.4-Dinitrophenylhydrazin in schwefelsaurem CH_3OH beim Erwärmen bis zur Beendigung der H_2S-Entw. *γ-Oxybutyraldehyd-2.4-dinitrophenylhydrazon*, F. 113°. — *Buten-(3)-yl-(1)-acetat*, $C_6H_{10}O_2$, Kp.$_{60}$ 58—59°; n_D^{20} 1,4118, durch Semihydrierung von Butin-(3)-yl-(1)-acetat. — *3.4-Dibrombutylacetat*, Kp.$_1$ 84—85°; n_D^{18} 1,5104; aus Vorst. u. Br_2 in CCl_4 bei 0°. — *3.4-Diacetylmercaptobutylacetat*, $C_{10}H_{16}O_4S_2$, Kp.$_{0,0001}$ 110—112°; n_D^{22} 1,5150; aus Vorst., K-Thiolacetat u. etwas Thiolessigsäure in A. während 6 Std. unter Rückfluß; λ_{max} 2300 Å. — *3.4-Dimercaptobutanol*, $C_4H_{10}OS_2$, Kp.$_{0,0001}$ 70—71°; n_D^{23} 1,5572; durch Hydrolyse der Triacetylverb. mit methanol. HCl. — *3.4-Bis-[2.4-dinitrophenylmercapto]-butanol*, $C_{16}H_{14}O_9N_4S_2$, F. 183°, glänzende gelbe Nadeln aus CH_3OH/Nitrobenzol (5 : 1). — *3.4-Dimercaptobutylacetat*, $C_6H_{12}O_2S_2$, Kp.$_{0,0001}$ 65—66°; n_D^{20} 1,5208; aus dem Dithiol, Acetanhydrid u. einer Spur 10%ig. H_2SO_4 in Essigsäure bei 60°. — *3.4-Diacetylmercaptobutanol*, $C_8H_{14}O_3S_2$; λ_{max} 2300 Å; aus dem Dithiol u. Acetanhydrid in wss. NaOH bei 0°. Die Triacetylverb. u. die beiden vorst. Acetylverbb. gaben bei der Alkalihydrolyse *3-Mercaptothiophan* ($C_4H_8S_2$, Kp.$_3$ 95°); n_D^{20} 1,5780. *Phenylthiourethan*, $C_{11}H_{13}ONS_2$, F. 106°; aus PAe. Nadeln). — *2-Oxy-2'-mercaptodiäthylsulfid*, $C_4H_{10}OS_2$, Kp.$_{0,5}$ 106°; in 100 ml A. werden bei 0° 3,5 g Äthylenoxyd u. 0,2 g Na gelöst, ein Reagensglas mit 9 g 1.2-Dimercaptoäthan in das Reaktionsgefäß gestellt, dieses gut verschlossen, in Eis gekühlt, das Reaktionsgefäß gekippt u. der Inhalt vermischt; nach 14 Std. bei 20° wird geöffnet, Na mit festem CO_2 neutralisiert, die Lsg. konz., mit Ae. versetzt, filtriert u. fraktioniert. Daneben *1.2-Bis-[2-oxyäthylmercapto]-äthan*, Kp.$_{0,5}$ 170°; F. 64°. — *2-Acetoxy-2'-mercaptodiäthylsulfid*, $C_6H_{12}O_2S_2$, Kp.$_{0,5}$ 98—100°; n_D^{15} 1,5269. — *2-Oxy-2'-acetylmercaptodiäthylsulfid*, $C_6H_{12}O_2S_2$, Kp.$_{0,4}$ 108—110°; n_D^{20} 1,5338; λ_{max} 2270, 2760 Å. — *Dithian*, F. 110°; 2-Oxy-2'-mercaptodiäthylsulfid wurde in HCl (D. 1,16) gelöst, der *Nd.* (enthielt Halogen u. hatte F. 75 bis 80° nach Erhitzen auf 60°/15 mm) nach 12 Std. abgetrennt u. die wss.-saure Lsg. mit Wasserdampf dest.; im Destillat *Dithian*, im Rückstand ein Polymeres, das wahrscheinlich mit dem obenerwähnten übereinstimmt. Durch Erhitzen mit Phenol im geschlossenen Rohr bei 160—180° trat Depolymerisation u. HCl-Entw. ein. Durch Wasserdampfdest. wurde daraus *Dithian* isoliert. — *4-Chlorbutin-(1)*, C_4H_5Cl, Kp. 78°; n_D^{16} 1,4420; aus 9 g $SOCl_2$, 5,4 g Butin-(3)-ol-(1) u. 0,1 g Pyridin während 3 Std. bei 70°. Wurden 4,6 g Butin-(3)-ol-(1) in 50 ml Pyridin bei 0° mit 8 g $SOCl_2$ vereint, wobei die Temp. 5° nicht überstieg, so bildete sich *Dibutin-(3)-ylsulfit*, $C_8H_{10}O_3S$, Kp.$_{15}$ 124—126°; n_D^{15} 1,4750. — *3.4-Diacetylmercaptobutylchlorid*, $C_8H_{13}O_2ClS_2$, Kp.$_{0,0001}$ 92°; n_D^{15} 1,5392; aus 14 g Thiolessigsäure, 4,2 g 4-Chlorbutin-(1) u. 0,2 ml Ascaridol während 3 Std. auf dem Wasserbad u. anschließende Fraktionierung; λ_{max} 2280, 2320 Å. Hieraus durch Hydrolyse mit 2%ig. methanol. HCl ein *Prod. vom Kp.$_{0,2}$ 60—75°*; n_D^{16} 1,5708, das bei der Wasserdampfdest. aus Bicarbonatlsg. *3-Mercaptothiophan* bildete. (J. chem. Soc. [London] **1952**. 817—26. März. London, Imp. Coll. of Sci. and Technol.) K. NEZEL. 600

E. H. Farmer, J. F. Ford und **J. A. Lyons,** *Die Wechselwirkung von Schwefel und Schwefelverbindungen mit olefinischen Substanzen. 7. Mitt. Tieftemperatursulfurierung von Trialkyläthylenen mit Schwefelwasserstoff–Schwefeldioxyd und mit einem Schwefel–Zink–Dithiocarbamat-System.* (6. vgl. J. Soc. chem. Ind. 68. [1949.] 66.) Die Sulfurierung von Trialkylalkylenen mit H_2S–SO_2 bei 0° ergibt unter disubstitutiver Vernetzung der Olefine *Dialkanyltetrasulfide*. Bei höherer Temp. erhält man unter Substitution u. Addition *Alkylalkenylpolysulfide*. Trialkylsubstitution an der Doppelbindung scheint für die Reaktivität notwendig. Die Rk. der Olefine mit S in Ggw. von ZnO, Zn-Dibutyldithiocarbamat (I) u. katalyt. Mengen H_2S gibt in ähnlicher Weise *Dialkenyltetrasulfide*. Auch bei erhöhter Temp. erfolgt die Rk. nur unter Substitution, was auf die Wrkg. der Zn-Komponente zurückgeführt wird. Die Sulfurierung von Olefinen mit Tetramethylthiuramdisulfid (II) bei 140° zeigt einen ähnlichen Einfl. von Zn-Verbindungen. Als wirksames Agens wird in allen Fällen S_2 angenommen.

Versuche: *2.4-Dimethylpenten-(2)* (III), Kp. 83°, durch Pyrolyse von 2.4-Dimethyl-3-acetoxypentan bei 460° über Glaswolle; n_D^{20} 1,4046. 106 g III gaben a) durch Rk. mit H_2S–SO_2 bei 0° in 4—6 Std. 0,5 g eines Gemisches von *Verbb.* $C_{14}H_{26}S_2$ u. $C_{14}H_{26}S_3$, gelbe Fl., 6,7 g *Bis-[dimethylpentenyl]-tetrasulfid* (IV), $C_{14}H_{26}S_4$, n_D^{20} 1,5670, 0,5 g *Verb.* $C_{14}H_{26}S_5$, orangefarbene Fl., u. 1,2 g *Verb.* $C_{14}H_{28}O_2S_3$, rotbraune Fl.; 105 g III gaben b) analog bei 83° 1,8 g *Olefintrisulfid* $C_{14}H_{28}S_3$ u. 2,7 g *Olefintetrasulfid* $C_{14}H_{28}S_4$; c) durch Rk. mit 5 g S (5 Std. bei 140°) entstanden aus 50 g III die *Verbb.* $C_{14}H_{28}S_5$ u. $C_{14}H_{28}S_6$; wurde der S durch Einleiten von H_2S in eine gesätt. Lsg. von SO_2 in Bzl. dargestellt, ergab die analoge Rk. von 50 ml III (2 Tage bei Raumtemp.) 0,3 g der *Verb.* $C_{14}H_{24}S_4$. — 40 g 2-Methylpenten-(2) (V) reagierten mit H_2S–SO_2 bei 0° in 4—6 Std. unter Bldg. von 2,5 g *Polysulfid* $C_{12}H_{22}S_4$; aus 100 ml 2-Methylbuten-(2) (VI) analog 9,5 g *Verb.* $C_{10}H_{18}S_4$, n_D^{20} 1,6120; aus 72 g 1-Methylcyclohexen (VII) 2 g der *Verb.* $C_{14}H_{22}S_4$, n_D^{20} 1,6280; 31 g 2.6-Dimethyloctadien-(2.6) (VIII) gaben 8 g *Bis-[decadienyl]-tetrasulfid*, $C_{20}H_{34}S_4$; die Rk. von Squalen gab eine *Verb.* $C_{60}H_{98}S_4$, n_D^{20} 1,5310. — *Dibenzyltetrasulfid*, $C_{14}H_{14}S_4$, F. 51°, aus Toluol-ω-thiol in Bzl. mit H_2S–SO_2. — *Dibutyltetrasulfid*, $C_8H_{18}S_4$, aus Butanthiol analog vorst. Verbindung. — 100 ml III gaben durch Rk. mit S, ZnO, I u. Spuren H_2S (19 Tage bei Raumtemp.) 0,72 g *Polysulfid* $C_{14}H_{16}S_4$; analoge Rk. tritt bei Tempp. bis 140° auch in Abwesenheit von H_2S oder bei Ersatz von I durch II ein. V u. VI verhalten sich ähnlich. 100 g VII, S, ZnO, Zn-Propionat u. I gaben in 26 Tagen bei Raumtemp. 0,3 g *Verb.* $C_{14}H_{22}S_4$; ebenso in 3 Tagen bei 50°; daneben *Verb.* $C_{14}H_{22}S_6$; Rk. mit S (3 Std. bei 140°) gab *Verb.* $C_{14}H_{24}S_5$. VIII reagierte mit S, ZnO, I u. H_2S in 3 Wochen bei Raumtemp. zu *Verb.* $C_{20}H_{34}S_4$. — *Heptylheptenyldisulfid*, n_D^{20} 1,5084, 2 g, u. *Heptylheptenyltetrasulfid*, $C_{14}H_{28}S_4$, 8 g, durch Rk. von 120 g III u. II (4½std. Erhitzen im Vakuum auf 140°); daneben CS_2, *Tetramethylthioharnstoff*, *Heptylheptenylmonosulfid* u. höhere *Polysulfide*. Die analoge Rk. in Ggw. von ZnO ergibt Sulfide mit niedrigerem S-Gehalt. — *Dimethylpentanthiol*, $C_7H_{16}S$, aus IV in Ae. durch 3std. Rk. mit $LiAlH_4$; unstabil. (J. appl. Chem. 4. 554—61. Okt. 1954. Welwyn Garden City, Herts., Brit. Rubber Producers' Res. Assoc.) H. BERTSCH. 600

S. M. McElvain und **Clyde L. Aldridge**, *Ketenacetale*. 30. Mitt. *Alkylierung von Dimethylketendimethylacetal*. (29. vgl. C. **1954**. 518.) Die Alkylierung von Dimethylketendimethylacetal (I) zu entsprechenden trisubstituierten Essigsäuremethylestern verläuft beim Erhitzen mit Benzoylchlorid, Benzylbromid u. Benzhydrylbromid in 81—99%ig. Ausbeute, mit Phenacylbromid entstehen jedoch nur 25% *β-Benzoylpivalinsäuremethylester* neben 57% *Isobuttersäuremethylester* (II). Demgegenüber reagiert I mit Triphenylmethylbromid (III) zu 80% *Triphenylmethan* (IV), 64% *Methacrylsäuremethylester* (V), 24% *α.α-Dimethyl-α'-methylenglutarsäuredimethylester* (VI), 78% CH_3Br u. einem nichtidentifiziertem Öl. Da der hier zu erwartende *β.β.β-Triphenylpivalinsäuremethylester* (VII) unter katalyt. Wrkg. von $HgCl_2$ bereits unterhalb 35° dargestellt werden konnte, bei erhöhter Temp. aber in vorst. Spaltstücke zerlegt wurde, darf auch für die Rk. von I + III zunächst die Bldg. von VII angenommen werden, der bei der erforderlichen höheren Reaktionstemp. von über 100° therm. zers. wird. Bei der Einw. von Luft-O_2 auf VII wird die Bldg. eines Öles ähnlicher Konsistenz wie oben beobachtet. Die Instabilität von VII bei dieser Temp. beruht auf seiner hexasubstituierten Äthanstruktur, denn β.β-Diphenylpivalinsäuremethylester u. der aus III u. Methylketendiäthylacetal dargestellte *α-Methyl-β.β.β-triphenylpropionsäureäthylester* sind bei der Dest. stabil, letzterer erleidet jedoch oberhalb 250° Zers. zu 7% *Acrylsäureäthylester* u. 13% IV. Verss., bei der Zers. von VII in verschied. reaktionsfähigen Lösungsmitteln (vgl. Original) intermediäre Radikal- oder Ionenbldg. nachzuweisen, blieben erfolglos u. ergaben lediglich die Bldg. von VI durch Rk. von VII mit V. Für die Pyrolyse von VII muß also ein intramol. Ablauf angenommen werden. Die Hydrierung von VI u. Verseifung führten zu *α.α.α'-Trimethylglutarsäure*, die saure Hydrolyse zu einem Gemisch, wahrscheinlich aus *α.α-Dimethyl-α'-methylenglutarsäure* (VIII) u. der *cis-* u. *trans*-Form von *γ-Carboxy-α.α-dimethylpenten-(3)-säure*, die bas. Hydrolyse zu VIII, die mit Br_2 in *α.α-Dimethyl-γ-carboxy-γ-bromvalerolacton* übergeführt wurde. Für die Alkylierung von I mit Butylchlorid ist $HgCl_2$ kein Katalysator, bei höherer Temp. reagiert I mit $HgCl_2$ zu CH_3Cl u. *α-Chlormercuriisobuttersäuremethylester* (IX). Die Chlormercurigruppe ist sehr widerstandsfähig gegenüber Substitutionen: mit Butylbromid findet lediglich ein Halogenaustausch statt, das entstandene *α-Brommercurideriv.* reagiert nicht mit Butyljodid; mit Benzylbromid entstehen Polymere. IX kann also nicht als Zwischenprod. bei der Bldg. von VI aus I angesehen werden. Die Rk. von I mit n-Propylchlorid in Ggw. von mol. Mengen $SnCl_4$ verläuft zu 67% CH_3Cl, 49% II u. 34% *Pivalinsäuremethylester*. $ZnCl_2$ katalysiert die Rk. von I mit Butylchlorid nicht, wohl aber die von I mit Butylbromid zu 74% *α.α-Dimethylcapron-*

säuremethylester, *Buten-(2)* u. II. Betreffs weiterer Alkylierungsverss. mit Butyljodid u. mit $ZnBr_2$ als Katalysator vgl. Original.

Versuche: *Isobutyronitril*, Kp. 101—102°, aus Methacrylonitril durch Hydrieren über 5%ig. Pd-Kohle in Eisessig bei 3 at in 2½ Std.; n_D^{25} 1,3723; 77% (Ausbeute). — *Orthoisobuttersäuretrimethylester*, Kp. 134—136°, aus Isobuttersäureiminomethylätherhydrochlorid in absol. CH_3OH u. PAe. durch 2tägiges Rühren, Abfiltrieren des NH_4Cl, azeotrope Dest. mit Pentan, Einengen, Filtrieren u. Dest. über NaOH; 70%. — *Dimethylketendimethylacetal* (I), durch Demethanolisieren vorst. Verb. (l. c.). Rkk. von I: Mit Benzylbromid in 72 Std. bei 150° (Badtemp.) entstehen 81% *CH_3Br* (Kühlfalle) u. bei der Dest. *α-Benzylisobuttersäuremethylester* [$Kp._{10}$ 102—103°; $D.^{25}{}_4$ 1,0043; n_D^{25} 1,4945; 81%; *Benzyldimethylessigsäure*, F. 56,5—58° (wss. A.); *Amid*, F. 61—63° (Pentan)]; mit Phenacylbromid in 41 Std. bei 195—205° 55% *CH_3Br*, 57% *Isobuttersäuremethylester* (II) u. 26% *β-Benzoylpivalinsäuremethylester* [F. 48—49° (Pentan); *freie Säure*, F. 168—171° (Bzl.-PAe.)]; mit Benzoylchlorid in 4 Std. bei 200° 58% *CH_3Cl*, 83% *α-Benzoylisobuttersäuremethylester* [$Kp._{14}$ 136—137°; n_D^{25} 1,5100; gibt durch Hydrolyse mit W.-H_2SO_4-Essigsäure 83% *Isobutyrophenon*, Kp. 220—224°; n_D^{25} 1,5150; *Oxim*, F. 59—61°]; mit Benzhydrylbromid in 15 Std. bei 110° 85% *CH_3Br*, 94,6% *α.α-Dimethyl-β.β-diphenylpropionsäuremethylester* [$C_{18}H_{20}O_2$, F. 56—57° (PAe.); $Kp._{0,5}$ 136,5—137,5°. Hieraus durch 11std. Verseifung mit 0,3n alkoh. KOH *α-Benzhydrylisobuttersäure*, F. 137—138° (Bzl.-Bzn.); 93%]; mit III in 3 Std. bei 100—120° 78% *CH_3Br*, 80% *Triphenylmethan* [IV; F. 92—94°] u. aus dem flüchtigen Material 64% *Methacrylsäuremethylester* [V; Kp. 98,5 bis 99°] u. *α.α-Dimethyl-α'-methylenglutarsäuredimethylester* [VI; $C_{10}H_{16}O_4$, $Kp._{50}$ 136,5 bis 137,5°; $D.^{25}{}_4$ 1,0428; n_D^{25} 1,4440; 24%]. — *β.β.β-Triphenylpivalinsäuremethylester* (VII), $C_{24}H_{24}O_2$, F. 106—107° (Ae.), aus III + I in Ae. u. $HgCl_2$ unter Rühren unterhalb 35°, kurzes Kochen u. Stehen; 60%; ist unter Verschluß haltbar; bildet bei Luftzutritt ein Öl. — *α.α.α'-Trimethylglutarsäuredimethylester*, $C_{10}H_{18}O_4$, $Kp._{24}$ 112,5—113,5°, aus VI durch Hydrieren in A. über 5%ig. Pd-Kohle in 2½ Std.; $D.^{25}{}_4$ 1,0082; n_D^{25} 1,4272; 88,4%. *Freie Säure*, F. 98,5—99,5° (Bzn.); 65%. *Anhydrid*, F. 95—96°. *Monoanilid*, F. 164,5—165,5°. — *α.α-Dimethyl-α'-methylenglutarsäure* (VIII), $C_8H_{12}O_4$, F. 123—124° (W.), durch 2tägiges Kochen von VI mit KOH in A. + W.; 86 bzw. 49%. — VI ergibt bei 16std. Kochen mit 48%ig. HBr, Einengen u. Extraktion mit Bzn. 46% einer *Säure vom F. 98—115°*, nach Sublimation *vom F. 112—119°*, nach Rekristallisation aus Bzn. *vom F. 118—120°*, nach Rekristallisation aus W. *vom F. 145—152°*. — *α.α-Dimethyl-γ-carboxy-γ-bromvalerolacton*, $C_8H_{11}O_4Br$, F. 177,5—178,5° (Ameisensäure), aus VIII + Br_2 in 18 Std.; 68%. — Pyrolysen von VII: Durch 1std. Erhitzen auf 120° 40% V, bei 1½std. Erhitzen 19% VI u. 61% IV; in Toluol durch 2std. Kochen V, 81% IV u. 17% eines gelben Öls; in II (6 Std. bei 110—115°) 63% V, 75% IV u. 17,5% Öl; in Methylacetat (60 Std.) 20% V u. 14% IV; in V (½ Std.) 76% VI u. 82% IV; in Benzaldehyd (1 Std. bei 130° unter N_2) 71% IV; in Benzylalkohol (1 Std. bei 120°) 67% V u. 73% IV. — *α-Methyl-β.β.β-triphenylpropionsäureäthylester*, $C_{24}H_{24}O_2$, $Kp._{0,35}$ 176—182°, aus Methylketendiäthylacetal + III in Ggw. von $HgCl_2$ in Ae.; 1½ Std. Kochen u. Vakuumabdampfen; 60%; ohne Katalysator 58%; gibt durch Pyrolyse bei 250° 13% IV + 7% *Acrylsäureäthylester*. — Alkylierungen von I: Mit n-Propylchlorid u. $SnCl_4$ u. Kochen nach mehrfachem Zufügen von $SnCl_4$ 67% *CH_3Cl*, nach Verdünnen mit W. u. Dest. 34% *Pivalinsäuremethylester* (Kp. 99,5—100,5°; n_D^{25} 1,3870) u. 49% II; mit n-Butylchlorid in Ggw. von $ZnCl_2$ durch mehrmaliges mehrstd. Kochen bei mehrfachem Zusatz von $HgCl_2$ *α-Chlormercuriisobuttersäuremethylester* [IX; $C_5H_9O_2ClHg$, F. 97 bis 98,2° (Ae.); 99%; gibt bei 20std. Kochen mit Butylbromid 94% *Butylchlorid* u. 5% II] u. 89% *CH_3Cl*; mit Butylbromid + $ZnCl_2$ in 34std. Kochen 100% *CH_3Br*, 17% *Buten-(2)* [nachgewiesen durch Bromierung zu *2.3-Dibrombutan*], 18% II u. 74% *α.α-Dimethylcapronsäuremethylester* [$C_9H_{18}O_2$, Kp. 168,5°; $D.^{25}{}_4$ 0,8707; n_D^{25} 1,4124. *Freie Säure*, Kp. 216—220°; n_D^{25} 1,4240, *Amid*, F. 92—93°]; mit 2-Bromoctan + $ZnCl_2$ durch 5std. Kochen 108% *CH_3Br*, II, *Octylen* u. 10% *Isobuttersäure*; mit tert.-Amylbromid durch 11tägiges Kochen 42% *Amylen* [*Dibromderiv.*, $Kp._{16}$ 58—62°], 77% *CH_3Br* u. 71% II. (J. Amer. chem. Soc. 75. 3987—93. 20/8. 1953. Madison, Wis., Univ., Dep. of Chem.)

H. LEHWALD. 710

S. M. McElvain und **Clyde L. Aldridge**, *Ketenacetale*. 31. Mitt. *Dimethylketenäthylenacetal*. (30. vgl. vorst. Ref.) Durch Alkoholyse von Isobutyriminomethylätherhydrochlorid (VII) mit äquimol. Mengen Glykol entsteht *Methyläthylenorthoisobutyrat*, [I; $(CH_3)_2CH\underline{C(OCH_3)-OCH_2CH_2O}$] u. *Äthylenglykol-bis-[äthylenorthoisobutyrat]* (II), wobei II bei der Dest. von I mit überschüssigem Glykol in Ggw. von Spuren von Säure gebildet wird, wie analoge Vergleichsverss. zeigten. Die Desalkoholisierung von I mit Al-tert.-Butylat ergibt *Dimethylketenäthylenacetal* (III), *Isobuttersäuremethyl-* u. *-tert.-*

butylester. Mit HCl reagiert III zu *Isobuttersäure-β-chloräthylester*, mit Benzylbromid in stark exothermer Rk. zu *α.α-Dimethylhydrozimtsäure-β-bromäthylester*. An der Luft ist III nicht haltbar u. bildet unter O_2-Aufnahme ein Gel, aus dem III in Ggw. katalyt. Mengen $AlCl_3$ oder Benzoylperoxyd wiedergewonnen werden kann. Genauere Unterss. des Autoxydationsvorganges von III ergaben eine O_2-Aufnahme von 0,46 Mol/Mol III, wobei als flüchtige Prodd. *Aceton*, *Äthylencarbonat* u. unverändertes III anfallen. Das gebildete Gel ist zu $^2/_3$ ätherlösl., aus der Ätherlsg. konnte *2.2.5.5-Tetramethyl-3.3;6.6-bis-[äthylendioxy]-1.4-dioxan*, nachgewiesen durch Hydrolyse zu *α-Oxyisobuttersäure* (IV), isoliert werden. Der ätherunlösl. Teil des Gels ist in gebräuchlichen Lösungsmitteln unlösl. u. wird als Polymeres des Diradikals V angesehen, da es sich in verd. HCl sofort unter Bldg. von IV löst. Wahrscheinlich ist die erste Stufe bei der Autoxydation von III VI, das unter Spaltung der O—O-Bindung mit III zu V weiterreagiert oder aber in *Aceton* u. *Äthylencarbonat* gespalten wird.

V
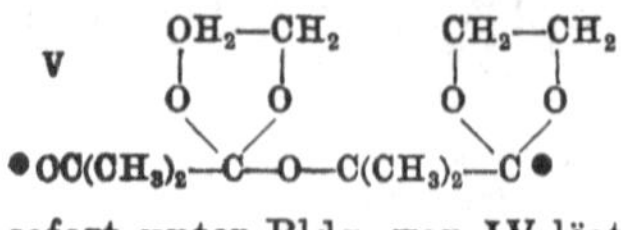

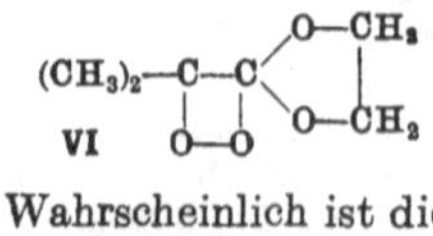

V e r s u c h e: *Methyläthylenorthoisobutyrat* (I), $C_7H_{14}O_3$, Kp. 160—160,5°, a) aus VII u. Äthylenglykol durch 2,3std. Rühren, Stehen, 1½std. Erwärmen auf 55°, Ausäthern, Dest. u. 3std. Kochen mit NaOH; $D.^{25}_4$ 1,007; n_D^{25} 1,4188; 55% (Ausbeute); daneben 8,5% *Isobutyramid*; b) wie vorst. durch 63std. Rühren in PAe., Filtrieren, Alkalisieren u. Dest.; 65,5%; daneben 7,3% *Isobutyramid*. — *Äthylenglykol-bis-[äthylenorthoisobutyrat]* (II), $C_{14}H_{26}O_6$, $Kp._{0,2}$ 110—112°, bei vorst. a) aus dem Destillierrückstand; 10%, oder aus I + Glykol + wenig VII durch 3½std. Erhitzen auf 135° unter Abdest. von CH_3OH, Zufügen von weiterem VII u. Erhitzen; $D.^{25}_4$ 1,0823; n_D^{25} 1,4451; 54%. — *Dimethylketenäthylenacetal* (III), $C_6H_{10}O_2$, Kp. 153,1—153,2°, aus I + Al-tert.-Butylat durch 4½std. Dest. bis 180° (Ölbad); $D.^{25}_4$ 1,0023; n_D^{25} 1,4540; 28%. Daneben 23% *tert.-Butylisobutyrat* u. 32% *Methylisobutyrat*. — *Isobuttersäure-β-chloräthylester*, C_6H_{11}·O_2Cl, Kp. 168,9°, aus III durch Einleiten von HCl unter Kühlung u. Dest.; $D.^{25}_4$ 1,0541; n_D^{25} 1,4230; 92%. — *α.α-Dimethylhydrozimtsäure-β-bromäthylester*, $C_{13}H_{17}O_2Br$, $Kp._{0,2}$ 105 bis 106°, aus III + Benzylbromid bei 40° in 20 Std., dann ½ Std. bei 100° u. Dest.; $D.^{25}_4$ 1,2702; n_D^{25} 1,5175; 80%. — *2.2.5.5-Tetramethyl-3.3;6.6-bis-[äthylendioxy]-1.4-dioxan*, $C_{12}H_{20}O_6$, F. 165,5—166° (PAe.), $Kp._{46}$ 160—195°, aus 10,22 g III durch 12std. Einleiten von O_2, 48std. Erwärmen auf 60°, Vakuumdest. der flüchtigen Bestandteile (8,5% *Aceton*, 14,4% III u. 3,7% *Äthylencarbonat*, $Kp._{44}$ 157—160°; n_D^{25} 1,4330), Ausäthern u. Dest.; 0,8 g. Als ätherunlösl. Bestandteil das *Polymere* von V, $(C_{12}H_{20}O_6)_x$, F. 220° (Zers.). — *α-Oxyisobuttersäure* (IV), F. 78,1—79,3°, aus vorst. Dioxanverb. durch Erwärmen mit nHCl, Kochen mit alkoh. KOH, Eindampfen u. Ausäthern, oder analog aus dem Polymeren; 33%. (J. Amer. chem. Soc. 75. 3993—96. 20/8. 1953.)

H. LEHWALD. 710

P. Arthur jr., D. C. England, B. C. Pratt und **G. M. Whitman,** *Addition von Cyanwasserstoff an ungesättigte Verbindungen.* In Ggw. von $Co_2(CO)_8$ (I) war es möglich, an zahlreiche Olefine bei ca. 130° HCN anzulagern. Die besten Ergebnisse wurden 1. mit Verbb. des Typs $RCH{=}CH_2$, wobei R = H, Alkyl oder Phenyl, 2. mit konjugierten Dienen u. 3. mit DIELS-ALDER-Addukten des Cyclopentadiens erhalten.

V e r s u c h e: *Dicobaltoktacarbonyl* (I), aus Co-Pastillen u. CO bei 170° u. 700 bis 1000 at. — *Propionitril*, Kp. 96,8°, aus überschüssigem C_2H_4, 17 g I u. 27 g HCN im Autoklaven (1 Std. bei 70°), Temperaturerhöhung um 10° pro Std. bis auf 100° u. noch 7 Std. bei 100°; n_D^{25} 1,3682; 63,6% (Umsatz). — *Isobutyronitril*, Kp. 100—107°, aus Propylen, HCN u. I in Bzl. bei 130°; 42%, oder mit dem Hg(II)-Salz des Cobaltcarbonylhydrids analog; 63%; n_D^{25} 1,3756. — *α-Methylbutyronitril*, Kp. 126—127°, aus 56 g Buten-(1), 14 g HCN u. 17 g I (8 Std. bei 130°, 40 at); 67,5%; auch aus Buten-(2) unter gleichen Bedingungen, jedoch in Ggw. von 8,5 g Triphenylphosphin bei 39 at; n_D^{25} 1,3882; 43%. — *α-Methylcaprylonitril* (im Original irrtümlich-capronitril), Kp. 208°, analog aus Octen-(1) in Ggw. von Triphenylphosphin; n_D^{25} 1,4181; 23,7%. *α-Methylcaprylamid*, F. 78—80°. — *α-Methyladipinsäuredinitril* (?), $C_7H_{10}N_2$, $Kp._2$ 125°, analog aus Hexen-(5)nitril; n_D^{25} 1,4348; 35,6%. — *δ-Cyancapronsäuremethylester* (?), $C_8H_{13}O_2N$, $Kp._{40}$ 148°, analog aus Hexen-(5)-säuremethylester; 18,6%. — *γ-Cyanvaleronitril*, $Kp._7$ 115°, analog aus Penten-(3)-nitril in Ggw. von Triphenylphosphin; n_D^{25} 1,4340; 15,4%. — *α-[Cyclohexen-(3)-yl]-propionitril*, $C_9H_{13}N$, $Kp._{58}$ 134°, analog aus 4-Vinylcyclohexen (19½ Std.); n_D^{25} 1,4707; 14%. — *α-Cyclohexylpropionsäure*, F. 55—57°, aus vorst. Verb. durch Hydrierung in Ggw. von 10%ig. Pd-/Aktivkohle in Methanol bei Zimmertemp. u. anschließende Verseifung. — *α-Phenylpropionitril*, $Kp._{10}$ 101°, analog aus Styrol unter Zusatz von wenig Hydrochinon; n_D^{25} 1,5098; 52%. — *α-Phenylpropionsäure*, $Kp._{44}$ 77°, durch Verseifung vorst. Verbindung. *Anilid*, F. 134—135°. *Amid*, F. 93—94°. — *HCN-Addukt von*

Dicyclopentadien, $C_{11}H_{13}N$, Kp.$_{14}$ 136°, aus den Komponenten analog (15½ Std. u. in Ggw. von Triphenylphosphin); n_D^{25} 1,5169; 24%. — *HCN-Addukt von Bicyclo-[2.2.1]-hepten-(5)-carbonitril-(2)*, $C_9H_{10}N_2$, Kp.$_2$ 159° (?), aus 167 g Olefin, 51 g I, 54 g HCN u. 25 g Triphenylphosphin (8 Std. bei 130°), vermutlich ein Gemisch aus geometr. Isomeren u./oder Stellungsisomeren; 62%. Daraus durch Hydrierung in Ggw. eines Co-Katalysators in NH_3 bei 125—130° u. 250 at ein *Diamin* [$C_9H_{18}N_2$, Kp.$_1$ 100—101°, n_D^{25} 1,5082; 90%]. — *HCN-Addukt von Bicyclo-[2.2.1]-hepten-(5)-dicarbonsäure-(2.3)-anhydrid*, $C_{10}H_9O_3N$, F. 155—167° (Toluol–Xylol), Kp.$_4$ 210—235°, aus 164 g Olefin, 68 g I, 54 g HCN, 20 g Triphenylphosphin u. 200 ml Bzl. (8 Std. bei 130°), vermutlich Isomerengemisch; 28%. — Durch Rk. von 162 g Butadien, 108 g HCN, 51 g I in 300 ml Bzl. (14½ Std. bei 130°) entstanden: unreines *Vinylcyclohexen* (Kp. 100—126°; 5%), *α-Methylbuten-(3)-nitril* (Kp. 126 bis 129°, n_D^{25} 1,4095; 5%. *α-Methylbutyranilid*, F. 105—107°), *Penten-(3)-nitril* u. *Penten-(4)-nitril* (Kp. 138—143°, n_D^{25} 1,4170—1,4242; 36 u. 4%. *Valeriansäureanilid*, F. 62 bis 63°), *2.3-Dimethylbernsteinsäuredinitril* [$C_6H_8N_2$, Kp.$_5$ 73—84°, Kp.$_{100}$ 167°, F. 51—52°, auch durch HCN Addition an α-Methylbuten-(3)-nitril, n_D^{25} 1,4570; 3%. *2.3-Dimethylbernsteinsäure*, F. 193—195° (Zers.)], *α-Methylglutaronitril* (Kp.$_7$ 111—115°, n_D^{25} 1,4338; 12%. *α-Methylglutarsäure*, F. 76—77°) u. 10% Polymerprodukt. — Durch Rk. von 68 g Isopren, 27 g HCN, 17 g I in 100 ml Bzl. (18½ Std. bei 130°) entstanden: *β-Methylpenten-(3)-nitril* (Kp. 160°, n_D^{25} 1,4460. *β-Methylvaleriansäureamid*, F. 122—123°. *Anilid*, F. 80—82°) u. *γ-Methylpenten-(3)-nitril* (C_6H_9N, Kp. 165°, n_D^{25} 1,4430. *γ-Methylvaleriansäureamid*, F. 118—119°. *Anilid*. F. 108—109°) neben *Dipenten*. Gesamtausbeute: 40%. Verhältnis der beiden Nitrile 1 : 3. (J. Amer. chem. Soc. **76**. 5364—67. 5/11. 1954. Wilmington, Del., E. I. du Pont de Nemours Co., Exp. Stat., Chem. Dep.)

L. FISCHER. 800

A. I. Krutman, *Zur Einwirkung von Chlorkohlensäureester auf magnesiumorganische Verbindungen*. Es werden einige Rkk. von Chlorkohlensäureäthylester (I) mit GRIGNARD-Verbb. untersucht. Bei der Anwendung eines großen Überschusses an GRIGNARD-Verb. werden *tert. Alkohole*, bei äquimol. Mengen der Komponenten *Ester* erhalten.

Versuche: *Triallylcarbinol*, $C_{10}H_{16}O$, Kp. 189—192°; aus Allyl-MgBr u. I in Ae., 10—12 Std., zuletzt unter Erwärmen auf dem Wasserbad, Zers. mit Eis u. H_2SO_4; D.$^{21}_4$ 0,8791; n_D^{21} 1,468; 66,6% (Ausbeute). *Phenylurethan*, F. 239°. — *Tri-n-butylcarbinol*, $C_{13}H_{28}O$, Kp.$_{20}$ 129—132°; analog Vorst. aus n-Butyl-MgBr u. I; D.$^{15}_4$ 0,8332; n_D^{15} 1,4370; 81,2%. *Phenylurethan*, F. 147,5°. — *Triisoamylcarbinol*, $C_{16}H_{34}O$, Kp.$_{10}$ 136 bis 140°; D.$^{20}_4$ 0,8362; n_D^{20} 1,443; 88%. *Phenylurethan*, F. 147,8°. — *Propionsäureäthylester*, Kp. 99—105°; aus äquimol. Mengen I u. Äthyl-MgBr; D.$^{20}_4$ 0,9547; n_D^{20} 1,333; 50%. — *Valeriansäureäthylester*, Kp.$_{10}$ 32—40°; D.$^{20}_4$ 0,8828; n_D^{20} 1,412; 26%. — *Isocapronsäureäthylester*, Kp.$_{10}$ 50—53°; D.$^{20}_4$ 0,8700; n_D^{20} 1,405; 28%. (Журнал Общей Химии [J. allg. Chem.] **22** (84). 1342—46. Aug. 1952. Chem. Kalinin-Werk, Zentrales Werklabor.)

O. POLLAK V. EMHOFEN. 810

Joseph L. Greene jr. und **Hugh J. Hagemeyer jr.**, *Schwefelhaltige Pivalinsäurederivate*. I. Mitt. *Sulfonyldipivalinsäure*. Oxypivalinsäure (I) gibt mit HBr in guter Ausbeute *Brompivalinsäure* (II), die mit Na_2S ohne Umlagerung spontan unter Bldg. von *Thiodipivalinsäure* (III) reagiert. Durch Oxydation des Diäthylesters von III mit H_2O_2 wurde *Sulfonyldipivalinsäure* (IV) dargestellt. Oxydation mit $KMnO_4$ in alkal. Lsg. ist ungünstig. Die Säurechloride (V bzw. VII) von III u. IV wurden durch Rk. mit $SOCl_2$ erhalten. IV ist therm. sehr beständig u. eignet sich gut als Säurekomponente für hochmol. Polyester.

Versuche: *Oxypivalinsäure* (I), F. 126—128°, aus Isobutyraldehyd u. CH_2O durch Aldol-Kondensation u. CANNIZZARO-Rk. des entstehenden Oxypivalinaldehyds. — *Brompivalinsäure* (II), $C_5H_9O_2Br$, F. 46—48°, aus I durch 20std. Kochen mit 48%ig. HBr u. Dest.; II dest. mit wss. HBr über 120° ab; 82% (Ausbeute). — *Thiodipivalinsäure* (III), $C_{10}H_{18}O_4S$, F. 163—164° [Eisessig (E.)], aus II durch Neutralisieren mit Na_2CO_3-Lsg. u. Rk. mit wss. Na_2S unter Rühren; 75%. — *Thiodipivalylchlorid* (V), $C_{10}H_{16}O_2Cl_2S$, Kp.$_6$ 156—157°, durch 1½std. Kochen von III mit $SOCl_2$; 88,5%. — *Thiodipivalinsäurediamid* (VI), $C_{10}H_{20}O_2N_2S$, F. 174—175° (W.), durch Zutropfen von V zu NH_4OH bei 0° unter Rühren; 82%. — *N.N'-Bis-[p-tolyl]-thiodipivalinsäurediamid*, $C_{24}H_{32}O_2N_2S$, F. 139—140°, aus V; 72%. — *Thiodipivalinsäuredimethylester*, $C_{12}H_{22}O_4,S$, Kp.$_1$ 124—125°, aus III u. Methanol (Me.); 53,5%. — *Thiodipivalinsäurediäthylester*, $C_{14}H_{26}O_4S$, Kp.$_1$ 135—136°, aus III, A. u. H_2SO_4 in Bzl. unter Abdest. des entstehenden W.; 88%. — *Sulfonyldipivalinsäure* (IV), $C_{10}H_{18}O_6S$, F. 243—244° (E.–Bzl.), aus vorst. Verb. in E.–Acetanhydrid durch Zutropfen von 30%ig. H_2O_2 innerhalb 3 Std. bei 60—70° unter Rühren, Abdampfen des Lösungsm. auf dem Wasserbad u. Hydrolyse mit konz. HCl; 79%. — *Sulfonyldipivalylchlorid* (VII), $C_{10}H_{16}O_4Cl_2S$, F. 103—105° (Bzl.–PAe.),

durch 16std. Kochen von **IV** mit $SOCl_2$; 76%. — *Sulfonyldipivalinsäurediamid*, $C_{10}H_{20}O_4N_2S$, F. 205—206°, analog **VI**; 85%. — *N.N'-Bis-[p-tolyl]-sulfonyldipivalinsäurediamid*, $C_{24}H_{32}O_4N_2S$, F. 212—213°, aus **VII**; 69%. — *Sulfonyldipivalinsäuredimethylester*, $C_{12}H_{22}O_6S$, F. 90—92° (Me.-Bzl.), aus **VII** u. Me.; 89%. — *Sulfonyldipivalinsäurediäthlyester*, $C_{14}H_{26}O_6S$, F. 53—54° (A.-PAe.), aus **VII** u. A.; 83%. (J. Amer. chem. Soc. **77.** 3016—18. 5/6. 1955. Kingsport, Tenn., Tennessee Eastman Co., Res. Labors.)
H. BERTSCH. 850

George W. Watt und **William R. McBride**, *Ammoniakate von Guanidin und Guanidiniumchlorid.* Vff. untersuchten die Ammoniakate von *Guanidin* (**I**) u. **I**-Chlorid im Hinblick auf günstige Herstellungsmöglichkeiten von reinem **I**. Diese Herst. glückte durch Umsatz von KNH_2 (K + NH_3 + Fe-Katalysator) in fl. NH_3 mit **I**-Carbonat. Nach 2 Std. wurde das in fl. NH_3 schwerlösl. K_2CO_3 mit überschüssigem **I**-Carbonat abfiltriert u. das fl. NH_3 verdampft. Zur Gewinnung des Chlorides wurde das Carbonat HCl behandelt u. durch Umkristallisieren aus absol. A. gereinigt. **I** bildet bei —35,5° eine Verb. mit 1 NH_3, **I**-Chlorid bildet Verbb. mit 2; 3; 4,5 u. 6 NH_3. (J. Amer. chem. Soc. **77.** 2751—52. 20/5. 1955. Austin, Tex., Univ. of Texas, Dep. of Chem.) H. PLUSKAL. 880

A. F. McKay und **G. R. Vavasour**, *Die Darstellung von 2.2.2-Trifluoräthylamin.* In 68—75%ig. Ausbeute läßt sich *2.2.2-Trifluoräthylamin* unmittelbar durch Red. von Trifluoracetamid (**I**) mit $LiAlH_4$ darstellen.

V e r s u c h e: *2.2.2-Trifluoräthylaminhydrochlorid*, $CF_3—CH_2—NH_2·HCl$; durch langsames Einrühren einer Lsg. von 50 g **I** in 200 cm³ wasserfreiem Ae. in eine Suspension von 42 g $LiAlH_4$ in 600 cm³ Ae. in N_2-Atmosphäre am Rückflußkühler, weiteres einstd. Kochen, Zugabe von 124—139 cm³ W., Stehenlassen über Nacht, Waschen des abzentrifugierten Nd. mit Ae., Überleiten von gasförmigem HCl über die vereinigten Ätherlsgg. u. Trocknen des Nd. im Vakuum über P_2O_5; 44,5 g (75,1% Ausbeute). — *2.2.2-Trifluoräthylamin*, $Kp._{757}$ 37,8—38,0°; aus dem Hydrochlorid nach der Meth. von GILMAN u. JONES (J. Amer. chem. Soc. **65.** [1943.] 1458) in 99%ig. Reinheit. (Canad. J. Chem. **32.** 639—40. Juni 1954. Ottawa, Ontario, Defence Res. Chem. Labors.)
E. FORCHE. 910

Theodor Wieland und **Richard Sehring**, *Eine neue Peptidsynthese.* 1. Mitt. *über Peptidsynthesen.* (2. vgl. C. **1952.** 201.) Vff. beschreiben eine neue Peptidsynth., die in der Umsetzung eines gemischten Anhydrids aus N-Acylaminosäuren oder -peptiden u. Essig- bzw. Benzoesäure (vgl. C. **1955.** 6958) mit Aminosäureestern in indifferentem Medium oder mit Aminosäuren oder Peptiden in wss.-alkal. Lsg. besteht. Die Anhydridkomponente wurde entweder aus der wss. Lsg. der Salze von N-Phthalyl- oder N-Carbobenzoxy-(Cbo)-aminosäuren oder -peptiden u. Benzoylchlorid oder Acetylchlorid in Benzonitril beim Schütteln mit der berechneten Menge Lauge oder besser aus den acylierten Aminosäuren oder Peptiden mit Benzoyl- oder Acetylchlorid in einem indifferenten Lösungsm. unter Zusatz einer organ. Base (bes. *N-Äthylpiperidin*) gebildet. Die Isolierung des Anhydrids ist bes. bei letzterer Darstellungsmeth. nicht erforderlich. Die Strukturen der erhaltenen Peptide wurden durch papierchromatograph. Unters. der Hydrolysate bestätigt.

V e r s u c h e: *Cbo-dl-alanyl-dl-phenylalanin*, $C_{20}H_{22}O_5N_2$, F. 139° (W.), aus 3,2 g Cbo-dl-alaninbenzoat u. 1,5 g dl-Phenylalanin (**I**) beim tropfenweisen Zusatz von 2nNaOH bis zur endgültigen Rötung von Phenolphthalein; nach dem Ansäuern mit HCl wird die Benzoesäure mit Wasserdampf abgeblasen; 2,5 g (Ausbeute). — *Cbo-glycyl-glycyl-dl-phenylalanin*, $C_{21}H_{23}O_6N_3$, F. 129°, aus 3,5 g Anhydrid aus Cbo-glycylglycin-Ag u. Benzoylchlorid in Benzonitril u. 1,2 g **I**; 2,5 g. — *N-Phthalylglycylglycinmethylester*, $C_{13}H_{12}O_5N_2$, F. 202°, aus 0,5 g N-Phthalylglycinbenzoat (**II**) in Ae. u. 0,15 g Glycinmethylester in gesätt. wss. $NaHCO_3$-Lsg. beim Schütteln (10 Min.); 0,3 g. — *N-Phthalylglycyl-dl-alanin*, $C_{13}H_{12}O_5N_2$, F. 220°, aus 500 mg **II** u. 150 mg dl-Alanin wie vorst.; 290 mg. — *Cbo-glycyl-dl-valin*, $C_{15}H_{20}O_5N_2$, F. 146°, durch 30 Min. Schütteln von 3 g Cbo-glycin-Na u. 1,4 g Benzoylchlorid in Benzonitril, dann mit 1,1 g dl-Valin in 2nNaOH; nach dem Ansäuern mit HCl Abblasen der Benzoesäure mit Wasserdampf; 2,5 g. — *Cbo-glycinanilid*, F. 144°, durch Versetzen von 2,1 g Cbo-glycin in Bzl. + N-Äthylpiperidin mit 1,4 g Benzoylchlorid u. nach 10 Min. mit 2 cm³ Anilin; 2 g. — *N-Phthalyl-dl-alaninanilid*, $C_{17}H_{14}O_3N_2$, F. 162°, aus 1,1 g N-Phthalyl-dl-alanin wie vorst.; 1 g. — *Cbo-glycyl-dl-alanin*, $C_{13}H_{16}O_5N_2$, F. 176° (CH_3OH), aus 2 g Cbo-glycin u. 0,9 g dl-Alanin; 2 g. — *Cbo-glycylalanylglycin*, $C_{15}H_{19}O_6N_3$, F. 145°, aus 1,9 g Cbo-glycin u. 1,5 g Alanylglycin; 2,2 g. — *Cbo-dl-alanyl-dl-alanyl-dl-alanylglycin*, $C_{19}H_{26}O_7N_4$, F. 229° (CH_3OH), aus 2,16 g Cbo-dl-alanyl-dl-alanin u. 1,35 g dl-Alanylglycin; 2,5 g. (Liebigs Ann. Chem. **569.** 122—29. 1950. Mainz, Univ., Organ.-chem. Inst.) G. MOHR. 950

Leslie J. Tyler, *Phenylsilantriol.* Durch Hydrolyse von Phenyltrimethoxysilan mit dest. W. oder 0,5%ig. CH_3COOH (4 Std. Rühren bei 10°) erhielt Vf. *Phenylsilan-*

triol, $C_6H_8O_3Si$, Zers. bei 128–130°, Plättchen; 75% Ausbeute; dieses ist unbeständig gegen Hitze, Säuren u. Laugen u. kann nicht durch Umkristallisieren gereinigt werden. Die Infrarotmaxima sind angegeben. (J. Amer. chem. Soc. **77**. 770–71. 5/2. 1955. Midland, Mich., Dow Corning Corp.) H. ASCHERL. 980

B. A. Arbusow und **O. D. Ssamoilowa**, *Einwirkung von Alkylhalogeniden auf Ester der antimonigen und trithioantimonigen Säure.* Beim Erhitzen von Halogenalkylen mit Antimonigsäuretrialkylestern im Rohr werden *Dialkoxyhalogenstibine* u. Äther nach dem Schema $(RO)_3Sb + R'X \rightarrow (RO)_2SbX + ROR'$ erhalten. Die Rkk. verlaufen nicht glatt; Nebenprodd. sind Sb_2O_3, *Sb* u. bei Jodalkylen J_2. Antimonigsäuretriäthylester reagiert selbst bei 250° nicht mit n-Hexylchlorid. Bei der Einw. von Chlormethylbutyläther auf Antimonigsäuretributylester spaltet sich *Dibutylformal* (1 bzw. 2 Mol) ab, u. es bilden sich *Dibutoxychlorstibin* u. *Butoxydichlorstibin*. Analog reagiert Bromessigsäureäthylester mit Antimonigsäuretriäthylester. Beim Erhitzen von CH_3J mit Trithioantimonigsäuretriäthylester entsteht neben *Methyläthylsulfid* *Bis-[äthylmercapto]-jodstibin*. Analog reagieren C_2H_5J u. C_2H_5Br.

Versuche: *Antimonigsäuretriisoamylester*, $C_{15}H_{33}O_3Sb$, Kp.$_3$ 150,5–151°; aus 7 g $(C_2H_5O)_3Sb$ u. 7,5 g Isoamylalkohol (aus Fuselöl) durch Umsetzen bei 110–120°; $D.^{20}_4$ 1,189; n_D^{20} 1,4764; 7,2 g (Ausbeute). — *Diäthoxyjodstibin*, $C_4H_{10}O_2JSb$, F. 72–76°; a) durch 3std. Erhitzen von 15 g $(C_2H_5O)_3Sb$ u. 8,3 g CH_3J auf 130–135°; 8,3 g; b) durch 2½std. Erhitzen von 15 g $(C_2H_5O)_3Sb$ u. 9,1 g C_2H_5J auf 170–180°; 6,4 g. — *Diäthoxybromstibin*, $C_4H_{10}O_2BrSb$, F. 66–67°; Kp.$_5$ 113–115°; a) aus $(C_2H_5O)_3Sb$ u. C_2H_5Br bei 190–195° oder n-C_3H_7Br bei 200–205°; 48 bzw. 29%; b) aus $(C_2H_5O)_3Sb$ u. $BrCH_2 \cdot CO_2C_2H_5$, 12 Std. bei 160–170°; 66,6% neben *Äthoxyessigsäureäthylester*. — *Di-n-butoxyjodstibin*, $C_8H_{18}O_2JSb$, Kp.$_{10}$ 161–163°; aus (n-$C_4H_9O)_3Sb$ u. CH_3J; $D.^{20}_4$ 1,6481; 54%. — *Di-n-butoxybromstibin*, $C_8H_{18}O_2BrSb$, Kp.$_6$ 149–150°; $D.^{20}_4$ 1,5931; 49,9%. — *Di-n-butoxychlorstibin*, Kp.$_{11}$ 148–149°; aus (n-$C_4H_9O)_3Sb$ u. $ClCH_2OC_4H_9$ ohne zu erwärmen; $D.^{20}_4$ 1,5073; 82%. — *Butoxydichlorstibin*, F. 84–85°; Kp.$_{11}$, 124–126°; aus vorst. Verb. u. $ClCH_2OC_4H_9$; 86%. — *Diisoamyloxyjodstibin*, $C_{10}H_{22}O_2JSb$, Kp.$_4$ 155–156°; $D.^{20}_4$ 1,6315; 43,2%. — *Diisoamyloxybromstibin*, $C_{10}H_{22}O_2BrSb$, Kp.$_5$ 146–148°; $D.^{20}_4$ 1,5559; 42%. — *Bis-[äthylmercapto]-jodstibin*, $C_4H_{10}JS_2Sb$, Kp.$_8$ 162–163°; aus $(C_2H_5S)_3Sb$ u. CH_3J (2½ Std.; 80–85°) oder C_2H_5J (1½ Std.; 75–80°); $D.^{20}_4$ 2,2030; 26,4 bzw. 46%. — *Bis-[äthylmercapto]-bromstibin*, $C_4H_{10}BrS_2Sb$, Kp.$_8$ 151–152°; $D.^{20}_4$ 2,1090; 46,8%. (Известия Академии Наук СССР, Отделение Химических Наук [Nachr. Akad. Wiss. UdSSR, Abt. chem. Wiss.] **1954**. 830–36. Sept./Okt. Kasan, Uljanow-Lenin-Univ., Wiss. Chem. Butlerow-Forschungsinst.) O. POLLAK V. EMHOFEN. 980

Ralph L. Dannley, Joseph R. Weschler und **George R. Jackson jr.**, *Die Darstellung von Phenylperfluoralkylmethylbromiden.* Während der Austausch der OH-Gruppe von Phenylperfluoralkylcarbinolen gegen Br mit HBr oder PBr_3 prakt. nicht möglich ist, gelingt er durch Erhitzen mit PBr_5 im Einschlußrohr auf 165° in 38–55%ig. Ausbeuten.

Versuche: *1-Brom-2.2.3.3.3-pentafluor-1-phenylpropan*, $C_9H_6BrF_5$, Kp.$_7$ 55,5°, n_D^{25} 1,4548; durch 18std. Erwärmen von 20 g Phenylpentafluoräthylcarbinol u. 24,5 g PBr_5 im CARIUS-Rohr auf 165°; 55% (Ausbeute). — *1-Brom-2.2.2-trifluor-1-phenyläthan*, $C_8H_6BrF_3$, Kp.$_5$ 49°, n_D^{25} 1,4855; 38%. — *1-Brom-2.2.3.3.4.4.4-heptafluor-1-phenylbutan*, $C_{10}H_6BrF_7$, Kp.$_{10}$ 74°, n_D^{25} 1,4358; 47%. (J. Amer. chem. Soc. **77**. 3643. 5/7. 1955. Cleveland, O., Western Reserve Univ., Morley Chem. Labor.) E. FORCHE. 1010

Giuseppe Leandri und **Antonio Tundo**, *Untersuchungen über aromatische Disulfide.* Die asymm. Diaryldisulfide Ar–S–S–Ar′ (I) erleiden beim Schmelzen, beim Erhitzen der Lsgg. oder auch bei UV-Bestrahlung Disproportionierung nach 2 Ar–S–S–Ar′ → Ar–S–S–Ar + Ar′–S–S–Ar′; dies wird an den I mit Ar = C_6H_5 u. Ar′ = C_6H_4X, X = o-, p-CH_3, o-, p-Cl, p-OCH_3, p-SO_2CH_3 (F. 54–55°), p-$COCH_3$ (F. 60°), o- (**Ic**; F. 49–50°), m- (**Ia**), p-NO_2 (**Ib**; F. 58°) nachgewiesen. Bei der Umsetzung von **I** mit aromat Halogennitroderivv. mit beweglichem Halogen erfolgt nucleophiler Austausch von Halogen gegen die Ar–S-Gruppe (heterolyt. Rk.). So entstanden aus 1-Chlor-2.4-dinitrobenzol u. **Ia** bzw. **Ib** 2.4.3′- (F. 145°) bzw. *2.4.4′-Trinitrodiphenylsulfid* (F. 162°). Die partielle Oxydation der symm. Diaryldisulfide mit Persäuren führt zu asymm. Prodd.: Ar–S–S–Ar $\xrightarrow{O}$ Ar–S–SO_2–Ar; bei den **I** wird nur das an den unsubstituierten Ar-Rest gebundene S-Atom oxydiert; bei Einw. von Perbenzoesäure auf **Ic, Ia** u. **Ib** entstehen nur C_6H_5–SO_2–S–$C_6H_4NO_2$ (o-, F. 84–85°; m-, F. 99°; p-, F. 104–105°), wie durch Vgl. mit den nach Ar–SCl + Ag–SO_2–Ar → Ar–S–SO_2–Ar dargestellten Prodd. gezeigt wird, daneben die infolge der Disproportionierung gebildeten Derivv. mit symm. Arylresten. (Ricerca sci. **23**. 1646–48. Sept. 1953. Bologna, Univ., Ist. di Chim. Ind.) R. K. MÜLLER. 1090

Paolo Grünanger und **Cesare Cardani,** *Die Synthese von disubstituierten Hydrochinonaldehyden.* (Vgl. Atti Accad. naz. Lincei, Rend., Cl. Sci. fisiche mat. natur. [8] 14. 358.) Durch Oxydation dialkylsubstituierter Salicylaldehyde mit K-Persulfat werden *disubstituierte 2.5-Dioxybenzaldehyde* dargestellt. Diese lassen sich katalyt. zu den entsprechenden *Benzylalkoholen* reduzieren.

Versuche: *2.5-Dioxy-3-isopropyl-6-methylbenzaldehyd* (I), $C_{11}H_{14}O_3$, F. 181 bis 182° (gelbe Nadeln aus Chlf.), aus 2-Oxy-3-isopropyl-6-methylbenzaldehyd durch Oxydation mit $K_2S_2O_8$ in alkal. Lsg. bei 35°; 25% (Ausbeute). *Phenylhydrazon,* $C_{17}H_{20}O_2N_2$, F. 122—123° (Mikrokristalle aus Bzn.). *p-Nitrophenylhydrazin,* $C_{17}H_{19}O_4N_3$, Zers. bei 280—290° (orangegelbe Nadeln aus Äthylacetat). *2.4-Dinitrophenylhydrazon,* $C_{17}H_{18}O_6N_4$, Zers. bei 254—255° (rote Nadeln aus Eisessig). *Semicarbazon,* $C_{12}H_{17}O_3N_3$, F. 218,5—219° (gelbliche Nadeln aus Methanol). — *2.5-Dioxy-3-methyl-6-isopropylbenzaldehyd,* $C_{11}H_{14}O_3$, F. 151—152° (gelbe Prismen aus Chlf.), ebenso aus Carvacrolaldehyd (Kp.$_{21}$ 135—138°, dargestellt nach DUFF, J. chem. Soc. [London] **1941.** 547). *Phenylhydrazon,* $C_{17}H_{20}O_2N_2$, F. 179—180° (gelbliche Nadeln aus Bzn.). *2.4-Dinitrophenylhydrazon,* $C_{17}H_{18}O_6N_4$, F. 238 bis 239° (rote Nadeln aus Eisessig). — *2-Oxy-3.6-dimethylbenzaldehyd,* F. 60—62°, durch Verschmelzen von Glycerin u. Borsäure (30 Min., 170°), Eintragen von p-Xylol + Hexamethylentetramin bei 155—160° in diese Schmelze unter Rühren, 15 Min. Rühren bei 155—160° u. Eintropfen von H_2SO_4 + W. bei 110°. — *2.5-Dioxy-3.6-dimethylbenzaldehyd* (II), $C_9H_{10}O_3$, F. 142—143° (Nadeln aus Bzl.), aus vorst. Verb. u. $K_2S_2O_8$ wie oben; 21,3%. *Phenylhydrazon,* $C_{15}H_{16}O_2N_2$, F. 169—170° (Nadeln aus Bzl. + Bzn.). *2.4-Dinitrophenylhydrazon,* $C_{15}H_{14}O_6N_4$, F. 265° (Zers.; orangerote Nadeln aus A.). *Semicarbazon,* $C_{10}H_{13}O_3N_3$, Zers. bei 270° (Nadeln aus Methanol). — *2.5-Dioxy-4.6-dimethylbenzaldehyd,* $C_9H_{10}O_3$, F. 148° (citronengelbe Prismen aus Chlf.), aus m-Xylenolaldehyd (dargestellt nach DUFF, l. c.) u. $K_2S_2O_8$; 26,3%. *Phenylhydrazon,* $C_{15}H_{16}O_2N_2$, F. 143° (Nadeln aus Methanol). *2.4-Dinitrophenylhydrazon,* $C_{15}H_{14}O_6N_4$, Zers. bei 250—255° (rote Nadeln aus Eisessig). *Semicarbazon,* $C_{10}H_{13}O_3N_3$, F. 290° (Zers.; kleine Prismen aus Methanol). — *2.5-Dioxy-3-isopropyl-6-methylbenzylalkohol,* $C_{11}H_{16}O_3$, F. 127—128° (Nadeln aus Bzl.), aus I u. RANEY-Ni/H_2 in Methanol bei Normaldruck u. Normaltemperatur. — *2.5-Dioxy-3.6-dimethylbenzylalkohol,* $C_9H_{12}O_3$, F. 129—130° (Nadeln aus Bzl.), ebenso aus II. (Gazz. chim. ital. 83. 664—72. Juli/Aug. 1953. Milano, Politecnico, Ist. di Chim. gen. u. C. N. R., Centro di Chim. ind.) K. FABER. 1140

Henri Goldstein und **André Giddey,** *Energische Nitrierung von m- und p-Fluorbenzoesäure.* (Vgl. C. 1955. 2183.) Die energ. Nitrierung von m-Fluorbenzoesäure liefert *4.6-Dinitro-3-fluorbenzoesäure* (I) u. geringe Mengen *2.6-Dinitro-3-fluorbenzoesäure* (II), die Nitrierung von p-Fluorbenzoesäure *3.5-Dinitro-4-fluorbenzoesäure* (III). Das F-Atom von I, II u. III ist sehr reaktionsfähig u. läßt sich mit verd. NaOH gegen Hydroxyl, mit methanol. oder äthanol. KOH gegen Methoxyl bzw. Äthoxyl, mit NH_4OH gegen $-NH_2$ u. mit Anilin gegen $-NH-C_6H_5$ austauschen. Auch in den Derivv. von I, II u. III ist das F-Atom sehr beweglich. So ergibt die Behandlung der Anilide von I u. II mit methanol. KOH die Anilide der Methoxysäuren. Das Säurechlorid von III setzt sich mit A. schon bei 0° zu *3.5-Dinitro-4-äthoxybenzoesäureäthylester* u. mit NH_4OH zu *3.5-Dinitro-4-aminobenzamid* um. Das Anilid von III tauscht sein F-Atom bei der Behandlung mit Anilin gegen die C_6H_5NH-Gruppe aus u. geht in das *3.5-Dinitro-4-anilinobenzoesäureanilid* über.

Versuche (FF. korr.): *4.6-Dinitro-3-fluorbenzoesäure* (I), $C_7H_3O_6N_2F$, F. 160 bis 161°, kleine Nadeln; durch langsame Zugabe von 5 cm³ HNO_3 (D. 1,52) zu einer Lsg. von 2 g m-Fluorbenzoesäure in 5 cm³ 3%ig. Oleum, Erhitzen auf 150° im Ölbad, Einleiten von 22 g BF_3 im Laufe von 2 Std., Abkühlen im Eisschrank u. Zugabe von 20 g Eis; 82% (Ausbeute) Gemisch aus 90% I u. 10% II; Trennung durch fraktionierte Kristallisation aus Bzl. u. Toluol. *Säurechlorid,* durch Kochen von 0,2 g I mit 8 cm³ $SOCl_2$; 96%. *Anilid,* $C_{13}H_8O_5N_3F$, F. 197° (Toluol), lange gelbe Nadeln; durch Zutropfen einer Lsg. von 0,2 g Anilin in 10 cm³ Ae. zu einer Lsg. von 0,25 g des Säurechlorids in 20 cm³ Ae. bei unterhalb 0°, Eindampfen zur Trockene u. Behandlung des Rückstands mit verd. HCl; 95%. — *4.6-Dinitro-3-oxybenzoesäure;* aus einer Lsg. von 0,3 g I in 2,5 cm³ 2nNaOH in 12 Std. bei Zimmertemp. u. Fällen mit konz. HCl; 63%. — *4.6-Dinitro-3-methoxybenzoesäure;* durch Zugabe von 0,5 g I zu einer Lsg. von 0,4 g KON in 3 cm³ absol. Methanol, mehrstd. Stehenlassen bei Raumtemp., Ansäuern mit konz. HCl, Filtrieren, Eindampfen u. Umkristallisieren aus sd. W.; 76%. *Anilid;* aus einer Lsg. von 0,06 g des Anilids von I in 3 cm³ absol. Methanol u. 1 cm³ 2%ig. methanol. KOH in 3 Std. bei Raumtemp.; 94%. — *4.6-Dinitro-3-aminobenzoesäure;* aus 0,4 g I u. 5 cm³ konz. NH_4OH in 3 Std. bei Zimmertemp., Absaugen, Lösen in wenig sd. W. u. Ansäuern mit HCl; 62%. — *4.6-Dinitro-3-anilinobenzoesäure* (*4.6-Dinitrodiphenylamin-3-carbon-*

säure); durch Mischen von 0,8 g I mit 4 g Anilin, 2std. Stehenlassen bei Zimmertemp. u. Zugabe von verd. HCl; 99%. — *2.6-Dinitro-3-fluorbenzoesäure* (II), $C_7H_3O_6N_2F$, F. 126 bis 128°, kleine Nadeln. *Säurechlorid*; aus II u. $SOCl_2$; 93%. *Anilid*, $C_{13}H_8O_5N_3F$, F. 168° (Zers.), feine gelbe Nadeln; aus dem Säurechlorid u. Anilin in Ae.; 88%. — *2.6-Dinitro-3-methoxybenzoesäure*; aus II u. methanol. KOH; 76%. *Anilid*; aus dem Anilid von II mit methanol. KOH; 72%. — *3.5-Dinitro-4-fluorbenzoesäure* (III), $C_7H_3O_6N_2F$, F. 220 bis 222° (sublimiert bei ca. 180°, schm. bei ca. 200° u. erstarrt dann wieder); gelbe Blättchen; durch Zugabe von 11 cm³ HNO_3 (D. 1,52) zu einer Lsg. von 2 g p-Fluorbenzoesäure in 25 cm³ 3%ig. Oleum, Erhitzen auf 160° im Ölbad, Einleiten von 20—22 g BF_3 im Laufe von 30 Min. u. weiter wie bei I; 82%. *Säurechlorid*, F. 86—87° (Bzl.-PAe.); 97%. *Anilid*, $C_{13}H_8O_5N_3F$, F. 215—216° (teilweise Sublimation ab 200°), aus Bzl. orangefarbene, abgeplattete Nadeln u. Blättchen; 81%. — *3.5-Dinitro-4-oxybenzoesäure*; aus 0,2 g III u. 2 cm³ 2n NaOH in 5 Min. bei Zimmertemp. u. Fällen mit konz. HCl; 100%. — *3.5-Dinitro-4-methoxybenzoesäure*, F. 178°; aus einer Lsg. von 0,2 g III in 4 cm³ Methanol u. 2 cm³ 6%ig. methanol. KOH in 30 Min. bei Raumtemp. u. Fällen mit HCl; 99%. — *3.5-Dinitro-4-äthoxybenzoesäure*; ebenso mit Äthanol. *Äthylester*, aus 0,2 g des Säurechlorids von III u. 2 cm³ absol. A. in 30 Min. unter Eiskühlung u. Fällen durch Zugabe von Eiswasser; 75%. — *3.5-Dinitro-4-aminobenzoesäure*, aus 0,2 g III u. 2 cm³ 2n NH_4OH bei Zimmertemp. u. Umsetzung des NH_4-Salzes mit HCl; 92%. *Amid*; durch Einleiten von NH_3-Gas in eine Lsg. von 0,7 g des Säurechlorids von III in 200 cm³ Ae. bei 0°; 92%. — *3.5-Dinitro-4-anilinobenzoesäure* (*2.6-Dinitrodiphenylamin-4-carbonsäure*), aus III u. Anilin; 95%. *Anilid*, $C_{19}H_{14}O_5N_4$, F. 217,5° (schm. zuerst bei ca. 117° u. erstarrt dann wieder); aus A. orangefarbene Nadeln u. Blättchen; durch 5 Min. langes Erwärmen von 0,06 g III-Anilid mit 2 cm³ Anilin u. Ansäuern mit verd. HCl; 84%. (Helv. chim. Acta **37**. 2083—88. 1/12. 1954. Lausanne, Univ., Labor. de Chim. organique.)

E. FORCHE. 1210

Paul Cordier und **Johan Kristensen,** *Über die Kondensation von Phenylbrenztraubensäure mit p-Methylacetophenon.* Die Kondensation von Phenylbrenztraubensäure (I) mit p-Methylacetophenon (II) verläuft analog der mit Acetophenon bzw. Benzylmethylketon (vgl. CORDIER, C. R. hebd. Séances Acad. Sci. **225**. [1947.] 330 u. früher). Das Gemisch aus je 1 Mol des Na-Salzes von I, II u. KOH (Konz. an freiem Alkali ca. 1,5%) in wss. A. gibt bei 4—5tägigem Stehen in der Kälte als Nd. das Na-Salz einer α-Oxy-γ-ketosäure $C_6H_5—CH_2—C(R)(OH)—CO_2H$ (III, R = $—CH_2—CO—C_6H_4—(p)CH_3$], freie *Säure*, F. 142° (verd. A.), *Semicarbazon*, F. 208°, *2.4-Dinitrophenylhydrazon*, F. 148° (Zers.), in 50%ig. Ausbeute. Bei n. Temp. verläuft die Rk. langsamer u. mit geringerer Ausbeute als mit Acetophenon. In der Wärme zerfällt III unter Rückbldg. von I u. II. In essigsaurer Lsg. bildet sich aus III unter dem Einfl. von HCl auf sd. Wasserbad als Hauptprod. *3-Benzal-5-p-tolyl-2.3-dihydrofuranon-(2)* (IV), F. 138° (A.), u. geringe Mengen einer einfach ungesätt. γ-Ketosäure (durch Verdünnen des IV-Filtrats mit W.), $C_6H_5—CH{=}C(R)—CO_2H$, F. 166°, die auch durch Hydrolyse von IV mit heißer alkoh. NaOH entsteht u. deren *Äthylester*, F. 73°, beim Umkristallisieren von IV aus sd. A. anfällt. — Bei der Hydrierung mit K-Boranat in wss. $NaHCO_3$ oder katalyt. an RANEY-Ni gibt III die entsprechende *α.γ-Dioxysäure* (V), die rasch in das *Lacton*, *3-Oxy-3-benzyl-5-p-tolyltetrahydrofuranon-(2)* (VI), F. 118°, übergeht. V ist im Gegensatz zu III stabil gegenüber Alkalien. (C. R. hebd. Séances Acad. Sci. **240**. 2419—21. 20/6. 1955.)

J. RICHTER. 1270

Franco Piozzi, *Eine neue Synthese der Aminotrimesinsäure.* Durch Oxydation von Nitromesitylen mit CrO_3 u. dann mit $KMnO_4$ wird *Nitrotrimesinsäure* u. daraus durch Red. *Aminotrimesinsäure* erhalten.

V e r s u c h e : *Nitrotrimesinsäure*, $C_9H_5O_8N \cdot 2H_2O$, F. 290° (Mikrokristalle aus W.), aus Nitromesitylen durch Erhitzen mit CrO_3 in Eisessig (24 Std.) u. Nachoxydation des isolierten Reaktionsprod. mit alkal. $KMnO_4$-Lsg.; 43% Ausbeute. *Trimethylester*, $C_{12}H_{11} \cdot O_8N$, F. 107—108° (Nadeln aus Methanol). — *Aminotrimesinsäure*, $C_9H_7O_6N \cdot \frac{1}{2}H_2O$, Zers. bei 315—320° (verfilzte Nadeln aus W.), aus vorst. Säure u. Sn + HCl; 70%. *Trimethylester*, $C_{12}H_{13}O_6N$, F. 190—191° (PAe.). (Gazz. chim. ital. **83**. 673—76. Juli/Aug. 1953. Milano, Politecnico, Ist. di Chim. gen. u. C. N. R., Centro di Chim. industr.)

K. FABER. 1350

Robert L. Letsinger, Ivan Skoog und **Nathaniel Remes,** *Diarylborinsäureaminoäthylester; Isolierung einer stabilen unsymmetrischen Organoborverbindung. Diphenyl-* u. *Di-α-naphthylborinsäure* (F. 105—106°) konnten durch Hydrolyse ihrer Aminoäthylester rein dargestellt werden. Diese Ester eigneten sich vorzüglich zur Abtrennung der gewünschten Säuren aus den Reaktionsgemischen. — *Diphenylborinsäureaminoäthylester*, $C_{14}H_{16}ONB$, F. 189—190°, aus 2 Mol C_6H_5MgBr u. 1 Mol Butyläthylenborat oder Tributylborat u. Hydrolyse mit verd. HCl, Trennung vom ebenso entstandenen Triphenylbor durch Dest. u. vom Benzolboronsäuredibutylester durch Ausfällen in Ae. mit NH_4OH; der zu 48% entstandene Ammoniakkomplex (F. 64—67°) wurde mit Äthanolamin in wss. A. umgesetzt; 80—90% (Ausbeute, bezogen auf den NH_3-Komplex). — *Di-α-naphthylborinsäureaminoäthylester*, $C_{22}H_{20}ONB$, F. 192—193,5°, analog vorst. Verb., Abtrennung hier jedoch gleich durch Ausfällen des Aminoäthylesters aus dem Reaktionsgemisch in Toluollsg. ohne vorherige Dest. usw.; 45% (bezogen auf Tributylborat). — *Phenyl-α-naphthylborinsäureaminoäthylester*, $C_{18}H_{18}ONB$, F. 228—229°, analog aus äquimol. Mengen Benzolboronsäurebutylester u. α-Naphthyl-MgBr in Ae. bei —60°; 75%. (J. Amer. chem. Soc. **76.** 4047—48. 5/8. 1954. Evanston, Ill., N. W. Univ., Dep. of Chem.) L. Fischer. 1380

Sanders D. Rosenberg, *Einige Halogen-Metallaustauschreaktionen mit Methylphenylhalogeniden.* Der Halogenmetallaustausch von Dimethylbenzolen u. Mesitylen mit Li-organ. Verbb. wird untersucht. Zur Best. der Prodd. werden die Li-Verbb. mit festem CO_2 in die Carbonsäuren übergeführt u. die Zus. des Säuregemisches auf Grund des Neutralisationsäquivalents bestimmt. Beim Austausch zwischen Jodbenzol (**VII**) u. Mesityl-Li (**VIII**) bildet sich in guter Ausbeute *Jodmesitylen* (**IV**). o-Jodtoluol u. Phenyllithium (**I**): 15% *o-Toluylsäure* u. 43% *Benzoesäure* (**II**); 2.4-Dimethyljodbenzol u. **I**: 8% *2.4-Dimethylbenzoesäure* u. 43% **II**; 2.6-Dimethyljodbenzol u. **I**: 53% **II** u. 68% *2.6-Dimethyljodbenzol*; Jodbenzol (**VII**) u. *2.6-Dimethylphenyl-Li*: 63% **II** + 70% *2.6-Dimethyljodbenzol*; Brommesitylen (**III**) u. **I**: 38% **II**; **III** u. *Butyl-Li* (**V**): 58% *Mesitoesäure* (**VI**); **IV** u. **V**: 63% **VI**; **IV** u. **I**: 63% **II**; **VII** u. **VIII**: 39% **II**; 1-Jodnaphthalin u. **I**: 43% *1-Naphthoesäure*. *p-Brombenzylbromid* liefert mit **V** *1-Amyl-4-brombenzol* (Kp.$_{0,15}$ 68—71°, n_D^{21} 1,5228) sowie *p-Brom-α-[p-brommethylphenyl]-toluol* ($C_{14}H_{12}Br_2$, Kp.$_{0,3}$ 152 bis 156°, aus Methanol–Bzl., F. 112—113°, Konst. nur durch Elementaranalyse bestimmt). — *Mesityllithium* (**VIII**), durch 48std. Kochen in Ae. von 0,1 Mol **III** u. 0,24 Mol Li. (J. Amer. chem. Soc. **76.** 4389—90. 5/9. 1954. Cambridge, Mass., Harvard Univ., u. Iowa State Coll., Dep. of Chem.) R. Meier. 1380

R. Riemschneider, *Zur Chemie von Polyhalocyclopentadienen und verwandten Verbindungen.* 6. Mitt. (5. vgl. Z. Naturforsch. **6b.** [1951.] 463.) In Fortführung seiner Verss. bringt Vf. Hexachlorcyclopentadien (**I**) u. Cyclopentadien (**II**) unter verschied. Bedingungen zur Rk. u. erhält ohne oder mit Toluol als Lösungsm. ohne Wärmezufuhr bei einem Mischungsverhältnis von 1:1,5 (**I**:**II**) 95% *4.5.6.7.10.10-Hexachlor-4.7-methylen-4.7.8.9-tetrahydroinden* (**III**). Bei Rk. im Einschlußrohr, erhöhter Temp. u. Verwendung von Mol-Verhältnissen von 2:1 oder 1:1 (nicht 1:2, da **I** zu reaktionsfähig ist u. nur mit **II** reagieren würde) entsteht überwiegend *1.2.3.4.5.6.7.8.14.14.15.15-Dodekachlor-1.4;5.8-bis-methylen-1.4.5.8.10.11.12.13-oktahydrofluoren* (**IV**). Desgleichen entsteht **IV** aus **I** u. **III** unter geeigneten Bedingungen auch ohne Verwendung eines Einschlußrohres. Bei allen Verss. tritt kein Dimerisationsprod. von **II**, Dicyclopentadien (**V**), oder hieraus, 5.6.7.8.11.11-Hexachlor-1.4;5.8-bis-methylen-1.2.3.4.5.8.9.10-oktahydro-$\Delta^{3'}$-cyclopenteno-[1'.2':2.3]-naphthalin (**VI**), auf. Vf. stellt **VI** daher aus **V** u. **I** (das hier schneller mit **V** reagiert als **II**) dar. **III** schm. in einem Intervall, **IV** zeigt scharfen Schmelzpunkt. Hexabromcyclopentadien reagiert mit **II** unter Bldg. von *4.5.6.7.10.10-Hexabrom-4.7-methylen-4.7.8.9-tetrahydroinden* (**VII**), das wiederum mit dem reaktionsfähigen **I** *1.2.3.4.14.14-Hexachlor-5.6.7.8.15.15-hexabrom-1.4; 5.8-bis-methylen-1.4.5.8.10.11.12.13-oktahydrofluoren* (**VIII**) bildet. Das Dihydroderiv. von **V** addiert **I** zu *1.2.3.4.14.14-Hexachlor-1.4; 5.8-bis-methylen-1.4.5.6.7.8.10.11.12.13-dekahydrofluoren* (vgl. drittnachst. 9. Mitt.). — Abschließend erörtert Vf. die möglichen Konfigurationen der Verbb. **III**, **IV** u. **VIII** u. stellt fest, daß 2 bzw. 6 bzw. 8 verschied. Formen (ohne Spiegelbilder) möglich sind (vgl. Original).

V e r s u c h e : Die Umsetzung von **I** u. **II** im Verhältnis 1:1 bei 20° ohne Lösungsm. (nach 14 Min. durch Selbsterwärmung Temp. 145°) u. Rekristallisation aus 90%ig. A. gibt *4.5.6.7.10.10-Hexachlor-4.7-methylen-4.7.8.9-tetrahydroinden* (**III**), $C_{10}H_6Cl_6$, F. 153 bis 155°; 60% (Ausbeute); im Verhältnis 1:1,5 (nach 18 Min. 117°) u. Abdest. des überschüssigen **II** im Vakuum 94% **III**; im Verhältnis 1:1 in Ggw. von Toluol (nach 25 Min. 36°) u. 5tägiges Stehen 93%, im Verhältnis 1:2 in Xylol (14 Std. im Bombenrohr bei 150—175°) 77—86% **III**; im Verhältnis 2:1 ohne Lösungsm. wie vorst. *1.2.3.4.5.6.7.8-14.14.15.15-Dodekachlor-1.4; 5.8-bis-methylen-1.4.5.8.10.11.12.13-oktahydrofluoren* (**IV**), $C_{15}H_6Cl_{12}$, F. 306° (Zers.; aus Xylol); 31%; daneben aus dem alkoh. Auszug des Rohprod. 53% **III**. Bei Umsetzungen von **I** u. **II** im Verhältnis 1:1 mit u. ohne Lösungsm. entsteht überwiegend **IV** (Einzelheiten vgl. Original), im Verhältnis 1:5 mit Toluol im offenen Gefäß 45% **III**, im Verhältnis 2:1 wie vorst. 37% **III** u. 21% **IV**. **IV** entsteht ferner bei 20std. Erhitzen von **I** u. **III** im Bombenrohr bei 135° in Ggw. von Toluol zu 44,4%, im offenen Gefäß (16 Std. bei 150°) in Ggw. von Toluol nur bei Verwendung eines Ausgangsverhältnisses von 1:2 zu 34%, bei 1:1 nur geringe Ausbeuten. — *5.6.7-*

8.11.11-Hexachlor-1.4;5.8-bis-methylen-1.2.3.4.5.8.9.10-oktahydro-$\Delta^{3'}$-cyclopenteno-[1'.2':2.3]-naphthalin (VI), $C_{15}H_{12}Cl_6$, F. 152—153°, aus I u. V (1:1), 4 Std. bei 160°; 55%; bei 1:2 im Einschlußrohr oder Verlängerung der Reaktionsdauer Verminderung der Ausbeute. *Dibromid*, $C_{15}H_{12}Cl_6Br_2$, F. 222—226°, aus 2 g VI u. Br_2 in CCl_4 in der Sonne (6 Std.); 2,3 g; läßt sich im Gegensatz zu III-Dihalogenid mit Zn in Methanol zurückverwandeln. — *4.5.6.7.10.10-Hexabrom-4.7-methylen-4.7.8.9-tetrahydroinden* (VII), $C_{10}H_6Br_6$, verfärbt sich bei 145°, zers. sich bei 220°, aus 50 g Hexabromcyclopentadien (F. 88°) in CCl_4 durch Zutropfen von 30 g II unter Rühren bei 70°; gelblich glänzende Plättchen; 26 g. — *1.2.3.4.14.14-Hexachlor-5.6.7.8.15.15-hexabrom-1.4;5.8-bis-methylen-1.4.5.8.10.11.12.13-oktahydrofluoren* (VIII), $C_{15}H_6Cl_6Br_6$, F. 330° (Zers.), durch 20std. Erhitzen von VII mit I (1:7) in Xylol im Bombenrohr auf 135°; 41%. — *Verb.* $C_9H_4O_4Cl_6$, F. 232°, durch 15std. Kochen von Maleinsäureanhydrid u. I in Toluol bei 100° u. Wasserdampfdest.; 85%. — Beim Erhitzen von I im Einschlußrohr auf 150—200° entsteht kein Polymerisat. — Die Umsetzung von Pentachlorcylopentadien mit I (1:2) ohne Lösungsm. bei Zimmertemp. (nach 8 Min. Selbsterwärmung auf 70°) lieferte 85% *Addukt(e) vom F. 146—160°*. (S.-B. österr. Akad. Wiss., math.-naturwiss. Kl., Abt. IIb **161**. 802—17; Mh. Chem. **83**. 802. 1952. Berlin-Dahlem, Freie Univ., Chem. Inst.) H. LEHWALD. 1810

R. Riemschneider, *Zur Chemie von Polyhalocyclopentadienen und verwandten Verbindungen. 7. Mitt. Herstellung von Hexa- und Pentachlorcyclopentadienen im Laboratorium.* (6. vgl. vorst. Ref.) Bei der bisherigen Darst. von *Hexachlorcyclopentadien* (I) aus Cyclopentadien (III) u. NaOCl in Ggw. von größerem Überschuß an NaOH erfolgte die Rk. nach $C_5H_6 + 6OCl^- + xOH^- \rightarrow C_5Cl_6 + (6 + x)\,OH^-$ in einem Verhältnis von OCl^-:III = 10,8:1, wobei von einer Gesamtausbeute von 55—60% 75% aus I bestanden, der Rest überwiegend aus *Pentachlorcyclopentadien* (II). Der Ersatz des OCl^- durch Chlorwasser oder HOCl führte nicht zur gewünschten Reaktion. Vf. verbessert nun die Meth., indem er mit einem Mengenverhältnis von OCl^-:III = 8:1 arbeitet u. den Alkaliüberschuß um 50% vermindert. Neben einer bequemeren Handhabung wegen geringerer Volumenmengen hat die Meth. noch den Vorteil einer 65—70%ig. Gesamtausbeute. Die Erhöhung des Verhältnisses von III zu OCl^- auf 1:5 ergibt eine Verdoppelung der Ausbeute an II auf bis zu 42%. Weitere Erhöhung des Anteils von III zu OCl^- auf 1:3 liefert nicht I u. II, sondern die Additionsprodd. hiervon mit III ($C_{10}H_6Cl_6$; $C_{10}H_7Cl_5$).

Versuche: a) Rk. von III:OCl^- = 1:10,8: Einleiten von 254 g Cl_2 in eine Lsg. von 286 g NaOH + 2200 g Eiswasser unter Eis-Kochsalz-Kühlung, Zufügen von gleichem Vol. 13%ig. NaOH (Lsg. jetzt an OCl^- 0,8 u. an OH^- 1,6mol.), Zufügen von 22 g III in 160 cm³ PAe. unterhalb 5°, 1std. Rühren u. Dest. der organ. Schicht liefert 22% *Pentachlorcyclopentadien* (II), $Kp._{11}$ 90—94°, u. 72% *Hexachlorcyclopentadien* (I), $Kp._{11}$ 100—104°. b) Rk. III:OCl^- = 1:8: 143 g NaOH in 1100 cm³ Eiswasser, 127 g Cl_2, 10 g NaOH in 50 cm³ H_2O u. 14,7 g III wie vorst.; 70% I. c) Rk. III:OCl^- = 1:6: Wie vorst. unter Verwendung von 19 g III; Gesamtausbeute 60%, davon 31% II u. 51% I. d) Rk. III:OCl^- = 1:5: 11° g NaOH in 920 cm³ Eiswasser, 106 g Cl_2, 8 g NaOH in 40 cm³ W. u. 19,6 g III in 100 cm³ PAe.; 58% Gesamtausbeute, davon 42% II u. 51% I. — *Hexabromcyclopentadien*, F. 87—88°, durch Zufügen von 15 g III zu einer eisgekühlten Lsg. von 77 g Brom in 1800 cm³ 16%ig. NaOH; 60—65%. — Quantitative Best. der OH^- vor u. nach der Rk. erfolgte nach Zerstörung der OCl^- mittels H_2O_2. (Chim. e Ind. [Milano] **34**. 266—68. Mai 1952.) H. LEHWALD. 1810

Randolph Riemschneider, *Zur Chemie von Polyhalocyclopentadienen und verwandten Verbindungen. 8. Mitt. Über die Herstellung von Hexachlordicyclopentadien, $C_{10}H_6Cl_6$ im Laboratorium.* (7. vgl. vorst. Ref.) Die laboratoriumsmäßige Darst. der bei der Gewinnung der Insekticide Chlordan, M 410 u. Heptachlor wichtigen Zwischenverb. *Hexachlordicyclopentadien* [II, $C_{10}H_6Cl_6$, F. 155° (A.); 94% Ausbeute] erfolgt aus Cyclopentadien (I) in 2 Stufen: Verwandlung mittels NaOCl in *Hexachlorcyclopentadien* (l. c.) u. hieraus durch Rk. mit I bei 20° unter Selbsterwärmung (1 Std.) II. Es ist aber auch möglich, II direkt aus I durch Rk. mit NaOCl (1:3) darzustellen. (Österr. Apotheker-Ztg. **6**. 248—50. 12/4. 1952.) H. LEHWALD. 1810

R. Riemschneider und **A. Kluge,** *Zur Chemie von Polyhalocyclopentadienen und verwandten Verbindungen. 9. Mitt. Dihydrodicyclopentadien als philodiene Komponente.* (8. vgl. vorst. Ref.) Bei 5std. Erhitzen von Dihydrodicyclopentadien (I) mit Hexachlorcyclopentadien (II) bei 120° (Badtemp.) entsteht *1.2.3.4.14.14-Hexachlor-1.4;5.8-bis-methylen-1.4.5.6.7.8.10.11.12.13-dekahydrofluoren* (III; $C_{15}H_{14}Cl_6$, F. 100—101° [A.]), das kein Br_2 addiert, beim Erhitzen mit Zn-Staub in alkoh. KOH nicht angegriffen wird u. kein weiteres II anlagert. Die Rk. von I u. II ist ein neues Beispiel dafür, daß die nicht im Bicyclo-[1.2.2]-hepten-Syst. liegende Doppelbindung von Dicyclopentadienderivv.

mit Dienen reagieren kann. III besitzt keine insekticide Wirkung. (Z. Naturforsch. **8b.** 696. Nov. 1953.) H. LEHWALD. 1810

Randolph Riemschneider, *Zur Chemie von Polyhalocyclohexanen und verwandten Verbindungen.* Fortsetzung der 10. Mitt. *Über die Addition von Brom an 3.4.5.6-Tetrachlorcyclohexen-(1) vom Schmelzpunkt 30—31°.* (1. Teil vgl. C. **1954.** 1466.) Bei der Addition von Br_2 an α-3.4.5.6-Tetrachlorcyclohexen-(1) (F. 30—31°) entsteht α-[Hauptprod.; 1e.2e(Br).3e.4e.5p.6p(Cl)] u. *γ-1.2-Dibrom-3.4.5.6-tetrachlorcyclohexan* [1e.2p(Br).3p.4p-5e.5e(Cl)], die mit einigen durch Simultanhalogenierung von Bzl. erhaltenen Prodd. (vgl. Z. Naturforsch. **8b.** [1953.] 617, 701) ident. sind. Das α-Isomere gibt mit *l*-Brucin ein linksdrehendes Reaktionsprod., das γ-Isomere zeigt insekticide Wrkg. gegenüber dem Speisebohnenkäfer (*Acanthoscelides obtectus*).

V e r s u c h e: *α-3.4.5.6-Tetrachlorcyclohexen-(1)*, $C_6H_6Cl_4$, F. 30—31° (PAe.), durch 2std. Einleiten von Cl_2 in 800 cm³ Bzl. + 3 g J_2 unter UV-Bestrahlung u. Kühlung auf 10—15° bis zur Gewichtszunahme von 450—500 g, Einengen auf $^1/_3$, Vakuumerhitzen auf 120° u. Dest.; 53 g (Ausbeute). — *α-1.2-Dibrom-3.4.5.6-tetrachlorcyclohexan*, $C_6H_6 \cdot Cl_4Br_2$, F. 166° (Trichloräthylen–A.), aus 30 g vorst. Verb. in CCl_4 + 44 g Br_2, 1std. Belichten mit UV bei 10—15°, Abdest. u. Verreiben des Rückstands mit Essigester; als in Essigester unlösl. Rückstand. *γ-Isomeres*, $C_6H_6Cl_4Br_2$, F. 123° (PAe.), bei vorst. Vers. als in Essigester lösl. Bestandteil. (Mh. Chem. **85.** 1133—36. 1954.)
H. LEHWALD. 1810

R. Riemschneider und **H. Drescher,** *Zur Chemie von Polyhalocyclohexanen und verwandten Verbindungen.* 11. Mitt. *Kristallisierte Chlorkohlenwasserstoffe aus Cyclohexan-Chlorierungsprodukten.* (10. vgl. C. **1954.** 1466 u. vorst. Ref.) *Tetrachlorcyclohexan* (**II**), F. 174°, das bei der Chlorierung von Cyclohexan (I) bei 0—10° unter Belichtung als Hauptprod. erhalten wird, kann bereits vor der Abscheidung der ersten Kristalle (Gewichtszunahme der Trichlorcyclohexanstufe entsprechend) durch Vakuumdest. als Fraktion vom $Kp._1$ 75—88° abgetrennt werden. Zur quantitativen Abscheidung von **II** wird empfohlen, täglich nur 5—6 Std. zu chlorieren u. über Nacht stehenzulassen; Ausbeute täglich 30 g aus 500 g **I**. Für die optimale Gewinnung von *α-1.1.2.4.4.5-Hexachlorcyclohexan* (**III**; 1ep.2e.4ep.5e) ist die Abtrennung der Tetrachlorcylohexane vorteilhaft. — *Tetrachlorcyclohexan*, $C_6H_8Cl_4$, F. 110—111°, konnte durch Behandlung des rohen **II** mit CH_3OH, Zugabe von W. zur Lsg. u. Vakuumdest. des ausgeschiedenen Öls als Fraktion vom $Kp._{0,4}$ 85—105° erhalten werden. *Tetrachlorcyclohexan*, $C_6H_8Cl_4$, F. 123—125° (CH_3OH), wurde durch fortgesetzte Chlorierung von **I** (bis täglich nur noch 5—10 g **II** abgeschieden wurden) u. Abdest. der leichtsd. Anteile aus dem **II**-Rückstand isoliert. — *1.1.2.3.4.4.5.6-Oktachlorcyclohexan* (**IV**), F. 258—260°, aus einem früher dargestellten **I**-Chlorierungsprod. als Fraktion vom $Kp._{1,5}$ 140—150°. Dem *1.1.2.2.3.4.4.5.6-Enneachlorcyclohexan*, das als Fraktion vom $Kp._{1,5}$ 135—145° aus **I**-Chlorierungsprodd. erhalten wurde, wurde auf Grund der Tatsache, daß es durch Chlorierung von **II, III, IV**, p-Dichlorbenzol u. 1.2.4-Trichlorbenzol dargestellt werden konnte, die Konfiguration 1ep.2ep.3e.4ep.5e.6e zuerteilt. Durch therm. Zers. entsteht aus ihm *Hexachlorbenzol*, F. 225°. In den bisher erhaltenen **I**-Chlorierungsprodd. konnten bisher β-, γ-, δ- u. ε-1.2.3.4.5.6-Hexachlorcyclohexan nicht nachgewiesen werden. — Aus niedrigchloriertem **I** *1.1-Dichlorcyclohexan*, $C_6H_{10}Cl_2$, $Kp._{14}$ 51—54°; hieraus durch Behandlung mit konz. H_2SO_4 bei 30—35° u. Gießen auf Eis *Cyclohexanon* (*Oxim*, F. 90°). Das auf umgekehrtem Wege durch Chlorierung von Cyclohexanon mit PCl_5 erhaltene *1.1-Dichlorcyclohexan* zeigte das gleiche Verh. gegen H_2SO_4. (Angew. Chem. **64.** 30. 7/1. 1952.)
HILDEGARD BAGANZ. 1810

Randolph Riemschneider, *Zur Chemie von Polyhalocyclohexanen und verwandten Verbindungen.* 12. Mitt. *Tetrachlorcyclohexan vom Schmelzpunkt 174°.* (11. vgl. vorst. Ref.) Durch eine Reihe chem. Rkk. wird gezeigt, daß die von HASSEL u. LUND (C. **1950.** I. 2089) auf Grund physikal.-chem. Unterss. dem Hauptprod. der Chlorierung von Cyclohexan zugeschriebene Konst. *1.2.4.5-Tetrachlorcyclohexan* (**I**; F. 174°) richtig ist. **I** wird von 0,2n alkoh. KOH bei 0° nicht angegriffen, mit n alkoh. KOH am Rückfluß werden 3 Mol HCl zu *Chlorbenzol* abgespalten. Beim Kochen mit Zn-Staub in CH_3OH blieb die Hauptmenge von **I** unverändert, in geringerer Menge konnte *4.5-Dichlorcyclohexen-(1)* (**IV**; $C_6H_8Cl_2$, F. 43—44°) isoliert werden. Bei höherer Temp. (in Propanol) wurden alle 4 Cl-Atome von **I** zu *Cyclohexadien-(1.4)* (**III**; Kp. 80—85°) abgespalten. **III** u. **IV** liefern bei der Chlorierung unter Kühlung wieder **I**; Bromierung von **III** gibt *1.2.4.5-Tetrabromcyclohexan* (**V**; $C_6H_8Br_4$, F. 185°), von **IV** *1.2-Dibrom-4.5-dichlorcyclohexan* ($C_6H_8Cl_2Br_2$, F. 172—173°). Intensive Weiterchlorierung von **I** gibt *1.1.2.2.3.4.4.5.6-Enneachlorcyclohexan der Konfiguration 1ep.2ep.3e.4ep.5e.6e* (F. 95), aber kein α-1.1.2.4.4.5-Hexachlorcyclohexan der Konfiguration 1ep.2e.4ep.5e oder dessen Chlorierungsprod., 1.1.2.3-4.4.5.6-Oktachlorcyclohexan der Konfiguration 1ep.2e.3e.4ep.5e.6e. Aus diesen Rkk.

leitet Vf. die angegebene Konst. von I durch Ausschließung der anderen 11 isomeren Tetrachlorcyclohexane ab. III unterscheidet sich von dem isomeren *Cyclohexadien-(1.3)* (II) bei der Halogenierung: II gibt bei der Chlorierung kein I u. bei der Bromierung ein von V verschied. *1.2.3.4-Tetrabromcyclohexan der Konfiguration 1e.2e.3e.4e* (F. 141°), welches bei der Weiterbromierung *β-1.2.3.4.5.6-Hexabromcyclohexan der Konfiguration 1e.2e.3e.4e.5e.6e* (F. 254°) liefert. Für I wird, ebenfalls auf Grund der beschriebenen Rkk., die *Konfiguration 1p.2p.4e.5e = dl-α-1.2.4.5-Tetrachlorcyclohexan* angenommen; wegen der großen Alkalistabilität war die opt. Spaltung von I mit *l*-Brucin nicht möglich, wohl aber in Übereinstimmung mit der genannten Konfiguration die des Bromanalogons V. (Liebigs Ann. Chem. **576**. 94—103. 1952.) E. ROSDORFF. 1810

T. A. Faworskaja und **I. P. Jakowlew,** *Untersuchungen auf dem Gebiet tertiärer Alkohole mit Cyclobutylradikal.* 4. Mitt. *Reaktion von Isopropylphenylcyclobutylcarbinol mit Salzsäure und Schwefelsäure.* (3. vgl. C. **1955**. 3607.) Es wird die Einw. von Mineralsäuren auf *Isopropylphenylcyclobutylcarbinol* (I) untersucht. Beim Erhitzen von I mit 25%ig. H_2SO_4 entsteht hauptsächlich *1-Phenyl-1-isopropylcyclopenten-(2)* (II) neben wenig *1-Phenyl-1-isopropylcyclopentanol-(2)*. Die Struktur von II wird durch Ozonolyse bewiesen, wobei *α-Phenyl-α-isopropylglutarsäure* (III) erhalten wird. Beim Erhitzen von I mit 18%ig. HCl entsteht *1.1-Dimethyl-2-phenyl-2-cyclobutyläthen* (IV), mit 36%ig. HCl werden bei 0° *2-Chlor-1-phenyl-1-isopropylcyclopentan* (V) u. IV im Verhältnis ~2:3, bei 20° im Verhältnis 1:1 erhalten. Bei der $KMnO_4$-Oxydation von IV, die sehr langsam verläuft, werden *Cyclobutylphenylketon* u. — vermutlich durch dessen Oxydation — *Benzoe-* u. *Oxalsäure* erhalten. V läßt sich durch Dest. über Na in II überführen. I wird durch Rk. von Cyclobutylphenylketon mit Isopropyl-MgBr gewonnen. $KMnO_4$-Oxydation von I liefert III u. Isopropylphenylketon.

Versuche: *Isopropylphenylcyclobutylcarbinol* (I), $C_{14}H_{20}O$, Kp.$_{11}$ 131—133°; aus Isopropyl-MgBr u. Cyclobutylphenylketon in Ae., 10 Std. bei Zimmertemp. u. Zers. mit Eis; $D.^{20}_4$ 1,0129; n_D^{20} 1,5325; 89% (Ausbeute). 4std. Oxydation mit $K_2Cr_2O_7$/H_2SO_4 bei 55—68° gibt III, $C_{14}H_{18}O_4$, F. 86° (W.), u. *Isopropylphenylketon* (*Semicarbazon*, F. 182°). — *1-Phenyl-1-isopropylcyclopenten-(2)* (II), $C_{14}H_{18}$, Kp.$_{758}$ 235—238°, Kp.$_7$ 103—107°; durch 12std. Erhitzen von 15 g I mit 15 ml 25%ig. H_2SO_4 auf 90°; $D.^{20}_4$ 0,9357; n_D^{20} 1,5340. Daneben aus dem Destillationsrückstand *1-Phenyl-1-isopropylcyclopentanol-(2)*, $C_{14}H_{20}O$, F. 57° (A.), Prismen; 1,6%. Durch Ozonspaltung von II in Chlf. III. — *1.1-Dimethyl-2-phenyl-2-cyclobutyläthen* (IV), $C_{14}H_{18}$, Kp.$_8$ 105—108°; durch 6std. Erhitzen von 15 g I mit 20 ml 18%ig. HCl auf 90°; $D.^{21}_4$ 0,9482; n_D^{21} 1,5355; 10,1 g. Bei analoger Rk. mit 36%ig. HCl bei 20° erhält man neben 50% IV *2-Chlor-1-phenyl-1-isopropylcyclopentan* (V), $C_{14}H_{19}Cl$, Kp.$_8$ 140—145°; $D.^{21}_4$ 1,0655; n_D^{21} 1,5422; 50%. Durch Oxydation von IV mit $KMnO_4$, 4 Tage, erhält man *Cyclobutylphenylketon* (*Semicarbazon*, F. 177°), *Oxal-* u. *Benzoesäure*. (Журнал Общей Химии [J. allg. Chem.] 22 (84). 1816—21. Okt. 1952. Leningrad, Shdanow-Univ., Faworski-Labor.)
O. POLLAK V. EMHOFEN. 1870

N. N. Saha, P. N. Bagchi und **P. C. Dutta,** *Ein neuer Weg zu 2-[β-Phenyläthyl]-3-methyl-Δ²-cyclohexenonen.* 2-[β-Phenyläthyl]- bzw. 2-[β-(m-Methoxyphenyl)-äthyl]-cyclohexandion-(1.3) wurde nach Umwandlung in den Isobutyläther der enolisierten Ketogruppe in 1-Stellung mit CH_3MgJ umgesetzt, wodurch *2-[β-Phenyläthyl]-* bzw. *2-[β-(m-Methoxyphenyl)-äthyl]-3-methyl-Δ²-cyclohexenon* gewonnen werden konnte. Die Cyclisierung ergab das in 7-Stellung unsubstituierte bzw. *1-Oxo-7-methoxy-12-methyl-1.2.3.4.9.10.11.12-oktahydrophenanthren* (im Original irrtümlich 1.2.3.4.9.10-hexahydro-).

Versuche: *2-[β-Phenyläthyl]-3-ketocyclohexenylisobutyläther*, $C_{18}H_{24}O_2$, Kp.$_{1,5}$ 195°; *2*-[β-Phenyläthyl]-cyclohexandion-(1.3) in Isobutanol u. trocknem Bzl. in Ggw. von p-Toluolsulfonsäuremonohydrat 14 Std. unter Rückfluß kochen, wobei das gebildete W. abgetrennt wurde; n_D^{34} 1,5343; 88,2% (Ausbeute). — *2-[β-Phenyläthyl]-3-methyl-Δ²-cyclohexenon*, $C_{15}H_{18}O$, Kp.$_3$ 163°; vorst. Verb. in Ae. unter Rühren zu äther. CH_3MgJ-Lsg. bei ca. 0° zufügen, 1 Std. unter Rückfluß kochen, isoliertes Reaktionsprod. durch Erhitzen auf 70—80° in 10%ig. H_2SO_4 15 Min. hydrolysieren u. dehydratisieren; n_D^{34} 1,5432; λ_{max} 242,5 mμ (log ε = 4,0, in A.), gelb; 71,1%. *2.4-Dinitrophenylhydrazon*, $C_{21}H_{22}O_4N_4$, F. 172° (A.-Äthylacetat), tiefrote Nadeln. — *1-Oxo-12-methyl-1.2.3.4.9.10.11.12-oktahydrophenanthren-2.4-dinitrophenylhydrazon*, $C_{21}H_{22}O_4N_4$, F. 195—196° (Äthylacetat); vorst. Keton wird in 89 Gew.-%ig. H_3PO_4 18 Std. bei 150—155° unter N_2 cyclisiert; 66%; gelbe Nadeln. — *2-[β-(m-Methoxyphenyl)-äthyl]-1.3-dimethoxy-2.5-dihydrobenzol*, $C_{17}H_{22}O_3$, Kp.$_{1-2}$ 188—195°; zur Lsg. von K in fl. NH_3 werden unter Rühren 14 g 1.3-Dimethoxy-2.5-dihydrobenzol zugetropft, 10 Min. weitergerührt u. dann 20 g m-Methoxyphenyläthylbromid zugefügt; gelb; 7,4 g. — *2-[β-(m-Methoxyphenyl)-äthyl]-cyclohexandion-(1.3)*, $C_{15}H_{18}O_3$, F. 153—154° (Chlf.-PAe.); 7,5 g vorst. Verb. u. 2n H_2SO_4 werden

25 Min. auf 80—85° unter Schütteln erhitzt; 3 g. — *2-[β-(m-Methoxyphenyl)-äthyl]-3-ketocyclohexenylisobutyläther*, $C_{19}H_{26}O_3$, Kp.$_{0,6}$ 205°, aus 8 g vorst. Verb. analog obengenanntem Isobutyläther (18 Std.); 7,5 g. — *2-[β-(m-Methoxyphenyl)-äthyl]-3-methyl-Δ^2-cyclohexenon*, $C_{16}H_{20}O_2$, Kp.$_{0,3}$ 160—164°, aus 7 g vorst. Verb. analog obigem Δ^2-Cyclohexenon; λ_{max} 243,5 mμ (log ε = 4,1 in A.); 4 g. *2.4-Dinitrophenylhydrazon*, $C_{22}H_{24}O_5N_4$, F. 169—170° (Äthylacetat–A.), tiefrote Prismen. — *1-Oxo-7-methoxy-12-methyl-1.2.3.-4.9.10.11.12-oktahydrophenanthren-2.4-dinitrophenylhydrazon*, $C_{22}H_{24}O_5N_4$, F. 205°, Cyclisierung durch 10std. Erhitzen von 2,5 g vorst. Ketons in 89 gew.-%ig. H_3PO_4 auf 120°; 1,8 g; orangegelbe Prismen. (J. Amer. chem. Soc. **77**. 3408—09. 20/6. 1955. Calcutta, India, Indian Assoc. for Cultivat. of Sci.) L. FISCHER. 1960

Arthur C. Cope, Robert J. Cotter und **George G. Roller,** *Naheffekte.* 1. Mitt. *6-Aminocyclodecanol und 11-Azabicyclo-[4.4.1]-undecen-(1) aus 6-Aminocyclodecanon.* Bei der Red. von 6-Oxycyclodecanonoxim (I) mit Na u. n-Butanol erhielten Vff. außer *6-Aminocyclodecanol* (II) unerwartet *11-Azabicyclo-[4.4.1]-undecen-(1)* (III), für dessen Bldg. sie einen intramol. Redoxvorgang vom MEERWEIN-PONNDORF-VERLEY-Typ annehmen, der durch die räumliche Nähe der sek. Oxy- u. der Oximinogruppe begünstigt wird u. I (oder das entsprechende Imin, das möglicherweise als erstes Zwischenprod. der Red. entsteht) teilweise in 6-Aminocyclodecanon (IV) überführt, das in der Hitze unter Wasserabspaltung III liefert. III bildet ein *Benzolsulfonamid* (V) sowie einen *Phenylthioharnstoff* (VI), läßt sich quantitativ zu *11-Azabicyclo-[4.4.1]-undecan* (VII) red., dessen Struktur durch erschöpfende Methylierung nach HOFMANN sowie Synth. aus II sichergestellt wurde, u. gibt bei der Hydrolyse mit HCl IV. Diese Eigg. wie auch das UV-Spektr. lassen für III sowohl die Struktur eines Vinylamins als auch die einer SCHIFFschen Base (Bldg. von V u. VI durch tautomere H-Verschiebung möglich) zu. Dagegen spricht das Infrarotspektr., das eine Doppelbindungsbande (C=C oder C=N) u. eine N–H-Valenzschwingungsbande (im 11-Deuteriumderiv. von III durch eine N–D-Bande ersetzt) zeigt, zugunsten der Vinylaminstruktur. Die Anwesenheit geringer Mengen der isomeren SCHIFFschen Base (im Tautomeriegleichgewicht) ist jedoch nicht völlig ausgeschlossen. Die Bldg. von III u. die Isolierung von 1.6-Epoxycyclodecen-(1) (BARTLETT u. KICE, C. 1954. 4126) zeigen, daß heterocycl. [4.4.1]-Ringsysteme mit Doppelbindungen am Brückenkopf existenzfähig sind. — Im Gegensatz zur angeführten Red. von I ergaben verschied. Methoden der katalyt. Hydrierung nur II in geringerer Ausbeute.

Versuche (FF. korr.): *trans-Dekalyl-(9)-hydroperoxyd*, durch Oxydation von Dekalin bei 120—130° (C. 1951. II. 2873); 3,5% (Ausbeute). — *6-Oxycyclodecanonoxim* (I), F. 110—112°, aus 6-Oxycyclodecanon [aus vorst. Verb., vgl. l. c.] u. $NH_2OH \cdot HCl$ in trockenem Pyridin + absol. A., 2 Std. unter Rückfluß; 86%. — *6-Aminocyclodecanol* (II), $C_{10}H_{21}ON$, F. 72—75,5° (Gemisch der cis–trans-Isomeren), a) aus vorst. Verb. durch katalyt. Hydrierung an W 7-RANEY-Ni in absol. CH_3OH bei n. Temp. u. 1800 lbs./sq.in. (100—125 at) während 2 Std.; 68%. b) Analog a), aber mit W 2-RANEY-Ni in NH_3-gesätt. CH_3OH bei 85—90°; entsteht im Gemisch mit *1.6-Diaminocyclodecan*, $C_{10}H_{22}N_2$. Erschöpfende Methylierung dieses Gemisches in $NaHCO_3$-haltigem CH_3OH während 45std. Stehen bei n. Temp. u. 3std. Erhitzen am Rückfluß liefert ein Gemisch von *6-Dimethylaminocyclodecanolmethojodid* u. *1.6-Bis-[dimethylamino]-cyclodecandimethojodid*, $C_{16}H_{36}N_2J_2$, F. 308—309° (CH_3OH). c) Aus dem Dioxim des dimeren Peroxyds von Cyclodecandion-(1.6), dargestellt durch Ozonisierung von 9.10-Oktalin, durch Hydrierung in absol. CH_3OH in Ggw. von W 7-RANEY-Ni bei 50° u. 1950 lbs./sq.in., 8 Std.; 66% cis–trans-Gemisch, F. 76—82°, Kp.$_{0,3}$ 116—125°. d) Aus I durch Red. mit Na + absol. n-Butanol, 2 Std. am Rückfluß, als hochsd. Fraktion, Kp.$_{0,2}$ 120°, 72%; daraus durch wiederholtes Umkristallisieren aus Acetonitril u. nachfolgende Sublimation bei 1 mm (Heizbad 120°) das *hochschm. Isomere*, F. 108,2—109,6°, u. durch Sublimation des Rückstands der Mutterlauge bei 0,2 mm (90°) eine unreine *niedrigschm. Fraktion*, F. 68,8 bis 74,2°. — *11-Azabicyclo-[4.4.1]-undecen-(1)* (III), $C_{10}H_{17}N$, Kp.$_3$ 79—79,5°, aus I wie vorst. Verb. unter d) als niedrigsd. Fraktion; 24%; n_D^{25} 1,5139. *Benzolsulfonamid* (V), $C_{16}H_{21}O_2NS$, F. 144—144,6° (wss. A.). — *11-[Phenylthiocarbamoyl]-11-azabicyclo-[4.4.1]-undecen-(1)* (VI), $C_{17}H_{22}N_2S$, F. 150—152° (wss. A.). — *11-Azabicyclo-[4.4.1]-undecan* (VII), $C_{10}H_{19}N$, Kp.$_{3,5}$ 72—73°, Kp.$_{2,7}$ 69—71°, durch 1std. Hydrierung von III in absol. CH_3OH in Ggw. von Pd-Norit; 30%; oder durch 4std. Erhitzen von II unter Rückfluß in Dekalin in Ggw. von RANEY-Ni; 19%; n_D^{25} 1,4999 bzw. 1,5008. *Benzolsulfonamid*, $C_{16}H_{23}O_2NS$, F. 171—172,5° (A.). — *11-Methyl-11-azabicyclo-[4.4.1]-undecan* (VIII), $C_{11}H_{21}N$, Kp.$_{3,5}$ 78—79°, aus rohem VII mit 87%ig. HCO_2H + 37%ig. Formalin, 11,5 Std. unter Rückfluß, n_D^{25} 1,4947; 71%. *Pikrat*, $C_{17}H_{24}O_7N_4$, F. 250—251,5° (Zers., A.). *Methojodid*, $C_{12}H_{24}NJ$, F. 285—286,5° (Zers.), durch erschöpfende Methylierung vorst. Verb., 50 Std. am Rückfluß; 92%. 4std. Erhitzen auf 70—125° bei 0,8 mm der aus vorst.

Methojodid erhaltenen quartären Base liefert 37% eines Gemisches von [*Cyclodecen-(5)-yl-(1)*]-*dimethylamin* mit **VIII** (?) im Verhältnis ca. 2:1; aus dem Gemisch [*Cyclodecen-(5)-yl-(1)*]-*dimethylaminpikrat*, $C_{18}H_{26}O_7N_4$, F. 140—141,8° (A.). — *Dimethylcyclodecylaminpikrat*, F. 145,8—147,4° (A.), durch Hydrierung obenst. Amingemisches in Eisessig bei Ggw. von PtO_2. — *6-Aminocyclodecanon* (**IV**), $C_{10}H_{19}ON$, durch 1std. Hydrolyse von **III** mit 10%ig. HCl am Rückfluß. *Benzolsulfonamid*, $C_{16}H_{23}O_3NS$, F. 93,6—94,6° (absol. A.). *Semicarbazon vorst. Amids*, $C_{17}H_{26}O_3N_4S$, F. 171,4—173° (Zers., wss. A.). — *11-Deuterium-11-azabicyclo-[4.4.1]-undecen-(1)*, aus **III** u. 99,5%ig. D_2O bei p_H ca. 11 u. n. Temp., 7std. Schütteln. (J. Amer. chem. Soc. **77**. 3590—94. 5/7. 1955. Cambridge, Mass., Inst. of Technol.) J. RICHTER. 2100

Arthur C. Cope, Robert J. Cotter und **George G. Roller**, *Naheffekte*. 2. Mitt. *1.9- und cis-1.2-Oktalin aus trans-Cyclodecen-(5)-yl-(1)-p-toluolsulfonat.* (1. vgl. vorst. Ref.) Das aus 6-Aminocyclodecanol dargestellte *6-Dimethylaminocyclodecanol* wurde durch HOFMANNsche erschöpfende Methylierung in *trans-Cyclodecen-(5)-ol-(1)* (**I**) übergeführt, dessen Struktur sich aus dem Infrarotspektr. ergab u. durch Hydrierung mittels Pt zu *Cyclodecanol* (**II**) bewiesen wurde. Dagegen entstand bei der Hydrierung von **I** mit einem Pd-Katalysator ein Gemisch von **II** mit *Cyclodecanon* (**III**, Infrarotspektr.). Wie Vff. annehmen, wird durch die räumliche Nähe eine H-Wanderung von der Carbinolgruppe zur Doppelbindung in **I** begünstigt, die Bldg. von **II** läßt sich so verstehen. In Ggw. von Pt soll nach Vff. eine ähnliche Wanderung erfolgen, die aber infolge der in diesem Fall stattfindenden Red. von **III** nicht beobachtet werden kann. — Das *trans-Cyclodecen-(5)-yl-(1)-p-toluolsulfonat* (**V**) geht beim Erhitzen mit Diäthylanilin (**VI**) in ein Gemisch von KW-stoffen über, das sich durch katalyt. Hydrierung an Pd zu cis- u. trans-Dekalin (**IV**, n_D^{25} 1,4716), durch Überführung in krist. cis-Glykole (**X** u. **XI**) mittels OsO_4 u. durch sein Infrarotspektr. als Gemisch aus *1.9-* (**VII**) u. *cis-1.2-Oktalin* (**VIII**) — zu angenähert gleichen Teilen — erwies. Bei der früher von COPE u. HOLZMANN (C. **1951**. II. 2873) durchgeführten Zers. von Cyclodecandiol-(1.6)-di-[p-toluolsulfonat] beim Erhitzen mit **VI**, die ein Gemisch von **VII** u. 9.10-Oktalin (**IX**) lieferte (bei neuerlicher Durchführung dieses Vers. ergab das Infrarotspektr. außerdem die Ggw. von **VIII**, möglicherweise auch geringe Mengen des trans-Isomeren), sollte **V** ein wahrscheinliches u. das cis-Isomere sowie Decalyl-(9)-p-toluolsulfonat mögliche Zwischenprodd. sein. Das Auftreten einer 1.6-Brücke anstatt einer Doppelbindung bei der Abspaltung des Tosylations aus **V**, erinnert in mancher Hinsicht an die zu Isosteroiden führenden Rkk. von Derivv. der 3-Oxy-Δ^5-steroide (vgl. SHOPPEE u. SUMMERS, J. chem. Soc. [London] **1952**. 3361 u. frühere Arbeiten); Vff. erklären die Umlagerung durch die räumliche Nähe der Doppelbindung zur Tosylatgruppe. — Auf Grund der Prinzipien der Konformationsanalyse u. der Annahme, daß OsO_4 die Doppelbindung von der am wenigsten behinderten Seite angreift, folgern Vff., daß im *Dekalin-cis-diol-(1.9)* (**X**), F. 83—84°, das $C_{(9)}$-Hydroxyl axiale, das $C_{(1)}$-Hydroxyl äquatoriale u. die Ringverknüpfung cis-Konfiguration u. daß im *cis-Dekalin-cis-diol-(1.2)* (**XI**), F. 85,4—85,8°, das $C_{(1)}$-Hydroxyl äquatoriale u. das $C_{(2)}$-Hydroxyl axiale Konfiguration besitzen. — Vier der isomeren Oktaline wurden zu Vergleichszwecken dargestellt. Infrarotspektren folgender Verbb. sind angegeben: **I**, **VII**, **VIII**, **IX** u. *trans-1.2-Oktalin.*

Versuche (FF. korr.): *6-Dimethylaminocyclodecanol*, $C_{12}H_{25}ON$, Kp.$_{0,48}$ 122 bis 123° (cis–trans-Gemisch), aus 6-Aminocyclodecanol (vgl. vorst. Ref.), 88%ig. HCO_2H u. 37%ig. Formalin, zunächst bei 90°, dann 14 Std. bei 100°, nach Abkühlen ansäuern, zur Trockne dampfen, alkal. machen u. 2 Std. am Rückfluß erhitzen, n_D^{25} 1,5013 bis 1,5022; 80% (Ausbeute). *Methojodid*, $C_{13}H_{28}ONJ$, F. 150—152° (CH_3OH). — *trans-Cyclodecen-(5)-ol-(1)* (**I**), $C_{10}H_{18}O$, Kp.$_{0,25}$ 77—78°, aus der quartären Base vorst. Methojodids durch HOFMANNschen Abbau bei 120—125° u. 0,5 mm, n_D^{25} 1,5030—1,5050; 87%. — *Cyclodecanol* (**II**), F. 39,5—41,5°, durch 9std. Hydrierung vorst. Verb. in Ggw. von PtO_2 in absol. CH_5OH. — *Cyclodecanonsemicarbazon*, F. 202—205°, aus **I** in absol. A. in Ggw. von 10%ig. Pd-Norit, zunächst 6½ Std. unter N_2, dann N_2 durch H_2 ersetzen (Absorption von 39% der theoret. Menge H_2), nach Abtrennung des Katalysators u. des Lösungsm. Überführung in das Semicarbazon. — *trans-Cyclodecen-(5)-yl-(1)-p-toluolsulfonat* (**V**), $C_{17}H_{24}O_3S$, F. 62,2—63,2° (Ae./PAe.), aus **I** u. p-Toluolsulfochlorid in absol. Pyridin bei —10°, 24 Std.; 45%. Liefert bei ³/₄std. Erhitzen mit frisch dest. **VI** auf 160 bis 170° 59% eines Gemisches von **VII** u. **VIII** ($C_{10}H_{16}$, Kp.$_{11}$ 65—70°, n_D^{25} 1,4882 bis 1,4944). — Bei Behandlung dieses Gemisches mit OsO_4 entstehen 35% eines Gemisches von **X** u. **XI**, das durch Chromatographie getrennt werden kann. — *Dekalin-cis-diol-(1.9)* (**X**), $C_{10}H_{18}O_2$, F. 83,6—84,6° (PAe. u. Sublimation), aus **VII** (aus cis-9-[N.N-Dimethylamino]-dekalin) u. OsO_4 in absol. Ae. + absol. Pyridin, 24std. Stehen u. Verseifung mit KOH in wss. Mannitlsg.; 54%. — *cis-Dekalin-cis-diol-(1.2)* (**XI**), $C_{10}H_{18}O_2$, F. 86,2—87° (absol. Ae. + PAe.), aus **VIII** wie vorst.; 44%. — *cis-Dekalol-(1)*, F. 91,6 bis 92° (PAe.), aus 48,5 g eines Gemisches stereoisomerer Dekalole-(1) (**XII**, $Kp._7$ 100 bis 105°, dargestellt durch 3½std. Hydrierung von α-Naphthol in absol. A. in Ggw. von RuO_2 bei 110° u. 1600—1100 lbs./sq.in.; 92%), durch fraktionierte Kristallisation; 15,5 g. — *cis-1.2-Oktalin* (**VIII**), $Kp._{14}$ 72—73°, aus dem Methylxanthat vorst. Verb., zunächst 30 Min. bei 210—220°, dann 15 Min. bei 250—260°, n_D^{25} 1,4890—1,4900; 64%; enthält ca. 10% **VII**. — *trans-Dekalon-(1)-oxim*, F. 167—168° (95%ig. A.), das aus **XII** durch Chromsäureoxydation erhaltene Gemisch von cis- u. trans-Dekalon-(1) (81%; $Kp._{10}$ 104 bis 106°, n_D^{25} 1,4915) wird zunächst in Ggw. von CH_3ONa ½ Std. u. nach Zugabe einer Mischung von Hydroxylamin–HCl, Na-Acetat, W. u. CH_3OH weitere 2 Std. erhitzt; 72%. — *trans-Dekalyl-(1)-amin*, $Kp._{10}$ 94—96°, durch Red. vorst. Verb. mit Na + absol. A., n_D^{25} 1,4890; 93%. *N-Benzoylderiv.*, F. 199,4—200,2°. — *trans-Dekalyl-(1)-dimethylamin*, $C_{12}H_{23}N$, $Kp._{11}$ 107—108°, durch Methylierung vorst. Verb. mit 85%ig. HCO_2H u. 37%ig. Formalin, zunächst unter Eiskühlung, dann 24 Std. bei 100°, n_D^{25} 1,4822; 96%. *Pikrat*, $C_{18}H_{26}O_7N_4$, F. 155—155,6° (95%ig. A.). *Methojodid*, $C_{13}H_{26}NJ$, F. 190° (Zers., Aceton). — *trans-1.2-Oktalin*, $Kp._{14,5}$ 70,5°, durch Hofmannschen Abbau der quartären Base aus vorst. Methojodid bei 125° u. 4 mm, n_D^{25} 1,4819—1,4827; 78%. Liefert bei quantitativer Red. in Ggw. von Pd-Norit in Eisessig **IV**. (J. Amer. chem. Soc. **77**. 3594—99. 5/7. 1955.) J. Richter. 2100

E. C. Horning und **G. N. Walker**, *Methoxyindan- und Methoxytetralincarbonsäureester.* Die Polyphosphorsäurecyclisierung des bei der Kondensation von Oxalsäurediäthylester mit γ-[3.4-Dimethoxyphenyl]-buttersäureäthylester (I) entstehenden *γ-[3.4-Dimethoxyphenyl]-α-äthoxalylbuttersäureäthylesters* gibt *6.7-Dimethoxy-3.4-dihydronaphthalin-1.2-dicarbonsäurediäthylester*, nach katalyt. Hydrierung *6.7-Dimethoxytetralin-1.2-dicarbonsäurediäthylester* (**II**). Analog entsteht aus 4.5-Dimethoxyinden-1.2-dicarbonsäurediäthylester (**III**) bzw. dem 2-Monoäthylester *4.5-Dimethoxyindan-1.2-dicarbonsäurediäthyl-* (**IV**) bzw. *-monoäthylester* (**V**) u. aus 2.3.4-Trimethoxybenzsuberen-(5)-dicarbonsäure-(5.6)-anhydrid (**VI**) *2.3.4-Trimethoxybenzsuberan-5.6-dicarbonsäure.* Die $LiAlH_4$-Red. von **II**, **IV** bzw. **V** führt zu *1.2-Bis-[oxymethyl]-6.7-dimethoxytetralin* bzw. *1.2-Bis-[oxymethyl]-4.5-dimethoxyindan* (**VII**). Bei der Rk. von **VII** mit PBr_3 entsteht eine halogenenthaltende Verb., die bei Alkylierungs-Rkk. oder mit NaCN *5.6-*[im Orig. *6.7*]-*Dimethoxy-3.3a.8.8a-tetrahydroindeno-[1.2:c]-furan* liefert.

Versuche (FF. korr.): *6.7-Dimethoxy-3.4-dihydronaphthalin-1.2-dicarbonsäurediäthylester*, $C_{18}H_{22}O_6$, F. 103—105°, aus dem Kondensationsprod. von Oxalsäurediäthylester mit **I** (81% Ausbeute) durch Rühren mit Polyphosphorsäure u. Behandeln mit Eiswasser; gelbliche Kristalle aus CH_3OH; 92%; gibt bei 2std. Kochen mit 15%ig. NaOH u. Erhitzen das *Anhydrid*, F. 192—193°, rote Kristalle. — *4.5-Dimethoxyindan-1.2-dicarbonsäurediäthylester* (**IV**), durch Hydrierung von **III** über 5%ig. Pd-Kohle in Äthylacetat; 100%. — *1-Carboxy-2-carbäthoxy-4.5-dimethoxyindan* (**V**), $C_{15}H_{18}O_6$, F. 149 bis 151° (CH_3OH), durch Hydrierung des Monoäthylesters wie vorstehend. — *6.7-Dimethoxytetralin-1.2-dicarbonsäurediäthylester* (**II**), $C_{18}H_{24}O_6$, F. 73—74,5° (Ae.), durch Hydrierung obiger Dihydroverbindung. — *2.3.4-Trimethoxy-5.6-dicarboxybenzsuberan*, $C_{16}H_{20}O_7$, F. 188—189,5° (wss. CH_3OH), aus **VI** durch Hydrieren in Äthylacetat bei 60° u. Hydrolyse mit sd. NaOH. *Anhydrid*, $C_{16}H_{18}O_6$, F. 176—178,5° (Äthylacetat). — *1.2-Bis-[oxymethyl]-4.5-dimethoxyindan* (**VII**), $C_{13}H_{18}O_4$, F. 100—102° (W.), aus **IV** u. $LiAlH_4$ in Ae., Rühren u. Zers. mit verd. H_2SO_4; 84%, oder aus **V** wie vorst.; 38%. — *1.2-Bis-[oxymethyl]-6.7-dimethoxytetralin*, $C_{14}H_{20}O_4$, F. 127—128,5° (W.), analog vorst. Verb. aus **II**; 77%. — *5.6-Dimethoxy-3.3a.8.8a-tetrahydroindeno-[1.2:c]-furan*, $C_{13}H_{16}O_3$, F. 82 bis 83,5° (Ae.), aus **VII** u. PBr_3 in Bzl. (¾ Std. kochen; 2,5 g) u. Rk. mit alkoh. $AgNO_3$. (J. Amer. chem. Soc. **75**. 4592—93. 20/9. 1953. Philadelphia, Pa., Univ., J. Harrison Labor.) H. Lehwald. 2600

R. B. Thompson und **J. A. Chenicek**, *Dioxynaphthaline und einige Derivate als Gasolin-Antioxydantien.* Es wurden zahlreiche Dioxynaphthaline dargestellt u. auf ihre Wrkg. als Gasolin-Antioxydantien geprüft. Durch Einführung einer Alkylgruppe an den Kern wurde die Verb. unwirksamer. Bei den 1.4-Dioxynaphthalinen war die unsubstituierte Verb. unwirksam, durch Alkylierung einer OH-Gruppe erhielt die Verb. eine geringe Wirksamkeit, die durch partielle Hydrierung wesentlich gesteigert wurde. Dioxynaphthaline, deren OH-Gruppen an verschied. Ringen waren, besaßen einen geringen Hemmeffekt, der durch Alkylierung einer OH-Gruppe noch verringert wurde. — Untersucht wurden: *1.2-Dioxy-*, F. 102—104° (*1-Methyläther*, $Kp._3$ 105—110°. *2-Methyläther*). — *1.3-Dioxy-*, F. 122—123°. — *2-Methyl-1.4-dioxy-*, F. 170° (*4-Methyläther*, F. 82—83°, $Kp._2$ 130—135°). — *1.5-Dioxy-*, F. 258—260° (*5-Methyl-*, F. 138—139°, $Kp._3$ 135—145°. *5-Äthyläther*, F. 106—107°, $Kp._3$ 135—140°). — *1.6-Dioxy-*, F. 132 bis 133° (*1-Methyl-* u. *6-Methyläther*). — *1.7-Dioxy-*, F. 173—174° (*1-Methyl-* u. *7-Methyl-*

äther, Kp.$_2$ 120—130°). — *1.8-Dioxy-*, F. 139—140° (*8-Methyläther*, F. 57°). — *2.3-Dioxy-*, F. 157—158° (*3-Methyläther*, F. 104—106°). — *2.6-Dioxy-*, F. 207—208° (*6-Methyläther*, F. 134—136°, Kp.$_2$ 140—145°). — *2.7-Dioxynaphthalin*, F. 184—185° (*7-Methyläther*, F. 121°). — *1.4-Dioxy-5.8-dihydro-*, F. 204—206°. — *1.4-Dioxy-5.6.7.8-tetrahydro-*, F. 170—171° (*1-Methyl-*, F. 112—113°. *1-Äthyläther*, F. 108—110°). — *1.4-Dioxy-6-methyl-5.8-dihydro-*, F. 173—174°. — *1.4-Dioxy-6-methyl-5.6.7.8-tetrahydro-*, F. 172° (*1-Methyl-*, F. 80—90°, Kp.$_2$ 125—130°. *1-Äthyläther*, F. 95—100°). — *1.4-Dioxy-5.7-dimethyl-5.8-dihydro-*, F. 113—115°. — *1.4-Dioxy-5.7-dimethyl-5.6.7.8-tetrahydronaphthalin*, F. 134 bis 135° (*1-Methyl-*, Kp.$_2$ 113—117°. *1-Äthyläther*, Kp.$_2$ 122—126°). — *1-Methoxy-*, F. 125 bis 130° u. *1-Äthoxy-4-oxydihydro-*, F. 124—132°. — *1-Methoxy-*, F. 85—95°, Kp.$_2$ 125 bis 130° u. *1-Äthoxy-4-oxy-6-methyldihydro-*, F. 88—94°, Kp.$_2$ 125—128°. — *1-Methoxy-*, Kp.$_2$ 125—130° u. *1-Äthoxy-4-oxy-5.7-dimethyldihydronaphthalin*, Kp.$_2$ 125—130°. (Bei den Dihydroäthern handelt es sich vermutlich um Isomerengemische.) (Ind. Engng. Chem. **47.** 1431—32. Juli 1955. Riverside, Ill., Universal Oil Products Co.)

L. FISCHER. 2700

Frederick W. Grant jr. und **Harold H. Zeiss.** *Die Struktur der Cativinsäure.* *Cativinsäure* (I; KALMAN, J. Amer. chem. Soc. **60.** [1938.] 1423), $C_{20}H_{34}O_2$, F. 80—82°, $[\alpha]_D^{26}$ — 6,54° (A.), liefert bei der Dehydrierung mit Pd-Kohle *1.2.5.6-Tetramethylnaphthalin*, F. 114,5—115° (*Pikrat*, F. 151—153°; *Trinitrobenzolat*, F. 180—181°), bei der Se-Dehydrierung dagegen *1.1.4.7-Tetramethylphenalan* (II), F. 39—40,5° (*Pikrat*, F. 136 bis 138°; *Styphnat*, F. 153—155°). Die katalyt. Hydrierung von I u. Veresterung nach FISCHER ergibt *Dihydrocativinsäuremethylester*, F. 43—44°, $[\alpha]_D^{27}$ + 23,4°, aus dem durch 2stufigen BARBIER-WIELAND-Abbau das *Keton* III (*Semicarbazon*, F. 201,5—202°, $[\alpha]_D^{31}$ + 66,6° in Chlf.) entsteht. III erweist sich als strukturell u. ster. ident. mit dem durch Abbau von Manool erhaltenen Keton (vgl. HOSKING u. BRANDT, Ber. dtsch. chem. Ges. **68.** [1935.] 1311). Durch Perbenzoesäuretitration, Ozonisierung u. das Infrarotspektr. läßt sich zeigen, daß I eine vom $C_{(6)}$ ausgehende, im Ring liegende Doppelbindung enthält. Das Ozonisierungsprod. ist ein *Methylketon* (positive CHJ_3-Rk.) mit gleicher Zahl von C-Atomen wie I. Mit CH_2N_2 gibt I *Cativinsäuremethylester*, n_D^{25} 1,4954, $[\alpha]_D^{30}$

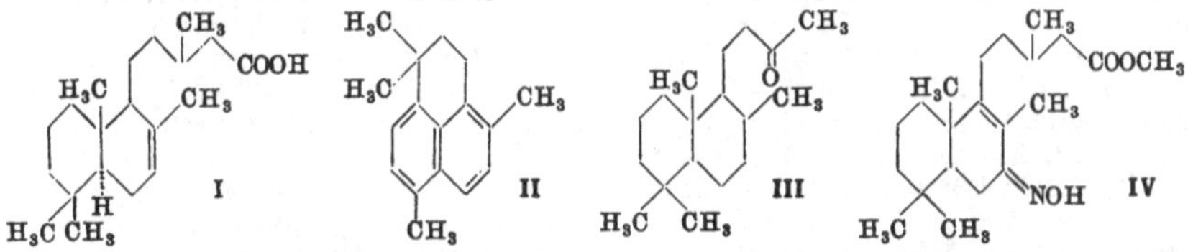

I II III IV

— 7,51°, der durch Rk. mit Amylnitrit u. konz. HCl in Chlf. (erst bei — 30°, dann 10 Min. bei Raumtemp.) in das *α.β-ungesätt. Oxim* IV, $C_{21}H_{35}O_3N$, F. 121,5—122° (λ_{max} 246 mμ, Infrarotbande bei 6,17 μ) übergeführt wird. Aus diesen Befunden ergibt sich für die *Cativinsäure* die Struktur I. (J. Amer. chem. Soc. **76.** 5001—02. 5/10. 1954. New Haven, Conn., Yale Univ., Sterling Chem. Labor.)

H. PRACEJUS. 2700

W. Ss. Tschugunow und **A. D. Petrow,** *Magnesiumorganische Synthese von α-Naphthylphenyl-di-n-butylsilan, α-Naphthyl-tri-p-tolylsilan, α-Naphthyl-tribenzylsilan und α-Naphthylphenylbenzyl-p-tolylsilan. Silane* mit einem *α-Naphthylradikal* werden durch GRIGNARD-Synth. aus den entsprechenden Äthoxysilanen gewonnen.

V e r s u c h e : *α-Naphthylphenyl-di-n-butylsilan*, $C_{24}H_{30}Si$, Kp.$_{20}$ 256—260°; aus 20 g α-Naphthylphenyldiäthoxysilan u. n-Butylmagnesiumchlorid (1/5 Mol) in 100 ml Petroleum (Kp. 160—170°) bei 3std. Kochen; da das Reaktionsprod. Verbb. mit C_2H_5O-Gruppen enthält, wird es nochmals mit der gleichen Menge der GRIGNARD-Verb. behandelt; dickes Öl; D.$^{20}_4$ 1,258; n_D^{20} 1,5780; erstarrt bei — 5 bis — 7° glasartig; 29% (Ausbeute). — *α-Naphthyl-tri-p-tolylsilan*, $C_{31}H_{28}Si$, F. 174—176° (Bzl.); aus α-Naphthyl-triäthoxysilan u. p-Tolylmagnesiumbromid; Kristalle; 20%. — *α-Naphthyl-tribenzylsilan*, $C_{31}H_{28}Si$, Kp. 386—389°; Kp.$_{26}$ 314—318°; aus α-Naphthyl-triäthoxysilan u. Benzylmagnesiumchlorid; erstarrt zu einem bei 54—56° erweichenden Glase; ca. 10%. — *α-Naphthylphenyl-p-tolyläthoxysilan*, $C_{25}H_{24}OSi$, Kp.$_{80}$ 310—318°; aus α-Naphthylphenyldiäthoxysilan (32,5 g) u. p-Tolylmagnesiumbromid; dickes Öl; D.$^{20}_4$ 1,225; 22 g. Hieraus (20 g) durch Behandeln mit Benzylmagnesiumchlorid *α-Naphthylphenylbenzyl-p-tolylsilan*, $C_{30}H_{26}Si$, Kp.$_{30}$ 306—310°; D.$^{20}_4$ 1,126; erweicht bei 40—45°; 8 g. — Bei der Rk. von α-Naphthyl-triäthoxysilan mit n-Octylmagnesiumbromid werden *α-Naphthyltri-n-octylsilan* u. *α-Naphthyl-di-n-octylsilan*, Kp. des Gemischs 406—410°, erhalten. (Известия Академии Наук СССР, Отделение Химических Наук [Nachr. Akad. Wiss. UdSSR, Abt. chem. Wiss.] **1953.** 713—15. Juli/Aug. Inst. für Silicatchem. der Akad. der Wiss. der UdSSR.)

R. KNOBLOCH. 2700

Endre Berner, Thor Gramstad und **Thor Vister,** *Eine unerwartete Bildung von 9.10-Dimethylanthracen.* Bei der Rk. zwischen Bzl., Monochloressigsäureäthylester (I) u. $AlCl_3$ entstand an Stelle der erwarteten Phenylessigsäure *9.10-Dimethylanthracen* (II) neben einem Gemisch äthylierter Benzole. Dieser Befund wird dadurch erklärt, daß I bei Ggw. von $AlCl_3$ auf Bzl. zunächst alkylierend einwirkt. Unter den Alkylierungsprodd. befindet sich wahrscheinlich auch o-Diäthylbenzol, aus dem durch dehydrierende Kondensation mit Bzl. II entstehen könnte. Die zum Vgl. untersuchte Rk. von o-Xylol mit Bzl. u. $AlCl_3$ führte zur Bldg. von Anthracen, wodurch diese Annahme gestützt wird. — Zur Darst. von II auf diesem Wege eignet sich Chlorameisensäureäthylester besser als I. Die Kondensation von Bzl. mit Chloressigsäure-n-propylester (III) ergab *9.9.10.10-Tetramethyl-9.10-dihydroanthracen*; dabei muß sich das intermediär entstehende n-Propylkation zum Isopropylkation isomerisiert haben. — Bei der Red. von II erhielten Vff. ein *Dihydroderiv.* (IV), das sich von den beiden bereits bekannten 9.10-Dimethyl-9.10-dihydroanthracenen im F. unterscheidet. IV liefert mit Br_2 das gleiche *ω.ω'-Dibrom-9.10-dimethylanthracen* (V) wie II. Mit Maleinsäureanhydrid (VI) geben II u. V *Monoaddukte,* nicht dagegen IV.

Versuche: *9.10-Dimethylanthracen* (II), $C_{16}H_{14}$, F. 181° (CH_3OH), durch 3tägiges Kochen von 20 g I mit 60 g $AlCl_3$ in 200 g Bzl.; Reinigung durch Vakuumsublimation des aus dem benzolfreien Rohprod. auskristallisierenden Anteils (2 g); gelb. *Pikrat,* F. 172—174° (Zers.; Bzl.), dunkelrot. — *m-Diäthylbenzol* (?), $C_{10}H_{14}$, Kp.$_{15}$ 78—82°, durch Fraktionieren der neben II entstehenden fl. Verbb.; n_D^{22} 1,5020. — *9.10-Dimethyl-9.10-dihydroanthracen* (IV), $C_{16}H_{16}$, F. 90° (verd. CH_3OH), durch Kochen von 1 g II mit Na-Amalgam in 96%ig. A., wobei die Lsg. von Zeit zu Zeit mit HCl neutralisiert wird; 0,93 g (Ausbeute). — *ω.ω'-Dibrom-9.10-dimethylanthracen* (V), $C_{16}H_{12}Br_2$, Zers. bei ca. 300°, durch kurzes Erwärmen von 690 mg II oder von 205 mg IV mit Br_2 in Chlf.; gelbe Nadeln aus Chlf.; 980 bzw. 272 mg. — *Anthrachinon,* $C_{14}H_8O_2$, F. 279° (A.), durch Oxydation von II, IV oder V mit CrO_3 in Eisessig. — *9.9.10.10-Tetramethyl-9.10-dihydroanthracen,* $C_{18}H_{20}$, F. 159° (A.), aus 30 g III analog II, krist. nach der Dest. aus der höhersd. Fraktion; fluoresciert in alkoh. Lsg. schwach; 0,31 g. — *Diisopropylbenzol* (Isomerengemisch), $C_{12}H_{18}$, Kp.$_{15}$ 115—125°, durch Rektifizieren des Vorlaufs von vorst. Verbindung. — *Anthracen,* F. 212—213° (Eisessig), durch 15std. Kochen von 10 g o-Xylol mit 200 g Bzl. u. 60 g $AlCl_3$; 20 mg. — *9.10-Dimethyl-9.10-endoäthylen-9.10-dihydroanthracen-11.12-dicarbonsäureanhydrid,* $C_{20}H_{16}O_3$, F. 333° (im geschlossenen Röhrchen; aus Bzl.), durch $^1/_4$std. Kochen von 0,27 g II mit 0,60 g VI in Bzl.; 0,32 g. *Freie Dicarbonsäure,* $C_{20}H_{18}O_4$, durch Lösen in Alkali u. Fällen mit HCl. — *9.10-Bis-[brommethyl]-9.10-endoäthylen-9.10-dihydroanthracen-11.12-dicarbonsäureanhydrid,* $C_{20}H_{14}O_3Br_2$, durch 4std. Erwärmen von V mit VI auf 80°; unlösl. in organ. Solventien; 100%. (Acta chem. scand. **7.** 1255—60. 1953. Blindern-Oslo, Norwegen, Univ., Kjem. Inst.) H. PRACEJUS. 2800

Jean Colonge und **Lucien Bonnard,** *Darstellung von Anthracenkohlenwasserstoffen.* Vff. synthetisierten eine Reihe von *Alkylanthracenen* durch Cyclisierung von 6-Acyl-2.3.4.5-tetrahydrodiphenylmethanen zu *9-Alkyltetrahydroanthracenen* u. Dehydrierung mit S. — Folgende 2.3.4.5-Tetrahydrodiphenylmethane wurden dargestellt durch Rk. der entsprechenden Säurechloride mit 2.3.4.5-Tetrahydrodiphenylmethan in Ggw. von $SnCl_4$ (30—40% [Ausbeute]): *6-Acetyl-*, Kp.$_1$ 108°, D.$^{23}_4$ 1,034, n_D^{23} 1,5517. *Semicarbazon,* F. 215°. — *6-Propionyl-*, Kp.$_{1,5}$ 135°, D.$^{23}_4$ 1,016, n_D^{23} 1,5430. *Semicarbazon,* F. 172°. — *6-n-Butyryl-*, Kp.$_{1,5}$ 147°, D.$^{25}_4$ 1,0071, n_D^{25} 1,5319. *2.4-Dinitrophenylhydrazon,* F. 153°. — *6-Isobutyryl-*, Kp.$_1$ 121°, D.$^{19}_4$ 1,010, n_D^{19} 1,5320. — *6-Pivalyl,* Kp.$_1$ 128°, D.$^{20}_4$ 1,001, n_D^{20} 1,5298. — *6-Benzoyl-*, Kp.$_{1,5}$ 169°. — Folgende 1.2.3.4-Tetrahydroanthracene aus vorst. Verbb. in sd. W.-HBr-CH_3COOH (10—20 Std.); alle fluorescieren violett: *9-Methyl-*, F. 46°, Kp.$_{1,5}$ 124°. *Pikrat,* F. 131°. — *9-Äthyl-*, F. 36°, Kp.$_{1,5}$ 142°. *Pikrat,* F. 111° — *9-Propyl-*, Kp.$_{1,5}$ 148°. *Pikrat,* F. 100°. — *9-Isopropyl-*, Kp.$_{1,5}$ 140°. *Pikrat,* F. 115°. — *9-Phenyl-*, F. 86°, Kp.$_{1,5}$ 165°. *Pikrat,* F. 114°. — *2.7.9-Trimethyl-*, F. 51°, Kp.$_2$ 150°, direkt aus Acetylchlorid u. 4.4'-Dimethyl-2.3.4.5-tetrahydrodiphenylmethan mit $SnCl_4$. *Pikrat,* F. 142°. — *2.7-Dimethyl-9-äthyl-*, F. 61°, Kp.$_{1,5}$ 150°. *Pikrat,* F. 124°. — Folgende Anthracene durch längeres Erhitzen vorst. Verbb. mit Schwefelblüte auf 240° (60%): *9-Methyl-*, F. 80°. *Pikrat,* F. 137°. — *9-Äthyl-*, F. 59°. *Pikrat,* F. 120°. — *9-Propyl-*, F. 69°. *Pikrat,* F. 113°. — *9-Isopropyl-*, F. 74°. *Pikrat,* F. 107°. — *2.7.9-Trimethyl-*, F. 126°. *Pikrat,* F. 143—144°. — *2.7-Dimethyl-9-äthyl-*, F. 123°. *Pikrat,* F. 144°. (C. R. hebd. Séances Acad. Sci. **240.** 2540—42. 27/6. 1955.) J. ROTHE. 2800

M. Prostenik, Norman P. Salzman und **H. E. Carter,** *Darstellung und Stereochemie der 1-Benzyl-2-carbisopropoxy-3-methyläthylenimine.* (Vgl. CROMWELL u. Mitarbeiter, C. **1953.** 7796.) Vff. erhalten bei der Umsetzung der Isopropylester von α.β-Dibrombutter-, α-Bromcroton- u. α-Bromisocrotonsäure mit Benzylamin (I) in jedem Falle ein Gemisch von *cis-* u. *trans-1-Benzyl-2-carbisopropoxy-3-methyläthylenimin*; die beiden Isomeren werden durch Chromatographie getrennt. Bei der Hydrolyse mit $HClO_4$ (unter diesen Reaktionsbedingungen erfolgt nur Öffnung des Iminringes unter einfacher WALDENscher Umkehrung) u. katalyt. Debenzylierung wird *DL-Threonin* (II) bzw. *DL-Allothreonin* (III) erhalten. Die Einw. von HCl auf das cis–trans-Isomerengemisch liefert *N-Benzylglycin*, nach Vff. vermutlich durch Hydrolyse des Isopropylesters vor der Ringöffnung entstanden.

Versuche: *Gemisch von cis- u. trans-1-Benzyl-2-carbisopropoxy-3-methyläthylenimin*, $C_{14}H_{19}O_2N$, $Kp._{0,6}$ 126—129°, durch Zugabe von α-Bromisocrotonsäureisopropylester [$Kp._{23}$ 97—101°, aus der freien Säure (F. 91—92°) durch 4std. Kochen mit absol. Isopropanol in Ggw. von HCl; 65% (Ausbeute)] zu I in Bzl., 2 Std. Stehenlassen bei Zimmertemp. u. Kochen über Nacht; 87%, oder aus α.β-Dibrombuttersäureisopropylester ($Kp._{19}$ 116—118°, 65%) wie vorst.; 64%, ferner aus α-Bromcrotonsäureisopropylester ($Kp._{22}$ 95—96°, 60%) wie vorst.; 77%; Trennung der Isomeren durch Chromatographie in PAe./Bzl. in die reine *cis-Verb.* (charakterist. Infrarotabsorption 1736 cm^{-1}; gibt wie nachst. reines II) u. *trans*-Verb. (charakterist. Infrarotabsorption 1718 cm^{-1}; gibt reines III); gibt bei 5std. Erwärmen mit 6n HCl auf 80° *N-Benzylglycinhydrochlorid*, $C_9H_{11}O_2N \cdot HCl$, F. 226—228° (Zers.); 45%. *Freie Base*, $C_9H_{11}O_2N$, F. 201—203° (Methanol). — *Gemisch* von *DL-Threonin* (II) u. *DL-Allothreonin* (III), durch 4std. Erwärmen vorst. Isomerengemisches mit verd. wss. $HClO_4$ auf 100°, Isolierung von *2-Benzylamino-3-oxybuttersäureisopropylester* (IV), $C_{14}H_{21}O_3N$, $Kp._{0,1}$ 145—147°; 73%, katalyt. Debenzylierung u. Hydrolyse, 93% (auf IV bezogen). *III-Benzoat*, F. 176—177°. (J. Amer. chem. Soc. **77.** 1856—59. 5/4. 1955. Urbana, Ill., Univ., Noyes Chem. Labor.)

G. WINKLER. 3030

Jean Neudörffer, *Beitrag zur Untersuchung der Einwirkung von Fluor auf Thiophen.* (Vgl. C. **1951.** I. 3336, **1952.** 7813, **1954.** 4330.) Bei der Umsetzung von Thiophen (I) in der Dampfphase mit elementarem F_2 in N_2-Verdünnung entstehen die gasförmigen Verbb. SF_6, CF_4, C_2F_6, C_3F_8, C_4F_{10} u. fl. Verbb. der Formel $(CF_2)_n$ mit n = 4 u. 8. Die für die Verb. C_4F_8 gefundenen physikal. Eigg. stimmen mit den in der Literatur angegebenen Daten für *Perfluorcyclobutan* nicht überein. Fluorthiophene u. CF_3—SF_5 treten nicht auf. Demnach wird bei der Einw. von F_2 auf I das S-Atom als SF_6 herausgespalten, u. die C_4-Kette teils in die gesätt. Fluorkohlenstoffe CF_4 bis C_4F_{10}, teils in die cycl. Perfluorverbb. $(CF_2)_4$ u. $(CF_2)_8$ übergeführt. — Ein Verf. zur analyt. Best. von F u. S wurde ausgearbeitet u. die Dampfspannung von SF_6 bei tiefen Tempp. bestimmt. (Ann. Chimie [12] **8.** 501—44. Juli-Aug. 1953.) E. FORCHE. 3071

Ja. L. Goldfarb und **I. Ss. Korssakowa,** *Synthese und einige Eigenschaften von Thiophenderivaten, die eine tert.-Butylgruppe enthalten.* (Vgl. auch C. **1955. 4092.**) Durch Einw. von tert.-Butylchlorid (I) auf 2-Methyl(Äthyl)thiophen in Ggw. von $FeCl_3$ werden Gemische von *2-Methyl(Äthyl)-5-tert.-butylthiophen* u. *2-Methyl(Äthyl)-3.5-di-tert.-butylthiophen* erhalten, die durch fraktionierte Vakuumdest. getrennt werden. Die Struktur von 2-Methyl-5-tert.-butylthiophen wurde durch Oxydation zum bekannten *5-tert.-Butylthiophenaldehyd-(2)* bewiesen. Aus ster. Gründen kommt es nicht zur Bldg. von tri-tert.-butylsubstituierten Thiophenderivaten. In analoger Weise werden aus 2.5-Dimethyl(Diäthyl)thiophen u. I *2.5-Dimethyl(Diäthyl)-3-tert.-butylthiophen* dargestellt. Bei der Acetylierung von 2.5-Dimethyl-3-tert.-butylthiophen mit Acetylchlorid in Ggw. von $SnCl_2$ wird unter Abspaltung der tert.-Butylgruppe *2.5-Dimethyl-3-acetylthiophen* erhalten, das sich als ident. mit einem durch Acetylierung von 2.5-Dimethylthiophen erhaltenen Präp. erwies. Die Abspaltung der tert.-Butylgruppe bei Acetylierungs-Rkk. wurde bereits früher beobachtet (vgl. TAYLOR u. WATTS, J. chem. Soc. [London] **1952.** 1123). Bei der Acetylierung von 2-Methyl(Äthyl)-3.5-di-tert.-butylthiophen entstehen in analoger Weise *2-Methyl(Äthyl)-5-tert.-butyl-3(4)-acetylthiophen.* Die genaue Struktur wird nicht ermittelt.

Versuche: Zu Thiophen oder dem entsprechenden Thiophenderiv. in CS_2 gibt man tert.-Butylchlorid (I) u. $FeCl_3$, kocht bis zur Beendigung der HCl-Entw. (15—20 Std.), zers. mit W., trennt die organ. Schicht ab u. destilliert. Folgende Thiophene: *2-Methyl-5-tert.-butyl-*, Kp. 185,5—186,5° aus 0,3 Mol 2-Methylthiophen u. 0,6 Mol I in 170 ml CS_2; $D.^{20}_4$ 0,9391; n_D^{20} 1,4972; 25% (Ausbeute). Bei gleicher Rk. *2-Methyl-3.5-di-tert.-butyl-*, $Kp._{11}$ 104°, Kp. 238—239°; $D.^{20}_4$ 0,9263; n_D^{20} 1,4999; 60%. *2-Äthyl-5-tert.-butyl-*, $Kp._{10}$ 78—81°; $D.^{20}_4$ 0,9316; n_D^{20} 1,4966; 19% u. *2-Äthyl-3.5-di-tert.-butyl-*, $Kp._9$ 114—115°; $D.^{20}_4$ 0,9255; n_D^{20} 1,5009; 46,5%, aus 2-Äthylthiophen u. I. *2.5-Dimethyl-3-tert.-butyl-*, $Kp._{21}$ 94—95,5°, Kp. 205—206°, aus 2.5-Dimethylthiophen; $D.^{20}_4$ 0,9413; n_D^{20} 1,5014;

92%. *2.5-Diäthyl-3-tert.-butyl-*, $Kp._{12}$ 110—111°, Kp. 235,5—236,5°, aus 2.5-Diäthylthiophen; $D.^{20}_4$ 0,9392; n_D^{20} 1,5050; 85,5%.— Darst. der *Acetylthiophenderivv.*: Zu dem Alkylthiophen u. Acetylchlorid in Bzl. gibt man bei 0° langsam eine Lsg. von $SnCl_2$ in Bzl., rührt noch 4—5 Std. bei Zimmertemp., gibt angesäuertes W. zu u. dest. die organ. Schicht. Folgende *Thiophene*: *2.5-Dimethyl-3-acetyl-*, $Kp._{12,5}$ 108,5—109°, aus 2.5-Dimethylthiophen oder aus 2.5-Dimethyl-3-tert.-butylthiophen; 99% bzw. 55%; *Oxim*, $C_8H_{11}ONS$, F. 82—83°. *2.5-Diäthyl-3-acetyl-*, $Kp._{11,5}$ 123—124°, aus 2.5-Diäthylthiophen oder 2.5-Diäthyl-3-tert.-butylthiophen; 76 bzw. 45%; *Semicarbazon*, $C_{11}H_{17}ON_3S$, 167—168°; *2.4-Dinitrophenylhydrazon*, F. 147—148°. *2-Methyl-5-tert.-butyl-3(4)-acetyl-*, Kp. 122—122,5°, aus 2-Methyl-5-tert.-butylthiophen oder 2-Methyl-3.5-di-tert.-butylthiophen; 86 bzw. 63%; *Semicarbazon*, F. 219—220°; *2.4-Dinitrophenylhydrazon*, $C_{17}H_{20}O_4N_4S$, F. 158,5 bis 159,5°. *2-Äthyl-5-tert.-butyl-3(4)-acetyl-*, $Kp._9$ 127—128°, aus 2-Äthyl-5-tert.-butylthiophen oder 2-Äthyl-3.5-di-tert.-butylthiophen; 86 bzw. 55,5%; *Semicarbazon*, $C_{13}H_{21}ON_3S$, F. 175—177°; *2.4-Dinitrophenylhydrazon*, F. 152—153°. (Известия Академии Наук СССР, Отделение Химических Наук [Nachr. Akad. Wiss. UdSSR, Abt. chem. Wiss.] **1954**. 564—69. Mai/Juni. Inst. für organ. Chem. der Akad. der Wiss. der UdSSR.)

H. Raubach. 3071

A. P. Karischin und **T. P. Fedorenko**, *Über die Kondensation von Dihalogenacenaphthenchinonen mit 3-Oxythionaphthen und seinen Derivaten.* Durch Kondensation von 5.6-Dihalogen- oder 5.6-Dihalogen-4.7-dinitroacenaphthenchinonen mit 3-Oxy- (I), 3-Oxy-6-chlor-, 3-Oxy-6-äthoxy- u. 3-Oxy-4-methyl-6-chlorthionaphthen sowie 3-Oxy-5.6-benzothionaphthen wird eine Reihe von indigoiden Farbstoffen dargestellt. So wird z. B. aus 5-Chlor-6-brom-4.7-dinitroacenaphthenchinon (II) u. I *2-[5-Chlor-6-brom-4.7-dinitro-2-ketoacenaphthenyliden]-thionaphthenon-(3)* erhalten. Farbstoffe mit Nitrogruppen lassen sich direkt zu den Leukoverbb. reduzieren. Farbstoffe ohne Nitrogruppen müssen dagegen vorher durch Umfällen aus konz. H_2SO_4 + W. in eine hochdisperse Form übergeführt werden.

Versuche: *5-Chlor-6-brom-4.7-dinitroacenaphthenchinon* (II), $C_{12}H_2O_6N_2ClBr$, F. 274—275° (Essigsäure), man löst 5 g 5-Chlor-6-bromacenaphthenchinon auf dem sd. Wasserbad in 25 ml konz. H_2SO_4, gibt tropfenweise ein Gemisch aus 7,5 ml HNO_3 (D. 1,44) u. 10 ml konz. H_2SO_4 hinzu u. erwärmt 1 Std.; goldgelbe Plättchen; 3,85 g (Ausbeute). — *2-[5.6-Dichlor-2-ketoacenaphthenyliden]-thionaphthenon-(3)*, F. 319—320°; durch 1std. Erwärmen äquimol. Mengen 5.6-Dichloracenaphthenchinon u. I in Essigsäure; rote Nadeln; löst sich in H_2SO_4 mit blauer Farbe; 95%. — *2-[5.6-Dibrom-2-ketoacenaphthenyliden]-thionaphthenon-(3)*, F. 350—351°; analog Vorst. aus 5.6-Dibromacenaphthenchinon u. I, rote Nadeln; blau in H_2SO_4; 76%. — *2-[5-Chlor-6-brom-2-ketoacenaphthenyliden]-thionaphthenon-(3)*, F. 321—322°; rote Nadeln; blau in H_2SO_4; 91%. — *2-[5.6-Dichlor-4.7-dinitro-2-ketoacenaphthenyliden]-thionaphthenon-(3)*, F. 345—346°; rote Nadeln; blau in H_2SO_4; 86%. — *2-[5-Chlor-6-brom-4.7-dinitro-2-ketoacenaphthenyliden]-thionaphthenon-(3)*, F. 346—348°; rote Nadeln; blau in H_2SO_4; 58%. — *2-[5.6-Dichlor-2-ketoacenaphthenyliden]-6-chlorthionaphthenon-(3)*, schm. nicht bis 360°; hellbraune Nadeln; grün in H_2SO_4; 74%. — *2-[5.6-Dibrom-2-ketoacenaphthenyliden]-6-chlorthionaphthenon-(3)*, schm. nicht bis 360°; rote Nadeln; grün in H_2SO_4; 90%. — *2-[5-Chlor-6-brom-2-ketoacenaphthenyliden]-6-chlorthionaphthenon-(3)*, schm. nicht bis 360°; braune Nadeln; grün in H_2SO_4; 60%. — *2-[5.6-Dichlor-4.7-dinitro-2-ketoacenaphthenyliden]-6-chlorthionaphthenon-(3)*, schm. nicht bis 360°; rote Nadeln; braun in H_2SO_4; 49%. — *2-[5-Chlor-6-brom-4.7-dinitro-2-ketoacenaphthenyliden]-6-chlorthionaphthenon-(3)*, F. 330—332° (Zers.); dunkelbraune Nadeln; grünbraun in H_2SO_4; 61%. — *2-[5-6-Dichlor-2-ketoacenaphthenyliden]-6-äthoxythionaphthenon-(3)*, F. 293—295°; rote Nadeln; grün in H_2SO_4; 82%. — *2-[5.6-Dibrom-2-ketoacenaphthenyliden]-6-äthoxythionphthenon-(3)*, F. 317—318°; orangefarbene Nadeln; dunkelrot in H_2SO_4; 84%. — *2-[5-Chlor-6-brom-2-ketoacenaphthenyliden]-6-äthoxythionaphthenon-(3)*, F. 278—280°; dunkelrote Nadeln; grün in H_2SO_4; 68%. — *2-[5.6-Dichlor-4.7-dinitro-2-ketoacenaphthenyliden]-6-äthoxythionaphthenon-(3)*, schm. nicht bis 360°; violette Plättchen; rot in H_2SO_4; 35%. — *2-[5-Chlor-6-brom-4.7-dinitro-2-ketoacenaphthenyliden]-6-äthoxythionaphthenon-(3)*, schm. nicht bis 360°; braune Plättchen; rot in H_2SO_4; 64%. — *2-[5.6-Dichlor-2-ketoacenaphthenyliden]-4-methyl-6-chlorthionaphthenon-(3)*, F. 342—344°; rote Kristalle; dunkelgrün in H_2SO_4; 98%. — *2-[5.6-Dibrom-2-ketoacenaphthenyliden]-4-methyl-6-chlorthionaphthenon-(3)*, F. 355—356° (Zers.); rotorangefarbene Nadeln; grün in H_2SO_4; 67%. — *2-[5-Chlor-6-brom-2-ketoacenaphthenyliden]-4-methyl-6-chlorthionaphthenon-(3)*, F. 337—339°; rote Nadeln; grün in H_2SO_4; 94%. — *2-[5.6-Dichlor-4.7-dinitro-2-ketoacenaphthenyliden]-4-methyl-6-chlorthionaphthenon-(3)*, schm. nicht bis 360°; hellbraune Kristalle; hellgrün in H_2SO_4; 35%. — *2-[5-Chlor-6-brom-4.7-dinitro-2-ketoacetnaphthenyliden]-4-methyl-6-chlorthionaphthenon-(3)*, schm. nicht bis 360°; braune Plättchen; grünlich in H_2SO_4; 61%. — *2-[5.6-Dichlor-2-ketoacenaphthenyli-*

den]-2.6-benzothionaphthenon-(3), schm. nicht bis 360°; braune Kristalle; schwarzviolett in H_2SO_4; 92%. — *2-[5.6-Dibrom-2-ketoacenaphthenyliden]-5.6-benzothionaphthenon-(3)*, schm. nicht bis 360°; gelbe Nadeln; schwarzviolett in H_2SO_4; 86%. — *2-[5-Chlor-6-brom-2-ketoacenaphthenyliden]-5.6-benzothionaphthenon-(3)*, schm. nicht bis 360°; rote Nadeln; schwarzviolett in H_2SO_4; 74%. — *2-[5.6-Dichlor-4.7-dinitro-2-ketoacenaphthenyliden]-5.6-benzothionaphthenon-(3)*, schm. nicht bis 360°; braune Kristalle; violett in H_2SO_4; 52%.—*2-[5-Chlor-6-brom-4.7-dinitro-2-ketoacenaphthenyliden]-5.6-benzothionaphthenon-(3)*, schm. nicht bis 360°; braune Nadeln; schwarzviolett in H_2SO_4; 64%. — Kristallisation immer aus Benzol. (Украинский Химический Журнал [Ukrain. chem. J.] **19**. 631—38. 1953. Poltawa, Pädagog. Inst.) O. POLLAK V. EMHOFEN. 3071

M. W. Gittos und **Walter Wilson**, *Intramolekulare Wechselwirkung zwischen γ-tert.-Amino- und Cyangruppen.* Vff. erhalten bei der Einw. von HCl auf γ-Benzylmethylamino- u. γ-Dibenzylamino-α.α-diphenylalkylcyanide unter Abspaltung einer Benzylgruppe als Benzylchlorid 2-Iminopyrrolidine. Analog aufgebaute Cyanide mit einem oder zwei α-Wasserstoffatomen werden unter gleichen Reaktionsbedingungen n. hydrolysiert. γ-tert.-Benzylaminosäurehydrochloride werden mit Acetanhydrid zu Pyrrolidon-(2)-Derivv. cyclisiert. Benzylamin reagiert mit 3-Chlorpropylcyanid (**V**) unter NH_3-Abspaltung zu *1-Benzyl-2-benzyliminopyrrolidin*, welches bei alkal. Hydrolyse *N-Benzyl-γ-benzylaminobutyramid* liefert (Struktur durch unabhängige Synth. sichergestellt). — Die Untersuchungsergebnisse werden diskutiert.

Versuche: *3-Dibenzylamino-1.1-diphenylpropylcyanid*, F. 60—61°, nach DUPRÉ u. Mitarbeitern (J. chem. Soc. [London] **1949**. 500) über *2-Dibenzylaminoäthylchlorid* (**II**) (*Pikrat*, $C_{22}H_{21}O_7N_4Cl$, F. 123°); 53% (Ausbeute, bezogen auf Hydrochlorid). *Hydrochlorid*, F. 188°. — *1-Benzyl-2-imino-3.3-diphenylpyrrolidinhydrochlorid*, $C_{23}H_{22}N_2 \cdot HCl$, F. 292—293° (15% ig. HCl), aus vorst. Verb. durch 7std. Kochen mit Eisessig/HCl; 84% (*Nitrat*, $C_{23}H_{22}N_2 \cdot HNO_3$, F. 221—222°. *2-Acetimido-1-benzyl-3.3-diphenylpyrrolidin*, $C_{25}H_{24}ON_2$, F. 121°); gibt beim Kochen (2 Min.) mit $NaNO_2$ in wss. Essigsäure *1-Benzyl-3.3-diphenylpyrrolidon-(2)*, $C_{23}H_{21}ON$, F. 93—94° (wss. Methanol). — *3-Dibenzylamino-1-phenylpropylcyanid* (**I**), $C_{24}H_{24}N_2$, Kp.$_{0,0001}$ 164—168°, durch Umsetzen von **II** mit Benzylcyanid in Bzl. in Ggw. von $NaNH_2$; 67% (*Hydrogenoxalat*, $C_{24}H_{24}N_2 \cdot H_2C_2O_4$, F. 134 bis 135°); gibt bei 1std. Kochen mit HCl/Essigsäure *γ-Dibenzylamino-α-phenylbuttersäurehydrochlorid* (**III**), $C_{24}H_{25}O_2N \cdot HCl$, F. 202—204° (15%ig. HCl); 60%. — *1-Benzyl-2-imino-3-phenylpyrrolidinhydrochlorid*, $C_{17}H_{18}N_2 \cdot HCl$, F. 206—208°, durch 6std. Kochen von **I** mit konz. HCl; 34%, daneben 55% **III**. — *α-Phenyl-γ-butyrolacton*, Kp.$_{0,01}$ 118 bis 129°, durch 12std. Kochen von *3-Oxy-1-phenylpropylcyanid* (Kp.$_{0,01}$ 137—141°, 35%) mit konz. HCl; 62%. — *1-Benzyl-3-phenylpyrrolidon-(2)*, $C_{17}H_{17}ON$, F. 101—102° (A.), durch 12std. Erhitzen vorst. Verb. mit Benzylamin u. konz. HCl auf 180°; 78%, oder durch 5 Min. Kochen von **III** mit Acetanhydrid; 100%. — *3-Benzylmethylamino-1-phenylpropylcyanid*, Kp.$_{0,01}$ 141—144°; 62%. *Hydrochlorid*, $C_{18}H_{20}N_2 \cdot HCl$, F. 140—142°. *Hydrogenoxalat*, $C_{18}H_{20}N_2 \cdot H_2C_2O_4$, F. 121—123°. *p-Toluolsulfonat*, $C_{18}H_{20}N_2 \cdot C_7H_8O_3S$, F. 144 bis 146°. — *γ-Benzylmethylamino-α-phenylbuttersäurehydrochlorid*, $C_{18}H_{21}O_2N \cdot HCl$, F. 202 bis 204°, durch 3std. Kochen vorst. Verb. mit konz. HCl; 97% (*Methylester*, $C_{19}H_{23}O_2N$, Kp.$_{0,01}$ 118—120°); gibt bei $^1/_2$std. Kochen in Acetanhydrid *1-Methyl-3-phenylpyrrolidon-(2)*, $C_{11}H_{13}ON$, F. 58—59° (Leichtbenzin/Bzl.); 20%. — *3-Dibenzylaminopropylcyanid*, $C_{18}H_{20}N_2$, Kp.$_{0,01}$ 152—155°, F. 45—46° (Leichtbenzin), durch 3std. Kochen von *3-Chlorpropylcyanid* (**V**; Kp.$_8$ 71—74°; 61%) mit Dibenzylamin in Anisol in Ggw. von KJ; 63%. *Hydrogenoxalat*, $C_{18}H_{20}N_2 \cdot H_2C_2O_4$, F. 142—144°. — *γ-Dibenzylaminobuttersäurehydrochlorid* (**IV**), $C_{18}H_{21}O_2N \cdot HCl$, F. 122—126° (Aceton/A.), durch 3std. Kochen vorst. Verb. mit konz. HCl; 83%, oder durch Umsetzung von Na-Malonsäurediäthylester mit **II** u. 12$^1/_2$std. Kochen des rohen Esters mit Eisessig/konz. HCl; 57%. — *3-Benzylmethylaminopropylcyanid*, $C_{12}H_{16}N_2$, Kp.$_1$ 150—151°, durch 4std. Kochen von Benzylmethylamin u. **V** in Toluol in Ggw. von NaJ; 65%. *Hydrogenoxalat*, $C_{12}H_{16}N_2 \cdot H_2C_2O_4$, F. 136—137°. — *γ-Benzylmethylaminobuttersäurehydrochlorid*, $C_{12}H_{17}O_2N \cdot HCl$, F. 170 bis 172°, durch 3std. Kochen vorst. Verb. mit konz. HCl; 89%, oder durch 3std. Kochen von Diäthylmalonat, 2-Benzylmethylaminoäthylchlorid u. äthanol. $NaOC_2H_5$, Isolierung von *2-Benzylmethylaminoäthylmalonsäurediäthylester* ($C_{17}H_{25}O_4N$, Kp.$_{0,01}$ 135 bis 136°; 46%) u. 18std. Kochen von 6,2 g mit konz. HCl; 4,7 g. — *1-Methylpyrrolidon-(2)*, Kp.$_{12}$ 71—72°, durch 3$^1/_2$std. Kochen vorst. Verb. mit Acetanhydrid; 52%. *Hydrochlorid*, F. 85—87°. — *1-Benzylpyrrolidon-(2)*, Kp.$_{0,08}$ 112—115°, durch 16std. Kochen von γ-Butyrolacton, Benzylamin u. Benzylaminhydrochlorid, Isolierung von *N-Benzyl-γ-oxybutyramid* (F. 74°, 47%) u. 1std. Erhitzen mit Benzylaminhydrochlorid auf 280°; 92%, oder durch 1$^1/_2$std. Erhitzen von **IV** mit Acetanhydrid; 78%, n_D^{20} 1,5478—1,5550; Infrarotabsorption 1690 cm^{-1}. — *1-Benzyl-2-benzyliminopyrrolidinhydrochlorid*, $C_{18}H_{20}N_2 \cdot$ HCl, F. 187—188°; durch 8std. Kochen von **V** mit Benzylamin in n-Propanol in Ggw. von

NaJ; 68%. *Pikrat*, $C_{18}H_{20}N_2 \cdot C_6H_3O_7N_3$, F. 136°. *Nitrat*, $C_{18}H_{20}N_2 \cdot HNO_3$, F. 147—148°. — *N-Benzyl-γ-benzylaminobutyramidhydrochlorid*, $C_{18}H_{22}ON_2 \cdot HCl$, F. 211—213° (A., W.), durch 10½std. Kochen vorst. Hydrochlorids mit äthanol. NaOH; 22%, oder durch 16std. Kochen von γ-Butyrolacton mit konz. HCl, Isolierung von *γ-Chlorbuttersäure* (Kp.$_{0,1}$ 67 bis 70°, 15%), Überführung in *γ-Chlorbutyrobenzylamid* (F. 67°; 63%) u. 8std. Kochen mit Benzylamin in A. in Ggw. von NaJ; 24%. — *4-Dibenzylaminopentanon-(2)*, Kp.$_{0,01}$ 138 bis 145°, durch langsame Zugabe von 2-Dibenzylaminoäthylchlorid (**II**) zu einer sd. Lsg. von Acetessigsäureäthylester u. äthanol. $NaOC_2H_5$, 4std. Kochen unter Rühren mit wss./äthanol. KOH bei 20°; 60%. (J. chem. Soc. [London] **1955**. 2371—76. Juli. Birmingham, Univ., Chem. Dep.) G. WINKLER. 3081

A. R. Katritzky und **Robert Robinson**, *Die Reaktion von Indolylmagnesiumjodid mit Enollactonen von γ-Ketosäuren.* Vff. untersuchen die Rk. von Indolyl–MgJ in Ae. oder Anisol mit 4.5-Dihydro-5-oxo-2-phenylfuran (I), α-Angelicalacton (II) u. *γ-Oxopimelinsäureanhydrid*, die zur Bldg. von 1-acylierten Indolen führt. Als einziges der Reaktionsprodd. läßt sich 1-Lävuloylindol (V) zu *3-Methyl-1.2.[2′.7′]-benzylenpyridon-(6)* (III) cyclisieren. III gibt beim Behandeln mit warmer alkoh. KOH eine gelbbraune Lsg. mit grüner Fluorescenz, die bei verschied. Strychninderivv. bereits beobachtet wurde (vgl. BAILEY u. ROBINSON, Nature [London] **1948**. 161). Das Auftreten der Färbung u. Fluorescenz wird von Vff. dem Anion (IV) zugeschrieben.

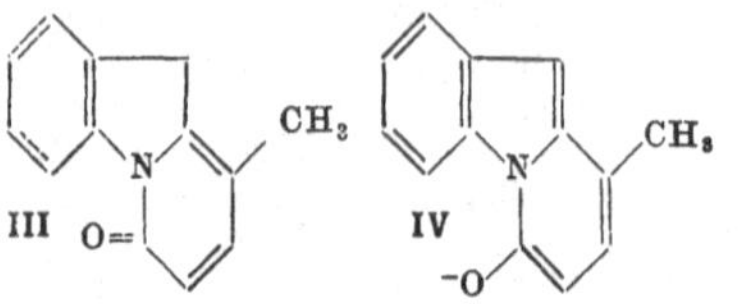

Versuche: *1-[β-Benzoylpropionyl]-indol*, $C_{18}H_{15}O_2N$, F. 147—149° (A.), durch Zugabe von Indol in Ae. zu CH_3Mg_3J bei 0°, 15 Min. Kochen, Zugabe von I u. 15 Min. Kochen; 37% (Ausbeute). *2.4-Dinitrophenylhydrazon*, $C_{24}H_{19}O_5N_5$, F. 231—332°. *Semicarbazon*, $C_{19}H_{18}O_2N_4$, F. 178—180°. Gibt beim 4std. Erwärmen mit 5%ig. wss. NaOH auf 60° *Indol* [*Pikrat*, $C_{14}H_{10}O_7N_4$, F. 181—185° (Zers.)] u. *β-Benzoylpropionsäure* [*Semicarbazon*, F. 207—208° (Zers.)]. — *1-Lävuloylindol* (V), $C_{13}H_{13}O_2N$, F. 78—79° (A./W.), aus II u. Indolyl-MgJ wie vorst.; 41% (auf *Semicarbazon*, $C_{14}H_{16}O_2N_4$, F. 216°, bezogen. *2.4-Dinitrophenylhydrazon*, $C_{19}H_{17}O_5N_5$, F. 214—215°. *Oxim*, $C_{13}H_{14}O_2N_2$, F. 138°); gibt mit wss. NaOH *Indol* u. *Lävulinsäure* (*2.4-Dinitrophenylhydrazon*, F. 203—205°). — *γ-Oxopimelinsäuredilacton* (*2.2′-Spiro-bis-[tetrahydrofuranon-(5)]*, $C_7H_8O_4$, F. 60—61° ($CHCl_3$/A. 1:10), durch 2½std. Kochen von γ-Oxopimelinsäure mit Acetanhydrid; 90%. — *1-[6-Carboxy-4-oxohexanoyl]-indol*, $C_{15}H_{15}O_4N$, F. 126—126,5° (A./W.), aus vorst. Verb. u. Indolyl–MgJ in Anisol; 26% (bezogen auf *Semicarbazon*, $C_{16}H_{18}O_4N_4$, F. 189—190°. *Methylester*, $C_{16}H_{17}O_4N$, F. 73—73,5°. *2.4-Dinitrophenylhydrazon des Methylesters*, $C_{22}H_{21} \cdot O_7N_5$, F. 144—146°); gibt bei der Hydrolyse *Indol* u. *γ-Oxopimelinsäure* [*Semicarbazon*, F. 196° (Zers.)]. — *3-Methyl-1.2-[2′.7′]-benzylenpyridon-(6)* (III), $C_{13}H_{11}ON$, F. 154 bis 155,5° (Essigsäure), durch Behandeln von V mit konz. H_2SO_4; 36% [bezogen auf *Perchlorat*, $C_{13}H_{12}O_5NCl$, F. 275° (explosive Zers.)]. (J. chem. Soc. [London] **1955**. 2481—85. Juli. Oxford, Univ., Dyson Perrins Labor.) G. WINKLER. 3081

A. I. Kiprianow und **I. N. Shmurowa**, *Die Coplanarität der Dimethylaminogruppe mit dem Benzolring und ihre auxochrome Wirkung.* 1. Mitt. Erweiterung der C. **1953**. 3562 referierten Arbeit. Die Konst. einiger Zwischenprodd. wird begründet.

Versuche: Bei allen nachst. Verbb. F. u. Kp. korrigiert. *2.2′.4.4′-Tetranitro-5.5′-dimethyldiphenyldisulfid*; aus 3-Brom-4.6-dinitrotoluol u. krist. Na_2S + S in sd. A.; 82% (Ausbeute). — *2.6-Dimethyl-5-acetylaminobenzothiazol*, F. 176—178°; durch Red. vorst. Verb. mit Sn + konz. HCl u. anschließend Kochen mit $(CH_3CO)_2O + CH_3CO_2H$; 31%. *Jodmethylat*, $C_{12}H_{15}ON_2JS$, F. 216—218° (Zers.); aus A. hellgelbe Prismen. — *2.6-Dimethyl-5-aminobenzothiazol*, F. 141—143°; aus vorst. Verb. durch Hydrolyse mit verd. H_2SO_4; aus W. Nadeln; 75%. Hieraus durch Methylieren *2.6-Dimethyl-5-dimethylaminobenzothiazoljodmethylat*, $C_{12}H_{17}N_2JS$, F. 246—247° (Zers.); aus A. gelbe Nadeln. — *m-Brom-tert.-butylbenzol*, Kp. 237—239°; aus p-Acetylamino-tert.-butylbenzol durch Bromieren, anschließend Verseifen u. Desaminieren; gelbes Öl; 36%. — *3-Brom-4.6-dinitro-tert.-butylbenzol*, $C_{10}H_{11}O_4N_2Br$, F. 92—94°; durch Nitrieren vorst. Verb. mit HNO_3 (D. 1,5) + konz. H_2SO_4 bei Zimmertemp., dann 110—120°; aus A. cremefarbene Tafeln 30,8%. — *2.2′.4.4′-Tetranitro-5.5′-ditert.-butyldiphenyldisulfid*; aus vorst. Verb. u. alkoh. Na_2S + S; 69%. — *2-Methyl-5-acetylamino-6-tert.-butylbenzothiazol*, $C_{14}H_{18}ON_2S$; aus Bzl. gelbliches Pulver, das bei 150—170° erweicht; 27%. — *2-Methyl-5-amino-6-tert.-butylbenzothiazol* (I), $C_{12}H_{16}N_2S \cdot H_2O$, F. 126—127°; aus W. Nadeln; läßt sich erst durch Chromatographieren an Al_2O_3 in Bzl. krist. erhalten; 46%. — *3-Brom-4-nitro-tert.-butylbenzol*, Kp. 142—144°; aus *3-Amino-4-nitro-tert.-butylbenzol* durch Diazotieren u. Verkochen in verd. H_2SO_4 + Cu_2Br_2 unter Dest. mit Wasserdampf; 54%. 10,2 g hiervon werden mit Na_2S + S in A. in *2.2′-Dinitro-5.5′-ditert.-butyldiphenyldisulfid* (gelbe M.) übergeführt, dessen Red. mit Zn-Staub in konz. HCl + Eisessig bei Zimmertemp., Filtrieren, Verdünnen mit W. u. Sättigen mit CH_3CO_2Na einen Nd. des *Zn-Mercaptids* (3,5 g) von *2-Amino-5-tert.-butylphenylmercaptan* liefert. — *2-Methyl-6-tert.-butylbenzothiazol*, $Kp._{15}$ 134—136°; a) aus vorst. Zn-Mercaptid (3,5 g) in sd. $(CH_3CO)_2O$; 1,5 g; b) aus diazotiertem I durch Verkochen. *Pikrat*, $C_{12}H_{15}NS \cdot C_6H_3O_7N_3$, F. 137—139°; gelbes Pulver. *Methylperchlorat*, $C_{13}H_{18}O_4NClS$, F. 210—211° (Zers.); aus A. Nadeln. — *3-Nitro-4-brom-tert.-butylbenzol*, $Kp._{30}$ 174—175°; aus 3-Nitro-4-amino-tert.-butylbenzol; gelbes Öl; 47%. — *2-Methyl-5-tert.-butylbenzothiazol* (II), $Kp._{10}$ 153—156°; man behandelt 14 g vorst. Verb. mit Na_2S + S, red. mit Zn-Staub u. erhält 7,9 g des entsprechenden *Zn-Mercaptids*, das mit $(CH_3CO)_2O$ gekocht wird; gelbliches Öl; 3,3 g. *Pikrat*, $C_{12}H_{15}NS \cdot C_6H_3O_7N_3$, F. 147 bis 149°; gelbe Tafeln. *Jodmethylat*, $C_{13}H_{18}NJS$, F. 228° (Zers.); aus A. Nadeln. — *2.5-Dimethyl-6-nitrobenzothiazol* (III), $C_9H_8O_2N_2S$, F. 152—154°; durch Nitrieren von 2.5-Dimethylbenzothiazol (6 g) mit HNO_3 (D. 1,4) u. konz. H_2SO_4 bei 20—25°; aus A. cremefarbene Nadeln; 1,9 g neben 0,9 g *2.5-Dimethyl-4(?)-nitrobenzothiazol*, F. 133—134°. — *2-Methyl-5-tert.-butyl-6-nitrobenzothiazol* (IV), $C_{12}H_{14}O_2N_2S$, F. 122—124° (A.); durch Nitrieren von II mit HNO_3 (D. 1,4) u. konz. H_2SO_4 bei 90—100°; cremefarbene Nadeln; 40%. — *2.5-Dimethyl-6-aminobenzothiazol*, F. 167—168°; durch Red. von III mit $SnCl_2$ in schwach sd. konz. HCl (10 Min.); Isolierung über das *$SnCl_2$-Doppelsalz*; aus Bzl. Nadeln; 94%. — *2.5-Dimethyl-6-acetylaminobenzothiazol*, $C_{11}H_{12}ON_2S$, F. 226—228°; aus vorst. Verb. u. $(CH_3CO)_2O$; aus W. Nadeln. *Jodmethylat*, $C_{12}H_{15}ON_2JS$, F. 261—262° (Zers.); aus A. Prismen. — *2-Methyl-5-tert.-butyl-6-aminobenzothiazol*, $C_{12}H_{16}N_2S$, F. 186—188°; aus IV durch Red. mit $SnCl_2$; aus Ligroin cremefarbene Nadeln; 90%. — *2-Methyl-5-tert.-butyl-6-acetylaminobenzothiazol*, $C_{14}H_{18}ON_2S$, F. 193—195°; aus Bzl. + Ligroin Nadeln. — Farbstoffe: *Bis-[3-äthyl-5-acetylamino-6-methylbenzothiazol-(2)]-trimethincyanin-p-toluolsulfonat*, $C_{34}H_{38}O_5N_4S_3$; 14,5% (Ausbeute, auf das Benzothiazolderiv. bezogen). — *Bis-[3-methyl-5-acetylamino-6-tert.-butylbenzothiazol-(2)]-trimethincyanin-p-toluolsulfonat*, $C_{38}H_{46}O_5N_4S_3$, 12%. — *Bis-[3.5-dimethyl-6-acetylaminobenzothiazol-(2)]-trimethincyanin-p-toluolsulfonat*, $C_{32}H_{34}O_5N_4S_3$, 30,9%. — *Bis-[3-methyl-5-tert.-butyl-6-acetylaminobenzothiazol-(2)]-trimethincyanin-p-toluolsulfonat*, $C_{38}H_{46}O_5N_4S_3$, 20,7%. — *Bis-[3.6-dimethyl-5-dimethylaminobenzothiazol-(2)]-trimethincyaninmethylsulfat*, $C_{26}H_{34}O_4 \cdot N_4S_3$, 7,9%. — *Bis-[3-methyl-5-dimethylamino-6-tert.-butylbenzolthiazol-(2)]-trimethincyaninmethylsulfat*, $C_{32}H_{46}O_4N_4S_3$, 7%. — *Bis-[3.5-dimethyl-6-dimethylaminobenzothiazol-(2)]-trimethincyaninmethylsulfat*, $C_{26}H_{34}O_4N_4S_3 \cdot 3\,H_2O$, 7,9%. — *Bis-[3-methyl-5-tert.-butyl-6-dimethylaminobenzothiazol-(2)]-trimethincyaninmethylsulfat*, $C_{32}H_{46}O_4N_4S_3$, 22,7%. — *Bis-[3-methyl-5-tert.-butylbenzothiazol-(2)]-trimethincyaninjodid*, $C_{27}H_{33}N_2JS_2$, F. 264 bei 266°; aus A. violette Nadeln; 44%. — *Bis-[3-methyl-6-tert.-butylbenzothiazol-(2)]-trimethincyaninperchlorat*, $C_{27}H_{33}O_4N_2ClS_2$, F. 263° (Zers.); aus A. violette Nadeln; 47%. (Журнал Общей Химии [J. allg. Chem.] 23 (85). 493—504. März 1953. Inst. für organ. Chem. der Akad. der Wiss. der UkrSSR.) R. KNOBLOCH. 3142

R. C. Shah, A. B. Kulkarni und **C. G. Joshi**, *Lithiumaluminiumhydrid als Reduktionsmittel für Anthoxanthine*. 1. Mitt. Bei der Red. von *Decussatinmethyläther* (I) mit $LiAlH_4$ entsteht statt des erwarteten Xanthydrols das *1.2.5.6-Tetramethoxyxanthen*, während bei der Zers. des aus Xanthon mit $LiAlH_4$ erhaltenen Komplexes mit verd. Mineralsäuren *Dixanthyl-(9)-äther*, bei der Zers. mit KNa-Tartrat dagegen *Xanthydrol* erhalten wird. 4′-Methoxy- u. 4′-Methoxy-6-methylflavon geben mit $LiAlH_4$ die entsprechenden *Flavene*.

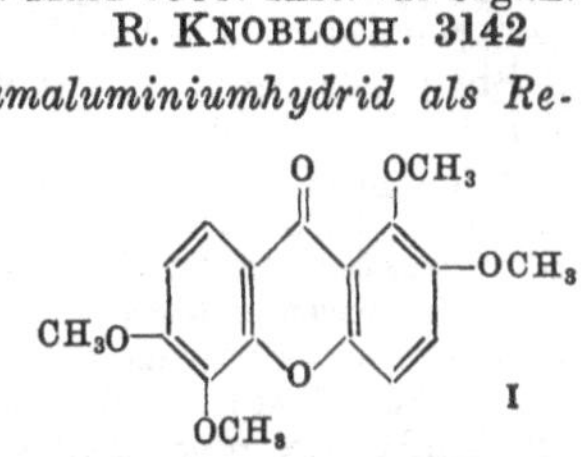

I

Versuche: *1.2.5.6-Tetramethoxyxanthen*, $C_{17}H_{18}O_5$, F. 125—126° (A.), aus 120 mg I (F. 165°) in Ae. durch Zugeben von $LiAlH_4$, 18std. Kochen u. Zers. des Komplexes mit 10%ig. H_2SO_4; 51 mg (Ausbeute). — *Dixanthyl-(9)-äther*, $C_{26}H_{18}O_3$, F. 202—203° (Xylol), durch Zugeben von 600 mg Xanthon in Ae. zu einer äther. Lsg. von $LiAlH_4$ u. Zers. des Komplexes mit 10%ig. H_2SO_4 oder verd. HCl; 420 mg. Durch Zers. des Komplexes mit KNa-Tartratlsg. entsteht *Xanthydrol*, F. 125° (A.); 550 mg. — *4′-Methoxy-6-methylflaven*, $C_{17}H_{16}O_2$, F. 130° (A.), durch Zugeben von 200 mg 4′-Methoxy-6-methylflavon in Ae. zu einer äther. Lsg. von $LiAlH_4$ u. Zers. des Komplexes nach 10 Min. mit 10%ig. H_2SO_4; 70 mg. — *4′-Methoxyflaven*, $C_{16}H_{14}O_2$, F. 123—124° (A.), analog vorst. Verb. aus 252 mg 4′-Methoxyflavon; 55 mg. (J. sci. ind. Res. [New Delhi] 13 B. 186—88. März 1954. Poona, Nat. Chem. Labor. of India.) E. HANSCHKE. 3211

F. Drahowzal, *Zur Kenntnis der Reaktionsweise von Grignard-Verbindungen in Gegenwart von Pyridin*. Vf. untersucht die Rk. zwischen Anlagerungsverbb. aus GRIGNARD-Reagens u. Pyridinbasen mit Butanal (I). Dabei tritt die n. Rk., Bldg. des Carbinols, nur in geringem Maße ein, u. es entstehen bedeutende Mengen anderer Prodd., vor allem das Diol, das einer Kupplung mit Butyraldol entspricht. Nicht ersichtlich ist nach Vf., ob die Anlagerungsverbb. selbst die Neben-Rkk. auslösen oder ob diese nur durch deren verlangsamte Kupplungsgeschwindigkeit stärker hervortreten. — Ferner wird die Bromierung von α-Picolin u. dem Gemisch β-γ-Picolin beschrieben.

Versuche: *Octanol-(4)*, $Kp._9$ 69,5—72,5°, durch Zugabe von I/Pyridin in Ae. zu Butyl-MgBr in Ae.; n_D^{20} 1,4256; 36% (Ausbeute). — *4-Äthyloctandiol-(3.5)*, $C_{10}H_{22}O_2$, $Kp._{10}$ 135—144°, $Kp._{0,02}$ 85°, durch Zugabe von C_2H_5MgBr zu Butyraldol in Ae.; $D.^{20}_4$ 0,9287, n_D^{20} 1,4526; 36%. — *α-Brompicolin*, durch 70—80std. Erhitzen von α-Picolin/konz. H_2SO_4 mit Br_2/CCl_4 auf 155—160° im geschlossenen Rohr; reizt stark Augen u. Haut, verharzt rasch. *Pikrat*, $C_{12}H_9O_7N_4Br$, F. 143,5—144,5°. (Mh. Chem. **82**. 794—98. 1951. Wien, TH, Inst. für organ. chem. Technol.) G. WINKLER. 3231

S. van der Meer, H. Kofman und **H. Veldstra**, *Chloramphenicolanaloge*. 1. Mitt. *DL-2-Dichloracetamido-1-[pyridyl-(4)]-propandiol-(1.3)*. Eine der stereoisomeren Formen (wahrscheinlich die *threo-From*) von *DL-2-Dichloracetamido-1-[pyridyl-(4)]-propandiol-(1.3)* (I), dem Pyridinanalogen von Chloramphenicol (II), wurde wie folgt dargestellt: Aus O-[p-Toluolsulfonyl]-4-acetylpyridinoxim (**IX**) entsteht mit KOC_2H_5 nach CLEMO (J. chem Soc. [London] **1938**. 753) *4-[ω-Aminoacetyl]-pyridindiäthylacetal* (**III**), das nach Benzoylierung u. Hydrolyse der Acetalgruppen mit H_2CO zu *4-[α-Benzoylamino-β-oxypropionyl]-pyridin* (**X**) umgesetzt wird. Daraus entsteht durch Red. mit Al-Isopropylat, Hydrolyse u. Umsetzen mit Dichloressigsäuremethylester **I**, das gegenüber Salm. typhimurium u. Ebert. typhi nur 1—3% der Wrkg. von **II** hat.

Versuche: *O-[p-Toluolsulfonyl]-4-acetylpyridinoxim* (**IX**), $C_{14}H_{14}O_3N_2S$, F. 80,5 bis 81,5° (A. + W.), aus 4-Acetylpyridinoxim u. p-Toluolsulfochlorid in trockenem Pyridin in 24 Std. bei 20°; 15,8% (Ausbeute). — *4-[ω-Aminoacetyl]-pyridindiäthylacetal* (**III**), aus vorst. Verb. u. KOC_2H_5 in absol. A. unter N_2, zunächst bei 0°, dann bei 10—16° u. nach Abklingen der Rk. $1^1/_2$ Std. bei Raumtemp.; diese Lsg. wird nach Absaugen des p-toluolsulfonsauren K verwendet. — *4-[ω-Aminoacetyl]-pyridindihydrochlorid* (**IV**), $C_7H_8ON_2 \cdot 2\,HCl$, braunrote Kristalle, aus vorst. **III**-Lsg. durch Eingießen in absol. Ae., Filtrieren, Extrahieren mit 2n HCl u. Einengen des Extraktes. Beim Vers., die freie Base zu isolieren, tritt Cyclisierung zu *2.5-Bis-[pyridyl-(4)]-3.6-dihydropyrazin* ein, das an der Luft zu *2.5-Bis-[pyridyl-(4)]-pyrazin* [$C_{14}H_{10}N_4$, F. 241° (Zers.; W. oder verd. A.)] oxydiert wird. — *4-[α-Acetoxy-β-acetylaminovinyl]-pyridinhydrochlorid* (**V**), $C_{11}H_{12}O_3N_2 \cdot HCl$, F. 277° (Zers.; A.), entstand bei dem Vers., **IV** mit sd. Acetanhydrid + Na-Acetat zu acetylieren; 60%; aus W. krist. das *Hydrat*, $C_{11}H_{12}O_3N_2 \cdot HCl \cdot H_2O$. Die *freie Base* zers. sich schnell. — *4-[ω-Acetylaminoacetyl]-pyridindiäthylacetal* (**VI**), $C_{13}H_{20}O_3N_2$, F. 124 bis 128,5° (Nadeln aus W. oder Äthylacetat), aus **III** durch Eintropfen von Acetanhydrid unter Kühlung, 1std. Stehenlassen, Einleiten von HCl-Gas u. Entfernen des Lösungsm. im Vakuum. — *4-[ω-Acetylaminoacetyl]-pyridin*, $C_9H_{10}O_2N_2$, F. 133—138° (Zers.; aus Bzl. Nadeln), aus 0,8 g **V** durch Erhitzen mit 10 Tropfen konz. NH_4OH in 15 ml W. (1 Std.); 128 mg; oder aus **VI** durch Lösen in n-HCl u. 1std. Erhitzen. Gibt mit Acetanhydrid + Na-Acetat **V**. — *4-[ω-Aminoacetyl]-pyridindiäthylacetal-bis-hydrogendichloracetat*, $C_{15}H_{22}O_6N_2Cl_4$, F. 158,5° (Methylacetat u. dann Methanol), aus **III** u. Dichloressigsäureanhydrid (**VII**) analog **VI** oder aus einer Lsg. von 0,055 Mol **III** u. 0,121 Mol Dichloressigsäure in 15 ml trockenem Ae. durch 2std. Rühren bei maximal 10°; 69%. — *4-[ω-Dichloracetylaminoacetyl]-pyridindiäthylacetal*, $C_{13}H_{18}O_3N_2Cl_2$, F. 138—139° (Zers.; Platten aus Bzl.), aus 2,3 g vorst. Verb. in 2,85 g $(C_2H_5)_3N$ + 30 ml Bzl. u. 2,4 g **VII** bei 5—10° (1 Std.); 0,6 g. Mit Dichloracetylchlorid (**VIII**) ist die Ausbeute geringer. — *Bis-[dichloressigsäure]-anhydrid* (**VII**), $Kp._{10}$ 100—103°, durch Erhitzen von 50 g **VIII** mit 15,1 g Acetanhydrid unter gleichzeitigem Abdestillieren des gebildeten CH_3COCl; 20 g. — *4-[ω-Benzoylaminoacetyl]-pyridindiäthylacetal*, $C_{18}H_{22}O_3N_2$, F. 119,5—120° (verd. Methanol), aus **III** u. Benzoesäureanhydrid in trockenem Ae. bei Raumtemp. in 19 Std.; 51,4%. — *4-[ω-Benzoylaminoacetyl]-pyridin*, $C_{14}H_{12}O_2N_2$, F. 148—151° (Methanol), aus vorst. Acetal durch Erhitzen mit n-HCl (1 Std.); 48% (bezogen auf **IX**). — *4-[α-Benzoylamino-β-oxypropionyl]-pyridin* (**X**), $C_{15}H_{14}O_3N_2$, F. 146—147° (Zers.; Butanon), aus vorst. Verb. durch Erwärmen mit 36%ig. H_2CO u. $NaHCO_3$ in verd. A. auf 35° (2 Std.); 41,5%. — *4-[α-Benzoylamino-α.α-bis-(oxymethyl)-acetyl]-pyridin*, $C_{16}H_{16}O_4N_2$, F. 145 bis 147° (Zers.; W.), neben **X**, von dem es durch Chloroformextraktion in saurer Lsg. abgetrennt wird. — *DL-2-Benzoylamino-1-[pyridyl-(4)]-propandiol-(1.3)*, $C_{15}H_{16}O_3N_2$, F. 166 bis 167° (Butanon), aus **X** u. Al-Isopropylat in Isopropanol unter N_2 (4 Std.); 28,4%. — *DL-2-Amino-1-[pyridyl-(4)]-propandiol-(1.3)*, Öl, aus 0,5 g vorst. Verb. durch Erhitzen mit 5 ml 1,4n HCl ($3^1/_2$ Std.), Eindampfen, Entfernen der gebildeten Benzoesäure mit Bzl., weiteres Erhitzen des Rückstandes mit HCl, Eindampfen, Benzolextraktion, Lösen des Rückstandes in NaOH-Lsg. u. Extraktion mit Bzl. + Isopropanol (1 : 1); 0,371 g (lösungsmittelhaltig). — *DL-2-Dichloracetamido-1-[pyridyl-(4)]-propandiol-(1.3)* (I), $C_{10}H_{12}$·

$O_3N_2Cl_2$, F. 137—139° (Zers.; Butanon), aus 0,371 g vorst. Verb. durch Stehenlassen mit 0,288 g Dichloressigsäuremethylester in 0,4 ml Methanol (2 Tage); 0,386 g = 75%. — Best. der biol. Aktivität vgl. Original. (Recueil Trav. chim. Pays-Bas **72.** 236—46. März 1953. Res. Labor. Comb. N. V. Amsterdamsche, Bandoengsche en Nederlandsche Kininefabriek.) K. FABER. 3231

Charles Glacet und **Thérèse-Marie Deram,** *Darstellung und Dehydratisierung von Dialkylolaminen.* Im Gegensatz zur Hydrierung mittels $NaOC_2H_5$ (vgl. C. R. hebd. Séances Acad. Sci. **237.** [1953.] 465) führt die Hydrierung von Bis-[tetrahydrofuryl-(2)]- u. Bis-[tetrahydropyrryl-(2)]-amin mit RANEY-Ni in weit besseren Ausbeuten zu *Bis-[ω-oxybutyl]-amin* (I; $C_8H_{19}O_2N$, F. 16—17°, Kp.$_{0,7}$ 151°; $D.^{18}{}_4$ 1,006; $n_D{}^{18}$ 1,4798; 85% Ausbeute) bzw. zu *Bis-[ω-oxyamyl]-amin* [II; $C_{10}H_{23}O_2N$, F. 44,5° (Äthylacetat u. 5% A.), Kp.$_{0,3}$ 157°; $D.^{21}{}_4$ 0,960; $n_D{}^{21}$ 1,4810; 96%]. Die Dehydratisierung von I bzw. II in fl. Phase mit Al_2O_3 bei 230—260° geben *ω-Pyrrolidinobutanol-(1)* (III; $C_8H_{17}ON$, Kp.$_{14}$ 116°; $D.^{21,5}{}_4$ 0,950; $n_D{}^{21,5}$ 1,4718; 94%) bzw. *ω-Piperidinopentanol-(1)* (IV; $C_{10}H_{21}ON$, Kp.$_{13}$ 140°; $D.^{15,5}{}_4$ 0,945; $n_D{}^{15,5}$ 1,4820; 93%. *Pikrat,* F. 67° [Isopropylalkohol]). Das aus III mittels trockenem HBr erhaltene *ω-Pyrrolidinobutylbromidhydrobromid* wurde in das *N.N-Tetramethylenpyrrolidiniumbromid* (im Original Bis-[pyrrolidinum]-bromid) übergeführt, das nach Bldg. der quaternären *freien Base* mittels AgOH u. des *Hydrochlorids* das mit dem von BRAUN u. Mitarbeitern [1924] ident. *Chloroplatinat,* $[C_8H_{16}N]_2PtCl_6$, F. 228—230°, lieferte. III bzw. IV in Pyridin (1 : 1) geben mit überschüssigem Essigsäureanhydrid *1-Acetoxy-4-pyrrolidinobutan* (V; $C_{10}H_{19}O_2N$, Kp.$_{14}$ 116°; $D.^{21}{}_4$ 0,9655; $n_D{}^{21}$ 1,4509; 85%) bzw. *1-Acetoxy-5-piperidinopentan* (VI; $C_{12}H_{23}O_2N$, Kp.$_{11,5}$ 137,5°; $D.^{14,5}{}_4$ 0,955; $n_D{}^{14,5}$ 1,4622; 90%). Die Pyrolyse von V bei 485° liefert *4-Pyrrolidinobuten-(1)* ($C_8H_{15}N$, Kp.$_{63}$ 80—81°; $D.^{19}{}_4$ 0,844; $n_D{}^{19}$ 1,4560; 54%. *Pikrat,* $C_{14}H_{18}O_7N_4$, F. 108,5°) die von VI bei 510° *5-Piperidinopenten-(1)* ($C_{10}H_{19}N$, Kp.$_{13}$ 75°; $D.^{16,3}{}_4$ 0,845; $n_D{}^{16,5}$ 1,4640; *Pikrat,* F. 94°). Hieraus durch Hydrierung mit RANEY-Ni quantitativ *N-Butylpyrrolidin* bzw. *N-Amylpiperidin,* die durch ihre Pikrate identifiziert werden. (C. R. hebd. Séances Acad. Sci. **239.** 889—91. 11/10. 1954.) B. WITT. 3231

Martino Colonna und **Amerigo Risaliti,** *Untersuchungen über aromatische N-Oxyde. Die Einwirkung von Organomagnesiumverbindungen.* Am Beispiel von Chinolin-N-oxyd (I) u. seinem 6-Methoxy- (II) u. 6-Methylderiv. (III) wird gezeigt, daß aromat. N-Oxyde mit Mg-organ. Verbb. analog den Aldonitronen unter Bldg. von *2-substituierten Chinolinderivv.* reagieren.

Versuche: *Chinolin-N-oxyd* (I), F. 60° (Kristalle aus Ae.), aus Chinolin u. H_2O_2 in Ggw. von Phthalsäureanhydrid bei 0° (2 Tage) u. dann bei 20° (15 Std.); 70% (Ausbeute). — *6-Methoxychinolin-N-oxyd* (II), F. 91—92° (Nadeln aus W.), aus 6-Methoxychinolin u. Peressigsäure durch 1std. Erhitzen. — *6-Methylchinolin-N-oxyd* (III), F. 65—67° (Ligroin), analog vorst. Verbindung. — *2-Phenylchinolin,* F. 85° (Nadeln aus A.), aus I u. Phenyl-MgBr in wasserfreiem Bzl. bei 20° (3 Std.).— *2-Phenyl-6-methoxychinolin,* F. 132—133° (Nadeln aus A.), ebenso aus II in sd. Toluol. — *2-Phenyl-6-methylchinolin,* F. 67°, aus III u. Phenyl-MgBr in sd. Toluol (3 Std.). (Gazz. chim. ital. **83.** 58—61. 1953. Triest, Univ., Ist. di chimica, u. Bologna, Univ., Ist. di chim. industriale.) K. FABER. 3231

Lester Horwitz, *cis- und trans-2-Styrylchinoliniumverbindungen.* Die Darst. von 2-Styrylchinoliniumverbb. gelang sowohl durch Kondensation von Chinaldiniumsalzen mit aromat. Aldehyden in Ggw. von Piperidin (Meth. **A**) als auch aus Chinaldinen u. aromat. Aldehyden in Acetanhydrid u. nachfolgender Quaternisierung (Meth. **B**). Auf Grund der UV-Spektren dieser Verbb. ordnet Vf. den nach **A** dargestellten Verbb. die trans- u. den nach **B** die cis-Konfiguration zu. Auch aus den Reaktionsmechanismen, die für diese Rkk. anzunehmen sind, ließ sich diese Konfigurationszuordnung wahrscheinlich machen. — Nach Meth. **A** (Komponenten in Isopropanol rasch auf Siedetemp. erhitzt u. 40 Min. unter Rückfluß gekocht) wurden die folgenden *1-R-2-[R_1-styryl]-6-R_2-chinoliniumsalze* (Anion = A) dargestellt: (Kristallisationsmedium Methanol, Spektren in Methanol) $R = CH_3$, $R_1 = p\text{-}NO_2$, $R_2 = H$, $A = CH_3SO_4^-$, $C_{19}H_{18}O_6N_2S$, F. 283 bis 285°, aus 1-Methylchinaldiniummethosulfat [$C_{12}H_{15}O_4NS$, F. 151—152° (Isopropanol)], λ 302 u. 365 mμ (ε = 17500 u. 25900); 91% (Ausbeute); $R = CH_3$, $R_1 = m\text{-}NO_2$, $R_2 = H$, $A = CH_3SO_4^-$, $C_{19}H_{18}O_6N_2S$, F. 203—204°, 362 mμ (47000); 99%; $R = CH_3$, R_1 = *3.4-Methylendioxy*, $R_2 = H$, $A = CH_3SO_4^-$, $C_{20}H_{19}O_6NS$, F. 262—263°, 423 mμ (35200); 90%; $R = C_2H_5$, $R_1 = p\text{-}(CH_3)_2N$, $R_2 = H$, $A = J^-$, F. 249—250°, 278, 324 u. 524 mμ (10600, 11900 u. 151000); 87%; $R = CH_3$, $R_1 = p\text{-}NO_2$, $R_2 = C_2H_5O$, $A = CH_3SO_4^-$, $C_{21}H_{22}O_7N_2S$, F. 278—279°, aus 1-Methyl-6-äthoxychinaldiniummethosulfat [$C_{14}H_{19}O_5NS$, F. 134—135° (Isopropanol)], 310 u. 388 mμ (29000 u. 31000); 79%; $R = CH_3$, $R_1 = m\text{-}NO_2$, $R_2 = C_2H_5O$. $A = CH_3SO_4^-$, $C_{21}H_{22}O_7N_2S$, F. 268—269°, 302

u. 385 mμ (44000 u. 39900); 93%; *R = CH_3, R_1 = 3.4-Methylendioxy, R_2 = C_2H_5O, A = $CH_3SO_4^-$*, $C_{22}H_{23}O_7NS$, F. 249—250°, 356 mμ (25600); 73%. — Nach Meth. **B** (6std. Kochen der Komponenten in Acetanhydrid; Salzbldg. durch 5 Min. Erhitzen der Base mit Methylsulfat in Nitromethan auf dem Dampfbad bzw. mit Äthyljodid im Bombenrohr, 12std. Erhitzen auf dem Dampfbad) ergaben sich folgende *2-[R_2-styryl]-6-R_1-Chinoline* u. ihre Salze: (Kristallisationsmedium Methanol, Spektren in Methanol) *R_1 = H, R_2 = p-NO_2*, F. 172—173°; 95%. *Methosulfat*, $C_{19}H_{18}O_6N_2S$, F. 303—310°, 250 u. 342 mμ (27500 u. 23000). — *R_1 = H, R_2 = m-NO_2*, F. 157—158°; 97%. *Methosulfat*, $C_{19}H_{18}O_6N_2S$, F. 237—238°, 275 u. 318 mμ (40000 u. 26000). — *R_1 = H, R_2 = 3.4-Methylendioxy*, F. 156—157°; 94%. *Methosulfat*, $C_{20}H_{19}O_6NS$, F. 261—262°, 348 mμ (21000). — *R_1 = H, R_2 = p-$(CH_3)_2N$*, F. 185—186°; 87%. *Äthojodid*, $C_{21}H_{23}N_2J$, F. 231 bis 232°, 266, 320 u. 524 mμ (25000, 20100 u. 14100). — *R_1 = C_2H_5O, R_2 = p-NO_2* $C_{19}H_{16}O_3N_2$, F. 168—169°; 91%. *Methosulfat*, $C_{21}H_{22}O_7N_2S$, F. 249—250°, 262 u. 360 mμ (22900 u. 21500). — *R_1 = C_2H_5O, R_2 = m-NO_2*, $C_{19}H_{16}O_3N_2$, F. 148—148,5°; 98%. *Methosulfat*, $C_{21}H_{22}O_7N_2S$, F. 252—253°, 385 u. 360 mμ (31200 u. 22800). — *R_1 = C_2H_5O, R_2 = 3.4-Methylendioxy*, $C_{20}H_{17}O_3N$, F. 190—191°; 96%. *Methosulfat*, $C_{22}H_{23}O_7NS$, F. 281 bis 282°, 263 u. 307 mμ (15800 u. 15200). (J. Amer. chem. Soc. **77**. 1687—90. 20/3. 1955. Binghampton, N. Y., Ansco Res. Labor., Chem. Res. Dep.) L. FISCHER. 3231

Charles R. Hauser und **James G. Murray**, *Eine neue Methode für die Synthese gewisser Benz-[a]-acridine*. Einige 5-substituierte Benz-[a]-acridine (**A**) wurden synthetisiert durch Acylierung der CH_3-Gruppe von 3-Phenylchinaldin (I) oder Derivv. davon mit einem Ester u. Cyclisierung des entstehenden Ketons mit Polyphosphorsäure (PPA).

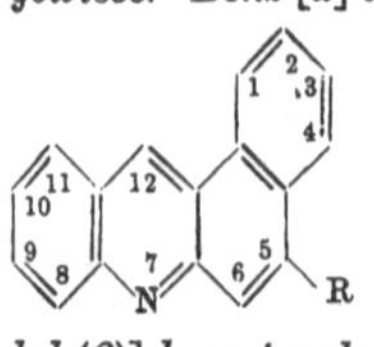

Versuche: *2-Methyl-3-phenylcinchoninsäure*, F. 388° (Zers.), aus Phenylaceton u. Isatin in Ggw. von Alkali. — *3-Phenylchinaldin* (I), Kp.$_{1,7}$ 164°, gelbes Öl, durch 2std. Erhitzen vorst. Verb. mit Cu-Pulver auf 340—350°; 85% (Ausbeute). — *[3-Phenylchinolyl-(2)]-brenztraubensäureäthylester*, F. 161—163° (Zers.), orangefarbene Nadeln (A.), aus I u. Oxalester in Ggw. von C_2H_5OK. — *Benz-[a]-acridincarbonsäure-(5)*, $C_{18}H_{11}O_2N$, F. 348° (Zers.), sublimiert, aus vorst. Verb. u. PPA (Erhitzen bei 100° bis zur Lsg., dann 15 Min. bei 195°); 65%. — 30 Min. Erhitzen von 0,1 g vorst. Verb. mit Cu-Pulver auf 340° gab 0,047 g *Benz-[a]-acridin*, F. 132—133°, sublimierte bei 140°/0,5 mm, gelbe Nadeln. — *2-Phenacyl-3-phenylchinolin*, $C_{23}H_{17}ON$, F. 169—170°, orangefarbene Nadeln (A.), aus I u. Methylbenzoat mit $NaNH_2$ in fl. NH_3-Ae.; 53%. — *5-Phenylbenz-[a]-acridin* (**II**), $C_{23}H_{15}N$, F. 146—147°, gelbe Nadeln (95%ig. A.), sublimiert bei 160°/0,4 mm, aus vorst. Verb. u. PPA (1½ Std. bei 195°); 87%. *Pikrat*, $C_{29}H_{18}O_7N_4$, F. 289—290° (Zers.; A.), gelbe Nadeln. — *3-Phenyl-4-phenoxychinaldin*, $C_{22}H_{17}ON$, F. 123—126° (95%ig. A.), aus 3-Phenyl-4-chlorchinaldin (vgl. C. **1955**. 9802) u. Na-Phenolat in sd. Phenol (4 Std.); 81%. — *2-Phenacyl-3-phenyl-4-phenoxychinolin*, $C_{29}H_{21}O_2N$, F. 185,5 bis 187°, orangefarbene Platten (A.), aus vorst. Verb. u. Methylbenzoat wie oben; 51%. — *5-Phenyl-12-phenoxybenz-[a]-acridin*, $C_{29}H_{19}ON$, F. 207—209°, hellgelb (A.), aus vorst. Verb. u. PPA (2½ Std. bei 195°); 62%. — *5-Phenylbenz-[a]-acridin-12(7H)-on*, $C_{23}H_{15}ON$, F. 342° (Zers.), gelb, sublimiert, aus vorst. Verb. mit HBr oder aus dem Rohprod. aus vorvorst. Verb. u. PPA mit sd. wss.-alkoh. HBr (3 Std.); 50% roh; Erhitzen mit Zn-Staub auf Rotglut gab **II**. (J. Amer. chem. Soc. **77**. 3858—60. 20/7. 1955 Durham, N. C., Duke Univ., Dep. of Chem.) J. ROTHE. 3231

W. B. Wright jr. und **J. M. Smith jr.**, *Darstellung von 3-Oxypteridinon-(4)*. *3-Oxypteridinon-(4)* wurde durch Erhitzen von 3-Aminopyrazinhydroxamsäure (**I**) mit Acetanhydrid u. Äthylorthoformiat u. Verseifung des entstehenden Acetates dargestellt.

Versuche: *3-Aminopyrazinhydroxamsäure* (**I**), $C_5H_6O_2N_4$, F. 196° (Zers.; hellgelbe Kristalle aus W.), durch 2std. Erwärmen von Methyl-3-aminopyrazinoat u. Hydroxylaminhydrochlorid in n-NaOH auf 35—50° u. Fällen mit HCl; 92% (Ausbeute). — *3-Oxypteridinon-(4)*, $C_6H_4O_2N_4$, Zers. bei 290° (W.), durch 2std. Kochen von **I**, Acetanhydrid u. Äthylorthoformiat, Verseifung des Acetats mit n-NaOH u. Fällung mit HCl; gibt mit Cu-Salzen eine grüne, mit $FeCl_3$ eine gelbe Färbung; UV-Spektr. angegeben; 67%. *Acetat*, $C_8H_6O_3N_4$, F. 172—173° (A.). (J. Amer. chem. Soc. **77**. 3927—28. 20/7. 1955. Bound Brook, N. J., Amer. Cyanamid Co., Res. Div.) H. BERTSCH. 3272

Armiger H. Sommers, R. J. Michaels jr. und **Arthur W. Weston**, *Dem Chlorocyclizin entsprechende Homopiperazine*. Es wurden die dem Cyclizin u. Chlorocyclizin analogen *Homopiperazine* synthetisiert. Im Tierexperiment wurde die Antihistaminwrkg. der Homopiperazine größer als die der Piperazine gefunden.

Versuche: *1-Methylhomopiperazin*, Kp.$_{35}$ 74—75°, aus 1-Methylhomopiperazinon-(5) u. $LiAlH_4$ in Ae.; n_D^{25} 1,4750; 59% (Ausbeute). *Dihydrochlorid*, $C_6H_{16}N_2Cl_2$,

F. 133—136° (A.–Isopropanol). — *1-Benzhydryl-4-methylhomopiperazin*, $C_{19}H_{24}N_2$, Kp.$_{0,8}$ 155°, aus vorst. Verb. in sd. Toluol, Na_2CO_3, NaJ u. Benzhydrylbromid innerhalb 2 Std.; 41%. *Dihydrochlorid*, $C_{19}H_{26}N_2Cl_2$, F. 235° (Isopropanol). — *1-[p-Chlorbenzhydryl]-4-methylhomopiperazin*, $C_{19}H_{23}N_2Cl$, Kp.$_{0,8}$ 177°, analog dem entsprechenden Piperazin nach HAMLIN u. Mitarbeitern (C. **1950**. I. 1483); n_D^{25} 1,5804; 56%. *Dihydrochlorid*, $C_{19}H_{25}N_2Cl_3$, F. 227—228° (A.). (J. Amer. chem. Soc. **76**. 5805. 20/11. 1954. Chicago, Ill., Abbott Labors.) H. SINN. 3370

J. A. Mills, *Konformationen von cyclischen Acetalen.* Die Struktur von fast allen bekannten cycl. Acetalen von Zuckern u. Zuckeralkoholen entspricht den Vorhersagen, die auf Grund der Konformationsanalyse gemacht werden können u. die sich auf Erfahrungen auf alicycl. Gebiet stützen. Einige Beispiele (vgl. BARKER u. BOURNE, C. **1954**. 7627) werden erläutert. (Chem. and Ind. **1954**. 633—34. 29/5. Adelaide, Australien, C.S.I.R.O., Div. of Biochem. and Gen. Nutrition.) H. ROSSOW. 3400

W. A. Konkowa, *Zur Herstellung von [3.4-Dimethylphenyl]-d-ribamin nach der Umlagerungsmethode.* Es wird versucht, die Herst. von *d-Ribamin* (I) nach BERESOWSKI u. Mitarbeitern (Журнал Прикладной Химии [J. angew. Chem.] **22**. [1949.] 527) in bezug auf Ausbeute u. Anwendung von Ni statt Pt als Hydrierungskatalysator zu verbessern. *d*-Arabinose läßt sich durch Kondensation mit 3.4-Dimethylanilin zu 95—98% in *N-[3.4-Dimethylphenyl]-d-arabinamin* (**II**) überführen. Verss., **II** in saurem Medium in N-[3.4-Dimethylphenyl]-d-isoarabinamin (**III**) umzulagern, führten zu harzigen Prodd., in denen nur qualitativ (Entfärbung von Methylenblau) die Ggw. von **III** festzustellen war. Die Umlagerung gelingt beim Arbeiten unter Druck. Wird anschließend in schwach alkal. Medium in Ggw. von Ni hydriert, so entsteht ein Gemisch (15—17%) von **I** u. *d-Arabinamin* (**IV**); die Ausbeute steigt auf 35—40%, wenn in schwach saurem Medium hydriert wird. BERESOWSKI u. Mitarbeiter erhielten 13% **I**. Das aus dem Gemisch nach TISHLER u. Mitarbeitern (vgl. C. **1948**. I. 696) erhaltene Gemisch von *Riboflavin* (*Vitamin B_2*; **V**) u. *Araboflavin* erwies sich bei der biol. Prüfung nur halb so akt. wie **V**.

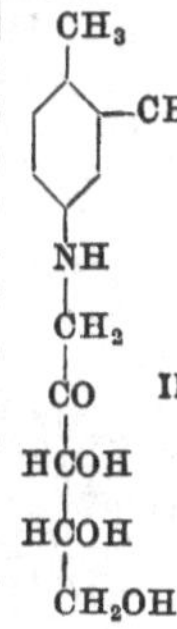

III

Versuche: *N-[3.4-Dimethylphenyl]-d-arabinamin* (**II**), F. 125—126°, 10 g d-Arabinose u. 8 g 3.4-Dimethylanilin in 80 ml A. werden 1 Std. gekocht. Hieraus wird *d-Arabinamin* (**IV**), F. 139—141°, durch Hydrieren (Pt) erhalten; $[\alpha]_D^{18}$ + 10° (Pyridin). — *d-Ribamin* (**I**), F. 141—142° (Butanol), man erhitzt 5 g d-Arabinose, 4 g 3.4-Dimethylanilin u. 0,25 g $C_6H_5CO_2H$ 5—10 Min. auf dem Wasserbad, löst in A. + 2 ml 2n NaOH, hydriert in Ggw. von Pt, entfernt 3.4-Dimethylanilin durch Dest. mit Wasserdampf u. konz. die Lsg.; $[\alpha]_D^{18}$ — 24° (Pyridin); 12—14% (Ausbeute). Nachst. werden Gemische mit *d-Arabinamin* (**IV**) erhalten. a) Aus 10 g d-Arabinose u. 8 g 3.4-Dimethylanilin in 40 ml A. + 0,4 g $C_6H_5CO_2H$, 1 Std. im Drehautoklaven bei 80—85°/50 at H_2, anschließend Hydrieren unter Zusatz von 30 ml A. (5—6 g Ni; 50—60°/25 at H_2; 4 Std.); 35—40% **I** + **IV**; b) aus 8 g **II** in 25 ml A. + 0,4 g $C_6H_5CO_2H$, 3 Std. bei 80—85°/50 at H_2, dann Hydrieren unter Zusatz von 25—30 ml A. + 3 ml 2n NaOH (3—5 g Ni; 60—65°/25 at H_2; 6 Std.); 15—17% **I** + **IV**. (Журнал Общей Химии [J. allg. Chem.] **22** (84). 1896—98. Okt. 1952. Leningrad, Zweigstelle des Allunions Wiss. Vitamin-Forschungsinst.) R. KNOBLOCH. 3400

Friedrich Petuely und **Norbert Meixner**, *UV-spektroskopische Untersuchungen an Zuckern.* 3. Mitt. *Die Einwirkung von Natriumhydroxyd auf Galaktose. Über das Gleichgewicht zwischen Ring-, Ketten- und Hydratform von Glucose und Galaktose.* (2. vgl. C. **1954**. 9957.) Die UV-Absorption von $^1/_2$mol. Galaktose (**I**)-Lsgg. (Beschreibung der Reinigung von **I**) in n/2 NaOH wurde gemessen u. das Spektr. auf die Zeit 0 extrapoliert. Zur Zeit 0 liegt nur ein Absorptionsmaximum bei 2730 Å vor, das der offenbar sehr schnell aus der Hydratform gebildeten Carbonylform (CF.) zuzuordnen ist. Die Intensität entspricht einem Geh. von 0,36% aldehydo-**I**. Dieses Maximum ist nach 6 Min. verschwunden. Dafür tritt ein neues Maximum bei 3125 Å auf. Dieses wird in den ersten 2 Min., während derer man durch Neutralisieren der Lsg. wieder das kontinuierliche Spektr. der **I** erhalten kann, durch das aus der CF. entstehende divalente Ion der Endiolform (en-**I**) verursacht. Später wird die Absorption bei 3125 Å durch eine andere Substanz (oder Substanzen) verstärkt, die nach dem Neutralisieren Lsgg. mit einem Maximum von ca. 2600 Å liefern u. im alkal. Medium als Endiolate vorliegen u. nach dem Neutralisieren Absorption im Bereich des CO-Chromophors geben. Oxydationsverss. mit TILLMANs Reagens (Tabelle) zeigten, daß bei einer Einwirkungszeit der NaOH bis zu 5 Min. noch keine merklichen Mengen an aci-Reduktonen entstehen. — Unter Berücksichtigung der langsamen Epimerisierungsgeschwindigkeit der **I** wird gefolgert, daß die Mutarotation der **I** nicht über die CF. verläuft, sondern durch die Anomerisierung der Pyranose- u. Furanoseform der **I** zustande kommt. Bei der Epimerisierung in alkal. Lsg. dagegen stellt sich folgendes

Gleichgewicht ein: Ringform der Epimeren $\underset{k_2}{\overset{k_1}{\rightleftharpoons}}$ CF. $\underset{k_4}{\overset{k_3}{\rightleftharpoons}}$ en-I. Die Geschwindigkeitskonstanten haben dabei folgende Größenordnungen: $k_2 > k_3 > k_4 > k_1$. Die Ringformen sind bei dem Gleichgewicht stark begünstigt u. die Ringöffnungs-Rk. für die Epimerisierung geschwindigkeitsbestimmend. — Die entsprechenden Verhältnisse bei der Glucose werden zum Vgl. angeführt. — Sorbose gibt im Gegensatz zur I eine selektive Absorptionsbande im CO-Bereich, enthält also einen Anteil an nicht hydratisierter CO-Form. — 6 Abbildungen. (Chem. Ber. **88**. 995—1006. 1955. Graz, Univ., Zoolog. Inst., Biochem. Labor.) W. WILLENBERG. 3400

A. P. Terentjew, N. A. Dsbanowski und **N. A. Faworskaja,** *Reaktionen der beweglichen Aminogruppe.* 3. Mitt. *Reduktive Spaltung von Gramin. Eine neue Synthese von Skatol.* (2. vgl. C. **1954**. **1696**.) Gramin (β-[Dimethylaminomethyl]-indol; **I**) läßt sich durch Red. mit Zn-Staub in wss.-methanol. Alkalihydroxydlsg. mit 66%ig. Ausbeute in *Skatol* überführen. Da I leicht zugänglich ist (vgl. KÜHN u. STEIN, Ber. dtsch. chem. Ges. **70**. [1937.] 567; D. P. 673 949), kommt dieser Bldg. präparative Bedeutung zu. Die Meth. der Dest. von I mit Zn-Staub gibt, wenn unter Zusatz von NH_4Cl bei 20—30 mm ausgeführt, 53% Skatol. — In eine sd. Lsg. von 8 g I in 160 ml CH_3OH + 160 ml W. + 20 g NaOH werden in 2 Std. 16 g Zn-Staub eingetragen; man kocht 12 Std. unter Rühren, fraktioniert CH_3OH ab u. dest. Skatol mit Wasserdampf; F. 93—94° (PAe.). *Pikrat*, F. 173°. (Журнал Общей Химии [J. allg. Chem.] **23** (**85**). 2035—36. Dez. 1953. Moskau, Univ., Labor. für spezielle organ. Synthese u. Analyse.) R. KNOBLOCH. 3500

Robert F. Raffauf, Ann L. Farren und **Glenn E. Ullyot,** *^{14}C-markierte Colchicinderivate.* Durch Methylierung von Colchicein mit $^{14}CH_2N_2$ wurden ^{14}C-markiertes *Colchicin*, F. 155—160°, u. *Isocolchicin*, F. 216—218°, dargestellt. Sie wurden durch Chromatographie voneinander getrennt. Entsprechend wurde auch Trimethylcolchicinsäure in CH_2Cl_2 methyliert u. als d-Tartrate von n- u. Isotrimethylcolchicinsäuremethyläther isoliert; *n-Trimethylcolchicinsäure-^{14}C-methyläther-d-tartrat*, F. 213—216° (Zers.); *Isotrimethylcolchicinsäure-^{14}C-methyläther-d-tartrat*, F. 160—170° (Zers.). Außer diesen im Ring C markierten Derivv. ergab die Methylierung von Desmethylcolchicin im Ring A markiertes *$^{14}C_{(OH_3)}$-Colchicin*, F. 154—158°, u. die Acetylierung von n-Trimethylcolchicinsäuremethyläther mit $CH_3{}^{14}COCl$ im Ring B markiertes *$^{14}C_{(CO)}$-Colchicin*, F. 153—155°. Die spezif. Radioaktivität dieser Derivv. lag bei 1 mC/Millimol. Die zur Methylierung von Colchicin erforderliche Menge CH_2N_2 wurde ermittelt durch Methylierung von Colchicein mit einem Überschuß an CH_2N_2 u. colorimetr. Ermittlung der verbliebenen Colchiceinmenge nach Durchführung der $FeCl_3$-Reaktion. (J. Amer. chem. Soc. **75**. 2576—78. 5/6. 1953. Philadelphia, Pa., Res. and Developm. Div. of Smith, Klim and French Labors.) K. NEZEL. 3500

Theodor Wieland und **Hans Merz,** *Über die Alkaloide aus Calebassen-Curare.* 7. Mitt. (6. vgl. C. **1953**. **1969**.) Für *C-ToxiferinII* (**I**) schlagen Vff. den Namen *C-StrychnotoxinI* u. für das daraus durch Isomerisierung erhältliche *C-CurarinII* (**II**) den Namen *C-StrychnotoxinIa* vor. Die leichte Verwandlung von **I** in **II** wurde näher untersucht, u. zwar scheinen geringe Säuremengen (HCl, Essigsäure) hierfür verantwortlich zu sein. Die Rückverwandlung von **II** in **I** konnte auf dem Umweg über das *Pikrat* oder *Nitrat* durchgeführt werden. Das Pikrat ließ sich durch einen Anionenaustauscher, das vorher mit 0,1 n $NaHCO_3$ von H-Ionen befreit worden war, in das **I**-*Chlorid* umwandeln. Über die Natur dieser Isomerisierung werden Vermutungen geäußert. Eine tiefgreifende Strukturisomerie scheint offenbar nicht einzutreten, da die Infrarotspektren beider prakt. ident. sind.

Versuche: Umwandlung von **I** in **II**: 10 mg **I**-Chlorid werden in 0,3 ml CH_3OH (mit 10% Eisessig oder 5% HCl) aufgelöst u. mit Peroxyd-freiem Ae. versetzt, wobei sich **II** ausscheidet. Die Umwandlung kann auch an einer Säule aus Permutit ES, das vorher mit 2 n HCl behandelt u. dann mit W. gewaschen worden war, sowohl mit dem **I**-Chlorid als auch **I**-Pikrat durchgeführt werden. — Umwandlung von **II** in **I**: Eine **II**-Chloridlsg. wird mit wss. Pikrinsäure versetzt, das ausgefallene Pikrat aus Aceton oder Aceton/W. krist. oder eine **II**-Chloridlsg. wird mit 2 n HNO_3 in das Nitrat verwandelt, das sich ausscheidet u. aus CH_3OH/Ae. krist. wird. Die Intensitätsnachweise für **I** u. **II** wurden toxikolog. u. durch Röntgendiagramm geführt. — Die Verwandlung von **I**-Pikrat in **I**-Chlorid gelang mit Hilfe von Permutit ES, das mit 0,1 n $NaHCO_3$-Lsg. behandelt u. anschließend ionenfrei gewaschen worden war, indem die heiße Pikratlsg. in 50%ig. wss. Aceton durch die Säule filtriert u. der Filtratrückstand umkrist. wurde. (Liebigs Ann. Chem. **580**. 204—09. 1953. Frankfurt/M., Univ., Inst. für organ. Chem.) K. NEZEL. 3500

G. Ss. Gussakowa und **N. A. Preobrashenski,** *Synthetische Untersuchungen auf dem Yohimbingebiet.* Das von SWAN (vgl. C. **1951**. I. 2580) synthet. erhaltene Yohimbon (**I**) wird auf nachst. Wege in *Apoyohimbin* (II) übergeführt. Beim Behandeln von I mit Äthylformiat + CH_3ONa in Dioxan entstehen 25% *Oxymethylenyohimbon*, F. 335° (Zers.), aus diesem durch Veräthern mit Isobutylalkohol in Bzl. 86% *Isobutoxymethylenyohimbon*, F. 205—207°, das durch $LiAlH_4$ in Ae. bei —15° 87% des ungesätt. Aldehyds *Apoyohimbal* (III) liefert. Hieraus durch Oxydation (2 Tage) mit Ag_2O in 90%ig. A. unter successivem Zusatz von NaOH u. Verestern der entstehenden Carbonsäure mit CH_3OH + HCl-Gas 25% *II-Hydrochlorid*, F. 264—266°. Das Infrarotspektr. ist mit dem Spektr. von II-Hydrochlorid aus natürlichem Material identisch. III gibt durch Red. mit $LiAlH_4$ in Ae. bei —15° den entsprechenden Alkohol, *Apoyohimbinalkohol* (*Hydrochlorid*, F. 256—260°) der auch durch Red. von II unter den gleichen Bedingungen erhalten wird (F. des *Hydrochlorids* 262—264°); die Infrarotspektren beider Präpp. sind identisch. Die ster. Konfiguration des synthet. II entspricht derjenigen des als Ausgangsmaterial dienenden I. (Доклады Академии Наук СССР [Ber. Akad. Wiss. UdSSR] **101**. 1061—63. 21/4. 1955. Moskau, Lomonossow-Inst. für feinchem. Technol.) R. KNOBLOCH. 3500

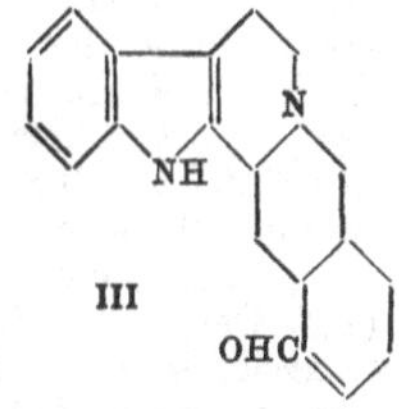

III

Bernardo Uribe Vergara, *Extraktion von Reserpin und anderen Alkaloiden aus kolumbianischer Rauwolfia hirsuta. Reserpin* konnte im Gegensatz zu DORFMAN u. Mitarbeitern (Helv. chim. acta **37**. [1954.] 59) ohne vorherige Abtrennung u. Reinigung des *Oleoresins* aus dem mit W. verd. methanol. Extrakt von *R. hirsuta* durch Extraktion mit Chlf., Chromatographieren an Al_2O_3 u. Umkristallisieren aus Methanol gewonnen werden. Aus dem W./Methanol-Extrakt wurde mit *schwachem* Alkali (NH_3) wahrscheinlich etwas *Sarpagin* erhalten über (das Tartrat u. Auswaschen mit Chlf.) Verdampfen des letzteren ergab *Rauwolfin*. Mit *starkem* Alkali (NaOH) wurde aus dem W./Methanol-Extrakt *Alstonin* erhalten, das über das Acetat u. durch Umkristallieren aus A. gereinigt wurde. (J. Amer. chem. Soc. **77**. 1864. 5/4. 1955. Bogotá, Colombia, Dep. of Exp. Therap., Labor. Cup.) S. TODT. 3500

I. N. Nasarow und **I. W. Torgow**, *Synthese von Steroid- und verwandten Verbindungen*. 18. Mitt. *Kondensation von 1-Vinyl-9-methyl-Δ^1-oktalon-(6) und 1-Vinyl-9-methyl-Δ^1-oktalon-(7) mit 1.3-Dimethyl-Δ^1-cyclopentenon-(5)*. (17. vgl. C. **1955**. 3849.) Es wird die Kondensation von 1-Vinyl-9-methyl-Δ^1-oktalon-(6) (I) u. 1-Vinyl-9-methyl-Δ^1-oktalon-(7) (II) mit 1.3-Dimethyl-Δ^1-cyclopentenon-(5) (III) untersucht. Bei der Rk. von I mit III werden 3 Isomere (**IVa, b, c**) des *10.14.17-Trimethyl-$\Delta^{9,11}$-cardosteren-3.15-dions* (IV; Cardosteran = 14-Isosteran) im Verhältnis 95 : 4 : 1 erhalten (**IVa**: *8β.10β.13β.14β.17β*; **IVb**: *10β.13α.14α.17α*; **IVc**: *8α.10β.13β.14β.17β*). Beim Behandeln mit HCl in Essigsäure werden **IVa–c** unter Verschiebung der Doppelbindung zu *10.14.17-Trimethyl-$\Delta^{8,9}$-cardosteren-3.15-dionen* isomerisiert: Aus **IVa** u. **IVc** wird **IVd** (*10β.13β.14β.17β*)

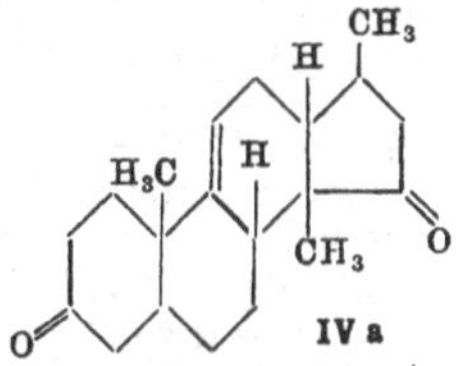

IV a

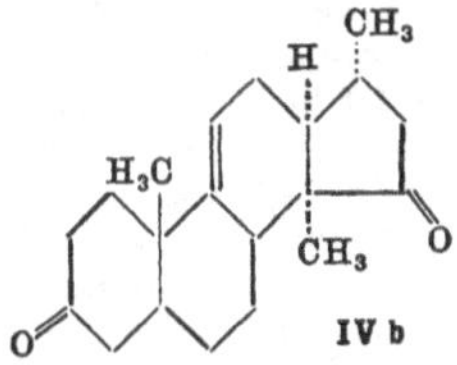

IV b

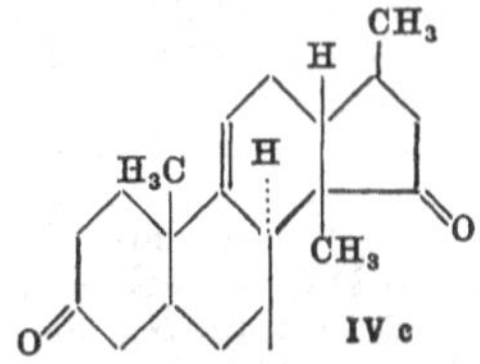

IV c

erhalten, aus **IVb** entstehen **IVe** (*10β.13α.14α.17α*) u. **IVf** (Konfiguration nicht angegeben; der Referent) im Verhältnis 10 : 1. Die Struktur von **IVa** wird auf 2 Wegen bewiesen: a) CLEMMENSEN-Red. liefert ein Isomeres (**Va**: *10β.13β.14β.17β*) des *10.14.17-Trimethyl-$\Delta^{8,9}$-cardosteren-15-ons* (V), das nach KISHNER in *10.14.17-Trimethyl-$\Delta^{8,9}$-cardosteren* übergeführt wird, u. dieses wird an Pd zu dem bekannten *3'-Methylcyclopentano-[1.'2':1.2]-phenanthren* dehydriert; b) das aus **IVa** erhaltene **Va** wird mit KJO zu *1-Carboxy-2-[1'-carboxyäthyl]-1.4b-dimethyl-$\Delta^{4a,10a}$-dodekahydrophenanthren* oxydiert, das beim Dehydrieren an Pd das bekannte *1-Methyl-2-ähylphenanthren* (**VI**) gibt. Letzteres wird zu *1-Methyl-2-äthylphenanthrenchinon* oxydiert, das mit o-Phenylendiamin das entsprechende Chinoxalinderiv. liefert. Die Struktur von **IVb** wird wie vorst. für **IVa** nach b) bewiesen: CLEMMENSEN-Red. liefert **Vb** (*10β.13α.14α.17α*), dessen Abbau ebenfalls zu **VI** führt. Die CLEMENSEN-Red. von **IVc** gibt **Va**. Da aus **IVa** u. **IVc** das gleiche Keton (**Va**) erhalten wird, wobei $\Delta^{9,11}$ in $\Delta^{8,9}$ übergeht, unterscheiden sich **IVa** u. **IVc** nur in der Stellung des H-Atoms an $C_{(8)}$. **IVa–d** lassen sich nicht an PtO_2 in A. hydrieren, an PtO_2 entstehen aus **IVb–d** nicht trennbare Gemische, während **IVa** unverändert bleibt. Bei der Hydrierung von **IVa** in Ggw. von Pd + wenig H_2PtCl_6 wird *10.14.17-Trimethyl-*

$\Delta^{8,9}$-cardosteren-3-ol-15-on erhalten, dessen CrO_3-Oxydation **IVd** gibt. — Bei der Rk. von **II** mit **III** unter analogen Bedingungen wird ein Gemisch von 4 Isomeren des *10.14.17-Trimethyl-$\Delta^{9,11}$-cardosteren-2.15-dions* (**VIIa**: *8β.10β.13β.14β.17β*; **VIIb**: *10β.13α.14α.17α*; **VIIc**: *8α.10β.13β.14β.17β* u. **VIId** mit nicht aufgeklärter Konfiguration) im Verhältnis 60 : 35 : 3 : 2 erhalten. **VIIa** u. **VIIc** geben bei der CLEMMENSEN-Red. **Va**, aus **VIIb** entsteht hierbei **Vb**. Beim Behandeln mit HCl in Essigsäure wird **VIIa** zum Teil in ein Isomeres (**VIIIa**: *10β.13β.14β.17β*) von *10.14.17-Trimethyl-$\Delta^{8,9}$-cardosteren-2.15-dion* (**VIII**) umgelagert, während **VIIb** hierbei wenig **VIIIb** (*10β.13α.14α.17α*) liefert. **VIId** gibt bei der CLEMMENSEN-Red. ein Keton (**Vc**), dessen Konfiguration infolge zu geringer Ausbeute nicht ermittelt werden konnte, das aber mit **Va** u. **Vb** F.-Depression zeigt.

Versuche: *1-Vinyl-9-methyl-Δ^1-oktalon-(6)* (**I**) u. *1-Vinyl-9-methyl-Δ^1-oktalon-(7)* (**II**), Darst. vgl. C. **1955**. 3609. — *1.3-Dimethyl-Δ^1-cyclopentenon-(5)* (**III**), Darst. vgl. C. **1955**. 3849. — 12,3 g **I** u. 96 g **III** werden 13 Std. im Rohr unter CO_2 auf 170° erhitzt, überschüssiges **III** wird im Vakuum abdest. u. der Rückstand mit 20 ml PAe. u. 1 ml Bzl. vermischt; nach Stehen über Nacht werden 8,35 g des Isomerengemisches isoliert, das durch fraktionierte Kristallisation getrennt wird: **IVa**, F. 166—167° (PAe.–Bzl.; 3 : 1); 6,4 g (Ausbeute); **IVb**, $C_{20}H_{28}O_2$, F. 156—156,5° (PAe.–Bzl.; 3 : 1), Plättchen; 0,15 g; **IVc**, $C_{20}H_{28}O_2$, F. 203—205° (Methanol–Bzl.; 3 : 1), Nadeln; 70 mg. Beim Kochen von 260 mg **IVa** mit 5 ml Essigsäure, 5 ml konz. HCl u. 6 ml Toluol wird **IVd** ($C_{20}H_{28}O_2$, F. 114—115° [A.]; 140 mg) erhalten, das bei analoger Rk. auch aus **IVc** entsteht. Aus 285 mg **IVb** durch Behandeln mit HCl/Essigsäure **IVe** [$C_{20}H_{28}O_2$, F. 161—162° (A); 130 mg] u. **IVf** [$C_{20}H_{28}O_2$, F. 112—113° (A.); 15 mg; F.-Depression mit **IVd**]. — **Va**, $C_{20}H_{30}O$, F. 103—104° (PAe.), durch Red. von **IVa** (2 g) oder **IVc** nach CLEMMENSEN (je 25 ml CH_3COOH u. konz. HCl, 13,5 g amalgamiertes Zn, 6½ Std. Kochen); 1 g. *2.4-Dinitrophenylhydrazon*, F. 232—233° (A.). — *10.14.17-Trimethyl-$\Delta^{8,9}$-cardosteren*, $C_{20}H_{32}$, Kp.₁ 130—135°, aus **Va** (1,7 g) nach KISHNER (1,2 ml Hydrazinhydrat, 1,4 g Na in 40 ml Diäthylenglykol, 15 Std. bei 205—210° unter N_2); n_D^{20} 1,5200; 1,3 g. — *3′-Methylcyclopentano-[1′.2′;1.2]-phenanthren*, $C_{18}H_{16}$, F. 121,5—122° (PAe.), durch Erhitzen von 1,1 g vorst. Verb. mit Pd/Kohle in Bzl. (6 Std. auf 350° unter N_2 im Autoklaven) u. Chromatographie an Al_2O_3, Elution mit PAe. u. PAe.–Bzl.-Gemischen; 10 mg. *Trinitrobenzolat*, F. 148—149° (Methanol). — *1-Carboxy-2-[1′-carboxyäthyl]-1.4b-dimethyl-$\Delta^{4a,10a}$-dodekahydrophenanthren*, $C_{20}H_{30}O_4$, F. 199—202° (Essigsäure), zu einer Lsg. von 0,8 g **Va** in 40 ml Methanol gibt man in 20 Min. gleichzeitig 21 g Jod in 25 ml Methanol u. eine Lsg. von 4 g KOH in 8 ml W. u. 15 ml Methanol, läßt 2 Std. stehen, dest. Methanol ab, verd. mit W., säuert an u. extrahiert mit Ae.; 0,39 g. — *1-Methyl-2-äthylphenanthren* (**VI**), $C_{17}H_{16}$, F. 95—96° (wenig PAe.), aus 0,33 g vorst. Verb. durch 11 Std. Erhitzen auf 350° in Ggw. von Pd/Kohle; 48 mg. — *1-Methyl-2-äthylphenanthrenchinon*, F. 155—157° (Methanol), aus **VI** in Essigsäure durch CrO_3-Oxydation. *Chinoxalinderiv.*, F. 108—109° (Methanol). — Aus **IVb** analog Vorst. durch CLEMMENSEN-Red. **Vb**, $C_{20}H_{30}O$, F. 120—122° (Hexan); 50 mg aus 400 mg **IVb**. Hieraus durch Dehydrierung u. Oxydation **VI**, das als das entsprechende Phenanthrenchinon (F. 155—156°) u. als dessen Chinoxalinderiv. (F. 105—107°) charakterisiert wird. — *10.14.17-Trimethyl-$\Delta^{8,9}$-cardosteren-3-ol-15-on*, $C_{20}H_{30}O_2$, F. 131—132°, aus 1 g **IVa** in 10 ml Essigsäure in Ggw. von 0,5 g $Pd/BaSO_4$ + wenig H_2PtCl_6 u. Behandeln der erhaltenen Kristalle (F. 147—149°) mit alkoh. NaOH; 60 mg. Hieraus (35 mg) durch Oxydation mit CrO_3/Essigsäure **IVd** (F. 111—113°). — Durch Erhitzen von 12 g **II** mit 60 g **III** (10 Std., 170°) im Rohr unter N_2, entfernen des überschüssigen **III** wurden 10,1 g eines Isomerengemisches von *10.14.17-Trimethyl-$\Delta^{9,11}$-cardosteren-2.15-dion* (**VII**) erhalten, das durch fraktionierte Kristallisation getrennt wird: **VIIa**, $C_{20}H_{28}O_2$, F. 187—189°, Nadeln; 4,68 g; **VIIb**, $C_{20}H_{28}O_2$, F. 177—178°, Prismen; 2,57 g; **VIIc**, $C_{20}H_{28}O_2$, F. 199—200°, Plättchen; 0,25 g u. **VIId**, $C_{20}H_{28}O_2$, F. 163—164°, Würfel; 0,16 g. — Durch 4std. Kochen von 500 mg **VIIa** mit 10 ml Essigsäure, 20 ml konz. HCl u. 10 ml Toluol *Isomeres* (**VIIIa**) von *10.14.17-Trimethyl-$\Delta^{8,9}$-cardosteren-2.15-dion*, $C_{20}H_{28}O_2$, F. 139—141°, Platten; 70 mg. Bei 10std. Kochen von 190 mg **VIIb** mit Essigsäure/HCl analog Vorst. **VIIIb**, $C_{20}H_{28}O_2$, F. 111—112°, Nadeln; ~20 mg. — Bei der CLEMMENSEN-Red. von 1,0 g **VIIa** (oder 80 mg **VIIc**) **Va**, F. 103—104°; 0,12 g (bzw. 10 mg). — *2.4-Dinitrophenylhydrazon*, F. 229—231°. — Aus 0,8 g **VIIb** durch CLEMMENSEN-Red. **Vb**, F. 119—121°; 80 mg. *2.4-Dinitrophenylhydrazon*, F. 215—217°. — Die CLEMMENSEN-Red. von **VIId** (65 mg) liefert ein bis —70° nicht kristallisierendes Prod., das nach Chromatographie (PAe./Al_2O_3; Elution mit PAe., PAe.–Bzl.-Gemisch u. Bzl.) **Vc** gibt [F. 78 bis 80° (PAe.–Bzl.). *2.4-Dinitrophenylhydrazon*, F. 198—201° (Zers.)]. (Известия Академии Наук СССР, Отделение Химических Наук [Nachr. Akad. Wiss. UdSSR, Abt. chem. Wiss.] **1953**. 901—19. Sept./Okt. Inst. für organ. Chemie der Akad. der Wiss. der UdSSR.) G. FROELICH. 3700

I. N. Nasarow, I. I. Saretzkaja, G. P. Wercholetowa und **I. W. Torgow,** *Synthese von Steroid- und verwandten Verbindungen.* 19. Mitt. *Kondensation von 1-Vinyl-9-methyl-Δ^{1}-oktalon-(6) und 1-Vinyl-9-methyl-Δ^{1}-oktalon-(7) mit Δ^{1}-Cyclohexenonen und Citraconanhydrid.* (18. vgl. vorst. Ref.) Bei der Kondensation von 1-Vinyl-9-methyl-Δ^{1}-oktalon-(6) (I) mit 1-Methyl-Δ^{1}-cyclohexenon-(6) (II) wird ein Gemisch aus 3 Isomeren (**IIIa, b, c**) des *10.14-Dimethyl-$\Delta^{9,11}$-cardochrysanen-3.15-dions* (**III**) u. einem Isomeren (**IVa**) des *10.14-Dimethyl-$\Delta^{8,9}$-cardochrysanen-3.15-dions* (**IV**) im Verhältnis 40 : 10 : 5 : 1 erhalten u. durch fraktionierte Kristallisation getrennt. **IIIa** u. **IIIc** geben beim Behandeln

III a

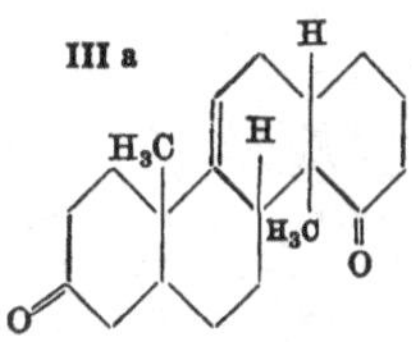

III c

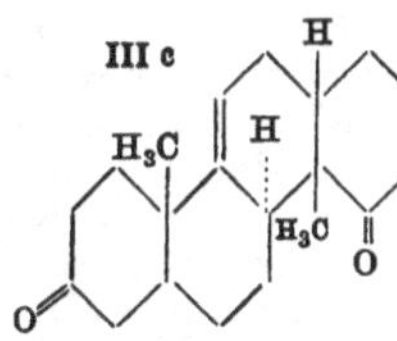

VII

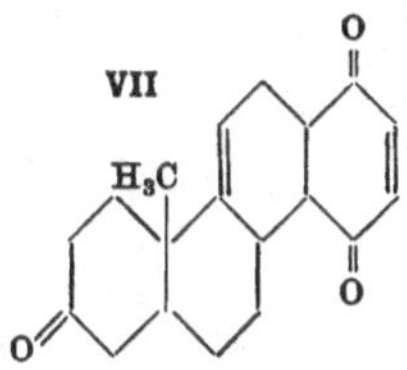

VIII

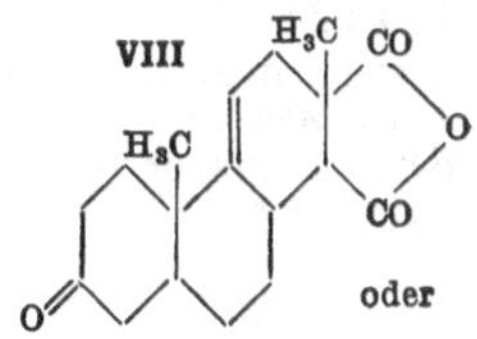

oder

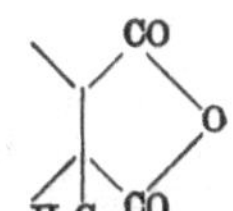

VIII a

mit HCl/CH_3COOH in Toluol unter Verschiebung der Doppelbindung **IVa**, woraus folgt, daß sie sich nur durch die Lage des H-Atoms am $C_{(8)}$ unterscheiden. **IIIa, IIIc** u. **IVa** geben bei der CLEMMENSEN-Red. ein Isomeres (**Va**; *10β.13β.14β*) des *10.14-Dimethyl-$\Delta^{8,9}$-cardochrysanen-15-ons* (**V**), **IIIb** unter gleichen Bedingungen **Vb** (*10β.13α.14α*). **Va** reagiert nicht mit CH_3MgBr oder CH_3Li. In Analogie zu früheren Verss. (vgl. vorst. Ref.) wird die Konfiguration der Isomeren **IIIa–c** u. **IVa** zu *8β.10β.13β.14β* (**IIIa**), *10β.13α.14α* (**IIIb**), *8α.10β.-13.β.14β* (**IIIc**) u. *10β.13β.14β* (**IVa**) angenommen. Die Bldg. von **IVa** neben **IIIa–c** zeigt, daß bereits während der Rk. eine Verschiebung von $\Delta^{9,11}$ nach $\Delta^{8,9}$ stattfindet. — Die Rk. von 1-Vinyl-9-methyl-Δ^{1}-oktalon-(7) (**VI**) mit **II** verläuft unter Bldg. eines Gemisches von Isomeren des *10.14-Dimethyl-$\Delta^{9,11}$-cardochrysanen-2.15-dions*, aus dem 3 Isomere isoliert, wegen der geringen Mengen jedoch nicht weiter untersucht werden. Bei der Rk. von **I** mit Δ^{2}-Cyclohexenon werden 2 Isomere des *10-Methyl-$\Delta^{9,11}$-cardochrysanen-3.15-dions* erhalten. Mit Benzochinon reagiert **I** bereits bei 60° unter Bldg. eines Gemisches, aus dem ein Isomeres des *10-Methyl-$\Delta^{9,11,16}$-cardochrysadien-3.15.17a-trions* (**VII**) isoliert wird. Auch die Rk. von **I** mit Citraconanhydrid führt zu einem Gemisch von Anhydriden, aus dem ein Anhydrid mit der Struktur **VIII** oder **VIIIa** abgetrennt wird. Die Red. von **I** mit Al-Isopropylat liefert *1-Vinyl-9-methyl-Δ^{1}-oktalol-(6)* (**IX**), das mit Benzochinon *10-Methyl-$\Delta^{9,11,16}$-cardochrysadien-3-ol-15.17a-dion* gibt, während aus dem Reaktionsprod. von **I** mit 1.3-Dimethyl-Δ^{1}-cyclopentenon-(5) keine individuelle Verb. isoliert werden konnte.

Versuche: 12 g **I** u. 120 g **II** werden in Ggw. von 0,1 g Pyrogallol unter CO_2 im Rohr 10 Std. auf 170—175° erhitzt, nach Eindampfen im Vakuum wird mit PAe. verd.: 7,95 g Isomerengemisch, das durch fraktionierte Kristallisation aus PAe.–Bzl. getrennt wird: **IIIa**, $C_{20}H_{28}O_2$, F. 157—158°; 1,2 g (Ausbeute); **IIIb**, $C_{20}H_{28}O_2$, F. 159 bis 160°; 0,35 g; **IIIc**, $C_{20}H_{28}O_2$, F. 166—167°; 0,17 g; **IVa**, $C_{20}H_{28}O_2$, F. 148—149°; 30 mg. — Bei 9 std. Kochen von **IIIa** oder **IIIc** in Toluol mit Essigsäure + konz. HCl **IVa**. **IIIb** gibt unter analogen Bedingungen **IVb** (*10β.13α.14α*), $C_{20}H_{28}O_2$, F. 128—129° (A.). — Bei der Red. von **IIIa, IIIc** oder **IVa** in Toluol mit Zn-Amalgam/konz. HCl + Essigsäure **Va**, $C_{20}H_{30}O$, F. 136—137° (PAe.), Plättchen. **IIIb** gibt unter analogen Bedingungen **Vb**, $C_{20}H_{30}O$, F. 75—80°. — Bei der Kondensation von 2,0 g **VI** mit 5 g **II**, 13 Std. bei 170—175° unter CO_2, werden 0,5 g eines Gemisches von Isomeren (*A—C*) des *10.14-Dimethyl-$\Delta^{9,11}$-cardochrysanen-2.15-dions* erhalten, das durch fraktionierte Kristallisation aus Methanol getrennt wird: *Isomeres A*, $C_{20}H_{28}O_2$, F. 143—144° (korr.), Prismen; 13 mg; *B*, $C_{20}H_{28}O_2$, F. 203—205° (korr.), Blättchen; 100 mg; *C*, F. 182—183°, Nadeln; 8 mg. — Aus 5,5 g **I** u. 40 g Δ^{2}-Cyclohexenon, 10 Std. bei 150° unter CO_2, ein Gemisch aus 2 Isomeren des *10-Methyl-$\Delta^{9,11}$-cardochrysanen-3.15-dions*: *Isomeres A*, $C_{19}H_{26}O_2$, F. 150 bis 151° (PAe.), Blättchen; 0,3 g; *B*, $C_{19}H_{26}O_2$, F. 181—183° (PAe.), Nadeln; 50 mg. — *10-Methyl-$\Delta^{9,11,16}$-cardochrysadien-3.15.17a-trion* (**VII**), $C_{19}H_{22}O_3$, F. 185—186° (PAe.–Bzl.), aus 1 g **I** u. 0,55 g Benzochinon in 10 ml Dioxan, 4$^1/_2$ Std. bei 60°; gelbliche Schuppen; 0,12 mg. — Durch Rk. von **I** mit Citraconanhydrid in Bzl. in Ggw. von wenig Methylenblau, 6 Std. bei 100° im Rohr, wird ein Gemisch erhalten, das mit sd. PAe. extrahiert wird; Rückstand ist **VIII** oder **VIIIa**, $C_{18}H_{22}O_4$, F. 175—176°; 140 mg. — *1-Vinyl-9-methyl-Δ^{1}-oktalol-(6)* (**IX**), $C_{13}H_{20}O_2$, Kp.$_{15}$ 120—121,5°, durch Red. von **I** mit Al-Isopropylat in Isopropanol; n_D^{20} 1,5293; 50%. Daneben eine *Verb. $C_{13}H_{22}O_2$*, F. 208—209° (A.), u. eine *Verb. $C_{13}H_{22}O_2$*, F. 160—161° (PAe.–Bzl.). — *10-Methyl-$\Delta^{9,11,16}$-cardochrysadien-3-ol-15.17a-dion*, $C_{19}H_{24}O_3$, F. 130—131° (Bzl.), aus 0,8 g **IX** u. 0,45 g Benzochinon in 8 ml

Dioxan, 5 Std. bei 60° im Rohr; 0,40 g. (Известия Академии Наук СССР, Отделение Химических Наук [Nachr. Akad. Wiss. UdSSR, Abt. chem. Wiss.] **1953.** 920—28. Sept./Okt.) G. FROELICH. 3700

I. N. Nasarow, G. P. Wercholetowa, I. W. Torgow, I. I. Saretzkaja und **Ss. N. Anantschenko,** *Synthese von Steroid- und verwandten Verbindungen.* 20. Mitt. *Kondensation von 1-Vinyl-9-methyl-Δ^1-oktalon-(6) und 1-Vinyl-9-methyl-Δ^1-oktalon-(7) mit Δ^2-Cyclopentenon, 1-Methylcyclopenten-(1)-on-(5) und 1.3-Dimethylcyclopenten-(1)-dion-(4.5).* (19. vgl. vorst. Ref.) Bei der Kondensation von 1-Vinyl-9-methyl-Δ^1-oktalon-(6) (**I**) mit 1-Methylcyclopenten-(1)-on-(5) (**II**) wird ein Gemisch von Isomeren (**III a, b, c**) von *10.14-Dimethyl-$\Delta^{9,11}$-cardosteren-3.15-dion* (**III**) erhalten. **IIIc** wurde nicht in reiner Form gewonnen u. nicht weiter untersucht. Aus **III a** u. **III b** werden bei der CLEMMENSEN-Red. *Isomere* (**IV a** bzw. **IV b**) des *10.14-Dimethyl-$\Delta^{8,9}$-cardosteren-15-ons* (**IV**) erhalten, deren Struktur durch spaltende Dehydrierung an Pd zu *1-Methyl-2-äthylphenanthren,* Oxydation desselben zu *1-Methyl-2-äthylphenanthrenchinon* u. Kondensation mit o-Phenylendiamin zum entsprechenden Chinoxalinderiv. bewiesen wird. Beim Behandeln von **III a** mit sd. HCl/Eisessig in Toluol erfolgt Isomerisierung unter Bldg. eines Isomeren (**V a**) des *10.14-Dimethyl-$\Delta^{8,9}$-cardosteren-3.15-dions* (**V**), aus **III b** wird analog ein zweites Isomeres (**V b**) erhalten. Auf Grund der durchgeführten Rkk. werden die folgenden Konfigurationen angenommen: *5β.10β.13β.14β* (**III a, IV a, V a**) u. *5β.10β.13α.14α* (**III b, IV b, V b**). Die Kondensation von 1-Vinyl-9-methyl-Δ^1-oktalon-(7) mit **II** ergibt ebenfalls ein Gemisch von 3 Isomeren (**VI a—c**) des *10.14-Dimethyl-$\Delta^{9,11}$-cardosteren-2.15-dions.* **VI a** u. **VI b** geben bei CLEMMENSEN-Red. **IV a** bzw. **IV b**, so daß ihre Konfiguration zu *5β.10β·13β.14β* (**VI a**) bzw. *5β.10β.13α.14α* (**VI b**) angenommen werden kann. **VI b** geht beim Behandeln mit HCl/Eisessig in *10.14-Dimethyl-$\Delta^{8,9}$-cardosteren-2.15-dion* (**VII**, *5β.10β·13α.14α*) über. Bei der Kondensation von **I** mit Δ^2-Cyclopentenon wird ein Gemisch von Isomeren des *10-Methyl-$\Delta^{9,11}$-cardosteren-3.15-dions* erhalten, aus dem durch fraktionierte Kristallisation 2 Isomere isoliert werden. Ihre Konfiguration wird nicht bestimmt. Bei der Rk. von **I** mit 1.3-Dimethylcyclopenten-(1)-dion-(4.5) (**VIII**) bei 100° wird *10.14.17-Trimethyl-$\Delta^{9,11}$-cardosteren-3.15.16-trion* erhalten, das beim Behandeln mit Piperidin oder beim Erhitzen über den F. zu *10.14.17-Trimethyl-$\Delta^{9,11,16}$-cardosteradien-16-ol-3.15-dion* (**IX**) isomerisiert wird. Wird **I** mit **VIII** bei 120° kondensiert, so wird direkt **IX** erhalten.

Versuche: Darst. von *1-Vinyl-9-methyl-Δ^1-oktalon-(6)* (**I**; $Kp._1$ 100—103°; n_D^{20} 1,5260) u. *1-Vinyl-9-methyl-Δ^1-oktalon-(7)* ($Kp._{1,5}$ 106—107°; n_D^{20} 1,5270) vgl. C. **1955.** 3609. — Darst. von *1-Methylcyclopenten-(1)-on-(5)* (**II**; $Kp._{15}$ 52—53°; n_D^{20} 1,4770) u. *Δ^2-Cyclopentenon* ($Kp._{15}$ 45°, n_D^{20} 1,4700) vgl. C. **1955.** 3849. — *1.3-Dimethylcyclopenten-(1)-dion-(4.5)* (**VIII**), F. 66—67°, durch Oxydation von 1.3-Dimethylcyclopenten-(1)-on-(5) mit SeO_2. — 6,9 g **I** u. 13,8 g **II** werden unter CO_2 6 Std. auf 150° im Rohr erhitzt, das Reaktionsprod. wird im Vakuum eingeengt, der Rückstand aus PAe. fraktioniert kristallisiert. Aus mehreren Ansätzen (insgesamt 22,4 g **I**) werden erhalten: **III a**, $C_{19}H_{26}O_2$, F. 131—132°, Prismen; 2,75 g (Ausbeute), **III b**, $C_{19}H_{26}O_2$, F. 155—156°, Prismen; 0,35 g u. **IIIc**, $C_{19}H_{26}O_2$, F. 127—128°; 0,2 g. **IIIc** kristallisiert aus den Mutterlaugen von **III a** u. **III b** nach dreimonatigem Stehen. — **Va**, $C_{19}H_{26}O_2$, F. 100—100,5° (PAe.), aus 225 mg **IIIa** durch 9std. Kochen mit je 5 ml Essigsäure u. konz. HCl in 6 ml Toluol; 195 mg. — **Vb**, $C_{19}H_{26}O_2$, F. 91—93° (PAe.) analog vorst. aus **IIIb**; 29 mg aus 187 mg **IIIb**. — **IVa**, $C_{19}H_{28}O$, F. 53—54°, durch CLEMMENSEN-Red. von 1 g **IIIa** in konz. HCl, Toluol u. Essigsäure, die Toluolschicht wird eingedampft, der Rückstand in PAe. gelöst u. bei —70° der Kristallisation überlassen; 0,35 g. *2.4-Dinitrophenylhydrazon*, F. 193—194° (korr.), Nadeln. — **IVb**, $C_{19}H_{28}O$, F. 94—95°, analog Vorst. aus **IIIb**. — *1-Methyl-2-äthylphenanthren*, $C_{17}H_{16}$, F. 100—102° (PAe.), a) durch 6std. Erhitzen von 2,5 g **IVa** mit Pd/Kohle in Bzl. auf 350° unter N_2; 0,4 g. Hieraus durch Oxydation *1-Methyl-2-äthylphenanthrenchinon* (*Chinoxalinderiv.*, F. 110—111°); b) analog Vorst. aus **IVb** u. Chromatographie des erhaltenen, bis —70° nicht kristallisierenden Öls aus PAe. an Al_2O_3, Elution mit PAe.–Bzl.-Gemischen. — Durch Rk. von 4,9 g 1-Vinyl-9-methyl-Δ^1-oktalon-(7) mit 10,9 g **II**, 6 Std. bei 150° im Rohr, Eindampfen im Vakuum u. fraktionierte Kristallisation: **VIb**, $C_{19}H_{26}O_2$, F. 184—185° (korr.; A.); 1,45 g u. **VIa**, $C_{19}H_{26}O_2$, F. 154—154,5° (A.); 0,42 g u. **VIc**, $C_{19}H_{26}O_2$, F. 192—193° (korr.; A.); 60 mg. CLEMMENSEN-Red. von **VIa** u. **VIb** analog Vorst. gibt **IVa** bzw. **IVb**. — **VII**, $C_{19}H_{26}O_2$, F. 124—125° (A.), beim 9std. Kochen von **VIb** mit Essigsäure–HCl in Toluol, Prismen. — *10-Methyl-$\Delta^{9,11}$-cardosteren-3.15-dion*, $C_{18}H_{24}O_2$, durch 11std. Erhitzen von 2,5 g **I** mit 5,7 g Δ^2-Cyclopentenon auf 130° im Rohr unter CO_2, Eindampfen u. Zugabe von wenig PAe.: *Isomeres A*, F. 123—124° (PAe.–Bzl.); 100 mg. Aus den Mutterlaugen *Isomeres B*, F. 156—157°; 80 mg. — *10.14.17-Trimethyl-$\Delta^{9,11}$cardosteren-3.15.16-trion*, $C_{20}H_{26}O_3$, F. 108—110°, durch 6std. Erhitzen von 1,1 g **I** mit 0,6 g **VIII** in 3 ml absol. A. auf 100° im Rohr unter CO_2, Eindampfen, Zugabe von Ae. u. 4 Tage Stehen bei —10°, gelbe Nadeln; 140 mg. Geht beim Erhitzen auf 112—115° oder beim Behandeln mit Piperidin in Dioxan in der Kälte in **IX** ($C_{20}H_{26}O_3$, F. 167—168°) über. — *3.8-Dimethyl-Δ^5-tetrahydroindanon-(1)*, Kp.$_7$ 90—92°, durch Kondensation von 1.3-Dimethyl-Δ^1-cyclopentenon-(5) mit Divinyl; n_D^{20} 1,4875. — *2-Äthoxalyl-3.8-dimethyl-Δ^5-tetrahydroindanon-(1)*, $C_{15}H_{20}O_4$, Kp.$_1$ 142—143°, aus 14,6 g vorst. Verb. u. 19,5 g Diäthyloxalat in 80 ml Bzl. in Ggw. von Na-Äthylat; n_D^{20} 1,5070; 11,2 g. (Известия Академии Наук СССР, Отделение Химических Наук [Nachr. Akad. Wiss. UdSSR, Abt. chem. Wiss.] **1953**. 929—40. Sept./Okt.) G. FROELICH. 3700

Charlotte Ressler, Stuart Trippett und **Vincent Du Vigneaud,** *Freie Aminogruppen des mit Perameisensäure oxydierten Oxytocins und seiner durch Behandlung mit Bromwasser gebildeten Spaltprodukte. Oxytocin* (**I**) wird durch Behandlung mit Bromwasser, nicht jedoch durch Perameisensäure (**II**)-Einw. in 2 Bruchstücke gespalten. Die Stellung der freien NH_2-Gruppen in **II**-oxydiertem **I** u. in den beiden Bruchstücken wurde durch Chromatographie der Hydrolysate an einer Stärkesäule vor u. nach Behandlung mit 2.4-Dinitrofluorbenzol (DNFB) festgelegt. In **II**-oxydiertem **I** fand sich die einzige freie NH_2-Gruppe in einem der 2 *Cysteinsäure* (**III**)-Reste, u. zwar in der **III**-Hälfte des durch Bromwasser gebildeten kleineren Fragments, das in Übereinstimmung hiermit als *β-Sulfoalanyldibromtyrosin* (**IV**) identifiziert wurde. Demnach stellt wahrscheinlich der *β-Sulfoalanyltyrosyl*-Rest die Aminosäurefolge am NH_2-Ende des **II**-oxydierten **I**-Mol. dar. Ferner ergab sich, daß das bei der Bromwasser-Einw. entstehende Bruchstück, das bei der Hydrolyse *Leucin, Isoleucin* (**V**), *Prolin, Glutaminsäure,* **III**, *Asparaginsäure* u. *Glykokoll* liefert, am **V**-Rest eine freie NH_2-Gruppe aufweist. Die Wrkg. von **II** kann als Öffnung eines Ringes an der Disulfidbindung betrachtet werden. Die Identifizierung des kleinen Fragmentes als **IV** spricht dafür, daß in **II**-behandeltem **I** u. vermutlich in **I** selbst **V** mit *Tyrosin* verknüpft ist.

Versuche: *O.N-Diacetyl-3.5-dibromtyrosin*, $C_{13}H_{13}O_5NBr_2$, F. 186,5—189°; 3.5-Dibromtyrosin (125 mg) in 2n NaOH (0,19 cm³) u. W. (0,11 cm³) lösen u. 45 Min. mit Acetanhydrid (0,09 cm³) in Ggw. von 2n NaOH (0,89 cm³) reagieren lassen; glänzende Platten (wss. CH_3OH); 60 mg. — *O-[2.4-Dinitrophenyl]-3.5-dibromtyrosin*, $C_{15}H_{11}O_7N_3$, F. 232 bis 232,5° (Zers.); vorst. Verb. (40 mg) 1½ Std. in n NaOH (10 cm³) stehenlassen, ansäuern, wobei die *N-Acetylverb.* als *Hemihydrat*, F. 118—121°, ausfällt.; diese Verb. (200 mg) in wss. $NaHCO_3$ mit DNFB behandeln, den beim Ansäuern ausfallenden Nd. in 12n HCl–Dioxan (1:1) (5 cm³) lösen, 2 Std. am Rückfluß erhitzen, einengen u. auf ca. p_H 4 einstellen; Nd.; cremefarbene Prismen (wss. Dioxan). — Darst. von *2.4-Dinitrophenylderivv.* aus **II**-oxydiertem **I**, dem großen u. kleinen Spaltprod. u. den synthet. Dipeptiden **IV** u. *Dibromtyrosylcysteinsäure*: Lsg. von 3—5 mg DNFB in 0,5 cm³ A. zu 1—1,5 μ Mol der Verb. in 0,5 cm³ W. + 3—5 mg $NaHCO_3$ geben, 4½—16 Std. stehenlassen, einengen, 1 cm³ W. zugeben, überschüssiges DNFB mit A. entfernen, den Verdampfungsrückstand der wss. Phase in 1 cm³ 6n HCl unter N_2 bei 120° 12—16 Std. hydrolysieren u. den Rückstand an Stärke chromatographieren. (J. biol. Chemistry **204**. 861—69. Okt. 1953. New York, Cornell Univ., Med. Coll., Dep. of Biochem.) K. MAIER. 3700

John M. Brierly, Robert R. Sealock und **Harvey Diehl,** *Die Geschwindigkeit der Ammoniakbildung bei der sauren Hydrolyse von Vitamin B_{12}.* Die 5 in *Vitamin B_{12}* (**I**) enthaltenen Amidgruppen verhalten sich bei der Hydrolyse mit 2n HCl (95°) verschiedenartig. Während der ersten 30 Min. werden ca. 3 Mol NH_3, in insgesamt 4 bzw. 8 Std. ein 4. bzw. 5. Mol abgespalten. Nach 20 Std. sind 5,62 Mol NH_3 frei geworden, wobei der Überschuß über 5 Mol aus der CN-Gruppe stammt. 20std. Hydrolyse von NaCN liefert unter den gleichen Bedingungen nur 36% der theoret. NH_3-Menge. Da **I** keine Infrarotabsorption zwischen 5,0 u. 6,0 μ aufweist, sind wahrscheinlich keine Lactamringe im Mol. enthalten. Die unterschiedlichen Hydrolysegeschwindigkeiten dürften daher auf ster. Faktoren beruhen. (Iowa State Coll. J. Sci. **29**. 141—42. 15/8. 1954. Ames, Iowa State Coll., Dep. of Chem.) K. MAIER. 3800

M. Bodánszky, *Derivate des Streptomycins.* Aus Dihydrostreptomycin (**I**)-sulfat wurde durch Hydrolyse mit $Ba(OH)_2$ reines *Streptamindihydrostreptobiosaminid* erhalten u. durch eine in schwacher alkal. Medium durchgeführte Hydrolyse erstmals *Streptureadihydrostreptobiosaminid,* in dem die beiden Guanidinogruppen des Streptidinrestes durch Ureidogruppen ersetzt sind. Zur Maskierung der Guanidinogruppen des Streptomycins wurde deren Einbau in einen Pyrimidinring untersucht. Die Umsetzung der Streptidinbase mit Acetessigester oder Malonester gab kein einheitliches Reaktionsprod., mit Acetylaceton (**II**) wurde *N.N'-Bis-[4.6-dimethylpyrimidyl-(2)]-streptamin* (**III**) erhalten, das keine so stark bas. Gruppen mehr enthält. Analog lieferte **I** mit **II** *N.N'-Bis-[4.6-dimethylpyrimidyl-(2)]-streptamindihydrostreptobiosaminid* (**IV**). Die UV-Spektren von **III** u. **IV** zeigen eine für Pyrimidinderivv. charakterist. Absorption. *Streptureadihydrostreptobios-*

aminid, $C_{21}H_{39}O_{14}N_5 \cdot {}^1/_2\, H_2SO_4$; 636 mg I-Sulfat in 8 cm³ W. 1 Std. mit 8 cm³ ca. 0,5 n $Ba(OH)_2$-Lsg. kochen, nach Zugabe von 3,6 cm³ n H_2SO_4 u. 0,2 g Aktivkohle filtrieren, mit 3 cm³ W. nachwaschen, in 100 cm³ CH_3OH geben, 100 cm³ Aceton zusetzen u. dekantieren; Pulver; 0,52 g. — *Streptamindihydrostreptobiosaminid*, $C_{19}H_{37}O_{12}N_3 \cdot {}^3/_2\, H_2SO_4$; 488 mg I-Sulfat in 50 cm³ kalt gesätt. $Ba(OH)_2$-Lsg. 24 Std. kochen, kalt auf p_H 5,5 einstellen, das Filtrat + Waschwasser im Vakuum bei 35° einengen u. den Überstand gefriertrocknen; 297 mg Pulver; SAKAGUCHI-Rk. negativ. — *N.N'-Bis-[4.6-dimethylpyrimidyl-(2)]-streptamin* (III), $C_{18}H_{26}O_4N_6$; a) 1,2 (0,52) g Streptidin u. 12 (30) cm³ II unter Rühren 100 (150) Min. auf 145° erhitzen (kochen); 1,35 (0,4) g mkr.-krist. Pulver; beim Fällen aus CH_3OH mit Aceton feine Kristallfäden, F. 250°. *Sulfat*, $C_{18}H_{26}O_4N_6 \cdot H_2SO_4$; F. 247° (Zers.); 0,82 g Rohbase in 10 cm³ W. + 1,5 cm³ 5n H_2SO_4 lösen, nach Zugabe von Kohle das Filtrat heiß mit Aceton fällen; Kristalle; 0,77 g; SAKAGUCHI-Rk. negativ. — *N.N'-Bis-[4.6-dimethylpyrimidyl-(2)]-streptamindihydrostreptobiosaminid* (IV), $C_{31}H_{49}O_{12}N_7$; 502 mg I-Sulfat in 5 cm³ W. mit 3,7 cm³ 0,55n $Ba(OH)_2$-Lsg. versetzen u. das Filtrat gefriertrocknen (400 mg I); 170 mg I mit 30 cm³ II 105 Min. auf 135° erhitzen u. den Nd. mit Aceton waschen; 73 mg; SAKAGUCHI-Rk. prakt. negativ; aus der Mutterlauge 43 mg pulveriges Material; SAKAGUCHI-Rk. negativ. (Acta chim. Acad. Sci. hung. 5. 97—104. 1954. Budapest, Forsch.-Inst. für die pharmazeut. Ind.) K. MAIER. 3900

H. Vanderhaeghe, *Die Darstellung schwerlöslicher Penicillinsalze.* Bei Verss. zur Darst. schwerlös. *Penicillin* (I)-*Salze* mit *Dialkylaminoalkylbenzoaten* ergab sich, daß nur der *β-Diäthylaminoäthylester* der *p-Oxybenzoesäure* die gleichen Eigg. wie β-Diäthylaminoäthyl-p-aminobenzoat (Procain) besitzt. Alle übrigen Benzoate, einschließlich des p-Amino- u. p-Oxybenzoats des Dimethylaminoäthanols, sowie Larocain, Tutocain, Tetracain (Bldg. eines nichtkrist. Öls), ferner die β-Dimethylaminoäthyl- u. Diäthylaminoäthylester der Nicotinsäure u. Isonicotinsäure bilden keine schwerlösl. I-Salze. Alle DL-*Phenylalaninester* (II; *Methyl-bis-n-Amylester*), nicht jedoch das Amid geben schwerlösl. I-Salze. Die Drehung zeigt, daß DL-II—I mehr L-*Aminosäure* als D-*Form* enthalten. I-Salze von Tyramin u. Phenyläthylamin sind wasserlöslich. Ein allgemein gültiger Zusammenhang zwischen Konst. u. Löslichkeit von Amin-I-Salzen ist nicht erkennbar.

Versuche: β-Dialkylaminoäthylbenzoate, (p) $R—C_6H_4COO \cdot CH_2CH_2NR'_2 \cdot HCl$: $R = H$, $R' = C_2H_5$, F. 124—125° (Aceton, absol. A.–Ae.); durch 2std. Kochen äquimol. Mengen des Acylchlorids u. des β-Dialkylaminoäthanols in trockenem Benzol. — $R = H$, $R' = CH_3$, F. 140—141°. — $R = Cl$, $R' = C_2H_5$, F. 136—137°. — $R = Cl$, $R' = CH_3$, F. 196—197°. — $R = NO_2$, $R' = C_2H_5$, F. 177—178°. — $R = NO_2$, $R' = CH_3$, F. 171—173°. — $R = NH_2$, $R' = CH_3$, F. 181—183°. — $R = OH$, $R' = C_2H_5$; F. 185—186°; 0,002 Mol β-Diäthylaminoäthyl-p-aminobenzoat in 4 cm³ H_2SO_4 u. 6 cm³ W. lösen, bei 0° 1,4 g $NaNO_2$ in 1 cm³ W. langsam zugeben, ½ Std. auf dem Wasserbad erhitzen, festes Na_2CO_3 zugeben, mit A. extrahieren, den Rückstand in HCl-A. lösen u. mit Ae. fällen; 2,75—3,59 g (A.–Ae.). — $R = OH$, $R' = CH_3$; F. 140 bis 142°, analog Dialkylaminoäthyl(iso)-nicotinate, $C_5H_4N \cdot COOCH_2CH_2 \cdot NR_2 \cdot HCl$; je 0,1 Mol Acylchloridhydrochlorid u. β-Dimethyl- bzw. Diäthylaminoäthanol in 50 cm³ Pyridin lösen u. 1 Std. auf dem Wasserbad erhitzen. *Dimethyl-*, F. 163—164° (absol. A.–Ae.); 70—80%. — *Diäthyl-*, F. 129—130° (absol. A.–Ae.); 70—80%. — *β-Diäthylaminoäthylisonicotinat*, F. 114,6°; ca. 15%. — β-Phenylalaninester (II)-Hydrochloride, $C_6H_5CH_2CH(NH_2) \cdot COOR \cdot HCl$; durch eine Suspension von 3 g DL-Phenylalanin in 100 cm³ des Alkohols HCl leiten, nach Sättigen 2 Std. auf dem Wasserbad erhitzen, im Vakuum einengen u. aus dem betr. A. umkristallisieren. — $R = CH_3$, F. 159—160°. — $R = C_2H_5$, F. 124—125°. — $R = n—C_3H_7$, F. 122—123°. — $R = iso\text{-}C_3H_7$, F. 192—195°. — $R = n\text{-}C_4H_9$, F. 125—126°. — $R = iso\text{-}C_4H_9$, F. 129,5 bis 130,5°. — $R = n\text{-}C_5H_{11}$, F. 118—130°. — $R = C_2H_5$, D-*Form*, F. 154—156°, $[\alpha]_D^{20}$ +7,5 (c = 1,0; W.), —33,7 (c = 1,0; absol. A.). L-*Form*, F. 154—156°; $[\alpha]_D^{22}$ —8,1 (c = 1,0; W.), +33,5° (c = 1,0; absol. A.). — *Phenylalaninamid*, F. 138—139°; aus 5 g IIa u. 75 cm³ konz. NH_4OH; Plättchen; 2,2 g. *Hydrochlorid*, F. 243—244° (Zers.). — *Penicillinsalze*: äquimol. Mengen der Hydrochloride von β-Dialkylaminoäthylbenzoaten oder -nicotinaten bzw. der II u. Na- oder K-Benzylpenicillin in möglichst wenig W. lösen u. beide Lsgg. mischen; alle Salze biol. aktiv. DL-$C_6H_5CH_2CH(NH_2)COOR \cdot C_{16}H_{18}O_4N_2S$: $R = CH_3$, F. 112—113° (Zers.); Löslichkeit in W. (25°; %) 2,1. — $R = C_2H_5$, F. 115 bis 117° (Zers.); 2,3; $[\alpha]_D^{20}$ +196° (c = 1,0; absol. A.). — $R = n\text{-}C_3H_7$, F. 85—86° (Zers.); 2,1. — $R = iso\text{-}C_3H_7$, F. 75—78°; 1,6. — $R = n\text{-}C_4H_9$, F. 60—63°; 2,1. — $R = iso\text{-}C_4H_9$, F. 90—92°; 1,7. — $R = n\text{-}C_5H_{11}$, F. 81—83°; 1,4. — $R = C_2H_5$, D-*Form*, F. 96 bis 97°; 2,3; $[\alpha]_D^{20}$ +179° (c = 1,0; absol. A.). — $R = C_2H_5$, L-*Form*, F. 139—140°; 2,3; $[\alpha]_D^{20}$ +205 (c = 1,0; absol. A.). — *Penicillinsalz des β-Diäthylaminoäthyl-p-oxybenzoats*, $HOC_6H_4COO(CH_2)_2N \cdot (C_2H_5)_2 \cdot C_{16}H_{18}O_4N_2S$, F. 109,5—110°; 0,8. — *Phenyläthylaminpenicillin*, F. 92—93°; aus äther. Penicillinlsg. (aus wss. Salzlsg. durch Ansäuern u. Extraktion) u. Phenyläthylamin in wenig Butanol. (J. Pharmacy Pharmacol. **6.** 55—59. Jan. 1954. Genval, Belgium, Recherche et Ind. Thérapeutiques.) K. MAIER. 3900

B. Lythgoe und **A. R. Todd,** *Struktur und Synthese von Nucleotiden.* Der Übersichtsbericht behandelt Struktur u. Synth. von Nucleosiden u. Nucleotiden (mit zahlreichen Literaturangaben bis 1946). (Symposia Soc. exp. Biol. Nr. **1.** 15—37. 1951. Cambridge, Univ., Chem. Labor.) K. F. MÜLLER. 3950

D_3. Makromolekulare Chemie.

W. Ss. Klimenkow, W. A. Kargin und **A. I. Kitaigorodski,** *Über die Packungsdichten hochpolymerer Verbindungen.* In Tabellen werden D. des Monomeren u. Polymeren, Mol.-Vol. V_m bzw. V_p, Kontraktion $\Delta V = V_m - V_p$ u. Packungskoeff. für zahlreiche Verbb. zusammengestellt. ΔV ist hauptsächlich durch die chem. Natur der Kettenglieder bestimmt, also durch Charakter, Stellung u. Zahl der Seitengruppen, die die Biegsamkeit der Kette u. dadurch ihre Packungsdichte beeinflussen. Bei Polymeren mit biegsamen Ketten ist ΔV größer als bei solchen mit starren Ketten. Die intermol. Umsetzung der Kettenmoll. ist für die Packungsdichte von untergeordneter Bedeutung. ΔV_T (von der Größenordnung 10 cm^3/Mol), die untere Grenze der Kontraktion, entspricht dem angenäherten Valenzabstand der Moleküle. Die tatsächlich beobachtete Kontraktion ΔV, abzüglich ΔV_T, ergibt den Kontraktionsgrad ΔV_k. Es ergeben sich für $\Delta V_k/\Delta V_T$ folgende Werte: *Tetrafluoräthylen* 2, *Vinylidenchlorid* 2, *Inden* 1,95, *Methylisopropenylketon* 1,7, *Styrol* 1, *Cumaron* 0,67, *Vinylcarbazol* 0,62, *1-Vinylpyran* 0,28, *2-Vinylbenzofuran* 0,21. Bei *Butadien* ist $\Delta V_k/V_p = 0{,}271$, bei *cis-Isopren* 0,220, bei *trans-Isopren* 0,260 (amorph) bzw. 0,400 (krist. = Guttapercha), bei *Methylstyrol* 0,191 (krist.) bzw. 0,09 (amorph). (Журнал Физической Химии [J. physik. Chem.] **27.** 1217—27. Aug. 1953. Moskau, Allunionswiss. Forsch.-Inst. für Kunstfasern.) R. K. MÜLLER. 4000

C. E. H. Bawn, H. W. Douglas, A. Hickling, C. A. McDowell und **F. C. Tompkins,** *Lösungen von Hochpolymeren.* Die Theorie der Lsgg. kleiner u. großer Moll., die Eigg. des osmot. Drucks, die Lichtstreuung, die Viscosität polymerer Lsgg. u. Polyelektrolyte werden in einer zusammenfassenden Darst. an Hand von 81 Literaturangaben erörtert. (Annu. Rep. Progr. Chem. **47.** 85—97. 1950.) R. SCHÄFF. 4000

Je. Je. Rylow, W. L. Karpow und **W. A. Kargin,** *Elektronographische Untersuchung von polymeren Kohlenwasserstoffen. Polyäthylen.* Elektronogramme von Polyäthylen haben 20 scharfe u. einen diffusen Ring bei 4,5 Å. Beim Drehen des Films erfolgt Abnahme der Intensität des 4. Ringes. Elektronogramme gedehnter Filme von Polyäthylen zeigen ein Bild, das für Polykristalle von einachsiger Struktur charakterist. ist. Jedes Maximum besteht aus einem intensiven Fleck mit schwachem, jedoch deutlich ausgesprochenem sichelförmigen Bogen. Im gedehnten Film bestehen 2 Gruppen von Kristallen, die sich durch ihre Orientierung unterscheiden. In der einen hat die Kristallachse c in der Richtung der Dehnung kleine Winkelstreuung, in der zweiten hat die Senkrechte zur Gitterfläche große Winkelstreuung. Der Übergang von einer Orientierung zur anderen erfolgt sprunghaft, Zerstörung der vorhandenen u. Bldg. neuer Kristalle, analog der Phasenänderung fester Stoffe. In gedehnten Filmen sind die umorientierten Kristalle in gespanntem Zustande. Im Gegensatz zu Literaturangaben (BUNN, Trans. Faraday Soc. **35.** [1939.] 482) wird festgestellt, daß die Perioden des Kristallgitters von Polyäthylen prakt. mit denen niedrigmol. Paraffine zusammenfallen. (Журнал Физической Химии [J. physik. Chem.] **27.** 572—78. April 1953. Moskau, Karpow-Inst. für physik. Chem.) J. v. SCHROEDER. 4010

Je. Je. Rylow und **W. L. Karpow,** *Elektronographische Untersuchung von polymeren Kohlenwasserstoffen. Gemische von Polymeren.* (Vgl. vorst. Ref.) In Filmen der Gemische *Polyisobutylen–Naturkautschuk, Polyäthylen–Polyisobutylen, Guttapercha–Naturkautschuk* kristallisieren die Komponenten unabhängig voneinander. Die Kristalle in den Gemischen haben dieselben Kristallgitter wie in reiner Form. Polyäthylen u. Polyisobutylen vermischen sich nicht, auch bei höherer Temp., wenn beide Komponenten amorph sind. Anscheinend bestehen auch bei den 2 anderen Gemischen schon Entmischungen in amorphem Zustande. Diese Gemische von Polymeren, die technolog. als reine Gemische angesehen werden, haben jedoch eine Struktur vom Emulsionstypus. (Журнал Физической Химии [J. physik. Chem.] **27.** 579—87. April 1953.) J. v. SCHROEDER. 4010

D. J. Pollock, L. J. Elyash und **T. W. de Witt,** *Untersuchung der Beziehung zwischen Molekulargewicht und Intrinsicviscosität bei mehreren Dienpolymeren.* Die Mol.-Gew.–Intrinsicviscositäts-Beziehung von *Polybutadien* u. *Polyisopren* wurde nach der Meth. von FOX u. FLORY untersucht. Dabei erhält man eine Konstante K, die nur für das Polymere charakterist. ist u. in Beziehung zum ungestörten Kettenendenabstand des Polymerisatmol. steht. Die Abhängigkeit von K von der Polymerstruktur stimmt gut mit der theoret. vorausgesagten überein. Ein Vgl. der Werte von K synthet. Prodd. mit denen natürlicher Polyisoprene führt zur Folgerung, daß natürliche u. synthet. Dienpolymere sich in der Behinderung der freien Rotation nicht merklich unterscheiden. (J. Polymer Sci. **15.** 87—96. Jan. 1955. Pittsburgh, Pa., Mellon Inst.) R. SCHÄFF. 4010

J. Idris Jones, *Polymere und Mischpolymere des Acenaphthylens.* Das aus Acenaphthen durch Dehydrierung in der Dampfphase leicht zugängliche *Acenaphthylen* (**I**; F. 92,5°, gelbe krist. M.) läßt sich therm. (72 Std. bei 100°) in Poly-**I** (bernsteinfarbenes Harz; η [= η_{sp}] 0,1060; Mol.-Gew. > 100000) überführen, das sich durch Fällen aus benzol. Lsg. mit CH_3OH reinigen läßt. Erhöhung der Temp. beschleunigt die Polymerisation, ebenso der Zusatz von Peroxyden, doch werden in Ggw. von Benzoylperoxyd in Bzl. oder A. geringere Ausbeuten erhalten. Aus **I** in CS_2 u. $AlCl_3$ wurde ein Polymerisat von geringerem Mol.-Gew. (η 0,007) erhalten. Emulsionspolymerisation in Äthylbenzol u. W. in Ggw. von NH_4-Oleat u. K_2SO_5 lieferte 97% Poly-**I**, mit Bzl. oder Toluol als Lösungsm. waren die Ausbeuten geringer. Gereinigtes Poly-**I** ist gut lösl. in Bzl., Toluol, Chlf., CH_2Cl_2 u. CCl_4, unlösl. in Ae., PAe., CH_3OH, A. u. Aceton u. gibt aus benzol. Lsg. einen spröden Film, der mit Weichmachungsmitteln, wie α-Methylnaphthalin, plastifiziert werden kann. Das unplastifizierte Poly-**I** erweicht unter Druck nicht bis 250°, darüber langsame Erweichung u. oberhalb 330° Zers. unter Depolymerisierung. Auf analoge Weise erhaltene *Mischpolymerisate mit Styrol* (**II**) zeigen gegenüber reinem Poly-**II** einen erhöhten Erweichungspunkt (114° bei 20% **I**-Geh. gegenüber 87° von reinem Poly-**II**; therm. Polymerisation bei 120°) bei fast gleichen elektr. Eigg.; das Mol.-Gew. der **I**–**II**-Mischpolymerisate liegt etwas tiefer als das der reinen Polymeren. Mit Methacrylsäuremethylester wird in 15%ig. Ausbeute ein *Mischpolymerisat* (9,1% **I**; η = 0,181) erhalten. In Ggw. von FRIEDEL-CRAFTS-Katalysatoren konnten **I**–*Isobutylen-Mischpolymerisate* (**III**), durch Emulsionspolymerisation **I**–*Butadien-Mischpolymerisate* dargestellt werden. Eine Mischpolymerisation von **I** mit Äthylen gelang nicht. — Das Infrarotspektr. von Poly-**I** u. das UV-Spektr. von **III** sind angegeben. (J. appl. Chem. **1.** 568—76. Dez. 1951. Teddington, Middlesex, Dep. of Sci. and Ind. Res., Chem. Res. Labor.) W. SCHWENKE. 4010

G. M. Burnett und **L. D. Loan,** *Teilnahme des Lösungsmittels an Radikalkettenreaktionen.* 1. Mitt. *Kinetische Analyse.* Die bei Radikalketten-Rkk. in Lsg. oft beobachteten Abweichungen von der scheinbaren Ordnung der Rkk. haben wahrscheinlich mehr eine chem. als eine physikal. Ursache. Vff. nehmen an, daß in diesen Fällen das Lösungsm. auch Radikale bildet, u. entwickeln Geschwindigkeitsgleichungen für Copolymerisationen u. Oxydationen (O_2-Additionen), wobei die folgenden Annahmen gemacht werden: Kettenradikale bilden aus den Moll. des Lösungsm. Lösungsmittelradikale unter Verlust ihrer eigenen Reaktivität. Wenn dieses neue Radikal die Kette nicht fortsetzen kann, wirkt das Lösungsm. hemmend auf die Rk.; Vff. setzen jedoch voraus, daß das Lösungsmittelradikal zur Rk. fähig ist a) mit einem Mol. des Gelösten, wobei eine neue Kette ausgelöst wird, b) mit seinesgleichen, c) mit einem Kettenradikal. Die Anwendung der Gleichungen wird besprochen. (Trans. Faraday Soc. **51.** 214—18. Febr. 1955. Birmingham, Edgbaston, Univ., Chem. Dep.) G. CLEVE. 4010

G. M. Burnett und **L. D. Loan,** *Teilnahme des Lösungsmittels an Radikalkettenreaktionen.* 2. Mitt. *Polymerisationsgeschwindigkeiten in Benzollösung.* (1. vgl. vorst. Ref.) Es wurde die Polymerisationsgeschwindigkeit von *Methylmethacrylat* (**I**, $Kp._{15}$ 42°), *Methylacrylat* (**II**, Kp. 78—80°) u. *Vinylacetat* (**III**, Kp. 71—72°) in Bzl. bei 60—80° untersucht, wobei 2.2'-Azoisobutyronitril als Initiator diente. Für **I** wurden über einen großen Konzentrationsbereich Rkk. 1. Ordnung gefunden. Bei **II** ist die Reaktionsgeschwindigkeit in unregelmäßiger Weise von der Konz. abhängig. Bei **III** wirken schon geringe Zugaben von Bzl. stark verlangsamend. Für die Polymerisation einer 50%ig. **III**-Lsg. in Bzl. wurde eine Aktivierungsenergie von 37,6 kcal gefunden. Durch Anwendung der l. c. abgeleiteten Beziehungen lassen sich die Ergebnisse deuten, wobei angenommen wird, daß die entstehenden Lösungsmittelradikale zum Kettenabbruch führen können. Die Unstimmigkeiten zwischen den Ergebnissen anderer Autoren bzgl. der Ordnung der Polymerisations-Rkk. sind offenbar darauf zurückzuführen, daß bei unterschiedlichen Konzz. gearbeitet worden ist. (Trans. Faraday Soc. **51.** 219—25. Febr. 1955.) G. CLEVE. 4010

G. M. Burnett und **L. D. Loan,** *Teilnahme des Lösungsmittels an Radikalkettenreaktionen.* 3. Mitt. *Φ-Faktoren bei Polymerisation in Lösung.* (2. vgl. vorst. Ref.) Die relative Stärke der Wechselwrkg. ungleicher Radikale bei Polymerisation in Lsg. wurde für *Methylmethacrylat* (Φ-Faktor: 1,9), *Methylacrylat* (zwischen 3 u. 5) u. *Vinylacetat* (13,2) in Bzl. bestimmt. Der Einfl. des Lösungsm. ist also auch bei der Rk. relativ stabiler

Radikale merklich. Der Φ-Faktor steigt mit der Reaktivität des kettenfortpflanzenden Radikals u. ist in den untersuchten Konzentrationsbereichen konstant. Einige Gründe, die den variablen Φ-Faktor bei Copolymerisationen erklären können, werden diskutiert. (Trans. Faraday Soc. 51. 226—30. Febr. 1955.) G. CLEVE. 4010

A. B. Pakschwer und **Je. K. Mankasch,** *Untersuchung der Struktur hochmolekularer Stoffe.* 6. Mitt. *Die Sorptionsgeschwindigkeit von Phenolen durch Polyamidfasern.* (5. vgl. C. **1955.** 2305.) Phenol (I), Resorcin (II), Salicylsäure (III), Tannin (IV), Harnstoff (V) u. ε-Caprolactam (VI) werden von der *Polyamidfaser* unter Bldg. von Wasserstoffbindungen sorbiert, an denen bei den phenol. Verbb. der H der OH-Gruppe u. die CONH-Gruppe der Polyamidmoll. beteiligt sind. Die Sorptionsgeschwindigkeit ist der Konz. der Lsg. proportional, wobei der Diffusionskoeff. innerhalb der Faser nach der Reihe **I** → **II** → **III** → **V** → **IV** → **VI** abnimmt. Die ungereckte Faser weist im Vgl. mit der gereckten eine größere Anzahl solcher NH-Gruppen, die intramol. nicht an andere Gruppen gebunden sind, auf, demzufolge auch ein stärkeres Sorptionsvermögen. Die Sorptionsgeschwindigkeit hängt von der Konz., der Molekülgröße u. der chem. Natur des Sorptifs ab. **I** u. **II** werden stärker aufgenommen als **IV** u. **VI**, jedoch schwächer als **III** u. **V**. Da die Länge der Faser nicht sofort durch den Sorptionsvorgang verändert wird, ist zu schließen, daß das Gleiten der Makromoll. innerhalb der Faser erst nach einer bestimmten Sättigung der freien NH-Gruppen erfolgt. (Журнал Прикладной Химии [J. angew. Chem.] **27.** 182—88. Febr. 1954.) W. DAWYDOFF. 4010

F. T. Wall und **Donald G. Miller,** *Zugbeanspruchung und Umwandlung zweiter Ordnung bei Kautschuk.* Die Abhängigkeit der Temp. der Umwandlung 2. Ordnung (T_m) von der Dehnung wurde dilatometr. an 3 verschied. *Naturkautschuk*-Vulkanisaten (u. zum Vgl. an *GR–S* u. Kautschuk mit Rußverstärkung) untersucht. T_m (in ^{0}) nimmt mit steigender Belastung (in g) u. — bei gleicher Belastung — mit steigendem Vernetzungsgrad linear ab. Die Neigung der T_m/Belastung-Kurven werden mit steigendem Vernetzungsgrad weniger steil. Die Befunde lassen die Folgerung zu: die Umwandlung wird durch das Einsetzen von Kettensegmentrotationen verursacht; die Dehnung des Polymerisats erleichtert den Beginn der Rotation (Erniedrigung von T_m); zunehmender Vernetzungsgrad behindert die Rotation (Zunahme von T_m); zunehmender Vernetzungsgrad verringert die Wrkg. einer bestimmten Kraft auf T_m. Die Hypothese über die Rotation wird ebenfalls in Verbindung mit der Wrkg. von Quellmitteln auf die Umwandlung 2. Ordnung erörtert. (J. Polymer Sci. **13.** 157—65. Febr. 1954. Urbana, Ill., Univ., Noyes Chem. Labor.) R. SCHÄFF. 4030

Maurice Morton, J. A. Cala und **Irja Piirma,** *Vernetzung bei der Isoprenpolymerisation.* Zur Auswertung der relativen Vernetzungsgeschwindigkeit u. ihrer Temperaturabhängigkeit bei der Isoprenemulsionspolymerisation wurde die Kinetik der Mercaptankettenübertragungs-Rk. u. ihre Beziehung zum Mol.-Gew. des Polymerisats sowie die Beziehung zwischen dem prim. Mol.-Gew. des Polymerisats u. dem Gelpunkt während der Polymerisation untersucht. Für das Verhältnis der Geschwindigkeitskonstanten der Vernetzungs- u. der Wachstums-Rkk. ($K = k_x/k_p$) wurden folgende Werte gefunden: $3,4 \cdot 10^{-5}$ bei 60°, $4,3 \cdot 10^{-5}$ bei 70° u. $5,2 \cdot 10^{-5}$ bei 80°. Diese Daten führten zur Berechnung eines Unterschiedes von 5,0 kcal zwischen den Aktivierungsenergien der Vernetzungs- u. Wachstumsreaktion. Aus diesen Werten u. dem bekannten Wert für die Geschwindigkeitskonstante der Wachstums-Rk. wurde folgende Gleichung für die Absolutgeschwindigkeit der Vernetzungs-Rk. abgeleitet: $k_x = 8,5 \cdot 10^6 \exp(14800/RT)$. Die relative Vernetzungsgeschwindigkeit bei der Isoprenpolymerisation beträgt $3,4 \cdot 10^{-5}$ bei 60° u. ist damit nur ca. $^1/_6$ von der für Butadien ($20 \cdot 10^{-5}$ bei 60°). Dies hängt vermutlich hauptsächlich mit einem größeren ster. Faktor zusammen. Daher ist bei Polyisopren die Bldg. längerer Ketten möglich, bevor die Bldg. von Netzstruktur zur Gelierung führt. Bei der Mutualrezeptur [180 (Teile) W., 100 Isopren, 5 Seife, 1 KCl, wechselnde Mengen $K_2S_2O_8$ u. Mercaptan] ist die Geschwindigkeit pro Teilchen bei der Isoprenpolymerisation ca. 3mal größer ($3,3 \cdot 10^{-21}$ g·sec^{-1} bei 60°) als bei Butadien, obgleich sie noch immer beträchtlich niedriger ist als die Geschwindigkeit pro Teilchen für die Isoprenpolymerisation bei Tieftemperaturrezepturen mit Hydroperoxydaktivierung. (J. Polymer Sci. **15.** 167—82. Jan. 1955. Akron, O., Univ., Rubber Res. Labor.) R. SCHÄFF. 4030

Florence H. Forziati und **John W. Rowen,** *Die Wirkung von Änderungen in der Kristallstruktur auf das Infrarotspektrum von Cellulose.* Zur Feststellung von Zusammenhängen zwischen Kristallstruktur u. charakterist. Banden im Infrarotspektr. von *Cellulosen* (C) wurden die Spektren von folgenden C zwischen 2 u. 16 μ aufgenommen: mit natürlichem Kristallgitter (Typ I) Bakteriencellulose (aus *Acetobacter xylinum*), Baumwollfasern, Bruchstücken von Zellwänden der einzelligen Alge *Valonia ventricosa* u. dem Rückstand der Hydrolyse von Baumwollinters; von C mit dem Kristallgitter des mercerisierten Materials (Typ II): regenerierte Cellulose (durch Desacetylierung von Celluloseacetat), Rückstand der Methanolyse von mercerisierten Baumwollinters u. mercerisierte Bakteriencellulose; sowie von amorpher C (gewonnen durch Mahlen der Rückstände der Hydrolyse von Baumwollinters im Kugelvibrator), zum Teil als Film, in CS_2- bzw. CCl_4-Lsg. oder in Mineralölmull. Die Spektren des Typs I weisen schärfere u. besser definierte Banden als die des Typs II auf. Besondere Unterschiede treten in den Bereichen von 7—8 u. 9—10 μ auf. Typ I zeigt gleich starke, definierte Maxima bei 7,0, 7,3, 7,4 u. 7,5 μ bzw. bei 9,0, 9,4 u. 9,6 μ, bei Typ II fehlt die 7,4 μ-Bande u. die Absorption bei 7,3 μ ist viel größer als bei 7,0 u. 7,5 μ, Typ II sowie amorphe C weisen an Stelle der Banden zwischen 9 u. 10 μ eine einzige, sehr breite Bande auf u. absorbieren bei 11,2 μ stärker als Typ I. Das Auftreten der breiten Bande zwischen 9 u. 10 μ ist jedoch kein Beweis für die Abwesenheit von C des Typs I. Diese Unterschiede können mindestens zum Teil auf Veränderungen der Kristallstruktur zurückgeführt werden. (J. Res. nat. Bur. Standards **46**. 38—42. Jan. 1951. Washington.) B. GNAUCK. 4050

B. D. Tuchlow, Ss. Ss. Frolow und **A. B. Pakschwer,** *Untersuchung der Struktur hochmolekularer Stoffe.* 7. Mitt. *Über die Reaktion von Hydratcellulosefasern mit Kupferoxydammoniak.* (6. vgl. C. **1955. 11 591.**) Aus der Best. der Sorptionsgeschwindigkeit von Cu aus einer Cuproxamlsg. u. aus der Geschwindigkeit der Längenänderung einer *Hydratcellulosefaser* in dieser Lsg. läßt sich auf strukturelle Eigenarten der Faser schließen. Die Sorptionsgeschwindigkeit ist recht groß: Diffusionskoeff. (D) $10{,}10^{-10}$ bis $10{,}70^{-10}$ cm/Sekunde. Je dichter die Faser, desto kleiner D u. desto langsamer die Sorption. Bearbeitung der Fasern mit heißem W., verd. Säuren oder 6%ig. Lauge führt zu einem Anwachsen von D. Die Konz. von Cu u. NH_3 erwies sich in dem untersuchten Intervall von 0,5 bis 2,0 g/Liter Cu u. 25—200 g/Liter NH_3 prakt. ohne Einfluß. NaOH-Zusatz verlangsamt die Sorption wesentlich, woraus Vff. auf das Vorliegen von 2 verschieden schnell ablaufenden Sorptionsprozessen schließen, die sich beide auf die Ausbldg. von H-Bindungen gründen. Beobachtung von Längenänderungen der Fasern ergab, daß diese nicht mit der Sorptionsgeschwindigkeit des Cu zusammenfallen. Erhöhung der Temp. um 10° bewirkt Erhöhung der Sorption u. der Längenänderung auf das 1,15—1,7fache. Man hat es hier augenscheinlich mit einem komplizierten Prozeß zu tun, der die intermol. Bindungen der Cellulose schwächt u. gleichzeitig die Diffusion für Cu erhöht. (Журнал Прикладной Химии [J. angew. Chem.] **27**. 907—14. Aug. 1954. Iwanow, Chem.-Technol. Inst., Labor. für Kunstfasern.) M. ULMANN. 4050

G. A. Deborin, I. Je. Elpiner und **O. M. Schibanowa,** *Untersuchung der Oberflächenfilme von Eialbumin, das der Einwirkung von Ultraschallwellen ausgesetzt wurde. Eialbumin* u. sein *Dimeres* im Komplex mit *Ergosterin* wurden in 2,65%ig. Lsg. bei p_H 5,4 der Einw. von Ultraschallwellen von 740 kHz ausgesetzt. Gemessen wurden die Oberflächenspannung u. die Fläche (m^2/mg), welche die monomol. Schicht der Filme auf 5%ig. $(NH_4)_2SO_4$-Lsg. einnimmt, u. daraus nach BULL (Advances in pract. Chem. **3.** [1949.] 97) das Mol.-Gew. berechnet. Dieses nimmt beim Monomeren u. Dimeren nach 20—40 Min. Beschallung um ca. 20% ab u. bleibt bei weiterer Beschallung ziemlich konstant. Die Größe der Veränderung des Mol.-Gew. läßt den Schluß zu, daß durch die Beschallung größere Bruchstücke aus dem Makromol. abgespalten werden. (Доклады Академии Наук СССР [Ber. Akad. Wiss. UdSSR] **101.** 309—12. 11/3. 1955. Bach-Inst. für Biochem. u. Inst. für Biophys. der Akad. der Wiss. der UdSSR.)
J. v. SCHROEDER. 4070

I. M. Bulankin und **Je. M. Mamotjuk,** *Polarographische Untersuchung von Denaturierungsprozessen.* Vff. untersuchten polarograph. das *Serumalbumin* bei saurer u. alkal. Denaturierung. Im sauren Gebiet wachsen die 2 Wellen, von denen die 2. Entstehung oder Zunahme der akt. Gruppen (hier S—S oder SH) anzeigt, langsam u. gleichmäßig an, im alkal. wachsen sie rasch, erreichen ein Maximum schon nach 45 Min. u. klingen dann bis zu einem Minimum nach 24 Std. ab. Bei der sauren Denaturierung ist Parallelität der opt. Aktivität u. Bldg. eines Nd. bei Neutralisation mit dem Gang der Wellen festzustellen. Daher ist die Menge der Disulfidmenge, die mit der Zeit ansteigt, proportional dem irreversibel denaturierten Eiweiß. Bei der alkal. Denaturierung liegen die Verhältnisse bei rascherem Verlauf anfangs ähnlich, doch wird die Rk. durch eine 2. überlagert, die unter Bldg. von H_2S vor sich geht. Die Polarogramme der Ndd. aus dem sauren u. alkal. Denaturierungsprozeß unterscheiden sich wesentlich: beim alkal. ist die Höhe der Wellen geringer, was die Zerstörung der S—S-Bindungen im alkal. Gebiet bestätigt. (Український Біохемічний Журнал [Ukrain. Biochem. J.] **26**. 146—54. 1954. Charkow, Gorki-Univ., Lehrstuhl für Biochem.) J. v. SCHROEDER. 4070

A. G. Passynski, M. Ss. Wolkowa und **W. P. Blochina,** *Isotopenmethode zur Bestimmung der Veränderungen in Proteinen bei der Denaturierung.* Die Adsorption von mit

^{35}S markiertem Methionin (I) durch Serumalbumin (II) des Menschen, das auf verschied. Weise (Erhitzen, Schütteln, Einw. von A., UV- u. Röntgenstrahlen) in Ggw. von I denaturiert wird, ist wesentlich höher als durch natives. Diese Meth. ist weit empfindlicher als die bisher zum Nachw. der Denaturierung bekannten. Die Empfindlichkeit wäre noch höher, wenn keine Wechselwrkg. der bei der Denaturierung freigelegten funktionellen Gruppen untereinander die Adsorption einschränken würde. In stärker verd. Lsgg., wo die Wechselwrkg. geringer ist, ist die Aktivität der Ndd. weit höher. Aus demselben Grunde ist die Adsorption geringer, wenn I nach der Denaturierung zugesetzt wird. Es ist möglich, daß die Adsorption unter Vermittlung der Sulfhydrylgruppen des denaturierten II stattfindet; denn ein Zusatz von Cystein setzt die Aktivität der Adsorbate aus denaturiertem II auf die Aktivität derjenigen aus nicht denaturierten II herab (von 338 Impulsen/Min. auf 48). (Доклады Академии Наук СССР [Ber. Akad. Wiss. UdSSR] **101.** 317—20. 11/3. 1955. Bach-Inst. für Biochem. der Akad. der Wiss. der UdSSR.) J. V. SCHROEDER. 4070

Charles A. Mackenzie, Experimental organic chemistry. New York: Prentice-Hall. 1955. (270 S.) Q. $ 3,75.

Eugen Müller, Hrsg., Methoden der organischen Chemie. 4., völlig neu gestaltete Aufl. Bd. 3, 2. Stuttgart: Thieme. 1955. 3. Physikalische Methoden (Forschungsmethoden) T. 2. 2. Bearb. von **Ernst Abrahamczik** u. a. (XXVIII + 1078 S. m. 507 Abb.) DM 186,—.

I. N. Nasarow und **L. D. Bergelsson,** Chemie der Steroidhormone. Verlag der Akad. der Wiss. der UdSSR. 1955. (752 S.) 49 Rbl. [russ.]

E. Biologische Chemie. Physiologie. Medizin.

E_1. Allgemeine Biologie und Biochemie.

H. Scheltinga, *Blei in Boden, Pflanzen und Tierkörpern.* Eine Menge von 240 mg Pb je kg Trockenfutter u. Tag ruft in 3 Jahren keine Vergiftung des Viehs hervor; sie tritt erst oberhalb von 1000 mg/kg auf. Durchschnittlich enthält Gras 5—15 mg/kg Pb. Vom Gesamt-Pb-Geh. zahlreicher Bodenproben sind bis 10% in 2,5%ig. Essigsäure löslich. Ackerboden enthält 10—25 mg/kg Pb. Der Einfl. des Pb-Geh. einiger Düngemittel auf Pflanze u. Tier ist gering. — 25 Schrifttumshinweise. (Landbouwkund. Tijdschr. **67.** 153—64. März 1955. Arnhem, Landbouwkund. Bureau voor Sporenelementmeststoffen.) W. WESLY. 4100

N. G. Anderson, *Untersuchungen an isolierten Zellkomponenten.* 5. Mitt. *Die Wirkung verschiedener Lösungen auf die Kernmembran isolierter Rattenleberkerne.* (4. vgl. ANDERSON u. WILBUR, J. gen. Physiol **35.** [1952.] 781.) Lsgg. von NaCl, KCl, K-Phosphat sowie dest. W. verursachen bei isolierten Zellkernen die Bldg. von Bläschen; bes. große Bläschen werden durch Ca- u. $MgCl_2$-Lsgg. bewirkt. Der Zusatz von Rohrzucker (0,145mol.) verhindert die Ausbldg. der Bläschen durch eine Reihe von Salzlösungen. Über den Brechungsindex konnte festgestellt werden, daß die Bläschen relativ undurchlässig für Proteine sind, daß sie aber Proteine enthalten können, die vor der Bläschenbldg. durch die Gesamtkernmembran eingedrungen sind. Es wird nicht angenommen, daß die Bldg. durch osmot. Kräfte erfolgt. Das Material der Bläschen wird für ein Phosphorlipoid gehalten, das die Kernmembran normalerweise überzieht oder sonst fest mit ihr verbunden ist. (Exp. Cell Res. **4.** 306—15. Mai 1953. Oak Ridge, N. Y., Nat. Labor. Biol. Div.; Durham, Duke Univ., Dep. of Zool.) W. D. WEINMANN. 4150

Lennart Zettergren, *Intracelluläre Proteinkristallisation. Bericht eines weiteren Falles.* Vf. beschreibt das Auftreten von Proteinkristallen in Plasmazellen im Fall eines granulomatösen Hautschadens von unspezif. Natur. Die Kristalle waren stäbchenförmig, hexagonal mit kon. Enden; die Größe betrug durchschnittlich 30—50 μ. Meist befand sich ein großer Kristall in einer Zelle, manchmal jedoch auch mehrere kleine. Die Kristalle zeigten starke Lichtbrechung, jedoch keine Anisotropie. Ihr Verh. bei verschied. Anfärbung wird beschrieben u. die hieraus möglichen Rückschlüsse auf die chem. Zus. diskutiert. Nach Ansicht des Vf. ist die Kristallbldg. als Ausdruck des Proteinsynthesevermögens der Plasmazellen zu werten. (Acta pathol. microbiol. scand. **36.** 316—22. 1955. Gothenburg, Sweden, Univ., Inst. of Pathol.) K. NEHRING. 4150

F. Duran-Reynals, *Alte und neue Erkenntnisse über die mesenchymale Grundsubstanz.* 1. Mitt. *Theoretische und klinische Gesichtspunkte.* Übersicht über *Hyaluronsäure, Hyaluronidase, Chondroitinschwefelsäureverbb.* u. *Heparin* als wichtige Bestandteile der mesenchymalen Grundsubstanz u. ihrer physiol. Bedeutung u. über den „spreading effect“. (Die Medizinische **1954.** 532—35. 17/4. New Haven, Conn., Yale Univ., School of Med., Dep. of Microbiol.) G. WELTZIEN. 4150

P. Caselli und **A. Caputo,** *Verhalten des Erythrocytenkerns des Huhnes bei der Saponinhämolyse.* Bei der Hämolyse mit *Saponin* (1 : 10^{-5}) werden mit stark hyper- bzw.

hypoton. Lsgg. auch die Kerne aufgelöst, während bei NaCl-Konzz. von 0,1—0,3mol. wie bei der Bakteriolyse die Kerne erhalten bleiben. (Boll. Ist. sieroterap. milanese **30.** 290—96. Mai/Juni 1951. Roma, Ist. „Regina Elena" per lo Studio e la Cura dei Tumori.) W. KIMPEL. 4150

Alois E. Bachmann und **Guido Ruiz Moreno,** *Beitrag zur Untersuchung des reticuloendothelialen Ursprungs der „Staub"-Zellen oder alveolaren Makrophagen.* 1. Mitt. *Ihr Auftreten im gefärbten Speichel nach vorangegangener Vernebelung saurer Farben.* Die im Sputum Asthmakranker nach Vernebelung saurer Farbstoffe aufgefundenen „Staub"-Zellen zeigen Vacuolen, die von diesen Farbstoffen umgeben sind u. wahrscheinlich Lipoide darstellen, sowie phagocytierte Einschlüsse von Kohlepartikelchen; diese Eigg. sowie die von anderer Seite beobachtete Beweglichkeit u. ihr Eingreifen in den extravasalen Stoffwechsel der Blutfarbstoffe lassen ihren reticuloendothelialen Ursprung wahrscheinlich erscheinen. (Prensa méd. argent. **38.** 304—12. 9/2. 1951.) W. KIMPEL. 4150

Raphaël Matalon, Lucie Molho-Lacroix und **Max Cohen,** *Die Lysis der Cilie Glaucoma piriformis durch Alkohole und deren Polyoxyäthylenderivate.* In einer früheren Arbeit wurde Lysis u. Unbeweglichkeit von Cilien (*Glaucoma piriformis*) in Abhängigkeit von Kettenlänge u. Oberflächenspannung der Lsgg. einiger Alkohole bzw. deren Polyoxyäthylenderivv. beschrieben. Für *Amyl-, Hexyl-, Heptyl-, Lauryl-* u. *Myristylalkohol* u. deren Derivv. mit Oxyäthylenketten verschied. Länge wurden für die bei den Cilien wirksamen Konzz. die Oberflächenspannungen gemessen, deren Höhe in Abhängigkeit von der Stabilität der Lipoproteinschichten interpretiert wird. (C. R. hebd. Séances Acad. Sci. **230.** 1985—87. 31/5. 1950.) P. LOCH. 4150

Julian L. Ambrus, Clara M. Ambrus, Joseph W. E. Harrisson und **Howard Cravetz,** *Untersuchung über die Heterotransplantation des Ehrlich-Carcinoms in Beziehung zur Antikörperbildung.* Subcutane Injektionen von je 25 Millionen EHRLICH-Ascitescarcinomzellen u. 0,2 ml einer 30%ig. Erythrocytensuspension aus Schafsblut in junge Ratten zeigen, daß eine Wechselbeziehung zwischen der Bildungszeit von Anti-Schafbluthämagglutininen u. der Regression der Tumoren besteht. Die in Ratten wachsenden EHRLICH-Mäusetumoren sind vollständig retransplantabel. In einigen Fällen wurden die in Ratten gewachsenen Mäusetumoren bei 37° 4 Std. lang mit Anti-Maus- oder Anti-Ratten-Kaninchen-Serum incubiert u. anschließend Mäusen intraperitoneal injiziert. Das mit Anti-Maus-Serum behandelte Tumormaterial geht im Gegensatz zu dem mit Anti-Ratten-Serum behandelten nicht an. Vff. schließen daraus, daß der Ascitestumor der Maus auch nach Transplantation auf Ratten seine ursprünglichen Antigeneigg. nicht verliert. (Amer. J. Pharmacy, Sci. support. publ. Health **123.** 19—21. Jan. 1951. Philadelphia, Pa., Philadelphia Coll. of Pharm. and Sci., Lavall Mem. Labor. of Pharmacol. and Biochem.) R. REISS. 4160

D. H. Adams, *Mäuseleberkatalase. Die antagonistische Wirkung von Tumorgewebe auf den hormonalen Kontrollmechanismus.* Best. der Leberkatalaseaktivität (LKA) bei ♂ u. ♀ Mäusen mit u. ohne Injektion von Tumorgewebe (S 37). Bei n. Männchen liegt die LKA höher als bei kastrierten oder bei Weibchen. Durch Injektion von Tumorgewebe wird die LKA erheblich herabgesetzt, durch subcutane *Testosteron* (I)-Injektionen wird sie erhöht. Es gelingt, die durch Tumorinjektion herabgesetzten Werte mit I zu kompensieren. Nach Adrenalektomie u. Kastration der ♀ bzw. Adrenalektomie der ♂ Tiere werden die gleichen LKA-Werte gefunden wie nach Injektion von Tumorgewebe. Gewebeinjektion nach Adrenalektomie bewirkt kein weiteres Absinken der LKA. Injektionen von *Cortison* erhöhen bei adrenalektomierten Tieren die LKA; folgende Tumorinjektion läßt sie auf die ursprünglichen Werte absinken. Vf. nimmt an, daß die Substanz des Tumorgewebes, die die LKA erniedrigt, innerhalb des Tumors eine gegen Hormoneinflüsse schützende Wrkg. ausübt. (Brit. J. Cancer **5.** 409—16. Dez. 1951. London, Hosp. Med. Coll., Cancer Res. Dep.) R. REISS. 4160

Giyas Korkud, *Gonadotropin bei Testistumor.* Während der ASCHHEIM-ZONDECK-Test in seiner qualitativen Ausführung sich für die Diagnosis u. die Beurteilung der Behandlung von Testistumoren als wenig aufschlußreich erwies, war die quantitative Prolanbest. im Harn (durchgeführt nach BIROL) für diesen Zweck gut brauchbar. (Istanbul Univ. Tip. Fak. Mecmuasi [Bull. Fac. Méd. Istanbul] **15.** 915—20. 1952.) M. ARNAKI. 4160

Valentino Carminati und **Mario Chirico,** *Wirkung einiger im Gesteinsstaub enthaltenen Substanzen auf das Bindegewebe bei alleiniger Anwendung und in Verbindung mit 3.4-Benzpyren.* 1. Mitt. *Kieselsäureanhydrid.* 2. Mitt. *Strontiumsulfat und Calciumcarbonat.* Vff. injizierten jungen, 100—110 g schweren Rattenmännchen je 1 cm³ der 1,5%ig. Suspensionen von Mikrokristallen von SiO_2 (I), $SrSO_4$ (II) oder $CaCO_3$ (III) in das Unterhautbindegewebe der Leistengegend, zum Teil in Verbindung mit gleichzeitigen

Injektionen von 10 mg *3.4-Benzpyren* (**IV**) in 1 cm^3 Öl. I führt zu einem auch noch nach 120 Tagen zu beobachtenden, durch lebhafte Zell- u. mäßige Fibrillar-Rk. charakterisiertem Granulom; die **I**-Kristalle verschwinden aus dem bei gleichzeitiger **IV**-Gabe entstehenden Granulom nach einiger Zeit, in einem Falle sogar, wenn **IV** an anderer Stelle gespritzt wurde. **III** bedingt nur unbedeutende Knotenbldg., die nach 30 Tagen zusammen mit den **III**-Kristallen verschwunden ist. **II** führt zu granulomatöser Zell-Rk., die ebenfalls mit dem Verschwinden der **II**-Kristalle zurückgeht; auch hier fördert gleichzeitige **IV**-Gabe das Verschwinden von **II**. (Tumori **37**. 83—92. 198—207. 1951. Milano, Ist. Naz. per lo Studio e la Cura dei Tumori, Div. Biol. Speriment. u. Centro per la Patol. Cellulare del Consiglio Naz. delle Ric.) W. KIMPEL. 4160

Michael B. Shimkin, B. Kenneth Koe und **L. Zechmeister**, *Ein Beispiel für das Vorkommen carcinogener Substanzen in verschiedenen Entenmuscheln*. Vff. trennen durch Chromatographie an Al_2O_3 aus *Tetraclita squamosa rubescens* (Entenmuschel)-Extrakten eine Fraktion ab, die *3.4-Benzpyren* (**I**) enthält. Nach subcutaner Injektion von 0,5 bzw. 0,25 mg dieser Fraktion, in Tricaprylin gelöst, entwickeln sich nach 16—20 Wochen bei 4 bzw. 2 von je 12 Mäusen transplantable Spindelzellsarkome; bei Verwendung von reinem **I** liegt die Tumorquote unter diesen Versuchsbedingungen bei 80—90%. Unter der Voraussetzung, daß die verwendete Fraktion außer **I** keine anderen cancerogenen Substanzen enthält, u. daß die anderen in dieser Fraktion noch vorhandenen Stoffe die cancerogene Wrkg. von **I** nicht verändern, beträgt der **I**-Geh. in der untersuchten Fraktion 10—40%. (Science [Washington] **113**. 650—51. 8/6. 1951. San Francisco, Univ. of California, School of Med. u. Nat. Cancer Inst., Labor. of Exp. Oncology; Pasadena, Calif., Inst. of Technol., Gates and Crellin Labor. of Chem.) R. REISS. 4160

John J. Biesele, *Wirkungen von 6-Mercaptopurin auf Experimentaltumoren in Gewebekultur*. Die Mitose von Sarkomzellen in kombinierten Gewebskulturen von Mäusesarkom 180 u. Embryonalhaut (Maus) wird durch *6-Mercaptopurin* (**I**) gehemmt. Die Mitose verschied. anderer Mäusetumoren (Sarkom T 241 u. Ma 387, EHRLICHsches Carcinom, MIYONA-Adenocarcinom) u. zweier Humantumoren (TOOLANsches *Sarkom* u. *epidermoides Carcinom*) wurde in Gewebekulturen in wechselndem Maße beeinflußt. Die **I**-Wrkg. auf Sarkom 180 erfährt durch Ggw. von Lebergewebe neugeborener Mäuse keine Beeinflussung. Mehrere physiol. wirksame *Purine* (*Hypoxanthin, Guanin, Adenin*), *Nucleoside* (*Inosin, Adenosin, 2'-Desoxyadenosin, Guanosin*) u. *Nucleotide* (*Adenosin-3'-phosphat*, weniger *-2'-phosphat* u. *-5'-phosphat*) blockieren in Sarkom-180-Kulturen teilweise die durch **I** hervorgerufene Mitosehemmung. *Coenzym-A*-Präpp. (30 u. 70%ig) bewirken eine starke Entfernung der durch **I** ausgelösten Mitosehemmung in Sarkom-180-Kulturen. *Insulin* beeinflußt die Mitosehäufigkeit von Sarkom-180-Kulturen in Ggw. von **I** nicht, steigert aber die Empfindlichkeit von Kulturen embryonaler Mäusehaut für die Mitosehemmung durch **I**. (Ann. New York Acad. Sci. **60**. 228—34. 6/12. 1954. New York, N. Y., Sloan-Kettering Inst. for Cancer Res.) K. MAIER. 4160

Joseph H. Burchenal, R. R. Ellison, M. L. Murphy, D. A. Karnofsky, M. P. Sykes, T. C. Tan, A. C. Mermann, M. Yuceoglu, W. P. L. Myers, I. Krakoff und **N. Alberstadt**, *Klinische Untersuchungen über 6-Mercaptopurin*. *6-Mercaptopurin* (**I**) wurde bei 269 Patienten mit verschied. neoplast. Erkrankungen untersucht, wobei die Anwendung meist oral (2,5 mg/kg · Tag) erfolgte. Prakt. kein therapeut. Effekt wurde bei metastat. Carcinomen, Sarkomen, HODGKINscher Krankheit, Lymphosarkomen u. chron. Lymphocytenleukämie festgestellt. **I** rief gelegentliche vorübergehende Regressionen von subcutanen u. Knochenmetastasen des metastat. Reticulumzellensarkoms hervor. Bei **I**-Anwendung im frühen Stadium der chron. myelocyt. Leukämie war ein hoher %-Satz von Remissionen erzielbar. **I** besitzt gegenüber einigen zur Zeit angewandten Therapeuticis einen zusätzlichen Vorteil, da es häufig bei *A-Methopterin*- u. *Cortison*-resistenten Patienten u. bei solchen mit myelomonocytoider oder Monocytenleukämie sowie bei Personen über 40 Jahren Remissionen auslöst. In Kombination mit *Folsäureantagonisten* u. *Cortison* bewirkt **I** anscheinend eine Verlängerung der Lebensdauer leukäm. Kinder. (Ann. New York Acad. Sci. **60**. 359—68. 6/12. 1954. New York, N. Y., Sloan-Kettering Inst., Div. of Exp. Chemotherapy, Mem. Center for Cancer and Allied Diseases, Chemotherapy Service, and Cornell Univ., Med. Coll., Sloan-Kettering Div.)
K. MAIER. 4160

R. Emich, *Klinische Erfahrungen mit Butazolidin bei neoplastischen Prozessen*. Bei 29 Fällen maligner Tumoren, Lymphogranulomatosen u. Leukämien, die zum Teil mit *Butazolidin, 3.5-Dioxo-1.2-diphenyl-4-n-butylpyrazolidin* (**I**), allein, zum Teil mit Epiphysenimplantation bzw. Epiphysan kombiniert, behandelt wurden, brachte die **I**-Therapie der Lymphogranulomatose die besten Erfolge, während akute u. chron. Myelosen sowie Lymphomatosen nur wenig auf **I** ansprachen. Es besteht die Möglichkeit einer Verstärkung der Epiphysenwrkg. durch I. (Wiener med. Wschr. **105.** 371—72. 7/5. 1955. Evangel. Krankenhaus für Innere Erkrankungen.) K. MAIER. 4160

Güzin Eser, *Die Wirkung des Teropterins auf Walker-Tumoren. Teropterin* (12 γ täglich intraperitoneal) hatte bei Albinoratten mit transplantierten WALKER-Tumoren keinen nachweisbaren Effekt. Der Geh. des Tumorgewebes an Vitamin C u. Thymonucleinsäuren blieb unverändert. (Istanbul Univ. Tip. Fak. Mecmuasi [Bull. Fac. Méd. Istanbul] **14.** 334—36. 1951.) Z. STARY. 4160

W. Paolino, L. Resegotti und **G. Pierri,** *Experimentelle und klinische Untersuchungen über ein neues Colchicinderivat mit antiblastischer Wirkung: Methylester der Trimethylcolchicinsäure* (*Desacetylcolchicin*). Vff. berichten über Erfolge in der Behandlung von chron. myeloischen Leukämien u. Morbus HODGKIN mit *Desacetylcolchicin* (I). Dosis 20 mg täglich, bzw. 10 mg intravenös. Auch bei einem Fall von plasmacellulärer Reticulose erwies sich I als günstig, sowohl hinsichtlich der Minderung der Lymphknotenvergrößerungen als auch der Zellausschwemmung u. des Bluteiweißbildes. Subjektive u. nur teilweise objektive Besserung wurde bei Reticulosarkomen u. Lungentumoren erreicht. (Giorn. Accad. Med. Torino **117.** 127—32. Juli/Dez. 1954. Torino, Univ., Ist. di Patol. Spec. Med.) P. G. SCHEURLEN. 4160

Albert Jentzer, *Behandlung des Prostatakrebses mittels natürlicher Hormone.* Vf. gibt der Behandlung mit natürlichen Hormonen der mit synthet. Hormonen den Vorzug. (Praxis [Bern] **43.** 870—72. 14/10. 1954. Genf, Univ., Chirurg. Klinik.) G. WELTZIEN. 4160

S. Kramer, J. P. Concannon, H. D. Evans und **G. M. Clark,** *Diagnostische und therapeutische Verwendung von radioaktivem Jod bei Schilddrüsenkrebs.* Bei 12 Patienten, die eine Aufnahme von ^{131}J aufwiesen, hatte die Behandlung zum Teil Erfolg. Auf die Bedeutung des Verf. zur Erkennung von Metastasen wird bes. hingewiesen. (Brit. J. Radiol. **28.** 307—13. Juni 1955. Manitoba, Can., St. Boniface Hosp.) G. WELTZIEN. 4160

Johannes Haas, Physiologie der Zelle. Berlin-Nikolassee: Bornträger. 1955. (474 S. m. 46 Textabb., 2 Taf. u. 32 Tab.) 8°. DM 48,—.

Frank Harris Johnson, ed. The luminescence of biological systems; proceedings of the Conference on Luminescence March 28—April 2, 1854. Washington: Amer. Assn. for the Advancement of Science. 1954. (466 S. m. Abb.) O. $ 7,—.

E₂. Enzymologie. Gärung.

P. J. W. Ayres und **H. McIlwain,** *Methoden zur Untersuchung des Gewebestoffwechsels.* 2. Mitt. *Die Anwendung elektrischer Impulse auf isolierte Gewebe in wässerigen Medien.* (Vgl. C. **1952.** 4482; **1953.** 3437.) Beschreibung einer App., die die Einw. von Wechselstromimpulsen auf isolierte Gewebe erlaubt. Potential u. Dauer sind meßbar u. in dem Maße variierbar, daß Stoffwechseländerungen innerhalb der Gewebe hervorgerufen werden. (Biochem. J. **55.** 607—17. Nov. 1953. London, Univ., Inst. of Psych., Biochem. Labors.) K. MAIER. 4210

Z. Stary und **M. Arnaki,** *Die aktive Form der Essigsäure und die Bildung der Isoprenide.* Vff. besprechen die bisherigen Unterss. über die Bldg. von Isopreniden (Carotinoide, Vitamin A, Vitamin E, Vitamin K, Kautschuk, Phytol, Terpene, Harze, Cholesterin, Gallensäuren, Hormone) in Bakterien, Pflanzen- u. Tierzellen aus *aktivierter Essigsäure* (I). Bes. ihre eigenen Arbeiten mit Sarcina lutea (vgl. C. **1955.** 11601) beweisen, daß nicht die Essigsäure, sondern Brenztraubensäure, aus der durch oxydative Decarboxylierung I entsteht, wodurch erst die Bindung an Coenzym A ermöglicht wird, die Isoprenidsynth. in größerem Umfang steigert. Die Zwischenstufen der aus β-methylierten Viererketten gebildeten Endprodd. sind noch unbekannt u. bei den einzelnen Tier- u. Pflanzenarten sehr verschieden. (Arzneimittel-Forsch. **4.** 346—47. 1954. Sep. Istanbul, Univ., Biochem. Inst.) P. LOCH. 4210

A. Tissières, *Wiederherstellung des Succinoxydasesystems aus einem succindehydrogenase- und einem cytochromoxydasefreien Präparat.* Spektroskop. Unterss. ergaben, daß Partikel der *Neurospora crassa*-Mutante *C 117*, die n. *Bernsteinsäuredehydrogenase* (I)-Geh., jedoch keine *Cytochromoxydase* (II) u. kein *Cytochrom c* (III) aufweisen, nur dann mit II aus alkalibehandelten (Zerstörung von I unter teilweiser Erhaltung der II-Aktivität) Herzmuskel- oder *Neurospora*-Wildtyppräpp. unter Bldg. des kompletten *Succinoxydase* (IV)-Syst. reagieren, wenn gleichzeitig III zugesetzt wird. Partikel der Mutante *poky*, die n. I-Geh., keine II u. hohen III-Geh. besitzen, bilden mit II aus Herzmuskel oder Wildtyp direkt das IV-Syst. zurück. (Biochem. J. **58.** 142—46. Sept. 1954. Cambridge, Univ., Molteno Inst.) K. MAIER. 4210

H. Petersky, M. S. Goldstein und **R. Levine,** *Der enzymatische Mechanismus der Wirkung von Barbitursäure.* Da Derivv. der *Barbitursäure,* wie an verschied. Rattengeweben gezeigt wurde, die enzymat. Oxydation von Kohlenhydraten (KH.) hemmen, wurde versucht, den Angriffsort dieser Verbb. näher zu präzisieren. Durch Best. der entstehenden Milchsäure wurde nachgewiesen, daß die Hemmung bereits in der ersten Phase des KH.-Abbaus, bei der Glykolyse, stattfindet. Da die Phosphorylierung von Glucose zu Glucose-6-phosphat durch *Pentabarbitursäure* (I) nicht beeinflußt wird, kann *Hexokinase* nicht der Angriffspunkt sein. Vielmehr muß die Regeneration von *Adenosintriphosphat* gehemmt sein. Diese benötigt *Brenztraubensäure* (II) oder ein Zwischenprod. des Citronensäurecyclus. I hemmt nun die II-Oxydation durch Rattenhirn, jedoch nur unter aeroben Bedingungen, da andererseits I ohne Einfl. auf Milchsäuredehydrogenase ist. Schrittweise weitergehend, wurde festgestellt, daß die oxydative Decarboxylierung von II zu Essigsäure blockiert wird. Dabei wird die in erster Phase stattfindende Bldg. von Acetaldehyd nicht gehemmt, vielmehr erst der zweite Schritt, der *Acetaldehyddehydrogenase* u. *Diphosphopyridinnucleotid* benötigt. Da auch der O_2-Verbrauch von Rattengeweben bei Ggw. von Kombinationen aus *Fumarsäure*, *Citronensäure*, *Essigsäure* u. *Bernsteinsäure* durch I gehemmt wird, sind auch noch andere Angriffspunkte im Citronensäurecyclus für I vorhanden. Ob diese in vitro-Verss. Schlüsse auf die narkotisierende Wrkg. von I zulassen, kann nicht mit Sicherheit gesagt werden, da andere Maßnahmen, z. B. Hypophysektomie oder Thyroidektomie, den O_2-Verbrauch herabsetzen, ohne narkot. Wrkg. auszuüben. (J. Pharmacol. exp. Therapeut. **100.** 273—83. Nov. 1950. Chicago, Ill., Michael Reese Hosp., Med. Res. Inst.) P. LOCH. 4210

P. G. Scholefield, *Die Oxydation der Äpfelsäure und der Mesoweinsäure in Extrakten aus Taubenleber.* *Äpfelsäure* kann durch *Äpfelsäuredehydrase* sowie durch das (decarboxylierende) „malic enzyme" (I) oxydiert werden. Beide Enzyme erfordern Ggw. von Diphosphopyridinnucleotid (II) oder Triphosphopyridinnucleotid (III). Bei Unterss. von I aus Taubenleber wurde eine Fraktion erhalten, welche DL-Malonsaures Na in Ggw. von Ferricyanid oxydiert, hierfür aber weder II oder III noch Mn^{2+} benötigt. Diese Rk. wird durch *Oxymalonsäure*, *Isocitronensäure*, *Citronensäure* oder *Mesoweinsäure* gehemmt, nicht aber durch Buttersäure, β-Oxybuttersäure, Gluconsäure, D- bzw. DL-Weinsäure. — In Ggw. von II oder III wird Mesoweinsäure durch das Syst. Taubenleber + Ferricyanid anaerob oxydiert; hierauf ist Mn^{2+} ohne Einfluß. (Biochem. J. **59.** 177—79. Febr. 1955. Montreal, Can., Montreal Gen. Hosp., Res. Inst.) A. HESSE. 4210

Alberto B. Hargreaves, *Die Wirkung von Sulfhydrylgiften auf das „Äpfelsäure"-Enzymsystem.* Die Unters. der Wrkg. von SH-Reagentien auf die Decarboxylierung von *Äpfelsäure* durch ein teilweise gereinigtes „*Äpfelsäure*"-Enzym aus Taubenleber–Aceton-Pulver zeigte, daß *p-Chlormercuribenzoat* die oxydative Decarboxylierung von *l-Malat* hemmt ($5 \cdot 10^{-7}$ mol., 100%). Die Aktivität wird durch Zusatz der gleichen *Cystein*-Konz. wiederhergestellt. *Na-o-Jodosobenzoat* u. *Na-Arsenit* ($5 \cdot 10^{-3}$ mol.) hemmen nicht, *Jodacetat* u. *Diphenyljodoniumchlorid* in ziemlich hohen Konzz. geringfügig. (An. Acad. brasil. Ci. **26.** 293—308. 1954. Madison, Wis., Enzyme Inst. for Res.) K. MAIER. 4210

R. H. Hageman und **Daniel I. Arnon,** *Die Isolierung von Triosephosphatdehydrogenase aus Erbsensamen.* Aus Acetontrockenpulver von Erbsensamen wurde *Triosephosphatdehydrogenase* (I) isoliert. Die Reinigung erfolgte durch Hitzebehandlung bei 60°, $(NH_4)_2SO_4$-Fraktionierung bei 60—95% u. 40—60% Sättigung u. Verdünnen mit W. bei 0°. Die Reinheit betrug auf Grund der spezif. Aktivität maximal [$5,75 \cdot 10^8$ cm^3]^2/Min./mg/Mol u. entspricht damit der Aktivität krist. Kaninchenmuskel-I ($6,5 \cdot 10^8$). (Arch. Biochem. Biophysics **55.** 162—68. März 1955. Berkeley, Calif., Univ. of California, Dep. of Plant Nutrit.) K. MAIER. 4210

Rosa M. Gryder, Jonas S. Friedenwald und **Carolyn Carlson,** *Die beiden alkalischen Phosphatasen für Glycerophosphat der Rattenniere.* In Bestätigung histochem. Befunde wurde festgestellt, daß in der Rattenniere 2 verschied. *Phosphatasen* (I) (*A* u. *B*) vorkommen, die bei alkal. p_H *Na-β-Glycerophosphat* hydrolysieren. *A* wird durch *Jodacetat* (II) gehemmt u. durch *Glykokoll* (III) u. Zn^{2+} aktiviert. *B* wird durch II nicht blockiert, durch Mg^{2+} aktiviert u. durch III sowie durch Zn^{2+}-Konzz., die *A* aktivieren, gehemmt. Einige der Dissoziationskonstanten der Substrat-, Aktivatoren- u. Inhibitorenkomplexe beider I wurden berechnet. In Gewebshomogenisaten findet sich die *A*- u. *B*-Aktivität an große Zellpartikel gebunden. (Arch. Biochem. Biophysics **54.** 281—303. Febr. 1955. Baltimore, Md., Johns Hopkins Univ. and Hosp., Wilmer Ophthalmol. Inst.) K. MAIER. 4210

A. C. Paladini, R. Caputto, L. F. Leloir und **C. E. Cardini,** *Neuere Erkenntnisse über den Zwischenstoffwechsel von Glucose und Galaktose.* Zusammenfassende Darst. neuerer Arbeiten verschied. Autoren über Umwandlung Glucose (I) + ATP (II) → Glucose-6-phosphat (III) + ADP (IV) durch Hexokinase, III → Glucose-1-phosphat (V) durch Phosphoglucomutase (VI) über das vermutliche Glucose-1.6-monophosphat, die Aktivierung von **VI** durch Fructose-1.6-diphosphat u. Glucose-1.6-diphosphat (**VII**), Bldg. von Glykogen aus **V** unter Einfl. von Phosphorylase u. Isophosphorylase, Bldg. von **VII** aus **V** + **II** → **VII** + **IV** durch Glucose-1-phosphatokinase oder ohne **II** nach 2 **V** Mol → **VII** + **I** mit Hilfe eines in Escherichia coli aufgefundenen Enzyms. **V** u. **III** bzw. **VII** können sich auch aus den entsprechenden Estern der Fructose (**VIII**) bilden u. somit auch **VIII** in Glykogen überführen. Vff. fanden in Saccharomyces fragilis Galaktokinase, die Galaktose + **II** in **IV** + Galaktose-1-phosphat überführt; als Coenzyme für deren Umwandlung in **V** u. **III** wurde die in Leber u. Hefe aufgefundene *Uridindiphosphoglucose* nachgewiesen. (Rev. Asoc. bioquím. argent. **15.** 28—36. Jan./Febr. 1950. Buenos Aires, Inst. de Investigaciones Bioquím., Fundación Campomar Julián Alvares 1719.) W. KIMPEL. 4210

J. Stern, *Inhibitoren und Aktivatoren der Hexokinase des Gehirns.* Im Plasma findet sich ein Inhibitor der *Hexokinase* (**I**), der nichtdialysierbar u. ziemlich hitzestabil ist u. gegen welchen *Insulin* keine Gegenwrkg. ausübt. Die **I** des Gehirnes ist bei Glucose als Substrat sehr empfindlich gegen diese Hemmung; doch werden auch die Phosphorylierung der Fructose durch **I**, die des Hexosemonophosphates durch *Phosphohexokinase* u. die der Glucose durch *Hefehexokinase* gehemmt. Die Hemmung durch dialysiertes Plasma beruht nicht auf Wrkg. von *Adenosintriphosphatase* u. wird auch nicht durch vierfache Änderung der Konz. von Mg^{2+}, Adenosintriphosphat oder Glucose beeinflußt. Offenbar greift der Inhibitor unmittelbar an der **I** an. — Die durch Nerven u. Placenta bewirkte Hemmung der **I** beruht dagegen völlig auf Wrkg. von Adenosintriphosphatase u. Phosphatase. — Frühere Befunde über die Aktivierung der **I** durch Proteine in Muskel u. Hämolysaten wurden bestätigt. Dies kann nicht durch Entfernen von Hexosemonophosphat durch Phosphohexokinase erklärt werden. Diese Aktivierung wird durch Ggw. von 0,067 mol. KCl oder 0,003 mol. $CaCl_2$ aufgehoben. (Biochem. J. **58.** 536—42. Dez. 1954. Wickford, Essex, Runwell Hosp., Res. Dep.) A. HESSE. 4210

J. Conchie, *β-Glucosidase aus Rumenflüssigkeit.* Bei der Celluloseverdauung durch Wiederkäuer ist Depolymerisierung sowie Spaltung glykosid. Bindungen, vermutlich unter Mitwrkg. einer *β-Glucosidase* (**I**), erforderlich. — Es konnte aus Schafmagen eine **I** erhalten werden, die im wesentlichen bakteriellen Ursprunges ist. Die Wrkg. gegen *o-Nitrophenyl-β-D-glucosid* (**II**) zeigt zwei Optima (p_H 5,4 u. 5,8); **I** ist stabil zwischen p_H 5 u. 7 u. ist bei 37° 4 Std. haltbar. Die Wrkg. der **I** wird durch *Glucono-1.4-lacton* u. Glucono-1.5-lacton stark gehemmt, deren Affinität zu **I** zehnmal größer als die zu **II** ist. — Gluconsäure hemmt prakt. nicht. (Biochem. J. **58.** 552—60. Dez. 1954. Bucksburn, Aberdeenshire, Rowett Res. Labor.) A. HESSE. 4210

E. Racker, *Synthese von Kohlenhydraten aus Kohlendioxyd und Wasserstoff in einem zellfreien System.* Vf. gibt einen Überblick über den Pentosephosphatcyclus u. beschreibt die Eigg. der für denselben charakterist. Enzyme [*Phosphopentokinase* (**I**), *Ketopentosediphosphatcarboxylase* (**II**), *Phosphoglycerinkinase* (**III**), *Triosephosphatdehydrogenase* (**IV**) u. *Aldolase* (**V**)]. Aus zellfreien Spinatextrakten wird ein Präp. isoliert, das die angeführten Enzyme enthält. In einem Substrat, das in 1 ml 50 μMol Puffer (p_H 7,6), $KHCO_3$ (50 μMol), *Ribose-5-phosphat* (**VI**) (0,25), $MgCl_2$ (2,5), *Diphosphopyridinnucleotid* (**VII**) (0,5), **IV** (als *Glyceraldehyd-3-phosphatdehydrogenase*) (1 mg), **III** (65 μg), **V** (280 μg), Spinatextrakt (3,5 mg) (mit Gehh. an *Phosphopentoseisomerase*, *Kinase*, *Carboxylase*, *Transketolase*, *Transaldolase* u. *Hexosediphosphatase*), *Glutathion* (5 μMol), *Adenosintriphosphat* (**VII**) (40) u. *Hydrogenase*-Präp. (1,5 mg) enthält, wird die Bldg. von *Fructose-6-phosphat* (**IX**) (1,6 μMol) aus CO_2 u. H_2 innerhalb 60 Min. bei 25° nachgewiesen. Diese Synth. ist als Summe aller Enzym-Rkk. aufzufassen u. findet nur bei Ggw. von red. **VII**, **VIII** u. Mg^{2+} statt. Die **I**-Wrkg. wird durch Abnahme der *Acetylphosphat*-Konz. in einem Substrat, bestehend aus Li-Acetylphosphat, *Acetokinase*, **VI**, **VIII**, Glutathion, $MgCl_2$ u. zu prüfender Enzymlsg. (p_H 7,4) festgestellt, **II** durch Bldg. von *Phosphoglycerinsäure*, *Transketolase* durch *Triosephosphat*-Bldg. in Ggw. von **VI** u. *Ribulose-5-phosphat*, *Transaldolase* u. *Hexosediphosphatase* lassen sich mit *Glucose-6-phosphatdehydrogenase* u. Bldg. von **IX** aus *Fructose-1.6-diphosphat* bestimmen, wobei die Wirksamkeit dieser Enzyme auch von der Ggw. von Mg^{2+} abhängt. (Nature [London] **175.** 249—51. 5/2. 1955. New York, N. Y., Publ. Health Res. Inst., Div. of Nutrit. and Physiol.) P. FAHRNLAENDER. 4210

W. J. Whelan und **J. G. Roberts,** *Produkte der β-Amylolyse von Maltodextrinen.* Drei aus *Amylose* der Kartoffel nach WHELAN u. Mitarbeitern (J. chem. Soc. [London] **1953.** 1293) hergestellte Maltodextrine werden durch *β-Amylase* (**I**; hergestellt aus Süßkartoffeln) hydrolysiert u. die Abbauprodd. papierchromatograph. untersucht. Die erhaltenen Abbauprodd. zeigen, daß bei rascher Wrkg. der **I** (Spaltung von 1.4-gebundenen Polymeren der D-Glucopyranose vom reduzierenden Ende aus unter Hydrolyse jeder zweiten Bindung u. Freilegung von Maltose in β-Form) Maltotriose nur langsam (zu Maltose + Glucose) gespalten wird, daß Maltotetraose u. -hexaose nur Maltose (ohne Maltotriose) liefern, u. daß Maltopentaose zu äquimol. Mengen von Maltose + Maltotriose gespalten wird. (Biochem. J. **58.** 569—70. Dez. 1954. Bangor, Univ., Coll. of North Wales, Dep. of Chem.) A. HESSE. 4210

C. A. Marsh, *Ein glucuronidspaltendes Enzym aus Mikroorganismen des Rumens. 2. Mitt. Reinigung und Kinetik.* (1. vgl. KARUNAIRATNAM u. LEVVY, C. **1952.** 3838.) Das in der 1. Mitt. (l. c.) nachgewiesene glucoronidspaltende Enzym kann durch wss. Extraktion des Acetonpulvers, saure Fällung von inakt. Material u. wiederholte fraktionierte Fällung mit Ammoniumsulfat auf etwa das 400fache gereinigt werden. Das p_H-Optimum der Wrkg. schwankt je nach Reinheit von p_H 6,1—6,6 bei allen Substraten (Phenolphthalein-, Phenyl- u. (—)-Menthyl-β-D-glucuronid). (Biochem. J. **58.** 609—17. Dez. 1954. Bucksburn, Aberdeenshire, Rowett Res. Inst.) A. HESSE. 4210

R. Camba und **E. Costa,** *Über den Einfluß der Cholinesterase und des Diisopropylfluorphosphates auf die Curarewirkung des Succinylcholins.* Kaninchen mit einer um 50% des Anfangswertes verminderten *Cholinesterase*-Aktivität des Serums sind für die Curarewrkg. des *Succinylcholins* weniger empfänglich als die Kontrolltiere. (Arch. Scienze biol. **38.** 119—24. März/April 1954. Cagliari, Univ., Ist. di Farm. e di Med. legale.) G. WELTZIEN. 4210

G. Rindi, *Verhalten der Glutaminsäure-Oxalessigsäure-Transaminase im Gewebe der Ratte nach Adrenalektomie und Behandlung mit Nebennierenrindenhormonen.* Durch Adrenalektomie wird die *Glutaminsäure-Oxalessigsäure-Transaminase* (**I**)-Aktivität in Herz, Muskel u. Gehirn der Ratte herabgesetzt u. in der Leber nur unwesentlich beeinflußt. *Cortison* stellt in Herz u. Gehirn die **I**-Aktivität wieder her u. erhöht sie über die Norm in Muskel u. Leber. *Desoxycorticosteronacetat* bringt nur in der Leber die **I**-Aktivität auf das Normale zurück. (Arch. Scienze biol. **38.** 155—71. März/April 1954. Pavia, Univ., Ist. di Fissiol. umana.) G. WELTZIEN. 4210

G. Halliwell, *Die Wirkung proteolytischer Enzyme auf Clostridium botulinum-Typ A-Toxin.* Das von *Cl. botulinum* gebildete *Toxin* (**I**) findet sich großenteils an dem beim Stehen der Kulturen ausfallenden, feinen Nd. von Zellfragmenten adsorbiert, ist durch Extraktion mit saurem Citratpuffer (p_H 4,0) extrahierbar u. durch $(NH_4)_2SO_4$-Fraktionierungen in den krist. Zustand überführbar. Es wurden 2 Formen von krist., elektrophoret. einheitlichen **I** mit niedriger (ca. $70 \cdot 10^6$ DL_{50}/mg *N*) u. hoher Toxizität (ca. $250 \cdot 10^6$) erhalten („teilweise reines" **I** [**Ia**] u. „reines" **I** [**Ib**]). **Ia** wird bei ca. p_H 7 u. 30° rasch inaktiviert, während es bei 0° bei p_H 6,5 in 8 Tagen keine Wirkungsabnahme zeigt. **Ib** ist bei p_H u. 25—30° mindestens 26 Std. stabil. Die Einw. krist. proteolyt. Enzyme auf **Ib** ergab: keine Inaktivierung durch *Papain*, schwache Entgiftung durch Pepsin, starke Toxizitätserniedrigung durch *Trypsin*. In keinem Fall wurden hierbei niedermol. tox. Verbb. gebildet. (Biochem. J. **58.** 4—8. Sept. 1954. London, Middlesex Hosp., Courtauld Inst. of Biochem.) K. MAIER. 4210

Osamu Hayaishi und **Arthur Kornberg,** *Umsetzung der Phospholipoide durch Bakterienenzyme.* Beschreibung der Methoden zur Bereitung der Enzympräpp. aus Organismen, die zum Stamm *Serratia plymuthicum* gehören. Die Aktivität der in *Lecithin* (**I**)-haltigen Medien gewachsenen Zellen gegen **I**, *Lysolecithin* (**II**) u. *Glycerinphosphorylcholin* (*GPC*) war viel größer als die von Zellen, die auf gewöhnlicher Brühe gewachsen waren. Die *Lysolecithinase* war bei weitem das stärkste der getesteten Enzyme. *Cholin* (**III**) wurde in **II**-haltigen Kulturmedien angehäuft. Bei keinem der Präpp. wurde eine Aktivität gegen **III** beobachtet. Hitzebehandelte Extrakte führten zu verminderter Freisetzung von **III** u. zu Anhäufung von GPC. Ggw. von Mg^{2+} unterdrückte weiterhin die Bldg. von freiem **III**. Erhitzen auf 100° 10 Min. lang bei p_H 7 verursachte eine 50—80%ig. Inaktivierung der *Lysolecithinase* u. der *Lecithinase*. Fraktionierung der Extrakte durch hochtouriges Zentrifugieren ergab den Rückstand R u. die überstehende Fraktion S. Die Wrkg. beider auf **I** u. *Cephalin* (**IV**) wurde untersucht. In beiden war Lysolecithinaseaktivität vorhanden. Die enzymat. Auflösung von GPC resultierte in der Produktion von *L-α-Glycerinphosphat* (**V**) u. **III** in äquimol. Beträgen, äquivalent zum umgesetzten GPC. Ein weiteres Substrat dieser GPC-Diesterase ist *Glycerinphosphoryläthanolamin*. Diese Unterss. ergeben, daß durch bakterielle Umsetzung **I** u. **II** in GPC übergeführt werden, das dann in **V** u. **III** gespalten wird. **IV** wird umgesetzt zu **V** u. Äthanolamin. (J. biol. Chemistry **206.** 647—63. Febr. 1954. Bethesda, Md., Nat. Inst. of Arthritis and Metabolic Diseases, Nat. Inst. of Health.) H. BENISCHKE. 4210

H. Kyank, *Über Xanthinoxydasebestimmungen in der Placenta.* Homogenate reifer, n., unmittelbar nach der Geburt entnommener Placenten wurden im WARBURG-App. auf das Vork. von *Xanthinoxydase* mittels Methylenblau u. Hypoxanthin als Substratlsg. untersucht. Der negative Ausfall der Prüfung macht es unwahrscheinlich, daß in der Placenta selbst Harnsäure gebildet wird. (Zbl. Gynäkol. **77.** 1390. 1955. Leipzig, Univ., Frauenklin.) P. Loch. 4210

M. A. Grillo, *Über den Metabolismus von Threonin durch Sacharomyces cerevisiae. Threonin* wird durch einen Extrakt aus Saccharomyces cerevisiae unter Bldg. von Acetaldehyd abgebaut, ohne dabei NH_3 oder α-Ketobuttersäure zu bilden. Der Vorgang wird durch *Adenosin-5-phosphat, Glutathion* u. *Pyridoxalphosphat* beschleunigt. (Arch. Scienze biol. **38.** 145—54. März/April 1954. Turin, Univ., Ist. di Chim. biol.) G. Weltzien. 4270

E_3. Mikrobiologie. Bakteriologie. Immunologie.

A. Lembke und **W. Kaufmann,** *Spektralphotometrische Messungen an Bakterien im ultraroten Bereich.* Es wurden an Bakterien (*E. coli, B. fluorescens*) u. Hefen (*Torulopsis kefir, Saccharomyces cerevisiae*) spektralphotometr. Messungen im Ultrarotbereich durchgeführt, die Spektren miteinander verglichen u. die Banden teilweise bestimmten Atomgruppen zugeordnet. Bei verschied. Nährlsgg. u. p_H-Werten wurden Änderungen im 2—4 μ-Bereich beobachtet. Die starke Bande bei 3 μ beruht auf *H*-Brückenbindungen. Die Änderung dieser *H*-Brückenfrequenz bei UV-Inaktivierung wurde an Bakterien u. *Trypsin* untersucht u. als Zerstörung u. Rückbldg. zwischenmol. *H*-Brücken gedeutet. Die Peroxydfrequenz (10—12 μ) trat hierbei nicht auf. Die langwellige Verschiebung u. relative Abnahme der *H*-Brückenbande bei Änderung des Nährsubstrats bzw. des p_H-Wertes ist als Ausdruck struktureller Änderungen hinsichtlich Zahl u. Stärke der *H*-Brücken anzusehen. Zur spektroskop. Unters. wurden die abzentrifugierten Zellen mit W., 60 u. 90%ig. A., dann mit Ae. gewaschen, eine äther. Suspension auf eine planparallele NaCl-Platte gegossen u. angetrocknet. (Kieler milchwirtsch. Forschungsber. **6.** 619—29. 1954. Kiel, Bundes-Versuchs- u. Forschungsanstalt für Milchwirtschaft, Bakteriol. Inst.) K. Maier. 4300

Fernando Holguera de la Lastra, *Neues Kulturmedium zur Diagnose der Tuberkulose.* Innerhalb 3—12 Tagen läßt sich mit 72% Sicherheit der kulturelle Nachw. von *Mycobacterium tuberculosis* führen in einer Kultur-Fl., deren genaue Herst. beschrieben wird u. die pro Liter 1 g KH_2PO_4, 6,3 g $Na_2HPO_4 \cdot 12H_2O$, 2 g Asparagin, 2 g enzymat. Caseinhydrolysat, je 0,01 g Ferriammoniumcitrat u. $MgSO_4 \cdot 7H_2O$, 0,5 mg $CaCl_2$, je 0,1 mg $ZnSO_4$ u. $CuSO_4$, 0,5 cm^3 Tween 80, 5 g Rinderalbumin der Fraktion V u. 5 g Glucose enthält. (Rev. Sanidad Hig. públ. **25.** 145—59. Febr./März 1951. Salamanca, Fac. de Med., Cat. de Microbiol. e Higiene.) W. Kimpel. 4310

W. H. Schopfer, *Mesoinosit in der Biologie.* Der Bedarf an *Mesoinosit* (I) wurde bei einer Reihe von Mikroorganismen geprüft. Bakterien scheinen es entbehren zu können, für eine beschränkte Zahl von Pilzen ist es notwendig, wobei es die Wrkg. von Aneurin u. Biotin oft erhöht. An der Maus u. einigen Mikroorganismen wurde die Spezifität von I geprüft. Hierfür wurden zum Vgl. herangezogen: *L-Inosit, Quebrachit, Pinit, Scyllit, Mytilit, Isomytilit, Oxyd von Methylenpentaoxycyclohexan, Oxymytilit, Oxyisomytilit, Aminoisomytilit-HCl, Acetylaminoisomytylit, Epiinosit, Epimesoinosose, Scyllomesoinosose, Dextroinosose, Inositmono-, -tri- u. -tetraphosphat, phytinsaures Na, Inosithexaacetat, Hexamethyläther von* I, *Cephalin, D-Quercit, L-Viburnit, Desoxyinosit A, Desoxyinosit B, α.β.γ.δ-Tetraoxycyclohexan, α.β.γ-Trioxycyclohexan.* Als Testorganismus für I kann Neurospora dienen. Über die Biosynth. u. die Antagonisten von I wird referiert. — 103 Literaturangaben. (Bull. Soc. Chim. biol. **33.** 1113—46. 1951.) P. Loch. 4310

L. E. Sacks und **H. A. Barker,** *Substratoxydation und Verwertung von Stickoxydul bei der Denitrifikation.* Mit genaueren Meßmethoden wurde das C–N-Gleichgewicht bei Pseudomonas denitrificans in Nährlsgg. bekannter Zus. beobachtet. Bei der Red. von NO_3 zu N_2 wird das als Substrat verwendete Succinat vollständig zu CO_2 oxydiert. Die Red. von N_2O setzt nur langsam ein u. wird durch Azide bzw. Dinitrophenol gehemmt. Da hierdurch die Red. von NO_2 nicht beeinflußt wird, kann N_2O hier kein Zwischenprod. sein. (J. Bacteriol. **64.** 247—52. Aug. 1952. Berkeley, Calif., Univ., Div. of Plant Biochem.) M. Ebert. 4320

Veikko Nurmikko, *Untersuchungen über die Biosynthese von p-Aminobenzoesäure durch Symbioseversuche.* Weitere Unterss. über symbiot. lebende Milchsäurebakterienstämme mit gegenseitiger Bldg. der jeweils notwendigen Wachstumsfaktoren hinsichtlich der Beziehungen zwischen den Aminosäuren dieser Wachstumsfaktoren. Es wurde gefunden, daß für L. arabinosus 17-5 *p-Aminobenzoesäure* (II) durch *l-Phenylalanin* (I) ersetzt werden kann. I ist daher als Vorläufer der II-Bldg. anzusehen u. kann durch andere leicht II-bildende Stoffe, wie *p-Aminophenylessigsäure* (VI), *p-Nitrophenylessigsäure, p-Nitrobenzoesäure* (III), *p-Jodbenzoesäure* (IV) u. *p-Aminohippursäure* (V), ersetzt werden. Bei **V** erfolgt die Bldg. offenbar hydrolyt., bei **III** u. **IV** nach folgendem Reaktionsmechanismus: **I** → p-Aminophenylpropionsäure → **VI** → **II**. Inakt. verhielt sich p-Oxybenzoesäure. (Acta chem. scand. **7**. 942—50. 1953. Helsinki, Finnland, Biochem. Inst., Labor. of Valio.) GERDA SCHULZE. 4320

M. Arnaki und **Z. Stary**, *Untersuchungen über die Biosynthese der Carotinoide*· (Vgl. C. **1955**. 11596). Da die *Carotinoid* (**I**)-Bldg. durch Sarcina lutea weitgehend von der Zus. der Nährlsg. abhängt, schien dieser Organismus zur Unters. dieser Synth. bes. geeignet zu sein. In einer 0,5% Na-Lactat u. anorgan. Salze enthaltenden Nährlsg. wurde gutes Wachstum bei nur minimaler **I**-Bldg. erreicht. Hierzu wurden 1% der zu untersuchenden Substanzen gegeben. Die Extraktion von **I** mittels Methanol aus den gewaschenen Sarcinen gelang nach kurzer Vorbehandlung mit n-NaOH. Die **I**-Werte wurden colorimetr. ermittelt u. auf Bakterienprotein bezogen. Durch die nachst. Verbb. wurden folgende prozentuale Erhöhungen (+) bzw. Erniedrigungen (—) im **I**-Geh. hervorgerufen: *Leucin* + 5, *Valin* + 5, *Alanin* — 60, *Glutaminsäure* + 5, *Asparaginsäure* + 110, *Glykokoll* + 81, *Serin* + 47, *Glycerin* + 21, *Brenztraubensäure* + 189, *Essigsäure* + 8, *A.* — 21, *Methanol* + 10 u. *Aceton* — 15. Die große Wirksamkeit der Brenztraubensäure wird auf ihre Eig., für das Coenzym A als Acetylgruppendonator zu dienen, zurückgeführt. Bei diesem über eine Dismutation führenden Vorgang bildet sich auch Lactat, wodurch es verständlich wird, daß der Zusatz von Lactat auf Grund des Massenwirkungsgesetzes die **I**-Synth. hemmt. (Biochem. Z. **323**. 376—81. 1952. Istanbul, Univ., Biochem. Inst.) P. LOCH. 4320

Richard G. Taylor, Patrick Martin, M. T. Pritchard, J. Eugene Mielcarek und **James L. Rowland**, *Bemerkungen zur Duoätiologie der Krankheit. Die Beziehung einiger gramnegativer Bakterien zu Brucellose und Brucella-ähnlichen Infektionen.* Die Monoätiologie der Infektionskrankheiten bedarf einer Ergänzung durch Berücksichtigung gewisser, durch mehrere Mikroorganismen hervorgerufener Syndrome. Diese stehen in zahlreichen Fällen in Beziehung zu einer zweiphasigen Proteinhydrolyse-Rk., wobei eine spezif. Gruppe von Organismen im 1. Stadium aus Peptiden durch ein *Exopeptidase*-Syst. freie Aminosäuren abspaltet, die im 2. durch Decarboxylasen in Amine übergeführt werden. Die hiermit verbundenen p_H-Änderungen beeinflussen die n. Darmflora u. damit Beweglichkeit u. Erregbarkeit der Darmwand sowie die Ca-Resorption; die Resorption der gebildeten Amine bewirkt Gewebs-Rkk. u. Blutbildverschiebungen. Ein gramnegativer Bacillus wird morpholog., physiol. u. biochem. charakterisiert u. die klin. Auswrkg. eines Synergismus mit Brucella- u. verwandten Stämmen beschrieben. (J. Amer. osteopathic Assoc. **54**. 99—101. Okt. 1954. Kansas City, Kan., Coll. of Osteopathy and Surgery.) K. MAIER. 4320

Leonidas Yotakis, *Untersuchungen über die antiseptische Wirkung des Ozons.* In Luft zerstäubte Colibacillen wurden durch Ozon (0,144 mg/Liter) rasch abgetötet. Nach 2 Std. war noch etwa ein Zehntel der Bacillen vermehrungsfähig. (Istanbul. Univ. Tip. Fak. Mecmuasi [Bull. Fac. Méd. Istanbul] **14**. 253—76. 1951.) Z. STARY. 4330

P. Benigno und **T. Berti**, *Quantitative Untersuchungen über den antibakteriellen Wirkungsmechanismus oberflächenaktiver Waschmittel.* Die Wrkg. von *Cetyltrimethylammoniumbromid* (**I**) auf *Escherichia coli* in 3 cm^3 synthet. FILDES-Nährboden wurde bei 38° sowohl an der unbewegten als auch an der im WARBURG-App. bewegten Kultur mit mindestens $3 \cdot 10^8$ Keimen bei verschied. Konzz. von **I** untersucht: sie ist abhängig vom Verhältnis **I**/Anzahl der Keime u. folgt dem „Alles oder Nichts"-Gesetz; **I** wird durch die Keime gebunden, der ungebundene Rest von **I** nach Zentrifugieren in der überstehenden Fl. quantitativ aus der Erythrocytenhämolyse bestimmt. Der zeitliche Ablauf der Rk. ist dem der Wärmesterilisierung ähnlich, so daß wahrscheinlich die durch die Oberflächenaktivität bedingten physikal. u. nicht die chem.-pharmakolog. Faktoren von **I** maßgebend sind; daher können auch abgetötete Keime bei Zusatz zu den lebenden Kulturen die Wrkg. von **I** beeinträchtigen oder aufheben. In der ruhenden Kultur sind $17{,}6 \cdot 10^6$, in der bewegten, wachsenden Kultur $21{,}5 \cdot 10^6$ Moll. **I** pro Keim erforderlich. (Atti Accad. naz. Lincei, Rend., Cl. Sci. fisiche, mat. natur. **9**. 370—74. Dez. 1950. Padova, Univ., Ist. di Farmacol., Centro di studio per la Chemioter. del Cons. Naz. delle Rich.) W. KIMPEL. 4330

Yoshio Aoki, *Über die antituberkulöse Wirkung von Hydrazinreste tragenden chemotherapeutischen Mitteln. 2. Mitt. Über die in vitro-Wirksamkeit von Phenylthiocarbazid- und Benzaldehydthiosemicarbazonderivaten.* (1. vgl. Jap. J. Bacteriol. **9**. [1954.] 289.) Bei der in vitro-Prüfung gegen Mycobacterium tuberculosis H 37 RV (DUBOS-Nährboden, 0,02 cm^3 Einsaat) zeigen von 15 Derivv. von *Phenylthiosemicarbazid* (**I**) u. 6 von *Benzaldehydthiosemicarbazon* (**II**) die Methyl-, p-Nitro-, o.p-Dinitro- u. p-Aminoderivv. von **I** fast gleiche Hemmwrkg. (HW), bei 1—2 γ/cm^3; das o.p-Diaminoderiv. ist noch bei $100\gamma^{++}$. Die HW. liegt bei *p-Thiosemicarbazidosalicylsäure* bei 10γ, bei der *Thiosemicarbazidobenzoesäure* bei 100γ, bei den Sulfonderivv. bei $10-20\gamma$, außer *2-[p-Thiosemicarbazido-(1)-benzolsulfonamidopyridin* (bei 100γ noch $^{++}$), dabei am stärksten *Thiosemicarbazido-(1)-benzolsulfonamidothiazol* u. *p.p'-Dithiosemicarbazidodiphenylsulfon* ($2-5\gamma$). Der Hydrazidrest (1. Mitt.) bringt gegenüber dem Thiosemicarbazidrest eine 2—5fache Verstärkung. Bei den Sulfonamiden besteht eine absteigende Wirkungsreihe: Amino-, Thiosemicarbazido-, Hydrazinoderivate. Bei den Thiosemicarbaziden besteht Unabhängigkeit von der Einsaatmenge, wodurch sich bei 0,2 cm^3 Einsaat eine Überlegenheit gegenüber den NH_2-Derivv. ergibt. — 4 Tabellen. Ausführliche Erörterungen. (Jap. J. Bacteriol. **9.** 433—38. Juni 1954. Tokyo Univ. [Orig.: japan.]) L. Schuler. 4330

Shigeo Sakamoto, *Untersuchung über die Arzneiresistenz von Bacillen nach dem Einzellkulturverfahren.* 2. Mitt. *Über die Entwicklung und Rückgang der Arzneiresistenz von Bacillen.* (1. vgl. Jap. J. Bacteriol. **9.** [1954.] 337.) Durch Züchtung auf Filmnährböden, die *Streptomycin* (I) bzw. *Penicillin* oder *Chloromycetin* (**II**) enthalten, wurden in 11—12 Generationen resistente Stämme von Staphylococcus aureus u. Escherichia coli erhalten. Dabei kam die Einzellzüchtung zur Anwendung u. ließ einen Resistenzindex von >2 erreichen, der sich bei der gewöhnlichen Art der Fortzüchtung aufrechterhalten ließ. Bei Verfolgung des Auftretens von Empfindlichkeitsrückkehr (ER.), die nicht leicht erfolgt, durch Einzellenzüchtung konnten bei stark **I**-resistenten Ausgangszellen keine wahre ER. bei den Nachkommen beobachtet werden, bei **II**-resistenten (coli) aber Stämme mit verschied. Empfindlichkeitsgraden herausgezüchtet werden. (Jap. J. Bacteriol. **9.** 395—98. Juni 1954. Nippon Med. School. [Orig.: japan.]) L. Schuler. 4340

Maxwell Finland, *Wechselnde Resistenzerscheinungen bei gewissen niederen, pathogenen Bakterien gegenüber mikrobenfeindlichen Stoffen.* Die beobachtete Empfindlichkeit u. Resistenz zahlreicher pathogener Bakterienstämme gegenüber Antibioticis (I) waren sehr verschieden. Sie hingen außer von der Zeitdauer u. dem -abstand, während welcher oder nach dem sie angewandt wurden, vor allem auch von früher oder gleichzeitig verwendeten I ab. (New England J. Med. **252.** 570—80. 7/4. 1955. Boston, Mass.) M. Ebert. 4340

Felix L. Haas, Orville Wyss, Heinz Berger und **Wilson S. Stone,** *Herbeiführung von antibiotica-resistenten Mutationen bei Bakterien.* Wie wiederholte Verss. mit Escherichia coli B/r u. 10 verschied. Arten von Micrococcus pyogenes var. aureus gezeigt haben, führt die UV-Bestrahlung in der Vielzahl der Organismen zu einer Antibioticaresistenz. Man nimmt an, daß bei diesem Mutationsprozeß oxydierte Substanzen, die im Zellinnern durch die Bestrahlung entstanden sind, eine bedeutende Rolle spielen. (J. Bacteriol. **65.** 354. März 1953. Austin, Tex., Univ., Genetics Found. and Dep. of Bacteriol.) M. Ebert. 4340

B. H. Arnold und **A. N. Hall,** *Die Wirkung von Penicillin und Streptomycin auf gewisse Arten von Lactobacillus und Acetobacter.* Die geringste hemmende Konz. von *Penicillin* (I) u. von *Streptomycinsulfat* (**II**) auf gewisse Arten *Lactobacillus* (**III**), *Streptococcus* (**IV**) u. *Acetobacter* (**V**) im Hefeextrakt–Pepton–Glucose-Medium wird ermittelt. **III** u. **IV** sind allg. empfindlich für **I**, **V**-Arten sind resistenter. Alle **III**-Arten widerstehen **II** bis zu 20 $\mu g/cm^3$, einer Konz., bei der die meisten **V**-Arten gehemmt werden. Die Resistenz von **V** gegenüber **II** ist am größten bei Cellulose produzierenden Arten. (J. Inst. Brewing **61** ([N. S.] **52**). **44**—45. Jan./Febr. 1955. Manchester, Coll. of Technol., Div. of Ind. Biochem.) J. Miller. 4340

Mefkûre Cintan, *Resistenz gegen Streptomycin.* Die Resistenz aus Sputum Tuberkulosekranker gezüchteter, Ziehl-Neelsen positiver Bacillen wurde gegenüber *Streptomycin* in vitro geprüft u. mit dem klin. Verh. der Fälle während der Streptomycinbehandlung verglichen. Die Streptomycinresistenz in vitro u. in vivo gehen weitgehend parallel. (Istanbul Univ. Tip Fak. Mecmuasi [Bull. Fac. Méd. Istanbul] **15.** 1006—09. 1952.) M. Arnaki. 4340

G. Ruschmann, *Sensibilität und Aktivität der antibiotischen Pilze Streptomyces mirabilis und Streptomyces griseus gegenüber Colibakterien.* 1. Mitt. *Antibiotische Wirkungen.* Die antibiot. Wrkg. von Str. mirabilis u. Str. griseus gegenüber 35 untersuchten Coli- u. coliähnlichen Bakterienstämmen wird durch Kulturbedingungen, wie Art des verwendeten Nährbodens, p_H-Bereich u. bes. Dauer der Vorzüchtung der Pilze weitgehend beeinflußt. Für Str. griseus hat sich ein neutraler bis schwach alkal. Nährboden u. eine ca. 3tägige Vorzüchtung als günstig erwiesen, während Str. mirabilis in schwach saurem p_H-Bereich gedeiht u. seine volle Wirksamkeit erst nach 7tägiger Kultur entfaltet. *Myramycin* übertrifft die Wrkg. von *Streptomycin* gegenüber gramnegativen Bakterien um das 3—4fache. (Biol. Zbl. **73.** 610—33. 1954. Berlin-Dahlem, Inst. für Pflanzenernährung, Bodenchem. u. Bodenbiol.) S. HOTHORN. 4340

O. Lennert-Petersen und **C. G. Lund,** *Untersuchungen über die Empfindlichkeit von Bakterien gegen Tetracyclin in vitro.* (Vgl. C. **1955.** 6056.) *Tetracyclin* (I, Hydrochlorid, PFIZER) hat gegenüber dem untersuchten Bakterienmaterial in vitro eine Wrkg., die im ganzen Empfindlichkeitsbereich der von Terramycin (II) u. Aureomycin (III) entspricht. Gramnegative Stäbchen, die prim. gegenüber Penicillin (IV) verminderte Empfindlichkeit aufweisen, sind fast alle gegen I empfindlich, ähnlich auch 5 Stämme von Staphylococcus aureus mit verminderter IV-Empfindlichkeit. Zwischen der Empfindlichkeit gegenüber I u. gegenüber Sulfathiazol besteht keine Übereinstimmung. Dagegen werden mit Tabletten, die I, II, III oder Chloramphenicol enthalten, vergleichbare Werte gefunden. — 20 Literaturhinweise. (Farmac. Tid. **65.** 121—26. 6/3. 133—37. 12/3. 1955. Frederiksberg Hosp. Apotek.) R. K. MÜLLER. 4340

W. G. C. Forsyth, *Comirin: Isolierung und Eigenschaften. Comirin* (I), ein neues von *Pseudomonas antimycetica*, n. sp., gebildetes, fungistat. wirkendes Antibioticum, wurde aus der Kultur-Fl. (90 Liter = 2 g I) durch 3std. Rühren mit n-Butanol (22,5 Liter), Entfernen der wss. Phase, 1std. Erhitzen des verbleibenden Gels auf 70°, Zentrifugieren bei 50—70°, 2std. Rühren des Butanolextrakts (= 1,6 g I) mit 4%ig. NaCl-Lsg., Abtrennen der Butanolphase, Zentrifugieren der wss. Lsg. des ausgefallenen Nd. (1,43 g I), Extraktion des Nd. mit 50%ig. Pyridin (0,5, 0,3, 0,2 Liter), Schütteln der Pyridinextrakte mit Amylacetat (4 Voll.) u. Waschen des gelatinösen, an der Grenzfläche gebildeten Nd. mit wenig absol. A. u. Aceton einheitlich (Kontrolle: Papierchromatographie, CRAIG-Verteilung) erhalten (Ausbeute 60—70%). Alkal. I-Lsgg. verlieren bei längerem Erhitzen die Wirksamkeit, während bei $p_H \leqq 4$ eine auffallende Zunahme derselben stattfindet, die beim Stehen wieder zur Norm zurückkehrt. I enthält N, F. 230 bis 235° (Zers.), ist amorph, dialysiert sehr langsam durch Cellophan, gibt positive MILLON-COLE-, PAULY-, SAKAGUCHI-, *Xanthoprotein-* u. *Biuret-*, jedoch negative *Ninhydrin* (II)-Rk.; die Aktivität wird nicht durch Papain, Pepsin oder Trypsin zerstört. Hydrolyse mit 6nHCl (18 Std., 110°) setzt ca. 90% des N als α-Aminosäure-N frei. Von den hierbei erhaltenen 14 II-positiven Verbb. wurden 12 als *Leucin, Isoleucin, Valin, Tyrosin, Alanin, Threonin, Glycin, Serin, Glutaminsäure, Asparaginsäure, Arginin, Lysin* u. *α.γ-Diaminobuttersäure* identifiziert. I reagiert mit 2.4-Dinitrofluorbenzol unter Bldg. eines Dinitrophenylderivats. (Biochem. J. **59.** 500—06. März 1955. Trinidad, Brit. West Indies, Colonial Microbiol. Res. Inst.) K. MAIER. 4340

H. J. Ferlin und **J. V. Karabinos,** *Die Verwertung von Tryptophan durch Escherichia coli und Proteus vulgaris und ein modifizierter Indoltest. Vanillin* (I)-HCl-Reagens (0,25% I in konz. HCl) erlaubt einen besseren u. empfindlicheren *Indol* (II)-Nachw. als z. B. EHRLICH-Reagens u. kann ohne vorherige Extraktion u. ohne Störung durch andere Komponenten direkt auf den Nährböden angewendet werden. Von den geprüften Mikroorganismen waren nur *E. coli* u. *Proteus vulgaris* II-positiv. *E. coli var. communior, E. intermedium, E. freundii* u. *Salmonella paratyphi* waren II-negativ. Zur Differenzierung von *E. coli* von zahlreichen anderen Vertretern der *Colonaerogenes*-Gruppe wird ein Tryptonnährboden angegeben. (Euclides [Madrid] **14.** 345—53. Sept./Okt. 1954.) K. MAIER. 4350

Pamela M. Waterworth, *Stimulierung und Hemmung des Wachstums von Haemophilus influencae in Blut enthaltenden Medien.* Das Wachstum von *Haemophilus influencae* (H.) in Pferdeblutagar wird durch *K-Tellurit* stimuliert; die Wrkg. ist verknüpft mit Haemolyse u. kann auch durch Saponin hervorgerufen werden. Wird Pferdeblut vor der Zugabe zum Medium hämolysiert, so tritt rasches Nachlassen der wachstumssteigernden Wrkg. auf (Inaktivierung des V-Faktors aus den Zellen durch Serum); der Inaktivierungseffekt tritt nicht auf bei Verdünnung des Serums. Menschliches Serum inaktiviert den V-Faktor nicht, jedoch enthalten menschliche rote Blutkörperchen einen sehr wirksamen Anti-V-Stoff, der von dem des Pferdeserums in seiner Hitzestabilität u. seiner Verdünnungsaktivität verschieden ist. Dieselben Verbindungstypen sind auch in Schaf- u. Rinderblut enthalten. Für die Isolierung von H. eignen sich Pferdeblutagarplatten, die zur Hälfte oberflächlich mit Saponin besprüht wurden. (Brit. J. exp. Pathol. **36.** 186—94. April 1955. London, St. Bartholomew's Hosp., Dep. of Pathol.) H. GOEBEL. 4350

Dorothy L. Kohberger, H. Christine Reilly, George L. Coffey, Arthur B. Hillegas und **John Ehrlich,** *Azaserinbestimmung mit Kloeckera brevis.* Für die quantitative Best. von *Azaserin* (O-Diazoacetyl-L-serin) in Körper-Fll. wird eine biol. Meth. beschrieben. Als Testorganismus wird die Hefe KLOECKERA brevis in einem synthet. Nährboden benutzt. 0,3 μg pro ml Testlsg. können nachgewiesen werden. Die Fehlerbreite wird mit ±10% angegeben. Im Harn kann die Best. durch Begleitsubstanzen gestört werden. (Antibiotics and Chemotherapy 5. 59—63. Febr. 1955. Detroit, Mich., Parke, Davis & Co., Res. Labor.) F. LEUSCHNER. 4360

T. Tarnóczy, I. Joó und **J. Szilárd,** *Detoxikationswirkung von Ultraschallwellen auf das Endotoxin der Salmonella typhi.* Verss. über Wirkungen von Ultraschall (US) auf das *Endotoxin* (I) von S. typhi; der unbeschallte p_H-Wert von I-Lsgg., 7,05—7,35, wird durch US nach der sauren Seite verschoben; Präcipitationsverss. ergaben durch US einen unveränderten Antigengeh. von I; durch US nimmt die Toxizität von I ab, für den gleichen letalen Effekt bei der Maus wurde 2,5mal mehr beschalltes I, was durch *Cystin*-Zusatz noch zu steigern war, benötigt als bei den Kontrollen; auf die Immunisierungsfähigkeit von I beim Kaninchen hat Beschallung von I keinen Einfluß. (Acta microbiol. Acad. Sci. hung. 2. 327—36. 1955. Budapest, Forschungsinst. für Phys. u. „Human"-Inst. für Forschung u. Produktion serobakteriol. Präpp.) H. DOSSMANN. 4370

Aldo Enrique Imbriano, *Experimentelle Bestimmung der mittleren letalen Dosis des Tetanustoxins. Ihre Wichtigkeit und ihre Veränderungen.* Nach 7 verschied. Versuchs- u. Errechnungsmethoden wurde die DL_{50} des Tetanustoxins an der 100 g schweren weißen Ratte in sehr guter Übereinstimmung zu $1{,}75-1{,}85 \cdot 10^{-6}$ g gefunden. Die Latenzzeit ist direkt der Dosis proportional u. nur bei kleinen Dosen geringer als die Zeit zwischen Gabe u. Tod. Auf Häuten u. Schleimhäuten ist I gänzlich unschädlich. Bei intracerebraler Injektion liegt die DL_{50} niedriger, bei allen anderen Injektionsarten ist sie gleich. In der Reihe Meerschweinchen, weiße Ratte u. Kaninchen steigt die Toxizität an; bei einzelnen Individuen werden keine wesentlichen Schwankungen beobachtet. Temperaturerhöhung bzw. -erniedrigung führt zu Anstieg bzw. Abfall der Toxizität. Neugeborene Ratten sind unempfindlich. Unterernährung u. proteinarme Diät erhöhen die Empfindlichkeit. (Semana méd. 57. Nr. 18. 715—29. 4/5. 1950.) W. KIMPEL. 4370

Aldo Enrique Imbriano, *Enzymatische Wirkung des Tetanustoxins.* Infolge seiner enzymat. Wirkungen wird *Tetanustoxin* schon lange als Enzym bzw. Enzymgemisch betrachtet. Vf. untersucht jetzt seine Wrkg. an einer größeren Anzahl von Substraten unter verschied. Bedingungen u. kommt zu folgendem Ergebnis: das Toxin von Clostridium tetani (I) besitzt keine Carbohydrase-, Phosphatase-, Oxydase- u. Peroxydasewrkg.; die Proteasewrkg. gegenüber Gelatine ist abhängig von Konz. u. Temp.; eine Emulsion von Olivenöl u. I-Lsg. ($1:10^6$) zeigt Lipasewrkg., die bei vorherigem Sterilisieren ausbleibt; sie ist stark temperaturabhängig. An Eierlecithin (II) ist die Wrkg. sehr ähnlich, jedoch wird nur die Fettsäurekomponente hydrolysiert, die Glycerinphosphorsäure wird nicht angegriffen; durch seine Wrkg. auf II verliert I seine tox. Eigg.: die mit II 2 Std. bei 37—40° behandelte Lsg. von I ($1:10^6$) zeigt nach Injektion bei Ratten, selbst in massiven Dosen, keinerlei Wirkung. (Prensa méd. argent. 37. 2523—28. 20/10.; Semana méd. 57. Nr. 6. 185. 9/2. 1950.) W. KIMPEL. 4370

Brunhilt Brückner, *Über die Chloronitrinbehandlung der Virusgrippe.* Vf. wandte bei 20 schweren Fällen von Virusgrippe *Chloronitrin* (I; *Chloramphenicol*) in Dosen von täglich 6mal 0,5 g an, wobei die Kranken nach 12—24 g entfieberten. In einigen Fällen, bei denen Penicillin u. Sulfonamide wirkungslos waren, erwies sich I lebensrettend. (Dtsch. Gesundheitswes. 9. 1139—41. 23/9. 1954. Karl-Marx-Stadt, Krankenhaus Küchwald, Inn. Abt.) H. IPPEN. 4374

V. C. Vora, *Die Stoffwechselprodukte von Penicillium fellutanum.* Aus Kulturfiltrat auf CZAPEK-Dox-Lsg. gewachsener *P. fellutanum*-Kulturen wurden nach Abtrennung der Polysaccharide durch A.-Fällung mittels Ae. u. Chlf. 4 saure Stoffwechselprodd. isoliert u. als *Carolsäure, Carlossäure, 1-γ-Methyltetronsäure* u. *Carlsäure* identifiziert (Ausbeute aus 15 Liter Fl. 23, 0,16, 1,9, 2,8 g). (J. sci. ind. Res. [New Delhi] 13 B. 504—05. Juli 1954. London, School of Hygiene & Tropical Med., Dep. of Biochem.) K. MAIER. 4380

E_4. Pflanzenchemie. Pflanzenphysiologie. Pflanzenpathologie.

B. A. Rubin, Je. P. Tschetwerikowa und **Je. W. Arzichowskaja,** *Oxydationssystem und Immunität der Pflanzen.* Zusammenfassende Übersicht an Hand der Literatur (47 Literaturangaben) unter besonderer Berücksichtigung der Arbeiten der Verfasser. (Журнал Общей Биологии [J. allg. Biol.] 16. 106—18. März/April 1955. Biochem. Bach-Inst.) OTTO MAIER. 4400

Emile Peynaud, *Über die organischen Säuren von Pfirsichen und Pflaumen.* Im Saft reifer Früchte von 36 Varietäten des Pfirsichs (I) u. 26 Pflaumen (II)-varietäten (geerntet südlich Bordeaux) wurden die organ. Säuren (Millivalent/Liter) u. Zuckerarten (g/Liter) bestimmt. Bei I variierte der Zuckergeh. von 1—2,8, der Mineralgeh. von 1—2, *Apfelsäure* (III) von 34—144, *Citronensäure* (IV) von 18—60. Das Verhältnis III/IV schwankt zwischen 0,78—6. III ist im allg. reichlicher vorhanden als IV. Die Arten mit hoher Titrationsacidität sind immer reicher an **III**. Bei **II** schwankt der Zucker zwischen 1—2,5, **III** zwischen 1—5, die Alkalität der Asche zwischen 1—7, die p_H-Werte zwischen 3,07—4,58. **IV** ist im allg. wenig vorhanden, nur 0,5—2% der organ. Säuren. **III** ist zu 52—290 enthalten. Die kleinsten Früchte sind immer reicher an **III**. **II** sind außerdem reich an *Pektin*. Wein-, Oxal-, Bernstein-, Milch- u. Glyoxalsäure sind nicht vorhanden. Der Geh. an *Gesamtascorbinsäure* beträgt 60—590 mg/kg im Fruchtfleisch bei **I**, 8—230 bei **II**. (C. R. hebd. Séances Acad. Sci. **232**. 2474—75. 25/6. 1951.) H. PATZSCH. 4420

Jean Courtois, *Die Phosphorsäureester von Inosit.* Teil I: Übersicht über die Mono- bis Pentaphosphorsäureester des *Inosit*. Teil II: Die verschied. Konstitutionsformeln für *Phytinsäure* werden diskutiert, ihr Vork., ihre Verbb. mit Proteinen u. ihre Bedeutung für die Ernährung sowie die *Phytasen* werden besprochen. — 147 Literaturangaben. (Bull. Soc. Chim. biol. **33**. 1075—112. 1951.) P. LOCH. 4420

D. B. Parihar, *Saccharide in verschiedenen Varietäten des indischen Reises.* Vf. untersucht die in 7 verschied. Reisproben (Oryza sativa Linn.) (roher, frischer u. 2 Jahre alter bzw. 3 Jahre bei 30 $\pm$ 5° gelagerter sowie angebrühter Reis) vorkommenden Saccharide; deren Umwandlungen bei der Lagerung u. im Hinblick auf Nährwert u. Geschmack. Bei chromatograph. Analyse von wss. Auszügen der Reisproben werden *Fructose* (**I**), *Glucose* (**II**), *Galaktose* (**III**), *Saccharose* (**IV**), *Maltose* (**V**), *Isomaltose* (**VI**), *Raffinose* (**VII**), *Maltotriose* (**VIII**) u. *Maltotetrose* (**IX**) gefunden. **I, II, III** u. **IV** sind in fast allen Reisvarietäten anzutreffen, während **III** in frischem Reis fehlen kann. **VII** findet sich bes. in abgebrühtem Reis. Bei der Lagerung werden größere Mengen niederer Saccharide gebildet, z. B. **V** u. **VI** sowie **VIII** u. **IX**; ihre Entstehung in gealterten Proben geht auf die Einw. einer *α-Amylase* auf die Reisstärke zurück. Diese Veränderungen machen den Reis leichter verdaulich u. verbessern seinen Geschmack. (Nature [London] **175**. 42—43. 1/1. 1955. New Delhi, Defence Sci. Labor.) P. FAHRNLAENDER. 4420

C. A. Flanders, *Hemicellulosen und Gesamtanalyse von Timotheeheu.* Vf. bestimmt Fraktionen von Hemicellulosen durch Extraktion einer Holocellulose, die aus Timotheeheu hergestellt wurde. Die einzelnen Fraktionen wurden durch Extraktion mit 5%ig. K_2CO_3, 2, 5, 10 u. 20%ig. KOH gewonnen. Die Hemicellulosen wurden aus den Extrakten mit A. in saurer Lsg. ausgefällt. In den Fraktionen wurden Pektin- u. Pentosanbestimmungen ausgeführt. Es zeigt sich, daß das mol. Verhältnis Pentose/Uronsäure mit steigender Basizität der Extraktionslsg. gleichmäßig ansteigt (10,4—19,6). Weiterhin untersucht Vf. ein Timotheeheu auf Asche, Bzl.-A.-Extrakt, Wasserextrakt, Pektinsubstanzen, 4 Hemicellulosefraktionen, α-Cellulose, Lignin u. Protein u. erhält als Ergebnis 102,8%. (Arch. Biochem. Biophysics **36**. 421—24. April 1952. Morgantown, W. Va., West Virginia Univ., Dep. of Agric. Biochem.) K. NEHRING. 4420

C. A. Flanders, *Fraktionen von Hemicellulosen aus einigen Heu- und Stroharten.* Aus Luzerne- u. Rotkleeheu sowie aus Gersten-, Buchweizen-, Hafer- u. Weizenstroh wurde eine Holocellulose gewonnen u. aus dieser mit 2,5- bzw. 5%ig. K_2CO_3, 2,5- bzw. 5%ig., 10%ig. u. 20%ig. KOH einzelne Fraktionen von Hemicellulosen gewonnen u. mit A. ausgefällt. Diese Fraktionen wurden auf *Pentosen* u. *Uronsäuren* untersucht. Der Pentosangeh. ist bei den Stroharten bei der 10%ig. KOH-Fraktion am höchsten, bei den Heuarten schwankt er ungerichtet. Der Uronsäuregeh. sinkt in allen Fällen mit steigender Basizität des Lösungsmittels. Das mol. Verhältnis Pentose/Uronsäure steigt regelmäßig bei allen Fraktionen mit zunehmender Basizität des Lösungsm. an, bei den Stroharten langsamer als bei den Heuarten. Es zeigte sich in allen Fällen, daß der Buchweizen eine Mittelstellung zwischen Leguminosen u. Grasarten einnimmt. (Arch. Biochem. Biophysics **36**. 425—29. April 1952. Morgantown, W. Va., West Virginia Univ., Dep. of Agric. Biochem.) K. NEHRING. 4420

Seishi Machida und **Norito Uchino,** *Chemische Untersuchungen über Polyuronide.* 4. Mitt. *Untersuchung über die Schleimstoffe der Tororo-Aoi-Pflanze.* (2. u. 3. vgl. J. chem. Soc. Japan, pure Chem. Sect. [Nippon Kagaku Zassi] **72**. [1951.] 917.) Das koll. Verh. wss. Lsgg. der *Schleimstoffe* von *Abelmoschus manihot* (vermutlich Polyrhamnoglucoside) wurde untersucht. Für $\eta_{spez.}/c$ ist bei c = 0,46 g/100 cm³ ein Minimum. Auf NaCl-Zugabe verschwindet es, die Viscosität wird erniedrigt. Nach Erörterung der übrigen Folgerungen aus diesen Daten wird die Ähnlichkeit mit Na-Alginat betont. (J. chem. Soc. Japan, pure Chem. Sect. [Nippon Kagaku Zassi] **74**. 183—85. März 1953. Kyoto, TH. [Orig.: japan.]) L. SCHULER. 4420

L. Fowden, *Die Zusammensetzung der Hauptproteine von Chlorella.* Vf. untersuchte die isolierten Hauptproteine von Chlorella vulgaris auf ihren Aminosäuregeh. nach der Säurehydrolyse mittels quantitativer Papierchromatographie u. erhielt die folgenden Resultate: *Asparaginsäure* 6,4; *Glutaminsäure* 7,8; *Serin* 3,3; *Threonin* 2,9; *Glycin* 6,2; *Alanin* 7,7; *Valin* 5,5; *Leucin* 6,1; *Isoleucin* 3,5; *Phenylalanin* 2,8; *Tyrosin* 2,8; *Prolin*

7,2; *Tryptophan* 2,1; *Methionin* 1,4; *Cystin* 0,2; *Arginin* 15,8; *Histidin* 3,3; *Lysin* 10,2; Amid-N 6,1 u. Gesamt-N 101,3%. (Biochem. J. **50.** 355—58. Jan. 1952. London, Univ. Coll., Dep. of Botany.) K. NEHRING. 4420

Dino Spisni, *Chemische Zusammensetzung und biologischer Wert des Hafers.* Trotz nur geringem Geh. an Lysin ist das Eiweiß des Hafers infolge seines erhöhten Geh. an *Cystin* u. *Methionin* bes. wertvoll. Die energet. Wrkg. dieser u. anderer Komponenten wird unterstützt durch die Ggw. von nebennierenrindenhormonwirksamen u. gonadotropen Stoffen. Die von einigen Autoren behaupteten rachitogenen Eigg. dürften ohne Bedeutung sein. (Clin. veterin. **73.** 353—61. Dez. 1950. Milano, Univ., Fac. Veterin., Ist. di Fisiol. Gen. e Spec. d. anim. domest. e Chim. Biol.) W. KIMPEL. 4420

E. Urion, G. Lejeune und **M. Fronsacq-Collin,** *Jahreszeitliche Änderungen der Proteinzusammensetzung gelagerter Getreidekörner.* Bei konstanter Temp. u. Feuchtigkeit konservierte Sommergerstenkörner verschied. Varietäten zeigten während eines Jahres einen 2maligen, mehrwöchigen Anstieg (im Februar u. Mai) des Geh. an K_2SO_4-lösl. Protein (I, *Albumine* u. *Globuline*) bei gleichzeitiger Abnahme des Geh. an alkohollösl. I (*Hordein*) u. Rest-I (*Glutelin*). Hafer verhält sich analog; bei Winterweizen u. Escourgeon (Hordeum hexastichum) erfolgt der erste Anstieg im Oktober. Der Unterschied erklärt sich aus der verschied. Aussaatzeit bei gleicher Blütezeit für Sommer- u. Wintergetreide. (Bull. Soc. Chim. biol. **33.** 120—32. 1951. Nancy, École de brasserie u. Fac. des Sci., Serv. de Chim. Biol.) F. RANG. 4420

Henri Pacheco und **Charles Mentzer,** *Über die Natur des aus dem Holz der Platane (Platanus vulgaris) isolierten Triterpens.* Aus dem Kernholz von *Platanus vulgaris* isolieren Vff. *Betulinsäure* (I), welche schon früher aus der Rinde von Platanus acerifolius erhalten worden ist. Die Isolierung geschieht durch Extraktion von 2 kg gepulvertem Holz mit Ae., Eindampfen des Extrakts, Aufnehmen mit sd. Methanol, Filtrieren, Abkühlen, Abtrennen eines flockigen Nd. nach einigen Tagen, Eindampfen, 15tägiges Stehenlassen u. 3maliges Umkristallisieren der abgeschiedenen Kristalle aus Methanol. Identifizierung durch Misch-F. von I sowie seines *Acetyl-* u. *Monobromderiv.*: *Betulinsäure* (I), $C_{30}H_{48}O_3$, F. 315—318°; LIEBERMANN-Rk. zunächst rot, dann violett, schließlich blaugrün. *Acetylderiv.*, $C_{32}H_{50}O_4$, F. 304°. *Monobromderiv.*, $C_{30}H_{47}O_3Br$, F. 275°. (C. R. hebd. Séances Acad. Sci. **238.** 1160—62. 8/3. 1954.) E. HANSCHKE. 4420

Gerson Pereira Pinto, *Beitrag zur chemischen Untersuchung der „timbós".* 1. vorl. Mitt. Die in Brasilien unter dem Namen „timbó" zusammengefaßten Pflanzen gehören verschied. Gattungen (Derris, Teobrosia, Milletia usw.) an. Die näher untersuchten Wurzeln von Derris urucu enthalten 30,07 (%) saponinartige Substanzen u. Kohlenhydrate, 19,37 Stärke u. Schleimstoffe, 24,85 Cellulose u. Lignin, 15,62 Rotenon, Harze, organ. Säuren u. Farbstoffe, 4,0 Tannine, organ. Säuren, Heteroside, 3,32 Wachse u. Fette, 1,25 unlösl. Mineralsalze. (Rev. Quím. ind. **23.** Nr. 271. 12—14. Nov. 1954.) R. K. MÜLLER. 4420

Adele Schöntag, *Der Einfluß von Mineralstoffen auf die Nektarabscheidung durch die Pflanze.* Bei einer Himbeersorte, zwei Stachelbeersorten, einer Johannisbeersorte, bei Sommerraps u. Luzerne konnte unter den Versuchsbedingungen kein Einfl. von *N-*, *P-* u. *K-*Düngung auf die Zuckerabscheidung durch die Nektarien der Einzelblüten festgestellt werden. Die Gesamtabscheidung von Zucker durch eine gedüngte Pflanze ist aber größer, da diese 3—22mal so viel Blüten entwickelt wie eine ungedüngte. (Naturwissenschaften **39.** 1. Juli-H. 304—05. 1952. München, Univ., Zool. Inst.) J. SCHWAIBOLD. 4450

I. A. Geller, *Über Wurzelausscheidungen der Pflanzen.* 10 Tage alte, in HELLRIEGEL-Nährmischung gewachsene Gerstenpflanzen wurden in Abständen von 20 Min. wiederholt mit 0,05n$KMnO_4$ (I)-Lsg. 1 Min. lang behandelt u. nach 48std. Verweilen in der Nährlsg. auf die Red. von I durch die Wurzeln sowie auf das Auftreten von *Nitrit* untersucht. Nach der 2. Behandlung ging die Reduktionsfähigkeit gegenüber I auf $^1/_2$—$^1/_3$ zurück, wurde jedoch nach 48 Std. zu 75—80% wiederhergestellt. Bei den späteren Behandlungen wurde diese Fähigkeit geringer u. erreichte den Ausgangswert immer später. Parallel zu der Änderung der Reduktionsfähigkeit erfolgte ein Auftreten von Nitrit. Höhere I-Konzz. bewirkten einen stärkeren Austritt von lösl. organ. Verbb. aus der Wurzel, so daß die Nitritmenge in der Nährlsg. abnahm. Wurden 12 Tage alte Weizenkeimlinge mit 0,05, 0,01 oder 0,005n I-Lsg. u. nach Behandlung der Wurzeln mit Oxalsäure (zur Best. der adsorbierten I-Menge) erneut mit 0,005n I-Lsg. behandelt, so war die Reduktionsfähigkeit der Wurzeln gegenüber I vermindert, wenn bei der 1. Behandlung eine konz. I-Lsg. angewandt wurde. (Доклады Академии Наук СССР [Ber. Akad. Wiss. UdSSR] [N. S.] **95.** 1105—08. 11/4. 1954.) O. LEBTAG. 4450

A. F. Schulyndin, *Die Erhöhung der Wirksamkeit von Sojanitragin durch Selektion von Sojasorten mit hoher Empfänglichkeit für Knöllchenbakterien.* Durch Auslese von

Sojapflanzen mit erhöhten Mengen von Knöllchen auf den Wurzeln (Anwendung von Nitragin) kann in der Nachkommenschaft die Empfänglichkeit der Pflanzen für Knöllchenbakterien (I) erhöht werden. Vermutlich stehen hohe Empfänglichkeit der Sojapflanze für I u. gute Entw. der Knöllchen auf den Wurzeln im Zusammenhang mit erhöhtem Zuckergeh. der Pflanzen. Andererseits bewirkt erhöhte I-Empfänglichkeit eine 0,6—3,6%ig. Verminderung des Fettgeh. u. eine 2—10%ig. Erhöhung des Eiweißgeh. in Sojasamen. (Микробиология [Mikrobiologie] **22.** Nr. 3. 288—93. Mai/Juni 1953. Charkow, Inst. für Genetik u. Selektion der Akad. der Wiss. der UkrSSR.)

M. GORDIENKO. 4450

Germaine Hurel-Py, *Wirkung einiger Zucker auf das Wachstum von Farnprothallien.* Vf. untersucht die Einw. von *Fructose* (I), *Glucose* (II; Konzz. 1%), *Saccharose* (III) u. *Maltose* (IV; Konzz. 2%) auf die Sporenkeimung u. das Wachstum der Prothallien von Alsophila australis u. stellt fest, daß ihre Entw. durch I gehemmt wird. In geringeren Konzz. (0,25%) besitzt I dagegen nur eine schwache Wirkung. Werden dagegen die Sporenkeimungen 9½ Monate auf einem I-haltigen Substrat (0,25—0,75% I) vorgenommen, so wird eine Wachstumssteigerung der Prothallien beobachtet, die proportional der Menge des zugesetzten Zuckers ist. Von den übrigen Sacchariden wird III am besten von den Vorkeimen verwertet, es folgen II u. IV in abnehmender Wirksamkeit. Die Ergebnisse weisen auf 2 verschied. Wirkungen von I hin: auf eine wachstumsverzögernde u. auf eine wachstumssteigernde; diese tritt in Erscheinung, wenn die Prothallien an das I-haltige Substrat angepaßt worden sind. Diese Adaption ist für die jungen Pflanzen in Ermangelung eines für die I-Verwertung spezif. Enzymsyst. jedoch schwierig. (C. R. hebd. Séances Acad. Sci. **240.** 1119—21. 7/3. 1955.)

P. FAHRNLAENDER. 4455

Karl Paech, *Stoffwechsel organischer Verbindungen.* 2. Mitt. (Vgl. C. **1954.** 4876.) Übersichtbericht über enzymat. Adaption, Kohlenhydrate, Atmung u. Gärung, organ. Säuren, Citronensäurecyclus, sek. Pflanzenstoffe, Wuchs- u. Wirkstoffe in der Pflanze. — 150 Literaturangaben. (Fortschr. Bot. **13.** 269—96. 1951. Tübingen.) P. LOCH. 4460

E. Latzko und **A. Amberger,** *Die Aufnahme des Cyanamids und seine Wirkung auf Wachstum und N-Stoffwechsel bei verschiedenen Kulturpflanzen.* Es wurde die Verträglichkeit steigender Cyanamid (I)-Konzz. bei Mais (M.), Kartoffeln (K.) u. Sommergerste (G.) geprüft. Die Versuchspflanzen wurden in N-freier Nährlsg. nach BREAZEALE oder in Nährlsg. mit Zusatz von 12,5—200 mg N als I bzw. von 100 mg N als Nitrat-N kultiviert. Die Pflanzen wurden in der I-Lsg. 6—48 Std. oder ständig belassen. Nach Ablauf der Verweilzeit erfolgte Umsetzen in n. Nährlösung. — Ergebnisse: Die G. war gegen I am empfindlichsten, es folgte M. u. in weiterem Abstand Kartoffeln. 100 mg I-N lösten z. B. bei G. nach 37, bei M. nach 40, bei K. erst nach 50 Std. Welkeerscheinungen aus. In Konzz. von $>$100 mg I-N gingen die Pflanzen meist schon nach einer Woche ein. Niedrige I-Gaben regten die Pflanzen dagegen zu vermehrtem Wachstum an. Eingeleitete Schädigungen durch I waren auch nach Umsetzen in n. Nährlsg. weitgehend irreversibel. Eine kurze Verweildauer ließ nach Umsetzen Stimulation erkennen; nach längerer Verweilzeit trat proportional der I-Konz. stets eine umfassende Depression ein. I war unter den beschriebenen Bedingungen in der Nährlsg. weitgehend stabil. — Die I-Aufnahme durch die Pflanzenwurzel wurde analyt. nachgewiesen. Die Höhe der Aufnahme scheint von der I-Konz., der Nährlsg., der Aufnahmedauer u. von klimat. Bedingungen abzuhängen. Infolge der geringfügigen enzymat. Aufspaltung des I in der Pflanze war der Geh. an freiem bzw. durch Säuren neutralisiertem NH_3 nur unwesentlich erhöht. Dagegen bewirkte I als N-Quelle eine Zunahme des Geh. an Eiweiß u. Amiden in der Pflanze. — 16 Literaturangaben. (Z. Pflanzenernähr., Düng., Bodenkunde **59 (104).** 198—215. 1952.) F. RANG. 4495

E₅. Tierchemie. Tierphysiologie. Tierpathologie.

Ss. I. Dorfman und **Ss. A. Schipitzyn,** *Die quantitative Bestimmung einiger Metalle im Gehirn des Menschen.* An 50 Leichen nach Unfalltod oder somat. Krankheiten ohne Erkrankung des Gehirns wurde der Geh. von *Pb, Cu, Si, Mn, Mg, Fe* u. *Ca* in verschied. Teilen des Gehirns u. in der Hypophyse ermittelt. Die wahrscheinliche Konz. dieser Elemente ergab sich aus der Kurve: Geh. in mg je 100 g Trockensubstanz–Zahl der Konzz. innerhalb des gewählten Intervalls in %. In der Hirnrinde, im Kleinhirn u. in der Hypophyse ist die wahrscheinliche Konz. der untersuchten Elemente danach verschieden. In der Kleinhirnrinde ist der Geh. an Fe, Cu u. Ca der gleiche wie in den übrigen Hirnbereichen, der Geh. an Mn u. Pb ist davon verschieden. Der Pb-Geh. ist in der Hypophyse 10mal größer als im Gehirn. In Stirnrinde, Nackenbereich u. Zentralfurche sind die untersuchten Elemente in der gleichen Konz. vorhanden. (Биохимия

[Biochemie] **20.** 136—39. März/April 1955. Irkutsk, Med. Inst., Lehrstuhl für Nervenkrankh. u. Lehrstuhl für Phys.) O. LEBTAG. 4510

F. Vacirca, *Gehalt und Funktion der Aminosäuren in den Geweben.* Bei Mensch u. Tieren ist der Geh. an Aminosäuren (I) in Nahrung, Blut u. Geweben sehr unterschiedlich; bei Überangebot von I in der Nahrung oder bei Fasten verändert sich zwar der Geh. im Blut teilweise bis zu 100%, ist jedoch auch dann nicht streng proportional dem Angebot oder dem Geh. in den Geweben. Der Geh. des Plasmas an bestimmten I schwankt stark bei den einzelnen Tierarten, z. B. enthält das des Pferdes 9,5 mg%, das der Ziege 16 mg% Arginin (II); im Liquor ist der Geh. an II am größten, im Blut der an Lysin. Zwischen der Zus. der I im Blut von Fötus u. Mutter bestehen erhebliche Unterschiede, so daß man noch andere Steuerungen als durch Bau- u. Energiestoffwechsel annehmen muß. Die Ausscheidung der I im Urin ist ebenfalls abhängig von der Art u. nicht von dem Geh. im Blut; sie schwankt außerdem mit der Art des aufgenommenen Eiweißes. Mit Ausnahme von Methionin u. den Dicarbonsäuren kann man feststellen, daß der Geh. im Blut um so größer ist, je niedriger das Mol.-Gew. u. je höher damit der Geh. an Amino-N ist. Man muß also annehmen, daß zur Aufrechterhaltung des von Nahrung, Ausscheidung u. Körpereiweiß unabhängigen Geh. des Blutes an bestimmten essentiellen I, ähnlich wie bei den Kohlenhydraten, gewisse hormonelle Regulationsmechanismen bestehen. (Athena [Rass. mens. Biol., Clin. Terap.] **16.** 89—90. Mai 1950. Torino, Univ., Ist. di Patol. Gen.) W. KIMPEL. 4520

Mutahhar Yenson und **Mürvet Bilen,** *Die Wirkung der salpetrigen Säure auf die N-haltigen Substanzen der Glykogene und ihre Untersuchung mit Hilfe der Papierchromatographie und Glucosaminbestimmung nach Elson und Morgan.* Auf verschied. Wegen dargestellte Glykogenpräpp. enthalten sehr verschied. Mengen von Stickstoff. Während Glykogenpräpp., die nur durch Extraktion mit KOH dargestellt worden sind, relativ große Mengen von Aminosäuren-N enthalten, der mit salpetriger Säure reagiert, besteht der N-Geh. von Glykogenpräpp., die durch Extraktion mit Trichloressigsäure oder durch Extraktion mit KOH u. nachträgliche Fällung mit Alkohol oder Trichloressigsäure hergestellt worden sind, vorwiegend aus Peptid-N. In den Hydrolysaten der Glykogenpräpp. wurde neben anderen Aminosäuren regelmäßig Leucin gefunden. Die in den Glykogenpräpp. enthaltenen N-haltigen Substanzen werden als Verunreinigungen angesehen. (Istanbul Üniv. Tip Fak. Mecmuasi [Bull. Fac. Méd. Istanbul] **15.** 829—34. 1952.) Z. STARY. 4520

T. Nicol und **R. S. Snell,** *Das Auftreten von Lipoid im Genitaltrakt von geschlechtsreifen jungfräulichen Meerschweinchen während des Geschlechtscyclus.* Das Auftreten der Lipoide (I) im Genitaltrakt ist abhängig von der Funktion des Corpus luteum. Die größte Anhäufung von I findet im distalen Ende des Corpus uteri statt. Im Epithel der Cervix u. Vagina werden die I abgebaut, bevor die Zellen abgestoßen werden. (J. Obstetr. Gynaecol. Brit. Empire [N. S.] **61.** 216—22. April 1954. London, Univ., King's Coll., Dep. of Anatom.) G. WELTZIEN. 4520

Michel Polonovski und **René-Guy Busnel,** *Über die Pterinpigmente aus Flügeln und Eiern von Bombyx mori L.* Das blaufluorescierende, pterinhaltige Pigment aus den Eiern von *Bombyx mori* (C. **1949.** I. 81) wird aus diesen sowie auch aus den Flügeln jetzt in größerer Menge isoliert: nach Trocknen bei 100°, Pulverisieren u. Entfetten mit Trichloräthylen wird der Trockenrückstand 2mal mit je dem 5fachen seines Gewichts an 10%ig. NH_3 durch 24std. Rühren extrahiert, nach Filtrieren die Lsg. auf p_H 7,5 eingestellt u. 2mal mit je 300 g Bentonit 24 Std. verrührt; das Adsorbens wird mit verd. Essigsäure gewaschen u. mit 2mal 1,5 Liter 55%ig. Methanol mit 5% NH_3 extrahiert u. dieses im Vakuum dest.; aus 30 kg frischen Eiern werden 24,2 g, aus 3,5 kg trocknen, entfetteten Flügeln 14 g Rohpigment erhalten. Papierchromatographie mit Phenolammoniak liefert aus beiden Rohprodd. drei fluorescierende Farbstoffe mit den R_F-Werten 0,50, 0,40 u. 0,85; der erste weist die typ. blaue, die anderen weniger charakterist. Fluorescenz auf; geringfügige Unterschiede der beiden Rohpigmente beruhen wahrscheinlich auf verschied. großen Anteilen an den 3 Komponenten. (C. R. hebd. Séances Acad. Sci. **230.** 585—87. 6/2. 1950.) W. KIMPEL. 4520

A. W. Asjawtschik, *Der Einfluß von Testosteronpropionat auf die Wiederherstellung einiger Fermentfunktionen in der Leber, die bei Eiweißmangel in der Nahrung gestört wurden.* (Vgl. C. **1949.** E. 575.) In Verss. mit weißen Ratten, denen nach einer Diät mit 3% Casein bis zu 25—30%ig. Gewichtsverlust, Proteinämie, Harnstoffabnahme im Harn u. Erhöhung der Aminosäureausscheidung 1—2 Wochen lang täglich je 0,5 mg *Testosteronpropionat* (I) verabreicht wurden, konnte eine Erhöhung der Aktivität der *Oxydasen* von d-Aminosäuren in den Leberschnitten beobachtet werden, nicht jedoch eine Aktivierung der Oxydasen der *l*-Aminosäuren. Die Zufuhr von I nach eiweißarmer

Diät war ohne Einfl. auf die Aktivität der die Oxydation von Tyrosin u. Xanthin sowie die Synth. von Harnstoff bewirkenden Fermentsysteme. Sie bewirkte keine erhöhte N-Anreicherung im Organismus u. keine Abnahme der Aminosäureausscheidung mit dem Harn. (Биохимия [Biochemie] **20.** 77—81. Jan./Febr. 1955. Moskau, Inst. für biol. u. med. Chem. der Akad. der Med. Wiss. der UdSSR, Labor. für physiol. Chem.) O. LEBTAG. 4559

J. Riviere und **M. Girardeau,** *Extraktion und Bestimmung gonadotroper Substanzen des Urins. (Resultate beim normalen, erwachsenen Mann.)* Es wird die Normalmenge urinär ausgeschiedener gonadotroper Substanzen beim n., erwachsenen Mann mit Hilfe der Adsorptionsmeth. an Kaolin festgestellt. 500 cm^3 frischer, innerhalb 24 Std. gesammelter Urin werden nach Ansäuern mit Eisessig auf p_H 4,5, Filtration u. Versetzen mit 25 cm^3 einer wss. Suspension von 20 g Kaolin in 100 cm^3 W. 1 Std. bei mäßiger Umdrehung zentrifugiert, das Sediment 3 mal mit dest. W. nachgewaschen u. in 25 cm^3 n. NH_3-Lsg. suspendiert. Nach erneutem Zentrifugieren wird die überstehende Lsg. mit Eisessig auf p_H 8,5 gebracht, bei auftretender Fällung nochmals zentrifugiert, anschließend auf p_H 5,5 eingestellt u. langsam 250 cm^3 auf 0° abgekühlter A. zugesetzt. Die Fällung wird zentrifugiert, getrocknet, in 10 cm^3 dest. W. gelöst u. in 3 Serien von a) ½ cm^3, b) 1 cm^3, c) 2 cm^3 der Stammlsg., jede auf 3 cm^3 verd., über 3 Tage in 2 täglichen Injektionen von je ½ cm^3 in weibliche, infantile, 25 Tage alte Wistarratten injiziert. Aus dem Gewichtszuwachs ihrer Genitalien berechnen Vff. den Durchschnittswert von 8 Ratteneinheiten mit den Extremen von 3 u. 16 E. für die täglich urinär ausgeschiedene Hormonmenge. Die Meth. u. Ergebnisse werden diskutiert. (J. Méd. Bordeaux Sud-Ouest **132.** 470—83. Mai 1955. Bordeaux, Univ., Labor. de Pathol. gén. et exp.) ANTJE SCHMIDT. 4559

A. Arquint und **A. Hauser,** *Therapeutische Mitteilung über den Placentaextrakt Biostimulin Berna.* Vff. berichten über schlagartig lokal u. allg. sehr gute Wirkungen des Biostimulinpräp. *Berna* (Schweizer. Serum- u. Impfinst.) bei schlecht heilenden Wunden. Die Theorie der Wrkg. ist noch völlig ungeklärt. (Schweiz. med. Wschr. **84.** 648—50. 5/6. 1954. Zürich, Univ., Chirurg. Klinik.) G. WELTZIEN. 4559

John Nichols und **Harold D. Green,** *Die Wirkung von DDD-Behandlung auf den Stoffwechsel von Hunden nach ACTH-Injektion.* 4 Hunden wurde während 4 Tagen 160 mg *ACTH* (146 R–S 3; ARMOUR) intramuskulär injiziert. Es zeigte sich Eosinopenie, eine diabet. Glucosetoleranzkurve sowie erhöhte Exkretion von Harnsäure u. Allantoin. Nach dieser ACTH-Reizperiode bekamen die Hunde 21 Tage lang oral 50 mg DDD/kg/Tag, dann wurden sie wie oben mit ACTH behandelt u. die biochem. Bestimmungen wiederholt. Die inneren Zonen der Nebennierenrinde waren atrophiert, während die äußeren Zonen nicht angegriffen waren. Die erneute ACTH-Reizung erzeugte keine der erwähnten Veränderungen. (Amer. J. Physiol. **176.** 374—76. März 1954. Winston-Salem, N. C., Bowman Gray School of Med., Dep. of Physiol. and Pharmacol.) K. GENEST. 4560

Sati Eser, *Funktionelle Zusammenhänge zwischen Hypophysenhinterlappen und Nebennierenrinde.* Nach Injektion von Hypophysenhinterlappenextrakten wurde bei Ratten, bei denen die Nebennierenrinde u. der Hypophysenvorderlappen intakt waren, eine erhebliche Verminderung der eosinophilen Blutkörperchen beobachtet. Die Hinterlappenextrakte rufen bei hypophysenlosen Tieren jedoch keinen Eosinophilen-Sturz hervor. Vorderlappenextrakte senken, infolge ihres Geh. an *Corticotropin,* ebenfalls die Eosinophilenzahl. Während die Hinterlappenextrakte ihre Wrkg. auf die Eosinophilen beim Erhitzen auf 100° bei p_H 7 verlieren, bleibt das Corticotropin auch nach dieser Behandlung wirksam. Die Wrkg. der Hypophysenhinterlappenextrakte auf die Eosinophilen wird dem antidiuret. Faktor zugeschrieben, da sie bei Adsorption mit Permutit ihre antidiuret. u. ihre Eosinophilen-vermindernde Wrkg., nicht aber ihre Oxytocinwrkg. verlieren. (Istanbul Üniv. Tip Fak. Mecmuasi [Bull. Fac. Méd. Istanbul] **15.** 941—50. 1952.) M. ARNAKI. 4560

Moises Schere, *17-Ketosteroide: Richtlinien zur Bestimmung. Einige Betrachtungen.* Allg. Angaben über Entnahme der Urinproben, deren Hydrolyse mit HCl, Ätherextraktion, alkal. Waschen des Extrakts u. colorimetr. Best. der *17-Ketosteroide* im Eindampfrückstand nach ZIMMERMANN mit m-Dinitrobenzol oder besser nach PINCUS mit $SbCl_3$, wobei etwas niedrigere, aber zuverlässigere Werte erhalten werden. (Rev. Asoc. bioquím. argent. **15.** 42—45. Jan./Febr. 1950.) W. KIMPEL. 4561

Y. Matsumoto, S. Sumida, S. Shimomura, S. Nagata, K. Sō, S. Komori und **T. Sato,** *Experimentelle Versuche über die Beziehung zwischen Nebennierenrinde und Säure–Base-Gleichgewicht.* Es wurde das Säure–Base-Gleichgewicht bei weißen Kaninchen nach Exstirpation der Nebennieren untersucht. Dabei ergab sich ein Abfall des p_H (Glaselektrode) des Blutes u. Harns, ebenso ein Absinken des Bicarbonatgeh. (VAN

SLYKE-Meth.) in Blut u. Harn. Dagegen stiegen NH_3- (CONWAY-App.) u. Gesamtsäuregeh. des Harns an. Diese im Stoffwechsel entstandene Form von Acidose wird durch Nierenausfall verstärkt. (Folia endocrinol. japon. **30.** 490—98. 20/12. 1954. Nagoya, Univ., School of Med., 3. Dep. of Internal Med. [Orig.: japan.; Auszug: engl. 521.]) S. HOTHORN. 4561

Samuel Kohan und **Héctor Orrego Matte,** *Derzeitige Erfahrung mit ACTH und Cortison in der Gastroenterologie.* Wegen der Vermehrung von Pepsin- u. HCl-Sekretion sind *ACTH* u. *Cortison* bei Magen- u. Zwölffingerdarmgeschwüren kontraindiziert. Bei schwerer ulceröser Colitis scheinen beide bei akuten Formen u. bei chron. mit Komplikationen, nicht jedoch bei bereits vorhandener Fibrosis günstig zu wirken. (Prensa méd. argent. **38.** 1884—91. 27/7. 1951. Chile, Univ., Cátedra de Clín. Méd., Secc. Gastroenterol. u. Cátedra de Med. R. Vicuna Herboso.) W. KIMPEL. 4561

José del Soto Basil, *Über die kombinierte Behandlung mit Percorten und Ascorbinsäure bei schmerzhaften Affektionen des lokomotorischen Apparates.* Vf. bestätigt die von verschied. anderen Autoren in den letzten Jahren mit gleichzeitigen Gaben von *Percorten* intramuskulär u. *Ascorbinsäure* intravenös erzielten Erfolge; diese Behandlung ist jedoch nur bei rheumat. u. posttraumat. Affektionen indiziert. (Clín. y Lab. **51.** 197—200. März 1951. Barcelona, Serv. de Huesos y Articulaciones en los Dispensarios del Sagrado Corazón de Jesús Cns. de San Vicente de Paúl.) W. KIMPEL. 4561

Pedro Rivero Arrarte, *Ergebnisse mit Desoxycorticosteron und Ascorbinsäure bei rheumatischer Arthritis und anderen rheumatischen Erscheinungen.* An 62 Fällen von rheumat. Arthritis u. ähnlichen rheumat. Erkrankungen bestätigt Vf., daß durch die in 5 Min. aufeinanderfolgenden Injektionen von 5 mg *Desoxycorticosteron* (**I**) intramuskulär u. 1 g *Ascorbinsäure* (**II**) intravenös in der Mehrzahl der Fälle Heilung oder weitgehende Besserung erzielt werden. Diese nur bei kurzfristiger Aufeinanderfolge wirksame Kombination von **I** u. **II** dürfte zur Bldg. des *Cortisons* (**III**) oder einer gleich wirksamen ähnlichen Substanz in vivo führen; die Bldg. von III erfolgt jedoch wahrscheinlich nur unter bestimmten, noch nicht geklärten diagnost. Voraussetzungen sowie bei einer bestimmten Applikationsform von **I + II**, die deren gleichzeitige u. richtige Resorption u. damit die Bldg. des III-wirksamen Prod. gewährleistet. (Semana méd. **57.** 736—39. 12/10. 1950. Montevideo, Fac. de Med., Clín. de Nutrición y Gastroenterol.) W. KIMPEL. 4561

Pedro M. Catoggio, *Cortison und rheumatische Arthritiden.* Vf. stellt in Übereinstimmung mit anderen Autoren fest, daß mit anfänglich 300 mg *Cortison,* die innerhalb von 4 Tagen auf 100 mg herabgesetzt werden, bei längerer Verabreichung 75 u. mehr % Besserung bzw. Verschwinden der klin. Symptome erreicht werden kann, die jedoch bei Herabsetzen der täglichen Dosis auf 75 mg wieder ansteigen u. wenige Tage nach Absetzen der Behandlung wird das klin. Bild vor deren Beginn wieder erreicht. (Semana méd. **57.** 1177—89. 21/12. 1950. Buenos Aires, Hosp., Rivadavia, Serv. de Enfermed. Endocr. u. Hosp. de Clínicas.) W. KIMPEL. 4561

Samuel Tarnopolsky, *Behandlung rheumatischer Arthritis mit Nebennierenrindenextrakt und Desoxycorticosteron.* (Vgl. C. **1955.** 7948.) Trotz teilweiser Mißerfolge hat die Behandlung von rheumat. Arthritis mit einem *Nebennierenrindengesamtextrakt* bei 7 von 12 Fällen zum Erfolg geführt, während hier Desoxycorticosteron ohne Wrkg. blieb; allerdings treten häufig Rezidive auf, die jedoch derselben Behandlung wieder zugänglich sind. (Prensa méd. argent. **37.** 715—18. 7/4. 1950.) W. KIMPEL. 4561

Fahri Atabey, *Die Bedeutung der 17-Ketosteroide in der Gynäkologie.* Auf Grund klin. Beobachtungen wird die Ausscheidung der Steroide im Harn bei verschied. Krankheiten u. physiol. Zuständen besprochen u. die klin. Bedeutung, bes. für die Erkennung des adreno-genitalen Syndroms, der CUSHINGschen u. der TURNERschen Erkrankung hervorgehoben. (Istanbul Üniv. Tip Fak. Mecmuasi [Bull. Fac. Méd. Istanbul] **15.** 284 bis 298. 1952.) M. ARNAKI. 4561

Maxwell L. Gelfand, Adam S. Little und **Karl F. Hoffman,** *Die Behandlung der subakuten nichteitrigen Thyreoiditis mit Cortison.* Es wird über 4 Patienten mit subakuter nichteitriger Thyreoiditis berichtet, die auf hohe Dosen *Cortison* — in kurzen Perioden angewendet — mit einer raschen Mäßigung der Entzündungserscheinungen reagierten. (Amer. J. med. Sci. **229.** 69—73. Jan. 1955. New York, N. Y., Univ., Post-Graduate Med. School, Dep. of Med.) F. LEUSCHNER. 4561

C. J. Shellabarger und **John T. Godwin,** *Wirkung von Thyroxin oder Trijodthyronin auf die Schilddrüse von Küken in An- oder Abwesenheit von exogenem TSH.* Frisch geschlüpften Leghorn-Hähnchen wurden am gleichen Tage im Verlauf von 12 Std. 1,5 E. *thyreotropen Hormons* (**I**) (50 P 4, PARKE, DAVIS & Co.) injiziert, einem Teil davon ebenfalls 1,5 γ *DL-Thyroxin* (**II**) oder *DL-3.5.3'-Trijodthyronin* (**III**) (P 1–1871–A; HOFFMANN-LA ROCHE) jeweils in 0,6 ml W. subcutan. 12 Std. nach der letzten Hormongabe bekamen die Tiere 0,2 mC ^{131}J subcutan. 2—8 Std. danach wurden sie getötet, die Schilddrüsen gewogen u. ihr ^{131}J-Geh. gemessen. Nach I-Gabe bewirkten II u. III Erhöhung von Gewicht u. Zellgröße der Schilddrüse. Weder II noch III veränderten die ^{131}J-Aufnahme der Schilddrüse, wenn vorher I gegeben wurde. Ohne I wurde die ^{131}J-Aufnahme erheblich vermindert. Es wird geschlossen, daß die Hypophyse geringe Mengen I sekretiert, die genügen, um zwar die ^{131}J-Aufnahme, nicht aber eine Änderung des Schilddrüsengewichtes u. der Zellgröße zu bewirken, u. daß diese I-Sekretion durch II oder III inhibiert werden kann. (Amer. J. Physiol. **176**. 371—73. März 1954. Upton, N. Y., Brookhaven Nat. Labor., Med. Dep., Div. of Pathol.) K. GENEST. 4562

Hans Kleinsorg und **Hans-Ludwig Krüskemper,** *Experimentelle Untersuchungen zur antithyreoidalen Wirkung von Kaliumperchlorat.* Vorläufige Mitt. über die an 125 Ratten nach Gaben von *$KClO_4$* beobachtete antithyreoidale Wrkg., die am einfachsten mit einer Blockierung der Thyroxinsynth. zu erklären ist, wofür auch die teilweise beobachtete Abnahme der Leberatmung spricht. Die Hyperplasie der Schilddrüse nach $KClO_4$ ist hypophysär bedingt. (Klin. Wschr. **32**. 702. 1/8. 1954. Göttingen, Univ., Med. Klinik.) G. WELTZIEN. 4562

Gaetano Livrea, *Beitrag zur Kenntnis der Beziehungen zwischen Schilddrüse und Wärmeregulation.* (*Erste Beobachtungen an Ratten.*) Nach neueren Unterss. erfolgt die Regulierung der Körpertemp. über die Herabsetzung der Oxydationsvorgänge durch die Schilddrüsenhormone *Thermothyrin A* u. *B*. Die bes. schlechte Wärmeregulierung bei der Ratte veranlaßte Vf. zur Unters. der Körpertemperaturzunahme, die nach Erhöhung der Außentemp. bei n. Tieren u. bei denselben Tieren nach Entfernung der Schild- u. Nebenschilddrüsen eintritt. Da verschied. Gruppen von Tieren sowohl vor als auch nach der Exstirpation die gleiche durchschnittliche Erhöhung von 1,4—1,7° in der ersten Std. nach Verbringen in den Thermostaten aufweisen, ist anzunehmen, daß bei der Ratte die Drüse keinerlei Thermothyrin produziert. Eine Abwehr-Rk. der Tiere besteht in starkem Auftreten von Speichel, der mit den Pfoten im Fell verrieben wird u. möglicherweise zum Absinken der Temp. in der 2. Std. beiträgt; Schweißsekretion wird nicht beobachtet. (Atti Accad. naz. Lincei, Rend., Cl. Sci. fisiche, mat. natur. **9**. 118—27. Juli/Aug. 1950. Roma, Univ., Ist. di Fisiol. Umana.) W. KIMPEL. 4562

Zişan Saraçbasi und **Ilhan Ulagay,** *Die Rolle des Insulins bei der Speicherung von Leberglykogen.* Unterss. an in vivo aspiriertem Lebergewebe ergaben bei n. Menschen 3,5—6,0% Glykogen. Das Leberglykogen steigt beim Gesunden (nicht aber beim Diabetiker) an, wenn Glucose verabreicht wird. Bei dekompensiertem Diabetes ist der Glykogengeh. der Leber gering, wird die Dekompensation durch therapeut. Maßnahmen einreguliert, so steigt der Glykogengeh. wieder auf den Normalwert„ an. Insulin, in physiol. Dosen, steigert die Glucosespeicherung in der Leber. (Istanbul Univ. Tip Fak. Mecmuasi [Bull. Fac. Méd. Istanbul] **15**. 972—78. 1952.) Z. STARY. 4564

J. H. Ottaway, *Der Insulin-ähnliche Effekt von Wachstumshormon.* Um die große Streuung der Kontrollwerte bei der Best. der *Glucose* (I)-Aufnahme durch das Zwerchfell zu vermeiden, wird empfohlen, das Gewebe unter anaeroben Bedingungen in einer von N_2 durchgespülten Nährlsg., die Ascorbinsäure (0,005 mol.) enthält, zu zerteilen u. schnell in die WARBURG-App. überzuführen. Bei aloxandiabet. Ratten wird die I-Aufnahme durch *Wachstumshormon* (II) nur stimuliert, wenn der Blutzuckerspiegel der Tiere <150 mg% liegt, bei mit Insulin (III) behandelten diabet. Ratten wird eine n. Stimulierung beobachtet. Danach beruht die III-ähnliche Wrkg. von II bei n., u. unter manchen Bedingungen auch bei diabet. Ratten, wahrscheinlich auf einer Freisetzung von III aus einem inakt. Komplex. Die Wirksamkeit frisch bereiteter II-Lsgg. verliert sich sehr schnell. (Biochim. biophysica Acta [Amsterdam] **11**. 443—45. Juli 1953. London, Univ. Coll., Dep. of Biochem.) H.-J. KOCH/Berlin. 4564

U. Pegni und **M. Sprugnoli,** *Das Verhalten der Glykämie beim Kaninchen in Beziehung zur protrahierten Verabreichung kleiner Dosen von Alloxan.* Während CAPONE BRAGA (Rass. di Neur. Veg. **4**. [1948.] 413) bei mehrtägiger Verabreichung von 1,5 mg/kg *Alloxan* am Kaninchen fortschreitende Verminderung des Blutzuckerspiegels bis zu letaler Hypoglykämie mit histolog. Veränderungen des Pankreas, Hyperfunktion der Inselzellen u. gleichzeitigen Veränderungen der Hypophysen-, Schilddrüsen- u. Nebennierenfunktionen fand, können Vff. unter denselben Bedingungen keine über die physiol. Schwankungen hinausgehenden Veränderungen des Blutzuckers feststellen. (Athena [Rass. mens. Biol., Clin. Terap.] **16**. 287—90. Dez. 1950. Siena, Univ., Ist. di Clin. Med. Gen. e Terap. Med.) W. KIMPEL. 4564

Carlo Dal Co, *Der Bilirubinspiegel im peripheren Blut und im Knochenmarksaft.* Zur Kenntnis des Entstehungsortes des *Bilirubins* (I) untersuchte Vf. Blut u. durch Sternalpunktion erhaltenen Knochenmarksaft bei 10 Gesunden u. 45 Patienten, die an verschied. hämopath. Erscheinungen, akuter benigner Hepatitis oder Cirrhose u. verschied. fiebrigen Prozessen erkrankt waren. Mir Ausnahme einiger Fälle von perniciöser Anämie u. einem Fall von Lymphosarkom liegt der I-Geh. im Blut mit nur unbedeutenden quantitativen Verschiebungen immer merklich über dem des Marks, so daß dieses normalerweise als Ort der I-Bldg. nicht in Frage kommt. (Arch. Pathol. Clin. med. **29.** 125—30. 1951. Modena, Univ., Inst. für allg. med. Klinik u. Therapie.) W. KIMPEL. 4572

Leon Swell und **D. F. Flick,** *Wirkung von Fett und Cholesterin aus der Nahrung auf den Blutcholesterinspiegel der Ratten.* Ratten wurden mit einer 25% Schmalz bzw. Ölsäure (I) bzw. Stearinsäure (II) enthaltenden Nahrung einmal mit u. einmal ohne *Cholesterin* (III) gefüttert. Bei Schmalzdiät stieg der III-Geh. des Blutes an, auch wenn kein III zusätzlich verfüttert wurde. Nach Ersatz des Schmalzes durch I sanken Gesamt-III u. Ester-III leicht ab, stärker bei der II-Diät. Die III-Resorption wird also durch gesätt. Fettsäuren gehemmt. (Amer. J. Physiol. **174.** 51—53. Juli 1953. Martinsburg, W. Va., Veterans Admin. Center, Gen. Med. Res. Labor.) H. BENISCHKE. 4572

Manuel Bermudez Pareja, *Zur biochemischen Kenntnis der Erythrocytopoese. Beteiligung der Vitamin-B_{12}-Gruppe.* Die Umwandlung des Proerythroblasten zum morpholog. u. histochem. von ihm stark differenzierten n. reifen Erythrocyten erfolgt im Knochenmark durch verschied. chem. u. Wachstumsprozesse, für deren n. Ablauf eine größere Anzahl verschied. Faktoren bedeutungsvoll sind. Schon zur Synth. des wichtigsten Bestandteils des Erythrocyten, des *Hämoglobins* (I), sind nicht nur dessen Bestandteile Porphyrine u. Fe, deren Mangel zu verschied. Formen der Anämie führen kann, sondern auch verschied., überwiegend enzymat. an der Synth. von I beteiligte Vitamine erforderlich. Früher nahm man hierfür den B_2-Komplex als wesentlich an, heute gelten als wichtigste *Pteroylglutaminsäure* u. *Vitamin B_{12}*. Für deren Bereitstellung bedarf es wiederum der n. Funktion der Darmbakterien, der n. Resorption im Dünndarm u. der anschließenden Folinsäuresynth. aus den Komponenten bzw. der für Vitamin B_{12} notwendigen Xanthopterinoxydase. Neben diesen bis heute bekannten Faktoren tragen wahrscheinlich noch eine Reihe bisher unbekannter zur Pathogenese der verschied. Arten von Anämien bei. (Rev. Sanidad Hig. públ. **25.** 271—86. April/Mai 1951. Escuela Nacional de Sanidad.) W. KIMPEL. 4573

G. Donati, F. Penati und **A. M. Sacco,** *Hämoglobingehalt des Erythrocyten der Säugetiere in Beziehung zu dessen Volumen und Oberfläche.* Das Verhältnis zwischen Geh. an *Hämoglobin* (I) u. Vol. ist auch bei 13 untersuchten Säugetierarten, wie schon früher beim Menschen festgestellt, konstant u. schwankt nur zwischen 31 u. 34%; unter patholog. Bedingungen, bes. bei Mikrocytose, sinkt nicht nur die absol., sondern auch die relative I-Menge ab. (Arch. Scienze med. **92 (76).** 1—15. Juli 1951. Torino, Univ., Ist. di Clin. Med.) W. KIMPEL. 4573

Kjell Jacobsson, *Untersuchungen über die Trypsin- und Plasmininhibitoren im menschlichen Blutserum.* Vf. untersucht mit verschied. Methoden die Hemmung von *Trypsin* (I) u. *Plasmin* (II) durch Human-Serum. Die durchschnittliche Hemmung der I-Aktivität durch 1 cm^3 Serum entspricht etwa der von 752 γ I/109 Sojabohnen-I-Inhibitor (IV). Hierbei stellte Vf. fest, daß der Betrag an gehemmtem I nur direkt proportional dem Betrag an IV ist, wenn I u. IV in Ggw. von Ca bei p_H 7,6 gemischt werden vor Zugabe zum Casein (V) als Substrat. Bei Verwendung von III als Substrat ist die I-Hemmung durch IV reversibel. Vf. ist der Ansicht, daß Harnstoff, der in III, aber nicht in V vorhanden ist, Dissoziation des I–IV-Komplexes verursacht. Mit einer Makrometh. fand Vf., daß Humanserum 2 I-Inhibitoren enthält, der eine ist in der α_1-, der andere in der α_2-Proteinfraktion enthalten. Die Inhibitorenaktivitäten verhalten sich hierbei im n. Serum wie 9 : 1. Die Ausbeute des α_1-I-Inhibitors kann durch Zufügen von III zum Elektrophoresepuffer gesteigert werden. Humanserum enthält einen II-Inhibitor (VI), der gleichfalls in der α_2-Proteinfraktion enthalten ist. VI u. der I-Inhibitor in der α_2-Proteinfraktion wurden vermehrt in nephrot. Serum gefunden. Mit einer modifizierten Mikrometh. fand Vf., daß die Summe der Aktivitäten der beiden I-Inhibitoren ca. 85% der Gesamt-I-Inhibitorenaktivität des Serums ausmacht. 1 cm^3 des I-α_1-Inhibitors entspricht in der Wrkg. 580 γ IV. Der I-α_1-Inhibitor u. damit die Gesamt-I-Inhibitorenaktivität steigt in dem meisten patholog. Seren, bes. markant in Seren von Patienten mit Gewebsschädigung an. Die I-Inhibitorenaktivität erlaubt keine Schlüsse auf die II-Inhibitorenaktivität. (Scand. J. clin. Lab. Invest., Suppl. **7.** Nr. 14. 55—102. 1955. Lund, Schweden, Univ., Dep. of Clin. Chem.) G. BRATFISCH. 4574

Ralph F. Jacox, *Quantitative Fraktionierung der Proteine des menschlichen Serums mit kationischen Reinigungsmitteln.* Durch turbidimetr. Messung der Fällungen lassen sich einzelne Proteinfraktionen des menschlichen Serums (verd. 1 : 100 mit dem entsprechenden Puffer) nach Zusatz einer 0,1%ig. Lsg. von *Octadecyldimethylbenzylammonium-*

chlorid (I; *Octab*) quantitativ bestimmen. Bei p_H 5,8—7,0 (NaCl-haltiger Kollidinpuffer) wird die *Fraktion IV—I* (α_1- u. α_2-*Globulin*), bei p_H 7,5—9,8 (NaCl-haltiger Glykokoll-NaOH-Puffer) die *Fraktion II* (γ-*Globulin*) u. bei p_H 12 (0,05 mol. NaOH + 0,4 mol. NaCl) die *Fraktion V* (*Albumin*) gefällt. Vergleichende Unterss. der einzelnen Fraktionen sowie des Gesamtglobulins bzw. -proteins nach der elektrophoret. Meth. von TISELIUS geben übereinstimmende Ergebnisse. Die Einfll. der I-Konz., der NaCl-Konz. u. der Proteinkonz. der Gesamtlsg. werden eingehend untersucht u. die Anwendung der Meth. auf eine Reihe patholog. Sera angegeben. (J. clin. Invest. **32.** 661—73. Juli 1953. Rochester, N. Y., Univ. of Rochester School of Med. and Dentistry, Dep. of Med.) H.-J. KOCH/Berlin. 4574

Armando Soto-Rivera, *Beziehung zwischen osmotischem Druck der Proteine und Dichte der Plasmen von Katzen, Hunden und Menschen.* Bei den untereinander verschied. Plasmen von n. Menschen, Katzen u. Hunden bestehen einfache, formel- oder kurvenmäßig darstellbare Beziehungen zwischen osmot. Druck der Plasmaproteine u. der Dichte des Plasmas, so daß ersterer aus der Dichte ermittelt werden kann. (Acta ci. venezolana **1.** 58—59. Juli/Aug. 1950. Venezuela, Univ. Central, Fac. de Cienc. Méd., Dep. de Fisiol.) W. KIMPEL. 4574

Francisco De Venanzi, *Der anorganische Serumphosphor während der Exton-Rose-Probe.* Die bei zweimaliger, halbstündlich aufeinanderfolgender Belastung des nüchternen Menschen mit peroralen Gaben von Glucose nach der Meth. von EXTON-RÖSE auftretenden Glykämien können zur Diagnostizierung von Diabetes dienen, da der Gesunde im Gegensatz zum Diabetiker nach der zweiten Belastung einen Rückgang, zumindest aber einen Stillstand der anfänglichen Glykämie zeigt. In Parallele hierzu fand Vf., daß das Absinken des anorgan. Serum-P beim Gesunden auch nach der zweiten Belastung anhält, während beim Diabetiker die zuerst abgesunkenen Werte nach der zweiten Belastung fast unverändert bleiben. (Acta ci. venezolana **1.** 23—25. Mai/Juni 1950. Venezuela, Univ. Central, Dep. de Patol. Gen. y Fisiopat., Inst. de Med. Exp.) W. KIMPEL. 4574

Francisco De Venanzi und **Alfonso Podrizki,** *Arteriell-venöse Unterschiede des anorganischen Serumphosphors während des Staub-Effektes.* Bei dem durch zweimalige, innerhalb von 30 Min. wiederholte in vivo-Gaben von 0,5 g Glucose/kg hervorgerufenen STAUB-Effekt an Hunden zeigen Vff. durch Best. des anorgan. Serum-P in Arterien u. Venen verschied. Organe u. Gewebe, daß der P hierbei absinkt; dieses Absinken ist ebenso wie bei n. Kontrolltieren um so größer, je stärker die Hyperglykämie ausgeprägt ist. Der Ort des wahrscheinlich durch Glucoseveresterung bedingten Verschwindens des anorgan. P ließ sich nicht lokalisieren. (Acta ci. venezolana **1.** 65—69. Juli/Aug. 1950. Venezuela, Univ. Central, Dep. de Patol. Gen. y Fisiopat., Inst. de Med. Exp.) W. KIMPEL. 4574

A. Prader und **R. Schweizer,** *Serumeisen und Sexualhormone.* Der *Serumeisen* (I)-Geh., der beim Kind niedrig ist, steigt in der Pubertät beim Manne stärker als bei der Frau an u. sinkt im Klimakterium wieder ab. Unterss. bei Pferden ergaben, daß der I-Geh. rassenmäßig verschied., bei ♀ höher als bei ♂ u. beim kastrierten niedriger als beim n. Tier ist. (Experientia [Basel] **6.** 351. 15/9. 1950.) P. LOCH. 4574

F. Reimann, *Über die Dauer der Eisentherapie bei der hypochromen Anämie.* Bei der Behandlung der Eisenmangelanämie mit Eisenpräpp. muß eine Überdosierung vermieden werden. Als Kriterium für eine ausreichende *Eisen*-Therapie kann weder der Hämoglobingeh. noch die Zahl der Erythrocyten verwendet werden. Am zweckmäßigsten erscheint für diesen Zweck die Kontrolle des Körpergewichts; Konstantwerden des Körpergewichts zeigt die Beseitigung des Eisenmangelzustandes an. (Istanbul Üniv. Tip Fak. Mecmuasi [Bull. Fac. Méd. Istanbul] **15.** 927—33. 1952.) Z. STARY. 4575

B. Gabrawy und **I. Kamal,** *Histidinausscheidung in normaler und anomaler Schwangerschaft.* Zwischen der *Histidin*-Ausscheidung im Urin von Männern, schwangeren u. nichtschwangeren Frauen besteht kein großer Unterschied. Die Ausscheidungsmenge ist abhängig vom Proteingeh. der Nahrung. (J. Obstetr. Gynaecol. Brit. Empire [N. S.] **61.** 186—91. April 1954. Cairo, Kasr. el Aini Univ. Hosp., Phys. Dep.) G. WELTZIEN. 4577

K. Richter und **H. J. Oslage,** *Der animal-protein-factor und seine Wirkung in der Schweinemast.* Aus den Verss. der Vff. geht hervor, daß die Wirksamkeit verschied. APF-Präpp. unterschiedlich ist u. nicht in allen Fällen eindeutig positive Wirkungen der Zulagen feststellbar sind. Für die prakt. Schweinemast erscheint eine gewisse Einschränkung des Anteils des Futters an tier. Eiweiß durch APF-Gaben möglich. (Mitt. Landwirtsch. **67.** 419—20. 7/6. 1952. Braunschweig-Völkenrode, Forschungsanstalt für Landwirtsch., Inst. für Tierernähr.) M. WINIKER. 4585

K. Richter, K. L. Cranz und **G. Lezius,** *Über die Wirkung von APF-Beigaben in der Schweinemast.* Ausführlicher Bericht der im vorst. Ref. behandelten Arbeit. (Züchtungskunde **23.** 263—73. Juni/Juli 1952.) M. WINIKER. 4585

N. D. Dijkstra, *Der Nährwert von grünem Roggen.* Über mehrere Wochen mit Hammeln ausgeführte Verss. über die Verdaulichkeit von grünem Roggen. Mit zunehmender Reife sinkt der Proteingehalt. Für die Berechnung des Geh. an verdaulichem Eiweiß in der Trockensubstanz wird eine Formel angegeben. (Landbouwkund. Tijdschr. **67.** 201 bis 206. März 1955. Hoorn, Rijkslandbouwproefstat.) W. WESLY. 4585

N. D. Dijkstra, *Der Futterwert von nasser, aus der kontinuierlichen Diffusion stammender Zuckerrübenpulpe.* Die mit Hammeln ausgeführten Verss. über die Verdaulichkeit von silierter Pulpe, herrührend aus der kalten u. warmen Diffusion mit SO_2 u. der n. warmen Diffusion zeigen eine Verdaulichkeit von 82, 54 u. 52%. (Landbouwkund. Tijdschr. **67.** 207—15. März 1955. Hoorn, Rijkslandbouwproefstation.) W. WESLY. 4585

W. G. Bruce Casselman, *Faktoren, die die Bildung von Ceroid in den Lebern von Cholinmangelratten beeinflussen.* 1. Mitt. *Nahrungsfette.* (Vgl. C. **1952.** 4480.) Bei cholinfrei ernährten ♂ Ratten wurde der Geh. der Leber an dem goldgelben Lipidpigment *Ceroid* (I) bei fettfreier Ernährung nach 55—75 Tagen mit „Spuren", nach 105—126 Tagen mit „2" beurteilt. Nach Verfütterung von Rindertalg oder hydriertem Baumwollsamenöl war der Geh. zu beiden Zeiten „Spuren", nach Verfütterung mit Kakaobutter „1". Wurde dagegen Baumwollsamenöl oder Maisöl + Kabeljauleberöl gegeben, war der Geh. nach 55—75 Tagen „2", nach 105—126 Tagen „3". Danach beeinflußt der Sättigungsgrad der aufgenommenen Fette (in Ggw. von 0,01% zugefüttertem *α-Tocopherol*) die I-Bldg. aus ungesätt. Fetten infolge Autoxydation (vgl. l. c.) in der Leber von Cholinmangelratten. Die fettfreie Ernährung hat offenbar eine geringe Wrkg. auf den Sättigungsgrad der Leber- u. Gewebefette. (Biochim. biophysica Acta [Amsterdam] **11.** 445—46. Juli 1953. Toronto, Ont., Canada, Univ. of Toronto, Banting and Best Dep. of Med. Res.) H.-J. KOCH/Berlin. 4585

W. G. Bruce Casselman, *Faktoren, die die Bildung von Ceroid in den Lebern von Cholinmangelratten beeinflussen.* 2. Mitt. *Diätetische Autoxydantien.* (1. vgl. vorst. Ref.) Der *Ceroid* (I)-Geh. der cirrhot. Lebern von Cholinmangelratten beträgt bei Fütterung mit einer *Vitamin-E* (*α-Tocopherol*, II)-freien hypolipotropen Grunddiät „3", bei Zufütterung von 0,05% II „2", mit 0,1% *Methylenblau* „1" nach 52—62 Tagen. Dies ist ein erneuter Beweis für die I-Bldg. unter Bedingungen, die die Autoxydation begünstigen. (Biochim. biophysica Acta [Amsterdam] **11.** 446—47. Juli 1953.) H.-J. KOCH/Berlin. 4585

Ceferino O. Olivo, *Die Wirkung von Penicillin auf das Wachstum von Berkjala-Schweinen.* (Philippine Agriculturist **37.** 512—19. Febr. 1954.) H. PATZSCH. 4585

W. W. Jefremow, *Zur Frage der Untersuchung des Bedarfs des Menschen an Vitaminen.* Es ist nach Vf. anzustreben, weniger nach Minimal- u. Optimalwerten des Vitaminbedarfes der Menschen zu fragen, sondern es sollte mehr versucht werden, den physiol. bedingten Bedarf zu erfassen, d. h. den Einfl. äußerer u. innerer Gegebenheiten (Klima, Ernährung, Arbeit u. Alter). Bei Massenunterss. sind an zusätzlichen Gehaltsbestimmungen notwendig: *Vitamin C* in Blut, Harn u. Milch (bei stillenden Müttern), *Carotin* u. *Vitamin A* in Blut u. Milch, Brenztraubensäure in Blut u. Harn, *Vitamin* B_1 im Blut u. *Vitamin* B_2 im Harn. Bei Fragen des Bedarfes an *Vitamin D* ist der Geh. an bas. Phosphat im Blut festzustellen. Bei Unterss. zum Problem des Vitaminbedarfes sind Tierverss. nach Möglichkeit durch Beobachtungen am Menschen zu ersetzen. (Вопросы Питания [Fragen d. Ernähr.] **14.** Nr. 2. 8—13. März/April 1955. Moskau, Ernährungsinst. der Akad. der Med. Wiss. der UdSSR, Labor. für Vitaminforsch.) M. ULMANN. 4587

Pietro Dessi und **Giuseppe Labò,** *Beitrag zur Untersuchung der pharmakologischen Wechselwirkung zwischen Aneurin und einigen Pharmacis des neurovegetativen Systems.* Durch Injektion subletaler Dosen von *DL-Benzedrin* (I), *D-Benzedrin*, *p-Sympatoltartrat*, *Veritolsulfat*, *Tyramin-HCl*, *Arilin-HCl*, *Aleudrinsulfat* u. *Mescalinsulfat* konnte durch gleichzeitige Verabfolgung von *Aneurin-HCl* (II) Mortalität von 100% erreicht werden. Ebenso führten subletale Dosen von *Cocain*, *Yohimbin* oder *Ergotamin*, wenn ihnen Injektionen eines Gemisches von I + II (0,08 + 0,2 g/kg Körpergewicht) folgten, innerhalb 10 Min. zum Tode. Die tödliche Wrkg. von 0,3 g II/kg konnte durch *Eserin* vermindert werden. Zwischen *Tetramethylendiamin* u. II konnte kein Synergismus festgestellt werden. I verstärkte die tox. Wrkg. von *Tubocurarin*-HCl, *Jodmethylspartein* u. *Tetramethylammonium-Formiat*. Synergismus bzw. Antagonismus zwischen Phenylalkylaminen bzw. aliphat. Aminen u. II sowie zwischen I u. quartären Ammoniumbasen wird diskutiert. Versuchstiere waren Ratte u. Maus. (Ricerca sci. **20.** 1831—42. Dez. 1950. Bologna, Univ., Ist. di patolog. medica.) P. LOCH. 4587

Mykola H. Haydak, *Änderungen des Thiamingehalts von ausgewachsenen Arbeiter-Honigbienen bei proteinfreier Nahrung.* Der *Thiamin* (I)-Geh. der Honigbienen nimmt bei Verfütterung proteinfreier Kost ab. Beim Übergang von natürlicher Honigfütterung zur Ernährung mit reinem Zucker traten nach ca. 80tägiger Versuchsdauer I-Verluste bis zu 80% auf, während bei der Aufzucht ausschließlich mit Zucker nach ca. 30 Tagen ein Verlust von 50% des I-Geh. festgestellt wurde. Die Nachkommen proteinfrei ernährter Stämme zeigten einen 50—60% niedrigeren I-Geh. gegenüber denen von unter n. Bedingungen aufgewachsener Bienen. (Ann. entomol. Soc. America **47**. 548—52. Dez. **1954**. St. Paul, Minn., Univ., Dep. of Entomol. and Econ. Zool.) S. Hothorn. 4587

Ss. I. Chajess, *Über den Wirkungsmechanismus der Nicotinsäure.* Im Zusammenhang mit Unterss. über die hypo- u. hyperglykäm. Wrkg. von *Nicotinsäure* (I) zeigt Vf. im Kaninchenvers., daß I, welche im Anschluß an Dosen von Insulin, Adrenalin, Novocain u. Atropin eingeführt wurde, sehr schnell eine Änderung des Geh. an Blutzucker bewirkt. Die durch I bewirkte Änderung des Kohlenhydratumsatzes muß vorwiegend einem Reflex zugeschrieben werden, dessen Charakter u. Stärke von der I-Dosis, dem Zustand der Receptorzone u. der vegetativen Leitsysteme abhängt. Mit dem Einbau von I in das Coenzymsyst. ist nicht zu rechnen, da I schon nach 10—20 Min. die Stoffwechselprozesse beeinflußt. (Вопросы Питания [Fragen d. Ernähr.] **14**. Nr. 2. 13—16. März/April **1955**. Archangelsk, Med. Inst., Lehrstuhl für Biochem.) M. Ulmann. 4587

Besim Turhan, *Untersuchungen über Pellagra.* Die Darmläsionen bei Pellagra wurden an einem Falle tödlich verlaufener Pellagra studiert. Die Rolle der Darmflora bei der Entstehung der durch den *Nicotinsäure*-Mangel hervorgerufenen Darmläsionen wird bes. hervorgehoben. (Istanbul Univ. Tip Fak. Mecmuasi [Bull. Fac. Méd. Istanbul] **15**. 101—05. **1952**.) Z. Stary. 4587

A. Giroud, J. Lefebvres und **R. Dupuis,** *Die Auswirkungen des Folsäuremangels auf den Embryo.* (Vgl. C. **1952**. 1686.) 4 Gruppen ♀ Ratten mit verschied. Diät [a) Normaldiät; b) Diät ohne *Folsäure* (I); c) Diät mit I u. mit Succinylsulfathiazol (II); d) Diät ohne I u. mit II] zeigten hinsichtlich ihrer Reproduktion folgende Unterschiede: Bei a), b) u. c) war das Fortpflanzungsvermögen n.; bei d) verfielen 16% der Embryonen der Resorption, zahlreiche andere wiesen Mißbildungen auf. — Daraus folgt, daß I-Mangel teratogen wirkt, was aber nur in Erscheinung tritt, wenn durch gleichzeitige II-Verabfolgung die mikrobiol. intestinale I-Synth. gehemmt wird. (Int. Z. Vitaminforsch. **24**. 420—29. **1952**. Paris, Fac. de Méd. Labor. d'Embryologie; École des Hautes Études, Labor. de Physiol. de la Nutrition.) P. Loch. 4587

Josef Kupka, *Der Einfluß von Vitamin B_{12} auf das Wachstum der Jungfische der Regenbogenforelle.* (Sborník českoslov. Akad. zemědělských Věd, Řada B **27**. 253—60. Mai **1954**. Brno [Brünn], Krajsk. výzk. úst. Rybářské a hydrobiol. odd. [Landwirtschaftl. Bezirksforschungsinst., Fischerei- u. hydrobiol. Abt.]) H. Freytag. 4587

F. de Felice, *Über die Bedeutung der Beziehungen der Vitamine untereinander.* 1. Mitt. *Der Gehalt an L-Ascorbin- und Dehydro-L-ascorbinsäure in einigen Organen von Vitamin-C-Mangelmäusen, die mit Thiamin, Biotin oder p-Aminobenzoesäure behandelt wurden. Thiamin, Biotin* bzw. *p-Aminobenzoesäure,* per os bei jungen Mäusen angewandt, verzögern in verschied. Weise die Verarmung an *l-Ascorbinsäure* in einigen Organen, die für experimentelle C-Avitaminose wichtig sind. (Arch. Scienze biol. **38**. 113—18. März/April **1954**. Bari, Univ., Ist. di Fisiol.) G. Weltzien. 4587

Juan Cuatrecasas, *Therapeutische Wirkung der Ascorbinsäure bei rheumatischen Leiden.* Die allg. antiinfektiösen Eigg. des *Vitamins C* (I) sowie seine günstigen Wirkungen auf die Fermente, die Hämatopoese, Serumproteine, Antikörper u. das gesamte Mesenchym veranlaßten, es zur Therapie bei verschied. rheumat. Leiden zu verwenden. Bei rheumat. Arthritis u. a. wurden auch gleichzeitig Zeichen der C-Avitaminose festgestellt. Die antiallerg., auf Inhibierung der Histaminbldg. beruhende Wrkg. von I, seine engen Beziehungen zum gesamten endokrinen Syst., bes. zu den Steroidstoffwechsel regulierenden Organen, tierexperimentelle Unterss. sowie klin. Beobachtungen lassen I daher heute bei allen derartigen Erkrankungen, selbst bei fehlendem Bild der Avitaminose, als unumgängliches Adjuvans der sonstigen Therapie erscheinen. (Semana méd. **57**. Nr. 19. 792—94. 11/5. **1950**.) W. Kimpel. 4587

G. W. Probst und **M. O. Schultze,** *Die Identifizierung von L-Ascorbinsäure im Urin normaler und mit Chloreton behandelter Ratten.* Urin von Ratten, die mit Milch gefüttert werden, enthält beträchtliche Mengen reduzierender Substanzen, wenn die Tiere außerdem das Unverseifbare der Fettfraktion von Gras u. Luzerne, bestimmte Terpene, Hypnotica oder bes. *Chloreton* (I) erhalten. Die reduzierenden Substanzen lassen sich mit Tillmans-Reagens titrieren u. besitzen antiskorbut. Wirkung. Vff. versuchten die *2.4-Dinitrophenylhydrazin* (II)- u. *Isopropyliden*-Derivv. (DPD bzw. IPD) zu identifizieren. Der Harn von Ratten, die täglich 21,4 mg I (*1.1.1-Trichlor-2-methylpropanol-(2)* intraperitoneal injiziert erhielten, wurde in 6%ig. Oxalsäure gesammelt. Nach Filtrieren durch Hyflo-Super-Cel wurde er mit festem $CaCO_3$ auf p_H 5,1 gebracht u. zu 970 ml mit 145 ml 20% Mercuriacetat versetzt (eisgekühlt), wobei vorhandene *Ascorbinsäure* (III) oxydiert wird. Nach 5 Min. wurden 170 ml 20%ig. Bleiacetat zugegeben, filtriert u. mit Kohle (Darco-G 60) entfärbt. Mit H_2S wurden Pb u. Hg gefällt, III red. u. in vacuo (N_2-Strom) H_2S vertrieben. Hierzu wurden 80 ml 20%ig. Bleiacetat gegeben, durch Super-Cel filtriert u. durch 10% NH_4OH (bis p_H 7,4) Pb gefällt. Das gewaschene Pb-Salz wurde in 150 ml Aceton suspendiert u. nach Zusatz von Darco-G 60 mit H_2S zersetzt. Das Filtrat hiervon wurde in vacuo eingedampft, woraus in A.–Butanol–PAe.-Gemisch nach 5 Tagen bei -18^0 ein Sirup erhalten wurde, aus dem sich nach Zufügen von Bzl. Kristalle bildeten, die durch Schmelzpunkt (191°), opt. Drehung ($[\alpha]_D^{21}$ +50,5) u. Reduktionswert (174 mg → 1 mMJ_2) als III identifiziert wurden. Wegen der geringen Ausbeute (10%) wurde aus dem Rattenurin, der in 6%ig. HPO_3 gesammelt wurde, das DPD nach ROE, u. KUETHER (J. Biol. Chem. **147.** [1943.] 399) durch Oxydation der III mit 2.6-Dichlorphenolindophenol u. Zusatz von Harnstoff, II u. 9 n H_2SO_4 hergestellt. Der Nd. wurde in absol. Aceton gelöst u. in einer Säule von Hyflo-Super-Cel + 3 Teile $Mg_3(PO_4)_2 \cdot 4\,H_2O$ chromatographiert. Nach Entw. mit Aceton wurde mit 0,1 mol. Oxalsäure in absol. Aceton eluiert. Hieran schloß sich eine zweite chromatograph. Reinigung, nachdem die Oxalsäure durch W. entfernt war. Das Absorptionsspektr. erwies sich ident. mit dem DPD, das aus synthet. III erhalten wurde. DPD schmolz bei 291—292° (Zers.). Die quantitative Best. ergab 5,1 mg% III im Urin. Durch Lösen von DPD in Dioxan u. Aceton u. Zugabe von wenig P_2O_5 wurde DPD in IPD übergeführt. Der nach Waschen mit K_2CO_3, Zusatz von Oxalsäure u. Trocknen im Vakuum erhaltene Rückstand wurde aus A.–Aceton umkristallisiert. F. u. Misch-F. 275°. Durch Kochen mit 90%ig. Essigsäure wird IPD zu DPD u. Aceton hydrolysiert. — 27 Literaturangaben. (J. biol. Chemistry **187.** 453—61. Dez. 1950. St. Paul, Univ. of Minnesota, Div. of Agricult. Biochem.) P. LOCH. 4587

M. M. Eidelman, *Bestimmung der Ascorbinsäure-Aufnahmefähigkeit des Blutes als Untersuchungsmethode für die Sättigung des menschlichen Organismus an Vitamin C.* Wenn die Proteine des Blutes mit $(NH_4)_2SO_4$ niedergeschlagen werden, findet keine Spaltung des *Hämoglobins* statt, was die Möglichkeit einer einfachen Best. der *Ascorbinsäure* (I) des Blutes ergibt. Bei Zuführung von I in vitro zum Blut kann es durch dasselbe gebunden werden. Die Gegenüberstellung der Aufnahmefähigkeit des Blutes vor u. nach Belastung mit I per os gibt Hinweise über die Sättigung des Organismus mit *Vitamin C.* Eine Belastung des Blutes mit I führt auch zu einer Änderung des Geh. an *Adrenalin* u. adrenalinähnlichen Stoffen. Die Richtung der Veränderungen ist bei niedrigem Adrenalinspiegel bei gesunden Menschen u. bei bestimmten Krankheiten (Hypertonie, Thyreotoxikose) verschieden. Die Unters. der Bluteigg. hinsichtlich der I-Menge erlaubt bei einer Reihe von patholog. Zuständen die Veränderungen einiger Indicatoren des Umsatzes nicht nur von Vitamin C, sondern auch des funktionell damit zusammenhängenden Adrenalins zu erkennen. Nach der vorgeschlagenen Meth. kann eine Hypovitaminose nachgewiesen werden, die durch Best. des I-Geh. in Blut, Harn u. Plasma nicht feststellbar ist. (Український Біохімічний Журнал [Ukrain. Biochem. J.] **26.** 310—23. 1954. Charkow, Ukrain. Inst. für Endokrinol.) M. ULMANN. 4587

Francisco Masin, *Die Wirkung der Verabreichung erhöhter Dosen von Fischlebertrankonzentraten auf die Cytologie des Vaginalabstriches bei der Ratte.* Bei der oralen Verabreichung von täglich 0,71 cm^3 Fischlebertrankonzentrat mit ca. 37000 E. *Vitamin A* u. ca. 5400 E. *Vitamin D* zeigt sich bei weiblichen Ratten im Vaginalexkret bei erhöhten Leukocytenzahlen u. verminderter Abstoßung der Hornzellen eine deutliche Verlängerung der Östrusperioden, während die mit derselben Menge Olivenöl ernährten Kontrolltiere Cyclushemmung im Östrusstadium aufweisen. Beide Versuchsgruppen zeigen Gewichtsabnahme. (Acta ci. venezolana **1.** 26—29. Mai/Juni 1950. Venezuela, Univ. Central, Dep. de Patol. Gen. y Fisiopatol., Inst. de Med. Exp.) W. KIMPEL. 4587

Bertil Lindquist, *Die Wirkung von Vitamin D auf den Stoffwechsel von Radiocalcium bei rachitischen Ratten.* (Vgl. auch C. **1953.** 879.) Rachit. Ratten erhielten nach *Vitamin-D* (I)-Verabfolgung 20 mg ^{45}Ca-Lactat per os. Zur maximalen Wrkg. waren 15 I.E. I erforderlich. Während unbehandelte Ratten Ca zu 73,5% mit den Faeces wieder ausschieden, sank die Ausscheidung auf 65%, wenn Ca 12 Std. nach I gegeben wurde. Nach 60 Std. war die I-Wrkg. optimal u. verschwand nach ca. 15 Tagen. Daraus ist zu ersehen, daß I die intestinale Resorption von Ca erhöht. Bei subcutan verabfolgtem Ca konnte I die Ca-Aufnahme in die Metaphyse in einem Zeitraum von 72 Std. verdoppeln, wodurch auch der Einfl. von I auf die Calcifikation erwiesen ist. Die an sich bei Rachitis am wenigsten affektierten Schneidezähne nehmen Ca am schnellsten auf. (Kungl. fysiogr. Sällsk. Lund Förh. **20.** 243—49. 1950. Lund, Schweden, Univ., Pediatr. Clin.)
P. LOCH. 4587

A. A. Lapina, *Eine vereinfachte biologische Methode zur Bestimmung von Vitamin D_2.* Nachdem Vf. durch mehrere Reihenverss. festgestellt hatte, daß die minimale prophylakt. Dosis an *Vitamin D_2* bei verschied. Gaben einen konstanten Wert besitzt, wird empfohlen, bei der biol. Prüfung eines Präp. dasselbe je zur Hälfte am 1. u. am 8. Versuchstag zu geben. (Вопросы Питания [Fragen d. Ernähr.] **14.** Nr. 2. 18—21. März/April 1955. Moskau, Wiss. Forschungsinst. für Vitaminologie des Gesundheitsmin. der UdSSR.) M. ULMANN. 4587

Müfide Küley und **Zişan Saraçbaşi,** *Wirkung und Verwendung von Vitamin K bei der Lebercirrhose und bei Lebertumor.* Während der Glutathionspiegel des Blutes bei nichtdiabet. Menschen mit gesunder Leber im Durchschnitt bei 49 mg% gefunden wurde, betrug der Glutathionspiegel bei Patienten mit malignen Lebertumoren 32,9 mg% u. bei Patienten mit Lebercirrhose im Durchschnitt 33,2 mg%. Nach Verabreichung von *Vitamin K* (*Synkavit*) sank der Glutathiongeh. zunächst rasch ab u. stieg nach einigen Std. (bei n. Leber) oder einigen Tagen (Cirrhosefälle) wieder zum n. Wert an. (Istanbul Üniv. Tip Fak. Mecmuasi [Bull. Fac. Méd. Istanbul] **15.** 854—59. 1952.) M. ARNAKI. 4587

Davide Giannotti und **Bruno Cenni,** *Über die Veränderung des Gesamtaschegehaltes von Blut, Milch, Fäces und Urin der Ziege nach Fütterung mit einem bestimmten Salzgemisch und über Veränderungen des Calcium- und Phosphorgehaltes in der Asche.* 1. Mitt. *Ergebnisse der biochemischen Untersuchungen.* Vff. fanden nach täglicher Verfütterung eines Gemisches aus 66,5 (%) $CaCO_3$, 11,5 $CaCl_2$, 8,0 CH_3CO_2Na, 0,8 KJ, 2,2 NaCl, 2,2 $FeCl_2$, 4,4 Na_2CO_3 u. 4,4 Na_2HPO_4 in der Menge von 10 g bzw. 6 g in 6%ig. Lsg. vom p_H 6,5 eine Erhöhung des Gesamtaschegeh., des Ca- u. P-Geh. in der Asche sowie eine Gewichtszunahme der Versuchstiere. (Agric. ital. **54** ([N. S.] **9**). 139—60. Juni 1954.) G. WELTZIEN. 4596

Je. I. Worobjew, *Die Verteilung von Brom im Organismus weißer Ratten.* Radioakt. ^{82}Br wurde subcutan (1 μC auf 1 g Körpergewicht) weißen Ratten eingeführt. Seine Verteilung in Organen u. Geweben u. seine Ausscheidung wurde innerhalb von 120 Std. alle 15 Min. kontrolliert. Die größten Mengen Br fanden sich in Hypophyse, Schilddrüse, Geschlechtsdrüsen, Leber, Blut u. Gehirn, die geringsten in den beiden Gehirnhemisphären u. im Kleinhirn. Seine Verteilung in verschied. Teilen des Zentralnervensyst. verlief nicht parallel: sein Geh. verminderte sich im Kleinhirn 48 Std. nach der Einführung. Zu gleicher Zeit stieg dieser in der Medulla an. Eine gewisse Parallelität in den Schwankungen des Br-Geh. wurde in der Hypophyse u. in der Schilddrüse beobachtet. Auch die Veränderungen des Br-Geh. im Blut u. in der Leber gingen parallel. Br wird hauptsächlich mit dem Urin, in viel geringerem Ausmaße mit dem Stuhl ausgeschieden. 96—120 Std. nach der Injektion geht diese Ausscheidung stark zurück u. bleibt auf diesem Niveau längere Zeit. (Вестник Рентгенологии и Радиологии [Nachr. Röntgenol. Radiol.] **1955.** Nr. 1. 15—17. Jan./Febr.) F. DU MANS. 4596

C. Serono und **E. Marchetti,** *Über den Stoffwechsel der Kohlenhydrate. Wirkung des Insulins auf die Alkoholbildung durch Enzyme tierischen Ursprungs.* Rinderleber u. ihr Glycerinextrakt enthalten ein Enzym, das durch NaF nicht gehemmt wird u. Glucose (I) in A. überführt, der anschließend total verbrannt wird; durch Zugabe von *Insulin* (II) tritt Hemmung ein u. I wird ebenso wie Isomaltose (III) als Glykogen (IV) gespeichert. Umgekehrt vermag Rindermuskelglycerinextrakt I nur in Ggw. von II abzubauen, III aber weder mit noch ohne II. III wird wahrscheinlich grundsätzlich erst nach vorheriger Umwandlung in IV in der Leber der Verbrennung zugeführt. Die enzymat. Bldg. von Milchsäure erfolgt im Muskel wahrscheinlich nur bei mangelnder Blutzufuhr in Ruhe. (Rass. Clin., Terap. Sci. affini **49.** 1—11. Jan./März 1950. Labor. Biol. dell'Ist. „Serono".) W. KIMPEL. 4596

C. Serono und **E. Marchetti,** *Über den Stoffwechsel der Kohlenhydrate. Wirkung des Insulins auf die Alkoholbildung durch Enzyme tierischen Ursprungs.* (Vgl. vorst. Ref.) In Anlehnung an ältere Befunde von SERONO, nach denen sterile Pankreasextrakte aus einigen Kohlenhydraten A. zu bilden vermögen, untersuchten Vff. andere Organextrakte. A. wurde im Destillat der Proben durch Umsatz mit n/100 J_2-Lsg. in sodaalkal. Lsg. u. Rücktitration des J_2-Überschusses nach Ansäuern titrimetr. bestimmt, die Organe selbst gegebenenfalls vor der Dest. mit Na-Wolframat u. Hg-Sulfat zur Abtrennung störender Beimengungen vorbehandelt. So lassen sich bereits in frischer Rinderleber unter sterilen Bedingungen 0,35% A. nachweisen, die auch nach 5std. sterilem Aufbewahren bei 22° noch vorhanden, nach 30 Std. auf 0,12% abgesunken sind. 10 cm³ Glycerinextrakt, aus 2,5 g Leber nach 48std. Einw. erhalten, liefern mit 200 cm³ 5%ig. Lsg. von Glucose (I) nach wenigen Min. 0,878% A. (bezogen auf Gemisch Extrakt–I-Lsg.); dieser Geh. wird durch Erhöhung der I-Konz. nicht, durch Verlängerung der Einwirkungszeit in 24 Std. auf 1,15% erhöht u. fällt nach 30 Std. auf 0,50%. Zugabe von 20 mg *Insulin* (II) verzögert die Bldg. von A., so daß nach 2 Std. nur 0,293, nach 5 Std. jedoch wieder 0,885% I gefunden werden. Mit größeren Dosen II werden die Werte noch stärker herabgesetzt, jedoch verschwindet die inhibierende Wrkg. von II schnell, so daß erneute Zugabe von Extrakt bereits nach 2 Std. starke A.-Bldg. erzeugt. Im Gegensatz zu diesen Befunden zeigt ein auf gleiche Weise hergestellter Rindermuskelextrakt mit I nur geringe A.-Bldg., die hier durch Zugabe von 30 mg in 6 Std. auf 2,95% erhöht wird. Vff. schließen daraus, daß frische Leber ein glucoseabspaltendes Enzym enthält, das I zu A. umsetzt u. durch II inhibiert wird; die Ggw. von A. zeigt sich beim Menschen auch in der Euphorie nach reichlichem Zuckergenuß; A. wird anschließend weiter zu CO_2 u. W. abgebaut; der Muskel vermag dagegen A. nur in Ggw. von II zu bilden, worin sich neue wichtige Funktionen von II zeigen. (Chimica [Milano] 5. 227—31. Sept./Okt. 1950.) W. KIMPEL. 4596

A. Clementi, *Die Harnstoffbildung im Hühnerorganismus in Beziehung zum Arginingehalt der in den Futterpflanzensamen enthaltenen Proteine.* 2,0—2,2 kg schwere Hähne werden mit täglich 80—90 g Samen von Leguminosen (**L**) oder Graminaceen (**G**) gefüttert u. in den quantitativ gewonnenen Exkrementen NH_3, Harnstoff (I) u. Harnsäure (II) bestimmt. Da die Menge des mit der Nahrung aufgenommenen N in der Reihenfolge Schoten, Saubohnen, Linsen, Erbsen, Mais, Weizen u. Reis von 3114 auf 560 mg abfällt, nehmen auch die ausgeschiedenen Mengen I u. II in einem ähnlichen Verhältnis ab; weniger stark sind die Schwankungen, wenn man die II-Ausscheidung auf die N-Aufnahme bezieht, so daß die II also ein Maß für die Eiweißaufnahme darstellt. Demgegenüber ist aber die Menge des ausgeschiedenen I weniger von der Menge als von der Art des aufgenommenen Eiweißes abhängig; die nach OSBORNE zwischen 5,45 u. 11% Arginin (III) enthaltenden **L** bedingen eine Ausscheidung von 7,05 bis 10,42 Teilen I/100 Teile II, während mit den 1,55—5,9% III enthaltenden **G** nur 3,84 bis 8,13 Teile I exkretiert werden. Da im übrigen auch eine merkliche Menge NH_3 ausgeschieden wird, dieses also im Stoffwechsel zur Verfügung steht, schließt Vf. in Bestätigung früherer Befunde, daß I auch bei reichlichem Eiweiß- u. NH_3-Angebot ausschließlich dem III der Nahrung entstammt; die zur Bldg. von I aus III notwendige Arginase, die nachweislich bei Vögeln in der Leber fehlt, muß also anderen Organen entstammen; in der Niere wurde sie bereits nachgewiesen. (Arch. Scienze biol. 35. 167—76. März/April 1951. Catania, Univ., Ist. di Fisiol.) W. KIMPEL. 4596

R. I. Ssalganik, *Untersuchung von Altersbesonderheiten der Erneuerung der Proteine des Plasmas und der Gewebe bei weißen Ratten mit Hilfe von markiertem Methionin.* An weißen Ratten wurde die *Eiweiß* (I)-Erneuerung in Blutplasma, Leber, Niere, Lunge u. Milz in Abhängigkeit vom Alter der Tiere untersucht, wobei als Kriterium der Einbau von ^{35}S-Methionin (II) diente. Es zeigte sich, daß bereits einige Std. nach II-Zufuhr die Intensität des II-Einbaues in das Blutplasma ein Maximum erreicht u. dann abnimmt. Bei alten Tieren tritt das Maximum nach 2 Std. ein, bei jungen Tieren nach 6 Std. u. weniger intensiv. Der Plasmageh. an II, Cystin u. Cystein zeigt bei jungen u. alten Tieren keine wesentlichen Unterschiede (2,12% II bei alten Tieren, 2,02% II bei jungen Tieren). Mit Ausnahme des Nieren-I wird II in alle untersuchten I bei alten Tieren rascher eingebaut als bei jungen. (Биохимия [Biochemie] 19. 641—44. Nov./Dez. 1954. Ernährungsinst. des Gesundheitsminister. der UkrSSR, Biochem. Labor.)
O. LEBTAG. 4596

G. Ss. Schewess, *Intensität der Proteolyse und Geschwindigkeit des Einbaues von radioaktivem Methionin in die Muskelproteine nach Denervation und Tendotomie.* Unterss. an Kaninchen über die Intensität der Proteolyse zu verschied. Zeitpunkten nach der Denervation oder Tendotomie ergaben, daß bei Denervierung des Muskels eine verstärkte Proteolyse nach 4—5 Tagen beobachtet wird, während bei Tendotomie diese Intensivierung bereits nach 2 Tagen eintritt u. in den ersten 2 Wochen 2—3mal intensiver ist als im n. Muskel. Die Proteolyse ist hier in der Regel stärker als bei Denervation. Nach 16—21 Tagen gleichen sich die Intensitäten der Proteolyse im n. u. operierten Muskel einander an. Die Intensität der Proteolyse nach Zufuhr von radioakt. *Methionin* (I) wird hierbei aus der Zunahme des Nichteiweiß-N bei der Incubation des Muskelbreies im Acetatpuffer (p_H 4) bei 38° bestimmt. Die verstärkte Proteolyse im atrophierten Muskel ist von einer Intensivierung des ^{35}S-Einbaues aus I in die Muskelproteine begleitet, wobei die Geschwindigkeit geringer ist als die des Eiweißzerfalls. Die Änderungen des I-Einbaues, der Pyrophosphataseaktivität u. des Glutathiongeh. verlaufen im weißen u. roten Muskel verschieden, so daß nach der Denervation die Unterschiede in ihrem Stoffwechsel vermindert werden. (Биохимия [Biochemie] 20. 152—57. März/April 1955. Molotow, Med. Inst., Lehrstuhl für Biochem.) O. LEBTAG. 4597

Ss. Je. Epelbaum und **L. F. Kantor,** *Der Einfluß einer Denervierung auf die glykolytischen Prozesse in Muskeln.* Die Unterss. über die glykogenolyt. u. glykolyt.

Aktivität von n. u. denervierten Muskeln des Kaninchens ergaben, daß 10—11 Tage nach Durchschneidung des Ischiasnervs die glykogenolyt. Aktivität um 4,7—16,8%, nach 30—35 Tagen um durchschnittlich 95% vermindert wird. Der denervierte Muskel hat zu diesem Zeitpunkt nur $^1/_3$ des n. Gewichtes. Der denervierte Muskel zeigt in Ggw. von Glucose in fast allen Fällen eine geringere Fähigkeit, Milchsäure zu bilden, als der n. Muskel. Die Aktivität der *Aldolase* (I) nimmt nach 20—25 Tagen um 73,5 bis 89,3% ab. Eine völlige Übereinstimmung zwischen Muskelatrophie u. Abnahme der I-Aktivität besteht nicht. Bei Durchschneidung der Achillessehne erreicht die Aktivitätsabnahme von I selbst nach 20—22 Tagen nur 13,3%, während das Gewicht des tendotomierten Muskels auf die Hälfte zurückgeht. Werden die Muskeln einer Extremität denerviert, die der andern tendotomiert, so ist nach 17 Tagen die I-Aktivität im ersten Fall nur halb so hoch wie im zweiten. (Биохимия [Biochemie] **19**. 660—65. Nov./Dez. 1954. Moskau, Med. Inst., Lehrstuhl für Biochem.) O. LEBTAG. 4597

Lennart Nicander, *Glykogensekretion in der Epididymis.* Histochem. konnte in 5 μ-Schnitten in der Epididymis verschied. Haustiere durch eine Gefriertrockentechnik sowie Behandlung mit HJO_4 u. SCHIFFs-Reagens *Glykogen* nachgewiesen werden. (Nature [London] **174**. 700—01. 9/10. 1954. Stockholm, Veterinärhögskolan, Dep. of Anat. and Histol.) K. GENEST. 4597

Annemarie Weber und **Wilhelm Hasselbach,** *Die Erhöhung der Rate der ATP-Spaltung durch Myosin- und Actomyosingele bei Beginn der Spaltung.* Vff. messen die Geschwindigkeit der *ATP*-Spaltung durch isolierte Fibrillen des Kaninchenmuskels u. durch Flocken des L-Myosins aus Kaninchen mittels P-Best. nach FISKE u. SUBAROW. Bei 3—5·10^{-3}mol. ATP findet während der ersten 15 Sek. eine Spaltung mit etwa doppelt so großer Geschwindigkeit statt wie nach 120 Sek., wo der stationäre Wert erreicht wird. Wird die Spaltung durch Salyrganvergiftung 15 Sek. unterbrochen, so setzt sie nach Cysteinentgiftung wieder mit der hohen Anfangsgeschwindigkeit ein. Das Phänomen kann in der Diskussion nicht geklärt werden. (Biochim. biophysica Acta [Amsterdam] **15**. 237—45. Okt. 1954. Tübingen, Univ., Physiol. Inst.) K. GENEST. 4597

John D. Crawford, Donald Gribetz und **Nathan B. Talbot** (unter Mitarbeit von **Mary Terry, Elsie A. MacLachlan, Kirsten van Loon** und **Mary F. Morrill**), *Mechanismus der tubularen Nierenphosphatreabsorption und seine Beeinflussung durch Vitamin D bei vollständig parathyroidektomierten Ratten.* Bei Hyperphosphatie steigt der Geh. des Phosphats im Urin. Er ist der in den Glomeruli filtrierten Menge proportional, wobei n. die Reabsorption in den Tubuli konstant bleibt, bei Vitamin-D-Gaben jedoch abnimmt. Die Glomerulifiltration wurde durch Messung der Inulin–Kreatinin-Exkretion bestimmt. (Amer. J. Physiol. **180**. 156—62. Jan. 1955. Boston, Mass., Harvard Med. School., Dep. of Ped., u. Massachusetts Gen. Hosp., Childr. Med. Serv.) P. HOLZLÖHNER. 4597

Ezio Silvestroni und **Ida Bianco,** *Untersuchungen über die Geschmacksempfindlichkeit von gesunden mikrocythämischen und normalen Versuchspersonen gegen Phenylthiocarbamid.* Es wird der Zusammenhang zwischen der Wahrnehmbarkeit des bitteren Geschmackes von *Phenylthiocarbamid* durch Versuchspersonen u. Mikrocythämie bzw. erblichen Faktoren besprochen. (Ricerca sci. **20**. 1856—60. Dez. 1950. Rom, Univ., Ist. di clin. med. gener. e terap. med.) ——————— P. LOCH. 4598

Gregory Pincus and **Kenneth V. Thimann**, eds. The hormones; physiology, chemistry and applications. V. 3. New York: Academic Press. 1955. (1012 S. m. Abb.) O. $ 22,—.

Reidar F. Sognnaes, ed. Advances in experimental caries research; a symposium presented on December 29, 1953 at the Boston meeting of the American Association for the Advancement of Science. Washington: Amer. Assn. for the Advancement of Science. (245 S. m. Abb., Diagr.) O. $ 5,75.

E₆. Pharmakologie. Therapie. Toxikologie. Hygiene.

R. L. Verwilghen und **J. M. Peremans,** *Änderungen im Prothrombinkomplex nach Totalbestrahlung des Körpers.* Röntgentotalbestrahlung von Hunden mit 400 u. 600 r ergab schwere Thrombopenie, in den meisten Fällen Verzögerung der Blutgerinnungs- u. Recalcificationszeit u. Abnahme der Prothrombin- u. Convertinkonzz. im Plasma. (U. S. Armed Forces med. J. **6**. 645—56. Mai 1955. Louvain, Univ., Labor. for Psychopathol., u. Centre du Serv. de Santé of the Belgian Army.) H. DOSSMANN. 4601

Edward P. O'Malley und **Y. T. Oester,** *Einfluß einiger physikalisch-chemischer Faktoren auf die Iontophorese bei Anwendung von Radioisotopen.* (Vgl. C. **1955**. 7957.) Verss. an Ratten zur Best. des Einfl. von p_H, Ionenstärke, Stromstärke, Einwirkungsdauer, Konz. u. Partikelgröße bei der Iontophorese (I) mit mit ^{32}P, ^{131}J u. ^{198}Au markierten Lösungen. Die Verteilung von ^{32}P in gelöster Form als Sulfat war proportional Stromstärke, I-Dauer u. Konz. des radioakt. P. Mit *Strychnin* (II)-Sulfat waren Konvulsionen u. Tod proportional der II-Konz. an der Kathodenseite. Steigerung der Ionenkonz. der

I-Lsgg. mit ^{32}P ergab Abnahme in der Resorption der Gewebe. Kein signifikanter Einfl. von p_H-Änderungen u. Elektrodengröße auf die ^{32}P-Verteilung. Koll. Lsgg. mit ^{198}Au oder ^{131}J markiertem Albumin ergaben geringeren I-Effekt in den Geweben als mit echten Lösungen. (Arch. physic. Med. Rehabilitat. **36**. 310—16. Mai 1955. Chicago, Ill., Stritch School of Med., Dep. of Pharmacol. and Exp. Therapeut., u. Loyola, Univ., The Graduate School.) H. DOSSMANN. 4601

Milos J. Lota und **Robert C. Darling,** *Änderungen in der Permeabilität der Membran roter Blutkörperchen in einem homogenen Ultraschallfeld.* Bericht über Beeinflussung der Diffusion von K-Ionen durch Zellmembranen roter Blutkörperchen in Plasmaproben mit 33% Erythrocyten bei 37° durch Ultraschall (US) von 1000 kHz im Gebiet von 0,5—3 W/cm² bei Einwirkungszeiten von 5—30 Minuten. Die K-Konz. des Plasmas ergab durch US K-Zunahme von 0,1—1,91 Milliäquivalent/Liter gegenüber unbeschalltem Blut. Die Hämoglobinkonz. des Plasmas wird durch US nur unwesentlich erhöht. (Arch. physic. Med. Rehabilitat. **36**. 282—87. Mai 1955. New York City, Columbia Univ., Coll. of Phys. and Surg., Dep. of Phys. Med. and Rehabilitat., u. Presbytarian Hosp.) H. DOSSMANN. 4601

Felix F. Gunche, Manuel Castillo und **Simon Lapilover,** *Wasser der Kraterlagune des Vulkans und Schlamm der Thermen von Copahué bei der Behandlung der Psoriasis.* Vff. fanden die Wässer aus der Kraterlagune des Copahué, die farb- u. geruchlos, stark sauer (p_H 1,2) sowie Fe-, S- u. Si-haltig sind, zur Therapie von Psoriasis als gut geeignet; neben einer gewissen desensibilisierenden, sollen sie bes. eine ton. Wrkg. auf das Blut u. infolge ihres Geh. an Alkalisilicaten auch baktericide, fungicide u. keratoplast. Wrkg. haben; wegen ihrer kaust. Eigg. werden 10 Liter davon mit 150 Liter W. verdünnt. Als Beimischung zu diesen Wässern werden meist die trocknen u. kalten Schlämme desselben Fundortes verwendet, die neben freiem u. gebundenem S hauptsächlich aus Tonerde, Fe-, Ca-, Si- u. a. Verbb. bestehen. (Semana méd. **57**. 516—18. 7/9. 1950. Hosp. Alvear.) W. KIMPEL. 4603

H. Gebauer, *Zur Frage der antirachitischen Wirkung von Fluor.* Da eine frühe Rachitis die Cariesfrequenz erhöht, wurde im Hinblick auf die Cariesminderung durch *F* im Rattenvers. der Einfl. von F auf die Rachitis geprüft. Bei Verabreichung von rachitogener Kost (Mais, Weizen, Kleber, Milchpulver sowie 4 g $CaCO_3$ u. 1 g NaCl) u. Gabe von 10—100 γ NaF pro Tag u. Tier (5—50 γ F) konnte entgegen den Befunden von KNAPPWOST (C. **1954**. 1529) bei histolog. u. röntgenograph. Prüfung keine Wrkg. von F auf die Entstehung bzw. Heilung der Rattenrachitis beobachtet werden. (Dtsch. zahnärztl. Z. **10**. 621—28. 15/4. 1955. Potsdam-Rehbrücke, Anst. für Vitaminforsch. u. Vitaminprüfung.) G. KLESSE. 4606

A. Knappwost, *Bemerkungen zu der vorstehenden Arbeit von H. Gebauer.* (Vgl. vorst. Ref.) Es wird darauf aufmerksam gemacht, daß bei der von GEBAUER (vgl. l. c.) angewandten Rachitisdiät, die massive $CaCO_3$-Gaben erfordert, das F′ prakt. nicht wirken kann, wenn es dem Futter zugesetzt wird. Durch die hohe Konz. an Ca-Ionen im Magen-Darm-Kanal wird das Löslichkeitsprod. des CaF_2 so stark belastet, daß prakt. keine freien F-Ionen verfügbar sind. (Dtsch. zahnärztl. Z. **10**. 629. 15/4. 1955. Tübingen, Univ., Zahnärztl. Inst., Abt. für Physikal. Chem.) G. KLESSE. 4606

Willard R. Cooke, *Beobachtungen über verschiedene Behandlungsarten bei Eklampsie.* Es wird bes. die Therapie mit *$MgSO_4$* (intravenös) besprochen, dem außer der antikonvulsiv. Wrkg. auch eine das unbekannte Toxin verändernde Wrkg. zugesprochen wird. (Southern med. J. **45**. 654—60. Juli 1952. Galveston, Tex.) P. LOCH. 4606

S. Holz, *Wirkungen des Ba-Ions auf die rhythmische Aktivität des Myocards.* 0,5—1 cm³ einer 10%ig. $BaCl_2$-Lsg. bewirken am nach LOEWE präparierten rechten Vorhof des Kaninchens nach anfänglichem Anstieg von Frequenz u. Amplitude Depression u. Arrhythmie, die bis zu Flimmern u. diastol. Stillstand führen können. Der normalerweise bewegungslose linke Vorhof des Präp. wird durch Ba^{2+} zu n. Rhythmus angeregt. Die Wrkg. von Nicotin am rechten Vorhof bleibt n., wird jedoch je nach dem Zeitpunkt der Gabe durch die geschilderte Ba-Wrkg. verstärkt bzw. abgeschwächt. Die Ba-Wrkg. bleibt ferner weitgehend unabhängig von Adrenalin-, Acetylcholin-, Atropin- u. Ergotamingaben. (Acta ci. venezolana **1**. 18—21. Mai/Juni 1950. Venezuela, Univ. Central, Dep. de Farmacol.) W. KIMPEL. 4606

W. R. Trotter, *Vergleich der akut toxischen Wirkungen von Jodiden und Thioharnstoffderivaten. Allylthioharnstoff* schützt Ratten in gewissem Umfang vor der letal tox. Wrkg. anderer Thioharnstoffderivv. (I) ebenso wie gegen die von NaJ. Da auch das Bild der I- u. NaJ-Vergiftung sehr ähnlich ist, schließt Vf. auf einen ähnlichen oder ident. Wirkungsmechanismus. (Brit. J. exp. Pathol. **33**. 202—06. April 1952. London, Univ., Coll. Hospit. Med. School.) P. LOCH. 4607

I. W. Swerschkow und **A. A. Tosstanowskaja**, *Eine hygienische Bewertung der Malonester, die als Antioxydantien verwendet werden.* In Verss. mit weißen Mäusen ergaben sich folgende tox. Dosen für *Äthyl* (I)- u. *Methylmaleinat* (II) in g/kg Körpergewicht: I 1—1,5; II 0,5—1; I + II 1,25—2,0. Ein Gemisch von je 0,025 g I u. II je 1 kg Körpergewicht zeigte keine tox. Wirkung. Bei 40—50tägiger Fütterung von Katzen u. Hunden mit 4—6 g/kg Margarine mit 0,01% I + II zeigten sich patholog. Veränderungen. Bei einer Gabe von 1—2 g/kg Margarine wurden weder makroskop. noch mkr. Veränderungen bei den Versuchstieren beobachtet. (Вопросы Питания [Fragen d. Ernähr.] **12**. 69—73. Nov./Dez. 1953. Kiew, Ukrain. Wiss. Forschungsinst. für Ernährung.) OTTO MAIER. 4607

G. F. Baggi und **G. Prodi**, *Wirkung von Hyaluronsäure auf durch Staphylokokken hervorgerufene Hautverletzungen. K-Hyaluronat* (I; SCHERING AKT.-GES., Berlin) u. in geringerem Maße auch durch *Hyaluronidase* („*Kinetin*"-SCHERING)-Einw. auf I hergestellte partielle Abbauprodd. verstärkten die durch subcutane Injektionen von Staphylokokken (II) hervorgerufenen Schädigungen an der Rückenhaut von Kaninchen. Vorincubation der II mit I war ohne Einfluß. (Proc. Soc. exp. Biol. Med. **86**. 461—64. Juli 1954. Bologna, Univ., Inst. für Allg. Pathologie.) H. GIBIAN. 4607

Claudio Angeleri und **Luigi Ghiringhelli**, *Über eine vermutete antimethämoglobinisierende Wirkung des BAL.* Nach BARRON, MILLER u. KALNISTKY wird *Methämoglobin* (I) durch BAL (*2.3-Dimercaptopropanol*; II) in vitro schnell zu Hämoglobin reduziert. Vff. konnten an Hunden, bei denen mit subletalen Dosen von Anilin in 3%ig. Lsg. eine deutliche experimentelle Methämoglobinämie erzeugt wurde, jedoch keinen zeitlich oder mengenmäßig veränderten Verlauf des Auftretens von I beobachten, wenn eine halbe Std. nach der Vergiftung, beginnend stündlich 4 Einzeldosen von je 100 mg II intramuskulär oder subcutan verabreicht wurden, so daß also II nicht in der Lage ist, in vivo die Bldg. von I zu unterdrücken. (Minerva med. [Torino] **42** I. 248—49. 10/2. 1951. Milano, Univ., Clin. del Lavoro.) W. KIMPEL. 4607

G. Sala und **M. Borasi**, *Sulfhydrylgruppen und Leberverfettung.* 150—200 g schwere, n. ernährte weiße Ratten wurden mit 2—5 cm^3 CCl_4/kg Körpergewicht in 20%ig. Erdnußöl-Lsg. (III) oral u. sofort anschließend subcutan mit 200 mg/kg Na-Thiomalat (I) oder 40 bis 50 mg BAL (II) in Lsg. von III u. Benzylbenzoat behandelt. Andere 80—130 g schwere Tiere wurden mit einer Diät aus 5 Teilen Casein, 40 Teilen Ochsenfett, 50 Teilen Glucose, 5 Teilen Salz u. ausreichenden Gaben der Vitamine A, B_1, B_2, B_6, D u. Pantothensäure ernährt u. während des Vers. alle 2 bzw. 4 Tage mit I oder alle 2 Tage mit 20 mg/kg II behandelt. Letalität, histolog. Leberbefund u. der durch Ätherextraktion der getrockneten Leber ermittelte Lipoidgeh. unterschieden sich weder in der Gruppe mit tox., noch in der Gruppe mit diätet. erzeugter Leberverfettung von den nicht mit I bzw. II behandelten Kontrolltieren. Im Gegensatz zu den von verschied. Vff. untersuchten anderen Sulfhydrylverbb. vermögen also I u. II nicht, bei Lebertoxikose oder diätet. Leberverfettung präventiv oder mildernd zu wirken. (Arch. Scienze biol. **35**. 103—09. März/April 1951. Mailand, Farmitalia, Forschungslabor.) W. KIMPEL. 4607

C. B. Allsopp und **Honor B. Fell**, *Die Toxizität eines Reaktionsproduktes von Senfgas mit Serumproteinen.* Wird $\beta.\beta'$-Dichlordiäthylsulfid (I) mit Hühnerplasma (Hp.) 24 Std. bei 37° unter ständigem Rühren behandelt u. das überschüssige I entfernt, so zeigt sich, daß unabhängig vom I-Überschuß die vom Hp. gebundene I-Menge konstant ist, sich also wahrscheinlich eine stöchiometr. Verb. gebildet hat. Zur Prüfung ihrer tox. Eigg. wurde das Gemisch aus I u. Hp. nach obiger Behandlung 4 Wochen im Hochvakuum über P_2O_5 u. Aktivkohle gehalten, nach Mahlen 16 Std. im Soxhlet mit Aceton extrahiert u. entweder so oder nach anschließendem 14tägigem Dialysieren gegen häufig gewechseltes dest. W. im Vgl. mit ebenso aufgearbeiteten Proben unbehandelten Serums untersucht. Während diese bei Applikation in einen kleinen Hautschnitt der Maus nach wenigen Tagen prakt. restlos resorbiert wurden, verheilen die Schnitte mit I-behandeltem Serumtrockenrückstand kaum u. zeigen auch nach 12 Tagen im histolog. Bild unresorbiertes Serum, Nekrose u. Leukocyteninfiltration. Bei dem nach Extraktion noch dialysierten Prod. sind die Erscheinungen wesentlich schwächer. (Brit. J. exp. Pathol. **31**. 258—62. April 1950. London, Guy's Hosp., Med. School, u. Cambridge, Strangeways Res. Lab.) W. KIMPEL. 4607

R. Strömblad, *Die Empfindlichkeit der normalen und denervierten Parotis gegen chemische Substanzen.* Es wird der Einfl. von *Acetylcholin* (I), *Pilocarpin* (II) u. *Adrenalin* (III) auf die durch elektr. Reizung hervorgerufene Salivation bei Katzen mit denervierter Parotis untersucht. Die Durchtrennung der parasympath. Nervenfasern steigerte die sekretor. Leistung unter I—III. Postganglionäre Denervierung steigerte die Empfindlichkeit gegen I u. II. Die Rk. auf III ist vermindert. Die Wrkg. von kleinen Dosen III

oder Reizung des Sympathicus, die nach I angewendet wurden, lassen vermuten, daß III neben seiner Gefäß-Rk. eine sekretor. u. speichelaustreibende Wrkg. besitzt. (Acta physiol. scand. 33. 83—98. 16/2. 1955. Lund, Sweden, Univ., Inst. of Physiol.)
F. LEUSCHNER. 4607

Alberto Coluzzi und **Giulio Raffaele,** *Untersuchungen über die Dauerwirkung von DDT und Chlordan auf Hausfliege und Anophelen.* In mit 2 g/m^2 DDT (I) gespritzten Käfigen wird bei Hausfliegen die bis zu 7 Std. beobachtete 100%ig. Mortalität erst bei Kontaktzeiten von 25 Min. u. mehr erreicht; beobachtet man die Mortalität bis zu 24 Std., so genügen zunächst 10 Min. Kontaktzeit; diese Wrkg. geht nach 25 bzw. 10 Tagen schnell zurück. Bei Dauerkontakt steigt die Zeit, innerhalb derer 100%ig. Mortalität festgestellt wird, von anfänglich 3 auf über 7 Std. 60 Tage nach Spritzen an. Mit derselben Menge Chlordan (II) werden in allen Fällen wesentlich günstigere Zahlen erreicht. Die Wrkg. von I soll unabhängig davon sein, ob Fliegen aus früher bereits mit I behandelten Gegenden verwendet werden. In derartigen Gegenden ist die Häufigkeit der Hausfliege herabgesetzt, jedoch unabhängig davon, ob erstmalig oder bereits in den vorhergehenden Jahren das Gelände mit I behandelt wurde. Der von Vff. bei Geländebehandlung mit II beobachtete wesentliche Rückgang der Fliegen kann möglicherweise auch auf meteorolog. Ursachen beruhen. Während die Dauerwrkg. von I gegen Anophelen 14 Monate anhält, ist also die Dauerwrkg. beider Insekticide gegen Fliegen unzureichend. (Riv. Malariologia **30.** 113—36. Juni 1951. Ist. di Malariol. „Ettore Marchiafava".)
W. KIMPEL. 4607

Alvaro Lozano Morales und **Juan Gil Collado,** *H-24, ein neues Verfahren zur Reaktivierung von Insekticiden. Vorläufige Untersuchungen. Die Wirkung auf resistente Hausfliegen.* Vff. untersuchten die Wirksamkeit verschied. Insekticide, die nach einem neuen Verf., *H-24*, hergestellt worden waren. Durch Chlorierung von Terpenen lassen sich sehr wirksame Insekticide darstellen, die aber wegen ihrer ätzenden Eigg. nicht direkt anwendbar sind. Fügt man solche Verbb. in das Mol. organ. Insekticide ein, so ergibt sich eine Steigerung der Aktivität u. eine Reaktivierung dieser gegenüber resistenten Insekten inakt. Verbindungen. So wird der Dampfdruck dieser Stoffe, sowie ihre Löslichkeit in den Hautlipoiden durch Ggw. der Terpengruppen erhöht. Mit verschied., nach der H-24-Meth. hergestellten Präpp. beobachteten Vff. im offenen Gelände bis zu 30 Tage andauernde volle Wirksamkeit gegenüber Hausfliegen. Die Präpp. waren für Menschen u. Tiere absol. ungiftig. (Rev. Sanidad Hig. públ. **29.** 129—34. März/April 1955. Navalmoral de la Mata [Cáceres], Inst. Nac. Antipaludico.) HANS THIELE. 4607

Antonio Pino und **Balilla Ferracuti,** *Über die Veränderung des Gehaltes an Proteinen, Vitamin C und Lactose in Milch von Ziegen, die mit Helichrysum italicum (G. Don) behandelt wurden.* Vff. verabreichen an Ziegen zusammen mit dem Futter Helichrysum italicum (G. Don), eine mediterrane Strohblumenart, welche therapeut. vielfache Verwendung findet. Die Droge beeinflußt die Menge der täglichen Milchproduktion nicht, wohl aber den Geh. der Milch an Proteinen (I), Ascorbinsäure (II) u. Lactose. Letzterer wird erniedrigt, I- u. II-Gehh. dagegen werden erhöht. (Lait **34.** 369—88. Juli/Aug. 1954. Camerino, Univ., Faculté de Méd. Vét., Inst. de Zootechn. Génér.) R. WOLLER. 4608

Asborg Nöding, Karl Fr. Stöa und **Arnold Nordal,** *Östrogene Wirkung von Extrakten der Zimtrinde aus Ceylon.* Kastrierten ♀ Ratten u. Mäusen wurden alkoh. Extrakte, die teils aus der Zimtrinde unmittelbar, teils aus käuflichen Zimttinkturen bereitet wurden, injiziert. Aus den Vaginalabstrichen war zu ersehen, daß einige Zubereitungen östrogene Wrkg. besaßen. *Cinnamal*, das mit Stilböstrol strukturelle Ähnlichkeit hat, besaß diese Wrkg. nicht. Auch in der mit Wasserdampf flüchtigen u. der hierbei zurückbleibenden Fraktion des äther. Extraktes sowie in dem nach der Ätherextraktion von Zimtrinde zurückbleibenden Rückstand konnte keine östrogene Wrkg. festgestellt werden. (Acta pharmac. int. [Copenhagen] **1.** 243—48. 1950. Oslo, Univ., Pharmaceut. Inst., Sect. for Pharmacognosy; Nylgaard & Co. A. S.) P. LOCH. 4608

Dino Spisni, *Der Lathyrismus.* Nach teilweiser oder ausschließlicher Ernährung mit den Samen verschied. Lathyrusarten oder von Vicia sativa tritt bei Menschen u. einigen Haustieren, bes. Pferden, Lathyrismus auf. Die Symptome ähneln denen bei Beriberi oder Tabes. Die von verschied. Autoren an verschied. Arten erhaltenen Analysen ergeben zwar kein völlig einheitliches Bild über die chem. Zus. der Samen, zeigen jedoch fast übereinstimmend Fehlen der Vitamine A u. E u. in der mit 28,4% in den Samen enthaltenen Proteinfraktion nur sehr wenig Tryptophan u. Lysin. Das von HELFERICH synthetisierte Disaccharid *Vicianose* ist ein Bestandteil des weiterhin aus Benzaldehyd u. HCN zusammengesetzten Glucosids Vicianin; dieses kann kaum für die Vergiftungen verantwortlich gemacht werden, da es einerseits nur in Vicia sativa, nicht in den anderen Arten vorkommt, u. andererseits die Vergiftungen der der HCN unähnlich sind. Auch das in anderen Arten aufgefundene, aus dem Pyrimidinderiv. Divicin u. Glucose zusammengesetzte Nucleosid *Vicin* oder andere Inhaltsstoffe kommen, wie teilweise auch experimentell geprüft wurde, hierfür nicht in Frage. Auf Grund aller bisherigen Befunde hält Vf. die Vergiftung für eine durch A-Avitaminose synergist. gesteigerte E-Avitaminose, wobei möglicherweise auch Mangel essentieller Aminosäuren, ein Antivitamin E u. ein unbekanntes Gift noch beteiligt sind. (Clin. veterin. **73.** 241—49. Aug. 1950. Milano, Univ., Fac. di Med. Veterin., Ist. di Fisiol. gen. e spec.) W. KIMPEL. 4608

Pietro Milo di Villagrazia, *Existiert eine spezifische Immunität gegen die Alkaloide und Glucoside?* Die Resistenz einiger Tiere gegenüber Alkaloiden u. Glucosiden (Raupen/Pflanzennahrung; Einsiedlerkrebs/Seenesselgift) läßt eine spezif. Immunität vermuten, die mit Extrakten dieser akt. immunen Tiere experimentell auch auf andere passiv übertragbar ist u. nicht nur für einzelne Gifte, sondern auch für die entsprechende pharmakol. Gruppe gilt. Mangels bisheriger Erklärungen des Mechanismus wird eine enzymat. Zers. der Gifte vermutet, die in der Therapie vielleicht durch Entgiftung für eine größere Wirkungsbreite tox. Alkaloide ausgenutzt werden könnte, worauf Unterss. des Vf. hinzielen. (Rass. Clin., Terap. Sci. affini **49.** 98—121. April/Juni 1950.) W. KIMPEL. 4608

E. di Stefano, *Über die Wirkung des Krötengiftes (Bufo vulgaris) bei direkter Applikation auf die Hirnrinde des Hundes.* Nach PIEROTTI (1906) soll das aus den Haut- u. Speicheldrüsen von Bufo vulgaris stammende Krötengift nur auf die reflektor. Zentren excitierend, nicht jedoch auf andere Teile des Zentralnervensyst. einwirken. Vf. suspendierte die getrockneten u. gemahlenen Parotisdrüsen entweder in Glycerin oder in W., tränkte damit Filterpapierscheiben von 2 mm Durchmesser, die nach Schädeleröffnung auf die motor. Zentren der Hirnrinde appliziert wurden. Die Zentren wurden zuvor durch elektr. Reizung lokalisiert; Verwendung fanden nur Hunde, die sich bei vorheriger Behandlung mit Strychnin als nicht für Epilepsie prädisponiert erwiesen. Nach einer Latenzzeit von 20—40 Min. tritt an den entsprechenden Muskeln klon. Krampf ein, der nach 4—5 Min. verschwindet, um nach etwa derselben Zeit sich zu wiederholen u. nach wiederholter Applikation in Reflexepilepsie übergeht, um schließlich tödlich zu enden. Die Wrkg. ähnelt der des Klapperschlangengiftes. Möglicherweise besteht neben einer direkten, krampferzeugenden Wrkg. eine indirekte, die durch Hemmung der Cholinesterase zur Anhäufung von Acetylcholin führt. (Arch. Scienze biol. **35.** 121—28. März/April 1951. Messina, Univ., Inst. für biol. Chem.) W. KIMPEL. 4609

Rauf Aybey und **Kâmil Özkarakaya,** *Im Gefolge von Chininallergie auftretende thrombopenische Purpura.* Nach *Chinin*-Darreichung werden bei manchen Menschen gelegentlich allerg. Blutungen beobachtet. Die Thrombocytenzahl betrug bei einem derartigen Fall 92000, die Blutungszahl war 21,5 Min., das RUMPEL-LEEDS-Phänomen war positiv, die Gerinnungszeit normal. Das Blut zeigte keine Retraktion. (Istanbul Üniv. Tip Fak. Mecmuasi [Bull. Fac. Méd. Istanbul] **14.** 235—41. 1951.) Z. STARY. 4610

V. M. Venturi, *Über die akute Toxizität des Sulfapyridins bei weißen Mäusen im Verhältnis zum Alter.* Während bei im Mittel 25,9 g schweren weißen Mäusen aus der Letalität nach intraperitonealer Injektion von 0,6, 1,0 u. 1,5 g/kg *Sulfapyridin* in 5%ig. Lsg. sich nach DE BEER eine DL_{50} von 0,688 g/kg errechnet, beträgt diese bei im Mittel 3,9 g schweren, 8 Tage alten Tieren 0,938 g/kg. Die erwachsenen Tiere zeigen also eine wesentlich geringere Toleranz. (Arch. Scienze biol. **35.** 129—32. März/April 1951. Pavia, Univ., Inst. für Pharmakol. u. exp. Therapie.) W. KIMPEL. 4610

Th. v. Tapavicza, *Malariatherapie mit Resochin in Lösung.* Eine 1—2malige Injektion von 5 cm^3 einer 5%ig. Lsg. *Resochin* kupierte in jedem Fall den Malariaanfall, so daß weiter Behandlung per os erfolgen konnte. (Med. Klin. **49.** 1958—63. 3/12. 1954. Addis Abeba, Ethiopia.) G. WELTZIEN. 4610

M. Pankow und **W. Mosler,** *Erfahrungen mit Stilben–Sulfonamid-Präparaten bei der Behandlung des vaginalen Fluors.* Bei der Behandlung von 105 Fällen von Fluor vaginalis erwiesen sich *Marbadal-C*-Vaginaltabletten (0,5 g *Marbadal,* 0,05 mg *Cyren B*), *Badiocyren*-Vaginaltabletten (0,5 g *Badional,* 0,1 mg *Cyren B*) u. *Cyren*-Vaginaltabletten (0,1 mg *Cyren B,* sämtlich BAYER, Leverkusen) als wirksame Therapeutica. In den meisten Fällen wurden nach einmaliger Kur Heilungen erzielt. Bei den wenigen Rezidiven wurde durch Behandlung „intra menses" endgültige Heilung erzielt. — 36 Literaturangaben u. 8 Tabellen. (Dtsch. Gesundheitswes. **9.** 1540—50. 23/12. 1954. Berlin, Univ., Frauenklinik.) F. KRUSEN. 4610

Sati Eser, *Über den Einfluß der PAS auf den Kaliumgehalt des Blutplasmas.* Die nach Verabreichung von *p-Aminosalicylsäure* eintretende Senkung des Blut-Kalium-Spiegels wird auf die durch dieses Pharmakon verursachte Funktionssteigerung der Nebennierenrinde zurückgeführt. (Istanbul Üniv. Tip Fak. Mecmuasi [Bull. Fac. Méd. Istanbul] **15.** 325—26. 1952.) M. ARNAKI. 4610

M. W. Abduraschitowa, *Phthivazid-Aerogel bei der Therapie der Lungentuberkulose.* Es wurden täglich 2mal je 0,2—0,5 g *Phthivazid* (I) inhaliert. Von 35 Kranken erhielten 19 nur I, 6 hatten außerdem Pneumothorax, die übrigen erhielten zusätzlich PAS oder Streptomycin. Insgesamt wurden 30—60 g I pro Kur verabreicht, die Behandlung dauerte 1—3 Monate. Die Intoxikation ging bei der Verwendung von I schnell zurück. Die Blutsenkung wurde langsamer, der Prozentsatz der Eosinophilen u. Lymphocyten nahm zu. Ein Unterschied der I-Konz. im Blut bzw. Urin bei inhaliertem I u. I per os konnte nicht festgestellt werden. Bei keinem der Kranken konnte Entstehen von I-resistenten Erregerstämmen nachgewiesen werden. Die Behandlung wird bes. bei destruktiven u. disseminierten Formen von Lungentuberkulose empfohlen. (Проблемы Туберкулеза [Probleme Tuberkulose] **1955** Nr. 2. 25—29. März/April. Usbek. Forschungsinst. für Tuberkulose.) F. DU MANS. 4610

A. N. Bracco, C. A. Piñero, A. Howard, F. J. del Valle, J. Tamini und **R. Cetrángolo,** *Beobachtungen an 350 Lungentuberkulösen nach Streptomycinbehandlung.* Mit *Streptomycin*-Behandlung werden bei hämatogenen Formen der Tuberkulose 24,6, bei bronchogenen Formen nur 15% u. bei gemischten noch weniger Heilung erzielt; bei allen Formen tritt in 50% der Fälle deutliche Besserung ein. (Prensa méd. argent. **37.** 2778—83. 17/11. 1950.) W. KIMPEL. 4611

Angel N. Bracco und **Fernando J. del Valle,** *Kollapstherapie und Streptomycin.* Bei indizierter Kollapstherapie ist vorheriger Beginn der *Streptomycin*-Behandlung zweckmäßig. (Prensa méd. argent. **37.** 2784—86. 17/11. 1950.) W. KIMPEL. 4611

Silvestre L. Sala, Juan M. Laplace und **Luis M. Dotti,** *Therapeutische Wirkung des Streptomycins auf die schwangere Tuberkulöse, den ovariellen Komplex und das Kind.* An 44 graviden Tuberkulösen stellten Vff. fest, daß tägliche, über 25—145 Tage ausgedehnte Gaben von 1 g *Streptomycin* nur in 50% aller Fälle zum Erfolg führten; bei frühzeitigem Beginn der Behandlung sind die Erfolgsaussichten größer, da die Geburt selbst infolge der dabei auftretenden Läsionen die Erfolgsaussichten wesentlich herabsetzt. Tox. Erscheinungen sind bei der Mutter meist geringfügig, beim Kinde wurden keine beobachtet. Der n. Ablauf von Schwangerschaft u. Geburt bleibt völlig unbeeinflußt. (Semana méd. **57.** Nr. 14. 534—41. 6/4. 1950.) W. KIMPEL. 4611

Carlos A. Piñero, Alfredo Howard und **Jorge Tamini,** *Primärinfektion und Streptomycin.* Bei 75% von insgesamt 22 Primärinfektionen wurde mit *Streptomycin* Heilung erzielt, wobei die parenchymatösen Fälle bes. zugänglich sind; die resistenten Fälle wurden mit *p-Aminosalicylsäure* günstig beeinflußt. (Prensa méd. argent. **37.** 2798—800. 17/11. 1950.) W. KIMPEL. 4611

Jorge Tamini, Amadeo S. J. Pena, José A. Solari und **Angel F. Marino,** *Polyserositis: verbesserte Prognose mit Streptomycin.* Während bei anderer von den Vff. angewandter Medikamentation in verschied. Fällen von Polyserositis nur bei 27% der Erkrankten Heilung eintritt, wird mit durchschnittlich insgesamt 97 g *Streptomycin* bei 100% Heilung erreicht. (Prensa méd. argent. **37.** 2788—90. 17/11. 1950.) W. KIMPEL. 4611

Julio Rosselli, Carlos Blanco und **Ricardo M. Sabbione,** *Streptomycin auf oralem Wege bei Enteritiden des Kindesalters.* Die Enteritiden des Kindesalters sind verschied. Ätiologie. Neben diät. u. sonstiger symptomat. Behandlung kommen für die Therapie antiinfektiöse Mittel, wie Sulfonamide u. Antibiotica, in Frage. Auf Grund verschied. Beobachtungen kommen Vff. zu dem Schluß, daß die orale Applikation von *Streptomycin* bes. geeignet ist. In einigen Fällen, vor allem bei dysenterieller Enterocolitis zeigen sich in 1—3 Tagen schlagartige Erfolge mit 0,05 g/kg/Tag. Auf die möglichen Neben-Rkk., wie Resistenz u. Störungen des Vitamin-K-Stoffwechsels sowie der Darmflora, muß geachtet werden. (Prensa méd. argent. **37.** 2054—58. 1/9. 1950. La Plata, Kinderkrankenhaus.) W. KIMPEL. 4611

C. S. Runti, *Das Chloromycetin.* Vf. berichtet über die Wrkg. von *Chloromycetin* (I) gegenüber anderen Antibioticis; wegen lokaler Störungen bei Injektion wird I an Menschen nur oral verabreicht. Anwendung gegen verschied. Infektionen, wie Brucellose, Salmonella, Flecktyphus, brachte durchschlagende Erfolge; bei anderen Infektionskrankheiten bedürfen diese noch der Bestätigung. Geringe Nebenwirkungen. (Athena [Rass. mens. Biol., Clin. Terap.] **16.** 51—55. März/April 1950. Triest, Univ., Ist. di Chim. Farmac.) W. KIMPEL. 4611

L. I. Benzecry, *Behandlung chronischer Adnexitis durch Penicillin–Novocain-Infiltrationen.* Bei über 100 Fällen führte Behandlung nach höchstens 6 Injektionen von 200000 E. *Penicillin* in 10 cm³ 0,5%ig. *Novocain* auch bei völliger Resistenz gegen sonstige Therapie u. ohne weitere Medikamentation meist zu völliger Ausheilung, zumindest aber zu weitgehender Besserung ohne Rezidive. (Semana méd. **57**. Nr. 24. 1033—43. 15/6. 1950. Buenos Aires, Hosp. Español, Serv. de Clín. Ginecol.) W. KIMPEL. 4611

I. Jocelyn Patton, *Gegenwärtiger Stand der Behandlung mit Aureomycin.* (Clín. y Lab. (**36**) **52**. 203—11. Sept. 1951.) W. KIMPEL. 4611

L. E. Böttiger, *Über die Verteilung von Chlortetracyclin im Körper. Chlortetracyclin* (I) wurde in verschied. Dosis auf verschied. Wegen weißen Mäusen verabreicht; nach bestimmten Zeiten wurden die Tiere getötet u. der I-Geh. in den Organen mit Fluorescenzmikroskop festgestellt. I zeigt deutliche gelbe Fluorescenz. In jedem Fall schnelle I-Resorption, hohe I-Konz. in den Leberzellen bes. nach parenteraler Injektion. Die Gefahr von Leberschäden durch I ist bei oraler Verabreichung wegen geringerer Konz. kleiner. I-Ausscheidung von der Leber über die Galle in den Darm, Nachw. vorübergehender I-Speicherung im reticuloendothelialen Syst. u. in den Ausscheidungsorganen der Leber u. Niere. (Acta med. scand. **151**. 343—48. 18/5. 1955. Stockholm, Konung Gustav Vis Forskninginst., u. Karolinska Sjukhuset.) H. DOSSMANN. 4611

Wolfgang Grassmann und **Karl Mayer,** *Über die therapeutische Bedeutung von Pilzenzymen und ihre Kombination mit den Fermenten des Verdauungstraktes.* 2. Mitt. *Erweiterung der eiweißspaltenden Wirkung von Luizym im sauren Gebiet.* (1. vgl. C. **1950**. I. 2242.) Vff. beschreiben Verdauungsverss. mittels des Präp. „*Luizym neu*", das sich gegenüber den bisherigen Präpp. aus Schimmelpilzen durch gesteigerte Wrkg. bei saurer Rk. auszeichnet. Durch die Vorverdauung bei p_H 2 u. 3,5 wird die Verdauung durch Pilzproteasen bei p_H 5 u. eine nachfolgende Trypsinverdauung erheblich verbessert. (Aerztl. Forsch. **7**. I/526—30. 10/11. 1953.) K. BÖHM. 4614

Jørgen Fakstorp und **J. G. A. Pedersen,** *Quantitative Bestimmung ganglienblockierender Substanzen.* Vff. untersuchten die ganglienblockierenden Eigg. von *Diäthyl-* bzw. *Diäthylthioäther-β.β'-bis-[N.N'-(trimethyl)-ammoniumsalz]*, *-β.β'-bis-[N.N'-(dimethyläthyl)-ammoniumsalz]*, *-β.β'-bis-[N.N'-(methyldiäthyl)-ammoniumsalz]*, *-β.β'-bis-[N.N'-(triäthyl)-ammoniumsalz]*, *-β-[N-trimethyl]-β'-[N'-methyldiäthyl]-diammoniumsalz* u. *-β-[N-dimethyläthyl]-β'-[N'-triäthyl]-diammoniumsalz* u. verglichen sie mit denen von *Hexamethoniumbromid* (I). Die Prüfung der sympathicolyt. Wrkg. erfolgte am Nickhautpräp. der Katze, die der parasympathicolyt. bzw. spasmolyt. am isolierten Meerschweinchendarm gegen 5—10 γ/ml *1.1-Dimethyl-4-phenylpiperazin* (II). Beide Methoden eigneten sich für eine quantitative Auswertung; zwischen log. Konz. u. Kontraktionshemmung bestand eine lineare Abhängigkeit. Für eine 50%ig. Hemmung waren im Nickhautvers. Dosen von 0,5—1 g/kg erforderlich, die II-Kontraktion des isolierten Darmes wurde durch 1—4 γ/ml auf die Hälfte verringert; die *Carbachol*-Kontraktion wurde nicht beeinflußt. Die Thioäther waren etwas wirksamer als die Äther, am wirksamsten erwiesen sich die asymm. Diäthyläther- bzw. Diäthylthioäther-β-[N-dimethyläthyl]-β'-[N'-triäthyl]-diammoniumsalze, die I an Wrkg. sogar übertrafen. Im Vordergrund stehen die parasympathicolyt. Eigg. der Substanzen. (Acta pharmacol. toxicol. [Köbenhavn] **10**. 7—13. 1954. Copenhagen, Denmark, Pharmacia Ltd., Res. Labor.) H. HELGE. 4620

Georg Destunis, *Rationelle Therapie mit Glutaminsäure in der Neurologie.* Vf. berichtet über Erfahrungen mit der *Glutaminsäure* (I)-Therapie bei Schwachsinn, Kinderepilepsie, Muskeldystrophie, spinaler Muskelatrophie, Cerebralsklerose, Hirnverletzungen u. Erschöpfungszuständen. Bei leichtem Schwachsinn wird durch eine 6 Monate lange Kur mit 3mal täglich 2 g I ein deutlicher Intelligenzvorsprung erreicht. (Dtsch. Gesundheitswes. **9**. 1533—37. 23/12. 1954. Berlin, Städt. Krankenhaus im Friedrichshain.) F. KRUSEN. 4622

Manfred Pflanz, *Weitere Untersuchung zur pharmakologischen Beeinflussung der kleinsten Zeiteinheit („Moment") der optischen Wahrnehmung.* Unterss. mit *Preludin* (I; *2-Phenyl-3-methyltetrahydro-1.4-oxazin*) an der vom Vf. konstruierten App. in bezug auf den „Moment" (= Zeitraum, innerhalb dessen objektiv nacheinander gebotene Reize eben noch als subjektiv gleichzeitig empfunden werden) ergaben an 25 Versuchspersonen eine Verkürzung der Werte, die etwa der Wrkg. von Cardiazol-Coffein entspricht. I kann also als ein zentral stimulierendes Mittel angesehen werden. (Klin. Wschr. **32**. 704—05. 1/8. 1954. München, Univ., II. Med. Klinik.) G. WELTZIEN. 4622

S. C. Werch, G. H. Marquardt und **J. F. Mallach,** *Die Wirkung von Trichloräthylen auf das cardiovasculäre System.* Unterss., teils an Fröschen, Hunden, Kaninchen u. Menschen, lassen erkennen, daß *Trichloräthylen* (I) negativ chronotrop wirkt, den Blutdruck senkt, die Atemfrequenz steigert, das Nierenvol. vermindert, die Capillaren im kontraktilen Sinne beeinflußt u. den Coronardurchfluß erniedrigt. Häufig sind Irregularitäten am Herzrhythmus zu beobachten. Vff. betrachten die Inhalation von 1 ml I als ungefährlich. Während die guten Erfolge von I bei Angina pectoris durch die Beobachtungen nicht geklärt werden können, wird die Verwendung bei der Migräne theoret. gestützt. (Amer. J. Obstetr. Gynecol. **69.** 352—64. Febr. 1955. Chicago, Ill., Northwestern Univ., Med. School, Dep. of Med.) F. LEUSCHNER. 4627

Andres P. Sola, *Trichloräthylen — seine Wirkung in Medizin und Zahnheilkunde.* Nach Ansicht des Vf. ist C_2HCl_3 (I) wegen der einfachen Anwendung fehlender u. weitgehend fehlender postoperativer Komplikationen ein vorzügliches Anästheticum u. Analgeticum, nur in 22% der Fälle versagte es. Auch subjektiv wird es gut vertragen. Die Inhalationsapparaturen müssen absol. frei von Kalk sein, da I hiermit hochtox. chlorierte Acetylene bildet; es kommen also nur offene, keine Kreislaufapparate in Frage. In 3 Fällen von Kopfschmerzen wurde auch therapeut. Wrkg. beobachtet. (Semana méd. **57.** Nr. 45. 926—36. 9/11. 1950. Serv. Odont. Esc. Tigre de Gend. Nac. u. D. de Alim. del Min. de Sal. Públ.) W. KIMPEL. 4627

C. W. White jr., Earl H. Dearborn und **E. D. Swiss,** *Die Rolle der Leber beim Abbau von Procain im Körper des Hundes.* Frühere Verss. zeigten, daß *Procain* (I) in vitro durch Blut kaum verändert wird, bei Durchströmungsverss. an der isolierten Leber aber rascher Hydrolyse unterliegt. Hier kamen erstmalig entsprechende Unterss. an lebenden Hunden zur Durchführung. Dabei wurden an Tieren im Gewicht von 12—20 kg unter Pentobarbitalanästhesie Katheter in die Pfortader u. die untere Hohlvene eingebunden u. nach intravenöser Injektion von 8 mg I/kg zur Blutentnahme benutzt (a). Daneben liefen Verss. an Tieren, deren Leber aus dem Blutkreislauf ausgeschaltet war (b). — Ergebnisse: Bei der Versuchsreihe a zeigte es sich, daß I innerhalb der ersten 20 Min. schon weitgehend abgebaut ist, die Konzentrationsabnahme beim Durchströmen der Leber betrug dabei bis zu 40%. In der Versuchsreihe b war beim Abbau die Halbwertszeit auch nach 60 Min. noch nicht erreicht. Als Nebenerscheinungen zeigten sich in diesen Fällen Zuckungen, schwacher Puls u. Atmungslähmungen. (J. Pharmacol. exp. Therapeut. **113.** 470—74. April 1955. Boston, Mass., Boston Univ., School of Med., Dep. of Pharmacol.) K. ZOPFF. 4627

H. Vollmer und **O. E. Haaf,** *Unsere Erfahrungen mit dem neuen Ultrakurznarkoticum Baytinal.* An 1100 Fällen fanden Vff. *Baytinal* (BAYER, Na-Salz der *5.5-Allyl-[2'-methylpropyl]-thiobarbitursäure*) als intravenöses Kurznarkoticum für die Poliklinik bes. geeignet, da es tiefe Narkose bei schnellem, freiem Erwachen ohne jede Nebenwrkg. erzeugt. Kontraindikation: Leberparenchymschäden! (Die Medizinische **1954.** 561—64. 17/4. Offenburg/Bd., Städt. Krankenhaus, Chirurg. Abt.) G. WELTZIEN. 4627

O. Bucher, *Die Wirkung von Butazolidin auf Bindegewebekulturen in vitro. Butazolidin* hat auch in hohen Verdünnungen in vitro auf das Wachstum der Kerne eine hemmende Wrkg., vermindert die Zunahme der Kerngröße u. der Nucleolengröße u. bewirkt eine Verkleinerung des nucleo/nucleolären Quotienten. (Schweiz. med. Wschr. **85.** 538—41. 544. 28/5. 1955. Lausanne, Univ., Histol.-embryol. Inst.) G. WELTZIEN. 4627

Karl Schaal und **Gerhart Natterer,** *Arthrosis deformans und Butazolidin.* Nach 1½ jähriger Prüfung hat sich *Butazolidin* (GEIGY AKT.-GES., Basel) bei der Behandlung der Arthrosis deformans besser bewährt als die bisher wirksamste Behandlung mit Röntgenstrahlen. (Med. Klin. **49.** 488—90. 26/3. 1954. Freiburg/Br., Diakonissenkrankenhaus u. Orthopäd. Inst.) G. WELTZIEN. 4627

Kurt Seidel, *Wofapyrin und Butalidon in der Behandlung rheumatischer Krankheiten.* Bei 83 Fällen von Rheuma ergab sich nach Behandlung mit *Wofapyrin* u. *Butalidon* (VEB FARBENFABRIKEN, Wolfen) 23% Heilung, 57% Besserung, u. 20% blieben unbeeinflußt. (Dtsch. Gesundheitswes. **10.** 741—44. 26/5. 1955. Leipzig, Univ., Med. Klinik.) G. WELTZIEN. 4627

Raymond J. Fitzpatrick und **Louis M. Orr,** *Tripelennaminhydrochlorid für lokale Harnröhrenanästhesie.* (J. Amer. med. Assoc. **158.** 261. 28/5. 1955. Gainesville u. Orlando, Fla.) H. DOSSMANN. 4627

Edward L. Rea, James Shea und **Joseph F. Fazekas,** *Blutdrucksteigernde Wirkung von Chlorpromazin.* Bei 7 Patienten zeigte sich nach *Chlorpromazin* akute Steigerung des Blutdruckes, der bei sofortiger Behandlung auf n. red. werden konnte, bei längerem Anhalten jedoch zu Komplikationen führen kann. Vff. empfehlen daher bei Anwendung dieses Präp. regelmäßige Blutdruckkontrolle. (J. Amer. med. Assoc. **156.** 1249—50. 27/11. 1954. Washington, D. C., Gen. Hosp.) G. WELTZIEN. 4627

E. Stewart Taylor, Hans H. von Fumetti, Laurence L. Essig, Stanley N. Goodman und **Louise C. Walker,** *Die Wirkungen von Demerol und Trichloräthylen auf die arterielle Sauerstoffsättigung bei Neugeborenen.* Neugeborene, deren Mütter *Demerol* (I; *1-Methyl-4-phenylpiperidin-4-carbonsäureäthylester*), *Scopolamin* (II) oder *Trichloräthylen* (III) erhalten hatten, zeigten auf I u. II eine Erniedrigung der Blut-O_2-Spannung.

III übte keinen Einfl. aus. (Amer. J. Obstetr. Gynecol. **69.** 348—51. Febr. 1955. Denver, Colo., Univ., School of Med., Dep. of Obstetr. and Gynecol.) F. LEUSCHNER. 4627

F. Reich, *Zur Verwendung von Pantolax als Entspannungsmittel in der Narkosepraxis kleiner Krankenhäuser. Pantolax* (= *Succinyl-bis-cholinhydrochlorid*; R. REISS, Berlin) greift an der motor. Endplatte u. Muskelmembran depolarisierend an u. wirkt daher auch bei Narkosegiftfestigkeit des Zentralnervensystems. Es wurde bisher an ca. 100 Fällen ohne jede Nebenwrkg. erprobt. Vf. bespricht eine neue bequeme „intraossale" Anwendung. (Die Medizinische **1954.** 564—66. 17/4. Eutin, Holstein, Elisabeth-Krankenhaus.) G. WELTZIEN. 4628

M. Rosselli und **G. Micheli-Pellegrini,** *Veränderungen der Hauttemperatur bei Gesunden und Gefäßkranken (Thromboangiitis und Arteriosklerose) nach Acidifizierung.* Die bei der Therapie peripherer Gefäßerkrankungen verwendeten sauren Mittel, wie NH_4Cl oder *saure Phosphate*, bedingen ein Absinken des p_H von Blut u. Urin innerhalb 6—15 Tagen; die erwünschte Gefäßwrkg. wird jetzt von Vff. durch thermoelektr. Messung der Hauttemp. zu verschied. Tageszeiten u. genau festgelegten Bedingungen an Gesunden u. Gefäßkranken bestätigt: im Mittel tritt eine Erhöhung von 1,4° ein, in Einzelfällen wurden beim Gesunden über 2,5°, beim Kranken sogar 4,4° beobachtet. (Athena [Rass. mens. Biol., Clin. Terap.] **16.** 9—11. Jan./Febr. 1950. Firenze, Univ., Clin. Med. Gen.) W. KIMPEL. 4630

Hans Friedrich Zipf, *Natur, klinische Bedeutung und pharmakologische Beeinflussung des Bezold-Jarisch-Reflexes.* Übersicht über die Beziehungen zwischen klin. Kreislauferkrankungen (reflektor. Kollaps) u. BEZOLD-JARISCH-Reflex sowie dessen Beeinflussung durch Sympathicomimetica, zentral wirkende Analeptica, Lokalanästhetica u. Parasympathicolytica. — 75 Literaturangaben. (Klin. Wschr. **28.** 593—98. 15/9. 1950. Bonn, Univ., Pharmakol. Inst.) W. KIMPEL. 4630

Enrico Knüsli, *Synthese von Derivaten des p-Aminodiphenylsulfons mit cardiotonischer Wirkung.* Ohne Angabe näherer experimenteller Einzelheiten werden die Synthesen beschrieben, die zu solchen Derivv. des Diphenylsulfons führen, welche in p.p'-Stellung mit verschied., bes. verschieden substituierten Aminogruppen, besetzt sind. Der einfachste Weg über die p.p'-Diaminoverb. ist unzweckmäßig, besser wird die p-Nitro-p'-aminoverb. chloracetyliert, mit Diäthylamin zum p'-Diäthylaminoacetylaminoderiv. u. dieses mit $LiAlH_4$ zum *p-Amino-p'-diäthylaminoäthylaminodiphenylsulfon* (I) umgesetzt. I ist auch über 4-Acetamino-4'-chlordiphenylsulfon, Austausch des Cl gegen die Oxäthylaminogruppe, Umwandlung in die ω-Br-Verb. u. deren Umsatz mit Diäthylamin zugänglich. Die cardioton. bzw. -tox. Wrkg. von I wird mit der ähnlich substituierter Prodd. verglichen: Bei gleichbleibender p'-Substitution sind p-Cl- u. -CH_3-Deriv. unwirksam, verschieden alkylierte Aminogruppen mäßig, das auch in p-Stellung mit der Diäthylaminoäthylaminogruppe substituierte gut u. das p-Aminoderiv. am stärksten wirksam; Verlängerung der Alkylreste in der endständigen tert. Aminogruppe schwächt die Wrkg. ab. (Ist. super. Sanità, Rend. **14.** 717—24. 1951.) W. KIMPEL. 4630

Mario Giordani, *Die Effortilbelastung als Diagnosticum des Kreislaufs vor operativen Eingriffen.* Vf. berichtet an Hand von 16 Fällen über die Möglichkeit, mit *Effortil* (I; M 1 36) die Kreislaufverhältnisse vor Operationen zu prüfen. Eine Std. nach intravenöser Injektion von 0,01 g I wurde in $^2/_3$ der Fälle eine Zunahme des systol. u. diastol. Blutdrucks bei gleichzeitiger Erhöhung der Pulsfrequenz beobachtet. Nimmt der diastol. Druck nicht zu bzw. sinkt ab, so deutet dies auf eine insuffiziente Kreislaufregulation der Peripherie u. auf eine Operationsgefährdung hin. (Gazz. int. Med. Chirurg. **60** (**59**). 238—54. 28/2. 1955. Roma, Univ., Ist. di Anatomia Chir.) P. G. SCHEURLEN. 4630

D. Cavanna und **M. Pirona,** *Beitrag zur Kenntnis von Marrubium vulgare.* Beim Frosch wurde die Wrkg. von Marrubium vulgare auf das Herz in situ untersucht. Vor u. nach der Injektion in den Lymphsack wurde ein Cardiogramm gemacht. 1. 0,006 cm^3/g fl. Extrakt verursachten Bradycardie u. Zunahme der Kontraktionskraft; 0,03 cm^3/g brachten das Herz nach 2 Std. in Diastole zum Stillstand. Diese Wirkungen werden durch vorherige Gabe von Atropin unterdrückt u. durch Prostigmin verstärkt. 2. Mit alkoh. Tinktur werden ähnliche Wirkungen, aber unregelmäßig, erzielt u. nur mit höheren Dosen (0,12 cm^3/g). Wahrscheinlich ist die Extraktion der wirksamen Substanz in A. unvollständig. 3. Marrubiin in wss. Glycerinlsg. bis zu 0,13 cm^3/g gibt kein klares Ergebnis, woraus man schließen kann, daß es nicht der wirksame Bestandteil der Droge ist. Die Wrkg. des fl. Extraktes auf Patienten, die an Rhythmusstörungen erkrankt waren, war unregelmäßig. (Boll. chim. farmac. **89.** 267—70. Juli 1950.) B. STIEB. 4630

K. Mezey, *Potenz und pharmakologische Wirkungen des Neriifolins, eines Glykosids aus Thevetia neriifolia. Neriifolin* (I), ein Glykosid der in Columbien einheimischen

Apocynacee *Thevetia neriifolia Juss.*, wird aus dem PAe.-Extrakt der Fruchtkerne durch wiederholtes Auskochen mit verd. A., Behandeln der so erhaltenen Lsg. mit $Pb(OH)_2$, Filtrieren, Einengen u. Umkristallisieren aus Essigester u. anschließend 2mal aus Chlf. mit dem F. 203—209° (unkorr.) erhalten. Seine minimale systol. Dosis beträgt bei Hyla labialis 0,0035 mg/kg, bei der Katze 0,16—0,19 mg/kg; die Wrkg. von I ist also ca. 66% stärker als die von Digitoxin u. 60% niedriger als die von Ouabain, dem es in den sonstigen Eigg., bes. der Schnelligkeit der Wrkg., am meisten ähnelt; auch bei oraler Applikation wird I zum Teil resorbiert. Die minimalen emet. wirksamen Dosen betragen bei Katze bzw. Taube 0,975 bzw. 0,050 mg/kg. Die durch I bedingten Veränderungen des EKG sind die für digitalisähnliche Glykoside typischen. Bei wiederholter Anwendung wirkt I infolge der 72 Std. dauernden endgültigen Ausscheidung kumulativ, jedoch weniger als Digitoxin. (Arch. int. Pharmacodynam. Thérap. **84**. 367—75. 1950. Bogotá, Cesar Uribe-Piedrahita Res. Labor.) W. KIMPEL. 4630

I. David, *Wirkung von Ouabain und Methylviolett auf die Tätigkeit des isolierten Froschherzens.* Lsgg. von *Ouabain* in Konzz. $1:10^5$ u. $1:2,5\cdot10^6$ beschleunigen die Tätigkeit des isolierten Froschherzens. *Methylviolett* setzt sie in Konzz. von 1:300 u. 1:250000 herab u. besitzt keine Digitaliswrkg., wie einige Vff. annehmen. (Arch. Scienze biol. **38**. 99—112. März/April 1954. Turin, Univ., Ist. di Pharmac.) G. WELTZIEN. 4630

Maria Milani, *Über die Veränderlichkeit der durch Digilanide an Rana esculenta hervorgerufenen Latenz- und Systolisierungszeiten.* Nach intravenöser Applikation verschied. Dosen von Digilaniden an *Rana esculenta* wurden Latenz- u. Systolisierungszeiten ermittelt u. deren Abhängigkeit von den Dosen festgestellt: Die Schwellenwerte betragen 17 bzw. 169 Sek. für Latenz- (**LZ**) bzw. Systolisierungszeit (**SZ**), die Schwellendosis für die Systolisierung $C_m = 2,6$ mg/kg; die Streuungen um die Mittelwerte sind unregelmäßig u. nehmen mit verminderter Dosis bzw. verlängerter Zeit zu. Am besten werden die Ergebnisse durch die logarithm. Kurve $(C - C_m)(t - t_m)^n = k$ wiedergegeben, worin Dosis C u. Zeit t mit dem Index m die Schwellenwerte bedeuten u. n sowohl für **LZ** wie für **SZ** 0,83 beträgt. (Arch. int. Pharmacodynam. Thérap. **84**. 127—58. 1950. Ferrara, Univ., Ist. di Farmacol. sperim.) W. KIMPEL. 4630

A. K. Halama und **W. Grünberg,** *Carboanhydratase-Hemmung durch heterocyclische Sulfonamide.* Das heterocycl. Sulfonamid *2-Acetylamino-5-sulfonamido-1.3.4-thiadiazol* (I), $C_4H_6O_3N_4S_2$, F. 258—259° (Zers.), besitzt eine ausgeprägte Inhibitorwirksamkeit gegenüber *Kohlensäureanhydratase.* Es hemmt die Rückresorption von HCO_3^--Ionen in der Niere u. greift in den Kationenaustausch innerhalb derselben ein, so daß es bei Ödemen u. anderen Zuständen, die mit einer mangelhaften CO_2-Abgabe verknüpft sind, eine günstige Wrkg. ausüben dürfte. I ist peroral verabreichbar u. bei gleicher oder stärkerer diuret. Wirksamkeit weit weniger tox. als Quecksilberdiuretica. (Wiener med. Wschr. **105**. 422—25. 21/5. 1955. Wien, Firma Dr. Holzinger, Wiss. Labor.) K. MAIER. 4634

J. Neugebauer, *Magensaftsubstitution mit Heloacid.* Bei Prüfung des „*Heloacid*" (HELOPHARM KG, West-Berlin), bestehend aus einem Puffersyst. aus Citronen-, Wein-, α-Oxypropion-, Milchsäure u. deren K-, Na- u. Fe-Salzen, sowie Milchzucker u. den Fermenten *Pepsin, Kathepsin, Amylase, Lipase* u. *Labferment,* erwies sich das Mittel bei 60 subaciden Patienten verschied. Genese als guter Ersatz für fehlende Magensäure. (Med. Klin. **49**. 487—88. 26/3. 1954. Berlin, Städt. Krankenhaus Moabit.) G. WELTZIEN. 4645

Juan Nasio, *Wirkung von Magnesiumchromatacetat bei der Verhütung peptischer Ulcera.* An 15 Hunden stellt Vf. fest, daß intramuskuläre Gaben von 1—5 cm³ einer Lsg. mit 0,9 mg $MgCrO_4$ u. 30 mg Mg-Acetat/cm³ zufolge der Schleimhauthyperämie u. der stimulierenden Wrkg. auf die sekretor. Drüsen des Verdauungskanals in 734% der Fälle experimentell erzeugtes Ulcus pepticum trotz Gastritis u. narbiger Läsionen zu verhindern vermag. (Semana méd. **57**. Nr. 46. 968—76. 16/11. 1950. Buenos Aires, Fac. de Med.) W. KIMPEL. 4645

James L. Wilson und **David G. Dickinson,** *Anwendung von Dioctylnatriumsulfosuccinat* (*Aerosol O. T.*) *bei schwerer Konstipation.* (J. Amer. med. Assoc. **158**. 261—63. 28/5. 1955.) H. DOSSMANN. 4645

Angelo Actis-Dato, und **Dino A. Scala,** *Das Enterogastron* (*Duosan*) *in der Therapie der gastroduodenalen Ulcera.* Vff. behandelten 26 Fälle von Magen- bzw. Zwölffingerdarmgeschwüren, die klin. eindeutig als solche diagnostiziert waren, durch tägliche intramuskuläre Injektionen von 20 mg *Enterogastron* (= Duosan „Serono"), einer Fraktion von Intestinalschleimhautextrakten. Außer leichten Antacidis in einigen Fällen wurden keine anderen Medikamente gleichzeitig angewandt. Nach einer Kur von 24 Tagen u. einer Pause von 1—2 Wochen wurde gegebenenfalls die Behandlung wiederholt. Es wurden keine Neben-Rkk. beobachtet. Hyperacidität u. gesteigerte Sekretion des Magensaftes gingen in der Mehrzahl der Fälle schnell auf die Norm zurück. Nur in 3 Fällen trat der von anderer Seite geschilderte Blutdruckabfall um 15—20 mm auf; das Blutbild zeigt keine wesentlichen Veränderungen. Während in 4 Fällen der röntgenolog. Befund prakt. unverändert bleibt, zeigt sich bei allen anderen eine deutliche Besserung, meist völliges Verschwinden der Symptome. (Rass. Clin., Terap. Sci. affini **49.** 71—87. April/Juni 1950. Turin, Univ., Ist. di Patol. Spec. Med.) W. KIMPEL. 4645

W. Brewster Wolfe, *Dramamin zur Verhütung von postoperativem Schwindel und Erbrechen.* Vor u. nach Narkosen verabfolgtes *Dramamin* (*β-Dimethylaminoäthylbenzhydryläther-8-chlortheophyllinat*) konnte bei einem gewissen Prozentsatz der behandelten Patienten die Nebenwirkungen der Narkose verhindern. (Ann. Surgery **136.** 261—66. Aug. 1952. St. Louis, Mo., St. Louis Univ.) P. LOCH. 4646

Je. W. Maletzkaja, *Ein Versuch zur Anwendung des Präparates ASD in der stomatologischen Praxis. ASD* (DOROGOWs Antisepticum-Stimulator) ist ein Prod. aus abgebauten Eiweißstoffen tier., pflanzlichen u. bakteriellen Ursprungs. Seine Fraktion 2 hat sich bei der Behandlung menschlicher Hauterkrankungen bewährt. Vf. verwendete sie bei 588 Zahnkranken u. hat bei manchen Formen (Gingivitiden, außer infantilen, aphthösen u. ulcerösen Stomatitiden, Paradentosen, auch Osteomyelitiden) sehr gute Erfolge erzielt. (Стоматология [Stomatologie] **1953.** Nr. 6. 21—23. Nov./Dez. 1953.) F. DU MANS. 4655

W. I. Galkin, *Die Behandlung von Pulpitiden mit ASD.* (Vgl. vorst. Ref.) *ASD* (**I**) wurde in eine vorbereitete Zahnhöhle auf einem Wattetampon eingeführt u. das erstemal 2—10 Tage, das zweitemal 10—15 Tage darin belassen. Anschließend wurde der Zahn gefüllt. I hat eine anästhesierende Wrkg. u. hat sich bei einer Reihe von Erkrankungen der Pulpa bewährt, nur nicht bei akuter allg. u. bei chron. gangränöser Pulpitis. Trotzdem versagt I hin u. wieder u. ergibt manchmal Komplikationen. Aus diesem Grunde u. auch wegen seines unangenehmen Geruchs wird seine allg. Verwendung nicht empfohlen. (Стоматология [Stomatologie] **1953.** Nr. 6. 18—21. Nov./Dez.) F. DU MANS. 4655

Eugene S. Bereston, *Selensulfidshampoon bei seborrhoischer Dermatitis. Selensulfid-Shampoon* (ABBOTT, North-Chicago) ist bei Gebrauch während mindestens einer Woche ein sicheres, ungiftiges Präp. zur Behandlung der seborrhoischen Dermatitis. (J. Amer. med. Assoc. **156.** 1246—47. 27/11. 1954. Baltimore.) G. WELTZIEN. 4661

Suphi Artunkal und **Kemâl H. Önen,** *Ein Fall von Mykosis fungoides und seine Behandlung mit Urethan. Urethan,* das eine cytostat. Wrkg. auf maligne Lymphone besitzt, wurde in einem Fall von Mykosis fungoides in Dosen von 4 g täglich (Gesamtdosis 80 g) verabreicht. Klin. Besserung, sowie das Eintreten von Lymphopenie u. Leukopenie wurde beobachtet. Drei Monate nach Beendigung der Therapie trat ein Rezidiv auf. (Istanbul Univ. Tip Fak. Mecmuasi [Bull. Fac. Méd. Istanbul] **15.** 904—14. 1952.) Z. STARY. 4661

Albert H. Burr und **Thomas R. Huffines,** *Behandlung der Blastomykose der Prostata mit miliarer Aussaat mit Stilbamidin.* Ermutigende Erfolge werden berichtet über Behandlung von schwerer Prostatablastomykose mit miliarer Aussaat mit *Stilbamidin.* (J. Urology **71.** 464—68. April 1954. Oteen, N. C., Vet. Admin. Hosp., Urol Sekt.) G. WELTZIEN. 4661

Kurt-Horst Berneike, *Beitrag zur medikamentösen Fettsuchtbehandlung.* Es wird über gute Erfolge an 50 Personen mit Fettsucht verschied. Genese mit dem Versuchsmittel *„A 66"* (*2-Phenyl-3-methyltetrahydro-1.4-oxazinhydrochlorid*; *Preludin*; BOEHRINGER u. SOHN) berichtet. (Med. Klin. **49.** 478—81. 26/3. 1954. Hamburg, St. Georgskrankenhaus, Allg. Abt.) G. WELTZIEN. 4670

H. J. Kränzle, *Zur Therapie der E 605-Vergiftungen.* Ein 17jähriges Mädchen hatte in suicidaler Absicht 4,5 ml einer 10%ig. *E 605*-Lsg. peroral aufgenommen. Nach wenigen Std. trat moribunder Zustand mit massivem Lungenödem u. völliger Reflexlosigkeit ein. Es wurden nach Magenspülung innerhalb von 12 Std. insgesamt 71,5 mg *Atropinsulfat,* davon 56 mg intravenös verabreicht mit dem Erfolg schneller Wiederherstellung. (Dtsch. med. Wschr. **79.** 1756—57. 19/11. 1954. Augsburg, Städt. Kranken-Inst.) F. KRUSEN. 4675

Hubert Bloch, Otto Gsell, Erich Langer, Antibiotica et chemotherapia. 2, 1955. Fortschritte. Basel, New York: S. Karger. (VI + 300 S.) 8°. fr. 40,—.

Rudolf Frey, Werner Hügin, Otto Mayrhofer, Lehrbuch der Anästhesiologie. Bearb. v. **J. Bark, H. Bergmann, Fritz Chott.** Berlin, Göttingen. Heidelberg: Springer-Verlag. 1955. (XVI + 803 S. m. Abb.) 4°. fr. 107,80.

F. Pharmazie. Desinfektion.

L. Rehfeld, *Pfefferminztee-Handelsware.* Anläßlich der Unters. von Metha-Drogen schlägt Vf. für das DAB 7 vor, von *Folia Menthae piperitae* nur Laubblätter, von *Herba Menthae piperitae* nur Laubblätter u. äußerste Triebspitzen zuzulassen, den Mindestgeh. an äther. Ölen heraufzusetzen, Rostfreiheit zu verlangen, den Geruch genau zu definieren u. Angaben über Trocknung u. Lagerung zu machen. (Pharmazie **10.** 118—24. Febr. 1955. Leipzig, Fachschule für Apothekerassistenten.) J. Miller. 4750

W. Kern und **O. Salzmann,** *Vorschlag zur Gestaltung des allgemeinen Abschnittes Unguenta–Salben im Deutschen Arzneibuch.* (Pharmaz. Ind. **17.** 133—34. April 1955. Bochum, Privatlabor.; Hamburg, P. Beiersdorf & Co. Akt.-Ges. — C. **1955.** 8207.) W. Spitaler. 4750

Ivan J. Szekely und **Alfred G. Lange,** *Eine einfache Apparatur zur Herstellung von Gießsuppositorien.* Da die Temp. der M. auf das Aussehen der gegossenen Suppositorien einen entscheidenden Einfl. ausübt, wird eine mit Siliconöl überzogene, mit einem Spezialausguß versehene Thermosflasche mit einem Fassungsvermögen von 440 ml (= 200 Suppositorien) vorgeschlagen, deren Herst. u. Handhabe ausführlich beschrieben wird. (J. Amer. pharmac. Assoc., pract. Pharmacy Edit. **15.** 285—86. Mai 1954. San Francisco, Calif., Barnes Hind Labor.) H. P. Fiedler. 4758

Francis A. Mina, *Glasaerosole für Pharmazeutica.* Die leichte Art der Verabreichung bzw. Dosierung, die Korrosionsfreiheit des Materials u. der prakt. Ausschluß einer eventuellen Luftoxydation des Inhaltstoffes machen Glasaerosole geeignet auch für die Herst. pharmazeut. Spezialitäten. (Drug Cosmet. Ind. **75.** 625—27. 682. 684. Nov. 1954. New Brunswick, N. J., Zonite Prod. Corp.) H. P. Fiedler. 4766

V. Krippner, *Über den Anbau von Heilpflanzen.* Allg. Ausführungen; Literaturübersicht ohne Zitate. (Čescoslov. Farmac. **2.** 275—77. 1953.) K. Steiner. 4782

Ch. Peters, *Über eine Verwechslung von Flores Acaciae.* Zur Vermeidung von Verwechslungen zwischen *Flores Acaciae spinosae* (I) u. *Flores Acaciae robiniae* (II) schlägt Vf. vor, I *Flores Acaciae* u. II *Flores Robiniae* zu nennen. (Pharmazie **10.** 117—18. Febr. 1955. Drebkau, N.-L., Apotheke zum Kreuz.) J. Miller. 4782

C. Risch, *Untersuchungen über die vorteilhafteste Herstellung ätherisches Öl enthaltender Tinkturen.* Tinkturen aus äther. Öle enthaltenden Drogen werden durch zweimalige Maceration gehaltreicher. Vf. gibt genaue Beschreibung seines Verf. an. (Pharmazie **10.** 99—100. Febr. 1955.) J. Miller. 4790

Valentina Natali, *Konzentrate für Sirupe und Infuse.* Beschreibung einiger Rezepte von Konzentraten für Sirupe von Turiones Pini, Radix Gentianae, Folia Eucalypti, Species Pectorales u. von konz. Infusen von Cortex aurantii amari, Radix Colombo, Lignum Quassiae, Radix Senegae (Polygala), Fructus Sennae. Diese Konzentrate werden zum Gebrauch entsprechend verdünnt. Zum Schluß werden noch Rezepte für Konzentrate von Sirupus Pectoralis, Sirupus Kalii sulfoguajacolici compositus, Sirupus Bromoformii compositus u. Ipecacuanhae compositus mitgeteilt, die in eigener Praxis ausprobiert wurden. (Boll. chim. farmac. **89.** 285—90. Juli 1950.) B. Stieb. 4790

Fred G. Drommond und **H. George DeKay,** *Frische Fruchtsirupe und Elixiere als Vehikel.* Es werden 24 verschied. Fruchtsirupe nach der offizinellen Vorschrift hergestellt u. hieraus Elixiere gefertigt [optimale Menge Fruchtsaft, 150,0 (Teile) Saccharose, 100,0 Glycerin, 150,0 A., 0,5 Benzoesäure u. W. ad 1000]. Unter n. Lagerbedingungen sind die Fruchtsäfte u. Elixiere stabil. Verss., die hergestellten Fruchtsäfte bzw. Elixiere als Geschmackskorrigentien für NH_4Cl bzw. Chininhydrochlorid, die charakterist. Bestandteile von Hustensäften, einzusetzen, zeigten befriedigende Ergebnisse. (J. Amer. pharmac. Assoc., pract. Pharmacy Edit. **15.** 232—36. April 1954. Lafayette, Purdue Univ., School of Pharmacy, Labor.) H. P. Fiedler. 4790

Georges Sag, *Die Gewinnung des Süßholzwurzelextraktes und einige damit zusammenhängende Probleme.* Die Bestandteile des Wurzelextraktes der Leguminose *Glycyrrhiza glabra L.,* bes. das Glycyrrhizin, haben neuerdings pharmakol. Interesse gefunden. Vf. gibt einige wichtige Hinweise für Gewinnung u. Aufarbeitung des Süßholzwurzelextraktes; auch die chem. Zus. verschied. Extrakte wird mitgeteilt. (Manufact. Chemist **25.** 297—99. 306. Juli 1954. Paris, Ecole supér. de Biochim. et de Biol.) H. P. Fiedler. 4790

Robert Štraub, *Schlangengifte und Gegengifte.* Allg. Ausführungen. (Českoslov. Farmac. **2.** 171—72. Mai 1953.) K. Steiner. 4790

B. K. Martin, *Salbengrundlagen.* 2. Mitt. (1. vgl. C. **1955.** 10566.) Besprechung der Herst. hydrophiler Salbengrundlagen unter Verwendung von bes. Wollfett u./oder

Wollwachs u. der neuerdings viel verwendeten abwaschbaren Salbengrundlagen unter Einsatz von z. B. Propylenglykolalginat, Methylcellulose, Na-Carboxymethylcellulose, Bentonit u. bes. der Polyäthylenglykole. Wiedergabe zahlreicher Rahmenrezepte. (Manufact. Chemist 25. 291—93. Juli 1954.) H. P. FIEDLER. 4792

E. Roy Hammarlund, *Eine verbesserte Sonnenschutzcreme.* Die im „National Formulary (N. F.)", 9. Ausgabe, vorgeschlagene Sonnenschutzcreme hat gewisse Nachteile, weshalb Vf. ein neues Rezept vorschlägt: 30,0 (Teile) Äthylaminobenzoat, 63,0 Stearinsäure, 8,0 Triäthanolamin, 45,0 Stearylalkohol, 30,0 Carbowachs 1540, 10,0 TiO_2, 10,0 Neocalamin, 1,5 braunes Fe-Oxyd, 2,0 Methylparaben, 0,5 Cumarin, 100,0 Glycerin u. ad 1000,0 Wasser. Die Creme ist leicht herstellbar, hat gute lichtschützende Eigg., wirkt lokalanästhesierend u. zeigt bessere Konsistenz, Farbe u. Geruch. Der p_H-Wert beträgt 6,9—7,0, die Stabilität ist sehr gut. (J. Amer. pharmac. Assoc., pract. Pharmacy Edit. 15. 226—28. April 1954. Pullman, Wash., State Coll. of Washington, School of Pharmacy.) H. P. FIEDLER. 4792

F. Tomíček, *Technologie der Herstellung des resorbierbaren chirurgischen Nahtmaterials.* Beschrieben wird die Herst. von sterilem Catgut. (Českoslov. Farmac. 2. 318—23. 1953. Praha, SPOFA, Spoj. farm. závody n. p.) K. STEINER. 4794

Georg Otto, *Neue Arzneimittel und Spezialitäten. Eumetran* (H. MACK, Illertissen): Neuer Name für *Eumetron.* — *Gurgillin* (CHEM. FABRIK BAVARIA, München-Pasing): Gurgelsalz mit Penicillin, Chloraten, Perboraten u. Sulfaten. — *Lysembrio* (BRAGLIA, Lugano): Trockenpräp. aus Rinderembryo mit Thymus, Knochenmark u. Lymphdrüsen. — *Lysoartrosi*: Aufschwemmung von Leber, Milz, Schilddrüse u. Muskel. — *Lysocorticone*: Enthält Nebennierenrinde, Hypophysenvorderlappen. — *Lysogland*: Lymphknoten, Milz, rotes Mark, Leber. — *Lysometicoline*: Leber, Nebenniere, Muskel, Testes, Milz, Cholin, Methionin, Inosit. — *Nevin* (CHEMIE GRÜNENTHAL, Stolberg): Tabletten zu 0,2 u. 0,05 g Isonicotinsäurehydrazid. — *Nivason,* jetzt *Nirason* (RAVENSBERG, GMBH., Konstanz): Dragees mit 0,0075 g Diäthylaminoäthanol-Theophyllin u. 0,02 g Phenyläthylbarbitursäure — *Percoffedrinol* (HERBERT J. PASSAUER, Berlin): Tabletten mit 0,05 (g) Coffein, 0,013 Ephedrin — *Permalon* (CHEM. WERKE ALBERT, Wiesbaden-Biebrich): Lsg. einer komplexen Verb. von Cu u. Na-Salicylat. Gegen Rheuma, Neuralgien. — *Revertonal* (CURTA & CO., Berlin): Dragees mit Adrenalin, Yohimbin, Nitroglycerin, Phenyläthylbarbitursäure. — *Ulcogranil* (JELLRICH RASSAU, Eltville): Kapseln mit 0,02 (g) p-Butylaminobenzoesäuredimethylaminoäthylester, 0,1 p-Aminobenzoesäuremethylester u. 0,5 $Al(OH)_3$. Gegen Ulcus ventriculi. (Dtsch. Apotheker-Ztg. 92. 933—34. 5/12. 1952. Berlin.) A. HOTZEL. 4800

—, *Neue Arzneimittel. Ambrol Tablets* (E. L. PATCH CO., Stoneham): Enthalten Secobarbital 50 (mg), Phenobarbital 50, Acetylsalicylsäure 195 u. Thiaminhydrochlorid 5. Analgeticum, Sedativum. — *Blastomycin* (PARKE, DAVIS & CO., Detroit): Steriles Filtrat aus Kulturen von Blastomyces dermatitidis zur Diagnose der Blastomycosis. — *Donnagel Suspension* (A. H. ROBINS & CO., INC., Richmond): Enthält Belladonnaalkaloide, Phenobarbital, Kaolin, Pektin u. Dihydroxy-Al-Glycinat. — *Hyadrine Tablets* (G. D. SEARLE & CO., Chicago): Enthalten Diphenylhydramin 37,5 (mg), Aminophyllin 150, Racedrinhydrochlorid 25. Asthmamittel. — *Infiltrase* (ARMOUR LABORATORIES, Chicago): Hyaluronidase. — *Lente Iletin* (ELI LILLY & CO., Indianapolis): Zinkinsulin ohne fremde Proteine. — *Neosporin Ointment* (BURROUGHS WELLCOME & CO., INC., Tuckahoe): Enthält Polymyxin B-Sulfat, Bacitracin u. Neomycinsulfat. — *Nyloxin Ampuls* (HYNSON, WESTCOTT & DUNNING, INC., Baltimore): Cobragift. — *Probutylin Capsules* (WILLIAM R. RORER, INC., Philadelphia): Enthalten 0,3 g Procainbutyrat. Antiemeticum. Auch als Elixier. (J. Amer. pharmac. Assoc., pract. Pharmacy Edit. 15. 489—92. Aug. 1954.) A. HOTZEL. 4800

Edoardo Baccigotti, *Die Thiosemicarbazone in der Chemotherapie der Tuberkulose.* Überblick mit besonderer Berücksichtigung von 4-Acetamidobenzaldehydthiosemicarbazon (*Tb I 698*). Herst. u. Eigg., Wrkg. auf Laboratoriumstiere u. Menschen, Indicationen, Toxizität u. Dosierung. Durch Überführung dieser Verb. in das Na-Salz des p-Succinylaminobenzaldehydthiosemicarbazons gelang es CAVALLINI (vgl. Farmaco [Pavia] 5. [1950.] 50), eine wasserlösl. Verb. herzustellen, die als *Idrotiobicina* (MAGGIONI) mit guten klin. Eigg. im Handel ist. — 5 Literaturangaben. (Boll. chim. farmac. 89. 281—84. Juli 1950.) B. STIEB. 4806

H. Lehmann, *Anwendungsformen der p-Aminosalicylsäure und deren Salze.* Chem. Charakterisierung der stets möglichst rein in Kapseln oder Dragees zusammen mit $NaHCO_3$ oder $CaCO_3$ einzugebenden p-Aminosalicylsäure (I). Zur peroralen Verabreichung werden ferner verschied. Rezeptformen für Mixturen, zur lokalen Anwendung für Salbe u. Schleim mit I-Na gegeben. Eine Dosierungstabelle ist beigefügt. (Schweiz. Apotheker-Ztg. 88. 301—05. 6/5. 1950.) E. DANN. 4806

V. Carassiti, *Über das Diffusionsvermögen einer Penicillin–Pektin-Mischung in wässeriger Lösung.* Penicillin (I) bildet mit Pektin in wss. Lsg. eine Assoziationsverb.; dadurch werden Teilchen von beträchtlicher Größe gebildet, die eine Verminderung der Diffusionsgeschwindigkeit verursachen. Diese läßt sich auch in vivo nachweisen. Die Diffusionskonstante D (cm^2/Std.) nimmt in kurzer Zeit von 0,0044—0,0019 ab. Die quantitative Mikrobest. des I erfolgt nach einer etwas modifizierten Meth. nach ABRAHAM u. Mitarbeitern (C. **1943.** I. 1897) u. ALLINSON (Proc. Soc. exp. Biol. Med. **60.** [1945.] 293), die die blauviolette Ninhydrin-Rk. der Hydrolysate von I benutzen (Genauigkeit 0,0002 g/cm^3). (Boll. chim. farmac. **89.** 259—67. Juli 1950. Bologna, Univ., Ist. Chim. G. Ciamician.) B. STIEB. 4810

Rose Mary Simone und **Robert P. Popino**, *Stabilität von Neomycin in verschiedenen pharmazeutischen Präparaten. Neomycin* ist ein wasserlösl. Antibioticum, das in verd. wss. Lsg. 2 Jahre, in konz. wss. Lsg. 1—2 Jahre innerhalb eines p_H-Bereiches von 2—9 haltbar ist, während seine größte Wrkg. im alkal. Gebiet liegt. Ebensowenig beeinträchtigen Salbengrundlagen, wie z. B. Petrolatum, Lanolin, Polyäthylenglykol usw., Ölsuspensionen u. Zusätze anderer Antibiotica seine Haltbarkeit, wie auch Tabletten u. Dragées mit den üblichen Beimengungen über den gleichen Zeitraum ihre Wrkg. behalten. (J. Amer. pharmac. Assoc., sci. Edit. **44.** 275—80. Mai 1955. Princeton, N. J., American Cyanamid Co.) E. FRESE. 4810

Herbert M. Gross, *Zinkbacitracin in pharmazeutischen Zubereitungen.* Besprechung der chem. u. physikal. Eigg., der Toxikologie, der Chemotherapie, der Unverträglichkeits-Rkk. u. der Einsatzmöglichkeiten des *Zinkbacitracins* (I) in verschied. Zubereitungen, die zeigen, daß I eine größere Stabilität aufweist als das Bacitracin selbst, daß es unter Beachtung bestimmter Vorsichtsmaßregeln ohne Schwierigkeit in verschied. pharmazeut. Zubereitungen eingearbeitet werden kann, die ihrerseits stabil u. leicht einzunehmen sind u. im übrigen ein gutes antibiot. Spektr. zeigen bzw. gewährleisten. (Drug Cosmet. Ind. **75.** 612—13. 684. 686. 692. Nov. 1954. Terre Haute, Ind., Commercial Solvents Corp.) H. P. FIEDLER. 4810

C. Job und **H. Zellner**, *Prüfung eines Bidestillators zur Gewinnung von reinstem, pyrogenfreiem Wasser.* Beschreibung eines Wasserdestillators (Hersteller: SCHOTT u. GEN., Mainz) mit Abb., mit dem eine zweimalige Dest. bei nur einmaligem Erhitzen möglich ist, indem die 2. Dest. im Vakuum unter Ausnutzung der prim. zugeführten Wärme erfolgt. Das noch heiße, einfach dest. W. wird an der Übergangsstelle von Normaldruck zu Vakuum weitgehend von gelösten Gasen befreit. Da sich die App. leicht sterilisieren läßt, kann bei Verwendung steriler Vorlagegefäße u. entsprechender Reinigung der betriebsfertigen App. (mehrstd. Spülen mit pyrogenfreiem W., Füllung des App. mit 10%ig. H_2O_2, Vorausdest. von 20 Liter W.) pyrogenfreies W. erhalten werden. (Pharmaz. Ind. **17.** 161—63. April 1955. Innsbruck, Univ., Pharmakol. Inst.; Linz „Donau-Pharmazie".) W. SPITALER. 4832

György Kedvessy und **Angela Szepesy**, *Über Sterilisierung der Glucoselösung.* Es wurden die Faktoren untersucht, die beim Sterilisieren zur Zers. führen, u. es wurde colorimetr. der Grad der Zers. ermittelt. Karamelisierte Lsgg. red. leichter u. rascher als reine Glucose. Um das Maß der Zers. zu bestimmen, wurde eine neue Meth. ausgearbeitet, die sich auf die Geschwindigkeit der Red. gründet. (Acta pharmac. hung. **1954.** 74—85. Sep.) H. LANGENBECK. 4832

H. S. Bean und **V. Walters**, *Aufbewahren von Ampullen in Phenollösung.* Ampullen in der Größe von 1—50 ml wurden mit dest. W. oder NaCl-Lsg. gefüllt, verschlossen, im Autoklaven behandelt u. 3 Monate in einer Lsg. von 5% (Gewicht/Vol.) Phenol (I) in 1 Vol.-% Bordeaux B in W. völlig untergetaucht aufbewahrt oder auch in der I-Lsg. direkt autoklaviert. Durch den zugesetzten Farbstoff sollte sich gegebenenfalls ein Eindringen der I-Lsg. in die Ampulle visuell feststellen lassen. Die Best. der UV-Absorption des Ampulleninhaltes nach der Lagerung bei 270 bzw. 238 mμ (Absorptionsmaximum bzw. -minimum für I) ergab nur in einem Fall (von 144) Anwesenheit von I. Vf. glaubt, daß ein Eindringen von Fremdstoffen in die Ampulle nicht, wie zum Teil behauptet, durch unsichtbare Risse im Glas, sondern eher durch fehlerhaften Verschluß ermöglicht wird, der sich nicht völlig sicher ausschalten läßt. Ampullen mit Injektionslsgg. sollten daher nicht in giftigen Konservierungsmitteln aufbewahrt werden. (Pharmac. J. **173** ([4] **119**). 465—66. 4/12. 1954. London, Chelsea Polytechnic, Pharmac. Labors.) W. SPITALER. 4832

Miroslav Večeřa und **Jiří Gasparič**, *Die Analyse der Heilmittel.* Literaturübersicht für das Jahr 1952 (Alkaloide, Vitamine, Hormone, Antibiotica, äther. Öle u. sonstige Naturstoffe; Analgetica, Antipyretica, Anästhetica, Hypnotica, Sedativa, Chemotherapeutica u. sonstige Synthetica, analyt. Bestimmungsverff. u. Übersichten. —

284 Literaturzitate. (Českoslov. Farmac. 2. 368—81. 1953. Pardubice-Rybitví, Výzk. úst. organ. synthes.) K. STEINER. 4880

Petr Zuman, *Die Polarographie in der Pharmazie.* (Českoslov. Farmac. **2.** 413—18. 1953. Praha, ČSAV [Čechosl. Akad. d. Wiss.], Polarograf. úst.. — C. **1954.** 2446.) K. STEINER. 4880

William H. Washburn, *Infrarotanalyse aktiver Bestandteile in Salben.* 1. Mitt. *Atropinsulfat und Scopolaminhydrobromid.* Vf. teilt eine Infrarotmeth. zur Best. kleiner Alkaloidmengen in Salben mit, die genauere Ergebnisse als die gebräuchlichen Titrationsmethoden liefert. Die Alkaloide können durch ihre charakterist. Infrarotabsorptionsspektren leicht identifiziert werden. In 2,0 g-Proben können 0,5% Atropinsulfat bzw. 0,2% Scopolaminhydrobromid mit einer Genauigkeit von ± 2 bzw. $\pm 5\%$ bestimmt werden. Infrarotabsorptionsspektren von Atropin u. Scopolamin vgl. Original. (J. Amer. pharmac. Assoc., sci. Edit. **41.** 602—05. Nov. 1952. North Chicago, Abbott Labors.) H.-W. GRAMM. 4880

Hans Wojahn, *Die quantitative Bestimmung von Thiosemicarbazid und seinen Derivaten (Conteben, Solvoteben).* 2. Mitt. *über die maßanalytische Bestimmung von C=S-Verbindungen.* (1. vgl. C. **1955.** 7974.) Die vom Vf. zur Best. von *Thioharnstoff*-Derivv. angewandte, charakterist. Hypojodittitration (l. c.), bei der aus der C=S-Gruppe der S in Form von H_2SO_4 abgespalten wird, wurde auf die Best. von *Thiosemicarbazid* (**I**) u. seinen Derivv. übertragen. Bei **I** u. seinen aliphat. Derivv. *1-Acetylthiosemicarbazid* (**II**) u. *Acetonthiosemicarbazon* (**III**) verläuft die Rk. mit Hypojodit, abgesehen von S-Abspaltung, infolge Oxydation unter Bldg. von N_2 u. Cyansäure nach der Gleichung (für **I**): $H_2N \cdot C(:S) \cdot NH \cdot NH_2 + 6 NaJO + 2 NaOH + H_2O \rightarrow Na_2SO_4 + N_2 + HOCN + 6 NaJ + 4 H_2O$. Der Jodverbrauch beträgt pro Mol. **I** u. **II** je 12, pro Mol. **III** 18 Äquivalente. Bei den aromat. **I**-Derivv. *Benzalthiosemicarbazon* (**IV**), *p-Acetylaminobenzalthiosemicarbazon* (**V**, *Conteben*) u. *p-Carboxybenzalthiosemicarbazon* (**VI**, wirksame Komponente des *Solvotebens*) reagiert mit Hypojodit lediglich die C=S-Gruppe nach der Gleichung: $R \cdot CH{=}N \cdot NHC(:S) \cdot NH_2 + 4 NaJO + 2 NaOH + H_2O \rightarrow R \cdot CH{=}N \cdot NH \cdot CO \cdot NH_2 + Na_2SO_4 + 4 NaJ + 2 H_2O$. Der Jodverbrauch pro Mol. beträgt 8 Äquivalente J. (Arch. Pharmaz. Ber. dtsch. pharmaz. Ges. **285/57.** 245—50. Bad Oldesloe, Tuberkuloseforschungsinst. Borstel.) K. F. MÜLLER. 4880

Lewis J. Kleckner und **Arthur Osol,** *Potentiometrische Titrationsmethoden für Antihistaminbasen und ihre Salze.* Antihistaminica (**I**) können, als freie Basen in A. gelöst, direkt oder durch Rücktitration eines abgemessenen Säureüberschusses bestimmt werden. Der Endpunkt kann potentiometr. bestimmt werden. Genauer u. einfacher ist die direkte Titration der Base oder der Salzform der **I**, gelöst in Eisessig, mit 0,1n $HClO_4$ in Dioxan mit potentiometr. Endpunktbestimmung. 8 verschied. **I**-Substanzen wurden vergleichend untersucht. Die besten Werte lieferte die Perchlorsäuremethode. (J. Amer. pharmac. Assoc., sci. Edit. **41.** 573—75. Nov. 1952. Philadelphia, Pa., Coll. of Pharmacy and Sci.) H. W. GRAMM. 4880

R. Kalvoda und **J. Zýka,** *Polarographische Bestimmung der Barbiturate in Heilmittelgemischen.* Auf Grund der Tatsache, daß Barbiturate (**I**) anod. Wellen ergeben, wurde ein einfaches polarograph. Verf. ausgearbeitet, das zur Best. von **I** in Heilmittelgemischen u. zur Best. von *Barbital, Phenobarbital, Dial, Noctal* u. *Phanodorm* in Konzz. von 10^{-5}—$2 \cdot 10^{-4}$ Mol. in der BRITTON-ROBINSONschen Pufferlsg. vom p_H 8,8 geeignet ist. Die Best. der **I** wird durch *Amidopyrin, Phenacetin, Saccharose, Morphin, Chinin, Na-Salicylat* u. durch *Chloride* nicht gestört. (Českoslov. Farmac. **2.** 154—55. Mai 1953. Praha, Úst. pro chem. analyt., u. Úst. pro chem. farmac.) K. STEINER. 4880

Gerhard Hildebrand, *Methodische Probleme der Digitalis-Standardisierung.* Die Standardisierung von Digitalispräpp. erfordert wegen der zahlreichen, bei den verschied. biol. Methoden sich ergebenden Schwierigkeiten die Einführung einer allg. anzuwendenden Konventionsmethode. Der nach KNAFFL-LENZ am Meerschweinchen festgestellte biol. Wirkungswert wird durch Begleitstoffe der eigentlichen Wirkstoffe beeinflußt; bes. konnte Vf. eine Erhöhung der Toxizität der herzwirksamen Glykoside durch Gerbstoffe nachweisen. (Arzneimittel-Forsch. **4.** 564—71. Sept. 1954. Karlsruhe, Dr. W. Schwabe GmbH.) F. v. GIZYCKI. 4880

Richard Wasicky, *Die Wertbestimmung der Digitalis purpurea und ihrer galenischen Präparate.* Die divergierenden Ergebnisse bei der Auswertung der verschied., zur Zeit gebräuchlichen biol. Methoden zur Wertbest. von Digitalisdrogen u. -präpp. sind unbefriedigend. Daher ist für die Neuauflage der brasilian. Pharmakopöe eine colorimetr. Meth. vorgesehen, die auf der Messung der bei der Rk. der Digitaliswirkstoffe mit Dimethylaminobenzaldehyd–Eisessig in schwefelsaurer Lsg. eintretenden Färbung im Vgl. mit einem Standard beruht. (Arzneimittel-Forsch. **4.** 562—64. Sept. 1954. São Paulo, Brasilien.) F. v. GIZYCKI. 4880

L. Revol und **G. Nouvel,** *Kritische Untersuchung über die Bestimmung der Gesamtalkaloide im Brechnußextrakt (Kodex 1937 und 1949).* Die Best. der Gesamtalkaloide im Brechnußextrakt nach den in der französ. Pharmakopöe von 1937 bzw. 1949 festgelegten Vorschriften liefert im Vgl. zur Vorschrift von 1908 recht unterschiedliche Werte. Dies wird bedingt durch die Extraktionsmeth., die Art des Lösungsm. u. die Säure, die zur Reinigung der Alkaloide verwendet wird. Es wird festgestellt, daß die Aufnahme des Extraktes mit ammoniakal. W., die nachfolgende Extraktion mit Chlf. u. eine Reinigung der erhaltenen Alkaloide mittels H_2SO_4 nach einer näher beschriebenen Vorschrift, die sich an die des Kodex 1908 anlehnt, zu gut übereinstimmenden Werten führt. (Ann. pharmac. franç. **10.** 108—11. Febr. 1952. Lyon, Fac. de Méd. et Pharm., Labor. de Pharm. galén.) H. P. FIEDLER. 4880

Cilag Akt.-Ges. (Erfinder: **Carl Richter**), Schaffhausen, Schweiz, *Neue Oxymethylharnstoffe* der Formel HO—CH_2—NH—CO—N=CH—$(CHOH)_x$—CH_2OH, in der x null oder 1—4 ist, erhält man durch Rk. von 1 (Mol) Harnstoff der Formel H_2N—CO—N=CH$(CHOH)_x$—CH_2OH mit 1—1,2 CH_2O, vorzugsweise in W., bei $p_H > 8$, bes. p_H 8—9, bei mäßig erhöhter Temp. u. möglichst hoher Konzentration. — Glucoseureid → *Oxymethylglucoseureid,* F. 157—159° (Zers.). — *β-Oxyäthanalharnstoff* (aus Glykolaldehyd u. Harnstoff) → *N^1-(β-Oxyäthanal)-N^2-oxymethylharnstoff,* F. 170—190° (Zers.). — *N^1-Oxymethyl-N^2-(β.γ-dioxypropanal)-harnstoff.* — *Oxymethyl-d-erythroseureid.* — *Oxymethyl-d-arabinoseureid.* — *Antibakterielle* Eigg., bes. wirksam gegen pathogene Keime im *Mund-, Nasen-* u. *Rachenraum.* (**D. B. P.** 930 205 Kl. 12o vom 1/10. 1953, ausg. 11/7. 1955. Anmeldung bekanntgemacht 23/12. 1954. Schwz. Prior. 24/10. 1952.) A. BRÖSAMLE. 4807

G. D. Searle & Co., Chicago, übert. von: **Richard A. Robinson,** Morton Grove, Ill., V. St. A., *Di-sek.-alkyldialkylammoniumsalze* wirken *ganglienblockierend.* — *Diisopropyldiäthylammoniumchlorid.* Man kocht Diisopropylamin mit C_2H_5J in Butanon, setzt das entstandene Diisopropyläthylamin (*Hydrochlorid,* F. 126—126,5°) mit C_2H_5J in Butanon bei 70—75° im Autoklaven um u. führt in das *Chlorid* über. F. 223°; *Jodid,* F. 227°. — Analog: *Diisopropyläthylmethylammoniumbromid,* F. 249°. — *Di-sek.-butyläthylmethylammoniumjodid,* F. 199°. (**A. P. 2 692 285** vom 7/5. 1951, ausg. 19/10. 1954.) G. LANGER. 4807

May & Baker Ltd., Dagenham, Essex, England (Erfinder: **Harry James Barber**), *Hexamethylen-1.6-bis-(trimethylammonium)-bitartrat* (I). Man quaternisiert Hexamethylen-1.6-diamin mit Dimethylsulfat, setzt mit Na-Embonat um, setzt das ausfallende *Hexamethylen-1.6-bis-(trimethylammonium)-embonat* in sd. W. mit d-Weinsäure um, filtriert die ausfallende Embonsäure ab u. dampft das Filtrat ein. I-*Hydrat,* F. ca. 185 bis 188°. — *Ganglienblocker.* (**E. P. 723 210** vom 27/10. 1950, ausg. 2/2. 1955.) G. LANGER. 4807

Sterling Drug, Inc., New York, übert. von: **Aubrey A. Larsen,** Nassau, N. Y., V. St. A., *2.2-Diphenyl-4-dialkylaminoalkanale* der Formel I, worin R u. R′ niedere

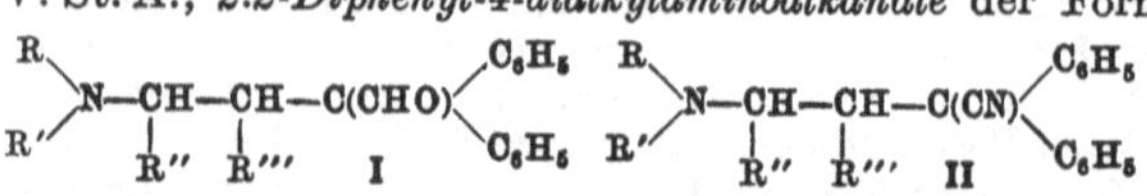

Alkylreste, ein R″ oder R‴ Methyl u. das andere H bedeuten, entstehen aus II durch Einw. von $LiAlH_4$ u. Hydroyse des Reaktionsprod. mit Wasser. — *2.2-Diphenyl-4-dimethylaminopentanal-(1),* man kocht 2.2-Diphenyl-4-dimethylaminopentannitril mit $LiAlH_4$ in Ae. u. zers. mit Wasser. *Hydrochlorid,* F. 187—189,5°; *Hydrochloridhydrat,* F. 122—124°. — Analog: *d-2.2-Diphenyl-4-dimethylaminopentannitril* → *l-2.2-Diphenyl-4-dimethylamino-1-pentanalhydrochlorid,* F. 190—201°; $[\alpha]_D^{25}$ —28° (c = 1 in W.); *Hydrochloridhydrat,* F. 111—112°. — *d-2.2-Diphenyl-4-dimethylamino-1-pentanalhydrochlorid,* F. 201—203°; $[\alpha]_D^{24}$ +28,8° (c = 1 in W.); *Hydrochloridhydrat,* F. 111—112°. — *2.2-Diphenyl-3-dimethylamino-1-butanalhydrochlorid,* F. 190—192°. — *l-2.2-Diphenyl-3-dimethylaminomethyl-1-butanalhydrochlorid,* F. 188—191°; $[\alpha]_D^{24}$ —149,2° (c = 1 in W.). — *Analget. Eigenschaften.* (**A. P. 2 691 678** vom 17/5. 1952, ausg. 12/10. 1954.) G. LANGER. 4807

Sterling Drug, Inc., New York, übert. von: **Raymond O. Clinton,** North Greenbush, und **Stanley C. Laskowski,** Menands, N. Y., V. St. A., *4-Amino-, 4-Alkylamino- und 4-Oxyalkylamino-2-alkoxybenzoesäure-tert.-aminoalkylthioester* erhält man aus 4-Nitro-2-alkoxybenzoylhalogeniden u. tert.-Aminoalkylmercaptanen u. anschließende Red. der NO_2-Gruppe des entstandenen Esters mit chem. Mitteln, wie Fe u. HCl, oder katalyt. mit schwefelunempfindlichen Katalysatoren, wie MoS oder CoS; z. B. aus 4-Nitro-2-methoxybenzoylchlorid u. 2-Diäthylaminoäthylmercaptan den *4-Amino-2-methoxybenzoesäure-2′-diäthylaminoäthylthioester* (I), F. 77—78°; *Phosphat,* F. 188,2 bis 190°. — Analog werden die *Phosphate* folgender Ester hergestellt: *4-Amino-2-meth-*

oxybenzoesäure-3'-diäthylaminopropylthioester, F. 208—208,9°; *4-Amino-2-methoxybenzoesäure-3'-(1''-piperidyl)-propylthioester*, F. 202,5—203,4°; *4-Amino-2-methoxybenzoesäure-4'-diäthylaminobutylthioester*, F. 198,1—199,1°; *4-Amino-2-n-propoxybenzoesäure-2'-diäthylaminoäthylthioester*, F. 150,4—151,8°; die *Hydrochloride* folgender Ester: *4-Amino-2-n-butoxybenzoesäure-2'-diäthylaminoäthylthioester*, F. 155—155,5°; *4-Amino-2-n-propoxybenzoesäure-2'-(1''-piperidyl)-äthylthioester*, F. 189,2—190,9°; *4-Amino-2-äthoxybenzoesäure-3'-diäthylaminopropylthioester*, F. 175—176,3°; *4-Amino-2-n-butoxybenzoesäure-2'-(1''-piperidyl)-äthylthioester*, F. 172,3—173,9°; *4-Amino-2-n-butoxybenzoesäure-2'-(2''-methyl-1''-piperidyl)-äthylthioester*, F. 191,2—192,3°; *4-Amino-2-n-propoxybenzoesäure-2'-(2''-methyl-1''-piperidyl)-äthylthioester*, sintert bei 175—180° ohne zu schm.; *4-Amino-2-n-propoxybenzoesäure-3'-(1''-piperidyl)-propylthioester*, F. 170,4—172°; *4-Amino-2-n-butoxybenzoesäure-3'-(1''-piperidyl)-propylthioester*, F. 155—157°; *4-Amino-2-n-hexoxybenzoesäure-2'-diäthylaminoäthylthioester*, F. 110,2—111,6°; *4-Amino-2-isobutoxybenzoesäure-2'-diäthylaminoäthylthioester*, F. 163—164,2°. — Behandelt man die vorst. 4-Amino-2-alkoxybenzoesäure-tert.-aminoalkylthioester in Ggw. von Aldehyden oder Oxyaldehyden mit chem. Reduktionsmitteln, wie Zn-Staub u. Eisessig, oder mit H_2 u. MoS oder CoS, so erhält man die entsprechenden 4-Alkyl- bzw. 4-Oxyalkylaminothioester; z. B. aus I den *4-n-Amylamino-2-methoxybenzoesäure-2'-diäthylaminoäthylthioester* als goldbraunes viscoses Öl. Hydrochlorid, F. 149,2—150,5°. — Analog werden hergestellt: *4-n-Butylamino-2-n-propoxybenzoesäure-2'-diäthylaminoäthylthioester, Hydrochlorid*, F. 142,5—143,9°; *4-(5'-Oxyamylamino)-2-methoxybenzoesäure-2''-diäthylaminoäthylthioester, Hydrochlorid*, F. 140—141°. Große Zahl weiterer Verbb. ohne Angabe physikal. Konstanten. — *Lokalanästhetica*. (**A. PP. 2 669 564** vom 17/3. 1951 u. **2 669 565** vom 25/8. 1951, beide ausg. 16/2. 1954.) E. Carl. 4807

Schenley Laboratories, Inc., New York, N. Y., V. St. A., übert. von: **Otto Linsert**, Wuppertal-Barmen, und **Hans Lettré**, Heidelberg, *Herstellung von Stilben-α-ketolen* der allg. Formel I (X = CO—CH_2OH) erhält man aus den entsprechenden Stilben-α-carbonsäuren der allg. Formel I (X = COOH), wobei R u. R' H, OH, Alkoxy-, Alkoxymethoxy- oder Acyloxygruppen bedeuten, durch Überführung der Säuren in die Säurehalogenide, z. B. mittels Thionylchlorid, u. Rk. des Halogenids mit Diazomethan in äther. Lsg. bei höchstens —10° zu dem entsprechenden Diazoketon, das mit Mineralsäuren (H_2SO_4) in wss.-alkoh. (bes. methylalkoh.) Lsg. zu dem Ketol umgesetzt wird. — Beispiele: *4-Methoxystilben-α-ketol*, gelbe Nadeln, F. 108°; *4.4'-Dimethoxystilben-α-ketol*, hellgelbe Nadeln; *3'.4'-Dimethoxystilben-α-ketol*, gelbe Prismen, F. 91°; *4'-Oxystilben-α-ketol*, gelbe Prismen, F. 128°. — *Therapeutica*. (**A. P. 2 691 039** vom 11/4. 1951, ausg. 5/10. 1954.) W. Gräger. 4807

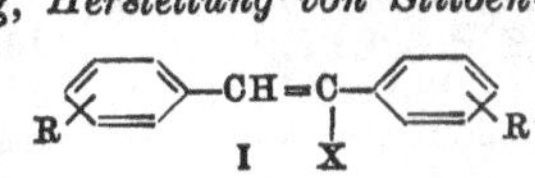

Regents of the University of Michigan, übert. von: **Frederick F. Blicke**, Ann Arbor, Mich., V. St. A., *1-Methyl-2-oxymethylpyrrolidinbenzilsäureester* (I). Man erhitzt 1-Methyl-2-halogenmethylpyrrolidine mit Benzilsäure oder deren Salzen, F. 160—161° (Hydrochlorid). — *Antispasmodicum*. (**A. P. 2 695 301** vom 10/12. 1952, ausg. 23/11. 1954.) K. Fabel. 4807

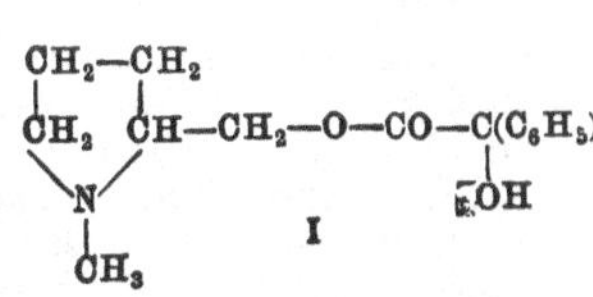

F. Hoffmann-La Roche & Co. Akt.-Ges. (Erfinder: **Balthasar Hegedüs** und **Andreas Grüssner**), Basel, Schweiz, *Herstellung von Cumarinderivaten* der allg. Formel I, in der der Arylrest kernhalogeniert sein kann. Man läßt auf ein 3-Acyl-4-oxycumarin eine metallorgan. Verb. der allg. Formel R—X einwirken (X = Li, MgCl, MgBr, MgJ; R = gegebenenfalls kernhalogenierter Arylrest, falls der 3-ständige Substituent ein aliphat. Säurerest ist, oder Alkylrest, falls dieser Substituent ein aromat. Säurerest ist), spaltet aus dem Kondensationsprod. gegebenenfalls W. ab, z. B. durch Erwärmen mit p-Toluolsulfonsäure in Toluol unter azeotroper Wasserdest., u. hydriert das Dehydratisierungsprod., z. B. mit Pd-Kohle. — Z. B. erhält man aus 3-Benzoyl-4-oxycumarin u. C_2H_5MgBr über das *3-[1'-Phenylpropen-(1')-yl]-4-oxycumarin* (F. 178—179°) das *3-(1'-Phenylpropyl)-4-oxycumarin*, F. 179—180°. Weiter werden folgende *4-Oxycumarine* hergestellt: *3-(1'-Phenyl-n-butyl)-*, F. 201—202°; *3-(1'-Phenyl-n-pentyl)-*, F. 178—180°; *3-[α-(1'-Naphthyl)-propyl]-*, F. 202 bis 204°; *3-[1'-(p-Chlorphenyl)-propyl]-*, F. 186—188°; sowie als Zwischenprodd.: *3-[1'-Phenyl-n-penten-(1')-yl]-*, F. 152—154°, u. *3-[1'-(p-Chlorphenyl)-propen-(1')-yl]-*, F. 203—204°. — *Arzneimittel*, die den Prothrombinspiegel des Blutes in geringer Konz. senken. (**D. B. P. 925 472** Kl. 12q vom 13/5. 1953, ausg. 21/3. 1955. Anmeldung bekanntgemacht 19/8. 1954. Schwz. Priorr. 16/5. u. 25/8. 1952.) K. Fabel. 4807

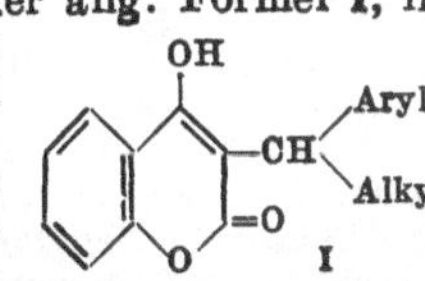

N. V. Amsterdamsche Chininefabriek, Amsterdam, Holland, *3-[Alkylpiperidyl-(N)-methyl]-indole* werden durch Rk. eines Alkylpiperidins mit Indol u. CH_2O oder mit 3-Dimethyl- bzw. 3-Diäthylaminomethylindol in Ggw. von Eisessig u. Na-Acetat erhalten. — *3-[2'-Methylpiperidyl-(N)-methyl]-indol,* F. (aus Aceton) 171—173°. — *3-[3'-Methylpiperidyl-(N)-methyl]-indol,* F. (aus Aceton) 147—149°. — *3-[4'-Methylpiperidyl-(N)-methyl]-indol,* F. (aus Ligroin–Ae.) 108—109°. — *3-[2'.4'-Dimethylpiperidyl-(N)-methyl]-indol,* F. (aus Ligroin; Kp. 90—100°) 104—106°. — *3-[2'.6'-Dimethylpiperidyl-(N)-methyl]-indol,* F. (aus Bzl.) 113—114°. — *3-[2'.4'.6'-Trimethylpiperidyl-(N)-methyl]-indol,* F. (aus Ligroin) 111—112°. — *3-[2'-Äthylpiperidyl-(N)-methyl]-indol,* F. (aus A.) 160—161°. — *3-[2'-n-Propylpiperidyl-(N)-methyl]-indol,* F. (aus Ligroin) 97 bis 99°. — *3-[4'-Äthylpiperidyl-(N)-methyl]-indol,* F. (aus Aceton) 121—122°. — *3-[2'-Methyl-5'-äthylpiperidyl-(N)-methyl]-indol,* F. (aus Ligroin) 103—104°. — Mit Salzsäure oder Maleinsäure können die entsprechenden *Hydrochloride* oder *Maleate* hergestellt werden. — Verbb. mit *oxytoc.* Wrkg. entsprechend den *Mutterkornalkaloiden,* die in Form von Tabletten oder Injektionslsgg. verabfolgt werden können. (**E. P. 718 230** vom 6/10. 1952, ausg. 10/11. 1954. Holl. Prior. 17/10. 1951.) R. LINK. 4807

Ciba Ltd., Basel, Schweiz, *6-[N-(β-Piperidinoäthyl)-N-alkylamino]-methylpyridine* erhält man durch Rk. eines entsprechenden 6-Alkylaminomethylpyridins oder von dessen N-Alkalimetallderivv. mit einem β-Piperidinoäthylhalogenid. — 6-Methylamino-2-methylpyridin + $NaNH_2$ in Toluol + (nach 3std. Rk.) β-Piperidinoäthylchlorid → *6-[N-(β-Piperidinoäthyl)-N-methylamino]-2-methylpyridin,* $Kp._{0,001}$ 95—99°; *Hydrochlorid,* F. 179,6—180°. — Analog: *6-[N-(β-Piperidinoäthyl)-N-isopropylamino]-4-methylpyridin,* $Kp._{0,001}$ 116—120°; n_D^{22} 1,5338; *Hydrochlorid,* F. 165—165,8°. — *6-[N-(β-Piperidinoäthyl)-N-äthylamino]-4-methylpyridin,* $Kp._{0,02}$ 113—116°; $n_D^{21,8}$ 1,5362; *Hydrochlorid,* F. 154—156°. — *6-[N-(β-Piperidinoäthyl)-N-n-propylamino]-4-methylpyridin,* $Kp._{0,15}$ 134—139°; *Monohydrochlorid,* F. 154,4—155,8°. — *Heilmittel.* (**E. P. 696 862** vom 24/8. 1951, ausg. 9/9. 1953. A. Prior. 25/8. 1950.) U. SIEVERS. 4807

Imperial Chemical Industries Ltd., London, England (Erfinder: **Walter Hepworth**), *Quaternäre Chinoliniumsalze* der allg. Formel I (X = H oder Alkyl; Y = Alkyl; n = 3 bis 12; Alk = Alkyl; A = Anion) erhält man durch Rk. der entsprechenden Chinoline mit quaternisierenden Mitteln der allg. Formel Alk—A. — N.N'-Bis-[4-amino-2-methylchinolyl-(6)]-adipamid (**II**) + p-Toluolsulfonsäuremethylester → *N.N'-Bis-[4-amino-1.2-dimethylchinolinium-(6)]-adipamiddi-p-toluolsulfonat,* F. 305—306°, *Dichlorid,* F. 342° (Zers.) — *N.N'-Bis-[4-amino-1.2-dimethylchinolinium-(6)]-sebacamiddi-p-toluolsulfonat,* F. 304° (Zers.). — *N.N'-Bis-[4-methylamino-1.2-dimethylchinolinium-(6)]-adipamiddichlorid,* F. 338—339° (Zers.). — *N.N'-Bis-[4-amino-1.2-dimethylchinolinium-(6)]-pimelinamiddi-p-toluolsulfonat,* F. 340° (Zers.). — *Trypanocide.* (**E. P. 703 484** vom 9/1. 1951, ausg. 3/2. 1954.) U. SIEVERS. 4807

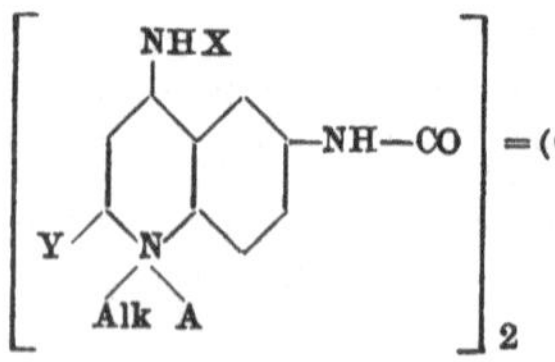

I

G. D. Searle & Co., Chicago, übert. von: **Robert R. Burtner,** Skokie, Ill., V. St. A., *1-Aminoalkyl-3-carboline* der allg. Formel I, in der Z = H oder CH_3, Alk einen niedermol. Alkylenrest mit 2—4 C-Atomen, R = H oder einen niedermol. Alkylrest mit höchstens 4 C-Atomen, NR'R'' entweder einen niedermol. Dialkylaminorest oder einen N-haltigen Rest einer monocycl. Heteroverb., X einen einwertigen Säurerest u. n 0—2 bedeuten, werden durch Rk. von 3-Carbolin mit einem Dialkylamino alkylhalogenid in Ggw. eines Kondensationsmittels ($NaNH_2$, K_2CO_3) u. unter Anwendung eines inerten Lösungsm. (Toluol, Methyläthylketon) bei Tempp. von 90—110° durch ca. 20std. Erhitzen in einer N-Atmosphäre u. anschließende Behandlung des erhaltenen Reaktionsprod. mit einer Säure oder einem Alkylester bei Tempp. von 0—50° in einem inerten organ. Lösungsm. (Chlf., Aceton, Methyläthylketon, Methanol, Butanol) hergestellt. — *1-(β-Diäthylaminoäthyl)-3-carbolinhydrochlorid,* aus absol. A., F. 230—231°; *Brommethylat,* aus Isopropylalkohol–Äthylacetat (35:80), F. 155—156°. — 86 (Teile) 2-Brom-4-methylpyridin, 54 o-Phenylendiamin u. 2 Cu-Pulver werden 4 Std. bei einem Druck von 40 mm Hg auf 140—155° erhitzt. Das halbfeste Reaktionsprod. wird in 260 heißem A. gelöst, mit 1250 einer 10%ig. wss. HCl-Lsg. versetzt, filtriert u. bei 5—10° langsam mit einer Lsg. von 63 $NaNO_2$ in 630 W. verrührt. Über Nacht krist. das *1-(4'-Methyl-2'-pyridyl)-benzotriazol* (**II**) bei 25° in grauen Nadeln, aus Methanol, F. 118°. 81 **II** u. 700 H_3PO_4 werden zunächst auf 150°, dann auf 200° erhitzt. Nach Beendigung der N_2-Entw. wird das *6-Methyl-3-carbolin* mit einer alkoh. Pikrinsäurelsg. gefällt u. aus dem Pikrat mit einer 8%ig. Na_2CO_3-Lsg. in Freiheit gesetzt, F. 215°. Daraus mit $NaNH_2$ u. β-Diäthylaminoäthylchlorid in

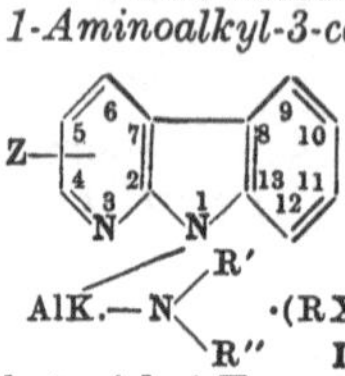

I

trocknem Toluol → *1-(β-Diäthylaminoäthyl)-6-methyl-3-carbolin*; *Dihydrochlorid*, F. 246 bis 247°; *Diäthylsulfat*. — *1-(β-Di-n-butylaminopropyl)-3-carbolin*; *Dihydrochlorid*; *Jodäthylat*. — *1-(6'-Methyl-2'-pyridyl)-benzotriazol*, F. 84—85°. — *4-Methyl-3-carbolin*, F. 254—255°. *1-(β-Diäthylaminoäthyl)-4-methyl-3-carbolin*, dunkles Öl; *Dihydrochlorid*, F. 237—238°; *Brommethylat*, F. 142—143°, blaßgelbe Kristalle. — *1-(β-Diäthylaminoäthyl)-5-carbolin*, viscoses Öl; *Dihydrochlorid*, F. 297°. — *4.5-Benzo-1-(β-diäthylaminoäthyl)-3-carbolin*, dunkles Öl; *Dihydrochlorid*, F. 242—244°, mäßig lösl. in warmem Wasser. — Verbb. mit *Digitaliswirkung*. (**A. P. 2 688 022** vom 13/4. 1953, ausg. 31/8. 1954.) R. Link. 4807

Soc. des Usines Chimiques Rhône-Poulenc, Paris, übert. von: **Robert Michel Jacob,** Ablon-sur-Seine, Frankreich, *2.4-Diamino-5-(4'-chlorphenyl)-6-äthylpyrimidin* (I), F. 241°; *Monohydrochlorid*, F. 270° (Maquenne-Block). Man setzt Guanidinsulfat · ½ H_2O mit 2-(4'-Chlorphenyl)-3-ketopentansäureäthylester, Kp.$_{0,15}$ 126—130°, hergestellt aus 2-(4'-Chlorphenyl)-3-ketopentansäurenitril, F. 52°, durch Hydrolyse über 2-(4'-Chlorphenyl)-3-ketopentansäureiminoäthylester, in Ggw. von 20%ig. Oleum bei 0° um. Das gebildete 2-Amino-4-oxy-5-(4'-chlorphenyl)-6-äthylpyrimidin, F. 250°, gibt mit $POCl_3$ 2-Amino-4-chlor-5-(4'-chlorphenyl)-6-äthylpyrimidin, F. 163°; daraus entsteht mit NH_3 in A. bei 130° I. Die Rk. kann mit 15—40%ig. Oleum durchgeführt werden. Das gebildete Pyrimidinderiv. kann auch acyliert werden. — 2-Acetylamino-4-oxy-5-(4'-chlorphenyl)-6-äthylpyrimidin, F. 264°, → 2-Acetylamino-4-chlor-5-(4'-chlorphenyl)-6-äthylpyrimidin, F. 235°, → I. — *Antimalariamittel*. (**Belg. P. 512 135** vom 16/6. 1952, ausg. 22/1. 1954. F. Priorr. 23/6., 10/10. 1951 u. 24/1. 1952. **A. P. 2 680 740** vom 19/6. 1952, ausg. 8/6. 1954. F. Prior. 23/6. 1951.) G. Krauss. 4807

Floyd E. Anderson, Yonkers, N. Y., V. St. A., *2.4.6-Tris-(1-piperidyl)-5-benzylpyrimidin* (I), $C_{26}H_{37}N_5$, F. 129—131°; *Monohydrochlorid*, F. 205—207°. 5-Benzylbarbitursäure gibt mit $POBr_3$ bei 150—170° 2.4.6-Tribrom-5-benzylpyrimidin, $C_{11}H_7$·N_2Br_3, F. 105°; daraus entsteht mit frischdest. Piperidin bei 100—110° (48 Std.) u. dann bei 160° (24 Std.) I. Zur Rk. kann auch 2.4.6-Trichlor-5-benzylpyrimidin verwendet werden. — *Sedatives*, bes. auf das *Zentralnervensyst. wirkendes Heilmittel*. (**A. P. 2 696 488** vom 16/2. 1954, ausg. 7/12. 1954.) G. Krauss. 4807

American Cyanamid Co., New York, N. Y., V. St. A., *Herstellung von 5-Formyl-5.6.7.8-tetrahydropteroylglutaminsaurem Calcium*. Man behandelt 10-Formyl-5.6.7.8-tetrahydropteroylglutaminsäure in wss. Milieu bei p_H 7—14, bes. 10—13, mit NaOH u. überführt die dabei gebildete 5-Formyl-5.6.7.8-tetrahydropteroylglutaminsäure mittels $CaCl_2$ in ihr Ca-Salz, das *Citrovorumaktivität* aufweist. — Vgl. auch Can. P. 486 514; C. **1955**. 6573. (**Schwz. P. 305 574** vom 3/5. 1952, ausg. 2/5. 1955. **E. P. 735 112** vom 29/4. 1952, ausg. 17/8. 1955. Beide A. Priorr. 5/5. u. 20/6. 1951.) A. Brösamle. 4809

Distillers Co., Ltd., Edinburgh, Schottland, *Reinigung von Vitamin B_{12}* in wss. Lsg. mittels einer CN-Ionen liefernden Verb., wie K-, NH_4-, Ca- oder Ba-Cyanid. Die Konz. des Vitamins in dieser Lsg. soll nicht >750 Mikrogramm/cm³, die Konz. der CN-Ionen ca. 0,3 Mol/Liter u. der p_H-Wert der Lsg. nicht <6 betragen; der gebildete Vitamin-B_{12}-Cyanid-Komplex wird dann mit n-Butanol in Ggw. von $(NH_4)_2SO_4$ (ca. 0,9 Mol/Liter Lsg.) extrahiert u. der Komplex durch Einw. von Säure zersetzt. (**E. P. 727 146** vom 8/3. 1952, ausg. 30/3. 1955.) A. Brösamle. 4809

Upjohn Co., übert. von: **Herbert C. Murray,** Hickory Corners, und **Durey H. Peterson,** Kalamazoo, Mich., V. St. A., *4-Bisnorcholen-11a.22-diol-3-on*, F. 130 bis 133°; $[\alpha]_D^{23}$ +78°; k_{243} 38,39, erhält man durch biol. aerob geführte Oxydation von 4-Bisnorcholen-3-on-22-al mit *Rhizopus nigricans*; *Diacetat*, F. 127—128°; $[\alpha]_D^{23}$ +52°; k_{242} 33,95. — Die Verbb. sind *pharmakol. wirksam*. (**A. P. 2 691 031** vom 1/7. 1952, ausg. 5/10. 1954.) U. Sievers. 4809

Pittsburgh Plate Glass Co., Pittsburgh, Pa., übert. von: **Alfred R. Bader,** Milwaukee, Wis., V. St. A., *Cyanessigsäureester von Sterinen* erhält man durch Umesterung von Cyanessigsäureestern niederer Alkohole mit OH-Gruppen enthaltenden Sterinen unter milden Bedingungen. — Cholesterin + Cyanessigsäureäthylester bei 90—100° in Toluol → *Cholesterylester*, F. 182—183°. — *Zwischenprodd.* für die Herst. von *Steroidhormonen*. (**A. P. 2 693 477** vom 17/11. 1951, ausg. 2/11. 1954.) U. Sievers. 4809

Upjohn Co., übert. von: **Arnold C. Ott** und **Maxton F. Murray,** Kalamazoo, Mich., V. St. A., *Schutz alkoholischer Gruppen von Steroiden*, bes. in 3-Stellung, durch Überführen mit Dihydropyran (I) in Ggw. einer katalyt. wirkenden Menge einer Säure, z. B. HCl, bei Tempp. zwischen 0 u. 100° in 2-Tetrahydropyranyläthergruppen. — Dehydroepiandrosteron + I + HCl + peroxydfreier Ae., 60 Std. bei 25—30° → *Dehydroepiandrosteron-3-(2'-tetrahydropyranyl)-äther*, F. 192—194°; $[\alpha]_D^{25}$ —71,9° (Chlf.) (**II**), wobei es sich um eine der beiden möglichen stereoisomeren Formen handelt. Das Gemisch der Isomeren schm. bei 172—173°; $[\alpha]_D^{25}$ +25°. — *Testosteron-17-(2'-tetrahydropyranyl)-äther*, F. 125—127°. — Durch Red. von II mit $LiAlH_4$ erhält man *5-Androsten-3β.17β-diol-3-(2'-tetrahydropyranyl)-äther* (III), F. 161—162°. — *Pregnenolon-3-(2'-tetrahydropyranyl)-äther*, F. 129—130°; $[\alpha]_D^{24}$ +16,65° (Chlf.). — *3β-Oxy-bis-nor-5-cholensäuremethylester-3-(2'-tetrahydropyranyl)-äther*, F. 135—136°; $[\alpha]_D^{25}$ —48,84° (Chlf.). — *Cholesterin-3-(2'-tetrahydropyranyl)-äther*, F. 158—159°; $[\alpha]_D^{25}$ —23,46°; [-(2'-tetrahydropyranyl)-äther = THP; alle folgenden Angaben für $[\alpha]_D$ in Chlf.!]. — *17-[2''-(1''.1''-Diphenyl)-propen-(1'')]-3-oxyätio-5-cholen-3-THP*, F. 176—177°; $[\alpha]_D^{25}$ +224,4°. — *Stigmasterin-3-THP*, F. 162—163°; $[\alpha]_D^{25}$ —54,5°. — III-*17-Propionat*, F. 128—129°. — III-*17-β-Cyclopentylpropionat*, F. 134,5—136,5°; $[\alpha]_D^{26}$ —40,37°. — III-*17-Diäthylacetat*, F. 83,5—84,5°. — III-*17-β-Phenylpropionat*, F. 113,5—115°; $[\alpha]_D^{26}$ —59,88°. — III-*17-Benzoat*, F. 191,5—194°; $[\alpha]_D^{26}$ —23,51°. — III-*17-Cyclohexanoat*, F. 159—161°; $[\alpha]_D^{26}$ —42,10°. — III-*17-n-Dodecanoat*, F. 95—96°. — Die Tetrahydropyranyläthergruppe läßt sich durch saure Hydrolyse unter Rückbldg. des Ausgangssteroids wieder abspalten. — Zwischenprodd. für die *Synth.* von *Steroidhormonen*. (**A. P. 2 637 728** vom 18/8. 1949, ausg. 5/5. 1953.) U. SIEVERS. 4809

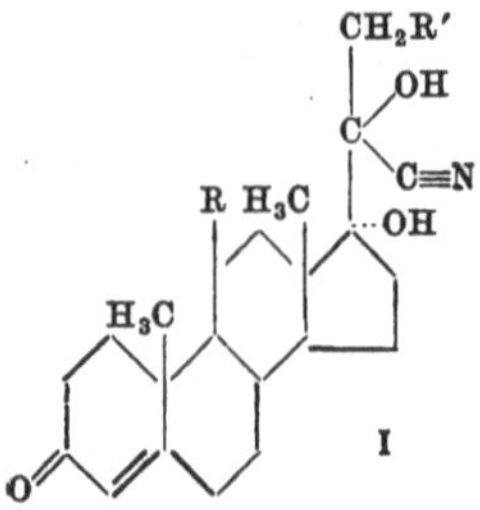

Upjohn Co., übert. von: **George Slomp jr.**, Kalamazoo, Mich., V. St. A., *Steroid-20-cyanhydrine* der allg. Formel I (R = H, OH, Carbonylsauerstoff oder eine Acyloxygruppe mit 1—8 C-Atomen; R' = H, OH oder eine Acyloxygruppe mit 1—8 C-Atomen) erhält man durch Rk. der entsprechenden 20-Ketosteroide mit HCN; Tempp. zwischen —40° u. Raumtemperatur. — Progesteron in A. + Essigsäure + 98%ig. Ameisensäure + KCN bei 0° → *Progesteron-20-cyanhydrin*, F. 202—206°; $[\alpha]_D$ +111°. — *11-Ketoprogesteron-20-cyanhydrin*, F. 174—175° (aus Dimethylformamid). — *21-Acetoxyprogesteron-20-cyanhydrin*, F. 129—130°. — *Zwischenprodd.* für die *Steroidsynthese*. (**A. P. 2 655 517** vom 3/5. 1952, ausg. 13/10. 1953.) U. SIEVERS. 4809

Upjohn Co., übert. von: **William J. Haines** und **Marvin H. Kuizenga**, Kalamazoo, Mich., V. St. A., *Biooxydation von Steroiden in 11-Stellung*. Man bebrütet in 11-Stellung unsubstituierte Nebennierenrindenhormone mit Schweinenebennierengewebe mindestens 40 Std. bei 20—40° in einem wss.-alkoh. Medium, das bis zu 20% A. sowie bis zu 20% eines bakteriostat. wirksamen Mittels enthalten kann, unter Belüftung u. gewinnt das Oxydationsprod. durch Lösungsmittelextraktion. Auf diese Weise lassen sich z. B. Corticosteron u. 17-Oxycorticosteron aus 11-Desoxycorticosteron bzw. 11-Desoxy-17-oxycorticosteron oder 11.17-Dioxyprogesteron aus 17-Oxyprogesteron gewinnen. — Die erhaltenen Verbb. haben Nebennierenrindenhormonwirkung. (**A. P. 2 658 022** vom 19/8. 1950, ausg. 3/11. 1953.) U. SIEVERS. 4809

Upjohn Co., übert. von: **John A. Hogg** und **Alan H. Nathan**, Kalamazoo, Mich., V. St. A., *In 11-Stellung durch Sauerstoff substituierte 21-Alkoxyoxalylprogesteronalkalienolate* erhält man durch Rk. von 11α- oder 11β- bzw. 11-Ketoprogesteron mit einem Oxalsäuredialkylester in Ggw. von bis zu ca. 1 Mol einer Alkalibase bei Tempp. zwischen 0° u. dem Kp. des Reaktionsgemisches. — 11α-Oxyprogesteron + Na-Äthylat + Oxalsäurediäthylester → *11α-Oxy-21-äthoxyoxalylprogesteron-Na-enolat*, Zers. ca. 200°; daraus durch alkal. Verseifung u. nach Ansäuern *11α-Oxyprogesteron-21-glyoxalsäure*, amorph. — *11-Ketoprogesteron-21-glyoxalsäure*, F. 212—213°. — *Zwischenprodd.* für die Herst. von *Steroidhormonen*, bes. von *Corticosteron* u. *Dehydrocorticosteron*. (**A. P. 2 683 724** vom 25/2. 1953, ausg. 13/7. 1954.) U. SIERERS. 4809

Upjohn Co., übert. von: **Robert H. Levin, A. Vern McIntosh jr.** und **George B. Spero**, Kalamazoo, Mich., V. St. A., *3-Acyloxy-5.7.9(11)-pregnatrien-20-on-21-acetataddukte* der allg. Formel I (Ac = Carbonsäurerest, bes. mit 1—8 C-Atomen; A = Adduktrest von Maleinsäure oder deren Derivv.) erhält man durch Rk. der entsprechenden 3-Acyloxy-5.7.9(11)-pregnatrien-20-onaddukte mit überschüssigem Bleitetraacetat, bes. bei 50—60° in Ggw. eines organ. Lösungsmittels. — 3β-Acetoxy-5.7.9(11)-pregnatrien-20-onmaleinsäureanhydridaddukt, F. 263,5—264,5°, + Bleitetraacetat u. 98,3%ig. Essigsäure bei 56° → *3β.21-Diacetoxy-5.7.9(11)-pregnatrien-20-onmaleinsäureanhydridaddukt* (II), F. 240—243°; das entsprechende *Maleinsäuredimethylesteraddukt* schm. bei 210—214°. — Aus II erhält man durch Verseifung mit 1,5n NaOH in Dioxan bei 0° das *3β-Acetoxy-21-oxy-5.7.9(11)-pregnatrien-20-onmaleinsäureaddukt*, F. 235—240°; das entsprechende *Malein-*

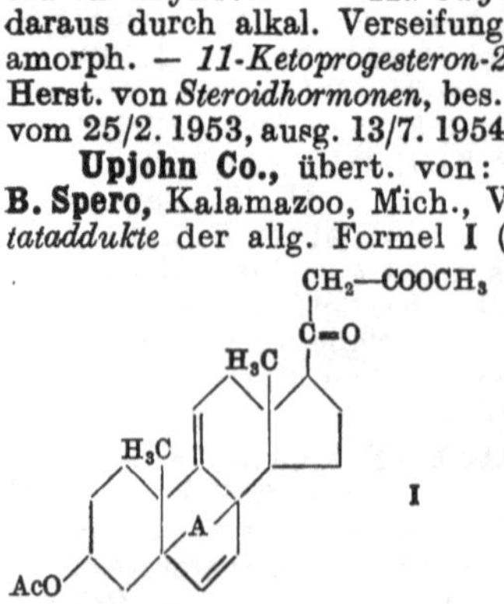

säureanhydridaddukt schm. bei 244—248°. — Zwischenprodd. für die *Synth. von Steroidhormonen.* (**A. P. 2 621 176** vom 22/8. 1950, ausg. 9/12. 1952.) U. SIEVERS. 4809

Upjohn Co., übert. von: **Robert H. Levin, A. Vern McIntosh jr.** und **George B. Spero,** Kalamazoo, Mich., V. St. A., *3.20-Diacyloxy-9(11).17(20)-dioxido-5.7-pregnadienaddukte* der allg. Formel I (Ac = Carbonsäurerest, bes. mit 1—8 C-Atomen; A = Adduktrest der Maleinsäure oder von deren Derivv.) erhält man durch Epoxydation der entsprechenden 3.20-Diacyloxy-5.7.9(11).17(20)-pregnatetraenaddukte mit organ. Persäuren oder H_2O_2 in einem organ. Lösungsm. bei 0—100°. — 3β.20-Diacetoxy-5.7.9(11).17(20)-pregnatetraenmaleinsäuredimethylesteraddukt, F. 116—119° u. 164—168°, + Peressigsäure → *3β.20-Diacetoxy-9(11).17(20)-dioxido-5.7-pregnadienmaleinsäuredimethylesteraddukt,* F. 270—272°, gegebenenfalls Gemisch isomerer Verbindungen. — *3β.20-Diacetoxy-9(11)-17(20)-dioxido-5.7-pregnadienmaleinsäureanhydridaddukt,* F. 239—250°. — *3β-Acetoxy-20-propionoxy-9(11).17(20)-dioxido-5.7-pregnadienmaleinsäuredimethylesteraddukt.* — Zwischenprodd. für die *Synth. von Steroidhormonen.* (**A. P. 2 621 178** vom 23/8. 1950, ausg. 9/12. 1952.) U. SIEVERS. 4809

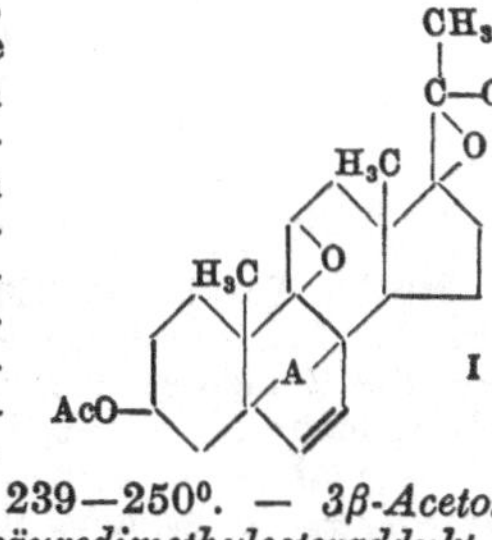

I

Upjohn Co., übert. von: **Robert H. Levin, A. Vern McIntosh jr.** und **George B. Spero,** Kalamazoo, Mich., V. St. A., *17-Brom-9.11-oxidosteroidaddukte* der allg. Formel I (Ac = unsubstituierter Mnocarbonsäurerest mit 1 bis 8 C-Atomen, A = Adduktrest der Maleinsäure, ihres Anhydrids oder ihrer niedermol. Diester) erhält man z. B. durch Rk. von 3β-Acetoxy-9.11-oxido-5.7-pregnadien-20-onmaleinsäureanhydridaddukt mit Bromessigsäure (= 172 mg Br/cm³) zu *3β-Acetoxy-9.11-oxido-17-brom-5.7-pregnadien-20-on*(II)*-maleinsäureanhydridaddukt*(III), F. 193—196°; $[\alpha]_D^{25,5}$ —19,25° (Chlf.); II-*maleinsäuredimethylesteraddukt,* F. 239 bis 240,5°; $[\alpha]_D^{23,8}$ —34,3° (Chlf.). — *3β-Benzoyloxy-9.11-oxido-17-brom-5.7-pregnadien-20-onmaleinsäureanhydridaddukt.* — *3β-Acetoxy-9.11-oxido-5.7.16-pregnatrien-20-onmaleinsäureanhydridaddukt,* F. 267—272°, aus III durch HBr-Abspaltung mit Pyridin. — Zwischenprodd. für die *Synth. von Steroidhormonen.* (**A. P. 2 623 044** vom 22/9. 1950, ausg. 23/12. 1953.) U. SIEVERS. 4809

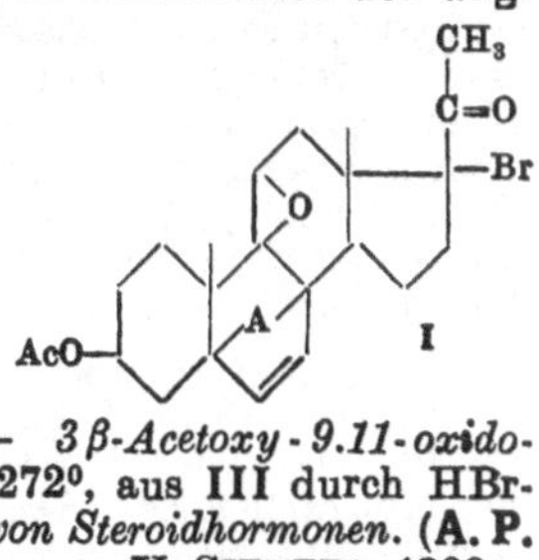

I

Upjohn Co., übert. von: **A. Vern McIntosh jr.** und **Robert H. Levin,** Kalamazoo, Mich., V. St. A., *3-Acyloxy-5.7.9(11)-ätiocholatriensäureaddukte* der allg. Formel I (Ac = Rest einer unsubstituierten Monocarbonsäure mit 1—8 C-Atomen; A = Adduktrest der Maleinsäure oder ihrer Derivv.) erhält man durch Ozonisierung der 20(21)-ständigen Doppelbindung eines entsprechenden 3.20-Diacyloxy-5.7.9(11).20-pregnatetraenadduktes der allg. Formel II (Ac u. A wie vorst.) mit 1—1,25 (Mol) Ozon je 1 Ausgangsverb. bei —80 bis +30° u. reduzierende Spaltung des Ozonids. — 3β.20-Diacetoxy-5.7.9(11).20-pregnatetraenmaleinsäuredimethylesteraddukt + O_3 u. Spaltung mit Zn + Essigsäure → *3β-Acetoxy-5.7.9(11)-ätiocholatriensäuremaleinsäuredimethylesteraddukt,* F. 255—259° (Zers.); $[\alpha]_D^{24}$ +80,6° (Chlf.). — Zwischenprodd. für die *Herst. von Steroidhormonen.* (**A. P. 2 688 615** vom 17/2. 1953, ausg. 7/9. 1954.) U. SIEVERS. 4809

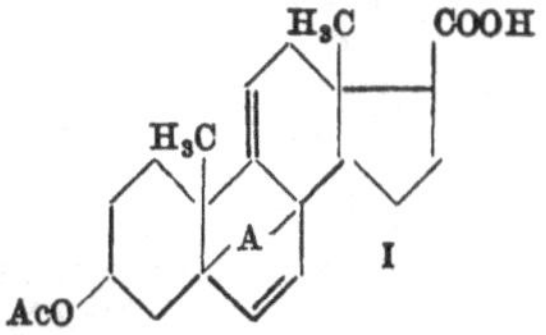

I

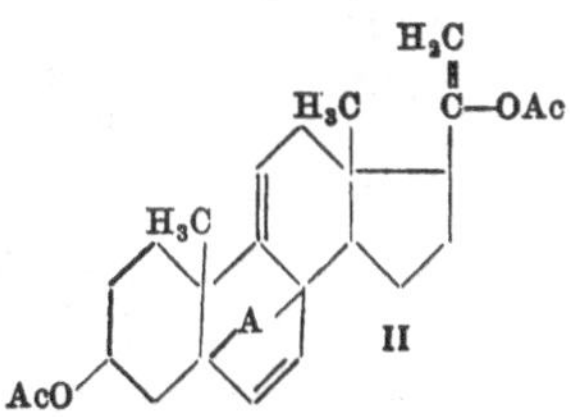

II

Upjohn Co., übert. von: **Robert H. Levin, A. Vern McIntosh jr.** und **George B. Spero,** Kalamazoo, Mich., V. St. A., *4.7.9(11)-Pregnatrien-3.12.20-trion,* hellstrohfarbiges, viscoses Öl, erhält man durch Rk. von 3-Oxy-5.7.9(11)-pregnatrien-12.20-dion mit $Na_2Cr_2O_7 \cdot 2\,H_2O$ in Chlorbenzol u. in Ggw. von W. u. konz. H_2SO_4 unter Rühren u. Eiskühlung. — *Zwischenprod.* für die Herst. von *Steroidhormonen.* (**A. P. 2 681 919** vom 2/1. 1952, ausg. 22/6. 1954.) U. SIEVERS. 4809

Henkel & Cie. G. m. b. H. (Erfinder: **Hermann Lange**), Düsseldorf, *Hypochlorithaltige Reinigungs- und Desinfektionsmittel.* Teilweise entwässertes Na_2CO_3, dem eine verhältnismäßig geringe Menge ganz oder teilweise entwässertes Na_3PO_4 beigemengt ist, wird mit so viel NaOCl-Lsg. versetzt, daß das Na_2CO_3 teils in 1-Hydrat, teils in 7-Hydrat übergeht. Den Mischungen können noch andere Stoffe, wie festes, wasserhaltiges Wasserglas oder Netzmittel, beigemengt werden. (**D. B. P. 847 330** Kl. 30i vom 2/10. 1948, ausg. 21/8. 1952.) J. KETTNER. 4833

California Research Corp., San Francisco, übert. von: **Richard D. Stayner**, Berkeley, Calif., V. St. A., *Quaternäre Ammoniumsalze* mit *germicider* Wrkg. entstehen beim Erhitzen von Alkylbenzylhalogeniden, die eine Alkylgruppe von 8—18 C-Atomen besitzen, mit einem tert. Amin, das höchstens 11 C-Atome besitzt, in Ggw. von W. u. einem Alkalibicarbonat. — *Dodecylbenzyltrimethylammoniumchlorid*, beim Kochen von Dodecylbenzylchlorid mit Trimethylamin, Methanol, W. u. $NaHCO_3$. (**A. P. 2 692 286** vom 29/6. 1953, ausg. 19/10. 1954.) G. LANGER. 4833

Hooker Electrochemical Co., übert. von: **Bruno H. Wojcik**, Niagara Falls, N. Y., V. St. A., *Quaternäre Ammoniumsalze mit Fluormethylgruppen.* Quaternäre Ammoniumsalze, die 2 niedere Alkylgruppen, eine höhere Alkylgruppe mit 9—18 C-Atomen u. einen monocycl. aromat. KW-stoffrest oder die eine höhere Alkylgruppe, einen monocycl. aromat. KW-stoffrest u. einen Morpholiniumrest tragen, wobei Trifluormethylgruppen bes. im aromat. Rest enthalten sind, wirken *baktericid* u. *germicid.* — (*Benzylammoniumchlorid* = I.) — *Decyldimethyl-4-(trifluormethyl)*-I, aus 4-Trifluormethylbenzylchlorid u. Decyldimethylamin. — Analog: *Dodecyldimethyl-4-(trifluormethyl)*-I; *Tetradecyldimethyl-4-(trifluormethyl)*-I; *Hexadecyldimethyl-4-(trifluormethyl)*-I; *Octadecyldimethyl-4-(trifluormethyl)*-I; *Decyldimethyl-3-(trifluormethyl)*-I; *Dodecyldimethyl-3-(trifluormethyl)*-I; *Tetradecyldimethyl-3-(trifluormethyl)*-I; *Hexadecyldimethyl-3-(trifluormethyl)*-I; *Octadecyldimethyl-3-(trifluormethyl)*-I; *Decyldimethyl-3.5-bis-(trifluormethyl)*-I; *Dodecyldimethyl-3.5-bis-(trifluormethyl)*-I; *Tetradecyldimethyl-3.5-bis-(trifluormethyl)*-I; *Hexadecyldimethyl-3.5-bis-(trifluormethyl)*-I; *Octadecyldimethyl-3.5-bis-(trifluormethyl)*-I; *Dodecyldimethyl-4-fluor*-I; *Dodecyl-bis-(β.β.β-trifluoräthyl)*-I; *Difluorcetyldimethyl*-I. — *Dodecyldimethyl-(2-nitro-4-trifluormethyl)-phenylammoniumchlorid.* — *Dodecyldimethylchlor-bis-(trifluormethyl)-phenylammoniumchlorid.* — *Dodecyltrifluormethylbenzylmorpholiniumchlorid.* (**A. P. 2 692 264** vom 2/5. 1950, ausg. 19/10. 1954.) G. LANGER. 4833

August Kettenbach, Wissenbach, Dillkreis, *Herstellung desinfizierender Schmiermittel*, dad. gek., daß Phenole, deren Homologe, wie Kresole oder deren Substitutionsprodd., wie o-Phenylphenol oder p-Chlor-m-kresol, Benzylchlorphenol, in Schmiermitteln, wie Mineralölen, bes. Weißölen, gelöst u. dabei in solchen Mengen bei 60° zugefügt werden, daß ein Auskristallisieren nicht mehr stattfinden kann. — Anwendung in der Medizinpraxis für Apparate u. Instrumente. (**D. B. P. 888 920** Kl. 30i vom 26/10. 1949, ausg. 7/9. 1953.) J. KETTNER. 4833

Knoll Akt.-Ges. Chemische Fabriken (Erfinder: **Helmut Kraft** und **Kurt Kraft**), Ludwigshafen/Rh., *3-(2'-Oxyphenyl)-pyrazol und dessen Substitutionsprodukte* der allg.

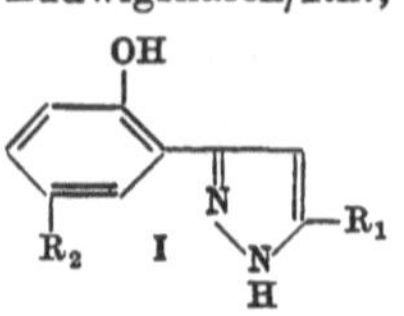

Formel I erhält man durch Rk. von ω-acylierten, im Benzolkern gegebenenfalls halogensubstituierten 2-Oxyacetophenonen mit Semicarbazidhydrochlorid bzw. 25%ig. Hydrazinhydratlsg. (II). R_1 bedeutet H oder einen Alkylrest, R_2 H oder Halogen. — *3-(2'-Oxyphenyl)-pyrazol*, aus 2-Oxy-ω-formylacetophenon u. II; F. 98—99°. — *3-(2'-Oxy-5'-chlorphenyl)-pyrazol*, F. 150—152°. — *3-(2'-Oxy-5'-bromphenyl)-pyrazol*, F. 157—159°. — *3-(2'-Oxy-5'-bromphenyl)-5-methylpyrazol*, F. 158—159°. — *3-(2'-Oxy-5'-chlorphenyl)-5-methylpyrazol*, F. 160—161°. — *3-(2'-Oxyphenyl)-5-methylpyrazol*, F. 133—134°. — *3-(2'-Oxy-5'-bromphenyl)-5-äthylpyrazol*, F. 122°. — *Baktericide* u. *Fungicide.* (**D. B. P. 856 297** Kl. 12p vom 19/11. 1950, ausg. 20/11. 1952.) P. UNGER. 4833

G. Analyse. Laboratorium.

Ralph E. Jentoft und **Rex J. Robinson**, *Feststellung der Zusammensetzung der Mischung von organischem Lösungsmittel und Wasser bei analytischen Fällungen.* Es ist bekannt, daß die Löslichkeit von Salzen bzw. analyt. Fällungen in W. durch Zusatz geeigneter, mit W. mischbarer organ. Lösungsmittel herabgesetzt werden kann. Den geringsten Löslichkeitsverlust der Fällung erhält man bei Verwendung eines bestimmten Mischungsverhältnisses von W. u. organ. Lösungsmittel. Vff. haben ein Verf. ausgearbeitet u. mathemat. begründet, nach dem man dieses Mischungsverhältnis berechnen kann, wenn man empir. ein organ. Lösungsm. festgestellt hat, das die Löslichkeit in W. herabsetzt, u. wenn man eine Löslichkeitskurve der betreffenden Fällung in Gemischen von W. mit ansteigenden Mengen organ. Lösungsm. aufgenommen hat. Aus der graph. Darst. läßt sich dann leicht das geeignete Mischungsverhältnis ermitteln. — Als Beispiel ist die Fällung von Kaliummetaperjodat im W.-CH_3OH-Gemisch angeführt. (Analytic. Chem. **26.** 1156—58. Juli 1954. Washington, Univ., Dep. of Chem. and Oceanograph.) H. Feit. 5050

F. A. Rodrigo, *Messungen an dispergierenden und absorbierenden Lösungen.* Manche Lsgg., deren Absorption gemessen werden soll, wirken in mehr oder minder starkem Maße dispergierend. Der Einfl. dieser Dispersion kann ausgeschaltet werden, wenn die Absorption der Fl. groß im Vgl. zur Dispersion ist. Daher ist es unnötig, eine Lsg. möglichst „opt. leer" zu machen. Die Beziehungen zwischen der Intensität des durchfallenden (rückdispergierten) u. der Intensität des auffallenden Lichtes werden durch Gleichungen ausgedrückt. (Chem. Weekbl. **50.** 234—35. 27/3. 1954.) W. Wesly. 5063

A. A. Shuchowitzki und **N. M. Turkeltaub,** *Adsorptionsspektralanalyse.* Die „Adsorptionsspektralanalyse" ist eine der Varianten der allg. spektralanalyt. Meth. von Zwet. Es werden ihre Grundzüge betrachtet u. ihre wichtigsten Folgerungen in Formeln entwickelt, wobei eine Reihe von Näherungsgraden nacheinander behandelt werden. Hierbei erweist sich die Chromatographie als ein Sonderfall der Adsorptionsspektralanalyse. In der Praxis handelt es sich um die Ausschaltung der Verwaschung der Adsorptionsstreifen, wenn möglich so weit, daß die Streifen zusammengepreßt werden u. das Chromatogramm das Aussehen sehr dünner spektrumähnlicher Streifen annimmt, was u. a. durch Veränderung des Temperaturfeldes möglich wird, wodurch die Trennung Äthan–Propan–Butan (als Beispiel) verwirklicht wird. (Доклады Академии Наук СССР [Ber. Akad. Wiss. UdSSR] [N. S.] **94.** 77—80. 1/1. 1954.) A. v. Wilpert. 5063

E. Lœuille, *Die Emissionsspektralanalyse.* Übersicht über Grundlagen, Anwendung u. Geräte der Spektralanalyse. (Usine nouv. **1954.** Frühjahrs-Sonderheft 151—59.) W. Wesly. 5063

Hubert Wihlm, *Doppelmonochromator für ultraviolettes Licht für biologische Zwecke.* Ausführliche theoret. Berechnung der photometr. u. opt. Eigg. eines Doppelmonochromators für das Gebiet von 2000—5000 Å mit zwei 60°-Prismen aus Rechtsquarz (Seitenlänge 135 mm) in subtraktiver Wadsworth-Montierung mit gekrümmtem Mittelspalt u. einer relativen Öffnung von f/6. Diskussion der günstigsten Betriebsbedingungen. Eingehende experimentelle Unters. des gebauten App., dessen Leistung mit den theoret. Berechnungen gut übereinstimmt. (Rev. Opt. théor. instrument. **33.** 425—54. Sept. 1954. Paris, Inst. d'Opt.) H.-J. Eichhoff. 5063

Robert H. Linnell und **Sadik Umar,** *Reinigung von Cyclohexan für Ultraviolettspektroskopie.* Zur Reinigung von *Cyclohexan* (I) für UV-Spektroskopie füllten Vff. 900 ml techn. I in einen Literkolben mit Rückflußkühler u. aufgesetztem Tropftrichter. Sie erhitzten I u. ließen gleichzeitig 200 ml rauchende H_2SO_4 während 6 Std. zutropfen. Nach dem Abkühlen wurde I von der H_2SO_4 getrennt, mit verd. NaOH-Lsg. gewaschen u. destilliert. Die Absorption von I wurde auf 10% u. weniger zurückgedrängt. (Chemist-Analyst **43.** 90—91. Dez. 1954. Beirut, Lebanon, Amer. Univ., Chem. Dep.) H. Pluskal. 5063

Nils Andreas Sörensen, *Reinigung von Cyclohexan.* Zur Reinigung von Cyclohexan für UV-Spektroskopie wurde das Cyclohexan ca. 3 Std. mit 10% seines Vol. 98%ig. H_2SO_4 + 68%ig. HNO_3 (1 : 1) stark gerührt, dekantiert, 1—2mal mit W. gewaschen u. über wasserfreiem Na_2SO_4 getrocknet. Zur Absorption wurden dann höchstens 5 Liter durch eine mit akt. Tonerde gefüllte Kolonne (2×10 Zoll) filtriert. S u. Nitroverbb. werden quantitativ absorbiert. (Chemist-Analyst **44.** 24. März 1955. Trondheim, Norges Tekn. Högskole, Inst. for Org. Kjemi.) H. Pluskal. 5063

G. Rätze, *Beitrag zur spektralanalytischen Untersuchung von Metallfolien.* Die zu untersuchende Folie oder das dünne Blech wird zu einem Paket bestimmter Dicke zusammengefaltet. Dieses Paket wird in zwei gleiche Proben zerschnitten. Eine Probe wird in Richtung der opt. Achse u. die andere senkrecht dazu in den Elektrodenhalter eingespannt. Als Funkenflächen werden die sich gegenüberstehenden Kanten benutzt. Die „Folienpaket-Elektroden" eignen sich bei verhältnismäßig geringen Materialmengen für qualitative u. quantitative Untersuchungen. (Aluminium **28.** 152. Mai 1952. Grevenbroich, Ndrh.) B. Habbel. 5063

Georg Hass und **Alan P. Bradford,** *Anodisch hergestellte Mehrfachoxydfilme zur Vergrößerung des Reflexionsvermögens von aufgedampftem Aluminium.* Es wird eine Meth. zur Reflexionserhöhung durch Filmpaare von Al_2O_3 u. TiO_2 auf aufgedampften Al-Spiegeln beschrieben. Als oberster Film wurde wegen seines hohen n u. seiner Härte TiO_2 gewählt. Beim Aufdampfen im Hochvakuum wird bei der hohen Temp. ein red., absorbierendes TiO_x niedergeschlagen. Mit TiO_x überzogenes Al wird Anode in einem Elektrolyten von z. B. 3% Ammoniumtartrat. Das TiO_x wird zu nichtabsorbierendem TiO_2 u. ein Teil des Al unter dem TiO_2 zu Al_2O_3 oxydiert. Es wird angegeben, wie Verdampfungen u. anod. Prozeß gewählt werden müssen, damit beide Schichten die geforderte Dicke von $\lambda/4$ haben. R wird so im Sichtbaren um 5% erhöht. Durch abwechselndes Aufdampfen von TiO_2 u. Al kann mit einem einzigen anod. Prozeß eine Mehrfachfilmschicht hergestellt werden. (J. opt. Soc. America **44**. 810—19. Okt. 1954. Fort Belvoir, Va., Engineer Res. and Developm. Labors.) H. LINDBERG. 5063

Hidehiro Gotô und **Tadashi Hirayama**, *Bestimmung von Metallen durch Oxinlösung mit Hilfe der Hochfrequenztitration.* Mit dem von MUSHA (vgl. Sci. Rep. Res. Inst., Tôhoku Univ., Sect. A 3. [1951.] 54) beschriebenen Hochfrequenztitrationsapp. wurden Titrationen von Cu, Al, Zn u. Fe^{3+} in einem Feld von 100 MHz mit Oxin- (8-Oxychinolin-) Lsg. durchgeführt. Die Änderung der Hochfrequenzwelle in dem Potentialstromkreis wurde durch die Bewegung des Mikroamperemeters abgelesen; aus dem Diagramm, Menge der Titrations-Fl., gegen μA, wurde der Äquivalenzpunkt der Lsg. erhalten. Bei der Best. des *Cu* wurde ein befriedigender Endpunkt bei p_H-Werten von 5,5 u. 6,0 (Zusatz von Essigsäure + Natriumacetat als Puffer) u. bei Cu-Mengen von 3,93—15,73 mg in 100 cm^3 erhalten. Bei der Best. des *Al* war der günstigste p_H-Wert 4,6, die Menge Al 2,55—10,22 mg in 100 cm^3. Bei *Zn* waren die entsprechenden Werte p_H 5,8 u. 2,00—10,70 mg u. bei der Best. des *Fe* p_H 3,8 u. 2,0—10,4 mg in 100 cm^3 Gesamtlösung. Die Titrations-Fl. war angenähert 0,02n. (Sci. Rep. Res. Inst. Tôhoku Univ., Ser. A **6**. 224—27. Juni 1954. Sendai, Res. Inst. for Iron, Steel and other Metals.) C. GOTTFRIED. 5066

Hidehiro Goto und **Tadashi Hirayama**, *Hochfrequenztitration einiger Metalle mit Kaliumchlorid- und Kaliumcyanidlösung.* (Vgl. vorst. Ref.) Mit Hilfe des von MUSHA entwickelten Hochfrequenztitrationsapp. wurden Ag u. Hg^{2+} [$AgNO_3$ u. $Hg(NO_3)_2$] mit KCl-Lsg., sowie Ag, Hg^{2+} u. Fe^{2+} ($FeCl_2$) mit KCN-Lsg. titriert. Bei den Titrationen von Ag u. Hg^{2+} mit KCl-Lsg. stimmten die theoret. mit den experimentellen Werten bei p_H 5,4—5,8 für Ag u. bei p_H 5,4—6,0 für Hg^{2+} überein. Die Best. des Ag kann in 0,1—0,01n Lsgg., die des Hg^{2+} ebenfalls in 0,1—0,01n Lsgg. durchgeführt werden. Bei der Titration von Ag u. Hg^{2+} mit KCN-Lsgg. stimmen berechnete u. experimentelle Werte am besten bei p_H 5,4—5,8 für Ag u. 5,2—6,6 für Hg^{2+} überein. Günstigste Konzz. für beide Salze sind 0,1—0,01n. Bei der Titration von Fe^{2+} muß zur Verhinderung der Bldg. von $Fe(OH)_3$ ein Puffer aus Citronensäure + Natriumcitrat zugegeben werden, was zu einem p_H-Wert von 4,2—4,6 führt. Günstigste Konzz. waren 0,1—0,01nFe. (Sci. Rep. Res. Inst. Tôhoku Univ., Ser. A **6**. 228—32. Juni 1954.) C. GOTTFRIED. 5066

—, *Einige neue Reagentien in der analytischen Chemie.* Die Verwendung von REINECKE-Salz, *Dicyclohexyl-Thallium, Alizarinblau, 1.2.3-Benzotriazol, Benzilsäure, Tetraphenylbor-Na, 2-(o-Oxyphenyl)-benzoxazol, 2-(o-Oxyphenyl)-benzimidazol, Nitroso-2-fluorenylhydroxylamin, N-Benzoylhydroxylamin, Tetraphenylphosphonium-* u. *-stiboniumchlorid* u. *4-Chlor-4'-aminodiphenyl* als Reagentien in der analyt. Chemie wird besprochen. — 25 Literaturangaben. (Chem. Age **72**. 163—68. 8/1. 1955.) PH. FRESENIUS. 5072

H. Flaschka, *Thioacetamid in der analytischen Chemie. Thioacetamid* (**I**), $CH_3 \cdot CSNH_2 \rightleftharpoons CH_3C(SH){=}NH$, hydrolysiert in saurer u. alkal. Lsg. unter Bldg. von H_2S bzw. S^{2-}. Vf. beschreibt die Anwendung von I in der qualitativen u. quantitativen Analyse. Die Sulfide der H_2S-Gruppe können aus 0,3n HCl-Lsg. durch 5 Tropfen 5%ig. I-Lsg./ml gefällt werden, die Sulfide der $(NH_4)_2S$-Gruppe durch Zugabe von 3—4 Tropfen konz. NH_3/ml zum sd. Filtrat u. gutes Vermischen. Die Sulfide fallen besser kristallin als mit H_2S. Die Geschwindigkeit der Fällung ist abhängig von der Zus. der Lsg. u. von der Temperatur. Pb fällt sofort, Zn langsamer. Deshalb kann man Pb durch Zugabe eines Überschusses von konz. NH_3 u. einiger Tropfen I-Lsg. durch sein früheres Ausfallen neben Zn nachweisen. I bildet mit vielen Metallen quantitative krist. Ndd., auch in Ggw. von komplexbildenden Stoffen, wie Äthylendiamintetraessigsäure (EDTA). Vf. gibt quantitative Angaben für die Fällung von Hg, Cu, Bi, Cd, Pb, As^{III}, As^{V}, Sb^{III}, Sb^{V}, Sn u. Ge u. beschreibt das Verh. dieser u. einiger anderer Elemente bei Ggw. von EDTA. (Chemist-Analyst **44**. 2—7. März 1955. Graz, Univ., Inst. for Med. Chem.) H. PLUSKAL. 5072

C. Capitani und **E. Milani**, *Methode zur Bestimmung des Feuchtigkeitsgehaltes in Gasen mit dem Karl-Fischer-Reagens.* Vff. haben ein rasches, genaues u. empfindliches Verf. zur Best. des Feuchtigkeitsgeh. in Gasen, bes. in *Acetylen*, entwickelt. Die Meth. beruht auf der Behandlung des zu untersuchenden Gases mit KARL-FISCHER-Lsg. (I) u. anschließender visueller Titration mit I oder Titration nach der dead-stop-Methode. Abb. u. Beschreibung der Bestimmungsapparatur. — Ausführung: Das zu untersuchende Gas wird über ein Ölmanometer u. einen Dreiweghahn in das mit I gefüllte 10-Kugelrohr (A) geleitet. Über ein Peligotrohr u. eine Waschflasche, die beide mit I beschickt sind, tritt es in eine mit W. gefüllte geeichte 15-Liter-MARIOTTE-Flasche ein. Sobald in der vorletzten Kugel sich I zu entfärben beginnt, wird der Gasstrom unterbrochen u. die angewandte Gasmenge registriert. Anschließend wird der Inhalt von A, das mit dem Titriergefäß verbunden ist, in dieses abgelassen u. aus der automat. Bürette mit I bis zur bleibenden Braunfärbung titriert. Bei der Titration wird ein Magnetrührer benutzt. (Chim. e Ind. [Milano] **36.** 177—83. März 1954. Novara, Soc. Rhodiatoce, Labor. Ricerche „Acetilene e Derivati“.) G. PLATZER. 5086

a) Elemente und anorganische Verbindungen.

A. Ss. Schwetz, *Schnellverfahren zur Jodidbestimmung in jodiertem Kochsalz.* Es wird das Verf. von KOGAN vervollkommnet: Jodid wird in schwach alkal. Medium in der Kälte mit Bromwasser zu Jodat oxydiert, der Br-Überschuß in saurem Medium durch Phenolzusatz entfernt u. das ausgeschiedene J titriert: 100 g einer mittleren Probe werden in 500 ml dest. W. gelöst, filtriert, 100 ml davon mit 4 ml 0,1n Alkali (NaOH, KOH) u. 1 ml gesätt. Bromwasser, sowie nach sorgfältigem Mischen mit 1 ml nHCl versetzt, vermischt, 5—10 Tropfen 5%ig. Phenollsg., 1 ml Phosphorsäurelsg. (D. 1,6 bis 1,7, um Fe^{3+} zu binden), 4 ml 5%ig. KJ-Lsg. zugegeben; nach 3 Min. Stehen im Dunkeln wird mit $Na_2S_2O_3$-Lsg. u. Stärke zurücktitriert. (Гигиена и Санитария [Hyg. u. Sanitätswes.] **1954.** Nr. 7. 41—43. Juli 1954. Tschernowitz, Med. Inst., Lehrstuhl für allg. Chem.) A. V. WILPERT. G 249

Joaquín de Yebra und **José M.ª Mensa Rich,** *Die Analyse von Gemischen aus Graphit und amorpher Kohle.* Nach Überblick über die verschied. chem. Trennungsverff. von Diamant, *Graphit* (I) u. *amorpher Kohle* (II) werden Verss. über die Angreifbarkeit von I u. II durch konz. H_2SO_4 mitgeteilt u. empfohlen: 1 g feingepulverte Mischung mit 30 g konz. H_2SO_4 + 2—3 g K_2SO_4 in einem KJELDAHL-Kolben 2½—3 Std. zum Sieden zu erhitzen u. nach Abkühlung mit 150 cm³ W. zu verdünnen. Der mit warmem W. säurefrei gewaschene Rückstand wird 2 Std. bei 105° getrocknet, gewogen, verascht u. wieder gewogen. Die Gewichtsdifferenz gibt den I-Geh. mit 0,03—0,5% Fehler an Proben von Ceylon-I in Mischung mit verschied. natürlichen Kohlen u. Ruß. Retortenkohle aus einer Gasfabrik erwies sich nicht mehr als reine II, sondern hinterließ bei der Behandlung einen I-Rückstand. (Afinidad [3] **27.** 488—93. Sept./Okt. 1950. Barcelona, Diput. prov., Labor. gener. Ensay. Anal., Secc. Quím.) W. METZENER. G 260

J. H. Karchmer und **Marjorie T. Walker,** *Verwendung empirisch ermittelter Korrektionsfaktoren. Polarographische Bestimmung von freiem Cyanid in Gegenwart von Sulfiden.* Vff. beschreiben ein Verf. zur polarograph. Best. von Cyanid neben Sulfiden, indem letztere vor Aufnahme des Polarogrammes durch potentiometr. kontrollierte Fällung mit etwas weniger als dem stöchiometr. Bedarf an $AgNO_3$ bis auf einen kleinen Rest aus der Lsg. entfernt werden. Durch Adsorption am gefällten Ag_2S tritt ein Verlust an CN-Ionen ein, der proportional der Ag_2S-Menge u. der CN-Konz. ist u. durch empir. zu ermittelnde Korrekturfaktoren berücksichtigt werden kann. Das p_H der Lsg. ist durch H_3BO_3 auf 10,8 einzustellen. Thiosulfat in einer Konz. von $< 5{,}0 \cdot 10^{-4}$ mol. sowie komplexe Schwermetallcyanide stören die Best. nicht. (Analytic. Chem. **27.** 37—41. Jan. 1955. Baytown, Tex., Humble Oil and Refining Co.) E. MOISAR. G 260

E. P. Parry und **A. L. McClelland,** *Beständige Farbstandarde zur Bestimmung von Phosphat durch die Molybdänblaumethode.* Da die für die colorimetr. Best. des P verwendete Farbe des Molybdänblaus nur ca. 15 Min. konstant ist, verwenden Vff. als Vergleichslsgg. Mischungen von $CuSO_4$ + Bromphenolblau in einem Acetatpuffer vom p_H 4,53, deren Farben durch geringe p_H-Änderungen denen bekannter Molybdänblauproben angeglichen wurden. Diese Vergleichslsgg. sind mehrere Wochen haltbar. Mit ihrer Hilfe können Phosphatproben bis zu ±5 p.p.b. (Teile je 10^9) bestimmt werden. (Analytic. Chem. **27.** 140—41. Jan. 1955. Storrs, Conn., Univ. of Connecticut, Dep. of Chem.) H. PLUSKAL. G 264

Henri Shehyn, *Bestimmung von „organischer Soda“ in Aluminatlösungen durch eine Ionenaustauschmethode.* Aluminatlsgg. des BAYER-Prozesses enthalten kleine Mengen organ. Säuren aus dem Humusgeh. des Bauxits. Die Gesamtmenge des an diese Säuren gebundenen Na, berechnet als Na_2CO_3, wird als „organ. Soda“ bezeichnet. Vf. gibt eine schnelle u. genaue Meth. zur Best. an: Ein gemessener Teil der Aluminatlsg. wird auf das 20fache verd., auf 80° erhitzt u. daraus durch 20 Min. Einleiten von CO_2 das Al gefällt. Man filtriert unter leichtem Saugen durch ein mit 2n NaOH vorgereinigtes Filter, wäscht mit heißem W., bringt den Nd. in das Fällungsgefäß zurück, löst in NaOH u. wiederholt die Fällung. F^- u. PO_4^{3-} bleiben beim Nd., Cl^- u. SO_4^{2-} finden sich quantitativ im ersten Filtrat. Beide Filtrate werden getrennt weiter verarbeitet: Man engt auf 30—40 ml ein u. bringt sie je auf eine mit W. gefüllte Kationenaustauschersäule (Amberlite IR-120 in H^+-Form) von 330 mm Länge. Wenn die erste lebhafte CO_2-Entw. vorbei ist, verdrängt man das W. der Säule durch die Lsg. u. läßt diese 5 Min. in Berührung mit dem Harz stehen. Das Aufsteigen von Gasblasen wird durch Schütteln der Säule befördert. Man läßt anschließend ganz durchfließen, wäscht mit 8mal 25 ml W., verkocht im Eluat das CO_2 am Rückflußkühler u. titriert die Summe der Säuren mit NaOH gegen Phenolphthalein. In aliquoten Teilen des ersten Eluats bestimmt man H_2SO_4 u. HCl gravimetr., zieht den Geh. von der Summe der Säuren ab u. rechnet den restlichen Verbrauch an NaOH auf Na_2CO_3 um. (Analytic. Chem. **27**. 61—62. Jan. 1955. Arvida, Quebec, Can., Aluminium Labor. Ltd.) F. UMLAND. G 274

Harold M. Manasevit, *Verwendung von Borfluorwasserstoffsäure zur direkten Bestimmung von Kalium.* Zur Best. von K (20—250 mg) neben Na (bis 500 mg) schlägt Vf. $H_3[BF_6]$ als Reagens vor (0,5 g NaCl + 40 ml W. + 250 ml $H_3[BF_6]$ + 500 ml 95%ig. A. + 500 ml Methanol, filtriert). Vf. fällt bei 3° u. filtriert nach 1std. Stehen bei 3°, wobei er unter ständiger Eiskühlung zuerst dekantiert u. mit einer Methanol–A.-Mischung den Nd. in den Tiegel spült u. wäscht. Nach 30 Min. Trocknen bei 105—110° wird gewogen, Faktor 0,3105. Bei höheren Na-Gehh. als 0,5 g muß bis zur Gewichtskonstanz erneut mit Methanol-A. gewaschen werden. Der Fehler beträgt $<1\%$. NH_4, Ba, SO_4 stören. Cu(II), Zn, Cd, Co, Ni, Mn(II), Fe, Al, Cr, Ca, Li, Mg stören nicht, nur dürfen Al u. Ca nicht gleichzeitig vorhanden sein. (Analytic. Chem. **27**. 81—83. Jan. 1955. Chicago, Ill., Inst. of Technol.) H. PLUSKAL. G 275

G. R. Tilton, L. T. Aldrich und **M. G. Inghram,** *Massenspektrometrische Bestimmung von Thorium.* Zur Best. des Th-Geh. verschied. Mineralien wurde die Isotopenverdünnungsmeth. benutzt. Aus einem U-Erz mit verschwindendem Geh. an „n." Th wurde durch chem. Abtrennung des Th eine Th-Lsg. mit der verschobenen isotop. Zus. $^{230}Th/^{232}Th = 3{,}858 \pm 0{,}011$ gewonnen, die als Standardlsg. diente. Aus dem massenspektrometr. bestimmten Wert des Verhältnisses $^{230}Th/^{232}Th$ in Gemischen dieser Standardlsg. mit Lsgg. unbekannter Proben ließ sich der Th-Geh. in der Probe ermitteln. Die Meth., die an verschied. Mineralien ausprobiert wurde, erlaubt die genaue Best. des Th-Geh. in Mengen von μg u. Bruchteilen davon. Die Empfindlichkeit übertrifft die der radiometr. Best. erheblich. (Analytic. Chem. **26**. 894—98. 19/5. 1954. Washington, D. C., Carnegie Inst. of Washington, Dep. of Terrestrial Magnetism; Chicago, Ill., Univ. of Chicago, u. Argonne Nat. Labor.) R. CONRAD. G 324

M. Allison, R. W. Moore, A. E. Richardson, D. T. Peterson und **A. F. Voigt,** *Bestimmung des Mesothoriumgehaltes von Thoriumnitrat.* An Stelle der langwierigen direkten Best. des Geh. an MsTh in Th ermitteln Vff. diesen Geh. indirekt durch Extraktion u. Best. der kurzlebigen Tochtersubstanz des MsTh, des ^{228}Ac. Die wss., oder HNO_3-haltige Lsg. der Substanz wird mit BF_4^-, La^{3+} u. Pb^{2+} versetzt u. bis zur beginnenden $Th(OH)_4$-Fällung NaOH zugegeben; dann wird Th mit einer Lsg. von Thenoyltrifluoraceton (I) in Bzl. ausgeschüttelt. Aus der Th-freien wss. Lsg. der Tochtersubstanzen wird Zn mit einer Hg-Kathode entfernt u. das p_H 6,1 eingestellt. Ac, La u. Pb werden mit einer Lsg. von I ausgeschüttelt u. aus dieser Lsg. Ac, La u. Pb mit 0,1n HNO_3 wieder extrahiert. Aus dieser Lsg. wird Pb mit H_2S gefällt; Ac u. La werden als Oxalate gefällt u. die Aktivität des Nd. über 12 Std. gegen die Zeit aufgetragen; der Geh. an ^{228}Ra ergibt sich dann aus der Extrapolation der Zerfallskurve auf den Zeitpunkt der Abtrennung vom Th. (Nucleonics **12**. Nr. 5. 32—34. Mai 1954. Ames, Io., Iowa State Coll., Inst. for Atom. Res., u. Dep. of Chem.) MAX SCHMIDT. G 324

Michael Lederer, *Die Trennung von Lanthan und Actinium durch kontinuierliche Papierelektrophorese.* Die papierelektrophoret. Trennung von La u. Ac, sowie von *Y*-La u. *Nd–Pr* aus 1%ig. citronensaurer Lsg. wurde untersucht unter Verwendung einer von DURRUM (C. **1952**. 3614) angegebenen Anordnung, bei der sich die Elektroden nur am unteren Ende des Papiers befinden (Einzelheiten vgl. Original). Bei einem Potential von 300 V erhielt man im Falle des La–Ac eine befriedigende Trennung (Nachw. des Ac durch seine β-Aktivität). — Sichtbarmachung der Bahnen auf dem Papierblatt mit 8-Oxychinolin unter UV-Licht ergab noch eine geringe Überlappung der Bahnen bei La–Ac, aber eine vollständige Trennung bei Y–La u. Nd–Pr. Der Zeitaufwand zur Trennung von 30 mg eines Seltene-Erden-Gemisches beträgt bei einem Elektrolytfluß (1%ig. Citronensäure) von ca. 100 ml pro Tag ca. 5 Tage u. ist damit durchaus — bei geringerem Materialverbrauch — mit anderen Trennungsmethoden, wie Ionenaustauschchromatographie oder fraktionierter Kristallisation, vergleichbar. (Analytica chim. Acta [Amsterdam] **11**. 145—48. Aug. 1954. Paris, Inst. du Radium.) F. UMLAND. G 338

E. E. Byrn und **J. H. Robertson,** *Die Bestimmung von Nickel mit Dimethylglyoxim bei Gegenwart von Eisen und Kobalt.* Bei gleichzeitiger Ggw. von Fe(III) u. Co fällt selbst in Ggw. von Tartrat ein Fe–Co-Dimethylglyoximat (I), das die gravimetr. Best. von Ni mit Dimethylglyoxim empfindlich stört. Vff. finden, daß N.N-Bis-[β-oxyäthyl]-glycin (II) mit dem Fe(III) ein Chelat bildet u. so die Fällung von I verhindert.

Auf die Red. des Fe zum Fe(II) kann dann verzichtet werden. Auf die Best. des Ni hat der Zusatz von II nur bei Ggw. sehr großer Mengen einen ungünstigen Einfl., der sich leicht durch Zugabe von $ZnCl_2$-Lsg. beseitigen läßt. (Analytica chim. Acta [Amsterdam] 12. 34—37. Jan. 1955. Knoxville, Tenn., Univ. of Tennessee, Dep. of Chem.) F. UMLAND. G 356

Walter D. Nordling, *Bestimmung von Silber in gereinigtem Wismut.* Zur Best. geringer Mengen Ag (0,1—0,01%) in gereinigtem Bi löste Vf. 15 g Bi in 100 ml HNO_3 (3:7), kochte zum Vertreiben der Stickoxyde, fügte 30 g Di-Na-Äthylendiamintetraacetat hinzu u. erhitzte nötigenfalls bis zum vollständigen Auflösen. Nach dem Abkühlen wurden 30 ml konz. NH_3 zugesetzt, filtriert, auf 300 ml mit W. verd. u. in der alkal. Lsg. durch 10 ml Benzotriazollsg. (2,50 g in 30 ml konz. NH_3 auf 100 ml mit W. verd.) das Ag gefällt. Nach 30 Min. Digerieren bei 80° wurde heiß filtriert, 5—6 mal mit heißem W. gewaschen u. 1—2 Std. bei 100° getrocknet. Faktor für Ag 0,4774; Genauigkeit $\pm$0,01% Ag. (Chemist-Analyst 44. 24. März 1955. Providence, Rhode Island, Grinnell Corp.) H. PLUSKAL. G 359

A. M. Amin, *Mikrovolumetrische Bestimmung von Silber und Kupfer in Münzen.* Zur quantitativen Mikrobest. von Ag u. Cu in Münzen löste Vf. 4—5 mg in 1 ml konz. HNO_3 + 5 ml W., dampfte ein u. löste den Rückstand in genau 25 ml Wasser. Zur Best. des Cu wurden genau 5 ml dieser Lsg. tropfenweise bis zur Auflösung des zuerst entstandenen Nd. mit Pufferlsg. (13,5 g NH_4Cl + W. + 88 ml konz. NH_3 in 250 ml W.) versetzt u. bis zu einer NH_3-Konz. von 0,1—0,01 mol. mit W. verdünnt. Nach Zugabe von 0,2—0,4 mg Murexidindicatorpulver (1 Teil Indicator mit 400 Teilen NaCl vermischt) konnte die gelbe Lsg. sehr langsam mit EDTA-Lsg. (3,722 g Di-Na-Äthylendiamintetraacetatdihydrat/Liter) bis zum Umschlag nach Purpurrot titriert werden. Zur Ag-Best. werden 4 mg festes $K_2Ni(CN)_4$ zu der titrierten Lsg. zugesetzt. Das durch Ag^+ in Freiheit gesetzte Ni^{2+} kann nun in gleicher Weise mit EDTA-Lsg. titriert werden. 1 ml EDTA-Lsg. = 653,7 μg Cu oder 2157,6 μg Ag. Maximaler Fehler ca. 1%. (Chemist-Analyst 44. 17—19. März 1955. Giza, Egypt., Univ. of Cairo, Chem. Dep.) H. PLUSKAL. G 359

Jorma Kinnunen und **Bengt Merikanto,** *EDTA-Titration von Palladium und Gold bei Gegenwart von Platin.* Au u. Pd können Ni aus $K_2Ni(CN)_4$ in Freiheit setzen. Zu ihrer Best. — allein oder als Summe — wurde eine gegen Bromkresolgrün neutralisierte, Pt-haltige Lsg. (bis zu 30 mg Pd) mit 5 ml 0,1n HCl u. 10 ml 2,5%ig. $K_2Ni(CN)_4$-Lsg. vermischt u. nach Zugabe von 5—10 ml Pufferlsg. (350 ml konz. NH_3 + 54 g NH_4Cl/Liter) in einem Überschuß von 0,01n EDTA-Lsg. (3,721 g Di-Na-Äthylendiamintetraacetatdihydrat/Liter) gegossen. Nach 15 Min. konnte der Überschuß an EDTA-Lsg. nach Zugabe von 0,1 g Ascorbinsäure u. einigen Tropfen Eriochromschwarz T-Indicatorlsg. (1 g/25 ml A.) mit 0,01 mol. $MnSO_4$-Lsg. bis zum Umschlag nach Rot zurücktitriert werden. Mit 0,01 mol. EDTA-Lsg. wurde wieder die blaue Farbe des Indicators erzeugt. Bei Ggw. von Au wurde dieses in Königswasser gelöst u. nach dem Verdünnen u. nach Zugabe von 10% konz. HCl durch 3—4 malige Ae.-Extraktion abgetrennt. Nach Zusatz von je 2 ml konz. HCl u. HNO_3 u. 10 ml W. wurde der Ae. auf dem Wasserbad abgedampft u. die Lsg. zur Analyse verwendet. Bei 14—78% Pd oder Au beträgt der Fehler ca. 0,2%. Ein einfaches aber weniger genaues Verf. beruht auf der Bldg. eines Pd-EDTA-Komplexes in saurer Lsg., der eine direkte Titration des Pd, auch neben Pt, gestattet. Die saure, Cl-freie Lsg. wird mit einem Überschuß an 0,01n EDTA-Lsg. versetzt u. verdünnt. Nach Zugabe von 5 Tropfen 0,1%ig. *Brenzcatechinsulfophthalein*-Lsg. wird nun zuerst verd. NH_3 bis zum Umschlag des Indicators nach Violett u. anschließend HNO_3 (1:1) + 2 Tropfen Überschuß bis zum Umschlag nach Gelb zugefügt. Dann kann mit 0,01 mol. $Bi(NO_3)_3$-Lsg. bis zum Umschlag nach Violett u. mit 0,01n EDTA-Lsg. bis zum Umschlag nach Gelb titriert werden. 1 ml EDTA-Lsg. entspricht 1,062 mg Pd bzw. 1,972 mg Au. (Chemist-Analyst 44. 11—12. März 1955. Pori, Finland, Outokumpu Oy, Metalworks.) H. PLUSKAL. G 365

P. R. Barnett, W. P. Huleatt, L. F. Rader und **A. T. Myers,** *Spektrographische Bestimmung von Verunreinigung von Gesteinsproben nach Zerkleinern mit Tonerdekeramik.* Es wird festgestellt, daß die Verunreinigung von Gesteinsproben bei der Verwendung keram. M. zu vernachlässigen ist im Gegensatz zu der Verwendung von Stahlgeräten. (Amer. J. Sci. 253. 121—24. Febr. 1955. Denver, Colo., U. S. Geolog. Survey.) J.-E. HILLER. 5290

b) Organische Verbindungen.

Angel Marín Górriz und **Domingo Martín García,** *Potentiometrische Bestimmung der Verseifungszahlen. Methode mit Zehntelgrammen ohne Kontrollprobe.* Die App. besteht aus einem Elektronenvoltmeter, das die EMK. einer Glaselektrode u. eines Halbelements aus gesätt. Kalomel mißt, die in die zu messende Lsg. (20°) eintauchen. Man wägt genau 0,1—0,5 g des Öles in einen Erlenmeyer-Kolben ein, gibt 5 cm³ alkoh. KOH (nach Association Official Agricultural Chemists; CO_2-frei aufbewahrt) zu, kocht ½ Std. am Wasserbad, Rückfluß, läßt erkalten, spült aus dem Kolben in das Meßgefäß u. titriert potentiometr. mit 0,5 n HCl. Nach Durchlaufen des 1. Äquivalenzpunktes gibt man 4 cm³ Bzl. zu u. geht bis zum 2. Punkt. Der 1. entspricht der Neutralisation des KOH-Überschusses, der 2. der völligen Freimachung der Fettsäuren. Genauigkeit mindestens 0,5%. (An. Real Soc. españ. Física Quím., Ser. B **48**. 385—87. Mai 1952. Madrid, Inst. „Leonardo Torres Quevedo".) J. Altpeter. 5358

Felix Fritz, *Einfaches Schnellverfahren zur Bestimmung der Bromzahl mittels Bromdampfes.* Gewogene Filtrierpapierstreifen werden mit dem zu untersuchenden Öl betupft, $^1/_2$—$^3/_4$ Std. lang in ein mit Br_2-Dampf gefülltes Becherglas gehängt u. nach $^1/_4$std. Trocknen bei 40° die Gewichtszunahme bestimmt. Dickfl. Öle verd. man mit etwas Äther. (Dtsch. Farben-Z. **8**. 94. März 1954. Eltville.) K. Steiner. 5360

Irene Mary McAlpine und **Patrick Augustine Ongley**, *Bestimmung von aktiven Wasserstoffatomen.* Vff. bestimmten akt. H-Atome von 78 Verbb. (Tabelle) nach Zerewitinoff bei verschied. Tempp. (20, 50—60, 100, 170°) u. in verschied. Lösungsmitteln. Der Einfl. des Lösungsm. kann bei lösl. Stoffen vernachlässigt werden. Die Temp. spielt dagegen oft eine wesentliche Rolle (bessere Auflösung, Befreiung eingeschlossener Gase). Die Aktivität der H-Atome akt. Methylengruppen ist stark von der Umgebung abhängig. (Analytic. Chem. **27**. 55—58. Jan. 1955. Glasgow, Scotland, Univ. of Glasgow.) H. Pluskal. 5364

G. R. A. Johnson und **G. Scholes**, *Mikrobestimmung von Acetaldehyd als sein 2.4-Dinitrophenylhydrazon.* Zu 20 ml einer 5—35 γ Acetaldehyd enthaltenden wss. Lsg. gibt man 5 ml 2.4-Dinitrophenylhydrazinreagenslsg. (0,25 g gelöst in 100 ml 30%ig. $HClO_4$), läßt 30 Min. stehen u. extrahiert mit 20 ml CCl_4. Man schüttelt die wss. Schicht ein 2. Mal mit 5 ml CCl_4 aus, vereinigt beide CCl_4-Extrakte, versetzt mit 2 ml 0,1n alkoh. NaOH, füllt mit A. auf genau 50 ml auf u. mißt 10 Min. nach Zugabe des Alkalis die opt. D. der Lösung. Nach Abzug eines Blindwertes kann man den Geh. an Acetaldehyd aus einer Eichkurve ablesen. Die beschriebene Meth. ist nicht spezif. für Acetalhehyd, sondern ist auch für die Best. anderer Carbonylverbb. geeignet. Brenztraubensäure stört die Best. von Acetaldehyd nicht, da ihr 2.4-Dinitrophenylhydrazon durch Extraktion mit wss. Na_2CO_3-Lsg. entfernt werden kann. (Analyst **79**. 217—19. April 1954. Newcastle-upon-Tyne, Univ. of Durham, King's Coll.) A. M. Fretzdorff. G 660

Otto Alcides Ohlweiler und **Jorge Oliveira Meditsch**, *Bestimmung von Tartrat in Kupfercyanidbädern.* Zur Best. von Tartrat in $Cu(CN)_2$-Bädern wurde das CN^- nach Neutralisieren gegen Phenolphthalein durch tropfenweise Zugabe von 10%ig. $AgNO_3$-Lsg. bis zum Grauwerden des Nd. gefällt u. nach Auffüllen auf 250 ml mit W. filtriert. 50 ml des Filtrats wurden dann nach Zugabe von 5 ml 20%ig. H_2SO_4, 5 g $MnSO_4$ u. 100 ml W. auf 70° erhitzt, unter Rühren mit genau 20 ml 0,1n $KMnO_4$-Lsg. versetzt u. nach 5 Min. Stehen unter fließendem W. abgekühlt. Das überschüssige MnO_4^- konnte dann nach Zugabe von 2 g KJ u. 2 ml 1%ig. Stärkelsg. mit 0,1n $Na_2S_2O_3$-Lsg. zurücktitriert werden. (Chemist-Analyst **44**. 19—20. März 1955. P. Alegre, Brazil, Escola de Engenharia.) H. Pluskal. G 850

Luisa Nebbia und **Franco Guerrieri**, *Bestimmung von Monomethylamin in Gemischen von Methylaminen.* (Vgl. C. **1955**. 9160.) Auf Grund der Tatsache, daß das Ni-Dithiocarbamat des *Monomethylamins* (I) im Gegensatz zu dem des *Dimethylamins* (II) in alkal. Lsg. völlig lösl. ist u. nur in neutraler Lsg. quantitativ gefällt wird, läßt sich I neben II, sowie Trimethylamin u. NH_3, bestimmen, indem man zuerst in alkal. Lsg. II, dann in neutraler Lsg. I fällt. Man versetzt mit Ae. + CS_2 (1:1), festem KCl u. Überschuß an n. oder 10%ig. NaOH, schüttelt 10 Min., gibt nochmals Ae. zu, sammelt CS_2 durch Schütteln, trennt die untere Schicht ab, wäscht die äther. Lsg. 3—4 mal mit W., setzt der gesammelten wss. Schicht n/20 Äthylendiaminlsg. u. (in 10—20% Überschuß bzgl. II) $[Ni(C_2H_8N_2)_3]SO_4$ zu, dann tropfenweise konz. NH_4Cl-Lsg. bis zu p_H 8—9, schüttelt, füllt mit kaltem W. auf u. läßt 5—10 Min. stehen. Nach Filtration wird ein aliquoter Teil im Scheidetrichter mit Ae. u. Überschuß an n/2 $NiSO_4$-Lsg. geschüttelt, p_H kontrolliert u. mit 30%ig. Essigsäure neutralisiert; das quantitativ ausgeschiedene Ni-Dithiocarbamat des I bleibt im Ae. gelöst. Die äther. Schicht wird gewaschen u. mit wenig dest. W. + 5 cm³ konz. NH_4OH je 100 cm³ Fl., dann mit Überschuß an n/100 oder n/10 Komplexon III-Lsg. (Di-Na-Salz) u. einigen Tropfen Murexidindicator versetzt; nach Schütteln wird mit titrierter $NiSO_4$-Lsg. zurücktitriert. Man kann so I in Mengen von 1 mg neben 1 g II u. 0,6—0,7 g NH_3 in 1 Std. bestimmen. Das tert. Amin stört nicht. (Chim. e Ind. [Milano] **37**. 198—200. März 1955. Novara, Montecatini, Ist. di Ric. G. Donegani.) R. K. Müller. G 910

T. H. J. Huisman und **P. C. van der Schaaf,** *Eine neue quantitative, chromatographische Bestimmung der verschiedenen Aminosäuren in Eiweißhydrolysaten nach den Grundzügen der Gradienten–Elutions-Analyse.* Zur chromatograph. Trennung eines Aminosäuregemisches dient ein sulfoniertes Polystyrolharz. Eine Säule von 0,9× 150 cm genügt zur völligen Trennung fast aller Aminosäuren. Zum Eluieren dient eine Pufferlsg. mit stetig zunehmendem p_H u. stetig zunehmender Konzentration. Arbeitsweise, Geräte u. Ergebnisse werden im einzelnen wiedergegeben. (Chem. Weekbl. **51.** 2—6. 1/1. 1955. Groningen, Rijksuniv., Labor. voor Kindergeneeskunde.) W. WESLY. G 950

E. C. Barton-Wright, *Zur mikrobiologischen Bestimmung von Aminosäuren.* Vortrag über einige method. Fragen der Best. von *Aminosäuren* (I) durch Bakterien: Analogie zur mikrobiol. Vitaminbest., Verwendung von Milchsäurebakterien als Testorganismen (*Lactobacillus arabinosus 17/5, Leuconostoc mesenteroides P 60* u. *Streptococcus faecalis R* zur Best. von ca. 16 I), Zus. der Testmedien, die Verwendbarkeit von I-Racematen sowie von Eiweiß- u. Peptonhydrolysaten, bei denen einzelne I entfernt wurden, im Nährmedium, die Best. von *Glutaminsäure,* Berechnung der I-Konzz. (geradlinige Abhängigkeit zwischen *log Dosis* u. log I-Bldg.). — 12 Literaturangaben. (Chem. and Ind. **1950.** 845—48. 30/12. London, Whitbread & Co. Ltd.) K. MAIER. G 950

Peter Wade und **J. Hannen,** *Jodometrische Bestimmung von Coffein.* Vff. modifizieren die WALLRABE-Meth. der Coffeinbestimmung. Sie verwenden als Reagentien: n/10-KJO_3-Lsg., enthaltend 35 g KJ je Liter; HCl (D. 1,18) verd. 1:10 u. n/10-$Na_2S_2O_3$-Lösung. Es werden 5 cm^3 ca. 0,3—0,8%ig. Coffeinlsg. in einer 30 cm^3-Glasstopfenflasche mit 10 cm^3 Jodat–Jodid-Lsg. u. 5 cm^3 der HCl gut vermischt u. bei 19—21° unter gelegentlichem Schütteln 20 Min. lang vor direktem Sonnenlicht geschützt stehengelassen. Sodann wird das Gemisch 3—5 Min. lang mit 2000 U/Min. zentrifugiert; 10 cm^3 der klaren überstehenden Fl. werden mit n/10 $Na_2S_2O_3$-Lsg. titriert. Vollständiger verläuft die Rk. in einem Glasstopfenzentrifugenglas. Für die Verss. wurde bei 105° getrocknetes Coffein vom F. 234,5° verwendet. (J. Sci. Food Agric. **1.** 177—78. Juni 1950. London, Imp. Coll., Food and Drug Labors.) A. LIEBNER. G 3272

E. L. Raekelboom und **J. R. Istas,** *Vergleichende Untersuchung über das Verfahren zur Pentosanbestimmung.* Ein Vgl. der bekannten Verff. zur Best. der (Holz-) *Pentosane* (I), die fast ausschließlich auf der Hydrolyse der I in *Furfural* (II) u. *Pentose* (III) durch HCl oder HBr u. der gravimetr., titrimetr. oder colorimetr. Best. des II beruhen, zeigt, daß kein Verf. zu vollständig befriedigenden Ergebnissen führt. Die Suche nach neuen Verff. zur Hydrolyse der I u./oder zur II-Best. erscheint nicht aussichtsreich, solange der Verlauf der Umwandlung von I in II u. III unbekannt ist. (Ind. chim. belge **19.** 915—22. Sept. 1954. Tervuren, Minist. van Kolonien, Sect. voor Organ. Chem., Labor. voor Scheikundige Onderzoek.) W. WESLY. G 3400

I. E. Bush, *Der Nachweis von Steroid-17.20-diolen auf Chromatogrammen.* Die Chromatogramme werden, mit Pb-Tetraacetat in Eisessig benetzt, an der Luft hängen gelassen, getrocknet, danach mit 1%ig. m-Dinitrobenzol in alkoh. nKOH benetzt u. erhitzt (Meth. a). — Chromatogramme werden mit 1%ig. HJO_4 in 75%ig. alkoh. H_2SO_4 benetzt an der Luft hängen gelassen u. mit 0,1nNaOH benetzt. Nach dem Trocknen Anwendung von ZIMMERMANN-Reagens: (Meth. b). a u. b sind früheren Methoden überlegen u. empfindlich auf 17.20-Diole u. 17.20.21-Triole. Rkk. mit nichtsteroiden Stoffen sind wahrscheinlich u. daher Vergleichschromatogramme erforderlich. (Biochem. J. **59.** XIV—XV. Febr. 1955. London, St. Mary's Hosp., Med. Unit Labor.) F. GÜNTHER. G 3750

W. F. Bon, *Ein neues Verfahren zum Nachweis von Eiweiß in Papier bei der Papierelektrophorese.* Das Verf. beruht darauf, daß feuchtes, in Berührung mit AgBr-Papier gebrachtes Papier dessen Lichtempfindlichkeit beeinflußt u. dieser Einfl. von der Ggw. von Spuren Eiweiß abhängt. Man kann daher von den auf einem feuchten Papier vorhandenen Eiweißbanden ein photograph. Bild erzeugen. (Chem. Weekbl. **50.** 131—32. 20/2. 1954. Amsterdam, Univ., Labor. voor Anatom. en Embryol.) W. WESLY. G 4070

d) Medizinische und toxikologische Analyse.

Oskar Grüner, *Ein photometrisches Verfahren zur Blutalkoholbestimmung.* Kurze Mitt. der nachst. referierten Arbeit. (Naturwissenschaften **40.** 365. 1. Juli-H. 1953.) H.-J. KOCH/Berlin. 5727

Oskar Grüner, *Ein photometrisches Verfahren zur Blutalkoholbestimmung.* Es wird eine modifizierte Meth. von WIDMARK zur Best. von *A.* im Blut beschrieben, bei der der Überschuß der durch A. bzw. andere oxydable Substanzen red. Bichromat–Schwefelsäure statt titrimetr. durch die Extinktion bei 465 mμ (ZEISS-Filter S_{47}) der mit 20,0 cm^3

W. (wie beim alten Verf.) verd. Säure bestimmt wird. (Samml. Vergiftungsfällen, Arch. Toxikol. 14. 362—65. 1953. Frankfurt/M., Univ., Inst. für gerichtl. u. soziale Med.) H.-J. KOCH/Berlin. 5727

K. Ramshorn, *Die Papierelektrophorese von Serum. Eine Anleitung.* Erläuterung der Serumpapierelektrophorese u. ihrer klin. Bedeutung, Anleitung zum Selbstbau (mit Zeichnungen) einer App. nach dem Prinzip von GRASSMANN u. HANNIG u. einer Elektrorheophoreseapp. nach MACHEBOEUF, sowie Mitt. eigener Erfahrungen bei der Anwendung der Methode. — 48 Literaturzitate. (Pharmazie 9. 181—90. März 1954. Gatersleben, Inst. für Kulturpflanzenforsch. der Dtsch. Akad. der Wiss.) K. PRCHAL. 5728

S. Baar, *Eine colorimetrische Methode zur Mikrobestimmung von Serum-Kalium.* K des Serums wird mit Na-Kobaltinitrit ohne vorherige Enteiweißung gefällt, der gefällte Komplex, der die Zus. $K_2NaCo[NO_2]_6 \cdot H_2O$ haben soll, in Sulfaminsäure gelöst, wodurch überschüssige HNO_2 zerstört wird, u. *Co* mittels der stabilen Oxinverb., die in Chlf. gut, in W. fast unlösl. ist, unter Verwendung des Absorptionsmaximums bei 403 mμ bestimmt. Die Absorption gehorcht in ziemlich weiten Grenzen dem BEER-LAMBERTschen Gesetz. Der maximale Fehler beträgt 1%. (Analyst 78. 353—56. Juni 1953. Birmingham, Accident Hosp.; Ind. Injuries and Burns Res. Unit, Med. Res. Council.) K. MAIER. 5728

H. F. W. Kirkpatrick, *Die Jodbestimmung in Blutserum.* Es werden einige Abänderungen der von CHANEY (Ind. Engng. Chem., analyt. Edit. 12. [1940.] 179) angegebenen Meth. zur Mikrobest. von J_2 im Blutserum vorgeschlagen. In Sera n. Personen wurden für eiweißgebundenes J_2 Werte von 3,9—7,8 $\pm$ 0,85γ/100 cm³ ermittelt. (Analyst 78. 348—53. Juni 1953. London Clinic, Dep. of Clin. Investigat.) K. MAIER. 5728

Rudi Rutkowski, *Zur Bestimmung von Gentisinsäure und Salicylsäure im Blutserum. Gentisinsäure* (I) u. *Salicylsäure* (II) werden in Blutserum photometr. nach Enteiweißung mit Trichloressigsäure bestimmt. Für I ist die Best. mit *o-Phenanthrolin* (III) als Fe^{2+}-Komplex derjenigen mit FOLIN-CIOCALTEU-Reagens (IV) vorzuziehen. Der Komplex bildet sich nach Zusatz von Fe^{3+} durch dessen Red. durch I zu Fe^{2+}. Mit IV liefert I in saurer Lsg. eine grüne Farbe, die zur quantitativen Best. photometr. ausgewertet werden kann. In alkal. Lsg. entsteht aus I wie aus II mit IV eine blaue Farbe. Der Geh. an II läßt sich bei Berücksichtigung der durch I bedingten Extinktion durch Photometrieren der sich überlagernden beiden blauen Farbtöne berechnen. Die Best. von I mit III ist für hämolyt. Serum wegen seines hohen Eisengeh. nicht möglich. Arbeitsvorschriften für die einzelnen Bestimmungen sind angegeben. (Arzneimittel-Forsch. 4. 453—55. Juli 1954. Berlin-West, Chem. Werke Dr. Rudolf Reiss.) PH. FRESENIUS. 5728

P. A. Rosenberg und **A. K. Woltschok,** *Die quantitative Bestimmung von Bilirubin im Blutserum ohne Colorimeter.* Es wird eine Meth. beschrieben, mit deren Hilfe es möglich ist, Bilirubin im Blutserum quantitativ ohne Anwendung eines Colorimeters zu bestimmen. Die Best. basiert auf der Rk. des Bilirubins mit dem Diazoreagens, wobei als Standard eine Lsg. von Kobaltsulfat Anwendung findet. Der mit Hilfe obiger Meth. bestimmte Bilirubinblutspiegel lag bei 0,8 mg%. (Бюллетень Экспериментальной Биологии и Медицины [Bull. exp. Biol. Med.] 38. Nr. 11. 74—76. Nov. 1954. Inst. für Arbeitshygiene u. Berufskrankhh. der Akad. der Med. Wiss. der UdSSR, Biochem. Labor., u. Zentrales Kontrollinst. für Seren u. Vaccine des Gesundheitsminist. der UdSSR.) E. RENTZ. 5728

R. Haslinger und **W. Strunz,** *Eine neue colorimetrische Methode zur Bestimmung von 4-Aminoantipyrin im Serum in Gegenwart von Pyramidon.* Auf Grund des qualitativen Phenolnachw. von EMERSON (C. 1946. I. 1712) mit *4-Aminoantipyrin* (I) u. $K_3Fe(CN)_6$ in alkal. Lsg. wird eine photometr. Meth. zur Best. von I in mit Acetatpufffer enteiweißtem Serum entwickelt. Die entstehende Rotfärbung wird mit Chlf. ausgeschüttelt u. mit Filter S 43 gegen reines Chlf. photometriert. I ist im Serum mit $\pm$12% bestimmbar, bei Mengen um 0,2 mg% allerdings nur mit $\pm$30%. (Arzneimittel-Forsch. 4. 299. April 1954. Wien, Univ., I. Med. Klinik.) PH. FRESENIUS. 5728

Friedrich Lohss und **Ekkehard Kallee,** *Ein neues Verfahren zur colorimetrischen Schnellbestimmung von Pyramidon im Serum.* 3 ml Serum werden mit 9 ml 1,2%ig. wss. Pikrinsäurelsg. versetzt, geschüttelt u. filtriert. 7 ml Filtrat werden mit 2,5 ml Citronensäure–HCl-Puffer (16 Teile einer Lsg. von 21,008 g Citronensäure in 200 ml 1nNaOH, mit W. zu 1000 ml aufgefüllt, mit 7 Teilen 1nHCl mischen) u. mit 1,2 ml 0,75%ig. wss. Sulfanilsäurelsg. versetzt. Nach Zugabe von 0,2 ml 0,75%ig. wss. $NaNO_2$-Lsg. wird 5 Min. im sd. Wasserbad gehalten, abgekühlt u. mit der 10 mm-Küvette im HAVEMANN-Colorimeter mit den Filtern VG9 u. BG7 die entwickelte Färbung gemessen.

Auswertung mittels Eichkurve aus wss. *Pyramidon* (I)-Lsgg. bekannten Geh., wobei 1,75 ml I-Lsg. mit 5,25 ml Pikrinsäurelsg. angesetzt werden u. weiter wie oben verfahren wird. Mit dieser Meth. können bestimmt werden: I [*4-Dimethylamino-1-phenyl-2.3-dimethylpyrazolon-(5)*], *Novalgin* [*1-Phenyl-2.3-dimethylpyrazolon-(5)-4-N-methylamino-N-methansulfonsaures Na*; BAYER u. HÖCHST], ascorbinsaures I [*Vaditon*, PROMONTA], I-HCl [*Aneuxol*, BRUNNENGRÄBER], *Irgapyrin* [GEIGY; nur die I-Komponente] u. *4-Aminoantipyrin* [HÖCHST]. (Naunyn-Schmiedebergs Arch. exp. Pathol. Pharmakol. **214**. 202—10. 1952. Tübingen, Univ., Med. Klinik.) F. KRUSEN. 5728

Victor Arreguine und **Delia R. de Trecco**, *Mikrochemische Untersuchung des Methylenblaus.* Neben anderen Anionen u. Kationen ist bes. KBr zum mikrochem. Nachw. von Methylenblau geeignet, da es mit diesem noch in Konzz. von 0,5/Mikrotropfen charakterist., zu Rosetten angeordnete scharfkantige doppeltbrechende Nadeln liefert, die mit anderen ähnlichen Farbstoffen nicht auftreten u. durch physiol. Bestandteile von *Urin* u. *Serum* nicht gestört werden. (Rev. Asoc. bioquím. argent. **15**. 103—07. Mai/Juni 1950. Córdoba, Univ. Nacion.) W. KIMPEL. 5732

Dieter Pontius, *Neue Methode zur Bestimmung der Östrogene.* (Vorl. Mitt.) Trockenrückstand des gereinigten *Harn*-Extraktes in Chlf. lösen, Lsg. mit Bicarbonatlsg. u. W. waschen, mit Na-Sulfat trocknen, halbieren u. jede Hälfte getrennt im Reagensglas im Wasserbad eindampfen. Rückstand mit je 1 ml Chlf. aufnehmen, aus einer Capillare 3 Tropfen Perchlorsäure (ca. 0,02 ml) u. 1 Tropfen (ca. 0,007 ml) Pikrinsäurelsg. (Chlf. mit Pikrinsäure gesätt.) zugeben, 5 Min. im sd. Wasserbad erhitzen u. sofort abkühlen. Dann den Leerwert mit 2 ml peroxydhaltigem Ae. (Ae. mit Perhydrol geschüttelt) u. 2 ml Phenol–Chlf.-Gemisch (100 ml auf 60° erwärmtes Phenol mit 250 ml Chlf. mischen) ansetzen, dann den Hauptwert mit Chlf.–Phenol u. peroxydfreiem Ae. (absol. Ae. über Na-Draht). Die Messung erfolgt gegen eine Eichkurve im ELKO-Photometer bei 530 mμ. Empfindlichkeit der Meth. 5 γ Östron; Dauer 5—4 Stunden. (Klin. Wschr. **31**. 1010. 1/11. 1953. Trier, Staatl. Medizinaluntersuchungsamt, Endokrinolog. Forschungsstelle.) H.-P. FIEDLER. 5732

Willy Oelsen (Erfinder: **Willy Oelsen**, Clausthal, **Georg Graue**, Duisburg, und **Hans Haase**, Oberhausen), *Potentiometrische Bestimmung von Kohlenstoff*, dad. gek., daß bei der Verbrennung der zu analysierenden Substanz gebildete CO_2 in einer geeigneten App. durch eine Glasfritte in sehr feinen Bläschen in eine Absorptionslsg. gedrückt wird, die Chemikalien, wie z. B. Baryt, in solcher Konz. enthält, daß sie sich unter starker Änderung der Ionenkonz. quantitativ mit CO_2 umsetzen. (**D. B. P. 878 287** Kl. 42 l vom 6/4. 1951, ausg. 1/6. 1953. Anmeldung bekanntgemacht 2/10. 1952.)

W. v. HUHN. 5067

Herbert Karthaus, Die physikalische Gasanalyse. Allgemeine Grundlagen. Frankfurt/Main: Hartmann & Braun. 1955. (96 S. m. 68 Abb.) 8°.

A. McGookin, Qualitative organic analysis and scientific method. London: Chapman & H. 1955. (155 S. m. Abb.) 15 s.

H. Angewandte Chemie.

I. Allgemeine chemische Technologie.

National Research Council (Erfinder: **Ira E. Puddington** und **Aurelio F. Sirianni**), Ottawa, Can., *Wasserabstoßende Aerogele.* Zu ihrer Herst. wird ein Gel mit nichtwss. fl. Phase hergestellt, z. B. indem aus einem SiO_2-Gel das W. durch eine organ. Fl., wie Aceton, Alkohole, Fettsäuren oder deren Anhydride, verdrängt wird. Darauf wird ein in der organ. Fl. lösl., filmbildender Stoff (Aminosilan, Leinöl, Celluloseacetat, Schellack usw.) zugesetzt oder durch Zusatz eines mehrwertigen Alkohols u. einer mehrbas. Säure gebildet (Glycerin, Glykol, Phthalsäure, Maleinsäure, Bernsteinsäure, Citronensäure) u. das Lösungsm. durch Erhitzen im Autoklaven entfernt. Es werden Gele erhalten, deren Poren durch das Trocknen nicht verkleinert sind. — Z. B. werden 400 (g) SiO_2-Gel von 7,5% Trockengeh., 8 Citronensäure u. 40 Glycerinmonoricinoleat im Autoklaven auf 260° erhitzt; man erhält 50 Aerogel. Gasmaskenfüllung, Verdickungsmittel für Schmiermittel, Farben, Firnisse u. Zusatz zu Gummi. (**E. P. 721 605** vom 20/3. 1952, ausg. 12/1. 1955. Can. Prior. 28/3. 1951.) W. MATTHAES. 5825

Otto Ernest Nekolla, Luton, England, *Filterpressenplatte*, bes. für *Ölfiltration*, bestehend aus einem elast. Material, z. B. aus synthet. Kautschuk. Die Platte ist mit Öffnungen versehen, deren Querschnitt sich in der Filtrierrichtung kon. verengt u. die mit Filtermaterial, wie Diatomeenerde oder Fullererde, gefüllt sind. Die Platte ist beiderseitig mit einem Filtertuch überspannt. — Abbildung. (**E. P. 716 965** vom 4/7. 1951, ausg. 20/10. 1954.) K. DEMMLER. 5831

Standard Oil Development Co., übert. von: **Edward W. S. Nicholson,** Baton Rouge, La., V. St. A., *Adsorptions–Desorptions-Verfahren.* Man führt das Gemisch der Komponenten, die eine verschiedenartige Adsorptionsfähigkeit haben, in der Adsorptionszone mit einem festen Adsorbens, z. B. Aktivkohle, zusammen, wobei die adsorptionsfähigste Komponente zuerst adsorbiert wird. Dann erhitzt man den festen Adsorber in einer Desorptionszone, um die adsorbierte Komponente in Freiheit zu setzen. Nun führt man einen Teil dieses so entladenen Adsorbers in eine Reaktivierungszone, in der man ihn mit heißen Verbrennungsgasen so hoher Temp. zusammenbringt, daß der Adsorber entgiftet wird bzw. die Verunreinigungen ausgetrieben werden. Den noch heißen, reaktivierten Adsorber gibt man zwecks Ausnutzung seiner Wärme auf die Spitze der Desorptionszone. (**A. P. 2 660 262** vom 19/7. 1950, ausg. 24/11. 1953.)
H. NEBELSIEK. 5849

M. W. Kellogg Co., Jersey City, übert. von: **Walter E. Lobo,** Westfield, N. J., V. St. A., *Verbesserungen beim Trennen von Gasgemischen,* die höhersd. Komponenten als Verunreinigung enthalten, z. B. um mit C_2H_2 verunreinigte *Luft* zu *reinigen.* Die am Boden der Rektifizierungszone durch Kondensation angesammelte Fl., die an O_2 angereichert ist u. gelöstes C_2H_2 enthält, führt man aus dem Sumpf dieser Zone ab, indem man den Dampf zwecks Abscheidung des C_2H_2 durch Silicagel leitet. Entsprechend der verdampften Flüssigkeitsmenge wird diese wieder aufgefüllt u. der Geh. an C_2H_2 in dem Sumpf so eingestellt, daß die Lsg. weder an C_2H_2 gesätt. ist, noch sich C_2H_2-Kristalle abscheiden können. (**A. P. 2 650 482** vom 29/4. 1948, ausg. 1/9. 1953.)
H. NEBELSIEK. 5851

Stanolind Oil & Gas Co., übert. von: **Howard Grekel, Benjamin S. Pace** und **John D. Ireland,** Tulsa, Okla., V. St. A., *Extraktive Destillation.* Die Verbesserung beim Trennen von tiefsd., wss. Mischungen von wasserlösl., oxydierten, organ. Verbb. mittels extraktiver Dest. mit W. in einer Kolonne besteht darin, daß ständig das Verhältnis Fl.:Dampf kontrolliert wird, indem ca. 10—50% der in der Kolonne vorhandenen Dämpfe bei ihrem Eintritt kondensiert werden. Dieses erreicht man, indem man entweder die Temp., bei der die Fl. in die Kolonne eintritt, reguliert oder Wärme aus der Kolonne in Form von Dampf abführt. (**A. P. 2 670 324** vom 28/10. 1949, ausg. 23/2. 1954.)
H. NEBELSIEK. 5863

Karl Winnacker und **Ernst Weingaertner,** *Chemische Technologie.* Sammelwerk in 5 Bänden. München: Carl Hanser Verlag. Band 4: *Organische Technologie II.* 1954. (XXVIII + 1191 S. m. 235 Abb. u. 240 Tab.) DM 95,50. Band 5: *Metallurgie und Allgemeines.* 1953. (XXVII + 846 S. m. 311 Abb. u. 117 Tab.) DM 74,50.

Vgl. Band 1 u. 2: C. **1951.** II. 2238; Band 3: C. **1952.** 3882. — Ein fundamentales Werk auf dem Gebiet der chem. Technologie, geschrieben von ersten Betriebsfachleuten der chem. Industrie, ist mit dem Band 5 zum Abschluß gekommen. Hiermit haben die beiden Herausgeber den chem. Technologen u. den Betriebschemikern ein Werk an die Hand gegeben, das nicht nur aktuellster Art, sondern auch hinsichtlich der Abgeschlossenheit kaum erreicht ist. Band 4 u. 5 gliedern sich wie folgt: GERHARD JUNG u. HERMANN PETRI: Die aromat. Zwischenprodd.; KARL HOLZACH u. WALTER HAGGE: Die organ. Farbstoffe; ALBERT SCHAEFFER: Anwendung u. Eigg. der Teerfarbstoffe; OTTO FUCHS, KARL LAUX u. EDUARD WULKOW: Textilhilfsmittel u. Waschrohstoffe, einschließlich Seife; WILHELM AUGUST HUNDT, KARL VIEWEG u. WILHELM WAIBEL: Das Bleichen; PHOKION NAOUM † u. ADOLF BERTHMANN: Explosivstoffe (Sprengmittel, Treibmittel oder Schießmittel u. Zündmittel); EWALD DICKHÄUSER: Terpene u. Campher; KURT ALEXY: Die Fabrikation der photograph. Filme, Platten u. Papiere; GERHARD OTTO: Die Lederherst.; KURT THINIUS u. GERHARD BIER: Die Kunststoffe; ERWIN WEINBRENNER u. ERICH KONRAD: Kautschuk; WALTER NOLL: Silicone (Alkyl [Aryl]-Polysiloxane); GÜNTHER SCHIEMANN u. GEORG SCHULZ: Die Lackrohstoffe; WILLIBALD DIEMAIR, JULIUS KOCH u. HANS AMAN: Nahrungs- u. Genußmittel; KURT HEYNS: Stärke u. Stärkederivv.; Zuckerfabrikation; HEINZ FRENSCH: Chem. Schädlingsbekämpfung; GUSTAV EHRHART: Die Arzneimittel; Band 5. HERMANN LANG: Die Metalle (unter Mitarbeit von HANS EBERT); GOTTHOLD QUITTKAT u. PHILIPP SIEDLER: Erzaufbereitung; FRIEDRICH OTT: Die Alkalimetalle; WILHELM MOSCHEL u. ALFRED SCHMIDT: Das Magnesium, seine industrielle Gewinnung u. Verarbeitung; FRIEDRICH OTT: Calcium; HANS GROTHE: Aluminium; WILHELM F. KAISER: Die Nichteisen-Schwermetalle; HUBERT HOFF, OTTO HEERHABER u. OSKAR MEYER: Das Eisen nebst Ferro- u. Desoxydationslegierungen; HERMANN LANG: Stahlveredler u. Metallcarbide; K. W. FRÖHLICH †: Die Edelmetalle; W. SCHULENBURG: Seltene Metalle; HANS LEY u. RUDOLF KALLENBACH: Der Schutz metall. Oberflächen; FRITZINGER CALLISEN: Meß- u. Regelgeräte; RUDOLF QUACK: Energieversorgung von Chemiebetrieben; HERBERT VON FELBERT: Allg. Fabrikplanung; KARL ERB: Arbeitssicherheit u. Gesundheitsschutz; WALTER BEIL: Grundzüge des gewerblichen Rechtsschutzes u. des Erfinderrechts.
M. PFLÜCKE. 5800

III. Elektrotechnik.

VEB VEM Transformatorenwerk „Karl Liebknecht“, Berlin (Erfinder: **Franklin S. Cooper**), *Isolier- und Lichtbogenlöschmittel* besteht aus stabilen gasförmigen S-Halogenverbb., z. B. SF_6, SOF_4, SO_2F_2 oder Mischungen hiervon. (**D. P. [DDR] 6087** Kl. 21c vom 23/6. 1939, ausg. 22/10. 1953 [Wirtschaftspatent].)
H. KESSEL. 5957

Bell Telephone Mfg. Co., Soc. An., Antwerpen, Belgien, *Harze* erhält man durch Rk. eines Äthylenoxydderiv. (I), das 1 oder 2 Äthylenoxydgruppen enthält, mit dem Anhydrid einer mindestens 3bas. Säure oder einer mindestens 2bas. Säure u. mit einem

Amin. Zweckmäßig gibt man noch 10—200% chloriertes Diphenyl, berechnet auf I, hinzu. Die Prodd. werden als *Elektroisoliermaterialien* verwendet. (**Belg. P. 511 733** vom 29/5. 1952, ausg. 18/12. 1953.) J. MÜHLEISEN. 5957

Aladdin Industries, Inc., V. St. A. (Erfinder: **Godshalk Berge**), *Magnetkern.* Im Bereich der Rundfunkfrequenzen verwendbare, eine gute Trennschärfe liefernde Magnetkerne werden hergestellt, indem 60—75 (Gewichtsteile) Fe_2O_3, 10—25 ZnO u. 10 bis 25 MgO, MnO_2, Ni-Oxyd oder Co_2O_3 3 Std. bei 1200—1370, bes. 1260—1315°, gebrannt, nach dem Mahlen des Prod. mit 2—12 $PbTiO_3$ u. einem organ. Binder vermengt, nochmals 1 Std. oder mehr auf 1037—1204° erhitzt u. schließlich langsam, um 55°/Std., bis auf 315° abgekühlt werden. — 7 Beispiele für Zuss., 6 Schaubilder der Eigg. des fertigen Kerns. (**F. P. 987 672** vom 31/5. 1949, ausg. 17/8. 1951. A. Prior. 26/6. 1948.) B. SCHMIDT. 5959

Helmut Jedlicka, Schwenningen, *Galvanisches Element* mit Alkalilauge als Elektrolyt u. einer positiven Elektrode, bestehend aus einem im Elektrolyten prakt. unlösl. Metalloxyd, wie CuO, Ag_2O, NiO_2, oder aus Kohle u. einer negativen Alkali-Amalgam-Elektrode, dad. gek., daß diese aus fl. Alkali-Amalgam besteht. (**D. B. P. 929 560** Kl. 21b vom 19/11. 1948, ausg. 30/6. 1955. Anmeldung bekanntgemacht 10/8. 1950.) F. LAASS. 5971

Lev Sukacev, Chevy Chase, Md., V. St. A., *Herstellung von Thermoelementen.* Auf einen Stab aus Isolierstoff wird eine leitende Schicht mit hohem Widerstand aufgebracht, z. B. eine dünne Versilberung oder Ruß. Der Stab wird dann bis zur Hälfte des Durchmessers galvan. verkupfert u. dann die andere Hälfte vernickelt, wobei die beiden Ndd. sich überlappen müssen. In die Ndd. u. den Stab wird schraubenförmig eine Rille eingeschnitten, wodurch in Form eines Bandes aneinandergereihte Elemente erhalten werden. (**A. PP. 2 671 950** u. **2 672 492**, vom 9/3. 1950, ausg. 16/3. 1954.) F. LAASS. 5971

Burndept Ltd., London, England (Erfinder: **Richard Percy Richardson**), *Herstellung von galvanischen Batterien aus Flachzellen.* Um den erforderlichen Kontakt zwischen der Zinkplatte der einen Zelle u. der Kohleschicht der benachbarten Zelle zu erlangen u. um den Übertritt des Elektrolyten zu verhindern, werden die übereinandergestapelten Zellen unter Preßdruck in einer Vorr. mit einem Band aus Polyvinylchlorid oder Nylon umwickelt, das an den Endplatten befestigt wird. (**E. P. 704 708** vom 24/12. 1952, ausg. 24/2. 1954.) F. LAASS. 5971

General Electric Co., New York, übert. von: **Harry B. Marvin,** Syracuse, N. Y., V. St. A., *Strahlungsdosimeter.* Ein zur Vermeidung von Ladungsverlusten n. kurzgeschlossener Elektret (z. B. aus Carnaubawachs) grenzt mit einer Oberfläche an einen abgeschlossenen ionisierbaren Gasraum. Nach Wegnahme des Kurzschlusses wird der Ladungsverlust gemessen, den der Elektret erleidet, indem er die in dem ionisierbaren Gasraum unter der Wrkg. auftreffender ionisierender Strahlung erzeugten Ionen mit seiner freien Oberfläche anzieht. (**A. P. 2 695 363** vom 1/3. 1950, ausg. 23/11. 1954.) H. KESSEL. 5975

Western Electric Co., Inc., New York, N. Y., übert. von: **Dean E. Woolridge,** North Hollywood, Calif., V. St. A., *Kristallzähler.* Dieser enthält einen bei Bestrahlung mit energiereichen elektromagnet. Wellen oder Korpuskularstrahlen seine Leitfähigkeit ändernden Kristall aus ZnS, Alkalihalogenid, MgO, CaF_2, SiO_2, $NaNO_3$, Topas, AgCl, Orthoklas, Beryll, Calcit, Apatit, Selenit, Turmalin, Smaragd, bes. aber Diamant. (**Oe. P. 169 196** vom 23/10. 1948, ausg. 25/10. 1951. **F. P. 959 423** vom 7/1. 1948, ausg. 29/3. 1950. **E. P. 676 411** vom 3/10. 1947, ausg. 30/7. 1952. Alle A. Prior. 14/5. 1947. **A. P. 2 537 388** vom 14/5. 1947, ausg. 9/1. 1951.) H. KESSEL. 5975

Loewe Opta Akt.-Ges. (Erfinder: **Paul Kapteyn, Erich Fischer** und **Walter Schmidt**), Berlin, *Elektronenröhre* aus Glas oder Keramik. Zur elektrostat. Abschirmung der Elektroden trägt der Quetschfuß an den kapazitiv empfindlichen Stellen einen Ag-Belag u. darüber auf seiner ganzen Fläche eine Schicht aus koll. Graphit. (**D. B. P. 861 448** Kl. 21g vom 29/4. 1950, ausg. 5/1. 1953.) H. KESSEL. 5975

General Electric Co. Ltd., London, **James Bell** und **Donald Arthur Wright,** Wembley, England, *Gasentladungsleuchtröhre*, bes. für die Spektralanalyse, mit H_2-haltiger Gasfüllung u. einem im Innern angeordneten, zur Kompensation der H_2-Aufzehrung dienenden, oberhalb einer bestimmten Temp. H_2-durchlässigen Behälter (prakt. aus Ni, Fe, Cu oder Pd), der eine oberhalb der betreffenden Temp. zersetzliche H-Verb. enthält u. in einer solchen Lage zur Anode angeordnet ist, daß seine Temp. bei n. Betriebsbedingungen unterhalb der in Frage stehenden Temp. bleibt u. diese bei Erhöhung der Anodentemp. überschreitet. Die H-Verb. besteht prakt. aus Zr-, Ti-, Ta-, V- oder Th-Hydrid. (**E. P. 675 097** vom 10/3. 1949, ausg. 2/6. 1952.) H. KESSEL. 5975

Lumalampan Aktiebolag, Stockholm, Schweden (Erfinder: **Karl Åke Gerhard Björkman**), *Oxydkathode für Niederdruckgasentladungsleuchtröhren.* Eine W-Wendel (prakt. Doppelwendel) enthält außer CaO, ThO_2 u. ZrO_2 noch BaO oder SrO oder beide, u. zwar weniger ZrO_2 als CaO oder ThO_2, z. B. 4,5—5 (Gewichtsteile) CaO, 5—8 ThO_2, 0,8—1 ZrO_2, 7—8 BeO u. 1,4—3,5 SrO. (**E. P. 687 617** vom 2/2. 1951, ausg. 18/2. 1953.) H. KESSEL. 5975

Hanovia Chemical & Mfg. Co., Newark, N. J., V. St. A. (Erfinder: **William Theodore Anderson jr.** und **Franklin Clark**), *Hochdruckgasentladungsleuchtröhre* enthält Hg u. Cd u. eine Gasfüllung aus Ar, Kr oder Xe mit einem N_2-Geh. von 0,03 bis 0,4% bei einem Gesamtdruck von mehr als 250 Torr. (**E. P. 707 265** vom 31/1. 1952, ausg. 14/4. 1954.) H. KESSEL. 5975

Electric & Musical Industries Ltd., London, England, *Photokathode.* Durchsichtige, metall. leitende Trägerschichten gewinnt man durch Behandlung heißer, durchsichtiger Trägerplatten, z. B. aus Glimmer oder Pyrexglas, mit einer wss. Lsg. von $SnCl_4$ oder $SnCl_2$ bei ca. 500—700°. (**F. P. 1 034 100** vom 17/3. 1951, ausg. 17/7. 1953. E. Priorr. 17/3. 1950 u. 15/3. 1951.) H. KESSEL. 5975

Westinghouse Electric Corp., East Pittsburgh, Pa., übert. von: **Richard L. Longini** und **Walter J. Hushley**, Pittsburgh, Pa., *Röntgenschirm.* Die Leuchtmasse besteht aus ZnS-Kristallen (I); in die Zwischenräume zwischen den einzelnen Kristallen sind Alkalihalogenide (II), bes. CsJ, CsBr, CsCl, KJ, NaJ, RbJ, RbBr oder RbCl, eingebettet, wodurch die Lichtausbeute des Schirms erhöht wird. Die Mengenverhältnisse zwischen I u. II sollen dabei ca. 100:20 betragen. Die Herst. erfolgt durch Auftragen von wss. Lsgg. von II auf die aufgetrockneten I-Schichten. (**A. P. 2 651 584** vom 25/9. 1948, ausg. 8/9. 1953.) A. KALIX. 5975

British Thomson-Houston Co. Ltd., London, England, übert. von: **General Electric Co.**, New York, N. Y., V. St. A., *Leuchtschichten für Gasentladungsleuchtröhren* erhalten nach dem Aufbringen auf die Röhreninnenwand einen Zusatz von 0,25—0,5% freiem As_2O_3. (**E. P. 689 967** vom 13/4. 1949, ausg. 8/4. 1953.) H. KESSEL. 5975

Sylvania Electric Products, Inc., V. St. A. (Erfinder: **Lyle William Evans**), *Herstellung von Leuchtschirmen für Kathodenröhren.* Zur Vermeidung einer Änderung der Farbe des Leuchtschirms bei Gebrauch der Röhre erzeugt man den Leuchtschirm in Ggw. von $KMnO_4$. — Z. B. gibt man in eine Kathodenröhre gleichzeitig 3000 cm^3 0,1 mol., 14% feste Substanz enthaltende K-Silicatlsg., 3000 cm^3 0,1 mol. Essigsäure, 20 cm^3 $KMnO_4$-Lsg. (Konz. 10 g/Liter) u. 337,5 cm^3 einer Suspension einer fluorescierenden Substanz. Nachdem diese sich abgesetzt hat, dekantiert man die Fl. ab, wäscht den Schirm u. brennt ihn in üblicher Weise ein. — Zeichnung. (**F. P. 1 043 745** vom 11/10. 1951, ausg. 10/11. 1953. A. Prior. 19/10. 1950.) T. OPPERMANN. 5975

Comp. des Lampes, Seine, Frankreich (Erfinder: **Gorton Rosa Fonda**), *Herstellung von Leuchtstoffen für Fluorescenzlampen.* Man erhitzt die feinverteilten Komponenten in einer feuchten H_2-Atmosphäre ½—3 Std. auf 700—1000°. — Z. B. vermischt man in äquimol. Mengen feinverteiltes Cd-Phosphat mit Cd-Oxyd u. versetzt das Gemisch mit pulverisiertem Mg-Phosphat, -Carbonat oder -Oxyd derart, daß der Geh. an Mn 0,5—3, vorzugsweise 1 Gew.-% beträgt. Das Ganze erhitzt man 1 Std. in einer feuchten H_2-Atmosphäre auf 800—900°. Die Leuchtstoffe zeigen bei der Einw. von Strahlen von 2537 Å oder beim Beschießen mit Elektronen eine rote Fluorescenz. (**F. P. 1 040 102** vom 25/7. 1951, ausg. 13/10. 1953. A. Prior. 5/8. 1950.) T. OPPERMANN. 5975

Comp. des Lampes, Seine, Frankreich (Erfinder: **Gorton Rosa Fonda**), *Herstellung von Leuchtstoffen für Leuchtröhren.* Sie besitzen die allg. Formel $3Ca_3(PO_4)_2 \cdot nMX_2$, worin M ein Metall (Mg, Sr, Ba, Cd, Zn), X ein Halogen (Cl oder F) u. n 1 oder eine Zahl größer als 1 bedeuten. Als Aktivatoren enthalten die Leuchtstoffe bis zu 4 (Gew.-%) Sb u. 0,5—3, vorzugsweise 2, Mn. Einen solchen Leuchtstoff mit Apatitstruktur von der Formel $3Ca_3(PO_4)_2 \cdot CdCl_2$ erhält man durch Erhitzen von 59,61 (Gew.-%) $CaHPO_4 \cdot H_2O$, 19,32 $CaCO_3$, 14,67 $CdCl_2 \cdot 1½H_2O$, 2,36 Sb_2O_3 u. 4,04 $MnNH_4PO_4$ in einem horizontal angeordneten Quarzrohr 1 Std. auf ca. 1170°. Die Fluorescenz der Leuchtstoffe wird durch Strahlen von ca. 2537 Å ausgelöst u. ergibt ein dunkelrotes Licht. (**F. P. 1 040 104** vom 25/7. 1951, ausg. 13/10. 1953. A. Prior. 11/8. 1950.) T. OPPERMANN. 5975

Comp. des Lampes, Seine, Frankreich (Erfinder: **Robert Stirling Wells**), *Herstellung von Leuchtstoffen.* Leuchtstoffe, welche nach der Bestrahlung mit lang- oder kurzwelligem Licht eines Hg-Dampflichtbogens eine im roten Teil des Spektr. liegende Luminescenz zeigen, erhält man durch Erhitzen von 9—10 Mol eines Gemischs von 15—35 Gew.-% MgO_2 u. 65—85 Gew.-% MgO mit 1 Mol As-Oxyd u. 0,002—0,05, vorzugsweise 0,009—0,011 Mol, $Mn(NO_3)_2$ mindestens 2 Std. auf 1100—1150°. In einigen Fällen, in denen der Leuchtstoff F enthalten soll, setzt man dieses als Mg-Fluorid oder HF in einer Menge von 1, vorzugsweise 0,25 Gew.-% (bezogen auf die Gesamtmenge von Mg-Oxyden u. As-Oxyd) zu. — Z. B. versetzt man 144 g 25% MgO_2 enthaltendes Mg-Peroxyd mit einer Lsg. von 76 g As_2O_5 in dest. W. u. 1,8 cm³ einer wss. 10%ig. Lsg. von $Mn(NO_3)_2 \cdot 6H_2O$ u. trocknet die entstandene Paste bei 105—140°. Das trockne Prod. zerkleinert man u. erhitzt es 2—3 Std. auf obige Temperaturen. (**F. P. 1 044 428** vom 5/11. 1951, ausg. 17/11. 1953. E. Priorr. 8/11. 1950 u. 10/10. 1951.) T. OPPERMANN. 5975

Comp. des Lampes, Seine, Frankreich (Erfinder: **Herman Cristian Froelich** und **Joseph Maurice Margolis**), V. St. A., *Stabilisierte Erdalkali-Phosphat-Leuchtstoffe,* bes. mit 2wertigem Mn u. 3wertigem Ce aktivierte. Um die Leuchthelligkeit u. den Wirkungsgrad dieser Leuchtstoffe zu steigern, setzt man der Mischung der Ausgangsstoffe kleine Mengen eines der folgenden Metalle in Form ihrer Oxyde oder Salze hinzu: Na, Li, Sr, Ba, Zn. — Eine Mischung aus 430 (g) $CaHPO_4$, 70 $CaCO_3$, 112 Ceroxalat, 20 $MnCO_3$, 2,64 Li_2CO_3 wird 1 Std. bei 1200° gebrannt, gemahlen, weitere 30 Min. gebrannt u. in einem 5%ig. Formierungsgas (5% H_2 u. 95% N_2) abgekühlt. Die nach diesem Verf. hergestellten Leuchtstoffe haben bei 300° eine ca. 3mal größere Helligkeit als die unbehandelten Leuchtstoffe bei gleicher Temperatur. (**F. P. 1 048 637** vom 19/10. 1951, ausg. 23/12. 1953. A. Prior. 26/10. 1950.) W. HEYNE. 5975

Comp. des Lampes, Seine, Frankreich, übert. von: **British Thomson-Houston Co. Ltd.,** *Fluorescenzverbindungen.* Die Verb., die für ultraviolette Strahlen sehr empfindlich ist u. bei solcher Bestrahlung gelbgrünlich fluoresciert, besteht aus einer Verb. von Mg, Si, Ti, F u. O. Ein geeignetes Gemisch besteht z. B. aus 43 g MgO, 10 g TiO_2, 30 g Si, 10 g MgF_2, 4,5 g $HgNO_3 \cdot H_2O$. Es wird durch Mn, Sb, Sn, Te u. Ta aktiviert. (**F. P. 1 056 994** vom 28/2. 1952, ausg. 4/3. 1954. E. Priorr. 6/3., 9/5. u. 4/12. 1951.) G. GROTE. 5975

Robert Bosch G. m. b. H., Stuttgart, *Metallisierte dielektrische Stoffschichten,* bes. Papiere, zur Herst. von selbstheilenden *Kondensatoren.* Auf die dielektr. Stoffschichten wird ein isolierender Überzug aufgebracht, z. B. eine Schicht aus einem prakt. mit Füllstoffen durchsetzten Lack, der Poren u. Vertiefungen ausfüllt u. auf dem dann die Metallschicht nach einem Vakuumverf. niedergeschlagen wird. (**D. R. P. 767 595** Kl. 21c vom 25/8. 1936, ausg. 24/11. 1952.) H. KESSEL. 5983

Robert Bosch G. m. b. H. (Erfinder: **Wilhelm Ilge**), Stuttgart, *Elektrolytkondensator.* Die geätzten Metallelektroden werden durch Baden in Anilin von anhaftenden Säureresten, bes. von Cl-Ionen bildenden, befreit u. anilinfeucht weiterverarbeitet; oder sie werden in einem Anilinbad elektrolyt. mit Wechselstrom oder anod. mit Gleichstrom behandelt. (**D. B. P. 865 157** Kl. 21g vom 4/12. 1943, ausg. 29/1. 1953.) H. KESSEL. 5983

Robert Bosch G. m. b. H., Stuttgart, *Elektrolytkondensator* für tiefe Temperaturen. Der Elektrolyt enthält Stoffe, die bei Tempp. $<0°$ Assoziate bilden, deren elektr. Leitwert größer ist als der ihrer Bestandteile. — Beispiel: 115 (Teile) NH_4-Pentaborat, 150 Glykol, 10 Polyvinylalkohol, 90 Kresol. (**Schwz. P. 302 295** vom 2/7. 1951, ausg. 16/12. 1954. D. Prior. 18/2. 1944.) H. KESSEL. 5983

Robert Bosch G. m. b. H. (Erfinder: **Wilhelm Ilge**), Stuttgart, *Trockenelektrolytkondensator.* Zur Herst. des Elektrolyten wird Milchzucker (I) mit (NH_4)-Pentaborat (II) oder -Citrat u. Glykol (III) vermischt u. 1 Std. am Sieden gehalten; dann wird so viel W. abdest. oder hinzugefügt, bis die gewünschte elektr. Leitfähigkeit erreicht ist. — Beispiel: 27 (g) **I**, 40,5 **II** u. 35 **III**. (**D. B. P. 870 459** Kl. 21g vom 28/7. 1942, ausg. 12/3. 1953.) H. KESSEL. 5983

Robert Bosch G. m. b. H. (Erfinder: **Walter Dorn**), Stuttgart, *Selbstheilender Kondensator.* Die an den Metallbelegungen anliegenden, nichtmetallisierten Oberflächen der dielektr. Lagen sind mit einem beim Durchschlag Gase u. allenfalls nichtleitende Rückstände bildenden Stoff überzogen. Hierfür dienen z. B. mit hoher Gasabgabe zersetzliche Lacke, bes. mit gasbildenden Zusätzen von Alkali-, (NH_4)- oder Mg-Carbonaten oder -Bicarbonaten oder von MnO_2 oder Mg-Peroxyd, ZnO oder $Mg(OH)_2$. (**D. B. P. 865 485** Kl. 21g vom 27/3. 1943, ausg. 2/2. 1953.) H. KESSEL. 5983

Robert Bosch G. m. b. H. (Erfinder: **Walter Dorn**), Stuttgart, *Wickelkondensator* aus Isolierstoffbändern mit auf einer lösl. Isolierstoffzwischenlage (z. B. Nitrocellulose- oder Polystyrollack) aufgebrachten Metallbelägen. Bei der Herst. wird an den von Metallbelag freizuhaltenden Stellen die Zwischenlage mitsamt dem Metallbelag durch ein Lösungsm. (z. B. Aceton bzw. Trichloräthylen) entfernt. (**D. B. P. 907 554** Kl. 21g vom 24/3. 1944, ausg. 25/3. 1954. Anmeldung bekanntgemacht 2/7. 1953.) H. KESSEL. 5983

Siemens & Halske Akt.-Ges., Berlin und München (Erfinder: **Werner Herrmann,** Kleinmachnow bei Berlin), *Elektrolytkondensator.* Dem aus einer schwachen Säure, einem Salz dieser Säure (z. B. NH_4BO_2) u. einem mehrwertigen Alkohol (z. B. Glycerin oder Glykol) bestehenden u. Halogenverbb. enthaltenden Elektrolyten werden bis 10% eines Stoffs zugesetzt, der mit den Halogenverbb. Additions- oder Substitutionsverbb. bildet u. dadurch den zerstörenden Einfl. der Halogenverbb. verhindert; z. B. ein prim., sek. oder tert. Amin (bes. Propyl-, Isoamyl-, Diäthyl-, Methyläthyl- oder Triäthylamin) oder andere N-haltige aliphat., aromat. oder heterocycl. Basen, z. B. Hydroxylamin, Hydrazin oder Methylhydrazin) oder ein anorgan. Salz, das mit Halogenionen unlösl. Ndd. bildet. (**D. R. P. 755 549** Kl. 21g vom 27/5. 1939, ausg. 29/4. 1954.) H. KESSEL. 5983

Siemens & Halske Akt.-Ges., Berlin und München (Erfinder: **Paul Werner,** Berlin), *Elektrolytkondensator.* Der z. B. aus einer wss. $NaBO_2$-Lsg. (I) bestehende Vorformierungselektrolyt enthält kleine Mengen (prakt. 2—3%) einer ein- oder mehrwertigen Oxysäure, z. B. Citronen-, Milch-, Salicyl-, Wein- oder Äpfelsäure. Dadurch wird der p_H-Wert der $NaBO_2$-Lsg. von ca. 9,25 auf Werte unter 7,0 herabgesetzt, so daß die Oxydschichtbldg. bei der Vorformierung ohne störende Neben-Rkk. verläuft. (**D. R. P. 756 097** Kl. 21g vom 11/9. 1940, ausg. 23/11. 1953.) H. KESSEL. 5983

Siemens & Halske Akt.-Ges., Berlin und München (Erfinder: **Paul Westphal,** Berlin), *Elektrolytkondensator.* Zur Elektrodenätzung dienen verd. wss. Lsgg. von HCl u. Alaunen beim Kp., z. B. eine wss. Lsg. mit 8 (%) HCl u. 6 $KAl(SO_4)_2$. (**D. R. P. 757 309** Kl. 21g vom 28/4. 1936, ausg. 2/8. 1954.) H. KESSEL. 5983

Siemens & Halske Akt.-Ges., Berlin und München (Erfinder: **Werner Herrmann,** Kleinmachnow), *Elektrolytkondensator.* Die aus Zn bestehende Anode wird in einem chromathaltigen Elektrolyten formiert u. in einer HBO_2-haltigen Lsg., bes. einer Lsg. von HBO_2 u. NH_3 in Glykol, nachformiert. Der Citronensäure enthaltende Betriebselektrolyt hat einen p_H-Wert von 6—8. (**D. R. P. 760 522** Kl. 21g vom 22/1. 1941, ausg. 26/5. 1953.) H. KESSEL. 5983

Siemens & Halske Akt.-Ges., Berlin und München (Erfinder: **Paul Werner,** Berlin), *Elektrolytkondensator.* Die aus mindestens 99,80%ig. Al bestehenden Elektroden werden durch Ätzung mit ca. 25%ig. HCl aufgerauht, prakt. nach therm. Vorbehandlung bei 200—300°. (**D. R. P. 764 440** Kl. 21g vom 28/5. 1938, ausg. 18/1. 1954.) H. KESSEL. 5983

Siemens & Halske Akt.-Ges., Berlin und München (Erfinder: **Hans Veith,** Berlin), *Elektrische Kondensatoren* mit chlorierten Imprägniermitteln (I), z. B. chloriertem Naphthalin, Diphenyl oder Anthracen. Ein geringer Bruchteil der I-Moll. wird durch Behandlung mit O_2 oder O_3 oder durch Zugabe an sich nicht stabilisierend wirkender Stoffe (z. B. Cr_2O_3) chem. so umgewandelt, z. B. unter Bldg. von Anthrachinon, daß er die Stabilisierung der I übernimmt. (**D. B. P. 869 823** Kl. 21g vom 20/12. 1950, ausg. 9/3. 1953.) H. KESSEL. 5983

Siemens & Halske Akt.-Ges., Berlin und München (Erfinder: **Joachim Kleffner,** Berlin), *Geätzte Elektroden,* bes. für *Elektrolytkondensatoren,* werden nach der elektroosmot. Beseitigung korrodierender Anionen elektroosmot. von verschmutzenden Kationen gereinigt, prakt. in einem schwache Formiersäuren, z. B. Citronen- oder Weinsäure, enthaltenden Vorformierbad. (**D. B. P. 926 973** Kl. 21g vom 12/8. 1950, ausg. 28/4. 1955. Anmeldung bekanntgemacht 16/8. 1951.) H. KESSEL. 5983

Siemens & Halske Akt.-Ges., Berlin und München, *Elektrolytkondensator.* Der Elektrolyt enthält Milchsäure (I) oder ein I-Salz, bes. Na-, NH_4- oder Al-Lactat. Zur Herst. wird z. B. ein Gemisch aus 1 (Mol) I, 1 Ammoniak u. 0,5 Glykol so lange erhitzt, bis der Kp. 120° beträgt. (**Schwz. P. 299 507** vom 1/12. 1944, ausg. 16/8. 1954. D. Prior. 1/12. 1943.) H. KESSEL. 5983

Siemens & Halske Akt.-Ges., Berlin und München, *Herstellung von Bariumtitanatkristallen,* die bes. als dielektr. Material in *Kondensatoren* geeignet sind. In $BaTiO_3$ wird Ba^{2+} teilweise durch ein 2wertiges Metallion u. Ti^{4+} teilweise durch ein 4wertiges Metallion mit einer 18-Elektronenschale, bes. Pb^{2+} bzw. Sn^{4+}, ersetzt. Das Mischungsverhältnis kann zwischen den Grenzen 98:2 u. 2:98 (At.-%) liegen. Es sind angeführt: [Ba (80): Pb (20)][Ti (80): Sn (20)]O_3 u. [Ba (80): Pb (20)] [Ti (50): Sn (50)]O_3. (**E. P. 720 285** vom 10/10. 1951, ausg. 15/12. 1954. D. Prior. 10/10. 1950.) A. ZÜRN. 5983

Elektrokemisk A/S, Oslo, Norwegen, *Gasableiter in Elektrolytöfen.* An den kontaktfreien Seiten der Anoden sind Kanäle angebracht, aus denen die Gase abgesaugt werden; dort, wo die Kontaktbolzen sich befinden, sammeln sich die Gase unter der Kruste u. werden von dort mittels eines Absaugrohrs abgezogen. — 3 Abbildungen. (**N. P. 81 343** vom 20/2. 1951, ausg. 9/2. 1953.) K. H. KÄHLER. 5993

Gustav Blom Lundewall, Larvik, Norwegen, *Elektrolysezellenvorrichtung.* Die Zellen sind mit zusammengesetzten Deckplatten für jede einzelne Kathode versehen;

in den Zwischenraum zwischen Abdeckung u. Fl. kann Luft eingeleitet, die bei der Elektrolyse gebildeten Gase können aus diesem Raum abgesaugt werden. — 7 Abbildungen. (**N. P. 81 360** vom 26/1. 1951, ausg. 16/2. 1953. A. Prior. 24/8. 1950.) K. H. KÄHLER. 5993

N. V. Philips' Gloeilampenfabrieken, Eindhoven, Holland (Erfinder: **S. H. R. Visser**), *Elektrolytisches Zuspitzen von Drähten.* Man hängt die anzuspitzenden Drähte mit den Spitzen in ein Bad u. elektrolysiert, wobei die Drähte als Anode geschaltet werden. Die Drähte werden vorher mit einem in der Fl. unlösl. oder schwerlösl. Isolierstoff oder einem Gemisch aus dem Isolierstoff u. dem Drahtmaterial belegt. Das Verf. dient bes. zum Anspitzen von W-Drähten, die 0,15—0,5% ThO_2 enthalten. Die Belagmasse enthält zweckmäßig 0,1—0,3% der Drahtmasse. (**Schwed. P. 140 258** vom 25/10. 1951, ausg. 5/5. 1953. Holl. Prior. 28/10. 1950. JÜRGEN SCHMIDT. 5993

V. Anorganische Industrie.

Barrett S. Duff, *Wirtschaftlichkeit der Ammoniakherstellung aus verschiedenen Rohmaterialien.* Mit Fließschemen nebst Kurzbeschreibungen sowie Verbrauchstabellen werden die Verff. zur Synthesegaserzeugung aus Naturgas, Öl, Kohle, Koksofen- u. Erdölreformergas miteinander verglichen. Die beiden letzten sind die wirtschaftlichsten. (Chem. Engng. Progr. **51.** 12—16. Jan. 1955. Los Angeles, Calif., Fluor Corp.) H. ECKHARD. H 243

T. A. Kantyka und **H. R. Hinckliefl,** *Adiabatische Absorption von Chlorwasserstoff.* Das Hauptproblem bei der Herst. von konz. HCl ist die Abführung der bei der Absorption in W. auftretenden Wärme. Diese kann bei der adiabat. Absorption durch die Verdampfung von W. verbraucht werden. Dabei wird HCl in einer Säure absorbiert, deren Temp. nahe dem Kp. liegt, während W. zurück in den Gasstrom verdampft. Die adiabat. Absorption ist trotz der Existenz eines azeotrop. Gemischs möglich; aus den Gleichgewichtsbedingungen ergibt sich, daß im Gegenstrom eine ca. 36%ig. Säure gewonnen werden kann. Mit einem Gas, das 30 Vol.-% W. enthält, kann noch eine 30%ig. Säure hergestellt werden. Die Ggw. von Inertgas verbessert die Absorptionsbedingungen. Vff. beschreiben die Berechnung u. die Ausführung einer Anlage zur Herst. von 28%ig. HCl aus den Abgasen bei der Chlorierung organ. Produkte. (Ind. Chemist **31.** 32—33. Jan. 1955.) D. BREDTSCHNEIDER. H 247

—, *Die neue Anhydritschwefelsäureanlage der United Sulphuric Acid Corporation Limited in Widnes.* Kurzbeschreibung der organisator. u. techn. Vorarbeiten, des Geländeaufschlusses für W. u. Abwasser u. der Abbaustufen für die Erzeugung von jährlich 148 000 t H_2SO_4 u. 132 000 t Zementklinker aus 240 000 t Anhydrit mit 2 Drehöfen sowie der Verfahrensstufen: Drehofenbetrieb, Gasreinigung, Kontaktverf. u. SO_3-Absorption. (Edgar Allen News **34.** 25—28. Febr. 51—52. März 1955.) H. ECKHARD. H 253

N. Je. Bucharina und **A. A. Lessjuiss,** *Bleichtone ukrainischer Herkunft.* Vff. untersuchten die Wrkg. ukrain. Bleichtone (Mergel von Alma, Tripel von Kertsch, Ton von Kirowograd u. Krim-Bleicherde) bei der Raffination von Sonnenblumen- u. Rapsölen. Die Unterss. ergaben, daß die Wrkg. der beiden letztgenannten Tone derjenigen der aktivierten Bleicherden aus der Tschechoslowakei nicht nachsteht. (Маслобойно-Жировая Промышленность [Öl- u. Fett-Ind.] **20.** Nr. 3. 31. 1955. Zentr. Wiss. Forschungslabor. der Ukrain. Hauptverwaltung für pflanzliche Fette u. Öle.) R. RICHTER. 6156

Buffalo Electro-Chemical Co., Inc., Buffalo, N. Y., V. St. A., *Herstellung von Wasserstoffperoxyd* aus H_2 u. O_2 im Kreisprozeß durch abwechselnde Red. von alkyliertem (Anthra-) Chinon zum Hydrochinon u. Oxydation des Hydrochinons wieder zum Chinon unter Abspalten von H_2O_2. Red. u. Oxydation werden in einem Gemisch aus einem Lösungsm. für Chinon (z. B. Bzl.) u. einem Lösungsm. für Hydrochinon (z. B. einem höheren aliphat. Alkohol) durchgeführt. Als bessere Lösungsmittel für Hydrochinon werden nun organ. Ester der Phosphorsäure der Formel $O{:}P(OR_1)(OR_2)(OR_3)$ [nach dem zweiten Patent: der Phosphonsäure der Formel $O{:}P(R_4)(OR_5)(OR_6)$], in der R_1, R_2 u. R_3 gleiche oder verschied. Alkyl- oder Arylgruppen [R_4 eine Alkyl-, Alkenyl-, Aryl-Arylalkyl- oder Arylalkenylgruppe, R_5 u. R_6 eine mindestens 3 C-Atome enthaltende Alkyl- oder Arylgruppe] bedeuten, vorgeschlagen, z. B. Tributylphosphat, Trioctylphosphat, Diphenylkresylphosphat [bzw. Dioctyloctenylphosphonat, Dioctylstyrylphosphonat, Dikresylphenylphosphonat]. — Vgl. auch **D. B. PP. 834 094;** C. **1952.** 4991 u. 833 953; C. **1952.** 5152. (**E. PP. 671 524** vom 23/10. 1950, ausg. 7/5. 1952 u. 669 274 vom 28/9. 1950, ausg. 2/4. 1952. Beide A. Prior. 9/3. 1950.) R. SCHREINER. H 241

Buffalo Electro-Chemical Co., Inc., Tonawanda, übert. von: **George G. Crewson,** Snyder, und **Max E. Bretschger,** Buffalo, N. Y., V. St. A., *Herstellung von wässerigem Wasserstoffperoxyd von hoher Reinheit und hohem O_2-Gehalt,* indem eine verunreinigte angesäuerte wss. Lsg. von H_2O_2 der partiellen Dest. unter Vakuum so lange unterworfen wird, bis der Geh. an Verunreinigungen in der fl. Phase auf wenigstens das 7fache angewachsen ist, wobei die Dämpfe kondensiert u. zu reinem wss. H_2O_2 rektifiziert werden. — Zeichnung. (**A. P. 2 684 889** vom 11/7. 1945, ausg. 27/7. 1954.) K. DEMMLER. H 241

E. I. du Pont de Nemours & Co., Wilmington, Del., übert. von: **James H. Young,** Niagara Falls, N. Y., V. St. A., *Entfernen von Schwermetallverunreinigungen aus wässerigen Wasserstoffperoxydlösungen,* die > 25 Gew.-% H_2O_2 enthalten, indem die Lsgg. bei p_H 0—3,6 mit einem kernsubstituierten aromat. KW-stoffkationenaustauscher, der mit der wss. Lsg. einer starken Mineralsäure bis zu einem < 30 p.p.m. liegenden Fe-Geh. gewaschen worden ist, so lange behandelt werden, bis der Fe-Geh. des Austauschers 30 p.p.m. überschreitet. (**A. P. 2 676 923** vom 24/6. 1950, ausg. 27/4. 1954.) K. DEMMLER. H 241

Texas Co., New York, N. Y., übert. von: **Jay B. Malin,** Whittier, Calif., V. St. A., *Erzeugen von Wasserstoff und Kohlenmonoxyd* durch Rk. eines bei n. Temp. gasförmigen KW-stoffs mit O_2-haltigem Gas in einer 4-Takt-Verbrennungsmaschine, indem nach dem Ausstoßen der Verbrennungsprodd. zwecks Kühlung in den Verbrennungsraum erst Luft, danach der KW-stoff u. anschließend reiner O_2 eingeführt u. das Gemisch komprimiert u. gezündet wird. Das Reaktionsprod. ist für die *NH_3-Synth.* geeignet. (**A. P. 2 694 003** vom 29/11. 1950, ausg. 9/11. 1954.) K. DEMMLER. H 243

Jonas Kamlet, Easton, Conn., V. St. A., *Herstellen von Natriumfluorid mit geringem Gehalt an SiO_2.* Die wenig SiO_2 enthaltende wss. Lsg. von Fluoroborsäure wird mit NaOH, Na_2CO_3 oder $NaHCO_3$ umgesetzt, wobei bei einer Temp. zwischen 70 u. 100° wenigstens 4 (Mol) der Na-Verb. auf 1 der Fluoroborsäure kommen; der abgetrennte, unlösl. Nd. von NaF enthält < 0,02% SiO_2. (**A. P. 2 692 186** vom 25/6. 1953, ausg. 19/10. 1954.) K. DEMMLER. H 246

Soc. d'Électro-Chimie, d'Électro-Métallurgie et des Aciéries Électriques d'Ugine, Paris, Frankreich, *Herstellen von Natriumchlorat* durch Elektrolyse, indem man die NaCl-Lsg. im Zwischenraum zwischen Anode u. Kathode zirkulieren läßt, während man außerhalb dieses Zwischenraums die Lsg. u. das elektrolyt. entwickelte Cl_2 so lange in Berührung hält, bis das NaOH alles Cl_2 gebunden hat; die so erhaltene Lsg. von NaOCl u. NaCl wird bei genügend hoher Temp., z. B. 40°, auf chem. Wege oder elektrolyt. in Chlorat übergeführt. — Vgl. auch Schwz. P. 304 028; C. **1955.** 8705. (**E. P. 714 234** vom 19/11. 1952, ausg. 25/8. 1954. F. Prior. 28/11. 1951.) K. DEMMLER. H 247

Hydrocarbon Research, Inc., New York, übert. von: **Paul W. Garbo,** Freeport, N. Y., V. St. A., *Herstellung von Kohlenmonoxyd und Wasserstoff* aus Kohle, Lignit, Torf u. dgl., indem das C-haltige Material unter Zusatz von O_2 bei 1400—2000° F im Fließbettverf. zu gasförmigen Prodd., die C u. H im gleichen Mol. enthalten, umgesetzt wird; anschließend werden diese Prodd. bei wenigstens ca. 2000° F mit weiterem O_2 zu CO u. H_2 reformiert. — Zeichnung. (**A. P. 2 674 524** vom 21/7. 1951, ausg. 6/4. 1954.) K. DEMMLER. H 260

Hans-Heinrich-Hütte G. m. b. H., Frankfurt/M. (Erfinder: **Egon Wiberg** und **Max Schmidt,** München), *Herstellung lithiumbromidhaltiger Lösungen von Lithiumaluminiumhydrid* gemäß D. B. P. 893 789, dad. gek., daß an Stelle von Ae. andere geeignete Lösungsmittel für $AlBr_3$, bes. Tetrahydrofuran, zum Lösen des $AlBr_3$ u. Suspendieren des LiH verwendet werden. Nach Ausreagieren des in Lsg. befindlichen $LiAlH_4$ u. zweckmäßig Abtrennen, bes. der darin enthaltenen wertvollen Bestandteile an LiBr, wird das Lösungsm. im Kreislauf geführt. (**D. B. P. 930 203** Kl. 12i vom 15/7. 1952, ausg. 11/7. 1955. Anmeldung bekanntgemacht 5/1. 1955. **Zusatz zu D. B. P. 893 789; C. 1955. 904.**) R. SCHREINER. H 273

E. I. du Pont de Nemours & Co., übert. von: **Robert M. McKinney,** Wilmington, Del., V. St. A., *Herstellung von Titantetrachlorid.* Im unteren Teil eines großen Reaktionsraumes setzt man ein feinteiliges Gemisch von Titanerzen u. einem festen, C-haltigen Reduktionsmittel bei 850—1000° in einer Wirbelschicht mit von unten eingeleitetem Cl_2 um. Die gasförmigen Reaktionsprodd. leitet man im Gegenstrom durch das der Wirbelschicht zuzuführende Gemisch, um dieses aufzuheizen u. den Cl_2-Rest der Gase zu verwerten. Aus den so gekühlten Gasen wird $TiCl_4$ auskondensiert. Zur Verhinderung des Sinterns u. der Bldg. von $FeCl_2$ kühlt man die Wirbelschicht, indem man aus ihr laufend einen Teil der Farbstoffe abführt, diese kühlt u. wieder zurückführt. Man kann das Gemisch zusammen mit dem Cl_2 von unten dem Wirbelschichtofen zuführen u. hierbei bei 600—1050° arbeiten. Das Verhältnis von Ti-Erz: Reduktionsmittel beträgt 1:2—1:6, bes. 1 Rutil oder Ilmenit:5 Koks. — Abbildung. (**A. P. 2 701 179** vom 24/2. 1951, ausg. 1/2. 1955.) A. Zürn. H 321

International General Electric Co., Inc., New York, N. Y., V. St. A., *Gewinnung von Germanium*, das bes. als *Halbleiter* Verwendung findet. Man stellt sich eine Ge-Schmelze her u. läßt diese in Tropfenform durch eine chem. inerte Atmosphäre in eine Fl. eintropfen, in der sie sich verfestigt. (**It. P. 480 107** vom 19/12. 1950. A. Prior. 23/12. 1949.) H. Nebelsiek. H 326

Ethyl Corp., New York, N. Y., V. St. A., *Gewinnung von Tetraalkylbleiverbindungen* aus dem bei der Rk. einer Pb–Alkalimetall-Legierung mit einem Alkylierungsmittel im Überschuß erhaltenen Schlamm, der eine Lsg. von Tetraalkylblei in dem Alkylierungsmittel, vermischt mit den Feststoffen aus der Rk. u. alkal. reagierenden Stoffen, darstellt. Der Schlamm wird mit W., mindestens 1 Mol pro Mol der alkal. reagierenden Stoffe, versetzt, dann mit verd. wss. Säure bis zu $p_H < 7$ versetzt, wobei von Säure u. W. nicht > 50 Teile auf 100 Schlamm kommen. Die Bleialkyllsg. wird dann von der wss. Lsg. u. den Feststoffen oben abgezogen. — Zeichnung. (**E. P. 724 155** vom 5/8. 1952, ausg. 16/2. 1955. A. Prior. 31/8. 1951.) J. Mühleisen. H 328

United States of America, übert. von: **Donnele W. Sherwood**, Leonia, N. J., und **Gregory C. Banikiotes**, Brooklyn, N. Y., V. St. A., *Gewinnung von Wolframoxyfluorid* durch Überleiten von gasförmigem F_2 bei 230—400, bes. 245°, über WO_3. Das gasförmig entweichende WOF_4 wird in einer 1. Stufe zu einer Fl. kondensiert u. in einer 2. zu festem WOF_4. In ähnlicher Weise erhält man bei 400—625° *$MoOF_4$*. — Vorrichtung. (**A. P. 2 695 214** vom 11/10. 1945, ausg. 23/11. 1954.) H. Nebelsiek. H 337

VI. Silicatchemie. Baustoffe.

György Korányi, *Neuere Versuche über die Reinigung der Gläser*. Bei den zur Klärung der Entgasung von Glasschmelzen ausgeführten Modellverss. mit viscosen Fll., wobei die Größe u. Aufstieggeschwindigkeit von Gasblasen beobachtet wurde, ergab sich, daß sich große Gasblasen nur in Fll. kleiner Oberflächenspannung vereinigen, also in Glasflüssen, deren Oberflächenspannung 180—300 dyn/cm beträgt, eine Vereinigung ausgeschlossen ist. Kleine Blasen vereinigen sich in keiner Flüssigkeit. In erstarrten Glasflüssen konnte nie eine solche Blasendeformation beobachtet werden, woraus man auf eine Vereinigung schließen könnte. Die diesbzgl. Theorie von Jebsen-Marwedel ist demzufolge zu verwerfen. (Építöanyag [Baumaterial] **6**. 317—21. Sept. 1954.) J. Plank. 6174

A. J. Dodd, *Ein- und mehrfarbige lithographische Reproduktionen auf Emailoberflächen.* (Sheet Metal Ind. **28**. 282—87. März 1951.) F. Vier. 6212

Ss. W. Filippowa, *Neue Glasuren für keramische Verkleidungen*. Eine der Hauptforderungen, die an Verkleidungen gestellt werden, ist ihre chem. Widerstandsfähigkeit. Unter den Stoffen, welche bei Glaserzeugnissen zur Erhöhung derselben führen, nimmt ZrO die erste Stelle ein, denn es ist gegen alle in Frage kommenden Reagentien resistent. — Es werden Beispiele von rohen u. gefritteten Emails angeführt, die in ca. 165 verschied. Farben u. Schattierungen hergestellt wurden u. nach der Helligkeit u. Weichheit des Farbtones den Anforderungen des modernen Bauwesens entsprechen. (Стекло и Керамика [Glas u. Keram.] **10**. Nr. 9. 19—20. Sept. 1953.) E. v. Pezold. 6212

R. E. Wolfensperger, *Praktische Hinweise über widerstandsfähige Siliciumcarbidauskleidungen.* Bericht über feuerfeste Materialien aus Siliciumcarbid u. ihre verschied. Anwendungen hinsichtlich hoher Widerstandsfähigkeit. (Blast Furnace Steel Plant **43**. 310—14. März 1955. Carborundum Comp.) A. Schaal. 6218

H. E. Vivian, *Untersuchungen über die Reaktion von Zement mit Zuschlagstoff.* 19. Mitt. *Die Abhängigkeit des Treibens von Mörtel von der Teilchengröße der reagierenden Komponente im Zuschlagstoff.* (18. vgl. Davis, C. **1955**. 7060.) Es wurde festgestellt, daß das Treiben von Mörteln, welche einen hohen %-Satz von feinem reaktionsfähigem Zuschlagstoff enthalten, größer ist, als wenn im Mörtel der gleiche %-Satz an grobem Zuschlagstoff enthalten ist. Wenn alle Zuschlagstoffteilchen sehr fein sind, verursachen sie kein abnormales Treiben des Mörtels. (Austral. J. appl. Sci. **2**. 488—94. Dez. 1951.) K. Seidel. 6222

J. K. McGowan und **H. E. Vivian**, *Untersuchungen über die Reaktion von Zement mit Zuschlagstoff.* 20. Mitt. *Die Beziehungen zwischen Rißbildung und Treiben des Mörtels.* (19. vgl. vorst. Ref.) Es wird eine Beziehung zwischen der gemessenen Dehnung von Mörteln, in welchen der Zement mit den Zuschlagstoffen reagiert, u. der Anzahl u. Weite der im Mörtel auftretenden Risse festgestellt. (Austral. J. appl. Sci. **3**. 228—32. Sept. 1952.) K. Seidel. 6222

Vittorio Cirilli und **Cesare Brisi**, *Einfluß des Kalkmoduls auf die Zusammensetzung der Eisenphase im Portlandzementklinker.* (Vgl. C. 1954. 11519.) Mit dem Ziel der Ermittlung der Klinkerkomponenten, bes. der Eisenphase, erbrennen Vff. verschied. künstliche Zemente. In ergänzender Bestätigung früherer Arbeiten (vgl. l. c.) zeigt sich, daß der Einfl. des Kalkmoduls bei den in der Praxis vorkommenden Verhältnissen ein äußerst geringer ist. Trotz wechselnder u. sehr unterschiedlicher C_2S- u. C_3S-Mengen wird bei mkr. Prüfungen an wassergeätzten Schliffen die gesamte Tonerde in der festen Eisenphase gefunden, wo sie als $2\,CaO(Al, Fe)_2O_3$ vorliegt. (Ind. ital. Cemento **25**. 5—8. Jan. 1955. Torino, Politecnico, Ist. di Chim. gen. e appl., u. Ist. di Metallurgia.) W. ANIKA. 6222

P. Esenwein, *Thermoanalytische Untersuchungen an frischen und gelagerten Portlandzementen.* Zementproben von 16 schweizer. Zementfabriken wurden im Anlieferungszustand, nach 28tägiger Lagerung unter luftdichtem Verschluß u. nach 7- u. 28tägiger offener Lagerung bei 18° u. 70% relativer Luftfeuchte thermoanalyt. mit einer selbstregistrierenden Thermowaage untersucht. Aus den erhaltenen Gewichtsverlust–Temp.-Kurven wurde u. a. entnommen, daß der dem Zementklinker zugesetzte Gipsstein im fabrikfrischen Zement in mehr oder weniger dehydratisierter Form, bisweilen als Anhydrit vorliegt u. das bei der Feuchtlagerung der Zemente aufgenommene W. zuerst an $CaSO_4$ angelagert wird, während die Bldg. von $Ca(OH)_2$ u. Ca-Silicathydraten erst in zweiter Linie zu verzeichnen ist. Einige Proben wurden zur Ergänzung u. Bestätigung dieser Messungen, bes. auch zum Nachw. geringer Mengen an Sulfidverbb., auch differentialthermoanalyt. untersucht. (Schweiz. Arch. ang. Wiss. Techn. **20**. 365—70. Nov. 1954. Zürich, Eidg. Materialprüfungs- u. Versuchsanst.) W. GELMROTH. 6222

H. Eigen, *Herstellung von halbsaurem Dolomit mit aktivem MgO im Drehofen.* Beschreibung mit Wärmebilanz eines Verf. zur Herst. von $MgO \cdot CaCO_3$ aus Dolomit (I) im Drehrohrofen bei ca. 700° mit Umwälzung von lufthaltigem Abgas zwecks Einhaltung der für die selektive Zers. des I erforderlichen CO_2-Partialdruckes, der stets größer sein muß als der Dissoziationsdruck des $CaCO_3$. Durch die Abgasumwälzung wird außerdem etwaiges CaO recarbonatisiert u. die wärmewirtschaftliche Voraussetzung für den Prozeß geschaffen. Vf. errechnet den Wärmeverbrauch zu 325 kcal je kg $MgO \cdot CaCO_3$. (Zement-Kalk-Gips **8** (44). 44—47. Febr. 1955. Remscheid-Lennep.) W. GELMROTH. 6226

Folke Sandford und **Berne Liljegren**, *Die Trocknung von Rohziegeln und ihr Einfluß auf die Frostbeständigkeit des Ziegels.* Beim Trocknen von Rohziegeln soll die Temp., mit der der Ziegel die Presse verläßt, nicht überschritten werden; etwa notwendige höhere Temp. ist möglichst vor der Presse einzustellen. (Chalmers Tekn. Högskolas Handl. **1955**. Nr. 160. 1—22.) R. K. MÜLLER. 6228

Mario Balzano, *Die plastifizierenden Eigenschaften von Asphalt im Beton.* Unterss. an Betongemischen, denen an Stelle von Sand in der Größenordnung von 20—25 Gew.-% (bezogen auf das trockene Betongemisch) gemahlener Naturasphalt zugesetzt wird, zeigen, daß der Beton, der bes. für den Straßenbau vorgesehen ist, sich gegenüber dem üblichen Straßenbeton durch erhöhte Elastizität auszeichnet. Vf. berichtet über Verss., die in Abhängigkeit vom Straßenunterbau, der Betonmischung sowie mit verschied. italien. Naturasphalten durchgeführt werden. Es wird deutlich, daß die Oberschicht aus „Asphaltbeton", wenn bei vertretbarem Aufwand ein maximaler Nutzen erreicht werden soll, eine Stärke von 2—2,5 cm haben muß. Die Elastizität der Straßendecke wird im allg. erst im Falle größerer Belastung voll wirksam. Die an Straßen, Flugzeugrollbahnen u. Hallenböden durchgeführten prakt. Verss. machen deutlich, daß dieser Beton sich in allen Fällen bewährt u. zum Teil dem Straßenbeton überlegen ist. (Ind. ital. Cemento **25**. 9—12. Jan. 1955.) W. ANIKA. 6230

F. Erdmann-Jesnitzer und **W. Lorenz**, *Bestimmung der Materialeigenschaften von Schlackenwolle.* Besprechung erprobter Verff. zur Messung folgender Eigg.: äußere Erscheinung, Farbe, Faserlänge u. -dicke Anteil der nichtfaserigen Bestandteile, Verh. gegen Feuchtigkeit, p_H-Wert, Raumgewicht, D., Verh. bei hohen Tempp. u. Wärmeleitfähigkeit. (Technik **6**. 13—14. Jan. 1951. Freiberg/Sa., Bergakad., Inst. für Metallkunde u. Materialprüfung.) B. HABBEL. 6234

Johannes Löffler, *Beitrag zur Bestimmung der Kieselsäure in Kalk–Natron-Gläsern.* Es wird darauf verwiesen, daß die Kieselsäurebest. bei der üblichen Silicatanalyse meist um einige Zehntelprozent zu gering ausfällt. Nach Unters. der Ursachen hierfür gibt Vf. ein Verf., nach dem die Ergebnisse den theoret. Werten sehr nahekommen. Dabei wird nach dem Aufschluß der Schmelzkuchen in einer Tantalschale in HCl gelöst, eingedampft u. bis zum Umschlagen der Eisenfarbe von Gelb nach Braun getrocknet. Nach Aufnahme mit HCl wird dies wiederholt. Weiter mit 20%ig. HCl angefeuchtet, verd. u. mit heißem W. bis zur Chlorfreiheit ausgewaschen. Nach Wiederholung mit schwach HCl-haltigem W. wird so lange gewaschen, bis der Nd. alkalichloridfrei ist. Es wird weiter angegeben, wie die noch immer in der Lsg. vorhandenen wenigen mg SiO_2 bestimmt werden können. Es werden für die Durchführung noch Angaben über Möglichkeiten der Beschleunigung gegeben u. auftretende Fehler besprochen. (Glastechn. Ber. **27.** 321—23. Sept. 1954.) L. KÜHNERT. 6242

O. Kallauner, *Die Prüfung der Widerstandsfähigkeit von Kacheln gegen plötzliche Temperaturänderungen.* Die Prüfung der Temperaturwechselbeständigkeit nach den *ČS*-Normen geschieht durch Aufgießen von geschmolzenem Pb (bei 375—400°) auf die ausgekühlte Kachel. Es wird die Verwendung einer leichtfl. Legierung bei 200° vorgeschlagen. (Stavivo **31.** 199. Aug. 1953. Brno [Brünn], Státn. Výzk. úst. silik.) K. STEINER. 6248

Hans Haböck, *Schnellanalysenmethoden zur Bestimmung des CaO, MgO* und *Fe_2O_3 mittels Komplexon III im Zementlaboratorium.* Vorschriften für das Titrieren von Ca^{2+} (alkal., Indicator: Murexid), Mg^{2+} + Ca^{2+} (NH_4^+- u. NH_3-haltig, Indicator Eriochromschwarz T) u. Fe^{3+} (schwach sauer, Indicator: Salicylsäure) mit 0,1mol. Lsg. von Komplexon III (äthylendiamintetraessigsaures Na) in Kalkstein, Mergel, Zement u. Klinker. — Dauer 30—60 Min., Fehler $\pm$0,1—0,2% CaO oder MgO. (Tonind.-Ztg. keram. Rdsch. **78.** 171—73. Juni 1954. Kirchbichl, Tirol.) K. BLUMRICH. 6252

Deutsche Norton-Ges. m. b. H., Wesseling/Köln (Erfinder: **Archibald H. Ballard** und **Douglas W. Marshall,** Niagara Falls, Can.), *Herstellung von gekörntem Zirkonoxyd von geringem Raumgewicht* durch Löschen der ZrO_2-Schmelze in strömendem W., wobei diesem Wasserstrom eine Geschwindigkeit von mindestens 15 m/Sek. gegeben wird. *Feuerfestes* Material. — Abbildungen. (**D. B. P. 929 357** Kl. 12m vom 26/7. 1952, ausg. 27/6. 1955. Anmeldung bekanntgemacht 5/1. 1955.) H. NEBELSIEK. 6219

VII. Agrikulturchemie. Schädlingsbekämpfung.

Shōichiro Nagai, Jumpei Ando und **Makoto Sakamaki,** *Über calcinierte Phosphatdünger.* 4. Mitt. (3. vgl. J. chem. Soc. Japan, ind. Chem. Sect. [Kōgyō Kagaku Zassi] **56.** [1953.] 12.) 5 Arten Naturphosphate werden statt mit Soda oder Na_2SO_4 mit K_2SO_4 (I) sowie mit C u. Dampf bei 1300° behandelt. Ein beträchtlicher Teil des zugesetzten K-Salzes verflüchtigt sich, was durch Zusatz von SiO_2 u. tiefere Reaktionstemp. im wesentlichen vermeidbar ist. Das beste Prod., aus Nodoshima- u. Makatea–Phosphat (1:1), mit 20% I u. 20% C 30 Min. bei 1300° behandelt, enthielt (insgesamt) 28,3% PO_4 u. 8,04% K bzw. in 2% Citronensäure lösl. 25,9% PO_4 u. 7,45% K. (J. chem. Soc. Japan, ind. Chem. Sect. [Kōgyō Kagaku Zassi] **56.** 62—64. Febr. 1953. Tokyo, Univ. [Orig.: japan.]) L. SCHULER. 6282

Shōichiro Nagai und **Jumpei Ando,** *Über calcinierte Phosphatdünger.* 5. Mitt. (4. vgl. vorst. Ref.) Weitere Verss. mit Phosphatmineral aus Angaur oder Makatea (35% P_2O_5 [I], 0,2—0,9% freie SiO_2 [II]) u. Florida (32% I, 7% II) durch Zugabe wechselnder Mengen an Na_2SO_4, II u. C u. Behandlung in Ggw. von Wasserdampf bei 1320° die richtige Menge der Zuschläge zu finden, bestätigen, daß das günstigste Mol-Verhältnis CaO/II = 2:1 ist. Mangel an II ergibt Phosphatdünger von niedriger Citronensäure (2%)-löslichkeit, Überschuß an II erniedrigt den Erweichungspunkt. (J. chem. Soc. Japan, ind. Chem. Sect. [Kōgyō Kagaku Zassi] **56.** 138—40. März 1953. [Orig.: japan.]) L. SCHULER. 6282

E. J. Fox, H. E. Batson jr. und **A. V. Breen,** *Oberflächenaktive Stoffe für Düngemittel, Verwendung oberflächenaktiver Stoffe beim sauren Phosphataufschluß.* In Laboratoriumsverss. wurde der Einfl. von 4 anion. u. 4 nichtion. oberflächenakt. Stoffen an mehreren Phosphaten auf Volumenzunahme beim Mischen mit Säure, auf Reaktions- u. Trocknungszeit sowie auf die Härte des Prod. ermittelt. Der Einfl. war bei Konzentraten u. nichtion. Stoffen am stärksten. Die günstigen Wirkungen auf die mechan. Eigg. des Prod. geben Anlaß zu eingehenderen Untersuchungen. (J. agric. Food. Chem. **2.** 618—23. 9/6. 1954. Beltsville, Md., U. S. Dep. of Agric.) H. ECKHARD. 6282

S. Trocmé und **G. Barbier,** *Untersuchung von Phosphatschlacken, die nach einem neuen Herstellungsverfahren in granulierter Form anfallen.* Zwei Schlackenproben, die durch Zerstäuben der Schlackenschmelze u. Abkühlen in kaltem W. in granulierter Form u. nach dem bisher gebräuchlichen Verf. (Zerkleinern der erstarrten Schlacke) anfallen, werden bzgl. Wasser- u. Citratlöslichkeit, Porosität, Kristallgröße, chem. u. mineralog. Zus. u. Düngewrkg. miteinander verglichen. Die granulierte Schlacke hat die gleiche Eignung, sich im Boden zu lösen u. die Pflanzen mit P_2O_5 zu versorgen, wie die gewöhnliche Schlacke. (C. R. hebd. Séances Acad. Agric. France **1954.** 196—201. März.) W. WESLY. 6282

Robert W. Way und **Elmer L. Nelson,** *Phosphatumsetzung. Einfluß von Natriumsalzen auf die Bildung citratunlöslichen Phosphorpentoxyds in Mischdüngern.* Kleine Mengen anorgan. Na-Salze, ca. 1%, verhindern erheblich die Bldg. von citratunlösl. P_2O_5 in NP- u. NPK-Mischdüngern, bes., wenn der Zusatz schon vor dem Säureaufschluß des Phosphates erfolgt. (J. agric. Food Chem. **2.** 624—28. 9/6. 1954. Hopewell, Va., All. Chem. and Dye Corp.) H. ECKHARD. 6290

Takamura Suzuki, Masanao Nakagawa und **Eizō Takeda,** *Nutzbarmachung von Jarosit.* 3. Mitt. *Prüfung der Herstellung von Eisen–Ammonsulfat-Kalidünger durch Calcinieren von Jarosit im Versuchsbetrieb.* (2. vgl. J. chem. Soc. Japan, ind. Chem. Sect. [Kogyo Kagaku Zassi] **55.** [1953.] 196.) Eine braune Düngermischung, enthaltend 52 bis 64% Fe_3O_4, 4,8—6,3% K_2O u. 4,3—5,5% N wurde erhalten durch 30—40 Min. langes Calcinieren von gepulvertem Jarosit in einem Drehofen bei 400—600°, Zugabe von 20% W. u. 30 Min. langes Behandeln mit NH_3 bei ca. 500°. (J. chem. Soc. Japan, ind. Chem. Sect. [Kōgyō Kagaku Zassi] **56.** 228—30. April 1953. Tokyo, Staatl. chem. ind. Forsch.-Inst. [Orig.: japan.]) L. SCHULER. 6290

Carlos L. Locsin, *Filterkuchen als Düngemittel.* Zuckerrohrfilterkuchen bilden in Mischung mit Abfallmelasse u. Mühlenasche ein gutes Düngemittel. (Sugar News **29.** 405—09. Sept. 1953.) C. GRIMME. 6294

Silvia Campanile, *Vegetationsboden für Trifolium Thalii Vill. in Campo Imperatore (Abbruzzen).* Mitt. physikal. u. chem. Untersuchungsdaten des Bodens. (Ann. Sperimentaz. agrar. [N. S.] **5.** 641—47. 1951. Ann. Staz. chim.-agrar.-sperim. Roma [III]. **1950.** Publ. Nr. 41. 1—7. Rom.) C. GRIMME. 6300

W. A. Tschernow, *Über die Natur der Bodenacidität.* Vf. behandelt die theoret. Vorstellungen über die Austauschacidität des Bodens, wonach diese entweder durch die H-Ionen oder die Al-Ionen bedingt ist. Zur Klärung dieser Frage werden Proben von Podsol- Roterde mindestens 10mal abwechselnd mit HCl u. KCl (I) behandelt u. in der I-Lsg. jedesmal der Geh. an Al^{3+} u. H^+ bestimmt. Unabhängig von der Art der Behandlung mit HCl treten im I-Filtrat ständig H^+ u. Al^{3+} auf. Mit zunehmender Wiederholung dieser Behandlung nimmt Al^{3+} ab, H^+ zu. Folgt die I-Behandlung erst einige Tage nach der HCl-Behandlung, so nimmt in der titrierbaren Gesamtacidität Al^{3+} zu, H^+ ab. Damit ist erwiesen, daß die Verdrängung der adsorbierten H-Ionen durch Al^{3+} durch die Nichtsilicatformen von Al erfolgt. (Почвоведение [Bodenkunde] **1952.** 899—907. Okt.) E. LINTER. 6304

M. D. Bachulin und **A. I. Terjajewa,** *Agrochemische Merkmale aschereicher Torfarten.* Unters. von 9 Niederungstorfarten auf mkr. Zus., Zersetzungsgrad, Aschebestandteile, austauschbares P_2O_5, CaO u. p_H der KCl-Suspensionen. (Доклады Всесоюзной ордена Ленина Академии Сельскохозяйственных Наук имени В. И. Ленина [Ber. Allunions landwirtsch. (Lenin-Orden) Lenin-Akad.] **17.** Nr. 10. 27—31. Okt. 1952. Allunions Wiss. Forschungsinst. für Hydrotechn. u. Melioration.) A. JACOB. 6304

P. D. Karunakar und **F. L. Daniel,** *Vorstudien über die p_H-Schwankungen in Reisböden während des Wachstums der Reispflanzen.* Untersucht wurde der Einfl. wechselnder Gaben von N, K, P einzeln u. in Kombination mit u. ohne Naturdünger. Die gedüngten Böden zeigten etwas höheren p_H-Wert als die ungedüngten. Während des Wachstums zeigten die Böden 2 p_H-Maxima u. 2 Minima, die ersteren bei Beginn u. in der Blüte (Milchstadium), die letzteren während des starken Wachstums u. der Reife. Der p_H-Verlauf entspricht bestimmten Wachstumsfunktionen der Reispflanze. — Literaturnachweis. (Indian J. agric. Sci. **20.** 173—83. Juni 1950. Madras, Dep. of Agric.) B. SCHEIFELE. 6304

M. A. Bobritzkaja, *Untersuchung der Aschezusammensetzung von Gräsern (Klee und Timotheegras) im Zusammenhang mit der Bodenbildung in der Zone der Podsolböden unter der Grasnarbe.* Rotklee zeigt den maximalen Geh. an Aschenelementen (7—8%) im Stadium der Blütenknospenbldg.; zum 1. Schnitt sinkt der Geh. bis auf 5% u. im Reifestadium im 3. Lebensjahr bis auf 3%. Auf Ca entfallen über 40% der Aschenelemente, ebensoviel auf K. Bes. stark häuft sich Ca im 3. Lebensjahr des Rotklees an. Sehr bedeutend ist auch der Anteil an P_2O_5. Die Wurzeln des Rotklees sind an Aschenelementen, darunter auch an Ca, bedeutend ärmer als die oberird. Teile. Unter den Aschenelementen der Wurzelmasse dominieren K u. S. Die Anhäufung von S in der Pflanze äußert sich bes. stark in der Nähe von größeren Industrieorten. Beim Vgl. des Geh. an einzelnen Aschenelementen in der Kleepflanze mit dem des untersuchten Podsolbodens bestätigte sich die These von POLYNOW, daß die Intensität der Verwertung der mineral. Elemente durch die Pflanze sich nicht nach der Menge von leichtlösl. Verbb. im Boden, sondern nach der auswählenden Fähigkeit der Pflanze richtet. — Unter den Aschenelementen des Timotheegrases dominieren K u. Si, Ca dagegen ist nur in geringen

Mengen vorhanden. Bei der Anreicherung des Bodens an Ca u. K spielen die nach dem Schnitt verbleibenden Stoppeln eine große Rolle. Bes. viel Ca liefern dem Boden die Rückstände der oberird. Teile der Pflanzen. (Почвоведение [Bodenkunde] **1955.** Nr. 1. 64—77. Jan. Dokutschajew-Inst. für Bodenkunde der Akad. der Wiss. der UdSSR.)
M. GORDIENKO. 6304

Ss. A. Kudrin, *Der Kreislauf des Phosphors und die Umwandlungen der Phosphate im Boden.* Übersichtsarbeit unter besonderer Berücksichtigung der theoret. Vorstellungen. (Агробиология [Agrobiologie] **1952.** Nr. 5. 91—101. Sept./Okt.) A. JACOB. 6304

M. F. Chandraratna und **L. H. Fernando,** *Untersuchungen über die Düngerwirkung bei Reis. 1. Mitt. Direkte, Rest- und kumulative Wirkung verschiedener Phosphatdünger.* Superphosphat, Hyperphosphat, Saphos u. Mg-Phosphat bewirkten Ertragssteigerung, u. zwar zeigten Superphosphat u. Mg-Phosphat hauptsächlich kumulative Wrkg., während Hyperphosphat vor allem Restwrkg. ergab. In einer anderen Versuchsreihe ergab sich gleichmäßige Phosphataufnahme, wobei Ammophos in den letzten drei Wachstumsperioden dem Superphosphat überlegen war. (Trop. Agriculturist **110.** 178 bis 189. Juli/Sept. 1954.) B. SCHEIFELE. 6304

A. Je. Wosbutzkaja, *Fragen der Anwendung von granulierten Düngern im Nordosten.* Die Acidität des *granulierten* Handels-*Superphosphats* schädigt bei der Reihensaat die Keimenergie, es ist eine Neutralisierung durch Zusatz von Lauge notwendig. *Organophosphatgranula* liefern energet. Material für die Mikroorganismen, die sich in unmittelbarer Nähe der Granula stark vermehren u. zu denen hauptsächlich Clostridium pasteurianum gehört. Nach der Ernte wurde festgestellt, daß die Organophosphatgranula im Gegensatz zu Superphosphatgranula von Pflanzenwurzeln umflochten waren. (Советская Агрономия [Sowjet. Landwirtschaftskunde] **10.** Nr. 1. 69—80. Jan. 1952. Zonales Ackerbauinst. für den europäischen Nordosten der UdSSR.) E. LINTER. 6304

W. A. Tjulin und **T. B. Beuss,** *Die Wirkung organisch-mineralischer granulierter Düngemittel auf den Ertrag von Getreide und mehrjährigen Gräsern.* In Feldverss. wurde gezeigt, daß die Reiheneinbringung von granuliertem Superphosphat (I) zusammen mit dem Grassamen wirksam ist, wenn die P_2O_5 (II)-Gabe mindestens 10 kg/ha beträgt. Bei dieser Einbringung des granulierten I ist die Erhöhung der II-Dosis von 10 auf 20 kg/ha ohne Einfl. auf den Ertrag von Winterweizen. Bei Streuung ist granuliertes I im Vgl. zu I-Pulver nur dann vorteilhafter, wenn der Dünger sofort untergepflügt u. nicht dem Regen ausgesetzt wird. Bei Winterweizen ist die Wrkg. bei Streuung am stärksten bei der Korngröße 5—7 mm. Bei 12—15 mm Korngröße ist die Ertragssteigerung weniger stark. Bei Hafer sind beide Korngrößen gleich wirksam. In der Nachwrkg. sind die Granula mit maximalem Geh. an organ. Substanz am wirksamsten. 45 kg II als organ.-granuliertes I u. 15 Tonnen Stallmist je ha sind von gleicher Wrkg. auf 2 Ernten des Fruchtwechsels. (Советская Агрономия [Sowjet. Landwirtschaftskunde] **10.** Nr. 8. 56—62. Aug. 1952. Inst. für Getreidewirtsch. der Nichtschwarzerdezone.)
O. LEBTAG. 6304

O. K. Kedrow-Sichman und **A. I. Bajewa,** *Kalkung der Podsolböden unter der Grasnarbe als Faktor zur Erhöhung der Wirksamkeit von Stalldünger.* 6 t/ha *Dolomitmehl,* gegeben mit 20 t/ha *Stallmist* (**A**), bewirkten den gleichen Mehrertrag bei Gerste wie 40 t/ha Stallmist allein (**B**). In der Variante 3 t/ha *Kalk* + 20 t/ha Stallmist (**C**) war der Mehrertrag bei Gerste nur etwas geringer als **B**; der Mehrertrag bei den mehrjährigen Gräsern war bei **C** u. **B** gleich. Der p_H-Wert des Bodens veränderte sich bei den verschied. Varianten wie folgt: auf ungedüngt 4,6, bei **A** 4,95, bei **B** 4,8, bei **C** 5,0; Gaben von 6 t/ha Dolomitmehl allein erhöhten den p_H-Wert auf 5,0. (Почвоведение [Bodenkunde] **1955.** Nr. 1. 25—32. Jan. Allunions-Inst. für Düngung, Agrotechnik u. Agrobodenkunde.)
M. GORDIENKO. 6304

A. M. Sweschnikow, *Die Stelle der kalkhaltigen Düngemittel in der Feldgrasfruchtfolge.* Wie verschied. Unterss. zeigen, wird die Kalkwrkg. durch Zufuhr organ. Düngemittel (Stallmist, Torf) begünstigt. Am besten werden Kalk u. Stallmist im Verhältnis 2 : 40 4—5 Monate kompostiert u. darauf in Mengen von 20—40 t/ha dem Boden zugeführt, am besten zu Brache u. zu Hackfrüchten. Daneben empfiehlt es sich, zu mehrjährigen Gräsern 2 dz granulierten Kalk je ha, vermischt mit der Saat, u. 5—10 dz/ha nach der Aberntung der Deckfrucht zu geben. Für ähnliche Beidüngung können auch Hackfrüchte in Frage kommen. (Агробиология [Agrobiologie] **1952.** Nr. 3. 110—25. Mai/Juni.) E. LINTER. 6304

E. G. Raup, *Die Wirksamkeit kleiner Gaben von organisch-mineralischen Düngermischungen in der Estländischen SSR.* Kleine Gaben von Mineraldünger zum Sommergetreide (Gerste u. Weizen) bewirkten höhere Mehrerträge, wenn organ. Düngung zugegeben wurde. Erträge: auf mittlerem, carbonathaltigem, lehmigem Grasnarbeboden bei

Gerste ohne Düngung 18,8 dz/ha, bei Düngung mit NPK 26,0 dz/ha, bei NPK + Stallmist 30,9 dz/ha; auf sandigem, carbonathaltigem Grasnarbeboden entsprechend 22,8; 24,4; 26,7 dz/ha; auf ähnlichem Boden durch die gleiche Düngung bei Weizen entsprechend 16,3; 21,8; 23,2 dz/ha. Die Versuchsergebnisse bestätigen die Zweckmäßigkeit der Düngung mit kleinen Gaben organ. u. mineral. Dünger. In dieser Kombination beeinflußt die Düngung auch die Rk. des Bodens günstig. (Доклады Всесоюзной ордена Ленина Академии Сельскохозяйственных Наук имени В. И. Ленина [Ber. Allunions landwirtsch. (Lenin-Orden) Lenin-Akad.] 20. Nr. 4. 28—33. 1955. Inst. für Pflanzenbau der Akad. der Wiss. der EstSSR.) M. GORDIENKO. 6304

A. N. Kodenko, *Einfluß der Düngemittel auf frostgeschädigte Reben.* Reben der Sorten „Sylvaner" (a) u. „Aligote" (b), die in zwei vorhergehenden Jahren Frostschäden erlitten hatten, wurden mit Mineraldünger (NPK) in verschied. Mengen mit oder ohne Stallmist zu verschied. Zeiten gedüngt. Bei a), wo 4 Jahre vor dem Vers. 20 t/ha Stallmist gegeben wurden, brachten je 100 kg/ha N, K u. P ohne Stallmist eine Ertragssteigerung von 78%, bei b) dagegen eine solche von 10% (mit Stallmist 40%). Vom Standpunkt der Rentabilität empfiehlt es sich, Mineraldünger je 30 kg/ha N, K u. P in zwei Gaben vor u. nach der Blüte zu geben. (Доклады Всесоюзной ордена Ленина Академии Сельскохозяйственных Наук имени В. И. Ленина [Ber. Allunions landwirtsch. (Lenin-Orden) Lenin-Akad.] **17.** Nr. 1. 23—25. 1952. Kischin, Zweigstelle des Allunions Wiss. Forschungsinst. für Weinbau u. Weinbereitung „Magaratsch".) E. LINTER. 6304

S. Kandiah und **D. M. Rodrigo,** *Düngeversuche mit Kartoffeln in Rahangala.* Düngeverss. an Kartoffeln mit N, P, K u. Mist. Beste Wrkg. unter den klimat. u. Bodenverhältnissen von Ceylon ergab sich bei Anwendung von 12 t Mist, 4 cwt. Ammoniumsulfat u. 2 cwt. Saphos ohne Kali. (Trop. Agriculturist **110.** 190—200. Juli/Sept. 1954.) B. SCHEIFELE. 6304

J. H. L. Messing und **O. Owen,** *Die Wirkung einiger akuter Mineralstoffmängel auf dauernd blühende Nelken.* Zur Feststellung der Merkmale, die durch das Fehlen eines bestimmten Elementes an Nelken hervorgerufen wird, wurden diese in sterilem Sand mit einer Nährstofflsg. gegossen, der jeweils das zu testende Element fehlte. Die Symptome bei Mangel an N, P, K, Ca, Mg, S u. Bor sind beschrieben, dagegen gab Abwesenheit von Zn, Mn u. Fe keine Reaktion. (Exp. Res. Stat., Cheshunt, Herts, annu. Rep. **37.** 78—81. 1951. Cheshunt.) W. KNÖPKE. 6304

D. M. Massey und **O. Owen,** *Kalkbedingter Manganmangel bei Gewächshausrosen.* Durch Behandlung des Bodens mit S während der Vegetationsruhe kann der Mn-Mangel von Gewächshausrosen behoben werden. Die Düngung hatte eine Abnahme des p_H-Wertes zur Folge (unbehandelt: 7,33; 0,2% S: 6,44; 1,5% S: 3,55). Angewendet wurden 4 Unzen je sq.yard = ca. 0,2% S in der oberen 4 Zoll-Bodenschicht. Auf dem behandelten Boden gezogene Pflanzen zeigten gegenüber der Kontrolle einen kräftigeren Wuchs. Analyt. Unterss. der Pflanzen ergaben eine Steigerung des Mn-Geh. von 23,5 p.p.m. auf 106,5 p.p.m. (Exp. Res. Stat., Cheshunt, Herts., annu. Rep. **37.** 81—83. 1951. Cheshunt.) W. KNÖPKE. 6304

J. Völk, *Über Blattlausbeobachtungen und Krankheitsausbreitung bei verschieden gedüngten Kartoffeln.* Vortrag. — Inhaltlich ident. mit der C. **1954.** 11027 referierten Arbeit. (Mitt. biol. Bundesanst. Land- u. Forstwirtsch. Berlin-Dahlem **1954.** Nr. 80. 151—54. Juli. Braunschweig, Biol. Bundesanst. für Land- u. Forstwirtsch., Inst. für Virusforsch.) F. RANG. 6304

R. J. Higdon, *Die Wirkung von 2.4.5-Trichlorphenoxyessigsäure auf die Entwicklung und Reifung der Früchte von 18 Pfirsichsorten.* Durch Spritzen von 18 Pfirsichsorten mit 30—40 p.p.m. *2.4.5-T* wurde die Reifung der Früchte zwar um einige Tage beschleunigt u. ihre Färbung verbessert, ihre Haltbarkeit jedoch beeinträchtigt, u. es wurden Blattschäden verursacht. Zwischen den einzelnen Sorten bestanden bzgl. ihrer Empfindlichkeit gegen 2.4.5-T erhebliche Unterschiede. (Proc. Amer. Soc. horticult. Sci. **58.** 73—79. Dez. 1951. Clemson, S. C., South Carolina Agric. Exp. Stat.) F. RANG. 6304

W. H. Griggs, Ben T. Iwakiri und **J. E. de Tar,** *Die Wirkung von während der Blütezeit angewandter 2.4.5-Trichlorphenoxypropionsäure auf den Fruchtansatz von verschiedenen Birnensorten und auf Gestalt, Größe, Stiellänge, Samengehalt und Lagerfähigkeit von Bartlett-Birnen.* Bei Verss. in 8 Obstgärten wurde bei den stark zur Partenokarpie neigenden BARTLETT-Birnen durch Spritzen mit 100 p.p.m. *2.4.5-Trichlorphenoxypropionsäure* (I) bzw. deren Alkanolaminsalz der Fruchtansatz erheblich gesteigert, das Fruchtgewicht u. die Samenzahl dagegen vermindert. Bei den gespritzten Bäumen traten Blüten- u. Blattschäden auf. Die Lagerfähigkeit der Birnen wurde durch die Behandlung mit I nicht beeinträchtigt. Der Fruchtansatz einiger anderer nur wenig zur

Partenokarpie neigender Birnensorten wurde durch Spritzen mit I stark vermindert. (Proc. Amer. Soc. horticult. Sci. **58.** 37—45. Dez. 1951. Davis, Calif., Univ. of California.) F. RANG. 6304

R. M. Smock, L. J. Edgerton und **M. B. Hoffman**, *Einige Wirkungen von Maleinsäurehydrazid auf das Weichwerden und die Atmung von Apfelfrüchten.* Bei vorläufigen Verss. wurde durch Sprays mit 370 p.p.m. Diäthanolaminsalz des *Maleinsäurehydrazids* (I) das n. Weichwerden der Äpfel am Baum etwas verzögert. Die geernteten, mit I behandelten Früchte atmeten etwas weniger stark als die unbehandelten Kontrollen. Bei gleichzeitiger Anwendung von I mit *2.4.5-T* bzw. *NAA* wurde der reifebeschleunigende Effekt der Hormone aufgehoben, ohne daß eine Beeinträchtigung der erwünschten Hormonwirkungen eintrat. (Proc. Amer. Soc. horticult. Sci. **58.** 69—72. Dez. **1941.** Ithaca, N. Y., Cornell Univ.) F. RANG. 6304

Wm. S. Stewart und **H. Z. Hield**, *Wirkungen von Sprays mit Wachstumsreglern auf den Fruchtansatz von Avocado.* Durch Spritzen von Fuerte-Avocadobäumen mit einer 25 p.p.m. Isopropylester der *2.4-D* bzw. 2 p.p.m. Butylester der *2.4.5-T* enthaltenden 5%ig. Kerosinlsg. während der Blütezeit im November, Dezemeber, März oder April wurde der Ertrag an n. Früchten nicht beeinflußt. Die im April verabreichte 2.4-D-Spritzung erhöhte jedoch den Ertrag an samenlosen Früchten. — 12 Literaturangaben. (Proc. Amer. Soc. horticult. Sci. **58.** 53—56. Dez. 1951. Riverside, Calif., Univ. of California, Citrus Exp. Stat.) F. RANG. 6304

P. Lagutotschkin, *Ein Versuch zur künstlichen Entfernung der Baumwollblätter.* Durch Bestäubung mit Lsgg. von Ca-Cyanamid im Gemisch mit Na-Fluorsilicat wird Baumwolle binnen 10 Tagen bis zu 98% entblättert. (Хлопководство [Baumwoll-Wirtsch.] **1952.** Nr. 8. 37—40. Aug.) A. JACOB. 6304

N. A. Krassilnikow, A. I. Korenjako und **T. G. Mirtschenko**, *Über die Toxikose von Podsolböden.* Die auf vielen Böden zu beobachtende Erscheinung der Bodenmüdigkeit (Toxikose) tritt bes. häufig auf Böden der podsoligen Zone der Nichtschwarzerdeböden auf, u. zwar sowohl gegenüber Mikroorganismen als auch gegenüber höheren Pflanzen. Am empfindlichsten reagieren bestimmte Arten einzelner Mikroorganismen. Auch die Pflanzen sind nicht gleich empfindlich gegen die Bodenmüdigkeit. Als Testorganismen wurden Azotobacter bzw. Weizen u. Zuckerrübe gewählt. Der Grad der Müdigkeit ist verschieden in Abhängigkeit von den Bodeneigg., der Jahreszeit, der Pflanzendecke u. den klimat. Bedingungen. Im Sommer u. Herbst ist die Müdigkeit größer als im Winter u. zeitigen Frühjahr. In Waldböden ist sie stärker ausgeprägt als auf Ackerböden. Die Ursachen der Müdigkeit sind chem. u. biol. Natur. Der wesentlichste Faktor sind Mikroorganismen. In den ermüdeten Böden treten eine große Menge von Mikrobeninhibitoren auf (Bakterien, Actinomyceten u. Pilze), die tox. Stoffe bilden. In ihrer Wrkg. auf die Organismen u. in ihren chem. u. physikal. Eigg. sind sie verschieden. Im Boden werden sie verschieden stark inaktiviert. (Известия Академии Наук СССР, Серия Биологическая [Nachr. Akad. Wiss. UdSSR, biol. Ser.] **1955.** Nr. 3. 33—48. Mai/Juni. Inst. für Mikrobiol. der Akad. der Wiss. der UdSSR.) A. JACOB. 6306

Shūichi Ishizawa, *Untersuchungen über die Wurzelknöllchenbakterien von Leguminosen.* 1. Mitt. *Charakteristica in künstlichen Medien.* Teil 2: *Charakteristica der Kulturen.* (J. Sci. Soil Manure, Japan [Nippon Dozyô-Hiryô-Gaku Zasshi] **23.** 189—95. Juni 1953. Tokyo, Univ. [Orig.: japan., Auszug: engl.]) L. SCHULER. 6306

H. G. Thornton, *Die Knöllchenbakterien und ihre Wirtsleguminosen: Einige Pro-Probleme, die sich noch darbieten.* Die Klassifikation der Gattung Rhizobium (I), die Wurzelinfektion durch I, die Unterschiede zwischen wirksamen u. nichtwirksamen Knöllchen, die Wirkungsweise der akt. Knöllchen, sowie die Veränderungen von I werden auf Grund des Verh. isolierter Knöllchen besprochen. Es wird auf die Frage eingegangen, wie im Boden, wo die Knöllchen mit Antagonisten zusammentreffen, die Wirksamkeit von I erhöht werden kann. (Sci. Progr. **42.** 185—204. April 1954. Harpenden, Rothamsted Exp. Stat., Soil Microbiol. Dep.) A. JACOB. 6306

L. I. Rubentschik, M. N. Tschernobilska und **W. T. Smali**, *Die Anwendung von Azotobakterin bei Setzlingen von Birne und Apfel.* Die Anwendung von *Azotobakterin* (I) erhöhte die Lebensfähigkeit der Stecklinge von Birnbäumen. Bei Apfelbäumen war I nur mit lokalem Azotobacter K von einigem Erfolg. Azotobacter K war wirksamer als der Standard-Stamm 53. (Мікробіологічний Журнал [Киев] [Mikrobiol. J. (Kiew)] **15.** Nr. 3. 32—34. 1953. Inst. für Mikrobiol. der Akad. der Wiss. der UkrSSR.) A. JACOB. 6306

A. Imschenetzki und **Je. Ruban**, *Über die Abtrennung reiner Kulturen von nitrifizierenden Bakterien.* Zwecks Anreicherung der Kulturen von Nitrosomonas wurde 1 g Boden mit 50 ml Winogradski-Nährboden versetzt. Letzterer enthielt in g: 2,0 $(NH_4)_2SO_4$, 1,0 K_2HPO_4, 0,5 $MgSO_4$, 2,0 NaCl, 0,4 $FeSO_4$, 0,5 $MgCO_3$ in 1 Liter Wasser. Beim Vgl.

verschied. (nicht genannter) Verff. zur Gewinnung von Reinkulturen wurden je 2 Reinkulturen von Nitrosomonas durch Isolierung aus festem Kieselsäuregel u. nach der Tropfmeth. mittels Mikropipette erhalten. Die Nitrifizierung verlief mit Reinkulturen selbst in Ggw. von Spurenelementen weniger intensiv als in angereicherten Mischkulturen. (Доклады Академии Наук СССР [Ber. Akad. Wiss. UdSSR] [N. S.] **86.** 177—79. 1/9. 1952. Inst. für Mikrobiol. der Akad. der Wiss. der UdSSR.) O. LEBTAG. 6306

G. A. Tschessalin, *Die chemische Bekämpfung des wermutblättrigen Ambrosienkrautes.* Im Feld- u. Topfvers. mit Gerste wurde die Wrkg. von *Na-Dichlorphenoxyacetat* (I) in Kombination mit dem Netzmittel *OP-7* (II; Zus. nicht angegeben), von *2.4-Dichlorphenoxyessigsäurebutylester* (III), *Dinitro-o-kresol* (IV) u. *Dinitrophenol* (V) auf das Wachstum von wermutblättrigem Ambrosienkraut (Am.) untersucht. Es zeigte sich, daß 1 kg/ha I in Kombination mit II u. 300 g/ha III das Am. in der 3.—4. Blattphase zu 96—97% vernichtet. IV u. V vernichten Am. in der 1.—3. Blattphase zu 90%. In den späteren Entwicklungsphasen wird Am. widerstandsfähiger gegen die untersuchten Mittel u. erholt sich nach dem Spritzen wieder. Der Getreideertrag wird durch die Behandlung um 2—3 dz/ha erhöht. (Агробиология [Agrobiologie] **1953.** Nr. 2. 125—30. März/April. Allunions Wiss. Forschungsinst. für Düngung, Agrotechn. u. Agrobodenkunde.) O. LEBTAG. 6312

Frank N. Hewetson, *Neuere Herbicide zur Bekämpfung von Rhus radicans L. in Äpfelgärten.* Bei 3jährigen Verss. zur Bekämpfung von Rhus radicans in Äpfelgärten war Spritzen mit *Esteron 245* [Isopropyl- u. Amylester der 2.4.5-T (I); 3,34 lbs./gal. reine I], *Weedone 32* [$^1/_3$ I u. $^2/_3$ 2.4-D (II) in Esterform, wobei I 0,33 lbs./gal. reiner I u. II 1,5 lbs./gal. reiner II äquivalent ist], *Weedone 2.4.5-T* (Butoxyäthanolester, 3,0 lbs./gal. reiner I äquivalent) u. *Ammate* (NH_4-Sulfamat) befriedigend, mit *Atlacide* ($NaClO_3$) nur teilweise u. mit *DN 289* (Triäthanolaminsalz des Dinitro-sek.-butylphenols) sowie *Dow Contact* (Dinitro-o-sek.-butylphenol) nicht wirksam. Baumschäden wurden in keinem Fall festgestellt. — 14 Literaturangaben. (Proc. Amer. Soc. horticult. Sci. **58.** 125—30. Dez. 1951. Arendtsville, Pa., Pennsylvania State Coll., Fruit Res. Labor.) F. RANG. 6312

H. Y. Young, W. A. Gortner und **J. F. Cykler,** *Wirkung eines Trockenmittels auf Beständigkeit von D-D-Mischung.* Durch Mischen mit wasserfreiem Gips ließ sich die korrosive Wrkg. von D—D-Dämpfen (Mischung von 1.2-Dichlorpropan u. 1.3-Dichlorpropen) bei der Bodenbegasung beheben. (Agric. Engng. **32.** 502. Sept. 1951.) C. GRIMME. 6312

C. W. Fischer jr. und **J. R. Keller,** *Vermeidung von Schädigungen bei Gartenprodukten durch Verwendung bromierter Aktivkohle.* Die *bromierte Aktivkohle* enthielt ca. 20% akt. Br. Bei bakteriolog. Vorverss. wurden durch die Br-Dämpfe Alternaria u. Botrytis restlos abgetötet. Br-haltige wss. Aufschwemmungen erwiesen sich als stark fungicid. Vor Überdosierung wird gewarnt. (Proc. Amer. Soc. horticult. Sci. **57.** 432—38. Juni 1951. Ithaca, N. Y.) C. GRIMME. 6312

K. Ss. Ssuchow, A. M. Wowk und **K. Ss. Muschnikowa,** *Betriebserprobung von DDT-Staub zur Bekämpfung der Tomatenstolbura.* Die in südlichen Gegenden verbreitete Viruskrankheit „Stolbura" wird von den Wirtspflanzen (meist Ackerwinde u. Kresse) durch die Hyalesteszikade auf Tomaten u. andere Nachtschattengewächse übertragen. Durch 4malige Bestäubung mit 40 kg DDT/ha wurde der Befall auf $^1/_3$—$^1/_5$ vermindert. Auch bei Eierfrucht, Pfeffer u. Kartoffel wurden gute Erfolge erzielt. Verlängerung der Intervalle zwischen den einzelnen Behandlungen über 5 Tage hinaus hat den Erfolg geschmälert. Hexachlorcyclohexan beeinträchtigte den Geschmack der Früchte. (Доклады Всесоюзной ордена Ленина Академии Сельскохозяйственных Наук имени В. И. Ленина [Ber. Allunions landwirtsch. (Lenin-Orden) Lenin-Akad.] **17.** Nr. 8. 24—27. Aug. 1952. Moskau, Pflanzenschutzstat.) E. LINTER. 6312

L. L. Stubbs, *Krankheitsbekämpfung bei Gemüsesaaten.* Gegen Pilzkrankheiten bei Gemüsesämlingen haben sich neben organ. Hg-Verbb. u. Kupferoxychlorid Bestäubungen mit *Tetramethylthiuramdisulfid* (*TMTD*) u. *Tetrachlor-p-benzochinon* (*TCPB* oder *Tetroc*) als wirksam gezeigt. (J. Dep. Agric., Victoria **48.** 223—26. Mai 1950.) W. GRÜTZ. 6312

J. W. L. Peiris und **P. J. de Zilva,** *Fungicide Bekämpfung des Rostbrands bei Kartoffeln in Rahangala.* Cu-Fungicide wirken günstig, u. zwar besser bei 8tägiger als bei 14tägiger Spritzanwendung. (Trop. Agriculturist **110.** 201—16. Juli/Sept. 1954.) B. SCHEIFELE. 6312

A. A. Russakowa und **Ss. Je. Rasskin,** *Bestimmung der toxischen Wirksamkeit von Beizmitteln gegen Steinbrand des Weizens an der sich bildenden Ähre.* An steinbrandinfiziertem Weizen wird gezeigt, daß die Wrkg. der Präpp. tunlichst zu Beginn der Ährenbldg. festgestellt wird, wobei sich Brandbehaftung beim Zerdrücken des Fruchtknotens durch Trimethylamingeruch anzeigt. Damit wird die Best. 15—20 Tage vor der Milchreife möglich. Geeignet ist hierfür auch die ganze Pflanze im Frühzustand vor der Ährenbldg., wobei nicht das Mycel im Vegetationskegel oder in der Jungähre des 2. Knotens, sondern die Chlamydosporen im 3.—4. Knoten charakterist. sind. Die Begutachtung der Beizmittel im Feldvers. wird damit um 30—40 Tage vorverlegt. (Селекция и Семеноводство [Selekt. u. Samenzucht] **19.** Nr. 3. 68—70. März 1952. Wiss. Ssamoilow-Forschungsinst. für Dünger u. Insektofungicide.) W. LINDNER. 6312

R. U. Schenk und **W. K. Kennedy,** *Laboratoriumsbewertung von Fungiciden zum Schutz von feuchtem Getreide.* Zur Unters. der Wrkg. verschied. Fungicide zur Verhinderung der Schimmelbldg. an feuchtem Getreide mit einem Geh. von 29% W. wurde eine Behandlung mit Äthanol (I), Thioharnstoff (II), 1-Chlorbutanon-(2) (III) u. 2.4.6-Trichlorphenol (IV) durchgeführt. Es erfolgte eine Messung der CO_2-Entw. u. des Trockensubstanzverlustes, sowie eine Beobachtung der Schimmelbildung. Unbehandeltes u. mit I behandeltes Getreide faulte in 4 Tagen u. hatte die höchste Quote der CO_2-Entw. u. den höchsten Trockensubstanzverlust. II konnte die Fäulnis nur 3—4 Tage verhindern, während III einen Monat Schutz gewährte. Die CO_2-Entw. wurde durch beide Substanzen reduziert. IV (0,25 u. 0,5%) hielt das Getreide während der gesamten Lagerungszeit gesund (79 Tage). Auch Trockensubstanzverlust u. CO_2-Entw. waren relativ niedrig, so daß diese Substanz als gutes Schutzmittel gegen Fäulnis angesehen werden kann. (Agronomy J. **47.** 128—30. März 1955. Peoria, Ill., Northern Utilizat. Res. Branch, U. S. D. A., and Cornell Univ.) W. KNÖPKE. 6312

H.-A. Kirchner, *Schützt eine sofortige Trockenbeizung extrem feucht geerntetes Saatgetreide vor Verderb?* Die Verss. an Roggen mit 21,0% Wassergeh. ergaben, daß durch Vorratsbeizung kein Schutz vor Schimmelbldg. u. keine Reduzierung der Keimkraft erzielt werden kann. Dagegen ließ sich durch wöchentliches Umschaufeln eine gute Lagerfähigkeit erreichen. (Nachrichtenbl. dtsch. Pflanzenschutzdienst [Berlin] [N. F.] **9** (35). 113 bis 114. 1955. Rostock, Zweigstelle der Biol. Zentralanst. Berlin-Klein-Machnow.) W. KNÖPKE. 6312

Frank M. Read, *Entwicklung von Spritzölen für die Schädlingsbekämpfung.* In USA werden zwei Spritzöltypen verwendet: 1. Regular Oils (Cadet B, Helix Oil 22,922 Oil, Sovaspray 4, Forum 40), 2. Superior Oils (776 Oil, Sovaspray No. 2, No. 333 Sprayoil, Telura 38, Helix Superior Oil 122). Der Superior-Oil-Typ ist um 35,50% wirksamer als der Regular-Oil-Typ. Er wird für die Sommerspritzung in Konz. von 2—3% gegen Rote Spinne u. Blattrollkrankheit angewendet, während man bei dem Regular-Typ 3—4%ig. Konzz. anwenden muß, um die gleiche Wrkg. zu erzielen. (J. Dep. Agric., Victoria **48.** 193—98. Mai 1950.) W. GRÜTZ. 6312

E. R. de Ong, *Gereinigtes Petroleum als Insekticid.* Bericht über physikal. u. chem. Eigg. verschied. Petroleumfraktionen u. ihre Beziehungen zur Pflanzenverträglichkeit. Allg. sind Leichtöle mit einer Viscosität von 55—70 SAYBOLDT-Sek. u. mit einem Bestandteil an 90% gesätt. Verbb. (Paraffine u. Naphthene) pflanzenverträglicher als Schweröle u. stärker viscose Öle. Als Winterspritzmittel gegen Schildläuse u. Wintereier von Milben u. Cacoecia argyrospilla werden angewendet Fraktionen mit einem unsulfonierten Anteil von 67—70% u. einer Viscosität von 90—110 SAYBOLDT-Sek. bei 100° F, 3 gal. Öl auf 100 gal. Spritzbrühe. Bei Blattbesprühungen gegen Milben, *Pseudococcus*-Arten usw. dürfen nur 1—2% Konzz. verwendet werden. Schweröle mit einer Viscosität von 95—105 dürfen wegen Blattschädigungen nur im Winter gegen widerstandsfähige Insektenarten verspritzt werden u. sollen einen unsulfonierten Anteil von 92—94% aufweisen. Auf Steinfrüchte dürfen 4—5 Wochen vor der Ernte keine Ölspritzmittel gelangen wegen ihrer Löslichkeit im Wachsüberzug der Früchte. (Petroleum [London] **14.** 64—66. 71. März 1951.) E. DÖHRING. 6312

A. A. Smirnowa, *Neue Netzmittel für die Spritzung mit Kontaktinsekticiden und Acariciden.* Aus der Gruppe der Polyäthylenglykoläther der allg. Formel $p\text{-}R\cdot C_6H_4\cdot O\cdot[CH_2\cdot CH_2\cdot O]_n\text{—}CH_2\cdot CH_2\cdot OH$ wurden die Netzmittel *OP-7* (n = 7), *OP-10, OP-25, OP-4,* ferner *DB, A,* sowie aus sulfonierten Erdölprodd. gewonnene Präpp. (*Sulfanol* u. *Nekal*) u. zwei Aerosolmittel geprüft. Die Erhöhung der Wirksamkeit von Insekticiden durch Netzmittelzusatz wurde durch Auszählung der Schädlinge (Blattläuse, Schildläuse) vor u. nach der Behandlung bestimmt. Am stärksten wirkte sich der Netzmittelzusatz bei der Behandlung der mit starker Wachsschicht bedeckten Schädlinge aus. Die optimale Netzmittelkonz. der Spritzbrühe wurde zu 0,1% bestimmt. Die Netzmittel DB, OP-7, OP-10 u. Sulfanol zeigten die höchste Wirksamkeit. (Доклады Всесоюзной ордена Ленина Академии Сельскохозяйственных Наук имени В. И. Ленина [Ber. Allunions landwirtsch. (Lenin-Orden) Lenin-Akad.] **17.** Nr. 2. 19—22. Febr. 1952. Allunions Wiss. Forschungsinst. für Pflanzenschutz.) K. LÜBKE. 6312

Konrad Prumbs, *Kontaktinsekticide auf Phosphorsäureesterbasis.* Allg. Übersicht. — 20 Literaturangaben. (Pharmaz. Ztg. verein. Apotheker-Ztg. **91/100.** 698—703. 30/6. 1955. Berlin.) EBERHARD MÜLLER. 6312

Randolph Riemschneider, *Zur Chemie und Toxikologie neuzeitlicher Insekticide. Dien- und Terpengruppe.* Vortrag. (Vgl. C. **1955.** 9089.) (Österr. Apotheker-Ztg. **5.** 540—45. 15/9. 1951, Berlin-Nikolassee.) H. LEHWALD. 6312

G. Unterstenhöfer, *Probleme und Aussichten der inneren Therapie bei Pflanzen.* Vortrag. — Ausführungen über die Wirkungsweise innertherapeut. (systemat.) Insekticide. — 24 Literaturangaben. (Mitt. biol. Bundesanst. Land- u. Forstwirtsch. Berlin-Dahlem **1954.** Nr. 80. 51—64. Juli. Leverkusen. Farbenwerke.) F. RANG. 6312

K. Heinze, *Der Einfluß gefäßleitbarer Bekämpfungsmittel auf die Übertragung pflanzlicher Viruskrankheiten durch Blattläuse.* Vortrag. — Die Behandlung der Pflanzen mit Systeminsekticiden (E 605 f, Systox) verhindert nicht die Saugtätigkeit der Blattläuse. Es werden anfangs viele Einstiche gemacht, die die Infektion mit kurzfristig übertragbaren Viren (z. B. Gurkenmosaik, Vergilbungskrankheit) begünstigen. Einige Tage später unterbleiben häufige Einstiche u. herrschen längere Saugzeiten vor. Infolgedessen wird die Infektionsrate geringer u. steigt erst nach Aufhören der Wrkg. des Mittels wieder an. Die Übertragung von langfristig übertragbaren Viren (z. B. Blattrollvirus) läßt sich während er ersten Tage nach der Pflanzenbehandlung nur einschränken, wenn mit starker Überdosis gespritzt wird. (Mitt. biol. Bundesanst. Land- u. Forstwirtsch. Berlin-Dahlem **1954.** Nr. 80. 81—86. Juli. Berlin-Dahlem, Biol. Zentralanst. für Land- u. Forstwirtsch., Abt. für gärtn. Virusforsch.) F. RANG. 6312

H. Reich, *Erfahrungen mit dem Einsatz von innertherapeutischen Mitteln im Obstbau.* Vortrag. — Nach mehrjähriger Versuchserfahrung können mit *Systox* (I) in erster Linie Rote Spinnmilben, Blattläuse, Pflaumen- u. Apfelsägewespen bekämpft werden. Durch die lange Wirkungsdauer, Ungefährlichkeit gegenüber Bienen u. die Möglichkeit mit einer Spritzung die genannten Schädlinge gleichzeitig u. termingerecht zu erfassen, erscheint die I-Anwendung im Obstbau dann von Vorteil, wenn keine anderen Schädlinge zu bekämpfen sind. (Mitt. biol. Bundesanst. Land- u. Forstwirtsch. Berlin-Dahlem **1954.** Nr. 80. 76—78. Juli. Jork, Bez. Hamburg, Obstbauversuchsanst.) F. RANG. 6312

H. Bollow, *Innertherapeutische Bekämpfung von schädlichen Gallmücken- und Fliegenlarven im Getreide- und Grassamenbau.* Vortrag. — Durch flache Einbringung von 1 kg/ar *γ-Streumittel* bei der Bodenbearbeitung wurde starker Befall von Getreide durch Oscinis frit (L.) u. Chlorops pumilionis (Bjerk.) sehr wirksam u. über die ganze Vegetationsperiode anhaltend bekämpft (Befall nur 2—8%). Durch Behandlung des Saatgutes mit 250 g/dz Saatschutzpuder auf *γ-HCH*-Basis ließ sich der Befall mit O. frit auf ca. 15% herabdrücken, die Wrkg. hielt jedoch nur ca. 8 Wochen an. — Durch Spritzen von zur Samenvermehrung bestimmten Gräsern mit 0,05%ig. *Systox* bei Beginn des Schossens konnte eine durch eine Fliegenart verursachte Weißährigkeit auf 5% eingeschränkt werden. (Mitt. biol. Bundesanst. Land- u. Forstwirtsch. Berlin-Dahlem **1954.** Nr. 80. 88—90. Juli. München, Bayer. Landesanst. für Pflanzenbau u. Pflanzenschutz.) F. RANG. 6312

H. E. Fernando, G. V. Weerawardena und **P. Manickavasagar,** *Bekämpfung von Reisschädlingen in Ceylon.* Von den wichtigsten Schädlingen der Reisfelder werden Thrips oryzae, verschied. Reiszikaden, Fulgoride u. die braune Reiswanze (I) durch *γ-HCH*-Stäube oder *DDT*-Sprays bekämpft, I auch durch *Aldrin,* falls HCH-Resistenz auftritt. Die gegen verschied. Insekticide unempfindliche Wanze Scutinophara lurida wird am besten durch *Dieldrin* vernichtet. Gegen verschied. Raupen ist DDT wirksam. Der Gelbe Reisbohrer (Schoenobius bipunctifer), könnte durch Organo-P-Verbb. bekämpft werden. Gegen Ratten bewährte sich das Auslegen von *Warfarin*-Ködern. (Trop. Agriculturist **110.** 159—74. Juli/Sept. 1954.) B. SCHEIFELE. 6312

Konst. A. Isaakidis, *Arbeiten, die 1946 in Griechenland zwecks Einführung von DDT zur Schädlingsbekämpfung ausgeführt wurden.* Wirksame Verss. zur Bekämpfung folgender Pflanzenschädlinge mittels DDT werden beschrieben: Birnenschädling Diplosis (Contarinia) pirivora (Riley), Ölbaumschädling Erannis (Hybernia) leucophaearis (Schiff), Rebenschädling Theresia ampelophaga, Species der die Reben befallenden Käferart Otiorhynchos. (Praktika Akad. Athenon **22.** 35—48. 1947, ausg. 1951 [Orig.: griech.]) A. VLACHOS. 6312

E. M. Stafford und **Frederick L. Jensen,** *Traubenzikaden erlangen DDT-Resistenz.* Zur Bekämpfung DDT-resistenter Zikaden in Weingärten wird 4%ig. *Malathion*-Staub empfohlen. (Wines and Vines **34.** Nr. 4. techn. Sect. 61—63. April 1953. Univ. of California, u. Tulare County, Calif.) W. LORENZ. 6312

K. A. Isaakidis, *Die Bekämpfung von Dacus oleae (Rossi) durch DDT.* Großverss. zur Bekämpfung der Dacus-Mücke in Korfu 1947 mit DDT (I), das vom Flugzeug therm. vergast wurde, brachten folgende Ergebnisse: Die Wirkungsdauer des auf die Ölbäume vergasten I ist nicht viel länger als diejenige einer Köderlsg. aus Na_3AsO_3 in konz. Melasse. Die Wirksamkeit des I an den Ölbäumen ist nur kurz, offenbar infolge der intensiven sommerlichen Sonnenbestrahlung. Außerdem scheint unter sonst gleichen Bedingungen die Wirksamkeit des I auf Dacus bei Temperaturerhöhung abzunehmen. Die Bekämpfung von Dacus durch therm. I-Vergasung vom Flugzeug aus ist trotzdem günstiger als die Meth. des Besprühens mit As-haltiger Köder-Fl., wegen der bequemen Anwendung u. äußerst raschen Wirksamkeit. Diese ist aber begrenzt durch die Wetterbedingungen, namentlich die Sommersonne, welche die Entw. von Dacus begünstigt. (Praktika Akad. Athenon **22.** 353—63. 1947; ausg. 1951. [Orig.: griech.]) A. VLACHOS. 6312

M. Appanna und **B. M. Maheswariah,** *Scelodonta strigicollis (Mots.) und seine Bekämpfung.* Gute Bekämpfungserfolge durch Bestäubung mit einem 1 Teil 50%ig. *DDT* u. 4 Teile *HCH* (0,65% γ-Isomeres) enthaltendem Pulver. (Mysore agric. J. **30.** 107—11. April/Juni 1954. Bangalore, Div. of Entomol., Dep. of Agric.) C. GRIMME. 6312

L. W. Reingard, W. W. Goritzkaja und **T. N. Sabudjko-Reingard,** *Die Ursachen der geringen Wirksamkeit der Barrierenbehandlung von Gebäuden mit Hexachlorcyclohexan in einigen wasserreichen Ortschaften.* Am Beispiel eines Dorfes in einer sehr anophelesreichen Gegend wird experimentell nachgewiesen, daß in diesem Falle die Barrierenmeth. mit *Hexachlorcyclohexan* nicht genügend wirksam u. daher eine Bearbeitung sämtlicher Räume erforderlich ist. (Медицинская Паразитология и Паразитарные Болезни [Med. Parasitol. parasit. Krankh.] **1953.** 237—38. Mai/Juni. Dnepropetrowsk, Univ.) E. RENTZ. 6312

L. J. Charles, *Ein Freilandversuch zur nachwirkenden Bekämpfung der Adulten von Culex fatigans in British Guayana.* Durch Spritzen mit *DDT*-Kerosin-Lsg. (I), 50%ig. benetzbarem DDT-Pulver, I + 2%ig. *Chlordan* (II), benetzbarem *Gammexan* (III)-Pulver, III–Kerosin (IV)-Lsg. bzw. II–IV-Lsg. konnte im Vorortgelände von Georgetown der Bestand an Adulten von Culex fatigans für eine Dauer von 10 Wochen erheblich verringert werden. Die II-haltigen Lsgg. waren am wirksamsten. (Ann. trop. Med. Parasitol. **47.** 113—25. Juni 1953. British Guayana, Med. Dep., Mosquito Contr. Serv.) F. RANG. 6312

L. S. Hitchner, *Chemische Schädlingsbekämpfungsmittel in der Lebensmittelproduktion.* Durch Anwendung chem. Schädlingsbekämpfungsmittel werden die Ernteerträge gesteigert u. die Produktion von Nahrungsmitteln rentabler gestaltet, was statist. nachgewiesen wird. (Advances in Chem. Ser. Nr. **1.** 213—17. April 1950. Washington, D. C., Nat. Agric. Chem. Assoc.) G. LENHARD. 6312

Giovanni Haussmann und **Sandra Carini,** *Über die Strukturanalyse des Bodens.* 1. Mitt. *Einige Methoden mit Wasser.* Krit. Besprechung der bisher gebräuchlichen Schlämmethoden. (Ann. Sperimentaz. agrar. [N. S.] **5.** 1155—98. 1951. Lodc.) C. GRIMME. 6324

K. P. Barley, *Die Bestimmung makroorganischer Stoffe im Boden.* Zur Abtrennung vom Sand wird eine Lsg. des lufttrockenen Bodens gut gerührt u. nach dem Absetzen der anorgan. Bestandteile die Fl. abgegossen. Die dispergierten makroorgan. Stoffe werden durch ein Sieb mit 0,25 mm Maschenweite zurückgehalten. Genaue Arbeitsanweisungen sind angegeben. (Agronomy J. **47.** 145—46. März 1955. N. S. W. Australia, Reg. Pastoral Labor.) W. KNÖPKE. 6324

G. Brown, *Lepidocrocit-Vorkommen in einigen britischen Böden.* Lepidocrocit (I) tritt häufig in wenig entwässerten Böden auf u. wird vom Vf. röntgenograph. nachgewiesen. Als charakterist. Linie wird die bei 6,25 Å angegeben u. darauf hingewiesen, daß sowohl $CaC_2O_4 \cdot 3H_2O$ (II) als auch Boehmit (III) dieselbe Wellenlänge reflektieren. II jedoch zerfällt beim 12std. Erhitzen auf 180° in ein amorphes Prod., I wird in 12 Std. bei 270° in Hämatit umgewandelt, während III unverändert bleibt. Dieses Verh. wird zur Unterscheidung benutzt. — Untersuchungsergebnisse. (J. Soil Sci. **4.** 220—32. Juli 1953. Harpenden, Rothamsted Exp. Stat.) G. v. PILINSZKY. 6324

N. I. Aljamowski, *Zur Methodik der Bestimmung der Säure von torfmoorigen und moorigen Böden.* Zur Entfärbung von Torf- u. Sumpfböden zwecks colorimetr. Aciditätsbest. wurden 1nKCl- u. wss. Auszüge (Torf : KCl-Lsg. oder H_2O = 1 : 25) hergestellt, mit $BaSO_4$ behandelt u. 5 Min. geschüttelt. Beim Verhältnis von Torf/$BaSO_4$ = 1 : 2 (nach Bedarf auch 1 : 8 u. mehr) wurde ausreichende Entfärbung erreicht. Eine Beeinflussung des p_H fand nicht statt. Die Entfärbung vollzog sich in 18—20 Stunden. Bei verbliebener unbedeutender Färbung ist beim Colorimetrieren der Komparator zu benutzen.

Gleichzeitig durchgeführte elektrometr. Messungen mit Glas- u. Chinhydronkalomelelektroden ergaben fast genau die gleichen p_H-Werte wie die colorimetr. Bestimmung. (Почвоведение [Bodenkunde] **1952**. 668—70. Juli. Moskau, Allunions Inst. für Düngung, Agrotechn. u. Agrobodenkunde, Labor. für Kalkung.) E. LINTER. 6324

S. Spauszus (unter Mitarbeit von **I. Horbach**), *Über eine maßanalytische Bestimmungsmethode von Barium bei der Ermittlung der Sorptionswerte forstlich genutzter Böden.* Die Best. austauschbarer Bodensorptionskomplexe nach dem Ba-Perkolationsverf. stößt vor allem in CaO-haltigen Böden auf Schwierigkeiten, da bei der Fällung des im Austauschverf. frei werdenden Ba oftmals Ca in störenden Mengen mit ausgefällt wird. Vff. beschreiben eine maßanalyt. Meth., beruhend auf der Tatsache, daß Fe^{II} in schwefelsaurer Lsg. mit Chromat unter Verwendung von Diphenylamin als Indicator titriert werden kann. Da der Indicator reversibel ist, läßt sich umgekehrt Chromat mitFe^{II}-Lsg. titrieren. Wird also Ba mit eingestellter Chromatlsg. in schwach essigsaurer Lsg. gefällt, so kann im Filtrat das überschüssige Chromat titriert u. somit Ba bestimmt werden: 50—100 cm^3 der sehr schwach salzsauren Lsg. werden mit W. auf 1500 cm^3 aufgefüllt u. auf 90° erwärmt. Aus einer Bürette gibt man n/10 NH_4-Bichromatlsg. im Überschuß zu; unter weiterem Erhitzen versetzt man so lange mit freiem NH_4-Acetat unter Umrühren, bis das Ba-Chromat als gelber Nd. ausfällt. Die überstehende Fl. muß nach dem Absitzen gelblich bis gelborange gefärbt sein. Nach dem Abkühlen wird durch einen G 4-Sintertiegel filtriert unter 2—3maligem Auswaschen mit ganz schwach ammoniakal. Wasser. Filtrat + Waschwasser werden mit H_2SO_4 reichlich angesäuert u. mit 5—7 Tropfen einer Lsg. von 0,2 g Diphenylamin in konz. H_2SO_4 versetzt. Zur Bindung bei der Titration etwa entstehender Fe^{III}-Ionen gibt man 15 cm^3 einer Lsg. hinzu, die aus 150 cm^3 konz. H_2SO_4, 150 cm^3 H_3PO_4 (D. 1,7) u. W. (ad 1 Liter) enthält. Unter Rühren wird dann mit schwach schwefelsaurer n/10 $FeSO_4$-Lsg. titriert. Die Farbe der Lsg. geht kurz vor dem Äquivalenzpunkt in Violett über. Darauf wird ganz langsam auf grün weitertitriert. Berechnung: $(v_1 \cdot f_1 \cdot a - D \cdot v_3 \cdot 0{,}643) \cdot 1{,}272 =$ mg Ba $\cdot$ $v_1 =$ cm^3 0,1 n NH_4-Bichromatlsg., $f_1 =$ Faktor derselben, a = Umrechnungsfaktor (für 0,1 n NH_4-Bichromat = 3,6), $v_3 =$ cm^3 $FeSO_4$-Lsg., D ist ein Faktor abhängig von der Konz. der $FeSO_4$-Lsg., der jedesmal neu eingestellt werden muß. Hierzu werden 10 cm^3 0,1 n $FeSO_4$-Lsg. (v_4) mit 0,1 n $KMnO_4$-Lsg. (v_2, Faktor f_2) unter Zusatz von H_2SO_4 titriert. $D = v_2 \cdot f_2 \cdot 5{,}582/v_4$. D drückt die mg Fe in 1 cm^3 $FeSO_4$-Lsg. aus. Bei der Ausführung der Eintausch-Rkk. übergießt man 10 g lufttrocknen Boden in 1 G 3-Glasfilternutsche mit 250 cm^3 n/2 Ba-Acetatlsg. (p_H 7,62) u. saugt ganz langsam durch. Als Austausch-Fl. dienen 250 cm^3 n/10 · HCl. In der Regel genügen für den Eintausch- u. Austauschprozeß je 60 Minuten. Weitere Einzelheiten im Original. — 4 Literaturhinweise. (Z. Pflanzenernähr., Düng., Bodenkunde **64 (109)**. 238—44. 1954. Eberswalde, Zweigstelle Jena, Inst. für Forstwissenschaften.) C. GRIMME. 6324

H. P. Burchfield, J. D. Hilchey und **Eleanor E. Storrs,** *Eine objektive Methode zur Prüfung von Insekticiden im Bioversuch, basierend auf Lichtwanderung von Fliegenlarven.* Auf Grund der negativen Phototaxis der Larven von Aedes aegypti ist es möglich, die Larven mit einem Lichtschein über das zu testende Insekticid zu lenken. Die prozentuale Sterblichkeit der Larven gibt ein objektives Bild über die Wirksamkeit der Insekticide bzw. der Konzentrationen. Es können mit dieser Meth. Rückstände von Insekticiden in Futtermitteln u. Nahrungsmitteln geprüft werden. Die Meth. ist halbspezif. für fettlösl. Nervengifte. (Contr. Boyce Thompson Inst. **17**. 57—85. Okt./Dez. 1952. Menasha, Wis., Boyce Thompson Inst. for plant res., Inc.) W. GRÜTZ. 6328

Franco Mellini, *DDT-Bestimmung.* Ein Vgl. der verschied. im Schrifttum mitgeteilten Methoden ergab, daß das colorimetr. Verf. nach ALESSANDRINI am geeignetsten ist, da die erhaltenen Resultate nicht durch andere organ. Cl-Verbb. beeinflußt werden. (Chimica [Milano] **5**. 335—37. Dez. 1950.) C. GRIMME. 6328

Edgar Weber, *Beitrag zum Nachweis von Gammexan neben DDT in Schädlingsbekämpfungsmitteln.* Dem Verf. liegt die Beobachtung von MATHEW zugrunde, daß *Hexachlorcyclohexan* durch Dest. mit Zinkstaub in Bzl. übergeführt wird. Zu diesem Zwecke gibt man in ein röhrenförmiges Zersetzungsgefäß (App. im Original) der Reihe nach eine 2 cm^3 hohe Schicht $NaHCO_3$, eine Mischung von 6 g Zn-Staub u. 1 g der Untersuchungsprobe (mindestens 5 mg, höchstens 100 mg Gammexan entsprechend, sonst muß angereichert bzw. die Einwaage verringert werden). Man stellt in das auf 90—100° vorgewärmte Metallbad u. verbindet mittels Destillationsrohr mit der 2 cm^3 Nitriersäure (12,5 cm^3 konz. H_2SO_4 + 10 cm^3 konz. HNO_3) enthaltenden Nitriervorlage, welche in einem Wasserbad von 8—10° Wärme steht. Man erhitzt das Metallbad in 10 Min. auf ca. 260° u. hält 20 Min. auf dieser Temperatur. Nach Abstellen der Heizung spült man den Inhalt der Nitriervorlage mit der 4fachen Mengen W. in einem kleinen Scheidetrichter, spült die Vorlage mit 10 cm³ Ae. aus u. äthert wie üblich aus, dest. ab u. red. das gebildete Nitrobenzol mit Zn + HCl zu Anilin. (Z. analyt. Chem. **134.** 32—36. 1951. Witten/Ruhr.) C. GRIMME. 6328

R. H. Carter, R. H. Nelson und **W. A. Gersdorff,** *Bestimmung von organisch gebundenem Chlor als Maßstab für Insekticidrückstände in landwirtschaftlichen Produkten.* Nach Anwendung von chlorierten KW-stoffen zur Insektenbekämpfung steht der gefundene Geh. an organ. Cl in den Ernterückständen mit der in entsprechenden Verss. ermittelten Fliegensterblichkeit in enger Beziehung. Luzerneheu, das in 2 Spritzungen 4 lbs./acre techn. Toxaphen (I) erhalten hatte, wies 225 p.p.m. Cl oder 331 p.p.m. I auf. Unbehandeltes Material enthielt nur 2,1 p.p.m. organ. Cl. Im Fett von Rindern, die mit I-behandeltem Heu gefüttert waren, wurden 700 p.p.m. I-Cl mehr gefunden als im Fett der Vergleichstiere. Aus dem Fett der Tiere, die I–HCH-behandeltes Heu erhalten hatten, wurden die chlorierten Präpp. herausgelöst u. diese zum Vgl. mit I u. *HCH* im Fliegensterblichkeitstest angewendet. Die Ergebnisse lassen annähernde Übereinstimmung erkennen. (Advances in Chem. Ser. Nr. **1.** 271—73. April 1950. Beltsville, Md., U. S. Dep. of Agric.) G. LENHARD. 6328

Monsanto Chemical Co., St. Louis, Mo., übert. von: **David T. Mowry** und **Arthur H. Schlesinger,** Dayton, O., V. St. A., *Unkrautvertilgungsmittel,* bestehend aus einem Gemisch aus einem bekannten, inerten Trägerstoff oder einer Öl-in-W.-Emulsion u. einer quaternären N-Verb. der allg. Formel I, in der R einen Alkylrest mit 5—9 C-Atomen bedeutet, Y u. Y′ Alkylreste mit 1—5 C-Atomen u. Y″ einen Phenylrest oder einen Alkylrest mit 1—5 C-Atomen darstellen. — Die Verbb. erhält man durch Rk. eines Alkylbenzylchlorids, z. B. 4-n-Amylbenzylchlorid, mit einem Trialkylamin oder einem Phenyldialkylamin. — Beispiele: (4-sek.-Amylbenzyl)-tri-n-amylammoniumchlorid; (4-sek.-Amylbenzyl)-trimethylammoniumchlorid; (4-sek.-Amylbenzyl)-phenyldimethylammoniumchlorid; (4-tert.-Nonylbenzyl)-trimethylammoniumchlorid. (**A. P. 2 689 789** vom 25/8. 1951, ausg. 21/9. 1954.) H. NEBELSIEK. 6313

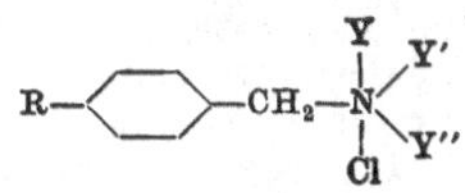

National Research Development Corp. (Erfinder: **Paul Bracey**), London, England, *Schädlingsbekämpfung.* Da die Wirksamkeit von insektenanziehenden oder -abstoßenden Mitteln (z. B. Isovaleriansäure, Dimethylphthalat) normalerweise sehr kurz ist (ca. 4 bis 5 Std.), stellt man zur Verlängerung dieser Wirksamkeit (> 1 Monat) Dispersionen derselben in synthet. Harzen her. Z. B. dispergiert man die Mittel in organ. Lsgg. von aminoplast. Harzen, die durch Kondensation von Harnstoff oder Melamin mit CH_2O in Ggw. von Alkoholen erhalten wurden. Die so getränkten Harze sind härtbar u. als Überzüge oder Imprägnierungen zu verwenden. (**E. P. 723 627** vom 24/8. 1951, ausg. 9/2. 1955.) H. NEBELSIEK. 6313

VIII. Metallurgie. Metallographie. Metallverarbeitung.

J. Pearson, *Chemische Forschung. Physikalische Chemie, feuerfeste Materialien und Korrosion.* (Metal Treatment Drop Forging **21.** 525—26. Nov. 1954.) A. SCHAAL. 6350

W. A. Archibald, *Feuerfeste Materialien.* (Metal Treatment Drop Forging **21.** 529—30. Nov. 1954.) A. SCHAAL. 6370

Sam F. Carter, *Amerikanische Erfahrungen mit basischen Kupolschmelzöfen.* Vieljährige Erfahrungen mit bas. Kupolschmelzöfen (bes. bzgl. Entfernung von S u. P) werden gegeben. (Trans. Amer. Foundrymen's Soc. **61.** 52—60. 1953. Birmingham, Ala., American Cast Iron Pipe Co.) W. WESLY. 6372

Bernard N. Ames, *Übersicht über das Schalengußformverfahren zur Erzeugung von Gußstücken.* Übersicht. — 26 Schrifttumshinweise. (Trans. Amer. Foundrymen's Soc. **61.** 7—28. 1953. Brooklyn, N. Y., New York Naval Shipyard, Material Labor.) W. WESLY. 6382

A. Snyder, *Olivinform- und -kernsand.* Olivin eignet sich als Werkstoff für Gußformen u. Kerne; Eigg. u. Anwendung werden im einzelnen beschrieben. (Amer. Foundryman **23.** Nr. 1. 65—68. Jan. 1953. Washington, D. C., Univ., Metallurgical Engng. Dep.) W. WESLY. 6382

A. Dunlop, *Verfahren und Möglichkeiten des Shaw-Processes, Herstellung von Präzisionsguß.* Der SHAW-Prozeß ermöglicht die Herst. von Präzisionsgußstücken, wie Strangpreßmatrizen, Formen u. Formkernen. Die Herst. wird beschrieben. (Metal Ind. [London] **83.** 355—57. 30/10. 381—82. 6/11. 1953.) G. APEL. 6382

G. W. Nicholls, *Leistungsfähige Verfahren zur Herstellung von Werkzeugmaschinengußstücken.* Übersicht u. Maßnahmen zur Überwachung der Fertigung. (Trans. Amer.

Foundrymen's Soc. **61.** 29—51. 1953. Halifax, Modern Foundries Ltd., sub. of William Asquith, Ltd.) W. WESLY. 6382

William S. Pellini, *Faktoren, die die Eignung der Steiger und den Gießumfang bestimmen.* Verss. über die Erstarrung von Gußstücken u. den Einfl. der Steiger zeigen: Die Metall- u. Gußformeigg. wirken mitbestimmend auf den Verlauf der Erstarrung. Die durch das Verhältnis von Vol. zu Oberfläche des Gußstückes gek. Wärmeübertragung bestimmt die spezif. Geschwindigkeit, mit der die Erstarrung fortschreitet. Die Eignung eines Steigers wird hauptsächlich durch die Erstarrungszeit, der Gießumfang durch die geometr. Kennwerte des Gußstückes bestimmt. Werte für die Steigerabmessungen werden aufgeführt. (Trans. Amer. Foundrymen's Soc. **61.** 61—80. 1953. Washington, D. C., Naval Res. Labor., Metallurgy Div., Metal Processing Branch.) W. WESLY. 6382

Kenneth Rose, *Allgemein verwendbare hochtemperaturbeständige Legierungen.* In der Hochtemperaturtechnik gibt es neben der Gruppe der Edelmetallegierungen die große Gruppe allg. verwendbarer Legierungen. Sie beginnt mit dem C- u. niedriglegiertem Stahl (800—1000° F) u. führt über Cr-Stahl (1400—1500° F), Cr–Ni-Stahl (bis 1600° F) zu den hochlegierten Stählen u. den Legierungen auf Ni-Basis (bis 2000° F). (Materials and Methods **36.** Nr. 4. 103—07. Okt. 1952.) H.-J. HEINRICHS. 6388

Jean Hérenguel, *Die grundsätzlichen metallurgischen Vorgänge, die während der Umwandlung der Metalle und Legierungen auftreten.* Die Betriebseigg. von warmverformten Gegenständen aus *Leichtmetallen* sowie ebenso auch aus allen anderen Metallen u. Legierungen hängen stark von ihrem Gefügezustand ab. Dieser aber ist eine Folge der Erstarrungsbedingungen der ursprünglichen Blocks sowie der Ver- u. Bearbeitungsbedingungen des Blocks in mechan. bzw. wärmetechn. Beziehung. Die allg. metallurg. Vorgänge, die während der Verarbeitung in Leichtmetallen u. deren Legierungen auftreten, wie der kristalline Gefügeaufbau u. die Textur, die Ursachen der Grobkorn- u. Texturausbldg., die aus unlösl. u. lösl. Phasen herrührende heterogene Textur, die Maßnahmen zu deren Verhütung, das Abschrecken u. Aushärten, werden zusammenfassend behandelt. (Rev. de l'Aluminium **1951.** 124—30. April. 171—76. Mai. Antony, Tréfileries et Laminoirs du Havre.) H. HOCHSTEIN. 6388

H. A. Schwartz, W. K. Bock und **J. D. Hedberg,** *Die Graphitisierung in der Schmiedeeisenindustrie.* Verss. über die Beziehungen zwischen der Graphitbldg. u. den chem. u. Arbeitsvariabeln von Schmiedeeisen aus Kupolöfen zeigen: Si ist das für die Graphitbldg. wichtigste Element. Seine Wirksamkeit schwankt mit den Schmelzbedingungen, die auch die Knollenzahl, den Kupol-C u. -Si beeinflussen. Die Einflüsse dieser Faktoren auf die Wirksamkeit des Si lassen sich stark verringern, wenn das Erhitzen auf die Graphitierungstemp. langsam vor sich geht. Die Zwischenstufenhärtung als Folge der Umwandlung von Austenit in Ferrit u. Graphit ist das schnellste Verf. zur Perlitzerstörung. Sie ist wiederum hauptsächlich eine Funktion des Si-Geh., wobei die Si-Wirksamkeit wiederum variabel ist, aber nicht in Wechselbeziehung zu anderen Variabeln steht. Das Mn–S-Verhältnis wirkt auf die Graphitbldg. in der 1. u. der Zwischenstufe in entgegengesetzter Richtung. — 21 Literaturzitate. Diskussion. (Trans. Amer. Foundrymen's Soc. **61.** 228—42. 1953. Cleveland, National Malleable and Steel Castings Co.) W. WESLY. 6408

A. Hartley, *Stahlguß. Ein Überblick über die Literatur über das Homogenisieren.* Überblick mit 16 Literaturangaben. (Iron and Steel **23.** 511—14. Dez. 1950. Brit. Iron and Steel Res. Assoc.) K. STEIN. 6410

W. R. Brown, *Warmrissigkeit an Matrizen für Messingpreßguß.* Die Ursachen der Warmrissigkeit werden erörtert u. der Einfl. der Zus. des *Matrizenstahls* einerseits u. des zu verarbeitenden Messings andererseits erläutert. (Metal Ind. [London] **83.** 121—23. 14/8. 1953.) G. APEL. 6410

—, *Die mechanischen Eigenschaften von Druckkesselstahl bei erhöhten Temperaturen.* Stähle (18-8, 18-8-1,5 Mo u. 18-8-2,5 Mo) von 3 verschied. Stahlwerken werden auf ihr technolog. Verh. bei Tempp. zwischen 20 u. 400° untersucht u. die Ergebnisse graph. dargestellt. Es zeigte sich kein größerer Unterschied zwischen 18-8- u. 18-8-Mo-Stählen. (Tryckkärlskommiss. **1951.** 1—5. Royal Swed. Acad. of Engng. Sci., Pressure Vessel Commission.) H. ARNDT. 6410

A. G. E. Robiette, *Elektrisches Schmelzen von Nichteisenmetallen.* Überblick über die elektrotherm. Gewinnung von *Ni-* u. *Cu-Stein* sowie von *Ni, Sn, Pb, Zn* u. *Mg* aus Erzen. — Schrifttumsangaben. (Metal Ind. [London] **83.** 161—65. 28/8. 1953.) G. APEL. 6420

Edmund R. Thews, *Die Mitverwendung von Abfällen und Altmetallen bei der Herstellung von Legierungen in Metallgießereien.* (Giessereipraxis **71.** 346—48. 10/10. 1953. — C. **1954.** 11036.) H. HOCHSTEIN. 6420

Rudolf Vogel und **Alexander Heyn,** *Über Legierungen für zahnärztliche Gußfüllungen auf Zinnbasis.* Die chem. Beständigkeit von *Sn–Bi*-Legierungen mit Zusätzen von *Sb, Cd* u. *Ag* gegen Reagentien, die in der Zahnheilkunde von Bedeutung sind, wurde untersucht. Einige dieser tern. Legierungen, z. B. aus 82 (%) Sn, 10 Bi u. 8 Sb oder aus 85,1 Sn, 10 Bi u. 5 Cd haben sich als sehr korrosionsfest erwiesen. (Z. Metallkunde **44.** 325—28. Juli 1953. Göttingen, Univ., Metallograph. Labor.) G. APEL. 6428

P. H. Bootman, *Raffination von Altblei.* Nach Beschreibung des HARRIS-Prozesses, der auf einer selektiven Oxydation von *Sn, Sb* u. *As* beruht, wobei das geschmolzene Metall mittels einer Zentrifugalpumpe durch ein geschmolzenes Salzgemisch aus NaOH u. NaCl geleitet wird, werden spätere Maßnahmen zur Beschleunigung u. Verbesserung durch Zusatz von $NaNO_3$, die einzelnen Verfahrensstufen u. die dabei erreichten Wirkungen an Hand von Tabellen erläutert. (Metal Ind. [London] **83.** 51—52. 17/7. 1953.) G. APEL. 6430

H. H. Symonds, *Interkristalline Versprödung.* Als Ursache der Versprödung von stranggegossenem *Cu* wurde das Auftreten eines brüchigen, interkristallinen Netzwerks von CuO festgestellt. Offenbar hatte die Ofentemp. Diffusion des Oxyds in die Korngrenzen bewirkt, die Reduktionsbehandlung hatte nicht ausgereicht, die Oxyde vollständig zu beseitigen. Der Bi-Geh. der Proben lag unter 0,001%, so daß darauf die Versprödung nicht zurückzuführen war. (Metal Ind. [London] **76.** 127—28. 17/2. 1950.) F. VIER. 6432

G. W. Reid, *Das Gießen hochfester Messinge und Bronzen.* 5. bis 8. Mitt. (1. bis 4. vgl. C. **1954.** 5614.) Überblick über Modellherst., Formerei, Formsande, Kernmacherei, Öfen, Schmelzverf., Tiegel sowie deren Behandlung u. Formereitechnik. (Metal Ind. [London] **82.** 209—11. 13/3. 229—31. 20/3. 249—51. 27/3. 281—84. 10/4. 1953. Manganese Bronze & Brass Co. Ltd.) G. APEL. 6432

M. R. Reeve, J. S. Bowden und **J. W. Cuthbertson,** *Zinnbronzen.* Die Mikrostruktur von Sn-Bronzen mit 15, 20, 25 u. 28% Sn wird im Gußzustand u. nach verschied. Wärmebehandlungen an Hand des Cu–Sn-Zustandsdiagramms u. von Schliffbildern besprochen. Härtewerte werden angegeben. (Metal Ind. [London] **82.** 23—25. 9/1. 49—52. 16/1. 1953.) G. APEL. 6432

—, *Risse in einem Rad aus Phosphorbronze.* Die Unters. der P-Bronze ergab 15 (%) Sn, 2 Pb, 2,5 Zn, 0,35 P u. etwas höhere Gehh. an Fe u. S als gewöhnlich. Es zeigten sich interdendrit. Poren, die von Gaseinschlüssen oder Lunkerung herrührten. Auch neigt P zur Dissoziation der Feuchtigkeit selbst in trockenen Formen. Der so entstehende H_2 gelangt in die geschmolzene Legierung u. macht sie beim Erstarren porös. Zur Fehlervermeidung werden Richtlinien zum Schmelzen u. Gießen gegeben. (Metal Ind. [London] **84.** 46. 15/1. 1954. Foundry Serv. Ltd.) G. APEL. 6432

Jaques Valeur, *Die Warmfestigkeit von Leichtmetallegierungen.* Es werden die aus den Arbeiten von CHEVIGNY u. SYRE gewonnenen Ergebnisse über die mechan. Eigg. von Leichtmetallegierungen bei Tempp. von 250—300° erörtert u. auf ihre Bedeutung für den Bau von Turbomaschinen hingewiesen. Es zeigte sich, daß die wichtigsten warm verarbeitbaren oder Gußlegierungen die *Al–Cu–Mg–Ni*-Legierungen mit ca. 2% Cu u. die *Al–Cu*-Legierung mit 6% Cu waren. Auch ein Zusatz von *Zr* zu diesen Legierungen erhöht die Warmfestigkeit, während ein *Si*-Geh. schädlich ist. Unter 250° haben die Gußlegierungen ihre besten Werte, oberhalb von 250° die warmverarbeitbaren Legierungen. Es wird der Einfl. der Herstellungsbedingungen, der Korngröße, der Vorwärmdauer, der Wärmebehandlungen, der Belastungsbedingungen sowie der sehr schädlichen galvan. Überzüge auf die Warmfestigkeit dieser Legierungen untersucht. (Rev. de l'Aluminium **29.** 339—46. Okt. 1952.) H. HOCHTSEIN. 6442

Marcel Tournaire, *Die höchsten mechanischen Werte von Aluminiumlegierungen mit hoher Elastizitätsgrenze und erhöhter Zugfestigkeit.* Die mechan. Eigg. einer Leichtmetallegierung hängen nicht nur von ihrer chem. Zus. u. ihren Wärmebehandlungen, sondern auch von ihrem Gefügezustand ab. Es wird daher der Vorgang der Rekristallisation, des Walzens u. des Strangpressens u. deren Einfl. auf die Gefügeausbldg. erörtert. Infolgedessen können entsprechend der Herst. u. Verarbeitung sowie der Form u. der Dicke der Erzeugnisse die mechan. Eigg. stark schwanken. Es ist daher möglich, durch Änderung des n. Fabrikationsprozesses die besonderen Eigg. der Legierungen zu beeinflussen. In diesem Zusammenhang werden die höchsten erreichbaren mechan. Eigg. bei Legierungen, wie *A-U 4 G, A-U 4 G 1, A-U 4 G Zr, A-U 4 SG* u. *AZ 8 GU*, angegeben, die durch eine hohe Elastizitätsgrenze u. eine erhöhte Zugfestigkeit gek. sind. (Rev. de l'Aluminium **28.** 353—61 Okt. 1951.) H. HOCHSTEIN. 6446

H. H. Symonds, *Versprödung von Gold.* Die Unterss. wurden durchgeführt auf Grund der wachsenden Tendenz zum Auftreten von Brüchen bei Uhrgehäusen aus

9karätigem Au. Es wurde das Auftreten einer 2. brüchigen Phase beobachtet. Die Bldg. dieser Phase konnte durch Wärmebehandlung bei 370—430° u. nachfolgendes Abschrekken verhindert werden. Ein Geh. von Pb oder Bi wirkt versprödend. Nicht mehr als 0,003% Bi sollten zugelassen sein. Die Verwendung nur von Umschmelzmaterial ist zu vermeiden, um das Auftreten von Gas- u. Oxydeinschlüssen zu verringern. Beim Umschmelzen von Altmetall wird die Verwendung einer Flußmitteldecke, z. B. aus NH_4Cl mit Na- u. K-Cyaniden, empfohlen. (Metal Ind. [London] **76.** 91—93. 3/2. 1950.) F. VIER. 6462

Otto Loebich, *Metallkundliche Probleme bei der gewerblichen Goldverarbeitung.* Die Schädigungen, die bei der handwerklichen Weiterverarbeitung der üblichen Au-Legierungen zu Schmuck oder Zahnersatz entstehen können, werden besprochen. Solche Schäden u. ihre Ursachen lassen sich durch metallkundliche Unterss. feststellen u. daraus Arbeitsanweisungen für den Verarbeiter entwickeln. (Z. Metallkunde **44.** 286—92. Juli 1953 Pforzheim, Degussa.) G. APEL. 6462

H. Silbereisen, *Das pulvermetallurgische Fertigungsverfahren.* Überblick über Wesen u. Anwendung der verschied. pulvermetallurg. Fertigungsverff. unter besonderer Berücksichtigung der Werkstoffe *Sintereisen* bzw. *-stahl* u. ihrer Eigenschaften (Werkstattstechn. u. Maschinenbau **40.** 203—08. Juni 1950. Hanau.) H. HOCHSTEIN. 6474

W. Hotop, *1. Beitrag zu: „Das pulvermetallurgische Fertigungsverfahren.“* Fertigungsbeispiele von Sinterteilen. (Werkstattstechn. u. Maschinenbau **40.** 208. Juni 1950. Dortmund.) H. HOCHSTEIN. 6474

R. Schwalbe, *2. Beitrag zu: „Das pulvermetallurgische Fertigungsverfahren“.* Härten u. Vergüten von Sinterstahl. (Werkstattstechn. u. Maschinenbau **40.** 209. Juni 1950. Krebsöge.) H. HOCHSTEIN. 6474

Franz Motalik, *Die rechnerischen Grundlagen für die Auswertung von Standzeitversuchen.* Übersicht. — 30 Schrifttumsangaben. (Werkstattstechn. u. Maschinenbau **43.** 309—14. Juli 1953. Kapfenberg.) H. HOCHSTEIN. 6480

H. Hanemann, *Härte und Stempelfließgrenze.* Bei der Härtebest. beruht die Formveränderung nicht auf dem Druck, sondern auf dem Druckgradienten, auf den daher die HERTZsche Härtedefinition zu beziehen ist. Die erste Formveränderung erfolgt nicht an der Oberfläche, sondern darunter. Als „Stempelfließgrenze“ wird der geringste spezif. Oberflächendruck durch einen zylindr. Druckstempel bezeichnet, bei dem dieser in unbelasteter Oberfläche einen bleibenden Eindruck erzeugt. Sie läßt sich mit ca. 1% Genauigkeit reproduzieren, ändert sich konform mit der Ritzhärte, nimmt beim Kaltrecken von Zn zu, beim Legieren von Cd mit Hg ab. (Jernkontorets Ann. **137.** 27—33. 1953.) R. K. MÜLLER. 6480

H. C. Schlaupitz und **W. D. Robertson,** *Quantitative Messung des Haftens von galvanisch gefällten Niederschlägen.* Überblick über die Best. des Haftens von galvan. gefällten Ndd., die der Best. der Bruchfestigkeit von Metallen beim Fehlen einer nennenswerten plast. Verformung ähnelt. Zur Erzielung einwandfreier Meßergebnisse muß die zu untersuchende Probe Symmetrie quer durch die Berührungsfläche aufweisen u. frei von örtlichen Spannungen sein; die Dicken von Grundmetall u. Nd. sollen möglichst gering sein, um plast. Verformung hintanzuhalten. Die auf der Berührungsfläche ruhende Last muß in eine 3achsige Zugspannung übergeführt werden. Es wird gezeigt, daß man nicht dehnbare Brüche in geglühten Cu-Folien erzeugen kann, wenn die Probe einen 3achsigen Zustand der Zugspannung aufweist. Das im einzelnen beschriebene Verf. kann zur Best. des Haftens von elektrolyt. Ndd. angewandt werden. — 18 Literaturangaben. (Plating **39.** 750—53. 764. Juli. 862—64. 932. Aug. 1952. Wallingford, R. Wallace & Sons Mfg. Co.; New Haven, Conn., Yale Univ., Hammond Metallurg. Labor.) W. WESLY. 6480

K. M. Weigert, *Die Bestimmung der Abriebfestigkeit von Hartmetallspitzen.* (Metalloberfläche, Ausg. A **7.** 188. Dez. 1953. Chicago, Ill.) G. APEL. 6480

J. M. Capus und **M. G. Cockcroft,** *Eine neue Technik zur Untersuchung der Oberflächenverformung bei Metallbearbeitungsprozessen.* In einer kurzen Mitt. wird über die Heranziehung der auf Walzen u. Werkzeugoberflächen meistens vorhandenen Schrammen zur Beurteilung der Topographie der Oberflächenverformung während der Bearbeitung berichtet, indem die dadurch hervorgerufenen Spuren auf der Werkstücksoberfläche analysiert werden. Einige Folgerungen im Hinblick auf den Walzprozeß werden aus den beobachteten Oberflächenkratzern gezogen. (Nature [London] **173.** 821. 1/5. 1954. Birmingham, Univ., Dep. of Ind. Metall.) S. HÜTTIG. 6482

Kurt Räntzsch, *Grundsätzliches zur Interferenzmikroskopie.* Überblick über die Eigg. der verschied. Bauformen von Interferenzmikroskopen für die Oberflächenprüfung u. ihre Leistung. (Werkstattstechn. u. Maschinenbau **42.** 434—37. Okt. 1952. Oberkochen.) H. HOCHSTEIN. 6482

Günter Wassermann und **Johanna Wiewiorowsky,** *Über ein Geiger-Zählrohr-Goniometer nach dem Seeman-Bohlin-Prinzip.* Es wird ein neues, nach dem SEEMAN-BOHLIN-Prinzip arbeitendes Röntgengoniometer für Registrierung mit dem GEIGER-Zählrohr vorgeschlagen, das ohne u. mit monochromat. Strahlung verwendet werden kann, u. die Anwendungsmöglichkeit für Texturbestimmungen erörtert. — Schrifttumsangaben. (Z. Metallkunde **44.** 567—70. Dez. 1953. Clausthal, Bergakad., Inst. für Metallkunde.) G. APEL. 6484

P. A. Beck, *Bemerkungen zur Härtung und Erholung.* Beim Glühen kaltbearbeiteter Metalle sind mit steigender Glühzeit bzw. Glühtemp. 3 Stadien zu beobachten: 1. Erholung (ohne Korngrenzenbewegung), 2. Feinkorngrenzenbewegung (langsames Feinkornwachstum ohne Änderung der Orientierung) u. 3. Korngrenzenbewegung („Rekristallisation" mit örtlicher Reorientierung — diskontinuierliches Wachstum einiger Kristallfragmente verschied. Orientierung). Es scheint, als werde der größte Teil der in der Kaltbearbeitung aufgespeicherten Energie u. ein kleiner Teil der Härtung in dem Erholungsvorgang frei, während das Feinkornwachstum den verbleibenden, größeren Teil der Härte frei machen kann. Das 3. Glühstadium („Rekristallisation") setzt jedoch oft verfrüht ein, u. es übernimmt dann vom Feinkornwachstum die Aufgabe, einen großen Teil der Härte zu befreien. — 34 Literaturangaben. (Acta metallurg. [New York] **1.** 422—25. Juli 1953.) H. SCHÖBERL. 6492

Herbert Tauscher, *Isothermisches Härten.* (Vgl. C. **1953.** 7645.) Die Bedeutung der Zeit–Temp.-Umwandlungsschaubilder für die Zwischenstufenvergütung von Stählen wird erörtert. Es wird an Gefügebildern gezeigt, daß die Umwandlung eines Stahls in der Zwischenstufe mit dem Auftreten einer neuen Gefügeart, dem Zwischenstufengefüge, verbunden ist. Auch bei kontinuierlicher Abkühlung kann ein solches Gefüge, bes. in legierten Stählen, erhalten werden. Durch ein grobes Korn kann die Zeit–Temp.-Umwandlungskurve nach rechts verschoben werden. Dieses kann z. B. durch eine Homogenisierungsglühung erreicht werden. Bes. stark ist der Einfl. von Cr u. Mn auf die Lage u. Form dieser Umwandlungskurven, da durch diese Elemente die Austenitbeständigkeit stark zunimmt. Si hat hierauf bis zu Gehh. von 2% keinen Einfluß. W u. V erhöhen die Beständigkeit in der Zwischenstufe u. in der Prolitstufe nur dann, wenn von hoher Temp. gehärtet wird. Mit Al desoxydierter Stahl zeigt. bzgl. der Zwischenstufenvergütung eine Verschlechterung. Bei Al-Gehh. über 0,05% tritt eine Erhöhung der Austenitbeständigkeit in der Perlitstufe ein; unterhalb von 0,05% wirkt Al kornverfeinernd, oberhalb von 0,05% nimmt es an der Legierungsbldg. teil. Mo wirkt ähnlich wie Cr u. Ni u. wesentlich schwächer als Mn. Die Durchvergütbarkeit bei der Zwischenstufenvergütung ist auf kleinere Gutdurchmesser als bei der n. Vergütung beschränkt. An Hand von Versuchsergebnissen werden die Vorteile der Isothermhärtung, bes. die besondere Zähigkeitssteigerung u. das bessere Verschleißverh. von Zwischenstufengefüge, behandelt. Die Anwendung des Verf. wird zur Härtung von Schaufeln, Gabeln, Sensen, Florettklingen, Schloßteilen, Ketten, Holzbearbeitungswerkzeugen, Werkzeugen geringeren Querschnitts u. dgl. empfohlen. — 22 Schrifttumsstellen. (Technik **6.** 406—10. Sept. 1951. Karl-Marx-Stadt, Materialprüfanst. u. Techn. Lehranst.) H. HOCHSTEIN. 6492

H. Anders, *Über die Wärmebehandlung von Eisen und Stahl.* Überblick. (Giessereipraxis **71.** 377—83. 10/11. 397—402. 25/11. 1953.) H. HOCHSTEIN. 6492

W. D. Bennett, *Vakuum-Wärmebehandlung.* Beschreibung eines Ofens zur Wärmebehandlung polierter metallograph. Schliffe im Vakuum bei Tempp. bis 1000°. (Metal Ind. [London] **84.** 245—46. 26/3. 1954. Ottawa, Can.) H. HOCHSTEIN. 6492

K. Tamele, *Neue Entwicklung von Elektroglühöfen mit Schutzgas.* Die Anforderungen an die Zus. von Schutzgas, das durch unvollständige Verbrennung gewonnen wird, zum Blankglühen u. entkohlungsfreien Glühen von Stahl werden erörtert u. Schutzgaserzeuger, die mit Kompressionstrocknung arbeiten, beschrieben. (Werkstattstechn. u. Maschinenbau **42.** 186—89. Mai 1952. Erlangen.) H. HOCHSTEIN. 6492

G. Seulen, *Grundlagen, Anwendungsgebiete und Wirtschaftlichkeit der Induktionserwärmung.* Überblick. — 14 Schrifttumsangaben. (Werkstattstechn. u. Maschinenbau **41.** 8—12. Jan. 1951. Remscheid.) H. HOCHSTEIN. 6492

G. Solowjeff und **A. Pieper,** *Die induktive Hochfrequenzerwärmung und ihre Anwendung in der Praxis.* Überblick über die prakt. Durchführung der induktiven Erhitzung von metall. Werkstücken. (Werkstattstechn. u. Maschinenbau **41.** 194—200. Mai 1951. Minden, Schoppe und Faeser.) H. HOCHSTEIN. 6492

Paul Parfitt, *Anlage zum Einsatzhärten mit Gas verbessert ihr Erzeugnis und Ausbringen.* Beschreibung der Anlage. Schutzgas verhindert das Eindringen von Luft. Aufgekohlt wird mit *Lithanol*, einem fl. KW-stoff auf Li-Basis, der eingespritzt u. verdampft wird. Durch künstliche Zirkulation wird dafür gesorgt, daß das aufkohlende Gas überall gleichmäßig verteilt ist. Genaue Arbeitsanweisung. (Machinist **97.** 491—96. 28/3. 1953.) K. STEIN. 6492

Paul Parfitt, *Das Einsatzhärten mit Gas von Ersatzstählen.* (Vgl. vorst. Ref.) Festigkeitseigg. der Einsatzstähle En. **34,** En. **351** u. En. **355** nach dem Abschrecken von verschied. Einsatztemperaturen. Aufgekohlt wird in einer fast neutralen Schutzgasatmosphäre mittels eines vergasten KW-stoffes mit Li-Zusatz. Li bildet auf der Stahloberfläche einen Überzug, der die Aufnahme des C beschleunigt, Verunreinigungen red. u. das Verzundern an der Luft verhindert. Zementiert wird bis zu einer Dicke von 1 bis 1,25 mm. Die Zementationsgeschwindigkeit beträgt bei 920° 0,2 mm je Stunde. (Machinist **97.** 745—48. 9/5. 1953. Leeds, John Fowler & Co., Ltd.) K. STEIN. 6492

G. W. Seulen und **H. Geisel,** *Das Erwärmen von Zylindern aus Stahl im gasbeheizten Schmiedeofen und in der Induktionsspule zwecks anschließenden Warmformens.* Beim Erwärmen von Stahlzylindern im Ofen u. in der Induktionsspule von Raum- auf Schmiedetemp. eilt die Kerntemp. der Manteltemp. stets nach. Beim Schmiedeofen wird die zur Temperaturerhöhung notwendige Wärme durch die Oberfläche des Zylinders übertragen, wobei sich nach Maßgabe der Ofentemp., Wärmeübergangszahl u. Wärmeleitzahl ein bestimmter zeitlicher Verlauf von Kern- u. Manteltemp. ergibt. Bei der induktiven Erwärmung entsteht die Wärme im Werkstück selbst u. zwar in den Zonen unter der Oberfläche. Ein Stahlzylinder wird daher in der Induktionsspule wesentlich schneller aufgeheizt als im Ofen bei gleichem vorgegebenen Temperaturunterschied zwischen Kern u. Mantel am Ende der Aufheizung. (Werkstattstechn. u. Maschinenbau **44.** 89—93. Febr. 1954.) H. HOCHSTEIN. 6492

Walter Wolff, *Materialeinsparung durch Anwendung des Schutzgas-Hartlötverfahrens.* Beschreibung des Verfahrens. (Schweißtechnik **2.** 54—55. Febr. 1952.) M. GEHLEN-KELLER. 6504

D. Young und **F. Zeller,** *Fortschritte der Kontaktlichtbogenschweißung.* Übersicht über neuere Entwicklungen. (Welding Metal Fabricat. **21.** 25—29. Jan. 51—54. Febr. 1953.) W. WESLY. 6506

Hans Türcke, *Das Elin–Hafergut-Schweißverfahren.* Ausführliche Beschreibung des Verfahrens. — 17 Literaturangaben. (Schweißtechnik **2.** 41—46. Febr. 1952.) M. GEHLEN-KELLER. 6506

Martin Kegel, *Der gegenwärtige Stand der UP-Schweißung.* (Entwicklungsstand 1951.) (Schweißtechnik **2.** 50—51. Febr. 1952.) M. GEHLEN-KELLER. 6506

Fritz Richter, *Neue schweißtechnische Methoden in der UdSSR und die Schweißbarkeit von Stahl.* (Schweißtechnik **2.** 61—62. Febr. 1952.) M. GEHLEN-KELLER. 6506

K. K. Chrenow und **D. M. Kuschnerew,** *Keramische, nichtgeschmolzene Flußmittel für das automatische Schweißen.* (Schweißtechnik **2.** 58. Febr. 1952. — C. **1954.** 3324.) M. GEHLEN-KELLER. 6506

Eberhard Dörling, *Über den Einsatz von Sparbeizen in der Profilzieherei.* Nach Erläuterung des Beizvorganges wird auf die Theorien zur Erklärung der Wrkg. der Hemmstoffe eingegangen. Es wird gezeigt, daß mit steigendem Zusatz von Sparbeize der Säureverbrauch u. die Fe-Verluste absinken. Durch Verss. wird nachgewiesen, daß nach dem Beizen von Draht bei Verwendung von Sparbeizen Bruchlast, Zugfestigkeit u. Biegezahl höher liegen, als wenn ohne Sparbeizen gearbeitet wird. — Schrifttumsangaben. (Technik **8.** 821—23. Dez. 1953.) F. VIER. 6512

L. Koch und **S. Keste,** *Die Oberflächenabtragung beim chemischen und anodischen Polieren von Reflektal und Reinaluminium.* Die Oberflächenabtragung wurde mit Hilfe elektronenmkr. Aufnahmen untersucht. Die Einebnung während des Poliervorganges verläuft bei *Reflektal* ebenso wie bei *Al 99,99.* Bei *Al 99,0* wird der Einebnungsvorgang durch Einlagerungen von $Al_{12}SiFe_3$-Kristalliten gestört. Sie werden beim Polieren freigelegt u. sind zum Teil in den beim Präparieren erzeugten Oxydhäuten verankert. Durch Schrägbedampfung lassen sie sich plast. sichtbar machen. — Schrifttumsangaben. (Metall **7.** 577—81. Aug. 1953. Berlin, Siemens & Halske Akt.-Ges.) F. MARKHOFF. 6512

W. Briese, *Über die Ursachen der Bildung kreisrunder, halbkugeliger Bläschen bei der Verkupferung von Zinkspritzguß in heißen Bädern.* Die kreisrunden, halbkugeligen Blasen bilden sich durch die Verdampfung von Lösungsmittelresten, die bei der Galvanisierung in heißen Bädern aus Materialporen verdampfen. Verss. zeigen, daß man in Pertrinolanlagen mit Trichloräthylen statt mit Perchloräthylen arbeiten soll, da ersteres wegen seines niedrigeren Kp. eher aus Materialporen verdampft; nach der Pertrinolentfettung sollen die Teile entweder 15 Min. bei Entfettung mit Trichloräthylen oder 20 Min. bei Verwendung von Perchloräthylen auf 160° erhitzt werden, oder sie sind 5 Min. in sd. Na_3PO_4-Lsg. auszukochen. (Metalloberfläche, Ausg. B **5.** 188. Dez. 1953. Aachen.) F. MARKHOFF. 6514

H. Anders, *Aus der Praxis der Verchromungstechnik.* Überblick über Zus. der gebräuchlichen Verchromungsbäder, Abscheidungsbedingungen u. Einfl. der einzelnen Badzusätze. (Giessereipraxis **71.** 10—11. 10/1. 1953.) F. MARKHOFF. 6518

Richard Wick, *Technische Anwendungen für die Verchromung.* Steigende techn. Anwendung der Verchromung durch hohen Abnutzungswiderstand, geringen Reibungskoeffizienten, Korrosionsfestigkeit u. großen Belastungsfähigkeit. (Iron Steel Engr. **29.** Nr. 9. 109—11. Sept. 1952. Bethlehem, Pa., Bethlehem Steel Co.) H.-J. HEINRICHS. 6518

F. E. King, *Dünne, dehnbare Carbidüberzüge sind durch eine neue Methode möglich.* Durch Flammspritzen kann man ungewöhnlich harte Materialien auf andere auftragen. Es ist die einzige Möglichkeit, Wolframcarbid als Schutzüberzug in dünnen Stärken aufzubringen, wodurch die Lebensdauer der Werkstücke um ein Mehrfaches verlängert wird. (Materials and Methods **36.** Nr. **4.** **112—14.** Okt. 1952. Linde Air Products Co., Speedway Labor.) H.-J. HEINRICHS. 6528

H. H. Symonds, *Spannungskorrosionsbrüche.* Vf. untersucht 3 *Messing*-Spulenscheiben, an denen Brüche aufgetreten waren. Das Messing hatte folgende Zus.: 68,22 (%) Cu, 0,076 Fe, Sn u. Pb in Spuren, Ni nicht vorhanden. Die Brüche werden auf korrodierende Atmosphäre im Zusammenwirken mit Spannungen im Material zurückgeführt („season cracking"). (Metal Ind. [London] **76.** 33. 13/1. 1950.) F. VIER. 6538

Didier-Werke Akt.-Ges., Wiesbaden, *Feuerfeste Auskleidung für Roheisenmischer* besteht aus Kohlenstoffsteinen u. ist an ihrer Innenfläche mit einer Abdeckschicht aus hochwertigen feuerfesten Steinen, z. B. Magnesitsteinen, versehen. Die so hergestellten Mischer wirken qualitätsausgleichend, indem sie zur Weiterverarbeitung ein Roheisen von gleichbleibender chem. u. physikal. Beschaffenheit liefern. (**Oe. P. 180 279** vom 16/7. 1953, ausg. 25/11. 1954. D. Prior. 9/9. 1952.) H. HOCHSTEIN. 6371

Broken Hill Associated Smelters Proprietary Ltd., Melbourne, Australien, übert. von: **William R. Burrow** und **John Middlin,** Port Pirie, *Kontinuierliches oxydierendes Rösten von bleihaltigen sulfidischen Erzen.* Auf ein sich bewegendes Röstband wird kontinuierlich eine niedrige Erzschicht aufgebracht, deren Oberfläche entzündet wird, während unter ihr ein Unterdruck aufrecht erhalten wird. Hierdurch werden die Verbrennungsgase durch die Erzschicht nach unten abgezogen. Darauf wird ein neues Erzbett auf die brennende Erzschicht aufgelegt u. Luft aufwärts durch die brennende Schicht u. das darauf aufgebrachte Erzbett geleitet, wodurch das letztere an seiner untersten Schicht entzündet wird, worauf die Verbrennung sich durch das Erzbett hindurch nach oben fortpflanzt. — Abbildungen. (**A. P. 2 672 412** vom 17/7. 1950, ausg. 16/3. 1954. Aust. Prior. 18/7. 1949.) H. HOCHSTEIN. 6379

Rolls Royce Ltd., Derbyshire (Erfinder: **Colin Frederick Smith**), England, *Herstellung einer Form für den Präzisionsmetallguß.* Beim Abformen eines Wachsmodells wird als Schmiermittel *Polyalkylenglykol* oder dessen Derivv., vorzugsweise in wss. Lsg., benutzt. (**E. P. 714 866** vom 17/12. 1952, ausg. 1/9. 1954.) HANS HOFFMANN. 6383

„Hüttenbedarf" Rolf Ziegler G. m. b. H. (Erfinder: **Alois Ziegler**), Liezen, Steiermark, *Behandlung von Bentonit für Formsande und -massen.* Bentonit wird unter Vermeidung der Hydratwasserabgabe bis auf einen Wassergeh. unter 5%, zweckmäßig vollständig getrocknet u. vor oder nach dem Trocknen mit einer für eine weitestgehende Umwandlung in Na-Bentonit ausreichenden Menge eines Aktivierungsmittels, z. B. eines Alkali- oder NH_4-Salzes, vermengt. (**Oe. P. 177 888** vom 26/6. 1951, ausg. 10/3. 1954.) HANS HOFFMANN. 6383

Oel- & Chemie-Werk Akt.-Ges., Hausen, Schweiz, *Bindemittel für Gießereisandkerne.* Das Bindemittel besteht aus einer an ungesätt. Anteilen angereicherten Fischölfraktion u. einem durch das Vorhandensein konjugierter mehrfacher Bindungen charakterisierten fetten Öl. Beispielsweise werden zur Herst. des Bindemittels 400 (kg) einer an ungesättigten Bestandteilen angereicherten handelsüblichen Fischölfraktion („*Marinol K*") mit 300 *Oiticicaöl,* 200 *Ricinusölstandöl* u. 100 *Isanoöl* vermischt u. 1 Std. auf 200° erwärmt; die Mischung wird hierauf in ein Sikkativ mit einem Geh. von 0,1% *Co* u. 0,3% *Pb* umgewandelt. 2% dieses Binders ergeben mit mittelfeinem belg. Quarzsand eine Kernsandmischung, welche nach 4 Std. eine Scherfestigkeit von ca. 1000 g/cm² erreicht u. nach 1std. Brennen bei ca. 200° Biegefestigkeiten von ca. 70 kg/cm² zeigt. Die Kerne werden beim Brennen nicht deformiert. (**Oe. P. 177 889** vom 16/10. 1952, ausg. 10/3. 1954.) HANS HOFFMANN. 6383

Ingenieur-Bureau Sonderegger & Fischer, Zürich, Schweiz, *Entkalken von gebrauchtem, ein zementhaltiges Bindemittel enthaltendem Form- und Kernsand in der Eisengießerei.* Der gebrauchte Sand wird gleichzeitig einer chem. Behandlung, z. B.

einer solchen mit Säuren, u. einer mechan. Behandlung, z. B. durch ein gegenseitiges Scheuern der Sandkörner in einer Mischmaschine, zwecks Zermürbung u. Entfernung des zementhaltigen Bindemittels unterworfen. (**Schwz. P. 300 666** vom 8/2. 1952, ausg. 16/10. 1954.) HANS HOFFMANN. 6383

Gebr. Böhler & Co. Akt.-Ges., Wien, *Kornverfeinerung beim kontinuierlichen oder diskontinuierlichen Gießen von hochschmelzenden Metallen.* Während des Gießens von hochschm. Metallen, wie Eisen oder Stahl, werden mit Hilfe eines Trägerstroms feinkörnige, reduzierend wirkende Stoffe (I) mit einer Korngröße unter 1 mm, vorzugsweise unter 0,25 mm, in Mengen unter 1% des Gießgutes auf den Gießstrahl oder auf die Oberfläche des Gießgutes aufgebracht. Als I kommt z. B. bei Cr-Ni-Stählen eine Legierung aus 15 (%) *Ca*, 30 *Si*, 10 *Al*, 10 *Ti*, 3 *Ce–La*, Rest Eisen in Frage. (**Oe. P. 179 025** vom 16/11. 1951, ausg. 10/7. 1954. **E. P. 728 402** vom 13/11. 1952, ausg. 20/4. 1955. Oe. Prior. 16/11. 1951.) HANS HOFFMANN. 6383

Comp. Française des Foyers Turbine, Frankreich, *Gewinnung von Eisen und seinen Oxyden aus Erzen.* Zunächst wird das oxyd. Erz zum metall. Zustand oder zu einer geringeren Oxydationsstufe red. u. dann geschmolzen. Im schmelzfl. Zustand wird darauf das Eisen oder das Oxyd mit der niedrigeren Oxydationsstufe von seinen Verunreinigungen, die in Form von Schlacke entfernt werden, befreit. Nach Abtrennung des metall. Eisens oder des Oxyds von niedrigerer Oxydationsstufe wird dieses wieder über FeO-Fe_3O_4 zu Fe_2O_3 oxydiert. Die Red. wird durch ein Gas, das vorzugsweise bis zu 60% Co enthält, durchgeführt. Dieses Gas kann durch Überleiten von Luft über glühende Holzkohle erzeugt werden. Auch kann als reduzierendes Gas H_2 oder ein Gemisch aus CO u. H_2 verwendet werden. — Abbildung. (**F. P. 992 310** vom 14/6. 1944, ausg. 17/10. 1951.) H. HOCHSTEIN. 6391

Hüttenwerk Haspe Akt.-Ges. (Erfinder: **Johannes Kosmider**), Hagen-Haspe, *Entschwefeln von Roheisen mit bekannten Entschwefelungsmitteln.* Mit dem Roheisen wird das in fester oder fl. Form vorliegende Entschwefelungsmittel in einem bodenblasenden Konverter durch Blasen mit reduzierenden, neutralen oder schwach oxydierenden Gasen kurzzeitig innig vermischt. Nach diesem Entschwefelungsvorgang wird abgeschlackt, woran sich der Frischprozeß in bekannter Weise anschließt. (**D. B. P.** 928 955 Kl. 18b vom 17/8. 1952, ausg. 16/6. 1955. Anmeldung bekanntgemacht 18/11. 1954.) H. HOCHSTEIN. 6401

Oesterreichisch-Alpine Montangesellschaft (Erfinder: **Otwin Cuscoleca, Felix Groß, Kurt Rösner** und **Wolfgang Kühnelt**), Wien, Österreich, *Verblasen von Roheisen.* Beim Verblasen von Roheisen, bei welchem oxydierende Gase oder Gasgemenge, bes. O_2, von oben auf die Badoberfläche aufgeblasen werden u. die für den Prozeß erforderliche Wärmemenge durch die Rk. der Gase mit dem Stahlbad erzeugt wird, wobei der Blasstrahl mit einer Energie gegen die Badoberfläche geführt wird, welche nicht ausreicht, um die sofortige Durchdringung der Schlackenschicht zu gewährleisten, wird zu Beginn des Blasens die Schlackenschicht im Bereich der Auftrefffläche des Blasstrahls unter Vermittlung eines festen Körpers durchbrochen. Zweckmäßig wird der feste Körper, z. B. eine Stange aus Eisen oder einem anderen Metall, unter Vermittlung der Halterung der Blasdüse zur Schlackenschicht gebracht. — Abbildungen. (**Oe. P. 180 068** vom 3/4. 1953, ausg. 10/11. 1954.) H. HOCHSTEIN. 6401

Oesterreichisch-Alpine Montangesellschaft (Erfinder: **Otwin Cuscoleca, Felix Groß, Kurt Rösner** und **Wolfgang Kühnelt**), Wien, Österreich, *Verblasen von Roheisen,* bei welchem O_2 oder sonstige oxydierende Gase oder Gasgemenge von oben auf die Badoberfläche aufgeblasen werden, nach dem Oe. P. 175 586, dad. gek., daß nach Oe. P. 178 101 zu Beginn der Charge Gase, bes. oxydierende Gase, wie z. B. O_2, durch eine unter der Badoberfläche angeordnete Mündung in das Bad eingeblasen werden. Bei Durchführung des Aufblasens, wobei die für den Prozeß erforderliche Wärmemenge durch die Rk. der Gase mit dem Stahlbad erzeugt u. der spezif. Flächendruck des Blasstrahls auf die Badoberfläche unter 0,75 kg/cm², vorzugsweise unter 0,5 kg/cm², gehalten wird, beträgt nach Oe. P. 180 280 die Entfernung der Mündung der Blasdüse von der ruhenden Badoberfläche wenigstens 250 mm. (**Oe. PP. 178 101** vom 14/4. 1951, ausg. 10/4. 1954 u. **180 280** vom 20/12. 1951, ausg. 25/11. 1954. **Zusätze zu Oe. P. 175 586; C. 1954. 6817.**) H. HOCHSTEIN. 6401

Oesterreichisch-Alpine Montangesellschaft (Erfinder: **Otwin Cuscoleca** und **Kurt Rösner**), Wien, Österreich, *Verblasen von Metallbädern, besonders von Roheisen,* wobei O_2 oder sonstige oxydierende Gase oder Gasgemenge von oben auf die Badoberfläche aufgeblasen werden u. die für den Prozeß erforderliche Wärmemenge durch die Rk. der Gase mit dem Stahlbad erzeugt wird, erfolgt derart, daß die Auftrefffläche des oder der Blasstrahlen auf das Bad zwischen $^1/_{25}$ u. $^1/_{10}$ der gesamten Badoberfläche, vorzugsweise ungefähr $^1/_{10}$ der gesamten Badoberfläche beträgt, wobei unter Auftrefffläche der Querschnitt des oder der Blasstrahlen in einer dem Düsenabstand von der ruhenden blanken Badoberfläche entsprechenden Entfernung von der oder den Düsen bei freier Strömung in einem ruhenden Gasmedium ohne Hindernisse zu verstehen ist. (**Oe. P. 177 792** vom 15/1. 1952, ausg. 10/3. 1954.) H. HOCHSTEIN. 6401

Klara Piwowarsky geb. **Benke** (Erfinder: **Eugen Piwowarsky**), Aachen, *Betrieb eines mit Koks betriebenen Schachtofens zur Herstellung hochwertiger Eisen- und Gußeisensorten.* Das Gut wird unter Anwendung einer Umkrustung des für das Schmelzen benötigten Kokses u. mit auf Warm- oder Heißwindtempp. vorgewärmtem Wind erschmolzen. Das Verf. dient bes. zum Erschmelzen von Hartguß, Temperguß u. Grauguß sowie für die Herst. niedriggekohlten Gußeisens. (**D. B. P. 930 264** Kl. 18b vom 22/11. 1949, ausg. 14/7. 1955. Anmeldung bekanntgemacht 26/7. 1951.) H. HOCHSTEIN. 6403

Mond Nickel Co. Ltd., London, England, *Weißerstarrte Gußeisenlegierung* besteht aus 3—3,7 (%) *C*, 0,5—3 *Si*, 4—8 *Ni*, 4—15 *Cr*, 0,2—1,5 *Mn*, Rest Eisen mit Ausnahme von insgesamt bis zu 3 Verunreinigungen u. üblicherweise in Weißguß vorhandenen Spurenelementen, wobei jedoch die Gehh. an C, Si, Ni u. Cr der folgenden Gleichung entsprechen müssen: $\% C + \% Ni/28 + \% Cr/24 + \% Si/4 = 4{,}2—5$. Zweckmäßig beträgt der Cr-Geh. der Legierung 6,8—10%. Die Gußeisenlegierung besitzt neben hohen Festigkeitseigg. eine hohe Verschleiß- u. Abriebfestigkeit. (**E. P. 727 061** vom 14/8. 1952, ausg. 30/3. 1955. A. Prior. 20/8. 1951.) H. HOCHSTEIN. 6405

Mond Nickel Co. Ltd. (Erfinder: **William Steven** und **Roger Maxwell Lamb**), London, England, *Herstellung von Grauguß mit Kugelgraphitausbildung.* Gleichzeitig mit dem Zusatz von *Mg*, der in einer solchen Menge erfolgt, daß sich ein überwiegender Anteil des Graphits in Kugelform ausscheidet, wird dem schmelzfl. grauen Gußeisen 0,005 bis 0,02 Gew.-% eines Seltenen Erdmetalls zugesetzt. Zweckmäßig erfolgt der Zusatz von Mg in Form einer Ni-Mg-Legierung mit 15% Mg u. der Zusatz des Seltenen Erdmetalls in Form eines Mischmetalls. Auch kann der unter die Badoberfläche zu tauchende Einsatz vom Mg u. des Seltenen Erdmetalls nacheinander erfolgen. (**E. P. 723 992** vom 27/2. 1952, ausg. 16/2. 1955.) H. HOCHSTEIN. 6405

General Motors Corp., Detroit, Mich., V. St. A., übert. von: **Fred J. Webbere,** Royal Oak, *Verschleißfestes Gußeisen für Zylinderlaufbuchsen* besteht aus 2,5—4 (%) *C*, 1,5—3 *Si*, 0,5—1 *Mn*, 0,1—1 *Cr*, 0,1—0,45 *Ni*, 0,05—0,35 *Ti*, 0,3—0,7 *P*, Rest im wesentlichen Eisen. Auch kann das Gußeisen noch 0,05—0,15 *V* enthalten. Zweckmäßig liegt der S-Geh. nicht über 0,2%. — Abbildung. (**A. P. 2 691 576** vom 15/5. 1952, ausg. 12/10. 1954. **E. P. 726 593** vom 22/4. 1953, ausg. 23/3. 1955. A. Prior. 15/5. 1952.) H. HOCHSTEIN. 6405

Metallgesellschaft Akt.-Ges., Frankfurt/M., *Vorlegierung für die Herstellung von Gußeisen mit Kugelgraphit* besteht aus 25—55 (%) *Mg*, 3—35 *Fe* u. mehr als 35 *Si* mit der Maßgabe, daß der Si-Geh. 40% übersteigen muß, wenn der Mg-Geh. zwischen 50 u. 55% liegt. Zweckmäßig besteht die Vorlegierung aus 38—42 Mg, 4—7 Fe, Rest Si. (**E. P. 727 080** vom 19/12. 1952, ausg. 30/3. 1955. D. Prior. 31/12. 1951.) H. HOCHSTEIN. 6405

Mond Nickel Co. Ltd., London, England, *Einführung von Magnesium in geschmolzenes Eisen.* Ein Sinterwerkstoff, der in seinen Poren absorbiertes *Mg* enthält, wird in Berührung mit dem fl. Eisen, z. B. Gußeisen, gebracht. Der Sinterwerkstoff kann nach der Entfernung von Mg wieder aus dem Bad entfernt werden. Zweckmäßig ist der Sinterwerkstoff aus Eisenpulver hergestellt. (**E. P. 728 483** vom 5/5. 1953, ausg. 20/4. 1955. D. Priorr. 5/5. 1952 u. 15/4. 1953.) H. HOCHSTEIN. 6405

Chemical Construction Corp., New York, N. Y., übert. von: **Louis N. Allen jr.,** Short Hills, N. J., **Patrick J. McGauley,** Glen Cove, und **Edward S. Roberts,** New York, N. Y., V. St. A., *Gewinnung eines in ammoniakalischen Flüssigkeiten löslichen Nichteisenmetalls*, bes. *Kupfer*, als Pulver hoher Reinheit aus einer wss.-ammoniakal. Lsg. im Kreisprozeß, dad. gek., daß ein Teil der Lsg. unter Druck bei über ca. 250° F (121°) mit einem S-freien reduzierenden Gas nur so kurze Zeit zur Rk. gebracht wird, als Metallpulver hoher Reinheit ausfällt, das gesammelt u. abgezogen wird. Ein anderer Teil der Lsg. wird unter ähnlichen Bedingungen, jedoch bis zur Ausfällung allen Metalls geringeren Reinheitsgrades behandelt, der Nd. von der verbleibenden Lsg. getrennt u. in einer späteren Stufe erneut behandelt. Die in der verbleibenden Lsg. enthaltenen anderen Metalle werden bei jeder Stufe aus dem Kreislauf entfernt. — Verfahrensschaubild. (**A. P. 2 647 831** vom 14/12. 1950, ausg. 4/8. 1953.) G. APEL. 6421

Henry François Petot, Frankreich, *Zinklegierungen.* Zur Vermeidung unterschiedlicher Festigkeitseigg. u. Alterungserscheinungen wird einem sehr reinen Zn (Elektrolyt-Zn), das höchstens 0,1% Verunreinigungen besitzt, im Schmelzfluß bei 410—430°

1 Gew.-% mindestens eines der Metalle *Sb*, *Ni*, *Ti* oder *Nb*, zugesetzt. Auch kann ein derartiges mit Zusatzelementen versehenes Zn zur Herst. von *Zn–Al*- oder *Zn–Mg*-Legierungen verwendet werden. Zweckmäßig wird dann das mit Zn zu legierende Leichtmetall vor der Vermischung mit dem Reinzink beispielsweise durch Zusatz von ca. 0,5 Mg, falls das Leichtmetall Al ist, oder durch einen entsprechenden Zusatz Al, falls das Leichtmerall Mg ist, raffiniert. — Schliffbilder. (**F. P. 977 754** vom 30/10. 1942, ausg. 5/4. 1951.) H. HOCHSTEIN. 6427

Chemical Construction Corp., New York, übert. von: **Patrick J. McGauley,** Glen Cove, N. Y., und **Paul J. Masur,** Sayreville, N. J., V. St. A., *Kupfergewinnung* aus Zn- u. Sn-haltigem Cu-Schrott (I), indem man I-Stücke mit ammoniakal. Kupfercarbonatlsg. mit 80—110 g/Liter Cu(III)-Geh. behandelt, bis alle Stücke in einen Schlamm übergeführt sind. Diesen laugt man dann mit verd. H_2SO_4 bei 110—125° F aus, wobei Zn u. Sn gelöst werden u. Cu als Rückstand verbleibt, aus dem man die Cu-Verb. gewinnt. (**A. P. 2 647 829** vom 17/12. 1949, ausg. 4/8. 1953.) H. NEBELSIEK. 6433

VEB Elektrochemisches Kombinat Bitterfeld, Bitterfeld (Erfinder: **Wilhelm Müller** und **Oskar Meyer,** Bitterfeld), *Aufbereitung von vanadinhaltigen Stoffen.* V-arme, Mn-haltige Erze, Rückstände, Schlacken u. dgl. werden, in W. aufgeschlämmt, mit nitrosen Gasen behandelt. Der Rückstand der Mn- u. P-haltigen Lauge mit dem darin angereicherten V_2O_5 wird z. B. durch chlorierendes Rösten in auslaugbare Form übergeführt. (**D. P. [DDR] 4 621** Kl. 40a vom 27/7. 1941, ausg. 16/11. 1953 [Wirtschaftspatent].) H. HOLM. 6441

Gebrüder Bühler, Uzwil, Schweiz, *Gegenstände, die mit flüssigen Leichtmetalllegierungen in Berührung kommen,* bestehen aus einem Werkstoff, der als Basis mindestens 25 (%) eines Metalls der Gruppe VIa des Period. Syst. enthält. Der Werkstoff kann knetverformt sowie auf metallkeram. Wege hergestellt werden. Als Beispiel wird eine aus einem Gemisch von 84 *W*-, 6 *C*- u. 10 *Co-Pulver* durch Pressen u. Sintern hergestellte Spritzdüse angeführt, die zur Beseitigung von gegebenenfalls vorhandenen Spannungen in reduzierender Atmosphäre während 2 Std. auf 750° erhitzt u. zur Beseitigung gegebenenfalls vorhandener Spannungen während einiger Zeit auf 550° gehalten u. langsam abgekühlt wurde. (**Schwz. P. 286 929** vom 14/10. 1949, ausg. 2/3. 1953.) C. GÖTZE. 6441

Radio Corp. of America, übert. von: **Willis E. Harbaugh,** V. St. A., *Aufkohlung von Metalloberflächen.* Ein Gegenstand aus *Th*-haltigem *W* wird in einer aufkohlenden Atmosphäre, die ein inertes Gas, z. B. trockenen H_2, u. ein KW-stoffgas, z. B. Reinbenzol, enthält, auf eine Temp. von z. B. 2575—2625° K erhitzt, die zur Dissoziation des KW-stoffs ausreicht. Darauf wird die Erhitzung des Gegenstandes auf eine höhere Temp. von z. B. 2775—2825° K in einer Atmosphäre fortgesetzt, in welcher sich der KW-stoffgeh. rasch, zweckmäßig durch Abschaltung der KW-stoffgaszufuhr, verringert. — Abbildungen. (**F. P. 1 061 642** vom 25/5. 1951, ausg. 14/4. 1954. **E. P. 700 323** vom 24/5. 1951, ausg. 25/11. 1953. Beide A. Prior. 29/5. 1950.) H. HOCHSTEIN. 6441

Aluminum Co. of America, Pittsburgh, Pa., V. St. A,. *Herstellung einer Magnesiumlegierung mit mindestens 50 Gewichts-% Magnesium*, erfolgt dadurch, daß zur Erhöhung des Widerstandsvermögens im geschmolzenen Zustand gegen Oxydation der Legierung so viel *Be* zugesetzt wird, daß in der Endlegierung noch 0,00005—0,002%, bes. 0,0001 bis 0,001, Be vorhanden ist. Auch kann einer Mg-Legierung, die bereits Be in einer Menge von mehr als 0,002 Gew.-% enthält, zusätzliches Mg in solcher Menge zugesetzt werden, daß der Be-Geh. der Endlegierung 0,00005—0,002 Gew.-% beträgt. (**Schwz. P. 288 492** vom 28/2. 1948, ausg. 16/5. 1953. A. Prior. 10/7. 1942.) H. HOCHSTEIN. 6445

Rolls-Royce Ltd. (Erfinder: **Harold Ernest Gresham, Alec George Farnsworth** und **Douglas Wilson Hall**), Derby, England, *Aluminiumlegierung* besteht aus 3,5—6 (%) *Cu*, 0,5—2 *Ni*, bis 0,45 *Si*, 0,01—0,3 *Ti*, 0,1—0,6 *Mn*, 0,01—1 *Fe*, 0,1—0,5 *Sb*, 0,1—0,5 *Co*, mit der Maßgabe jedoch, daß der Gesamtgeh. von Sb u. Co nicht über 0,6% liegt, Rest *Al* mit den üblichen Verunreinigungen. Die Legierung kann auch noch bis 0,4 *Zr* enthalten, wenn der Geh. an Zr + Ti nicht über 0,5% liegt. Außerdem kann die Legierung noch bis 0,3 *Bi* u. bis 1,5 *Zn* enthalten. Die Legierung wird zweckmäßig einer 20- bis $^1/_2$std. Lösungswärmebehandlung bei 530—545° unterworfen, dann abgeschreckt u. 16 bis $^1/_2$ Std. bei 220—300° einer Alterung unterworfen. (**E. P. 686 820** vom 18/7. 1949, ausg. 28/1. 1953.) H. HOCHSTEIN. 6447

James B. Russell, Spokane, Wash., V. St. A., *Aluminiumlegierungen* bestehen aus 10—12 (%) Mischmetall, das ca. 50 *Ce* u. als Rest andere *Seltene Erden* enthält, ferner 1—3 *Si*, bis 5 *Cu*, 0,5—3 *Mn*, Rest *Al*. Außerdem können die Legierungen noch bis 3 *Ni* enthalten, wobei Ni + Mn 5 nicht übersteigt, bis 1 *Cr* u. bis 1,5 *Fe*. Die Legierungen widerstehen im gegossenen Zustand starken Beanspruchungen bei hohen Tempp. u. eignen sich für Kolben u. dgl. in Verbrennungskraftmaschinen. (**A. P. 2 656 270** vom 13/10. 1949, ausg. 20/10. 1953.) C. GÖTZE. 6447

Mallory-Sharon Titanium Corp., übert. von: **Earl F. Swazy, Richard H. Freyer** und **Lee S. Busch,** Indianapolis, Ind., V. St. A., *Titanlegierungen* bestehen aus 0,1—10 (%) *Si*, 0,2—2 *C*, Rest *Ti*. Werden die Legierungen von 900—1000° abgeschreckt, so besitzen sie eine ROCKWELL-Härte von 25—35. Als quaternäre Legierungen können sie noch einen Bestandteil enthalten, u. zwar je bis 5 *Al* oder *B*, je bis 10 *Cu, Cr, Fe, V* oder *W*. Die Legierungen sind hart, duktil, widerstandsfähig gegen Oxydation bei höheren Tempp. u. lassen sich kalt u. warm bearbeiten. (**A. P. 2 661 286** vom 13/1. 1950, ausg. 1/12. 1953.) C. GÖTZE. 6449

Aluminium Laboratories Ltd., Montreal, Can., *Verbesserung der Korrosionsbeständigkeit von homogenisierten und künstlich gealterten Aluminiumlegierungen*, die 3—6 (%) *Cu*, 0,5—2 *Si*, 0,1—1 *Mg* u. 0,05—1,5 eines oder mehrerer der Metalle: *Cr, Mn, Ti Ni, Mo, W, V, Zr* u. *Fe* enthalten, erfolgt durch eine Abkühlung der Legierung von der Homogenisierungstemp. derart, daß eine vorbereitende Ausscheidung in der Legierung hervorgerufen wird, worauf die Legierung künstlich gealtert wird. Zweckmäßig wird die Wärmebehandlung auf eine Al-Legierung angewendet, die bis zu 4,4 Cu, 0,8 Si, 0,25 Mg, 0,75 Mn, 0,5 Fe u. im übrigen Al enthält. (**Oe. P. 174 211** vom 11/1. 1949, ausg. 10/3. 1953. A. Prior. 30/4. 1937.) H. HOCHSTEIN. 6447

Allegheny Ludlum Steel Corp., Brackenridge, Pa., übert. von: **Richard K. Pitler,** Menands, N. Y., V. St. A., *Titanlegierungen* bestehen aus 1—4 (%) *Fe*, bis je 0,3 O_2 u. N_2 u. mindestens 2 der Metalle Cr, Mn u. Mo mit 0,5—6 *Cr*, 0,5—6 *Mn* u. 0,5—5 *Mo*, wobei der Geh. an Fe mit einem der genannten Elemente nicht weniger als 5 u. weniger als 10 beträgt, Rest *Ti*. Die Legierungen zeichnen sich durch gute Duktilität, relativ hohe Festigkeit sowie Korrosions- u. Stoßfestigkeit aus. (**A. P. 2 640 773** vom 25/1. 1952, ausg. 2/6. 1953.) C. GÖTZE. 6449

Allegheny Ludlum Steel Corp., Pennsylvania, Pa., übert. von: **Schuyler A. Herres,** Albany, und **Thomas K. Redden,** Cohoes, N. Y., V. St. A., *Chrom-Nickel-Titan-Legierungen* bestehen aus 0,02—0,4 O_2, 0,02—0,25 N_2, 1—5 *Ni*, 10—18 *Cr*, Rest *Ti*. Die Legierungen besitzen erhöhte Festigkeit bei Tempp. von 370—540°, gute Härte, relativ hohe Dehnung u. hohe Korrosionsfestigkeit. (**A. P. 2 645 575** vom 29/10. 1949, ausg. 14/7. 1953.) C. GÖTZE. 6449

Baker & Co., Inc., Newark, N. J., V. St. A., übert. von: **Johann S. Streicher,** East-Orange, *Herstellung von Metallen und Metallegierungen mit stabilisiertem Korn.* Bei der Herst. eines Metalls mit Kornstabilisierung, wie *Pt, Ir, Os, Pd, Rh* oder *Ru*, oder von Gemischen dieser Metalle mit Metallen, wie *W, Mo, Cr, Be, Fe, Ni, Co, Cu, Ag* oder *Au*, wird das Metall oder das Metallgemisch in Abwesenheit eines Flußmittels eingeschmolzen, worauf der Schmelze in einer nichtoxydierenden Atmosphäre ein Element, wie *Be, Si, Ti, Zr, Ba*, zugesetzt wird, das fähig ist, bei Schmelztemp. des Metalls durch Oxydation ein nichtflüchtiges, chem. stabiles Oxyd in einer Menge zu bilden, die 0,02—2,5 g-Äquivalente Oxyd je Liter Metall ausmacht. Das der Schmelze zugesetzte Element wird in der Schmelze in Ggw. einer nichtoxydierenden Atmosphäre verteilt, darauf die nichtoxydierende Atmosphäre durch eine oxydierende ersetzt, so daß das zugesetzte Element in der Metallschmelze oxydiert wird, worauf eine koll. Dispersion des Oxyds in der Schmelze bewirkt wird. (**A. P. 2 636 819** vom 31/1. 1951, ausg. 28/4. 1953.) H. HOCHSTEIN. 6465

General Electric Co., New York, N. Y., übert. von: **Donald L. Schwartz** und **George A. Perry,** Royal Oak, Mich., V. St. A., *Gesinterte poröse Carbidwerkzeuge.* Eine Mischung aus 76—97 (%) *WC*, 0—12 *TiC*, 0,4 *TaC* u. 3—16 *Co*, alles in Pulverform mit einer Teilchengröße, die durch ein Sieb von 20—325 Maschen bestimmt ist, wird zu einem Körper mit einer Porosität von 40% verdichtet u. bei 1300—1500° gesintert. Der Sinterkörper soll eine Porosität von mindestens 25% haben. — Abbildungen. (**A. P. 2 630 383** vom 26/4. 1950, ausg. 3/3. 1953.) C. GÖTZE. 6477

Gesellschaft für Linde's Eismaschinen Akt.-Ges., Höllriegelskreuth bei München, *Schneidpulver als Zusatz zum Sauerstoffstrahl beim Schneiden von hochlegierten Stählen, Gußeisen* bzw. sonstigen Metallen, die in der Hauptsache aus reinem *Fe* bestehen, enthält 3—30%, bes. 5—15%, *Ferrosilicium.* Zweckmäßig besitzt das Schneidpulver eine Körnung von maximal 0,2 mm u. enthält 30% Staubanteile mit einer Körnung unter 0,06 mm. (**Oe. P. 179 951** vom 25/6. 1953, ausg. 25/10. 1954. D. Prior. 28/6. 1952.) H. HOCHSTEIN. 6503

Bleiwarenfabrik Gumpoldskirchen Alfred Herz K.-G., Wien, *Lötmittel zum Löten von Schwermetallen* enthält als Aktivator *Al-Halogenide.* Zu ihrer Herst. wird z. B. *Kolophonium* mit organ. Verbb. oder Gemischen erhitzt, die mindestens 2 Oxygruppen in Orthostellung bzw. in 1.2-Stellung enthalten oder solche während des Prozesses zu bilden imstande sind. Nach Vollendung der Rk. werden die Al-Halogenide in gelöster Form zugesetzt. (**Oe. P. 180 457** vom 10/12. 1952, ausg. 10/12. 1954.) F. VIER. 6505

General Electric Co., New York, N. Y., V. St. A., übert. von: **Michael J. Bolton,** Pittsfield, *Legierung für Lote.* Zur Bldg. von gegen Fll. wirkende Abdichtungen von mit einer glasigen Oberfläche versehenen keram. Gegenständen wird ein Lot verwendet, das aus einer *Sn*-Legierung mit 5—20 (%) *Pb* u. 10—30 *In* besteht. Zweckmäßig besteht das Lot aus 70 Sn, 12 In u. 18 Pb. — Abbildung. (**A. P. 2 636 820** vom 29/7. 1949, ausg. 28/4. 1953.) H. HOCHSTEIN. 6505

Souren Z. Avedikian, Larchmont, N. Y., V. St. A., *Silberreinigungs- und -poliermittel* in Form einer cremeartigen Paste, bestehend aus 50 (Gewichtsteilen) der mit NH_3 neutralisierten sulfatierten *Ricinusölfettsäuren* als Emulgiermittel, 248 eines Gemisches von gleichen Teilen von 2 hochraffinierten *Benzinen* — das eine mit Flammpunkt 100° F u. Kp. 310 bis 385—395° F u. das andere mit Flammpunkt 140° F u. Kp. 356—493° F — als Lösungsm., dem noch $3^1/_4$ *Amylacetat* u. $6^1/_4$ *Pineöl* zugesetzt sein können, 100 *Kieselgur* mit einer Feinheit von 325 Maschen (Teilchengröße 1—2 u. 2—4 μ) als Schleifmittel, 6 *Paraffinwachs,* einem Gemisch von 2 *Na-Celluloseglykolat* (Cellulosegummi) u. 12 *Bentonit,* 311 *W.* u. 16 NH_4OH zum Stabilisieren des Gemisches. Als färbende Stoffe können noch geringe Mengen TiO_2, *Brillantblau FCF* u. *Rhodamin B-Hydrochlorid* u. als glanzerhöhende Stoffe 0,5—3% *Dibenzothiazyldimethylolharnstoff, Benzothiazylthiobenzoat, Tetramethylthiuramdisulfid, diäthyldithiocarbaminsaures Zn, Na-Mercaptobenzothiazol* oder *Thioharnstoff* zugesetzt werden. (**A. P. 2 691 593** vom 18/6. 1949, ausg. 12/10. 1954.) W. GRÄGER. 6511

Soc. Dorig-Girod, Frankreich, *Aufbringen von Dekors für metallische Bijouteriewaren in 2 Tönen.* 2 Überzüge, z. B. aus *Ag* u. *Au,* werden nacheinander aufgebracht u. der obere an den gewünschten Stellen durch Polieren entfernt, so daß der untere Überzug, z. B. der aus Ag, hervortritt. (**F. P. 1 067 370** vom 2/12. 1952, ausg. 15/6. 1954.) F. VIER. 6517

Bristol Aeroplane Co. Ltd., Bristol, England (Erfinder: **Robert William Archdale** und **Donald Powell**), *Aufbringen von festhaftenden Überzügen auf elektrisch leitende Flächen,* z. B. *Metall.* Aus einer Mischung aus einem wss. Sol mit 5—20% SiO_2 u. dem Sol gegenüber neutralen Füllstoffen, wie feingepulvertes SiO_2, Tonerde, Talk, Zirkon, Graphit oder Metallteilchen, wird durch Elektrolyse Kieselgel, zusammen mit dem Füllstoff, auf der gereinigten u. vorbehandelten Fläche niedergeschlagen u. der Überzug nach dem Trocknen eingebrannt. (**E. P. 691 859** vom 24/1. 1950, ausg. 20/5. 1953.) F. LAASS. 6529

Mitteldeutsche Stahlwerke G. m. b. H. (Erfinder: **Hermann Holtey**), Riesa, *Herstellung verschleißfester Rohre,* z. B. für Aschebrei- oder Kohlenstaubblasleitungen. Stahlrohre werden rotwarm, z. B. auf 900—1000°, erhitzt, mit auf ca. 1500—1600° überhitzter Mansfelder Kupferschlacke (I) durch Ausschleudern ausgekleidet u. in Ausgleichsöfen langsam, z. B. über einen Zeitraum von 2—3 Tagen, abgekühlt, damit die Schlacke in kristalliner Form erstarrt. Die Überhitzung der I erfolgt im Lichtbogenofen. — Das Erwärmen der Rohre, das Ausschleudern u. das Abkühlen kann auch innerhalb ein u. desselben Ofens vorgenommen werden. (**D. R. P. 765 383** Kl. 75c vom 22/2. 1941, ausg. 9/4. 1953.) F. LAASS. 6529

Cities Service Research & Development Co., New York, N. Y., übert. von: **William B. Hughes,** Bartlesville, Okla., V. St. A., *Korrosionsschutz für Metalle,* die mit Fll. aus Ölquellen in Berührung kommen, durch Zusatz eines Bis-imidazolins, das durch Rk. von 1 (Mol) einer 2bas. Säure (Phthal- oder Sebacinsäure) mit 2 eines Polyäthylenamins (Diäthylentriamin, Triäthylentetramin, Tetraäthylenpentamin) u. Erhitzen (zur Verdampfung des gebildeten W.) gewonnen wird, welches wenigstens teilweise mit Ölsäure neutralisiert werden kann. (**A. P. 2 646 399** vom 28/12. 1950, ausg. 21/7. 1953.) W. GRÄGER. 6539

IX. Organische Industrie.

C. M. Finigan, H. V. Fullerton und **G. W. Taylor,** *Carbonylverbindungen als Nebenprodukte bei der technischen Dehydrierung von Butylenen.* Bei der Dehydrierung von *n-Butylen* zu 1.3-Butadien an einem 2% CrO_3 enthaltenden Ca–Ni-Phosphatkatalysator in einer großtechn. Anlage bildeten sich wasserlösl. Carbonylverbb. (I) in merkbarem Umfang. Vff. untersuchten diese Rk. während einer 7monatigen Laufzeit der Anlage u. stellten die Gesamtmenge der gebildeten I in Abhängigkeit von Temp.

u. Lebensalter des Katalysators, sowie die Art u. Menge der Einzelverbb. fest. Verf. u. App. der Probenahme sowie Aufarbeitung der gesammelten Proben zu einem Konzentrat werden beschrieben. Die Gesamtmenge der I wird nach der Hydroxylaminmeth. bestimmt, die Einzelfraktionen des Konzentrats werden massenspektrometr. analysiert. Beim Aufheizen von 580 auf 630° steigt die Bldg. von I von 0,65 (%) auf etwas über 1 an, um bei weiterer Erhöhung der Temp. konstant zu bleiben; während 6monatiger Arbeitsdauer des Katalysators fällt sie wieder auf 0,5 ab. Im Konzentrat werden an I identifiziert: 59,9 (%) Aceton, 23,8 Methyläthylketon, 2,4 Methylvinylketon u. in kleineren Mengen Acetaldehyd, Propionaldehyd, Butyraldehyde u. Methylacrolein. Als Reaktionsmechanismus wird die Hydratisierung von α-Acetylenen angenommen, da solche an diesem Katalysator sich in erhöhtem Maße bilden u. andererseits Ca-Phosphat als sehr wirksamer Hydratisierungskatalysator bekannt ist. Zufügen von 2% Methyl- u. Äthylacetylen zum Ausgangsprod. ergab eine 3fache Erhöhung der Bldg. von I. (Ind. Engng. Chem. **45.** 1356—59. Juni 1953. Sarnia, Ontario, Can., Polymer Corp., Techn. Div.) F. BERNDT. H 520

Saburo Komori und **Yukinori Kotani,** *Herstellung ungesättigter höherer Alkohole durch katalytische Reduktion.* 11. Mitt. *Höhere Alkohole durch Druckhydrierung von Metallseifen.* Die *Metallseifen* von *Pb*, *Sn*, *Zn* u. *Cd* werden durch Druckhydrierung nahe 300° zu den entsprechenden *Fettalkoholen* red., wobei aus den ungesätt. Fettsäuren die *ungesätt. Fettalkohole* entstehen. Bei den Salzen von Pb, Sn u. Cd findet man nach der Red. die freien Metalle als geschmolzene M. oder Körnchen. Die günstigste Temp. für die Red. des Pb-Salzes ist 320°. Bei einem Anfangsdruck des H_2 von 70 atü (Reaktionsdruck ca. 140 atü) entstehen über 70% Alkohole, bei niedrigerem Druck nimmt die Menge an Estern zu, u. unter 20 atü treten Ketone im Prod. auf. (J. chem. Soc. Japan, ind. Chem. Sect. [Kōgyō Kagaku Zassi] **53.** 223—25. Juli 1950. Osaka, Univ. [Orig.: japan.]) L. SCHULER. H 550

Saburo Komori und **Yoshihiro Shigeno,** *Herstellung ungesättigter höherer Alkohole durch katalytische Reduktion.* 12. Mitt. *Mischungen von Blei- und Zinnseifen.* (11. vgl. vorst. Ref.) Es wurden die Ausbeuten, Reaktionsbedingungen u. die Wirtschaftlichkeit der Zers. von verschied. *Metallseifen* (von Al, Fe, Ba, Tn, Pb u. Sn) zur Darst. von *ungesätt. Fettalkoholen* untersucht u. die Pb-Seifen am günstigsten gefunden. Pb-Seifen werden mit solchen von Sn oder mit Sn-Pulver bzw. SnO_2 geeignet gemischt u. bei 330° unter H_2-Druck red., wobei sich ungesätt. Alkohole bilden u. eine niedrigschm. Pb–Sn-Legierung zurückerhalten wird. *Pb-Laurat* schm. bei ca. 108°, Sn-Laurat bei 120°, so daß die Mischung beider leicht in fl. Form zur Rk. gebracht werden kann. Die Verss. zeigten, daß im oberen Teil des Autoklaven mit Wasserdampf kontinuierlich der Alkohol entfernt u. unten die fl. Legierung abgenommen werden kann. (J. chem. Soc. Japan, ind. Chem. Sect. [Kōgyō Kagaku Zassi] **54.** 662—64. Okt. 1951. [Orig.: japan.]) L. SCHULER. H 550

Saburo Komori, Yoshihiro Shigeno und **Tadao Tsujimura,** *Herstellung ungesättigter höherer Alkohole durch katalytische Reduktion.* 13. Mitt. *Höhere Alkohole durch Druckreduktion von Bleisalzen.* (12. vgl. vorst. Ref.) *Laurinsäure* ergibt mit PbO in 20—30 Min. bei 120—130° über 99% an *Pb-Laurat* (I). Mit gleichem Erfolg wird das Verf. bei den Fettsäuren des Cocosnußöls, bei 110—120°, angewandt. I ergibt bei 80 at H_2-Druck u. 330° in kürzester Zeit 85,4% des höheren Alkohols. (J. chem. Soc. Japan, ind. Chem. Sect. [Kōgyō Kagaku Zassi] **55.** 103—05. Febr. 1952. [Orig.: japan.]) L. SCHULER. H 550

Standard Oil Development Co., Del., übert. von: **Walter A. Herbst,** Union, N. J., V. St. A., *Adsorptive Destillation.* Dicht beieinander sd. KW-stoffe werden getrennt, indem man das Gemisch kontinuierlich einer Fraktioniervorr. zuführt, in welcher die Dämpfe des Gemisches aufsteigen im Gegenstrom zu einer Aufschwemmung aus festen adsorbierenden Teilchen in Kondensat (hergestellt durch Zufuhr der Teilchen an einer höher gelegenen Stelle, wo bereits Dämpfe kondensiert sind; bevorzugt $>$100 Gew.-% Adsorber, bezogen auf zugeführten KW-stoff), wobei die flüchtigere Komponente über Kopf als Dampf abgezogen u. im Bodenteil eine Aufschwemmung von Adsorber in dem weniger flüchtig gemachten (das heißt besser adsorbierten) KW-stoff erhalten wird. Man kann so *Methylcyclohexan* von *Toluol* mittels Kieselgel (Toluol als Adsorbat) u. geradkettige von verzweigten *Paraffin-KW-stoffen* mittels akt. Cocosnußschalenkohle (geradkettige Paraffine als Adsorbat) trennen. — Zeichnung. (**A. P. 2 665 315** vom 19/3. 1951, ausg. 5/1. 1954.) W. HEROLD. 6560

B. F. Goodrich Co., New York, N. Y., übert. von: **Thomas R. Steadman,** Waban, Mass., V. St. A., *Hydrierungen mit Raney-Nickel* (**I**) an mit W. nicht mischbaren organ. Verbb. werden ermöglicht, indem man I vorher unter W., in dem 0,1—5, bes.

ca. 1% (bezogen auf den Katalysator) Netzmittel enthalten sind, aufbewahrt. Beispiel für Hydrierung von Dimethyldihydropyran mittels mit Natriumlaurylsulfatlsg. vorbehandeltem I. (**A. P. 2 673 886** vom 18/7. 1951, ausg. 30/3. 1954.) W. HEROLD. 6585

Peboc Ltd., Greenford, England (Erfinder: **Siegfried Pickholz** und **Evan Roberts**), *Herstellung halogenierter organischer Verbindungen* durch Erhitzen (z. B. auf 50—150°) einer Verb., die die Gruppe $>C=\overset{|}{C}-CH<$ enthält, in welcher die Doppelbindung Teil einer aliphat., alicycl., aromat. oder heterocycl. Gruppe u. das das H-Atom enthaltende C-Atom Teil einer (gegebenenfalls substituierten) aliphat. oder cycloaliphat. Gruppe ist, mit einem N-Halogencarbonsäureamid oder -imid (außer der F-Verb.) in Ggw. einer Azoverb., welche therm. zers. wird bei einer Temp., bei welcher die zu halogenierende Verb. fl. ist. Lösungsmittel (CCl_4) können zugegen sein. — 16 cm³ Cyclohexen in 80 cm³ CCl_4 werden mit 35,6 g N-Bromsuccinimid (I) u. 0,5 g 2.2′-Azo-bis-isobutyronitril (II) unter Rückfluß 9 Min. gekocht, auf 40° gekühlt u. nach Abfiltrieren des Succinimids im Vakuum eingeengt, wobei 19,2 g (61,1% Ausbeute) *3-Bromcyclohexen* erhalten werden. — Ebenso *Benzylbromid* aus Toluol u. I mittels II oder 2.2′-Azo-bis-cyclohexanonitril bzw. 2.2′-Azo-bis-2-benzylpropionitril; *Benzylchlorid* aus Toluol u. N.N′-Dichlor-5.5-dimethylhydantoin (III) mittels II. Mit I u. II werden dargestellt *p-Nitrobenzylbromid* aus p-Nitrotoluol, *2-Brommethylnaphthalin* aus 2-Methylnaphthalin, *γ-Bromcrotonsäureäthylester* aus Äthylcrotonat, *α-Bromäthylbenzol* aus Äthylbenzol, *p-Methoxybenzylbromid* aus p-Methoxykresol, *Monobromcamphen*, $Kp._{10}$ 90—98°, aus Camphen, *p-Chlorbenzylbromid* aus p-Chlortoluol, *Diphenylmethylbromid* aus Diphenylmethan, *m-* u. *o-Nitrobenzylbromid* aus m- u. o-Nitrotoluol, *7-Bromcholesterinbenzoat*, F. 135—136°, aus Cholesterinbenzoat, *ω-Brom-p-toluolsulfonylchlorid*, F. 60—64°, aus p-Toluolsulfonylchlorid, *ω-Brom-p-toluolsulfonylfluorid*, F. 75—78°, aus p-Toluolsulfonylfluorid, *ω-Brommethyl-p-toluolsulfonat*, F. 64—66°, aus p-Toluolsulfonsäuremethylester, *ε-Bromcrotonylidenaceton* (?) aus Crotonylidenaceton. Aus III u. II wurde *ε-Bromäthylsorbat* u. die bereits genannten Verbb. p-Nitrobenzylbromid sowie ω-Brom-p-toluolsulfonylchlorid u. -fluorid hergestellt. Bei der HBr-Abspaltung erhält man aus dem mittels I, II u. Dibenzyl in PAe., CCl_4 oder $CHCl_3$ entstandenen Prod. *Stilben* in 50—60%ig. Ausbeute. (**E. P. 707 990** vom 15/1. 1951, ausg. 28/4. 1954.) W. HEROLD. H 460

Metallgesellschaft Akt.-Ges., Frankfurt/M. (Erfinder: **Oskar Dorschner**, Homburg v. d. H., *Gewinnung von Kohlenwasserstoffen* u. gegebenenfalls Derivv. durch katalyt. CO-Hydrierung mit hohen Gasgeschwindigkeiten im Kontakt, Schichtdicken von $>$10 mm u. einem konstant sd. Kühlmittel, dad. gek., daß die Temperaturdifferenz zwischen Kontakt u. Kühlmittel ständig oder absatzweise dadurch zunehmend gehalten wird, daß in Richtung des Gasweges ansteigende Kontaktschichtenquerschnitte angewendet werden oder der Wärmeübergang vom Kontakt auf das Kühlmittel vermindert (z. B. durch Verringerung von Wärmeisolierung) oder die Wärmeaustauschfläche verringert wird. Es können auch mehrere dieser Maßnahmen angewandt werden. Die Temperaturdifferenz im Kontakt zwischen Gaseintritt u. -austritt kann außerdem durch Änderung der Kreislaufgasmenge variiert werden. Am Gasaustritt kann die Temperaturdifferenz zwischen Kontakt u. Kühlmittel 10—50° betragen. Bei in Schwebe befindlichen Katalysatoren werden die Gase von unten (kälter) nach oben (heißer) geleitet. (**D. B. P. 926 784** Kl. 12o vom 20/1. 1950, ausg. 25/4. 1955. Anmeldung bekanntgemacht 9/10. 1952.) W. HEROLD. H 500

Metallgesellschaft Akt.-Ges. (Erfinder: **Hans-Georg Kayser**, Nagpur, M. P., Indien, **Philipp Rack** und **Hans-Werner Gross**), Frankfurt/M., *Herstellung von Kohlenwasserstoffen* u. gegebenenfalls KW-stoffderivv. nach D. B. P. 897 546; C. **1955.** 9188, dad. gek., daß vor u. nach den Kontaktschichten Vorrichtungen zum Mischen des aus einer Kontaktschicht austretenden Gases mit von außen zugeführten kälteren Gasen angeordnet sind, die gleichzeitig die fl. Reaktionsprodd. ausscheiden u. die Gase gleichmäßig über den Querschnitt der nächsten Kontaktschicht verteilen. Die Fl. der einzelnen Kontaktzwischenschichten wird bes. durch ein in oder außerhalb der Mantelwand liegendes Tauchrohr in einen unteren Sammelbehälter geführt. Zwischen den Kontaktschichten können Profilbleche zum Umlenken der Gasströmung u. gleichzeitig zum Führen der abgeschiedenen Fl. zu den Sammelrohren angeordnet sein. Das in den Zwischenschichten (zweckmäßig über den ganzen Querschnitt) zugeführte Gas kann aus Frischgas mit gegebenenfalls zugemischtem kaltem oder vorgewärmtem Kreislaufgas bestehen. — Abbildungen. (**D. B. P. 902 371** Kl. 12o vom 23/12. 1949, ausg. 4/4. 1955. Anmeldung bekanntgemacht 8/1. 1953. **Zusatz zu D. B. P. 897 546; C. 1955. 9188.**) W. HEROLD. H 500

Hydrocarbon Research, Inc., New York, N. Y., übert. von: **John H. Arnold**, Summit, N. J., V. St. A., *Katalytische Synthese von Kohlenwasserstoffen* u. Oxyverbb.

an Fe-Katalysatoren bei 550—700° F u. hohem Druck. Frischgas mit 0,4—0,9 (Mol) H_2 auf 1 CO kann verwandt werden, wenn man dem Kreislaufgas (bevorzugt $< 1/2$ Vol. an) Frischgas gemeinsam mit so viel Wasserdampf, wie etwa der Differenz zwischen den Mol-% CO u. H_2 im Frischgas entspricht, zuführt, die fl. Prodd. nach der Synth. abtrennt u. das Restgas als Kreislaufgas benutzt. (**A. P. 2 665 289** vom 25/9. 1948, ausg. 5/1. 1954.) W. HEROLD. H 500

Hydrocarbon Research, Inc., New York, N. Y., übert. von: **Paul W. Garbo**, Freeport, N. Y., V. St. A., *Kohlenwasserstoffsynthese* oder andere Kontaktverff. zwischen Gasen u. festen (Katalysator-) Teilchen mit Aufwärtsführung der Gase durch ein Wirbelbett der Teilchen. Am oberen Ende des Reaktionsraumes wird der Gasstrom samt den mitgerissenen Teilchen mit hoher Geschwindigkeit abwärts geführt, derart, daß das Vol. des Abwärtsstromes erheblich (z. B. $>$3mal) größer ist als das des Frischgasstromes u. aus dem Abwärtsstrom ein Teilstrom in entgegengesetzter Richtung (durch ein nach oben führendes, abgewinkeltes Rohr) entnommen. Da die festen Teilchen infolge ihres größeren Beharrungsvermögens geradeaus weiterfliegen u. so dem Bodenteil des Wirbelbettes wieder zugeführt werden, erhält man einen teilchenfreien Gasabzug. — Abbildungen. (**A. P. 2 671 796** vom 18/12. 1948, ausg. 9/3. 1954.) W. HEROLD. H 500

M. W. Kellogg Co., Jersey City, übert. von: **Henry G. McGrath**, Elizabeth, N. J., V. St. A., *Kohlenoxydhydrierung* zur Herst. von n. fl. organ. Verbb. nach dem Wirbelschichtverf. unter Verwendung von frisch bereiteten u. zu elementarem Fe red. Katalysatoren (bes. bei 350—700° F, 150—600 lbs./sq.in. u. Raumgeschwindigkeiten von 100 bis 5000), dad. gek., daß mit 5—10 Vol.-% CO enthaltendem, H_2-haltigem Gas mit Mol-Verhältnis H_2:CO $>$ 5:1 bei 590—700° F u. Drucken bis 600 lbs./sq.in. angefahren wird, bis mindestens 150 (bes. 300) Standardkubikfuß CO je lb. Fe durchgesetzt ist. Hierdurch wird für die nachfolgende Synth. bei höherem CO-Geh. die Aktivität des Katalysators erhöht u. seine Neigung zum Ausflocken herabgesetzt. (**A. P. 2 666 077** vom 31/1. 1948, ausg. 12/1. 1954.) W. HEROLD. H 500

Phillips Petroleum Co., Del., übert. von: **Ervin C. Harney**, Los Angeles, Calif., V. St. A., *Umwandlung von Kohlenwasserstoffen* durch katalyt. Polymerisation. Ein Gemisch aus niedrigsd. Olefinen (bes. C_3—C_5) u. Paraffinen (bes. C_2—C_5) wird bei 275 bis 550, bes. 350—400° F, u. 120—1200, bes. 550—670 lbs./sq.in unten in eine Polymerisationszone mit Wirbelbett von SiO_2–Al_2O_3-Teilchen von 20 μ bis 10 mesh Größe eingeleitet, wobei die im unteren Betteil gebildeten Polymerisate im oberen Betteil an den Teilchen adsorbiert u. mit diesen u. nichtpolymerisierten Gasen abgezogen werden, neben dem oberhalb des Katalysatorbettes austretenden Polymerisat–Gas-Gemisch; die abgezogenen Katalysatorteilchen werden zur Temperaturregelung passend gekühlt u. unten in die Polymerisationszone zurückgeleitet. Die Strömungsgeschwindigkeit der Gase in der Polymerisationszone beträgt ca. 0,1—5 (bes. 0,3—1) Fuß/Sek., die eintretenden Gase können mit den oben aus der Polymerisationszone abziehenden Reaktionsgasen (z. B. auf 300—325° F) vorerhitzt werden. Man kann auch zusätzlich aus dem unteren Bettteil Katalysator abziehen u. zur Regelung der Temp. verwenden. (**A. P. 2 667 521** vom 4/11. 1948, ausg. 26/1. 1954.) W. HEROLD. H 500

Imperial Chemical Industries Ltd., London, England (Erfinder: **Reginald Thomas Foster** und **Stephen William Frankish**), *Herstellung von Polychlormethanen*, dad. gek., daß 1 (Mol) Cl_2 mit 0,9—4 dampfförmigem CH_3Cl, CH_2Cl_2 u./oder $CHCl_3$ bei 250—390° mit solcher Geschwindigkeit durch ein Bett aus feinverteiltem inertem Material, z. B. Sand von 50—100 mesh (Brit. Stand. Spec.), geleitet wird, daß eine Wirbelschicht entsteht; nichtumgesetztes Ausgangsmaterial kann im Kreis geführt werden. — Z. B. ergeben 523 (Gewichtsteile) CH_3Cl + 728 Cl_2 bei 350° 377 HCl u. 858 organ. Prod., das 17 (%) CH_3Cl, 42,5 CH_2Cl_2, 31 $CHCl_3$, 8,5 CCl_4 u. $1/2$ höher sd. Prodd. enthält. (**E. P. 713 179** vom 28/5. 1951, ausg. 4/8. 1954.) W. HEROLD. H 510

Standard Oil Development Co., Elizabeth, N. J., übert. von: **Jean H. Karchmer**, Baytown, Tex., V. St. A., *Polymerisieren von Olefinen* erfolgt bei 280—600° F u. Drucken bis 7000 lbs./sq.in. in Ggw. von fl. H_3PO_4 oder $H_4P_2O_7$. Die 0,2—10 Gew.-% eines Stabilisierungsmittels bestehen aus Metallen oder Oxyden der Elemente aus der rechten Kolonne der 5. Gruppe des Period. Syst. unterhalb des P. Ein derartig zusammengesetzter Katalysator kann auch für Alkylierungen von Isoparaffinen oder Aromaten mit Olefinen Verwendung finden. (**A. P. 2 620 361** vom 9/12. 1949, ausg. 2/12. 1952.) G. KÖNIG. H 520

Monsanto Chemical Co., St. Louis, Mo., übert. von: **Ross M. Hedrick**, Dayton, O., V. St. A., *Herstellung von Vinylfluorid.* Man führt 1.2-Difluoräthan bei 100—500°, bes. 200—400°, über HF-abspaltende Katalysatoren (Na, Li, CaO, Na_2CO_3, KOH, Pyridin, Chinolin, Formamid, SiO_2, Al_2O_3, $AlCl_3$, $ZnBr_2$, $FeCl_3$, P- oder Si-Wolframsäure, Holzkohle, $BaSO_4$, $CaSO_4$, $Ba_3(PO_4)_2$, Korund, Glaspulver). (**A. P. 2 695 320** vom 28/8. 1950, ausg. 23/11. 1954.) W. GRÄGER. H 520

E. I. du Pont de Nemours & Co., übert. von: **Benjamin F. Skiles**, Wilmington, Del., V. St. A., *Vinylfluorid* erhält man durch Dehydrofluorierung von *1.1-Difluoräthan* in der Gasphase in Ggw. von $Al_2(SO_4)_3$ in poröser oder granulierter Form, als Katalysator auch auf Trägern, wie Graphit oder Holzkohle, bei 250—400°; Ausbeute 37,2%. — Zwischenprod. für Polymerisationen. (**A. P. 2 674 632** vom 25/7. 1952, ausg. 6/4. 1954.) G. KRAUSS. H 520

Technical Assets, Inc., New York, N. Y., V. St. A., übert. von: **Wladimir von Ediger**, London, England, *Acetylen* erhält man durch Pyrolyse von fl. KW-stoffen unter elektr. Entladungen, wobei als Elektroden Kohlekörner von gleicher Größe u. Form dienen, die in den fl. KW-stoffen so angeordnet sind, daß zwischen den einzelnen Körnern ein Lichtbogen entstehen kann. Durch die bei der Pyrolyse entstehenden Gase erhalten die Körner einen Auftrieb, so daß der Lichtbogen unterbrochen wird u. die Gase entweichen können. Durch die eigene Schwerkraft sinken sie wieder zu Boden, so daß der Vorgang von neuem beginnen kann. — Vorr., 4 Zeichnungen. (**A. P. 2 632 731** vom 7/6. 1949, ausg. 24/3. 1953. E. Prior. 17/6. 1948.) G. KRAUSS. H 530

Rohm & Haas Co., Philadelphia, übert. von: **Willard J. Croxall**, Bryn Athyn, und **John O. Van Hook**, Roslyn, Pa., V. St. A., *Alkalivinylacetylide* erhält man durch Rk. eines Dihalogenbutens mit einem Alkaliamid in fl. NH_3, Ae., Isopropyläther oder PAe. bei —30 bis —40°. — Aus 1.4-Dichlor-2-buten + $NaNH_2$ in fl. NH_3 bei —30 bis —35° → *Na-Vinylacetylid*; dieses gibt mit Aceton in fl. NH_3 bei —30 bis —35° u. dann bei n. Temp. Dimethylvinyläthinylcarbinol, $Kp._{10}$ 50—53°; n_D^{20} 1,4738. Mit Äthylenoxyd entsteht 5-Hexen-3-in-1-on, $Kp._8$ 57—60°; n_D^{20} 1,4950. — Weitere Ausgangsstoffe sind: 1.2-Dichlor-3-buten, 1.4-Dibrom-2-buten u. 1.2-Dibrom-3-buten oder deren Mischungen. An Stelle von Na ist auch Li verwendbar. — Zwischenprodukte. (**A. P. 2 623 077** vom 13/12. 1950, ausg. 23/12. 1952.) G. KRAUSS. H 530

Standard Oil Development Co., Del., übert. von: **Joseph K. Mertzweiller**, Baton Rouge, La., V. St. A., *Herstellung organischer Oxyverbindungen.* Das Gemisch aus Olefinen, Aldehyden, W., Co-Carbonylverbb. u. Co-Formiat der Oxosynth. wird (gegebenenfalls nach Zusatz von wenig W.) durch eine Dehydratisierzone (Al_2O_3, SiO_2-Gel usw.) geleitet, in welcher sein Wassergeh. auf $< 1\%$ (ca. 0,5%) gesenkt wird, so daß das Co-Formiat in den fl. Prodd. unlösl. wird; erst dann wird das Gemisch der üblichen Co-Carbonylzers. zugeführt. Während des Wasserentzugs können gasförmige, gelöste Verbb. mittels Inertgas aus der Fl. abgestreift werden. Es gelingt so, den Co-Geh. auf $< 0,001\%$ zu senken. — Vorrichtung. (**A. P. 2 636 903** vom 20/10. 1949, ausg. 28/4. 1953.) W. HEROLD. H 550

Badische Anilin- & Soda-Fabrik (Erfinder: **Curt Schuster**), Ludwigshafen/Rh., *Herstellung eines zweiwertigen Alkohols*, dad. gek., daß man auf Dipenten bei erhöhter Temp. u. unter erhöhtem Druck CO u. H_2 in Ggw. von Hydrierungskatalysatoren, bes. Metallen der 8. Gruppe des Period. Syst., einwirken läßt u. aus dem Reaktionsgemisch erforderlichenfalls nach der Hydrierung des prim. entstandenen Oxoprod., zunächst den entstandenen 1wertigen Alkohol u. anschließend eine aus einem 2wertigen Alkohol bestehende Fraktion abdestilliert. — Dipenten in Ggw. eines Co-Skelettkatalysators bei 130° u. 200 at Druck mit CO u. H_2 (1:1) behandelt, anschließend entspannt u. das Reaktionsprod. mit einem Ni-Skelettkatalysator hydriert, ergibt als Vorlauf KW-stoffe, dann *Dipentanmonocarbinol*, $Kp._1$ 89—92°, u. *Dipentandicarbinol*, $Kp._{0,5}$ 156—165°, OH-Zahl 532. Letzteres bildet Mono- oder Dicarbonsäureester oder Polyester, die je nach der veresterten Säure viscose Fll. oder Harze darstellen u. auf dem *Lack-* oder *Kunststoffgebiet*, z. B. als Weichmacher, Verwendung finden können. (**D. B. P. 867 850** Kl. 12o vom 18/4. 1951, ausg. 19/2. 1953.) G. KÖNIG. H 570

Standard Oil Development Co., Elizabeth, N. J., V. St. A., *Herstellung von Aldehyden* aus Olefinen, CO u. H_2 in Ggw. nichtfester Co-Katalysatoren bei 1500 bis 4500 (2500—3500) lbs./sq.in. u. 275—450° F (300—375° F) unter Erhalt eines Aldehydprod., das Co in fester, ölunlösl. Form (bes. CoO, aus einer in die Reaktionszone eingeführten Co-Seife durch Zers. entstanden) suspendiert enthält, dad. gek., daß diese Suspension mit den nichtumgesetzten Gasen (CO + H_2) unter Synthesedruck bei 150 bis 300° F (bes. 200—250° F) 1—60 (bes. 5—30) Min. in einer Verweilzone bleibt, wobei die festen Co-Teile in Co-Carbonylverbb. umgewandelt werden, nach Abkühlen auf 60—120° F Fl. u. Gas getrennt u. ein Teil der (gegebenenfalls noch gekühlten) Fl. zur Kühlung u. als Katalysator in die Rk. zurückgeführt wird, bevorzugt an verschied. Stellen in Richtung der Strömung der Umsetzungspartner. Der Rk. kann außerdem noch Co in fester, ölunlösl. Form, gewonnen aus dem Co-Carbonyl bei Reinigung des Aldehyds, als Katalysator zugeführt werden. — Abbildung. (**E. P. 702 014** vom 22/11. 1951, ausg. 6/1. 1954. A. Prior. 12/6. 1951.) W. HEROLD. H 660

Imperial Chemical Industries Ltd., London, England (Erfinder: **Charles Thomson Young Cowie**), *Stabilisieren flüssiger Aldehyde*, bes. von *3.5.5-Trimethylhexanol*, gegen Autoxydation u. Verfärbung, dad. gek., daß höchstens 2% (ca. 5%) eines Mono- oder Polynitroderiv. eines aromat. Amins, Phenols oder mindestens 7 C-Atome enthaltenden aromat. KW-stoffes zugesetzt werden, z. B. *Mono-*, *Di-* oder *Trinitrotoluole*, *Nitroxylole*, *o-*, *m-* oder *p-Nitrophenol*, *Nitrocycloalkylphenole*, *o-*, *m-* oder *p-Nitroanilin*. (**E. P. 715 022** vom 23/1. 1951, ausg. 8/9. 1954.) W. HEROLD. H 670

Mathieson Chemical Corp., Virginia, übert. von: **John W. Churchill**, Kenmore, und **Benjamin B. Schaeffer**, Niagara Falls, N. Y., V. St. A., *Photochemische Herstellung von Chloral* (**I**), dad. gek., daß $\beta.\beta'$-Dichlordiäthyläther (**II**) unter Belichtung in Ggw. von mindestens der theoret. erforderlichen Menge W. mit Cl_2 behandelt wird nach der Gleichung $(CH_2Cl \cdot CH_2)_2O + H_2O + 6\,Cl_2 \rightarrow 2\,CCl_3CHO + 8\,HCl$. Zweckmäßig werden >3 (Mol) W. je 1 **II** angewandt, um **I** als Hydrat zu isolieren. Die Reaktionstemp. soll bei langsamem Ansteigen am Ende der Rk. 95° nicht überschreiten, wenn nicht bei höherem Druck gearbeitet wird. (**A. P. 2 680 092** vom 15/1. 1952, ausg. 1/6. 1954.) W. HEROLD. H 670

Stanolind Oil & Gas Co., Tulsa, Okla., V. St. A., *Trennung von Aceton und Methanol* durch Dest. azeotrop. Gemische. In die Destillationskolonne führt man von oben die gerade notwendige Menge W. ein, um ein azeotrop. Gemisch von W., Aceton u. anderen O-haltigen organ. Verbb. bei 60—80° über Kopf abzudestillieren. Als Rückstand bleibt wss. Methanol. Das Destillat wird in der Fraktionierkolonne bei 49—65° über Kopf von den Verunreinigungen befreit, so daß eine wss. Acetonlsg. zurückbleibt, der dann das W. entzogen wird. (**E. P. 715 191** vom 30/1. 1950, ausg. 8/9. 1954. A. Prior. 1/2. 1949.) W. GRÄGER. H 710

General Mills, Inc., übert. von: **Don E. Floyd**, Minneapolis, Minn., V. St. A., *Disproportionieren von Harzsäuren und Fettsäuren* unter Gewinnung einer disproportionierten Harzfraktion aus *Tallöl*, welche frei von Abietinsäure u. von polyolefin. Fettsäuren ist, u. welche *Dehydroabietinsäure* u. nur schwach *ungesätt. höhere Fettsäuren* enthält. — Das Gemisch von Harzsäuren u. polyolefin. höheren Fettsäuren wird in Ggw. eines Ni-Hydrierungskatalysators u. von CO_2 unter Druck bei 200—300° erhitzt. — Vgl. auch A. P. 2 617 792; C. **1954**. 912. (**Can. P. 485 460** vom 2/1. 1951, ausg. 5/8. 1952.) M. F. MÜLLER. H 800

E. F. Drew & Co., Inc., New York, übert. von: **Lester L. Weil**, West Orange, N. J., und **Philip Tusa**, Brooklyn, N. Y., V. St. A., *Reinigung von Mischestern* (**I**) aus *Harzen* u. *höhermol. Fettsäuren* mit 1-wertigen Alkoholen von sauren Bestandteilen. Man setzt ihnen ein lösl. Erdalkalisalz einer flüchtigen Carbonsäure (**II**), z. B. $(HCOO)_2Ca$ (**III**), zu, trennt durch Dest. bei 150—250° die **I** von der gebildeten **II** u. wäscht schließlich mit W. völlig säurefrei. — Man erhitzt z. B. 1240 (g) Tallöl mit 33% Harzgeh., 410 Tetrahydrofurfurylalkohol (**IV**) u. 0,2% Pb-Oxyd 6 Std. unter Rückfluß bei 245—270°, wobei W., Alkohole u. unverseifbare Prodd. abdestillieren. Schließlich setzt man nochmals 40 **IV** zu u. erhitzt 7 Std. auf 290—310°, bis die SZ. ca. 4,5 beträgt, gibt 10—20% mehr **III** als stöchiometr. zur Neutralisation der freien Säure erforderlich zu u. erhitzt unter Rühren zuerst auf 165°/760 mm, schließlich bei 200°/6 mm, wobei zuerst CH_3COOH (**V**), dann der Ester mit einer SZ. von ca. 1 übergeht. Durch Waschen mit ca. 10% W. erzielt man eine SZ. von ca. 0,5 oder man dest. die **V** mit Wasserdampf im Vakuum ab, wobei zugleich eine Desodorierung stattfindet. (**A. P. 2 583 193** vom 19/7. 1949, ausg. 22/1. 1952.) O. MÜLLER-MEININGEN. H 800

Badische Anilin- & Soda-Fabrik Akt.-Ges. (Erfinder: **Walter Reppe** und **Walter Kölsch**, Ludwigshafen/Rh., und **Nikolaus v. Kutepow**, Karlsruhe), *Herstellung von Carbonsäuren und deren funktionellen Derivaten* durch Rk. von Olefinen u. Verbb. mit beweglichem H-Atom mit CO bei 170—290° u. mindestens 50, bes. 180—700 at, in Ggw. von Ni- oder Co-Katalysatoren, dad. gek., daß man Ni- oder Co-Salze von Carbonsäuren, die neben einer COOH-Gruppe mindestens eine weitere solche Gruppe u./oder OH- oder Ketogruppe enthalten, verwendet. — Man behandelt z. B. 80 (Teile) einer 2,8%ig. wss. K-Ni-Tartratlsg. (Ni-Geh. 0,38%, erhalten durch Rk. von 1 Mol Ni-Carbonat u. 2 Mol Weinstein in wss. Lsg.), u. 20 Propionsäure (**I**) mit einem C_2H_4-CO-Gemisch (1 : 1) bei 285° u. 200 at 24 Std. lang u. erhält ca. 378 Reaktionsprod., bestehend aus 77% **I** u. 11 **I**-Anhydrid. Das eingesetzte Ni findet sich fast quantitativ im Destillationsrückstand. (**D. B. P. 927 090** Kl. 12o vom 14/6. 1953, ausg. 28/4. 1955. Anmeldung bekanntgemacht 7/10. 1954.) O. MÜLLER-MEININGEN. H 810

Eastman Kodak Co., Rochester, N. Y., übert. von: **John R. Caldwell**, Kingsport, Tenn., V. St. A., ***Essigsäureester tertiärer aliphatischer Alkohole*** erhält man durch Rk.

der Alkohole mit Keten in Ggw. eines SiO_2–Al_2O_3–B_2O_3-Katalysators bei 10—80°. — Beispiele zur Herst. folgender *Acetate: tert.-Butyl-*, Kp. 94—95°; *tert.-Amyl-; Dimethylvinylcarbinol-*, Kp. 117—120°; *Dimethyläthinylcarbinol-*, Kp. 124—127°. (**A. P. 2 685 598** vom 8/3. 1951, ausg. 3/8. 1954.) O. Müller-Meiningen. H 810

Imperial Chemical Industries Ltd., London, England, *Herstellung von möglichst farblosen Dicarbonsäureestern* erfolgt durch Erhitzen z. B. von Adipin-, Glutar-, Sebacin- oder Phthalsäure oder deren Anhydriden mit einem Überschuß an höhermol., z. B. C_6—C_9-Alkoholen (**I**) in Ggw. eines stark sauren Katalysators, z. B. H_2SO_4, u. eines Schleppmittels für das Reaktionswasser, wie Toluol, wobei man die Säuren zu **I** oder dem **I** u. Schleppmittel zusetzt u. der Lsg. dann erst den Katalysator zufügt. Reaktionstemp. nicht $>$ 90°. Herst. von Weichmachern, bes. von *Di-2-äthylhexylphthalat*. (**E. P. 684 334** vom 16/12. 1946, ausg. 17/12. 1952.) O. Müller-Meiningen. H 820

British Industrial Solvents Ltd., London, England, *β-Butyrolacton* erhält man in 85%ig. Ausbeute durch Red. von Diketen in fl. Phase an einem Pd(-$BaSO_4$)-Katalysator bei 20—100, bes. 60—70°. $Kp._5$ 53—55°. (**E. P. 688 269** vom 19/1. 1950, ausg. 4/3. 1953.) O. Müller-Meiningen. H 850

Ralph L. Evans, Bay Shore, übert. von: **James G. Murphy**, Brooklyn, N. Y., und **John F. Mulvaney**, Jersey City, N. J., V. St. A., *β.β'-Dithiodicarbonsäuren, β-Mercaptocarbonsäuren und deren Ester* erhält man durch Erhitzen von 1 (Mol) einer α.β-ungesätt. Carbonsäure oder deren Ester mit wenigstens ½ eines Polysulfids. — Aus 3 Acrylsäuremethylester u. 3 Na-Tetrasulfid bei 54° → *Dithiodihydracrylsäure*; daraus durch Red. mit Al u. NaOH *Thiohydracrylsäure*, $Kp._{0,33-0,70}$ 69—73°; daraus durch Oxydation *Disulfid*, F. 156,1 —156,5°. — Methacrylsäureäthylester → *β.β'-Dithiodiisobuttersäure* → *β-Mercaptoisobuttersäure*, $Kp._{25}$ 133—139° → *β.β'-Dithiodiisobuttersäure*, F. 86,3—87,7°. — Crotonsäure → *β-Mercaptobuttersäure*, $Kp._{22-24}$ 114—115°. — Maleinsäure → *Thioäpfelsäure*, F. 151,4—152°, + *α.α'.β.β'-Tetracarboxydiäthyldisulfid*. Weitere Ausgangssäuren sind: Citracon-, Itacon-, Fumar- u. Zimtsäure. — Dauerwellen- u. Enthaarungsmittel, Zwischenprodd. für Polymere, Pharmazeutica u. Weichmacher. (**A. P. 2 623 066** vom 15/6. 1948, ausg. 23/12. 1952.) G. Krauss. H 850

Badische Anilin- & Soda-Fabrik Akt.-Ges. (Erfinder: **Herman Spänig**, Ludwigshafen/Rh., und **Georg Triem**, Heidelberg), *Dialkoxyessigsäureester* erhält man durch Rk. einer 30—50%ig. wss. Glyoxylsäurelsg. mit einem Alkohol. — Beispiele zur Herst. von *Dimethoxyessigsäuremethylester*, $Kp._6$ 52°; *Diäthoxyessigsäureäthylester*, $Kp._5$ 72°; *Di-n-propyloxyessigsäure-n-propylester*, $Kp._{2,5}$ 94°. — Zwischenprodd., bes. zur Herst. von Heilmitteln. (**D. B. P. 928 405** Kl. 12o vom 5/10. 1952, ausg. 31/5. 1955. Anmeldung bekanntgemacht 11/11. 1954.) O. Müller-Meiningen. H 860

Manganese Chemicals Corp., übert. von: **Bernard R. Babbitt** und **Charles B. Kunz**, Minneapolis, Minn., V. St. A., *Carbonisieren ammoniakalischer Lösungen.* Man bringt eine wss. Lsg. aus 1,7 (Mol) NH_3 u. 1 CO_2, wobei die Konz. der NH_4OH-Lsg. wenigstens 6/Liter beträgt, in Kontakt mit einem CO_2-haltigen Gasgemisch. Gleichzeitig führt man eine zweite, aus NH_3 u. CO_2 bestehende wss. Lsg. mit einem größeren Mol-Verhältnis u. einer größeren NH_4OH-Konz. (10/Liter) unter solchen Bedingungen zu, daß zum Schluß in der Lsg. das anfangs genannte Mol-Verhältnis vorliegt. — Vorrichtung. (**A. P. 2 690 431** vom 11/1. 1952, ausg. 28/9. 1954.) H. Nebelsiek. H 880

Lonza Elektrizitätswerke und Chemische Fabriken Akt.-Ges., Basel, Schweiz, *Gewinnung von Blausäure* aus CH_4 u. NH_3 in Ggw. von Pt-Katalysatoren bei 850—1350°, bes. 950—1250°. Der dabei entstehende H_2 wird zur Herst. von CH_4 aus CO u./oder CO_2 oder zur NH_3-Herst. aus elementarem N_2 oder zur Bldg. von CH_4 u. NH_3 oder zur Hydrierung von Rohöl, Petroleum, Kohle, Teer oder C-Verbb. verwendet, wobei diese Hydrierung Reaktionsprodd. liefert, die wenigstens 2 C-Atome im Mol. enthalten u. außerdem noch CH_4-haltige Reaktionsgase liefern. Die obengenannten Prodd. werden zur HCN-Gewinnung im Kreislauf geführt. (**E. P. 722 025** vom 29/10. 1951, ausg. 19/1. 1955. Schwz. Prior. 30/10. 1950.) H. Nebelsiek. H 890

B. F. Goodrich Co., New York, N. Y., V. St. A., *Gewinnung von Blausäure* durch Rk. von CH_4, NH_3 u. O_2 bei 1000—1260° über Pt-Katalysatoren unter Vorerhitzung des Gasgemisches auf 300—350°. Auf 1 (Mol) NH_3 entfallen 1,4—2,5 CH_4 u. auf 1 CH_4 1,0—1,5 O_2. (**E. P. 723 081** vom 5/12. 1952, ausg. 2/2. 1955. A. Prior. 6/12. 1951.) H. Nebelsiek. H 890

Röhm & Haas G. m. b. H. (Erfinder: **Karl T. Kautter** und **Adolf Gerlach**), Darmstadt, *Methacrylsäurenitril*, Kp. 91—92°, n_D^{20} 1,3960; $D.^{18}_4$ 0,799, erhält man durch Leiten von Methacrylsäureamid in Dampfform mit oder ohne Zusatz von inerten Gasen oder Dämpfen (N_2, NH_3, überhitzter Wasserdampf oder deren Gemisch) bei 300—500° über dehydratisiernd wirkende Katalysatoren (gefälltes Al_2O_3, Bauxit, Be-, Zr-, Ti-,

Th-, W-, Mo-, V-Oxyde, Borate, Al-Salze, Silicate, Ce- oder La-Silicate, Arsenite, Arseniate, Vanadate, Kieselgur, Asbest, Kaolin, Bleicherden). Ausbeute ca. 61%. (**D. B. P. 854 798** Kl. 12o vom 8/2. 1942, ausg. 6/11. 1952.) G. KRAUSS. H 890

Badische Anilin- & Soda-Fabrik (Erfinder: **Hans Georg Trieschmann** und **Lothar Reuter**), Ludwigshafen/Rh., *Reinigung von Adipinsäuredinitril*, bes. von beigemengtem 1-Cyan-2-iminocyclopentan, dad. gek., daß man das Dinitril mit verd. wss. CH_2O-Lsg. bei Tempp. bis ca. 150° behandelt. (**D. B. P. 928 406** Kl. 12o vom 11/10. 1952, ausg. 31/5. 1955. Anmeldung bekanntgemacht 11/11. 1954.) O. MÜLLER-MEININGEN. H 890

Farbwerke Hoechst Akt.-Ges., vormals Meister Lucius & Brüning (Erfinder: **Roderich Graf**), Frankfurt/M., *Herstellung stickstoffenthaltender chlorierter Schwefelverbindungen*, dad. gek., daß man SO_3 oder SO_3-enthaltende Gemische mit ClCN umsetzt. CO_6NClS_2 (I) wird erhalten, wenn man z. B. geschmolzenes SO_3 bei Tempp. zwischen 0 u. −10° in überschüssiges ClCN einfließen läßt. CO_3NClS erhält man z. B. durch Rk. von I mit ClCN im Mol-Verhältnis 1 : 1 bei > 100°, bes. 120—140°. Die Verbb. sind außerordentlich reaktionsfähig u. können u. a. als Zwischenprodd. zur Herst. von Textilhilfsmitteln, Schädlingsbekämpfungsmitteln oder pharmazeut. Prodd. dienen. (**D. B. P. 928 896** Kl. 12i vom 25/3. 1952, ausg. 13/6. 1955. Anmeldung bekanntgemacht 18/11. 1954.) A. ZÜRN. H 890

Dow Chemical Co., übert. von: **Arthur R. Sexton**, Midland, Mich., *Reinigung von Aminoalkansulfonsäuren mit Ionenaustauschern*. Aminoalkansulfonsäuren der Formel (a)(a′)N—R—SO_3H, worin a u. a′ = H oder Alkylreste mit höchstens 4 C-Atomen u. R einen gesätt. Alkylenrest mit höchstens 3 C-Atomen bedeuten, werden von Oxyalkansulfonsäuren dadurch getrennt, daß man das Gemisch zunächst durch ein Kationenaustauscherharz in der H-Form u. anschließend durch ein Anionenaustauscherharz in der bas. Form schickt. — Trennung von *Aminopropansulfonsäure* bzw. von *Methylaminopropansulfonsäure* u. *Oxypropansulfonsäure*; Trennung von *Taurin* bzw. *N-Methyltaurin* bzw. *Dimethylamin* bzw. *Diäthylamin* u. *Isäthionsäure*. (**A. P. 2 693 488** vom 30/8. 1950, ausg. 2/11. 1954.) G. LANGER. H 950

Standard Oil Co., übert. von: **David A. McCaulay**, Chicago, Ill., und **Arthur P. Lien**, Highland, Ind., V. St. A., *Raffination von Kohlenwasserstoffen mit HF und NbF_5*. Ein Gemisch (I) von KW-stoffen, das mindestens 2 Xylolisomere enthält, wird bei 0—125, bes. > 90° F mit 5—500, bes. 100—300 Vol.-% fl. HF u. 0,3—1,5, bes. > 1 Mol NbF_5 je Mol Xylole in I in Berührung gebracht u. die Raffinatphase (**II**) von der Extraktphase (**III**) getrennt. Aus **II** kann man m-Xylol u. aus **III** die isomeren Xylole gewinnen. Das Verf. ist auch zur Gewinnung von Polyalkylbenzolen aus Naphtha, welche keine andern extrahierbaren Stoffe enthält, anwendbar. — Zeichnung. (**A. P. 2 683 763** vom 30/9. 1952, ausg. 13/7. 1954.) E. KAHLES. H 1010

Bergwerksgesellschaft Hibernia Akt.-Ges. Stickstoffwerk, Wanne-Eickel (Erfinder: **Ermbrecht Rindtorff**, Recklinghausen, und **Karl Schmitt**, Herne), *Gewinnung von technisch reinem Benzol* nach D. B. P. 886 898, dad. gek., daß als Ausgangsstoffe an Stelle von oder neben C_3H_8 u. C_4H_{10} ungesätt. KW-stoffe mit 2—6 oder gesätt. KW-stoffe mit 1, 2, 5 oder 6 C-Atomen benutzt werden. Die Rk. wird bei Verwendung von C_2H_6- oder C_2H_4-haltigen Gasen durch Temp. u. Zeit so niedrig gehalten, daß das Restgas mindestens denselben Geh. an C_2H_4 besitzt wie das Ausgangsgas. Zweckmäßig wird als Katalysator ein durch Verkoken von mit flüchtigen organ. Al-Verbb. (*Al–Acetyl–Aceton*) versetzter Kohle erzeugter Koks verwandt. (**D. B. P. 896 340** Kl. 12o vom 2/2. 1941, ausg. 12/11. 1953. Anmeldung bekanntgemacht 20/11. 1952. **Zusatz zu D. B. P. 886 898; C. 1955. 5179.**) W. HEROLD. H 1010

Dow Chemical Co., Midland, Mich., übert. von: **William J. Hanson**, Long Beach, und **Robert W. Nex**, Bellflower, Calif., V. St. A., *Korrosionsschutzmittel*, bestehend aus einem 2.4-Dinitro-6-alkylphenol (Alkylrest mit 3—5 C-Atomen), Furfurol, einem Emulgier- u. einem Dispergiermittel, gelöst in einem aromat. Öl. Die Mittel können auch als Schädlingsbekämpfungsmittel Verwendung finden. (**A. P. 2 623 818** vom 1/10. 1951, ausg. 30/12. 1952.) H. NEBELSIEK. H 1060

Allied Chemical & Dye Corp., New York, N. Y., übert. von: **Robert T. Joseph**, Richboro, und **Percy J. Cole**, Philadelphia, Pa., V. St. A., *Benzolmonosulfonsäure* erhält man durch Erhitzen von Bzl. in fl. Phase mit bis zu 25%ig. Oleum auf 190—255° u. 150—500 lbs./sq.in., ohne das gebildete Reaktionswasser zu entfernen; Ausbeute: 95%; vgl. Tabelle. (**A. P. 2 697 117** vom 7/7. 1951, ausg. 14/12. 1954.) G. KRAUSS. H 109

E. I. du Pont de Nemours & Co., übert. von: **William W. Prichard**, Wilmington, Del., V. St. A., *Benzoylfluorid*, Kp. 155°, erhält man z. B. durch Rk. von Monochlorbenzol u. NaF in Ggw. von $Ni(CO)_4$ bei 378° u. 100 at, unter Durchleiten von CO. Während der Rk. soll kein W. zugegen sein. (**A. P. 2 696 503** vom 29/5. 1951, ausg. 7/12. 1954.) U. SIEVERS. H 1210

California Research Corp., San Francisco, übert. von: **William G. Toland**, San Rafael, Calif., V. St. A., *Aromatische Dicarbonsäuren* erhält man durch Rk. von wenigstens monoalkylierten Benzolen mit S u. wss. NH_3 bei $>400^0$ F u. solchem Überdruck, daß das W. in fl. Zustand vorliegt. Man erhält so die entsprechenden Säureamide, die durch Ansäuern bei der Reaktionstemp. in die Säuren übergeführt werden. — Aus p-Xylol, S, 28% ig. NH_4OH u. W. erhält man so bei 600^0 F u. einem Druck von 2800 lbs./sq.in. sowie nachfolgender Behandlung mit H_2SO_4 *Phthalsäuren* (S-frei). (**A. P. 2 695 312** vom 18/5. 1953, ausg. 23/11. 1954.) U. SIEVERS. H 1220

California Research Corp., San Francisco, übert. von: **Earl F. Carlston** und **Funston G. Lum**, Richmond, Calif., V. St. A., *Trennung von Iso- und Terephthalsäuregemischen.* Man bereitet eine Mischung aus Alkaliterephthalat (**I**) u. -isophthalat (**II**) mit einer zur Lsg. aller Salze ungenügenden Menge Wasser. **I**, das in der gesätt. wss. Lsg. von **II**, aber auch von Alkaliphthalat, -benzoat oder -toluat sowie von anorgan. Hydroxyden oder Alkalisalzen unlösl. ist, kann aus dem Gemisch als feste Phase abgeschieden werden. — Man löst z. B. 73,5 (Teile) Isophthalsäure u. 26,5 Terephthalsäure in wss. NaOH, filtriert von unlösl. Verunreinigungen ab u. engt soweit ein, daß der Wassergeh. des Gemisches 53% des Gesamtgewichts beträgt. Nach Abfiltrieren der festen Phase, Waschen mit gesätt. NaCl-Lsg., Lösen des Filterkuchens in W. u. Ansäuern erhält man reine *Terephthalsäure*, aus dem Filtrat durch Ansäuern entsprechend die *Isophthalsäure*. (**A. P. 2 697 723** vom 26/6. 1952, ausg. 21/12. 1954.) U. SIEVERS. H 1220

Imperial Chemical Industries Ltd., London (Erfinder: **Alan Charles Farthing**, Blackley), England, *Äthylenglykolester der Terephthalsäure* (**I**) erhält man durch Rk. von **I** mit Äthylenoxyd (**II**) bei 60—120, bes. 95—100°, in wss. Medium (**III**) u. in Ggw. geringer Mengen von im **III** gelösten Terephthalat, indem man z. B. durch eine Mischung aus 50 Teilen **I**, 6,72 KOH u. 450 W. bei 100° 11 Std. **II** leitet, wobei sich aus der erhaltenen Lsg. beim Abkühlen 36,8 *Bis-(β-oxyäthyl)-terephthalat*, F. 109°, abscheidet. Zwischenprod. zur Herst. von Polymerisaten. (**D. B. P. 905 736** Kl. 12o vom 27/3. 1949, ausg. 4/3. 1954. E. Prior. 9/5. 1947.) O. MÜLLER-MEININGEN. H 1220

E. I. du Pont de Nemours & Co., übert. von: **Adrian L. Linch**, Wilmington, Del., V. St. A., *Stabilisatoren für aromatische Alkyloxyamine* sind bestimmte heterocycl. S-Verbb. u. ihre Zn-Salze. — Stabilisierung von *o-* u. *p-Anisidin*, *o-* u. *p-Phenetidin* durch *Äthylentrithiocarbonat*, *Thiazolin-2-thiol* u. dessen Zn-Salz, *Thialdin*, *Imidazolin-2-thiol*, *1-Methylimidazol-2-thiol*, *1.3.4-Thiadiazol-2.5-dithiol* u. *Cyclohexentrithiocarbonat*. (**A. P. 2 691 681** vom 1/5. 1952, ausg. 12/10. 1954.) G. LANGER. H 1320

Winthrop-Stearns, Inc., übert. von: **Ch. M. Suter** und **A. W. Ruddy**, New York, N. Y., V. St. A., *Herstellung von 1-(Dioxyphenyl)-2-aminobutanol-1* durch Rk. von α-Brom-3.4-dibenzyloxybutyrophenon mit Benzhydrylamin. Dabei entsteht zunächst α-Benzhydrylamino-3.4-dibenzyloxybutyrophenon, welches mit einer Säure das entsprechende Salz bildet. Dieses wird hydriert in Ggw. eines Pd-Katalysators. Man erhält dabei z.B. das Hydrochlorid vom 1-(3.4-Dioxyphenyl)-2-amino-1-butanol. (**Can. P. 482 225** vom 7/3. 1945, ausg. 1/4. 1952. A. Prior. 16/3. 1944.) M. F. MÜLLER. H 1320

Monsanto Chemical Co., St. Louis, Mo., übert. von: **Harry R. Gamrath** und **William S. Knowles**, *1-(p-Nitrophenyl)-2-dichloracetaminopropandiole* (**I**). — *1-pseudo-***I**. Aus 1-pseudo-1-(p-Nitrophenyl)-2-aminopropan-1.3-diol u. Dichloressigsäuremethylester in Methanol bei 35—38°. F. 150—151°. — Analog entstehen: *dl-pseudo-***I**; *1-reg.-***I**; *dl-reg.-***I**. (**E. P. 719 314** vom 22/11. 1951, ausg. 1/12. 1954. A. Prior. 30/12. 1950.) G. LANGER. H 1320

N. V. Philips' Gloeilampenfabrieken, Eindhoven, Holland, *Diazotieren von sauren Aminoverbindungen*, wobei die zu diazotierende Verb. wenig lösl. in W. ist u. die Azidität der entstehenden Diazoverb. größer als die von HNO_2 ist, geschieht durch Dispergieren der Aminoverb. in wss. Medium, das eine der Aminoverb. äquivalente Menge eines HNO_2-Salzes enthält, u. Versetzen mit einer Säuremenge, die beträchtlich geringer ist, als einer dem Nitritsalz äquivalenten Menge entsprechen würde. — Beispiele für die Diazotierung von *1-Oxy-2-amino-6-methylbenzolsulfonsäure-(4)*, *1-Oxy-2-aminobenzolsulfonsäure-(4)*, *2-Oxy-1-aminonaphthalincarbonsäure-(4)*. (**E. P. 659 897** vom 20/1. 1949, ausg. 31/10. 1951. Holl. Prior. 23/1. 1948.) G. LANGER. H 1350

Standard Oil Development Co., übert. von: **Wilbur L. Fischer**, Roselle Park, **Frederick Knoth jr.**, Sayreville, und **Raymond G. Newberg**, Roselle Park, N. J., V. St. A., *Veresterung von gesättigten C_7—C_9-Alkoholen mit verzeigter Kette*, z. B. von sogenannten „Oxo"-Alkoholen, z. B. 3.4-, 3.5- u. 5.5-Dimethylhexanol, 4-Äthylhexanol, 3- oder 5-Methylheptanol, 3.4.4-Trimethylpentanol. Sie erfolgt in Ggw. von 0,02—0,40 Gew.-% einer Verb. der allg. Zus. $R_3—C(CH_3)(R_1)—R_2$ (R_1 = Alkyl $C_1—C_4$, R_3 u. R_4 = p-Oxyphenylreste), z. B. 2.2-Di-(p-oxyphenyl)-propan. Als Säuren verwendet man z. B. Phthal-, Sebacin-, Öl-, Stearin-, Laurin-, Malein-, Adipinsäure u. dergleichen. Die Ester dienen als *Weichmacher* u. dgl. u. werden durch den Zusatz stabilisiert. (**A. P. 2 593 428** vom 21/6. 1950, ausg. 22/4. 1952.) O. MÜLLER-MEININGEN. H 1860

Fred'k A. Stresen-Reuter, Inc., übert. von: **Alexander C. Keyl,** Bensenville, und **Robert H. Geils,** Downers Grove, Ill., V. St. A., *Tetrahydrophthalsäurehalbester von Polyalkanolen*, z. B. der Formeln I u. II (R = Alkyl, Alkenyl, Oxyalkenyl, R′ = H, Alkyl mit 1—3 C-Atomen, R″ = H oder Rest einer 5- oder 6-gliedrigen Ringcarbonsäure, die noch durch Alkyl, Phenyl, Toluyl, Cyclohexyl, Cyclopentyl oder Alkenyl substituiert sein kann, X = H, Br, Cl). Ein mindestens 3-wertiger Alkohol wird zuerst mit einer Fettsäure mit 12—22 C-Atomen in den Monoester übergeführt, der mit Malein- oder

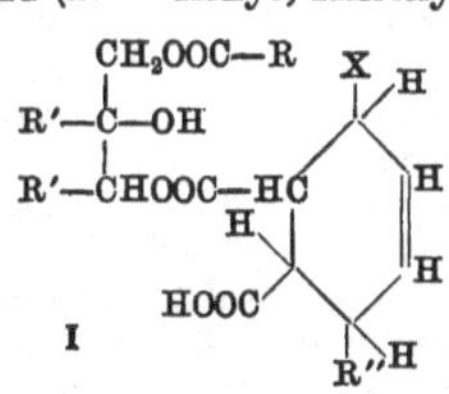
I

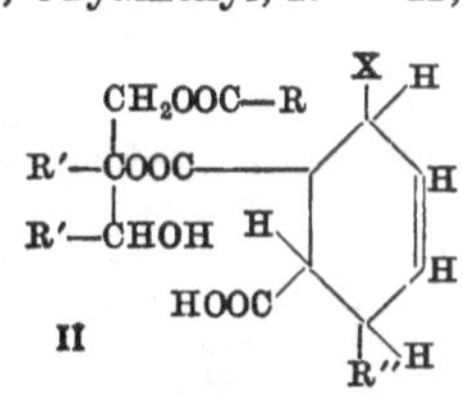
II

Fumarsäure oder deren Anhydriden in den Halbester umgewandelt wird, so daß eine OH- u. Carboxylgruppe freibleiben. An diesen Halbester lagert man dann ein 1.3-Dien nach DIELS-ALDER an. — Sojabohnenölfettsäuren werden mit Glycerin 4 Std. unter CO_2 auf 440° erhitzt. Das gebildete Fettsäuremonoglycerid gibt dann mit Maleinsäureanhydrid bei 180° F unter CO_2 nach 1 Std. 20 Min. den Maleinsäurehalbester, SZ. 122,70, der dann mit 1.3-Butadien bei 115° F u. 10 lbs./sq.in. nach 36 Std. den *Tetrahydrophthalsäurehalbester* liefert, SZ. 105,4. Daraus entsteht durch Erhitzen in Xylol unter azeotrop. Entfernung des W. bei 334° F eine *Harzlsg.*, die nach Zusatz von 0.5% Pb- u. 0,05% Co-Naphthenat beim Aufstreichen einen transparenten Film liefert. In einem weiteren Beispiel werden Leinölfettsäuren verwendet. — Die monomeren Ester sind Plastifizierungsmittel, Netzmittel, Emulgiermittel u. Zwischenprodd. für Alkydharze. (**A. P. 2 655 487** vom 27/9. 1950, ausg. 13/10. 1953.) G. KRAUSS. H 2020

Socony-Vacuum Oil Co., Inc., N. Y., übert. von: **Harry L. Coonradt** und **Carlos L. Gutzeit,** Woodbury, und **Barton W. Rope,** Mullica Hill, N. J., V. St. A., *Herstellung von Naphthalin* (**I**) aus einem Methylnaphthalin [z. B. 2-Methylnaphthalin (**II**)], dad. gek., daß 1 (Mol) **II** mit 0,1—10 (bes. 6) H_2 in Ggw. eines 5—45 (Mol-%) Ni_2O_3, 5—45 Cr_2O_3 u. 50—90 Al_2O_3 u. gegebenenfalls Aktivator enthaltenden Katalysators (z. B. 15 Ni_2O_3 + 15 Cr_2O_3 + 70 Al_2O_3 mit ca. 3% KNO_3) 1—60, bes. 2,5 Sek., auf 900 bis 1200°, bes. 1000° F, bei n. Druck erhitzt wird. Auch mehr CH_3-Gruppen enthaltende Naphthalinderivv. sind brauchbar. (**A. P. 2 689 266** vom 16/9. 1952, ausg. 14/9. 1954.) W. HEROLD. H 2700

X. Färberei. Organische Farbstoffe.

Wolfgang Jülicher, *Die Aufgabe des Verdickungsmittels beim Küpendruck.* Vf. behandelt die Frage, was von einem Druckverdickungsmittel im Druckprozeß verlangt wird, wie es wirkt u. wo es anzuwenden ist. Im Verlaufe der Ausführungen werden prakt. Hinweise gegeben. (Melliand Textilber. **36.** 477—83. Mai 1955.) P. ECKERT. 7006

—, *Textilhilfsmittel. Uvitex SI(CIBA)* wird als Waschhilfsmittel gegebenenfalls schon dem Seifenansatz zugegeben oder mit festen Reinigungsmitteln vermahlen. Uvitex W wird dem mit etwas Na_2SO_4 versetzten, 80—90° heißen Seifenleim zugegeben; Waschmittel für Acetatseide, Nylon u. Seide. — *Printegal C* (CASSELLA), Hilfsmittel für Druckpasten, bes. auch für Krepp, bei Verwendung von Farbstoffen aller Art. — *Algonina SG* (LA TESSILCHIMICA S. A.) ist eine neutrale Paste, die sich mit warmem u. hartem W. verd. läßt; sie macht Cellulosefasern weich, verleiht Kunstseide Griff u. dient als Färbereihilfsmittel. Algonina SG verleiht dem Garn finish; es kann auch der Appretur u. Kunstseideschlichte zugegeben werden. (Fibre e Colori **1.** 27—28. Juli 1951.) G. SALZMANN. 7018

—, *Farbstoffe und Textilhilfsmittel.* Prodd. der CIBA AG., Basel: *Neolanblau FR* ist leicht lösl. u. ergibt einen grünstichigen Ton auf Wolle. Gute Lichtechtheit. Die Wasch-, Schweiß- u. Alkaliechtheiten sind bessere als bei Neolanblau 2 R. In hellen Tönen bes. für Nylon geeignet, dagegen nicht für die Seidenfärberei. Das Prod. reserviert Effekte aus Baumwolle, Viscose- u. Acetatkunstseide rein weiß. — *Neolandunkelblau F 2 R* bes. für das Färben von loser Wolle, Kammzug, Garn u. Stück sowie für den Direktdruck auf Wolle u. Seide geeignet. Für Nylon ist der Farbstoff nicht ausgiebig genug. — *Sapamin OC* ist ein Weichmachungsmittel für Orlon in jeder Verarbeitungsform. Das Prod. erzeugt einen vollen Weichgriff bes. für Baumwolle u. Leinen. Lichtechtheit u. Farbnuancen werden nicht beeinflußt. Der Farbstoff widersteht der Thermofixierung bis zu ca. 215°. —

Lyofix AS wird als waschbeständige Füll- u. Steifappretur auf Baumwolle, Zellwolle u. Kunstseide benutzt. Es verleiht den Geweben eine sehr gute Sprungelastizität. — *Katalysator B Ciba* ist ein intensiv wirkender Kondensationsbeschleuniger. Ein auf organ. Basis aufgebautes Prod., welches ohne vorherige Lsg. dem Appreturbad zugesetzt wird. Das Prod. liefert bei der Ausrüstung von Textilien mit thermohärtbaren Kunstharzen die zur Härtung nötige Säure. — *Nylonpräparation A konz. Ciba* bewirkt in der Strumpfwirkerei beim Naßwirken auf der COTTON-Maschine als Präparation für die Polyamidfasern ein regelmäßiges Maschenbild. — Prod. der J. R. GEIGY AG., Basel: *Cuprophenylgrün BL* eignet sich zum Färben von Kleider-, Sportblusen-, Regenmantel- u. Dekorationsstoffen, von Trikotagen, Nähgarnen sowie Waschartikeln, die nicht über 75° gewaschen u. gechlort werden. Der Farbstoff besitzt sehr gute Echtheitseigg. wie Licht-, Wasch-, Wasser-, Meerwasser- Bügel- u. Reibechtheiten. — Prodd. der DR. QUEHL & CO., GMBH., Speyer/Rh.: *Aflamman N 5–WU* ist eine permanente Flammfestausrüstung für gebleichte Textilien. Das Prod. ergibt ein einwandfrei neutrales Weiß. — *Quecodur spezial* ergibt in Verbindung mit *Gadalan A* vor allem auf synthet. Faser eine gut waschbeständige Appretur. — *Visappret B* mit *Glycenit TH* verwendet erzielt auf Acetatseidegeweben ein gutes Finish mit ausgezeichnetem Griff. (Melliand Textilber. **36.** 200. Febr. 1955.) P. ECKERT. 7018

R. A. McFarlane, *Das Färben synthetischer Fasern.* Überblick über Ausrüst-, Färbe- u. Bleichmethoden von Nylon; das Färben von Acryl-, Polyester- u. Cellulosetriacetatfasern. (Textile J. Australia **30.** 72—73. 86—88. 21/3. 1955.) I. SCHOENMANN. 7020

Walter H. Hindle, *Färben von Mischgeweben aus neuen synthetischen Fasern mit Cellulosefasern.* Mischgewebe aus *Dynel* (**I**), *Dacron* (**II**), *Orlon* (**III**) u. *Acrilan*(**IV**) mit *Viscosereyon* (**V**), *Baumwolle* (**VI**) u./oder *Acetatseide* (**VII**) verlangen besondere färber. Verfahren. Die Verwendung der vollsynthet. Fasern allein hat sich nicht ausschließlich durchgesetzt. Mischgewebe aus **I** mit **V**/**VII** (65/35) wird am besten mit der Cu-Ionenmeth. gefärbt, wobei *p-Phenylphenol* als Träger verwendet wird. **II** mit **V**-Gewebe werden mit Dispersionsfarbstoffen in Verbindung mit Trägern für **II** u. n. **V**-Farbstoffen gefärbt. Als Träger für **II** im Einbadverf. haben sich chlorierte Benzole eingeführt, die beim Dämpfen abdest., im Gegensatz zu den Phenolen. **II**/**V**/**VII**-Gewebe sind durch besondere Auswahl an Farbstoffen u. Trägern färbbar. **II**–**VI**-Gewebe lassen sich mit Küpenfarbstoffen gut „uni" färben. Bei engl. Terylene–Polyester waren Naphtholbasenmischungen erfolgreich. **III**–**V**-Gewebe werden im Einbadverf. mit Dispersionsfarbstoffen (**VIII**) u. n. Reyonfarbstoffen bei Tempp. von 205° F gefärbt. — **IV**-Mischgewebe können je nach Mischkomponente mit **VIII**, Säure-, Chrom-, Neutral-, Metallkomplex- u. Küpenfarbstoffen ohne irgendwelche Träger im Einbad- u. Zweibadverf. gefärbt werden. **III**–**IV**-Mischgewebe können zweifarbig gefärbt werden, wenn man z. B. Säurefarbstoffe verwendet, die **III** ungefärbt lassen u. dann mit bas. Farbstoffen **III** färbt. (Amer. Dyestuff Reporter **44.** P 191—94. 14/3. 1955. Decatur, Ala., Chemstrand Corp.) J. MILLER. 7020

Bruno Hantsch, *Das Bedrucken von vollsynthetischen Fasern.* Nach einem kurzen Überblick über die wesentlichen Eigg. der vollsynthet. Fasern wird das Bedrucken von Polyamidfasergeweben behandelt, wobei näher auf den Direktdruck u. den Ätzdruck eingegangen wird. Geeignete Farbstoffe werden angeführt u. Arbeitsvorschriften gebracht. (Melliand Textilber. **36.** 483—90. Mai 1955. Ludwigshafen/Rh., Badische Anilin- & Sodafabrik, AG., Anwendungstechn. Abt.) P. ECKERT. 7022

Courtaulds Ltd., London, England (Erfinder: **Harry Paul** und **Jack Willock**), *Färben von Textilien aus Celluloseacetat in verschiedenen Farben.* Man verwebt Celluloseacetatfäden mit gleichem Acetylgeh., die jedoch teils nach dem „Säureprozeß" u. teils nach dem „Methylenchloridprozeß" hergestellt sind, gemeinsam, erhitzt das Textilmaterial in kochendem W. u. färbt mit Celluloseacetatfarbstoffen. Das Material wird so in verschied. Schattierungen angefärbt. (**E. P. 709 832** vom 15/11. 1951, ausg. 2/6. 1954.) H. v. SCHILLER. 7021

Cassella Farbwerke Mainkur Akt.-Ges. (Erfinder: **Werner Zerweck, Wilhelm Kunze** und **Heinrich Ritter**), Frankfurt/M., *Monoazofarbstoffe.* Man kuppelt Diazoverbb., die keine wasserlösl. machenden Substituenten enthalten, mit tert. Aminen der Zus. I (R = Alkyl, Oxalkyl, Alkyloxalkyl oder Cyanalkyl; X = H oder beliebiger nichtwasserlösl. machender Substituent). — 1-Amino-4-nitrobenzol → N-Äthyl-N-ω-oxybutylaminobenzol ($Kp._4$ 148 bis 152°); Acetatkunstseide (**K**) lebhaft rot. — 1-Amino-2-chlor-4-nitrobenzol → N-Methyl-N-ω-oxybutylaminobenzol (**II**; $Kp._{1,5}$ 136—139°); **K** rubinrot. — 1-Amino-

I

4-nitro-2.6-dichlorbenzol → II; **K** gelbstichigbraun. erhaltenen Farbstoffe zeichnen sich durch gute Affinität zu **K** sowie durch Klarheit des Farbtones, gute Licht- u. Waschechtheit aus. (**D. B. P. 894 422** Kl. 22a vom 7/9. 1941, ausg. 26/10. 1953. **Zusatz zu D. B. P. 888 290; C. 1955. 9677.**) U. Sievers. 7053

Cassella Farbwerke Mainkur Akt.-Ges. (Erfinder: **Richard Fleischhauer**), Frankfurt/M., *Trisazofarbstoffe.* Man vereinigt Diazoverbb. von Aminodisazofarbstoffen der allg. Formel $R_1-N=N-R_2-N=N-R_3-NH_2$ (R_1 = Rest der Benzolreihe, der eine OH- u. eine COOH-Gruppe in o-Stellung zueinander enthält; R_2 u. R_3 = Reste von aromat. diazotierbaren Aminoverbb., die in p-Stellung zur NH_2-Gruppe kuppeln; ein R soll der Rest eines Aminohydrochinonäthers sein u. mindestens einer der Reste R_1, R_2 u. R_3 soll eine SO_3H-Gruppe tragen) mit solchen Oxynaphthalinsulfonsäuren, die keine unsubstituierte oder substituierte NH_2-Gruppe tragen. — 1-Amino-4-oxybenzol-5-carbonsäure → 1-Aminonaphthalin-7-sulfonsäure (I) → 1-Amino-2.5-dimethoxybenzol (II) → 1-Oxynaphthalin-3-sulfonsäure in Ggw. von Pyridin; Baumwolle (**A**) grünstichigblau, chromiert oder gekupfert etwas röter. — Folgende Farbstoffe mit ähnlichen Eigg. erhält man durch Kupplung des Diazofarbstoffes (**D**) aus 1-Amino-4-oxybenzol-3-carbonsäure → I → II mit 1-Oxynaphthalin-4-sulfonsäure (-oxynaphthalin = ON; -sulfonsäure = SS); **A** grünstichiggraublau; chromiert rotstichiger; gekupfert rotstichiger (die nachst. genannten Färbungen beziehen sich ausschließlich auf **A** u. werden in der Reihenfolge: Ausfärbung des metallfreien, des chromierten u. des gekupferten Farbstoffes genannt). — **D** → 2-ON-6-SS; grünstichigblau; rotstichiger; rotstichiger. — **D** → 2-ON-4-SS; grünstichiggrau; ebenso; ebenso. — **D** → 2-ON-3-carbonsäure-6-SS; grünstichiggrau; rotstichiggrau; ebenso. — **D** → 2.5-Di-ON-7-SS; grünstichigblau; ebenso; ebenso. — **D** → 2.8-Di-ON-6-SS; grünstichiggrau; ebenso; blaugrau. — **D** → 1.8-Di-ON-4-SS; grüngrau; grünstichiggrau; blaugrau. — 2.8-Di-ON-5-SS; blaugrau; ebenso; ebenso. — **D** → 2.3-Di-ON-6-SS; blaugrau; ebenso; rotstichig blaugrau. — **D** → 2-ON-3.6-di-SS; blaugrau; ebenso; ebenso. — **D** → 2-ON-7-SS; graublau; ebenso; ebenso. — **D** → 1-ON-5-SS; grünstichigblau; graublau; ebenso. — **D** → 1-ON-3.6-di-SS; grünstichiggrau; graublau; ebenso. — **D** → 1-ON-3-carbonsäure; grünstichiggrau; blaugrau; ebenso. — Die erhaltenen Farbstoffe zeigen besseres Ziehvermögen, sowie bessere Waschechtheit u. Abendfarbe, bes. in nachchromierter Form. (**D. B. P. 894 423** Kl. 22a vom 3/6. 1942, ausg. 26/11. 1953. **Zusatz zu D. B. P. 888 291; C. 1955. 9678.**) U. Sievers. 7055

Celanese Corp. of America, New York, N. Y., übert. von: **Victor S. Salvin,** Irvington, und **John R. Adams jr.,** Summit, N. J., V. St. A., *Herstellung von 1-Amino-2.3-dicyan-4-oxyalkylaminoanthrachinonen.* Verbesserung des Verf. nach A. P. 2 573 732; C. **1955.** 9915, dad. gek., daß man die Aminierung von 1-Amino-2-sulfo-4-bromanthrachinon (I) in Ggw. von 0,5—3 (Mol) (je 1 I) eines säurebindenden Mittels, wie Na_2CO_3, K_2CO_3, $NaHCO_3$, vornimmt u., nach Entfernung überschüssigen Amins, die Cyanierung bei p_H 9,6—10,1 durchführt, was durch gegebenenfalls wiederholten Zusatz einer Pufferlsg. ermöglicht wird. — Verkürzte Reaktionsdauer, kleinere Aminmenge, erhöhte Ausbeute u. Reinheit der Reaktionsprodukte. (**A. P. 2 573 811** vom 1/7. 1950, ausg. 6/11. 1951.) H. Schmauser. 7059

Imperial Chemical Industries Ltd., London, und **Francis Irving, Alistair Livingston** und **Harold Thompson,** Blackley, Manchester, England, *Küpenfarbstoffe.* Man führt in einen Anthrachinonkern in α-Stellung eine Mono- oder Dihalogenmethansulfonylbenzoylaminogruppe (I) u. in mindestens eine andere α-Stellung ebenfalls I oder ein N-Atom ein, das Bestandteil einer anderen substituierten Aminogruppe oder eines kondensierten Ringes ist. — Die erhaltenen Farbstoffe ergeben sehr klare, lichtechte u. vor allem alkaliechte, z. B. sodakochechte, Färbungen u. können auch in ihre Leukoschwefelsäureester übergeführt werden. — Man erhitzt 12 (Gewichtsteile) m-Chlormethansulfonylbenzoesäure (II) (erhältlich durch Kondensation von dichloressigsaurem Na mit m-sulfinbenzoesaurem Na in wss. Lsg., farblose Kristalle aus wss. Essigsäure, F. 167°), 65 $SOCl_2$ u. 0,5 $ZnCl_2$, bis eine klare Lsg. erhalten worden ist, entfernt das überschüssige $SOCl_2$, löst den Rückstand in 200 Dichlorbenzol, verrührt ½ Std. bei 140° mit 5,8 1.4-Diaminoanthrachinon (III), versetzt mit 5 Pyridin u. rührt das Gemisch weitere 2½ Stunden. Das erhaltene 1.4-Di-(m-chlormethansulfonylbenzoylamino)-anthrachinon der Zus. IV, braunrote Kristalle, F. 275—277°, färbt Baumwolle (**A**) aus blauroter Küpe (**K**) rotstichigorange. In ähnlicher Weise können Farbstoffe erhalten werden aus: III u. p-Chlormethansulfonylbenzoesäure (V) (in ähnlicher Weise erhältlich wie II, farblose Kristalle, F. 232—234°), glänzende rote Kristalle, F. 308°, färbt **A** rosa; 1-Amino-4-benzoylaminoanthrachinon (VI) u. II, dunkelrote

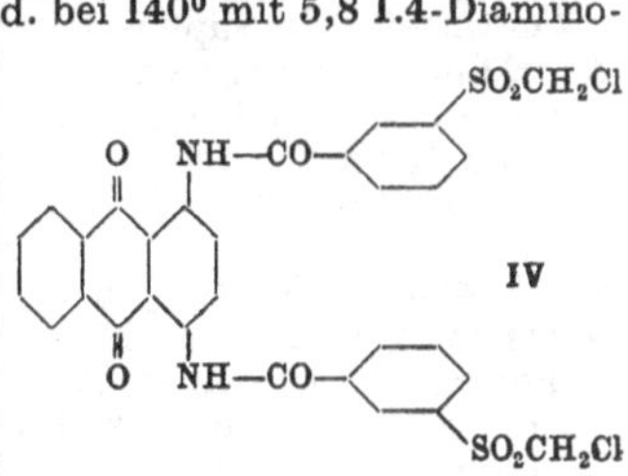

IV

krist. Pulver F. 228—230°, färbt **A** aus violetter **K** echt rosa; **VI** u. **V**, glänzend blaustichigrote Kristallmasse, F. 304—305°, färbt **A** rot; 5'.5''-Diaminoterephthal-bis-1'.1''-anthrachinonylamid (**VIII**) u. **II** oder Terephthalylchlorid (**IX**) u. 1-Amino-5-m-chlormethansulfonylbenzoylaminoanthrachinon (erhältlich aus **II** u. 1.5-Diaminoanthrachinon, rote M., F. 265°), goldgelbe Substanz, färbt **A** aus violetter **K** gelb; **VIII** u. **V** oder **IX** u. 1-Amino-5-p-chlormethansulfonylbenzoylaminoanthrachinon (rote Substanz, F. 327°), goldgelbes Prod., färbt **A** aus grünstichigblauer **K** gelb; 6-Amino-3'.4'-phthaloylacridon (**X**) u. **V**, dunkelblaue Kristalle aus Pyridin, F. 340°, färbt **A** aus purpurner **K** grünstichigblau; **X** u. **II**, dunkelblaue krist. M., F. 308°, färbt **A** grünstichigblau; **VI** u. m-Dibrommethansulfonylbenzoesäure, dunkelrote Kristalle aus Pyridin, F. 248—249°, färbt **A** blaustichigrot. — Setzt man 1-Chlor-5-m-chlormethansulfonylbenzoylaminoanthrachinon (erhältlich durch Acylieren von 1-Chlor-5-aminoanthrachinon mit m-Chlormethansulfonylbenzoylchlorid in o-Dichlorbenzol bei 130° in Ggw. von Pyridin, braungelbe Kristallnadeln, F. 267—268°) mit 1-Amino-5-benzoylaminoanthrachinon um u. carbazoliert man das erhaltene Anthrimid durch Behandeln mit 98%ig. H_2SO_4, so erhält man das 5-Benzoylamino-5'-m-chlormethansulfonylbenzoylamino-1.1'-dianthrimidcarbazol, färbt **A** goldorange. (**E. P. 678 087** vom 25/4. 1949, ausg. 27/8. 1952.) O. ROICK. 7059

Imperial Chemical Industries Ltd., London, England (Erfinder: **Philip Leigh Belshaw** und **Alan Charlton Robson**), *Aminosubstituierte Dianthrachinonyloxdiazole* nebenst. Formel, in der X u. Y eine Amino- oder Arylsulfonamidogruppe, Y außerdem ein H-Atom bedeuten, erhält man durch Dehydratisieren entsprechender N.N'-Di-[anthrachinoncarbonyl-(2)]-hydrazine mittels niedrig-%ig. Oleums bei 80 bis 120°. — Z. B. löst man 1 (Teil) N.N'-Bis-[1-amino-4-p-toluolsulfonamidoanthrachinoncarbonyl-(2)]-hydrazin in 20 Oleum (2% SO_3-Geh.) u. erhitzt 4 Std. auf 95—100°. Zwecks Abspaltung der p-Toluolsulfonylgruppen setzt man — nach Abkühlen — W. zu, bis der Säuregeh. 80% beträgt u. läßt weitere 2 Std. stehen, wobei sich *2.5-Bis-[1'.4'-Diaminoanthrachinonyl-(2')]-oxdiazol-(1.3.4)* abscheidet. — *2-[1'.4'-Diaminoanthrachinonyl-(2')]-5-[1''-aminoanthrachinonyl-(2'')]-oxydiazol-(1.3.4)*. — *Zwischenprodd.*für *Küpenfarbstoffe*. (**E. P. 705 929** vom 17/4. 1951, ausg. 24/3. 1954.) O. SCHÖN. 7059

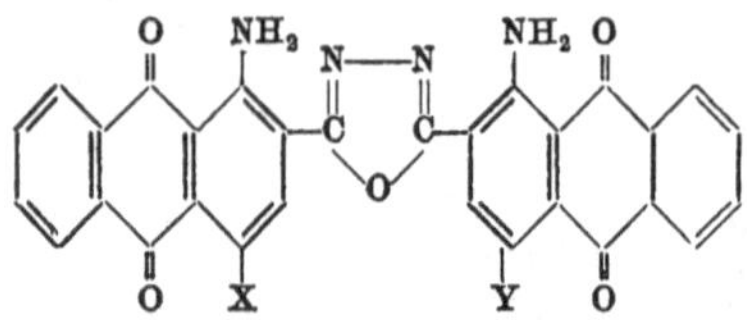

XIa. Farben. Anstriche. Lacke. Naturharze.

E. Korinth, *Neuere anorganische Pigmente*. Kurzer Bericht über systemat. Verss. zur Herst. eines zementechten anorgan. Blaupigments. Eine techn. befriedigende Lsg. wurde im Manganblau gefunden, das durch nachträgliches Glühen GRIMMscher Mischkristalle gewonnen wurde. Außerdem wird die Darst. anderer Buntpigmente, bestehend aus bin. oder tern. Oxydverbb. erwähnt u. schließlich darauf hingewiesen, daß die Ferrite des Pb u. Ba, bes. aber das Bleicyanamid, sehr gute Rostschutzpigmente darstellen. — Zahlreiche Literaturhinweise. (Angew. Chem. **64**. 265—69. 13/5. 1952. Frankfurt/M.-Höchst, Farbwerke.) M. WINIKER. 7092

Lyle E. Gast, Dolores R. Zilch, Lyle C. Woods und **Howard M. Teeter**, *Reaktionen des tertiären Butylhypochlorits mit pflanzlichen Ölen und ihren Derivaten.* 6. Mitt. *Chlorabspaltung aus Methylalkoxychlorostearaten mit Alkali.* (5. vgl. C. **1953**. 6147.) Chlorabspaltung bei Methyl-9(10)-Alkoxychlorstearaten aus handelsüblicher Ölsäure durch Behandlung mit alkoh. KOH (1½ Std., 160°) u. Verseifung führt zu 9(10)-Ketostearinsäure (**I**), deren Ausbeute in Abhängigkeit von Größe u. räumlicher Anordnung des Alkyls stark schwankt: R = CH_3 (61%), C_2H_5 (31%), n-C_3H_7 (38%), i-C_3H_7 (14%), n-C_4H_9 (47%), n-C_5H_{11} (31%). Unter gleichen Bedingungen entchlortes Methylmethoxychlorstearat (**II**) aus Elaidinsäure liefert geringere **I**-Ausbeute (38%) als das Ölsäurederivat. Als erwartetes Nebenprod. tritt im öligen Rückstand nach **I**-Isolierung neben 20% durch Kristallisation nicht trennbarer **I**, Methoxyoctadecensäure (Identifizierung nach Hydrolyse u. Abbau mit Perjodsäure) in Erscheinung. Die Verss. zeigen, daß der Umsatz von der Alkylgröße u. der stereochem. Konfiguration abhängt. (J. Amer. chem. Soc. **74**. 6280—81. 20/12. 1952. Peoria, Ill., Northern Regional Res. Labor., Oil & Protein Div.) C. VOGEL. 7096

Edward C. Scholl, *Latexfarbe, Aufbau und Herstellung.* Zus. u. Herst. von Latexfarben auf Basis von Styrol–Butadien, Polystyrol, Polyvinylacetat, Vinylchlorid–Vinylidenchlorid. (Amer. Paint J. **36**. Nr. 49. 64. 65. 68. 70. 72. 25/8. Nr. 51. 60. 62. 66. 70. 72. 74. 8/9.; **37**. Nr. 2. 66. 68. 70. 72. 73. 76. 29/9. 1952. New York, N. Y., Esco Labors.) B. SCHEIFELE. 7106

K. Liedberg, *Warmspritzen.* Grundlagen; Vor- u. Nachteile; Beschreibung des Verf. von ATLAS mit erwärmter Druckluft als Wärmeträger u. gleichzeitig als Druckmittel. (Färg och Fernissa **18.** 135—42. Juni. 169—75. Juli 1954.) R. K. MÜLLER. 7106

Carl R. Smedley, *Farbe und Endbehandlung.* Auf Grund einer Tabelle über die verschied. Lacktypen, die dafür geeigneten Farben, ihre Oberflächeneigg., typ. Eigg., Anwendungsmethoden u. Hauptanwendungen werden die Gesichtspunkte für die Lackwahl bei Gebrauchsgegenständen erörtert. (Färg och Fernissa **18.** 148—55. Juni 1954. Glidden Co.) R. K. MÜLLER. 7106

Kiyoshi Mase, *Adhäsionskraft zwischen Emailfilm und Leiter.* 9. Mitt. *Einfluß der Temperatur.* (8. vgl. J. chem. Soc. Japan, ind. Chem. Sect. [Kōgyō Kagaku Zassi] **55.** [1952.] 584.) Unters. über den Zusammenhang zwischen der Härte des Films aus einem Esterharz u. der benutzten Prüffrequenz bei 10—90° unter Zugrundelegung einer früher abgeleiteten Formel. (J. chem. Soc. Japan, ind. Chem. Sect. [Kōgyō Kagaku Zassi] **56.** 271—74. April 1953. Hitachi Co. [Orig.: japan.]). L. SCHULER. 7106

P. I. Schportenko, *Wasserfeste Überzüge auf hölzernen Modellen.* Zum Schutz gegen atmosphär. Zerstörungen u. Feuchtigkeit der Formen werden die Holzmodelle mit Anstrichen versehen. Die vorbereiteten gespachtelten Modelloberflächen werden mit verschied. Lacken oder Ölfarben angestrichen, für die die Zusätze für ihre Verdünnung u. schnellere Trocknung angeführt werden. In einer Tabelle sind 16 verschied. Anstrichmittel nebst Verwendungszweck, Färbung, Zus., Verdünnungsmittel, Auftragsmeth., Trocknung u. Eigg. angegeben. (Литейное Производство [Giessereiwesen] **1952.** Nr. 9. 18—21. Sept.) O. VOLLENBRUCK. 7106

H. W. Chatfield, *Die Verträglichkeit von Harzen für Öllacke.* 2. Mitt. (1. vgl. C. **1953.** 5937.) Beschreibung einer Meth. zur Best. der Verträglichkeit von Lackharzen, die auf der Ermittlung der White spirit-Verträglichkeit beruht. (Paint Manufact. **20.** 327—29. 332. Sept. 1950.) M. WINIKER. 7154

Fred D. Johnson, *Filmdickenmessung . . . heute einfach.* Überblick über die Messung der Schichtdicke feuchter u. trockner Anstriche auf elektr. u. radiograph. Wege unter Hervorhebung der neuen, mit β-Strahlern arbeitenden, allg. verwendbaren, filmschonenden, genauen u. kontinuierlichen Methoden. Auf die Möglichkeit einer colorist. Messung farbloser Anstriche durch Zusatz ausbleichender oder nicht hitzebeständiger Farbstoffe wird hingewiesen. (Canad. Paint Varnish Mag. **28.** Nr. 12. 5. 7. 8. 43—45. Dez. 1954.) A. SANDER. 7158

Union Oil Co. of California, Los Angeles, übert. von: **John L. Bills** und **Art C. McKinnis,** Long Beach, Calif., V. St. A., *Herstellung von Ruß.* Ein Gemisch aus einem gasförmigen KW-stoff (bes. CH_4) u. einem freies O_2 enthaltenden Gas (bes. Luft) wird durch ein mit einer porösen Wand oder Endplatte verschlossenes Rohr in einen Reaktionsraum eingeleitet, in dem es nach Passieren der porösen Wand oder Platte unter Bldg. einer Flamme verbrennt. Der O_2-Anteil des Gemisches soll kleiner sein als die zur Verbrennung des CH_4 zu $C + 2 H_2O$ erforderliche Menge. In die Flamme (vorzugsweise ihr entgegen) wird eine weitere Menge freies O_2 enthaltendes Gas (bes. Luft) geblasen. Die Summe beider O_2-Mengen soll 5—50% der zur Verbrennung des CH_4 zu $CO_2 + 2 H_2O$ erforderlichen Menge betragen. Aus den rußführenden Abgasen wird in üblicher Weise der Ruß abgetrennt. — Abbildungen. (**A. P. 2 618 533** vom 22/7. 1948, ausg. 18/11. 1952.) R. SCHREINER. 7093

American Cyanamid Co., New York, N. Y., übert. von: **Guy C. Marcot,** Lynchburg, **Winfred J. Cauwenberg,** Piney River, und **Stephen A. Lamanna,** Amherst, Va., V. St. A., *Herstellung von Eisenoxydpigment.* Eine Ferrosalzlsg. (bes. $FeCl_2$ oder $FeSO_4$) wird bei < 40° (bes. 25—30°) zu einer mindestens äquivalenten Alkalicarbonatlsg. (bes. Soda) gegeben, wonach bei der gleichen Temp. der Nd. durch Belüften der Suspension 0,25—10 Std. (je nach der gewünschten Teilchengröße u. Transparenz) lang oxydiert wird. Das Pigment wird dann abgetrennt, bei gelinder Temp. getrocknet u. gemahlen. Zur Erzielung einer möglichst gleichmäßigen Teilchengröße wird in Ggw. von 0,1—5% (bezogen auf das $Fe_2O_3 \cdot H_2O$-Gewicht) gelöster Kieselsäure (bes. Na-Silicat), eines lösl. Zn-Salzes, oder Weinsäure, Citronensäure oder Tannin (oder wasserlösl. Salze dieser Säuren) oxydiert. (**A. P. 2 558 303** vom 7/8. 1947, ausg. 26/6. 1951.) R. SCHREINER. 7093

Quaker Oats Co., übert. von: **Lloyd H. Brown,** Chicago, Ill., V. St. A., *Öllösliche Furfural-Phenol-Harze.* Im Mol-Verhältnis 1 : 4 wird ein Gemisch aus Furfural u. Phenol in Ggw. eines bas. Katalysators bis zur Bldg. einer viscosen M. erhitzt, worauf mit Säure auf p_H 3—7 eingestellt u. anschließend W. u. nicht umgesetztes Phenol entfernt wird. Das Harz ist in Raps-, Holz-, Lein- oder Ricinusöl lösl. u. für *Lacke* u. *Firnis* geeignet. (**A. P. 2 601 498** vom 22/6. 1950, ausg. 24/6. 1952.) H. MÖLLERING. 7097

Tung-Sol Lamp Works, Inc., Newark, übert. von: **Lloyd D. Lockwood**, Millburn Township, Essex County, N. J., V. St. A., *Metallischer Schutzanstrich.* Etwa 1200 (Gewichtsteile) Zr-Pulver werden mit Propanol u. Äthyllactat angefeuchtet u. dann mit 300 K_2ZrF_6 in 180 (Volumenteilen) Propanol u. 120 Äthyllactat gemischt. Das Lösungsm. kann auch in größerer Menge verwendet werden. Um leicht spritzbare Gemische zu erhalten, wird bes. Butylacetat, A. u. Ae. zugesetzt. (**A. P. 2 607 742** vom 30/12. 1949, ausg. 19/8. 1952.) W. GRÄGER. 7107

Mayer Investment Corp., Israel, und **Alexander Winterberg**, Österreich, *Verpackungsmaterial für Lebensmittel, Pharmazeutika und kosmetische Artikel.* Man überzieht sie vorzugsweise mit einer wss. Dispersion einer plast. M., wie Polyvinylharzen, bes. Polyvinylacetat, oder Polyacrylharzen, denen zur Verminderung der Lichteinw. Farbstoffe oder trübende Stoffe, wie Pektin, Celluloseäther oder -ester oder Stärke, zugesetzt sein können u. trocknet. Anwendung bei Eiern, Fleisch, Geräuchertem, Brot, Früchten. (**F. P. 1 014 429** vom 13/3. 1950, ausg. 14/8. 1952. Tschech. Prior. 25/3. 1949.) M. PANKOW. 7107

R. Weckx, Marchienne-au-Pont, Belgien, *Flüssiges Brillantpoliermittel*, bestehend aus einer Lsg. von 100 (g) Gummilack, 50 hellem Harz u. 1 fettfreier Lavendelessenz in 1 Liter Methanol (97—98%ig). Nach dem Auftragen ohne Reiben trocknen lassen. (**Belg. P. 494 541** vom 14/3. 1950, ausg. 1/7. 1950.) W. GRÄGER. 7119

National Distillers Products Corp., New York, N. Y., übert. von: **Kenneth A. Earhart**, Baltimore, Md., und **Arthur L. Davis**, Hastings-on-Hudson, N. Y., V. St. A., *Wasserverträgliche, in der Hitze umwandelbare Kondensationsprodukte.* Das DIELS-ALDER-Addukt aus einem Harz u. Fumar- oder Maleinsäure oder deren Anhydriden wird nach Neutralisation durch Alkali mit Glycerin-α-monochlorhydrin auf 120—160° in Ggw. eines gesätt., aliphat., ein- oder mehrwertigen Alkohols oder deren Mischungen erhitzt. — 250 (Teile) Fumarsäure werden mit 1000 geschmolzenem Holzharz auf 400° F erhitzt, das rotorange Prod., SZ. 274, F. 145°, Wasserverträglichkeit unter 100%, wird in heißem Diäthylenglykol gelöst, mit der äquivalenten Menge KOH neutralisiert u. dann mit Glycerin-α-monochlorhydrin auf 146—147° erhitzt. Die nach dem Filtrieren erhaltene 50%ig. Lsg. zeigt eine Wasserverträglichkeit von 775%. Wird die Rk. über 168° durchgeführt, so sinkt die Wasserverträglichkeit auf den ursprünglichen Wert ab (Tabellen). Verwendung zum *Anreiben* von *Pigmenten*, für *Drucktinten* u. *Überzugsmaterialien* für *Textilien*. (**A. P. 2 581 335** vom 26/5. 1949, ausg. 8/1. 1952.) G. KRAUSS. 7149

XIb. Plaste (Kunstharze. Plastische Massen).

Heinrich Hopff. *Über den thermischen Abbau makromolekularer Verbindungen.* Vf. berichtet über Unterss. über den therm. Abbau von Polymerisaten (Polyäthylen, Polyisobutylen, Polystyrol, Vinylharze, Acrylharze, Polykondensate u. Äthylcellulose) u. die dabei entstehenden Spaltprodukte. (Kunststoffe **42.** 423—26. Dez. 1952. Ludwigshafen/Rh., BASF.) R. SCHÄFF. 7170

—, *Galvanoplastik für Kunststoffe.* Es wird die galvanoplast. Herst. von anliegenden u. nichtanliegenden Masken für das mehrfarbige Spritzlackieren aus Thermoplasten beschrieben. (Mod. Plastics **28.** Nr. 7. 81—84. 86—87. 90. März 1951.) F. BRUCK. 7170

Masuji Ota und **Minoru Imoto**, *Polyvinylchlorid.* 2. Mitt. *HCl-Abspaltung.* Die Wärmezers. von käuflichem *Polyvinylchlorid* unter HCl-Bldg. wurde thermodynam. untersucht. Mittel wie Pb- oder Cd-Seife unterdrücken die HCl-Abspaltung nicht. Die Aktivierungsenergie ist unter 15000 cal. Die Zers. erfolgt unter Abbrechen der Hauptkette u. Abspaltung von HCl als 1. Schritt. Ob zwischen 2 Mol HCl abgespalten wird oder sich ein Restmol. polymerisiert, ist nicht klar, doch ist das Ergebnis eine Vernetzung der Moleküle. Die Menge an Nitrobenzollöslichem steigt stark u. fällt dann rasch ab. Die Gewichtsabnahme durch HCl u. das Maß des Unlöslichwerdens stehen in linearer Beziehung. Eine Bestätigung dieser Erkenntnisse bedarf noch vieler Versuche. — 10 Kurvendiagramme. (J. chem. Soc. Japan, ind. Chem. Sect. [Kōgyō Kagaku Zassi] **54.** 470—74. Juli 1951. Osaka, Munic. Univ. [Orig.: japan.]) L. SCHULER. 7172

Minoru Imoto und **Takayuki Otsu**, *Polyvinylchlorid.* 3. Mitt. *Hitzezersetzung.* (2. vgl. vorst. Ref.) *Polyvinylchlorid* von ziemlich einheitlichem, niedrigem Mol.-Gew. (Polymerisationsgrad 730—857) zeigte in N_2 bei 180° nur geringe HCl-Abspaltungsgeschwindigkeit (in 6 Std. 1,99—3,63%). Während die Geschwindigkeit der HCl-Abspaltung im H_2- u. N_2-Strom bei 160—200° zeitlich ziemlich konstant bleibt, nimmt sie im O_2-Strom bei über 160° zeitlich stark zu, so daß in 7 Std. 40% HCl abgespalten werden. Die Aktivierungsenergie ist in H_2 u. N_2 7300 cal, in O_2 11 500 cal. Die Beziehung zwischen der HCl-Abspaltung (%) u. der Unlöslichkeit (%) des Prod. ist nicht linear. Die Rk. in O_2

läßt sich mit einem Radikalmechanismus erklären. — 5 Diagramme. (J. chem. Soc. Japan, ind. Chem. Sect. [Kōgyō Kagaku Zassi] 54. 771—73. Dez. 1951. [Orig.: japan.]) L. SCHULER. 7172

Norbert Platzer, *Polyvinylalkohol.* Übersicht. Struktur, Plastifizierung, wasserbeständig machende Behandlung bes. Eigg. u. Anwendung von Polyvinylalkohol (PVA) werden beschrieben. — 98 Literaturangaben. (Mod. Plastics **28.** Nr. 7. 95. 96. 98. 161. 162. 165. 166. 169. März 1951.) F. BRUCK. 7176

John R. Weber, *Ein temperaturbeständiges Harz zur dauerhafteren Präservierung von botanischen Proben.* Zur Einhüllung von Pflanzenteilen zum Zwecke der Konservierung empfiehlt Vf. nach eigenen Verss. *Äthylmethacrylat* u. WARDs *Bio-Plastic.* (Proc. Iowa Acad. Sci. **60.** 275—77. 1953. Riverside, Calif., Citrus Exp. Stat.) F. KRUSEN. 7176

W. Goss, *Gummi-Phenolharz-Preßmassen.* Im Gegensatz zu Naturgummi läßt sich Buna N, ein Mischpolymerisat aus Butadien u. Acrylnitril, mit Phenolharzen mischen. Hierdurch werden Schlagzähigkeit u. Dauerstandfestigkeit der gepreßten Teile heraufgesetzt. Das gilt für alle Preßmassen, die als Füllstoffe Holzmehl, Baumwollflocken, Baumwollgewebe oder Asbest enthalten. — Vergleichende Übersicht. (Mod. Plastics **28.** Nr. 7. 100—102. März 1951.) F. BRUCK. 7204

Standard Oil Development Co., Elizabeth, N. J., V. St. A., *Lösungen hochmolekularer Polymerer.* Um Polyisobutylen oder Mischpolymerisate aus Isobutylen u. Butadien u./oder Isopren (bzw. Styrol), oder Vinylchlorid u. -acetat, oder Polyäthylen in KW-stoffwachs, Asphalt, Schmierölen, Naphtha, PAe., Kerosin, Ketonen oder Estern zu lösen, wird das erweichte Polymere zunächst durch eine Anzahl Drahtsiebe gepreßt, mit dem Lösungsm. innig vermischt u. durch mehrere Düsen mit jeweils sich verengerndem Durchmesser gedrückt. — Zeichnung. (**E. P. 696 703** vom 13/3. 1951, ausg. 9/9. 1953. A. Prior. 28/7. 1950.) G. SALZMANN. 7171

Deutsche Hydrierwerke Akt.-Ges., Düsseldorf, *Lösungs- und Weichmachungsmittel* für Cellulosederivv., natürliche oder künstliche Harze, Polymerisationsprodd., Fette, Wachse oder Asphalte, bestehend aus den *Veresterungs*-Prodd. aus *ein-* oder *mehrbas. acycl.* oder *cycl. Carbonsäuren* u. *Hexahydrobenzylalkohol* oder dessen Homologen. (**D. B. P. 885 309** Kl. 39b vom 23/10. 1942, ausg. 3/8. 1953.) G. SALZMANN. 7171

Farbenfabriken Bayer (Erfinder: **Fritz Schmidt, Otto Bayer** und **Heinrich Seibert**), Leverkusen, *Herstellung braungelb gefärbter organischer Erzeugnisse bzw. Werkstoffe,* wie Lacke, plast. Kunststoffe, Kunstseiden oder dgl., dad. gek., daß man dem zu färbenden wasserfreien Stoff eine Fe-Verb. vom Typ der Fe-Alkoholate einverleibt u. diese in dem so behandelten Stoff hydrolysiert. Die Fe-Verb. wird z. B. durch Einw. von Äthylenoxyd auf in A. gelöstes sublimiertes $FeCl_3$ erhalten. Die Stoffe erhalten lichtechtes goldartiges Aussehen. (**D. B. P. 849 155** Kl. 22h vom 24/8. 1950, ausg. 11/9. 1952.) H. SCHINDLER. 7171

Monsanto Chemical Co., St. Louis, Mo., übert. von: **Earl W. Gluesenkamp,** Centerville, O., V. St. A., *Zellkörper* aus Natur- oder Kunstharzen bzw. Kautschuk erhält man durch Zugabe von 5—40% eines N-Carboxyaminosäureanhydrids, z. B. N-Carboxyleucin, -phenylalanin, -valin, -tyrosin, -glycinanhydrid u. dgl., das bei 125—200° unter Entw. von CO_2 polymerisiert (Polyamidbldg.). (**A. P. 2 658 043** vom 24/9. 1948, ausg. 3/11. 1953.) G. SALZMANN. 7171

Phillips Petroleum Co., übert. von: **William B. Raynolds, John E. Wicklatz** und **Thomas J. Kennedy,** Bartlesville, Okla., V. St. A., *Emulsionspolymerisation von Diolefinen* bei $< 10^0$, bei der neben den übrigen üblichen Zusätzen ein organ. Hydroperoxyd verwendet wird, das durch Oxydation von 5-(4′-Isopropylphenyl)-2-penten mittels O_2 erhalten wurde. (**A. P. 2 668 163** vom 15/8. 1949, ausg. 2/2. 1954.) W. OVERBECK. 7173

Firestone Tire & Rubber Co., Akron, O., V. St. A. (Erfinder: **B. J. Humphrey** und **R. J. Reid**), *Biegsamer, selbsttragender Film.* Die Filme werden aus einer Lsg. oder einer Dispersion von Polyvinylchlorid (I) oder I-Mischpolymerisaten gegossen, wobei die Gießmasse 10—15 (Teile) Mischpolymerisat aus konjugierten Diolefinen u. Acrylnitril auf 100 Polyvinylchlorid oder dessen Mischpolymerisate enthält. Ferner können Amine als Antioxydationsmittel u. z. B. Tetramethylthiurammonosulfid als Stabilisator vorhanden sein. Die Filme dienen bes. als außerordentlich unempfindliches *Verpackungsmaterial.* — Vgl. auch Can. P. 480 492; **C. 1953.** 7949. (**Schwed. P. 132 593** vom 5/8. 1944, ausg. 7/8. 1951. A. Prior. 5/8. 1943.) JÜRGEN SCHMIDT. 7173

Visking Corp., Chicago, übert. von: **Ralph I. Signer,** Villa Park, Ill., V. St. A., *Plastische Masse,* bestehend aus einem halogenierten Vinylharz, bis zu 50% eines Butadien–Acrylnitril-Mischpolymerisats u. 1,5—4% Distearylketon (Stearon). Als Stabilisierungsmittel eignen sich Na-Sorbat u. Heptyldiphenylamin. Herst. von nicht aneinanderklebenden Filmen für Verpackungszwecke oder Verbundkörper. (**A. P. 2 658 048** vom 10/10. 1951, ausg. 3/11. 1953.) G. SALZMANN. 7173

Monsanto Chemical Co., St. Louis, Mo., übert. von: **Joachim Dazzi**, Dayton, O., V. St. A., *4-(Alkylsulfonyl)-morpholine* erhält man durch Rk. von > 1 Mol Morpholin (I) mit 1 Mol eines Alkansulfonylchlorids mit 1—25 C-Atomen bei niederen Tempp. u. in Ggw. eines inerten Verdünnungsmittels. — Aus I u. Methansulfonylchlorid in Ae. bei 0—4° u. dann bei n. Temp. → *4-(Methylsulfonyl)-morpholin*, F. 98,5°. — *4-(n-Dodecylsulfonyl)-morpholin*, F. 74,5°, $Kp._{0,5-1,0}$ 195—204°. — *4-(sek.-Dodecylsulfonyl)-morpholin*, hellbraunes Öl, n_D^{25} 1,4771. — *4-(sek.-Hexadecylsulfonyl)-morpholin*, $Kp._{1,3-6,5}$ 210—230°; n_D^{25} 1,4685. — *Plastifizierungsmittel* für *Vinylchloridpolymere*. — (**A. P. 2 644 819** vom 26/6. 1950, ausg. 7/7. 1953.) U. SIEVERS. 7173

N. V. Exploitatie Mij. Quod-Bonum, Amsterdam, übert. von: **Henricus Johannes Antonius de Goeÿ**, Overveen, und **Pieter Stals**, Haarlem, Holland, *Herstellung von Kontrastmarken auf Kunststoffen*. Weißes Polyvinylchlorid (I) wird mit einer dünnen Bichromatgummilsg. überzogen, mit Hilfe eines Negativs oder Positivs belichtet, entwickelt u. getrocknet. Die gesamte Oberfläche wird dann mit einer schwarzen Druckfarbe, mit Lack oder Farbe, die I als Bindemittel u. ein Lösungsm. für I enthalten, überzogen. Der Überzug wird mit einer wss. Suspension eines Poliermittels behandelt, wobei sich der auf dem verbliebenen Gummi befindliche Überzug zusammen mit diesem ablöst. (**A. P. 2 602 025** vom 7/4. 1950, ausg. 1/7. 1952. Holl. Prior. 11/11. 1949.) F. LAASS. 7173

Universal Oil Products Co., Chicago, übert. von: **Ralph B. Thompson**, Hinsdale, und **Louis Schmerling**, Riverside, Ill., V. St. A., *Kunstharz*. Ein alkylierter aromat. KW-stoff mit 2—4 Alkylgruppen, in denen ein H-Atom an ein α-C-Atom gebunden ist, z. B. 20 (g) p-Diisopropyl- bzw. Diäthylbenzol, wird mit 30 Di-tert.-propylbenzol in einem mit N_2 gefüllten Autoklaven bei 140° u. 50 at kondensiert. Herst. von Lacken, Formkörpern, Filmen u. imprägnierten Stoffen. (**A. P. 2 591 890** vom 24/11. 1948, ausg. 8/4. 1952.) G. SALZMANN. 7173

Petrocarbon Ltd., London (Erfinder: **Michael Mojzesz Szwarc**, Salford, **Alec Norman Poper** und **Herbert Max Emil Steiner**, Manchester), England, *Herstellung fester polymerer Produkte* aus aromat. Verbb. u. aromat.-heterocycl. Verbb., die aus nicht >2 6gliedrigen Ringen bestehen u. aus o-kondensierten Ringen gebildet sind, wenn sie aus 2 Ringen bestehen, u. die 2 CH_3-Substituenten in den p-Stellungen eines Ringes enthalten, durch Pyrolyse einer oder mehrerer solcher Verbb. in der Dampfphase bei 700—900° für die Dauer von nicht >10 Sek. u. anschließendes Kühlen der sich dabei ergebenden Dämpfe auf eine Temp., bei welcher ein festes Polymeres ausgeschieden wird, dad. gek., daß die Pyrolyse in Ggw. von Wasserdampf ausgeführt wird. — Die Beispiele beschreiben die Pyrolyse von p-Xylol (I), 2-Chlor-p-xylol, 2.5-Dimethylpyrazin, Pseudocumol (II) u. eines Gemisches von I mit II. (**D. B. P. 930 045** Kl. 39c vom 29/8. 1952, ausg. 7/7. 1955. Anmeldung bekanntgemacht 16/12. 1954.) J. MÜHLEISEN. 7173

Shawinigan Resins Corp., übert. von: **Wilfred K. Wilson**, Springfield, Mass., V. St. A., *Lagerbeständige Emulsionen von Mischpolymerisaten*. 10 (Mol) Vinylester einer Alkylcarbonsäure mit 2—6 C-Atomen u. 0,25—1 NH_4- oder Alkaliverb. eines Monalkylesters der Maleinsäure werden in üblicher Weise polymerisiert. — 1 (Teil) NH_4OH-Lsg. (58%ig) wird zu einem Gemisch aus 7 Monoisopropylmaleat, 100 W., 100 Vinylacetat u. 1,6 Benzoylperoxyd gesetzt. Nach Erwärmen auf 90° fällt ein feinperliges Polymerisat aus, das zentrifugiert u. an der Luft bei 70° getrocknet wird. 100 Prod. werden in 400 NH_4OH-Lsg. emulgiert u. trocknen aus der Lsg. zu einem unlösl. Film auf. (**A. P. 2 643 245** vom 29/5. 1951, ausg. 23/6. 1953.) H. MÖLLERING. 7177

Wolff & Co., Walsrode (Erfinder: **Max König**, Bomlitz, und **Günther Brummack**, Wuppertal), *Herstellung von wetterfesten Folien für Verpackungszwecke*, z. B. aus einer Cellulosehydratfolienbahn u. einem Auftragsfilm aus Nitrocelluloselack. Um das Haften des Filmes zu verbessern, wird eine Zwischenschicht aufgebracht, deren Lsg. aus einem Polyacrylsäureester (I) u. einem die Weichmacher der Folie nicht lösenden Lösungsm., z. B. Bzl., besteht. Wasserlösl. Weichmacher für die Folie, die eine Affinität zu I haben müssen, sind z. B. Tri-, Tetraglykol oder Gemische von Polyglykolen. (**D. B. P. 868 417** Kl. 75c vom 7/2. 1942, ausg. 26/2. 1953.) F. LAASS. 7177

British Cellophane Ltd., England (Erfinder: **Charles Robert Oswin**), *Herstellung von feuchtigkeitsfesten Verpackungsfolien*. Unterlagen aus wasserempfindlichen, nicht faserigen organ. Stoffen, wie Regeneratcellulose, Gelatine, Casein, Alginsäure, schwach substituierte Celluloseester oder -äther, Polyvinylalkohol, werden mit einem Vinylidenchlorid–Acrylnitril-Mischpolymerisat überzogen, indem man eine wss. Dispersion des

Mischpolymerisats in den Spalt zwischen den Oberflächen der zu überziehenden Folie oder Folien bringt u. die beiden Oberflächen samt Überzug in einer kürzeren Zeit, als sie zur Imprägnierung jeder der beiden Oberflächen nötig wäre, trennt. Man läßt ca. 2 Regeneratfolien zwischen 2 Walzen durchlaufen, zieht sie wieder auseinander u. gibt in den am Walzenspalt entstehenden Winkel eine 45%ig. wss. Dispersion des Vinylidenchlorid-Acrylnitril (85 : 15)-Mischpolymerisats. Die Einwirkungsdauer des Emulsionswassers auf die Folie ist 1½ Sekunden. — Vgl. auch **A. P.** 2 618 557; C. **1954.** 10 135. (**F. P. 997 734** vom 20/10. 1949, ausg. 9/1. 1952. E. Priorr. 22/10. 1948 u. 6/10. 1949.) M. PANKOW. 7181

Soc. An. des Manufactures des Glaces et Produits Chimiques de Saint-Gobain, Chauny & Cirey, Seine, Frankreich (Erfinder: **Marcel Jean Viard**), *Herstellung polymerer Glykolpolyurethanharze* der Formeln $(-R_3 \cdot NH \cdot CO \cdot ORO \cdot CO \cdot NR_1 \cdot CO \cdot NH-)_n$ oder $(-R_3 \cdot NH \cdot CO \cdot ORO \cdot CO \cdot NR_1 \cdot R' \cdot NR_1 \cdot CO \cdot OR''O \cdot CO \cdot NH-)_n$ oder $(-R_3 \cdot NH \cdot CO \cdot ORO \cdot CO \cdot NR_1 \cdot R'O \cdot CO \cdot NH-)_n$, [R, R' u. R'' = 2wertige aliphat. Reste, R_1 = H oder einwertiger Rest u. R_3 = 2wertiger Rest]. Man erhält Verbb. der 1. u. 2. Formel durch Rk. von 1 Mol substituierten oder unsubstituierten Glykolmonourethanen bzw. von den von einem Diamin abgeleiteten Glykoldiurethanen mit wenigstens 1 Mol Diisocyanat bei ca. 100—150°; bei niedrigeren Tempp. entstehen Polyurethan/Isocyanat-Mischverbindungen. — Man gibt allmählich in 59,5 (g) Glykolmethylurethan von 100° 84 Hexamethylendiisocyanat, heizt langsam auf 150—160° u. hält hier 3 Std.; gelbes transparentes, leicht elast. Harz, erweicht bei 100—110° u. zers. sich bei 215°. — Man heizt eine Mischung aus 42 Hexamethylendiisocyanat u. 94,5 $H_2N \cdot CO_2 \cdot CH_2 \cdot CH_2 \cdot O_2C \cdot NH \cdot (CH_2)_6 \cdot NH \cdot CO_2 \cdot CH_2 \cdot CH_2 \cdot O_2C \cdot NH_2$ 8 Std. auf 100° u. 1 Std. auf 140°. Leicht zu Fäden verspinnbares Prod. mit F. 233°. — Nach folgendem Beispiel erhält man eine Verb. der Formel 2: Zu einer Mischung aus 146 Glykolhexamethylendiurethan u. 300 Dichloräthan gibt man 87 Toluylendiisocyanat, kocht 5 Std. u. erhält ein Harz vom F. 157 bis 158°, das sich bei 205° zers. u. zu leicht elast. Fäden ausziehen läßt. — Verbb. der Formel 3 entstehen bei der Einw. von 1 Mol Glykolalkylolurethan auf wenigstens 1 Mol Diisocyanat. Man gibt zu 74,5 Glykol-N-äthanolurethan u. 81,5 Glykol-N-methyl-N-äthanolurethan bei 60° in 20—30 Min. 138 Hexamethylendiisocyanat, wobei die Temp. bis 98° steigt, heizt 5—6 Std. bei 90° u. 5 Std. bei 120°. Hartes gelbes transparentes Harz, F. 129°, kann bei 110—115° zu etwas elast. Fäden ausgezogen werden. Verwendet man 210 Hexamethylendiisocyanat, so entsteht ein hartes, transparentes, bei 100° kautschukelast. Harz, das sich nicht zu Fäden ausziehen läßt. Alle diese Harze kleben stark an Glas. (**F. P. 1 046 631** vom 27/6. 1951, ausg. 8/12. 1953.) M. PANKOW. 7181

Établissements Phillips & Pain, Frankreich, *Anionenaustauscher.* Ein synthet. Harz mit Aminogruppen oder ein Zwischenprod. desselben wird mit einem $\alpha.\beta$-ungesätt. Aldehyd oder einem $\alpha.\beta$-Diketon u. einer aliphat. Halogenverb. behandelt. — Man mischt 63 (g) Melamin, 30 Harnstoff u. 95 Guanidinhydrochlorid mit 250 cm³ W. u. 284 cm³ CH_2O u. erhitzt das Ganze bis zur Lösung. Darauf werden 100 cm³ Crotonaldehyd u. 100 cm³ Dichloräthylen zugegeben u. unter Rückfluß erhitzt. Nach 6½ Std. bildet die M. ein Gel, man trocknet u. treibt durch ein Sieb mit 20—40 Maschen. Man fällt in eine Kolonne, regeneriert zweimal mit 2%ig. NaOH u. wäscht das überschüssige Alkali aus. Das Harz absorbiert 2,3 g SiO_2 u. 21 g CO_2 pro Liter Wasser. (**F. P. 970 288** vom 11/8. 1948, ausg. 2/1. 1951. E. Prior. 14/8. 1947.) W. WITTHOLZ. 7181

Ionics, Inc., V. St. A. (Erfinder: **Walter Juda** und **Wayne A. McRae**), *Herstellung von ionenaustauschenden Membranen und Diaphragmen,* die im Gegensatz zu den bisher üblichen eine typ. zusammenhängende, gleichförmige, leitende, selektiv permeable, gelähnliche Struktur besitzen. — Man mischt z. B. 126 (Teile) Melamin u. 90 Guanidincarbonat mit 162 wss. 37%ig. HCl u. fügt bei 110° 243 wss. 35,4%ig. CH_2O zu, wobei Polymerisation in 4 Min. erfolgt. Durch 45 Min. Erhitzen auf 40° erhält man ein Polymeres von niedrigem Mol.-Gewicht. Das gegossene Prod. erhärtet bei 75° in 12 Std. in Ggw. von Feuchtigkeit. Ähnlich kann man z. B. Diaphragmen aus Phenolsulfonsäure (I) u. CH_2O; „Dowex 50", I u. CH_2O; „Amberlit IRA 400" (30% Wassergeh.), CH_2O-Guanidin-Melamin-Polymerisat u. W.; „Amberlit IRC 50" (20% Wassergeh.) u. 30%ig. benzol. Polystyrollsg.; Phenol, CH_2O u. 95,5%ig. H_2SO_4 herstellen. (**F. P. 1 020 114** vom 13/6. 1950, ausg. 2/2. 1953. A. Prior. 9/7. 1949.)
T. OPPERMANN. 7181

Petrocarbon Ltd., London, England, *Herstellung eines Polymerisates.* Verdampftes *2.5-Dimethylpyrazin* wird bei 5—10 mm Hg durch ein auf 800—820° erhitztes Rohr geleitet. Die gasförmigen Zersetzungsprodd. werden zu einem festen Polymerisationsprod. abgekühlt, das in organ. Lösungsmitteln unlösl. kondensiert, in verd. Mineralsäuren lösl. ist u. sich zur Herst. von *Filmen* eignet. (**Schwz. P. 284 422** vom 6/2. 1950, ausg. 1/12. 1952. E. Prior. 10/2. 1949.) H. MÖLLERING. 7181

L'Auxiliaire des Chemins de Fer et de l'Industrie, Seine, Frankreich (Erfinder: **David Shaw** und **Maurice Vialatout**), *Herstellung harzartiger Kationenaustauscher.* Man kondensiert einen Aldehyd mit Sulfon-, Carboxyl- u. OH-Gruppen enthaltenden Verbb. u. erhitzt das erhaltene Gel auf ca. 90°. — Man tropft zu 190 g m-Kresolsulfonsäure 50 cm³ 30%ig. Formol (I), gießt 150 cm³ I zu, heizt 1 Std. auf 65°, gibt 40 g Maleinsäure zu, hält weiter 1 Std. bei 65° u. gibt 47 g Phenol in 100 cm³ I zu. Das sich in ½ Std. bildende Gel wird zerkleinert, 8 Std. stehengelassen u. 60 Std. bei 80° gehalten. (**F. P. 1 020 086** vom 12/6. 1950, ausg. 2/2. 1953.) M. PANKOW. 7185

XII. Kautschuk. Guttapercha. Balata.

—, *Auswahl von Elastomeren für Tieftemperaturanwendung.* Das Verh. von Kautschuktypen bei tiefen Tempp. u. die Modifizierung für diese speziellen Anwendungsbedingungen werden besprochen. (Materials and Methods **38.** 114—18. Nov. 1953.) R. SCHÄFF. 7220

R. P. Dinsmore, *Wirtschaftliche und physikalische Betrachtungen über GR–S-Arten.* Vortrag, in dem ein Überblick über die strukturellen Unterschiede der GR–S-Arten u. ihre techn. u. wirtschaftliche Bedeutung gegeben wird. (India Rubber J. **122.** Nr. 22. 4. 7—11. 19—20. 31/5. 1952.) M. WINIKER. 7224

K. Petschkowskaja, Z. Milman und **B. Dogadkin,** *Struktur und Eigenschaften gefüllter Gummimischungen. 9. Mitt. Änderung der Rußstruktur bei mehrfachen Deformationen.* (4. vgl. C. **1951. I.** 2975.) Untersucht wird das Verh. der Rußstruktur bei der mechan. Beanspruchung des Gummis. Zwecks Feststellung des Einfl. des Kautschuktyps auf den Grad der Ausbldg. der Rußstruktur gelangten Mischungen von *Butylkautschuk* (I), *Kok-Saghyz* (II), *Smoked Sheets* (III), *Natriumbutadienkautschuk* (polymerisiert mit u. ohne Kern), *Buna S 4* (**IV**) mit 50 Gewichtsteilen Kanalruß auf 100 Gewichtsteile Kautschuk zur Untersuchung. Die am besten ausgebildete Struktur besitzen **I** u. die Naturkautschuke. Die am schlechtesten ausgebildete Struktur besitzt **IV**. Daß der Charakter der Rußverteilung mit der Molekularstruktur der Kautschuke zusammenhängt, wird an Hand der Strom–Spannungs-Kurven von auf verschied. Weise plastifizierten *Buna S 3*-Mischungen gezeigt. Auf der kalten Walze plastifizierte Proben zeigten eine besser ausgebildete Struktur als heiß plastifizierte Proben, die stärker verzweigte Moll. aufweisen. Wesentlichen Einfl. haben oberflächenakt. Beimengungen, wie sie in den Naturkautschuken enthalten sind. **II**, das mehr dieser Stoffe enthält als **III**, hat auch eine besser ausgebildete Rußstruktur. Der Rußtyp hat einen größeren Einfl. auf die Strukturbldg. als der Kautschuktyp. Verglichen werden Mischungen von **II** mit Kanalruß (40, 50 u. 60 Gewichtsteile auf 100 Gewichtsteile), Ofenrußkosmos 40 (60 Gewichtsteile), Düsenruß (60 Gewichtsteile), Lampenruß (60 Gewichtsteile) u. therm. Ruß (100 Gewichtsteile). Die Ruße besaßen Teilchendurchmesser von 26—600 mμ. Bei der Deformation der rußhaltigen Vulkanisate entstehen in den Knoten der netzartigen Rußstruktur Spannungen, die beim Erreichen des krit. Wertes zur Zerstörung des Knotens führen. Dieses äußert sich im Anstieg des elektr. Widerstandes ϱ der Probe. Außer den Ruß—Ruß-Bindungen bestehen in der Rußstruktur auch Ruß—Kautschuk-Bindungen. Bei der Deformation erfolgt vorzugsweise eine Zerstörung der schwächeren der beiden Bindungsarten. Die Zerstörung der Ruß–Kautschuk-Bindungen äußert sich in der Annäherung des Koeff. n der Beziehung $I = CV^n$, worin I die Stromstärke in A, bezogen auf die Längen- u. Querschnittseinheit der Probe, V die Spannung in V u. C u. n Konstanten sind, an den Wert Eins. Bei der Reckung erfolgt ein Anstieg von ϱ nur bis zu einem bestimmten, von der Zus. u. Abmessung der Probe abhängigen Dehnungswert. Bei weiterer Reckung wird ϱ kleiner. Die ϱ-Kurven zeigen, daß außer der Zerstörung der Ruß–Ruß-Bindungen bei der Reckung noch ein 2., der ϱ-Erhöhung entgegengerichteter Prozeß verläuft, nämlich die Orientierung der Elemente der Rußstruktur unter Bldg. leitender Verbindungen. Bei der Kontraktion wird die Orientierung augenblicklich zerstört. Da die Wiederherst. der zerstörten Rußbindungen längere Zeit beansprucht, erfolgt bei weiterer rasch abwechselnder Reckung u. Kontraktion lediglich eine Orientierung u. Desorientierung der Strukturelemente. Untersucht wurde die Stabilität der Rußstruktur bei Dauerwechselbeanspruchungen mit 500 Wechsel in der Min. u. einer Amplitude von 50% im Laufe von 10 Min. u. 12 Stunden. Die Stabilität wurde als das Verhältnis des lg ϱ vor u. nach der Beanspruchung bestimmt. Die Stabilität hängt weniger vom Typ des Kautschuks als von der Menge an Ruß ab u. nimmt mit dem Füllungsgrad ab. Die Änderung von n ist vom Kautschuktyp abhängig. Die Zerstörung der Rußstruktur äußert sich wenig auf die Festigkeit des Vulkanisates, wohl aber auf dessen mechan. Verluste, die merklich abnehmen. Das verschied. Verh. der einzelnen Rußarten wird durch die Orientierung der Rußkristallite an der Teilchenoberfläche erklärt. Auch die durch die Herstellungsweise der Ruße bedingten Adsorptionsschichten an der Oberfläche der Rußteilchen können von Einfl. sein. (Коллоидный Журнал [Kolloid-J.] **14.** 250—59. Juli/Aug. 1952.) L. ZELLENTIN. 7226

A. A. Round, *Das Kaltgießverfahren für Latex unter Verwendung von Gipsformen.* Kurze Beschreibung des Verfahrens. (Rubber Age Synthetics **33.** 169—70. Mai 1952.) M. WINIKER. 7230

W. D. Rae, *Neuere Entwicklungen auf dem Gebiet der Kautschuk-Metall-Klebverfahren.* Kurzer Überblick. — 8 Literaturhinweise. (Rubber Age Synthetics **33.** 173—74. Mai 1952.) M. WINIKER. 7230

Hans Maassen Schumann, Philadelphia, Pa., V. St. A., *Imprägnieren von Luffa cylindrica.* Das völlig getrocknete Pericarp (I) wird in Kautschukmilch getaucht u. nach dem Abtropfen der Länge nach aufgeschnitten. Die inneren Gefäßbündel werden dann unter Entfernung der Samen voneinander getrennt, u. das I wird flach ausgebreitet u. so getrocknet. (**A. P. 2 592 747** vom 30/3. 1949, ausg. 15/4. 1952.) W. OVERBECK. 7223

Houdry Process Corp., Wilmington, Del., übert. von: **Warren F. Faragher,** Swarthmore, Pa., V. St. A., *Elastomere Mischpolymerisate. Butadien* (I) u. *Styrol* werden bei 66—177° in Äthylbenzol gelöst u. in Ggw. bekannter Katalysatoren [$Pb(C_2H_5)_4$, Na oder $Ni(CO)_4$] so polymerisiert, daß ein Teil I unter Bldg. des dimeren *4-Äthylencyclohexens* reagiert, das aus dem Verf. abgetrennt u. zu Styrol dehydriert wird, worauf dieses in den Prozeß zurückgeführt wird. Nach Anfahren des Prozesses erhält man das Mischpolymerisat lediglich unter Verwendung von I als Ausgangsgut. — 2 Abbildungen. (**A. P. 2 634 257** vom 11/9. 1951, ausg. 7/4. 1953.) H. MÖLLERING. 7225

Standard Oil Development Co., V. St. A. (Erfinder: **Joseph F. Nelson**), *Stabilisieren von Olefin–Polyolefin-Mischpolymerisaten.* Die aus Olefinen (Isobutylen, 2-Methylpenten- oder -hexen-(1), Styrol, Methyl-, Halogenstyrol) mit geringen Mengen Diolefinen erhaltenen vulkanisierbaren Mischpolymerisate werden durch Zusatz geringer Mengen (0,02—1%) eines Metallhalogenids, wie $AlCl_3$, $AlBr_3$, $FeCl_3$, $ZnCl_2$, $TiCl_4$, $ZrCl_4$, $CrCl_3$ gegen Depolymerisation u. Oxydation bei der Lagerung in unvulkanisiertem Zustand stabilisiert. (**F. P. 1 013 752** vom 11/2. 1950, ausg. 4/8. 1952. A. Prior. 16/3. 1949.) M. PANKOW. 7225

Standard Oil Development Co., Elizabeth, N. J., V. St. A., *Herstellung olefinischer Elastomerer* nach D. B. P. 852 303 aus einem Isoolefin, z. B. Isobutylen, als Hauptteil u. einem Polyen, z. B. Isopren, in geringerer Menge bei unter ca. —40° in Ggw. eines FRIEDEL-CRAFTS-Katalysators in CH_3Cl, dad. gek., daß man die Aufschlämmung des Polymerisats in kalten niedrigsd. Reaktions-Fll. mit W. von ca. 65° mischt, die niedrigsd. Stoffe aus der wss. Aufschlämmung des Polymerisats entzieht, die Polymerisatteilchen abtrennt u. durch einen Trockner leitet, dort Luft von 71—149° mit einer Geschwindigkeit von ca. 9—105 m/Min. über u. durch die Polymerisatschicht führt u. das Trocknungsprod. komprimiert. — Vorr., Zeichnung. (**D. B. P. 858 896** Kl. 39c vom 15/8. 1950, ausg. 11/12. 1952. Anmeldung bekanntgemacht 24/1. 1952. A. Prior. 19/2. 1944. **Zusatz zu D. B. P. 852 303; C. 1953. 3807.**) H. SCHINDLER. 7225

Wingfoot Corp., Akron, O., V. St. A., *Elastomere, mit Diisocyanaten umgesetzte Polyester oder Polyamide.* Aus gesätt. oder ungesätt. 2bas. Säuren bzw. Mischungen der letzteren mit bis zu 5 Mol-% gesätt. Säuren u. Glykolen (oder Mischungen), Aminoalkoholen oder Diaminen hergestellte Polyester mit einer OH-Zahl von 30—140, SZ. < 12, in denen die NH_2-Gruppe bis zu 30% der funktionellen Gruppen ausmacht, werden mit 1—1,2 Mol (je Mol Polyester) 2.4-Tolylen-, Hexa- bzw. Tetramethylendiisocyanat bei 120° umgesetzt. Diese Vernetzung kann mit der Hälfte der zuvor angewandten Menge 4.4-Diphenyldiisocyanat wiederholt werden, um ein bes. festes *kautschukartiges Prod.* zu erhalten. Herst. von Autoreifen, Treibriemen, Schläuchen, Dichtungen, Formkörpern, Platten, Fußabtretern, Auskleidungen, Sohlen u. Absätzen sowie Walzenüberzügen. (**E. P. 694 978** vom 28/11. 1950, ausg. 29/7. 1953. A. Prior. 23/6. 1950.) G. SALZMANN. 7225

General Electric Co., übert. von: **Wilbur J. Wormuth,** Schenectady, N. Y., V. St. A., *Siloxankautschuk.* Durch Zusatz einer geringen Menge von ca. 0,1—4% $(NH_4)_2CO_3$ (I) zu einem Siloxankautschukstock läßt sich Vulkanisation bereits bei Raumtemp. in kurzer Zeit erreichen. — 100 (Teile) hochviscoses Dimethylsiloxanöl werden mit 40 Kieselsäureaerogel verwalzt. Nach Zusatz von 1 I wird die M. verpreßt u. bei Raumtemp. 20 Tage gelagert. Der Preßkörper hat eine Zerreißfestigkeit von 280 lbs./sq.in., eine %-Dehnung von 287 u. SHORE-Härte 47. — Durch Zusatz üblicher Härtungsbeschleuniger kann die Vulkanisationsgeschwindigkeit noch erhöht werden. (**A. P. 2 596 085** vom 22/8. 1951, ausg. 6/5. 1952.) J. MÜHLEISEN. 7225

Shell Development Co., San Francisco, Calif., V. St. A., übert. von: **Johannes Thomas Hackmann**, Amsterdam, Holland, *Fäden aus Umsetzungsprodukten von Kautschuk mit SO_2*. Bei der Herst. von Fäden durch Verspinnen der Lsg. eines kautschukartigen Polymerisats in ein SO_2 enthaltendes Koagulationsbad werden der Kautschuklsg. 0,05—5% eines Chloroxyds zugesetzt, z. B. Cl_2O, ClO_2, Cl_2O_4 oder Cl_2O_7. (**A. P. 2 591 254** vom 31/12. 1949, ausg. 1/4. 1952. Holl. Prior. 24/3. 1949.) W. OVERBECK. 7231

Shell Development Co., San Francisco, Calif., V. St. A., übert. von: **Willem Leendert Johannes de Nie**, London, England, und **Gottfried Ernst Rumscheidt**, Amsterdam, Holland, *Fäden aus Umsetzungsprodukten von Kautschuk mit SO_2* werden hergestellt, indem man eine Lsg. eines Hydroperoxyds u. eines kautschukartigen Polymerisats in einem cycl. KW-stoff ohne aliphat. Doppelbindungen in ein Koagulierbad verspinnt, das aus einer Lsg. von SO_2 besteht, deren Lösungsm. zum größeren Teil aus dem gleichen cycl. KW-stoff u. zum kleineren aus W. besteht. (**A. P. 2 593 397** vom 14/7. 1948, ausg. 22/4. 1952. Holl. Prior. 17/7. 1947.) W. OVERBECK. 7231

Shell Development Co., San Francisco, Calif., V. St. A., übert. von: **Johannes Thomas Hackmann**, Amsterdam, Holland, *Fäden aus Umsetzungsprodukten von Kautschuk mit SO_2*. Bei der Herst. von Fäden durch Verspinnen einer ein Hydroperoxyd u. ein kautschukartiges Polymerisat enthaltenden Lsg. in ein SO_2-haltiges Koagulierbad wird diese erhalten durch Einleiten von SO_2 in ein gesätt. aliphat. Keton mit 3—10 C-Atomen bis zu einem Geh. von 1—5% W. u. $\geqq$ 150 g SO_2 je Liter Koagulierbad. Bevorzugt werden Aceton, Methyläthylketon u. Methylisobutylketon. (**A. P. 2 578 063** vom 15/6. 1948, ausg. 11/12. 1951. Holl. Prior. 17/7. 1947.) W. OVERBECK. 7231

XIII. Ätherische Öle. Parfümerie. Kosmetik.

Ilse Esdorn, *Neuere Untersuchungen über die Biogenese der ätherischen Öle.* Die Bldg. äther. Öle erfolgt zum Teil schon im Samen oder während der Keimung, das Maximum wird in der Blütezeit erreicht. Der Grad der Ölbldg. ist von verschied. endogenen u. exogenen Faktoren (Genotypus, Alter der Pflanzenteile, Temp., Licht, Standort, Ernährung) abhängig. Eine Ölbldg. ist oft noch nach der Ernte möglich, bes. gilt dies für die Umbelliferensamen; auch absterbende oder welkende Pflanzen bzw. Pflanzenteile können höheren Ölgeh. zeigen. Auch die Zus. des Öles wird von den genannten Faktoren beeinflußt. (Dtsch. Apotheker-Ztg. **94**. 95—97. 11/2. 1954. Hamburg, Staatsinst. für angew. Bot.) H.-P. FIEDLER. 7262

Husnija Kurt und **Slobodan Kapetanović**, *Trichloräthylenextrakt aus Eichenmoos.* Durch Maceration mit Trichloräthylen wurden aus Eichenmoos 4,35% Extrakt gewonnen. Nach Entfernung der Harze durch Behandlung mit A. u. Abdest. des A. hinterblieben 2,77% äther. Öl. (Glasnik Društva Hemičara NR Bosne Hercegovine [Bull. Soc. Chim. Republ. popul. Bosnie Herzegovine] **2**. 97—99. 1953. Sarajevo, Zavod za hemiju i poljoprivrednu tehnologiju.) S. BECKMANN. 7262

M. I. Gorjajew, B. F. Pylajew, I. M. Schabanow und **T. G. Gutzaljuk**, *Ein neues Flotationsmittel (Schaumbildner) aus ätherischen Ölen der Wermutarten in Kasachstan.* In Kasachstan wachsen über 80 Wermutarten. Von 1 ha können 1—1½ t, daraus 12—20 kg äther. Wermutöl gewonnen werden, das Terpene, deren Alkohole, Sesquiterpene sowie wechselnde Mengen Campher u. (bis 80%) Cineol enthält. Nach vorläufigen Verss. sind diese Öle aus allen Wermutarten zu Flotationszwecken bei polymetall. Erzen anwendbar, besser u. ergiebiger als das örtliche Fichtenöl („*Wachtan*"). Man scheidet vorher die wertvolleren Bestandteile (Campher u. Cineol) aus; das Pflanzenrohmaterial wird zur Gewinnung von äther. Öl, Rauh- u. Silofutter rentabel verarbeitet. Beispielsvorschriften für Zn- u. Pb-Flotation. Im Sammelöl wurden 15 Terpene u. verwandte Verbb. (*Phellandren, Limonen, Dipenten, Pinen, Sabinen, Camphen, Cadinen, Caryophyllen, Cuminaldehyd, Citral, Thujon, Fenchon, Methylheptenon, Borneol* u. *Thujylalkohol*) nachgewiesen. 13 Wermutarten werden namentlich genannt. (Вестник Академии Наук Казахской ССР [Nachr. Akad. Wiss. KasachSSR] **10**. Nr. 10. 106—18. Okt. 1953.) A. v. WILPERT. 7262

H. Hollaender, *Cerchlorid in Hautsalben.* Bericht über Erfolge bei der Behandlung von Hautkrankheiten (Ekzeme, Pruritus ani, Lupus vulgaris) mit Salben, die als Wirkstoff Cerchlorid in Verbindung mit NaCl enthielten. (Seifen-Öle-Fette-Wachse **79**. 471 bis 472. 2/9. 1953.) M. WINIKER. 7284

Phillips Petroleum Co., übert. von: **Robert W. Scanlan** und **Hugh R. Cunningham**, Bartlesville, Okla., V. St. A., *Insektenabstoßende Salbe*, bestehend aus 5 (Gewichtsteilen) Bienenwachs; 25 Stearinsäure; 3 Walrat; 0,125 hydriertem Rotenon; 20,375 Mineralöl; 1,5 2-Amino-2-methyl-1.3-propandiol; 7 Glycerin; 0,5 Phenol; 0,8

Zinkstearat u. 50 Wasser. Man mischt zuerst die öllösl. Bestandteile (I) u. erhitzt auf ca. 70°. Dann mischt man die wasserlösl. I mit dem W. zusammen u. erhitzt zum Sieden. Beide Mischungen werden dann zusammen unter Rühren weitererhitzt u. anschließend die homogene Mischung abgekühlt. (**A. P. 2 595 371** vom 2/5. 1947, ausg. 6/5. 1952.)
H. NEBELSIEK. 7285

XIV. Zucker. Kohlenhydrate. Stärke.

M. Damodaran und **Kartar Singh,** *Kohlenhydrate für die Gärungsindustrien.* 2. Mitt. *Die Verwendung von Glucoseoxydase zur Glucosebestimmung in Gärungssubstraten.* Vff. stellen aus den Mycelien von Penicillium chryogenum, die auf Kulturen mit Gehh. an 40,0 g *Glucose* (I); 5,0 g $NaNO_3$; 0,5 g $MgSO_4 \cdot 7H_2O$; 1,0 g KH_2PO_4; 0,01 g $FeSO_4 \cdot 7H_2O$; 0,5 g Hefeextrakt/Liter dest. W. gezüchtet worden sind, ein I-*Oxydase* (**Ia**)-Präp. her u. messen die O_2-Aufnahme in Ggw. von **I**, *Mannose, Fructose, Galaktose, Xylose, Arabinose, Maltose, Lactose, Saccharose, Raffinose* u. *Dextrin.* Als Substrat dient ein Gemisch von 0,2mol. Phosphatpuffer von p_H 5,6 (1,4 cm^3), 5 mg/cm^3 **Ia** (1,0 cm^3), 0,2mol. des Testzuckers (0,5 cm^3) u. 10%ig. KOH (0,1 cm^3), Versuchstemp. 30°. Es wird festgestellt, daß außer **I**, die je Std. 120—200 μl O_2/mg absorbiert, keiner der übrigen Zucker O_2 verbraucht. Bei der Oxydation von **I** durch **Ia** in Ggw. von $CaCO_3$ wird gefunden, daß 10 mg **Ia** 10 mg **I** in 10—20 cm^3 Fl. innerhalb 2—3 Std. bei Zimmertemp. quantitativ oxydieren. Diese Beobachtung läßt sich zu einer Bestimmungsmeth. von **I** neben anderen Zuckern ausbauen, bei der **I** (ca. 20 mg) mit 20 mg **Ia** u. 0,1—0,2 g $CaCO_3$ in 10—20 cm^3 Fl. umgesetzt u. die **I**-Konz. durch Best. des Reduktionsvermögens ermittelt wird. Die Versuchsdauer beträgt ca. 4 Stunden. (J. sci. ind. Res. [New Delhi] **13 B. 419**—21. Juni 1954. Poona, Indien, Nat. Chem. Labor.) P. FAHRNLAENDER. 7440

M. Damodaran und **R. S. Dhavalikar,** *Kohlenhydrate für die Gärungsindustrien.* 3. Mitt. *Chemische Untersuchung und Verzuckerung von Zuckerrohrbagasse.* (2. vgl. vorst. Ref.) Vff. bestimmen den *Pentosan* (**I**)-, *Cellulose* (**II**)- u. *Lignin* (**III**)-Geh. in getrockneter Zuckerrohrbagasse, u. zwar **I** durch Dest. mit 12%ig. HCl u. Fällung des entstandenen *Furfurols* aus dem Destillat mit einem geringen Überschuß von Phloroglucinlsg., **II** durch wiederholte Chlorierung (2—5 Min.) der mit einem A.-Bzl.-Gemisch (1:2) aus Bagasse extrahierten Prodd. u. Behandlung mit 2%ig. Na_2SO_3-Lsg. u. **III** durch Einw. von mit HCl-Gas gesätt. rauchender HCl (24 Std., 8—10°). Es wird gefunden, daß die Zus. der Bagasse annähernd der von Harthölzern entspricht; der **II**-Geh. (47,09 bis 49,93%) liegt etwas niedriger, der **III**-Geh. (21,00—23,82%) etwas höher als bei ihnen; der **I**-Geh. beträgt 22,00—24,15%. Ferner sind in der **II**-Fraktion 12,54—14,08% **I** nachweisbar. Die Gehh. an *Uronsäuren* betragen 4,12—4,61%, an OCH_3 2,9—3,7%, an Asche 2,04—3,17% u. an W. 5,28—6,37%. Bei der Verzuckerung der Bagasse mit 4%ig. HCl (4—5 Std., 60—70°) werden als Hauptbestandteile *Xylose* (**IV**) u. *Arabinose*, aber nur geringe Mengen *Glucose* (**V**), bei Hydrolyse mit konz. HCl (4—5 Std., 15°) dagegen fast nur **V** u. wenig **IV** gebildet. Es wird ein Verf. zur Darst. von **V** aus Bagasse beschrieben, bei dem diese zur Entfernung der Pentosen zunächst mit warmer 4%ig. HCl u. danach erschöpfend mit kalter rauchender HCl extrahiert wird. Auf diese Weise lassen sich aus einer Lsg., die 18,5 g **V** enthält, 17,7 g mit einem Reinheitsgrad von 91—92% gewinnen. (J. sci. ind. Res. [New Delhi] **13 B.** 556—60. Aug. 1954. Poona, Indien, Nat. Chem. Labor.) P. FAHRNLAENDER. 7440

S. Rubinsten und **P. Thibault,** *Die Gewinnung von Lactose rasch vergärenden Shigella sonnei-Mutanten.* Die Aussaat von 7 *Sh. sonnei*-Stämmen auf synthet., Lactose (**I**)-haltigen Nährboden erlaubte eine Ermittlung der **I** rasch säuernden Kolonien. Bei 2 Stämmen gelang die Reinkultur stabiler Mutanten. Abgesehen von der Aktivität gegenüber **I** unterschieden sich dieselben in ihren biochem. Eigg. nicht von den Ausgangsstämmen. (Ann. Inst. Pasteur **82.** 104—06. Jan. 1952. C. N. R. S. u. Inst. Pasteur, Serv. de Microbie générale.) K. MAIER. 7444

Petrolite Corp., übert. von: **Melvin De Groote,** University City, Mo., V. St. A., *Hydrophile saure Teilester* erhält man durch Rk. einer Poly-, bes. Dicarbonsäure (**I**) mit weniger als 8 C-Atomen, z. B. Phthal-, Malein-, Bernstein-, Citracon-oder Diglykolsäure, mit, gegebenenfalls polymerer, *Oxypropylallylstärke* (**II**), die 5—50 Gewichtsteile Propylenoxyd je Gewichtseinheit enthält, wobei 1 Mol **I** auf jede OH-Gruppe von **II** trifft. Netz-, Reinigungs-, Egalisier-, Flotationsmittel, Germicide, Insekticide, Emulgatoren, Schmierstoffe u. dergleichen. (**A. P. 2 626 938** vom 14/5. 1951, ausg. 27/1. 1953.)
O. MÜLLER-MEININGEN. 7449

Jules M. L. Hanse, Belgien, *Gewinnung von Zuckerstoffen (Gluciden) aus Algen,* bes. der Familie Laminaria, durch Auslaugen der feinzerkleinerten Pflanzenteile nach den für die Zuckergewinnung gebräuchlichen Methoden. (**F. P. 1 008 957** vom 20/1. 1950, ausg. 23/5. 1952. Belg. Prior. 22/1. 1949.) M. F. MÜLLER. 7461

Soc. à r. l. Vibur, Seine, Frankreich, *Herstellung von Lävulose* aus lävulosanhaltigem (inulinhaltigem) Material. Der oberhalb 80° erhaltene Auszug wird auf p_H 3,5 gestellt. Man läßt in der Ruhe 30 Min. ausflocken, zentrifugiert die Flocken ab, stellt mit Kalk oder Baryt auf p_H 6—7, dekantiert u. konz. auf 500—600 g Zucker/Liter, worauf nach Bedarf auf 250—300 g/Liter verd. wird. Man kann die Lsg. jetzt oder auch vor der Kalkung mit H_2SO_4 auf p_H 2 stellen u. 40 Min. auf 90—100° heizen, sie wird dann neutralisiert, mit Kalkmilch hydrolysiert, bei 5—10° saturiert u. im Ionenaustauscher gereinigt. Man kann den Auszug auch mit Hefe impfen, nach ca. 12 Std. abzentrifugieren, im Kationenaustauscher auf p_H 2 stellen, bei 95—100° hydrolysieren, im Anionenaustauscher neutralisieren u. konzentrieren. — Vorr., Zeichnung. (**F. P. 1 023 192** vom 10/8. 1950, ausg. 16/3. 1953.) M. PANKOW. 7461

XV. Gärungsindustrie.

Noboru Taketomi, Haruo Suzuki und **Shoji Tanaka,** *Hefeherstellung.* 3. Mitt. *Vermehrung von alkoholassimilierender Hefe durch Belüftung.* (2. vgl. J. chem. Soc. Japan, ind. Chem. Sect. [Kōgyō Kagaku Zassi] **52.** [1949.] 328.) Bei 3 Hefearten (Bäckerhefe von FLEISCHMAN, Torula utilis u. Mycotorula japonica) ließ sich erreichen, daß sie unabhängig von Zuckern A. als C-Quelle für den eigenen Aufbau u. Energiequelle bei Belüftung assimilieren können. Während der Stamm Pan aus FLEISCHMAN-Hefe bei Ggw. von nur anorgan. Salzen A. nicht verwenden konnte, zeigten die beiden anderen Hefen volle Ausnutzung des Alkohols. Torula utilis scheint ein bes. hohes Vermögen zu haben, bei A.-Assimilation zu gedeihen. Die Verss. legen ein Verf. nahe, den A.-Geh. der Abgase zu verwerten. (J. chem. Soc. Japan, ind. Chem. Sect. [Kōgyō Kagaku Zassi] **54.** 641—43. Okt. 1951. Tokyo, Waseda Univ. [Orig.: japan.]) L. SCHULER. 7506

Dietmar Plöttner, *Werkstoffe in der Spirituosenindustrie.* Behandelt wird die Eignung der Werkstoffe Eisen, bes. Sonderstähle, NE-Metalle, Holz, Steinzeug, Glas u. Kunststoffe. (Werkstoffe u. Korrosion **3.** 293—94. Aug. 1952. Steinhagen/Westf.) F. MARKHOFF. 7536

Tsuruzō Shimamoto und **Jun-ichi Sugayama,** *Über Tyrosol (p-Oxyphenyläthylalkohol) in japanischem „Saké".* (Abstr. Kagaku-Kenkyū-Jo Hōkoku [Rep. sci. Res. Inst.] **21.** 15. 1951. — C. **1952.** 7271.) K. F. MÜLLER. 7536

Donald L. Lehmann und **Byron E. Byrd,** *Ein für muffigen Geruch und Geschmack im Jungbier verantwortliches Bakterium.* Eine Art von Achromobacter verursacht muffiges Aroma im Jungbier. Morphologie, Kulturbedingungen u. Biochemie der Mikroorganismen werden beschrieben. Die Brauchbarkeit von Jungbier-Agar zur Differenzierung wird diskutiert. (Food Res. **18.** 76—78. Jan./Febr. 1953. San Francisco, Calif., Belfast Beverages, Inc.) PH. FRESENIUS. 7550

I. Janensch, *Über flüssige Raffinade, die das Pasteurisieren von Malzbier erübrigen soll.* Die Unters. einer Raffinade, die irgendwelche gärungshemmende Stoffe (Konservierungsmittel) enthalten sollte, verlief negativ. (Brauerei **7. 201. 6/6. 1953.**) H. HAEVECKER. 7550

A. W. Gerassimowa und **P. P. Dichtjar,** *Die Dynamik des Gehaltes einiger Komponenten der Weintraube bei ihrer Reifung.* Der Traubenmost aus den Weingärten bei Moskau (4 Sorten) kennzeichnet sich durch erhöhten Geh. an Säuren u. verminderten Geh. an Zucker im Vgl. zu den südlichen Sorten. Der gesamte N-Geh. steigt mit dem Reifen der Trauben nur langsam, der Geh. an Nichteiweiß-N dagegen rasch an. Die Mengen der einzelnen Aminosäuren verändern sich beim Reifen. (Виноделие и Виноградарство СССР [Weinbereit. Weinbau UdSSR] **13.** Nr. 4. 12—14. April 1953. Moskau, Zweigstelle des Inst. „Magaratsch".) M. GORDIENKO. 7552

A. K. Krylatow, *Der Einfluß des Bodens auf die Eigenschaften des Weines der Sorte Fetjaska.* Die Qualität des Weines wird durch die mechan. Struktur des Bodens, seinen SiO_2-Geh. u. das Verhältnis Luft/W. in ihm beeinflußt. Die Sorte „Fetjaska" liefert den besten Wein auf leichten Böden, die im Bereich der Rebenwurzeln ausreichende Wassermengen enthalten. (Виноделие и Виноградарство СССР [Weinbereit. Weinbau UdSSR] **13.** Nr. 4. 49—53. April 1953.) M. GORDIENKO. 7554

Kisetsu Shuzui, Yoshio Narisada und **Masayoshi Sakamoto,** *Untersuchungen zur Hebung des Aromas und Geschmacks von synthetischem Saké.* 1. Mitt. *Über die Verwertung von extrahiertem Sojabohnenpulver.* Als 0,5 % ig. Zusatz zu einem Gäransatz für „synthet. Saké" werden mit Hexan entfettete *Sojabohnen* mit 70 % ig. CH_3OH gewaschen, wobei

Saccharose, Araban, Stachyose, Galaktose u. eine breiige Substanz sowie bes. der Bohnengeschmack entfernt werden. Der bei 20° (optimal) aus 5% gemälztem Reis u. obigem Sojapulver gegorene Saké kommt dem gewöhnlichen an Geschmack gleich (psychometr. geprüft) u. kommt auch an Verteilung der Aminosäuren dem bisherigen Saké nahe. Er widersteht dem Bac. subt. u. bleibt bei der Lagerung unverändert. — Drei ausführliche Tabellen. (Rep. sci. Res. Inst. [Kagaku Kenkyujo-Hokoku] **29.** 494—500. Nov. 1953. [Orig.: japan.]) L. SCHULER. 7578

A. P. Medynski, *Zur Frage der Herstellung eines Getränkes aus vergorenem Blut landwirtschaftlicher Tiere.* Defibriniertem Blut gesunder Tiere werden 2 Gew.-% Bäckerhefe u. 10—20% Zucker zugesetzt u. 6—18 Tage lang einer Gärung überlassen. Zur Verhinderung einer Desaminierung der bei der Gärung entstehenden Aminosäuren wird NH_4-Oxalat zugesetzt. Das erhaltene Prod. enthält mehr Eiweiß u. Salze als fl. Hämatogen u. ist ein angenehmes, nicht nach Blut schmeckendes Getränk. Bei Menschen, die es 4 Monate lang benutzten, wurde eine Besserung des Allgemeinbefindens beobachtet. (Вопросы Питания [Fragen d. Ernähr.] **12.** Nr. 6. 75. Belaja Zerkow, Landwirtsch. Inst., Lehrstuhl für Veterinär-Sanit. Gutachten.) OTTO MAIER. 7578

United States of America, übert. von: **Willis O. Gordon,** New Orleans, La., und **Matthew K. Veldhuis,** Winter Haven, Fla., V. St. A., *Schaumbekämpfung beim Züchten von Mikroorganismen.* Bei fortlaufender submerser Züchtung von Mikroorganismen in einer ständig belüfteten Nährlsg. in einem Züchtungsbottich, dem kontinuierlich Fl. zufließt, wird fortlaufend aus dem oberen Teil des Bottichs durch eine Verbindungsleitung gebildeter Schaum u. eingeführte Luft in den oberen Teil eines 2. Bottichs übergeleitet, der dort an eine perforierte Platte streicht, u. gleichzeitig wird ständig durch eine weitere Leitung Nährsubstrat vom Boden des Züchtungsbottichs in den mittleren Teil des 2. Bottichs übergeführt, wobei die Höhe der Fl. in den Bottichen unterhalb der Verbindungsleitung für den Schaumabzug gehalten wird. — Einrichtung. (**A. P. 2 635 070** vom 3/6. 1949, ausg. 14/4. 1953.) J. KETTNER. 7501

F.-G. Keitel, Stockholm, Schweden, *Herstellung von Bakterienpräparaten, besonders Milchsäurebakterien.* Man versetzt ein Substrat mit einem Zusatz von Schalen- oder Kleiestoffen mit einem neutralisierenden Mittel, wie Kreide, u. impft mit den herzustellenden Bakterienstämmen, entwickelt diese dann unter sorgsamem Umrühren, zweckmäßig ohne Luftzutritt, u. läßt einige Zeit zum Absetzen stehen. Die Schalen- u. Kleieteilchen sollen sehr feinkörnig sein, so daß sie beim Absetzen nach dem Entwickeln möglichst in der Schwebe bleiben u. die sich absetzenden Pilzaggregate abgetrennt u. auf Trockenpulver verarbeitet werden können. Das Abtrennen kann z. B. durch Zentrifugieren mit nachfolgendem Eindampfen erfolgen. — Vgl. auch Schwz. P. 274 836; C. **1952.** 1922. (**Schwed. P. 132 701** vom 22/2. 1946, ausg. 21/8. 1951.) JÜRGEN SCHMIDT. 7509

Marc Antoine Cuenot, Frankreich, *Sterilisieren von gärungsfähigen Flüssigkeiten, wie Wein, Bier, Milch usw.*, indem man O_2 durch die Fll. bei ca. 55° leitet u. anschließend die Fll. wenigstens 3 Std. bei dieser Temp. unter O_2-Druck hält. (**F. P. 981 545** vom 4/5. 1943, ausg. 28/5. 1951.) K. DEMMLER. 7515

XVI. Nahrungs-, Genuß- und Futtermittel.

Fahri Çiçekdaği, *Mineralstoffe in türkischen Nahrungsmitteln.* Der Geh. an *Fe, P, Ca, Mg, K* wurde in einer Reihe in der Türkei verwendeten Nahrungsmittel bestimmt. Untersucht wurden 16 Nahrungsmittel tier. Herkunft (Fleisch, Käse u. ähnliche) u. 43 Nahrungsmiitel pflanzlicher Herkunft (Getreide, Gemüse, frisches u. Trockenobst usw.). (Istanbul Univ. Tip. Fak. Mecmuasi [Bull. Fac. Méd. Istanbul] **14.** 353—57. 1951.) M. ARNAKI. 7630

Babin, *Bemerkungen über die Ernährung der Marine und der Kolonisten einiger überseeischer Länder. Die Anreicherung von Lebensmitteln mit einigen Vitaminen.* Allg. Bemerkungen über Lebensmittel mit Zusätzen von *Vitamin* B_1, B_2 u. *C* u. deren Bestimmung. (J. Méd. Bordeaux Sud-Ouest **127.** 663—67. Okt. 1950. Bordeaux, École de Santé navale, Labor.) P. LOCH. 7642

Werner G. Jaffé, Pierre Budowski und **Gaetano Gorra,** *Der Vitamingehalt venezolanischer Maissorten.* 17 verschied. Sorten von venezolan. Mais zeigen mit 0,37 bis 0,63 mg% *Aneurin* (I) u. 0,08—0,12 mg% *Riboflavin* (II) nur unbedeutende Schwankungen; I ist auch bei nordamerikan. Sorten ähnlich, bei diesen jedoch II etwas höher; bei Ernten verschied. Jahre schwankt II kaum. Nicotinsäure dagegen zeigt bei den Sorten Schwankungen zwischen 0,52 u. 1,40, in verschied. Jahren zwischen 0,70 u. 1,91 mg%

gegenüber Gehh. bis 2,1 mg% in nordamerikan. gelben Mais. (Arch. venezolanos Nutric. **1.** 367—72. Dez. 1950. Inst. Nac. de Nutric.) W. KIMPEL. 7664

A. Schulz, *Untersuchungen über die Reduktion des Keimgehaltes von Mehl durch ultraviolette Bestrahlung.* Bestrahlung wirkt sich günstiger aus auf schwebende als auf in Ruhe befindliche Mehlpartikel. Bei Durchlaufmengen von 20—30 g Mehl pro Min. erfolgt eine ca. 70%ig. Reduktion der Sporenzahl. Belichtungszeiten über 10 Min. beeinträchtigen Geschmack u. Backfähigkeit. Raumdesinfektion durch UV-Bestrahlung u. Bestrahlung des gewaschenen u. geschälten Korns vor dem 1. Schrot wird erwogen. (Getreide u. Mehl **4.** 49—52. Juli 1954. Beilage zu: Mühle. Detmold, Bundesanstalt für Getreideverarbeitung.) G. HOFER. 7670

Ralph G. Gillespie, *Erfahrung mit Magnesium in der Bäckereiausrüstung.* Die hervorragenden Eigg. des Leichtmetalls Mg bewähren sich auch in den mannigfachen Ausrüstungsgegenständen des Bäckereihandwerks. (Mod. Metals **9.** Nr. 2. 42—44. März 1953.) H.-J. HEINRICHS. 7674

Werner G. Jaffé, Pierre Budowski und **Gaetano Gorra,** *Vitamingehalt einiger venezolanischer Leguminosen.* Mit 0,07—0,18 mg% ist der Geh. an Vitamin B_2 (*Riboflavin*) in verschied. einheim. Arten von Linsen, Bohnen, Erbsen u. anderen Hülsenfrüchten gering; der an Vitamin B_1 (*Thiamin*) beträgt 0,08—0,65 mg% u. wird durch Kochen um mindestens $^1/_3$ herabgesetzt; an Nicotinsäure finden sich 0,7—3,0 mg%. (Arch. venezolanos Nutric. **1.** 373—78. Dez. 1950. Inst. Nac. de Nutric.) W. KIMPEL. 7684

R. Ulrich und **A. Paulin,** *Über die Reifung der Passe-Crassane-Birnen (Temperaturbedingungen und Äthyleneinfluß).* (Vgl. C. **1955.** 1866.) Eine Lagerung der Birnen von Oktober bis März bei 0^0 bringt unvollständige, bei $+4^0$ vollständige Reife, während sie sich bei +10 bis $+18^0$ schon im Dezember nachteilig verändern. Teile obiger Ansätze wurden bei 18^0 2mal täglich 2 Std. lang einer Atmosphäre ausgesetzt, die 0,2% Äthylen (I) enthielt. Nur bei mehrtägiger Vorlagerung zwischen 10 u. 18^0 nutzt I. Die Früchte scheinen bei längerer Kaltlagerung ($0-4^0$) I zu bilden. (C. R. hebd. Séances Acad. Agric. France **40.** Nr. 16. 603—04. 1954. Bellevue, CNRS, Stat. exp. du froid.) H. GUDE. 7688

Andrea Monzini und **Erminio Giovannini,** *Das Problem der Respirationsprodukte von in Gefrierzellen aufbewahrten Früchten.* 1. Mitt. *Untersuchungen über die Absorptionskraft von Pflanzenkohlen.* Verschied. Holzkohlearten wurden auf ihre Absorptionskraft für bei der Kaltreifung von Früchten sich bildenden Gase, vor allem Acetaldehyd u. Äthylen, geprüft. Hierbei zeigten die bromierten Kohlen die höchste Absorptionskraft. Cocosnußkohle absorbiert vor allem Acetaladehyd sehr kräftig. — 8 Literaturhinweise. (Ann. Sperimentaz. agrar. [N. S.] **8.** 587—92. 1954. Mailand, Staz. sperim. del Freddo.) C. GRIMME. 7688

W. I. Schelaputin und **A. K. Ssaatschan,** *Der Einfluß niedriger Temperaturen auf die Erhaltung des Nährwertes von gefrorenen Früchten, Beeren und Gemüsen.* Die Aufbewahrung von Blumenkohl bei -18^0 zeigte nach 12 Monaten einen *Vitamin-C*-Verlust von 8,9%, bei -12^0 von 66,7% u. bei -9^0 von 78,9%. Süßer Paprika, Tomaten u. Beeren hatten bei gleichen Verss. ähnliche Vitamin-C-Verluste. Die Aufbewahrung von gefrorenen Prodd. (Blumenkohl) bei -18^0 zeigten in der chem. Zus. fast keine Änderung. Gefrorene Früchte wurden bei -18^0 12 Monate aufbewahrt u. erhielten nach dem Auftauen einen Zusatz von 0,05—0,2% Ascorbinsäure. Nach 1—2tägigem Aufbewahren hatte sich ihre Farbe nicht geändert, während ohne Zusatz von Ascorbinsäure eine Braunfärbung eintrat. (Вопросы Питания [Fragen d. Ernähr.] **12.** Nr. 6. 64—69. Nov./Dez. 1953. Moskau, Allunions Wiss. Mikojan-Forschungsinst. für Kälteind.) OTTO MAIER. 7688

Eduard Farber, *Vegetabile Nahrung aus Holz.* Es wird ein geschichtlicher Überblick über die Bemühungen gegeben, aus Holz Nahrungsmittel herzustellen. — 31 Literaturzitate. (J. Forestry **50.** 446—49. Juni 1952. Washington, D. C., Timber Engng. Co.) F. GROH. 7742

L. A. Goroshankina, *Der Gehalt an Methionin bei verschiedenen Fleischarten.* Aus der Unters. von 23 Fleischarten verschied. Tiere u. Vögel geht hervor, daß die meisten untersuchten Fleischarten in ihrem *Methionin* (I)-Geh. sich wenig vom Rindfleisch unterscheiden u. deshalb für die Gewinnung von I verwendet werden können. Das Fleisch vom Ferkel u. die Innereien des Schafes enthalten etwas mehr I als Rindfleisch. Das Fleisch von Haselhuhn, Birkhahn u. Pute, sowie Zunge, Euter u. Herz der Kuh enthalten weniger I. Es wurde ferner festgestellt, daß fettes u. mageres Fleisch in ihrem I-Geh. verschieden sind. (Вопросы Питания [Fragen d. Ernähr.] **12.** Nr. 6. 27—30. Nov./Dez. 1953. Moskau, Ernährungsinst. der Akad. der Wiss., Labor. für Eiweißforschung.) OTTO MAIER. 7750

H. Hurwicz und **R. G. Tischer,** *Hitzebehandlung von Fleisch.* 1. Mitt. *Eine theoretische Betrachtung über die Temperaturverteilung mit der Zeit und im Raum während der*

Behandlung. Mathemat. Ableitung einer Beziehung zwischen Zeit, Temp. u. Raum in einem zylindr. Behälter. (Food Res. **17.** 380—92. Juli/Aug. 1952. Ames, Io., Iowa State College, Agricult. Exp. Stat.) PH. FRESENIUS. 7750

H. J. Gomberg, S. E. Gould, J. V. Nehemias und **L. E. Brownell,** *Wirtschaftliche Gesichtspunkte für Schweinefleischbestrahlung.* Kostenanalyse für eine Anlage zur Trichinenbekämpfung durch Bestrahlung von ausgeschlachteten Schweinen mit den γ-Strahlen einer ^{137}*Cs*-Quelle in Form eines großen gleichförmigen Strahlungsfeldes. (Nucleonics **12.** Nr. 9. 66—70. Sept. 1954. Ann Arbor, Mich., Univ. of Michigan.) GERHARD SCHMIDT. 7750

Anthony Lopez, Carl R. Fellers und **William D. Powrie,** *Einige Faktoren, die das Gelieren von gefrorenem Eigelb bewirken.* Vff. versuchten, mit einer Vielzahl von Chemikalien das Gelieren beim Auftauen von unterhalb -6^0 eingefrorenem Eigelb zu verhindern, aber fast ausschließlich mit negativen Ergebnissen. Zusatz von Zucker, Kochsalz u. Glycerin zeigen zwar gute Erfolge, verschlechtern aber die Qualität des aufgetauten Eigelbs. Nur die Verarbeitung des frischen Eies in einer Kolloidmühle vor dem Einfrieren zeigte befriedigende Resultate. (J. Milk Food Technol. **17.** 334—39. Nov. 1954. Amherst, Mass., Univ. of Massachusetts, Dep. of Food Technol.) F. HOPPE. 7754

Anthony Lopez, Carl R. Fellers und **William D. Powrie,** *Enzymatische Hemmung des Gelierens bei gefrorenem Eigelb.* (Vgl. vorst. Ref.) Gefrorenes amerikan. Handelseigelb enthält Kochsalz u. Zucker als Konservierungsmittel, um den Einfl. auf das Gelieren von Eigelb beim Auftauen durch Bacillus cereus u. verschied. Enzyme, die im frischen Ei vorhanden sind (z. B. Diastase, Lecithinase u. eine Monobutyrase), weitgehend zu unterdrücken. Vff. machen einen Proteinkomplex für das Gelieren verantwortlich. Dieser kann durch proteolyt. Fermente abgebaut u. unwirksam gemacht werden. Von den Enzymen Trypsin, Pepsin, Erepsin, Pankreatin u. Papain erwies sich letzteres als sehr wirksam, aber nur im akt. Zustand. Enzymhydrolysate sind unwirksam. 0,05% Papain u. eine Incubationszeit von 15 Min. genügen, um bei einem gefrorenen u. 4 Tage bei -18^0 gelagerten Eigelb das Gelieren zu verhindern. (J. Milk Food Technol. **18.** 77—80. März 1955.) F. HOPPE. 7754

F. W. Lorenz, Phoebe Betty Starr, Mortimer P. Starr und **F. X. Ogasawara,** *Durch Pseudomonas verdorbene Eier.* 1. Mitt. *Durchdringen der Schale.* Eier wurden künstlich infiziert durch 5 Min. langes Eintauchen in eine Pseudomonassuspension. Der Stamm war aus einem „fluorescierenden sauren" Ei isoliert worden. Die Wahrscheinlichkeit der Infektion wächst mit der Erhöhung der Keimzahl über 10^6 Zellen/ml, außerdem durch Erhöhung der Temperaturdifferenz zwischen Ei u. Suspension, wenn die Eier wärmer sind, wenigstens bis zu einer Differenz von 21^0. Eier bestimmter Hühner werden leichter infiziert als die anderer. Dieser Unterschied ist unabhängig von der Dicke der Schale, wenn auch Eier mit abnorm dünnen Schalen leichter der Infektion unterliegen als normale. Nestinfektion ist selten, wenn die Eier im Nest nicht beschmutzt werden. (Food Res. **17.** 351—60. Juli/Aug. 1952. Davis, Calif., Univ., Dep. of Poultry Husbandry and Bacteriol.) PH. FRESENIUS. 7754

G. Patkul, L. Jatzuk, L. Oprischtschenko und **L. Krikorowa,** *Die Verwendung von Papierflaschen bei der Fabrikation von Kefir und Acidophilin.* Wie Verss. ergaben, erleiden paraffinierte Papierflaschen für *Kefir* u. *Acidophilin* im Thermostaten keine Veränderungen u. üben keinen ungünstigen Einfl. auf die Qualität aus. (Молочная Промышленность [Milch-Ind.] **15.** Nr. 6. 20—21. 1954. Leningrad, Technolog. Inst. der Kälte-Ind.) B. KRAFT. 7756

W. Stelmachow, *Das Trocknen von Milch auf Walzentrocknern ohne vorhergehende Eindickung.* Vf. schlägt vor, in solchen Betrieben, in denen es wegen Raummangels oder anderer Gründe nicht möglich ist, Vakuumeinrichtungen aufzustellen, um die Milch vor dem Trocknen auf Walzen einzudicken, 2 Walzentrockner zu benutzen. Im Vgl. zur Verwendung eines eingedickten Prod. wird die Trockenleistung um 40—50% gesenkt. Als optimal hat sich folgende Arbeitsweise erwiesen: Prüfung u. Reinigung der Milch, Pasteurisierung bei 85—92^0, Normalisierung u. Aufbewahrung in isolierten Spezialwannen, Trocknung. (Молочная Промышленность [Milch-Ind.] **15.** Nr. 6. 39—40. 1954. Dnjepropetrowsk, Trust.) B. KRAFT. 7756

J. L. Courtney, *Routinemäßige Zählung von Bakterien und Coliformen.* Statist. Auswertung der in 1 Jahr durchgeführten bakteriolog. Unterss. von Milchprodd. verschied. Hersteller ergab, daß über das n. Maß hinausgehende Bakterienzahlen häufig mit erhöhten Coliformenzahlen verbunden waren. (Milk Plant Monthly **42.** Nr. 12. 39—43. Dez. 1953. Oak Ridge, Tenn.) F. KRUSEN. 7756

L. Ju. Medwinska, *Filtrierbare Formen von Str. lactis in der Milch und in Milchprodukten.* 2. Mitt. Die vom Vf. (Мікробіологічний Журнал (Киев) [Mikrobiol. J. (Kiew)] **14.** Nr. 3. [1952]) erstmalig beim Altern der Kultur, bei mechan. Zerstörung der Zellen, Gefrieren u. Auftauen sowie bei Einw. von Bakteriophagen gewonnene filtrierbare Form von Str. lactis (S. lac. f.) ist biochem. stark verschieden vom Ausgangsstamm u. erwirbt dessen Eigg. erst nach wiederholten Passagen. In Milch u. Milchprodd. konnten S. lac. f. erhalten werden, die nach der Regeneration nach ihren serolog. Eigg., der Fermentwrkg. auf Kohlenhydrate u. nach der Aktivität der Säurebldg. in Milch fast nicht von den typ. Kulturen verschieden sind. Es wird angenommen, daß die durch äußere Einw. erhaltenen S. lac. f. eine sehr feinverteilte lebende Nichtzellsubstanz darstellen, die sehr langsam regeneriert wird, während die in Milch u. Milchprodd. gewonnenen S. lac. f. in großen Aggregaten von lebender Nichtzellsubstanz vorliegen, die rasch regenerierbar sind. (Мікробіологічний Журнал (Киев) [Mikrobiol. J. (Kiew)] **15.** Nr. 4. 14—19. 1953. Mikrobiol. Inst. der Akad. der Wiss. der UkrSSR.)
O. LEBTAG. 7756

N. Evenhuis, *Die Herstellung von aromatischer Butter.* 2. Mitt. (1. vgl. Nederl. Melk-en Zuiveltijdschr. **5.** [1951.] 201.) Die Bldg. von *Acetylmethylcarbinol* (I) u. *Diacetyl* (II) aus *Citronensäure* (III) über *Brenztraubensäure* (IV) verläuft in Butter in gleicher Weise wie im Starter, was Vf. aus der Anwesenheit von **IV** in beiden Materialien folgert. Die **II**-Bldg. setzt sich auch fort, wenn keine **III** mehr vorhanden ist. Trotzdem ist ein ausreichender **III**-Geh. zur Erzielung einer aromat. Butter wünschenswert. Dazu sollen Starter mit Aciditäten von 75—80^0 D u. hohem **III**-Geh. gewählt werden, so daß noch nach beendeter Rahmsäuerung **III** vorhanden ist u. in die Butter gelangt. Die Infektion mit anderen Mikroorganismen muß vermieden werden. (Nederl. Melk-en Zuiveltijdschr. **6.** 195—205. Juli/Sept. 1952. Bedum, Niederlande, Cooperative Milk Prod. Fact.)
F. KRUSEN. 7758

N. Evenhuis, *Die Herstellung von aromatischer Butter.* 3. Mitt. (2. vgl. vorst. Ref.) Unterss. über die Luftmenge, mit der ein Butterstarter nach Zusatz von Citronensäure (1 mg/ml) geschüttelt werden muß, um ausreichende Diacetylbldg. zu erreichen, ergaben, daß noch bei einem Verhältnis Luft zu Starter wie 1 : 9 genügend Aromastoffe entwickelt werden. Der Luftdruck kann bis auf **140** mm Hg red. werden, ohne daß die Diacetylbldg. beeinträchtigt wird. (Nederl. Melk-en Zuiveltijdschr. **7.** 240—45. Okt./Dez. 1953.) F. KRUSEN. 7758

A. T. Bell und **S. L. Everist,** *Indigofera enneaphylla: Eine Giftpflanze für Pferde (Birdsville disease).* Botan. Unterss. ergaben, daß die „Birdsville disease" der Pferde durch Futtervergiftung mit Indigofera enneaphylla verursacht wird. (Austral. veterin. J. **27.** 185—88. Aug. 1951. Brisbane.) G. RUHNKE. 7782

N. P. Iwtschenko, *Änderungen des Gehaltes an Mono- und Diaminosäuren in der vegetativen Masse des Antikomplexes von Klee und Luzerne im Zusammenhang mit der Art des Trocknens und den Vegetationsphasen.* In allen 5 untersuchten Vegetationsphasen von der Knospenbldg. bis zur beendeten Blüte enthielten Klee u. Luzerne beim Trocknen auf Reitern mehr Eiweiß im Antikomplex (I), mehr Monoaminosäuren (II) u. Diaminosäuren (III) als beim Trocknen in Schwaden (Komplex = Protosäure des Pflanzenproteins, Antikomplex = übriger Teil des Proteins). Mit fortschreitender Vegetation war im Klee der II-Geh. geringer, der III-Geh. höher. Bei der Luzerne dagegen nahm der Geh. an II zu, an III ab. In allen Vegetationsperioden war der Komplexgeh. von Klee u. Luzerne größer als der von I. Der Proteingeh. nahm von der 1. bis zur 5. Vegetationsphase bei Klee u. Luzerne um 0,85—0,7 ab. I nahm hierbei bei Klee um 0,73% ab, bei Luzerne um 0,11% zu. (Биохимия [Biochimia] **16.** 515—21. Nov./Dez. 1951.)
O. LEBTAG. 7782

L. Rivera Brenes, F. J. Marchán und **J. I. Cabrera,** *Die Verwendung von Gräsern, Leguminosen und anderen Futterpflanzen zur Fütterung von Rindvieh in Puerto Rico.* 3. Mitt. Fütterungsverss. im Weidegang an Färsen wurden mit Paragras–Kudzu (I) u. Guineagras–Kudzu (II) im Vgl. zu reinem Guineagras (III) gemacht. Die Gewichtszunahmen waren bei I, II u. III annähernd die gleichen u. schwankten um 5%. Wurde III aber nach erster Düngung mit $(NH_4)_2NO_3$ zum zweitenmal nach 3 Monaten mit $(NH_4)_2SO_4$ gedüngt, so stieg der Nährwert erheblich an. Die durchschnittliche Gewichtszunahme betrug jetzt täglich 1,19 lbs. gegen früher 0,30 lbs. Die chem. Zus. der Futterarten u. -gemische wird ermittelt u. die pro Morgen Land gewonnenen gesamtverdaulichen Nährstoffe errechnet. (J. Agric. Univ. Puerto Rico **34.** 309. Okt. 1950; **36.** 108—14. April 1952. Puerto Rico, Univ., Agricult. Exp. Stat.) PH. FRESENIUS. 7782

H. R. Kraybill, *Verwendung von Nichtnahrungsfetten bei der Tierfütterung.* Vortragsbericht mit Literaturnachw.; unter grundsätzlicher Erörterung der Vorteile der Ggw. von gewissen Mengen von Fett in Futtermitteln werden Ausführungen gemacht über die zu fordernden Eigg., über die Auswahl von Talg u. Abfallschmalz, über die Maßnahmen zur Stabilisierung der Futterfette gegen Verderben unter Hinweis auf die bewährten, für Tierfütterung möglichen Antioxydantien; Betrachtungen über Maßnahmen zur Erhaltung der Vitamine in den Futtermitteln; Wert der mit Fett versetzten Futtermittel mit ergänzenden Angaben über die Verff. zur gleichmäßigen Verteilung des Fettes in den Produkten. (J. Amer. Oil Chemists' Soc. **31.** 538—42. Nov. 1954. (Chicago, Ill., Univ., Amer. Meat Inst. Found.) K. Täufel. 7786

Universal Oil Products Co., Chicago, übert. von: **Joseph A. Chenicek,** Riverside, Ill., V. St. A., *Die Stabilisierung von carotinhaltigen Materialien* gegen oxydative Verfärbung erfolgt mit aromat. Aminoverbb., wie p-Phenylendiaminen u. p-Aminophenolen (N.N'-Di-sek.-butyl-p-phenylendiamin, N-Propyl-N'-butyl-p-phenylendiamin, N-Isopropyl-p-aminophenol, N-Amyl-p-aminophenol). Z. B. besprüht man Alfalfa. — Tabelle. (**A. P. 2 513 002** vom 27/3. 1947, ausg. 27/6. 1950.) G. Krauss. 7643

André Cavasse und **Pierre-Marcel Theil,** Frankreich, *Fruchtsaftmischungen* mit ausgeprägten Wirkungen auf die Leber- u. Darmtätigkeit. Sie bestehen aus 30—70% Melonensaft, 15—50% Saft aus Weintrauben zu Beginn der Reife (mit noch geringem Säuregeh.), 10—30% Saft der schwarzen Johannisbeere. Ein Teil des Melonen- oder Traubensaftes kann ersetzt werden durch den Saft solcher Früchte, die reich an Äpfel- oder Citronensäure sind, wie Kern- oder Steinobstsorten, Beerenobst, Zitronen, Orangen, Tomaten. (**F. P. 994 449** vom 1/7. 1949, ausg. 16/11. 1951.) W. Heyne. 7707

Émile Hermitte, Frankreich, *Getränk auf Basis von Citronen oder Citronensäure und Chinarindenalkaloid.* Durch Hinzufügen von neutralem Chininchlorhydrat zu Citronenlimonade (0,12 g auf 1 Liter) erhält man ein Getränk, das appetitanregend, die Spannkraft erhöhend u. durststillend wirkt. (**F. P. 985 313** vom 29/4. 1949, ausg. 17/7. 1951.) W. Heyne. 7707

Yoland P. P. Mayor, Frankreich, *Gewinnung von Jod und Alginsäure aus Meeralgen.* Die Algen werden mit Erdalkali, z. B. $Ca(OH)_2$, gewaschen, die Waschlauge neutralisiert u. mit einem Oxydans behandelt, z. B. Cl_2. Das in Freiheit gesetzte Jod wird mit akt. Kohle oder Silicagel absorbiert u. hieraus mit Alkali, z. B. KOH, herausgelöst, worauf das Adsorbens regeneriert werden kann. Die jodfreie Lauge wird mit Alkali behandelt, die unlösl. Stoffe durch Zentrifugieren abgetrennt u. aus der Lsg. die Alginsäure durch Ansäuern mit Mineralsäure gewonnen. (**F. P. 991 682** vom 27/4. 1944, ausg. 9/10. 1951.) W. Witthölz. 7709

Milprint, Inc., Milwaukee, Wis., V. St. A., *Verpackungsmaterial für fette und feuchte Stoffe,* bes. *Käse, Fleisch* usw. Eine starke, elast. Bahn, bes. aus regenerierter Cellulose (Cellophan), wird mit einer heißsiegelfähigen M. (Wachs, Paraffin) überzogen. Auf den Überzug wird ein feines Pulver eines zweckmäßig nicht klebenden Stoffes, bes. Na-Carboxymethylcellulose, Methylcellulose, verkleisterte Stärke, Polyvinylalkohol, aufgestreut, der das Zusammenkleben des aufgerollten Prod. verhindert u. mit der Feuchtigkeit des verpackten Stoffes eine zusammenhängende Schicht bildet. Die Pulverform erlaubt das Entweichen der Luft beim Verpacken. — Zeichnung. (**E. P. 699 974** vom 6/4. 1951, ausg. 18/11. 1953. A. Prior. 10/11. 1950.) G. Vogel. 7761

Joh. A. Benckiser G. m. b. H., Chemische Fabrik, Ludwigshafen/Rh. (Erfinder: **Peter Volz,** Appenhofen), *Verhinderung der Blutgerinnung* nach D. R. P. 708 613 durch Zusatz von Salzen von anhydr. Phosphorsäuren, wie Poly-, Pyro- oder Metaphosphorsäuren, denen Salze solcher Metalle zugegeben werden, die in der Spannungsreihe oberhalb des Mn stehen, wie Fe, Al, Zn, Cu. — Zu 15 Liter Rinderblut werden 15 (g) Na-Hexametaphosphat u. 5 $FeSO_4$ zugesetzt. (**D. B. P. 890 414** Kl. 30h vom 29/10. 1942, ausg. 17/9. 1953. **Zusatz zu D. R. P. 708 613; C. 1941. II. 2035.**) K. Heinze. 7770

Aktieselskabet Atlas, Kopenhagen, Dänemark, *Verhinderung von Verlusten an Vitaminen und Provitaminen in Grünwaren.* Man behandelt diese mit H_2S, bes. einem 1%ig. Gas. (**Dän. P. 75 294** vom 7/10. 1943, ausg. 12/1. 1953.) Jürgen Schmidt. 7782

XVII. Fette. Seifen. Wasch- u. Reinigungsmittel. Wachse. Bohnermassen usw.

J. Hannewijk, *Die Schmelzdiagramme von Lipoiden.* Beispiele über die Anwendung der Phasendiagramme in der Fettchemie (Fettsäuren, Triglyceride, Fette, Dilatationsmessungen, Schmelzkurven für Fette). — 12 Schrifttumshinweise. (Chem. Weekbl. **51.** 419—23. 4/6. 1955. Unilever, N. C., Res. Labor.) W. Wesly. 7870

Widaly, *Stabilisatoren für Fette, Öle und Seifen.* Die verschied. Antioxydantien für Fette, Öle u. Seifen werden an Hand des vorliegenden Schrifttums bzw. zahlreicher Patente aufgeführt. (Seifen-Oele-Fette-Wachse **79.** 1—4. 7/1. 1953.) H. P. FIEDLER. 7878

M. Goswami, *Nichtglyceridanteile der Öle und Fette (Geruch und Farbe).* Allg. Hinweise auf die in Ölen u. Fetten anzutreffenden Nichtglyceridanteile, die zum größten Teil im Unverseifbaren enthalten sind u. für Farbe u./oder Geruch des entsprechenden Fettes verantwortlich zu machen sind, u. auf die gebräuchlichen Methoden zur Bleichung u. Desodorierung der Fette. (Indian Soap J. **19.** 3—7. Juli 1953. Calcutta, Univ., Dep. of appl. Chem.) H. P. FIEDLER. 7886

—, *Das Lurgi-Verfahren zur kontinuierlichen Desodorierung von Fetten.* Ausführliche Besprechung des Verf. u. seiner Vorzüge. (Indian Soap J. **19.** 12—14. Juli 1953. Manderstam.) H. P. FIEDLER. 7888

Virgilio P. Ramos, *Der Einfluß metallischer Verunreinigungen auf die Stabilität des Palmöles.* Ausführungen an Hand der Literatur über den stabilitätsherabsetzenden Einfl. von metall. Fettbegleitstoffen, deren Wrkg. bis zu Konzz. von 10^{-8} (Cu) herabreicht; möglicher Ausschluß solcher Verunreinigungen durch Wahl inerter Verarbeitungsgefäße oder durch Zusatz von Metallinaktivatoren (Citronen-, Phosphor-, Wein-, Polyphosphor-, Ascorbinsäure, Lecithin, Tannin, Sorbit, Zucker u. seine Derivv.). Eigene Verss. mit einem eisenhaltigen Angola-Palmöl (Asche 0,042%; Unreinlichkeiten 2%; Anfangsperoxydwert 1,00 Milliäquivalente O_2/l kg, im durch fraktionierte Dest. hergestellten fl. Anteil 2,50, im hinterbleibenden festen Anteil 2,70). Prüfung des Öles mittels des SWIFT-Testes bei 100°, des SCHAAL-Testes bei 60° sowie durch organolept. Unters.; als Desaktivatoren finden Anwendung Citronen- (0,005 bzw. 0,015%), Phosphor- (0,005%) u. Ascorbinsäure (0,005%). Die tabellar. mitgeteilten Versuchsergebnisse lehren, daß Citronen- u. Phosphorsäure in der angewandten Konz. die Stabilität erheblich steigern; dies wirkt sich vor allem bei der fl. Fraktion des Palmöles aus; Ascorbinsäure ist prakt. ohne Einfluß. (Oléagineux **10.** 177—78. März 1955. Sacavem, Portugal, Estaçao Agronom. Nac.) K. TÄUFEL. 7894

A. W. Dumanski, P. A. Demtschenko und **L. G. Demtschenko,** *Hygroskopische Eigenschaften des Ölkuchens.* Beim Entwässern u. Entlüften der Ölkuchen in Luft verschied. relativer Feuchtigkeiten stimmen die Gleichgewichtsgehh. an W. nicht überein; es ist Hysteresis zu beobachten. Bei längerem Aufbewahren von Ölkuchen mit über 11—13% W. in einer Luft mit über 71% relativer Feuchtigkeit bilden sich Pilze. (Маслобойно-Жировая Промышленность [Öl- u. Fett-Ind.] **20.** Nr. 3. 6—8. 1955. Inst. für allg. u. anorg. Chem. der Akad. der Wiss. der UkrSSR.) R. RICHTER. 7894

M. A. Kamyschan, *Das Schmelzen von Walfett im Trockenverfahren.* Eine betonierte Grube mit Bretterbelag wird mit W. gefüllt, das W. mit Wasserdampf erhitzt, 9 Trockentrommeln werden gleichzeitig mit Walfett gefüllt u. im heißen W. (70°) 54 Min. belassen. Die Füllung, Entleerung u. das Ein- u. Ausheben der Trockentrommeln erfolgt automatisch. (Маслобойно-Жировая Промышленность [Öl- u. Fett-Ind.] **19.** Nr. 8. 34. 1954. Iwanowo, Margarinefabrik.) OTTO MAIER. 7898

A. G. Stjaschkina, *Die Bestimmung der Brauchbarkeit von Rahmbutter für die Margarineherstellung.* Proben von 10—20 g Rahmbutter zeigten beim Erhitzen im Eisenbecher bis 50° (30 Min. lang) in einigen Fällen einen ausgeprägten metall. bzw. Fischgeschmack. Der metall. bzw. Fischgeschmack trat nur bei 6 Monate u. älterer Rahmbutter auf. (Маслобойно-Жировая Промышленность [Öl- u. Fett-Ind.] **19.** Nr. 8. 25. 1954.) OTTO MAIER. 7900

T. N. Mehta und **B. Y. Rao,** *Gewinnung von reiner Ricinusölsäure aus Fettsäuren des Ricinusöls mit Hilfe von Harnstoffaddukten.* Ricinusöl wird verseift u. durch Ae. von Unverseifbarem befreit. Die wieder freigesetzten Säuren werden mit Essigsäureanhydrid acetyliert u. in einem Überschuß von A. mit einem Überschuß von Harnstoff bei 65—70° erwärmt. Hierbei bilden alle geradkettigen Säuren Harnstoffaddukte, die auskristallisieren, jedoch bilden die verzweigtkettigen Verbb. (das heißt auch Acetylricinolsäure) keine. Überschußharnstoff u. Addukte werden mit heißem, dest. W. entfernt, soweit nicht bereits auskristallisiert. Hiervon werden die Säuren mit Ae. entfernt u. getrocknet, weiterhin mit Alkohol fraktioniert kristallisiert. Drittes Kristallisat wird nach Hydrolyse mit alkoh. KOH angesäuert u. ausgeäthert; freie gereinigte Ricinusölsäure wird mit 64% Ausbeute gewonnen. Reinheitsgrad auf JZ.-Basis 99,1%, auf Basis Neutralisationszahl 98,26%. AZ. der Acetylverb. nicht verwendbar. (Indian Soap J. **20.** 119—21. Nov. 1954.) E. TIEDEMANN. 7908

A. Holasek und **F. Sadek,** *Über die Brauchbarkeit der Harnstoffällung zur Isolierung und Bestimmung höherer Fettsäuren.* Bei biol. Material u. bes. bei kleinen Substanzmengen kann Harnstoff zur Abtrennung der höheren u. mittleren gesätt. Fettsäuren

u. der Ölsäure aus einem Säuregemisch mit Vorteil verwendet werden. Man löst das Fettsäuregemisch in 86% ig. A. u. versetzt mit einem Überschuß von Harnstoff, erwärmt bis zur klaren Lsg. u. läßt langsam abkühlen (mindestens 4 Std.). Dabei werden Myristin-, Palmitin- u. Stearinsäure nahezu quantitativ ausgefällt. Die gut fällbare Palmitinsäure reißt die schlechter fällbaren, mittleren Fettsäuren, wie Capron-, Capryl-, Caprin- u. Laurinsäure teilweise mit. Eine Abtrennung dieser von den höheren Säuren ist daher auf diesem Wege nicht möglich. (Fette, Seifen, Anstrichmittel **56.** 604. Aug. 1954. Graz, Univ., Med.-Chem. Inst. u. Pregl-Labor.) H. SPOHN. 7936

Rose, Downs & Thompson Ltd., Kingston-upon-Hull, und **Thomas Andrews**, Driffield, England, *Mischen und Trennen zweier Flüssigkeiten*, bes. zum Zwecke der Abtrennung von kleinen Festteilchen bzw. Kolloiden aus *Ölextraktionslsgg.* z. B. mittels $FeCl_3$- oder Alaunlsg., indem die Fll. in einem Gefäß miteinander gemischt u. in einer Serie von weiteren Gefäßen durch Absetzen wieder getrennt werden, wobei die Absetzgefäße mit Rückleitungen zum Mischgefäß verbunden sind. — Zeichnung. (**E. P. 716 960** vom 17/4. 1951, ausg. 20/10. 1954.) K. DEMMLER. 7873

N. V. Industrieele en Handelmij. „Senzora" vhn. A. J. Schoemaker & Sonen, Deventer, Holland, *Herstellung von Schmierseife.* Man verseift einen Teil des Fettes bzw. der Fettsäuren mit organ. Basen, z. B. Triäthanolamin, Guanidin, heterocycl. Basen, u. fügt gegebenenfalls kleine Mengen Mineralöl zu. (**Belg. P. 500 742** vom 20/1. 1951, ausg. 11/4. 1952. Holl. Prior. 24/1. 1950.) C. LÜTTGEN. 7911

Unilever Ltd., Port Sunlight, England, *Seifenpulver.* Um das Zusammenbacken silicathaltiger Seifenpulver zu verhindern, behandelt man die Pulver mit CO_2. Hierbei bildet sich auf der Oberfläche der Partikel eine dünne Schicht von SiO_2. (**E. P. 725620** vom 10/6. 1953, ausg. 9/3. 1955. A. Prior. 13/6. 1952.) C. LÜTTGEN. 7913

California Research Corp., San Francisco, übert. von: **Richard D. Stayner**, Berkeley, Calif., V. St. A., *Reinigungsmittel* mit erhöhtem Schaumvermögen, bestehend aus einem wasserlösl. Salz eines Alkylsulfats oder einem Gemisch aus diesem mit einem Alkylarylsulfonat u. 0,5—10% eines Salzes eines höheren prim. Amins u. einer gesätt. Fettsäure, einer Alkylbenzolsulfonsäure oder Alkylschwefelsäure, z. B. N-Dodecylammoniumlaurat. (**A. P. 2691636** vom 11/12. 1952, ausg. 12/10. 1954.) C. LÜTTGEN. 7913

Chemische Verwertungsgesellschaft Oberhausen G. m. b. H., Oberhausen-Holten (Erfinder: **Hans Haussmann, Curt Schuster, Fritz Fürhäuser †**, Ludwigshafen/Rh., und **Adolf Hartmann**, Gessertshausen), *Herstellung von Alkalisalzen von Sulfonierungsprodukten von Alkoholen* aus paraffin. Bestandteile enthaltenden Gemischen ungesätt. KW-stoffe erfolgt dadurch, daß man die Gemische in Ggw. von Katalysatoren mit CO + H_2 umsetzt, das gebildete Reaktionsgemisch hydriert, sulfoniert, die Sulfonsäuren neutralisiert u. die nicht umgesetzten Bestandteile entfernt. — Ein durch Hydrierung von CO nach D. B. P. 911 609; C. **1955.** 8260 erhaltenes alkoholhaltiges Olefingemisch, $Kp._{13}$ 126—149°, Mol.-Gew. 200, Olefingeh. 45,5%, wird mit Wassergas in Ggw. von Co, MnO u. CrO auf Bimsstein bei 115° u. 120 at behandelt, dann mit H_2 bei 180° u. 200 at hydriert, in Ae. bei 5—6° mit $ClSO_3H$ sulfoniert, mit NaOH neutralisiert, nach dem Verjagen des Ae. in A. aufgenommen u. die ca. 50% ig. alkoh. Lsg. mit Ligroin extrahiert. Nach dem Eindampfen der Lsg. gewinnt man ein pastenförmiges Prod. mit vorzüglichem Waschvermögen. — *Netz-, Reinigungs-, Dispergier-, Wasch- u. Weichmachungsmittel.* (**D. B. P. 913 419** Kl. 12o vom 22/9. 1940, ausg. 14/6. 1954. Anmeldung bekanntgemacht 30/10. 1952.) G. KRAUSS. 7913

Earl R. Carper, San Francisco, Calif., V. St. A., *Reinigungs- und Poliermittel für harte Oberflächen*, bes. für *Windschutzglasscheiben*, bestehend aus einem porösen absorptionsfähigen Papier, das mit 10—25% eines natürlich vorkommenden Bimssteinpulvers („Friant"- bzw. „Fresno"-Pumicit) mit einer 325-Maschen-Feinheit imprägniert ist. (**A. P. 2 682 460** vom 5/4. 1950, ausg. 29/6. 1954.) W. GRÄGER. 7917

XVIIIa. Holz. Cellulose. Zellstoff. Papier. Papierdruck. Celluloid. Linoleum.

Bengt G. Rånby und **Herman F. Mark**, *Das Mercerisieren der Cellulose.* 4. Mitt. *Untersuchungen über den Phasenübergang an technischem Holzzellstoff und Baumwolllinters.* (3. vgl. Acta chem. scand. **6.** [1952.] 128.) Zehn verschied. Holzzellstoffe (Sulfit- u. Sulfatzellstoffe von Nadel- u. Laubholz) u. Zellstoff aus Baumwollinters wurden mercerisiert u. der Vorgang der Phasenänderung untersucht. Bestimmt wurde die Wasseraufnahme, wobei festgestellt wurde, daß die Mercerisierung zu einer größeren Wiederaufnahme des W. führt. Die Röntgenunters. ergab eine Umwandlung des nativen Cellulosekristallgitters in das der mercerisierten Cellulose. Absorptions- u. Desorptionsisothermen wurden gemessen. Die Alkalibehandlung der Zellstoffe wurde bei 0° bei Konzz. zwischen 4 u. 16 Gew.-% durchgeführt. Die Sulfitzellstoffe wurden zwischen 6 u. 9 Gew.-% NaOH, die Sulfatzellstoffe zwischen 7 u. 10 Gew.-% u. der Linterszellstoff zwischen 8 u. 11 Gew.-% mercerisiert. Die Untersuchungsergebnisse werden besprochen. Die Sulfatzellstoffe zeigen eine größere Widerstandskraft gegen die Quellung als die Sulfitzellstoffe. Von Einfl. ist auch eine Vorhydrolyse der Hackspäne. — 12 Literaturnachweise. (Svensk Papperstidn. **58**. 374—82. 31/5. 1955. Uppsala, Inst. of Phys. Chem., u. Brooklyn, N. Y., Polytechn. Inst. of Brooklyn, Inst. of Polymer Res.) P. Eckert. 7954

Samuel M. Rollinson, *Gefärbte wasserlösliche Substanzen von erhitzten gebleichten Kraftzellstoffen.* Die gefärbten wasserlösl. Substanzen, die sich beim Vergilben eines gebleichten Sulfatzellstoffs bilden, wurden untersucht. Die Vergilbung wurde durch Hitzebehandlung des Zellstoffs bei 100 u. 120° während 7 bzw. 4 Std. künstlich erzeugt, die sich bildenden, gefärbten Substanzen mit H_2O extrahiert u. mit Hilfe von Lichtabsorptionsmessungen geprüft u. chem. analysiert. Sie bestanden zu 23% aus Oligosacchariden; ligninhaltige Verbb. waren nicht anwesend. Obgleich Fe in den wss. Extrakten gefunden wurde, wird abgeleitet, daß es nicht wesentlich zur Färbung beiträgt. Vf. nimmt an, daß der wasserunlösl. Anteil (40—50%) der sich bei der Vergilbung bildenden gefärbten Substanzen grundsätzlich die gleiche Zus. aufweist u. daß die Unlöslichkeit auf einer besonderen Lagerung in der Faser oder Kondensationen beruht. Bei einem Vgl. der bei der Vergilbung von Zellstoff entstehenden gefärbten Substanzen mit denen, die unter ähnlichen Bedingungen aus verschied. Hemicellulosen entstehen (Xylan, Mannan, Arabogalaktan, Pektinsäure) ergeben sich gewisse Ähnlichkeiten. (Tappi **38**. 186—92. März 1955. Appleton, Wis., Inst. of Paper Chem.) L. G. Scheuring. 7960

Hans Sadler und **Othmar Trantina**, *Über die Durchtränkung beim Sulfitkochprozeß.* Die langen Umtriebszeiten bei Sulfitkochungen sind fast ausschließlich durch die sorgfältig zu kontrollierenden u. langen Ankochzeiten bedingt. Wenn es gelingt, die im Holz eingeschlossene Luft zu entfernen, so kann eine rasche Durchtränkung mit der Aufschluß-Fl. erreicht werden. Vollkommen durchtränkte Hackschnitzel können in kürzester Zeit auf Höchsttemp. gebracht werden. Als Methoden zur Luftentfernung werden Dämpfen u. Druckimprägnierung, Evakuieren mit Kaltimprägnierung u. das in letzter Zeit bekannt gewordene Va-Purge-Verf. angewandt. Die Auswirkungen der Va-Purge-Vorbehandlung auf Zellstoffqualität u. Ausbeute werden diskutiert. (Papier **9**. 317—26. Juli 1955. Wien, TH, Inst. für organ. chem. Technol., Abt. für Cellulosechem. u. Papierfabrikat.) P. Eckert. 7962

Fritz Meinck, *Untersuchungen über den biochemischen Sauerstoffbedarf der Sulfitablauge und Sulfitschlempe von Zellstoffabriken.* Es wird auf Grund einer eingehenden Diskussion festgestellt, daß der Einwohnergleichwert als alleiniges Maß für die Bewertung eines Gewässers nicht geeignet ist, da er von den vielen Faktoren lediglich einen, wenn auch wesentlichen, Faktor zur Kennzeichnung der Belastung eines Gewässers darstellt. Da in der Literatur unterschiedliche Werte für den Einwohnergleichwert von Sulfitablauge je t Zellstoff angegeben werden, wird in eingehender Unters. derselbe neu zu 3500 für Fichtenablauge u. zu 8500 für Buchenablauge ermittelt. Es wird weiter festgestellt, daß der Einwohnergleichwert durch Verspritung der Ablauge je nach der Erfassung um ca. 25—30% u. durch Verhefung noch beträchtlich stärker gesenkt wird. (Papier **9**. 327—32. Juli 1955.) P. Eckert. 7962

Dénes Köszegi, *Der Aufschluß heimischer Einjahrespflanzen mit Salpetersäure zur Herstellung von Zellstoff.* Vf. versuchte, aus verschied. Einjahrespflanzen durch Kochen mit HNO_3 Zellstoff zu gewinnen. Die zerkleinerten Pflanzen wurden ausgepreßt, mit der 10—16fachen Menge 2—4%ig. HNO_3 6—8 Std. gekocht, der Rohzellstoff säurefrei gewaschen, mit 1%ig. NaOH 1 Std. auf dem Wasserbad erwärmt u. ausgewaschen. Die besten Ausbeuten (42,3%) ergaben die vom Mark befreite süße Hirse, Hanfschäben (ca. 30%) sowie Stroh. Nachbehandlung mit 1%ig. HCl verminderte den Aschegehalt. Kochen mit schwächerer HNO_3 (2%ig) steigert die Ausbeute, Kochen mit 2%ig. NaOH steigert den α-Cellulosegeh., aber vermindert die Ausbeute, ebenso auch längeres Kochen. (Papir Nyomda Techn. [Papier u. Drucktechn.] **6**. 321—25. Nov. 1954.) J. Plank. 7964

György Claus, *Die Feststellung des Cellulosegehaltes von faserigen Grünalgen und deren industrielle Verwertung.* Die in Fischteichen u. auf Reisfeldern in großen Massen vorkommenden schädlichen Grünalgen (*Cladophora, Ulothrix* u. *Oedogonium*) bestehen zu ca. 63% ihres Trockengewichtes aus Cellulose. Durch abwechselndes Kochen mit Lauge, Säure u. W. kann daraus leicht Zellstoff mit 93% α-Cellulose hergestellt werden. Die Erzeugung von Pappendeckeln u. Packpapier guter Zerreißfestigkeit kann durch kurzes Kochen mit 2%ig. Natronlauge u. Waschen geschehen. Außer in der Papierindustrie kann dieser reine Zellstoff in der Kunstseide- u. Sprengstoffindustrie verwendet werden. (Hidrol. Közlöny [Z. Hydrol.] 35. 190—94. Mai/Juni 1955.) J. PLANK. 7964

Theodor Ploetz und **Ludwig Scheuring,** *Die Anwendung von Natriumaluminat bei der Papierherstellung.* 1. Mitt. *Die Beeinflussung der Retention bei Stoffmischungen ohne Leimzusatz.* Aus den mitgeteilten Untersuchungsergebnissen geht hervor, daß der Säuregrad einer Stoffmischung bei Abwesenheit von Al-Ionen ohne Einfl. auf die Retention ist. Wird dagegen die p_H-Einstellung mit $Al_2(SO_4)_3$ vorgenommen, so beobachtet man ein scharf ausgeprägtes Retentionsmaximum in einem engen p_H-Bereich (4,0). Zugabe von Na-Aluminat führt sowohl bei aluminiumsulfathaltigen als auch bei aluminiumsulfatfreien Stoffmischungen zu einem Retentionsanstieg, der jedoch im ersteren Fall wesentlich stärker ist. Auch Natronlauge erzeugt in aluminiumsulfathaltigen Stoffmischungen eine Retentionserhöhung, die jedoch hinter der Wrkg. von Aluminat zurückbleibt. (Papier 9. 311—16. Juli 1955.) P. ECKERT. 7978

XVIIIb. Textilfasern.

S. N. Glarum und **S. E. Penner,** *Das Verhalten von optischen Bleichmitteln bei Cellulose.* Im Rahmen allg. gehaltener Ausführungen wird der Zusammenhang zwischen der Fluorescenzintensität u. der Konz. von 3 opt. Bleichmitteln auf Cellulose graph. wiedergegeben u. eingehend diskutiert. Adsorptionsisothermen eignen sich zur Unters. der prakt. Wrkg. dieser Hilfsmittel. (Amer. Dyestuff Reporter 43. P310—P314. 10/5. 1954. New York, N. Y., Ciba Comp.) H. ZAHN. 8032

G. F. N. Calderwood und **E. W. J. Mardles,** *Die Eindringgeschwindigkeit von Flüssigkeiten in Capillaren unter der Wirkung von Oberflächenkräften.* Die unter Verwendung verschied. Fll., wie W., Glycerin, Paraffin, Mineralöl, Benzyl- u. Hexylalkohol, ausgeführten Unterss. haben gezeigt, daß die tatsächliche Geschwindigkeit, mit der diese Fll. in Capillaren mit verschied. Durchmesser eindringen, vor allem bei trockenen Capillaren, deutlich geringer ist, als die nach der Strömungsgleichung berechnete. Diese abweichenden Ergebnisse werden durch die Umkehrung der Strömung am Meniskus u. durch den Verbrauch an Energie, um die Fl. an der Außenwand der Capillare in Bewegung zu setzen, erklärt. Die in 5 Figuren zusammengefaßten Ergebnisse werden ausführlich diskutiert. (J. Textile Inst., Trans. 46. T161—T170. März 1955. Farnborough, Hants., Royal Aircraft Etabl.) H. G. FRÖHLICH. 8040

C. H. Fisher, *Baumwolle mit neuen Eigenschaften durch chemische Forschung.* Allg. Übersicht über die vielseitigen Anstrengungen von Industrie u. Forschungsinstituten der Baumwolle u. anderen Cellulosefasern durch geeignete chem. Behandlungen neuartige wertvolle Eigg. zu verleihen, um diesen Fasern somit neue Anwendungs- u. Einsatzgebiete zu erschließen. — 25 Literaturzitate. (Textile Res. J. 25. 1—11. Jan. 1955. New Orleans, La., Southern Reg. Res. Labor.) H. G. FRÖHLICH. 8044

Lyman Fourt und **Arnold M. Sookne,** *Bessere Mercerisierung für erhöhten Glanz.* Die Faktoren, welche den Glanz von Baumwolle beeinflussen, werden diskutiert. Es sind dies vor allem die Mercerisierung, ferner die Sorte, Sengen, Drehung, Verzwirnung, Garnnummer, Gewebemuster, Netzmittel. Die Notwendigkeit, den Glanz durch physikal. Messungen im Betrieb laufend zu kontrollieren, wird betont. (Amer. Dyestuff Reporter 43. P304—P109. 10/5. 1954. Washington, D. C., Harris Res. Labor.) H. ZAHN. 8044

Carl Hamalainen, J. David Reid und **W. Norbert Berard,** *Die Verwendung von Octadecylisocyanat für die Wasserabweisendausrüstung von Baumwolle.* Baumwolltuch läßt sich wasserabweisend ausrüsten durch Rk. mit 2—5% Octadecylisocyanat (I) in einem organ. Lösungsm. (z. B. Bzl.) oder in wss. Emulsion. Nach dem Verdampfen des Trägers wird das Gewebe 15 Min. auf 105° oder 2 Min. auf 140° erhitzt, gewaschen u. getrocknet. Die Ausrüstung widersteht der Chemischreinigung u. Wäsche. Die Ausrüstung ist jedoch nicht geeignet bei heftigen Regenstürmen. Vff. glauben, daß die Wrkg. von I in der Hauptsache auf der Bldg. des sehr unlösl. Dioctadecylharnstoffs beruht, der sich durch Hydrolyse von I bildet. (Amer. Dyestuff Reporter 43. 453—56. 19/7. 1954. New Orleans, La., Southern Reg. Res. Labor.) H. ZAHN. 8044

H. Y. Jennings, *Knitterfreie Ausrüstung von Baumwolle.* Vf. vertritt die Auffassung, daß die knitterfreie Ausrüstung der Baumwolle, trotz noch vorhandener Schwierigkeiten heute eine Notwendigkeit geworden ist, da hierdurch einerseits das Aussehen der Ware verbessert wird u. andererseits das Waschen u. Bügeln erleichtert werden. (Textile Res. J. 25. 20—24. Jan. 1955. Danville, Va., Dan River Mills, Inc.) H. G. FRÖHLICH. 8044

Francis A. Murphy, *Methoden der Verhütung der Wollschrumpfung.* Überblick über die Ursachen des Filzens von Wollgespinsten u. industrielle Verff. zu dessen Verhütung. (Amer. Dyestuff Reporter 43. P469—P470. 19/7. 1954. Troy, N. Y., Cluett, Peabody & Co., Inc.) H. ZAHN. 8060

O. Kratky und **A. Sekora**, *Auffindung einer Längsperiodizität im Röntgenkleinwinkelbild einer jodierten Kunstseide.* Vff. berichten über Röntgenkleinwinkelaufnahmen an einer G-Faser von DU PONT, die nach der Meth. von SCHWERTASSEK mit Jodlsg. behandelt worden war. Auf der Photometerkurve des Kleinwinkeldiagrammes tritt bei ca. 250 Å eine deutliche Inflexion auf. Auch etwa beim doppelten Winkel, also dem halben Abstand entsprechend, ist noch eine merkliche Erhebung im Untergrund festzustellen. Es erscheint Vff. als sicher, daß sich in diesem Befund eine Längsperiodizität ausdrückt, so daß also die besondere Gleichmäßigkeit des Aufbaues bestimmter Fasern nicht nur in bezug auf die Dicke der Teilchen, sondern auch in bezug auf die Länge vorhanden ist. (Z. Naturforsch. 9b. 505—06. Juli 1954.) C. GOTTFRIED. 8074

Josef Schurz, *Über die Reaktion von Diäthylchloracetamid mit Cellulosexanthogenat und Trithiokohlensäure.* Die Unters. der Reaktionsprodd. von Diäthylchloracetamid (DCA) mit Viscose ergab: DCA reagiert mit Cellulosexanthogenat bei $p_H \sim 7$ unter Bldg. von Diäthylacetamidocellulosexanthat von der nebenst. Formel. Diese Verb. zeigt eine starke selektive UV-Absorption bei einer Wellenzahl von $\gamma_1 = 3570\,mm^{-1}$ ($\log \varepsilon' = 2{,}45$), die der undissoziierten Xanthogensäure zugeschrieben wird. Im p_H-Bereich 8 reagiert auch Trithiocarbonat mit DCA unter Bldg. von Bis-[diäthylacetamido]-trithiokohlensäure. Diese gelbgefärbte Verb. schm. bei 120° u. zeigt eine starke selektive UV-Absorption bei einer Wellenzahl von $\gamma_1 = 3500\,mm^{-1}$ ($\log \varepsilon' = 2{,}5$), die der undissoziierten Trithiokohlensäure zugeschrieben wird. (Papier 9. 333—39. Juli 1955. Forschungsabt. V (Oberbruch) der Vereinigten Glanzstoff-Fabriken.) P. ECKERT. 8074

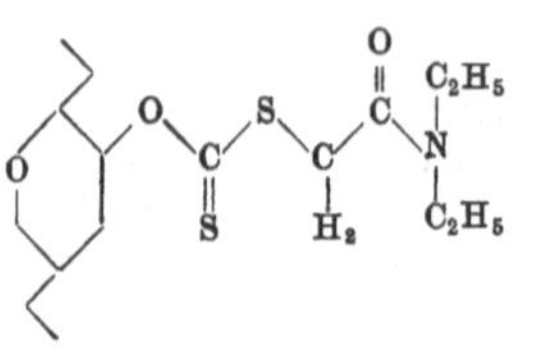

Giovanni Micarelli, *Textilfasern aus Unterhautbindegewebe*, das beim Entfleischen der zu gerbenden oder mineral. teilgegerbten Häute anfällt. Das Gewebe ist verhältnismäßig locker u. fettig. Es wird auf einen bestimmten p_H-Wert eingestellt u. getrocknet. Die schwammartige M. läßt sich leicht zu weichen Fasern kardieren, die nicht sehr temperaturempfindlich sind. Die Faser („Cuojesco") kann mit anderen Textilfasern zu Geweben, Filzen u. Teppichen verarbeitet werden. (Cuoio-Pelli-Mater. concianti 27. 150—52. Aug. 1951.) G. SALZMANN. 8078

Kiyoshi Hirabayashi, Noboru Mori und **Koji Fukumi**, *Die Herstellung von Vinylonfasern mit verschiedenen Querschnittsformen.* Vinylonfasern mit nahezu rundem Querschnitt lassen sich dadurch erhalten, daß man in geringen Mengen NaOH oder H_2SO_4 der Spinnlsg. (Polyvinylalkohol) oder dem sauren bzw. bas. Fällbad zusetzt. Bei Verwendung einer neutralen Spinnlsg. begünstigt eine niedrigere Konz. an Na_2SO_4 bei höherer Fällbadtemp. die Bldg. runder Querschnitte. Obgleich die Querschnittsform nur einen geringen Einfl. auf die Festigkeitseigg. der Faser hat, ist das Bindungsvermögen einer Faser mit rundem Querschnitt größer als mit nierenförmigem. (J. Soc. Textile Cellulose Ind., Japan [Sen-i Gakkai shi] 10. 386—89. Sept. 1954. [Orig.: japan.; Auszug: engl.]) P. ECKERT. 8080

K. Quehl und **W. Siegel**, *Die Messung des Knitterwinkels an Geweben und deren Beeinflussung.* Beschreibung des Verf. an Hand zahlreicher prakt. Beispiele. (Melliand Textilber. 36. 491—94. Mai 1955.) P. ECKERT. 8096

E. I. du Pont de Nemours & Co., Wilmington, übert. von: **Arthur A. Baum**, New Castle County, Del., V. St. A., *Optische Bleichmittel*, die sich bes. zur Behandlung von *Cellulosefasern* eignen u. diesen eine grünstichigblaue Fluorescenz verleihen, erhält man durch Diazotierung von „Primulin" (Nr. 812 in ROWE's Colour Index von 1924), Verkuppeln der Diazoverb. in saurem Medium mit einer Aminonaphthalinmono- oder -disulfonsäure (I) zum o-Aminoazofarbstoff u. Oxydation dieses Farbstoffs in bekannter Weise zur Triazolverbindung. Verwendet man als I 2-Aminonaphthalin-5.7-disulfonsäure, so erhält man eine Verb. der Formel II. Als I kommen z. B. auch in Frage: 1-Aminonaphthalin-4- bzw. -5-sulfonsäure oder 2-Aminonaphthalin-4- bzw. -6-sulfonsäure. (A. P. 2 704 286 vom 7/5. 1954, ausg. 15/3. 1955.) A. BRÖSAMLE. 8033

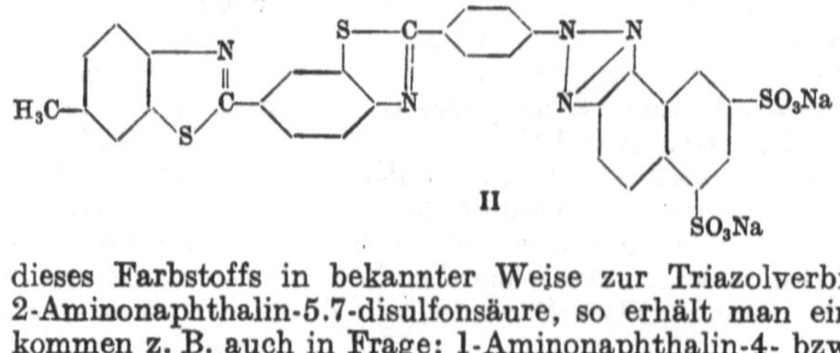

II

Bates Mfg. Co., Me., übert. von: **Adolph Renold,** Springdale, Conn., V. St. A., *Schutzgewebe, die das Anlaufen von Silberwaren verhindern.* Man imprägniert Gewebe mit einem Gemisch aus modifizierter, nicht- oder teilweise hydrolysierter Stärke u. einer feingemahlenen Ag-Verb., die mit H_2S reagiert, z. B. Ag-Pyrophosphat, -Stearat, -Jodat oder -Carbonat, wobei als Bindemittel ein trocknendes Öl oder ein Reaktionsprod. aus Sojaöl u. Maleinsäureanhydrid dient. (**A. P. 2 701 238** vom 11/3. 1952, ausg. 1/2. 1955.) H. MÖLLERING. 8037

Sayles Finishing Plants, Inc., übert. von: **William W. Russell** und **Herman C. Allen,** Saylesville, R. I., V. St. A., *Erzeugung von Glanz- und Prägeeffekten auf Baumwollgeweben.* In u. auf dem Gewebe wird aus wss. Lsg. eine mechan. verformbare u. mit CH_2O reaktionsfähige Celluloseverb. niedergeschlagen; anschließend wird kalandert, mit CH_2O u. einem die Rk. fördernden Katalysator behandelt u. danach das Gewebe erhitzt. — Z. B. imprägniert man Gewebe mit einer wss. Lsg. mit einem Geh. von 3 (%) Cellulosexanthat, 2,5 NaOH u. 2 nichtion. substantiven Weichmachern. Die Aufnahme aus der Flotte soll ca. 50% betragen. Ohne zu trocknen gibt man in wss. 10%ig. H_2SO_4-Lsg., wäscht heiß u. kalt, trocknet u. behandelt unter einem Prägekalander bei 204°. Anschließend behandelt man mit einer wss. Lsg. mit einem Geh. von 5 (%) CH_2O u. 0,3 NH_4SCN, trocknet bei 127° u. vergütet 2 Min. bei 177°. (**A. P. 2 689 194** vom 18/2. 1952, ausg. 14/9. 1954.) H. MÖLLERING. 8045

Montclair Research Corp. und **Ellis-Foster Co.,** N. J., übert. von: **Irving P. Hammer,** Belleville, und **John B. Rust,** East Hanover, N. J., V. St. A., *Nichteinlaufende Wolle.* Man belädt das Gut aus wss. Lsg. mit 2,5—10% einer Polyamidverb., die am N-Atom H-Atome enthält, u. vergütet durch Erhitzen bis unter die Schädigungstemperatur. Geeignete Verbb. erhält man z. B. durch tropfenweisen Zusatz von Paraform-diäthylaminoäthanol zu einer in HCOOH gelösten Poly-ε-aminocapronsäure. — 45 (Teile) der erhaltenen Lsg. werden mit 670 Aceton versetzt, worauf von dem Nd. 3,3 in 97 W. gelöst u. zur Imprägnierung von Wollgewebe verwendet werden. Das imprägnierte Tuch wird bei 75—80° getrocknet u. 15 Min. bei 130° vergütet. — Auch ein aus ε-Caprolactam erhaltenes Polyamid, das in HCOOH gelöst u. mit Paraformaldehyd u. Methyldiäthanolamin umgesetzt ist, kann nach der Rk. mit Aceton ausgefällt u. der Nd. in W. gelöst werden. (**A. P. 2 696 448** vom 17/3. 1949, ausg. 7/12. 1954.) H. MÖLLERING. 8061

Manufactures de Produits Chimiques du Nord, Établissements Kuhlmann, Paris, Frankreich, *Gefärbte Viscose für Spinnzwecke.* Man verleibt der Viscose die alkal. Lsg. eines mit Küpen- (Anthrachinon-, Indigo-) oder unlösl. Azofarbstoffen (Naphthol + diazotierte Base) gefärbten Celluloseglykol- oder -propylglykoläthers ein. (**Schwz. P. 304 596** vom 29/11. 1952, ausg. 16/3. 1955. F. Priorr. 23/7. u. 3/11. 1952. **Zusatz zu Schwz. P. 295 003; C. 1954. 9663.**) G. SALZMANN. 8075

Farbwerke Hoechst Akt.-Ges., vormals Meister Lucius & Brüning, Frankfurt/M. (Erfinder: **Paul Schlack,** Leitershofen), *Herstellung von hochmolekularen Polyamiden mit Polysulfidgruppen in der Kette,* dad. gek., daß man eine oder mehrere Amidgruppen im Mol. enthaltende Salze mehrwertiger organ. Thioschwefelsäuren, bes. Bis-thioschwefelsäuren, gegebenenfalls in Mischung, bei n. oder mäßig erhöhter Temp., bes. in wss. Lsg., mit den zur Verkettung von Alkylen-bis-thioschwefelsäuren üblichen Mitteln, bes. mit lösl. Alkalisulfiden oder -polsyulfiden, umsetzt. Die Ausgangsstoffe enthalten Amidgruppen der allg. Formel —NR—SO_2—, worin R = H oder Alkylrest u. SO_2— über C oder N im Mol. gebunden ist. Man verwendet vorteilhaft Verbb. mit Hydrazid-, bes. sek. Hydrazidgruppen. Die Ausgangsstoffe können neben Amidgruppen auch noch Gruppen mit bas. N enthalten u. zur Rk. neben Salzen mehrwertiger Thioschwefelsäuren mit Amidgruppen auch solche ohne diese Gruppen verwendet werden. — Als Ausgangsstoffe dienen nach den Beispielen: *N.N'-Di-(ζ-chlorhexyl)-pimelinsäurediamid,* F. 85—86° (aus Pimelinsäure u. Chlorhexylisocyanat); *N.N'-Di-(ζ-chlorhexyl)-sebacinsäurediamid,* F. 110°; *N.N'-Hexamethylen-bis-carbamidsäure-δ-chlorbutylester,* F. 91—93°; *Tetramethylenglykol-bis-(ζ-chlorhexyl)-carbamidsäureester,* F. 84—86°; *N.N'-Di-(ζ-chlorhexyl)-harnstoff,* F. 79°; *N.N'-Di-(ζ-chlorhexylcarbaminyl)-piperazin,* F. 116—117°; *N-Methyl-N-di-(γ-aminopropyl)-amin,* F. 79°; *N.N'-Di-(δ-chlorvaleroyl)-hydrazin,* F. 136 bis 137°. Zu reckbaren Fäden verspinnbare Polymerisate. (**D. B. P. 928 733** Kl. 39c vom 31/12. 1944, ausg. 10/6. 1955. Anmeldung bekanntgemacht 18/11. 1954.) H. SCHINDLER. 8081

Soc. Nobel Française, Soc. An., Seine, Frankreich, *Herstellung von Kunstharzschwamm.* Bei der sauren Acetalisierung von Polyvinylalkohol setzt man gasentwickelnde Stoffe (Carbonate, Bicarbonate, Zn, Al, Ni) zu, so daß sich ein poröses Polyvinylacetalgel bildet. — Zu 100 (Teilen) einer 15%ig. Polyvinylalkohollsg. (VZ. 30; hochviscos) gibt man 12 40%ig. Formol, dann 40 H_2SO_4 (D. 1,650) u. 2 einer gekörnten

Mischung, die beim Mischen von 10 g $CaCO_3$ u. 2 NH_4-Sesquicarbonat, Vermahlen mit 2 g 5%ig. Polyvinylalkohollsg. (Gummi arabicum, Proteine, Stärke) u. Absieben mit dem Sieb 60 entsteht. Der sich bildende Schaum wird in eine Form mit paraffinierten Wänden gegossen, bei 23° gehalten, nach 15 Std. mit W. u. 10%ig. Sodalsg. gewaschen. Man läßt den Schwamm eine 50%ig. wss. Äthylenglykollsg. aufsaugen, läßt den Überschuß aus u. trocknet. (**F. P. 1049870** vom 25/1. 1952, ausg. 4/1. 1954.) M. PANKOW. 8081

Hans Christoph Riedel, Voitsberg, Steiermark, Österreich, und **Walter Riedel,** *Glasfaserherstellung.* Zur Herst. einer Glasfaser mit matter oder rauher Oberfläche werden Gläser verwendet, welche im Laufe der Verarbeitung, z. B. beim Wiedererwärmen oder Erkalten, Aus- oder Abscheidungen liefern. Hierbei kann es sich um Gläser handeln, welche im Laufe der Verarbeitung anlaufen, entglasen oder Kristalle ausscheiden. In Frage kommen z. B. mit Au oder Se gefärbte Gläser, mit Phosphaten, Sulfaten oder Fluoriden hergestellte Opalgläser oder Gläser, welche Metalle oder Oxyde, z. B. Cu oder Cr_2O_3, gelöst enthalten. (**D. B. P. 899401** Kl. 32a vom 31/12. 1943, ausg. 24/2. 1955. Anmeldung bekanntgemacht 5/3. 1953.) HANS HOFFMANN. 8083

XIX. Brennstoffe. Erdöl. Mineralöle.

J. R. Arthur und **M. M. Raftery,** *Die langsame Verbrennung fester Brennstoffe.* An Hand von 27 Schrifttumsangaben wird ein zusammenfassender Überblick gegeben, aus dem hervorgeht, daß die Kenntnisse der Rk. zwischen O_2 u. C weniger bekannt sind als die der Umsätze zwischen Dampf u. C u. CO_2 u. C. (Brit. Coal Utilisat. Res. Assoc., monthly Bull. **18.** 469—76. Okt. 1954.) F. ROSENDAHL. 8128

Erich Rammler und **Georg Bilkenroth,** *Über einige stoffliche Einflüsse auf die Verkokungsstandfestigkeit von Feinstkornbriketts aus Niederlausitzer Braunkohle.* Die von anderer Seite behauptete Verbesserung der Koksgüte durch Extraktion der Braunkohle (I) vor der Brikettierung konnte nicht bestätigt werden. Die mit Bzl.–Aceton extrahierte I ergab weniger feste Briketts, was Vff. auf Veränderung von Oberflächenkräften durch adsorbierte Lösemittelschichten zurückführen. Die Abrieb- u. Druckfestigkeit der aus extrahierter I hergestellten Briketts ist schlechter als die aus unbehandelter I. Die aus Niederlausitzer I zu extrahierenden Bitumenmengen sind klein. Die Qualität ist fragwürdig. Freie Huminsäuren liefern festeren Koks als Humate. Schwankungen in der Verteilung der Huminsäuren auf freie Huminsäuren u. Humate im Braunkohlenflöz können gewisse Schwankungen in der Festigkeit des Braunkohlenhochtemperaturkokses nach sich ziehen. (Freiberger Forschungsh., Reihe A **1954.** Nr. 30. 47—65. Dez. Freiberg u. Berlin.) F. ROSENDAHL. 8136

Erich Rammler und **Erich Kaltofen,** *Zur Ermittlung der Standfestigkeit von Briketts bei der Schwelung, Vergasung und Verkokung.* Vff. geben eine Zusammenstellung der im Freiberger Inst. angewendeten Methoden u. Apparate zur Ermittlung der Schwel-, Verkokungs- u. Vergasungsstandfestigkeit von Briketts aller Art. Die Auswertung der Ergebnisse wird erläutert. (Freiberger Forschungsh., Reihe A **1954.** Nr. 30. 67—117. Dez. Freiberg.) F. ROSENDAHL. 8140

Howard R. Batchelder und **Robert M. Busche,** *Kinetik der Kohlevergasung.* In Fortsetzung der Arbeiten über Kinetik der Kohlevergasung (vgl. C. **1954.** 6138) bringen Vff. eine Meth. zur Berechnung der kinet. Änderungen, die während der Vergasung von Kohle mit O_2 u. Wasserdampf eintreten. Diese Meth., systemat. auf eine Anzahl von Vergasungen angewandt, führte zur Aufstellung von Kurven, aus denen die Anlauf- u. Verweilzeit, das O_2–Kohlenstoff-Verhältnis bei der Kohlenumwandlung, die Ausbeute an Synthesegas, die Flammentemp. u. die Temp. der Abgase abgelesen werden können. Aus den graph. Darstellungen können auch die bei der Herst. von Synthesegas auflaufenden Kosten berechnet u. dadurch die optimalen Arbeitsbedingungen ermittelt werden. (Ind. Engng. Chem. **46.** 2501—08. Dez. 1954. Louisiana, Mo., U. S. Bur. of Min.) K. O. MÜLLER. 8148

N. N. Poljakow, *Die Bildung von Acetylenverbindungen des Kupfers in Tiefkühlapparaten für Kokereigas. Cu* reagiert bei gewöhnlicher Temp. mit C_2H_2 nur wenig; nach 7 Monaten beträgt die Dicke der Cu-Acetylenid (I)-Schicht nur 0,4—1,7 μ; bei Überleiten der C_2H_4-Fraktion von Kokereigas entsteht eine I-Schicht von 0,33 μ, mit der CH_4-Fraktion eine Schicht von 0,16 μ. $CuCO_3 \cdot Cu(OH)_2$ (II) u. Cu–NH_3-Komplexverbb. (III) reagieren mit C_2H_2 u. C_2H_2-haltigen Fraktionen auch in trockenem Zustand. Nach 80 Tagen enthält II 44—44,4% I (als $Cu_2C_2 \cdot H_2O$ berechnet), III 14,8—23,9%, nach 53 Tagen Berührung mit C_2H_4-Fraktion 17,7—18,1 bzw. 23,8—24,1%. CuS u. CuO reagieren wesentlich schwächer. Da Kokereigas stets NH_3 enthält, ist die Bldg. von I in Tiefkühlanlagen für dieses Gas wahrscheinlich auf die Rk. von C_2H_2 mit III zurückzuführen. (Химическая Промышленность [Chem. Ind.] **1954.** Nr. 8. 9—14. Dez.) R. K. MÜLLER. 8156

Takehiko Arai, *Wünschenswerte Eigenschaften im Hinblick auf die Verbesserung von flüssigen Brennstoffen.* Vf. macht verschied. Vorschläge, um die eingeführten Brennstoffe so zu vervollkommnen, daß sie zu 100% ausgenutzt werden können. (J. Fuel Soc. Japan **34**. 2—10. Jan. 1955. [Orig.: japan.; Auszug: engl.]) F. ROSENDAHL. 8158

R. H. Griffith, *Die Entfernung von Schwefel aus gasförmigen Brennstoffen durch Trockenverfahren.* Übersicht über die chem. Vorgänge bei der Bindung von H_2S durch Fe_2O_3, die dazu verwendeten Fe_2O_3-Arten, deren Quellen u. die prakt. Ausführung des Verfahrens. — 26 Schrifttumshinweise. — Aussprache. (Gas J. **280** (**106**). 254—57. 27/10. 332—34. 3/11. 1954. London, Gas Council, London Res. Stat.) W. WESLY. 8172

Otto Kruber und **Rudolf Oberkobusch**, *Über neue Bestandteile des Steinkohlenteerpechs.* Vff. untersuchen den Rückstand der Teerdestillation. 50% dieses Rückstandes lassen sich entweder durch Wasserdampfdest. im Vakuum oder aber durch Vakuumdest. bei 2—4 Torr abtrennen. Vff. wählten den ersten Weg. Anschließend an die Wasserdampfdest. erfolgte eine fraktionierte Dest. u. genaue Unters. der Fraktion von 450—500, die Vff. als *Picen*-Fraktion bezeichnen. Durch KOH-Schmelze bei 230—240° wurden Verbb. mit akt. H gebunden u. Heterocyclen aufgespalten. Durch stufenweise Fällung mit Pikrinsäure (I) wurde ein unbekannter KW-stoff (II), $C_{20}H_{12}$, F. 216—217°, neben *3.4-Benzofluoranthen* (III) aus der Fraktion bei 470° isoliert. Als Begleitstoff des *Picens* wurde *1-Oxo-1.2-dihydro-2-aza-pyren* (**IV**) gefunden. **IV** wurde auch synthetisiert. Bei der Zinkstaubdest. gibt es *Thebenidin*, $C_{15}H_9N$.

V e r s u c h e: *KW-stoff* (II), $C_{20}H_{12}$, F. 216°, aus der Pechdest., Kp. 463—470°, mit einer adiabat. Kolonne mit 12—15 theoret. Böden, anschließender KOH-Schmelze u. Fällung mit I u. Isolierung aus dem Pikrat (gelbe Nadeln). *Pikrat*, $C_{20}H_{12}\cdot C_6H_3N_3O_7$, F. 155—156°, bronzefarbene Nadeln. Durch Oxydation von II mit $Na_2Cr_2O_7$ in Eisessig entsteht ein *Chinon*, $C_{20}H_{10}O_2$, F. 226° (rote Nadeln). — *3.4-Benzofluoranthen* (III), $C_{20}H_{12}$, F. 168°, analog II u. fraktionierte Fällung mit I. *Pikrat*, F. 155—156°; *o-[Fluorenonyl-(1)]-benzoesäure*, $C_{20}H_{12}O_3$, F. 203°, aus III durch Oxydation mit $Na_2Cr_2O_7$ in Eisessig bei 60°. — *1-Oxo-1.2-dihydro-2-aza-pyren* (**IV**), $C_{15}H_9ON$, F. 342°, aus der Pechfraktion von 474—480° analog II, u. zwar aus dem Rückstand der KOH-Schmelze nach Entfernen der KW-stoffe. *Jodmethylat*, F. 240°, oder **IV** auch durch Synth. aus dem Keton des 4.5-Methylenphenanthrens mit HN_3 in Ggw. von H_2SO_4 in $CHCl_3$. (Chem. Ber. **85**. 433—36. 20/5. 1952. Duisburg-Meiderich, Ges. für Teerverwert., Wiss. Labor.) J. KLEINWÄCHTER. 8176

P. L. Cottingham, S. S. Tihen, J. F. Brown, E. O. Kindschy jr., R. E. Kelley, W. E. Schunter und **W. K. R. Murphey**, *Gilsonit, eine Quelle für synthetische Kraftstoffe.* Der im Staate Utah in großen Mengen vorkommende Gilsonit ist ein Asphaltit der folgenden Zus. in Gew.-%: C 85—86, H 8,5—10, N 2,0—2,8, S 0,3—0,5 u. O 0,2. Bei einer ähnlichen Verschwelung wie bei Ölschiefer erhält man ein Destillat mit wesentlich weniger S. Nach milder Raffination zur Herabsetzung des Harzgeh. u. Verbesserung der Stabilität u. Farbe erhält man aus der Naphthafraktion ein Bzn., das sich wegen seiner hohen OZ. als Verschnittbenzin eignet. Die straight-run-Fraktion ist wegen des hohen Olefin- u. Aromatengeh. ein schlechtes Dieselöl; wegen seines hohen N-Geh. ein schlechtes Ausgangsprod. für die Spaltung. Sie kann aber unter milden Bedingungen hydriert werden, wobei 39% eines stabilen Bzn. anfallen mit geringem S-Gehalt. Durch Mischen mit ca. 3 ml Bleitetraäthyl/gallon erhält man einen den OZ.-Bedingungen entsprechenden Kraftstoff. Durch Hydrierung des Rücklaufes können 80% Bzn. aus der straight-run-Fraktion erhalten werden, die durch Verschnitt mit den bei der Hydrierung anfallenden höher als C_4 liegenden KW-stoffen gute Kraftstoffe abgeben. (Ind. Engng. Chem. **47**. 328—32. Febr. 1955. Laramie, Wyo., Bur. of Min., Petroleum and Oil-Shale Exp. Stat.) K. O. MÜLLER. 8228

A. R. Lee und **E. J. Dickinson**, *Die Dauerhaftigkeit von Straßenteer (mit besonderer Berücksichtigung seiner Verwendung in Teermakadam-Verschlußdecken).* Eine Erhöhung der Viscosität der Teere beim Altern von Straßenbaumassen hat eine zur Zerstörung führende Versprödung zur Folge. Umgekehrt verlängert jede Verringerung des Viscositäts/Temp.-Koeff. die Lebensdauer. Eine Viscositätszunahme ist möglich durch Verdunstung, bes. aber durch Oxydation sowie durch Auskristallisieren gewisser Bestandteile. Vff. untersuchten sehr eingehend das Oxydationsverh. der Teere u. von Teerölfraktionen im Dunkeln u. im Licht, welches die Oxydation fördert. Phenolreiche Horizontalretortenteere u. Koksofenteere werden stärker oxydiert als entphenolierte oder phenolarme Vertikalretortenteere. Ein Druckoxydationsverf. unter 20 atü O_2 64 Std. bei 65° mit nachfolgender Best. des Brechpunktes nach FRAASS wurde entwickelt u. die App. hierfür beschrieben. Beeinflussung der inneren Struktur der Teere erfolgt noch durch Ausscheidungen aromat. KW-stoffe des Naphthalin–Anthracen-Typs bei 15° u. darunter. Zusatz von 10 Gew.-% Trinidad-Asphalt wirkt dagegen günstig. Unterss.

der Extrakte ausgebauter Straßenbaumassen zeigten Übereinstimmung mit den durch Oxydation herbeigeführten Veränderungen. Für das Verh. mancher Koksofenteere ist aber das bisherige Material noch nicht ausreichend. Zahlreiche Verff. werden ausführlich beschrieben. — 25 Literaturhinweise. (Dep. sci. ind. Res., Road Res. techn. Pap. **1954**. Nr. 31. 1—48. Harmondsworth, Middlesex, Road Res. Labor.) F. HEINRICH. 8236

Roy J. Helfinstine, *Beziehungen zwischen der Verbrennung von Kohle in Hausfeuerungen, Laboratoriumsversuchen und Kohlentypen.* 4. Mitt. *Verbrennungsversuche mit Illinois- und anderen Kohlen.* (3. vgl. State Illinois, Divis. State geol. Surv., Rep. Invest. **133**. [1948.] 47.) Aus den zahlreichen Verss. ist nur zu entnehmen, daß allein Verbrennungsteste befriedigende Werte ergeben, um die Geeignetheit einer Kohle für automat. Feuerungen zu bestimmen. Die Standard-Analysenmeth. für die Bewertung von Kohlen besitzt nur einen sehr begrenzten Wert, um aus solchen Zahlen Schlüsse zu ziehen für die Bewertung einer Kohle. Selbst bei der Schlackenbldg. konnten keine Beziehungen gefunden werden. (State Illinois, Divis. State geol. Surv., Rep. Invest. **1951**. 1—46.) K. O. MÜLLER. 8246

R. A. Mott und **H. C. Wilkinson,** *Die Anwendung der Eschka-Methode zur Bestimmung hoher Schwefelgehalte.* Vff. verbessern die Meth. von ESCHKA (J. chem. Soc. [London] **27**. [1874.] 1007) zur Best. von S in Kohle so, daß die Verbrennungstemp. von 2½ auf 1 Std. red. werden kann, daß S-Gehh. bis zu 50% in 1 g-Proben u. bis zu 100% in 0,1 g-Proben bestimmt werden können u. daß der $BaSO_4$-Nd. bereits nach 30 Min. abfiltriert werden kann. Wichtig ist dabei, daß immer ein genügender Überschuß an $BaCl_2$ angewandt wird. Die mit 2 g ESCHKA-Mischung (2 Gewichtsteile MgO + 1 Gewichtsteil wasserfreies Na_2CO_3) vermischte Probe wird auf 1 g ESCHKA-Mischung gelegt u. mit 1 g ESCHKA-Mischung überdeckt u. in einer gut ventilierten Muffel 1 Std. auf 800° erhitzt. Mit 70%ig. $BaCl_2$-Überschuß wird dann das Sulfat ausgefällt u. nach 30 Min. abfiltriert. Der feuchte Nd. mit dem Filterpapier wird 15 Min. lang verascht. (J. appl. Chem. **3**. 218—23. Mai 1953. London, British Coke Res. Assoc.)

MAX SCHMIDT. 8246

W. C. Holmes & Co. Ltd., Frederick Brian Holmes, William Sykes und **Clifford Pearson,** Huddersfield, England, *Abscheiden von Teer aus Stadt- und ähnlichen Gasen auf elektrostatischem Wege,* indem eine Anlage bzw. Vorr. benutzt wird, die bzgl. ihres elektr. Teils kleiner als die allg. üblichen elektrostat. Anlagen ist u. in der der Gasstrom durch vertikale Teilung der Behandlungskammer zuerst von unten nach oben u. anschließend von oben nach unten geführt wird. — Vorrichtung. (**E. P. 640 456** vom 21/3. 1947, ausg. 19/7. 1950.) K. DEMMLER. 8165

Standard Oil Development Co., Del., übert. von: **Frank A. Howard,** New York, N. Y., V. St. A., *Abtrennen von Äthan aus Naturgas.* Um den Spitzenbedarf bei Heizgasen (Naturgas) besser regulieren zu können, werden Äthan, Propan u. Butan mittels Aktivkohle aus dem Naturgas entfernt. Im Bedarfsfall werden in einem Mischer bestimmte Mengen an Äthan, Propan u. Butan dem Naturgas vor seiner Verwendung als Heizgas zugegeben. — Zeichnungen. (**A. P. 2 688 534** vom 27/1. 1950, ausg. 7/9. 1954.) E. KAHLES. 8187

Phillips Petroleum Co., Del., übert. von: **Rufus V. Jones,** Bartlesville, Okla., V. St. A., *Wässeriger Bohrschlamm* mit einem Geh. an anorgan. Bestandteilen, die an den Wänden der Bohrlöcher einen Filterkuchen bilden (Gemische aus Bentonit, Kaolin, $BaSO_4$, $CaSO_4$), gek. durch einen Geh. eines wasserlösl. Alkalisalzes eines Chitins (I), z. B. Alkalichitinsulfat oder Alkalicarboxymethyl- oder -carboxyäthylchitin. — Beispiele für Herst. von Alkalicarboxymethylchitin aus 1 (Gewichtsteil) Alkalichitin (Pulver) mit 1,5—2 Monochloressigsäure; von Alkalicarboxyäthylchitin aus 1 Alkalichitin u. 0,8—2 Acrylnitril u. Hydrolyse des erhaltenen Cyanäthylchitinäthers unter Zugabe von Alkalihydroxyd. — Zusatzmenge: 1—10 lbs./barrel Bohrschlamm. (**A. P. 2 670 329** vom 3/8. 1950, ausg. 23/2. 1954.) E. DREWS. 8191

Standard Oil Development Co., übert. von: **Gordon W. Duncan,** Westfield, N. J., V. St. A., *Herstellung von Mahoganysulfonaten.* Zur Wiedergewinnung der Sulfonsäurebestandteile aus sauren Ölen neutralisiert man letztere mit Triäthanolamin in genügendem Überschuß (5—100 Vol.-% über die zur Neutralisation erforderliche Menge), um die Triäthanolaminsulfonate in Lsg. zu halten. Es bildet sich eine abgetrennte Schicht, die die durch die Neutralisation erzeugten Sulfonate enthält. Man trennt die Triäthanolaminsulfonatschicht von der Ölschicht. Nach der Sulfonierung der KW-stofföle mit rauchender H_2SO_4 wird der Säureschlamm abgetrennt u. die verbleibenden sauren Öle wie oben neutralisiert. (**A. P. 2 692 278** vom 5/1. 1951, usg. 19/10. 1954.) P. UNGER. 8195

Universal Oil Products Co., Des Plaines, Ill., V. St. A., übert. von: **Kenneth M. Brown,** Hinsdale, *Entschwefelung und Reformierung von Kohlenwasserstoff-*

fraktionen. Man unterwirft die S-haltige Fraktion einer Entschwefelungsbehandlung in Ggw. von H_2 u. einem Entschwefelungskatalysator, mischt mindestens einen Teil des behandelten Prod. mit SO_2 u. behandelt die Mischung mit einem Oxydationskatalysator unter oxydierenden Bedingungen, trennt das aus der Oxydationszone kommende Prod. in eine S-freie KW-stofffraktion u. in eine Fraktion mit elementarem S, von der man einen Teil zu SO_2 verbrennt, das in der Oxydationszone Verwendung findet. Die S-freie KW-stofffraktion wird in Ggw. eines Reformierungskatalysators reformiert, u. die erhaltenen Prodd. werden in eine fl. u. eine Gasphase getrennt. Ein Teil der Gasphase gelangt in die Behandlungszone u. wird dort als H_2 verwendet. Hydrierkatalysator für die Entschwefelung: $CoO + MoO + Al_2O_3$; Oxydationskatalysator: Al_2O_3; Reformierungskatalysator: Pt, Al_2O_3 u. gebundenes Halogen. Arbeitsbedingungen: Entschwefelung: 300—800° F, 100—2000 (lbs./sq.in.); Oxydation: 400—800° F; Reformierung: 600—1000° F, 100—1000. — Zeichnung. (**A. P. 2 697 064** vom 13/7. 1953, ausg. 14/12. 1954.) P. UNGER. 8195

Universal Oil Products Co., Chicago, übert. von: **Armand J. de Rosset,** Clarendon Hills, und **Charles H. Watkins,** Western Springs, Ill., V. St. A., *Umwandlung schwefelhaltiger Kohlenwasserstofföle in zweistufiger Hydrierung.* Das Öl wird (im Gegenstrom) in Ggw. S-beständiger Katalysatoren (bes. Sulfide der 6. u. 8. Gruppe des Period. Syst.) mit H_2 unter Crack- oder sonstigen Umwandlungsbedingungen behandelt, wobei die S-Verbb. in H_2S umgewandelt werden, der mit dem restlichen H_2-Strom von den KW-stoffen abgetrennt u. gemeinsam mit einem zum Abstreifen von restlichem H_2S aus den KW-stoffen benutzten H_2-Strom einer Waschvorr. zur Entfernung des H_2S zugeleitet wird, worauf der H_2S-freie H_2 mit dem ebenfalls H_2S-freien KW-stoff (Crackprod. oder dgl.) einer Reformier- (Hydroformier-) Zone mit Metallen der 8. Gruppe (z. B. 0,1 bis 1% Pt auf Al_2O_3 mit 0,1—2% F oder Cl) als Katalysator zugeleitet wird. Der diese Zone verlassende H_2-Strom wird teilweise zur 1. Zone zurückgeleitet u. teilweise zum Abstreifen des H_2S aus dem fl. Prod. der 1. Zone benutzt. — Zeichnung. (**A. P. 2 671 754** vom 21/7. 1951, ausg. 9/3. 1954.) W. HEROLD. 8197

M. W. Kellogg Co., Jersey City, übert. von: **Joseph W. Jewell,** Summit, N. J., V. St. A., *Katalytische Umwandlung von Kohlenwasserstoffen.* Diese werden dampfförmig von unten mit solcher Geschwindigkeit durch ein Katalysatorbett geleitet, daß der Katalysator aufgewirbelt bzw. fluidisiert wird. Der verbrauchte Katalysator wird aus der Reaktionszone fortlaufend abgezogen, von den noch anhaftenden Reaktionsprodd. mittels Abstreifgas in einer Abstreifzone befreit u. in einer Regenerierzone regeneriert. Die flüchtigen Prodd. aus der Reaktions- u. der Abstreifzone werden vereinigt u. weiter aufgearbeitet. — Vorrichtung. (**A. P. 2 686 710** vom 1/6. 1951, ausg. 17/8. 1954.) E. KAHLES. 8197

Standard Oil Development Co., Elizabeth, N. J., V. St. A., *Umwandeln von Kohlenwasserstoffen* (I) unter Verbesserung der Octanzahl u. Erhaltung des Siedebereichs (*Motorentreibstoff*), dad. gek., daß eine Hydroformierung nach dem Wirbelschichtverf. durchgeführt wird, wobei verbrauchter Katalysator ständig abgezogen u. nach Entfernen von mitgeführten I mittels Abstreifgas in einer mehrstufigen Regeneriervorr. unter Abwesenheit von Wasserdampf einer Regenerierung mittels O_2 im Gegenstrom derart unterzogen wird, daß den einzelnen Regenerierstufen verschieden hoch vorerhitztes O_2-haltiges Gas zugeführt u. die Temp. in den Stufen in Richtung des Katalysatorflusses von 850—1000° F auf ca. 1200° F ansteigt, so daß in der 1. Zone auf dem Katalysator enthaltener H (H-Verbb.) u. erst in späteren Zonen C aboxydiert wird. Die Temp. in den Regenerierstufen kann indirekt mittels Ausgangs-I oder Kreislaufgas kontrolliert werden. (**E. P. 716 505** vom 6/11. 1951, ausg. 6/10. 1954. A. Prior. 25/1. 1951.) W. HEROLD. 8205

Standard Oil Development Co., Elizabeth, N. J., V. St. A., *Stabilisatoren für Motortreibstoffe,* die mit Tetraalkylblei verbleit sind, sind Dialkylformamide (I), z. B. Dimethylformamid oder Morpholin (II). Zusatzmenge von I 0,2—0,5 (Vol.-%), von II 0,5—1. Der Treibstoff kann außerdem Antioxydantien u. Verschlammungsinhibitoren enthalten; er ist beständig gegen Feuchtigkeit bei Kälte. (**E. PP. 721 354** u. **721 430** vom 29/11. 1950, ausg. 5/1. 1955. A. Prior. 28/6. 1950.) E. DREWS. 8205

• **N. V. de Bataafsche Petroleum Mij.,** Den Haag, Holland, *Erhöhung der Klopffestigkeit von Kohlenwasserstoffen des Gasolinsiedebereichs.* Man setzt die KW-stoffe in der 1. Stufe in Ggw. von H_2 bei 430—500° u. einem Druck von 20—100 at mit einem Katalysator (Metalle oder Verbb. von Metallen der 6. oder 8. Gruppe des Period. Syst., wie Ni–W- oder Co-Mo-Sulfidgemisch, Pt oder Rh, auf einem mit Halogenwasserstoff oder diesen abgebenden Verb., wie Fluorbenzol, Ammoniumfluorid oder tert.-Butylchlorid, aktivierten Al_2O_3-Träger) mit einer Durchsatzgeschwindigkeit von 0,5—5 kg KW-stoff/Liter Katalysator/Std. um. Die Prodd. der 1. Stufe werden zur Dehydrocyclisierung in Ggw.

von 3—15 Mol H_2/Mol KW-stoffe bei 475—580° u. einem Druck von 1—25 at mit einem Katalysator (Metalle oder Metallverbb. der 5., 6. oder 8. Gruppe auf mit Halogenwasserstoff aktiviertem Träger) in Berührung gebracht. (**E. P. 719 882** vom 11/6. 1952, ausg. 8/12. 1954. Holl. Prior. 13/6. 1951.) E. KAHLES. 8207

Texas Co., New York, N. Y., übert. von: **Theodore C. Heisig,** White Plains, N. Y., V. St. A., *Dieseltreibstoff.* Zur Verbesserung der Cetanzahl werden dem Treibstoff 0,1—1 Gew.-% Verbb. der allg. Formel I zugesetzt. Hierin bedeutet R einen C_{4-20}-Alkylrest, R' ist H oder R, n = 2,4 oder 6. — Beispiel: Selendiamyldithiocarbamat. (**A. P. 2 685 502** vom 20/5. 1950, ausg. 3/8. 1954.) E. DREWS. 8213

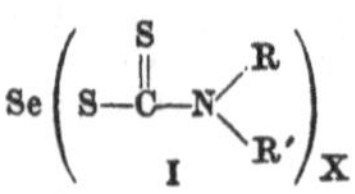

W. T. Henley's Telegraph Co. Ltd., London, England, *Kabelisolieröl.* Zur Isolierung von Cu-Kabeln, die mit einer Isolierung aus ölimprägniertem Papier in einem Metallrohr eingebettet sind, wird als Imprägnieröl ein Mineralöl mit einem Geh. von 0,10—5 Gew.-% nitrosubstituierten aromat. oder heterocycl. KW-stoffen, z. B. 6-Nitrochinolin, 6-Nitro-8-methoxychinaldin, p-Nitrotoluol, verwendet. (**E. P. 721 991** vom 1/3. 1950, ausg. 19/1. 1955.) E. DREWS. 8219

Eastman Kodak Co., Rochester, N. Y., übert. von: **Alan Bell** und **M. B. Knowles,** Kingsport, Tenn., V. St. A., *N-tert.-alkylierte aromatische sekundäre Diamine.* Man erhitzt ein aromat. prim. Diamin mit einem gesätt. tert. Alkylalkohol u. einem Katalysator auf 150—220°. — *N.N'-Di-tert.-butyl-p-phenylendiamin.* Man erhitzt p-Phenylendiamin mit tert.-Butylalkohol u. HCl, mit oder ohne Zusatz einer geringen Menge J_2, auf 180°, F. 77—79,5°. — Analog: *N.N'-Di-tert.-butyl-m-phenylendiamin,* F. 156—157°. — *N-tert.-Butyl-2.4-diaminotoluol,* F. 56,6—58°. — *Antioxydantien* u. *Stabilisatoren für Mineralöle* u. polymere Substanzen, wie Kautschuk. (**A. P. 2 692 288** vom 29/3. 1951, ausg. 19/10. 1954.) G. LANGER. 8221

XXI. Leder. Gerbstoffe.

P. J. van Vlimmeren, *Die Untersuchung selbst hergestellter Chromflüssigkeiten auf die Anwesenheit von sechswertigem Chrom.* Übersicht über die bei der Red. von $Na_2 \cdot Cr_2O_7$ (I) zu Cr(III)-Salzen sich abspielenden Rkk., die sich für die Gerbung ergebenden Nachteile, wenn infolge Unvollständigkeit der Red. I zurückbleibt, u. die zum Nachw. von Cr^{6+} dienenden Rkk. (Oxydation mit H_2O_2 in saurer Lsg.: Blaufärbung; Versetzen mit Diphenylcarbazid: Violettfärbung). (Nederl. Leder-Ind. **65.** 798—99. 16/12. 817—19. 23/12. 1954. Waalwijk, Lederinst., TNO.) W. WESLY. 8336

Ss. W. Arbusow und **I. N. Weretennikow,** *Eine Emulgierpaste für Leder.* Zur Herst. der bereits im Großbetrieb verwandten *Lederemulgierpaste* (I) dienten durch Oxydation von *Petroleum* erhaltene synthet. Fettsäuren, die mit Ölen sowie Talg u. Paraffin haltbare Emulsionen ergaben. Unter Mitbenutzung von I geschmiertes Juchtenleder hatte bessere Konstanten des Restfettes nach der Sandbehandlung, der Wasserbenetzung u. der Wasserdurchlässigkeit. Allg. wurde mit I eine Verbesserung der Wasserfestigkeit der untersuchten Ledersorten erhalten, des weiteren wesentliche Ersparnisse bei seiner Verwendung. (Легкая Промышленность [Leicht-Ind.] **11.** Nr. 5. 38—41. Mai 1951.) E. FÖRSTER. 8338

Juraj Wolf, *Neues Verfahren der Bewertung von Gerbstoffen.* Als Maßstab für die Gerbwrkg. entwickelt Vf. eine von ihm als „*TO-Zahl*" bezeichnete Größe: % Gerbstoff·Einwaage in g/Liter/a·0,4, wobei a der durch Titration mit 0,1n$KMnO_4$-Lsg. in schwefelsaurer Lsg. ermittelte O_2-Verbrauch für die Oxydation des organ. Anteils der analyt. Gerbstofflsg. ist; 1 cm³ entspricht beim n. Geh. der analyt. Lsg. (3,75 bis 4,25 g/Liter) 0,0008 g O_2. TO bedeutet „tanninorganic matter". (Chem. Zvesti **8.** 235 bis 239. 1954.) R. K. MÜLLER. 8364

XXIV. Photographie.

María Teresa Vigón und **M. Solis,** *Über die Wirkung zweier aufeinanderfolgender Belichtungen auf photographische Schichten.* (Vgl. C. **1955.** 6667.) Beim Vgl. zweier aufeinanderfolgender Belichtungen mit einer nicht unterbrochenen Belichtung zeigt sich ein Einfl. der Lagerung auf die Wrkg. der zweiten Belichtung im Sinne einer Verminderung, die am stärksten bemerkbar ist, wenn beide Belichtungen ähnliche Beträge haben. Dies beruht darauf, daß ein Teil der kleinen Keime des ersten latenten Bildes während der Lagerung verschwindet, bes. bei Körnern, die nur wenig kleine Keime haben. Dadurch, daß während der Lagerung die Zahl der Körner zunimmt, die Br abgeben, das die benachbarte Gelatine nicht vollständig aufnehmen kann, schwächt das bei der zweiten Belichtung entstehende Br das erste latente Bild. (Optik **11.** 541—56. 1954. Madrid, Inst. de Optica Daza de Valdés.) R. K. MÜLLER. 8594

T. Evans, J. M. Hedges und **J. W. Mitchell,** *Ein weiterer Beitrag zur Theorie der photographischen Empfindlichkeit.* Ausgehend von älteren Arbeiten (vgl. C. **1953.** 9700 u. C. **1954.** 929), berichten Vff. über neue Verss. an *AgBr*-Mikrokristallen. Diese werden, wie l. c. beschrieben, durch Erstarrenlassen von geschmolzenem AgBr zwischen polierten Borsilicatgläsern gewonnen. Solche AgBr-Mikrokristalle, die sich infolge der unterschiedlichen Abkühlung von Glas u. Schmelze in einem Spannungszustand befinden, entsprechen in ihrem Verh. weitgehend den AgBr-Körnern photograph. Emulsionen, deren Empfindlichkeit durch Gitterstörstellen beeinflußt wird. — Während es nicht möglich ist, bei einem Kristall mit Spannungen nach Belichten u. Entwickeln ein Oberflächenbild nachzuweisen, läßt sich nach Anätzen der Oberfläche mit verd. *KCN*-Lsg. ein inneres latentes Bild entwickeln. Wird ein Mikrokristall sehr lange belichtet, so wird photolyt. *Ag* an inneren Grenzflächen abgeschieden. Auch einen Mikrokristall kann man oberflächlich entwickeln, wenn man ihn analog den bei photograph. Emulsionen angewandten Methoden „sensibilisiert", z. B. durch Eintauchen in eine 0,5%ig. Lsg. einer inerten *Gelatine* ohne oder mit Zusätzen, wie *Lactose, Thiosulfat, Allylthioharnstoff, Kaliumaurothiocyanat, Natriumdithiosulfat* oder *Kaliumiridiumchlorid.* Das Reaktionsvermögen des AgBr mit solchen Sensibilisatoren hängt weitgehend von der physikal. Beschaffenheit seiner Kristallstruktur ab. Auch ohne Verwendung von Gelatine lassen sich AgBr-Kristalle sensibilisieren, wenn man im Vakuum metall. *Ag* oder *Au* (10^{14} Atome/cm^2) auf das AgBr aufdampft. Da sich Ag_2S nicht aufdampfen läßt, wurde der Mikrokristall mit H_2S im N_2-Strom behandelt, wobei ebenfalls eine Empfindlichkeitssteigerung eintritt. Wird ein sensibilisierter Mikrokristall mit CrO_3-Lsg. behandelt, so tritt Desensibilisierung ein, die weitgehend von der Vorbehandlung des AgBr abhängt. Mit Ag_2S in Abwesenheit von Gelatine behandeltes AgBr wird durch Einw. von Br_2-Dampf ohne vorherige Belichtung entwickelbar. Werden sensibilisierte Kristalle hinter einem engen Spalt von 10—15 μ belichtet, so ist das Abbild des Spaltes höchstens um 1 μ breiter als der Originalspalt, das heißt, die Entw. von Mikrokristallen bleibt auf einen viel engeren Raum beschränkt, als dies bei Entw. von Emulsionskörnern der Fall ist. Kristalle mit aufgedampftem metall. Ag sind im Gegensatz zu solchen mit Au u. Ag_2S nicht stabil. Werden diese instabilen Kristalle nach einigen Wochen untersucht, so zeigt sich, daß das metall. Ag in den Kristall hineindiffundiert ist u. als interner Schleier mit eigenartigen Netzstrukturen nach Weglösen der Oberfläche nachgewiesen werden kann. — Die Verss. wurden ausgedehnt auf Gelatineemulsionen aus reinem AgBr mit relativ großen Körnern von einem Durchmesser bis zu 8 μ. Durch Anlösen mit NH_4Br oder NH_4CNS wird nachgewiesen, daß sich Anhäufungen von Gitterdefekten im Zentrum u. an den Rändern des Kristalls befinden. Schwache Belichtungen geben ein latentes Oberflächenbild in der Mitte des Kristalls, bes. an den Stellen, die am leichtesten angelöst werden. Durch eine intensive Belichtung wird das latente Oberflächenbild solarisiert, u. die Entw. erfolgt an den Kristallrändern. Das interne latente Bild sitzt ausschließlich im Innern der Kristallmitte. Auch bei AgBr-Körnern bis zu 8 μ Durchmesser bestehen zweifellos Beziehungen zwischen den Spannungszuständen im Kristall u. den Gitterstörstellen hinsichtlich der Verteilung des externen u. internen latenten Bildes. Läßt man CrO_3 auf unsensibilisiertes AgBr von 8 μ einwirken, so verlieren sie, ebenso wie Mikrokristalle aus der Schmelze, rasch an Empfindlichkeit. Mit *S* sensibilisierte Körner werden durch Behandeln mit Br_2-Dampf ebenfalls spontan entwickelbar. — Die an den AgBr-Mikrokristallen gewonnenen Erkenntnisse bilden den Ausgangspunkt zu einer ausführlichen Diskussion über den Zusammenhang zwischen Gitterdefekten in AgBr-Kristallen u. ihrer Sensibilisierung, über die Verteilung der Störstellen innerhalb der Kristalle, über die Reifkeime u. die Vorgänge bei der Entstehung des latenten Bildes, über die Natur des latenten Subbildes u. des stabilen latenten Bildes. — 39 Literaturangaben u. 20 Mikroaufnahmen. (J. photogr. Sci. **3.** 73—87. Mai/Juni 1955. Bristol, Univ., H. H. Wills Physical Labor.) W. GÜNTHER. 8594

Carolyn Lipetz und **Frank J. Loeffler,** *Entwicklung von Kernemulsionen durch Induktionsheizung.* Im Gegensatz zur üblichen Temperaturentw. von Kernemulsionen werden die Platten in einem kleinen Induktionsofen von 100 W Leistung schnell u. gleichmäßig erwärmt. Die Aufheizperiode dauert für ILFORD-Platten von 100—600 μ Dicke 1—8 Minuten. (Rev. sci. Instruments **24.** 999—1000. Okt. 1953. Ithaca, N. Y., Cornell Univ.) H.-J. EICHHOFF. 8618

Arlette Bonnet, *Die Rolle des Pyrogallols bei der Entwicklung von Kernemulsionen.* Angabe eines K_2CO_3-Hydrochinon–Pyrogallol-Entwicklers u. des entsprechenden Temperaturentwicklungsverf. für Oberflächen- u. Tiefenentw. von ILFORD C2-Emulsionen, welches sich bes. für Bestrahlung mit Reaktorenneutronen eignet. (J. Physique Radium **15.** 587—88. Juli/Sept. 1954. Saclay, CEA, Serv. de Phys. Nucl.)
H.-J. EICHHOFF. 8618

G. I. Arbusow, *Über die Bildung der Azomethinfarbstoffe bei der Farbentwicklung.* Um die Struktur der bei der Farbentw. entstehenden Farbstoffe aufzuklären, wurden photograph. Platten mit einem Entwickler behandelt, der p-Aminodimethylanilin (I) u. 1-Phenyl-3-methylpyrazolon-(5) (II) enthielt. Der entstandene purpurrote Farbstoff wurde aus den getrockneten Gelatineschichten mit A. extrahiert u. aus A. umkristallisiert. Nach dem Absorptionsspektr. (Maximum 525 mμ in A.) u. dem F. (186—187°) wurde der Farbstoff als *1-Phenyl-3-methyl-4-[p-dimethylphenylimino]-pyrazolon-(5)* identifiziert. Er erwies sich als ident. mit dem bei der Einw. von frisch gefälltem AgBr auf ein Gemisch von I u. II oder bei der Rk. von II mit p-Nitrosodimethylanilin (SACHS-BARSCHALL [1902]) erhaltenen Farbstoff. Es wurde festgestellt, daß beim langsamen Trocknen der gefärbten Gelatineschichten der Farbstoff verschwindet bzw. grau wird. Vf. erklärt dies mit einer Veränderung des Aggregatzustandes des Farbstoffs infolge Koagulation. Eine Zerstörung des Farbstoffs findet nicht statt, da dieser aus der Gelatineschicht unzers. extrahiert werden kann. Die Entwicklerlsg. bestand aus: Lsg. a) I-Dihydrochlorid 0,22 (g), Na_2SO_4 1, Soda 1,4, KBr 0,25, W. 50 ml; b) II 0,35, 1nNaOH 10 ml, W. 40 ml. Beide Lsgg. werden vor der Entw. vereinigt. (Журнал Прикладной Химии [J. angew. Chem.] 23. 886—88. Aug. 1950. Allunions Wiss. Kinophoto-Forschungsinst.) H.-A. OEHRN. 8630

AGFA Akt.-Ges. für Photofabrikation (Erfinder: **Oskar Riester**, Leverkusen, und **Karl Kumetat**, Stuttgart), *Asymmetrische Trimethincyanine.* Benzimidazoliumsalze der allg. Formel I werden in Ggw. von Kondensationsmitteln (z. B. organ. Basen oder Essigsäureanhydrid) mit ω-Aldehyden der allg. Formel II kondensiert. Hierbei

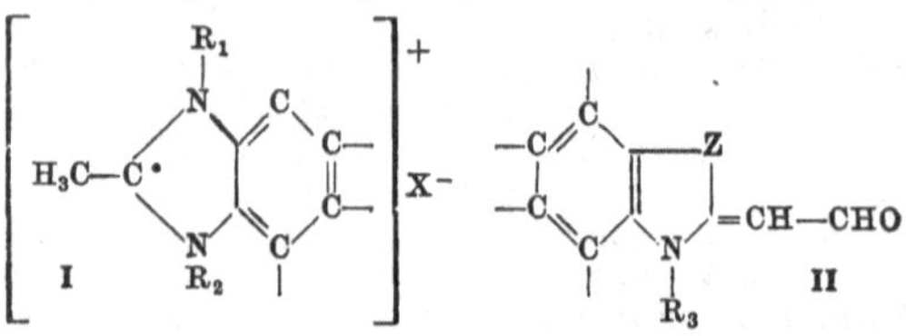

sind R_1 u. R_3 Alkylgruppen, $R_2 = R_1$ oder eine Aralkyl- oder Arylgruppe, wobei jedoch R_1 eine Arylgruppe sein muß, wenn $R_2 = R_1$ oder eine Aralkylgruppe ist; Z ist ein O-, S- oder Se-Atom oder eine —CH=CH- oder >C(CH$_3$)$_2$-Gruppe, X eine Säuregruppe; I u. II können auch noch im Benzolring durch Alkyl-, Oxalkyl-, Phenyl- oder Phenylengruppen substituiert sein. — Beispiele: 2-Methyl-1.3-diäthyl-5-äthoxybenzimidazoliumjodid wird mit 1.3.3-Trimethyl-5-methoxyindolin-ω-aldehyd kondensiert; 2-Methyl-1.3-diäthyl-5-methylbenzimidazoliumjodid wird mit N-Äthylbenzthiazol-ω-aldehyd kondensiert; 1.3.3-Trimethylindolin-ω-aldehyd wird in Essigsäureanhydrid bei 110° mit 1-Äthyl-3-phenyl-2-methylbenzimidazoliumjodid kondensiert. (**D. B. P. 927 527** Kl. 22e vom 10/11. 1937, ausg. 12/5. 1955. Anmeldung bekanntgemacht 21/10. 1954.) A. KALIX. 8605

Eastman Kodak Co. (Erfinder: **Dudley Brewer Glass, Paul Wendell Vittum** und **Arnold Weissberger**), Rochester, N. Y., V. St. A., *Farbige Kuppler für das Farbkorrekturverfahren nach Hanson.* Verwendet werden Verbb. der allg. Formel (X)(Y)·CH—N_2—R', in der X u. Y —COR—, —COOR—, —COCOR—, —COCOOR—, —CONHR—, —$C_6H_4NO_2$—, —CN oder —C(=N)Z-Gruppen bedeuten, in denen R eine Alkyl-, Aryl- oder heterocycl. Gruppe ist u. Z die zur Bldg. eines heterocycl. Ringes nötigen Atome enthält. Darst. nach bekannten Verff.; Beispiele: α-(Phenylazo)-benzoylacetonitril, Phenylazomalonnitril, α-(2.4-Dinitrophenylazo)-benzoylacetoacetanilid, Äthyl-α-(phenylazo)-cyanoacetat, Phenylazoacetylbenzoylmethan, α-(Phenylazo)-äthoxalylaceton, (2-Benzothiazylazo)-acetyl-β-naphthoylmethan, α-(2-Chinolylazo)-benzoylacetanilid, (1-Phenyl-2.3-dimethyl-4-azopyrazolyl)-2-naphthoylacetonitril, 1.4-Diphenyl-2-phenylazo-3.4-triketobutan, 2-[α-(2'-sek.-Amyl-5'-carboxyphenylazo)-cyanoacetyl]-cumaron. Bei der Entw. wird aus diesen Verbb. durch die Oxydationsprodd. des Entwicklers die N_2-Gruppe abgespalten, während an den unbelichteten Stellen der Farbstoff erhalten bleibt u. beim Kopieren als Korrekturfilter wirkt. (**D. B. P. 837 958** Kl. 57b vom 1/10. 1950, ausg. 5/5. 1952. A. Prior. 3/5. 1944.) A. KALIX. 8631

Sperry Corp., Del., übert. von: **James A. Ogle**, Phoenixville, Pa., V. St. A., *Stereofilm.* Auf einen auf einer Glasplatte befestigten Film werden in üblicher Weise durch einen Linsenraster 2 Stereobilder aufgenommen u. der Film entwickelt, solange er sich noch auf der Glasplatte befindet, um jede Dimensionsänderung zu vermeiden. Nach dem Trocknen wird er abgezogen u. kopiert. Auf der Rückseite der Kopie wird ein erweichter Celluloseacetatfilm aufgepreßt u. gleichzeitig ein Linsenraster mit derselben Form aufgeprägt, mit der der Aufnahmeraster hergestellt wurde. (**A. P. 2 652 326** vom 26/3. 1949, ausg. 15/9. 1953.) A. KALIX. 8633

Patentrückzitate.

Nachfolgend stehen diejenigen Patente, die nicht im Textteil referiert sind, da ihr Inhalt bereits in einem Patent eines anderen Landes wiedergegeben wurde.

Die 1. Spalte enthält die Patentnummer.
Die 2. Spalte enthält das Land, in welchem das identische Patent herausgegeben ist.
Die 3. Spalte gibt die Nummer des identischen Patentes an.
Die 4. Spalte enthält die Zentralblattstelle, an der das identische Patent referiert ist und
die 5. Spalte gibt, soweit es die römischen Ziffern betrifft, die Untergruppen der Abteilung H. Angewandte Chemie bzw. F. Pharmazie oder G. Analyse an, z.B. heißt X, daß es sich um ein Patent handelt, das die Färberei betrifft. Bezüglich der römischen Kapitelnummern vgl. die Kapitelübersicht im Autoren- und Patentregister 1954.

Deutsche Patente [München] (D.B.P.).

820853	Amer.	2527261			
		bis 263	C.52.	4716	XXIV
821251	Amer.	2559330	C. 55.	3976	X
830956	Eng.	704946	C. 55.	1335	F
832745	Oest.	170264	C. 52.	3734	IX
834996	Oest.	170029	C. 52.	7259	IX
843413	Eng.	666027	C. 54.	11494	F
844000	Frz.	1040338	C. 54.	7489	V
848819	Amer.	2473796	C. 55.	6182	F
851066	Frz.	952948	C. 49. E.	1528	F
855111	Amer.	2586767	C. 53.	4788	XVII
859110	Frz.	1024614	C. 54.	9422	XVIIIa
163	Frz.	993606	C. 54.	11604	IX
860494	Schwz.	269024			
		bis 029	C. 51. I.	2776	F
861562	Frz.	907495	C. 48. II.	517	F
869105	Schwz.	291816	C. 54.	8909	X
	Schwz.	296546	C. 55.	2542	X
871152	Oest.	176308	C. 54.	4216	F
171	Eng.	685401	C. 54.	8184	III
515	Eng.	685879	C. 55.	4493	XVIIIb
872620	Amer.	2567671	C. 53.	958	XXII
873512	Oest.	170907	C. 55.	1889	XX
875363	Amer.	2662888	C. 55.	4886	F
876398	Eng.	667342	C. 52.	7074	V
882282	Amer.	2571775	C. 54.	5218	XXIV
403	Frz.	953271	C. 50. II.	341	F
	Schwd.	128371	C. 51. I.	2931	F
	Schwz.	261506	C. 50. I.	1007	F
545	Eng.	694829	C. 55.	168	F
847	Schwz.	295652	C. 55.	3223	III
883601	Oest.	178431	C. 54.	9817	F
602	Eng.	693519	C. 55.	4168	F
884353	Eng.	690012	C. 55.	666	V
886306	Oest.	174696	C. 54.	839	F
742	Amer.	2513793	C. 51. I.	1349	F
744	Oest.	171411	C. 52.	7224	F
887043	Frz.	1041572	C. 54.	11004	F
198	Eng.	690307	C. 55.	6401	X
507	Eng.	674072	C. 54.	7703	F
888837	Frz.	1023765			
	Oest.	175869	C. 54.	7521	X
889136	Oest.	177138	C. 54.	8871	I
496	Amer.	2590825	C. 55.	7091	X
890046	Amer.	2581868	C. 54.	10537	F
	Amer.	2581869	C. 55.	641	F
106	Amer.	2560462	C. 55.	6144	X
265	E.P.	688132	C. 54.	11600	F
644	Eng.	703273	C. 55.	163	F
892440	Frz.	1044694	C. 55.	4932	IX
449	Amer.	2628966	C. 54.	10777	F
894163	Eng.	655587	C. 53.	4597	VIII
895407	Frz.	1048915			
	Frz.	1050450	C. 55.	1426	XXIV
451	Amer.	2546431	C. 53.	2191	IX
	Schwz.	280834	C. 53.	129	IX
895453	Schwz.	262671	C. 50. I.	317	F
601	Schwz.	262671	C. 50. I.	317	F
903	Amer.	2585550	C. 54.	147	F
898299	Amer.	2523187			
		bis 189	C. 51. II.	138	IX
899194	Eng.	703279	C. 55.	164	F
354	Schwd.	134623	C. 54.	2674	F
537	Schwz.	294020	C. 55.	1147	X
900575	Oest.	174899	C. 53.	9239	F
737	Frz.	1044161	C. 54.	9910	XIX
901127	Oest.	176852	C. 55.	4022	XXIV
773	Amer.	2598311	C. 55.	690	IX
902848	Eng.	688253	C. 54.	10343	IX
903213	Oest.	170868	C. 52.	6735	F
458	Eng.	688177	C. 53.	9583	I
816	Amer.	2592586	C. 55.	2962	F
904175	Amer.	2650922	C. 55.	4164	F
228	Schwz.	289258			
		bis 262	C. 54.	6837	X
451	Amer.	2407704	C. 47.	390	X
774	Amer.	2619502	C. 55.	6140	X
905658	Eng.	692902	C. 55.	5189	X
		u. 970	C. 55.	5189	X
906482	Eng.	694068	C. 55.	2082	X
908019	Frz.	1038184	C. 55.	3733	IX
909935	Schwz.	284987	C. 55.	2027	F
910164	Oest.	162391	C. 49. E.	474	IX
912251	Frz.	1040512	C. 55.	4008	XIX
811	Frz.	1040879	C. 55.	3004	F
913287	Oest.	174920	C. 54.	7469	F
775	Oest.	174914	C. 54.	7468	F
914245	Eng.	680862	C. 54.	8226	X
852	Frz.	1042274	C. 55.	5652	IX
915071	Oest.	178059	C. 54.	9604	VI
332	Frz.	981288	C. 52.	3405	IX
916205	Schwz.	273914	C. 52.	3107	XVIIIb
445	Frz.	820077	C. 38. I.	3708	XIII
571	Eng.	676831	C. 53.	7695	XVIIIb
917087	Schwz.	280432	C. 53.	2859	XVIIIb
275	Eng.	689648	C. 55.	3021	XIb
633	Schwd.	139458	C. 55.	3975	X
918103	Amer.	2648674	C. 55.	3495	X
567	Eng.	683483	C. 54.	4438	F
690	Amer.	2469584	C. 50. I.	1891	III
	Eng.	638834	C. 54.	7034	III
887	Frz.	983707	C. 52.	7438	XVIIIb
919288	Amer.	2617774	C. 54.	8490	XIX
289	Oest.	175879	C. 54.	7331	XIX
360	Belg.	495728	C. 53.	8173	III
686	Schwz.	297874	C. 55.	3295	XXIV
735	Amer.	2541420	C. 52.	735	F
920068	Eng.	709891	C. 55.	3708	V
070	Amer.	2611777	C. 55.	6182	IX
147	Amer.	2601254	C. 54.	4062	XVIIIb
206	Schwz.	291825	C. 54.	8945	XVIIIb
249	Amer.	2663706	C. 55.	7038	F

920301	Eng.	682931	C. 53.	5549	F
324	Oest.	178686	C. 54.	9670	XXI
514	Amer.	2525628	C. 52.	4229	XIb
668	Amer.	2637639	C. 54.	7964	VII
751	Amer.	2261556	C. 45. I.	1205	XVIII
785	Schwd.	127025	C. 51. I.	949	XVIIIb
863	Eng.	688942	C. 54.	165	III
962	Eng.	687160	C. 54.	168	V
921024	Eng.	709466	C. 55.	1352	V
105	Eng.	685026	C. 53.	6379	XII
149	Eng.	710323	C. 54.	10301	F
170	Amer.	2603620	C. 54.	4061	XVIIIb
265	Frz.	1041925	C. 55.	487	XVIIIb
322	Frz.	1023530	C. 54.	5661	XVIIIb
451	Schwz.	297191	C. 55.	1100	F
504	Schwz.	296842	C. 55.	1567	F
667	Amer.	2622026	C. 54.	3615	XXIV
716	Eng.	693651	C. 55.	1153	XXII
775	Schwd.	137514	C. 54.	8460	XII
922079	Frz.	1017561	C. 54.	4500	XIb
165	Eng.	690847	C. 54.	882	IX
168	Oest.	175248	C. 54.	10586	IX
188	Schwz.	293117	C. 54.	6840	XIa
232	Amer.	2650899	C. 54.	10356	XIb
237	Schwz.	289679	C. 54.	8682	XIb
254	Oest.	175380	C. 54.	9170	XIb
481	Eng.	706737	C. 55.	5431	X
786	Dän.	72834	C. 52.	5675	XVIIIb
815	Oest.	177359	C. 54.	6405	XX
827	Oest.	174609	C. 54.	377	F
869	Amer.	2579735	C. 53.	2984	VII
882	Amer.	2608463	C. 53.	6552	V
946	Eng.	682833	C. 54.	6337	IX
923029	Amer.	2653131	C. 54.	6403	XIX
038	Eng.	688625	C. 54.	2065	XIb
079	Frz.	895506	C. 46. I.	408	XI a
127	Oest.	172654	C. 53.	9302	IX
153	Eng.	712431	C. 55.	1885	XIX
250	Frz.	942081	C. 50. I.	1531	IX
	Holl.	78444	C. 53.	928	IX
333	Amer.	2605242	C. 54.	10822	XIa
334	Frz.	954975	C. 50. II.	1184	XIb
422	Oest.	165049	C. 52.	1931	XVIIIb
487	Frz.	1018027	C. 54.	5435	XIX
507	Eng.	670269	C. 53.	2845	XIb
620	Amer.	2641602	C. 55.	5663	X
667	Frz.	1008045	C. 54.	7054	IX
690	Amer.	2647127	C. 54.	6351	X
720	Amer.	2564820	C. 52.	5663	XVI
723	Schwz.	293431	C. 54.	10815	IX
846	Eng.	703388	C. 54.	7928	F
868	Amer.	2536986	C. 53.	3344	XXIV
912	Amer.	2670363	C. 55.	1615	XIa
933	Eng.	689658	C. 54.	7739	VIII
966	Eng.	687160	C. 54.	168	V
924095	Amer.	2545497	C. 54.	659	X
148	Amer.	2507192	C. 51. I.	255	IX
337	Schwd.	135592	C. 53.	8765	XXII
481	Amer.	2649382	C. 54.	10597	XIa
511	Oest.	169071	C. 52.	1246	X
533	Amer.	2652385	C. 55.	1394	XIb
566	Eng.	695812	C. 54.	5601	V
568	Schwd.	126544	C. 50. II.	2964	VIII
620	Frz.	1056927	C. 55.	1630	XIV
670	Eng.	702051	C. 55.	1425	XXIV
689	Amer.	2664341	C. 54.	11516	V
753	Eng.	706290	C. 54.	8232	XIb
754	Frz.	944164	C. 50. I.	2022	VII
885	Eng.	703423	C. 54.	10390	XIX
927	Amer.	2681849	C. 55.	5151	V
925032	Amer.	2627088	C. 54.	6646	XXIV
046	Amer.	2645663	C. 54.	2052	IX
050	Eng.	675350	C. 53.	3793	VIII

925166	Oest.	180057	C. 55.	3731	IX
176	Amer.	2648684	C. 54.	4929	VII
196	Schwz.	296005	C. 55.	229	XIb
225	Frz.	1025150	C. 54.	7552	XVIIIb
253	Schwz.	287223	C. 54.	4497	XIb
288	Eng.	702003	C. 54.	9116	V
293	Amer.	2645636	C. 54.	5399	IX
310	Amer.	2654693	C. 54.	11101	XIX
344	Amer.	2653857	C. 54.	8189	V
345	Amer.	2657118	C. 54.	8647	V
346	Oest.	177763	C. 54.	9903	XIX
349	Schwz.	249861	C. 48. E.	825	IX
375	Eng.	669709	C. 53.	4574	F
379	Amer.	2534283	C. 52.	5180	XIb
466	Frz.	1042187	C. 54.	8879	V
469	Oest.	176835	C. 54.	9627	IX
474	Frz.	1043713	C. 55.	3487	IX
644	Eng.	708518	C. 54.	11298	IX
645	Eng.	708517	C. 54.	11048	IX
717	Amer.	2648684	C. 54.	4929	VII
734	Amer.	2620324	C. 53.	8754	XVIIIb
826	Eng.	692234	C. 54.	8952	XIX
888	Frz.	1017871	C. 54.	7514	IX
907	Schwz.	275382	C. 52.	2607	XVIIIb
947	Schwz.	295651	C. 54.	10795	V
926012	Oest.	171681	C. 53.	3937	III
043	Eng.	699016	C. 54.	5864	XIb
187	Eng.	655938	C. 52.	4996	VII
245	Frz.	971308	C. 54.	2270	IX
254	Eng.	685730	C. 54.	874	VIII
271	Eng.	708686	C. 55.	2963	F
389	Amer.	2538942	C. 51. II.	3353	F
427	Schwd.	138364	C. 54.	6330	VIII
490	Oest.	174603	C. 54.	6343	IX
491	Oest.	174900	C. 53.	7868	F
587	Amer.	2618551	C. 54.	3152	XXIV
850	Frz.	1055567	C. 55.	444	VII
851	Frz.	1062974	C. 55.	675	VII
976	Eng.	691506	C. 54.	6111	X
927028	Eng.	654778	C. 52.	6927	IX
046	Oest.	176637	C. 54.	9381	VIII
150	Oest.	166222	C. 50. II.	2250	IX
223	Eng.	703294	C. 55.	4464	X
333	Schwz.	295999	C. 55.	2541	X
431	Amer.	2393631	C. 46. I.	1515	XXIV
460	Eng.	700337	C. 54.	9400	XIa
526	Frz.	908768	C. 46. I.	1631	X
535	Eng.	677585	C. 53.	7192	XII
628	Schwz.	295047	C. 54.	11296	IX
653	Eng.	685590	C. 54.	5845	VIII
807	Frz.	1059895	C. 55.	1879	XVIIIb
948	Frz.	941205	C. 50. I.	468	XVII
928069	Amer.	2600024	C. 55.	939	XII
100	Frz.	1063910	C. 55.	1631	XIV
118	Amer.	2672455	C. 55.	6178	XXI
170	Amer.	2648683	C. 54.	3523	F
712	Oest.	176562	C. 54.	4440	F
725	Finn.	27113	C. 55.	4011	XXII
769	Norw.	76301	C. 51. II.	133	VIII
929119	Frz.	1062690	C. 55.	3508	XIV
120	Frz.	1062689	C. 55.	1631	XIV
128	Schwz.	295657	C. 55.	214	IX
144	Schwz.	290858	C. 54.	5879	XVII
185	Frz.	1058296	C. 55.	437	V
207	Eng.	701838	C. 55.	1185	XIX
249	Frz.	1026414	C. 55.	3251	IX
268	Oest.	180361	C. 55.	4413	F
305	Frz.	826820	C. 39. I.	870	XIX
552	Eng.	698996	C. 54.	6102	IX
	Amer.	2602091	C. 53.	9319	IX
577	Frz.	1043860	C. 55.	2545	XIa
610	Eng.	704585	C. 55.	3002	IX
642	Amer.	2405863	C. 47.	937	IX

929789	Eng.	688359	C. 55.	5655	IX	930746	Dän.	74052	C. 54.	5889	XVIIIb
824	Schwz.	297756	C. 55.	3948	VII		Oest.	171034	C. 55.	4734	XVIIIb
930121	Amer.	2597951	C. 54.	11560	XII	752	Amer.	2678950	C. 55.	2533	IX
565	Oest.	180563	C. 55.	5373	F						

Deutsche Patente (D.P. [DDR]).

3001	Amer.	2590162	C. 53.	2856	XVIIIa	5029	DBP.	895528	C. 54.	686	XVIIIb
088	DBP.	913821	C. 55.	228	XIb	030	DBP.	915869	C. 55.	2107	XVIIIb
200	DBP.	802939	C. 51. II.	2666	XIa	031	Amer.	2257825	C. 45. I.	1206	XVIII
4129	DBP.	880877	C. 54.	860	IV	032	Eng.	530267	C. 42. I.	1192	XI
254	DBP.	870692	C. 53.	6794	XVIIIa	040	It.	380046	C. 42. II.	2877	XXII
256	Belg.	451833	C. 45. I.	1073	XI	042	Belg.	452001	C. 45. I.	235	XI
740	DBP.	920212	C. 55.	4227	XIb	046	Frz.	956295	C. 50. II.	950	XIb
772	DBP.	826300	C. 53.	9027	XVIIIa	054	DBP.	879313	C. 53.	9011	XIb
903	DBP.	877362	C. 53.	7867	F	067	DBP.	904948	C. 54.	7556	XVIIIb
954	DBP.	887344	C. 55.	3686	F	075	Frz.	892084	C. 47.	1334	XI
5002	Dän.	61286	C. 44. II.	290	XVIII	102	Frz.	860339	C. 41. II.	1776	G
003	Frz.	961756	C. 51. I.	1085	XIb	109	Frz.	870472	C. 43. I.	910	XVIII
006	DBP.	913823	C. 55.	3748	XIb	157	It.	376732	C. 42. II.	856	XXIV
007	Frz.	48571	C. 38. II.	4011	XVIII	158	Schwz.	217512	C. 42. II.	2232	XXIV
014	DBP.	865654	C. 53.	6153	XIb	159	Eng.	494715	C. 39. I.	1122	XXIV
016	Frz.	877926	C. 43. II.	590	XVIII	160	It.	378868	C. 42. I.	2490	XXIV
017	Schwz.	237002	C. 46. II.	141	XIb	192	DBP.	879542	C. 54.	2451	F
023	Frz.	951510	C. 50. II.	1886	XIb	872	DBP.	881242	C. 54.	3300	III
028	Frz.	903983	C. 46. I.	557	XI						

Deutsche Reichs-Patente (D.R.P.).

751132	Frz.	858857	C. 41. I.	2608	XVII	765903	Frz.	880527	C. 44. I.	890	IX

Amerikanische Patente (A. P.).

2343804	Dän.	61286	C. 44. II.	290	XVIII	2606176	Frz.	986406	C. 53.	3649	XII
2496346	DBP.	921757	C. 55.	7287	III	2608570	DBP.	835140	C. 53.	3003	XIb
2506294	Frz.	910569	C. 46. I.	1744	F	2609357	DBP.	909862	C. 55.	1624	XIb
	Schwz.	269341	C. 51. II.	272	F	2610215	DBP.	809812	C. 52.	4217	IX
2508922	Eng.	658449	C. 52.	5974	IX	2611699	Eng.	687311	C. 55.	6190	XXIV
2509620	Frz.	966140	C. 51. I.	1965	XIX	792	Schwz.	298634	C. 55.	2271	III
2514640	DBP.	808837	C. 52.	446	IX	2612435	Eng.	661945			
	Frz.	996546	C. 52.	3406	IX			u. 946	C. 53.	912	V
2524566	Frz.	967233	C. 51. I.	1664	IX	2616795	Frz.	965291	C. 53.	6333	V
2536993	Frz.	960225	C. 51. I.	1092	XV	891	DBP.	825111	C. 55.	7327	X
2552227	Frz.	955471	C. 50. II.	702	IX	2619471	Frz.	1030281	C. 54.	5634	XIa
2554842	Oest.	165071	C. 51. I.	364	F	487	DBP.	835917	C. 55.	7094	X
2558256	Eng.	657519	C. 52.	4859	XVI	2622102	DBP.	823448			
2560103	Frz.	866150	C. 42. I.	2706	IX			823591			
953	Eng.	673285	C. 53.	1701	III			u. 592	C. 52.	4028	F
2562840	Eng.	657579	C. 52.	4344	F	103	DBP.	823448			
2566349	Belg.	497702	C. 53.	7892	III			823591			
2570090	DBP.	867301	C. 53.	4294	XIb			u. 592	C. 52.	4028	F
2574446	Eng.	663038	C. 52.	5355	XIX	104	DBP.	823448			
2579033	Eng.	657081	C. 52.	6450	XIb			823591			
216	DBP.	812100	C. 52.	2454	XXI			u. 592	C. 52.	4028	F
	Frz.	987380	C. 52.	6795	XXI	2623068	DBP.	880291	C. 55.	6180	IX
	Schwz.	278294	C. 52.	5680	XXI	811	Eng.	678243	C. 53.	7894	V
668	DBP.	819093	C. 52.	1542	F	873	Schwz.	284416	C. 54.	657	X
851	Schwz.	253953	C. 48. E.	128	XI			289265			
2580190	Schwz.	274524	C. 52.	6442	X			bis 273	C. 55.	2786	X
996	Eng.	664778	C. 52.	7916	XVIIIa	881	Schwd.	130523	C. 52.	2740	VII
2584314	Eng.	670746	C. 54.	2714	X	884	DBP.	878820	C. 55.	3975	X
2588784	DBP.	813212	C. 52.	1091	XIb	2624857	Belg.	497702	C. 53.	7892	III
2590485	Eng.	522672	C. 41. I.	1377	XVIII	2625466	Eng.	673155	C. 53.	3136	V
834	Frz.	980800	C. 53.	3804	XIb	2626259	DBP.	864554	C. 55.	165	F
2595891	Frz.	943015	C. 50. I.	2042	XIb	273	Frz.	974364	C. 54.	2272	IX
2598648	DBP.	827801	C. 55.	1332	F	2627520	DBP.	910291	C. 55.	3965	IX
2602821	Eng.	710049				2630401	DBP.	876443	C. 53.	6100	F
		710479	C. 55.	2076	IX	461	Eng.	673493	C. 53.	5926	IX
822	Eng.	710049				2632767	Eng.	680223	C. 55.	6622	IX
		710479	C. 55.	2076	IX	2634272	Eng.	685748	C. 53.	6098	F

2634273	Oest.	176303	C. 54.	3337	IX
2635109	Amer.	2589446			
		u. 447	C. 54.	666	XIb
2636039	Oest.	170882	C. 53.	577	F
2637651	DBP.	903414	C. 55.	1192	XXIV
2640066	Eng.	655105	C. 55.	4699	IX
076	Eng.	666073	C. 53.	7869	F
	Schwz.	283329	C. 53.	5225	F
	DBP.	838004	C. 52.	8048	F
824	DBP.	889491	C. 55.	6143	X
833	Oest.	174062	C. 53.	9633	IX
2641610	Amer.	2661370	C. 54.	9094	F
2642343	Frz.	984232	C. 53.	1071	V
2643996	DBP.	842983	C. 55.	2783	X
2644000	Eng.	684346	C. 54.	3524	F
812	DBP.	889492	C. 55.	1147	X
813	DBP.	889493	C. 55.	6143	X
821	Eng.	694068	C. 55.	2082	X
2645629	Oest.	174735	C. 54.	1154	XVIIIb
630	Eng.	685542	C. 53.	4951	XIb
2646428	Eng.	677493	C. 53.	8148	F
2647086	Frz.	1030164	C. 54.	5634	XIa
087	Frz.	1030280	C. 54.	5634	XIa
899	DBP.	835917	C. 55.	7094	X
2648672	DBP.	825112	C. 53.	4449	X
710	DBP.	857501	C. 53.	4249	F
2650219	DBP.	890344	C. 54.	10061	F
309	Eng.	687231	C. 54.	6798	III
925	Frz.	1008619	C. 55.	4934	IX
2651602	Frz.	988217	C. 54.	7097	XIX
637	DBP.	830192	C. 52.	4659	F
2652347	Eng.	694734	C. 55.	483	XVIIIa
2653963	Eng.	686692	C. 55.	2773	IX
2654688	Schwz.	295591	C. 55.	2759	VII
785	Schwz.	284212	C. 54.	839	F
		291809	C. 55.	5131	F
2655519	DBP.	871010	C. 53.	6938	F
520	DBP.	871010	C. 53.	6938	F
548	DBP.	871151	C. 53.	8668	F
2656348	DBP.	827947	C. 55.	3922	F
2658075	DBP.	874769	C. 55.	7080	IX
090	Frz.	1011701	C. 53.	8983	IX
099	DBP.	920082	C. 55.	5622	III
851	Oest.	168881	C. 52.	3216	F
	Frz.	991640	C. 54.	5814	F
921	DBP.	814444	C. 52.	2256	IX
2659720	DBP.	883021	C. 55.	7090	X
736	DBP.	889495	C. 55.	5188	X
2662083	DBP.	910299	C. 55.	2490	F
090	Eng.	668140	C. 55.	684	IX
099	Oest.	173687	C. 53.	8458	IX
809	Eng.	678978	C. 53.	7375	V
2663682	Frz.	1021372	C. 54.	3797	IX
708	DBP.	893342	C. 54.	4732	X
735	Schwz.	288172	C. 55.	4934	IX
743	Frz.	984364	C. 53.	4446	IX
2664353	Eng.	714988	C. 55.	4208	VIII
428	DBP.	885544	C. 55.	2259	F
448	Eng.	665898	C. 54.	651	IX
2665235	DBP.	849170	C. 53.	1852	F
300	Oest.	170859	C. 52.	6733	F
390	Eng.	714470	C. 55.	3222	III
450	Eng.	707536	C. 55.	7578	XVIIIa
973	Eng.	690255	C. 55.	4670	V
985	DBP.	838691	C. 53.	1120	XXIV
2666015	DBP.	862008	C. 54.	5355	F
017	DBP.	871734	C. 53.	7423	XV
058	Oest.	172657	C. 54.	4488	IX
085	DBP.	873695	C. 54.	1349	IX
731	Frz.	1015611	C. 54.	2092	XIX
784	Eng.	708865	C. 55.	874	F
785	Oest.	174904	C. 53.	8998	IX
	DBP.	899799	C. 54.	5175	IX

2666835	Frz.	1039459	C. 54.	7050	VIII
2668166	DBP.	872945	C. 53.	6573	X
175	DBP.	857492	C. 53.	4281	IX
252	DBP.	902273	C. 55.	2506	III
854	Oest.	180255	C. 55.	3918	F
859	Frz.	1035590	C. 55.	4212	IX
2669561	DBP.	843124	C. 53.	1564	X
583	Eng.	710454	C. 55.	1097	F
594	Frz.	1034910	C. 54.	7947	III
2670265	Oest.	172632	C. 55.	1845	X
281	DBP.	896658	C. 54.	4710	VIII
298	Finn.	24593	C. 51.	I. 1368	VI
299	Finn.	24593	C. 51.	I. 1368	VI
309	DBP.	889838	C. 54.	6332	VIII
346	DBP.	906965	C. 55.	2307	X
364	Frz.	992023	C. 54.	2948	XIX
379	DBP.	862885	C. 53.	6138	IX
500	Eng.	674203	C. 53.	6400	XXI
2671008	DBP.	856034	C. 53.	9036	XIX
018	Eng.	700255	C. 54.	9852	VIII
089	Frz.	1024773	C. 54.	4276	XIb
125	DBP.	915462	C. 55.	1580	III
791	Frz.	1041767	C. 55.	458	IX
792	DBP.	898590	C. 54.	10777	F
811	Eng.	710080	C. 55.	901	IV
2672398	Oest.	170036	C. 52.	5007	IX
418	DBP.	832396	C. 52.	5360	XXIV
461	Amer.	2636882	C. 55.	1843	IX
465	Oest.	178694	C. 54.	10064	F
2673141	Schwz.	275796	C. 52.	1553	V
163	Schwz.	277668	C. 52.	6310	XVIIIb
189	Frz.	1013619	C. 54.	4264	IX
193	DBP.	872266	C. 53.	6776	XIb
205	Oest.	174909	C. 53.	9241	F
211	Schwz.	289069	C. 54.	4720	IX
456	Frz.	1018376	C. 54.	10314	I
809	DBP.	809951	C. 51.	II. 3648	VI
846	DBP.	896046	C. 54.	5403	X
944	Eng.	663787	C. 54.	625	III
2674543	Eng.	676871	C. 53.	7974	XVIIIa
560	Frz.	1064725	C. 55.	2029	F
572	DBP.	823449	C. 52.	5160	VII
590	DBP.	849903	C. 53.	1891	XIb
595	DBP.	807289	C. 51.	II. 2806	X
599	DBP.	844005	C. 53.	3448	F
601	Schwz.	289073	C. 54.	9399	X
608	DBP.	848948	C. 53.	5931	IX
621	Eng.	653679	C. 52.	1211	F
	Can.	473641	C. 52.	2889	F
	Schwd.	134708	C. 53.	7356	F
789	Can.	481082	C. 53.	9623	VIII
2675089	DBP.	846095	C. 53.	908	I
341	Eng.	679003	C. 53.	6102	F
346	Eng.	682737	C. 53.	8457	IX
393	Frz.	1041264			
	Eng.	708294	C. 55.	1864	XIII
2676089	Frz.	1009372	C. 53.	5900	V
152	Eng.	697510	C. 54.	6616	XVII
162	Eng.	683500	C. 53.	6367	XIa
164	Schwd.	138777	C. 55.	1647	XVIIIb
182	Frz.	1046736	C. 55.	231	XIb
194	Frz.	1053406	C. 55.	3986	XII
872	DBP.	867241	C. 54.	8419	V
908	Frz.	999072	C. 53.	8494	XIX
925	Frz.	1051235	C. 55.	3534	XIX
939	DBP.	840155	C. 52.	6448	XIb
956	DBP.	870147	C. 55.	696	X
977	DBP.	875508	C. 54.	190	IX
999	Eng.	669949	C. 53.	7929	IX
2677599	Oest.	171160	C. 52.	8030	V
605	DBP.	857318	C. 53.	5443	XX
619	DBP.	877879	C. 55.	6109	VI
631	Frz.	1014828	C. 54.	3560	VIII

2677644	Can.	492776	C. 55.	1332	F
664	Eng.	694553	C. 54.	8182	I
693	Eng.	703296	C. 55.	223	X
709	DBP.	812553	C. 52.	2258	IX
2678282	DBP.	900911	C. 54.	8195	VI
313	Eng.	674807	C. 54.	11599	F
318	Eng.	666226	C. 55.	3487	IX
869	DBP.	827814	C. 52.	4356	III
875	DBP.	851439	C. 53.	2189	VIII
889	DBP.	891521	C. 54.	3093	VI
902	Eng.	692335	C. 54.	11323	XIII
903	DBP.	913686	C. 55.	644	F
905	Eng.	682487	C. 53.	4602	IX
936	Eng.	684035	C. 53.	5272	XVII
2679502	Schwz.	274087	C. 52.	264	F
505	Eng.	709594	C. 55.	925	IX
506	Eng.	713130	C. 55.	3733	IX
508	DBP.	864252	C. 54.	10571	VII
	Frz.	1044698	C. 55.	3948	VII
530	Schwz.	280474	C. 53.	2675	IX
2680062	DBP.	832395	C. 53.	1280	XXIV
068	Schwd.	136809	C. 54.	4073	XX
074	DBP.	831804	C. 52.	5360	XXIV
113	DBP.	859889	C. 53.	3818	XVIIIa
116	Oest.	175570	C. 54.	7005	F
132	DBP.	824046	C. 55.	6375	VII
672	Eng.	703150	C. 54.	9364	V
686	DBP.	812872	C. 52.	319	XXIV
718	Eng.	695570	C. 54.	10156	XIX
742	Eng.	708156	C. 55.	926	IX
746	Schwz.	283754	C. 53.	4139	XVIIIb
762	DBP.	896946	C. 55.	3443	F
2681299	Schwz.	289581	C. 54.	8257	XVIIIb
340	DBP.	896945	C. 54.	4214	F
345	DBP.	908288	C. 54.	10595	X
346	DBP.	908288	C. 54.	10595	X
375	Schwz.	279737	C. 53.	7891	III
847	Schwz.	300935	C. 55.	4909	V
860	Frz.	1048191	C. 55.	6839	VIII
867	Frz.	1030719	C. 54.	6384	XVIIIb
879	Oest.	169576	C. 53.	8969	VII
915	Oest.	169576	C. 53.	8969	VII
917	Frz.	1004389	C. 54.	6832	IX
936	Eng.	695717	C. 55.	2775	IX
937	Oest.	175572	C. 54.	7980	IX
2682445	Frz.	1060454	C. 55.	2046	V
446	Eng.	708050	C. 55.	6825	V
476	Oest.	177196	C. 55.	268	XXIII
484	Eng.	699049	C. 54.	7702	F
489	Frz.	1049577	C. 55.	3536	XIX
692	Eng.	689658	C. 54.	7739	VIII
2683090	Eng.	703102	C. 54.	10622	XVIIIa
116	Schwz.	280175	C. 53.	5720	III
143	Eng.	713386	C. 55.	1874	XVIIIa
147	DBP.	841917	C. 54.	8401	F
171	DBP.	875200	C. 53.	9565	F
181	DBP.	869981	C. 53.	9265	III
182	DBP.	869981	C. 53.	9265	III
296	Frz.	1071221	C. 55.	8957	VIII
643	Oest.	175869	C. 54.	7521	X
688	Oest.	176212	C. 54.	880	IX
696	DBP.	831319	C. 52.	7903	XII
711	Eng.	683409	C. 53.	5549	F
734	Eng.	712416	C. 55.	3731	IX
750	DBP.	863940	C. 53.	5105	IX
753	Frz.	951860	C. 50. II.	1875	IX
2684304	DBP.	809952	C. 51. II.	3367	VI
321	Eng.	711886	C. 55.	8678	F
322	Eng.	675415	C. 53.	4414	F
346	Eng.	705608	C. 54.	11086	XVIIIb
360	DBP.	870249	C. 53.	5598	XVIIIa
364	Eng.	680408	C. 54.	4903	F
379	Schwz.	292089	C. 54.	3580	XIa

2684391	Frz.	1036926			
	DBP.	904105	C. 54.	7528	XII
897	Frz.	1010536	C. 54.	874	VIII
924	Eng.	705838	C. 54.	7472	F
925	DBP.	816788	C. 52.	3880	G
946	DBP.	864726	C. 54.	221	XVII
960	Eng.	712637	C. 55.	4234	XVI
2685547	DBP.	868595	C. 54.	3536	I
573	Eng.	667771	C. 53.	4950	XIb
595	DBP.	846142	C. 54.	10593	X
2686144	DBP.	810168	C. 52.	572	F
179	DBP.	853188	C. 53.	9645	X
182	Eng.	700729	C. 54.	9813	F
184	Schwz.	295055	C. 55.	5908	X
191	DBP.	871148	C. 54.	9341	F
205	DBP.	840991	C. 53.	130	IX
711	DBP.	886301	C. 54.	2029	V
761	Eng.	697248	C. 54.	7543	XVII
783	DBP.	883901	C. 54.	11249	
	Schwz.	295535	C. 54.	6833	F
785	DBP.	874914	C. 53.	5080	F
787	DBP.	906572	C. 55.	1334	F
788	Oest.	173444	C. 53.	7875	F
795	Eng.	678604	C. 53.	6796	XVIIIb
814	DBP.	884948	C. 54.	5172	IX
2687339	Frz.	1050770	C. 55.	437	V
352	Can.	472926	C. 52.	4708	XVIIIa
399	Schwz.	282080	C. 53.	7946	XIa
413	DBP.	831129	C. 52.	4030	F
416	DBP.	880589	C. 53.	8933	F
420	DBP.	867393	C. 54.	450	XVII
446	Eng.	708350	C. 55.	5622	III
447	Eng.	709343	C. 55.	5622	III
946	Eng.	694035	C. 54.	6311	V
947	Eng.	694036	C. 54.	6311	V
958	DBP.	832546	C. 53.	1119	XXIV
969	DBP.	829270	C. 52.	5802	VI
2688008	Schwz.	291825	C. 54.	8945	XVIIIb
584	Ind.	47032	C. 55.	7535	VII
613	DBP.	889043	C. 55.	6857	X
623	DBP.	859620	C. 55.	2730	F
	Frz.	1040894	C. 54.	11006	F
2689019	Eng.	707813	C. 55.	957	XVIIIa
168	Frz.	1000275	C. 54.	5371	III
243	DBP.	889490	C. 55.	3974	X
247	Eng.	691118	C. 55.	6145	X
261	DBP.	869203	C. 53.	5930	IX
809	Eng.	696912	C. 54.	4675	F
836	Schwz.	294028	C. 54.	8231	XIb
847	Eng.	699332	C. 54.	7704	F
854	Eng.	692066	C. 54.	609	F
859	Eng.	709920	C. 54.	9911	XIX
870	Eng.	688359	C. 55.	5655	IX
2690260	DBP.	904762	C. 54.	8893	VIII
378	Eng.	713792	C. 55.	3225	V
423	DBP.	894910	C. 54.	4497	XIb
444	DBP.	920075	C. 55.	6624	IX
627	Finn.	25655	C. 53.	277	VII
958	DBP.	878197	C. 54.	397	V
2691000	Eng.	714497	C. 55.	9234	XIX
003	DBP.	825376	C. 52.	6273	VI
018	Eng.	693540	C. 53.	9325	X
020	Eng.	691506	C. 54.	6111	X
032	Eng.	706290	C. 54.	8232	XIb
044	DBP.	865441	C. 53.	3608	F
598	DBP.	835870	C. 53.	1388	VI
615	Eng.	710881	C. 55.	1103	F
624	DBP.	907528	C. 54.	9139	IX
657	Eng.	700124	C. 55.	3440	F
658	DBP.	855852	C. 53.	5080	F
667	DBP.	869486	C. 53.	6305	F
668	DBP.	916167	C. 55.	4933	IX
2692180	Eng.	689724	C. 54.	3849	XXI

2692181	Eng.	681661	C. 53.	9672	XVIIIa
262	Schwz.	294339	C. 54.	8228	X
276	Norw.	80759	C. 55.	5421	IX
815	Schwz.	290210	C. 54.	2947	XIX
878	Schwz.	294693	C. 54.	4262	IX
895	DBP.	869058	C. 54.	378	F
2693452	Eng.	678486	C. 53.	8175	IV
453	Eng.	695232	C. 54.	9108	I
473	DBP.	824816	C. 53.	1405	X
996	Schwz.	290897	C. 54.	7104	XXI
998	Eng.	700864	C. 54.	10079	V
2694031	DBP.	858699	C. 55.	3691	F
	Eng.	675422	C. 53.	4913	F
062	Eng.	675422	C. 53.	4913	F
	DBP.	858699	C. 55.	3691	F
063	Eng.	675422	C. 53.	4913	F
	DBP.	858699	C. 55.	3691	F
064	DBP.	840999	C. 55.	5215	XVIIIb
090	DBP.	852993	C. 53.	8987	IX
091	DBP.	860199	C. 53.	9628	IX
629	Eng.	709979	C. 55.	958	XVIIIa
632	Finn.	25005	C. 51. II.	2820	XVIIIa
657	DBP.	866751	C. 53.	8713	VIII
665	Eng.	669709	C. 53.	4574	F
692	DBP.	908301	C. 55.	1859	XII
704	DBP.	879695	C. 55.	6342	F
732	DBP.	863039	C. 53.	5255	IX
733	DBP.	863039	C. 53.	5255	IX
744	Schwz.	291328	C. 54.	8183	III
2695267	Eng.	695804	C. 54.	4038	IX
289	DBP.	835172	C. 52.	7417	X
296	DBP.	838180	C. 55.	6858	X
305	DBP.	914974	C. 55.	161	F
307	Frz.	970977	C. 52.	1414	XIb
309	Schwz.	290142	C. 54.	6546	F
2695319	DBP.	832000	C. 52.	4846	IX
328	DBP.	883804	C. 55.	6157	XII
868	DBP.	861689	C. 54.	5422	XVII
896	Frz.	1032445	C. 54.	5638	XIb
898	DBP.	839717	C. 52.	7747	XII
899	DBP.	862681	C. 53.	8217	XIb
2696435	DBP.	903415	C. 54.	11347	XXIV
479	DBP.	823480	C. 52.	5163	VIII
486	DBP.	913339	C. 55.	5906	X
491	Eng.	692052	C. 54.	5810	F
493	DBP.	862151	C. 53.	6139	IX
500	DBP.	880293	C. 55.	5178	IX
501	DBP.	867090	C. 53.	6765	IX
505	DBP.	825544	C. 52.	5169	IX
514	Eng.	710603	C. 55.	3221	III
516	Eng.	685401	C. 54.	8184	III
2697094	DBP.	855846	C. 53.	2985	VII
107	DBP.	896803	C. 55.	5607	F
121	Frz.	1036335	C. 55.	4213	IX
2698343	DBP.	888689	C. 53.	9631	IX
2701178	Eng.	692258	C. 54.	1861	XVIIIb
193	Frz.	1040923	C. 55.	1825	VII
227	DBP.	924562	C. 55.	6809	F
254	DBP.	924387	C. 55.	6604	VII
259	DBP.	921870	C. 55.	4681	VII
2702256	Schwz.	293117	C. 54.	6840	XIa
264	Schwz.	283585	C. 53.	2488	F
294	Schwz.	284078	C. 53.	6980	X
304	DBP.	874910	C. 53.	8459	IX
781	DBP.	924562	C. 55.	6809	F
2703810	Frz.	1024611	C. 55.	8499	IX
2706207	Eng.	690355	C. 54.	8480	XVIIIb
729	Frz.	1029522	C. 55.	3254	IX
733	Eng.	689425	C. 54.	6352	XIa

Belgische Patente (Belg. P.).

493473	Eng.	661404	C. 53.	3182	XXII
676	Eng.	668131	C. 55.	881	F
785	DBP.	808851	C. 52.	1220	III
494144	Frz.	987329	C. 52.	451	X
169	Amer.	2559330	C. 55.	3976	X
759	DBP.	855109	C. 53.	9305	IX
495037	DBP.	830950	C. 52.	5485	IX
822	Frz.	1015138	C. 54.	11604	F
496008	Frz.	1014769	C. 54.	11604	XVII
501	Oest.	171154	C. 52.	7892	IX
503	Oest.	174062	C. 53.	9633	IX
661	DBP.	836982	C. 52.	5186	XVII
854	Eng.	691159	C. 54.	11600	F
	DBP.	860219	C. 53.	4571	F
880	Amer.	2647126	C. 55.	3977	X
917	DBP.	842104	C. 53.	1886	X
497067	Dän.	72381	C. 52.	6410	F
148	Amer.	2541832	C. 52.	427	III
206	DBP.	875437	C. 55.	4020	XXIV
247	Frz.	999347	C. 55.	6571	F
447	DBP.	863410	C. 55.	2303	IX
454	DBP.	910540	C. 55.	417	F
579	Amer.	2574759	C. 52.	8048	IX
498087	Schwz.	279293	C. 53.	6363	X
840	DBP.	827102	C. 52.	6766	X
910	Eng.	673346	C. 53.	8665	F
971	Eng.	677954	C. 53.	9264	III
499168	Eng.	675422	C. 53.	4913	F
	DBP.	858699	C. 55.	3691	F
591	Frz.	1061622	C. 55.	3505	XIII
681	DBP.	823597	C. 52.	6409	F
874	Frz.	1029522	C. 55.	3254	IX
946	DBP.	906572	C. 55.	1334	F
500028	Schwz.	289078	C. 54.	6366	XII
500146	DBP.	864556	C. 55.	4409	F
149	DBP.	878820	C. 55.	3975	X
217	Oest.	172337	C. 54.	3108	IX
936	Eng.	695042	C. 54.	10832	XII
501149	DBP.	870102	C. 55.	6345	F
336	Frz.	1055824	C. 55.	2731	F
470	DBP.	898900	C. 54.	7930	F
596	DBP.	861301	C. 53.	9326	X
597	DBP.	857996	C. 55.	6145	X
677	Schwz.	282878	C. 53.	5888	F
678	DBP.	904896	C. 54.	7009	F
869	Frz.	1033826	C. 54.	6127	XVII
502024	Oest.	172654	C. 53.	9302	IX
116	Eng.	694462	C. 55.	2259	F
265	Holl.	78281	C. 52.	4817	F
280	DBP.	849100	C. 53.	9626	IX
740	DBP.	884152	C. 55.	732	XXIV
839	DBP.	896808	C. 54.	7706	F
503072	DBP.	865742	C. 53.	3630	VII
293	Eng.	680485	C. 53.	4459	XV
510	DBP.	871759	C. 55.	6345	F
945	DBP.	879204	C. 54.	8730	XXIV
504312	Eng.	694068	C. 55.	2082	X
457	Oest.	173463	C. 53.	7922	IX
465	Amer.	2607810	C. 53.	7372	III
490	Eng.	702664	C. 54.	9343	F
532	Amer.	2671735	C. 55.	5389	III
603	Schwz.	289839	C. 54.	11612	F
662	Amer.	2627491	C. 54.	9099	F
813	Oest.	173686	C. 53.	8454	IX
901	DBP.	888692	C. 55.	2776	F
	Amer.	2609384	C. 55.	7732	F
505022	Schwz.	296842	C. 55.	1567	F
355	Amer.	2602769	C. 53.	9243	F

505425	Frz.	1051235	C. 55.	3534	XIX
454	DBP.	849089	C. 53.	1742	XVIIIb
594	Eng.	695170	C. 54.	10587	IX
599	Oest.	172046	C. 53.	9302	IX
654	DBP.	870248	C. 53.	7657	IX
803	Frz.	1024611	C. 55.	8490	IX
506028	Schwz.	295056	C. 55.	3496	X
314	DBP.	890189	C. 55.	8450	F
515	Amer.	2649375	C. 54.	11589	XXIV
891	DBP.	903578	C. 55	5851	F
507037	DBP.	866706	C. 54.	8269	XXIV
099	Oest.	176625	C. 54.	10861	XXI
122	Oest.	175254	C. 55.	645	F
151	Frz.	1038545	C. 55.	4226	XIb
160	DBP.	867993	C. 53.	6567	IX
234	Eng.	704038	C. 54.	10302	F
513	Eng.	700137	C. 54.	10857	XIX
746	DBP.	908972	C. 55.	689	IX
873	Eng.	696405	C. 55.	4653	F
987	DBP.	883603	C. 55.	8683	F
993	Frz.	1035590	C. 55.	4212	IX
508129	Eng.	698995	C. 54.	8686	XIII
225	DBP.	902273	C. 55.	2506	III
284	Frz.	1047650	C. 55.	1187	XXI
355	DBP.	913171	C. 54.	11009	F
541	Amer.	2599996	C. 55.	1796	F
551	DBP.	881724	C. 53.	6305	F
650	Eng.	705979	C. 55.	1379	IX
700	Schwz.	296006	C. 55.	1154	XIb
910	Schwz.	292080	C. 55.	4219	X
510817	DBP.	910652	C. 55.	5636	VII
885	Frz.	1053604	C. 55.	7788	IX
913	Amer.	2605293	C. 55.	2297	IX
922	Oest.	175063	C. 54.	4957	XIa
945	Amer.	2657112	C. 55.	1384	X
956	Eng.	704591	C. 54.	9420	XVII
511006	Eng.	712315	C. 55.	3733	IX
103	DBP.	870857	C. 53.	4571	F
133	Frz.	1055249	C. 55.	1398	XII
152	DBP.	888098	C. 54.	3798	IX
314	Oest.	177773	C. 54.	9814	F
	Schwz.	297010	C. 55.	1567	F
316	Amer.	2646355	C. 54.	6852	XVI

511318	DBP.	899247	C. 54.	3760	F
379	DBP.	909383	C. 55.	1382	X
432	Frz.	1056481	C. 55.	7341	XVI
475	DBP.	886264	C. 54.	1375	XVI
661	DBP.	888733	C. 55.	2079	X
714	DPB.	877764	C. 53.	7441	XVIIIb
759	DBP.	920934	C. 55.	4412	F
837	Amer.	2635946	C. 55.	2084	XIa
858	DBP.	903326	C. 54.	7059	X
866	Amer.	2648683	C. 54.	3523	F
914	Frz.	1057434	C. 55.	1629	XIV
512005	DBP.	907456	C. 54.	8918	XII
190	Eng.	714307	C. 55.	3223	III
208	Oest.	175886	C. 54.	7057	IX
231	Amer.	2653180	C. 54.	7257	III
287	DBP.	895834	C. 54.	2065	XIb
378	DBP.	889044	C. 55.	3012	X
400	DBP.	920811	C. 55.	6177	XXI
485	DBP.	900172	C. 54.	5220	XXIV
519	DBP.	890693	C. 54.	11307	X
606	DBP.	865893	C. 55.	211	IX
640	DBP.	917990	C. 55.	6628	X
762	Amer.	2631964	C. 54.	2010	F
795	Amer.	2666764	C. 55.	6183	IX
826	Oest.	178907	C. 54.	9580	F
827	Oest.	178905	C. 54.	9579	F
967	Eng.	710479	C. 55.	2076	IX
968	Eng.	710049	C. 55.	2076	IX
513025	DBP.	909454	C. 55.	3487	IX
053	DBP.	891986	C. 54.	9393	IX
313	Frz.	1060616	C. 55.	2567	XVIIIb
337	Amer.	2653955	C. 54.	10542	F
394	DBP.	901500	C. 54.	4996	XXIV
420	DBP.	880301	C. 54.	8483	XVIIIb
529	Oest.	180263	C. 55.	4653	F
530	Eng.	711322	C. 55.	6192	F
565	Amer.	2650945	C. 54.	6798	III
570	Eng.	708703	C. 55.	1800	F
838	Oest.	177595	C. 54.	11098	XIX
849	Oest.	177419	C. 54.	8707	XVIIIb
517894	Ind.	49005	C. 55.	5606	F
519190	DBP.	924450	C. 55.	7981	F

Canadische Patente (Can. P.).

439683	Amer.	2423755	C. 47.	1625	XII
440905	Amer.	2616789	C. 53.	7633	VI
446770	Amer.	2462125	C. 50.	I. 1266	III
451667	Amer.	2507713	C. 51.	I. 247	VIII
453278	Amer.	2478171	C. 50.	I. 1029	VIII
549	Amer.	2545832	C. 52.	5986	XIb
475652	Frz.	973462	C. 52.	2061	V
476015	Amer.	2427995	C. 49.	E. 2508	X
478474	Frz.	927195	C. 49.	E. 2735	XIb
700	Schwd.	131727	C. 52.	5802	VI
720	Amer.	2501785	C. 51.	I. 103	III
723	Amer.	2611701	C. 54.	9674	XXIV
745	Amer.	2524658	C. 51.	I. 3540	F
748	Amer.	2573606	C. 53.	3927	F
479217	Amer.	2521082	C. 51.	II. 882	V
228	Frz.	942838	C. 50.	I. 831	XXIV
283	Schwd.	137742	C. 54.	2258	VII
286	Amer.	2530349	C. 53.	8503	XXIV
317	Schwz.	280799	C. 53.	1907	XVIIIb
338	DBP.	860066	C. 54.	2232	F
339	DBP.	860067	C. 54.	2232	F
340	DBP.	814450	C. 52.	1571	IX
342	Amer.	2514377	C. 51.	I. 3393	F
856	DBP.	809007	C. 52.	1905	VIII
857	Amer.	2408615	C. 47.	496	IV
865	Amer.	2513302	C. 51.	I. 2355	VIII

479866	Amer.	2542994	C. 52.	1080	VIII
890	Amer.	2469431	C. 49.	E. 1458	XIb
982	Amer.	2502855	C. 50.	II. 1282	VIII
480135	Eng.	684705	C. 53.	7945	XIa
404	Frz.	1014582	C. 54.	7083	XVIIIa
487	Schwd.	124391	C. 50.	I. 1781	VIII
488	Amer.	2524660			
		u. 661	C. 51.	I. 1662	VIII
489	Eng.	647783	C. 53.	6130	VIII
482639	Amer.	2521908	C. 53.	9703	XXIV
654	Amer.	2556792	C. 52.	6148	XVI
689	Amer.	2505457	C. 51.	II. 1493	IV
690	Amer.	2502409	C. 51.	I. 2072	VI
702	Amer.	2592321	C. 53.	767	VIII
703	Amer.	2497268	C. 50.	II. 927	III
739	Norw.	76402	C. 51.	II. 423	F
483108	Amer.	2458039	C. 50.	I. 775	VI
484477	Oest.	162593	C. 51.	I. 396	X
728	DBP.	850297	C. 53.	5579	IX
486545	Amer.	2535014	C. 51.	II. 2920	F
546	Amer.	2538725	C. 51.	II. 3636	F
600	Amer.	2581064	C. 53.	1586	XIX
601	Amer.	2570277	C. 53.	9689	XIX
625	Amer.	2584158	C. 53.	4457	XIV
735	Eng.	676358	C. 55.	4695	IX
767	Schwd.	125552	C. 50.	I. 2281	VIII

487248	Amer.	2588095	C. 54. 6331	VIII
416	Amer.	2529922	C. 52. 6640	XXIV
488161	Frz.	956648	C. 51. I. 2684	XXIV
273	Norw.	76197	C. 51. II. 134	VIII
527	Amer.	2569663	C. 54. 1322	G
553	Frz.	1019825	C. 54. 4281	XIII
589	Schwd.	132481	C. 53. 9267	III
591	Schwd.	132583	C. 54. 4456	III
874	Eng.	659579	C. 52. 6753	VII
489796	Amer.	2566571	C. 55. 4018	XXIV
490243	Eng.	674060	C. 54. 7064	XIb
407	Amer.	2507199	C. 51. I. 768	III
491229	Amer.	2594144	C. 55. 3037	XVIIIb
343	Amer.	2569536	C. 55. 9214	XII
751	Frz.	1035590	C. 55. 4212	IX
492061	Amer.	2613181	C. 53. 9597	V
396	Amer.	2531978	C. 51. II. 2511	V
577	Frz.	963371	C. 51. I. 2671	XVIIIb
492659	Amer.	2515529	C. 51. I. 3407	IV
692	Amer.	2576525	C. 53. 9685	XIX
778	DBP.	821786	C. 53. 9684	XIX
493179	Schwz.	269483	C. 51. I. 3586	XVIIIb
261	Eng.	637761	C. 53. 5909	VII
852	Amer.	2498084	C. 51. I. 1233	XIb
917	DBP.	914903	C. 55. 232	XII
987	Amer.	2523446	C. 51. II. 2670	XII
494004	Amer.	2499629	C. 51. I. 2080	IX
010	Amer.	2502150	C. 51. I. 392	IX
056	Amer.	2615805	C. 53. 7175	VIII
068	Amer.	2508726	C. 51. I. 3123	XIa
069	Amer.	2516332	C. 51. I. 1940	IX
072	Amer.	2535418	C. 51. II. 2544	XIX
085	Amer.	2654756	C. 55. 2728	F
415	Amer.	2507871	C. 51. I. 530	XIb
433	Amer.	2599799	C. 55. 3497	XIa

Dänische Patente (Dän. P.).

61624	Schwz.	229421	C. 45. I. 846	IX
67653	DBP.	895528	C. 54. 686	XVIIIb
72949	Finn.	24957	C. 52. 5163	VIII
73383	Norw.	79145	C. 53. 577	F
74958	Finn.	24355	C. 51. II. 599	VIII
959	Finn.	26009	C. 53. 5923	VIII
75079	Schwd.	137471	C. 55. 4410	F
506	Schwd.	137471	C. 55. 4410	F
541	Frz.	949267	C. 50. I. 82	F
565	Finn.	26878	C. 54. 11530	VII
584	Norw.	79150	C. 53. 3296	III
718	DBP.	806994	C. 51. II. 3068	F
721	Schwd.	138725	C. 55. 6197	VII
722	Schwd.	137381	C. 54. 11609	VIII
830	Schwd.	135852	C. 55. 7751	III
865	DBP.	848890	C. 53. 1878	VIII
76034	Schwd.	134890	C. 55. 6591	III
307	Schwz.	262189	C. 50. I. 1898	VII
311	Schwz.	272285	C. 52. 1435	XXIV
323	Schwd.	127427	C. 51. I. 1499	F
324	Eng.	682931	C. 53. 5549	F
332	Schwd.	129593	C. 52. 275	III
336	DBP.	832037	C. 52. 5354	XIX
342	Oest.	169576	C. 53. 8969	VII
353	Frz.	1021372	C. 54. 3797	IX
354	Schwd.	124998	C. 50. I. 1509	F
357	Schwz.	270356	C. 54. 5372	III
366	DBP.	815073	C. 52. 1875	F
379	Schwd.	134189	C. 53. 3505	XX
383	DBP.	831235	C. 52. 5953	I
384	Oest.	175250	C. 54. 7009	F
385	DBP.	814447	C. 52. 928	IX
386	DBP.	814599	C. 52. 2081	IX
410	Eng.	669942	C. 54. 453	XVIIIa
413	Eng.	672163	C. 53. 2980	V
414	DBP.	818941	C. 52. 4661	F
415	Norw.	78978	C. 53. 3929	F
422	Schwz.	281282	C. 54. 1311	F
428	Frz.	943411	C. 50. I. 1538	XIb
434	Norw.	80189	C. 53. 9286	VII
443	Frz.	1006244	C. 53. 7380	VI
451	Schwz.	271929	C. 52. 1909	IX
482	Frz.	951209	C. 50. II. 1855	I
483	Schwd.	131005	C. 52. 5651	IX
518	DBP.	878200	C. 54. 6569	VI
519	Finn.	26589	C. 54. 4727	IX
520	DBP.	814450	C. 52. 1571	IX
524	DBP.	833520	C. 52. 5150	III
525	Schwd.	129855	C. 52. 275	III
537	Eng.	690411	C. 54. 5160	VII
76557	Schwd.	130803	C. 52. 2389	F
558	Finn.	25527	C. 52. 7758	XVIIIb
560	Schwz.	276856	C. 53. 1852	F
561	Schwd.	131514	C. 52. 5303	F
562	Schwd.	131002	C. 52. 6410	F
570	Amer.	2578432		
		u. 433	C. 53. 9043	XIX
572	Finn.	25734	C. 53. 420	F
575	Frz.	960825	C. 50. II. 2465	F
576	Frz.	968034	C. 51. I. 1084	XIb
599	DBP.	842071	C. 53. 7870	F
600	Eng.	653480		
	DBP.	823833	C. 52. 4344	F
601	Amer.	2581350	C. 53. 1058	F
602	Eng.	661975	C. 53. 5081	F
603	Frz.	989971	C. 54. 9099	F
605	Eng.	652207	C. 54. 3759	F
642	Oest.	174379	C. 54. 1093	V
709	Oest.	170899	C. 52. 7060	F
710	Schwd.	131140	C. 52. 2259	IX
718	DBP.	818519	C. 52. 2061	III
728	Schwd.	137242		
		u. 243	C. 54. 4032	VIII
743	DBP.	910540	C. 55. 417	F
748	Frz.	982789	C. 52. 6757	VIII
777	DBP.	857490	C. 53. 4804	XXIV
778	Frz.	903716	C. 46. I. 665	IX
779	Eng.	634072		
		u. 073	C. 54. 10772	F
780	Oest.	171709	C. 54. 4264	IX
784	Frz.	973348	C. 53. 5262	XIa
787	DBP.	889666	C. 54. 1835	XIa
809	Oest.	170906	C. 52. 7877	VI
812	DBP.	828986	C. 52. 5350	XVIIIb
843	Schwz.	289932	C. 54. 5608	VI
846	Schwz.	276120	C. 52. 6441	X
847	Oest.	176565	C. 54. 5416	XIV
848	DBP.	820436	C. 52. 2389	F
858	Schwz.	287647	C. 54. 2507	XIa
859	Schwz.	271373	C. 52. 1090	XIb
871	Norw.	78398	C. 53. 1234	VII
874	Amer.	2534640	C. 52. 4389	XVI
884	DBP.	899490	C. 54. 6383	XVIIIb
886	DBP.	838288	C. 52. 6605	IX
887	Oest.	177769	C. 54. 7244	F
894	DBP.	875251	C. 54. 7026	III
895	Schwz.	262802	C. 49. E. 1739	VIII
898	Finn.	25413	C. 52. 8019	F
915	Oest.	175215	C. 54. 4691	IV
920	Oest.	166710	C. 52. 265	F

76956	Norw.	78577	C. 53. 285	IX
957	DBP.	862010	C. 53. 4088	F
958	DBP.	814598	C. 52. 2081	IX
76976	Finn.	24521	C. 51. I. 1085	XIb
987	DBP.	841878	C. 53. 112	IV

Englische Patente (E.P.).

579047	Frz.	866150	C. 42. I. 2706	IX
629795	Amer.	2531535	C. 51. II. 585	III
633660	Amer.	2487668	C. 49. E. 1532	F
634235	Frz.	950161	C. 50. II. 558	F
368	Amer.	2542932	C. 52. 5828	XIV
463	Amer.	2521778	C. 51. II. 1964	IX
	Schwz.	270534	C. 51. II. 1359	IX
954	Frz.	957457	C. 51. I. 1648	
	Schwz.	273635	C. 52. 3068	V
635335	Frz.	911273	C. 46. I. 241	III
356	Amer.	2459718	C. 49. II. 1146	XIX
	Frz.	941276	C. 50. I. 824	XIX
359	Frz.	960940	C. 50. II. 2107	III
631	Amer.	2500732		
	Eng.	635632	C. 51. I. 256	IX
	Amer.	2500733	C. 51. I. 122	IX
668	Amer.	2522580	C. 51. I. 3281	XVIIIa
773	Frz.	942612	C. 50. I. 758	F
	Amer.	2480517	C. 50. I. 1635	F
904	Amer.	2454336	C. 49. II. 251	VIII
905	Amer.	2454336	C. 49. II. 251	VIII
972	Frz.	866889	C. 42. II. 1178	VIII
	Frz.	866890	C. 42. II. 1514	VIII
992	Frz.	939924	C. 48. E. 154	XIX
993	Amer.	2565627	C. 53. 635	XIX
	Frz.	939954	C. 48. E. 154	XIX
636073	Frz.	954655	C. 50. II. 106	IX
207	Amer.	2460573	C. 50. I. 643	XVIIIb
	Frz.	944171	C. 50. I. 1683	XVIIIb
321	Frz.	939189	C. 48. E. 503	XIb
322	Frz.	939191	C. 48. E. 503	XIb
	Amer.	2514305	C. 51. I. 2816	XIb
504	Frz.	954647	C. 50. II. 107	IX
600	Schwz.	263274	C. 50. II. 569	V
697	Schwz.	272246	C. 52. 2062	V
758	DBP.	857885	C. 55. 731	XXIV
878	Frz.	941668	C. 50. I. 933	XVIIIb
965	Amer.	2498652	C. 51. I. 1951	XIb
637267	Amer.	2543191	C. 52. 1759	XVIIIa
389	Frz.	954563	C. 50. II. 340	IX
739	Frz.	966619	C. 51. I. 390	IX
902	Amer.	2444882	C. 49. II. 803	IX
	Frz.	965346	C. 51. I. 1071	IX
638374	Frz.	949432	C. 49. E. 304	VIII
397	Amer.	2442677	C. 49. I. 97	F
507	Amer.	2509777	C. 51. I. 2110	XIX
570	Frz.	951309	C. 50. II. 1884	XIb
742	Frz.	972815	C. 52. 2763	XIb
639021	Schwz.	263283	C. 54. 11611	XIb
084	Amer.	2530366	C. 51. II. 2368	III
222	Amer.	2551143	C. 52. 2940	XVI
342	Amer.	2535103	C. 51. II. 2825	XVIIIb
866	DBP.	888906	C. 55. 1383	X
999	Frz.	942027	C. 50. I. 1155	XIb
640067	Amer.	2448556	C. 49. II. 469	XI
171	Amer.	2414578	C. 47. 1798	XI
452	Frz.	941249	C. 50. I. 94	F
458	Amer.	2517751	C. 51. I. 3567	X
989	Amer.	2528570	C. 51. II. 2131	XVIIIb
641120	Frz.	963356	C. 51. I. 393	IX
268	Amer.	2448391	C. 49. I. 543	XI
660	Amer.	2495759	C. 50. II. 1301	XVIIIa
697	Amer.	2428752	C. 48. II. 904	XI
955	Amer.	2444828	C. 49. I. 433	IX
642039	Frz.	959503	C. 50. II. 2858	XIb
	Amer.	2537595	C. 52. 300	XIb
642255	Frz.	953632	C. 50. II. 1900	XIX
410	Amer.	2451895	C. 49. II. 163	XIX
457	Frz.	948870	C. 50. II. 227	IX
969	Amer.	2525410	C. 52. 4376	IX
643000	Frz.	948375	C. 49. E. 136	IX
046	DBP.	842977	C. 55. 3012	X
750	Frz.	959066	C. 50. II. 1752	XIb
788	Amer.	2525723	C. 51. II. 2111	IX
853	Amer.	2526683	C. 51. II. 1781	F
860	Frz.	945083	C. 50. I. 1760	F
644299	Amer.	2525276	C. 51. II. 2409	XIX
	Frz.	956761	C. 50. II. 2994	XIX
799	Amer.	2439612	C. 49. I. 140	XIV
826	Frz.	981184	C. 52. 3555	V
894	Frz.	957585	C. 50. II. 2128	XIb
645072	Frz.	960867	C. 51. I. 1103	XIX
133	Amer.	2647875	C. 54. 8873	I
601	Amer.	2537169	C. 52. 291	IX
646024	Frz.	999969	C. 53. 3780	III
408	Amer.	2511453	C. 52. 4370	IX
575	Amer.	2499307	C. 50. II. 2107	III
691	Amer.	2587900	C. 53. 5251	VIII
899	Frz.	991547	C. 52. 5645	VIII
960	Frz.	960623	C. 51. I. 3264	IX
647103	DBP.	842095	C. 55. 2307	X
138	Frz.	943565	C. 50. I. 822	XIX
266	Amer.	2498195	C. 51. I. 283	XIX
727	Amer.	2538100	C. 53. 2366	XIb
648341	DBP.	849249	C. 53. 923	VIII
599	Amer.	2515198	C. 51. I. 1518	VII
904	Frz.	955539	C. 50. II. 821	IX
649028	DBP.	842195	C. 53. 446	IX
339	Amer.	2452386	C. 49. II. 338	F
448	DBP.	914848	C. 55. 215	IX
650247	Frz.	975180	C. 52. 2090	XIb
631	Amer.	2552355	C. 55. 1192	XXIV
655	Frz.	977410	C. 54. 11603	XXIV
656	Frz.	977409	C. 54. 11603	XXIV
793	Frz.	954734	C. 50. II. 119	XII
651034	Amer.	2553444	C. 52. 2905	V
347	Amer.	2502130	C. 51. I. 1081	XIa
745	Amer.	2427022	C. 49. I. 93	F
931	Frz.	971793	C. 54. 11603	IX
652000	Frz.	968343	C. 51. II. 889	VII
069	Frz.	950594	C. 49. E. 483	XIb
328	DBP.	824814	C. 55. 4943	X
386	DBP.	827100	C. 55. 7093	X
491	DBP.	854852	C. 53. 5407	VIII
614	Frz.	954286	C. 50. II. 218	VII
636	Schwz.	280892	C. 53. 6132	VIII
739	DBP.	812670	C. 52. 416	F
	Schwz.	275966	C. 52. 1571	F
740	Frz.	955806	C. 50. II. 700	IX
947	Frz.	965244	C. 51. I. 1950	XIb
	Schwz.	269518	C. 51. I. 3272	XIb
653026	Amer.	2519487	C. 51. I. 3089	F
056	Amer.	2513132	C. 51. I. 1524	IX
	Frz.	960483	C. 51. I. 2501	IX
352	Amer.	2536684	C. 51. II. 3540	XIX
655123	Frz.	966907	C. 51. I. 2788	III
387	Frz.	950977	C. 50. II. 1174	IX
432	Amer.	2449286	C. 49. I. 1419	IX
	Frz.	957892	C. 50. II. 1744	IX
490	Schwz.	276855	C. 52. 4847	IX
557	Frz.	952618	C. 49. E. 620	IX
770	Amer.	2560028	C. 52. 3581	XII

656793	Frz.	948776	C. 50. II.	88	I
914	Frz.	975829	C. 51. II.	1945	III
657025	Frz.	974684	C. 52.	2076	VIII
202	Amer.	2536673	C. 52.	2076	VIII
307	Frz.	969181	C. 51. I.	2532	XIX
411	Amer.	2530065	C. 51. II.	1813	IX
581	Frz.	1013480	C. 54.	11604	F
614	Frz.	957572	C. 51. I.	799	XII
829	DBP.	810789	C. 53.	9705	III
	Schwz.	271505			
	Frz.	971466	C. 51. II.	435	III
658200	DBP.	831831	C. 52.	4215	VIII
208	Schwz.	269074	C. 51. II.	102	F
411	Frz.	929314	C. 47. E.	569	F
522	Frz.	969156	C. 51. I.	2220	IX
659021	Amer.	2555713	C. 55.	6859	X
107	Amer.	2582824	C. 55.	4011	XIX
154	Amer.	2575750	C. 52.	7899	XIb
439	Frz.	982256	C. 52.	3735	IX
501	DBP.	801146	C. 51. I.	3276	XIV
529	Amer.	2543747	C. 52.	2084	X
574	Schwz.	266686	C. 51. I.	247	VIII
660019	Amer.	2527837	C. 51. II.	1962	IX
	Schwz.	276414	C. 52.	5009	IX
177	Amer.	2572941	C. 52.	6128	IX
216	Schwz.	276342	C. 52.	3725	VII
368	Frz.	1015458	C. 54.	9098	F
398	Can.	467682	C. 51. I.	263	XIb
761	Amer.	2568692	C. 52.	6613	XIb
885	Amer.	2550371	C. 52.	1765	XIX
661513	Schwd.	129107	C. 51. II.	2509	III
537	DBP.	818354	C. 52.	5941	F
560	Amer.	2621118	C. 54.	8210	VIII
741	Amer.	2523149	C. 51. II.	1231	XIX
902	Amer.	2553430	C. 52.	5985	XIb
904	DBP.	814142	C. 52.	278	V
916	Frz.	981841	C. 53.	7400	IX
966	Oest.	168052	C. 51. II.	900	IX
662272	Schwd.	128081	C. 51. I.	2196	F
830	Schwd.	129166	C. 51. II.	2495	F
663425	Amer.	2516627	C. 51. I.	2081	IX
426	Amer.	2586287			
		u. 288	C. 53.	1413	XIII
645	Amer.	2618575	C. 54.	10135	XVIIIb
664595	Schwz.	274306	C. 52.	1240	VIII
665248	Amer.	2596344	C. 53.	2855	XVII
265	Frz.	955862	C. 50. II.	485	XVIIIb
309	Amer.	2523999	C. 51. II.	904	XIb
626	Amer.	2546960	C. 52.	7090	IX
698	Amer.	2623906	C. 55.	3000	IX
709	DBP.	832466	C. 52.	4851	XIa
710	Frz.	992036	C. 53.	6774	XIa
666248	Schwz.	274019	C. 52.	1399	VIII
399	Schwz.	275503	C. 52.	5166	VIII
400	Schwz.	275870	C. 52.	5166	VIII
788	Amer.	2556574	C. 52.	2223	F
667552	DBP.	823292	C. 52.	6439	IX
	Dän.	73421	C. 53.	8718	IX
	Norw.	78016	C. 52.	2752	IX
	Oest.	168606	C. 51. II.	3517	IX
870	Amer.	2628889	C. 54.	7951	V
944	DBP.	825168	C. 52.	5167	VIII
668412	DBP.	864554	C. 55.	165	F
413	Amer.	2557916	C. 53.	2490	F
605	DBP.	811403	C. 52.	130	VIII
776	Can.	479139	C. 53.	740	F
861	Amer.	2526625	C. 52.	2112	XIX
970	Amer.	2642362	C. 54.	11590	XXIV
669131	Schwz.	286571	C. 53.	9621	VIII
218	Amer.	2551352	C. 52.	6937	XIa
638	Schwz.	270089	C. 51. I.	3114	VIII
906	Finn.	25687	C. 53.	109	I
670348	Amer.	2635061	C. 54.	3353	XIV
671031	Schwz.	272852	C. 54.	3150	XXIV
072	DBP.	829539	C. 52.	6759	VIII
187	DBP.	809106	C. 52.	1078	VIII
251	Schwd.	134517	C. 54.	4977	XVIIIa
352	DBP.	819430	C. 52.	2563	III
376	Frz.	1007734	C. 55.	5418	IX
463	Frz.	991315	C. 53.	8977	VIII
814	Amer.	2560462	C. 55.	6144	X
672176	Amer.	2537032	C. 52.	3566	VIII
197	Schwz.	277978	C. 52.	6113	V
539	Eng.	694568	C. 54.	8183	III
681	Frz.	973810	C. 55.	4223	XIa
673696	DBP.	829036	C. 55.	2785	X
938	Amer.	2521267	C. 51. I.	3566	IX
674079	Norw.	79009	C. 53.	2342	VI
157	Amer.	2631972	C. 54.	6818	VIII
299	DBP.	827801	C. 55.	1332	F
477	Amer.	2569430	C. 52.	7876	VI
806	DBP.	838823	C. 52.	7749	XII
675346	DBP.	819690	C. 52.	6280	VIII
383	DBP.	859026	C. 55.	2491	F
676115	Amer.	2598559	C. 55.	6182	F
291	Can.	475925	C. 52.	3080	VIII
425	Amer.	2543039	C. 52.	427	III
753	DBP.	830217	C. 52.	7072	III
988	DBP.	821520	C. 53.	9267	III
677772	DBP.	827751	C. 53.	164	XXIV
917	Frz.	1002701	C. 55.	5944	XIX
935	Frz.	998053	C. 54.	4531	XIX
678138	DBP.	838375	C. 53.	924	VIII
195	DBP.	918104	C. 55.	3496	X
329	Amer.	2649374	C. 54.	10863	XXIV
692	Amer.	2619472	C. 54.	5828	III
679151	DBP.	808851	C. 52.	1220	III
215	Amer.	2535934	C. 52.	4189	F
217	DBP.	909808	C. 55.	6130	IX
421	Amer.	2598018	C. 53.	6988	XII
782	DBP.	842983	C. 55.	2783	X
818	Frz.	966034	C. 53.	6112	V
819	Frz.	966033	C. 51. II.	586	V
820	Frz.	965291	C. 53.	6333	V
894	DBP.	855112	C. 55.	3200	F
680496	DBP.	910540	C. 55.	416	F
511	DBP.	825866	C. 55.	3974	X
952	Amer.	2619485	C. 55.	7983	F
977	Amer.	2671735	C. 55.	5389	III
681141	DBP.	881398	C. 54.	4005	III
432	DBP.	810458	C. 52.	629	XXIV
551	Can.	479931	C. 54.	2089	XIX
682185	Frz.	996237	C. 53.	7398	VIII
230	Oest.	175433	C. 54.	6406	XX
703	Frz.	1021304	C. 54.	5829	III
887	Amer.	2541832	C. 52.	427	III
966	Frz.	1011093	C. 54.	3304	V
683004	DBP.	823350	C. 52.	5482	VIII
337	Schwd.	133600	C. 53.	6733	F
684117	DBP.	808832	C. 51. II.	3092	IX
468	Amer.	2598486	C. 54.	878	VIII
730	DBP.	869340	C. 53.	6333	V
685259	DBP.	842966	C. 53.	910	III
668	Amer.	2608581	C. 55.	457	IX
686045	DBP.	821350	C. 52.	3900	IX
055	Oest.	172337	C. 54.	3108	IX
247	DBP.	910538	C. 55.	455	IX
316	Frz.	1007586	C. 54.	7097	XIb
373	Amer.	2485945	C. 49. E.	1839	XIX
422	DBP.	838180	C. 55.	6858	X
536	Frz.	966982	C. 51. I.	1255	XIX
630	DBP.	830192	C. 52.	4659	F
641	Frz.	1044604	C. 54.	9438	XIX
748	Amer.	2461519	C. 49. E.	310	IX
779	Frz.	1052941	C. 55.	1579	I
962	Frz.	1050446	C. 55.	1424	XXIV

687032	DBP.	864556	C. 55.	4409	F
146	Oest.	169326	C. 52.	5002	VIII
189	Oest.	172651	C. 53.	8208	IX
201	DBP.	920082	C. 55.	5622	III
235	DBP.	876879	C. 54.	10157	XIX
243	Frz.	1040778	C. 55.	217	IX
342	Amer.	2521793	C. 51. II.	2079	F
405	DBP.	831545	C. 52.	7093	IX
523	DBP.	868521	C. 54.	2485	VIII
722	DBP.	838698	C. 53.	1280	XXIV
745	Frz.	1012622	C. 54.	9135	IX
758	Frz.	1032307	C. 54.	6818	VIII
760	Amer.	2577231	C. 53.	1215	F
	Amer.	2595334	C. 53.	1854	F
	Amer.	2554816	C. 54.	1309	F
	Amer.	2603649	C. 55.	6084	F
808	DBP.	848830	C. 53.	5434	XVIIIa
838	Frz.	1050461	C. 55.	2743	I
991	Amer.	2550847	C. 52.	6286	IX
688004	DBP.	847743	C. 53.	284	IX
505	Frz.	1034769	C. 54.	11606	XIb
553	DBP.	894109	C. 54.	2048	IX
747	Oest.	173463	C. 53.	7922	IX
768	DBP.	908288	C. 54.	10595	X
784	Frz.	1027650	C. 55.	1847	X
785	Amer.	2648674	C. 55.	3495	X
786	Frz.	1029638	C. 55.	1848	X
850	DBP.	894294	C. 55.	4462	X
991	Amer.	2667525	C. 55.	8702	III
689023	DBP.	893143	C. 54.	9674	XXIV
095	DBP.	839797	C. 53.	130	IX
141	Amer.	2641535	C. 54.	8236	XII
285	DBP.	852885	C. 53.	3824	XIX
286	DBP.	857353	C. 53.	7930	IX
430	DBP.	833036	C. 52.	5008	IX
720	Frz.	1034770	C. 54.	11606	XIb
878	Frz.	1040151	C. 54.	8903	IX
690004	Frz.	1032504	C. 54.	5431	XVIIIb
071	DBP.	862010	C. 53.	4088	F
287	Eng.	680935	C. 53.	8483	XVIIIa
	Schwz.	279022	C. 53.	466	XVIIIa
383	DBP.	852993	C. 53.	8987	IX
429	DBP.	841917	C. 54.	8401	F
879	DBP.	859620	C. 55.	2730	F
691048	Frz.	998610	C. 54.	9595	I
092	Amer.	2628154	C. 54.	6802	V
227	Frz.	1034927	C. 54.	6156	XXIV
393	DBP.	844035	C. 53.	7447	XIX
424	DBP.	888099	C. 55.	9194	IX
431	Amer.	2590825	C. 55.	7091	X
448	DBP.	888508	C. 54.	6558	II
905	Amer.	2604476	C. 55.	2542	X
692065	DBP.	855345	C. 54.	2067	XIb
332	Schwz.	288321	C. 54.	919	XVIIIb
	Schwz.	291722	C. 55.	6393	XVIIIb
		723	C. 55.	1173	XVIIIb
		u. 724	C. 55.	6134	XVIIIb
427	DBP.	876878	C. 53.	9044	XIX
465	DBP.	889661	C. 55.	8974	X
522	Schwz.	283222	C. 53.	4750	III
556	Amer.	2583419	C. 53.	2845	XIb
840	Oest.	173688	C. 53.	7658	IX
951	Schwd.	140216	C. 55.	4945	XIa
952	Amer.	2587566	C. 55.	5906	X
693356	DBP.	918633	C. 55.	3010	X
524	DBP.	844446	C. 53.	7871	F
525	DBP.	840243	C. 54.	5174	IX
754	DBP.	887649	C. 55.	640	F
771	Amer.	2588090	C. 55.	3200	F
900	Amer.	2596562	C. 53.	3929	F
905	DBP.	903414	C. 55.	1192	XXIV
938	DBP.	880488	C. 55.	2085	XIa
694067	DBP.	855115	C. 54.	147	F
694473	DBP.	888991	C. 54.	11549	X
526	Amer.	2611775	C. 53.	7935	IX
538	Frz.	1030035	C. 54.	10316	III
713	Amer.	2559330	C. 55.	3976	X
899	DBP.	832440	C. 55.	4932	IX
695076	DBP.	906450	C. 54.	6822	IX
082	DBP.	893590	C. 54.	4470	VII
303	DBP.	882999	C. 55.	3234	VII
328	Amer.	2618596	C. 54.	11586	XIX
418	Oest.	174917	C. 53.	9567	F
461	Oest.	174062	C. 53.	9633	IX
492	DBP.	925968	C. 55.	7328	XIa
493	Amer.	2594030	C. 53.	4954	XIII
534	DBP.	889493	C. 55.	6143	X
761	Amer.	2595767	C. 53.	5575	IX
813	Frz.	1050377	C. 55.	938	XII
877	Frz.	1020741	C. 55.	903	V
696518	Amer.	2648644	C. 54.	11321	XII
976	Amer.	2615895	C. 53.	6102	F
697019	DBP.	883290	C. 55.	1824	VII
056	DBP.	870146	C. 55.	460	X
123	Amer.	2592930			
		u. 931	C. 54.	10538	F
136	DBP.	870147	C. 55.	696	X
145	Frz.	1044024	C. 54.	7239	F
146	DBP.	870306	C. 55.	461	X
481	Amer.	2623902	C. 55.	8917	F
517	DBP.	883021	C. 55.	7090	X
565	DBP.	859804	C. 53.	4440	VIII
613	DBP.	838795	C. 53.	1068	III
713	Schwz.	292701			
	Schwz.	292704	C. 55.	7272	F
775	DBP.	899351	C. 55.	5184	IX
776	Frz.	1036335	C. 55.	4213	IX
698070	DBP.	879102	C. 55.	1375	IX
253	Frz.	1041925	C. 55.	487	XVIIIb
260	DBP.	820147	C. 52.	3063	I
299	Schwd.	138516	C. 54.	6582	VIII
427	Frz.	1042688	C. 55.	6195	XVII
463	Amer.	2636905	C. 55.	3490	IX
554	DBP.	833802	C. 52.	6604	IX
566	DBP.	890047	C. 55.	645	F
711	Oest.	173699	C. 53.	8934	F
952	Amer.	2659742	C. 55.	1101	F
699062	DBP.	907169	C. 54.	6829	IX
185	Amer.	2649382	C. 54.	10597	XIa
194	Amer.	2649353	C. 54.	11057	X
203	DBP.	842069	C. 52.	6902	F
303	Amer.	2647832	C. 55.	5171	VIII
362	DBP.	870851	C. 55.	4167	F
413	DBP.	875437	C. 55.	4020	XXIV
661	DBP.	889982	C. 53.	9655	XIb
769	Amer.	2642439	C. 55.	4701	IX
812	DBP.	890188	C. 54.	10063	F
700186	DBP.	916169	C. 55.	1797	F
365	Amer.	2648687	C. 55.	8681	F
397	DBP.	876408	C. 54.	6335	IX
	Frz.	1032678	C. 55.	2999	IX
398	Frz.	1046739	C. 54.	10543	F
495	DBP.	875358	C. 55.	3734	IX
609	DBP.	838826	C. 53.	458	XII
646	Amer.	2649375	C. 54.	11589	XXIV
701020	DBP.	863052	C. 53.	4939	IX
139	DBP.	908009	C. 55.	1611	X
179	Oest.	172652	C. 54.	1358	IX
244	DBP.	893946	C. 55.	5648	IX
414	Amer.	2612499	C. 53.	9567	XVIIIa
443	Amer.	2659691	C. 55.	3044	XIX
502	DBP.	859159	C. 53.	9306	IX
531	Amer.	2579420	C. 55.	4015	XXIV
652	Schwz.	285785	C. 53.	8468	XIb
911	DBP.	860214	C. 53.	6583	XIII
702018	DBP.	908971	C. 54.	8674	IX

702035	Frz.	990050	C. 53.	9040	XIX
040	DBP.	900325	C. 54.	6348	X
267	DBP.	821425	C. 52.	5166	VIII
403	DBP.	838288	C. 52.	6605	IX
527	Belg.	497004	C. 53.	8687	III
566	Amer.	2623043	C. 55.	4651	F
929	Amer.	2668785	C. 55.	4242	XVIIIb
953	Amer.	2620343	C. 54.	11577	XVIIIb
703019	Finn.	26636	C. 54.	5852	IX
418	Amer.	2598311	C. 55.	690	IX
877	Amer.	2588970	C. 53.	7447	XIX
704121	Frz.	1035590	C. 55.	4212	IX
231	DBP.	908132	C. 54.	7296	X
304	Frz.	1055352	C. 55.	5899	IX
310	DBP.	911997	C. 55.	2308	X
665	DBP.	844348	C. 53.	933	XIa
942	DBP.	860199	C. 53.	9627	IX
705194	Amer.	2632734	C. 55.	2343	XIX
198	Amer.	2573080	C. 53.	2326	F
308	Frz.	1040512	C. 55.	4008	XIX
436	Oest.	174914	C. 54.	7468	F
719	Frz.	1043726	C. 55.	3933	G
970	DBP.	908916	C. 54.	7303	XII
706124	Amer.	2570237	C. 53.	310	XVIIIb
160	Schwz.	288168	C. 53.	7403	IX
176	Frz.	1044694	C. 55.	4932	IX
177	Schwd.	135423	C. 53.	7604	F
178	DBP.	884044	C. 54.	2268	IX
266	Amer.	2617812	C. 55.	2028	F
712	DBP.	840092	C. 53.	8455	IX
723	DBP.	894243	C. 55.	217	IX
798	DBP.	894242	C. 55.	217	IX
811	Amer.	2667483	C. 55.	4217	IX
	Oest.	180058	C. 55.	3966	IX
707143	Amer.	2579332	C. 52.	7581	XIb
455	Schwz.	296342	C. 54.	11328	XVII
608	Oest.	172925	C. 53.	8983	IX
619	DBP.	875524	C. 54.	4963	XIb
669	Oest.	173696	C. 54.	9585	F
709	DBP.	884796	C. 55.	2559	XVI
708020	Amer.	2593248	C. 55.	2493	F
031	Amer.	2582453	C. 53.	1870	VI
040	Schwz.	295055	C. 55.	5908	X
058	DBP.	837975	C. 53.	459	XIV
096	DBP.	914542	C. 55.	646	F
116	Amer.	2631125	C. 55.	3777	XIX
138	Oest.	176547	C. 54.	1568	V
151	Frz.	1052961	C. 55.	4984	XXIV
160	Amer.	2643209	C. 54.	2449	F
543	DBP.	841181	C. 55.	5908	X
651	DBP.	850008	C. 54.	7550	XVIIIb
		855404	C. 53.	1581	XVIIIb
736	Amer.	2646457	C. 54.	10557	III
827	DBP.	840158	C. 52.	7580	XIb
832	DBP.	910535	C. 55.	181	I
945	Frz.	1042410	C. 54.	10152	XIX
709113	Amer.	2626955	C. 55.	3488	IX
348	Frz.	1051275	C. 55.	2803	XVI
527	Frz.	1063473	C. 55.	2998	VIII
576	DBP.	863651	C. 53.	5254	IX
589	Amer.	2680719	C. 55.	4254	XIX
628	DBP.	894561	C. 54.	417	IX
629	Amer.	2643999	C. 54.	9662	XVIIIb
658	Schwz.	295591	C. 55.	2759	VII
818	DBP.	844492	C. 53.	270	III
963	DBP.	862681	C. 53.	8217	XIb
983	Oest.	176360	C. 54.	3585	XIb
988	Frz.	1031323	C. 54.	6112	XIa
710009	DBP.	862507	C. 53.	5266	XIb
117	Amer.	2584112	C. 53.	7928	IX
151	Oest.	172050	C. 54.	194	IX
168	Frz.	1053604	C. 55.	7788	IX
331	DBP.	839860	C. 52.	7267	XIb
710339	Amer.	2552308	C. 52.	2781	XIX
437	Frz.	1027468	C. 54.	7284	VIII
441	DBP.	857943	C. 53.	4794	XVIIIb
515	Amer.	2657984	C. 54.	11098	XIX
531	Amer.	2636013	C. 54.	6318	VI
584	Amer.	2588007	C. 54.	6582	VIII
613	Frz.	1043870	C. 54.	10156	XIX
697	Frz.	1032280	C. 54.	5638	XIb
797	Schwz.	294230	C. 55.	1846	X
808	DBP.	870148	C. 55.	222	X
859	DBP.	879982	C. 54.	1384	XVIIIb
860	DBP.	887095	C. 53.	9683	XIX
711037	Oest.	173704	C. 53.	9030	XVIIIb
039	DBP.	912864	C. 55.	3019	XIb
041	Amer.	2646401	C. 55.	4009	XIX
060	Frz.	1039222	C. 54.	7304	XIII
079	DBP.	863959	C. 53.	8953	III
193	Amer.	2658080	C. 54.	9815	F
210	DBP.	827947	C. 55.	3922	F
236	Frz.	1048528	C. 54.	10831	XII
258	DBP.	827947	C. 55.	3922	F
266	Frz.	1011849	C. 53.	9335	XIb
307	DBP.	904533	C. 55.	1564	F
345	Frz.	1046701	C. 55.	3978	XIa
352	Frz.	1043044	C. 54.	9652	XVII
362	DBP.	863039	C. 53.	5255	IX
372	DBP.	869862	C. 54.	915	XVIIIa
376	Amer.	2647127	C. 54.	6351	X
	Amer.	2647128	C. 54.	6111	X
388	DBP.	903333	C. 54.	10774	F
406	Oest.	175879	C. 54.	7331	XIX
442	Schwz.	297191	C. 55.	1100	F
520	Amer.	2605242	C. 54.	10822	XIa
583	Schwz.	296837	C. 55.	2025	F
596	DBP.	848537	C. 53.	5236	III
617	DBP.	872945	C. 53.	6573	X
619	Frz.	1042274	C. 55.	5652	IX
651	Amer.	2673203	C. 55.	4459	IX
654	Oest.	177764	C. 54.	6779	F
679	Amer.	2620355	C. 54.	1813	VII
680	Amer.	2648701	C. 55.	5424	IX
756	Oest.	175891	C. 54.	10773	F
860	DBP.	889838	C. 54.	6332	VIII
912	Oest.	176279	C. 54.	1390	XIX
925	Amer.	2653124 u. 125	C. 54.	7785	XIX
926	Amer.	2653124 u. 125	C. 54.	7785	XIX
956	Schwz.	265481	C. 54.	1862	XVIIIb
712042	Amer.	2570201	C. 53.	797	XVIIIb
058	DBP.	905849	C. 54.	10775	F
129	DBP.	862508	C. 53.	5944	XIb
343	DBP.	897562	C. 54.	10539	F
455	Schwz.	297412	C. 55.	2082	X
459	DBP.	874769	C. 55.	7080	IX
588	Oest.	177412	C. 54.	6360	XIb
590	Amer.	2579329	C. 55.	1374	IX
616	Schwz.	283825	C. 53.	9293	VIII
704	Amer.	2587576	C. 53.	1717	IX
707	DBP.	865182	C. 53.	4794	XVIIIb
712	Amer.	2653175	C. 55.	5940	XIX
784	Amer.	2662835	C. 54.	11311	XIa
801	Frz.	1056566	C. 55.	4250	XIX
820	Frz.	1028455	C. 54.	6115	XIb
837	DBP.	889750	C. 54.	4954	X
846	Frz.	1044105	C. 55.	255	XVIIIb
875	Oest.	179774	C. 55.	3250	IX
876	Frz.	1043713	C. 55.	3487	IX
881	Frz.	1065749	C. 55.	7817	XIX
889	DBP.	889750	C. 54.	4954	X
906	Schwz.	296654	C. 55.	6199	V
907	Schwz.	297287	C. 55.	1329	F
713016	Oest.	174889	C. 54.	7327	XIX

713016	DBP.	833189	C. 54.	924	XIX
153	Amer.	2658898	C. 55.	1613	X
167	Frz.	1051261	C. 54.	8898	VIII
186	Amer.	2620302	C. 54.	4072	XIX
211	DBP.	877891	C. 54.	1804	V
342	DBP.	875703	C. 54.	6384	XVIIIb
396	Frz.	1068075	C. 55.	4719	XII
397	DBP.	906966	C. 55.	6403	X
423	DBP.	909243	C. 55.	4008	XIX
438	DBP.	874235	C. 53.	8199	VIII
489	DBP.	870840	C. 53.	7923	IX
514	DBP.	901402	C. 54.	6579	VIII
544	Amer.	2576464	C. 52.	8062	XVIIIa
675	Frz.	1056069	C. 55.	2491	F
758	Oest.	177359	C. 54.	6405	XX
865	DBP.	878686	C. 55.	6403	X
878	Frz.	1051008	C. 55.	1853	XIb
881	Norw.	82648	C. 55.	7320	IX
995	DBP.	869200	C. 54.	1390	XIX
714132	Amer.	2680124	C. 55.	6870	XII
163	Amer.	2603637	C. 53.	4791	XVIIIa
202	DBP.	888849	C. 53.	9587	I
220	DBP.	881647	C. 54.	191	IX
	DBP.	887943	C. 54.	3564	IX
226	DBP.	885396	C. 54.	1803	V
246	Oest.	170865	C. 52.	6792	XIX
266	Oest.	175579	C. 54.	7272	VII
380	Amer.	2663706	C. 55.	7038	F
464	Oest.	173675	C. 53.	8259	XIX
495	DBP.	829060	C. 53.	3806	XIb
	DBP.	833854	C. 52.	6940	XIb
509	Amer.	2627523	C. 55.	4007	XIX
557	Amer.	2673188	C. 55.	3220	I
572	DBP.	915692	C. 55.	1370	IX
617	DBP.	863497	C. 53.	6766	IX
634	DBP.	913686	C. 55.	644	F
659	DBP.	892893	C. 54.	9390	IX
728	DBP.	862342	C. 54.	9618	VIII
839	Oest.	172654	C. 53.	9302	IX
940	DBP.	840297	C. 52.	7078	VI
982	Can.	489028	C. 54.	4265	IX
991	DBP.	857688	C. 53.	3952	VIII
715017	Frz.	1021041	C. 54.	8934	XVII
020	Frz.	1048191	C. 55.	6839	VIII
043	Oest.	175877	C. 54.	881	IX
067	DBP.	881942	C. 53.	7002	XVIIIb
075	DBP.	872202	C. 53.	6749	V
077	DBP.	867990	C. 53.	6748	V
122	Oest.	180060	C, 55.	3207	F
152	Amer.	2589881	C. 53.	4112	VIII
172	DBP.	906448	C. 54.	9139	IX
186	Amer.	2671016	C. 55.	5161	VII
198	DBP.	849225	C. 53.	4929	VI
213	DBP.	898148	C. 54.	5631	X
314	DBP.	839717	C. 52.	7747	XII
319	Schwz.	296006	C. 55.	1154	XIb
334	Amer.	2653131	C. 54.	6403	XIX
363	DBP.	898674	C. 54.	9173	XII
376	Frz.	1069413	C. 55.	1646	XVIIIb
380	Amer.	2585723	C. 54.	189	IX
400	DBP.	886906	C. 54.	4740	XIb
474	Amer.	2605237	C. 53.	8762	XIX
511	Amer.	2663734	C. 55.	1623	XIb
521	Amer.	2662055	C. 55.	5620	I
532	DBP.	857792	C. 53.	3000	X
537	Frz.	1034060	C. 54.	10814	VIII
696	Amer.	2582079	C. 52.	7567	VIII
699	Amer.	2620308	C. 54.	4761	XIX
738	Amer.	2659727	C. 55.	3494	X
762	Schwz.	287553	C. 54.	10795	V
763	Schwz.	295056	C. 55.	3496	X
774	Schwd.	136823	C. 54.	5872	XIV
804	Schwd.	130367	C. 52.	734	F
715846	Amer.	2666064	C. 55.	2988	VII
849	Frz.	1055154	C. 55.	209	VIII
864	Frz.	1060454	C. 55.	2046	V
	Schwz.	299363	C. 55.	4185	V
903	Amer.	2646455	C. 54.	10557	III
959	Frz.	1048103	C. 54.	11042	VIII
716002	Frz.	1061589	C. 55.	1611	X
029	Schwd.	138534	C. 54.	3809	XIa
044	Schwz.	288276	C. 53.	7352	F
053	DBP.	867545	C. 53.	6749	VI
063	Amer.	2635106	C. 54.	3143	XIX
077	DBP.	175868	C. 54.	7055	IX
099	DBP.	898898	C. 54.	2916	IX
112	Amer.	2686127	C. 55.	7341	XVI
119	Frz.	1052416	C. 55.	2067	VIII
146	Amer.	2617804	C. 54.	3524	F
178	DBP.	910960	C. 54.	9207	XXI
189	Amer.	2677713	C. 55.	5390	III
190	DBP.	888692	C. 55.	2776	IX
194	Amer.	2683729	C. 55.	8043	XIb
212	Frz.	1055212	C. 55.	209	VIII
232	Frz.	1055833	C. 55.	3283	XVIIIb
276	DBP.	843556	C. 53.	5250	VIII
299	Amer.	2660587	C. 55.	167	F
300	Amer.	2660585	C. 55.	166	F
301	Amer.	2633474	C. 54.	4051	XII
326	Oest.	173439	C. 53.	8455	IX
333	Amer.	2641602	C. 55.	5663	X
338	Amer.	2666062	C. 55.	6183	XVIIIb
350	DBP.	918565	C. 55.	6622	IX
352	DBP.	885538	C. 54.	881	IX
426	Oest.	173457	C. 53.	7147	F
437	Oest.	172639	C. 53.	3945	VII
460	DBP.	878197	C. 54.	397	V
521	Oest.	176838	C. 54.	5396	IX
528	DBP.	908024	C. 54.	10059	F
535	Amer.	2662910	C. 54.	10360	XIb
536	Amer.	2662909	C. 54.	10360	XIb
542	Frz.	1047196	C. 55.	1879	XVIIIb
547	Amer.	2643233	C. 54.	5642	XII
560	Amer.	2615045	C. 54.	1589	IX
564	Amer.	2651641	C. 55.	930	X
566	Schwz.	295687	C. 54.	10804	VII
641	Frz.	1035170	C. 54.	6135	XVIIIb
648	Amer.	2637694	C. 55.	4009	XIX
662	Schwz.	294691	C. 54.	9142	IX
666	Amer.	2631102	C. 54.	3362	XVI
681	Schwz.	299364	C. 55.	4185	V
688	Amer.	2659740	C. 55.	462	X
732	Amer.	2629666	C. 54.	3808	XIa
775	Amer.	2634297	C. 54.	4469	VII
822	Oest.	173718	C. 54.	182	VIII
872	Schwz.	295399	C. 55.	226	XIa
876	DBP.	889592	C. 54.	4949	IX
901	Amer.	2625549	C. 54.	2009	F
932	DBP.	874770	C. 54.	189	IX
952	Oest.	171430	C. 52.	7580	XIb
995	Amer.	2662918	C. 54.	9392	IX
717005	Amer.	2615810	C. 53.	5120	XVI
007	Oest.	176836	C. 54.	3334	IX
023	Oest.	178199	C. 54.	7528	XII
041	Frz.	1040984	C. 55.	214	IX
066	Frz.	1052655	C. 55.	3750	XII
103	DBP.	913471	C. 55.	1628	XII
137	DBP.	852588	C. 53.	8213	X
144	Frz.	1032187	C. 54.	7777	XVIIIb
211	Oest.	178906	C. 54.	9579	F
212	Oest.	178905			
		u. 906	C. 54.	9579	F
213	Oest.	178906	C. 54.	9579	F
214	Oest.	178906	C. 54.	9579	
		178907	C. 54.	9580	F
219	DBP.	900094	C. 54.	9393	IX

717232	Eng.	689425	C. 54.	6352	XIa
297	Oest.	180929	C. 55.	4412	F
321	DBP.	871668	C. 54.	236	XXIV
372	DBP.	913173	C. 55.	1608	IX
393	Ind.	48076	C. 55.	5461	XIX
406	Schwz.	293431	C. 54.	10815	IX
407	Schwz.	289076	C. 54.	3368	XVII
422	Amer.	2598333	C. 55.	1862	XII
427	Amer.	2617793	C. 53.	9639	IX
445	Amer.	2678312	C. 55.	5135	F
465	Amer.	2648684	C. 54.	4929	VII
516	Oest.	176557	C. 54.	4672	F
557	DBP.	896936	C. 54.	9192	XVIIIb
561	Amer.	2631978	C. 55.	1885	XIX
571	Amer.	2664416	C. 55.	1853	XIb
580	Schwd.	136786	C. 54.	9855	VIII
595	Frz.	1046368	C. 54.	10630	XXII
624	DBP.	894835	C. 54.	2943	XVIIIb
634	Amer.	2672485	C. 55.	3488	IX
639	DBP.	899193	C. 54.	4672	F
644	DBP.	881497	C. 54.	6392	XIX
693	Amer.	2608542	C. 53.	6803	XXII
720	Amer.	2645663	C. 54.	2052	IX
750	Amer.	2597910	C. 54.	3610	XIX
751	Amer.	2597908	C. 54.	3610	XIX
763	Amer.	2650242	C. 54.	6590	IX
771	DBP.	871838	C. 53.	5943	XIb
792	Oest.	175886	C. 54.	7057	IX
799	Amer.	2669570	C. 55.	3491	IX
823	DBP.	867006	C. 54.	183	VIII
824	Amer.	2591586	C. 53.	7214	XIX
827	DBP.	908017	C. 54.	9137	IX
838	Amer.	2647094	C. 54.	10597	XIa
844	Amer.	2578649	C. 53.	4960	XVII
847	DBP.	905370	C. 55.	2727	F
852	DBP.	887900	C. 54.	4034	VIII
901	Amer.	2613206	C. 54.	3592	XIV
904	DBP.	857952	C. 54.	2449	F
915	DBP.	892553	C. 54.	5217	XXIV
918	DBP.	915560	C. 55.	710	XIV
962	Amer.	2588452	C. 54.	4071	XIX
971	DBP.	877669	C. 53.	7421	XII
973	Amer.	2597920	C. 53.	8218	XIb
985	DBP.	881428	C. 54.	3796	VIII
998	Frz.	1042187	C. 54.	8879	V
718000	DBP.	888854	C. 54.	654	IX
011	Amer.	2619412	C. 54.	397	V
	Amer.	2657116	C. 54.	7260	V
027	Amer.	2658078	C. 55.	2963	F
041	DBP.	904129	C. 54.	6585	VIII
079	DBP.	901651	C. 54.	7004	F
174	Amer.	2619428	C. 53.	8228	XIV
188	Amer.	2623875	C. 54.	5203	XVIIIa
209	Amer.	2613232	C. 54.	1633	XIX
239	Amer.	2650930	C. 55.	6088	F
283	Oest.	174475	C. 53.	8723	XIa
284	Oest.	174475	C. 53.	8723	XIa
322	Schwz.	297993	C. 55.	1795	F
	Schwz.	301683	C. 55.	7035	F
340	Oest.	178200	C. 54.	8914	XIb
359	Oest.	174475	C. 53.	8723	XIa
373	Frz.	1038237	C. 54.	7509	VIII
386	Oest.	175557	C. 54.	7331	XIX
397	DBP.	897672	C. 54.	6568	VI
405	Finn.	26472	C. 54.	2285	XIb
437	Amer.	2610184			
		bis 188	C. 54.	5812	F
489	Amer.	2610184			
		bis 188	C. 54.	5812	F
490	Frz.	1043087	C. 54.	9906	XIX
493	DBP.	854848	C. 53.	4779	XIb
509	Schwz.	288380	C. 54.	6857	XVII
		292641	C. 55.	3762	XVII

718515	Frz.	1042310	C. 54.	9637	XIb
524	DBP.	922480	C. 55.	7561	X
568	Amer.	2657974	C. 54.	9381	VIII
580	Oest.	180930	C. 55.	4413	F
619	Amer.	2635105	C. 54.	2534	XIX
630	Amer.	2587651	C. 52.	7252	VIII
673	DBP.	912504	C. 54.	11317	XIb
675	DBP.	902973	C. 54.	7029	V
702	DBP.	850006	C. 54.	1357	IX
714	Frz.	1051235	C. 55.	3534	XIX
759	DBP.	910294	C. 54.	10814	IX
806	DBP.	912220	C. 54.	9861	IX
817	DBP.	898355	C. 54.	2702	VIII
909	Frz.	1050465	C. 55.	3533	XIX
719003	Frz.	1038656	C. 54.	9200	XIX
036	Amer.	2663672	C. 55.	3777	XIX
068	DBP.	843406	C. 53.	1056	F
069	Frz.	1039055	C. 54.	9201	XIX
167	Ind.	47818	C. 55.	3208	F
224	Amer.	2680082	C. 55.	4723	XIV
230	DBP.	882138	C. 54.	609	F
278	Oest.	176219	C. 54.	869	VII
279	Oest.	175895	C. 54.	1074	F
282	DBP.	921533	C. 55.	6402	X
287	DBP.	896039	C. 55.	221	X
375	DBP.	814739	C. 52.	2424	IX
417	DBP.	859616	C. 53.	5709	F
440	DBP.	898447	C. 54.	6329	VIII
483	Amer.	2630455	C. 54.	11049	IX
595	DBP.	888122	C. 54.	4687	III
610	Oest.	180255	C. 55.	3918	F
621	DBP.	857996	C. 55.	6145	X
629	Oest.	177648	C. 54.	6124	XVI
733	Amer.	2648650	C. 55.	3500	XIb
878	Ind.	47233	C. 55.	2732	F
889	Amer.	2672479	C. 55.	6128	VIII
893	DBP.	880443	C. 54.	10570	VII
906	DBP.	904336	C. 55.	5907	X
912	Amer.	2642395	C. 54.	6154	XIX
926	Frz.	1048151	C. 55.	965	XIX
720004	Frz.	1024614	C. 54.	9422	XVIIIa
006	Schwz.	289381	C. 54.	4059	XVIIIa
025	Oest.	172649	C. 53.	8953	I
118	Amer.	2617836	C. 54.	9857	IX
125	Frz.	1061557	C. 54.	10855	XIX
166	Frz.	1055824	C. 55.	2731	F
176	DBP.	891125	C. 54.	2281	XIa
196	Amer.	2591106	C. 53.	2695	XVIIIa
219	Amer.	2661356	C. 55.	8680	F
249	DBP.	911977	C. 54.	11082	XVIIIa
269	Oest.	172926	C. 53.	5707	F
	Schwz.	296486	C. 54.	11614	F
	Amer.	2659757	C. 54.	11594	F
	DBP.	869487	C. 55.	413	F
276	DBP.	877086	C. 54.	430	XIa
341	DBP.	902005	C. 54.	3802	IX
359	DBP.	912098	C. 54.	9129	VIII
429	Amer.	2673866	C. 55.	3690	F
430	Amer.	2671096	C. 55.	3690	F
440	Amer.	2657112	C. 55.	1384	X
503	Amer.	2597437	C. 54.	6601	XIb
509	Amer.	2659741	C. 55.	416	F
594	DBP.	852301	C. 54.	434	XIb
		881108	C. 54.	11064	XIb
850	Amer.	2687941	C. 55.	8270	X
721046	Amer.	2658059	C. 55.	2314	XIb
203	Frz.	1018590	C. 55.	2583	XXIV
210	Amer.	2620304	C. 54.	4761	XIX
230	Oest.	177197	C. 54.	10861	XXI
233	DBP.	884042	C. 53.	8982	IX
238	DBP.	895439	C. 54.	4268	XIa
263	DBP.	904651	C. 54.	8203	VII
264	Frz.	1075236	C. 55.	3208	F

721285	DBP.	884990	C. 54.	6153	XIX
286	Amer.	2647902	C. 54.	11493	F
290	Frz.	1051008	C. 55.	1853	XIb
310	Amer.	2658899	C. 55.	3259	X
312	Amer.	2631942	C. 54.	8259	XVIIIb
336	Amer.	2669588	C. 55.	5900	IX
380	Oest.	177758	C. 54.	11579	XVIIIb
386	Frz.	1054527	C. 55.	9183	VIII
402	Amer.	2625464	C. 55.	2274	V
468	Amer.	2654710	C. 55.	1184	XIX
477	DBP.	908249	C. 54.	11009	F
495	DBP.	889196	C. 55.	3974	X
611	Frz.	1053281	C. 54.	8895	VIII
719	DBP.	883020	C. 54.	1122	X
823	DBP.	813837	C. 52.	1889	IV
830	Frz.	1037698	C. 54.	7529	XII
876	DBP.	833820	C. 52.	5477	VII
924	Amer.	2609344	C. 53.	3937	I
961	DBP.	879834	C. 54.	8917	XII
722023	DBP.	916413	C. 55.	3293	XXIII
045	DBP.	910335	C. 55.	230	XIb
052	DBP.	886264	C. 54.	1375	XVI
081	DBP.	904200	C. 54.	7947	III
130	DBP.	899212	C. 54.	8644	III
154	DBP.	910727	C. 54.	10110	XIa
155	DBP.	920788	C. 55.	5178	IX
180	Frz.	1016196	C. 54.	2093	XIX
234	Amer.	2622004	C. 55.	1353	V
275	Schwz.	295071	C. 54.	7525	XIb
311	DBP.	836982	C. 52.	5186	XVII
320	Frz.	1051233	C. 54.	10312	I
321	DBP.	894099	C. 54.	2714	X
364	Amer.	2647134	C. 54.	10774	F
370	DBP.	880301	C. 54.	8483	XVIIIb
390	Amer.	2671052	C. 55.	7551	IX
434	Frz.	1051678	C. 55.	5425	IX
441	DBP.	895650	C. 54.	1841	XIb
478	Frz.	1062761	C. 55.	1152	XIb
541	DBP.	859314	C. 54.	4489	IX
543	Frz.	1052516	C. 55.	7350	XVIIIb
676	DBP.	919168	C. 55.	688	IX
745	DBP.	877304	C. 53.	6568	IX
771	Amer.	2647892	C. 55.	1642	XVIIIa
805	Frz.	1066410	C. 55.	1889	XXII
844	DBP.	900172	C. 54.	5220	XXIV
885	Schwz.	296265	C. 55.	875	F
886	Schwz.	296267	C. 54.	11493	F
950	DBP.	890049	C. 54.	654	IX
722971	Schwz.	295456	C. 54.	10621	XVIIIa
723079	Amer.	2628963	C. 54.	7749	X
159	Amer.	2672468	C. 55.	4650	F
273	Amer.	2687401	C. 55.	6657	XVIIIb
382	DBP.	901500	C. 54.	4996	XXIV
397	Amer.	2663713	C. 54.	10817	IX
412	Schwz.	289696	C. 54.	10604	XIb
501	DBP.	906517	C. 54.	5185	XIb
594	DBP.	887200	C. 54.	4262	IX
614	Amer.	2678341	C. 55.	6100	III
615	Oest.	174619	C. 54.	641	VIII
626	Frz.	1052577 u. 578	C. 55.	1393	XIb
632	DBP.	888904	C. 54.	11308	X
637	DBP.	888905	C. 55.	696	X
748	Amer.	2672467	C. 55.	4650	F
749	Amer.	2602769	C. 53.	9243	F
802	Frz.	1049773	C. 55.	1366	VIII
881	Amer.	2649401	C. 55.	4652	F
940	DBP.	900699	C. 54.	5810	F
724020	Oest.	177567	C. 55.	6384	VIII
028	Frz.	1062215	C. 55.	6155	XII
033	Oest.	178059	C. 54.	9604	VI
094	Amer.	2602769	C. 53.	9243	F
212	DBP.	890108	C. 55.	2307	X
532	Amer.	2602769	C. 53.	9243	F
725215	Amer.	2683705	C. 55.	7098	XIb
296	Oest.	180729	C. 55.	4720	XII
332	Frz.	1074790	C. 55.	3718	VII
556	DBP.	921357	C. 55.	5442	XII
605	Amer.	2676985	C. 55.	5896	IX
742	Amer.	2678281	C. 55.	6366	VI
864	Amer.	2646423	C. 54.	8680	XIb
869	Amer.	2646423	C. 54.	8680	XIb
873	Amer.	2655547	C. 54.	4724	IX
727045	DBP.	870304	C. 55.	929	X
246	DBP.	859312	C. 54.	4489	IX
381	DBP.	915024	C. 55.	2278	VI
570	Amer.	2653892	C. 55.	2106	XVIIIb
745	Schwz.	294698	C. 54.	9397	X
819	DBP.	895834	C. 54.	2065	XIb
870	DBP.	922102	C. 55.	3200	F
916	Amer.	2642449	C. 54.	2498	IX
728457	DBP.	878651	C. 54.	1544	F
536	Amer.	2682534	C. 55.	6883	XVIIIa
594	Amer.	2630434	C. 54.	2230	F
688	DBP.	891322	C. 54.	2876	F
738	DBP.	867278	C. 53.	8760	XIX

Finnische Patente (Finn. P.).

25337	Norw.	77425	C. 52.	5163	VIII
768	Frz.	956933	C. 50. II.	1028	F
26224	Frz.	905573	C. 46. I.	1270	F
706	Schwd.	136934	C. 55.	898	III
26765	Eng.	675422	C. 53.	4913	F
999	Oest.	180564	C. 55.	4412	F
27103	Eng.	705460	C. 55.	161	F
162	Oest.	180929	C. 55.	4412	F

Französische Patente (F. P.).

57239	Schwz.	261267	C. 49. E.	1537	F
775	Norw.	77954	C. 52.	5139	F
58545	Amer.	2612468	C. 55.	2771	IX
932681	Can.	470674	C. 51. II.	2140	XXIV
955058	Schwd.	127053	C. 51. I.	635	III
957697	Amer.	2502453	C. 52.	4211	VII
959430	Schwz.	276828	C. 54.	5370	III
960132	Amer.	2434540	C. 48. II.	759	III
963374	Amer.	2496692	C. 50. II.	927	III
965376	Schwd.	130025	C. 52.	905	III
967042	Oest.	165532	C. 51. I.	526	X
508	Oest.	166437	C. 51. I.	395	X
971542	DBP.	809278	C. 52.	319	XXIV
971858	Amer.	2517541	C. 51. I.	1259	XXIV
974431	Amer.	2568859	C. 54.	880	IX
977803	Amer.	2522750	C. 51. I.	2637	I
979063	Schwz.	274843	C. 52.	4846	IX
133	DBP.	815968	C. 52.	2922	IX
281	Amer.	2521395	C. 51. I.	3590	XIX
283	Amer.	2557701	C. 53.	3148	IX
980401	Amer.	2592368	C. 53.	9701	XXIV
983148	Oest.	169510	C. 53.	9267	III
782	DBP.	819430	C. 52.	2563	III
985615	Schwz.	273428	C. 51. II.	3404	XXIV
991910	Eng.	658221	C. 52.	4997	VII
992800	DBP.	846849	C. 53.	5579	IX

993352	Oest.	169913	C. 52.	4062	X
994219	Amer.	2554976	C. 52.	6617	XIb
244	Eng.	664311	C. 52.	6616	XIb
692	Schwz.	281200	C. 53.	601	VIII
999008	DBP.	801454	C. 51. II.	748	IX
686	Amer.	2608583	C. 53.	9637	IX
702	Eng.	675397	C. 53.	8466	XIb
724	Amer.	2574996	C. 52.	5520	XXIV
987	Schwz.	286275	C. 54.	3990	F
1000689	Oest.	169808	C. 52.	4816	F
1002789	Eng.	666380	C. 53.	1383	I
1006539	DBP.	816120	C. 52.	2576	VIII
583	Schwz.	270356	C. 54.	5372	III
1007185	DBP.	833130	C. 53.	767	VIII
1008117	Oest.	168047	C. 54.	1565	III
217	Oest.	170821	C. 52.	7550	III
260	DBP.	830217	C. 52.	7072	III
1009312	DBP.	833133	C. 53.	1555	VIII
514	Schwd.	134714	C. 54.	4440	F
553	Eng.	667093	C. 53.	4443	IX
1010317	Belg.	493722	C. 53.	7626	III
891	DBP.	805518	C. 51. II.	2662	IX
901	DBP.	808851	C. 52.	1220	III
1011671	Eng.	674527	C. 53.	6327	III
1012555	Amer.	2636058	C. 54.	7257	III
757	Amer.	2615915	C. 54.	10585	IX
1013500	DBP.	842071	C. 53.	7870	F
622	Oest.	169569	C. 53.	8932	F
705	DBP.	818947	C. 52.	5304	F
1015119	Eng.	644054	C. 53.	8418	F
125	Amer.	2553093	C. 54.	11491	F
366	Belg.	494878	C. 53.	7626	III
367	Belg.	494879	C. 53.	7626	III
384	Amer.	2523621	C. 51. II.	2498	F
456	Eng.	680894	C. 55.	1563	F
1016465	DBP.	824553	C. 52.	4856	XII
734	Schwz.	287007	C. 54.	1800	III
830	Eng.	664775	C. 52.	7550	III
876	DBP.	825168	C. 52.	5167	VIII
940	Eng.	686845	C. 54.	3102	VIII
1017758	DBP.	815344	C. 52.	415	F
	Schwz.	279101	C. 52.	7701	F
1018268	DBP.	858398	C. 53.	1880	IX
269	DBP.	851496	C. 53.	4115	IX
270	Amer.	2434110	C. 49. I.	930	IX
286	Amer.	2609378	C. 53.	6100	F
307	Eng.	702197	C. 54.	11296	IX
375	Amer.	2517146	C. 51. I.	1674	XIb
473	Amer.	2647861	C. 54.	3563	IX
502	Amer.	2563014	C. 53.	3507	XXII
615	Amer.	2535827	C. 52.	4374	IX
711	Amer.	2618660	C. 54.	3563	IX
726	Amer.	2595215	C. 53.	1854	F
759	Amer.	2510738	C. 51. I.	623	F
763	Amer.	2609325	C. 53.	4251	F
	Amer.	2563794	C. 53.	2649	F
765	Amer.	2583194	C. 54.	6782	F
828	Eng.	691113	C. 54.	2266	VIII
893	Schwd.	135560	C. 53.	7694	XVIIIb
934	DBP.	848817	C. 53.	3180	XIX
951	Amer.	2508433	C. 51. I.	758	F
991	Eng.	668998	C. 54.	653	IX
992	Amer.	2572724	C. 55.	6150	XIb
1019262	DBP.	818343	C. 52.	765	IX
281	Eng.	691266	C. 54.	679	XVII
287	Schwz.	279908	C. 53.	8996	IX
792	DBP.	805718	C. 51. II.	3532	XVII
1020299	DBP.	863938	C. 53.	7976	XVIIIa
320	DBP.	818352	C. 52.	3246	IX
351	Amer.	2552412	C. 54.	6338	IX
366	Eng.	647215	C. 54.	11050	IX
394	Eng.	670859	C. 53.	5576	IX
435	Oest.	171154	C. 52.	7892	IX
1020487	DBP.	820306	C. 52.	3245	IX
660	Oest.	174062	C. 53.	9633	IX
704	Eng.	673477			
		u. 485	C. 53.	1701	III
732	DBP.	877901	C. 54.	9388	IX
797	Amer.	2633475	C. 54.	2915	IX
888	Schwz.	286281	C. 54.	7946	II
1021058	Oest.	168606	C. 51. II.	3517	IX
074	DBP.	838795	C. 53.	1068	III
100	Oest.	170264	C. 52.	3734	IX
175	Amer.	2580053	C. 54.	6145	XIX
186	DBP.	849109	C. 54.	416	IX
289	Amer.	2604456	C. 54.	1590	IX
305	Eng.	708051	C. 55.	3289	XIX
434	DBP.	857810	C. 53.	9627	IX
473	DBP.	827801	C. 55.	1332	F
545	Amer.	2577768	C. 52.	7414	IX
548	Amer.	2559342	C. 53.	8717	IX
728	Amer.	2598653	C. 53.	4739	F
799	Amer.	2582264	C. 54.	11561	XII
842	Eng.	673509	C. 54.	7929	F
1022100	Belg.	497702	C. 53.	7892	III
220	Belg.	497702	C. 53.	7892	III
368	Eng.	673285	C. 53.	1701	III
521	DBP.	811403	C. 52.	130	VIII
581	Eng.	693108	C. 54.	1804	V
649	DBP.	869049	C. 53.	4586	V
925	DBP.	857952	C. 54.	2449	F
1023044	DBP.	860948	C. 53.	4600	IX
058	DBP.	839799	C. 53.	2490	F
075	Amer.	2588051	C. 53.	2049	XVIIIa
109	Schwz.	292474	C. 54.	10095	VIII
214	DBP.	889505	C. 54.	8022	XIX
294	Eng.	673322	C. 53.	9639	IX
302	Eng.	702196	C. 55.	5177	IX
389	Amer.	2541832	C. 52.	427	III
428	Belg.	497253	C. 53.	8688	III
645	DBP.	809554	C. 52.	5332	IX
708	DBP.	829539	C. 52.	6759	VIII
710	DBP.	831240	C. 52.	6928	IX
743	DBP.	806456	C. 51. II.	3234	IX
814	Amer.	2526109	C. 52.	4342	F
859	Belg.	497004	C. 53.	8687	III
926	Amer.	2570522	C. 53.	2199	X
1024004	Amer.	2566986	C. 52.	7255	IX
048	DBP.	820308	C. 52.	3407	IX
087	Schwz.	283440			
		u. 441	C. 53.	5237	IV
216	Frz.	871753	C. 53.	8989	IX
245	DBP.	863655	C. 53.	2847	XIb
247	Amer.	2576448	C. 53.	2522	IX
331	DBP.	840991	C. 53.	130	IX
449	DBP.	868897	C. 53.	7180	IX
450	DBP.	860199	C. 53.	9628	IX
451	DBP.	843849	C. 53.	130	IX
521	Eng.	674090	C. 53.	8934	F
576	Amer.	2583419	C. 53.	2845	XIb
641	Amer.	2576020	C. 52.	7574	IX
703	DBP.	824202	C. 52.	4815	F
704	DBP.	844147	C. 53.	7870	F
714	Eng.	688228	C. 54.	9895	XIX
751	Eng.	682354	C. 55.	3486	IX
1025009	Amer.	2577202	C. 54.	880	IX
015	Amer.	2606214	C. 55.	3961	IX
038	DBP.	844741	C. 54.	176	VII
077	Amer.	2600024	C. 55.	939	XII
110	Oest.	169819	C. 52.	4680	VII
238	DBP.	912698	C. 54.	9129	VIII
280	DBP.	846692	C. 53.	285	IX
340	DBP.	819990	C. 52.	3245	IX
451	Amer.	2530202	C. 51. II.	1813	IX
609	DBP.	839797	C. 53.	130	IX
611	Eng.	687142	C. 54.	10850	XVIIIb

1025622	Amer.	2524086	C. 51. II.	1835	XVIIIb
633	DBP.	820305	C. 52.	3245	IX
707	DBP.	805758	C. 51. II.	3094	IX
	DBP.	806454	C. 52.	446	IX
734	DBP.	821350	C. 52.	3900	IX
992	Eng.	700509	C. 54.	7469	F
1026508	Amer.	2575954	C. 53.	3798	IX
806	DBP.	865742	C. 53.	3630	VII
821	Belg.	497702	C. 53.	7892	III
1027293	Oest.	174932	C. 54.	1822	VIII
411	DBP.	888840	C. 55.	902	V
415	Amer.	2645623	C. 55.	701	XIa
423	DBP.	825111	C. 55.	7327	X
438	DBP.	867449	C. 53.	6132	VIII
651	Amer.	2648674	C. 55.	3495	X
818	Oest.	169816	C. 53.	3953	VIII
850	Eng.	679854	C. 53.	9311	IX
917	Eng.	686492	C. 54.	4505	XII
1028088	DBP.	860214	C. 53.	6583	XIII
091	DBP.	862755	C. 53.	5099	VII
162	DBP.	892747	C. 54.	9364	V
173	Amer.	2657980	C. 54.	7951	V
181	Eng.	674412	C. 54.	3570	IX
378	Oest.	170874	C. 52.	7071	I
432	DBP.	864397	C. 54.	1311	F
502	Eng.	685173	C. 53.	8465	XIa
585	Schwz.	295047	C. 54.	11296	IX
771	Eng.	676567	C. 55.	4933	IX
848	DBP.	898745	C. 54.	8666	IX
931	Schwz.	290225	C. 54.	5208	XVIIIb
1029011	Eng.	682488	C. 53.	8730	XIb
418	Schwz.	289320	C. 54.	11023	V
674	DBP.	870107	C. 53.	9625	IX
813	DBP.	870104	C. 53.	7926	IX
841	DBP.	833960	C. 53.	1058	F
1030181	Oest.	176556	C. 54.	5124	F
188	Eng.	703666	C. 54.	10625	XVIIIb
316	Eng.	682833	C. 54.	6337	IX
548	Amer.	2573153	C. 53.	1396	VIII
587	Amer.	2667481	C. 55.	3033	XVIIIa
596	DBP.	838180	C. 55.	6858	X
747	DBP.	878820	C. 55.	3975	X
855	Eng.	694130	C. 54.	9111	I
943	Oest.	173240	C. 53.	8752	XVIIIb
1031004	Eng.	666956	C. 53.	7175	VIII
006	Amer.	2557931	C. 53.	6374	XIb
036	Eng.	692280	C. 54.	2941	XVIIIa
207	Eng.	681527	C. 53.	7926	IX
376	DBP.	906454	C. 54.	9388	IX
703	Eng.	693237	C. 54.	5851	IX
785	DBP.	848501	C. 53.	3797	IX
823	DBP.	829887	C. 52.	7095	IX
999	DBP.	864396	C. 53.	3653	XIV
1032066	Finn.	26043	C. 53.	8415	F
254	Oest.	173690	C. 53.	7433	XVII
302	Dän.	73381	C. 53.	4738	F
563	Eng.	692417	C. 55.	3006	IX
639	DBP.	832891	C. 52.	6762	IX
641	DBP.	830192	C. 52.	4659	F
662	Schwz.	282080	C. 53.	7946	XIa
767	DBP.	876878	C. 53.	9044	XIX
777	Oest.	171160	C. 52.	8030	V
778	DBP.	837242	C. 52.	5940	F
1033639	Eng.	682914	C. 53.	9008	XIb
651	Amer.	2671735	C. 55.	5389	III
652	Amer.	2609349	C. 55.	7796	XIb
874	DBP.	847658	C. 53.	4440	VIII
895	Oest.	174697	C. 53.	9563	F
1034024	DBP.	844446	C. 53.	7871	F
443	Oest.	171923	C. 53.	3635	VIII
474	DBP.	856486	C. 53.	6328	III
592	Amer.	2528862	C. 51. II.	1478	F
661	DBP.	875509	C. 53.	9312	IX

1034678	DBP.	825866	C. 55.	3974	X
762	Oest.	174056	C. 53.	8189	VII
1035523	Amer.	2642342	C. 54.	8420	V
1036191	Oest.	173457	C. 53.	7147	F
1037525	DBP.	843754	C. 53.	125	VIII
1038606	DBP.	888614	C. 54.	4004	III
948	DBP.	904649	C. 55.	4931	IX
1039333	DBP.	882997	C. 54.	683	XVIIIa
453	DBP.	870306	C. 55.	461	X
625	DBP.	896297	C. 54.	1164	XXIV
657	DBP.	899697	C. 55.	6438	XXIV
662	Schwz.	285135	C. 54.	1350	IX
	Schwz.	283755	C. 55.	5899	IX
683	Amer.	2643185	C. 54.	6580	VIII
710	DBP.	872790	C. 53.	8205	IX
767	DBP.	882281	C. 55.	3258	X
1040068	Eng.	698490	C. 55.	5427	X
069	Eng.	700171	C. 55.	4940	X
301	DBP.	867728	C. 53.	8760	XIX
365	Amer.	2621110	C. 54.	2249	V
627	DBP.	870851	C. 55.	4167	F
691	Amer.	2642402	C. 54.	11313	XIb
714	Eng.	701220	C. 55.	5177	IX
723	Schwz.	292659 bis 673 u. 696	C. 55.	1611	X
742	Amer.	2648644	C. 54.	11321	XII
915	DBP.	870548	C. 54.	5434	XIX
927	DBP.	891594	C. 55.	4705	X
1041084	Schwz.	298083	C. 55.	4247	XIX
141	DBP.	875750	C. 53.	7650	VIII
175	DBP.	887049	C. 54.	2904	VII
254	Oest.	175349	C. 54.	6581	VIII
465	DBP.	891125	C. 54.	2281	XIa
520	Eng.	704565	C. 55.	955	XVII
815	Amer.	2605257	C. 55.	1389	XIb
866	Oest.	177691	C. 54.	7052	VIII
935	Eng.	702328	C. 55.	6399	X
1042028	Eng.	697505	C. 54.	3565	IX
113	Eng.	709400	C. 55.	5430	X
122	DBP.	883290	C. 55.	1824	VII
369	DBP.	889495	C. 55.	5188	X
495	Amer.	2597951	C. 54.	11560	XII
575	Eng.	679143	C. 54.	7298	XIa
607	Eng.	702268	C. 54.	11245	F
662	Amer.	2558675	C. 52.	7255	IX
828	DBP.	915196	C. 55.	4256	XX
903	Amer.	2579420	C. 55.	4015	XXIV
960	Eng.	701814	C. 55.	3015	XIa
1043001	Oest.	168609	C. 52.	159	XIX
	DBP.	850743	C. 53.	5604	XIX
377	Eng.	690241	C. 54.	183	VIII
432	DBP.	859803	C. 53.	4276	VIII
593	DBP.	859804	C. 53.	4440	VIII
666	Schwd.	138516	C. 54.	6582	VIII
698	DBP.	894242 u. 243	C. 55.	217	IX
844	DBP.	889490	C. 55.	3974	X
849	DBP.	918922	C. 55.	3973	X
865	Eng.	706409	C. 54.	11248	F
1044584	DBP.	889893			IX
	DBP.	898743	C. 54.	4945	IX
616	DBP.	897846	C. 55.	1837	IX
646	DBP.	870418	C. 55.	731	XXIV
	Eng.	679678	C. 55.	458	XXIV
654	Can.	475634	C. 54.	7746	IX
759	Amer.	2666046	C. 55.	3265	XIb
772	Eng.	690527	C. 54.	641	VIII
824	Eng.	694068	C. 55.	2082	X
1045010	Eng.	710777	C. 55.	2804	XVII
119	Amer.	2591736	C. 53.	1084	IX
120	Amer.	2584751	C. 53.	771	IX
121	Eng.	688818	C. 53.	7181	IX

1045246	DBP.	899502	C. 54.	8630	F
337	DBP.	899800	C. 54.	8445	IX
404	DBP.	893499	C. 54.	3106	IX
	DBP.	899798	C. 54.	8444	IX
443	DBP.	877135	C. 53.	7423	XV
616	DBP.	919046	C. 55.	3921	F
621	Eng.	707227	C. 54.	11002	F
649	Amer.	2623033	C. 55.	5937	XVIIIb
650	Oest.	176308	C. 54.	4216	F
659	DBP.	869798	C. 53.	9565	F
668	DBP.	833036	C. 52.	5008	IX
738	Amer.	2554482			
		u. 484	C. 53.	4766	IX
773	Amer.	2613202			
		u. 203	C. 53.	9006	XIb
824	Can.	486628	C. 54.	3343	XIa
850	DBP.	870147	C. 55.	696	X
1046088	DBP.	863802	C. 53.	4939	IX
089	DBP.	860213	C. 53.	8993	IX
105	DBP.	871148	C. 54.	9341	F
147	Schwz.	296841	C. 55.	1333	F
158	Amer.	2614122	C. 53.	8995	IX
264	DBP.	907169	C. 54.	6829	IX
341	Oest.	175261	C. 54.	2672	F
364	Eng.	709640	C. 55.	1816	V
403	DBP.	871009	C. 53.	9286	VII
458	DBP.	898743	C. 54.	4945	IX
461	Eng.	688087	C. 54.	417	IX
497	Eng.	696235	C. 54.	10541	F
532	Amer.	2639278	C. 55.	2090	XIb
690	DBP.	871734	C. 53.	7423	XV
698	Norw.	80759	C. 55.	5421	IX
713	DBP.	870146	C. 55.	460	X
785	Amer.	2625558	C. 54.	4260	IX
822	Oest.	172046	C. 53.	9302	IX
835	DBP.	884046	C. 54.	11577	XVIIIb
856	Eng.	692902			
		u. 970	C. 55.	5189	X
958	Oest.	170903	C. 53.	6164	XVI
1047153	Eng.	676729	C. 53.	9315	IX
160	Eng.	686116	C. 54.	6133	XVIIIa
166	Oest.	172926	C. 53.	5707	F
173	Amer.	2625521	C. 54.	8679	XIb
227	Amer.	2645660	C. 54.	4721	IX
243	DBP.	889492	C. 55.	1147	X
247	DBP.	865873	C. 54.	3309	VI
283	DBP.	854205	C. 53.	3781	V
334	Oest.	176847	C. 54.	3334	IX
438	Eng.	703209	C. 54.	9115	V
445	DBP.	853349	C. 53.	778	XIb
478	Eng.	689283	C. 53.	7159	V
524	DBP.	892439	C. 54.	452	XVIIIa
525	DBP.	907684	C. 55.	897	III
529	DBP.	902273	C. 55.	2506	III
573	DBP.	857492	C. 53.	4281	IX
618	DBP.	912224	C. 54.	9854	VIII
619	DBP.	910656	C. 54.	9854	VIII
726	Eng.	683460	C. 53.	7926	IX
728	Eng.	686559	C. 54.	4027	VIII
743	Eng.	690847	C. 54.	882	IX
778	Schwz.	284416	C. 54.	657	X
		289265			
		bis 273	C. 55.	2786	X
857	DBP.	889838	C. 54.	6332	VIII
858	DBP.	889838	C. 54.	6332	VIII
882	Oest.	177783	C. 54.	6102	IX
913	DBP.	888907	C. 55.	2540	X
945	DBP.	898742	C. 54.	8900	IX
950	DBP.	885707	C. 54.	4943	IX
1048000	DBP.	882539	C. 54.	9109	I
006	DBP.	882145	C. 54.	1820	VIII
059	Amer.	2566337	C. 54.	6337	IX
118	Eng.	703294	C. 55.	4464	X

1048173	DBP.	885698	C. 55.	3003	IX
180	DBP.	886906	C. 54.	4740	XIb
238	Eng.	702304	C. 54.	9365	V
311	Schwz.	288634	C. 54.	11077	XVII
337	Amer.	2635975	C. 55.	2551	XII
462	Eng.	712416	C. 55.	3731	IX
501	DBP.	887497	C. 54.	4270	XIa
515	Schwz.	288166	C. 54.	2271	IX
581	DBP.	912311	C. 55.	4223	XIa
592	Amer.	2680082	C. 55.	4723	XIV
603	DBP.	910291	C. 55.	3965	IX
609	Eng.	693519	C. 55.	4168	F
659	Eng.	695346	C. 54.	7549	XVIIIb
725	DBP.	879272	C. 54.	11550	X
793	DBP.	888692	C. 55.	2776	IX
821	Eng.	695170	C. 54.	10587	IX
904	Schwd.	139455	C. 55.	2784	X
926	DBP.	907414	C. 54.	5125	F
962	Amer.	2587576	C. 53.	1717	IX
1049001	Eng.	708565	C. 55.	2076	IX
098	Oest.	176283	C. 54.	6393	XIX
150	DBP.	860348	C. 53.	2856	XVIIIa
250	DBP.	908009	C. 55.	1611	X
273	DBP.	877451	C. 54.	9392	IX
286	Amer.	2623031	C. 55.	5937	XVIIIb
322	Amer.	2567131	C. 52.	6297	XIb
375	Eng.	686438	C. 54.	10599	XIb
407	Amer.	2619505	C. 53.	6939	F
454	DBP.	885707	C. 54.	4943	IX
503	Oest.	176547	C. 54.	1568	V
506	DBP.	882544	C. 54.	5625	IX
617	DBP.	868902	C. 53.	6769	IX
636	Eng.	705920	C. 55.	2787	X
718	DBP.	908017	C. 54.	9137	IX
787	DBP.	869052	C. 54.	188	IX
1050068	Amer.	2622077	C. 55.	1389	XIb
313	Amer.	2659709	C. 55.	7330	XIb
328	DBP.	888991	C. 54.	11549	X
415	DBP.	888007	C. 53.	9009	XIb
471	Eng.	712771	C. 55.	3259	X
567	Schwz.	294230			
		bis 238	C. 55.	1846	X
822	DBP.	906333	C. 54.	11054	IX
823	DBP.	904533	C. 55.	1564	F
941	DBP.	871303	C. 53.	9567	F
966	Schwd.	140215	C. 55.	5661	X
991	Eng.	709150	C. 55.	3011	X
1051031	Amer.	2643243	C. 55.	6182	XIb
230	Eng.	693801	C. 54.	7469	F
326	Oest.	174605	C. 54.	4263	IX
485	DBP.	878686	C. 55.	6403	X
501	Amer.	2579329	C. 55.	1374	IX
773	DBP.	909007	C. 55.	1581	III
1052805	Amer.	2596753	C. 53.	2046	XVI
890	Schwd.	139456	C. 55.	2784	X
896	Schwz.	295055	C. 55.	5908	X
967	Eng.	708389	C. 54.	8629	F
976	Oest.	174910	C. 53.	9567	F
1053261	Eng.	709977	C. 55.	4941	X
268	DBP.	870148	C. 55.	222	X
439	Amer.	2650899	C. 54.	10356	XIb
686	DBP.	893795	C. 54.	3804	IX
899	Eng.	694829	C. 55.	168	F
909	Oest.	173240	C. 53.	8752	XVIIIb
982	Eng.	691694	C. 55.	6440	XXIV
1054047	Eng.	695529	C. 55.	691	IX
383	DBP.	914542	C. 55.	646	F
385	Schwz.	295398	C. 55.	3015	XIa
388	DBP.	913339	C. 55.	5906	X
726	Eng.	684976	C. 53.	8217	XIb
728	Amer.	2657112	C. 55.	1384	X
775	Eng.	707681	C. 55.	3256	X
813	DBP.	889493	C. 55.	6143	X

1054859	Amer.	2661348	C. 55.	1153	XIb
874	DBP.	866985	C. 53.	8414	F
885	DBP.	889489	C. 55.	6142	X
1055073	Schwz.	296667			
		u. 668	C. 55.	4220	X
098	Oest.	174908	C. 53.	9241	F
178	Schwz.	270173	C. 51. II.	153	XVI
208	Oest.	181426	C. 55.	8979	XIb
317	Amer.	2631942	C. 54.	8259	XVIIIb
347	Amer.	2597440	C. 54.	6359	XIb
513	DBP.	870304	C. 55.	929	X
575	Oest.	177770	C. 54.	9143	IX
637	Amer.	2597437	C. 54.	6601	XIb
638	Amer.	2597440	C. 54.	6359	XIb
771	Eng.	698337	C. 54.	9193	XVIIIb
795	Amer.	2534235	C. 52.	4343	F
807	DBP.	840242	C. 53.	3124	F
809	DBP.	844299	C. 53.	578	F
869	Amer.	2604442	C. 53.	3311	VIII
972	Amer.	2598319	C. 54.	1843	XII
989	Amer.	2598402	C. 55.	1154	XIb
1056093	Amer.	2641602	C. 55.	5663	X
141	Oest.	178461	C. 54.	9161	XIb
317	Oest.	170335	C. 52.	8053	XIa
413	DBP.	913959	C. 55.	1833	VIII
	Amer.	2651611	C. 54.	7285	VIII
	Eng.	697520	C. 55.	1833	VIII
458	DBP.	871810	C. 53.	8250	XVIIIb
465	Oest.	180145	C. 55.	3503	XIb
482	Amer.	2615810	C. 53.	5120	XVI
515	DBP.	878793	C. 53.	8484	XVIIIa
539	DBP.	909383	C. 55.	1382	X
621	DBP.	915381	C. 55.	6141	X
917	DBP.	876202	C. 54.	5220	XXIV
1057122	DBP.	916574	C. 55.	2732	F
756	Amer.	2515461	C. 51.	I. 1778	F
782	Schwd.	133374	C. 53.	5408	VIII
865	DBP.	906750	C. 54.	10378	XVIIIa
977	Oest.	177872	C. 55.	1173	XVIIIb
991	Eng.	707897	C. 55.	4219	X
1058101	Eng.	711154	C. 55.	3256	X
236	Oest.	176866	C. 54.	5848	VIII
315	Oest.	173536	C. 54.	2483	VIII
763	DBP.	876406	C. 55.	416	F
1059084	DBP.	896050	C. 54.	2702	VIII
120	Amer.	2607752	C. 54.	9167	XIb
259	DBP.	881428	C. 54.	3796	VIII
302	Oest.	177767	C. 54.	9138	IX
439	DBP.	904593	C. 54.	5864	XIb
825	DBP.	897399	C. 54.	2315	XXI
838	DBP.	910121	C. 54.	9874	XII
869	Oest.	175560	C. 54.	8669	IX
1060081	DBP.	900697	C. 54.	7086	XVIIIb
089	Eng.	706290	C. 54.	8232	XIb
154	DBP.	903368	C. 54.	5635	XIa
287	DBP.	871449	C. 54.	665	XIb
290	DBP.	888901	C. 55.	222	X
332	DBP.	881647	C. 54.	191	IX
333	DBP.	889196	C. 55.	3974	X
	DBP.	893699	C. 55.	4220	X
598	Amer.	2645556	C. 55.	256	XVIIIb
657	DBP.	915969			
		917206	C. 55.	5662	X
769	DBP.	891746	C. 54.	207	XIb
909	Amer.	2605254	C. 55.	1388	XIb
930	Amer.	2611773	C. 54.	3075	F
940	Amer.	2635946	C. 55.	2084	XIa
1061059	Eng.	710955	C. 55.	2529	VIII
172	DBP.	900094	C. 54.	9393	IX
258	Eng.	677951	C. 54.	7301	XIb
		677594	C. 54.	7066	XIb
381	Oest.	177494	C. 54.	10393	XIX
445	DBP.	870251	C. 53.	5123	XVIIIa
1061630	DBP.	873085	C. 54.	417	IX
723	DBP.	865448	C. 53.	3504	XIX
755	Oest.	176554	C. 54.	3565	IX
932	Amer.	2668771	C. 55.	2097	XVI
937	Eng.	705887	C. 54.	11337	XVIIIb
1062273	Amer.	2663695	C. 55.	1854	XIb
321	DBP.	892893	C. 54.	9390	IX
322	DBP.	891256	C. 54.	5851	IX
334	DBP.	915968	C. 55.	6141	X
336	Oest.	175593	C. 54.	5620	VIII
459	DBP.	921245	C. 55.	4261	XXIV
629	Amer.	2609353	C. 55.	4715	XIb
719	DBP.	899556	C. 54.	3560	VIII
766	DBP.	892328	C. 54.	6078	III
769	DBP.	906966	C. 55.	6403	X
882	Oest.	176412	C. 54.	3328	VIII
1063029	Schwz.	297420	C. 55.	1388	XIb
151	Schwz.	298332	C. 55.	160	F
170	Amer.	2611929	C. 54.	2738	XVIIIb
217	Eng.	706962	C. 55.	2551	XII
780	DBP.	899653	C. 54.	4726	IX
877	DBP.	890402	C. 55.	1847	X
1064133	DBP.	881497	C. 54.	6392	XIX
134	DBP.	881497	C. 54.	6392	XIX
341	DBP.	890951	C. 54.	6826	IX
366	Ind.	48149	C. 55.	4936	IX
377	Oest.	176980	C. 55.	1365	VIII
428	Eng.	706577	C. 55.	467	XIb
430	Amer.	2639277	C. 54.	5866	XIb
459	Schwz.	297845	C. 55.	5190	XIa
488	DBP.	904336	C. 55.	5907	X
624	Eng.	680968	C. 53.	6102	F
648	DBP.	906804	C. 54.	9428	XVIIIb
657	Eng.	704987	C. 55.	232	XII
669	Schwz.	296075	C. 55.	920	VIII
693	DBP.	909862	C. 55.	1624	XIb
1065040	DBP.	896362	C. 54.	4026	VIII
071	Eng.	709254			
		u. 255	C. 55.	184	IV
097	DBP.	912504	C. 54.	11317	XIb
145	DBP.	917812	C. 55.	2316	XIb
202	Amer.	2646427	C. 54.	7470	F
312	DBP.	882639	C. 54.	1344	VIII
458	DBP.	913686	C. 55.	644	F
474	DBP.	924562			
	Eng.	715110	C. 55.	6809	F
506	Eng.	705041	C. 54.	9652	XVII
532	Amer.	2626877	C. 54.	8944	XVIIIb
575	Amer.	2674593	C. 55.	5912	XIb
696	DBP.	921533	C. 55.	6402	X
782	DBP.	906517	C. 54.	5185	XIb
1066030	Eng.	692066	C. 54.	609	F
035	Amer.	2658885	C. 54.	10827	XIb
061	Eng.	696617	C. 54.	4747	XVI
064	DBP.	871838	C. 53.	5943	XIb
109	Oest.	179653	C. 55.	2744	III
218	Amer.	2658058	C. 54.	8231	XIb
235	Amer.	2642412	C. 54.	10359	XIb
511	Eng.	717939	C. 55.	6640	XV
665	DBP.	898447	C. 54.	6329	VIII
746	Oest.	176576	C. 54.	5847	VIII
827	Eng.	704038	C. 54.	10302	F
1067116	Oest.	174619	C. 54.	641	VIII
488	Amer.	2628963	C. 54.	7749	X
508	Amer.	2638463	C. 54.	6137	XVIIIb
690	DBP.	922482	C. 55.	4668	II
691	DBP.	911416	C. 55.	2787	X
692	DBP.	898898	C. 54.	2916	IX
699	DBP.	910224	C. 54.	9871	XIb
827	Amer.	2615890			
		u. 891	C. 53.	7356	F
863	Finn.	26472	C. 54.	2285	XIb
872	Schwz.	297191	C. 55.	1100	F

1067900	Amer.	2662096	C. 55.	2488	F	1068897	Amer.	2630428			
969	Oest.	175259	C. 54.	378	F			u. 429	C. 55.	3019	XIb
1068513	DBP.	904335	C. 55.	461	X	1069096	DBP.	861700	C. 53.	8978	VIII
601	Amer.	2410301	C. 47.	527	X	691	DBP.	879555	C. 54.	4478	VIII
731	Eng.	710319	C. 55.	1153	XIb	960	DBP.	915197	C. 55.	2345	XX
763	Oest.	175270	C. 54.	6581	VIII	1073717	Schwz.	285789	C. 54.	5394	VIII

Holländische Patente (Holl. P.)

73803	Oest.	165701	C. 50. II.	1635	XIb	73980	Schwz.	289984	C. 54.	4901	F
836	Frz.	960585	C. 51. I.	401	XIb	983	DBP.	891746	C. 54.	207	XIb
844	DBP.	866786	C. 53.	3981	XIX	986	Eng.	688755	C. 54.	661	XIa
865	Amer.	2572884				987	Eng.	699530	C. 54.	5192	XIV
	Eng.	666783	C. 53.	6783	XII	988	Eng.	685026	C. 53.	6379	XII
870	Frz.	965162	C. 53.	6977	IX	989	Eng.	708982	C. 55.	8297	XIX
874	DBP.	843038	C. 53.	316	XIX	74008	Amer.	2577865	C. 53.	2808	F
899	Frz.	1017610	C. 54.	7004	F	010	DBP.	823348	C. 52.	4055	VIII
900	DBP.	876443	C. 53.	6100	F	020	DBP.	843790	C. 53.	6134	VIII
904	Amer.	2554944	C. 52.	3880	G	023	DBP.	885334	C. 54.	8665	VIII
905	DBP.	878947	C. 54.	2477	VII	037	DBP.	883917	C. 54.	641	VIII
908	DBP.	844017	C. 53.	2336	I	040	Frz.	998593	C. 54.	2231	F
918	Amer.	2543209	C. 52.	1924	XVI	042	Amer.	2592852	C. 54.	9631	X
921	DBP.	906450	C. 54.	6822	IX	049	DBP.	868973	C. 53.	4292	XIb
922	Eng.	697503	C. 55.	1151	XIb	058	Frz.	996447	C. 52.	4541	XIb
924	Eng.	683133	C. 54.	6364	XII	064	Schwz.	271574	C. 53.	2346	VII
929	Frz.	1043625	C. 54.	9641	XII	083	Frz.	1026805	C. 55.	2089	XIb
931	DBP.	888440	C. 54.	2535	XIX	088	DBP.	881663	C. 54.	6779	F
935	DBP.	827358	C. 52.	6591	V	092	DBP.	869340	C. 53.	6333	V
943	DBP.	857996	C. 55.	6145	X	099	Eng.	700375	C. 54.	11272	V
948	DBP.	882998	C. 55.	720	XVIIIa	316	Schwd.	136188	C. 55.	1173	XVIIIb
958	Oest.	177763	C. 54.	9903	XIX	332	Schwz.	291679	C. 54.	3522	F
969	Schwz.	273961	C. 52.	290	VIII	350	DBP.	825094	C. 52.	4521	VII
976	Eng.	666440	C. 52.	6632	XVIIIb	356	Frz.	955836	C. 50. II.	339	IX
977	Schwz.	275260	C. 52.	4513	III	376	Amer.	2559324	C. 52.	7870	I
980	DBP.	857952	C. 54.	2449	F	396	Frz.	960151	C. 51. I.	147	XIX

Indische Patente (Ind. P.).

45876	DBP.	863417	C. 53.	8215	XIb	46454	DBP.	897560	C. 54.	4722	IX
46048	DBP.	879282	C. 53.	8473	XIII	48494	Schwz.	288168	C. 53.	7403	IX
160	DBP.	866040	C. 53.	3609	F						

Italienische Patente (It. P.)

479908	Frz.	1051135	C. 55.	3270	XV	480003	Schwz.	291210	C. 54.	5663	XVIIIb
914	DBP.	904491	C. 54.	6820	VIII	009	DBP.	879102	C. 55.	1375	IX
925	Amer.	2607810	C. 53.	7372	III	010	Frz.	1024822	C. 54.	5637	XIb
945	DBP.	853482	C. 53.	1888	XIa	205	DBP.	910540	C. 55.	417	F

Norwegische Patente (N. P.).

80218	Schwd.	135597	C. 54.	11608	VIII	80816	Oest.	175144	C. 54.	3364	XVI
337	Frz.	1024319	C. 54.	7986	X	830	Oest.	176306	C. 54.	1784	F
412	Amer.	2503313	C. 51. II.	424	F	831	Amer.	2513487	C. 51. I.	1193	F
708	Oest.	169192	C. 52.	4041	III	839	Finn.	25415	C. 52.	7060	F
721	Schwd.	134588	C. 53.	6793	XVIIIa	856	Schwd.	134796	C. 53.	7381	VI
750	Frz.	998610	C. 54.	9595	I	859	DBP.	848830	C. 53.	5434	XVIIIa
751	Amer.	2621110	C. 54.	2249	V	861	Frz.	1025212	C. 54.	7315	XVII
752	Amer.	2544231	C. 52.	1891	V	863	Finn.	26815	C. 54.	10564	VI
753	Frz.	1047404	C. 54.	10330	VII	890	DBP.	800325	C. 54.	6348	X
757	Oest.	178429	C. 54.	9344	F	891	DBP.	906927	C. 54.	8908	X
758	Oest.	172926	C. 53.	5707	F	892	Finn.	25839	C. 53.	2856	XVIIIa
760	Schwd.	127432	C. 51. I.	1636	F	893	DBP.	833033	C. 52.	5634	V
761	DBP.	854045	C. 53.	5224	F	894	DBP.	849100	C. 53.	9626	IX
762	Oest.	171709	C. 54.	4264	IX	897	Oest.	165057	C. 50. II.	2832	F
771	DBP.	864726				898	Oest.	165058	C. 50. II.	2832	F
	Eng.	684672	C. 54.	221	XVII	899	Oest.	165069	C. 50. II.	2948	F
815	Eng.	674695	C. 53.	8738	XVI	900	Amer.	2556566	C. 52.	2720	F

81014	Eng.	660778	C. 52.	7396	V
015	Schwz.	280891	C. 53.	5918	VIII
018	Dän.	72041	C. 52.	5314	III
024	Schwd.	130454	C. 52.	1715	III
025	Frz.	1039559	C. 54.	8248	XVII
026	Frz.	1017610	C. 54.	7004	F
028	DBP.	850743	C. 53.	5604	XIX
036	Frz.	1048103	C. 54.	11042	VIII
043	Oest.	175433	C. 54.	6406	XX
045	DBP.	846396	C. 54.	5151	V
054	Amer.	2542937	C. 52.	6577	F
059	Finn.	26539	C. 54.	2300	XVIIIa
093	DBP.	877749	C. 54.	3089	V
094	DBP.	829168	C. 52.	7254	IX
125	Schwd.	133323	C. 53.	1734	XV
126	Schwd.	131140	C. 52.	2259	IX
158	Schwd.	132227	C. 53.	3629	VII
159	Schwd.	135220	C. 54.	648	IX
160	Oest.	170267	C. 52.	4534	IX
161	Schwd.	133953	C. 53.	2806	F
174	DBP.	836788	C. 52.	6621	XVI
180	DBP.	854496	C. 53.	5895	I
182	Dän.	72373	C. 52.	6438	IX
184	Schwz.	264971	C. 50. II.	938	VIII
185	DBP.	907640	C. 54.	11281	VII
196	Frz.	978804	C. 54.	2266	VIII
198	Schwz.	270090	C. 52.	1567	VIII
203	Dän.	73936	C. 53.	8703	VII
208	Eng.	676204	C. 54.	461	XIX
209	Schwz.	282081	C. 53.	5558	III
210	Dän.	74453	C. 54.	5374	III
211	Amer.	2591436	C. 53.	2821	V
212	DBP.	812909	C. 52.	1405	IX
213	Oest.	169569	C. 53.	8932	F
214	Finn.	26399	C. 54.	8224	IX
224	Schwz.	273629	C. 52.	264	F
235	DBP.	857490	C. 53.	4804	XXIV
236	DBP.	844017	C. 53.	2336	I
257	Eng.	689283	C. 53.	7159	V
263	Eng.	663805	C. 53.	2807	F
273	DBP.	873070	C. 54.	7496	VI
275	Eng.	696614	C. 54.	4009	V
276	Schwd.	138463	C. 54.	6330	VIII
289	Finn.	26626	C. 54.	5600	IV
291	Oest.	170625	C. 52.	6949	XVI
303	Finn.	25693	C. 53.	117	VI
328	DBP.	834102	C. 52.	5619	F
329	Finn.	25961	C. 53.	3797	IX
346	Schwd.	133294	C. 54.	9624	VIII
351	Frz.	957787	C. 51. I.	1528	IX
352	Amer.	2578652	C. 53.	2196	IX
355	Schwd.	133807	C. 53.	2689	XIII
367	Schwd.	136786	C. 54.	9855	VIII
378	Schwz.	279099	C. 53.	2166	F
385	DBP.	864395	C. 53.	4926	V
405	Oest.	175236	C. 54.	6579	VIII
418	Dän.	74040	C. 54.	6584	VIII
419	Can.	489568	C. 54.	411	VIII
422	Schwd.	130107	C. 52.	131	VIII
423	Dän.	74500	C. 54.	5151	V
441	Schwd.	133687	C. 53.	6351	VIII
444	Schwd.	131799	C. 52.	5974	IX
445	Eng.	707227	C. 54.	11002	F
452	Eng.	661876	C. 54.	5145	III
467	Can.	478472	C. 53.	4126	XIb
468	Schwz.	277661	C. 52.	6291	XIa
484	Amer.	2531812	C. 52.	1432	XIX
502	Schwz.	282743	C. 53.	4114	VIII
503	Schwz.	283062	C. 53.	3474	VIII
506	Eng.	679716	C. 54.	5197	XVI
511	Frz.	1038161	C. 54.	7971	VIII
513	Schwd.	135331	C. 54.	8875	III
522	Frz.	1025569	C. 54.	6123	XVI
81525	Oest.	177359	C. 54.	6405	XX
532	DBP.	905737	C. 54.	4900	F
533	DBP.	900097	C. 54.	5351	F
560	Eng.	646662	C. 54.	10788	I
566	Finn.	25960	C. 53.	3461	V
576	Finn.	26044	C. 53.	9244	F
585	Frz.	1010168	C. 54.	1144	XVI
594	DBP.	863449	C. 53.	4304	XVIIIa
595	DBP.	862546	C. 54.	452	XVIIIa
610	Oest.	171714	C. 54.	1358	IX
611	Schwz.	287716	C. 54.	9580	F
619	Schwz.	295456	C. 54.	10621	XVIIIa
620	Eng.	702268	C. 54.	11245	F
636	Oest.	175260	C. 54.	841	F
643	Schwz.	274224	C. 52.	1541	F
644	DBP.	845687	C. 53.	949	XVIIIb
645	Eng.	699677	C. 54.	4673	F
657	Frz.	1041309	C. 54.	7544	XVIIIa
667	Finn.	26677	C. 54.	5203	XVIIIa
678	Frz.	973902	C. 52.	6461	XVIIIb
680	DBP.	836652	C. 53.	8152	F
719	Frz.	999077	C. 54.	6581	VIII
733	Amer.	2662868	C. 54.	11318	XIb
759	DBP.	831547	C. 54.	6367	XIII
768	DBP.	887399	C. 54.	2899	VI
793	Finn.	26395	C. 54.	8252	XVIIIa
795	Oest.	175254	C. 55.	645	F
802	Eng.	700337	C. 54.	9400	XIa
827	Can.	478856	C. 53.	579	F
828	Can.	480660	C. 54.	11254	F
833	Dän.	74003	C. 54.	6080	III
835	DBP.	875251	C. 54.	7026	III
840	Frz.	1030935	C. 54.	7754	XIb
862	Schwz.	262704	C. 50. II.	334	VII
863	Eng.	669942	C. 54.	453	XVIIIa
864	Finn.	25383	C. 52.	6422	IV
867	Schwz.	277296	C. 52.	7093	IX
872	Schwd.	135753	C. 53.	9621	VIII
886	DBP.	863985	C. 53.	3282	F
902	Finn.	26251	C. 54.	455	XVIIIb
929	Schwz.	292792	C. 54.	7030	V
930	Frz.	1060454	C. 55.	2046.	V
931	DBP.	814444	C. 52.	2256	IX
932	Oest.	174056	C. 53.	8189	VII
933	DBP.	836194	C. 52.	7061	F
934	Oest.	173696	C. 54.	9585	F
935	Eng.	642159	C. 54.	8170	F
936	Finn.	26589	C. 54.	4727	IX
985	Oest.	172333	C. 54.	6864	XVIIIb
997	Schwd.	126377	C. 50. II.	2968	IX
998	DBP.	818941	C. 52.	4661	F
999	Schwd.	136821	C. 55.	691	IX
82000	Schwd.	136603	C. 55.	691	IX
001	Oest.	173445	C. 53.	7876	F
002	Eng.	687047	C. 53.	6711	F
005	Eng.	700731	C. 55.	1584	IV
009	Schwz.	300948	C. 55.	8039	XIa
035	Eng.	674567	C. 54.	198	IX
036	DBP.	870263	C. 53.	5278	XVIIIb
037	DBP.	902623	C. 54.	7046	VIII
044	Schwz.	282094	C. 53.	4774	XIa
046	Eng.	682931	C. 53.	5549	F
054	Dän.	74699	C. 54.	4693	V
055	Frz.	1023773	C. 55.	1367	VIII
058	Oest.	173861	C. 54.	2267	VIII
071	Frz.	1002774	C. 54.	7318	XVIIIa
083	DBP.	831831	C. 52.	4215	VIII
084	DBP.	812902	C. 52.	4216	VIII
087	Frz.	1021304	C. 54.	5829	III
088	Schwz.	295387	C. 54.	7287	IX
089	Oest.	173794	C. 53.	8964	VI
090	Eng.	710047	C. 54.	11004	F
099	Schwz.	279590	C. 52.	7919	XVIIIb

82101	Schwd.	130365	C. 51. II. 3210	F
104	Amer.	2598741		
		742		
		u. 744	C. 54. 2485	VIII
105	Amer.	2598743	C. 54. 2485	VIII
125	Eng.	702481	C. 54. 11517	V
126	Oest.	174612	C. 54. 7028	III
128	Finn.	27102	C. 55. 4454	IX
135	Eng.	697536	C. 54. 7948	III
148	DBP.	880210	C. 53. 9297	VIII
157	Eng.	664827	C. 53. 8477	XVI
180	DBP.	883747	C. 54. 5396	IX
181	Oest.	177420	C. 54. 10590	IX
182	Schwz.	285624	C. 54. 1784	F
190	Finn.	26343	C. 54. 3328	VIII
199	Eng.	693538	C. 54. 6080	III
231	Schwz.	288156	C. 54. 5151	V
232	DBP.	824943	C. 52. 5006	IX
233	Oest.	172041	C. 53. 7869	F
240	Eng.	675422	C. 53. 4913	F
242	Amer.	2539485	C. 52. 922	VIII
246	Eng.	691271	C. 54. 1618	XVI
249	DBP.	886264	C. 54. 1375	XVI
251	Schwz.	295387	C. 54. 7287	IX
252	Schwd.	138564	C. 54. 3759	F
253	DBP.	861839	C. 54. 8674	IX
254	Oest.	178900	C. 54. 9584	F
255	Amer.	2499058	C. 50. II. 2834	F
260	Finn.	27066	C. 55. 1882	XIX
264	DBP.	906750	C. 54. 10378	XVIIIa
271	DBP.	846510	C. 53. 151	XVIIIa
280	Frz.	972979	C. 52. 2735	V
286	Oest.	170032	C. 52. 5799	V
319	Schwd.	132572	C. 53. 8480	XVII
323	DBP.	906256	C. 55. 724	XVIIIb
330	Eng.	699016	C. 54. 5864	XIb
342	Schwz.	290886	C. 54. 5831	V
343	DBP.	892587	C. 54. 3303	V
344	Frz.	1045657	C. 54. 9601	V
355	DBP.	830217	C. 52. 7072	III
362	DBP.	900273	C. 54. 5409	XIb
385	DBP.	831235	C. 52. 5953	I
386	Eng.	705541	C. 54. 9830	III
387	Eng.	681895	C. 54. 9598	III
388	DBP.	837106		
		840561	C. 52. 5630	I
389	Oest.	164800	C. 50. II. 2610	VIII
390	Oest.	165296	C. 50. II. 2610	VIII
403	DBP.	870031	C. 55. 266	XXI
404	Finn.	25289	C. 53. 1713	VIII
405	Schwz.	296077	C. 55. 1367	VIII
406	Frz.	1027064	C. 54. 8663	VIII
428	Frz.	1020136		
		u. 904	C. 54. 3831	XVI
439	Frz.	1057358	C. 55. 1888	XX
446	DBP.	833488	C. 52. 4516	V
460	Frz.	1019752	C. 55. 1834	VIII
484	Oest.	170860	C. 52. 7412	IX
485	DBP.	906937	C. 54. 5888	XVIIIb
489	Schwd.	138534	C. 54. 3809	IXa
490	Finn.	24633	C. 51. I. 1359	I
494	Frz.	1038127	C. 54. 7243	F
506	Finn.	25992	C. 53. 3640	X
516	Amer.	2619715	C. 54. 7973	VIII
573	DBP.	908725	C. 55. 181	I
574	Schwd.	131741	C. 52. 6276	VII
575	DBP.	867851	C. 53. 5928	IX
82577	Frz.	943411	C. 50. I. 1538	XIb
578	Finn.	26637	C. 54. 5177	IX
586	Dän.	73199	C. 53. 4415	F
587	Schwd.	137994	C. 54. 2011	F
604	Eng.	663136	C. 52. 6920	VII
606	Oest.	179134	C. 55. 1131	VII
607	DBP.	866751	C. 53. 8713	VIII
617	Oest.	169809	C. 52. 4058	IX
618	Amer.	2637730	C. 55. 1565	F
649	Finn.	25253	C. 52. 3884	IV
650	Eng.	690668	C. 54. 1580	VIII
684	Finn.	26510	C. 54. 2049	IX
686	Finn.	26636	C. 54. 5852	IX
710	Oest.	175778	C. 54. 1375	XVI
718	Eng.	695108	C. 55. 1150	XIa
737	DBP.	870249	C. 53. 5598	XVIIIa
738	Eng.	712416	C. 55. 3731	IX
	Schwz.	289986	C. 55. 4454	IX
739	Frz.	1041568	C. 54. 8010	XVII
740	Oest.	174909	C. 53. 9241	F
741	Frz.	1058419	C. 55. 444	VII
748	DBP.	856188	C. 53. 9035	XIX
749	Schwz.	290225	C. 54. 5208	XVIIIb
750	DBP.	876290	C. 54. 456	XVIIIb
759	Schwd.	138131	C. 55. 194	VI
768	Oest.	177997	C. 54. 7545	XVIIIa
770	Oest.	176442	C. 54. 4996	XXIV
778	Oest.	173240	C. 53. 8752	XVIIIb
780	Finn.	26309	C. 54. 625	III
792	Schwd.	136100	C. 53. 8988	IX
795	Oest.	174902	C. 53. 9320	IX
796	DBP.	906572	C. 55. 1334	F
797	Oest.	172933	C. 54. 1597	IX
798	Oest.	174060	C. 53. 8666	F
802	Frz.	1046985	C. 54. 10861	XXI
808	Amer.	2547782	C. 52. 4979	F
809	DBP.	877363	C. 53. 6314	F
810	Eng.	694797	C. 54. 3525	F
821	DBP.	897015	C. 54. 6619	XVIIIa
822	Eng.	702771	C. 55. 1138	VIII
827	Frz.	951209	C. 50. II. 1855	I
835	Schwd.	136887	C. 54. 2301	XVIIIa
836	Finn.	26461	C. 54. 5141	I
849	Oest.	176839	C. 54. 5128	F
850	Eng.	708703	C. 55. 1800	F
860	Schwd.	137707	C. 54. 2912	VIII
861	Finn.	26649	C. 54. 4733	XIa
874	Finn.	26154	C. 54. 915	XVIIIa
879	DBP.	849225	C. 53. 4929	VI
888	Frz.	970052	C. 51. II. 3211	F
896	DBP.	893282	C. 54. 2935	XVI
898	Finn.	25753	C. 53. 151	XVIIIa
903	Amer.	2584334	C. 53. 3457	I
907	Eng.	676736	C. 54. 4296	XVIIIb
911	DBP.	891746	C. 54. 207	XIb
912	Oest.	176976	C. 54. 4275	XIb
913	Eng.	684224	C. 54. 862	V
939	DBP.	911255	C. 55. 2274	V
941	Oest.	174608	C. 54. 148	F
942	Eng.	664003	C. 52. 5797	III
947	Schwd.	134971	C. 54. 3793	VIII
950	Schwd.	133981	C. 53. 3501	XVIIIb
956	DBP.	899557	C. 54. 4028	VIII
957	Schwz.	281749	C. 53. 6748	V
967	Frz.	1026068	C. 54. 7545	XVIIIa
975	Oest.	164924	C. 50. II. 2239	VI

Österreichische Patente (Oe. P.).

172354	Schwd.	134517	C. 54. 4977	XVIIIa
537	Amer.	2541832	C. 52. 427	III
946	DBP.	830025	C. 53. 4147	XIX
173520	Schwz.	292659		
		bis 673		
		u. 696	C. 55. 1611	X

173559	DBP.	838067	C. 53.	924	VIII
175120	Frz.	1053187	C. 54.	11538	VIII
323	Schwd.	140215	C. 55.	5661	X
324	DBP.	915381	C. 55.	6141	X
646	DBP.	913339	C. 55.	5906	X
708	Eng.	702101	C. 54.	10096	VIII
176371	Oest.	170371	C. 54.	1341	VIII
177223	DBP.	874202	C. 54.	4252	VIII
436	Frz.	1019973	C. 54.	9620	VIII
437	Schwd.	132448	C. 53.	4762	VIII
438	Frz.	968547	C. 51. II.	133	VIII
757	DBP.	908133	C. 55.	3011	X
886	Eng.	710817	C. 55.	165	F
892	Eng.	706283	C. 55.	9182	VIII
928	Amer.	2579329	C. 55.	1374	IX
178578	DBP.	915197	C. 55.	2345	XX
179010	DBP.	832655	C. 52.	4975	F
015	DBP.	856791	C. 53.	3122	F
770	Schwd.	127553	C. 51.	I. 1823	XVIIIb
849	DBP.	814770	C. 52.	732	F
850	DBP.	830826	C. 52.	4026	F
180124	Eng.	659698	C. 52.	7226	F
229	Schwd.	135719	C. 54.	633	VI
241	Frz.	1062689	C. 55.	1631	XIV
242	Frz.	1062690	C. 55.	3508	XIV
346	Frz.	1051527	C. 55.	4002	XIX
180405	Schwz.	285785	C. 53.	8468	XIb
653	DBP.	866040	C. 53.	3609	F
659	Eng.	708370	C. 55.	165	F
660	DBP.	868603	C. 54.	4215	F
661	Schwz.	269795	C. 51.	I. 3539	F
730	Frz.	1050217	C. 55.	1152	XIb
731	DBP.	917812	C. 55.	2316	XIb
813	DBP.	861539	C. 53.	8483	XVIIIa
924	DBP.	881497	C. 54.	6392	XIX
181018	DBP.	852121	C. 53.	8664	F
231	Can.	487827	C. 54.	1324	III
269	DBP.	842040	C. 53.	2337	I
277	DBP.	914492	C. 55.	3707	V
299	DBP.	899212	C. 54.	8644	III
366	DBP.	834582	C. 52.	5622	F
374	Eng.	710323	C. 54.	10301	F
544	DBP.	922216	C. 55.	6663	XX
687	DBP.	881987	C. 53.	6315	F
688	Eng.	700509	C. 54.	7469	F
692	Eng.	667010	C. 53.	8150	F
	Finn.	25734	C. 53.	420	F
693	DBP.	862483	C. 53.	2647	F
697	DBP.	840242	C. 53.	3124	F
699	DBP.	910298	C. 54.	11004	F
700	Schwz.	296180	C. 55.	1330	F

Schwedische Patente (Schwed. P.).

131143	Eng.	642159	C. 54.	8170	F
666	Dän.	72858	C. 52.	5952	I
134197	DBP.	833803	C. 55.	6180	F
624	DBP.	840698	C. 53.	578	F
135834	DBP.	890800	C. 55.	4699	IX
136366	Schwz.	283741	C. 55.	4727	XVI
137370	DBP.	851062	C. 53.	899	F
473	Amer.	2563493			
		u. 795	C. 54.	5661	XVIIIb
574	DBP.	870094	C. 53.	4571	F
581	Amer.	2585550	C. 54.	147	F
989	Schwz.	292087	C. 55.	2541	X
138354	DBP.	887649	C. 55.	640	F
862	Frz.	1061635	C. 55.	3208	F
953	DBP.	913178	C. 55.	162	F
139141	DBP.	804907	C. 51. II.	2125	XIV
215	Frz.	990852	C. 53.	3626	VI
222	Frz.	980207	C. 52.	3070	VI
236	Amer.	2640031	C. 54.	6302	I
238	Norw.	79978	C. 53.	8703	VII
239	Amer.	2658084	C. 54.	5171	IX
241	Oest.	174907	C. 54.	7310	XVI
242	Schwz.	290251	C. 54.	7105	XIb
246	Eng.	655352	C. 52.	1727	VIII
251	Schwz.	266739	C. 54	5372.	III
253	Amer.	2602753	C. 54.	4463	VI
279	Eng.	653642	C. 52.	2270	XII
302	Amer.	2599092	C. 53.	9351	XVIIIa
316	Eng.	676544	C. 54.	1808	VI
328	Schwz.	288420	C. 54.	2709	IX
372	DBP.	848255	C. 53.	295	XIb
419	Eng.	648407	C. 54.	7265	VI
427	DBP.	861839	C. 54.	8674	IX
429	Eng.	680128	C. 54.	1547	F
438	Eng.	692846	C. 54.	2703	VIII
443	Amer.	2594714	C. 53.	4260	III
444	Amer.	2610219	C. 54.	3539	III
472	Eng.	692324	C. 54.	3812	IXb
475	DBP.	875568	C. 53.	8498	XXII
501	DBP.	834498	C. 52.	7432	XVI
534	DBP.	825696	C. 52.	2918	VIII
536	Amer.	2579267	C. 53.	4749	III
537	DBP.	836652	C. 53.	8152	F
139552	Finn.	25040	C. 52.	906	III
562	Can.	469427	C. 51.	I. 1682	XVII
569	Norw.	78513	C. 52.	8019	F
140234	Eng.	662010	C. 53.	8964	VI
298	Eng.	708896	C. 55.	1566	F
299	Oest.	174918	C. 53.	9567	F
303	Amer.	2545125	C. 52.	2612	XXIII
307	Eng.	649992	C. 53.	5102	VIII
314	Schwz.	275583	C. 52.	2731	III
324	Frz.	1028067	C. 54.	4535	XXII
329	Eng.	657295	C. 52.	4544	XVI
355	Schwz.	291994	C. 54.	7039	VII
356	DBP.	863868	C. 53.	4270	VII
367	Finn.	25368	C. 52.	5003	VIII
372	Dän.	73508	C. 53.	5284	XXIV
393	Amer.	2547566	C. 52.	2770	XVI
399	Frz.	973902	C. 52.	6461	XVIIIb
400	Frz.	973902	C. 52.	6461	XVIIIb
401	Frz.	974264	C. 53.	290	X
403	Oest.	177138	C. 54.	8871	I
408	Eng.	705541	C. 54.	9830	III
410	Schwz.	286495	C. 54.	4947	IX
411	Finn.	26701	C. 55.	922	IX
412	Finn.	26266	C. 54.	1542	F
415	Eng.	653843	C. 52.	441	VIII
416	Eng.	649992	C. 53.	5102	VIII
432	DBP.	830983	C. 52.	4041	III
447	Eng.	660358	C. 53.	2685	XIb
460	Amer.	2619715	C. 54.	7973	VIII
473	Frz.	1036708	C. 54.	8258	XVIIIb
475	Schwz.	268854	C. 52.	6315	XX
490	DBP.	911729	C. 55.	188	V
491	Eng.	698562	C. 54.	7471	F
492	Eng.	693519	C. 55.	4168	F
493	DBP.	900697	C. 54.	7086	XVIIIb
494	Oest.	174906	C. 53.	8968	VII
495	Schwz.	297191	C. 55.	1100	F
510	DBP.	848847	C. 53.	630	XVIIIb
514	Dän.	73845	C. 53.	4954	XIII
534	Amer.	2653377	C. 54.	8439	VIII
537	Amer.	2592907	C. 53.	2696	XVIIIa
565	Eng.	695108	C. 55.	1150	XIa
568	Norw.	80044	C. 54.	1782	F

140573	DBP.	916946	C. 55.	1585	V
590	DBP.	892192	C. 54.	6080	III
597	Frz.	961934	C. 50. II.	2376	XIa
598	Frz.	960821	C. 50. II.	2126	XIa
602	Eng.	668467	C. 53.	2543	XVIIIb
611	Eng.	649514	C. 54.	5380	VI
628	Can.	464159	C. 50. II.	820	IX
629	Schwz.	288508	C. 53.	8226	XII
630	Eng.	662351	C. 52.	6293	XIb
631	Amer.	2561011	C. 52.	3581	XII
632	DBP.	891143	C. 54.	4959	XIb
639	Schwz.	261907	C. 50. I.	1653	VII
649	Norw.	80007	C. 53.	6788	XVI
683	DBP.	855079	C. 53.	3652	XIV
685	Schwz.	262257	C. 49. E.	634	XIV
691	Frz.	979746	C. 54.	7274	VII
693	Oest.	174913	C. 53.	9241	F
694	Frz.	1053604	C. 55.	7788	IX
695	Finn.	26514	C. 54.	2309	XIX
710	Eng.	666518	C. 53.	752	III
717	Eng.	693651	C. 55.	1153	XIb
720	Finn.	25173	C. 52.	2223	F
721	Frz.	1041557	C. 54.	11265	I
730	DBP.	863466	C. 54.	429	XIa
731	DBP.	833468	C. 54.	919	XVIIIb
752	DBP.	843636	C. 53.	126	VIII
768	Eng.	705805	C. 54.	11087	XVIIIb
782	Schwz.	277650	C. 52.	5474	V
784	Oest.	176565	C. 54.	5416	XIV
785	Frz.	1036335	C. 55.	4213	IX
	Oest.	175572	C. 54.	7980	IX
786	Amer.	2674626	C. 55.	3966	IX
787	Finn.	26589	C. 54.	4727	IX
789	Schwz.	297194	C. 55.	1097	F
790	Schwz.	269555	C. 52.	2072	VIII
823	Amer.	2658884			
		u. 885	C. 54.	10827	IXb
826	Amer.	2658884			
		u. 885	C. 54.	10827	XIb
827	Amer.	2658884			
		u. 885	C. 54.	10827	XIb
828	Amer.	2658884			
		u. 885	C. 54.	10827	XIb
829	Amer.	2622072	C. 54.	4049	XIb
840	DBP.	835960	C. 52.	6596	VII
841	Eng.	673166	C. 54.	9376	VII
886	DBP.	896937	C. 54.	5662	XVIIIb
887	Frz.	1046779	C. 55.	3493	X
888	DBP.	828986	C. 52.	5350	XVIIIb
889	Oest.	178429	C. 54.	9344	F
891	DBP.	882544	C. 54.	5625	IX
893	Schwz.	295387	C. 54.	7287	IX
894	Oest.	176836	C. 54.	3334	IX
896	Amer.	2653955	C. 54.	10542	F
897	DBP.	833962	C. 52.	5786	F
898	DBP.	834102	C. 52.	5619	F
899	DBP.	829168	C. 52.	7254	IX
928	DBP.	876091	C. 53.	6137	IX
929	Amer.	2591586	C. 53.	7214	XIX
934	Schwz.	275382	C. 52.	2607	XVIIIb
935	Oest.	175966	C. 54.	920	XVIIIb
937	Schwz.	273815	C. 52.	1704	F
950	DBP.	862366	C. 53.	4304	XVIIIa
966	Frz.	1012401	C. 54.	4254	VIII
975	DBP.	880093	C. 54.	452	XVIIIa
141002	Eng.	704021	C. 55.	2562	XVII
003	DBP.	898808	C. 54.	8684	XII
005	Eng.	656388	C. 53.	2649	F
141006	DBP.	861249	C. 55.	1567	F
007	Schwz.	298873	C. 55.	5656	IX
008	Eng.	681054	C. 54.	9405	XIb
009	DBP.	906572	C. 55.	1334	F
010	Oest.	175254	C. 55.	645	F
011	Frz.	1054240	C. 55.	2958	F
012	DBP.	900097	C. 54.	5351	F
013	Amer.	2661370	C. 54.	9094	F
014	DBP.	905371	C. 55.	1563	F
031	DBP.	829321	C. 52.	5471	III
047	DBP.	835036	C. 52.	5622	F
050	Schwz.	273593	C. 52.	1067	VI
063	DBP.	895833	C. 54.	3807	XIa
071	Schwz.	272092	C. 54.	2683	G
076	DBP.	863566	C. 53.	8706	VII
092	Oest.	173782	C. 54.	1134	XIb
122	Norw.	77954	C. 52.	5139	F
124	Amer.	2543972	C. 52.	262	F
132	Can.	463786	C. 50. II.	1613	V
150	Amer.	2613205	C. 54.	6403	XIX
160	Frz.	958803	C. 50. II.	1884	XIb
161	Schwz.	266702	C. 51. I.	385	VIII
187	Dän.	74040	C. 54.	6584	VIII
188	Frz.	990974	C. 54.	11568	XVI
218	DBP.	814423	C. 52.	2611	XIX
222	Eng.	668079	C. 53.	5711	F
225	Eng.	696984	C. 54.	6835	X
230	DBP.	825259	C. 52.	7095	IX
233	Schwz.	278410	C. 52.	8019	F
235	Oest.	172933	C. 54.	1597	IX
236	Oest.	173700	C. 54.	2917	IX
238	DBP.	801839	C. 52.	5619	F
	DBP.	839940	C. 52.	6901	F
239	Amer.	2620343	C. 54.	11577	XVIIIb
242	DBP.	907640	C. 54.	11281	VII
301	Amer.	2653905	C. 55.	2766	VIII
318	DBP.	885036	C. 54.	878	VIII
331	Frz.	978388	C. 53.	1262	XVI
368	DBP.	904044	C. 54.	6622	XVIIIb
412	Frz.	1046701	C. 55.	3978	XIa
415	Schwz.	282674	C. 53.	5093	V
418	Frz.	1059895	C. 55.	1879	XVIIIb
431	Norw.	80003	C. 54.	1369	XIb
432	Eng.	656452	C. 52.	3079	VIII
469	Dän.	73929	C. 53.	5425	XIb
505	DBP.	861539	C. 53.	8483	XVIIIa
507	DBP.	871757	C. 55.	2028	F
509	Frz.	1052448	C. 55.	3735	IX
510	Eng.	703302	C. 55.	1335	F
513	Oest.	180929	C. 55.	4412	F
514	Finn.	27057	C. 55.	3005	IX
520	Frz.	1053369	C. 55.	2328	XVII
553	Eng.	663805	C. 53.	2807	F
570	Norw.	79478	C. 53.	3962	XIb
571	DBP.	903033	C. 54.	3812	XIb
598	Finn.	26453	C. 54.	2734	XVIIIa
630	Amer.	2608484	C. 54.	673	XV
670	Frz.	1057804	C. 55.	3921	F
686	DBP.	852296	C. 53.	3324	XII
688	Amer.	2629725			
		u. 726	C. 54.	2499	IX
700	DBP.	892539	C. 54.	5183	XIa
727	Frz.	1024631	C. 54.	6089	VI
745	DBP.	913173	C. 55.	1608	IX
746	DBP.	837545	C. 54.	3554	VIII
771	Frz.	987356	C. 53.	2376	XVIIIb
772	Schwz.	280432	C. 53.	2859	XVIIIb
791	Frz.	939471	C. 50. I.	235	XIb

Schweizer Patente (Schwz. P.).

242939	Schwd.	128738	C. 51. I.	3550	III
257624	Schwd.	132227	C. 53.	3629	VII
263198	Eng.	635134	C. 53.	9610	VII
271517	Oest.	166710	C. 52.	265	F

273407	Frz.	957238	C. 51. I.	263	XIb
274834	Frz.	942671	C. 50. I.	768	I
275444	Frz.	953497	C. 49. E.	632	XIb
276722	Amer.	2546841	C. 52	2090	XIb
277312	Frz.	957656	C. 51. I.	130	XIb
278404	Can.	467040	C. 51. I.	1195	F
	Schwd.	130653	C. 52.	734	F
736	DBP.	809674	C. 52.	1220	III
279641	DBP.	813459	C. 52.	6140	XIb
	Amer.	2494517	C. 51. I.	663	XIb
648	Amer.	2465760	C. 49. E	1692	XXIV
769	Frz.	965001	C. 51. I.	3236	F
280035	Oest.	170875	C. 52.	6736	F
367	DBP.	844349	C. 53.	1254	XIb
828	Frz.	959445	C. 51. I.	135	XIV
281132	Oest.	168263	C. 52.	450	X
274	Eng.	653679	C. 52.	1211	F
885	DBP.	821520	C. 53.	9267	III
971	Frz.	946882	C. 49. E.	1432	X
	Frz.	947595	C. 49. E.	1610	X
972	Frz.	946882	C. 49. E.	1432	X
	Frz.	947595	C. 49. E.	1610	X
973	Frz.	946882	C. 49. E.	1432	X
	Frz.	947595	C. 49. E.	1610	X
974	Frz.	946882	C. 49. E.	1432	X
	Frz.	947595	C. 49. E.	1610	X
282531	DBP.	830983	C. 52.	4041	III
738	Frz.	953632	C. 50. II.	1900	XIX
739	Can.	485677	C. 53.	5443	XX
283057	Frz.	964182	C. 51. I.	2092	XIb
606	DBP.	830217	C. 52.	7072	III
284692	DBP.	838180	C. 55.	6858	X
693	DBP.	838180	C. 55.	6858	X
694	DBP.	838180	C. 55.	6858	X
695	DBP.	838180	C. 55.	6858	X
696	DBP.	838180	C. 55.	6858	X
697	DBP.	838180	C. 55.	6858	X
698	DBP.	838180	C. 55.	6858	X
699	DBP.	838180	C. 55.	6858	X
700	DBP.	838180	C. 55.	6858	X
798	Amer.	2598559	C. 55.	6182	F
799	Amer.	2598559	C. 55.	6182	F
940	DBP.	831697	C. 55.	7982	F
285205	Frz.	1015232	C. 54.	3560	VIII
750	DBP.	840999	C. 55.	5215	XVIIIb
286912	Norw.	79681	C. 53.	5918	VIII
287216	Eng.	655105	C. 55.	4699	IX
292	Frz.	1014828	C. 54.	3560	VIII
389	DBP.	827947	C. 55.	3922	F
562	DBP.	878820	C. 55.	3975	X
563	DBP.	889495	C. 55.	5188	X
714	DBP.	855995	C. 55.	6180	F
861	DBP.	827801	C. 55.	1332	F
288456	Can.	480670	C. 54.	3150	XXIV
645	Eng.	664815	C. 55.	6189	F
289197	Frz.	1015211	C. 53.	8939	F
	DBP.	818944	C. 52.	4817	F
376	Frz.	1012622	C. 54.	9135	IX
522	Belg.	497253	C. 53.	8688	III
682	Schwd.	135220	C. 54.	648	IX
688	DBP.	889492	C. 55.	1147	X
846	Eng.	666027	C. 54.	11494	F
989	DBP.	870306	C. 55.	461	X
990	DBP.	870146	C. 55.	460	X
290013	DBP.	875437	C. 55.	4020	XXIV
292	DBP.	871759	C. 55.	6345	F
294	DBP.	889661	C. 55.	8974	X
299	DBP.	889489	C. 55.	6142	X
367	DBP.	830839	C. 53.	602	VIII
532	Schwd.	136811	C. 54.	2474	VI
585	DBP.	889491	C. 55.	6143	X
793	Eng.	677061	C. 55.	4888	F
794	Eng.	677061	C. 55.	4888	F
290795	Eng.	677061	C. 55.	4888	F
796	Eng.	677061	C. 55.	4888	F
291015	Belg.	496800	C. 53.	9594	III
187	DBP.	818350	C. 52.	417	F
188	DBP.	823448			
		591			
		u. 592	C. 52.	4028	F
192	DBP.	875654	C. 55.	2960	F
193	Eng.	679605	C. 53.	9311	IX
225	DBP.	896297	C. 54.	1164	XXIV
365	Belg.	497004	C. 53.	8687	III
425	Eng.	694068	C. 55.	2082	X
426	Eng.	694068	C. 55.	2082	X
427	Eng.	694068	C. 55.	2082	X
428	Eng.	694068	C. 55.	2082	X
429	Eng.	694068	C. 55.	2082	X
509	DBP.	883021	C. 55.	7090	X
518	Frz.	1037282	C. 54.	9112	III
570	Schwd.	137383	C. 54.	3560	VIII
680	DBP.	841917	C. 54.	8401	F
727	DBP.	840999	C. 55.	5215	XVIIIb
728	DBP.	840999	C. 55.	5215	XVIIIb
729	DBP.	840999	C. 55.	5215	XVIIIb
736	DBP.	878820	C. 55.	3975	X
737	DBP.	878820	C. 55.	3975	X
801	Eng.	686692	C. 55.	2773	IX
803	DBP.	879102	C. 55.	1375	IX
814	DBP.	906965	C. 55.	2307	X
292083	DBP.	891594	C. 55.	4705	X
086	DBP.	889490	C. 55.	3974	X
248	Oest.	178693	C. 54.	9348	F
	DBP.	906366	C. 54.	7010	F
302	DBP.	889495	C. 55.	5188	X
303	DBP.	889495	C. 55.	5188	X
408	DBP.	870851	C. 55.	4167	F
412	DBP.	889493	C. 55.	6143	X
591	DBP.	837098	C. 52.	5785	F
644	DBP.	882281	C. 55.	3258	X
679	Eng.	692902	C. 55.	5189	X
680	Eng.	692902	C. 55.	5189	X
681	Eng.	692902	C. 55.	5189	X
682	Eng.	692902	C. 55.	5189	X
747	Frz.	980700	C. 54.	11603	XVIIIb
802	DBP.	841917	C. 54.	8401	F
804	DBP.	857996	C. 55.	6145	X
825	DBP.	855406	C. 53.	1903	XVIIIa
861	DBP.	880210	C. 53.	9297	VIII
943	DBP.	863496	C. 55.	411	F
293102	Eng.	675798	C. 53.	9314	IX
115	DBP.	879272	C. 54.	11550	X
146	DBP.	851724	C. 54.	6647	XXIV
149	DBP.	875437	C. 55.	4020	XXIV
433	DBP.	883017	C. 55.	6141	X
441	DBP.	829060	C. 53.	3806	XIb
	DBP.	833854	C. 52.	6940	XIb
567	DBP.	876406	C. 55.	416	F
570	Eng.	701445	C. 55.	5852	F
678	Frz.	1040777	C. 54.	11607	XVIIIb
699	DBP.	883021	C. 55.	7090	X
700	DBP.	838180	C. 55.	6858	X
806	Oest.	170883	C. 53.	578	F
294016	Schwd.	137685	C. 54.	4036	IX
021	Amer.	2590825	C. 55.	7091	X
023	Eng.	689153	C. 55.	6403	X
175	DBP.	864556	C. 55.	4409	F
365	Eng.	705551	C. 55.	2120	XXIV
429	DRP.	752382	C. 54.	236	XXII
659	DBP.	888991	C. 54.	11549	X
766	DRP.	753661	C. 52.	130	VIII
904	DBP.	890189	C. 55.	8450	F
946	DBP.	883021	C. 55.	7090	X
947	DBP.	883021	C. 55.	7090	X
948	DBP.	883021	C. 55.	7090	X

294949	DBP.	883021	C. 55.	7090	X
951	DBP.	883178	C. 55.	6858	X
295044	DBP.	891691	C. 55.	5422	IX
052	DBP.	853188	C. 53.	9645	X
069	Frz.	1026464	C. 54.	11605	XIa
103	DBP.	893142	C. 55.	4983	XXIV
149	Amer.	2580273	C. 54.	6331	VIII
151	Amer.	2588095	C. 54.	6331	VIII
152	Eng.	697632	C. 55.	7774	VIII
390	DBP.	855400	C. 53.	5934	IX
393	Frz.	1027553	C. 55.	6194	IX
395	Frz.	1035590	C. 55.	4212	IX
397	DBP.	835917	C. 55.	7094	X
453	DBP.	867006	C. 54.	183	VIII
656	DBP.	861249	C. 55.	1567	F
670	Frz.	1036335	C. 55.	4213	IX
676	DBP.	909383	C. 55.	1382	X
699	DBP.	902580	C. 54.	8029	XXIV
995	Frz.	1032010	C. 55.	8969	IX
296251	DBP.	870883	C. 55.	929	X
252	DBP.	870883	C. 55.	929	X
253	DBP.	870883	C. 55.	929	X
254	DBP.	870883	C. 55.	929	X
255	DBP.	889661	C. 55.	8974	X
256	DBP.	889661	C. 55.	8974	X
259	DBP.	883017	C. 55.	6141	X
260	DBP.	883017	C. 55.	6141	X
477	DBP.	859026	C. 55.	2491	F
479	Eng.	682823	C. 55.	1797	F
538	DBP.	889490	C. 55.	3974	X
539	DBP.	889490	C. 55.	3974	X
540	DBP.	879272	C. 54.	11550	X
541	DBP.	879272	C. 54.	11550	X
542	DBP.	879272	C. 54.	11550	X
658	Amer.	2598311	C. 55.	690	IX
914	Eng.	688810	C. 55.	2081	X
	Frz.	1040901	C. 54.	10594	X
916	DBP.	896294	C. 54.	9672	XXIV
297019	DBP.	906808	C. 54.	6302	I
186	DBP.	870102	C. 55.	6345	F
188	Amer.	2623902	C. 55.	8917	F
190	Frz.	1063215			
	Oest.	179014	C. 55.	5374	F
283	DBP.	870102	C. 55.	6345	F
284	DBP.	864556	C. 55.	4409	F
285	DBP.	864556	C. 55.	4409	F
307	DBP.	910652	C. 55.	5636	VII
327	Frz.	1025847	C. 54.	5381	VI
407	Frz.	1040894	C. 54.	11006	F
443	DBP.	893142	C. 55.	4983	XXIV
832	DBP.	863050	C. 53.	5412	IX
833	DBP.	914250	C. 55.	6402	X
837	Eng.	709992	C. 55.	1842	IX
298045	Oest.	163629	C. 49. E.	101	F
046	Oest.	163629	C. 49. E.	101	F
047	Oest.	163629	C. 49. E.	101	F
048	Oest.	163629	C. 49. E.	101	F
049	Oest.	163629	C. 49. E.	101	F
050	Oest.	163629	C. 49. E.	101	F
051	Oest.	163629	C. 49. E.	101	F
052	Oest.	163629	C. 49. E.	101	F
053	Oest.	163629	C. 49. E.	101	F
136	Finn.	27102	C. 55.	4454	IX
137	Oest.	176564	C. 54.	6302	I
322	Amer.	2608583	C. 53.	9637	IX
326	Amer.	2662081	C. 54.	6290	F
333	Oest.	171176	C. 52.	7703	F
379	Eng.	703302	C. 55.	1335	F
380	DBP.	838180	C. 55.	6858	X
381	DBP.	838180	C. 55.	6858	X
382	DBP.	838180	C. 55.	6858	X
383	DBP.	838180	C. 55.	6858	X
384	DBP.	838180	C. 55.	6858	X
298385	DBP.	838180	C. 55.	6858	X
386	DBP.	838180	C. 55.	6858	X
387	DBP.	838180	C. 55.	6858	X
388	DBP.	838180	C. 55.	6858	X
389	DBP.	844452	C. 53.	2198	X
390	DBP.	844452	C. 53.	2198	X
391	DBP.	844452	C. 53.	2198	X
392	DBP.	844452	C. 53.	2198	X
393	DBP.	844452	C. 53.	2198	X
394	DBP.	844452	C. 53.	2198	X
395	DBP.	844452	C. 53.	2198	X
402	DBP.	816701	C. 52.	601	IX
403	DBP.	816701	C. 52.	601	IX
406	DBP.	827801	C. 55.	1332	F
445	DBP.	888669	C. 55.	1186	XIX
504	DBP.	900934	C. 54.	9098	F
512	Eng.	695042	C. 54.	10832	XII
644	Belg.	499301	C. 53.	8171	III
672	DBP.	844492	C. 53.	270	III
680	Eng.	703277			
		u. 279	C. 55.	164	F
744	Eng.	690778	C. 55.	1333	F
745	Eng.	690778	C. 55.	1333	F
746	DBP.	889661	C. 55.	8974	X
748	Amer.	2590825	C. 55.	7091	X
749	Amer.	2590825	C. 55.	7091	X
790	DBP.	913774	C. 54.	9662	XVIIIb
870	Eng.	678486	C. 53.	8175	IV
875	DBP.	855554	C. 53.	9312	IX
879	Eng.	676653	C. 55.	1331	F
880	Oest.	176843	C. 54.	5129	F
890	Eng.	708700	C. 55.	3759	XVII
917	DBP.	904982	C. 54.	10864	XXIV
965	DBP.	909864	C. 55.	8025	VIII
966	DBP.	913959	C. 55.	1833	VIII
299045	Amer.	2607810	C. 53.	7372	III
102	Oest.	180564	C. 55.	4412	F
106	DBP.	855399	C. 53.	7145	F
358	DRP.	867728	C. 53.	8760	XIX
366	DBP.	896647	C. 54.	10777	F
367	DBP.	823883	C. 52.	4344	F
370	DBP.	836194	C. 52.	7061	F
531	Oest.	175570	C. 54.	7005	F
533	Oest.	175260	C. 54.	841	F
598	DBP.	909758	C. 55.	5661	X
599	DBP.	909758	C. 55.	5661	X
600	DBP.	909758	C. 55.	5661	X
601	DBP.	909758	C. 55.	5661	X
602	DBP.	909758	C. 55.	5661	X
603	DBP.	909758	C. 55.	5661	X
607	DBP.	903033	C. 54.	3812	XIb
648	DBP.	811568	C. 52.	124	VI
658	Amer.	2536094	C. 52.	1103	XVIIIb
695	DBP.	861689	C. 54.	5422	XVII
698	DBP.	840686	C. 52.	8053	XIa
699	DBP.	867851	C. 53.	5928	IX
702	Amer.	2638482	C. 55.	4936	IX
	Frz.	1046459	C. 55.	6394	IX
704	Oest.	175259	C. 54.	378	F
712	Oest.	173247	C. 54.	1605	XIa
714	Amer.	2560053	C. 53.	779	XIb
717	DBP.	827256	C. 52.	7423	XIb
718	Oest.	176362	C. 54.	2512	XIb
721	DBP.	877086	C. 54.	430	XIa
722	DBP.	825938	C. 52.	3402	VIII
728	Amer.	2567963	C. 54.	2082	XVIIIa
782	Can.	479596	C. 53.	9621	VIII
929	Oest.	176839	C. 54.	5128	F
930	DBP.	861839	C. 54.	8674	IX
931	DBP.	861839	C. 54.	8674	IX
932	Eng.	693876	C. 54.	9854	VIII
967	DBP.	830025	C. 53.	4147	XIX
300013	DBP.	870104	C. 53.	7926	IX

300014	DBP.	911255	C. 55.	2274	V
018	DBP.	825686	C. 52.	4978	F
020	DBP.	831694	C. 52.	6763	IX
022	Amer.	2620343			
	DBP.	899200	C. 54.	11577	XVIIIb
024	DBP.	869102	C. 53.	8213	X
025	DBP.	904926	C. 55.	2541	X
028	Oest.	174689	C. 54.	3342	XIa
030	DBP.	916570	C. 55.	6181	XXI
031	Frz.	1037857	C. 54.	7996	XIb
035	Frz.	1031607	C. 54.	11042	VIII
037	DBP.	862448	C. 53.	2540	XVIIIa
038	Eng.	710597	C. 55.	1410	XVIIIb
193	Eng.	670792	C. 53.	5708	F
196	Eng.	693801	C. 54.	7469	F
267	Oest.	174909	C. 53.	9241	F
268	Oest.	174909	C. 53.	9241	F
269	Oest.	174909	C. 53.	9241	F
270	Oest.	174909	C. 53.	9241	F
271	Oest.	174909	C. 53.	9241	F
272	Oest.	174909	C. 53.	9241	F
293	DBP.	867399	C. 54.	2899	VI
328	Amer.	2503053	C. 52.	5989	XIV
329	Oest.	173707	C. 53.	7640	VII
332	DBP.	907169	C. 54.	6829	IX
333	DBP.	823883	C. 52.	4344	F
338	Eng.	699189	C. 54.	11570	XVII
339	Eng.	698891	C. 54.	6405	XX
416	Oest.	171411	C. 52.	7224	F
417	DBP.	920546	C. 55.	8214	F
438	DBP.	844891	C. 52.	7889	IX
439	Amer.	2639990	C. 54.	6382	XVIIIb
440	Amer.	2639990	C. 54.	6382	XVIIIb
441	Amer.	2639990	C. 54.	6382	XVIIIb
442	Amer.	2639990	C. 54.	6382	XVIIIb
443	Amer.	2639990	C. 54.	6382	XVIIIb
444	Amer.	2639990	C. 54.	6382	XVIIIb
445	Amer.	2639990	C. 54.	6382	XVIIIb
446	Amer.	2639990	C. 54.	6382	XVIIIb
447	Amer.	2639990	C. 43.	6382	XVIIIb
448	Amer.	2639990	C. 54.	6382	XVIIIb
449	Amer.	2639990	C. 54.	6382	XVIIIb
585	Eng.	713698	C. 55.	5387	I
587	Oest.	176547	C. 54.	1568	V
588	Eng.	710015	C. 55.	189	V
591	Eng.	698559	C. 54.	7471	F
592	Oest.	173444	C. 53.	7875	F
599	Amer.	2657187			
		u. 189	C. 54.	8728	XXII
604	Amer.	2635091	C. 54.	10138	XVIIIb
605	Oest.	172639	C. 53.	3945	VII
713	Amer.	2586288	C. 53.	1413	XIII
737	DBP.	910652	C. 55.	5636	VII
738	DBP.	910652	C. 55.	5636	VII
739	DBP.	910652	C. 55.	5636	VII
740	DBP.	910652	C. 55.	5636	VII
743	DBP.	910652	C. 55.	5636	VII
745	DBP.	910652	C. 55.	5636	VII
746	DBP.	910652	C. 55.	5636	VII
747	DBP.	910652	C. 55.	5636	VII
749	DBP.	910652	C. 55.	5636	VII
750	DBP.	910652	C. 55.	5636	VII
751	DBP.	910652	C. 55.	5636	VII
752	DBP.	910652	C. 55.	5636	VII
757	DBP.	910652	C. 55.	5636	VII
761	DBP.	910652	C. 55.	5636	VII
763	Oest.	176672	C. 54.	7520	X
764	Oest.	176672	C. 54.	7520	X
765	Oest.	176672	C. 54.	7520	X
766	Oest.	176672	C. 54.	7520	X
767	Oest.	176672	C. 54.	7520	X
768	Oest.	176672	C. 54.	7520	X
806	Oest.	177418	C. 54.	9148	IX
300807	Oest.	177418	C. 54.	9148	IX
808	Oest.	177418	C. 54.	9148	IX
809	Oest.	177418	C. 54.	9148	IX
810	Oest.	177418	C. 54.	9148	IX
811	Oest.	177418	C. 54.	9148	IX
812	Oest.	177418	C. 54.	9148	IX
853	DBP.	868572	C. 54.	174	VI
854	Oest.	176173	C. 54.	866	VI
865	Frz.	1035745	C. 54.	8473	XVII
866	Frz.	1041837	C. 54.	8934	XVII
867	DBP.	890252	C. 54.	8665	VIII
888	Amer.	2632750	C. 54.	4982	XVIIIb
908	DBP.	904044	C. 54.	6622	XVIIIb
934	Eng.	701288	C. 54.	11273	V
936	DBP.	848501	C. 53.	3797	IX
940	DBP.	863802	C. 53.	4939	IX
941	DBP.	907414	C. 54.	5125	F
943	Oest.	176847	C. 54.	3334	IX
952	DBP.	878827	C. 53.	8497	XXII
956	Frz.	1043435	C. 54.	9637	XIb
957	Oest.	175782	C. 54.	1381	XVIIIa
301036	Eng.	713234	C. 55.	6840	VIII
039	Eng.	705240	C. 55.	8257	VIII
040	Eng.	712016	C. 55.	8257	VIII
159	Eng.	692731	C. 53.	8687	III
246	DBP.	915694	C. 55.	875	F
	DBP.	913178	C. 55.	162	F
247	DBP.	851398	C. 53.	6536	F
249	DBP.	908409	C. 54.	10543	F
251	DBP.	905737	C. 54.	4900	F
252	DBP.	905737	C. 54.	4900	F
253	DBP.	836652	C. 53.	8152	F
408	DBP.	850008	C. 54.	7550	XVIIIb
411	DBP.	898148	C. 54.	5631	X
414	DBP.	849997	C. 53.	3000	X
428	Amer.	2554986	C. 52.	4344	F
429	Oest.	173687	C. 53.	8458	IX
431	Frz.	1064739	C. 55.	6137	IX
433	Oest.	175884	C. 54.	7057	IX
447	Eng.	703296	C. 55.	223	X
448	Frz.	992036	C. 53.	6774	XIa
450	Oest.	174133	C. 54.	7062	XIa
451	Amer.	2613205	C. 54.	6403	XIX
459	DBP.	866751	C. 53.	8713	VIII
460	DBP.	874986	C. 53.	6998	XVIIIa
580	Amer.	2585713	C. 53.	9244	F
584	Oest.	175893	C. 54.	10773	F
585	Oest.	175892	C. 55.	1378	IX
588	Frz.	1051265	C. 55.	169	F
591	Eng.	692335	C. 54.	11323	XIII
592	Oest.	174903	C. 54.	7273	VII
635	Amer.	2563493	C. 54.	5661	XVIIIb
636	Amer.	2563493	C. 54.	5661	XVIIIb
637	Amer.	2563493	C. 54.	5661	XVIIIb
667	Oest.	176303	C. 54.	3337	IX
672	DBP.	896651	C. 55.	6083	F
673	Oest.	177778	C. 54.	8856	F
674	Oest.	177778	C. 54.	8856	F
675	Oest.	177778	C. 54.	8856	F
676	Oest.	177778	C. 54.	8856	F
677	Oest.	177778	C. 54.	8856	F
678	Oest.	177778	C. 54.	8856	F
679	Oest.	175569	C. 54.	6833	IX
680	Oest.	175569	C. 54.	6833	IX
681	Oest.	175569	C. 54.	6833	IX
682	Amer.	2570391	C. 53.	2648	F
738	Frz.	1046167	C. 55.	2051	VI
759	Eng.	673841	C. 53.	5960	XVIIIb
785	DBP.	813144	C. 52.	1256	XV
793	Eng.	706825	C. 54.	9357	I
794	Eng.	695170	C. 54.	10587	IX
796	DBP.	897843	C. 54.	3305	V
797	DBP.	872202	C. 53.	6749	V

301798	DBP.	867990	C. 53.	6748	V
799	Oest.	174900	C. 53.	7868	F
806	Oest.	175868	C. 54.	7055	IX
809	DBP.	898902	C. 54.	3109	IX
812	DBP.	889043	C. 55.	6857	X
813	DBP.	889043	C. 55.	6857	X
823	Schwd.	130419	C. 52.	1914	XIa
824	DBP.	891125	C. 54.	2281	XIa
827	DBP.	850892	C. 53.	956	XXI
829	DBP.	840155	C. 52.	6448	XIb
949	DBP.	831096	C. 52.	5942	F
950	DBP.	852591	C. 53.	1692	F
951	Eng.	709927	C. 55.	168	F
952	Oest.	175894	C. 54.	10774	F
953	DBP.	858401	C. 53.	1690	F
954	DBP.	832655	C. 52.	4975	F
956	Frz.	1054240	C. 55.	2958	F
959	Amer.	2678312	C. 55.	5135	F
960	Eng.	710881	C. 55.	1103	F
302007	DBP.	913774	C. 54.	9662	XVIIIb
052	DBP.	848229	C. 54.	5181	X
054	DBP.	869104	C. 53.	5110	X
055	DBP.	869104	C. 53.	5110	X
056	Amer.	2567964	C. 54.	2082	XVIIIa
057	Amer.	2567965	C. 54.	2082	XVIIIa
065	DBP.	906572	C. 55.	1334	F
066	DBP.	843406	C. 53.	1056	F
067	DBP.	843406	C. 53.	1056	F
070	DBP.	843406	C. 53.	1056	F
072	DBP.	836194	C. 52.	7060	F
075	DBP.	855399	C. 53.	7145	F
076	DBP.	845508	C. 53.	5546	F
094	DBP.	849225	C. 53.	4929	VI
121	Frz.	1023927	C. 54.	9888	XVIIIb
142	DBP.	868595	C. 54.	3536	I
145	Eng.	702812	C. 55.	189	V
146	DBP.	838747	C. 52.	5650	IX
147	Amer.	2623043	C. 55.	4651	F
148	DBP.	857957	C. 53.	2190	IX
150	Oest.	174376	C. 54.	1119	IX
159	Eng.	693651	C. 55.	1153	XIb
297	Frz.	1051349	C. 55.	8230	III
311	Oest.	172933	C. 54.	1597	IX
314	Oest.	176561	C. 54.	4440	F
315	Oest.	173696	C. 54.	9585	F
370	Frz.	968209	C. 51.	I. 1939	IX
412	DBP.	922480	C. 55.	7561	X
413	DBP.	922480	C. 55.	7561	X
414	DBP.	922480	C. 55.	7561	X
415	DBP.	922480	C. 55.	7561	X
420	DBP.	836066	C. 53.	774	X
443	DBP.	857363	C. 53.	3122	F
529	Amer.	2678950	C. 55.	2533	IX
530	DBP.	877605	C. 53.	8992	IX
532	Eng.	707783	C. 55.	214	IX
537	DBP.	896046	C. 54.	5403	X
539	Amer.	2674626	C. 55.	3966	IX
540	Oest.	179775	C. 55.	3250	IX
545	Amer.	2641602	C. 55.	5663	X
547	DBP.	890107	C. 54.	9633	X
551	DBP.	848680	C. 53.	1737	XVII
552	Frz.	1045077	C. 54.	10535	F
553	Oest.	176277	C. 54.	4073	XIX
555	DBP.	901594	C. 54.	11089	XVIIIb
557	Frz.	1052295			
		u. 296	C. 55.	1855	XIb
735	DBP.	889448	C. 54.	5352	F
737	Eng.	708370	C. 55.	165	F
795	DBP.	877607	C. 54.	647	IX
796	Oest.	180564	C. 55.	4412	F
797	Oest.	180564	C. 55.	4412	F
798	Oest.	180564	C. 55.	4412	F
799	DBP.	907897	C. 55.	2260	F
302800	Oest.	173444	C. 53.	7875	F
815	DBP.	912252	C. 55.	728	XIX
826	DBP.	824942	C. 53.	6310	F
833	Oest.	176308	C. 54.	4216	F
834	Oest.	180564	C. 55.	4412	F
886	Amer.	2651829	C. 54.	8258	XVIIIb
893	Can.	489866	C. 54.	7008	F
897	DBP.	889284	C. 54.	8003	XV
899	DBP.	884350	C. 54.	5368	I
901	Schwd.	137959	C. 54.	3544	V
903	Eng.	706574	C. 54.	7239	F
904	DBP.	905486	C. 54.	8633	F
908	Can.	480660	C. 54.	11254	F
910	Oest.	174610	C. 55.	2561	XVII
913	DBP.	848231	C. 54.	427	X
914	Amer.	2615026	C. 54.	6350	X
915	DBP.	878686	C. 55.	6403	X
916	Oest.	176625	C. 54.	10861	XXI
917	DBP.	878541	C. 54.	7990	XIa
921	Frz.	1047137	C. 55.	1350	III
940	DBP.	876202	C. 54.	5220	XXIV
303079	DBP.	879696	C. 53.	7145	F
086	DBP.	924450	C. 55.	7981	F
154	Amer.	2541105	C. 52.	107	F
167	DBP.	837098	C. 52.	5785	F
168	Oest.	171411	C. 52.	7224	F
182	Eng.	703719	C. 54.	11282	VII
205	DBP.	847724	C. 53.	4754	VI
243	DBP.	874752	C. 53.	8250	XVIIIb
270	DBP.	877891	C. 54.	1804	V
273	Amer.	2638482			
	Belg.	508508			
		u. 509	C. 55.	4936	IX
	Eng.	709760	C. 55.	2076	IX
286	DBP.	889340	C. 54.	6595	X
287	Amer.	2658899	C. 55.	3259	X
288	Amer.	2657112	C. 55.	1384	X
289	Oest.	174378	C. 54.	1116	IX
293	Frz.	1040863	C. 55.	1369	VIII
347	Eng.	688588	C. 53.	8976	VIII
456	Frz.	1056019	C. 55.	3505	XIII
458	Eng.	695483	C. 54.	7469	F
460	Eng.	713411	C. 55.	2732	F
461	Eng.	705979	C. 55.	1379	IX
517	DBP.	854216	C. 53.	4765	IX
518	DBP.	889147	C. 54.	7293	IX
566	Oest.	179293	C. 55.	1564	F
567	Oest.	179293	C. 55.	1564	F
576	DBP.	899196	C. 54.	2008	F
577	DBP.	899196	C. 54.	2008	F
578	Eng.	705979	C. 55.	1379	IX
579	Oest.	175565	C. 54.	7241	F
580	Oest.	175565	C. 54.	7241	F
581	Oest.	176559	C. 54.	3284	F
583	Oest.	176559	C. 54.	3284	F
659	DBP.	871010	C. 53.	6938	F
669	Frz.	1051633	C. 55.	2805	XVII
688	DBP.	872154	C. 54.	4768	XXIV
829	DBP.	885544	C. 55.	2259	F
831	Amer.	2630434	C. 54.	2230	F
836	DBP.	866040	C. 53.	3609	F
877	Amer.	2541105	C. 52.	107	F
878	DBP.	842198	C. 53.	129	IX
304005	Frz.	1059507	C. 55.	2106	XVIIIb
029	Amer.	2632688	C. 54.	3306	V
036	Oest.	180057	C. 55.	3731	IX
037	DBP.	881658	C. 54.	5853	IX
038	DBP.	877764	C. 53.	7441	XVIIIb
043	DBP.	870148	C. 55.	222	X
045	Amer.	2637694	C. 55.	4009	XIX
180	DBP.	914857	C. 55.	162	F
187	DBP.	866040	C. 53.	3609	F
188	DBP.	866040	C. 53.	3609	F

304248	DBP.	896190	C. 55.	6843	VIII
249	DBP.	831395	C. 53.	2858	XVIIIb
250	DBP.	831395	C. 53.	2858	XVIIIb
251	DBP.	831395	C. 53.	2858	XVIIIb
252	DBP.	831395	C. 53.	2858	XVIIIb
253	DBP.	831395	C. 53.	2858	XVIIIb
254	DBP.	831395	C. 53.	2858	XVIIIb
255	DBP.	827801	C. 55.	1332	F
312	DBP.	905737	C. 54.	4900	F
313	DBP.	905737	C. 54.	4900	F
314	DBP.	905737	C. 54.	4900	F
351	DBP.	849399	C. 53.	2524	X
367	DBP.	908133	C. 55.	3011	X
378	Amer.	2653857	C. 54.	8189	V
384	Oest.	174605	C. 54.	4263	IX
392	Amer.	2649452	C. 54.	11309	X
397	Amer.	2639967	C. 54.	4764	XXI
400	DBP.	861925	C. 53.	5267	XII
405	DBP.	846510	C. 53.	151	XVIIIa
504	Eng.	709254	C. 55.	184	IV
304709	Amer.	2624655	C. 55.	1815	V
711	Frz.	1053604	C. 55.	7788	IX
714	DBP.	823883	C. 52.	4344	F
715	DBP.	926249	C. 55.	7350	XVIIIb
717	Eng.	701127	C. 55.	2777	IX
721	DBP.	870304	C. 55.	929	X
722	DBP.	868325	C. 54.	2058	X
725	DBP.	903984	C. 54.	7063	XIa
841	Amer.	2610219	C. 54.	3539	III
878	Amer.	2654779	C. 54.	8400	F
880	DBP.	908249	C. 54.	11009	F
882	DBP.	845200	C. 53.	101	F
885	Amer.	2666069	C. 55.	3441	F
886	Amer.	2570391	C. 53.	2648	F
887	Oest.	176558	C. 54.	3284	F
888	Oest.	176559	C. 54.	3284	F
889	Oest.	175565	C. 54.	7241	F
977	DBP.	896808	C. 54.	7706	F
978	DBP.	896808	C. 54.	7706	F

Ungarische Patente (Ung. P.)

136226	Frz.	887544	C. 44. II.	364	VIII
261	Amer.	2461117	C. 49. E.	1650	XVI
287	DBP.	838289	C. 52.	6096	F
290	DBP.	899991	C. 54.	4987	XIX
308	DRP.	754487	C. 54.	9384	VIII
136314	DRP.	752842	C. 53.	5438	XIX
320	Schwd.	109449	C. 45.	I. 1042	I
331	Schwz.	292813	C. 55.	264	XX
354	Frz.	890954	C. 44. II.	705	XVI

Herausgeber u. verantwortlich für den Inhalt: Prof. Dr. Maximilian Pflücke, Berlin NW 7, Schiffbauerdamm 19, Fernsprecher: 42 55 71. Redaktion: Chefredakteure Dr. Eugen Klever und Prof. Dr. Maximilian Pflücke. Verlag: Akademie-Verlag GmbH, Berlin W 8, Mohrenstraße 39 (Fernsprecher 20 03 86, Postscheckkonto Berlin 350 21), u. Verlag Chemie. GmbH, Weinheim/Bergstraße (Postscheckkonto Frankfurt/M. 145314 u. Berlin [West] 7430, Fernsprecher: Weinheim 2017). Bestell- u. Verlags-Nr. dieses Heftes: 1007/126/50. Das Chemische Zentralblatt erscheint wöchentlich.
Satz u. Druck: VEB Leipziger Druckhaus, Leipzig, III/18/203. XII. 55.
Veröffentlicht unter der Lizenznummer 1212 des Amtes für Literatur und Verlagswesen der Deutschen Demokratischen Republik.
Printed in Germany. DDR.

Die Aufgabe von Anzeigen kann sowohl beim Akademie-Verlag, Berlin, als auch beim Verlag Chemie, GmbH, Weinheim/Bergstraße, erfolgen

VEB SCHERING ADLERSHOF
BERLIN-ADLERSHOF
VEB BERLIN-CHEMIE
ARZNEIMITTEL • LABOR- UND FEINCHEMIKALIEN • PFLANZENSCHUTZMITTEL
ab 1. Januar 1956
Neuer Name ...
Alte Qualität
PRÄPARATE
FÜR LABORATORIUM
UND WISSENSCHAFT
•
SPEZIALREAGENZIEN
•
FEINCHEMIKALIEN

Anorganische und Organische Chemikalien
Zwischenprodukte

Wasch- und Reinigungsmittel
für Gewerbe und Industrie

Waschmittel - Rohstoffe

Pflanzenschutz- und Schädlingsbekämpfungsmittel
Kontaktinsektizide, Unkrautvertilger

CHEMIE

WERKSTOFFE

Ekaplaste
Kunststoffe auf Basis PVC, chemikalienbeständig, Halbzeug und Fertigerzeugnisse

Igurit-Apparate und Bauteile
säure-, alkali und chemikalienfest temperatur-wechselbeständig bis 300° C

Leichtmetalle
Hüttenerzeugnisse, Halbzeug, Guß

Schwermetalle
Desoxydations- und Ferrolegierungen,
Metalle und Metallpulver,
Bidur-Aufschweißlegierungen

VEB ELEKTROCHEMISCHES KOMBINAT BITTERFELD

FSC
www.fsc.org
MIX
Papier | Fördert
gute Waldnutzung
FSC® C083411

Zeitfracht Medien GmbH
Ferdinand-Jühlke-Straße 7
99095 Erfurt, Deutschland
produktsicherheit@kolibri360.de